# Grundrisse öffentlicher Gebäude

Walter Meyer-Bohe

# Grundrisse öffentlicher Gebäude

Synoptische Gebäudetypologie

Ernst & Sohn

Gestaltung und Reproduktion: Angelika Stüwe, Berlin
Umschlagentwurf: grappa design, Berlin
Druck: Oskar Zach, Berlin
Bindung: Lüderitz & Bauer, Berlin



ISBN 3-433-01811-1

## Einleitung

»Wer plant und baut, greift in die Freiheit der Menschen ein. (Oscar Schneider, ehem. Bundesbauminister, in »Fundamente« 1986).
Grundrisse sind gezeichnete Raumprogramme. Seit Anbeginn der Baukunst sind Grundrißpläne überliefert. Immer war der Vergleich mit analogen Lösungen ein Entscheidungskriterium für neue Projekte. Deshalb ist die synoptische Darstellung ein wichtiges Anliegen der Gebäudekunde.
Eine erste systematische Darstellung der verschiedenen Gebäudearten unternahm der Münchener Architekt Otto Völckers 1941 mit seinem Buch »Das Grundrißwerk – 1400 Grundrisse ausgeführter Bauten jeder Art«. Wohl alle älteren Kollegen kennen dieses Standardwerk. Es diente zwei Nachkriegsgenerationen als Einführung in das Entwerfen und als praktische Grundlage bei der Entwurfsarbeit. In den sechziger Jahren veraltete es schnell, so daß der große Einfluß dieses Buches versickerte. Dies führte zu der Überlegung, aus dem Fundus der letzten zehn Jahre ein neues Grundrißwerk zusammenzustellen.
Zur Zeit werden Dokumentationen einzelner Gebäudearten auch auf CD-ROM angeboten. Sie sind aber meist wenig systematisiert und überwiegend auf Kostenvergleiche ausgerichtet.
Um Grundrisse zu klassifizieren, gibt es verschiedene Kriterien, z. B.:

**chronologisch**
historische Entwicklungsreihen und morphologische Vergleiche. (Die Sozial- und Baugeschichte läßt sich an solchen Reihen vorzüglich ableiten.),

**nach Raumnutzungen**
Büro-, Einzel-, Gruppen- oder Großraum, Labor, Krankenzimmer,

**nach der Erschließung**
z. B. Ein-, Zwei-, Dreibündige Erschließungssysteme, Treppenanlagen als Zwei-, Drei- oder Vierspänner oder als zentrale/dezentrale Erschließung,

**nach Gebäudearten**
Schulen, Krankenhäuser, Bürobauten. Diese an sich selbstverständliche Gliederung führt jedoch zu Überschneidungen:, z. B. Technisches Feuerwehrgebäude mit Wohn- und Bereitschaftsheim oder Krankenhaus mit Wirtschaftsteil oder Kaserne mit KFZ-Bereich. (Die Klassifizierung erfolgt in diesen Fällen nach der Hauptnutzung.),

**nach der Gebäudegeometrie**
(Diese Betrachtungsweise gewinnt durch den Zwang zur Energieeinsparung zunehmend an Bedeutung.),

**nach Ordnungs- und Hierarchiesystemen**
z. B. bei Behördenbauten. Hier genehmigen oder erlassen Oberbehörden, prüfen und verfügen Mittelbehörden, und schließlich führen Ortsbehörden die Bauten aus. Diese nach dem überkommenen Beamtenrecht vorgenommenen Gliederungen sind ebenso unzeitgemäß wie die Bemessung der Raumgrößen nach Gehaltsgruppen.

Die Definition »Öffentliche Gebäude« verliert an Eindeutigkeit, seitdem ehemals öffentliche Aufgaben privatisiert werden. Ursprünglich galt als öffentlich die Zuordnung zur »res publica«, d. h. staatliche oder kommunale Gebäude, die öffentlich für jede Person oder für definierte Gruppen zugänglich waren.
Auch Kinos, Restaurants und Kaufhäuser sind in gewisser Weise öffentliche Bauten, aber ihr Bauanlaß und ihr Betriebsablauf sind gewerblich und gewinnorientiert. Deshalb sollen diese Gebäudetypen in einem weiteren Band dargestellt werden als **Grundrisse privater Dienstleistungs-, Handels-, Gewerbe- und Industriebauten**. Hierzu gehören dann neben den privatwirtschaftlichen Gebäuden auch genossenschaftliche und halbprivate Bauten.
Thematische Überschneidungen gibt es bei halböffentlichen Einrichtungen wie Technologiezentren, Bundes-, Zentral-, Zweck-, Kultur- und Wohlfahrtsverbänden sowie Landesversicherungsanstalten. Bahn und Post waren seit dem Kaiserreich Inbegriff staatlicher Institutionen, die jetzt privatisiert werden. Diese Privatisierungstendenz greift auf viele andere Bereiche über, etwa Müllentsorgung der Städte, Bauunterhaltung, Prüftätigkeiten etc. Ferner werden Öffentliche Gebäude zunehmend von privater Hand finanziert, um sie dann im Leasingverfahren dem öffentlichen Nutzer auf Zeit überlassen.
Alle öffentlichen Gebäude sind direkt oder indirekt dem Geltungsbereich der LAG Länderarbeitsgemeinschaft Hochbau, den RBBau Richtlinien für Bundesbauten bzw. den RLBau Richtlinien für Landesbauten unterworfen. Deshalb wurde für alle Bauverwaltungen ein einheitlicher Bauwerkszuordnungskatalog entwickelt. Dieser liegt auch der Gliederung dieser Arbeit zugrunde.
Öffentliche Gebäude sind alle Gebäude des Bundes, der Bundesländer und der Gebietskörperschaften, also Städte und Kreise. Dabei spielt die Hierarchie der Behördenstruktur gebäudekundlich keine Rolle, jedoch unterscheiden sich die Gebäude für Ober-, Mittel- und Ortsinstanzen oft im Grad des Aufwandes für den inneren Ausbau.
So werden Verwaltungsbauten nach Punkt 1.3 des Zuordnungskatalogs unterschieden in:

1.3.1 mit anteiligen Kosten für Installationen, betriebstechnische Anlagen und betriebliche Einbauten bis zu 25 % und
1.3.2 mit anteiligen Kosten über 25 %.

Das große Gebiet des Wohnungsbaus nach Punkt 6.1 wurde ausgeklammert, da es sich hierbei überwiegend nicht um öffentliche Gebäude handelt.
Außerdem ist der Grad der Standardisierung hier sehr weit getrieben und es gibt bereits zahlreiche Grundrißsammlungen. Deshalb sind lediglich Botschaftsgebäude in Kapitel 6.1 und Unterkunftsgebäude in Kapitel 6.2 erfaßt.
Ein Datenvergleich der einzelnen Beispiele zeigt oft einen großen Zeitunterschied zwischen Planungsbeginn und Fertigstellung. Oft sind es bis zu 25 Jahre – eine ganze Architektengeneration –, bedingt durch Neuplanung, Änderung der Raumprogramme, Finan-

zierungsprobleme, Wettereinflüsse usw. Grundsätzlich wurden nur ausgeführte Neubauten aufgenommen.
Über den Maßstab der Abbildungen hat es im Lauf der Bearbeitung unterschiedliche Meinungen gegeben. Ausgehend von Völckers Arbeit wurde die Maßstabsfrage zunächst überbewertet. Da schnell klar wurde, daß es unmöglich ist, mit einem einzigen Maßstab auszukommen, wurde versucht, die Vorlagen in vier Gruppen mit gleichem Maßstab einzuteilen. Diese Differenzierung hätte kein befriedigendes Layout gegeben.
Deshalb wurde die Blattbreite optimal ausgenutzt, auch wenn dadurch unübliche Maßstäbe entstehen. Faltblätter sollten unbedingt vermieden werden, weil sie nicht benutzerfreundlich sind. Da das Grundrißgefüge im Vordergrund steht, spielen die Einzelmaße keine so große Rolle, zumal die Hauptdaten im Text angegeben sind. Viele Beispiele sind außerdem durch die Möblierung ausreichend lesbar.
Die einzelnen Gebäudearten haben unterschiedliche typische Bezugsgrößen. Im wesentlichen sind maßgebend:

**Hauptnutzfläche HNF**

für Parlamentsgebäude, Gebäude für Wissenschaft und Forschung, alle Schulen und Sportbauten, Gemeinschaftsstätten, Bereitschaftsdienste und Wirtschaftsgebäude, Gebäude für kulturelle und musische Zwecke, Betreuungseinrichtungen, Gebäude für Untersuchungen und Behandlungen, Sonderkrankenhäuser und Pflegeheime;

**Nutzfläche NF**

für Universitätskliniken und alle Krankenhäuser;

**Nettogrundrißfläche NGF**

für Produktions- und Werkstätten, Gebäude der Energieerzeugung, Ver- und Entsorgung, Empfangsgebäude für Bahn, Flugplätze und Terminals, Verkehrsanlagen, Friedhofsanlagen.

Auf die Angabe von Baukosten wurde verzichtet, da ein Vergleich nur über Jahresindizes möglich ist. Oft sind auch Qualität und Ausbaustandard aus Grundrissen nicht erkennbar. Exakte Baukostenvergleiche wären außerdem nur für neuere Bauten möglich. Hierzu können im Bedarfsfall die Quellenhinweise weiterhelfen.
Der Fundus der Grundrißsammlung besteht neben eigenen Erkundungen aus Beispielen, die in deutschsprachigen Fachzeitschriften publiziert wurden, sowie Monographien der Architekten.
Sogenannte Standardlösungen wurden nur bei den Truppenunterkünften berücksichtigt. Standardlösungen sind Typenbauten, die baugeschichtlich bedeutsam sind, die aber dem eigentlichen Entwurfsprozeß entgegenlaufen, da Topographie, Besonnung, Regionalität etc. ausgeklammert sind. So wurden z. B. schon um die Jahrhundertwende in Preußen von der Staatshochbauverwaltung gleiche Chirurgie-Gebäude an den Universitäten Kiel und Greifswald gebaut, ebenso gleiche Regierungspräsidien in Stettin und Schleswig. Dabei ging es nicht um Einsparung von Planungskosten, sondern um gewollte Einheitlichkeit. Ebenso gab es nach 1945 in verschiedenen Bundesländern Zentrale Planungsstellen, die Typenbauten für die Bundeswehr, Universitätsinstitute sowie Schulbau-Programme entwickelten.
Die vorliegende Arbeit wäre ohne die Mithilfe der beteiligten Architekten und Baubehörden nicht möglich gewesen. Ihnen sei an dieser Stelle für Ihre Hilfsbereitschaft herzlich gedankt. Insbesondere danke ich meinem Sohn, Dr. Thomas Meyer-Bohe für seine engagierte Mitwirkung.

Walter Meyer-Bohe
Kiel, im Frühjahr 1997

Das Gesamtgebiet der öffentlichen und privaten Gebäudearten ist nach dem Zuordnungskatalog des BM Bau folgendermaßen gegliedert:

| | **Grundrißatlas Band 1**<br>**Öffentliche Gebäude** | **Grundrißatlas Band 2**<br>**Dienstleistungs- und Produktionsgebäude** |
|---|---|---|
| **1 Verwaltung** | Parlamentarische Gebäude<br>Gerichte, Ämter, Behörden | Headquarters,<br>Büro- und Geschäftshäuser,<br>Banken und Versicherungen |
| **2 Lehre und Forschung** | Universitäten,<br>Fach- und Kunsthochschulen<br>Wissenschaftliche Institute | Private Forschung<br>Bauten der Verbände |
| **3 Gesundheit** | Universitätskrankenhäuser<br>Akut- und Sonderkrankenhäuser<br>Langzeitpflege, Sanatorien | Tageskliniken<br>Arztpraxen, Privatkliniken<br>Rehabilitation, Kur und Erholung |
| **4 Schulen und Fortbildung** | Grund-, Haupt- und Oberschulen<br>Berufsschulen<br>Berufsakademien<br>Kindertagesstätten | Berufliche Fortbildung<br>Kongreßgebäude |
| **5 Sport** | Sporthallen, Bäder<br>Schulsportanlagen | Wassersporteinrichtungen<br>Vereinssportanlagen |
| **6 Gemeinschaftsstätten und Beherbergung** | Botschaften<br>Truppenunterkünfte<br>Betreuungsgebäude | Betreutes Wohnen für Alte und Behinderte<br>Wohnheime<br>Hotels und Restaurants |
| **7 Produktion und Handel** | Ausstellungsbauten, Messen<br>Parkhäuser<br>Bereitschaftsdienste<br>Wirtschaftsgebäude | Produktionsbetriebe<br>Warenhäuser, Läden<br>Lager und Werkstätten<br>Technologie- und Dienstleistungszentren |
| **8 Technische Gebäude** | Medienanstalten<br>Nachrichtenwesen<br>Ver- und Entsorgung<br>Schutzbauten | Kraftwerke<br>Recycling<br>Medien |
| **9 Sonstige Bauwerke** | Versammlungsbauten<br>Museen, Archive, Bibliotheken<br>Theater und Konzertsäle<br>Friedhofsanlagen | Veranstaltungsbauten<br>Empfangs- und Abfertigungsgebäude<br>Landwirtschaft |

Maßgebend für die Klassifizierung ist die Nutzung, nicht der Besitz.
Diese Klassifizierung ist wichtig, da heute eine gewisse Tendenz dahin geht, den öffentlichen Immobilienbesitz zu veräußern und anschließend für die eigene Nutzung zurück zu leasen.

## Planungsgrundlagen

### 1 Städtebauliche Ordnung, Boden- und Gebäudenutzung

Viele Bauherren und Planer beklagen unsere restriktiven Baugesetze. Dabei existierte eine Baufreiheit nur in wenigen Zeitabschnitten. Überwiegend wurden von der Antike bis heute Bauwerke nach öffentlichen Rahmenvorgaben geplant und gebaut. Heute regeln Flächennutzungs- und Bebauungspläne nach dem Bundesbaugesetz das Baugeschehen. Nach einem Gutachten des Bundesverfassungsgerichts in Karlsruhe von 1954 hat: »die städtische Planung, gesetzlich ›Bauleitung‹, allgemein auch Ortsplanung, Städteplanung genannt, (...) die gesamte Bebauung in den Städten und Dörfern, die zu ihr gehörenden Anlagen und Einrichtungen sowie die mit der Bebauung in Verbindung stehende Nutzung des Bodens so vorzubereiten und zu leisten, daß der Wirtschaftlichkeit, Zweckmäßigkeit sowie den sozialen, gesundheitlichen und kulturellen Erfordernissen gedient wird«.
Früher stellte eine zum Kern hin zunehmende Dichte einer Stadt das wesentliche Kriterium für ihre Urbanität dar. Kirchtürme und Rathäuser prägten das Stadtbild. Dann wurde Ende der zwanziger Jahre in der Charta von Athen eine konstante Wohndichte propagiert. Heute ist die Dichte in den Stadträndern oft höher als im Zentrum. Neben der Dichte, die in kommunaler Zuständigkeit festgesetzt wird, ist der Grad der Ausnutzung von Grundstücken ein weiteres Kriterium. Hier liegt die Kompetenz beim Bund, deshalb wurde die Baunutzungsverordnung in das Bundesbaugesetz integriert.
Kriterien für die bauliche Nutzung sind:

die **Art** der im Flächennutzungsplan festgelegten Gebiete (z. B. Dorf-, Wohn-, Misch-, Gewerbe-, Industrie- und Kerngebiet) und das **Maß** der baulichen Nutzung. Dieses wird definiert durch die Geschoßflächenzahl GFZ, die Geschoßfläche GF und die Grundflächenzahl GRZ.

Im einzelnen sind folgende Obergrenzen festgelegt:

| | GRZ | GFZ |
|---|---|---|
| Kleinsiedlungsgebiete WS | 0,2 | 0,4 |
| Reine Wohngebiete WR | 0,4 | 1,2 |
| Besondere Wohngebiete WB | 0,6 | 1,6 |
| Dorf- und Mischgebiete MD, M | 0,6 | 1,2 |
| Kerngebiete MK | 1,0 | 3,0 |
| Gewerbe- und Industriegebiete GE, GI | 0,8 | 2,4 |

Eine Novellierung der Baunutzungsverordnung steht an, wobei ökologische Forderungen und die Umweltverträglichkeit von Hochbauten zu berücksichtigen sind.
Neben den quantitativen Vorgaben entwickelt sich mehr und mehr das »sustainable development«, d. h. die Einbeziehung der zukunftsfähigen Entwicklung. Ca. 30 % des Materialflusses der deutschen Wirtschaft werden im Bereich »Bauen und Wohnen« verbraucht, das sind ca. 20 Tonnen pro Jahr und Kopf. Ein großer Teil des gesamten Abfalls entfällt auf Bauschutt. Durch Trennung in Bauwertstoffe (Recycling) und Baureststoffe läßt sich die Entwicklung beeinflussen. Dies führt zu neuen Denkansätzen im Städtebau, z. B. zur Nutzungsdauer von Gebäuden, zum Flächenverbrauch und zum Umgang mit Energie. Letztlich geht es um eine ökologische Bewertung der städtebaulichen Planungsvorgaben, was sich auch in einigen neuen Bauordnungen niederschlägt.

## 2 Maßordnungen

Maßordnungen sind unerläßlich, um die Baugeometrie zu bestimmen und um Vergleiche zu ermöglichen. Seitdem sich das metrische Zahlensystem durchgesetzt hat, gibt es folgende Unterscheidungen:

**Dekadisches System** (Dezimalsystem)
Das Dezimalsystem basiert auf Zehnerschritten. Es ist damit zu rechnen, daß es in absehbarer Zeit von allen Ländern zur Grundordnung des Bauwesens bestimmt wird. Es gestattet maßliche Übergänge zum oktametrischen System. Die Halbierungs- bzw. Verdoppelungsreihen ergeben Beziehungen zu den Maßen des menschlichen Körpers.
Der Meter wurde von der Französischen Akademie als vierzigmillionster Teil des durch Paris gehenden Erdmeridians bestimmt. Später folgten physikalische Definitionen.

**Oktametrisches System** (Viertel-Dezimalsystem)
Maßreihen im Oktametersystem sind: 10-5-2,5-1,25,-0,625-0,3125. Wegen der Ziegelnormung mit 25 cm Länge hat es praktische Bedeutung zum Detaillieren von Mauerwerksbauten. Deshalb entstand hieraus die Maßordnung DIN 4172. Die erste Ziegelnormung wurde vom Deutschen Zollverein Mitte des 19. Jahrhunderts beschlossen. Vorher betrug z. B. in Bayern entsprechend dem Brennprozeß die Ziegellänge 29 cm, die Breite 14 cm und die Höhe 6,5 cm. In Preußen hingegen schwankte die Ziegellänge zwischen 23 und 26 cm. Die Normung von 25 cm = 10 Zoll als Ziegeleinheit führte schließlich zum Reichsformat. Das Reichsformat mit 25 cm wurde nach 1945 auf das Bundesformat mit 24 cm geändert, um den Einfluß der Fugen besser berücksichtigen zu können. Der Grundmodul des Bundesformates beträgt 12,5 cm. Im Normenblatt DIN 4172 »Maßnahmen im Hochbau« (1955) wird u. a. die Festlegung von Baunormzahlen geregelt.

**Dreiersystem**
Die 3 ist von besonderer Bedeutung, weil sie in enger Beziehung zum metrischen System, zum angelsächsischen Fuß/Zoll-Maßsystem und zur 360 Grad-Winkelteilung steht. Das Maß von 30 cm ist der ideale Modul für den Innenausbau, denn 25 cm sind zu klein und 50 cm zu groß. Schränke sind 60 cm breit und Türenbreiten von 90 cm entsprechen der menschlichen Dimension.

**Mathematische Reihen**
Arithmetische Reihen haben eine Folge mit gleichem Intervall. Sie sind einfach, jedoch im kleinen Bereich unbrauchbar, z. B. 1 M, 2 M, 3 M, 4 M. Geometrische Reihen sind nach dem Prinzip der Verdoppelung oder Verdreifachung aufgebaut, z. B. 1 M, 2 M, 4 M, 8 M oder 1 M, 3 M, 9 M, 27 M.
Historische Bauten wurden oftmals nach dem Gesetz des Goldenen Schnitts proportioniert. Sein Verhältnis von 1:1,6 wird als harmonisch empfunden. Die italienischen Renaissancebaumeister Vignola, Palladio und Scamozzi entwickelten daraus eine wissenschaftliche Proportionslehre. Ein anderes Maßsystem stellen die Blauen und Roten Reihen von Le Corbusier dar, die nicht stetig, sondern parabolisch aufgebaut sind. Diese Reihen führen zur Bildung klarer Formen und Proportionen. Sie waren für den Ortbetonbau gedacht, reichten jedoch in der Maßgenauigkeit für vorgefertigte Konstruktionen nicht aus.

**Maßordnung nach DIN 18 000 »Modulordnung im Bauwesen« (1984)**
Der Grundmodul (basic module) ist der in der Modulordnung als Grundlage verwendete Modul, dessen Größe zur allgemeinen Anwendung bei Bauwerken und Bauteilen ausgewählt wurde: 1 M = 100 mm. Großmodule sind z. B. 3 M, 6 M, 12 M, 30 M, 60 M. Das Modulsystem regelt die Maße der Objekte, Konstruktionen, Bauelemente und weitere Details und stellt die gegenseitige Übereinstimmung unterschiedlicher Systeme sicher.
Der Planungsmodul (planning module) ist ein Multimodul, der für besondere Anwendungsfälle bestimmt ist, z. B. 3 M = 300 mm für Möbel, Innenausbauten, Installationen etc.
Der Konstruktionsmodul gilt für die Primärstruktur.
Der Ausbaumodul gilt für Sekundär- und Tertiärstrukturen, z. B. für Fenster und Treppen.
Mit der Entwicklung der Systemplanung und des Fertigteilbaus entstand die Forderung nach einem vom Ziegelmaß unabhängigen Maßsystem, das sich gleichermaßen für Planung und Ausführung eignet. In Zukunft soll jede Bauplanung – mit Ausnahme des Sichtmauerwerks – auf diese Norm abgestellt werden.

## 3 Bauordnung

Die Bauordnung entwickelte sich aus dem allgemeinem Ordnungsrecht. Sie dient dem Interessenausgleich und ist ein Schutz- und Fürsorgeinstrument für das öffentliche Interesse, für den Nachbarn und für den Nutzer.
Schon in der Antike gab es eine detaillierte Bauordnung. In Rom wurden Baufluchten und Hausabstände, Feuer- und Standsicherheit sowie Belichtung geregelt. Abbrüche konnten verboten werden, wenn dadurch der »öffentliche Anblick« beeinträchtigt wurde.
Im Mittelalter, als die Mehrzahl der Wohnhäuser aus Holz bestand, war der Feuerschutz zentrales Anliegen. Deshalb gab es Vorschriften über die Anlage von Feuerstätten, Brandmauern und Dachdeckungen. Im Barock spielten Modellhäuser, denen man sich anzupassen hatte, eine große Rolle. Die Baukontrolle wurde damals auf das ganze Land ausgedehnt. Später kamen Regelungen zur Abwehr von Treppenunfällen hinzu. In den Niederlanden etwa, wo steile Schiffstreppen auch in Gebäuden zulässig sind, ereignen sich erheblich mehr Treppenunfälle als in Deutschland, wo die Bauordnung strenge bauaufsichtliche Treppen-Anforderungen stellt. Es entspricht der deutschen Mentalität, die Einhaltung von Forderungen durch Vorschriften zu erwirken. Andere Länder haben andere Ansätze entwickelt. In den USA z. B. werden Sicherheitsstandards bei Treppen und Aufzügen durch die Höhe von Versicherungspolicen geregelt. Ein hoher Sicherheitsstandard bedeutet eine geringe Prämie.
In Deutschland ist das Bauordnungsrecht Sache der Länder. Dies bedeutet, daß es sechzehn unterschiedliche Bauordnungen gibt. Die einzelnen Landesbauordnungen lehnen sich an die Dürkheimer Musterbauordnung (MBO) an. Sie werden ständig novelliert.
Neben diesen Länderbauordnungen gibt es noch eine Reihe von Sonderverordnungen, z. B. die Versammlungsstättenverordnung von 1978, die Arbeitsstättenverordnung von 1980, mit ständiger Fortschreibung. Ferner sind die Unfallverhütungsvorschriften (UVV) zu beachten.
Versammlungsstätten sind bauliche Anlagen, die für kulturelle, künstlerische, politische, sportliche und unterhaltende Zusammenkünfte bestimmt sind. Die Versammlungsstättenverordnung gilt für:

- Säle mit Bühnen bei einem Fassungsvermögen ab 100 Personen,
- Säle ohne Bühnen bei einem Fassungsvermögen ab 200 Personen,
- Säle ausschließlich zum Verzehr von Speisen ab 400 Personen sowie
- nicht überdachte Sportstätten ab 5000 Personen.

Zahlreiche Saalbrände, Tribüneneinstürze und Bühnenkatastrophen belegen die Notwendigkeit einer die Gefahren abwehrenden Regelung.

*Hierarchie der Baurechtlichen Vorschriften:*
*3 Ebenen: A Bauordnung*
*B Verwaltungsvorschriften und Richtlinien*
*C Gesetze*

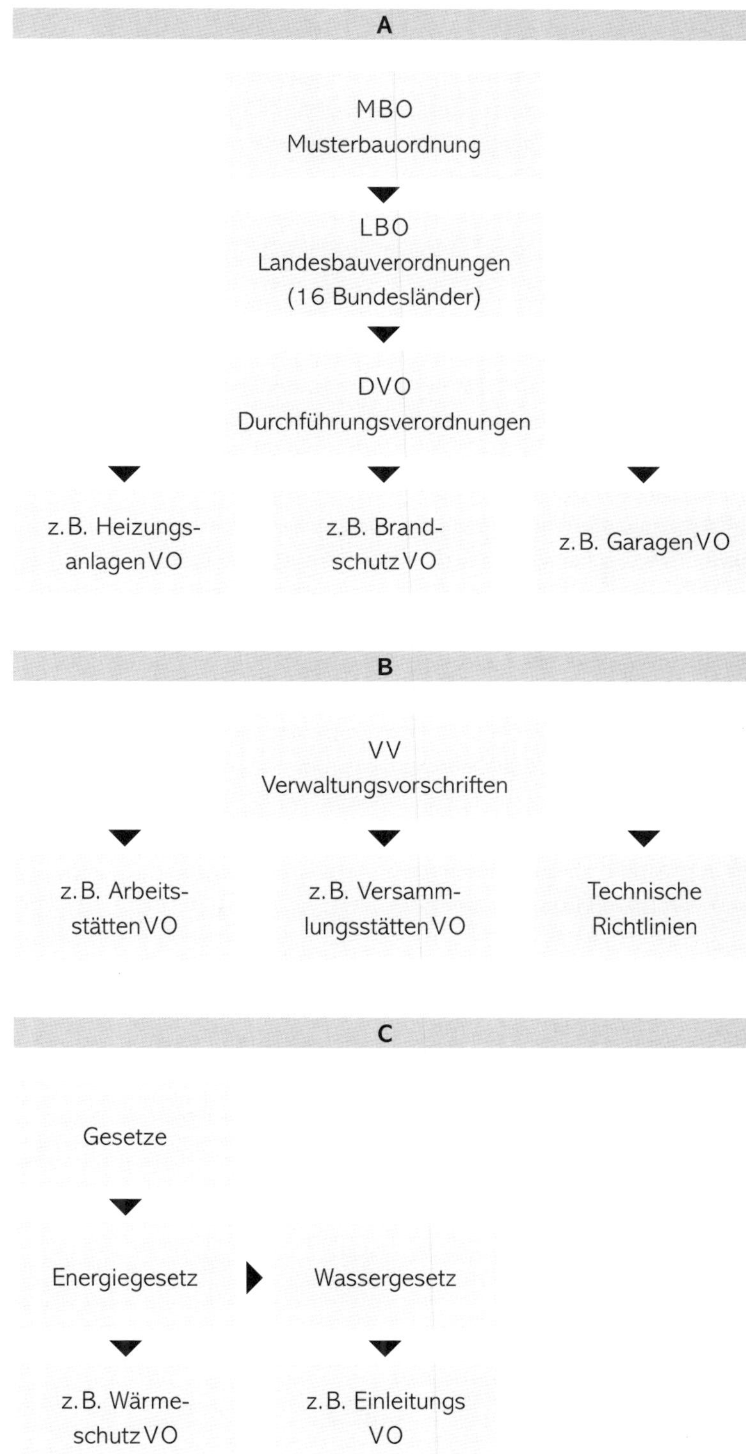

## 4 Normen, Regelwerke und Qualitätssicherung von Bauprodukten

Während die Maß- und Bauordnungen Planung und Gefahrenabwehr regeln, geht es bei den Regelwerken und bei der Qualitätssicherung um die Qualität der Bauprodukte.
Nach dem Bauproduktegesetz vom 10. August 1992 erhalten alle Bauprodukte zukünftig eine einheitliche CE-Kennzeichnung. Sie ersetzt die bisherigen freiwilligen Gütesiegel. Die Kennzeichnung muß mit den EU- und nationalen Normen konform sein. Hierzu bedarf es eines Konformitäts-Nachweises. Eine Unterlassung der CE-Kennzeichnung kann grundsätzlich zu Schadensersatzansprüchen führen, denn sie ist ein Regelverstoß gegen die VOB.
Das ständige Anwachsen der Regelwerke und Normen wirft die Frage nach der Hierarchie der Vorschriften auf. Dabei gibt es unterschiedliche Ränge:

Unterer Rang: Privatgutachten, Gutachten von Sachverständigen, Fachbücher, Fachaufsätze, Handwerksregeln;
Mittlerer Rang: Wissenschaftliche Forschungsberichte, Verbandsempfehlungen, zitierbare Prüfberichte, Werksvorschriften;
Hoher Rang: DIN-Normen.
Höchster Rang: Harmonisierte Europäische Normen.

In Deutschland spielen die »Allgemein anerkannten Regeln der Technik« – früher Allgemeine Regeln der Baukunst – eine große Rolle. Sie besitzen einen hohen Grad an Verbindlichkeit. Allerdings entbindet deren Anwendung nicht von der strafrechtlichen Verantwortung des Planers, z. B. bei Produktmängeln, Einstürzen oder Bauunfällen. Die Baugefährdung nach § 323 StGB definiert als Täter grundsätzlich alle »am Bau Beteiligten«. Dies entspricht auch der ISO-Norm 9000.
Für alle Normen in Deutschland ist das DIN-Institut zuständig. Es vertritt das öffentliche Interesse und sorgt dafür, daß Normen bei der Gesetzgebung, in der öffentlichen Verwaltung und im Rechtsverkehr herangezogen werden. Die Entstehung von Normen ist ein komplizierter Vorgang. Zunächst wird der Stand von Wissenschaft und Technik ermittelt, dann folgen nach Bekanntgabe oftmals eine Vornorm oder eine vorläufige Richtlinie. Da die technische Entwicklung immer komplexer wird und zu weitreichender Spezialisierung führt, gibt es neuerdings Grundnormen mit Einzelblättern, deren Herausgabe sich über viele Jahre hinziehen kann. Das Normenwerk befindet sich in ständiger Fortentwicklung. Es gilt die jeweils neueste Fassung.
Neben dem nationalen DIN-Normenwerk entwickelt sich rasch ein EG-Normenwerk. Diese ISO- und EN-Normen bescheren dem Planer eine erdrückende Fülle von Vorgaben.

*Hierarchie der Normung in vier Ebenen*

1
Europäische Normen EN
▼
2
Deutsche Normen DIN
▼
3
Forschungsberichte,
Verbandsempfehlungen etc.
▼
4
Privatgutachten

## 5 Schutzfunktionen

### Wärmeschutz

Für eine erhöhte Energieeinsparung und einen verstärkten Wärmeschutz gibt es zahlreiche politische und gesellschaftliche Vorgaben. Ein Drittel des derzeitigen Energieverbrauchs entfällt auf Gebäude, davon allein 70 % auf Heizung und Warmwasserbereitung. Hier gibt es noch ein großes Einsparvolumen. Die Entwicklung von intelligenten Niedrigenergiegebäuden ist ein zentrales Anliegen für Planer. Folgende Entwicklungsstufen des Wärmeschutzes lassen sich ausmachen:

Die ersten Norm-Blätter der DIN 4108 »Wärmeschutz im Hochbau« aus den zwanziger Jahren definieren Wärmeschutz und geben Berechnungshinweise. Als Mindestwärmeschutz galt die Verhinderung von Tauwasserniederschlägen der Wandflächen.

Erst nach 1945 kam der Begriff des erhöhten Wärmeschutzes auf freiwilliger Basis auf.

1982 wird die Norm DIN 4108 überarbeitet.

Wegen der energiepolitischen Bedeutung folgen diverse Entwürfe von Wärmeschutz- und Energieeinsparungsverordnungen.

1995 erfolgt die dritte und letzte Novellierung der Wärmeschutzverordnung. Sie soll gegenüber der gleichnamigen aus dem Jahre 1984 eine Energieersparnis von ca. 30 % bringen. Um dies zu erreichen, wurden neue Berechnungsmethoden eingeführt und die Anforderungen erhöht. Neu sind verbrauchsorientierte Kennwerte, ein Niedrigenergiestandard und ein Wärmebilanzverfahren. Das Bauteil- bzw. Hüllverfahren gilt nur noch für kleinere Gebäude, die von der Baugenehmigungspflicht befreit sind, d. h. mit maximal zwei Vollgeschossen und drei Wohneinheiten. Für diese Ausnahmen wurden die alten Verfahren vorläufig beibehalten, allerdings mit erhöhtem Rechenaufwand für die Ermittlung des mittleren k-Wertes für die Fenster.

In Zukunft darf der Wärmebedarf eines Gebäudes einen vorgegebenen Wert nicht überschreiten. Die Bezugsgröße für den Wärmebedarf ist entweder die Wohn- bzw. Nutzfläche oder das beheizte Volumen. Mit ca. 10 kWh je Liter Öl oder Kubikmeter Gas ist der Höchstwert definiert. Der höchstzulässige Jahresheizwärmebedarf von ca. 54 bis 100 kWh pro Quadratmeter Wohn- bzw. Nutzfläche bedeutet ein Energieäquivalent von 5,4 bis 10 Liter Öl oder Kubikmeter Gas. Die erhöhten Anforderungen an den niedrigen Energieverbrauch führen zu kompakten Gebäuden mit günstigen A/V-Werten.

### Schallschutz

Die zunehmende Sensibilisierung der Menschen erfordert weitere Überlegungen hinsichtlich der Erhöhung des Schallschutzes. Da Schallschutz ein gesellschaftliches Anliegen zur Steigerung der Lebensqualität ist, erfolgt die Auseinandersetzung um seine Forderungen nicht nur im technischen, sondern auch im politischen Bereich. Das Normblatt DIN 4109 »Schallschutz im Hochbau«, 1989 regelt die praktischen Belange. Dies geschieht auch im Hinblick auf hohe Kosten, z. B. beim Lärmschutz von Straßen.

Schallschutz ist nicht nur ein bauphysikalisches, sondern vordringlich ein baukonstruktives Problem. Schwere Konstruktionen sind hinsichtlich des Schallschutzes günstiger als leichte.

Das Grundprinzip der Lärmminderung basiert darauf, daß zwischen Lärmquelle und Hörer ein Damm bzw. ein Bauteil zwischengeschaltet wird, welches eine direkte Luftschallübertragung verhindert. Die Gliederung der Baukonstruktionen in Primär-, Sekundär- und Tertiärstrukturen, also Rohbau, Ausbau und Technik, erleichtert die Belange des Schallschutzes.

Es geht um vier verschiedene Problempunkte:

Schallschutz der Räume gegen Außenlärm, z. B. bei Wohnungen,
Schallschutz der Außenumgebung gegen Lärm aus dem Gebäude, z. B. bei Werkstätten,
Schallschutz der Räume gegeneinander, z. B. bei Schulen,
Verbesserung der Schallqualität – Raumakustik, z. B. bei Versammlungsräumen.

Die Lösungsmethoden sind unterschiedlich. Gegen Außenlärm schützt man sich durch Fenster mit Mehrfachverglasung und gedämmten Leibungen sowie durch schwere Fassadenkonstruktionen. Schallschutz zwischen Flur und Arbeitsbereichen sowie zwischen den Arbeitsbereichen kann durch konstruktive Maßnahmen gelöst werden, z. B. durch

schwimmenden Estrich,
Dämmung der Wände,
Dämmung der Decken,
Unterbrechung der flankierenden Bauteile.

### Brandschutz

Die Anforderungen an den Brandschutz orientieren sich an der Generalklausel der Musterbauordnung (MBO): »Bauliche Anlagen sind so anzuordnen, zu errichten und zu unterhalten, daß der Entstehung und der Ausbreitung von Schadenfeuer vorgebeugt wird und bei einem Brand wirksame Löscharbeiten und die Rettung von Menschen und Tieren möglich sind.«

Die Landesbauordnungen (LBO) enthalten Vorschriften für den vorbeugenden baulichen Brandschutz. Diese Vorschriften werden von den Bauaufsichtsbehörden Jahr um Jahr verschärft. Sachversicherer räumen bei gutem Brandschutz Nachlässe ein.

Das Normblatt DIN 4102 »Brandverhalten von Baustoffen und Bauteilen«, 1981 regelt Begriffe und Verfahren des Brandschutzes.

### Feuchtigkeitsschutz

Feuchtigkeit ist häufige Ursache von Bauschäden. Sie muß durch konstruktiv geplante Maßnahmen abgewendet werden, da alle nachträglichen Arbeiten teuer und nur begrenzt wirkungsvoll sind.

Feuchtigkeitsarten sind: Schlagregen, Spritzwasser, Schnee, drückendes Wasser, aufsteigende Bodenfeuchtigkeit, Sickerwasser, Kondenswasser sowie bauschädliche Salze und hygroskopische Feuchtigkeit. Feuchtigkeit muß vom Gebäude ferngehalten werden. Die Schutzmaßnahmen reichen von großen Dachüberständen bis hin zu Abdichtungen und Dampfsperrschichten.
Planung und Ausführung von Abdichtungen gegen Feuchtigkeit ist in DIN 18 195 »Bauwerksabdichtung«, 1983 geregelt.

### Sonnenschutz

Baulicher Sonnenschutz ist eine Abwehrmaßnahme, die ein angenehmes Klima erreichet. In der Vergangenheit ging es überwiegend um die Verhinderung der lästigen Aufheizung. Heute kommt die Sensibilisierung der Bevölkerung gegen schädliche UV-Strahlung hinzu. Der beängstigende Anstieg von bösartigen Hauterkrankungen führt zu neuen Verhaltens- und Bauweisen. Deshalb ist Sonnenschutz auch eine Entwurfsaufgabe. Alle nachträglichen Maßnahmen sind teuer und – bis auf äußere Markisen – relativ wirkungslos. Die Kreise der Sonne um die Erde, die in den Jahreszeiten unterschiedlich sind, führen in Deutschland zu Einfallswinkeln zwischen 17 und 64 Grad, so daß die Sonneneinstrahlung bei bestimmter Lage zur Himmelsrichtung und bei großen Fensteröffnungen unangenehm sein kann. Natürlich ist es sinnvoll, nur die überschüssige Aufheizung auszuschalten, die erwünschte dagegen – z. B. im Frühjahr oder im Herbst – zur Raumerwärmung zu nutzen. Dies erfordert verstellbare oder bewegliche Vorkehrungen, die mechanisch oder apparativ gesteuert werden. Starrer äußerer Sonnenschutz, z. B. eine Kragplatte o. ä. ist nicht zweckmäßig.

## 6 Gebäudegeometrie

Die Forderung und Erfüllung einer ausgewogenen Gebäudegeometrie sollte am Anfang jeder Planung stehen. Unter der Gebäudegeometrie versteht man die kubische Form des Gebäudes sowie seine Lage im Ensemble. Man kann Gebäudeformen unterscheiden in:

- Punkt-, Kompakt- oder Zentralgebäude mit quadratischem oder rundem Grundriß,
- Langhäuser, mit linearer Ausdehnung,
- Winkelhäuser, auch T- oder Z-förmig,
- regelmäßige Strukturen, z. B. Drei-, Fünf- oder Sechsecke sowie amorphe, unregelmäßige Strukturen.

Viele Gebäudeformen beruhen auf Regelgrundrissen, z. B. Miethäuser oder Bürobauten; ähnlich wie in der Biologie gibt es aber auch Mutationen als Folge zeittypischer Überlegungen, z. B. Häuser für das Existenzminimum oder wachsende bzw. schrumpfende Häuser.
Je kompakter ein Gebäude, desto besser sind seine energetischen Eigenschaften, denn die Hüll-, d. h. Transmissionsoberflächen werden minimiert.
Die Kompaktheit wird definiert durch das A/V-Verhältnis, d. h. Hüllfläche zum beheizten Volumen. Der gleichseitige Kubus ist energetisch – neben der Kugel – die günstigste Gebäudeform, er aber kann unterschiedliche A/V-Werte haben, z. B.:

| | | | |
|---|---|---|---|
| 8000 $m^3$ | = | 20 x 20 x 20 m | ergibt A/V = 0,3 |
| 1000 $m^3$ | = | 10 x 10 x 10 m | ergibt A/V = 0,6 |
| 216 $m^3$ | = | 6 x 6 x 6 m | ergibt A/V = 1,0 |

Ein Raumprogramm von 1000 $m^3$ umbauten Raum sollte sich an dem Grenzwert 0,6 orientieren. Der A/V-Wert allein stellt keinen Maßstab für die Wärmedämmung dar.

## 7 Gebäudeerschließung: Festpunkte, Treppen, Aufzüge, Fahrtreppen

Ein wesentlicher Gesichtspunkt der Gebäudeplanung ist auch die Erschließung für das Gebäude. Grundsätzlich unterscheidet man ein-, zwei und dreibündige Erschließungssysteme. Das einbündige System ist sehr großzügig, gut geeignet bei starkem Publikumsverkehr, aber betrieblich unwirtschaftlich. Beim zweibündigen System liegen Zellenräume – z. B. Ein- und Mehrpersonenbüros – beiderseits vom Mittelflur. Es wirkt oft beengt und langweilig.
Beim dreibündigen System liegen in der Mittelzone die Festpunkte und Nebenflächen z. B. Aufzüge, Nottreppen, Aktenräume, Teeküche, etc., während die Hauptnutzräume außen angeordnet sind. Diese Gliederung wird häufig für Geschoßbauten und Hochhäuser angewandt, weil sie ein Maximum an natürlich belichteten Räumen bietet. Bei Hochhäusern, die als Punkt-, Kreis-, Kreuz- oder Y-Form konzipiert sind, erfolgt die Erschließung meist zentral in einem Festpunktbereich. Die Aufzüge werden zu Gruppen zusammengefaßt. Zu den oberen Geschossen gibt es meist gesonderte Schnellaufzüge.

*Ortsverwaltung Wiesbaden EG*
*Arch. J. Lay, Mainz*
*M 1 : 500*

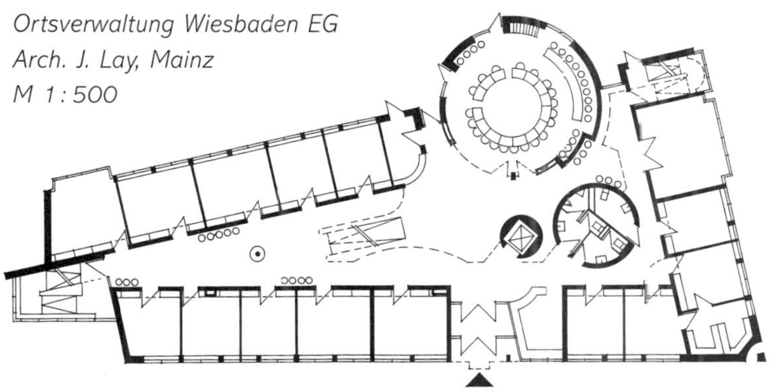

### Festpunkte

Lage und Gestaltung des Festpunktes ist sowohl für die Statik und Konstruktion als auch für die Erscheinung von großer Bedeutung. In der Eingangshalle erhält der Besucher erste Eindrücke vom Gebäude. Oft dient dieser Bereich der Werbung, der Ausstellung von Produkten oder Hinweisen zur Geschichte des Hauses. Lage und Größe der Erschließung sind ein Gradmesser für die betriebliche Wirtschaftlichkeit eines Gebäudes. So gibt es Richtzahlen über die verschiedenen Erschließungssysteme, z. B.:

- bis 25 % für Großraumbüros, Gruppen- und Zellenbüros ohne Publikumsverkehr,
- bis 30 % für normale zweibündige Anlagen,
- bis 40 % für Büroanlagen mit normalem Publikumsverkehr,
- 50 % und mehr für Büroanlagen und Institutionen mit starkem Publikumsverkehr.

Eine bestimmte Richtung geht dahin, Erschließung und Arbeitsplatz miteinander zu verbinden. Hier bleiben nur noch die Kernzonen mit bauaufsichtlich notwendigen Treppen und Aufzugsgruppen als Erschließungselemente.

### Treppen

Treppen als vertikale Erschließungsglieder erfordern ein hohes Maß an Planung und Konstruktion. Darüber hinaus geben sie jedem Gebäude seine ästhetische Note. Sie müssen sicher und bequem zu nutzen sein. Treppen sind technisch motivierte Konstruktionen, die von der Aufgabe her übertriebenen Aufwand entbehrlich machen. Das Gestaltungsmotiv tritt gegenüber der Funktion zurück. Im Verlauf der Baugeschichte war das anders. Oft waren Treppen Symbole für Repräsentation und Luxus. Selbst in Bürgerhäusern vermittelten prächtige Geländer den Eindruck vornehmer Extravaganz.
Bauaufsichtlich werden notwendige und nicht notwendige Treppen unterschieden. Notwendige Treppen dienen als erster Rettungsweg für Geschosse mit Aufenthaltsräumen, die nicht zu ebener Erde liegen. Es handelt sich um Fluchtwege.
In Gebäuden mit mehr als zwei Vollgeschossen sowie in Gebäuden mit zwei Vollgeschossen, deren Grundrißfläche mehr als 500 $m^2$ beträgt, sind notwendige Treppen in feuerhemmender Bauart auszuführen. Bei Gebäuden mit mehr als fünf Vollgeschossen müssen Treppen feuerbeständig sein. In Hochhäusern kann verlangt werden, daß die Treppenhäuser – mit Ausnahme von Sicherheitstreppen, für die besondere Regeln gelten – ab 22 m Höhe nach jedem vierten Vollgeschoß in rauchdichte Abschnitte unterteilt werden. Jeder Abschnitt ist mit einer Rauchabzugsvorrichtung zu versehen, die vom Erdgeschoß und dem obersten Treppenabsatz des darunterliegenden Abschnitts aus betätigt werden kann.
Für die zulässige Treppenentfernung gilt als Faustregel:

30 m von der Raummitte bis zum Stufenansatz.
Ältere Bauordnungen gestatten 25 m von der Raummitte bis zum Treppenhausabschluß. Ein Dispens bis 35 m kann gewährt werden, sofern kein Publikumsverkehr stattfindet.

Nach den Arbeitsstätten-Richtlinien muß die Entfernung der Sicherheitsausgänge von begehbaren Räumen aus betragen:

- 35 m – Raum ohne besondere Gefährdung,
- 30 m – brandgefährdeter Raum,
- 30 m – giftgasgefährdeter Raum,
- 20 m – explosionsgefährdeter Raum,
- 10 m – explosivstoffgefährdeter Raum.

Keine Stelle eines begehbaren Raumes darf von einer Sicherheitstreppe oder einer Außentür im Erdgeschoß mehr als 50 m entfernt sein. Die Entfernung wird in der Luftlinie gemessen. Bei der Ausstattung eines Raumes mit Maschinen, Mobiliar, Lagergütern und dgl. sowie beim Einbau auswechselbarer Trennwände ist zu beachten, daß die tatsächliche Wegstrecke länger wird bzw. werden darf, als

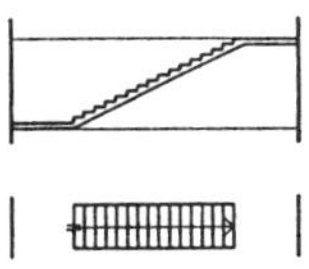

Einläufige gerade Treppe

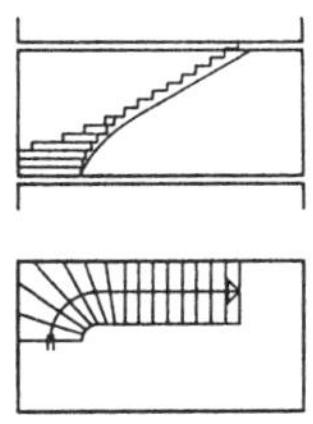

Einläufige, im Antritt viertelgewendelte Treppe. Die Stufen werden bis zum 8. Auftritt verzogen

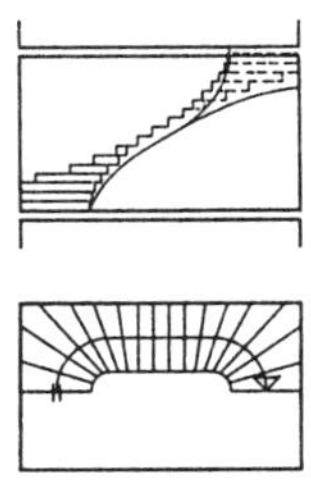

Einläufige zweimal viertelgewendelte Rechtstreppe

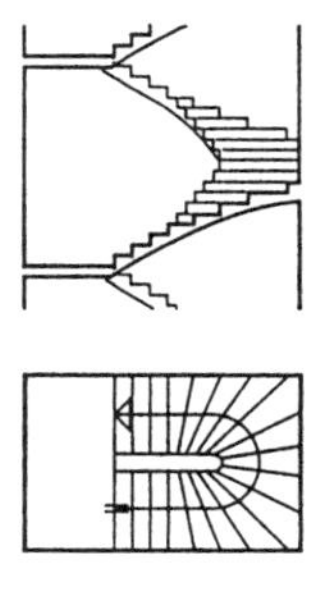

Einläufige halbgewendelte Linkstreppe

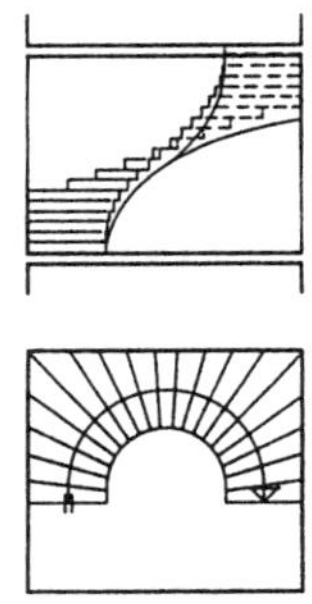

Einläufige halbgewendelte Rechtstreppe

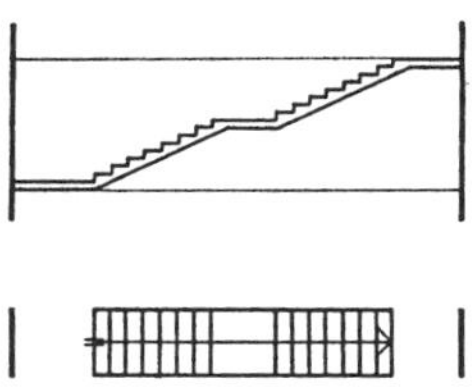

Zweiläufige gerade Treppe mit Zwischenpodest

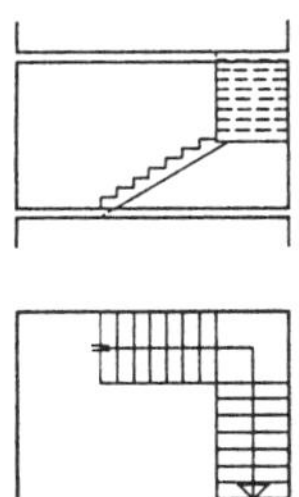

Zweiläufige gewinkelte Treppe mit Zwischenpodest

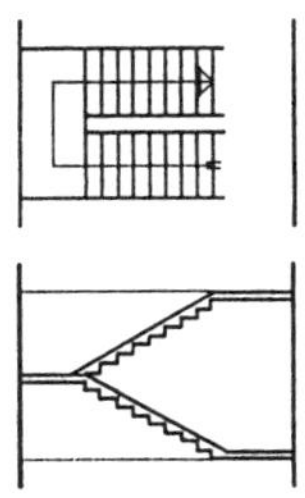

Zweiläufige gegenläufige Treppe mit Zwischenpodest

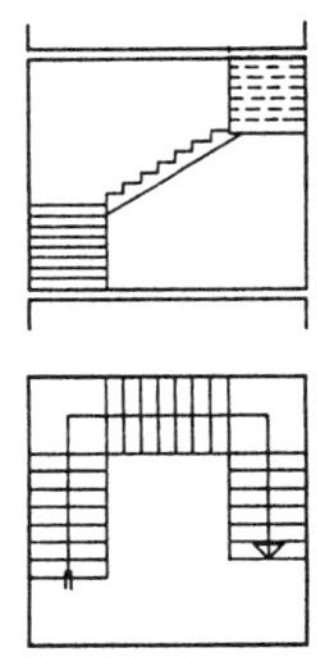

Dreiläufige zweimal abgewinkelte Rechtstreppe mit zwei Zwischenpodesten

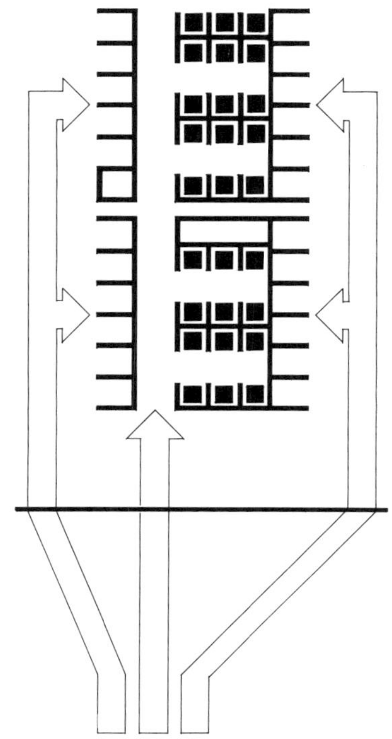

*World Trade Center: Personenaufzug*

die zulässige Luftlinienentfernung, und zwar um

max. 15 m bei einem Raum ohne besondere Gefährdung,
max. 10 m bei einem brandgefährdeten Raum,
max. 5 m bei einem explosivstoffgefährdeten Raum.

Treppenbreiten

In Hochhäusern dienen Treppen normalerweise nur zur internen Geschoßverbindung, während die Haupterschließung durch Fahrstühle erfolgt. Im Brandfall dürfen Aufzüge nicht benutzt werden; alleine die Treppen dienen zur Evakuierung. Die Treppenbreite muß also für den größten zu erwartenden Personenverkehr ausreichen. Nach den Bauordnungen sind folgende nutzbare Mindestlaufbreiten einzuhalten:

0,80 m Einfamilienhäuser und Einliegerwohnungen,
0,90 m Wohngebäude mit bis zu zwei Vollgeschossen,
1,00 m Wohngebäude mit mehr als zwei Vollgeschossen sowie Treppen in anderen Gebäuden (Ausnahme Berlin und Hamburg: 1,10 m),
1,25 – 1,40 m Hochhäuser,
1,20 – 1,50 m Schulen, Krankenhäuser und Theater.

Bei Treppen, auf deren Benutzung mehr als 150 Personen angewiesen sind, können größere Laufbreiten verlangt werden; gewendelte Treppen sind nicht zulässig.

Das Steigungsverhältnis darf sich in der Lauflinie nicht verändern (bei gewendelten und verzogenen Treppen wichtig!). Die Stufenhöhe soll nicht mehr als 19 cm, die Auftrittsbreite nicht weniger als 26 cm betragen. Gewendelte Stufen müssen an der schmalsten Stelle noch mindestens 10 cm Auftrittsbreite haben. Nach höchstens 18 Stufen soll ein Treppenabsatz vorhanden sein.

Treppengeländer

Sie müssen einen durchgehenden festen Handlauf haben. Bei großer nutzbarer Treppenbreite können Handläufe auf beiden Seiten und zusätzlich Zwischenhandläufe gefordert werden. Bei gewendelten Treppen ist mindestens an der Seite mit der größeren Stufenbreite ein fester Handlauf anzubringen. Treppengeländer müssen – über die Stufenvorderkante gemessen – mindestens 90 cm hoch, bei umlaufenden Treppen mit mehr als 10 m Höhe des Treppenauges mindestens 1,10 m hoch sein. Für Wendeltreppen können an der Innenseite Geländerhöhen bis zu 1,10 m verlangt werden.

Standsicherheit

In öffentlichen Gebäuden muß mit einer Nutzlast von 5,0 kN/m$^2$ gerechnet werden. Trittstufen ohne Setzstufen werden für eine Einzellast in ungünstiger Stellung bemessen, und zwar 2,0 kN in öffentlichen Gebäuden. In Höhe der Geländerholme sind horizontale Lasten anzunehmen: 1,0 kN/m in öffentlichen Gebäuden.

Auftritt und Steigung

Die Schrittlänge eines Menschen beträgt im Mittel 63 cm. Aus diesem Schrittmaß folgt die erste Regel für bequeme Treppen: A + 2S = 63 cm. Dabei ist A die Auftrittsbreite, S die Steigung.

Die Bequemlichkeitsregel A – S = 12 cm hat das Max-Planck-Institut für Arbeitsphysiologie entwickelt.

Die Sicherheitsregel A + S = 46 cm + 1 cm geht davon aus, daß die Sicherheit beim Absteigen hauptsächlich davon abhängt, ob der Fuß eine richtig bemessene Auftrittsfläche vorfindet.

## Aufzüge

Bei der Aufzugsplanung ist der Gestaltungsspielraum des Architekten eng, da Normung und Standardisierung schon früh begannen und heute den gesamten Planungsprozeß beherrschen. Daher werden nur noch wenige individuelle Anlagen geplant und gebaut. Eine Ausnahme bilden Panoramaaufzüge für Hallen und Galerien.

Während für notwendige Treppen genaue Angaben über Lage, Stufenabstand, Breite, etc. vorgegeben sind, muß die Kapazität der Aufzüge empirisch bestimmt werden. Als Bedarfsgröße wird im Verwaltungsbau eine Netto-Raumfläche von 7 bis 11 $m^2$ pro Person angenommen.

Die Fördereinrichtungen im Hochbau werden gegliedert nach:

Betriebsarten, z. B. handbetrieben, hydraulisch, seilmechanisch;

Benutzungsarten, z. B. für Personen, Lasten, Bücher, Akten, Speisen, Autos, Behälter, Müll, Palette, Container u. a.

Zur Verkehrsanalyse gibt es Verkehrswerte, die von den Aufzugsanlagen erreicht werden müssen, damit sie den späteren Anforderungen genügen. Bei der Planung von Aufzugsgruppen werden zunächst die Hauptmerkmale des Gebäudes festgelegt:

1. Anzahl und Nutzungsart der Geschosse,
2. Höhe,
3. Zahl der zu befördernden Personen, und
4. Eingangs- und Zielgeschosse.

In Gebäuden, in denen mehrere Aufzüge für die Abwicklung des Verkehrs benötigt werden, empfiehlt sich eine Zusammenfassung in Aufzugsgruppen mit hochleistungsfähigen Steuerungssystemen. In hohen Gebäuden sichert eine Einteilung in Verkehrszonen eine hohe Förderleistung, indem die Anzahl der Halte infolge der Expreßzonen reduziert wird.

Zwei benachbarte Verkehrszonen haben eine gemeinsame Übergangshaltestelle für den Zwischenzonenverkehr. Hochhäuser erhalten, je nach der Höhe, eine oder mehrere zusätzliche Hauptzugangsetagen in den oberen Geschossen, die mit der Gebäudeeingangsebene durch Expreßaufzüge verbunden sind. Die Weiterfahrt von den oberen Zugangsetagen erfolgt durch lokale Aufzugsgruppen mit Verkehrszonen. Ein weiterer Vorteil der übereinander angeordneten Aufzugsgruppen ist, daß sie ein Minimum an Schachtgrundfläche beanspruchen.

## Fahrtreppen

Fahrtreppen haben die Aufgabe, als kraftbetriebene Anlagen mit umlaufenden Stufenbändern Personen zwischen unterschiedlichen Höhenniveaus zu befördern. Dazu fahren sie auf einer geneigten Strecke.

Als Stufenbreite werden 60 cm (1 Person), 80 cm (1 bis 2 Personen) und 100 cm (2 Personen) gewählt. In Kaufhäusern, Büro- und Verwaltungsgebäuden, in Messehallen und Flughäfen wählt man in der Regel eine Geschwindigkeit von 0,5 m/s. Bei Fahrtreppen für öffentliche Verkehrsanlagen kommen auch größere Förderhöhen in Frage, so daß bei 6 bis 7 m (von der Neigung abhängig) mehr als zwei Auflagerstützpunkte erforderlich werden. Als Anhalt für die notwendige Anzahl von Fahrtreppen in Warenhäusern kann die Feststellung der Internationalen Kaufhausvereinigung (A.I.G.M.) in Paris gelten, daß zur Zeit eine Fahrtreppe im Durchschnitt 1500 $m^2$ Verkaufsfläche bedient.

Gegenüber anderen vertikalen Personentransportmitteln haben Fahrtreppen bei Massenverkehr den Vorteil der stetigen Beförderung bei hoher Förderleistung. Lästige Wartezeiten wie bei Aufzügen entfallen. Ein deutscher Warenhauskonzern hat durch Verkehrszählung in mehreren großen Häusern folgende durchschnittliche Verteilung des Aufwärtsverkehrs ermittelt:

| | |
|---|---|
| Feste Treppen | 2 % |
| Personen-Aufzüge | 8 % |
| Fahrtreppen | 90 % |

Annähernd drei Viertel des Abwärtsverkehrs erfolgte über die Fahrtreppen.

| Gebäudetyp | Verkehrsart (max. Betrieb) | Erforderliche Förderleistung | Mittlere Wartezeit im Eingangsgeschoß |
|---|---|---|---|
| Verwaltungsgebäude mit einheitlicher Arbeitszeit | Füllbetrieb | 20 – 25 % der Gesamtbelegung | max. 30 – 34 Sek. |
| Bürogebäude mit unterschiedlichen Arbeitszeiten | Füllbetrieb | 15 – 27 % der Gesamtbelegung | max. 30 – 35 Sek. |
| Hotels | ausgeglichener Auf-Ab-Betrieb | 12 – 15 % der Maximalbelegung | max. 30 – 40 Sek. |
| Krankenhäuser mit fester Besuchszeit | Füllbetrieb zur Besuchszeit | 20 – 25 % der Besucherzahl | max. 30 – 45 Sek. |
| Krankenhäuser mit freier Besuchszeit | verstärkter Auf-Ab-Betrieb | ca. 20 % der max. Personenzahl | max. 30 – 45 Sek. |

## 8 Fassadensysteme

Fassadensysteme sind z. B. Vorhangwände, Glasfassaden, Integrierte Fassaden oder Photovoltaik-Fassaden. Neben den handwerklichen Fassaden gewinnen die industriell gefertigten Fassadensysteme zunehmend an Bedeutung. Nach einer Experimentierphase gibt es heute ein großes Angebot an hoch technischen Fassaden. Die Zunahme von Tragwerken mit großen Spannweiten hat zur Trennung der baukonstruktiven Funktionen geführt. Man spricht

vom Tragwerk als Primärstruktur,
von der Hüllfassade als Sekundärstruktur,
vom inneren Ausbau als Tertiärstruktur.

Als Sekundärstruktur wird die Fassade zum eigenständigen Bausystem. In der Entwicklung der vorgehängten Fassaden wurden zunächst eine Reihe von Fehlern gemacht, die Bauschäden verursachten. Die hohe Wärmeleitfähigkeit von Metallprofilen, vor allem Aluminium, führte zu Spannungen, Kältebrücken und Undichtigkeiten. Erst die Trennung der Profile sicherte den thermischen Ausgleich. Hinzu kam eine verbesserte Wärmedämmung als Folge der Energiekrise. Allerdings sollten die Erwartungen an mehr Dämmung nicht zu hoch geschraubt werden, denn die k-Wert-Kurve zeigt, daß das Optimum bei ca. 8 bis 10 cm Dämmstärke liegt. Darüber hinaus gibt es bei steigenden Materialkosten nur noch geringe Gewinne.
Energetisch werden an eine vorgehängte Fassade zwei unterschiedliche Anforderungen gestellt:

Schutz vor Aufheizung durch einstrahlende Sonne und
Ausnutzung der eingestrahlten Sonnenenergie.

Vorgehängte Fassaden werden meist mit Abstand vor das Tragwerk gesetzt. Sie sind eine reine Außen-Wetterhaut einschließlich Fenster und Brüstungen. Die Stützen standen zunächst innen, aber es gibt auch Beispiele mit außenstehenden Stützen.
Konstruktiv werden vorgehängte Wände unterschieden nach:

Pfosten-Riegel-Bauweise,
Element-Bauweise,
Paneel-Bauweise.

### Fassadenecken

Da Fugen im Eckbereich sehr schadensanfällig sind, haben sich eine Reihe typischer Eckausbildungen ergeben. Meist handelt es sich um Sonderelemente, dies auch wegen des notwendigen Versatzes im Modulraster.

### Befestigungen

Bei Gebäuden über 8 m Höhe müssen Standfestigkeit und Befestigung statisch nachgewiesen werden. Hierbei spielen Winddruck und Windsog eine große Rolle, vor allem im Eck- und Traufbereich (über 2000 N/m$^2$).
Die Fassade wird an Deckenrändern, Stürzen, Schotten, Trennwandköpfen oder Stützen verankert. Notwendig ist eine einfache Justierung und Zugängigkeit.
Zur Gewährleistung einer dichten Wetterhaut sind Versiegelungen unumgänglich. Konstruktiv werden Pfosten und Riegel rahmenartig zusammengeschweißt, z. B. Rechteckprofile 100 x 60 x 5 mm. Sie bilden den hydraulische Elemente mit einem Achsabstand zwischen 1,50 m und 2,00 m. Zur Dichtung dürfen nur dauerelastische Dichtstoffe verwandt werden, die unter Berücksichtigung der zulässigen Dehnungsbewegungen nicht reißen. Fenster in Vorhangwänden müssen fachgerecht verklotzt werden. Im äußeren Bereich sind eckvulkanisierte Dichtungsrahmen erforderlich.

### Glasfassaden

Die vollständige Öffnung einer Fassade oder eines ganzen Gebäudes ist konstruktiv und materialmäßig kein Problem, allerdings sind die Erfordernisse des Sonnenschutzes und der Klimatisierung zu berücksichtigen. Auch muß die Frage nach der Wirtschaftlichkeit gestellt werden.
Als Regelwerk für die Ausführung dienen die Verglasungs-Richtlinien und die DIN 18 056 »Fensterwände, Bemessung und Ausführung« und DIN 18 545 »Abdichten von Verglasungen«.

### Integrierte Fassaden

Bei den integrierten Fassaden findet innerhalb der Sekundärstruktur eine weitere Unterteilung nach zugeordneten Funktionen statt, wobei zusätzliche Aufgaben übernommen werden. So ist es naheliegend, das Hohlkörpersystem des Tragwerks oder der Fassadenprofile gleichzeitig zur Wasserführung der Heizungsanlage oder zum Brandschutz auszunutzen. Eine wasserführende Fassade, z. B. im Winter mit Warmwasser und im Sommer mit Kaltwasser, könnte das Gebäude optimal schützen. Strahlungswärme bzw. Strahlungskälte könnte entsprechend der Jahreszeit dem Aufenthalt der Menschen angepaßt werden. Die Raumbehaglichkeit müßte besser sein als in konventionell beheizten Räumen mit hohen Wärmeabgaben der Heizkörper.
Ebenso verhält es sich mit dem Brandschutz. Schon 1965 konnte man ermitteln, daß wassergefüllte Stützen 45 Minuten feuerbeständig waren, während leere Stützen dem Feuer nur 15 Minuten standhielten. Dabei verhielten sich Stahlprofile günstiger als Aluminiumprofile.
Ähnlich wie bei der Heizung könnten die Profile natürlich auch zu Luftverteilungskanälen für eine Klimaanlage umfunktioniert werden.
Als Heizflächen dienen alle Elemente, die an die wasserführenden Profile angeschlossen sind, z. B. Brüstungsplatten und Glasscheiben. Letztere erlangen dadurch Tauwasserfreiheit, sorgen vor allem aber für eine höhere Behaglichkeit, da im Glasbereich immer die größten Wärmeverluste stattfinden. Die Raumnutzung bis an die Fenster wird hierdurch ermöglicht.

Im umgekehrten Fall der Kühlung wird die im Glas absorbierte Solarstrahlung unmittelbar abgebaut, ohne daß sie erst die Raumlufttemperatur erhöht. Überschüssige Wärme wird sofort und direkt weggekühlt.
Die Regelung des Warmwasserdurchflusses erfolgt über Thermostaten. Natürlich muß das Rahmenrohrsystem ständig gefüllt sein, wenn Korrosionen vermieden werden sollen. Es ist anzunehmen, daß die Entwicklung von wasserführenden Fassadensystemen erst am Anfang steht.

### Solarfassaden

Zur Verbesserung der Energiebilanz wird zunehmend die Solarenergie genutzt. Leider fällt in unseren Breiten die Energie im umgekehrten Verhältnis an wie der Wärmebedarf, d. h. im Sommer viel und im Winter wenig. Es gibt noch keine wirklich wirtschaftlichen Systeme zur Speicherung. Deshalb wird der Nutzen vielfach überbewertet.
Die Sonnenscheindauer beträgt bei uns im Jahresdurchschnitt 1500 Stunden. Das entspricht einer Arbeit von 1000 Kilowattstunden pro $m^2$ WF.
Man unterscheidet aktive und passive Solarsysteme. Aktive Systeme, z. B. Photovoltaik, produzieren selbst Energie. Diese Energie wird über Sekundärkreisläufe mit Speicherbehältern verbunden. Es handelt sich also um eine apparative Technik. Bei der Photovoltaik-Technik wird Strom erzeugt durch Umwandlung von Sonnenlicht. Die Module speisen einen Gleichspannungs-Kreislauf. Die bisher bekannten Solarzellen bestehen meist aus dem Halbleiterwerkstoff Silizium. Der Effekt besteht darin, daß Sonnenstrahlen, die genügend in eine Zelle eingedrungen sind, Elektronen-Lochpaare freisetzen. Die Herstellung von Solarzellen steckt noch im Anfangsstadium. Eine entscheidende Kostensenkung der Produktion wäre Voraussetzung für eine wirtschaftliche Anwendung.

## 9 Kosten

Im Regelfall läßt sich für den Hochbau folgende Kostenrechnung aufmachen:

Einmalige Erstinvestition, d. h. Herstellungskosten 100 %
\+ Bauunterhaltung während einer Lebensdauer von 100 Jahren, p. A. 1 %, also 100 %
\+ mehrere Schübe für Modernisierung und Sanierung, ca. alle 30 Jahre. Gesamt mind. 100 %
\+ Energieaufwand für Heizung, Elektrizität, Gas etc. mind. 100 %

Hier wird der Zusammenhang von Planung, Ausführung und Folgekosten deutlich. Der Regelfaktor 1 : 4 schwankt in der Praxis zwischen 1 : 3 und 1 : 5. In diesem Schwankungsbereich sind die Skalenwerte wirtschaftlich bis unwirtschaftlich definiert. Man sollte nicht von billig und teuer reden. Ein gut geplantes Gebäude – nach den Regeln der allgemein anerkannten Technik – mag vergleichsweise teuer erscheinen, in Wahrheit ist es wirtschaftlich.

## 10 Barrierefreies Bauen für behinderte Menschen

Art. 6 des Grundgesetzes schreibt vor, daß »keiner (...) wegen seiner Behinderung benachteiligt werden« darf. Zu den Aufgaben des Architekten gehört auch die Verbesserung der Lebens- und Arbeitsverhältnisse behinderter Menschen. Ihre möglichst weitgehende Unabhängigkeit von fremder Hilfe muß gewährleistet werden. Ihre Selbständigkeit, eine wichtige Grundlage der Lebensqualität, hängt in hohem Maß von den baulichen Anlagen ab.
Die Gruppe der Behinderten umfaßt Körper-, Geistig- und Altersbehinderte. Nach dem Zweiten Weltkrieg galten zunächst nur Kriegsinvalide als behindert. Die Gleichstellung der zivilen Behinderten, verbunden mit einer gesetzlichen Neuordnung, kam erst um 1950.
In jedem Jahr werden aus unterschiedlichen Ursachen etwa 3 % aller Kinder mit Behinderungen geboren. Über den Umfang von Behinderungen gibt es umfangreiche Statistiken, die unterschiedliche Kriterien anwenden. Das Statistische Bundesamt zählte 6,38 Mill. bei den Versorgungsämtern gemeldete Schwerbehinderte, davon 5,57 Mill. anerkannt; die Hälfte ist älter als 65 Jahre.
Auch gegenüber dem Alter ist ein Einstellungswandel festzustellen. Bis in die sechziger Jahre wurden für alte Menschen isolierte Lebenswelten geschaffen, die die Betroffenen an den Rand der Gesellschaft drängten und von medizinischer und therapeutischer Förderung ausschlossen. Nicht zuletzt die Organisation der sozialen Fürsorge hatte über Jahrhunderte zu ihrer sozialen Ausgrenzung beigetragen. Heute versucht man, Behinderte und Alte in die Gesellschaft stärker zu integrieren.
Im städtebaulichen Bereich kann die Beseitigung und Vermeidung baulicher Hindernisse zur Schaffung menschengerechterer Stadtbilder beitragen.
Bauen für alte und behinderte Menschen ist ein komplexes Thema; zu beachten sind z. B. Ergebnisse der Soziologie, der Pädagogik, der Medizin, aber auch die technischen und rechtlichen Aspekte des Bauens. Allerdings sind gerade die technischen Normenvorschriften – nicht zuletzt durch die EU-Harmonisierung – derzeit Gegenstand erheblicher Veränderungen.
Zu den Bildungsstätten für Behinderte gehören Frühförderschulen und Förderschulen, z. B. Sehbehinderten- und Gehörlosenschulen. Behindertenwerkstätten dienen entweder in Heimen der Ausbildung Behinderter in handwerklichen Berufen oder sind Dauerarbeitsplätze, z. B. für Menschen mit Down-Sydrom, die auf dem freien Arbeitsmarkt nur schwer eine Arbeitsstelle finden. In den USA ist eine Universität für behinderte Menschen in Planung.

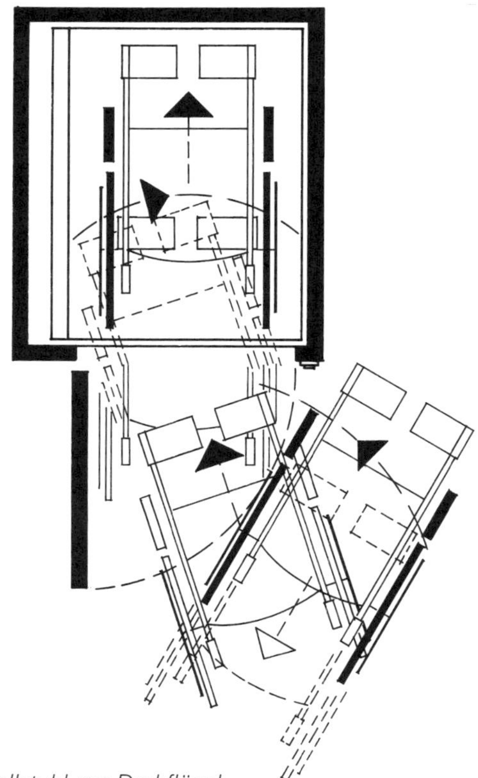

*Rollstuhl vor Drehflügel*

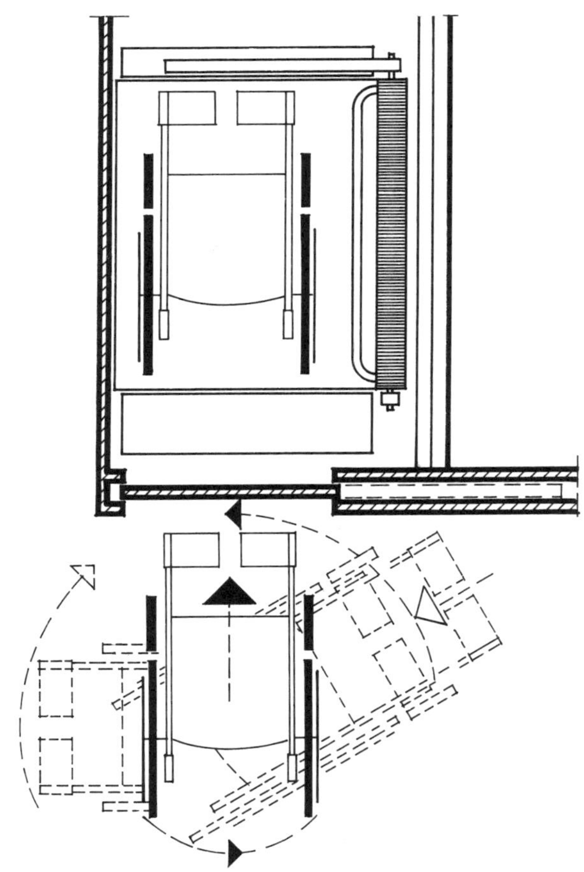

*Rollstuhl vor Schiebetür*

Folgende Abkürzungen wurden für häufig wiederkehrende Begriffe verwandt:

| | |
|---|---|
| UG | Untergeschoß |
| EG | Erdgeschoß |
| 1. OG | 1. Obergeschoß |
| 2. OG | 2. Obergeschoß etc. |
| DG | Dachgeschoß |

Die Flächen- und Kubaturangaben sind nach der letzten Fassung DIN 272 zu ermitteln. Da sich die Berechnungsansätze mehrmals geändert haben, können geringfügige Differenzen nicht ausgeschlossen werden. Auch die schweizerischen und österreichischen Ansätze sind mit den deutschen nicht immer identisch. Wir sind aber der Meinung, daß die Differenzen minimal ausfallen. Die einzelnen Flächenarten wurden folgendermaßen abgekürzt:

| | |
|---|---|
| HNF | Hauptnutzfläche |
| NNF | Nebennutzfläche |
| NF | Nutzfläche |
| FF | Funktionsfläche |
| KF | Konstruktionsfläche |
| VF | Verkehrsfläche |
| NGF | Nettogrundrißfläche |
| KGF | Konstruktionsgrundfläche |
| BGF | Bruttogrundrißfläche |
| BRI | Bruttorauminhalt (umbauter Raum) |
| GFZ | Geschoßflächenzahl |
| GF | Geschoßfläche |
| GRZ | Grundflächenzahl |

Zur Vergleichsbildung wurden mehrere Faktoren herangezogen :

BRI/HNF ($m^3/m^2$)
BRI/BGF ($m^3/m^2$)
HNF/NF ($m^2/m^2$)

Sie sind wichtige Indizes für Baugeometrie und Wirtschaftlichkeit.

# 1 Parlaments-, Gerichts- und Verwaltungsgebäude

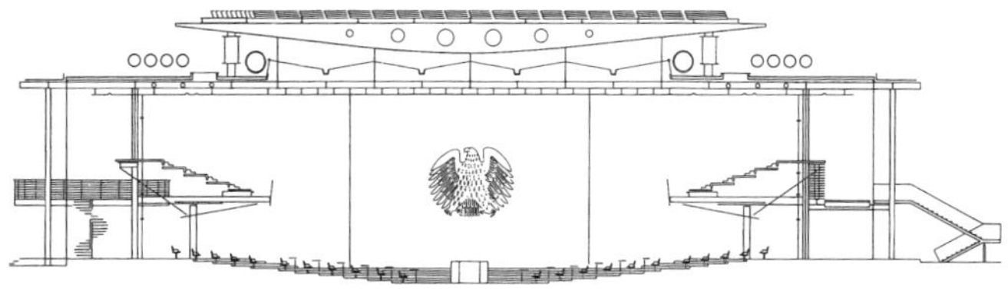

## 1.1.1 Deutscher Bundestag in Bonn, Plenarbereich

Bauherr — Deutscher Bundestag Bonn, vertreten durch die Bundesbaudirektion Bonn

Architekten — Behnisch & Partner, Stuttgart
Günter Behnisch, Winfried Büxel, Manfred Sabatke, Erhard Tränkner

Projektpartner — Gerald Staib

Tragwerksplanung — Schlaich, Bergermann & Partner, Stuttgart

Kunst — Sam Francis, Mark di Suvero, Nicola de Maria, Rebecca Horn, Hermann Glöckner, Olaf Metzel

Öffentlicher Bauwettbewerb 1973
Fertigstellung 1992
BDA-Preis Nordrhein-Westfalen 1992, Nominierung Mies-van-der-Rohe-Pavilion Award for European Architecture Barcelona 1992, Europäischer Stahlbaupreis 1993, Deutscher Architekturpreis 1993, Quaternario International Award for Innovative Technology in Architecture 1993, The Benedictus Award for architect's innovative/use of laminated glass, distinguished finalist 1994, Grand Prix der International Academy of Architecture, Sofia 1994

BGF — 30 600 m² davon Plenarsaal 1 230 m²
BRI — 152 000 m³
Faktor — BRI/BGF = 4

Plenarsaal für 662 Abgeordnete, davon 201 Plätze mit Tischen
54 Plätze für Bundesregierung und Bundesrat
30 Plätze für das Protokoll
365 Besucherplätze
ca. 100 Plätze für Presse und Fernsehen

Die Planungsgeschichte umfaßt ca. 20 Jahre, geprägt durch unterschiedliche politische Vorgaben. Die Bauanlage ist eine Erweiterung, die ihren Ursprung in der ehemaligen Pädagogischen Hochschule hat.
Dem Plenarsaal ist zur Landseite hin das Foyer vorgelagert, in dem sich die Verkehrswege treffen und schneiden. Für Abgeordnete und Besucher gibt es zwei verschiedene Eingänge. Vom Foyer aus kommt man zum Akademiegebäude, zum Restaurant, zur Eingangshalle, zum Südflügel, zu den seitlichen Umgängen, zum Park und zum Plenarsaal.
Im Plenarsaal sitzen Abgeordnete, Regierung, Präsidium und Bundesrat im Kreis. Der Platz für das Präsidium wurde hervorgehoben. Das Bodenniveau des Saales ist in der Kreismitte am tiefsten und steigt nach außen hin an. So entsteht eine flache Mulde. Die Plätze der inneren Sitzreihen verfügen über Pulte. In den äußeren Reihen sind Sitze ohne Pulte. Für Besucher und Ehrengäste wurden rechteckige Tribünen angeordnet.
Die Räume für das Präsidium liegen am Rhein über dem Foyer mit Blickverbindung zum Plenarsaal. Angefügt in einem pavillonartigen Gebäude befinden sich die Räume für Bundeskanzler, Vizepräsidenten und Referenten.

| | | |
|---|---|---|
| Raumbereiche | Saalebene (+ 00) | Vorfahrt und Empfang, Saal und Wandelgänge, Fraktionen, Rundfunk |
| | Eingangsebene (+ 4,50) | Präsidialbereich, Presse, Rückzugsebene, Ein- und Ausgang für Besucher |
| | Tribünenebene (+ 6,48) | Besuchertribünen, Ehrengäste, Ältestenrat, Ausstellungen |

Maßstab — ca. 1 : 1000

Quellen — *db 9/1974; Bundesbaudirektion Bonn (Hrsg.): Plenarbereich des Deutschen Bundestages in Bonn, Zwischenbericht Mai 1992, Bonn 1992; Bauwelt 41/1992, Baumeister 12/1992; K. Feireiss: Plenarbereich des Deutschen Bundestag Bonn, Berlin 1992; Werk, Bauen + Wohnen 12/1992; Ufficiostile 6/1993; Techniques et Architecture 1/1993; Glasforum 6/1993; Deutscher Bundestag Bonn, Neubau des Plenar und Präsidialbereiches, hrsg. vom Deutschem Bundestag mit Bauminsterium für Raumordnung, Bauwesen und Städtebau, Bonn 1993; Stahl und Form, Plenarbereich des deutschen Bundestages, Architekten Behnisch & Partner, hrsg. vom Institut für internationale Architektur-Dokumentation, München 1993; DETAIL 4/1994; Architektur in Deutschland '93 – Deutscher Architekturpreis 1993, Stuttgart 1994; a + u, Architecture and Urbanism No. 291, Dezember 1994; Behnisch & Partner. Bauten und Projekte 1987–1997, Ostfildern 1996; Deutscher Bundestag, Neuer Plenarbereich, Heidelberg 1996; Behnisch & Partner. 50 Jahre Architektur, Berlin 1997.*

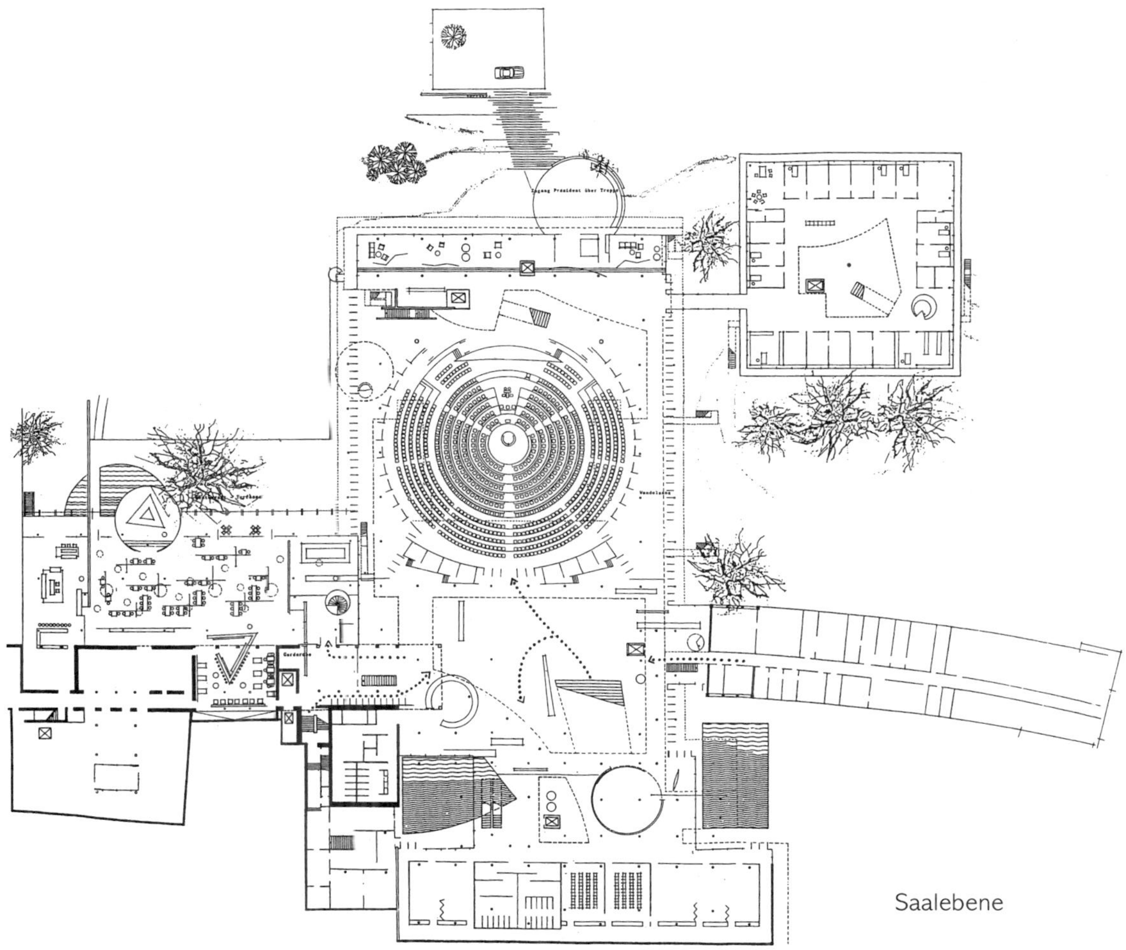

Saalebene

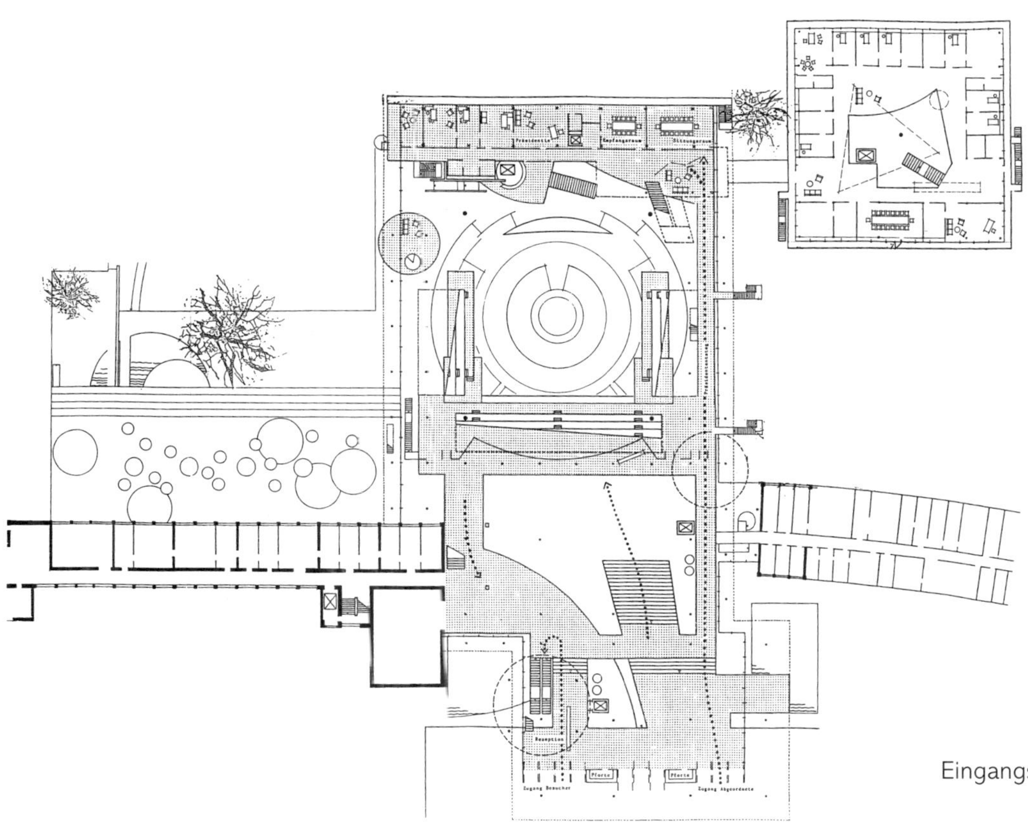

Eingangsebene

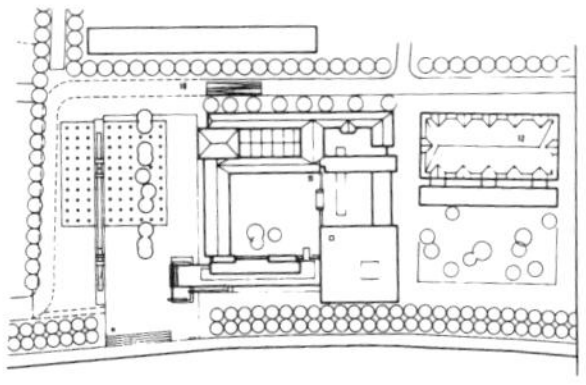

## 1.1.2 Sächsischer Landtag in Dresden

Bauherr — Freistaat Sachsen

Architekt — Peter Kulka, Dresden / Köln
Wettbewerb 1991, 1. Preis
BDA-Preis Sachsen 1993, Preis des Deutschen Stahlbaus 1994,
Auszeichnung Deutscher Architekturpreis 1995
Fertigstellung 1993

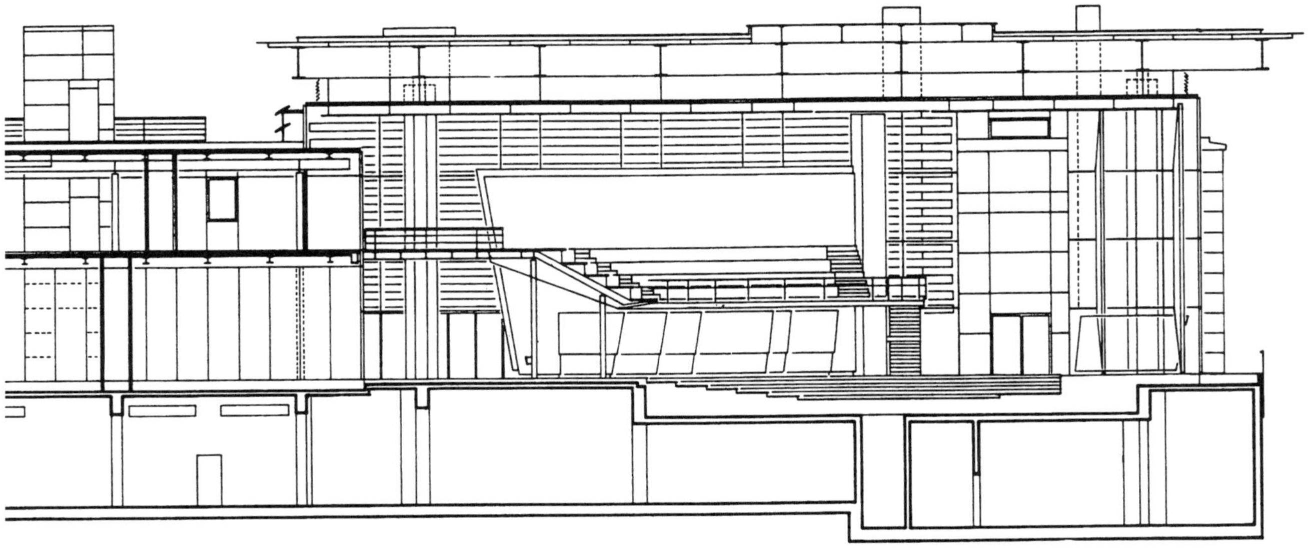

| | | |
|---|---|---|
| Grundstück | 11 875 $m^2$ | GRZ = 0,73 GFZ = 2,77 |
| HNF | 13 909 $m^2$ | |
| NNF | 4 088 $m^2$ | |
| NF | 7 098 $m^2$ | |
| FF | 1 678 $m^2$ | |
| VF | 6 233 $m^2$ | |
| NGF | 25 902 $m^2$ | |
| KGF | 4 296 $m^2$ | |
| BGF | 32 959 $m^2$ | |
| BRI | 142 159 $m^3$ | |
| Faktor | BGF/HNF = 2,37 | BRI/HNF = 10,22 |

Der Sächsische Landtag fügt sich selbstbewußt in das einmalige historische Stadtpanorama Dresdens ein. Er verleiht der parlamentarischen Demokratie im Lande Ausdruck. Die sich zum Fluß hin öffnende, lichtdurchflutete Raumfolge läßt die parlamentarischen Funktionen des Hauses nach außen treten. Der runde, offene Plenarsaal ist als Eckpunkt architektonischer Höhepunkt. Um den Saal legt sich das Abgeordnetenfoyer.

Der Eingangsbereich befindet sich im Elbflügel. Von hier aus erfolgt auch der Übergang zu den Altbauten mit Verwaltungsräumen und den Zimmern der Abgeordneten. Der Lichthof nimmt die Kantine und die Bibliothek auf.

Maßstab — Grundrisse 1 : 800, Schnitt 1 : 250

Quellen — *Bauwelt 24/91 und 3/94; FAZ vom 14. 06. 1991; Wettbewerbe aktuell 9/91; Manfred Sack: »Hereinspaziert« in: DIE ZEIT Nr. 43/1993; Architekturjahrbuch, Deutsches Architekturmuseum, Frankfurt 1993; CENTRUM, Jahrbuch Architektur und Stadt 1994; art 3/94; Archithese 6/94; The Architectural Review 1172/94; Mies-van-der-Rohe-Pavilion, Award for European Architecture 94; Architektur aktuell 172/94; AD – Architectural Design 14/95; Die Bauverwaltung 9/92 und 5/94; Detail 4/96; Pläne des Architekten.*

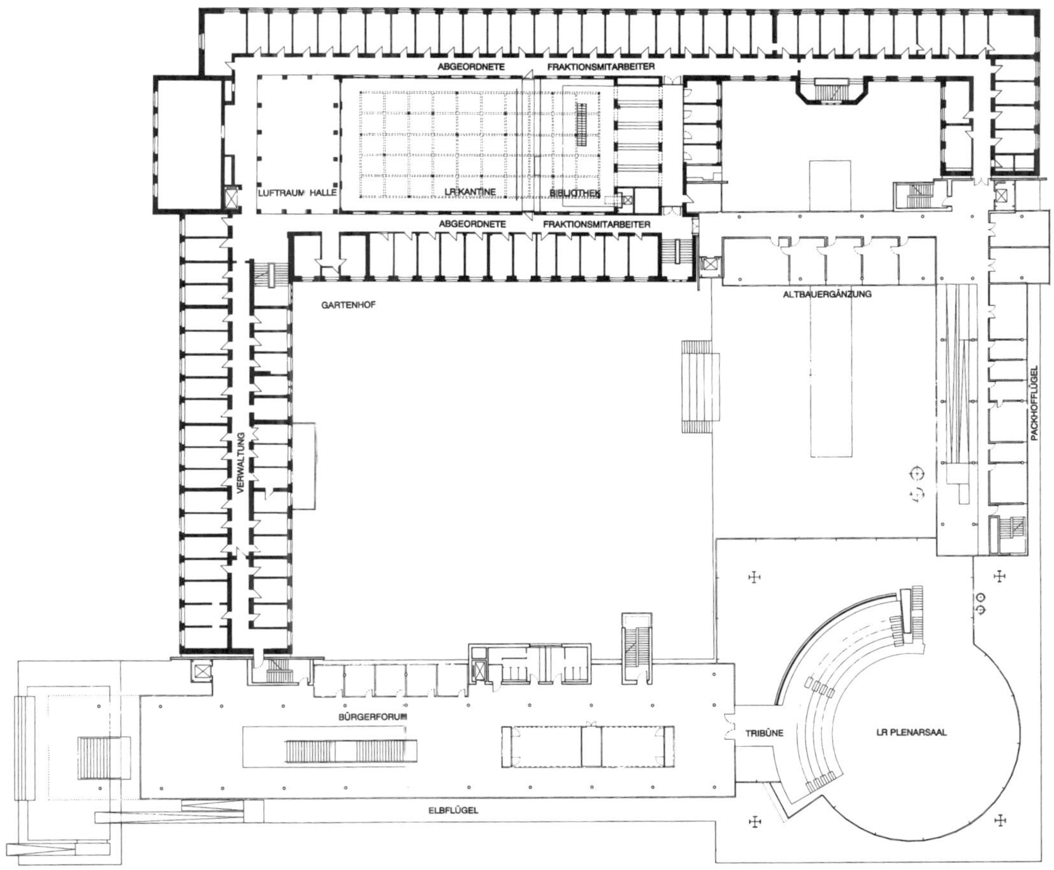


2. Obergeschoß

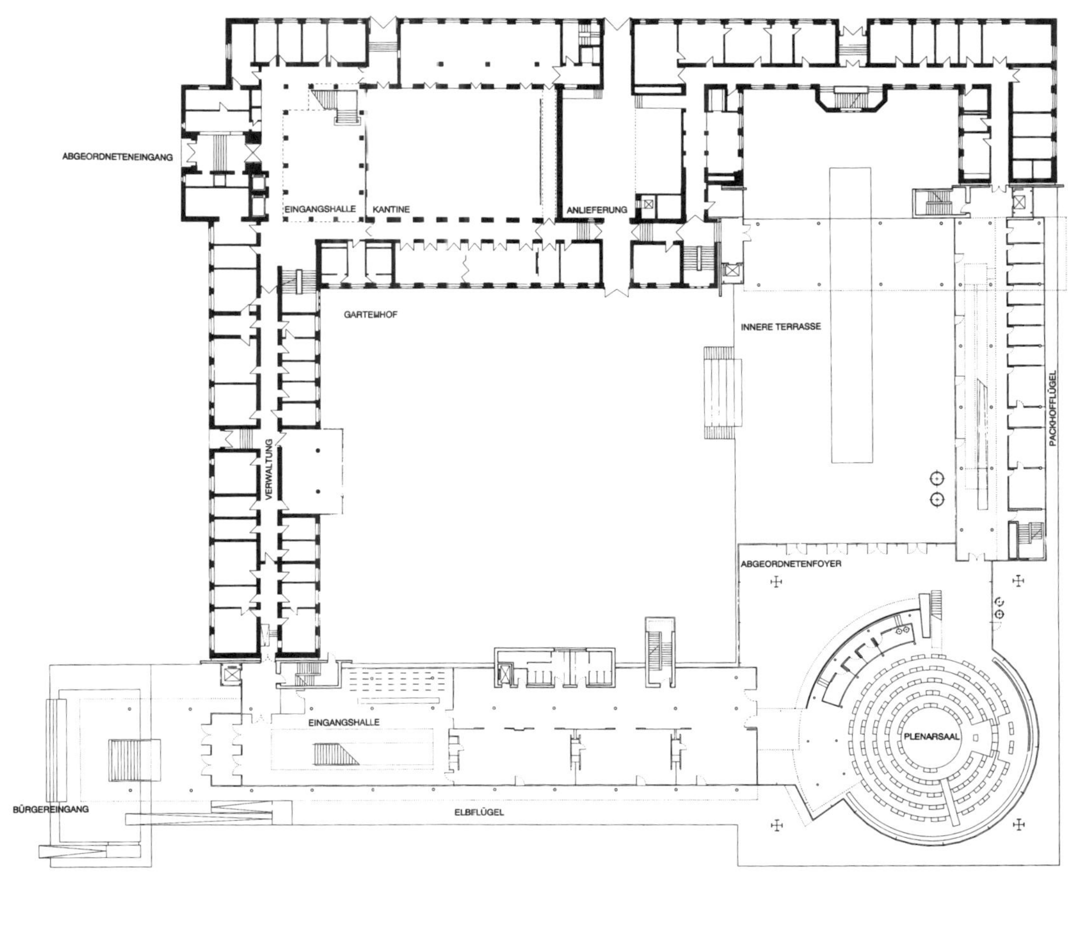


Erdgeschoß

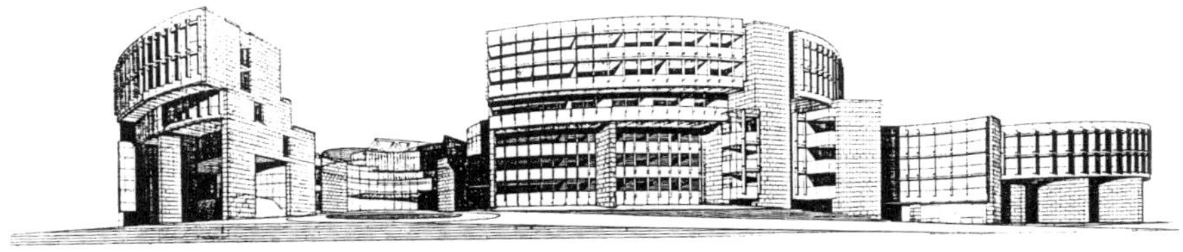

## 1.1.3 Landtag von Nordrhein-Westfalen in Düsseldorf

| | |
|---|---|
| Bauherr | Land Nordrhein-Westfalen vertreten durch das Staatshochbauamt Düsseldorf |
| Architekten | EMW Eller Maier Walter + Partner, Düsseldorf |
| Planungsleiter | Michael Dörstelmann |
| | Bundesoffener Wettbewerb 1979, 1. Preis |
| | Fertigstellung 1988 |

| | | |
|---|---|---|
| Grundstück | 30 064 m² | bebaute Fläche 10 630 m² |
| HNF | 19 233 m² | Tiefgarage für 890 Stellplätze |
| NNF | 2 207 m² | |
| FF | 7 041 m² | |
| VF | 39 806 m² | |
| BRI | 347 768 m³ | |
| Faktor | BRI/HNF = 18,0 | |

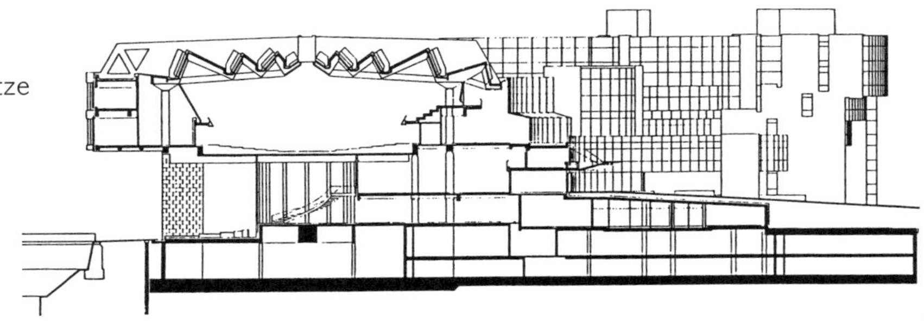

| | | | | |
|---|---|---|---|---|
| Einzelbereiche | Eingangsbereich | 550 m² | Landesregierung | 162 m² |
| | Plenarsaalbereich | 1 888 m² | Landtagsverwaltung | 6 006 m² |
| | Präsidium und Ältestenrat | 501 m² | Wirtschaftsbereiche | 1 466 m² |
| | Sitzungssäle | 1 016 m² | Sicherheits-, Ordnungs- | |
| | Fraktion | 2 933 m² | und Hausmeisterdienste | 616 m² |
| | Arbeitsräume für Abgeordnete | 5 100 m² | Technische Anlagen | 1 366 m² |
| | Parlamentsausschüsse | 360 m² | Raumprogramm insgesamt | 21 944 m² |

Der Landtag ist als »Haus der Bürger des Landes« konzipiert. Es ist den Architekten durch die prägende Kreisform gelungen, dem Parlament eine eigne Identität zu geben. Trotz der weiträumigen, differenzierten Grundrißgestaltung handelt es sich um ein kompaktes Gebäude mit einer klaren Konfiguration. Die Abgeordnetenbereiche der Fraktionen, die Sitzungs- und Ausschußsäle sowie die Abgeordnetenbüros sind funktional klar gegliedert. Ein Bürgerempfang sorgt für Offenheit. Von der Eingangshalle, die man durch einen runden Hof erreicht, gelangt man in das Foyer und von hier weiter in die Räume für die Landtagsverwaltung mit Archiv und Bibliothek, Einrichtungen für Kommunikationssysteme, Räume für Presse- und Fernsehen, die Landespressekonferenz, das Restaurant und die Tiefgarage.
Eine großzügige Freitreppe führt vom Erdgeschoßfoyer in das große Foyer der Ebene 3 mit Zugang zum großen Plenarsaal in Rundform. Darüber befindet sich das Ranggeschoß.

| | | |
|---|---|---|
| Raumbereiche | Ebene 0 | 1 Bibliothek, 2 Archiv, 3 Lesesaal, 4 Dokumentation, 5 Parlamentsspiegel, 6 Landtagsrestaurant, 7 Bedienungstheke, 8 Küche, 9 Innenhof, 10 Poststelle, 11 Druckerei, 12 Telefonzentrale, 13 Fernschreibraum, 14 Lager, 15 und 16 Hausmeisterwohnungen, 17 Sport, 18 Friseur, 19 Innenhof, 20 WDR-Raum, 21 Haustechnik |
| | Ebene 1 | 1 Haupteingang, 2 Garderobe, 3 Informationen, 4 Besucher, 5 Aufzüge, 6–10 Sitzungssäle, 11 Plenum, 12 Ausschußvorsitzende, 13 Haustechnik, 1 Hausverwaltung, 15 Ministerpräsident, 16 Kabinettsaal, 17 Presse |
| | Ebene 2 | 1 Vizepräsident, 2 Verwaltung, 3 Direktor, 4 Petitionen |
| | Ebene 3 | 1 Plenarsaal, 2 Präsident, 3 und 4 Vizepräsidenten, 5–7 Fraktionen, 8 Sitzungssaal, 9–11 Fraktionen, 12 Lobby, 13 Foyer |
| | Ebene 5 | 1 Tribüne, 2 Kabinen, 3 Presse, 4 Sprecher, 5 Informationen, 6–7 Abgeordnete |
| | Ebene 6 | 1–3 Fraktionen |

Maßstab — Grundrisse 1:1100, Schnitt 1:600

Quellen — *Der Neue Landtag Nordrhein-Westfalen, Düsseldorf 1988; Pläne der Architekten.*

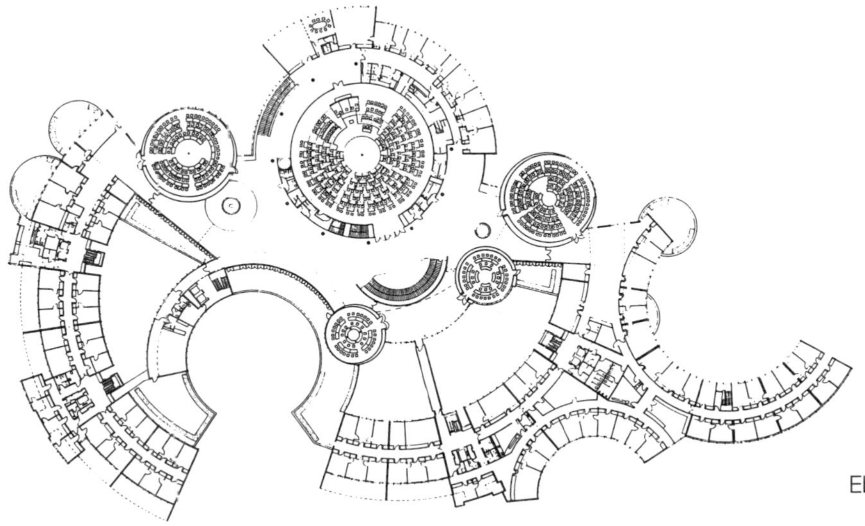

Ebene 3

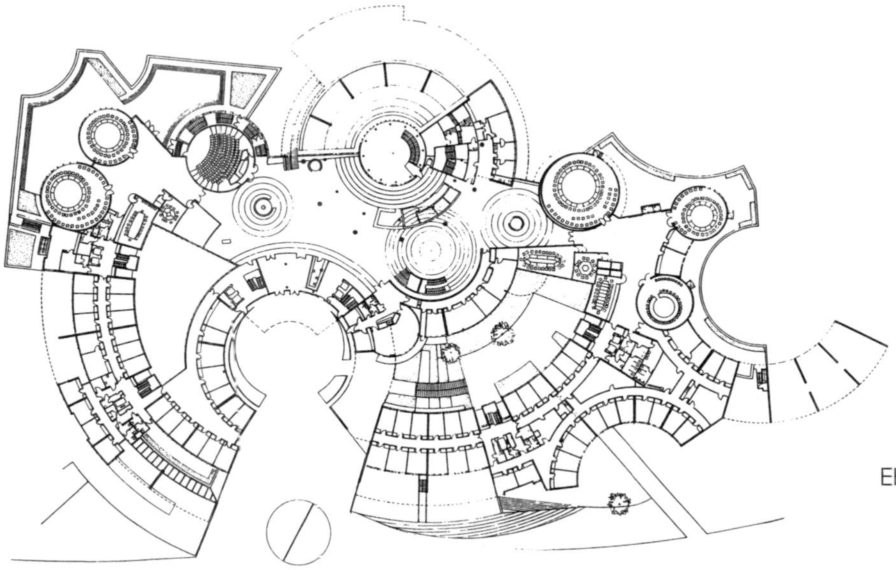

Ebene 1

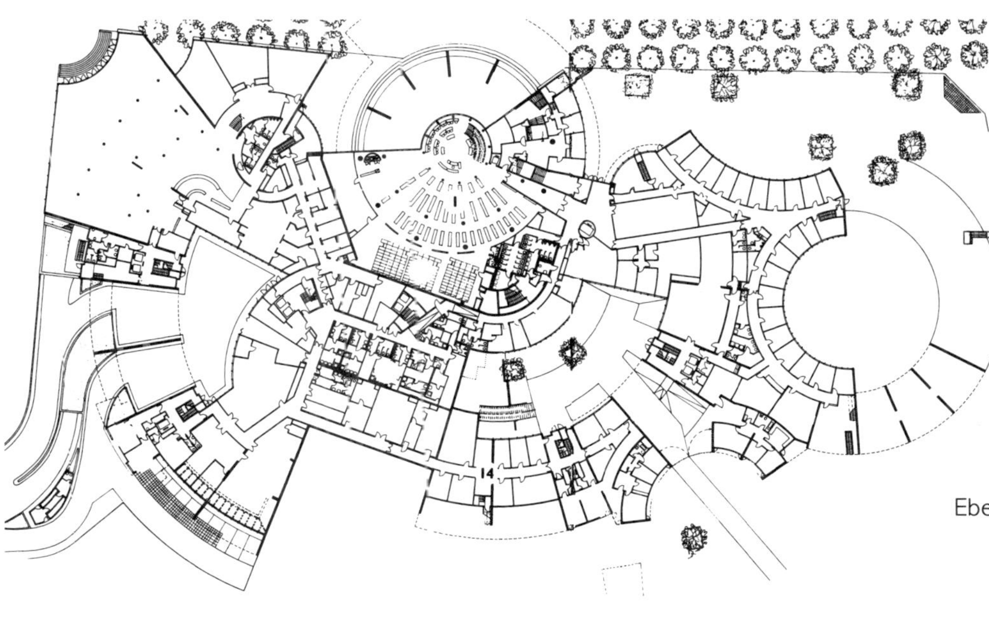

Ebene 0

## 1.1.4 Stadthaus N 1 in Mannheim

| | |
|---|---|
| Bauherren-Gemeinschaft | Stadt Mannheim, MLV-Versicherung, ÖVA-Versicherung |
| Architekten | Carlfried Mutschler & Partner, Mannheim |
| | Joachim Langner, Christine Mäurer, Ludwig Schwöbel |
| Mitarbeiter | P. Dupont, S. Dürr, L. Farinella, K. Giermann, M. Hof, R. Pleitner, D. Pleitner, M. Rezai, A. Richter, M. Rohde, H. Schlautmann, M. Schneider, W. Schwarzbart, D. Siegler, D. Warlo, P. Watzel, B. Zimmerschied-Letsch |
| Kunst | Prof. Otto Herbert Hajek, Prof. Heinz Mack, Atelier für Gestaltung, Werner Baumann. |
| | Wettbewerb 1986, 1. Preis |
| | BDA-Auszeichnung guter Bauten 1993 |
| | Fertigstellung 1992 |

| | |
|---|---|
| Grundstück | 5 774 $m^2$ |
| HNF + NNF | 18 240 $m^2$ |
| FF | 3 710 $m^2$ |
| VF | 5 840 $m^2$ |
| NGF | 27 790 $m^2$ |
| BRI | 125 000 $m^3$ |
| Faktor | BRI/BGF = 6,95 |

Nach mehreren Eigenplanungen der Stadt sowie einem fehlgeschlagenen Bürgerbegehren zugunsten einer historisierenden Lösung wurde nach einem dritten Architektenwettbewerb ein privates Bauherrenkonzept verwirklicht. Die gewählte Zwillingsbauform ist ein für Mannheim typisches Architekturmotiv.
Eine großzügige Eingangshalle mit zwei Treppenhäusern und Aufzugsanlagen erschließt den kompakten Baukörper. Das Podiumsgeschoß wird durch eine eigene gerade Treppe erschlossen. Die Konzeption spiegelt die Anlage der Innenstadt wieder: Quadratform, Achsenbetonung, Mittelrisalit mit Torbogen. Um die Rotunde – als Ausdruck der Begegnung in der Zentralachse – gruppieren sich alle Raumbereiche.

| | | |
|---|---|---|
| Raumbereiche | 2. und 1. UG | 239 PKW-Einstellplätze |
| | EG | Restaurant und Geschäfte |
| | | Podium, Stadtinformation, Abendakademie, Läden, Café |
| | 1.OG | Ratssaal, Bürgersaal, Sitzungsräume, Foyer, Repräsentationsräume, Oberbürgermeister |
| | 2. OG | Stadtbibliothek mit Nebenräumen, Zugänge zu den Saalgalerien |
| | 3. OG | Telekom mit Ausstellungs- und Schulungsräumen |
| | DG | Haustechnische Zentrale |
| | Turm | Aussichtscafé (zweigeschossig) |

Maßstab 1 : 500

Quellen *Glasform 6/91; Carlfried Mutschler + Partner / Bauten und Entwürfe, 2 Bde., Stuttgart 1995; Heinze Deutsche Baudokumentation, Celle 1994; Pläne der Architekten.*

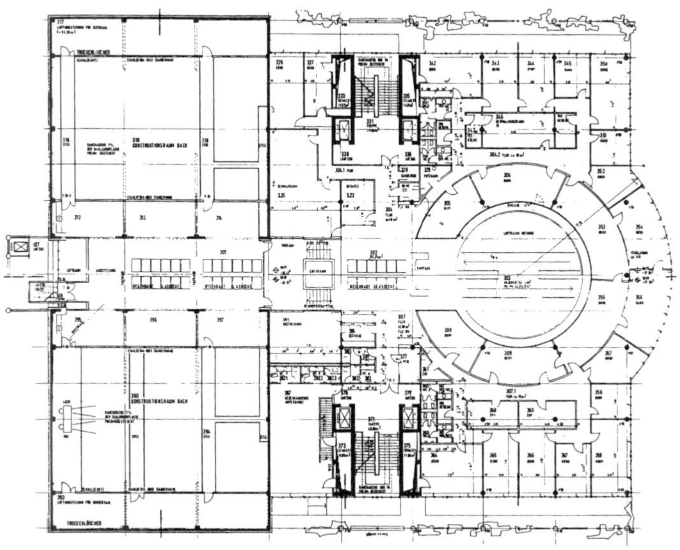

2. Obergeschoß

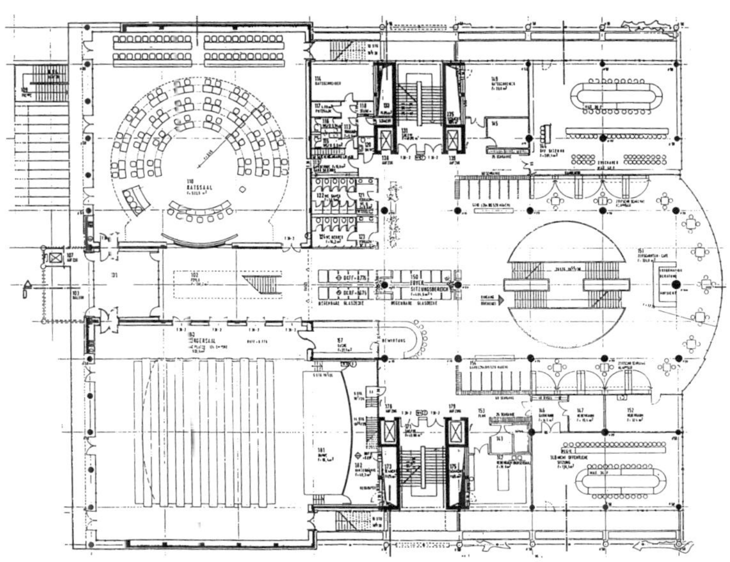

1. Obergeschoß

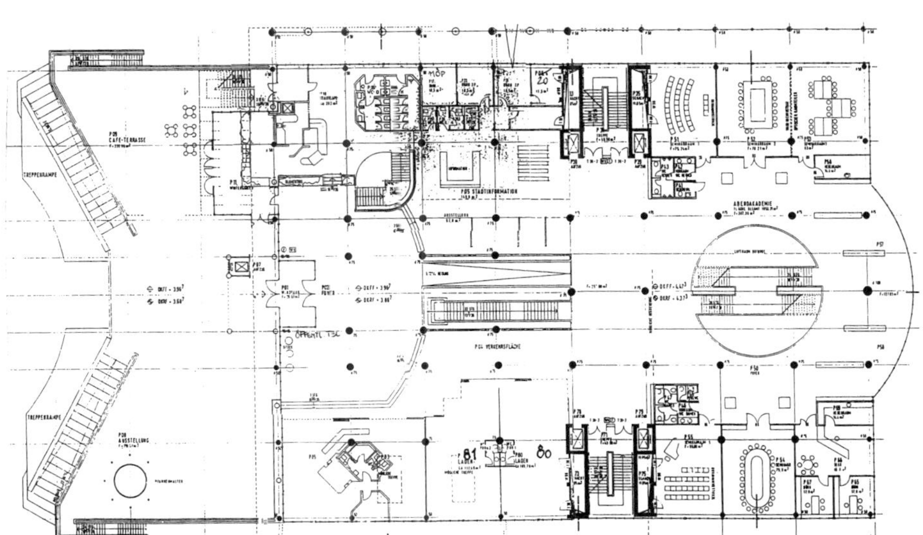

Erdgeschoß

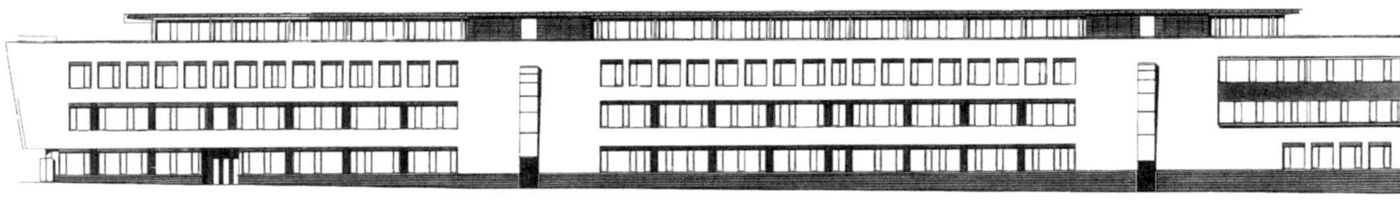

## 1.1.5 Landratsamt in Tuttlingen

| | |
|---|---|
| Bauherr | Landkreis Tuttlingen, vertreten durch das Hochbauamt |
| Architekt | Günter Hermann, Stuttgart |
| Projektleitung | Wolfgang Mayer |
| Mitarbeiter | U. Bäzner, S. Alscher, U. Mergenthaler |
| Tragwerksplanung | Breininger & Partner, Tuttlingen |
| | Öffentlicher Wettbewerb 1988, 1. Preis |
| | Fertigstellung 1993 |

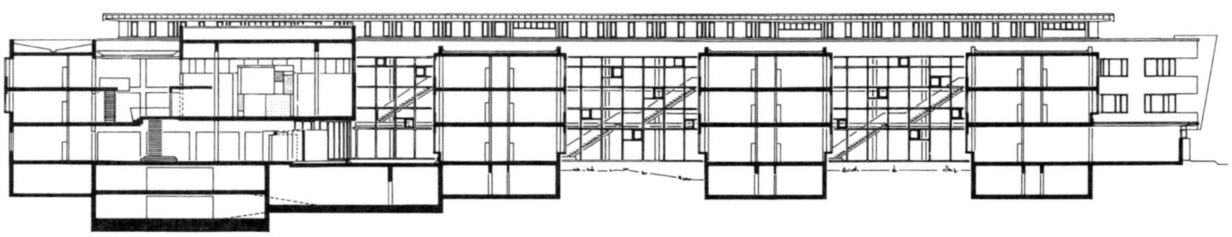

| | | |
|---|---|---|
| Grundstück | 9 241 $m^2$ | GRZ = 1,0 GFZ = 2,0 |
| Nettoflächen | 13 043 $m^2$ | |
| HNF | 6 023 $m^2$ | |
| NNF | 4 050 $m^2$ | |
| FF | 421 $m^2$ | |
| VF | 3 170 $m^2$ | |
| BGF | 15 079 $m^2$ | |
| BRI | 53 370 $m^3$ | |
| Faktor | BGF/HNF = 2,38 BRI/HNF = 8,25 BRI/BGF = 3,46 | |

Die Kreisverwaltung mit ca. 300 Arbeitsplätzen – überwiegend in Einzel- und Doppelbüros – gliedert sich fächerförmig aus einem einbündigen Langbau. Ein großzügiger Zugang führt zur ebenerdigen Erschließungshalle, wo auch das stark frequentierte Ordnungsamt liegt.
Im Eckpunkt von zwei Büro-Schenkeln befindet sich der große Plenarsaal als selbständiger runder Baukörper.

| | | |
|---|---|---|
| Raumbereiche | 2. UG | Tiefgarage |
| | 1. UG | Tiefgarage, Archive, Technikräume, Führungsstelle, Nebenräume |
| | EG | Eingangshalle, KFZ-Zulassungsstelle, Büros |
| | 1. OG | Sitzungssaal, Fraktionen, Krankenhausverwaltung, Hauptamt, Hochbauamt, Sozialamt, Jugendamt |
| | 2. OG | Landratsbereich, Hauptamt, Finanzverwaltung, Planungs- und Bauamt, Umweltamt, Ausgleichsamt, Rechtsamt |
| | DG | Revision, Nahverkehrsamt, Hausmeisterwohnung |

Maßstab 1:600

Quellen *Bauwelt 10/95; Broschüre »Landratsamt Tuttlingen«, Trossingen 1993; Pläne der Architekten.*

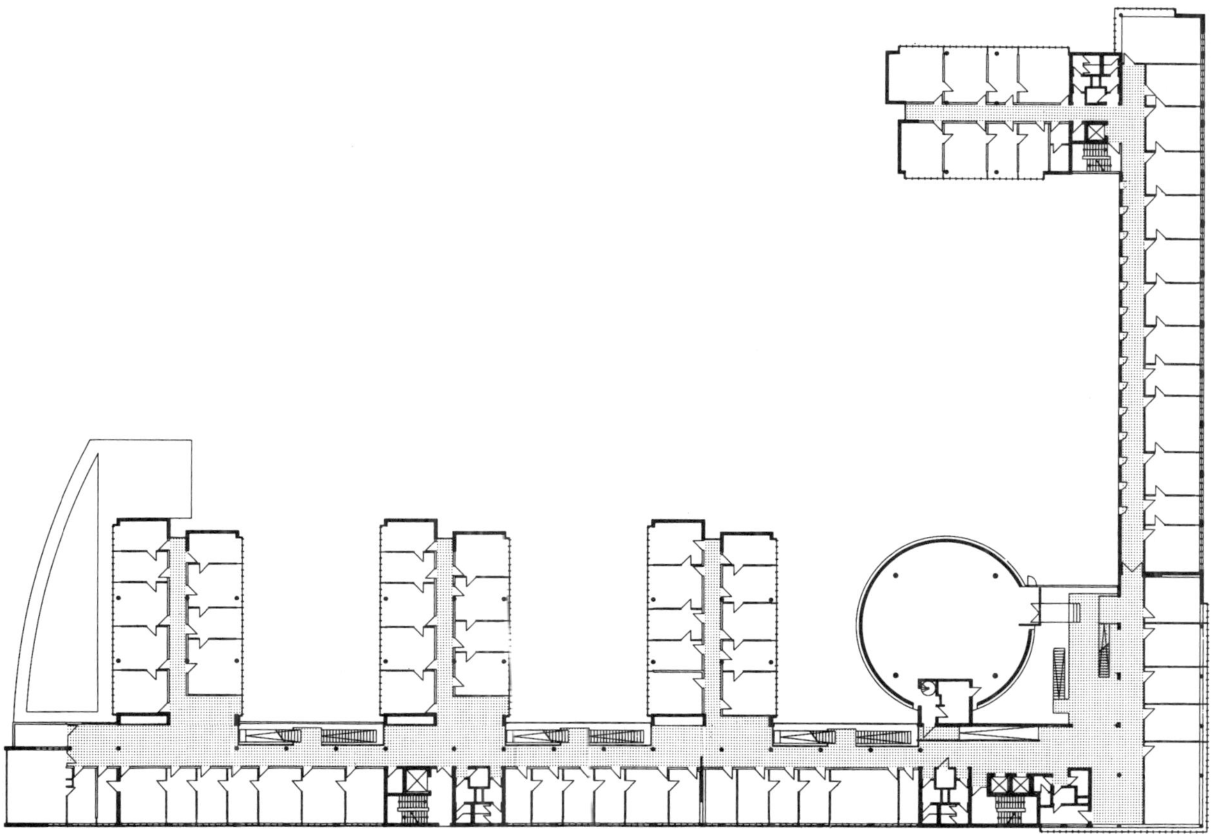

1. Obergeschoß

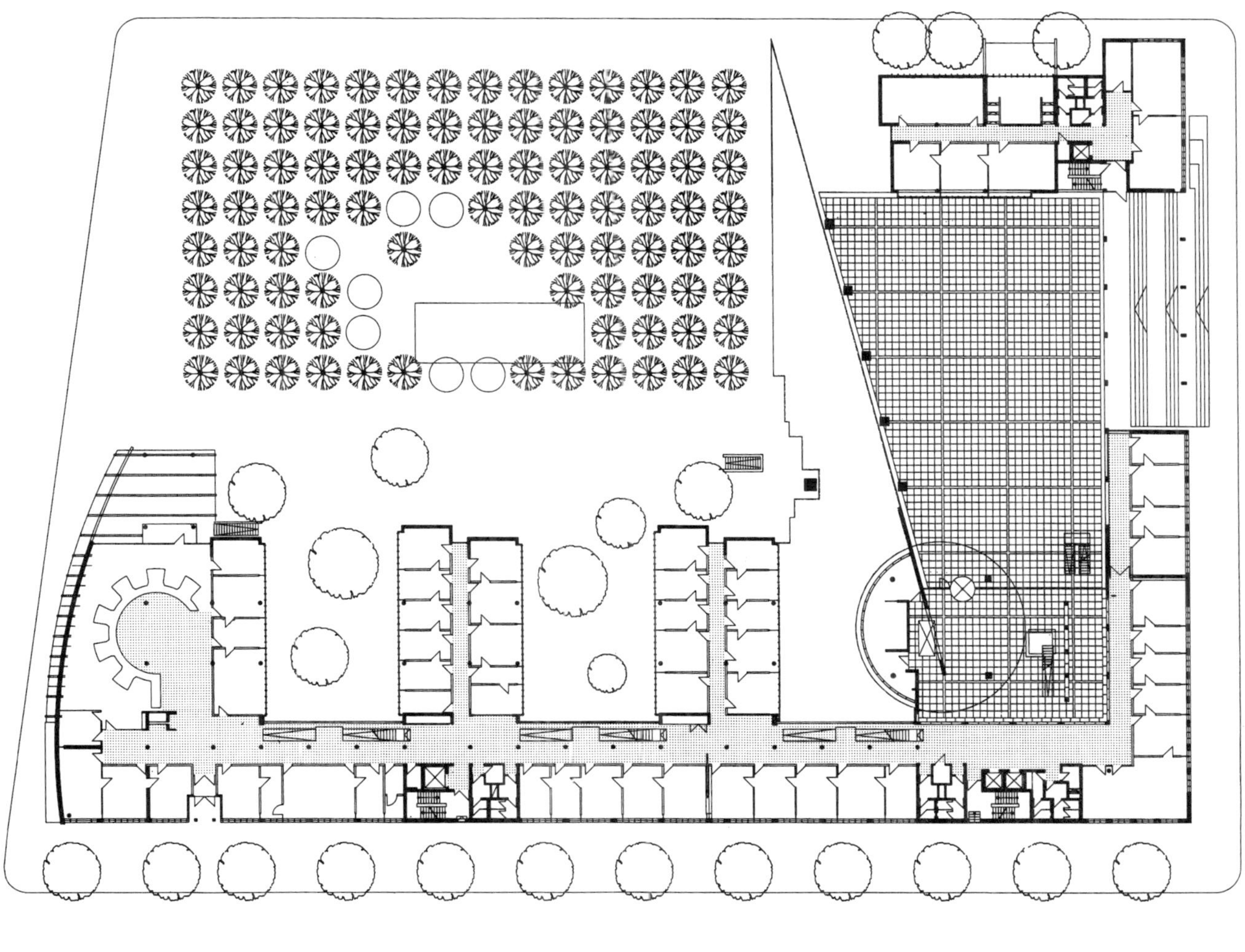

Erdgeschoß

## 1.1.6 Kreishaus Landkreis Oldenburg in Wildeshausen

| | |
|---|---|
| Bauherr | Landkreis Oldenburg |
| Architekten | Angelis & Partner, Oldenburg |
| Mitarbeiter | M. Delor, D. Köhne, E. Behrens, S. Hermann |
| Tragwerks-planung | Ing.-Büro Rewert Wurpts, Oldenburg |
| | Wettbewerb 1985 |
| | Fertigstellung 1988 |
| Grundstück | 35 676 m² |
| HNF | 3 968 m² |
| NNF | 3 584 m² |
| NF | 8 991 m² |
| FF | 564 m² |
| VF | 2 759 m² |
| BGF | 14 623 m² |
| BRI | 49 400 m³ |
| Faktor | BRI/BGF = 3,38 |
| | Tiefgarage mit 117 Einstellplätzen |

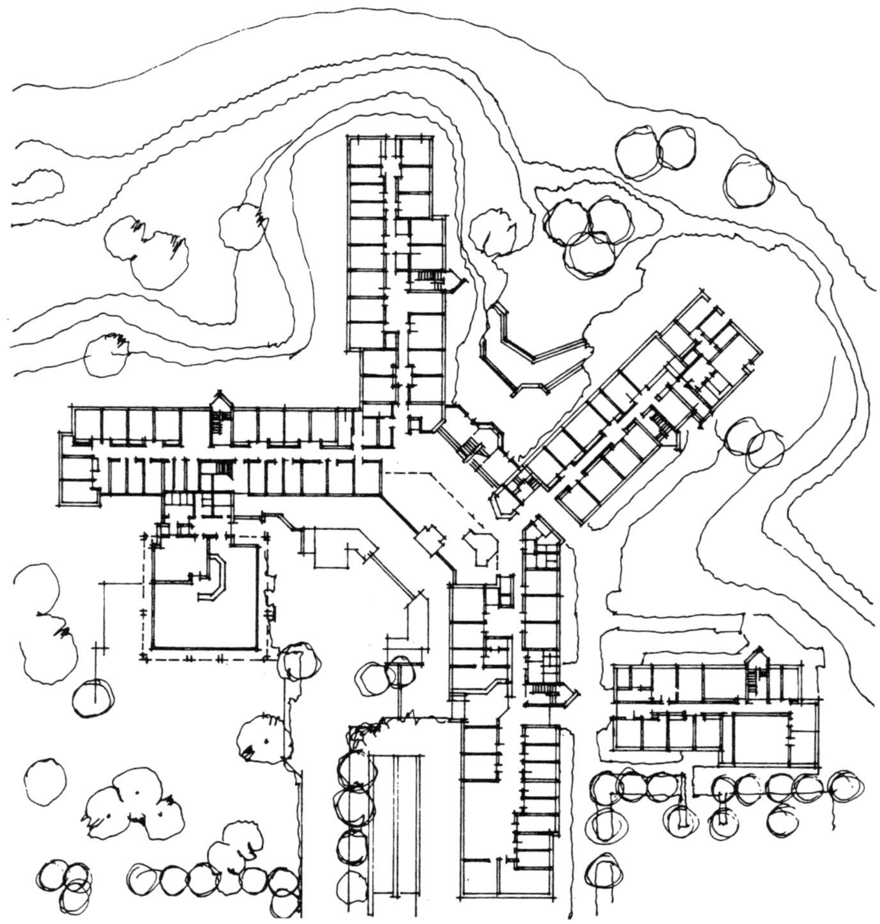

Die dreigeschossige, sternförmige Bauanlage wird zentral erschlossen. Aus der Grundform wachsen drei Büroflügel sowie der parlamentarische Bereich heraus. Der Baukörper wird durch ein für die Region typisches großes Walmdach zusammengehalten.

Raumbereiche

EG Eingangshalle, Führerscheinstelle, Registratur, Sozial- und Ordnungsamt, Kreismusikschule, Kantine, Veterinärwesen, Jugendamt

1. OG Fraktionen, Großer und Kleiner Sitzungssaal, Landrat, Schreibdienst, Bauordnungsamt, Schulaufsicht, Rechnungsprüfungsamt, Kreiskasse

2. OG Verwaltungsleitung, Hauptamt, Tief- und Hochbauamt, Umwelt- und Planungsamt, Kämmerei

Maßstab 1:1000

Quellen

*Broschüre »Das neue Kreishaus, Landkreis Oldenburg«, Wildeshausen 1988;*
*Broschüre Angelis + Partner, Vierzigjährige Jubiläumsschrift, Oldenburg 1995;*
*Heinze Deutsche Baudokumentation, Celle 1990.*

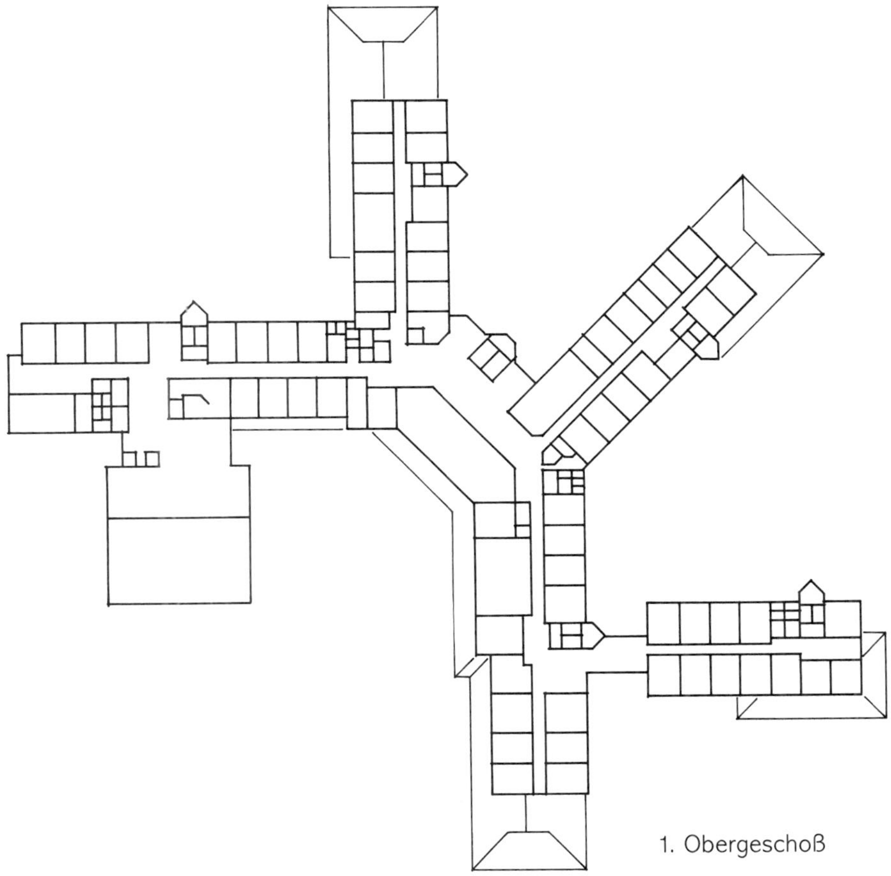

1. Obergeschoß

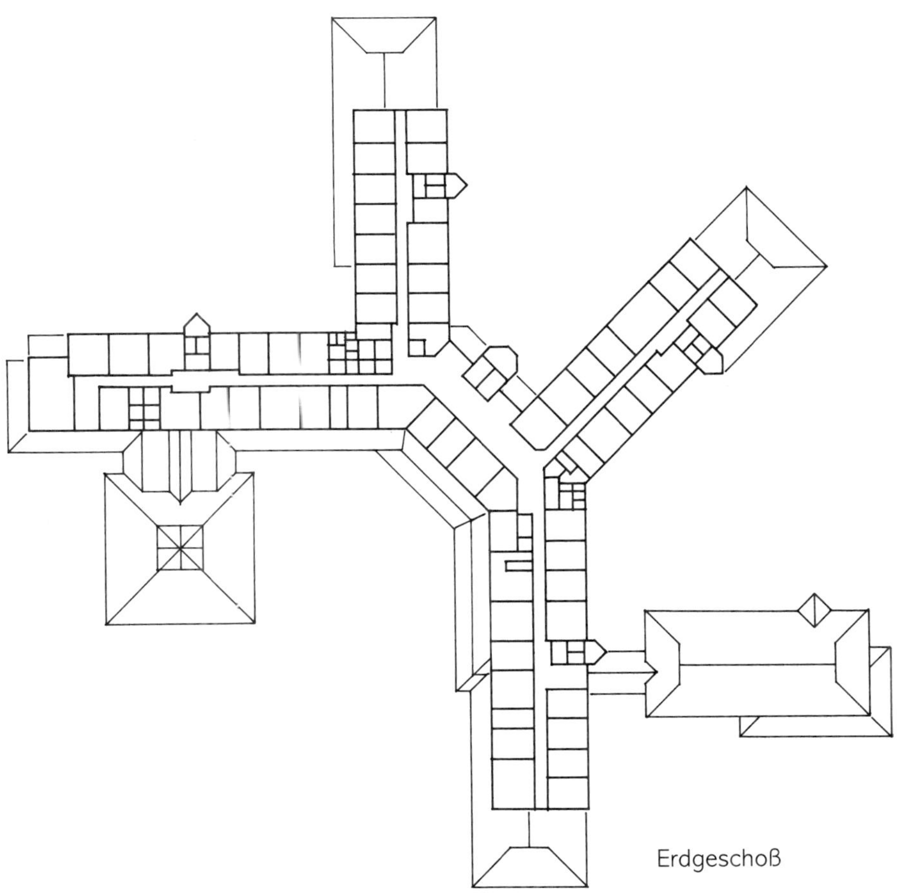

Erdgeschoß

## 1.1.7 Kreishaus in Gütersloh

| | |
|---|---|
| Bauherr | Kreis Gütersloh |
| Architekten | Prof. Gerber & Partner, Dortmund |
| | Wettbewerb 1990, 1. Preis |
| | Fertigstellung 1996 |

Hauptbaukörper inkl. Tiefgarage BRI 90 205 m³ HNF 9 844 m² BGF 24 496 m²
Rotunde BRI 13 790 m³ HNF 1 780 m² BGF 3 028 m²
Straßenverkehrsamt BRI 10 941 m³ HNF 1 409 m² BGF 2 496 m²
insgesamt BRI 13 033 m² BGF 29 953 m²

Faktor BRI/HNF = 8,81 BRI/BGF = 3,84

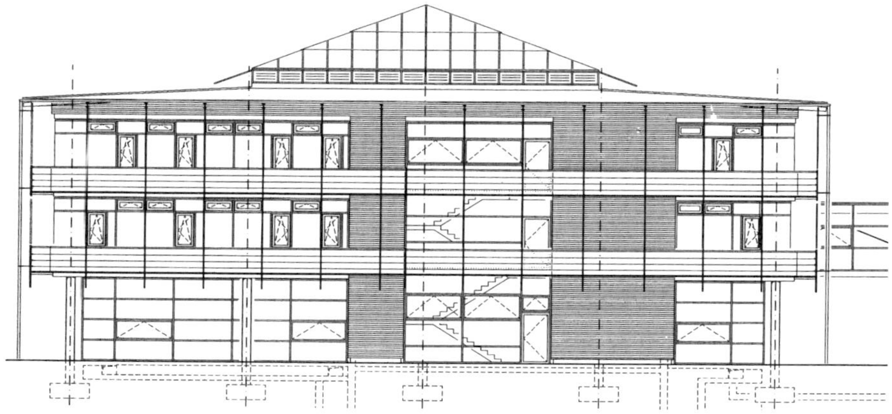

Das Gebäude ist so angelegt, daß alle Ämter zentral über die Eingangshalle erschlossen werden und die autonomen Bereiche zugleich separat über den zentralen Freiraum zu erreichen sind.
Es wurde Wert auf ein einfaches und übersichtliches Erschließungssystem gelegt. Sitzungsbereich und Kantine sind in einem Rundbau zusammengefaßt, der direkt an die Eingangshalle angebunden ist. Kleiner und Großer Sitzungssaal sind über zwei Geschosse entwickelt und verfügen über eine gemeinsame Galerie für Besucher und Presse. Ca. 80 % der erforderlichen Stellplätze sind in einer großflächigen Tiefgarage untergebracht, der Rest ist oberirdisch in stark begrünten, baumbestandenen Anlagen nachgewiesen.
Das Polizeidienstgebäude ist in zwei parallelen Gebäudeflügeln organisiert, die über eine gemeinsame Halle erschlossen sind, wodurch zwei unterschiedlich genutzte Innenbereiche gebildet werden:
der östliche, zur Kreisverwaltung orientierte, als Teil der gemeinsamen zentralen Freifläche,
der westliche als interner Bereich für die Dienstgaragen.

| | | |
|---|---|---|
| Raumbereiche | UG | Tiefgarage mit 335 Einstellplätzen |
| | EG | Eingangshalle, Kantine, KFZ-Zulassung, Gesundheitsamt, Schulamt, Kreisbildstelle. Abgesetzt: Polizeistation mit Gewahrräumen |
| | 1. OG | Kreisorgane, Rechtsamt, Veterinäramt, Straßenverkehrsamt, Soziale Dienste, Kleiner und Großer Kreissaal. Abgesetzt: Polizei, Schießanlage |
| | 2. OG | Hauptamt, Liegenschaftsamt, Personalamt, EDV-Zentrale Abgesetzt: Polizeiverwaltung, Kripo |

Maßstab Grundrisse 1:1400, Schnitt 1:300

Quellen *Wettbewerbe aktuell 8/91; Pläne der Architekten.*

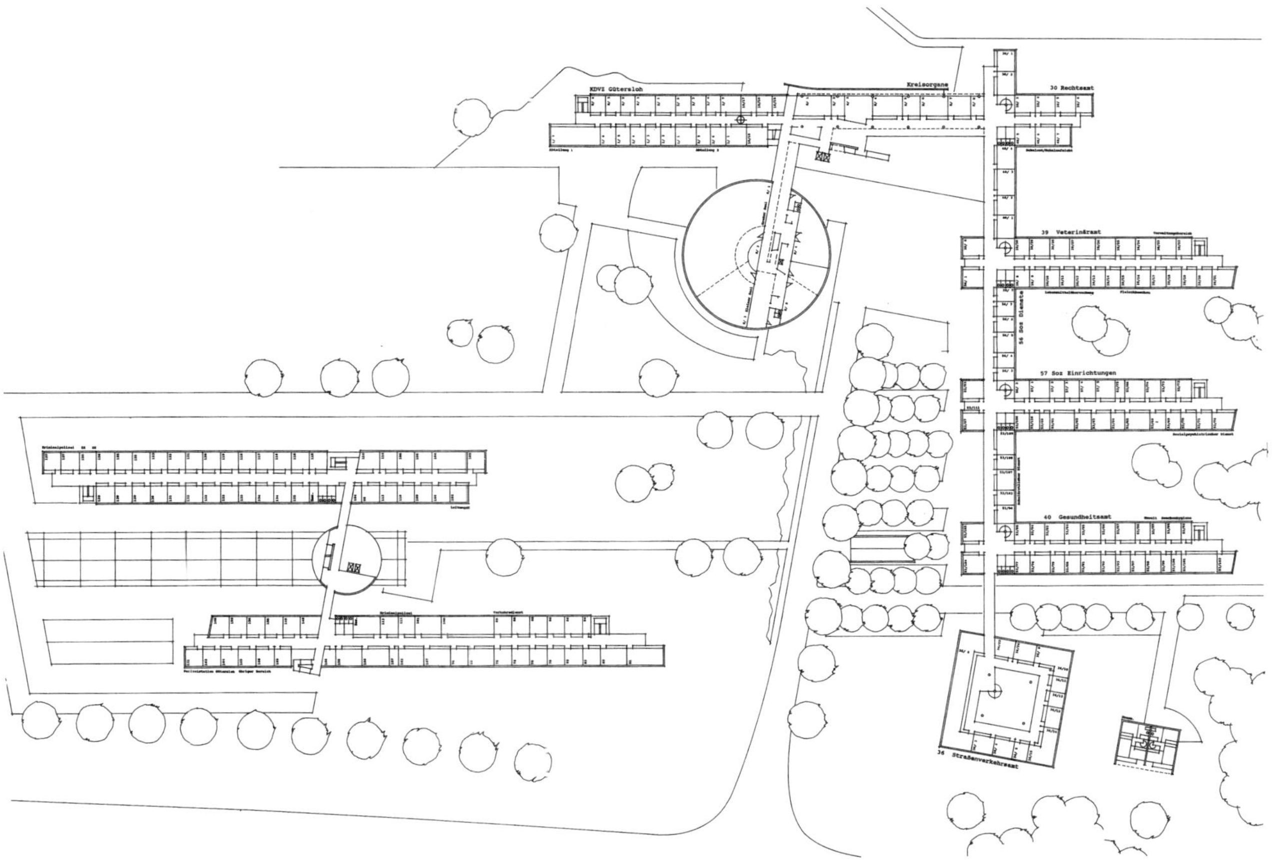

1. Obergeschoß

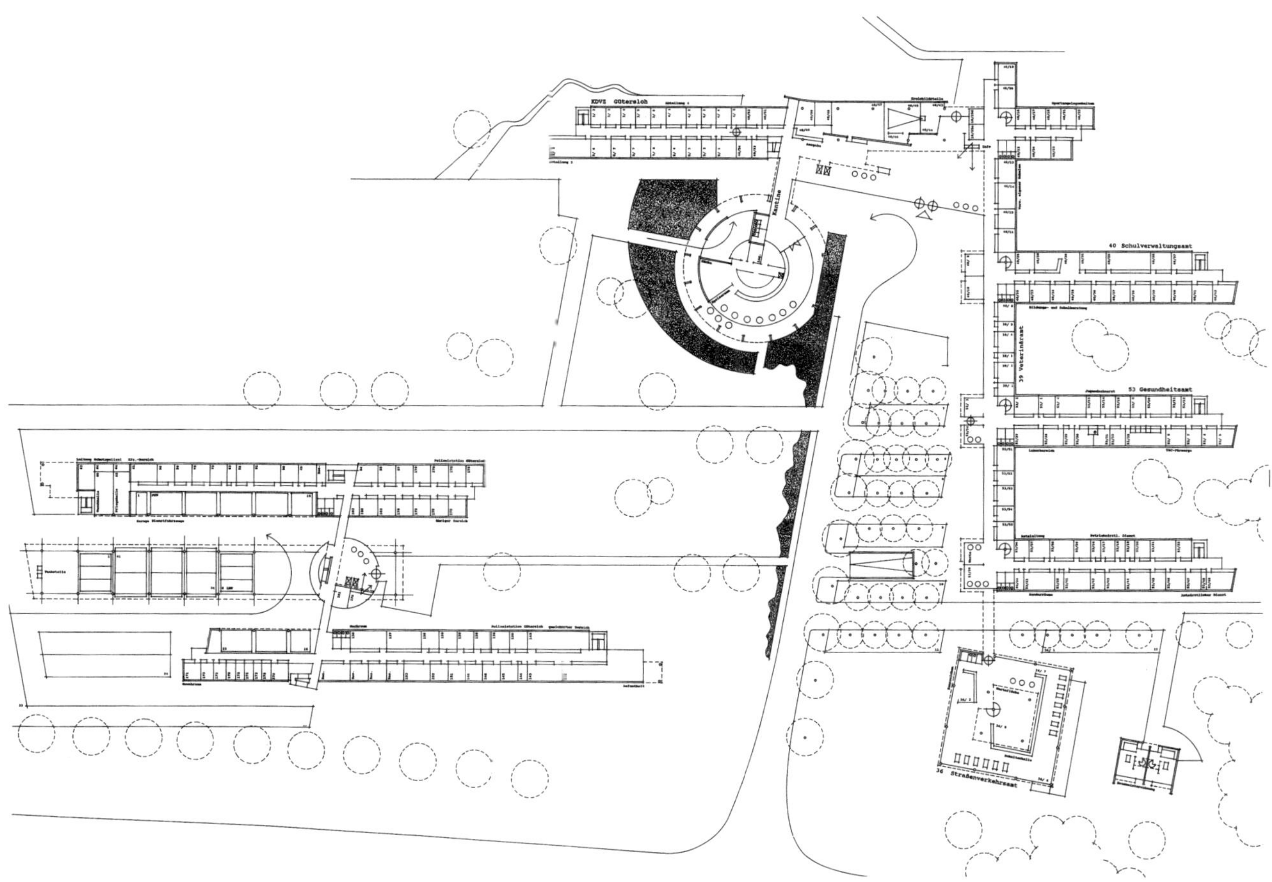

Erdgeschoß

## 1.1.8 Rathaus in Mainz

| | |
|---|---|
| Bauherr | Landeshauptstadt Mainz, vertreten durch das Baudezernat |
| Architekten | Arne Jacobsen + Otto Weitling, Kopenhagen |
| Projektleiter | Dieter Fremerey |
| Mitarbeiter | J. Schütze, H. Henriksen, M. Wöhliche, D. Grunau |
| Tragwerks-planung | Ingenieurbüro M. Folmer Andersen, Kopenhagen |
| | Fertigstellung 1975–76 |

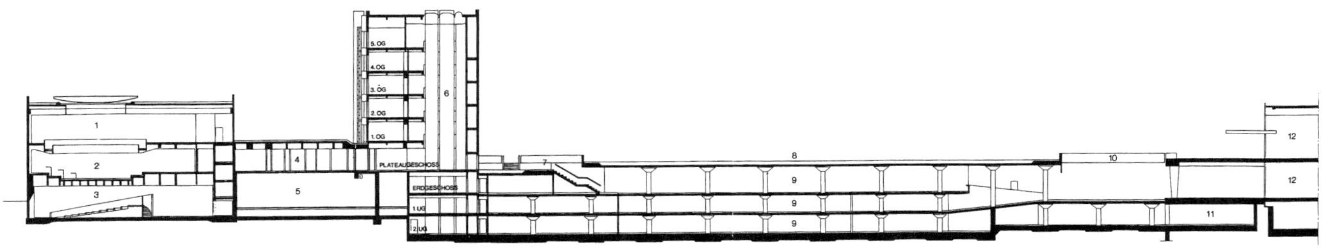


| | |
|---|---|
| BGF | 17 000 m² |
| NF | 15 000 m² |
| BRI | 115 000 m³ |
| Faktor | BGF/BRI = 0,28 |
| | Parkplätze für 55 PKW |

Die Mainzer Altstadt besteht aus prägnanten historischen Gebäuden – Schlösser, Kirchen, Theater und Universität – die wie ein statisches Gerüst die amorphe Kleinteiligkeit alter und neuer Baumassen zusammenhalten. Die dänischen Architekten verlegten die kompakte dreieckige Gebäudemasse mit separatem Ratssaal in die südöstliche Ecke des Rathausplatzes, der einen trockenen Übergang zur Rheingoldhalle ermöglicht.
Die Erschließung erfolgt gebäudemittig vom Platz durch die Eingangs- und Rathaushalle. Die Aufzugsgruppen befinden sich kopfseitig. Auf der südwestlichen Platzseite befindet sich ein Café.
Der abgesetzte Brückenturm beherbergt die Zentrale für Öffentlichkeitsarbeit. Die sechsgeschossige Vorhalle mit drei Aufzugsgruppen leitet über in die große Empfangs- und Ausstellungshalle und erschließt somit das gesamte Haus.

| | | |
|---|---|---|
| Raumbereiche | 1. und 2. UG | Tiefgarage |
| | EG | Eingangshalle, Archiv, Anlieferung, Lager, Klimazentrale, Dienstfahrzeuge, Fahrer, Vortragssaal |
| | Plateau-G | Ratssaal, Standesamt, Fraktionszimmer |
| | 1.–5. OG | Kommunale Organe |

Maßstab 1:750

Quellen *Meyer-Bohe, W.: Baulücken, Stuttgart 1990; Dissing + Weitling arkitektfirma: The City Hall in Mainz, Kopenhagen 1978.*

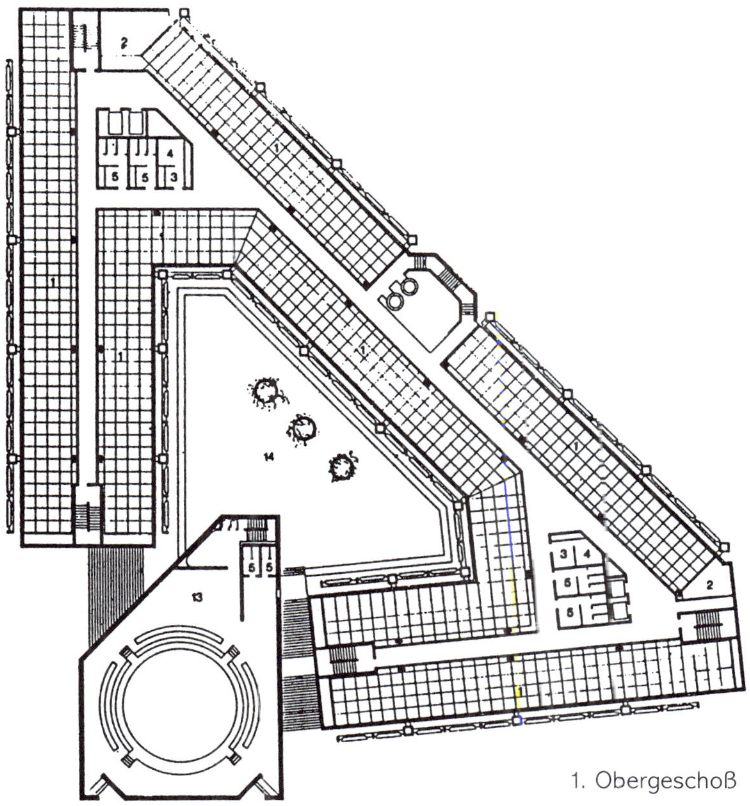

1. Obergeschoß

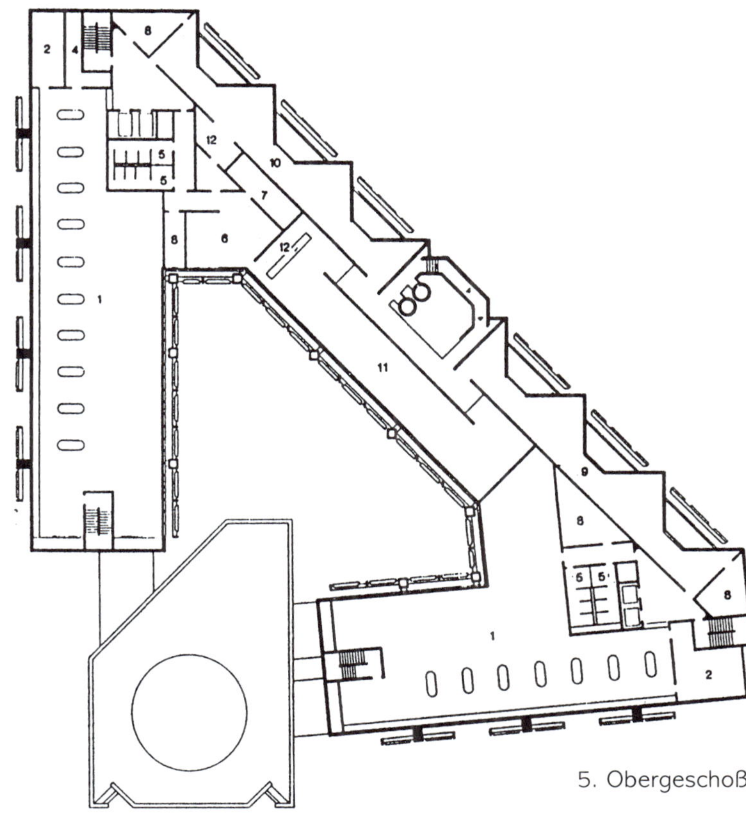

5. Obergeschoß

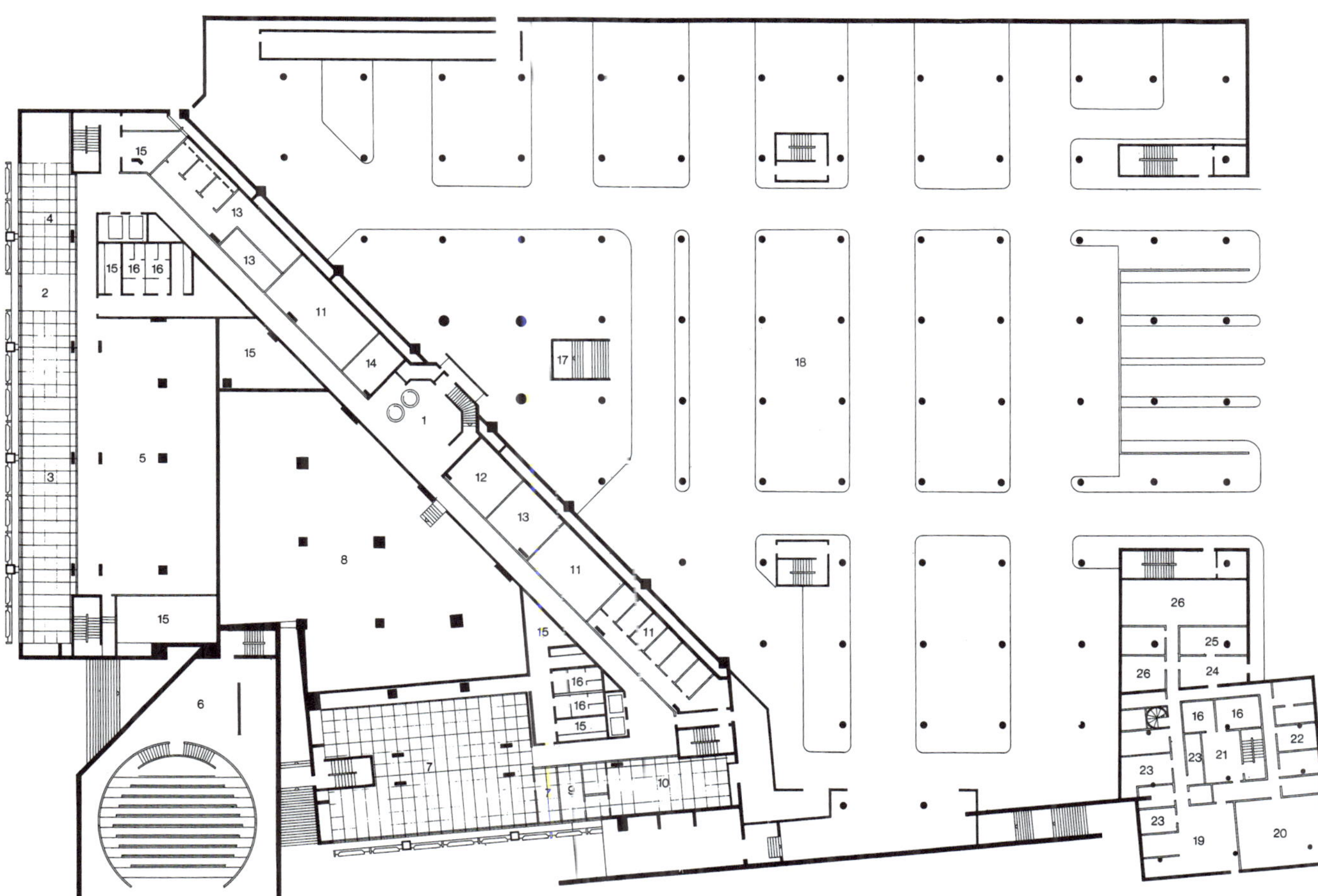

Erdgeschoß

1.1.9 **City Hall in Den Haag/NL**

Bauherr: Stadt Den Haag
Architekten: Richard Meier & Partners, New York

Fertigstellung 1994

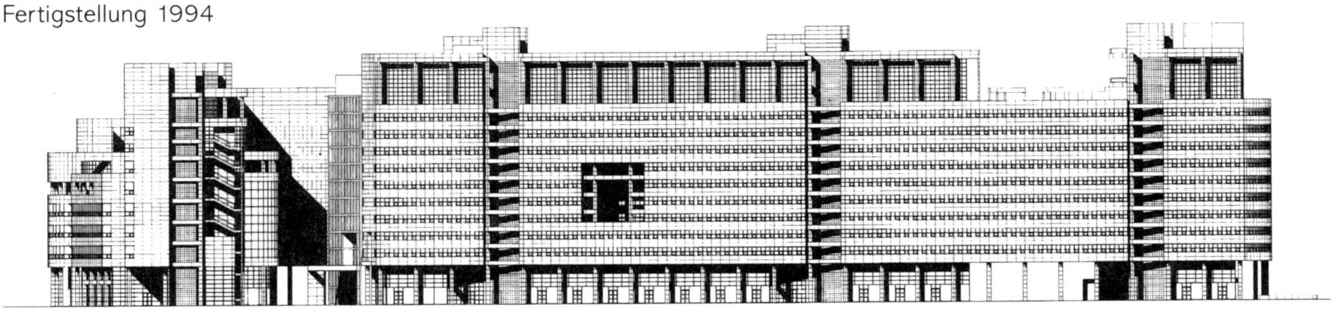

Der innerstädtische Gebäudekomplex besteht aus zwei versetzten elfgeschossigen Winkelbauten. Sie bilden einen trapezförmigen Innenhof, der mit einem Glasdach abgeschlossen ist. Es ist bemerkenswert, daß das Bauwerk unterschiedliche öffentliche Einrichtungen beinhaltet wie Verwaltungsstellen der Provinzialregierung, das kommunale Rathaus und die Stadtbibliothek. Die beiden äußeren Trakte verlaufen im Winkel von 10,5 Grad zueinander. Die Stadtbibliothek besteht aus halbkreisförmigen Elementen. Auch einige Läden sind integriert.
Das große freigespannte Atrium bildet das Herz der Anlage, es ist Ausdruck der res publica. Von hier aus werden alle Bereiche erschlossen. Die oberen Geschosse sind durch freistehende Aufzüge zugänglich.

Maßstab: 1:1200

Quellen: *Ingeborg Flagge, Oliver G. Hamm: Richard Meier in Europe, Berlin 1997; Pläne der Architekten.*

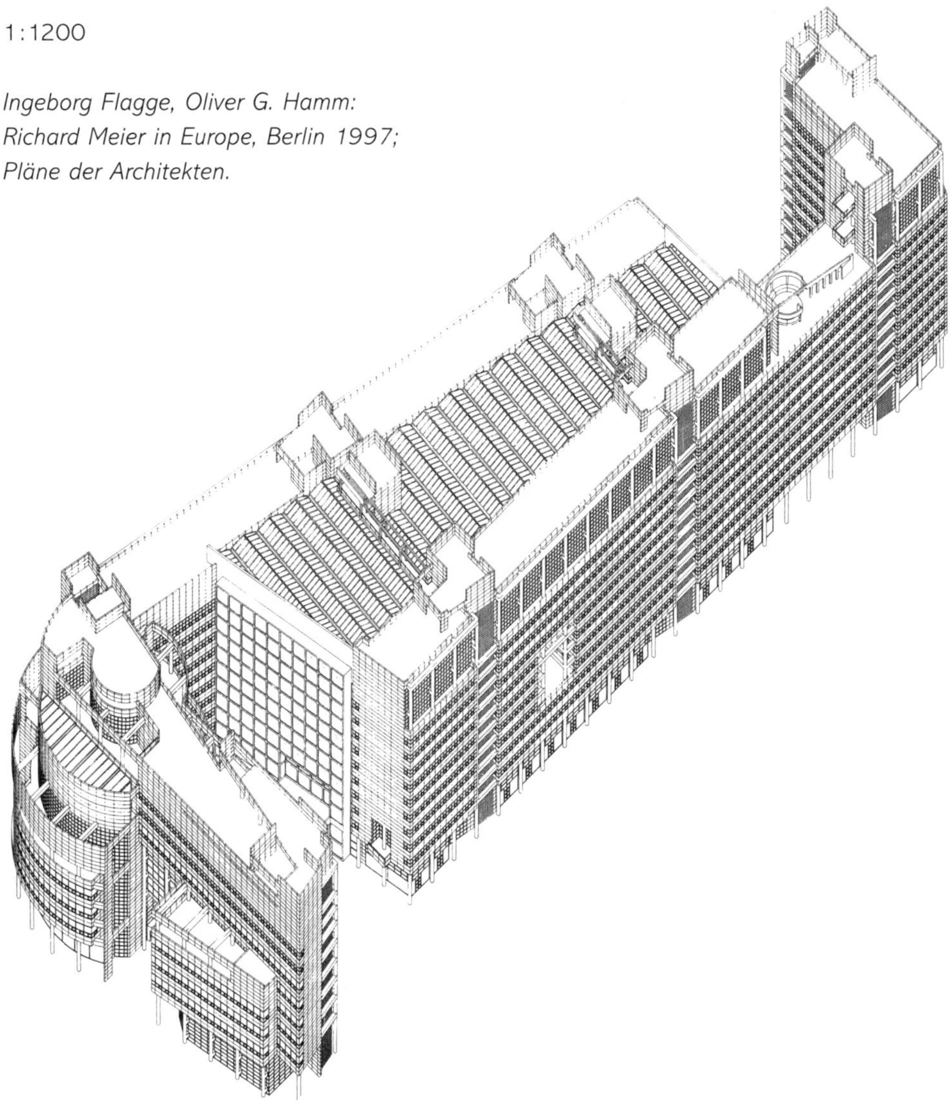

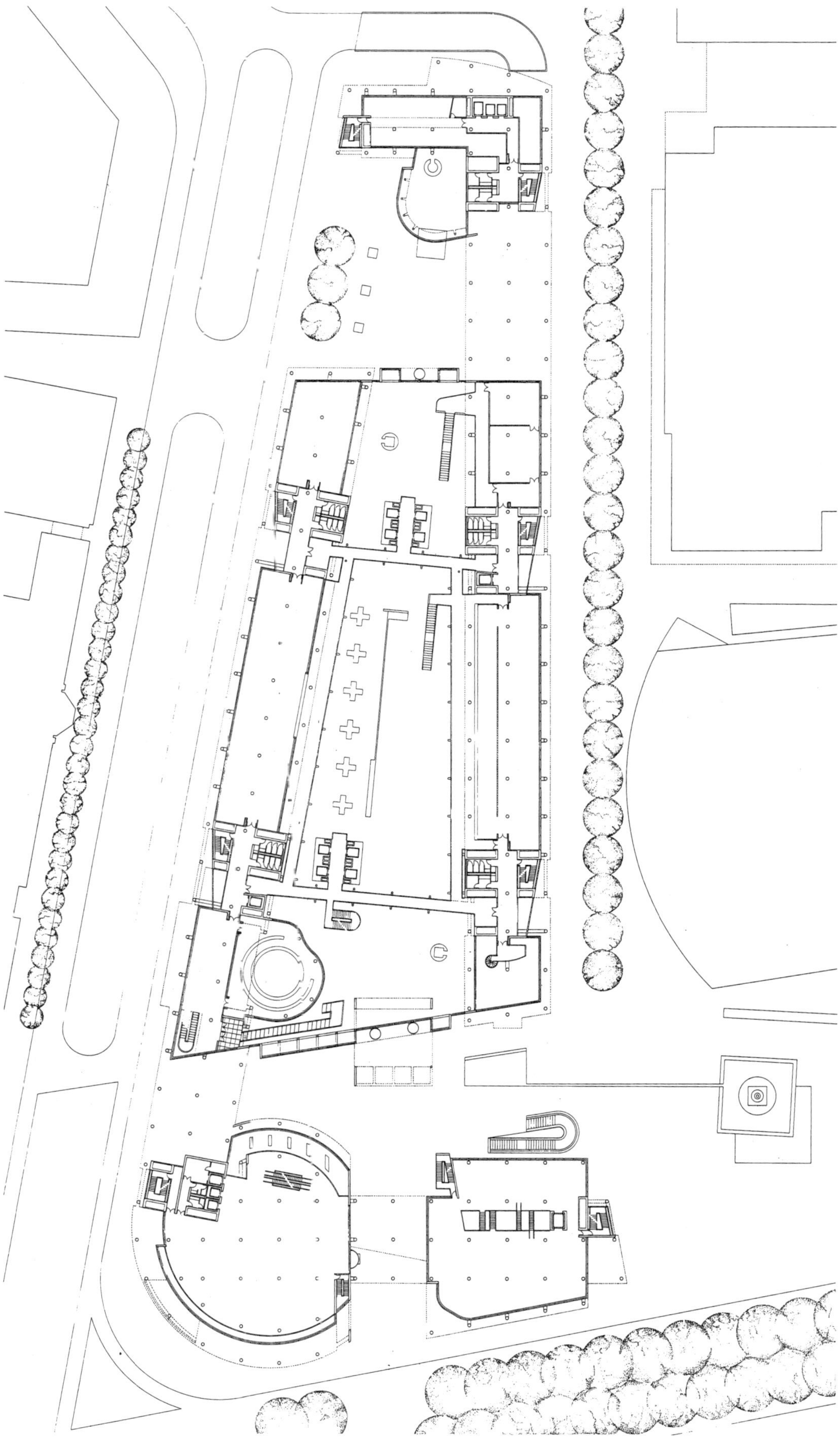

Erdgeschoß

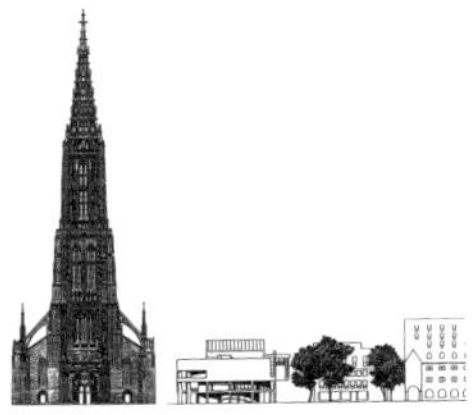

## 1.1.10 Stadthaus in Ulm

Bauherr — Stadt Ulm, vertreten durch das Baudezernat
Architekten — Richard Meier & Partners, New York
Wettbewerb 1986, 1. Preis
Anerkennung Deutscher Architekturpreis 1995
Fertigstellung 1993

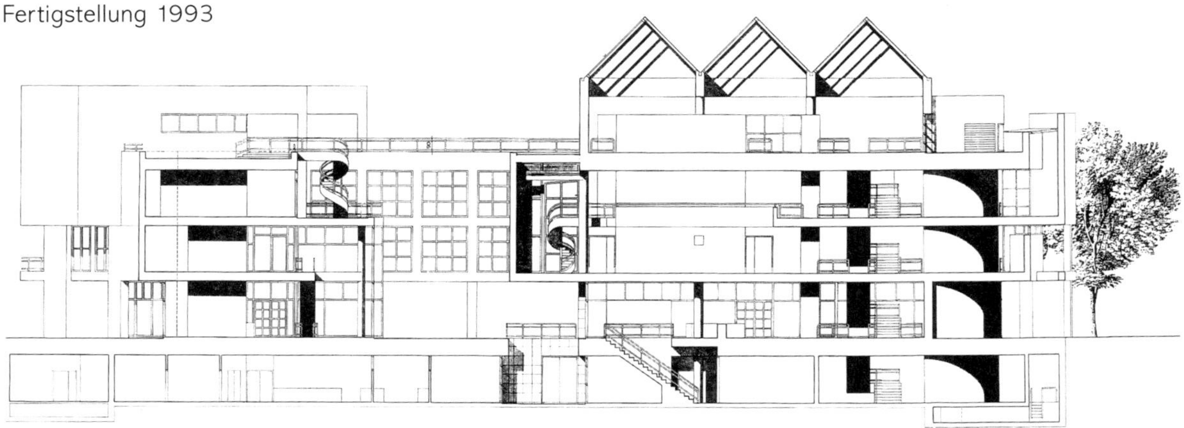

| | | |
|---|---|---|
| Grundstück | 2 350 m² | |
| HNF | 2 547 m² | = 85 % |
| NNF | 436 m² | = 15 % |
| NF | 2 982 m² | = 100 % |
| FF | 636 m² | = 21 % |
| VF | 550 m² | = 19 % |
| NGF | 4 168 m² | = 140 % |
| BRI | 28 815 m³ | |
| Faktor | BRI/HNF = 11,32 | |

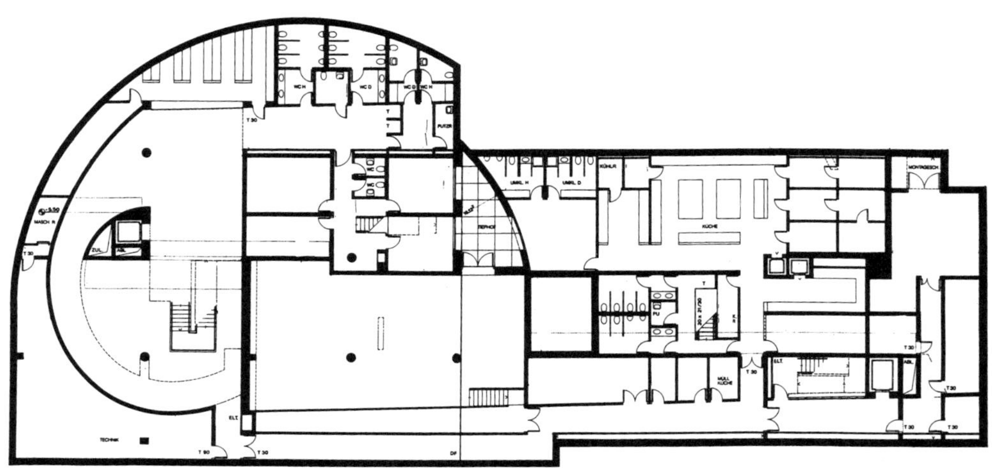

Untergeschoß

Das Stadthaus stellt eine städtebaulich herausragende Lösung im Platzbereich des Ulmer Münsters dar. Anstelle üblicher Anpassung und Unterordnung wurde eine ausgeprägte eigene Form entwickelt, die im Gleichgewicht zum mächtigen Münster steht. Das eigenwillige Gebäude enthält u. a. Räume für die Öffentlichkeitsarbeit.

Raumbereiche
- UG — Ausstellungsraum, Schließfächer, Technik, Küche mit Kühlräumen, Anlieferung
- EG — Arkadenrundgang, Foyer, Verkehrsverein, Reisebüro, Kartenverkauf, Restaurant
- 1. OG — Vortragssaal, Ausstellungen, Galerie, Restaurant
- 2. OG — Ausstellung und Galerie
- 3. OG — Ausstellung, Terrasse, Technik

Maßstab — 1:450

Quellen — *Beton Prisma 66/94; Die Bauverwaltung 8/94; Heinze Deutsche Baudokumentation Celle 1995; VFA Profil, Oldenburg 5/97; Ingeborg Flagge, Oliver G. Hamm: Richard Meier in Europe, Berlin 1997.*

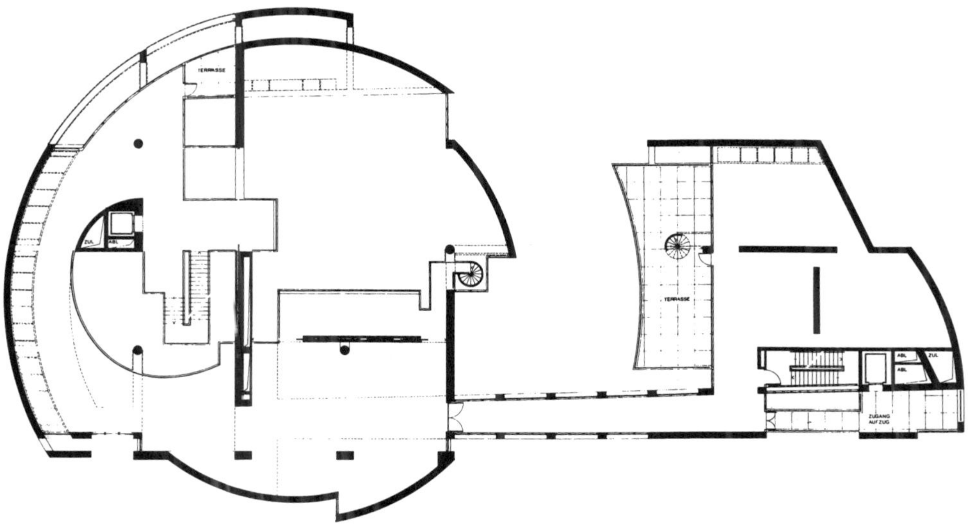

2. Obergeschoß

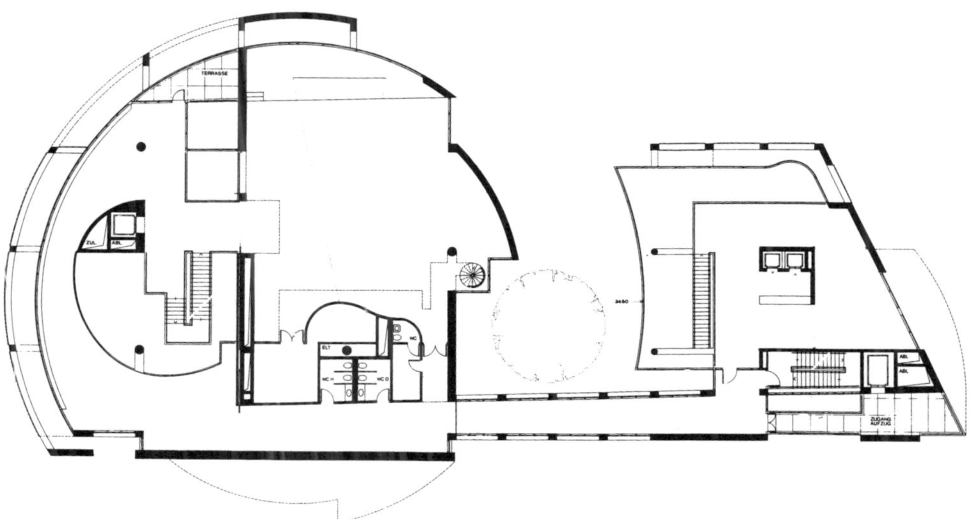

1. Obergeschoß

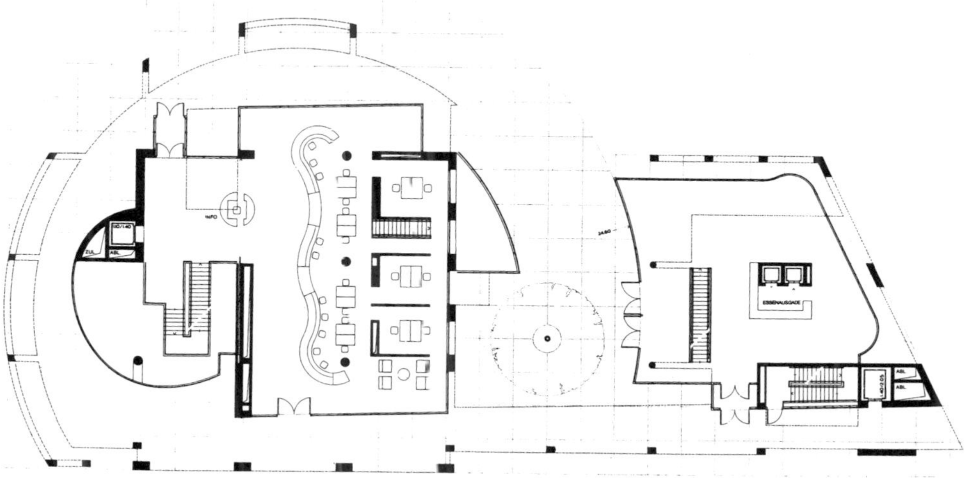

Erdgeschoß

## 1.1.11 Rathaus in Bad Honnef

Bauherr — Stadt Bad Honnef, vertreten durch den Stadtdirektor
Architekten — Prof. Joachim Schürmann und Margot Schürmann, Köln
Mitarbeiter — W. Dittmann, R. Theurich, T. Stelling
Fertigstellung 1983

HNF — 4 361 m²
BRI — 45 372 m³
Faktor — BRI/HNF = 10,4

Das Bauwerk ist wesentlicher Bestandteil der Platzgestaltung.
Das Erdgeschoß nimmt ein großzügiges Foyer, die Bibliothek sowie Konferenzräume und die Fläche eines Cafés auf. Die oberen Geschosse sind ausschließlich der Verwaltung vorbehalten. Auffallend sind die großzügigen Flure, wobei die mittig gestellten konstruktiven Stützen den halbseitigen Einbau von Garderobenschränken ermöglichen. Von den prominenten, erkerbestückten Büroräumen des Kopfendes ergeben sich Ausblicke auf das nahe Siebengebirge. Der als Mehrzwecksaal konzipierte große Ratssaal wird von einer abgehängten Galerie umgeben. Auffallend sind die breiten Flure und die geräumigen Wartebuchten abseits vom Gedränge. Die Treppen sind vom Marktplatz abgewandt.

Raumbereiche
EG — Eingang, Foyer, Bibliothek, Konferenzräume, Café
OG — Verwaltungsräume

Maßstab — 1:650

Quellen — *Bauwelt 37/83; Pläne der Architekten.*

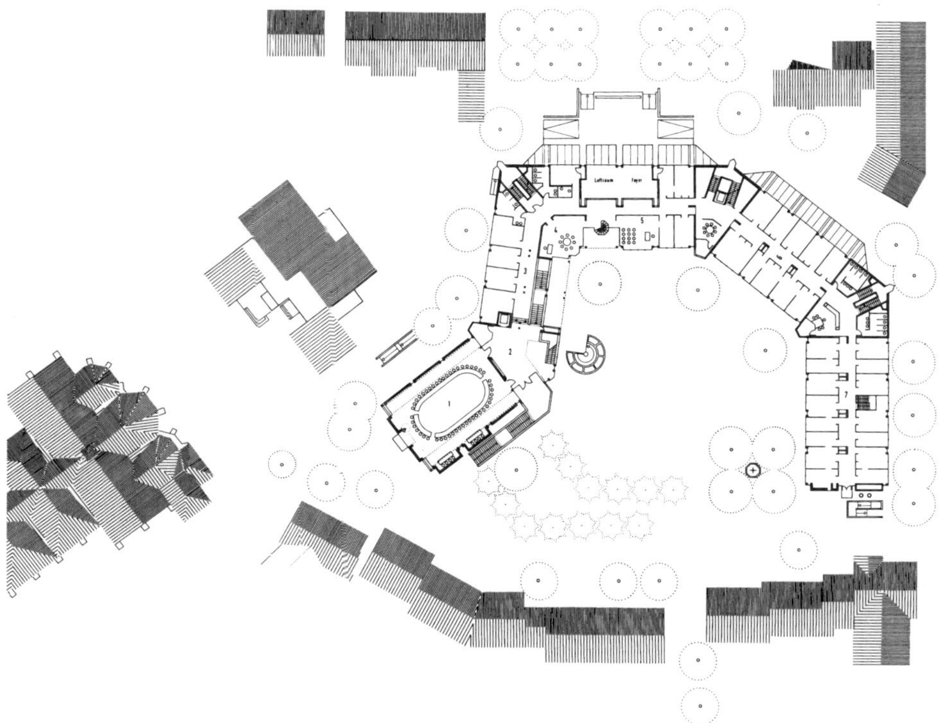

1. Obergeschoß

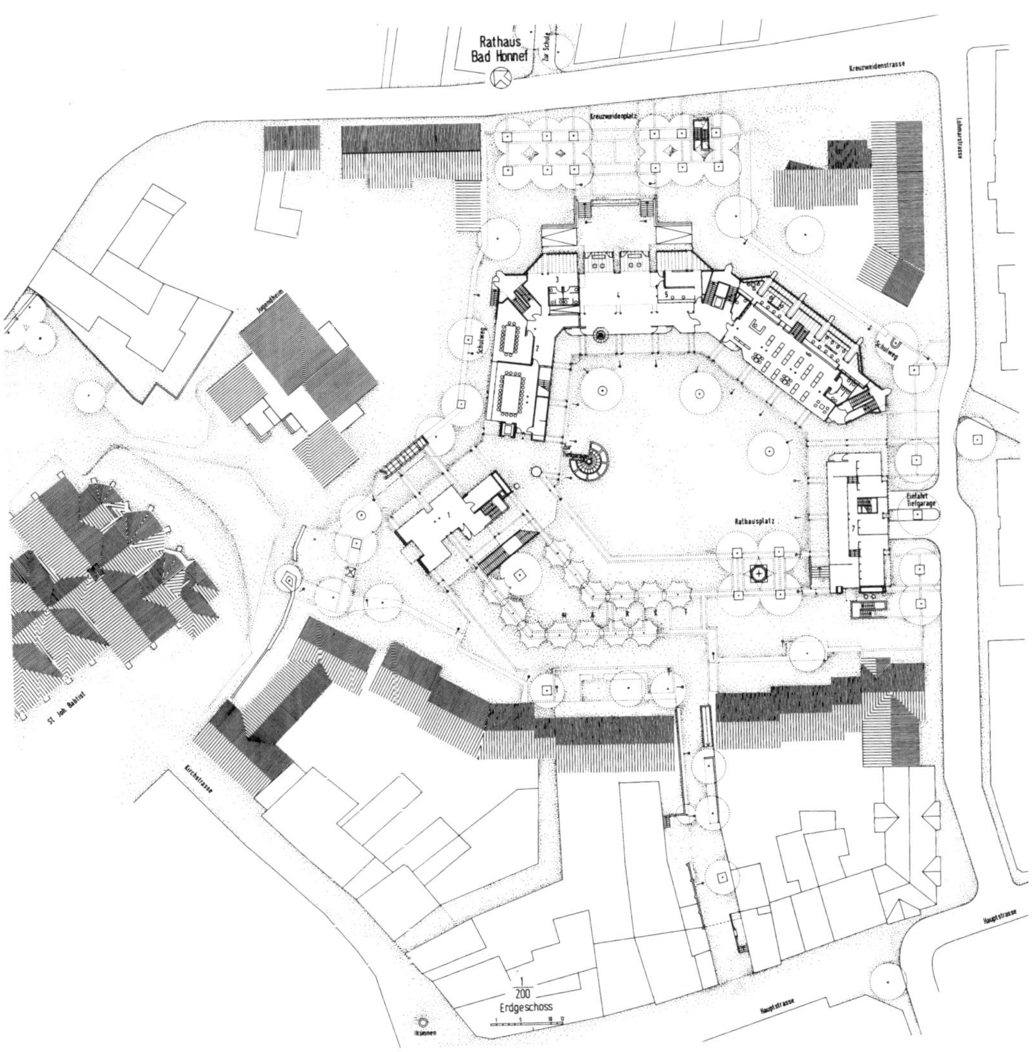


Erdgeschoß

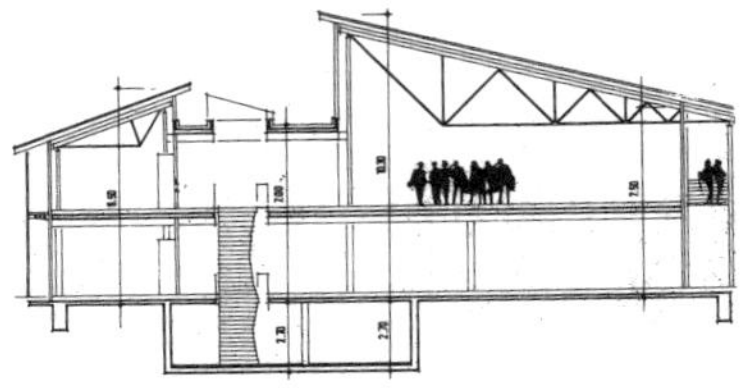

## 1.1.12 Rathaus in Poppenhausen

| | |
|---|---|
| Bauherr | Gemeinde Poppenhausen |
| Architekt | Prof. Franz Göger, Schonungen |
| Mitarbeiter | G. Redelbach, A. Zink, H. Rehlein |
| | Fertigstellung 1995 |

| | |
|---|---|
| HNF | 812 $m^2$ |
| NNF | 96 $m^2$ |
| VF | 292 $m^2$ |
| BGF | 1 011 $m^2$ |
| BRI | 5 119 $m^3$ |
| Faktor | BRI/HNF = 6,30 BRI/BGF = 5,06 HNF/VF = 2,78 |

Das Bauvolumen ist entsprechend der Nutzung in drei Baukörper gegliedert.
Die hohe zweigeschossige Stahlsäule, auf der die Dachspitze des Rathauses ruht, und der hohe spitze Kirchturm der Pfarrkirche
St. Jakobus betonen mit diesen vertikalen Bauteilen den Bezug zwischen den beiden Bauwerken und ihre Bedeutung für den Ort.

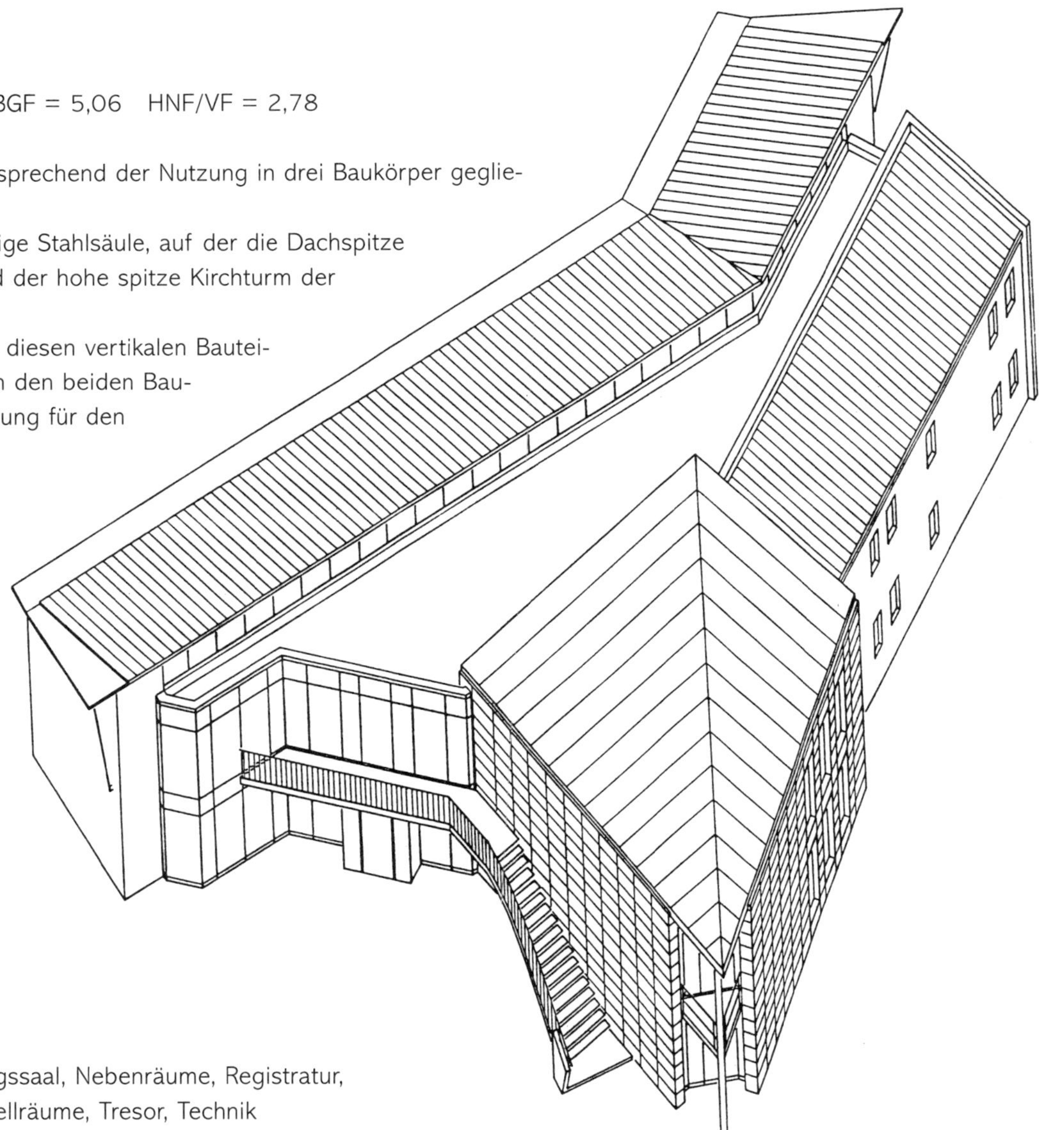

| | |
|---|---|
| Raumbereiche | UG Büroräume, Sitzungssaal, Nebenräume, Registratur, Büromaterial, Abstellräume, Tresor, Technik |
| | EG Büroräume, Foyer mit Ausstellung, Trauungszimmer, Sozialräume |
| | OG Sitzungssaal, Büroräume, Foyer, Sozialräume |
| Maßstab | 1 : 400 |
| Quelle | *Pläne des Architekten.* |

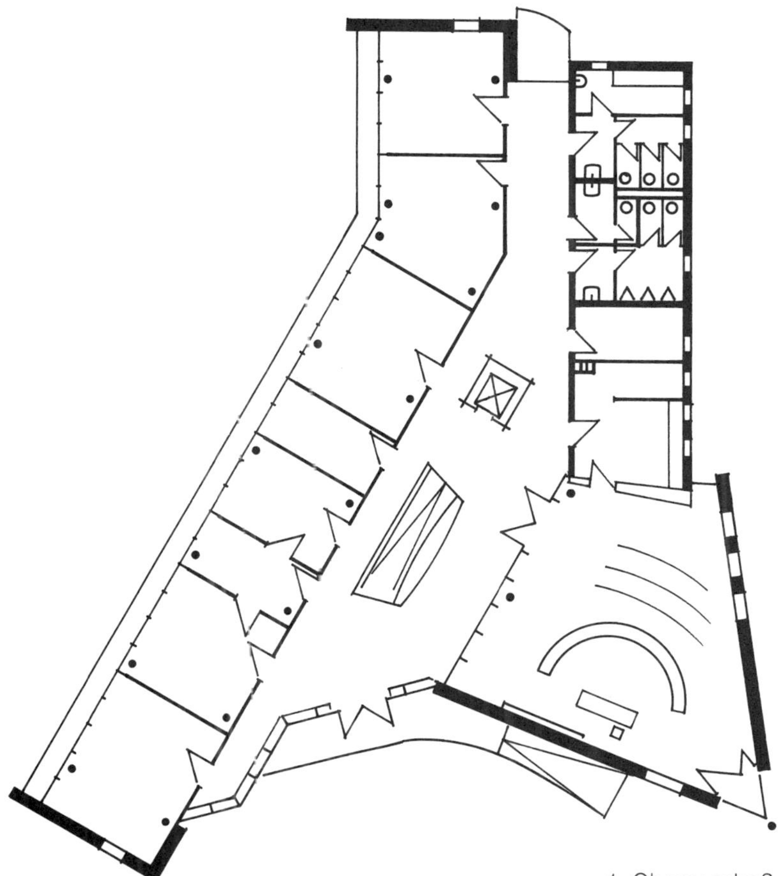

1. Obergeschoß

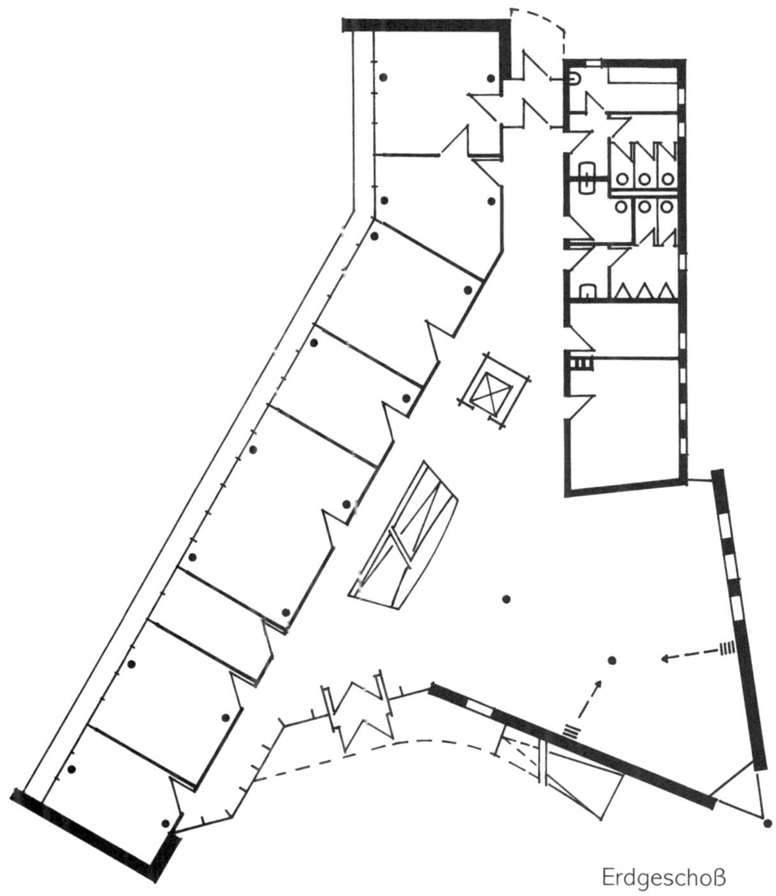

Erdgeschoß

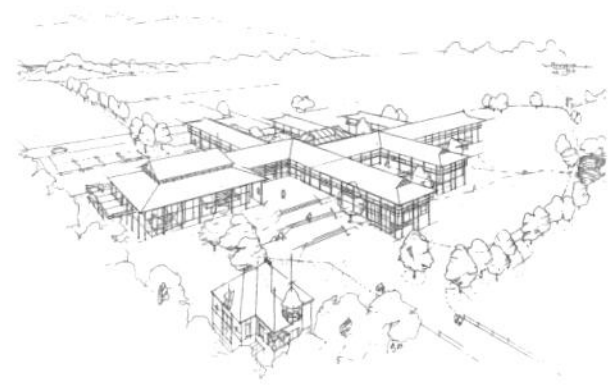

## 1.1.13 Landratsamt des Schwarzwald-Baar Kreises in Villingen-Schwenningen

| | |
|---|---|
| Bauherr | Landkreis Schwarzwald-Baar |
| Architekten | Auer + Weber + Partner, Stuttgart |
| Projektarchitekt | Götz Guggenberger |
| Projektgruppe | J. Müller, M. Hotz, E. Mauch, B. Hamann, L. Kill |
| Tragwerksplanung | Ing.-Gemeinschaft Guyer, Schmid, Steinich, Villingen-Schwenningen. |
| Kunst | Albert Hien |
| | Wettbewerb 1987, 1. Preis |
| | BDA-Auszeichnung beispielhafter Bauten 1992 |
| | Fertigstellung 1991 |

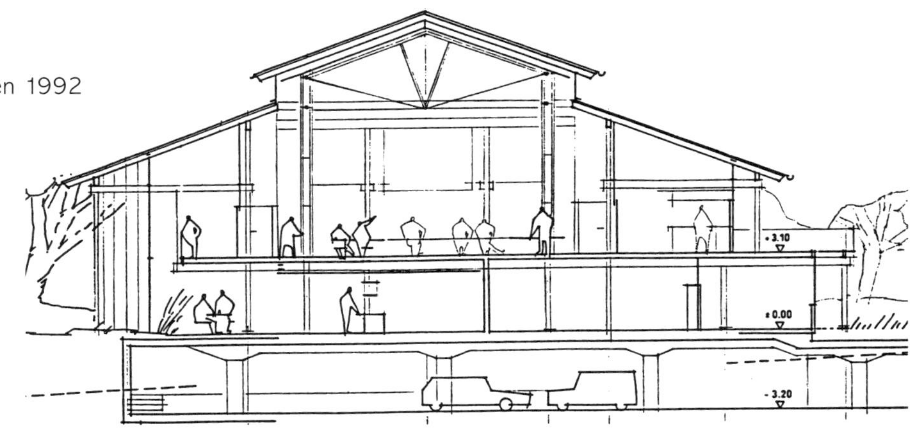


| | | |
|---|---|---|
| Grundstück | 20 360 m² | |
| BGF | 19 853 m² | |
| NF EG | 2 300 m² | |
| NF OG | 2 044 m² | |
| NF OG | 2 400 m² | |
| HNF | 6 840 m² | + 3 320 m² Tiefgarage |
| VF | 3 575 m² | |
| BRI | 58 080 m³ | |

Der langgestreckte, zwei- bis dreigeschossige Hauptbau besitzt in die Landschaft ausgreifende Gebäudeflügel. Die Erschließung erfolgt zentral aus der Eingangshalle über daran versetzte Längsflure in windmühlenartig angesetzte Seitenflügel.
In die so entstehenden Innenhöfe wurden eingeschossige Sonderbereiche eingebettet wie z. B. die KFZ-Zulassungsstelle. Der große Sitzungssaal wurde als »Haus im Haus« ausgeführt.
Die Tiefgarage wurde z. T. überbaut. Die Hausdienste sowie die Ver- und Entsorgung befinden sich im Lieferhof an der Gebäudespitze.

Raumbereiche
- UG Amt für Zivilschutz, Hausdruckerei, Jugendamt, Archiv, Poststelle, Registratur, Tiefgarage
- EG Eingangshalle, Cafeteria, Kreisbildstelle, KFZ-Zulassungsstelle, Ordnungsamt, Sozialamt, Straßenverkehrsamt, Ausgleichs- und Eingliederungsamt
- OG Landrat, Foyer, Sitzungssaal, Bauamt, Kämmerei, Rechts- und Rechnungsprüfungsamt, Schulverwaltungs- und Kulturamt

Maßstab Grundrisse 1:700, Schnitt 1:300

Quellen
*Broschüre des Landratsamtes Schwarzwald-Baar-Kreis 1991;*
*Heinze Deutsche Baudokumentation, Celle 1994;*
*Pläne der Architekten.*

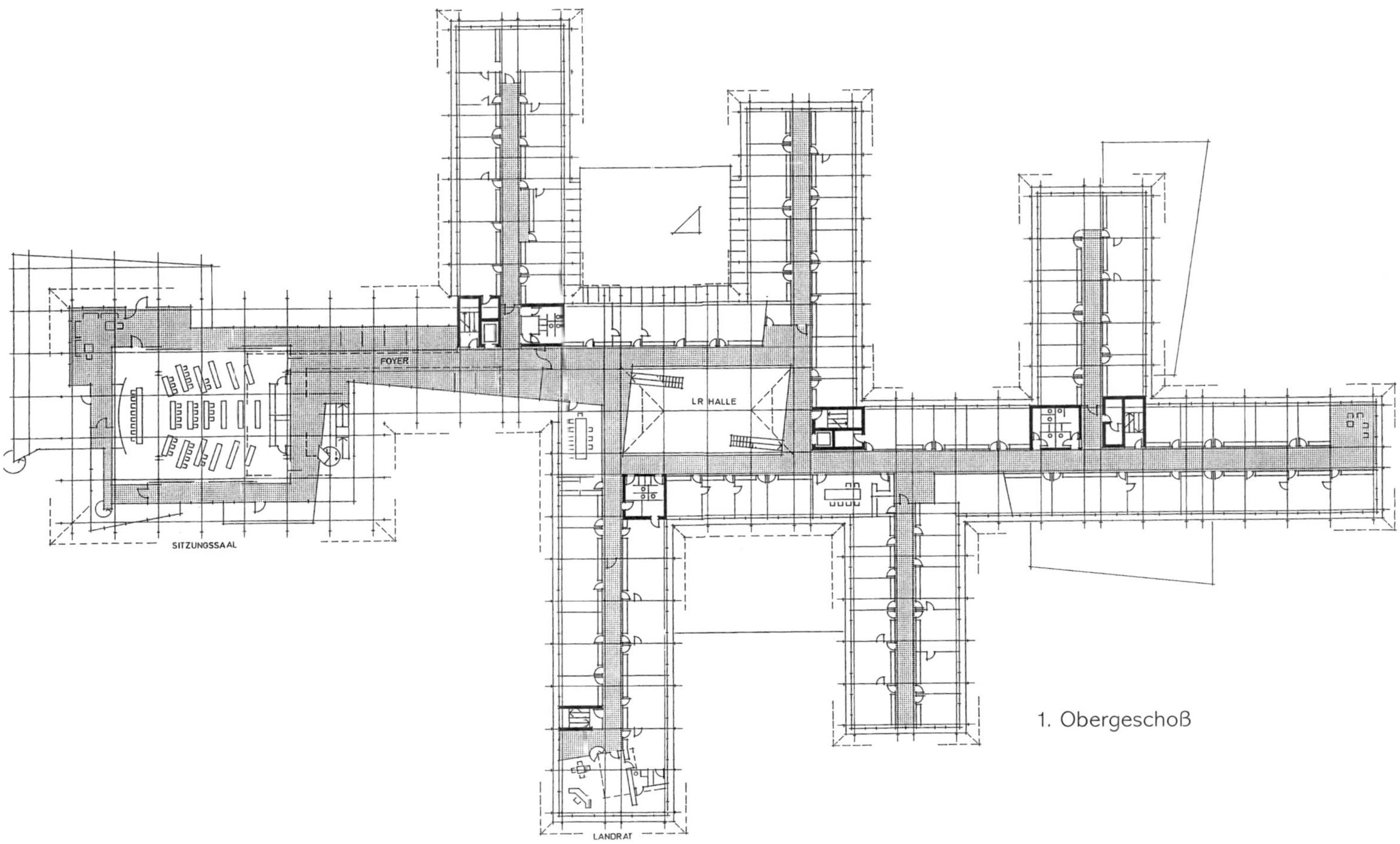


1. Obergeschoß

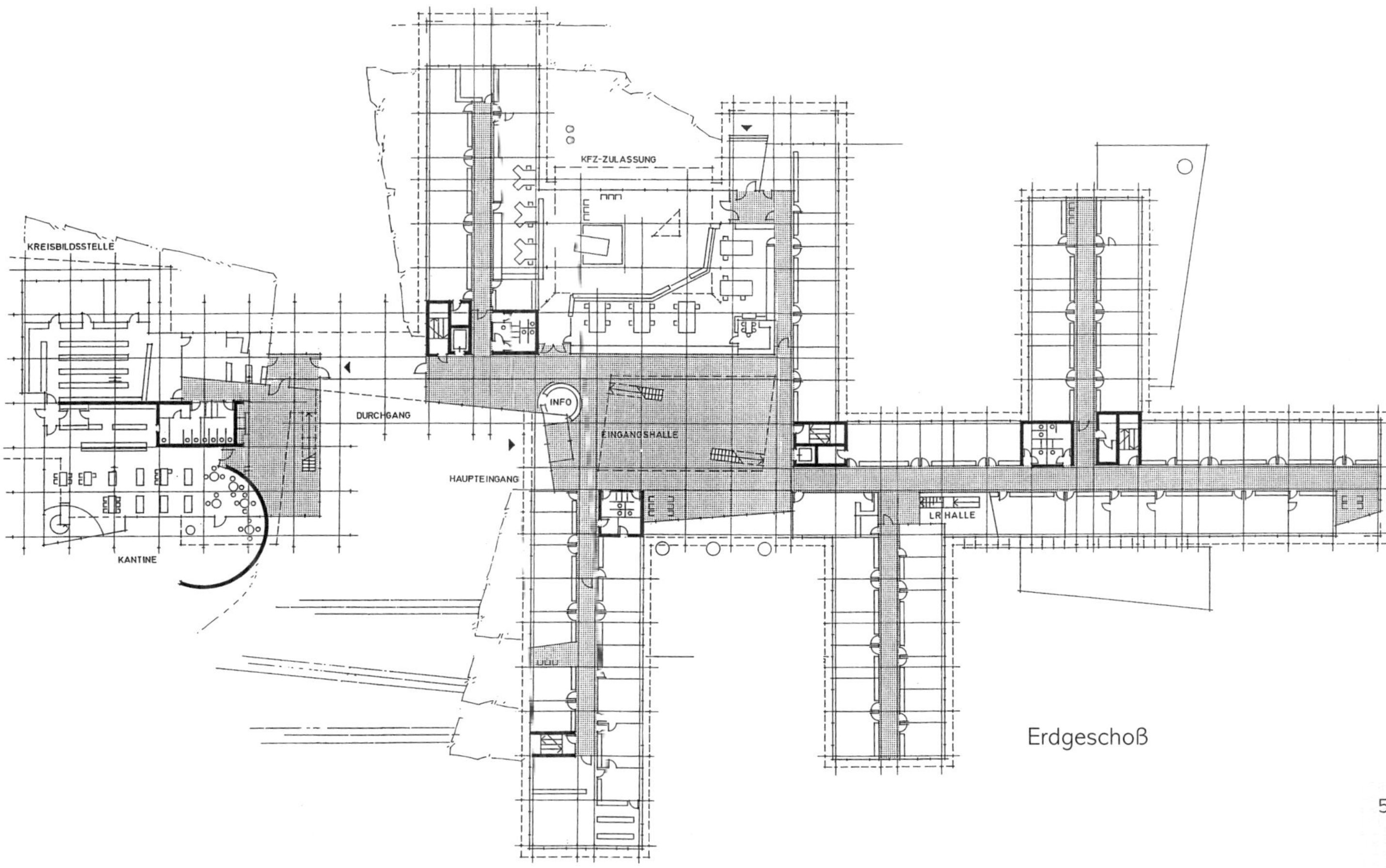


Erdgeschoß

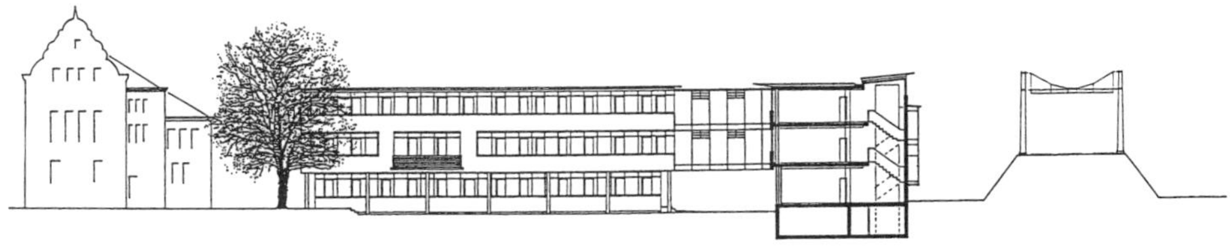

## 1.1.14 Rathaus in Denzlingen

Bauherr Gemeinde Denzlingen
Architekten Architektengemeinschaft Böwer – Eith – Murken – Spiecker, Freiburg/Br.
Mitarbeiter M. Sautter
Tragwerksplanung Ing.-Büro Hirzle
Wettbewerb 1991, 1. Preis
Fertigstellung 1995

| | |
|---|---|
| HNF | 2 455 m² |
| NNF | 1 348 m² |
| BRI | 14 756 m³ |
| Faktor | BRI/HNF = 6,0 |

Mit dem Ensemble der drei Baukörper wird ein öffentlicher Platz gebildet, der sich der Ortsmitte und der Hauptstraße zuwendet. Dieser Platz steht in direkter Verbindung mit dem Grünraum zwischen Rathaus, Gemeindezentrum und Kirche.
Durch die einbündige Organisation des dreigeschossigen Gebäudes sind alle Büroräume entweder dem ruhigen Grünraum oder dem Rathausplatz zugewandt. Das Gebäude schützt sich zur unmittelbar angrenzenden Bundesbahnstrecke durch eine hohe, weitgehend geschlossene Außenwand mit besonderer plastischer Ausformung und einer Nebenraumzone als Lärmpuffer. Zu den anderen Seiten zeigt sich das Gebäude offen und transparent. Die Eingangshalle als Mittelpunkt und Gelenk zwischen den beiden Baukörpern ist ein dreigeschossiger offener Raum, der dem Besucher eine gute Orientierung im Gebäude ermöglicht. Hier befindet sich die Haupttreppe mit dem verglasten Aufzug. Die Flure sind nicht nur Erschließungsflächen, sondern helle und freundliche Räume mit schönen Ausblicken.

Raumbereiche EG Eingangshalle, Grundbuchamt, Einwohnermelde- und Sozialamt
1. OG Bürgermeister, Hauptamt, Kasse, Rechnungsamt

Maßstab 1:800

Quellen *Denzlingen, Vergangenheit – Gegenwart – Zukunft, Heft 24/24, 1996;*
*Pläne der Architekten.*

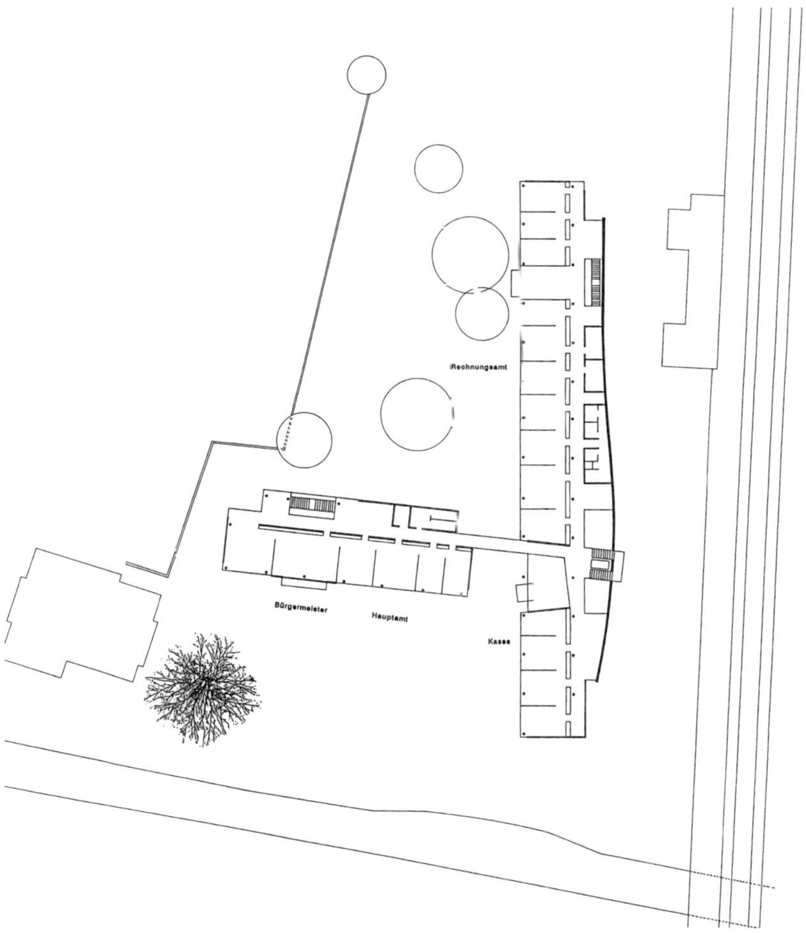


1. Obergeschoß

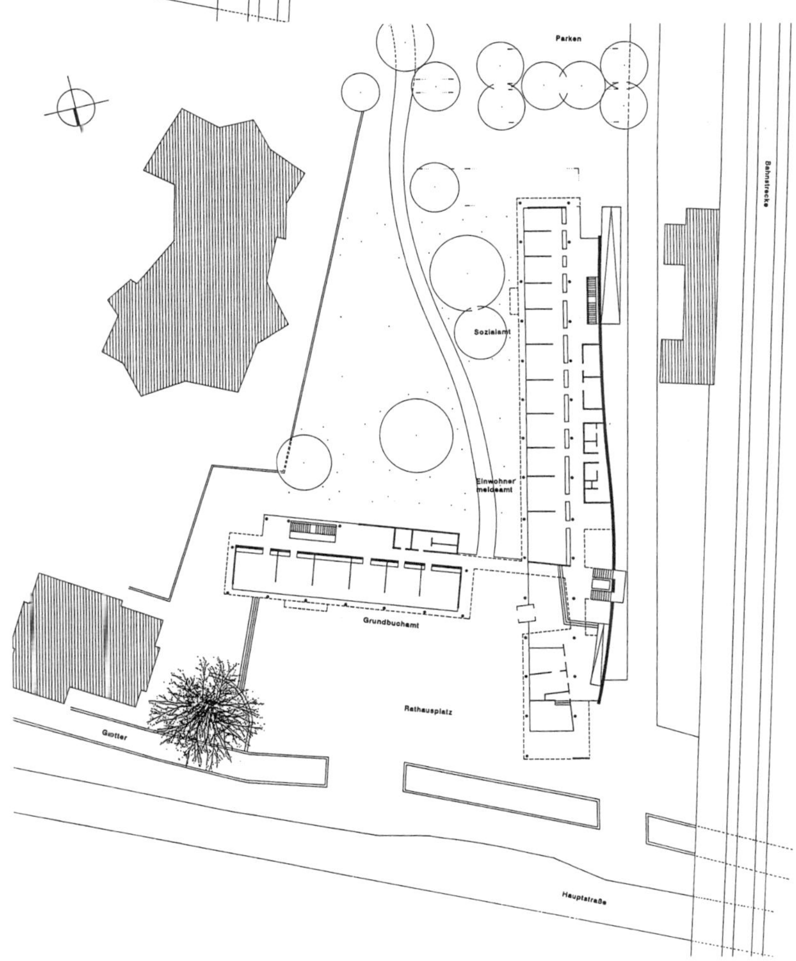


Erdgeschoß

## 1.1.15 Kreishaus in Borken

| | |
|---|---|
| Bauherr | Kreis Borken / Westfalen |
| Architekten | G. Schmidt und F. Schmersahl, Bad Salzuflen |
| Mitarbeiter | D. Hottel, H. U. Siegelmann, K. Kötterheinrich |
| Tragwerks-planung | Arge Josef Welsing, Josef Schweer, Paul Brokamp |
| | Wettbewerb 1980, 1. Preis |
| | Fertigstellung 1984 |

| | |
|---|---|
| Grundstück | 80 900 $m^2$ |
| HNF | 15 500 $m^2$ |
| NNF | 4 715 $m^2$ |
| VF | 6 640 $m^2$ |
| FF | 1 970 $m^2$ |
| BGF | 28 275 $m^2$ |
| BRI | 118 500 $m^3$ |
| | Schutzraum für 1000 Personen |

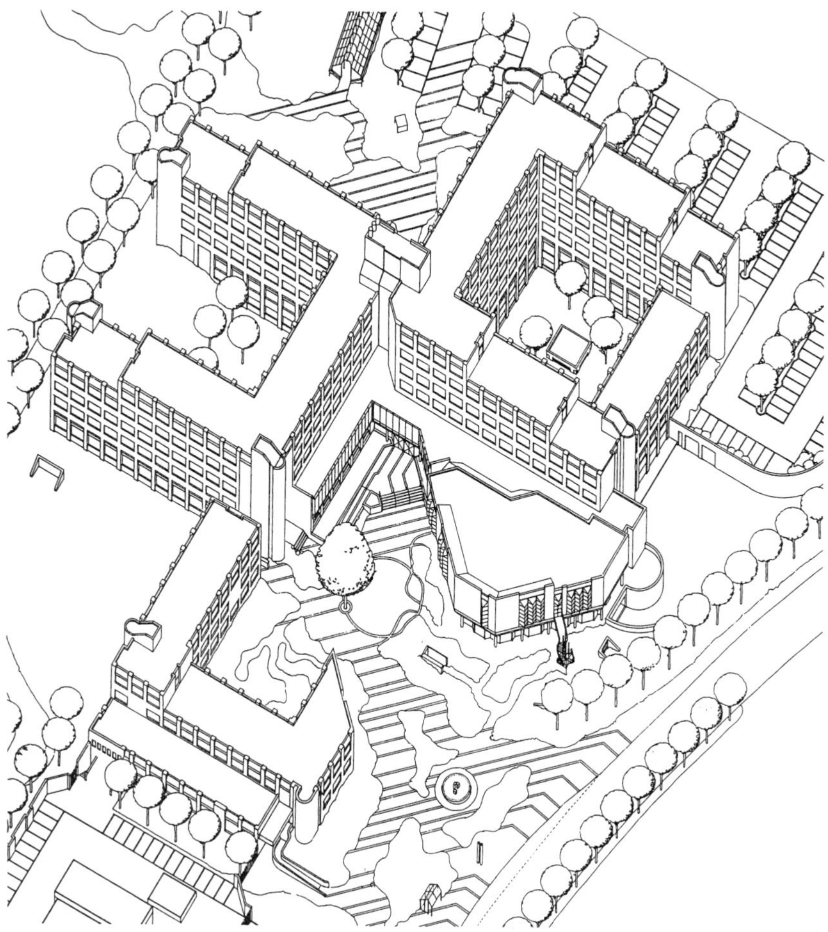

Um den zentralen Kern – mit Haupttreppenhaus und Aufzügen – gruppieren sich die gegliederten und gestaffelten Bautrakte, die zwei Innenhöfe bilden. Sechs notwendige Treppenhäuser wurden außen angebaut. Sämtliche Amtsbereiche werden vom Kern erschlossen. Die Büros haben überwiegend Standardmaße.

| | | |
|---|---|---|
| Raumbereiche | UG | Tiefgarage für 80 PKW, zugleich Schutzraum für 1000 Personen |
| | EG | Eingangshalle, Kantine, Gesundheitsbereich |
| | 1. OG | Parlamentarischer Bereich |
| | 2.– 3. OG | Ämter der Kreisverwaltung |

Maßstab 1:750

Quellen *Die Bauverwaltung 3/86; Bemerkenswerte Ziegelbauten, Beiblatt in DAB 11/86; Bauwelt 15/86; AIT 4/86; Pläne der Architekten.*

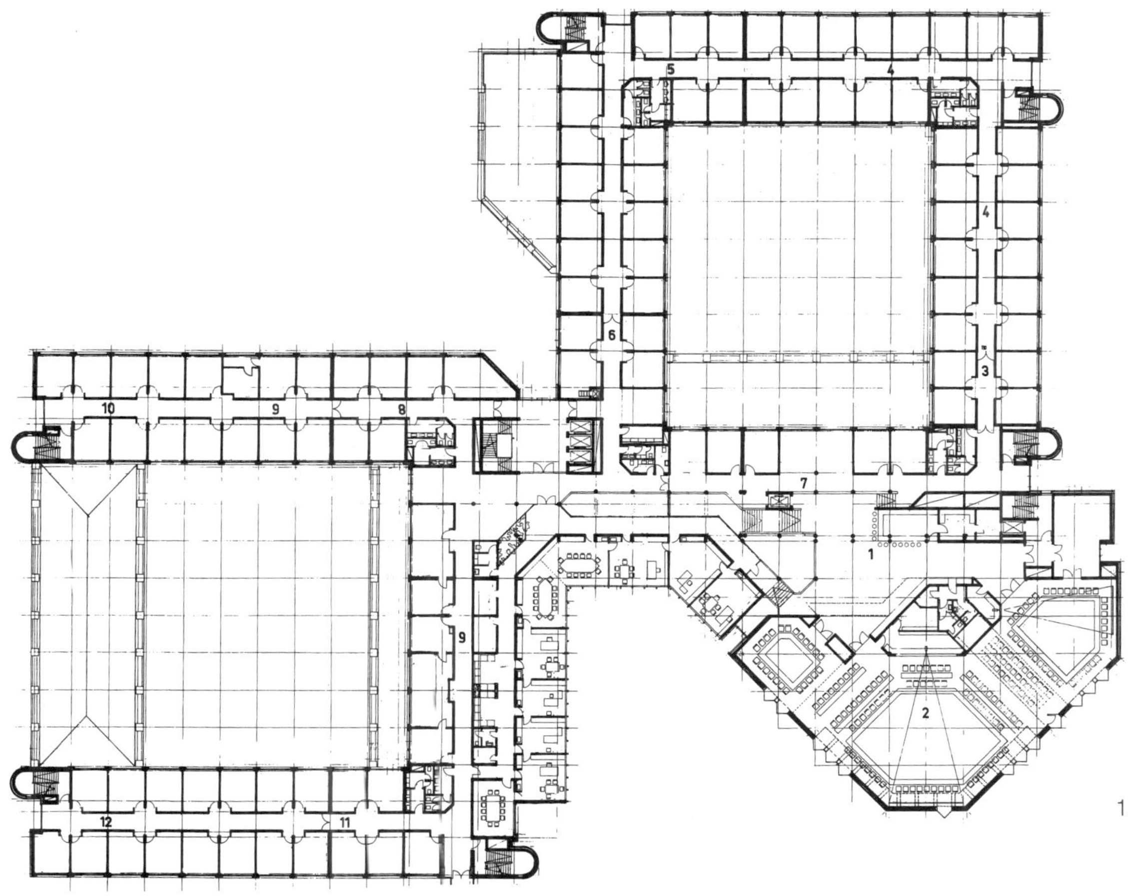


1. Obergeschoß

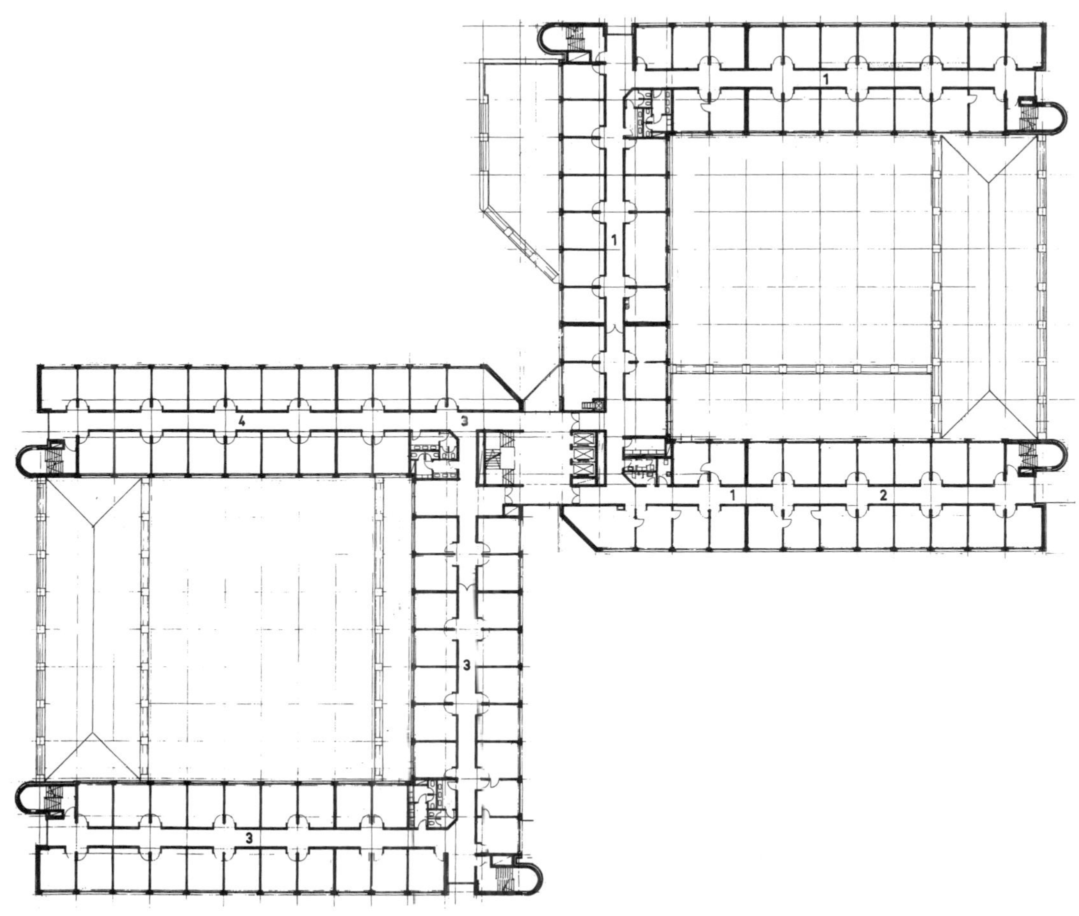


Erdgeschoß

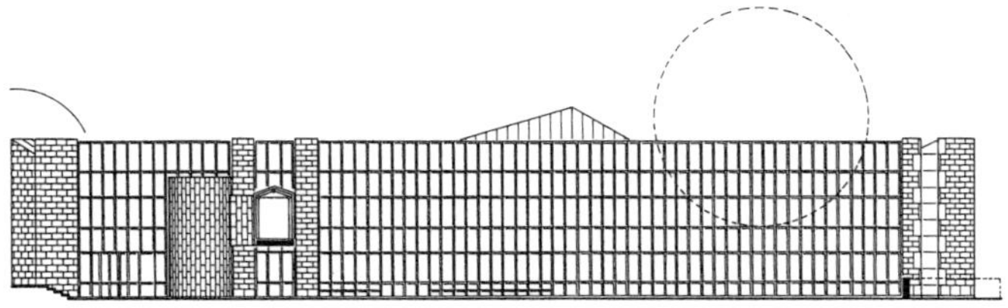

## 1.2.1 Landgericht in Landau

| | |
|---|---|
| Bauherr | Land Rheinland-Pfalz |
| Architekt | Jürgen Lay, Mainz |
| | Wettbewerb 1986, 2. Preis, nach Überarbeitung 1. Preis |
| | Fertigstellung 1992 |

| | | | | |
|---|---|---|---|---|
| Grundstück | 7 090 m² GRZ = 0,38 GFZ = 1,24 | | | |
| | Flächen ohne Tiefgarage und Verbindungsgang | | | |
| HNF | 1 180 m² | = | 100 % | |
| NNF | 46 m² | = | 3 % | |
| NF | 1 225 m² | = | 103 % | |
| FF | 96 m² | = | 8 % | |
| VF | 491 m² | = | 41 % | |
| NGF | 1 813 m² | = | 153 % | |
| KGF | 251 m² | = | 21 % | |
| BGF | 264 m² | = | 175 % | |
| BRI | 7 980 m³ | | | |
| Faktor | BGF/HNF = 1,75 BRI/HNF = 6,76 | | | |

Das zweigeschossige, dreieckige Gebäude besitzt eine zentrale Erschließung durch den eingestellten runden Aufzugsschacht mit danebenliegender Freitreppe. Die Halle ersetzt die sonst üblichen Flure, kurze Wege zwischen den einzelnen Abteilungen sind die Folge.

| | | |
|---|---|---|
| Raumbereiche | UG | Tiefgarage |
| | EG | Zentrale Erschließungshalle, Archiv, Hausmeister, zwei Sitzungssäle, Staatsanwalt, Geschäftsstellen |
| | 1. OG | Vorstand, Staatsanwälte, Kanzleien, Amtsanwälte, Registratur, Vernehmung |

Maßstab 1 : 300

Quellen *Wettbewerbe aktuell 8/86; Die Bauverwaltung 8/95; Pläne des Architekten.*

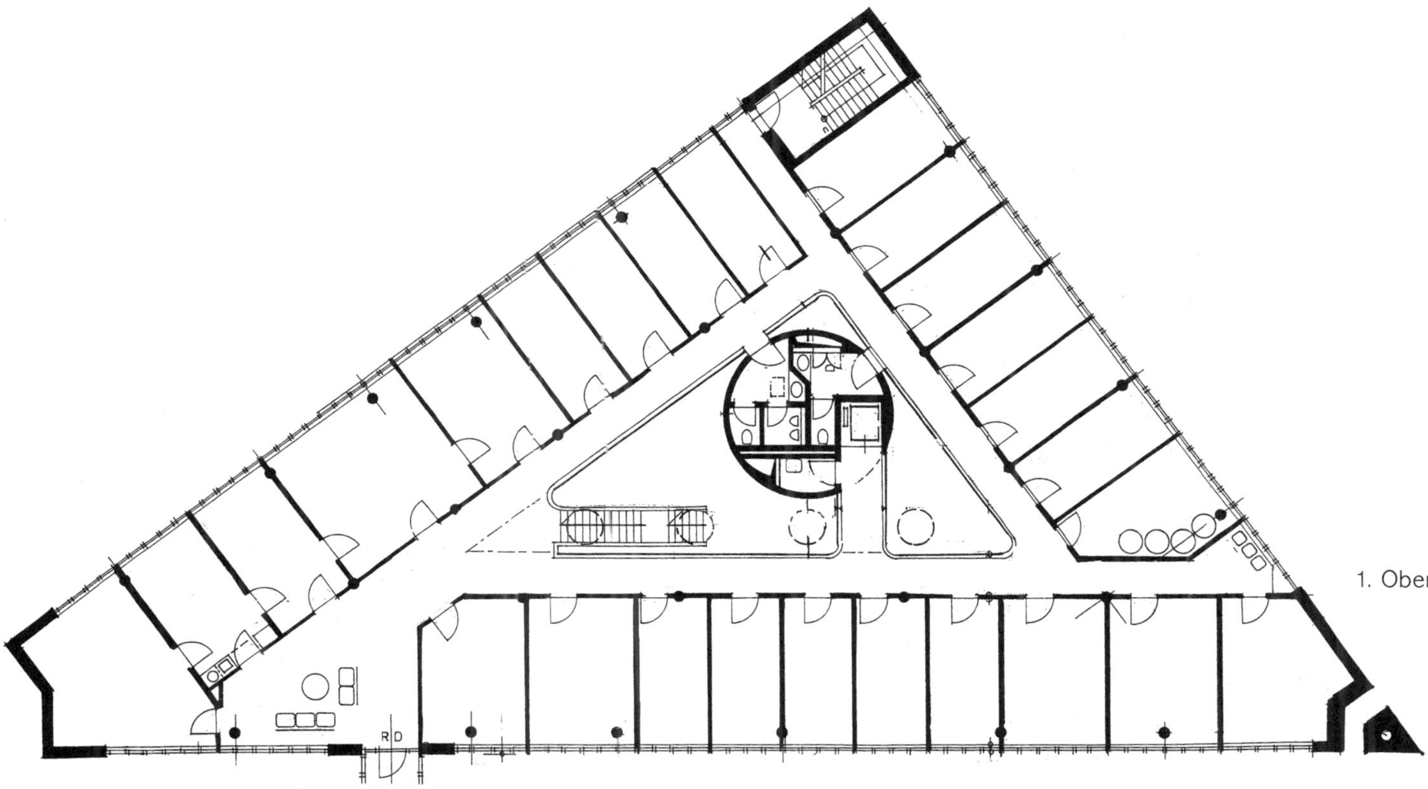

1. Obergeschoß

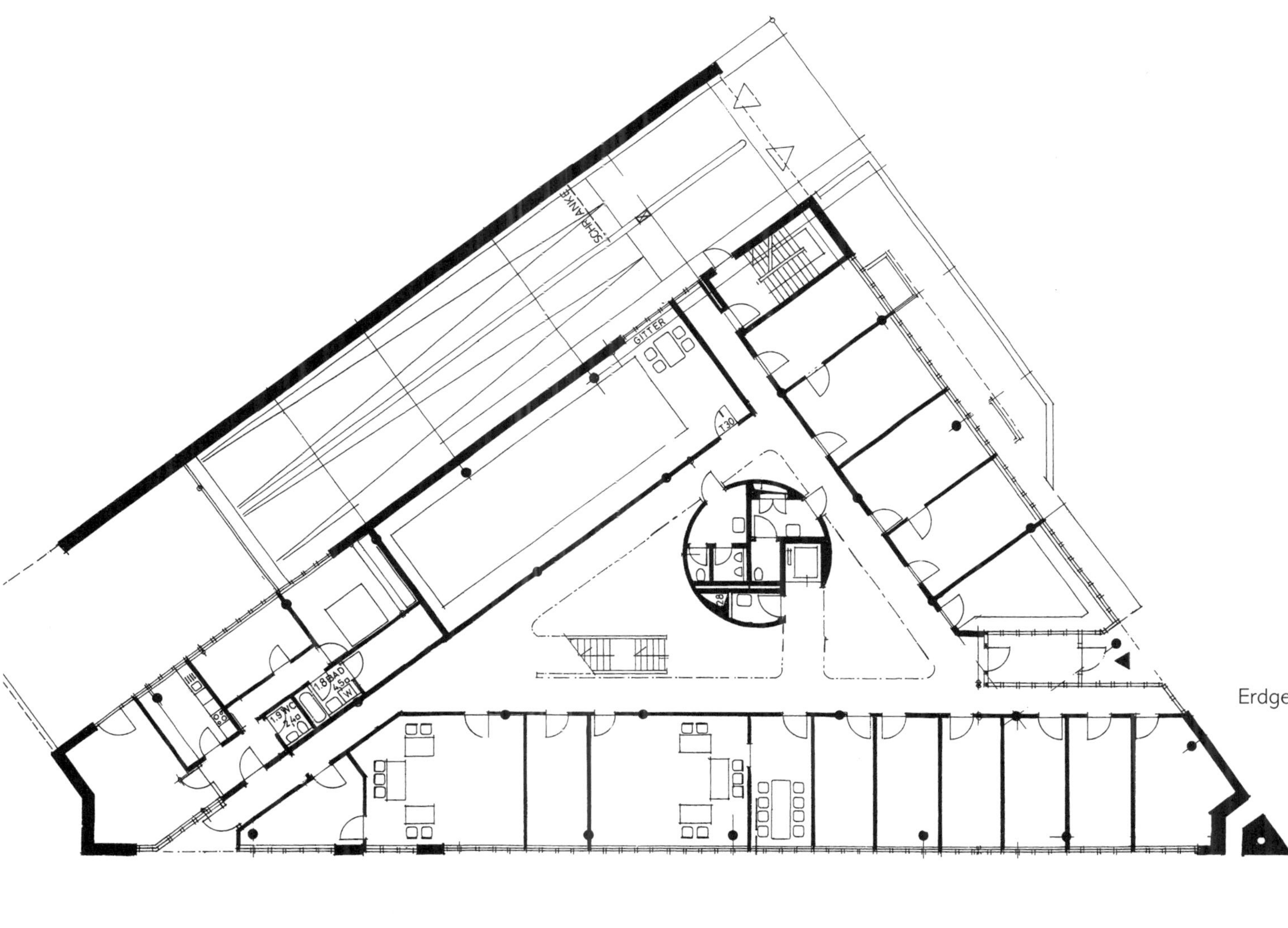


Erdgeschoß

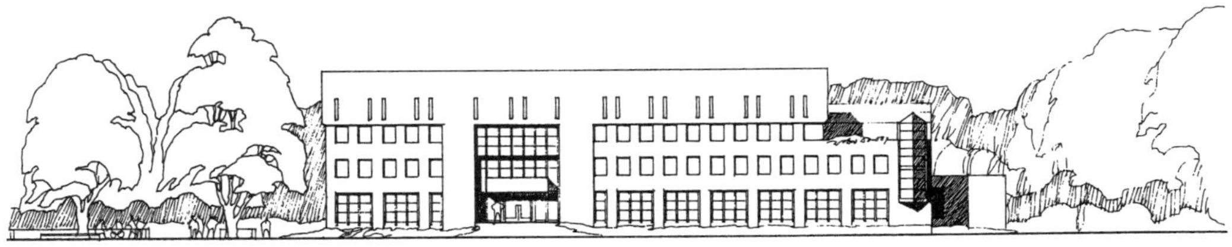

## 1.2.2 Amtsgericht in Wolfsburg

Bauherr Land Niedersachsen, vertreten durch das Staatshochbauamt Gifhorn
Architekt Arno J. L. Bayer, Hannover
Mitarbeiter W. Stefener, K. D. Bremer, St. Sterf
Wettbewerb 1983, 1. Preis
Fertigstellung 1987

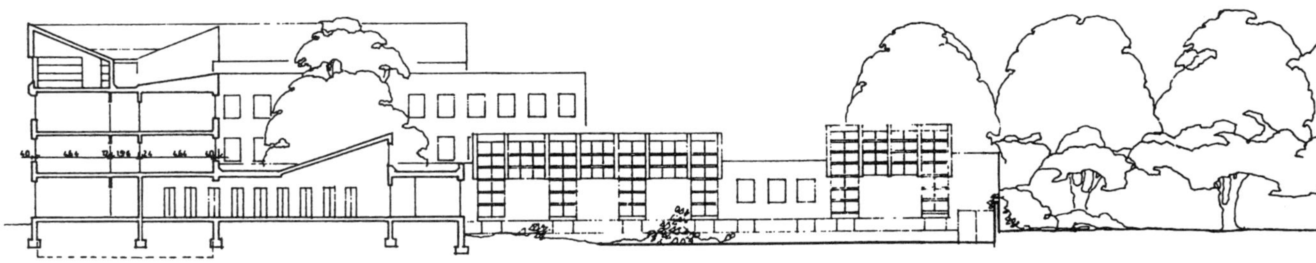

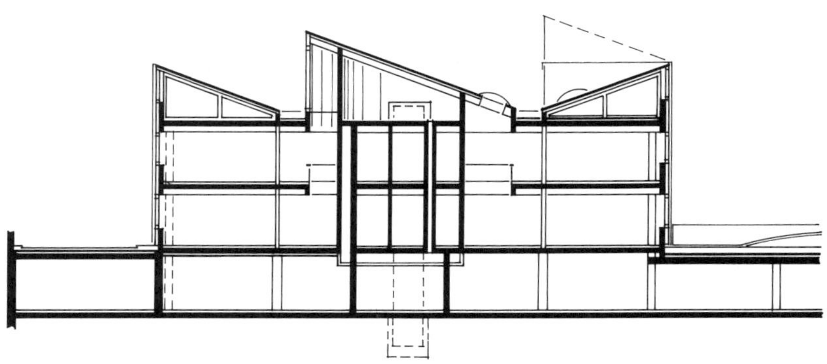

| | |
|---|---|
| HNF | 3 218 m² |
| NNF | 91 m² |
| VF | 721 m² |
| BGF | 4 775 m² |
| BRI | 13 675 m³ |
| Faktor | BRI/HNF = 4,25 |

Der Architekt versuchte die Aufgaben des öffentlichen Hauses – Helfen, Bewahren, Ordnen, Rechtsprechen, Schützen – sichtbar zu machen. Er wählte für den Haupteingangsbereich hierfür eigens das Motiv des großen, bergendes Tores, durch das man vom Platz kommend in das Gebäudeinnere tritt. Der westliche Flügel des Gebäudes gliedert sich in mehrere niedrige Bautrakte mit Pultdächern, die u. a. das Grundbuchamt und verschiedene Sitzungssäle aufnehmen. Eine Ummauerung des Hofes im Norden schließt die Sicherheitszone des Gerichtes ein, den Zugang für die Häftlinge ins Gerichtsgebäude. Abgetrennt davon, aber dennoch mit Überblick über Besucherparkplatz, bewachte Zufahrt und Nebeneingang einer möglichen Erweiterung, befindet sich die Hausmeisterwohnung.

| Raumbereiche | | |
|---|---|---|
| | EG | Eingang, Grundbuchamt, Sonderräume, fünf kleine und ein großer Sitzungssaal, abgesetzt die Hausmeisterwohnung |
| | 1. OG | Familiengericht, Strafgericht |
| | 2. OG | Zivilgericht, Verwaltung |
| | DG | Registratur |

Maßstab 1 : 350

Quellen *Wettbewerbe aktuell 12/83; Pläne des Architekten.*

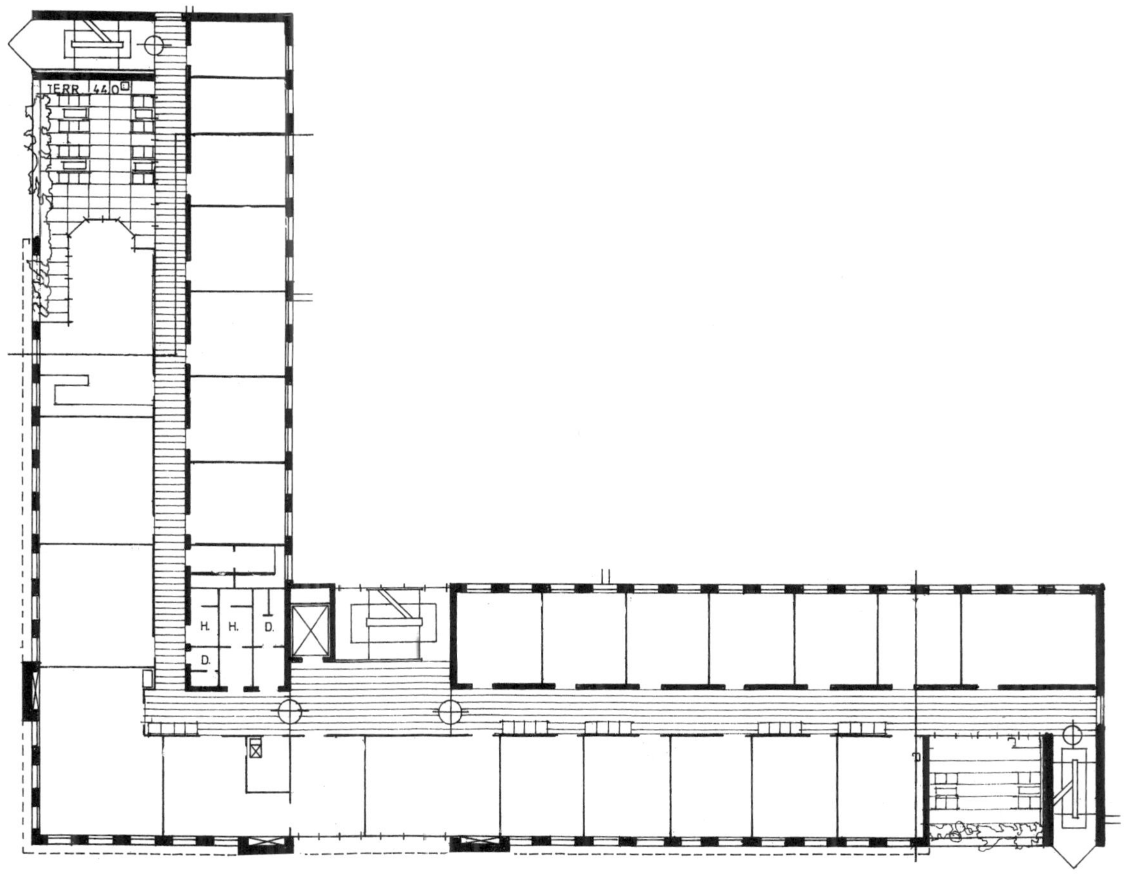

2. Obergeschoß

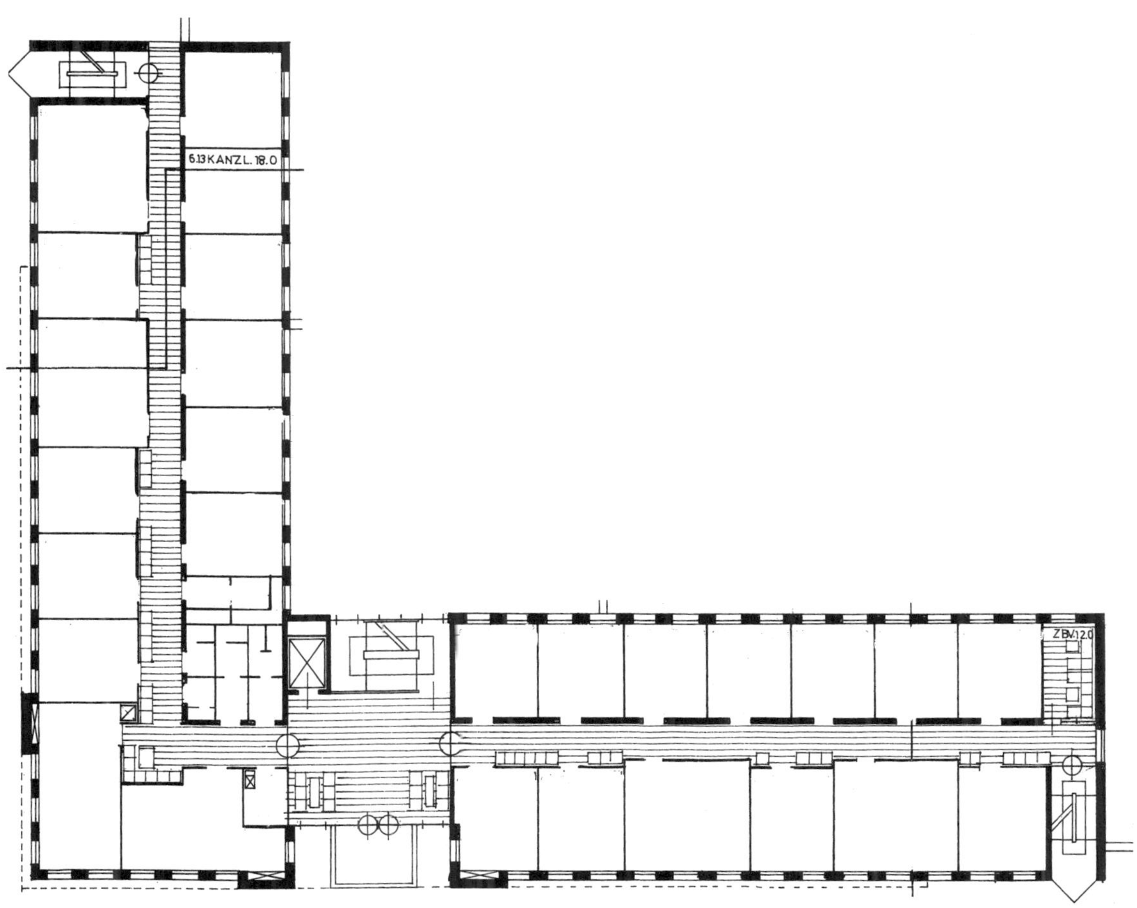

1. Obergeschoß

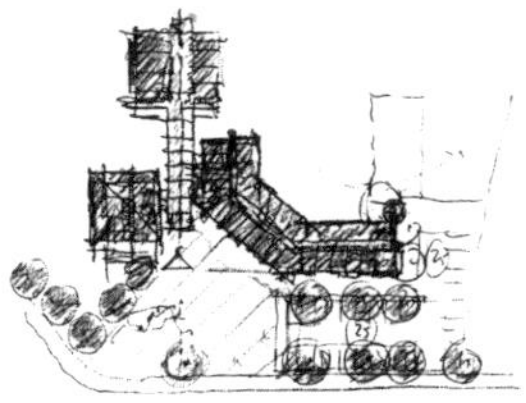

## 1.2.3 Amtsgericht in Olpe

| | |
|---|---|
| Bauherr | Land Nordrhein-Westfalen, vertreten durch das Staatshochbauamt Siegen<br>freihändiger Architektenauftrag |
| Architekt | Helmut Blöcher, Kreuztal |
| Mitarbeiter | W. Seelbach, U. Hoffmann |
| Tragwerks-<br>planung | Ingenieurbüro Hanspeter Klein, Lennestadt |
| Kunst | Wolfgang Göddertz<br>Fertigstellung 1992 |

| | |
|---|---|
| Grundstück | 7 853 m² |
| HNF | 2 098 m² |
| NNF | 328 m² |
| VF | 960 m² |
| FF | 89 m² |
| BGF | 4 929 m² |
| BRI | 16 464 m³ |
| Faktor | BRI/HNF = 7,85 VF/HNF = 0,46 |

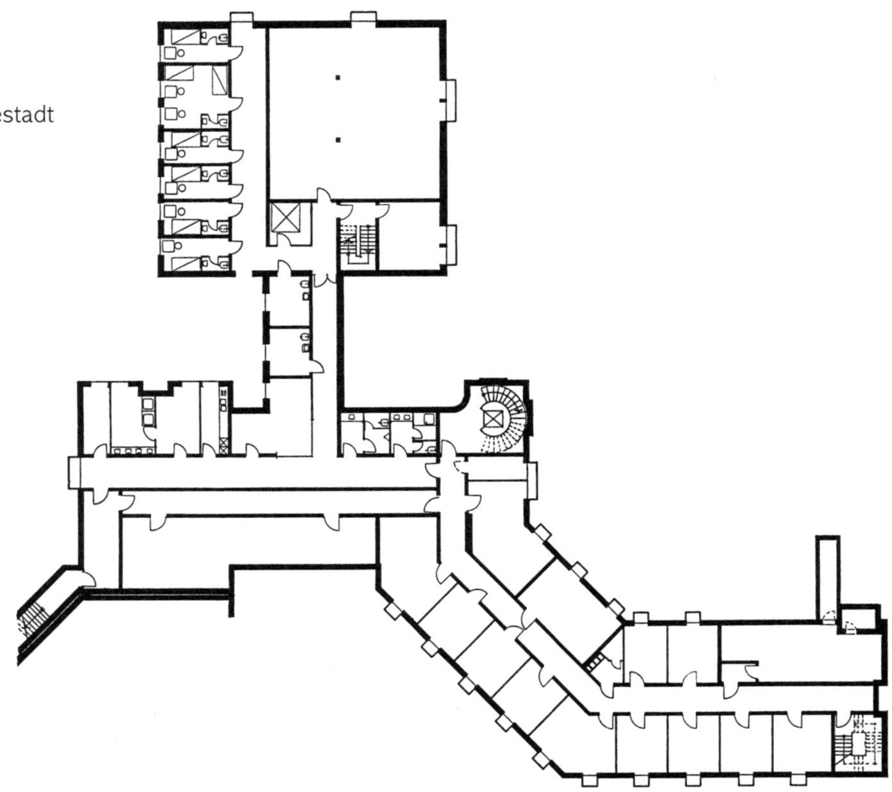

Untergeschoß

Die drei Funktionsbereiche Verwaltung, Grundbuchamt und Gerichtssäle wurden klar gegliedert. Sie wachsen fächerförmig aus der zentralen Eingangshalle heraus. Die Gerichtssäle wurden in einem quadratischen Kubus im hinteren Gartenbereich untergebracht.
Die beiden anderen Trakte orientieren sich um das zunächst erhaltene Provisorium des vorhandenen Grundbuchamtes. Als Bindeglied zwischen den drei Komplexen dient eine verglaste Magistrale, die Haupterschließung und Wartebereich für den Publikumsverkehr aufnimmt.

| | | |
|---|---|---|
| Raumbereiche | UG | Arrestzellen, Archiv, Technik |
| | EG | Eingangshalle, Verwaltung, Grundbuch, Sitzungssäle<br>Richterzimmer, Rechtspfleger, Druckerei, Hausmeister |
| | 1. OG | Richterzimmer, Rechtspfleger, Amtsleitung, Grundbuchregistratur |
| | 2. OG | Arbeitsgericht, Rechtspfleger |

Maßstab 1 : 500

Quellen *Staatshochbauamt Siegen (Hrsg.): Neubau Amtsgricht Olpe, Siegen 1992; Die Bauverwaltung 11/92.*

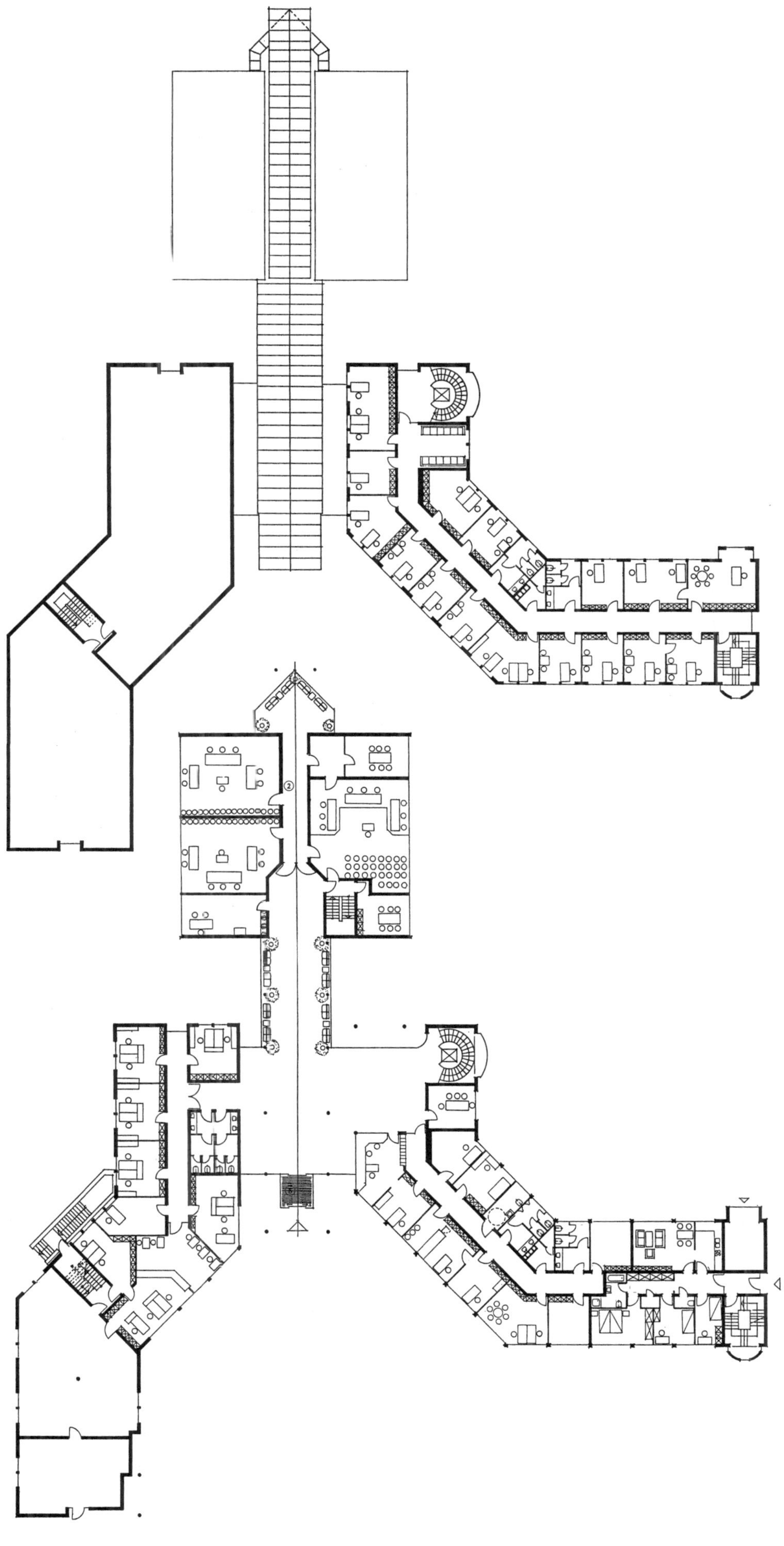

1. Obergeschoß

Erdgeschoß

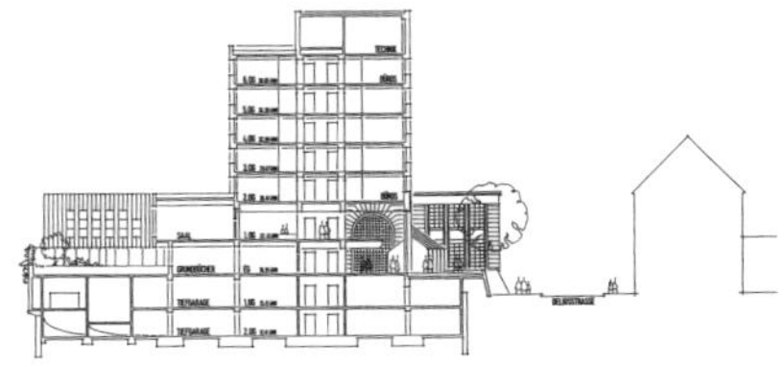

## 1.2.4 Gerichtshaus in Kiel

| | |
|---|---|
| Bauherr | Land Schleswig-Holstein, vertreten durch das Landesbauamt Kiel |
| Architekten | Weidling, Kettner, Dr. Werner, Kiel |
| Tragwerksplanung | Hans Kettner, Kiel |
| | Fertigstellung 1984 |

| | | |
|---|---|---|
| Grundstück | 7 360 m² | GRZ = 0,60 GFZ = 2,16 |
| HNF | 8 100 m² | |
| NNF | 800 m² | + 6 100 m² Tiefgarage |
| VF | 4 200 m² | |
| BGF | 15 900 m² | |
| BRI | 79 000 m³ | |
| Faktor | BRI/HNF = 9,75 | |

Der erhebliche Raumbedarf der Kieler Gerichte machte einen Neubau erforderlich, der als Justizzentrum am Schützenwall sämtliche Kieler Gerichtsbehörden beherbergen sollte: das Amtsgericht Kiel, das Schleswig-Holsteinische Finanzgericht, das Sozialgericht Kiel sowie das Arbeitsgericht.

Das Gerichtsgebäude gliedert sich in zwei Funktionsbereiche:

den Verwaltungs- und Bürokomplex, untergebracht in den Obergeschossen,
die öffentliche Zone mit den Sitzungssälen im Erdgeschoß und 1. Obergeschoß, zugänglich über eine behindertengerechte Rampe und über Freitreppen.

Die zweigeschossige Eingangshalle mit Information verbindet großzügig beide Etagen; hier sind 21 Sitzungssäle untergebracht, um die sich vielfältig differenzierte Foyers gruppieren.

Die innere Erschließung erfolgt über diesen zentralen Eingangs- und Verkehrsbereich, das ermöglicht gute Orientierung und Kontrolle. Der Vertikalkern führt auch in die beiden Untergeschosse, in denen Tiefgaragen mit rund 200 Stellplätzen untergebracht sind. Die Büroflächen sind überwiegend konventionell zweibündig organisiert und natürlich belüftet. Nebenräume, Technik, Ver- und Entsorgung sind sowohl in den beiden Untergeschossen als auch im 7. Obergeschoß angeordnet.

Maßstab 1:550

Quellen *Monographie der Architekten, Kiel 1984; Pläne der Architekten.*

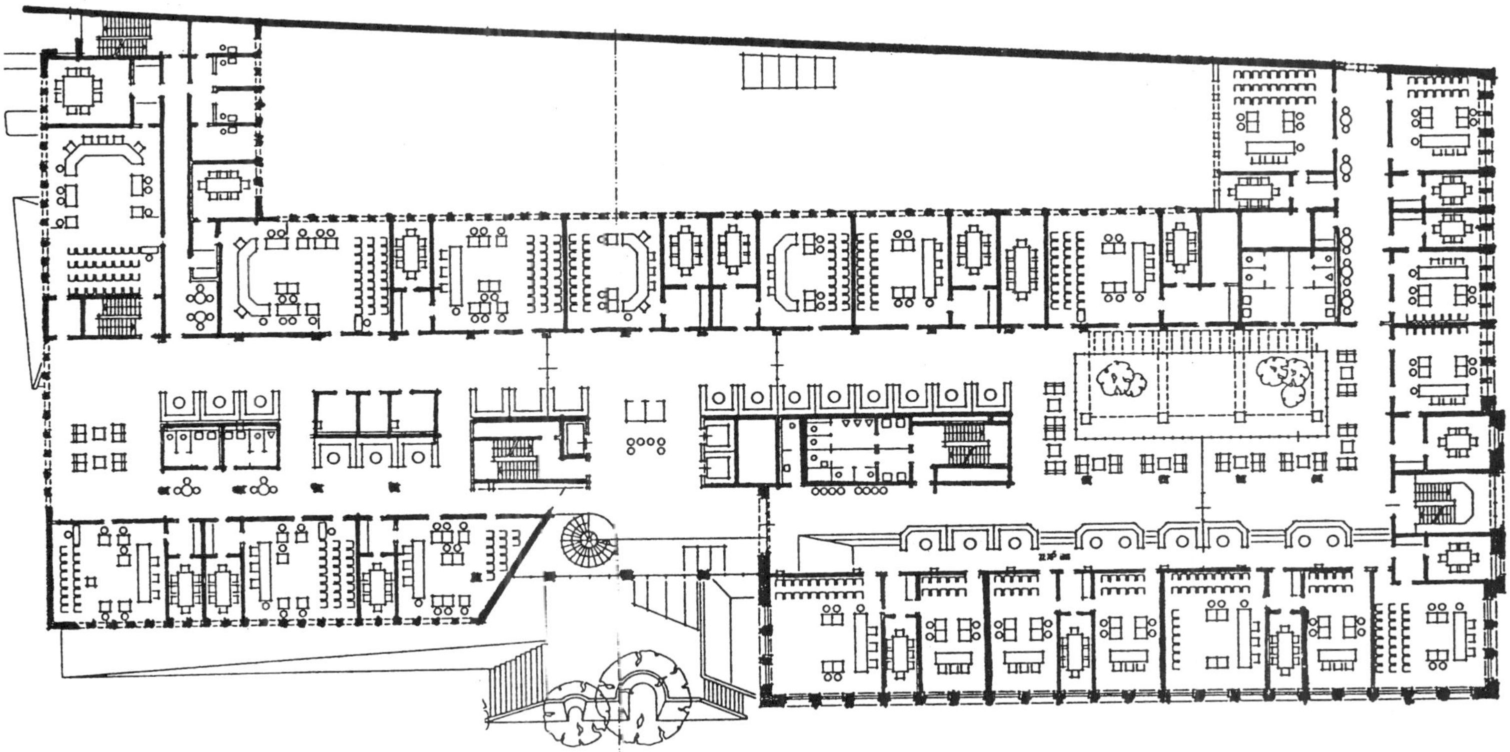

1. Obergeschoß

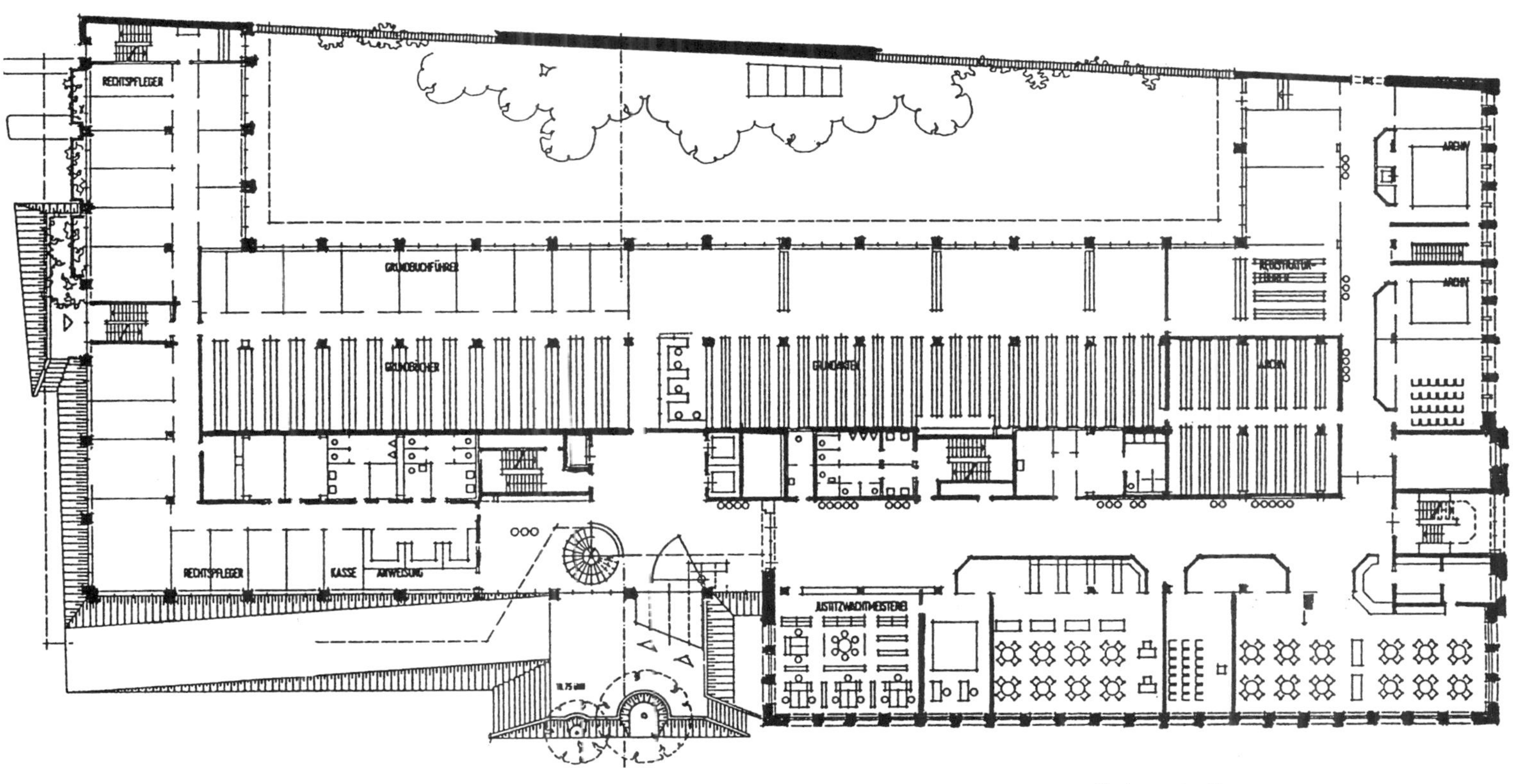

Erdgeschoß

## 1.3.1 Straßenverkehrsamt in Ingolstadt

| | |
|---|---|
| Bauherr | Stadt Ingolstadt |
| Architekt | Erhard Fischer, München |
| Mitarbeiter | R. Brunninger |
| | Fertigstellung 1989 |

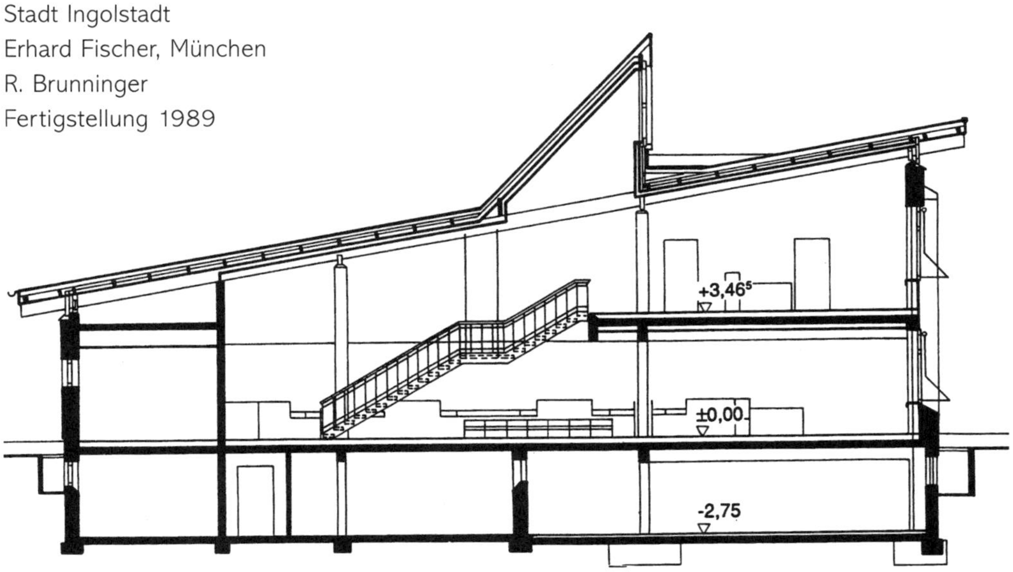


| | | | |
|---|---|---|---|
| Grundstück | 1 498 m² | GRZ = 0,75 | GFZ = 0,41 |
| HNF | 1 069 m² | = 87 % | |
| NNF | 159 m² | = 13 % | |
| NF | 1 228 m² | = 100 % | |
| FF | 35 m² | = 3 % | |
| VF | 147 m² | = 12 % | |
| NGF | 1 410 m² | = 115 % | |
| KGF | 187 m² | = 15 % | |
| BGF | 1 597 m² | = 130 % | |
| BRI | 5 773 m³ | | |
| Faktor | BGF/HNF =1,49 | BRI/HNF = 5,40 | BRI/BGF = 3,61 |

Das Planungskonzept ist vorwiegend auf den erforderlichen Publikumsverkehr ausgelegt. Um eine teilweise zweigeschossige Halle gruppieren sich die offenen Arbeitsbereiche. Über eine große Freitreppe wird das Obergeschoß erreicht, das wie das Erdgeschoß Bedienungsschalter für den Publikumsverkehr aufnimmt.

| | | |
|---|---|---|
| Raumbereiche | EG | Schalterhalle, Versicherungsbüro, Sitzungszimmer |
| | 1. OG | Büroräume |

Maßstab: Grundrisse 1 : 350, Schnitt 1 : 250

Quellen: *DBZ 9/90; Heinze Deutsche Baudokumentation, Celle 1990; Pläne der Architekten.*

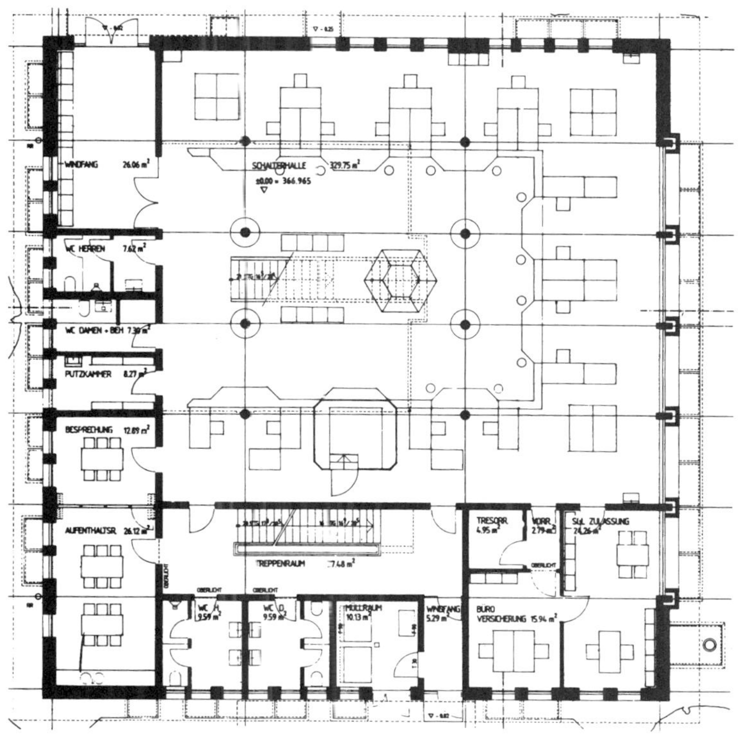

1. Obergeschoß

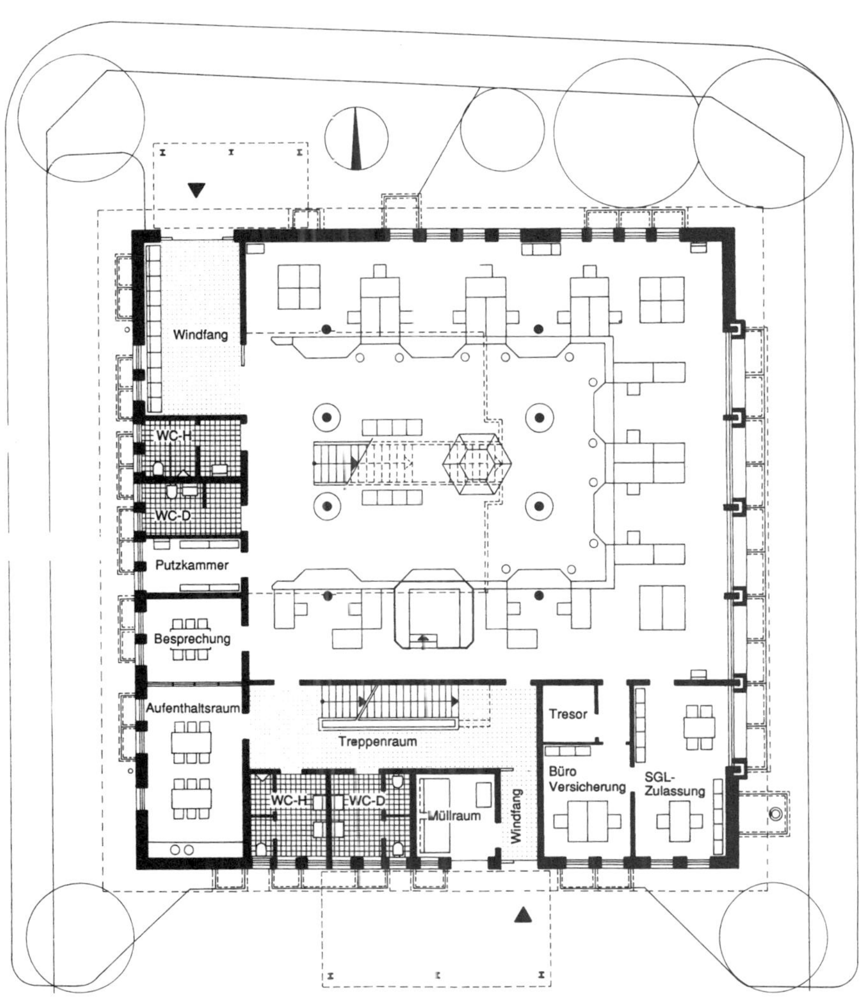


Erdgeschoß

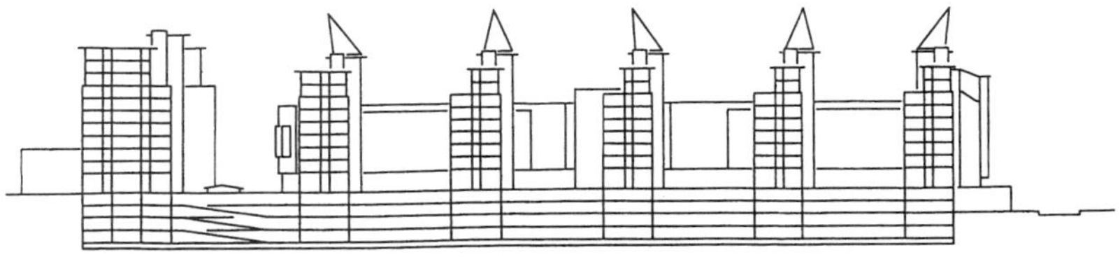

## 1.3.2 Behördenzentrum in Frankfurt/Main

| | |
|---|---|
| Bauherr | Land Hessen, vertreten durch die Staatliche Neubauleitung BZF |
| Architekten | SZP Scheele Zimmer Planteam GmbH, Dortmund sowie Gehrmann Consult GmbH und Partner KG |
| Mitarbeiter | G. Hacker, A. Keul, Th. Görgen, M. Schatte, J. Frommholz, A. Tucholski, S. Zittlau-Kroos, I. Geller, F. Lohse, J. Schorsch, H. Schreier |
| Tragwerks-planung | Ing.-Büro Krebs und Kiefer, Darmstadt |
| Kunst | Ottmar Hörl, Gabi Seifert, Götz Stöckmann |
| | Wettbewerb 1984, 2. Stufe 1987 |
| | Fertigstellung 1993 |

| | | |
|---|---|---|
| Grundstück | 46 500 m² | GRZ = 035 GFZ = 2,08 |
| HNF | 52 510 m² | = 77 % |
| NNF | 15 669 m² | = 23 % |
| NF | 68 179 m² | = 100 % |
| FF | 11 118 m² | = 16 % |
| VF | 53 767 m² | = 78 % |
| NGF | 133 064 m² | = 195 % |
| KGF | 7 866 m² | = 11 % |
| BGF | 140 940 m² | = 206 % |
| BRI | 520 000 m³ | |
| Faktor | BGF/HNF = 2,68 BRI/HNF = 9,90 BRI/BGF = 3,69 | |

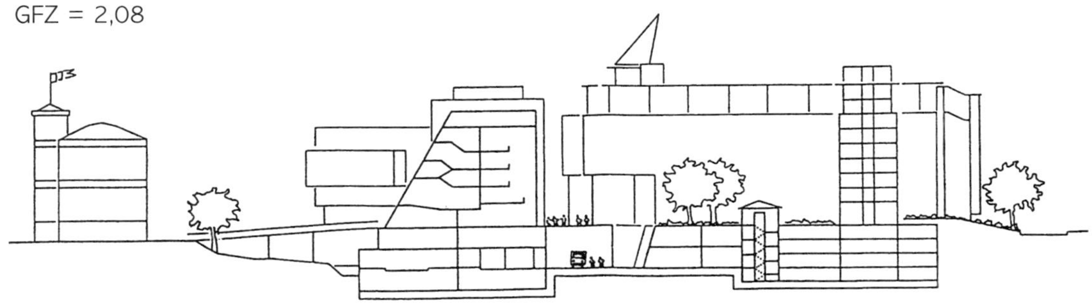

Tiefgarage mit 845 Einstellplätzen

Die Umwandlung des ehemaligen Exerzierhofs zu einer Grünanlage und die Sanierung von Kasernenbauten boten die Voraussetzung zur Schaffung des Behördenzentrums. Dabei ging es um die Unterbringung mehrerer bisher über die ganze Stadt verstreuter Behörden: fünf Finanzämter, Autobahnamt und das Hessische Straßenbauamt, ferner drei Verwaltungsfachhochschulen sowie ein Dienstgebäude der Hessischen Polizei. Insgesamt wurden ca. 2 250 Arbeitsplätze sowie Studienmöglichkeiten für ca. 1000 Studierende geschaffen. Zu den weiteren Einrichtungen des Behördenzentrums gehören eine Kantine mit Cafeteria, ein Konferenzbereich, eine Kindertagesstätte mit 80 Plätzen sowie zwei Hausmeisterwohnungen.

Der kammartige Zentralbau nimmt die Behörden und Schulen auf, während die zentralen Einrichtungen, u. a. das Audimax, entlang einer Ämter- und Wirtschaftsstraße angelegt sind. Die fünf Finanzämter sind als Zweibund mit flexiblen Bürohüften konzipiert. Jedes einzelne Amt ist als Kammflügel leicht erkennbar. Die sieben Obergeschosse sind zur besseren Belichtung der Innenhöfe einhüftig ausgebildet.

Die Kommunikations- und Pausenarkade stellt die Blickverbindung zwischen den Höfen und der Ämterstraße her. Die Fachhochschulen mit einbündigen Unterrichtsräumen sind zum Park hin orientiert. Die allen Bereichen gemeinsamen runden Sitzungssäle und die Kantine liegen an der internen Betriebsstraße.

Das Polizeigebäude bildet mit vier Obergeschossen einen freistehenden Riegel.

| | | |
|---|---|---|
| Raumbereiche | 2. UG | Rampenbauwerk, Werkstätten, Lager, Polizeigarage, Anlieferungen, Kantine, Cafeteria, Küche, Müllzentrale |
| | 1. UG | Parkgeschoß |
| | EG | Finanzämter 1 – 5, Straßenbau- und Autobahnamt, Staatsbauamt, 1. Polizeiverwaltungsamt, Polizeiinspektion, Hausmeister, Zentralbau, Kindergarten |
| | 3. OG | Besprechungsräume, variable Büroräume, Archivzonen, Audimax, Gruppenräume, zentrale Halle |
| | DG | Ämter, Volkshochschulen |

Maßstab ca. 1 : 2000

Quellen *Naturstein Architektur 1/94; Bauwelt 45/94; VFA Profil 3/94; Die Bauverwaltung 8/94; DBZ 9/94; Wettbewerbe aktuell 10/94; Dokumentation »Behördenzentrum Frankfurt«, Frankfurt/M. 1994; Pläne der Architekten.*

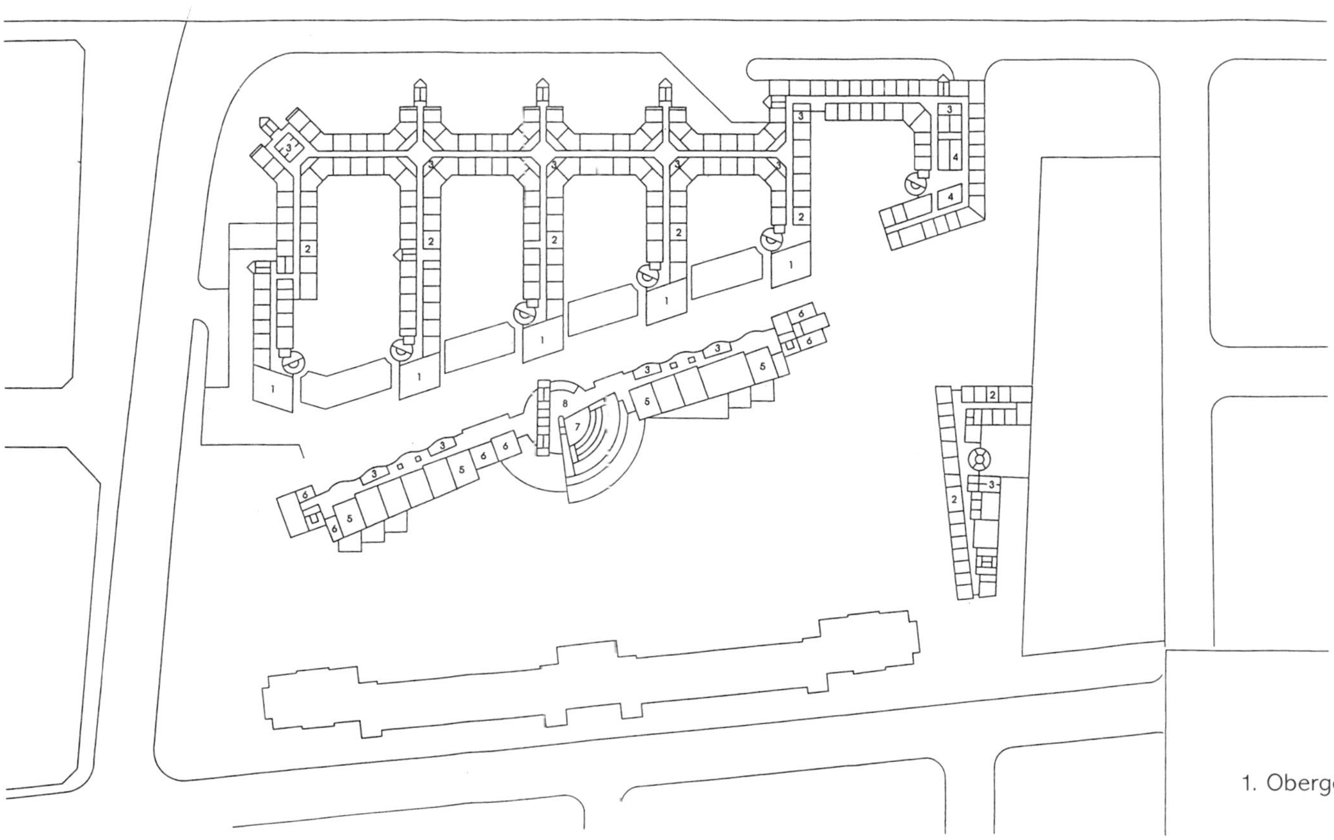

1. Obergeschoß

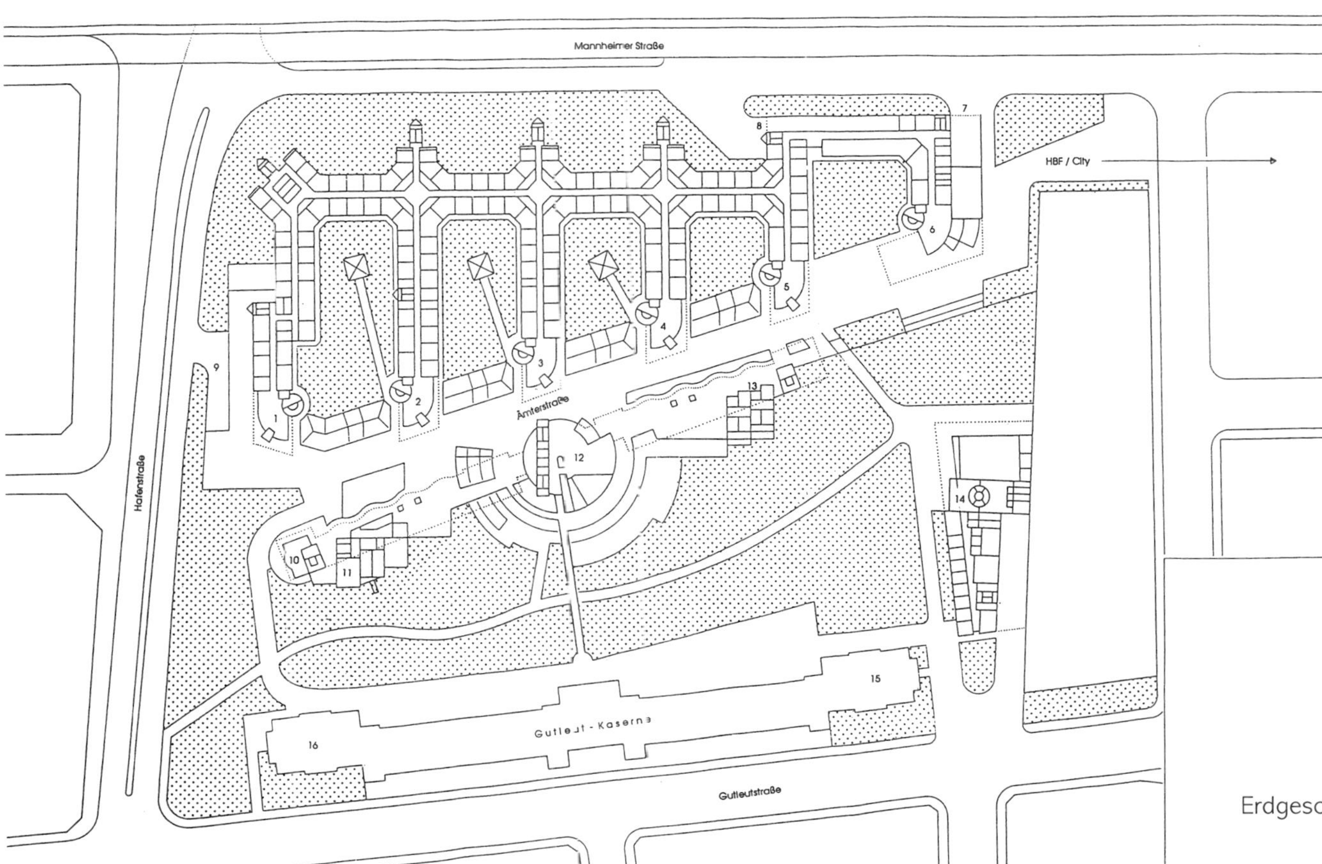


Erdgeschoß

## 1.3.3 SPD-Bundeszentrale »Willy-Brandt-Haus« in Berlin

| | |
|---|---|
| Bauherr | Verwaltungsgesellschaft Bürohaus Berlin mbH, Bonn |
| Architekten | Prof. Helge Bofinger & Partner, Wiesbaden/Berlin |
| Tragwerks-planung | Prof. Dr. Stefan Polónyi, Prof. Dr. Klaus Bollinger, Köln/Frankfurt |
| | Fertigstellung 1996 |

| | | | | |
|---|---|---|---|---|
| Grundstück | 3 225 m² | GRZ = 0,97 | GRF = 5,26 | |
| HNF | 9 709 m² | = | 54 % | davon 600 m² Kongreßsaal mit 500 Plätzen |
| NNF | 874 m² | = | 4 % | |
| NF | 10 600 m² | = | 49 % | |
| FF | 614 m² | = | 3 % | |
| BGF | 17 737 m² | = | 100 % | |
| BRI | 75 919 m³ | | | |
| Faktor | BRI/HNF = 7,8 | VF/HNF = 0, | | |
| | Tiefgarage für 102 PKW | | | |

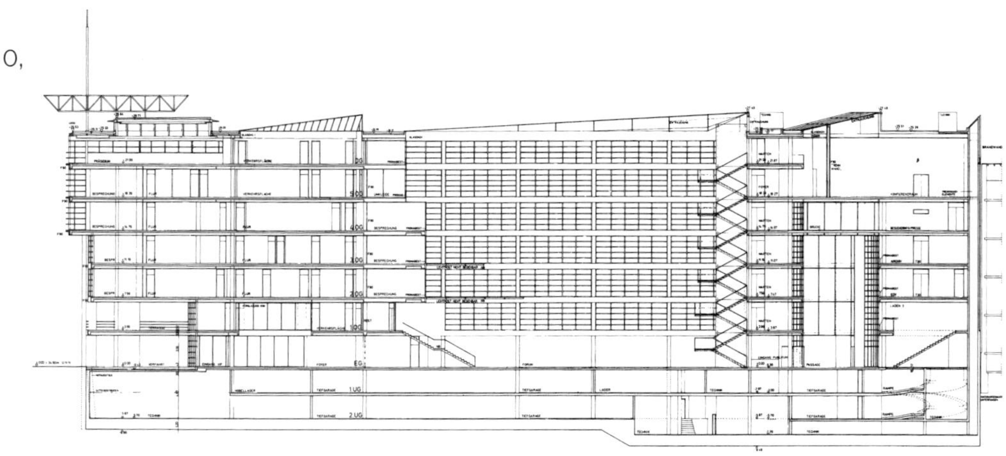

Das Bürohaus ist in den ersten vier Geschossen auf dem dreieckigen Grundriß konkav nach innen gewölbt. 5. und 6. Obergeschoß werden durch einen zylindrischen Aufbau betont. Die Dreiecksspitze wurde städtebaulich prägnant ausgebildet.

Im Zentrum des Gebäudes befindet sich ein dreieckiges, glasüberdachtes Atrium mit einer lichten Atmosphäre und gläsernen Aufzügen. Hier, wo man das Haus als Ganzes erlebt, ist auch der interne Eingang für die Parteimitglieder. Ein Durchstich für eine haushohe Passage zwischen Wilhelm- und Stresemannstraße gibt interessante Durchblicke frei. Die Passage wird durch monumentale Torbauten betreten. Die Fassaden strahlen eine klassische Ordnung aus, ohne daß von ihnen eine moderne Aufbruchstimmung ausgeht.

Neben der Parteizentrale gibt es Büros und Tagungsräume. Zwei Etagen werden dauerhaft fremd vermietet. Die Ladenlokale sind ebenfalls vermietet und haben folgende Nutzungen: Restaurant, Reisebüro, Buchhandlung und Antiquariat, Zeitungen und Zeitschriften, Weinhandlung, Präsente, Blumen. Damit handelt es sich um ein offenes Haus für vielfältige öffentliche, halböffentliche und private Zwecke.

| | | |
|---|---|---|
| Raumbereiche | 2 UG | Technik/Tiefgarage |
| | EG | Atrium/Passage |
| | 1. OG | Büro/Läden |
| | 2. OG | Büro/Sonderflächen |
| | 3. OG | Büro/Sonderflächen |
| | 4.–6. OG | Büro/Sonderflächen |

Maßstab ca. 1:900

Quellen *VFA Profil 3/96; AIT Stuttgart 5/96; Pläne der Architekten.*

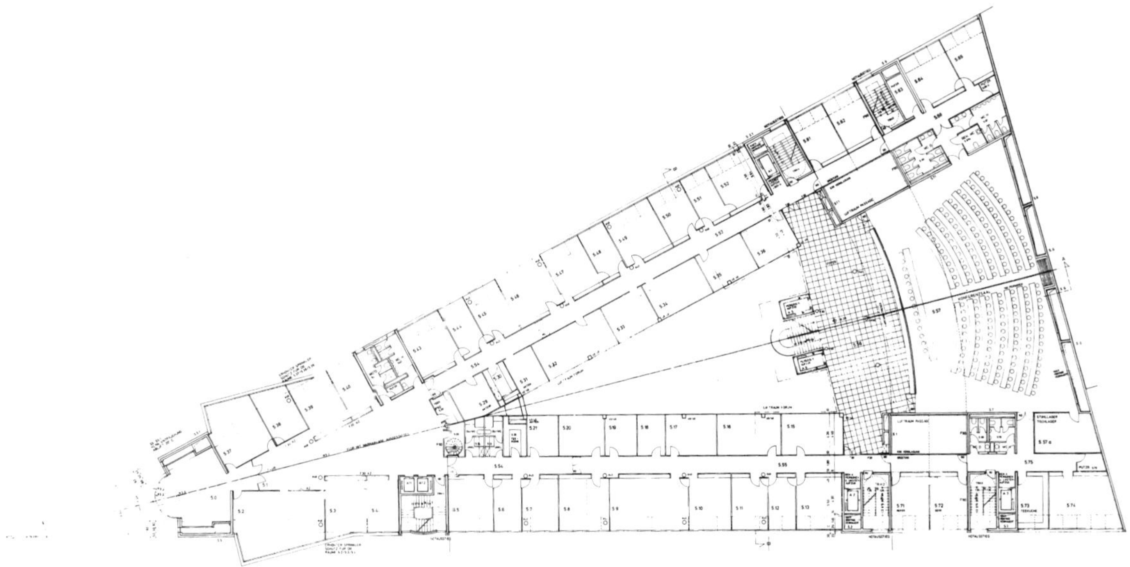

5. Obergeschoß

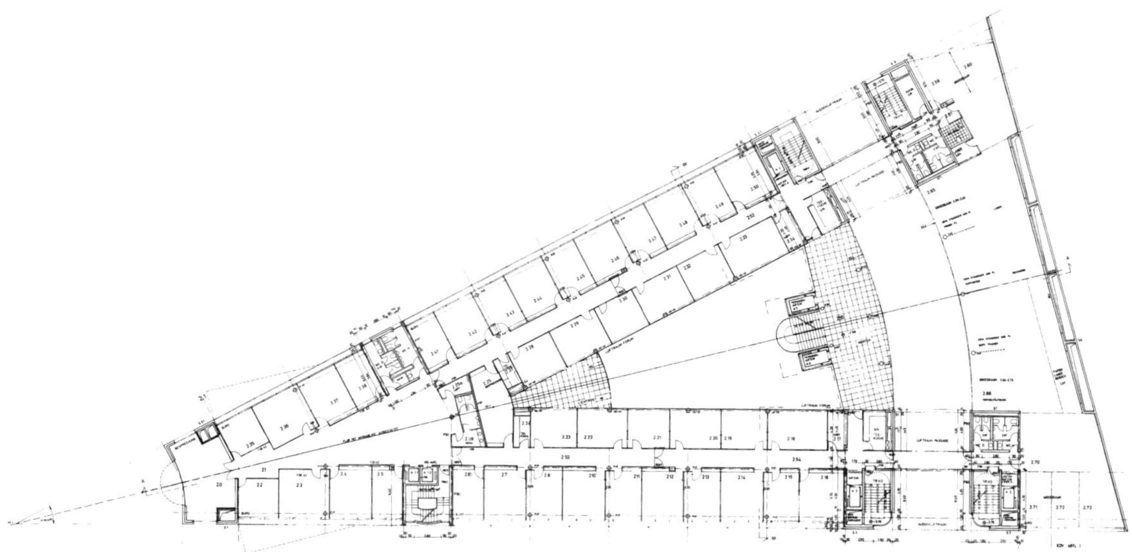

2. Obergeschoß

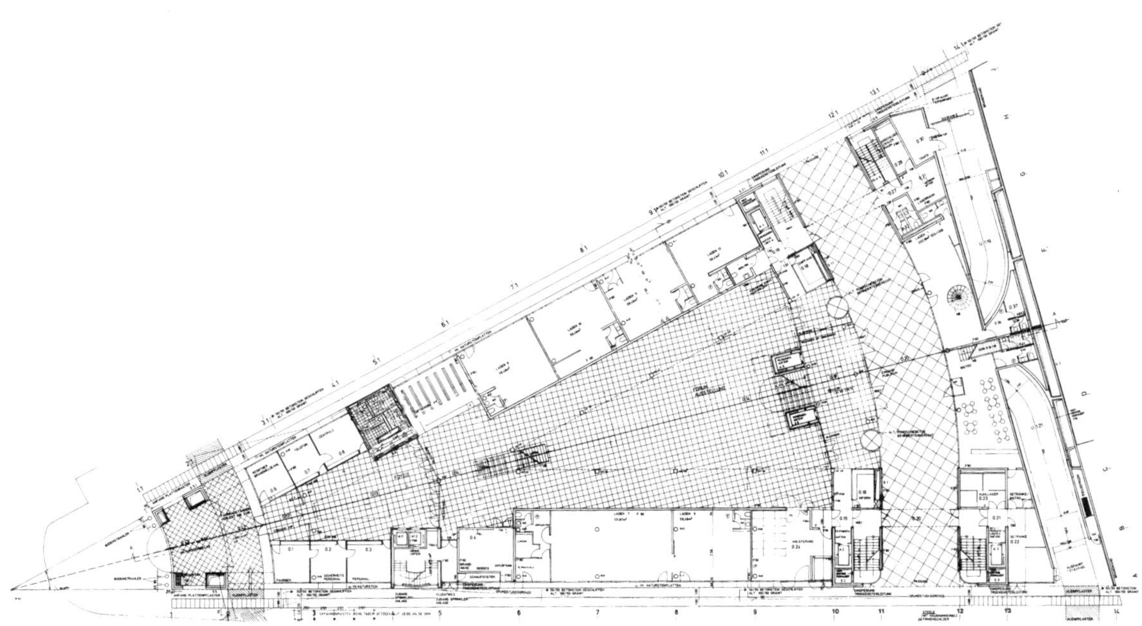

Erdgeschoß

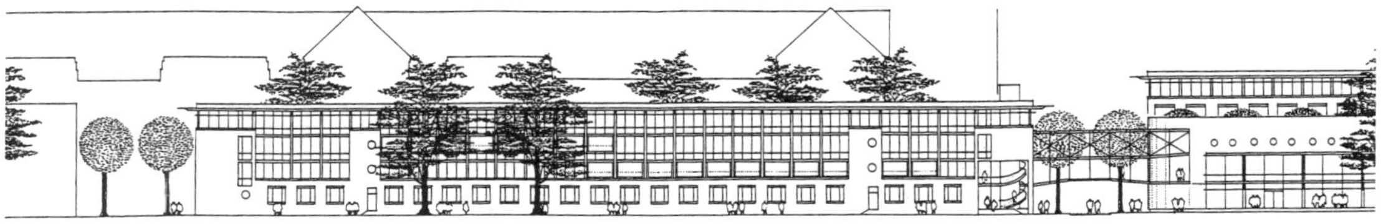

## 1.3.4 Arbeitsamt in Karlsruhe

| | |
|---|---|
| Bauherr | Bundesanstalt für Arbeit, Nürnberg |
| Architekt | Michael Weindel, Karlsruhe |
| | Wettbewerb 1990, 1. Preis |
| | Fertigstellung 1995 |

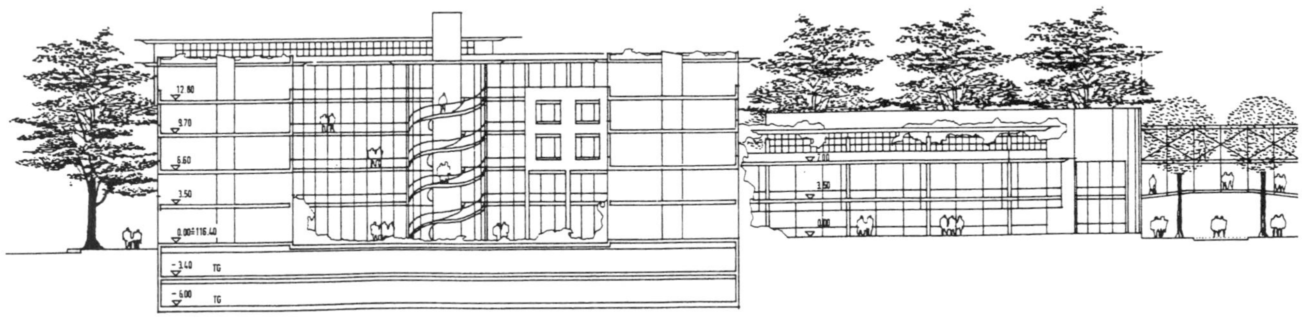

| | | | |
|---|---|---|---|
| Grundstück | 13 907 m² | GRZ = 0,37 | GFZ = 2,04 |
| HNF | 11 460 m² | = 72 % | |
| NNF | 4 455 m² | = 28 % | |
| NF | 15 915 m² | = 100 % | |
| FF | 80C m² | = 5 % | |
| VF | 8 495 m² | = 53 % | |
| NGF | 25 210 m² | = 158 % | |
| KGF | 3 150 m² | = 19 % | |
| BGF | 28 360 m² | = 178 % | |
| BRI | 101 278 m³ | | |
| Faktor | BGF/HNF = 2,47 | BRI/HNF = 8,84 | |

Das Arbeitsamt ist Teil eines Behördenzentrums. Der Verwaltungsbau ist kammartig angelegt. Er besitzt begrünte Innenhöfe. Die Büroräume sind zwei-, teilweise auch einbünαig. Sondernutzungen wie Kantine und Konferenzsäle sind in einen halbkreisförmigen Baukörper ausgelagert.

Maßstab ca. 1 : 800

Quellen *Wettbe:werbe aktuell 12/90; Heinze Deutsche Baudokumentation, Celle 1996; Pläne des Architekten.*

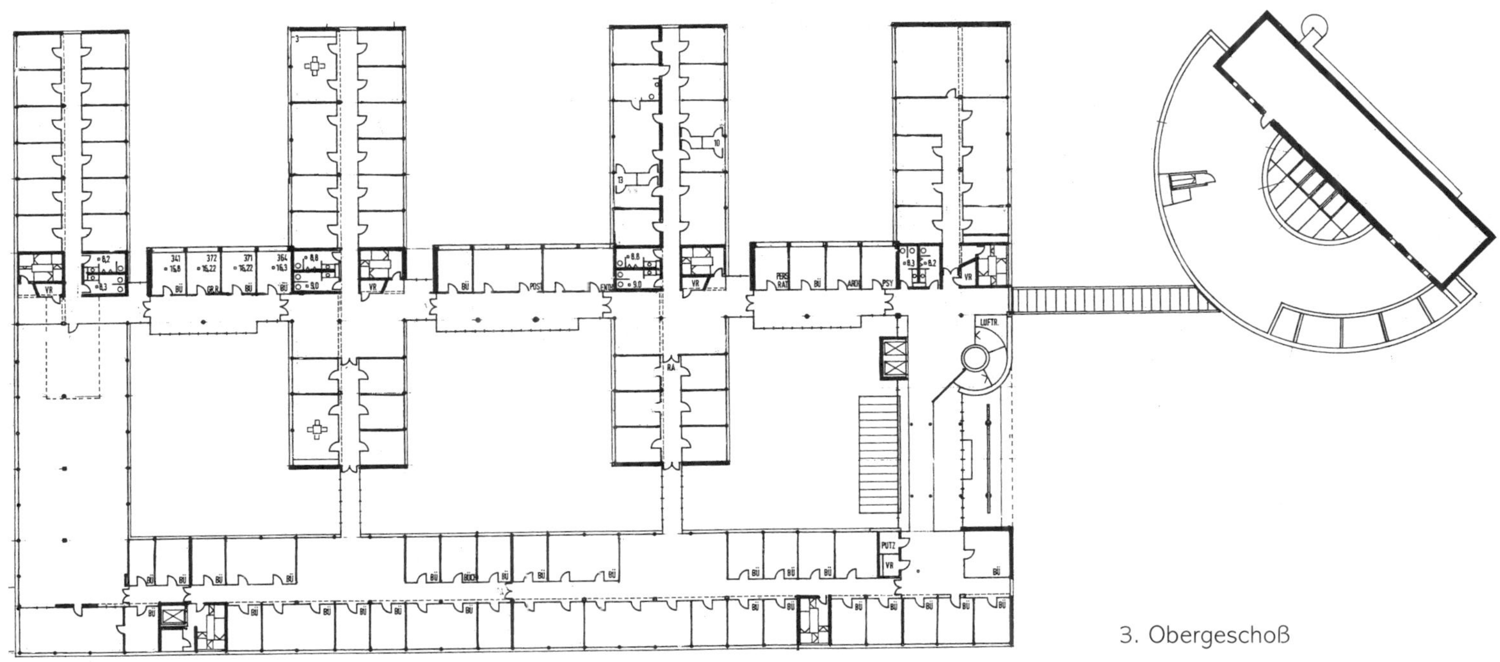

3. Obergeschoß

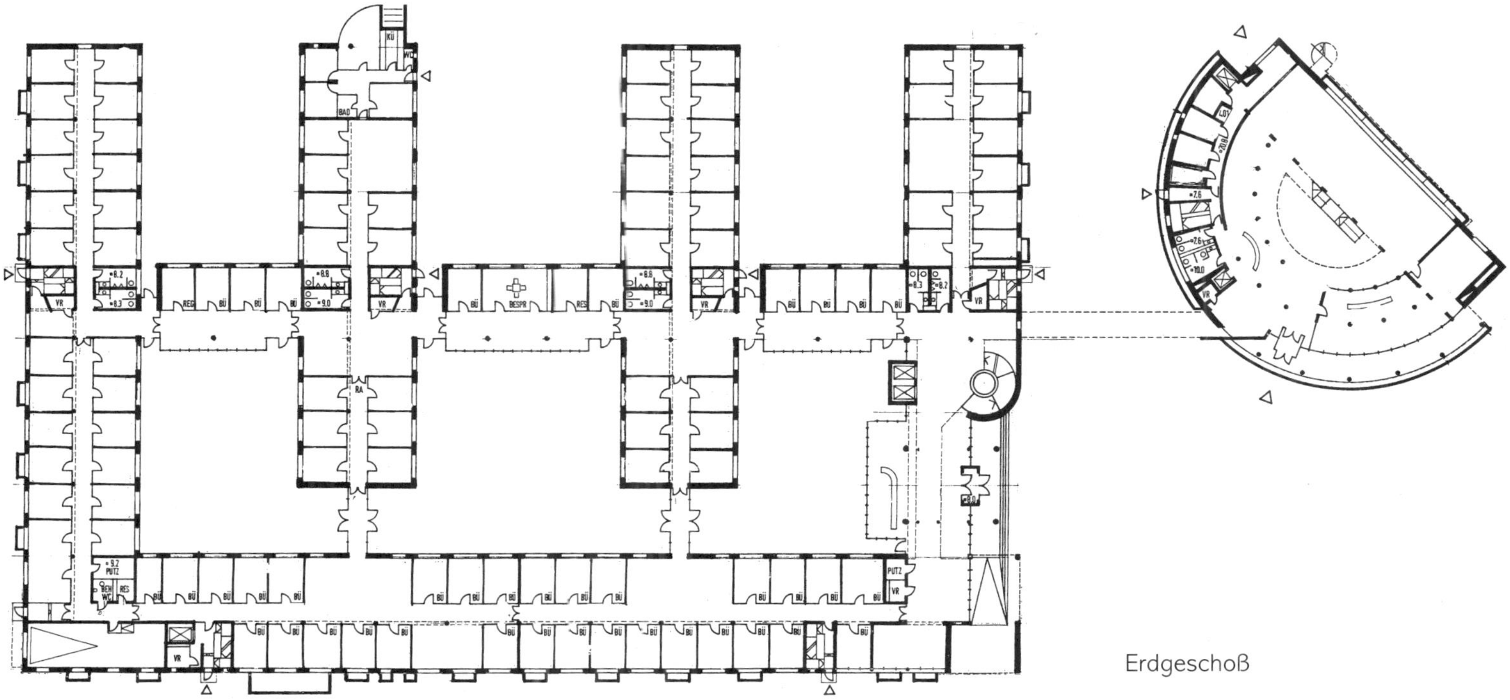

Erdgeschoß

## 1.3.5 Finanzamt in Waiblingen

Bauherr: Land Baden-Württemberg, verteten durch das Staatliche Hochbauamt Ludwigsburg
Architekten: Prof. Peter Schenk und Günter Weber, Stuttgart
Mitarbeiter: O. Adelhelm, W. Wörner, J. Rossa
Tragwerksplanung: Büro Schlumbohn, Stuttgart
Kunst: Prof. Förderer, Thoyngen/CH
Fertigstellung 1995

BRI: 20 800 m³
NF: 3 400 m²
Arbeitsplätze 240
Tiefgaragenplätze 79

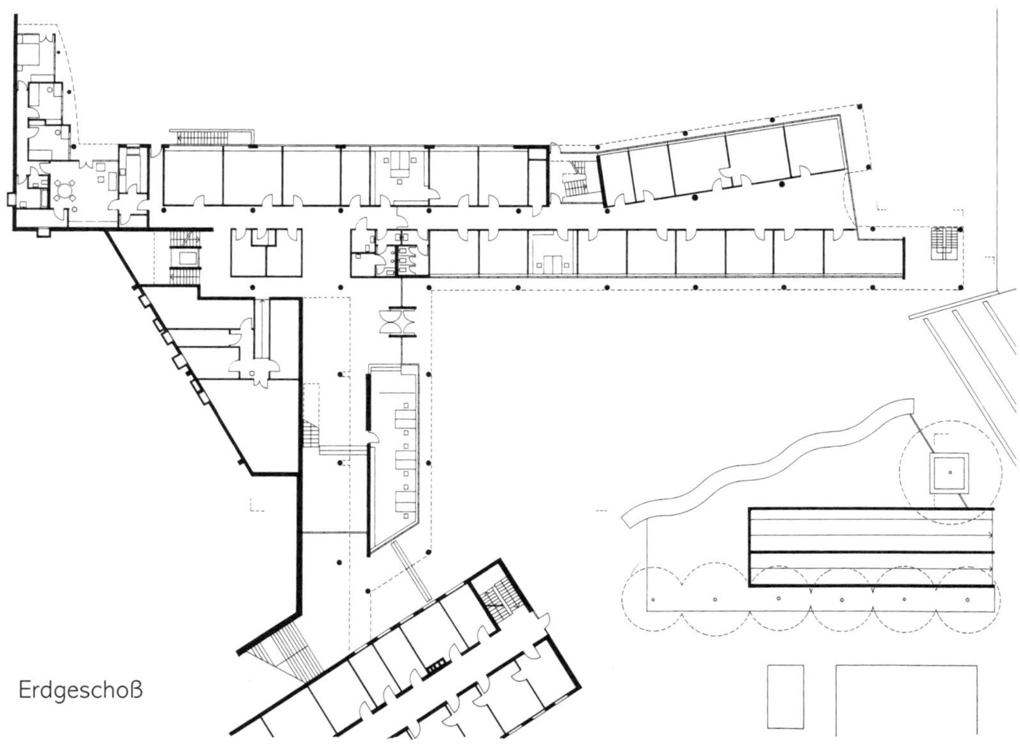

Erdgeschoß

Der viergeschossige Bau ist ausgelegt für ca. 240 Mitarbeiter. Neben Büros verfügt er über einen Sitzungssaal und eine Cafeteria. Außerdem gibt es eine Hausmeisterwohnung und eine Tiefgarage mit 79 Stellplätzen.

Im Grundriß ist die Organisation der Büroflächen in einer L-förmigen und in einer linearen, am Drittelspunkt geknickten Bürospange erkennbar. In die Fuge, die sich durch die Aufspreizung der beiden Bürospangen zum Altbau hin ergibt, ist der Sonderbauteil mit Eingangshalle, Cafeteria und Sitzungssaal eingefügt; letztere können durch eine mobile Trennwand bei Bedarf zusammengelegt werden. Die Gebäudekante dieses Bauteils nimmt die Koordinaten des Altbaus auf. In ähnlicher Weise wird die Aufspreizung der Bürobünde dazu genutzt, einen Gebäudekopf auszuformen, der an die Kleinteiligkeit und Maßstäblichkeit der umgebenden Wohnbauten anknüpft. Das Rückgrat der Anlage bildet der lineare, senkrecht zur Fronackerstraße gestellte Bürotrakt, der die Länge und die Proportion des Altbaus aufnimmt.

Aufgrund des Steuergeheimnisses und des Datenschutzes wurden im Raumprogramm Einzelbüros festgeschrieben. Um die Eintönigkeit langer und dunkler Erschließungsflure zu vermeiden, kam der Gestaltung der Flurzonen und Wartebereiche besondere Bedeutung zu. Sie sorgen für natürliche Belichtung.

Raumbereiche

| | |
|---|---|
| EG | Hausmeisterwohnung, Lager, Poststelle |
| 1. OG | Foyer, Sitzungssaal, Cafeteria, Küche, Essensausgabe, Technik, Vorsteher |
| 2. OG | Halle mit Kunstwand, Büros |
| 3. OG | Wartezone, Büros, Konferenzraum |

Maßstab: ca. 1:700

Quellen: *AIT 12/95; Topas 12/95; Faltblatt »Finanzamt Waiblingen«, 1995; Pläne der Architekten.*

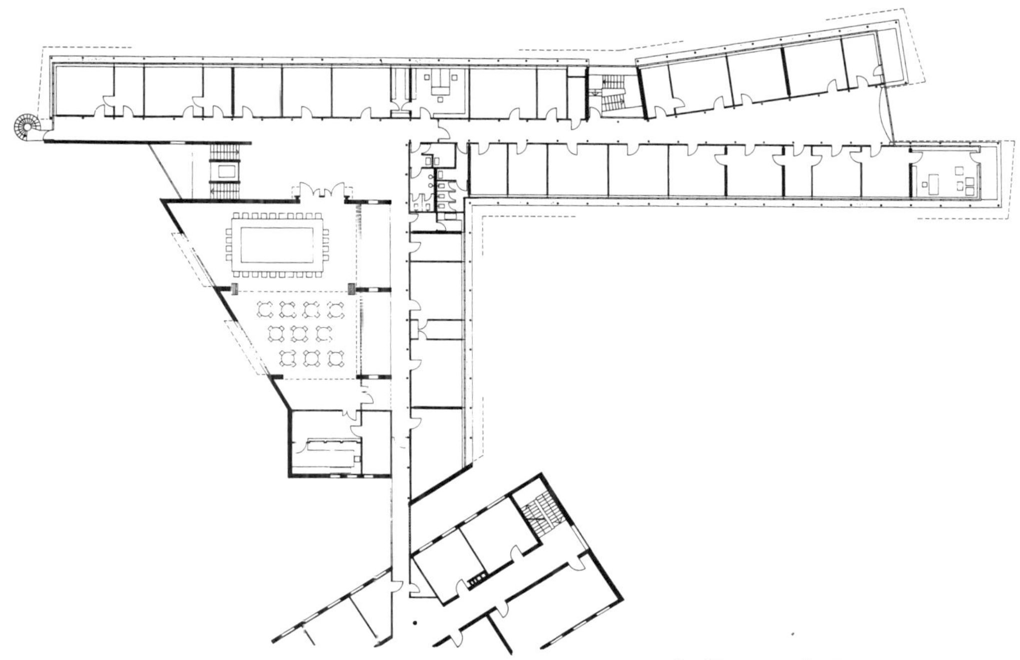

3. Obergeschoß

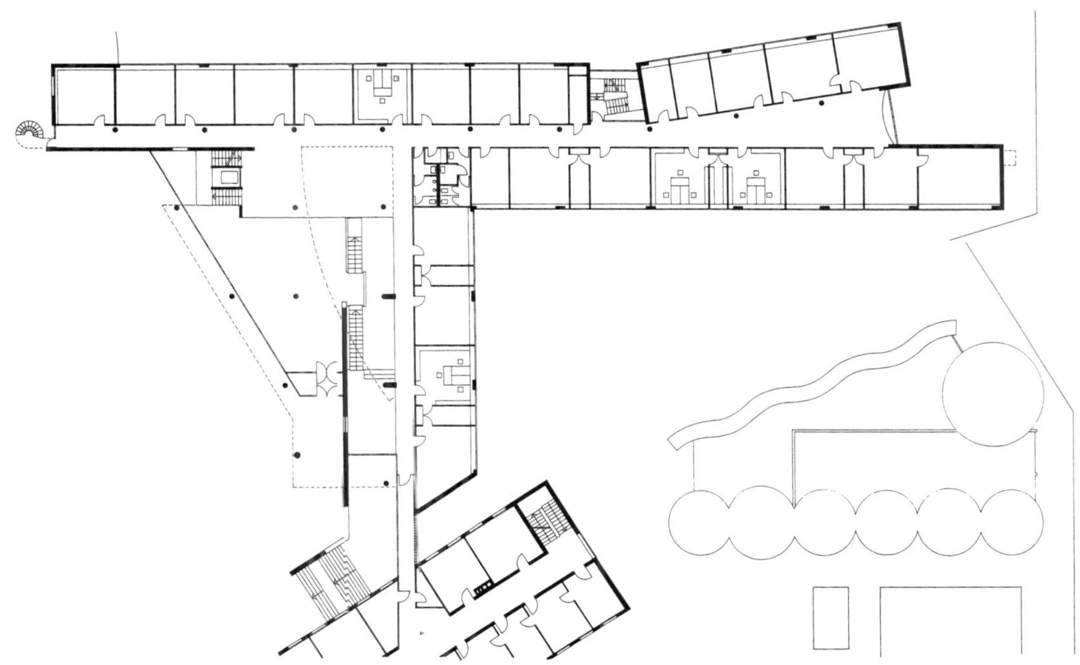

1. Obergeschoß

## 1.3.6 Deutsche Bundesstiftung Umwelt in Osnabrück

| | |
|---|---|
| Bauherr | Deutsche Bundesstiftung Umwelt |
| Architekt | Prof. Erich Schneider-Wessling, Köln |
| Mitarbeiter | K. Holthöwer, Dr. M. Höhne, R. Padberg, U. Klein, K. Sann |
| Tragwerks-planung | Konstruktionsgruppe für Bauwesen, Köln |
| | Fertigstellung 1995 |

| | | |
|---|---|---|
| Grundstück | 7 388 m² | GRZ (mit Villa) = 0,23 GRF (mit Villa) = 0,59 |
| NF | 3 490 m² | = 100 % |
| BGF | 4 550 m² | = 130 % |
| BRI | 15 060 m³ | |
| Faktor | BRI/NF = 4,32 | |

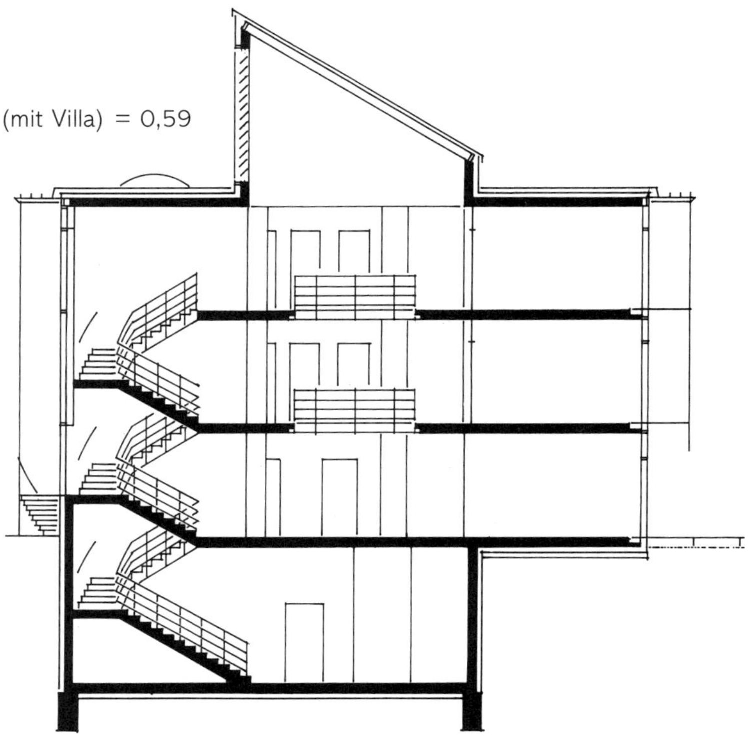

Die Kreisform des Gebäudes ist das Ergebnis der Rücksichtnahme gegenüber der städtebaulichen Umgebung – einer Parklandschaft im Villenviertel mit zwei- bis dreigeschossiger Bebauung. Sie ist zudem Ausdruck einer energiebewußten Architekturauffassung und soll die Aufgaben des Umweltinstituts symbolisieren. Das Gebäude folgt den Baumkonturen, umschließt eine imposante 160 Jahre alte Buchengruppe und verwandelt so den Außenraum zum Innenhof.

Die Fassade wird von einem leichten Rankgerüst begleitet, das durch die Bepflanzung den natürlichen Sonnenschutz garantiert.

Durch die radiale Anordnung entwickeln sich im Inneren die Räume zu dynamisch enger und weiter werdenden Raumfolgen, die ideal für Kombizonen geeignet sind. »Sonnenfänger« über den Mittelpunkten der Ringe leiten das Licht tief ins Gebäude hinein und durchlichten auf natürliche Weise.

Auf der Nordseite liegen die Eingangshalle, die Treppenhäuser und Nebenräume, kurze Wege im Inneren verringern die Verkehrsflächen, erzeugen Kompaktheit und lassen große Flexibilität zu.

| | | |
|---|---|---|
| Raumbereiche | EG | Cafeteria, Bibliothek, Konferenz, Registratur, Besprechung |
| | 1. OG | Büros |
| | 2. OG | Büros |

Maßstab Grundrisse 1 : 400, Schnitt 1 : 250

Quellen *AIT Sonderheft Intelligente Architektur 10/95; Th. Herzog: Solar Energy in Architectur and Urban Planing, München 1996; db 8/96; Beton Prisma 71/96; Pläne des Architekten.*

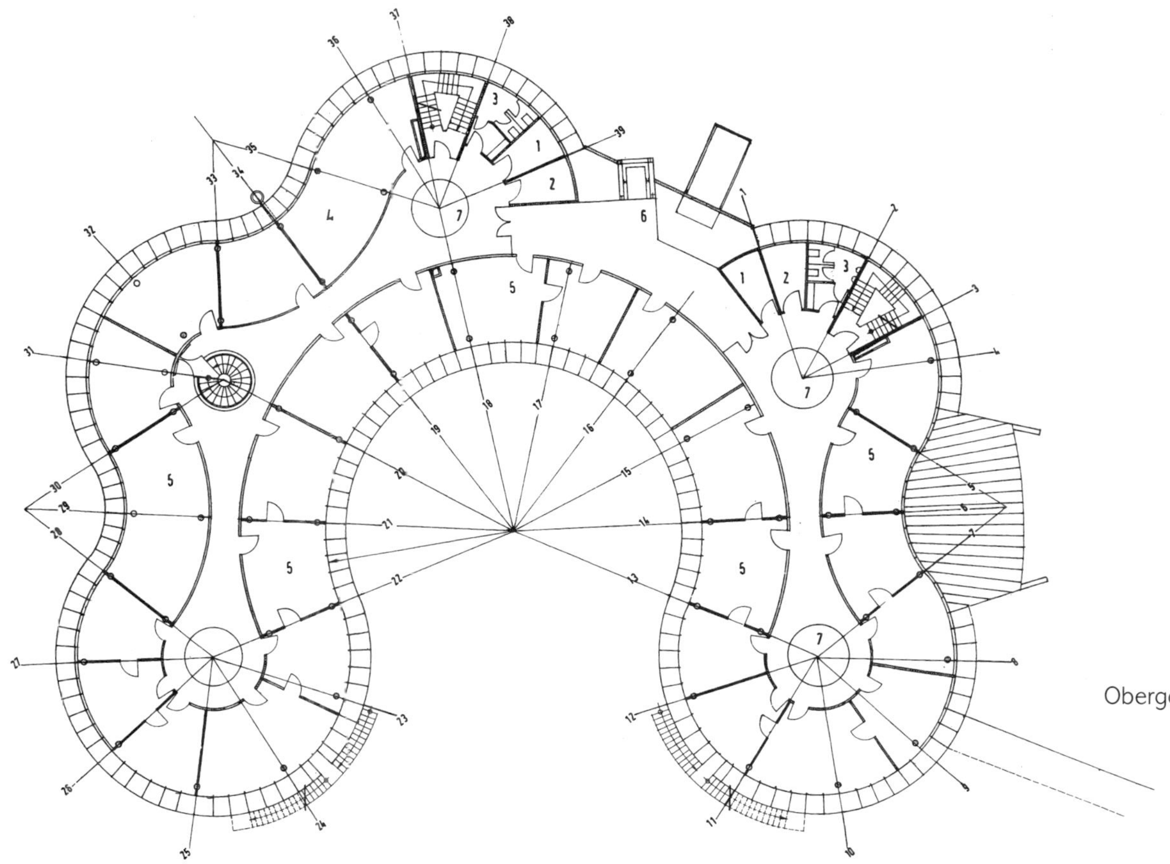

Obergeschoß

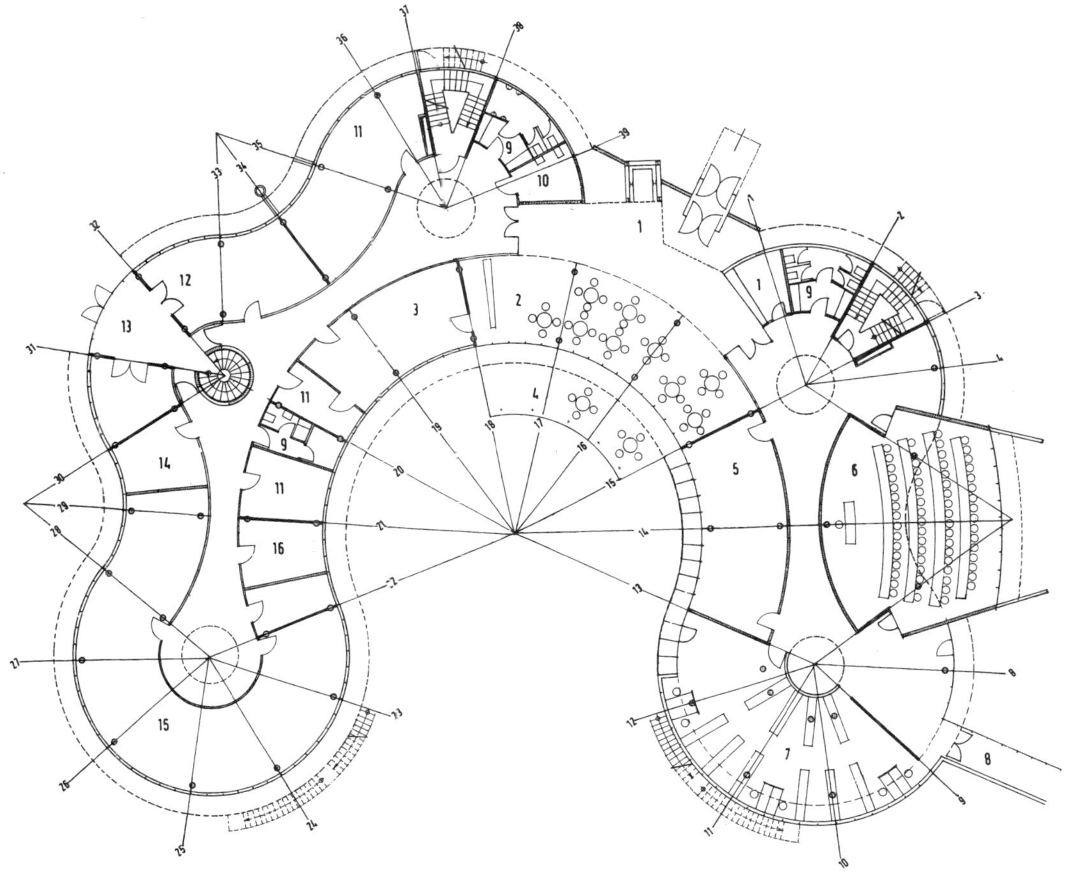

Erdgeschoß

## 1.3.7 Kreiswehrersatzamt in Karlsruhe

| | |
|---|---|
| Bauherr | Bundesministerium der Verteidigung, Bonn |
| Entwurf | Staatliches Hochbauamt II Karlsruhe |
| Ausführungsplanung | Prof. Rossmann und Partner, Karlsruhe |
| Projektleiter | Karl Platte, Büro Rossmann, Karlsruhe |
| Tragwerksplanung | Ing.-Büro Steinmetz und Leibold, Ettlingen |
| | Fertigstellung 1992 |

| | | |
|---|---|---|
| Grundstück | 13 689 $m^2$ | GRZ = 0,20 GFZ = 0,54 |
| BF | 2 672 $m^2$ | |
| UNF | 11 017 $m^2$ | |
| HNF | 3 994 $m^2$ | = 100,0 % |
| NNF | 319 $m^2$ | = 8,0 % |
| NF | 4 313 $m^2$ | = 108,0 % |
| FF | 113 $m^2$ | = 2,8 % |
| VF | 1 750 $m^2$ | = 43,8 % |
| KF | 1 120 $m^2$ | = 28,0 % |
| BGF | 7 409 $m^2$ | = 185,5 % |
| BRI | 23 504 $m^3$ | |
| Faktor | BRI/HNF = 5,88 VF/HNF = 0,44 | |

Das im Anschluß an die Bundeswehrfachschule errichtete Kreiswehrersatzamt spiegelt die Funktionsabläufe in der Entwurfsanordnung wieder. Das Bauwerk wird gebildet aus einer sich nach Süden öffnenden dreigeschossigen Winkelform und einem rückwärtigen zweigeschossigen Atrium, in den sich der Winkelbau einschiebt. Durch die Forderung nach möglichst erdgeschossig anzuordnenden Bereichen, ergibt sich eine flächenintensive bauliche Anlage.
Das Gebäude wird diagonal über den »Gelenkbereich« erschlossen. Er übernimmt die Funktionen des Eingangsbereiches sowie die horizontale und vertikale Verteilung in die verschiedenen Etagen und Seitenflügel.

| | | |
|---|---|---|
| Raumbereiche | UG | Archive, Lager- und Schutzräume, Technikzentrale mit Heizungsübergabestation und Hausanschluß |
| | EG | drei Musterungskommissionen, Facharzt-Stationsräume, Eignungs- und Verwendungsprüfung, 130 $m^2$ Testsaal-Oktogon als Sonderbaukörper |
| | 1. OG | Karteiräume kompakt als Großraum, Arbeitsräume der zugehörigen Sachbearbeiter von drei Sachgebieten, Räume des Prüfungsausschusses für Kriegsdienstverweigerer |
| | 2. OG | zentraler Schreibdienst, Gemeinschaftsraum, Räume der Amtsleitung, Poststelle |

Maßstab ca. 1:700

Quelle *Pläne der Architekten.*

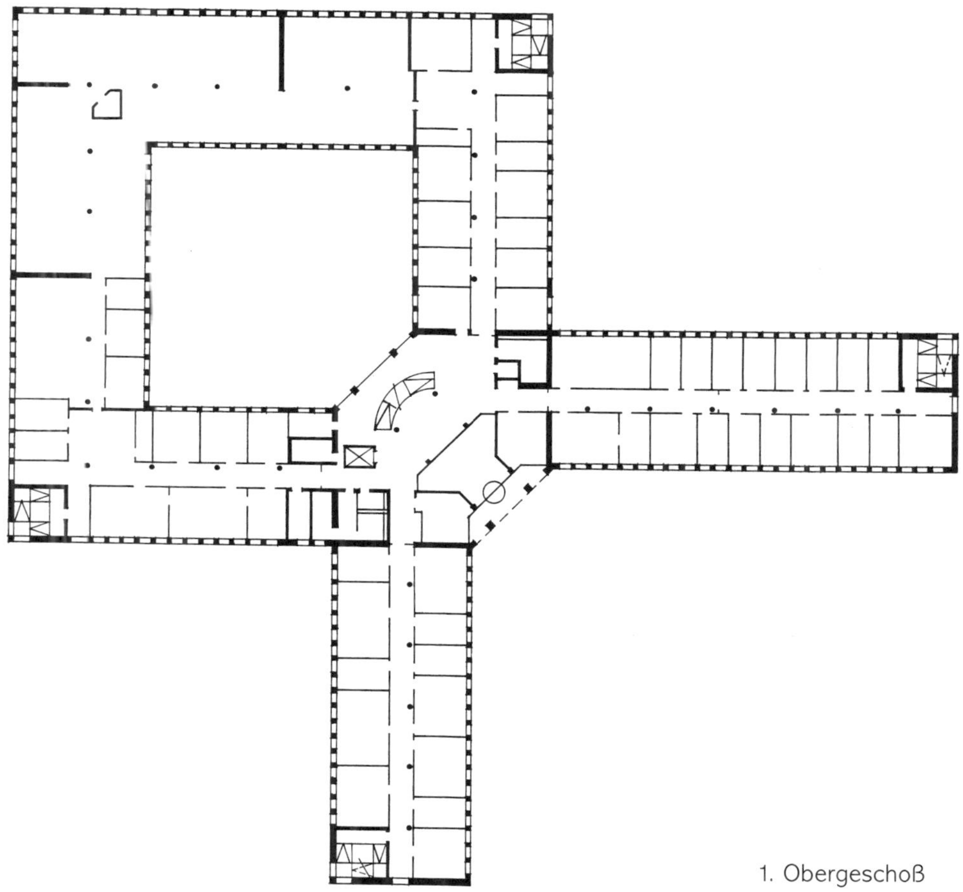

1. Obergeschoß

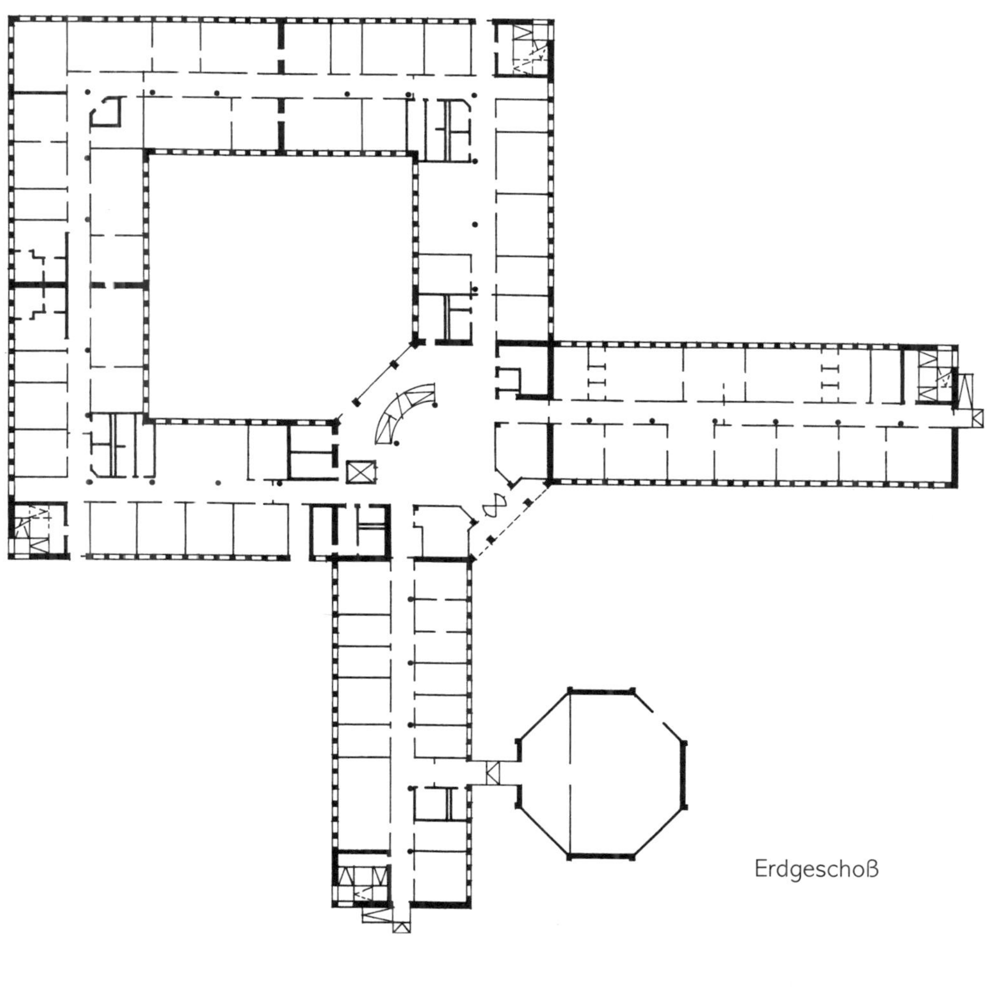

Erdgeschoß

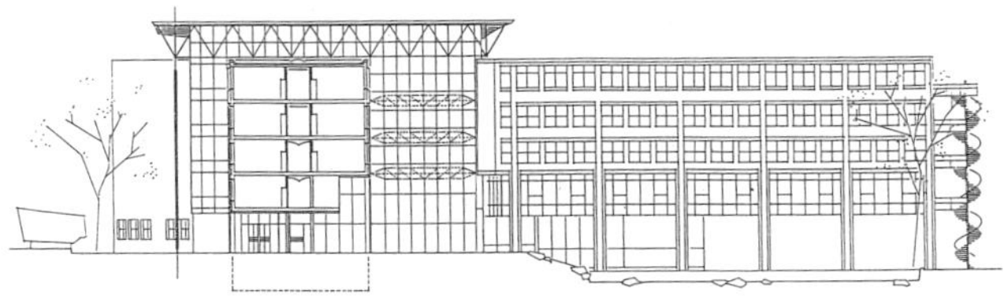

## 1.3.8 Regierungspräsidium in Tübingen

| | |
|---|---|
| Bauherr | Land Baden-Württemberg, vertreten durch das Staatliche Hochbauamt Reutlingen |
| Architekten | Bidlingmaier, Egenhofer, Dübbers, Stuttgart |
| Mitarbeiter | A. Ströhle, H. Gerstner, R. Elsässer, E. Adorno, J. Lenz |
| Tragwerksplanung | Leonhardt, Andrä + Partner, Stuttgart |
| Kunst | Günther Herrmann, Ostfildern; Prof. Ben Willikens, Stuttgart |
| | Wettbewerb 1979 |
| | Fertigstellung 1990 |

| | | | |
|---|---|---|---|
| Grundstück | 20 800 m² | GZR = 0,18 | GFZ = 0,8 |
| HNF | 9 351 m² | = | 94 % |
| NNF | 513 m² | = | 5 % |
| NF | 9 864 m² | = | 100 % |
| FF | 246 m² | = | 2 % |
| VF | 4 317 m² | = | 43 % |
| NGF | 14 427 m² | = | 146 % |
| KGF | 2 044 m² | = | 20 % |
| BGF | 16 471 m² | = | 167 % |
| BRI | 53 748 m³ | | |
| Faktor | BGF/HNF = 1,76 | BRI/HNF = 6,74 | BRI/BGF = 3,26 |

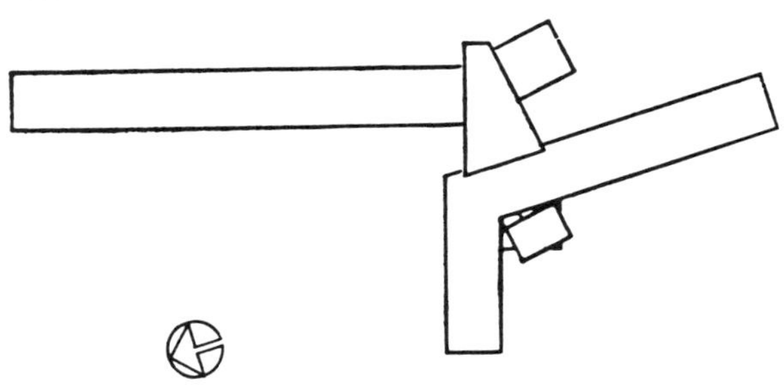

Der Neubau ist für 550 Bedienstete ausgelegt. Die Behörde ist in sieben Fachabteilungen gegliedert, deren Büroräume jeweils als zusammenhängende Flächen in den Normalgeschossen liegen. Sie werden über eine zentrale Treppenhalle erschlossen. Sonderbereiche sind die Laborräume der Abteilung Landwirtschaft und der Abteilung Wasserwirtschaft, die wegen der für diese Räume erforderlichen größeren Geschoßhöhe im Hanggeschoß zusammengefaßt sind. Weitere Sonderflächen sind die Registraturen mit der Poststelle und die Druckerei, welche sich in einem eigenen Turmbau befinden.
Gemeinsame Besprechungsräume liegen in jedem Geschoß an der Treppenhalle, von der aus auch die ebenerdig liegende Kantine zu erreichen ist. Der Sitzungssaal mit 90 Plätzen ist im 1. Obergeschoß der Verwaltungsspitze zugeordnet.

| | | |
|---|---|---|
| Raumbereiche | Ebene 0 | Büroflügel, Eingangshalle, Ausstellung, Registraturturm, Sitzungssaal, Kantine |
| | Ebene 1 | drei Büroflügel, Registratur, Sitzungssaal |
| | Ebene 2, 3, 4 | drei Büroflügel, Registratur |

Maßstab ca. 1 : 800

Quellen *Land Baden-Württenberg, Regierungspräsidium Tübingen, Stuttgart 1990; Broschüre Regierungspräsidium Tübingen, Pfullingen 1991; Heinze Deutsche Baudokumentation, Celle 1991; Pläne der Architekten.*

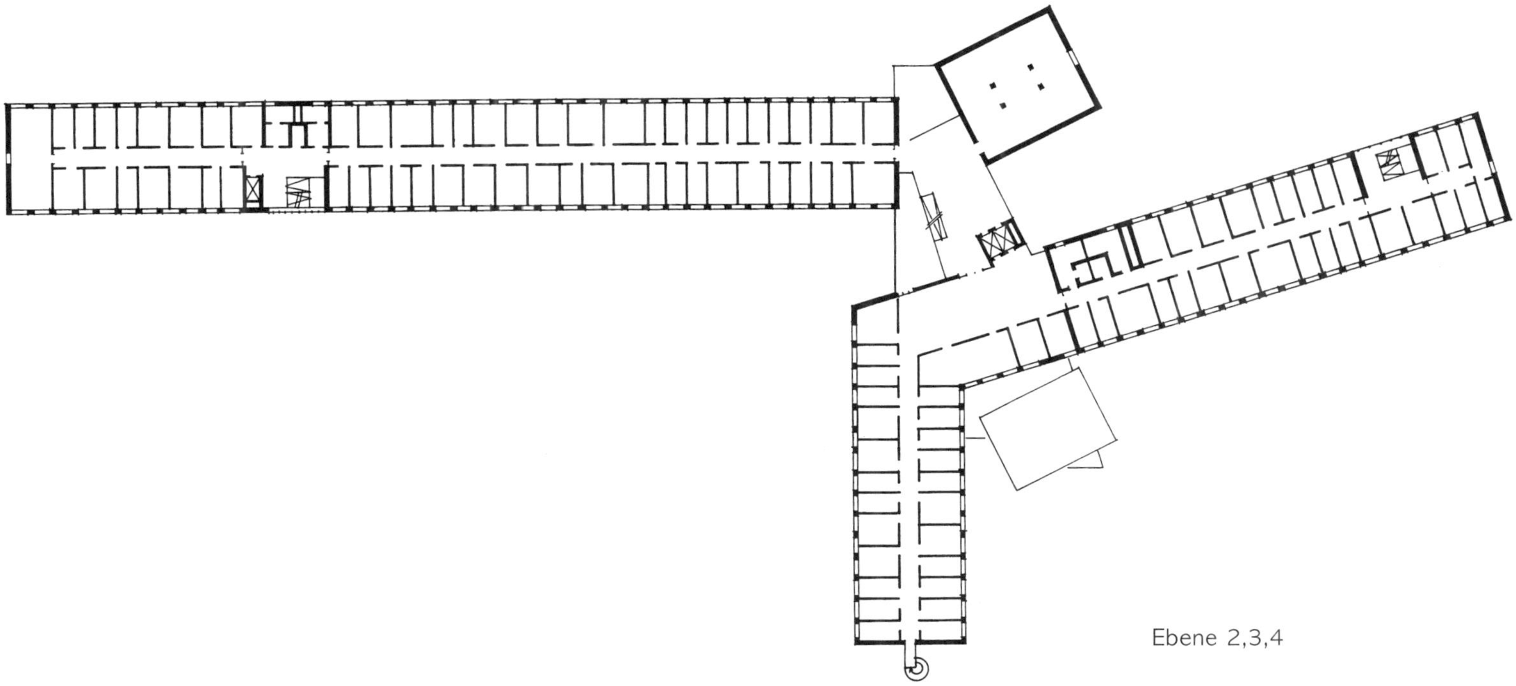

Ebene 2,3,4

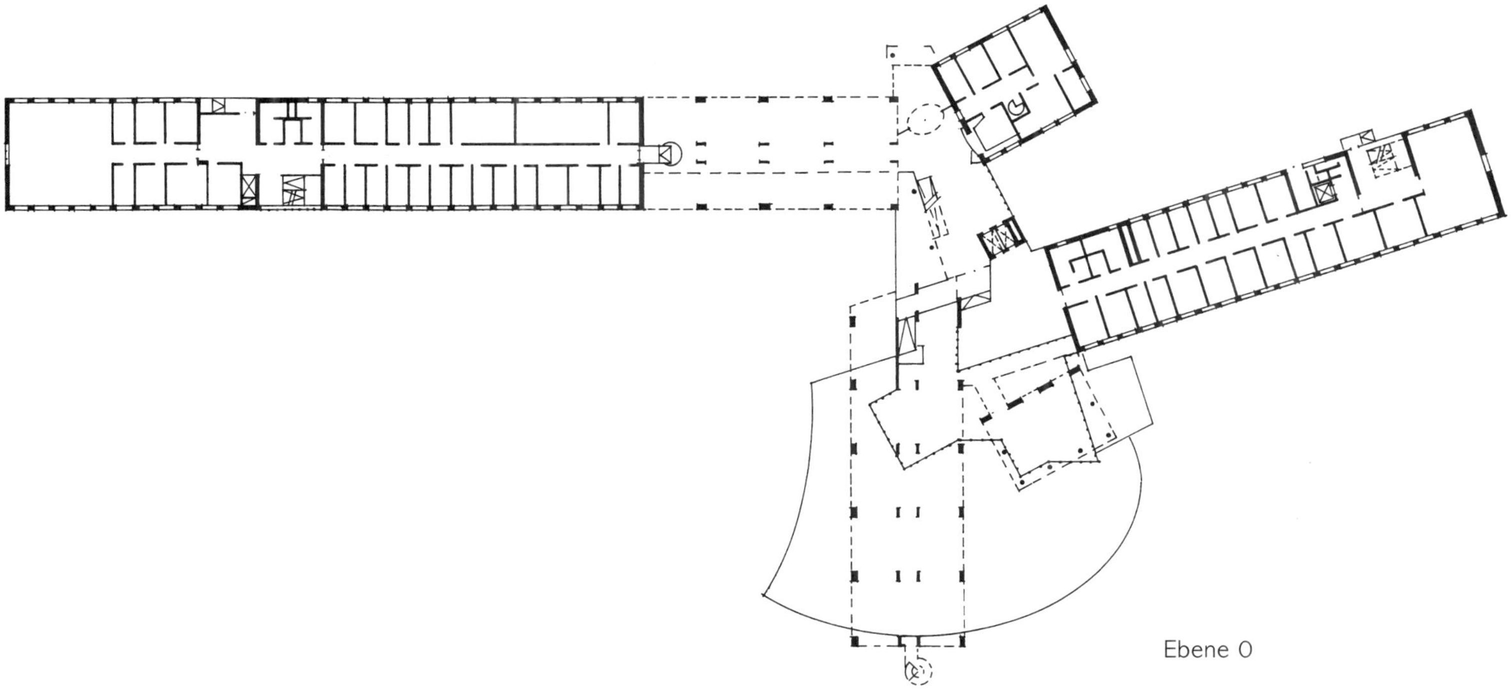

Ebene 0

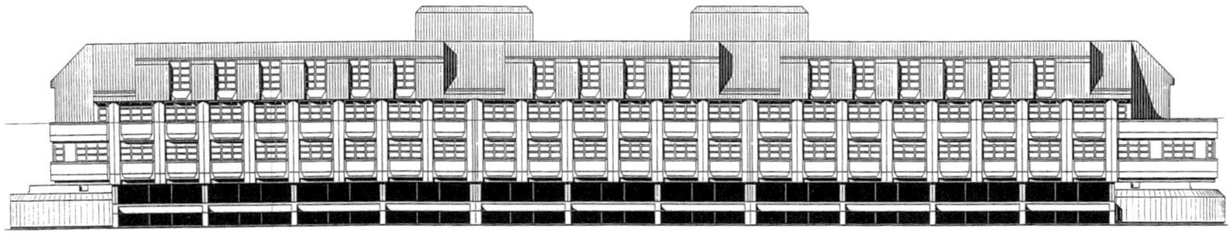

## 1.3.9 Finanzamt Berlin-Tempelhof

| | |
|---|---|
| Bauherr | Senat von Berlin, vertreten durch die Senatsverwaltung für Bau- und Wohnungswesen |
| Planung | Gerhard Rümmler, Berlin |
| Mitarbeiter | H. P. Hoffmann |
| Tragwerks-planung | E. und F. Müller, Berlin |
| | Fertigstellung 1989 |

| | | |
|---|---|---|
| Grundstück | 6 327 m² | GFZ = 1,34 GRF = 0,46 |
| HNF | 1 738 m² | |
| NNF | 135 m² | |
| NF | 1 872 m² | |
| FF | 19 m² | |
| VF | 2 900 m² | |
| KF | 769 m² | |
| BGF | 6 453 m² | |
| BRI | 19 266 m³ | |
| Faktor | BRI/HNF = 11,1 | |

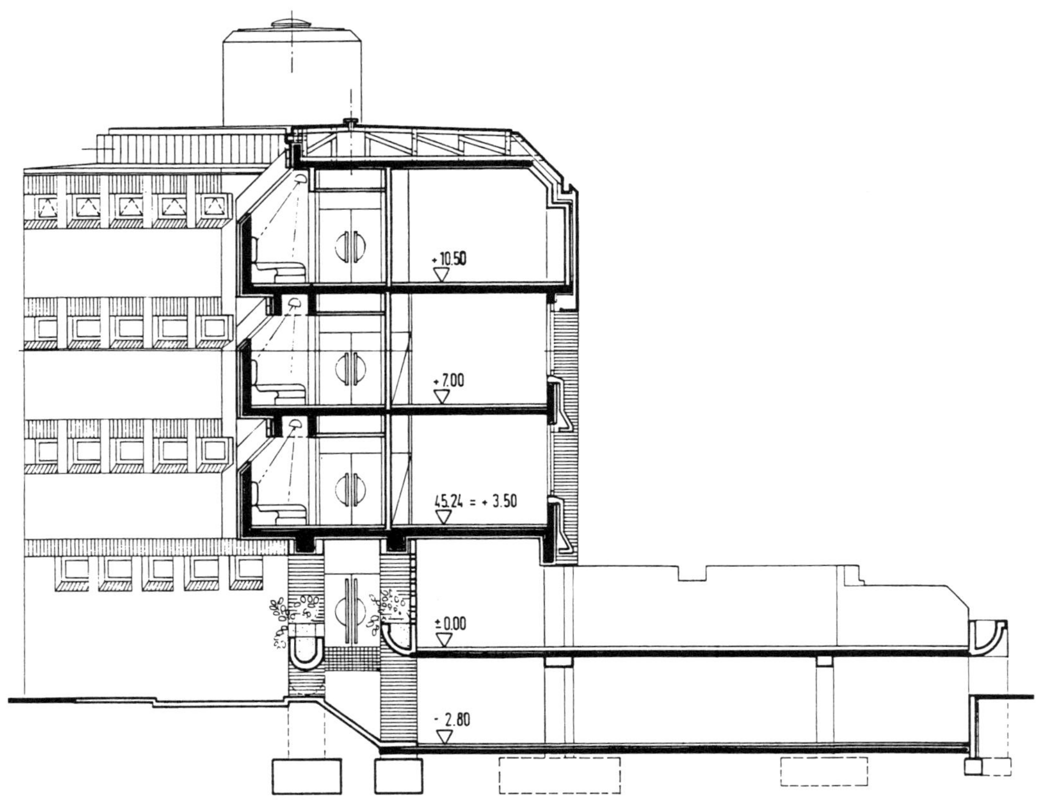


Die beengten Grundstücksverhältnisse und der Zwang zur Einbeziehung des vorhandenen Altbaus erforderten eine komprimierte viergeschossige Konzeption. Gestalterisch war eine Anlehnung an das benachbarte Ullsteinhaus – einen markanten Ziegelbau der zwanziger Jahre – erwünscht.

Die Strenge der geforderten Zellenbüros wurde durch freie Gliederungen der Fertigteil-Fassade und der Baumasse aufgelockert. Aufgrund bisheriger Erfahrungen wurden ein Achsmaß von 4,00 m und eine Raumtiefe von 4,50 m gewählt.

| | | |
|---|---|---|
| Raumbereiche | UG | Parkpalette, Aktenräume, Haupteingang und Eingangshalle, Teeküche, Speisesaal mit Küche, Telefonzentrale, Kasse, Dienstwohnung |
| | EG | Parkpalette, Büros |
| | 1. und 2. OG | Büros |
| | 3. OG | Büros und Mehrzweckraum |

Maßstab Grundrisse ca. 1:700, Schnitt 1:200

Quellen *VFA Profil 8/95; Pläne der Architekten.*

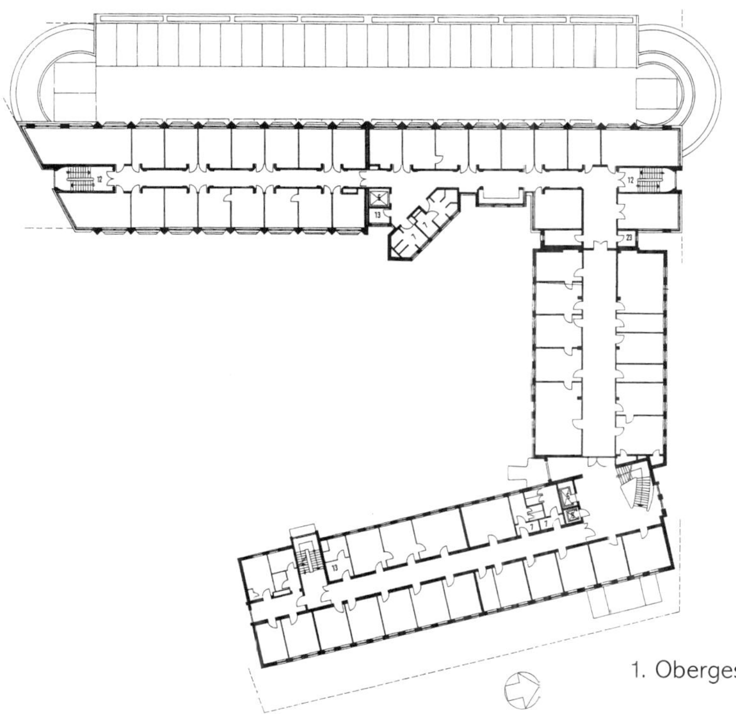

1. Obergeschoß

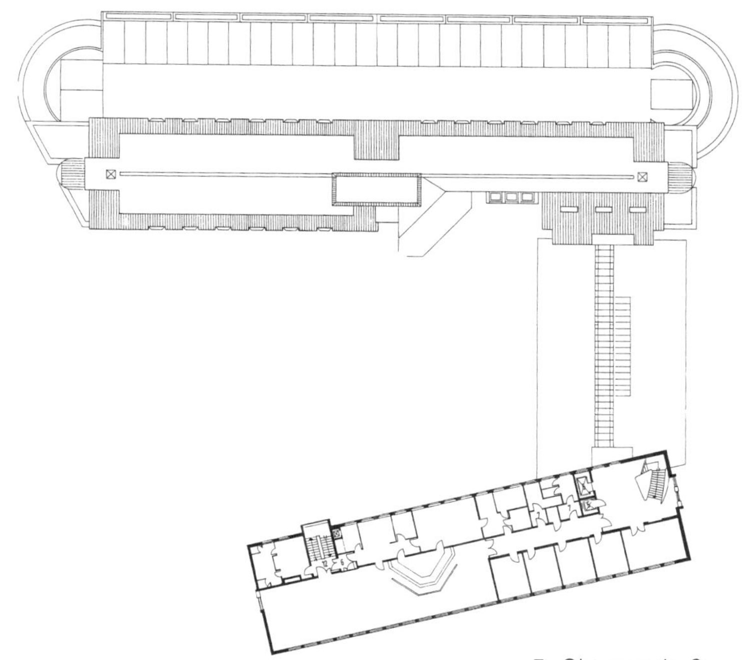

5. Obergeschoß

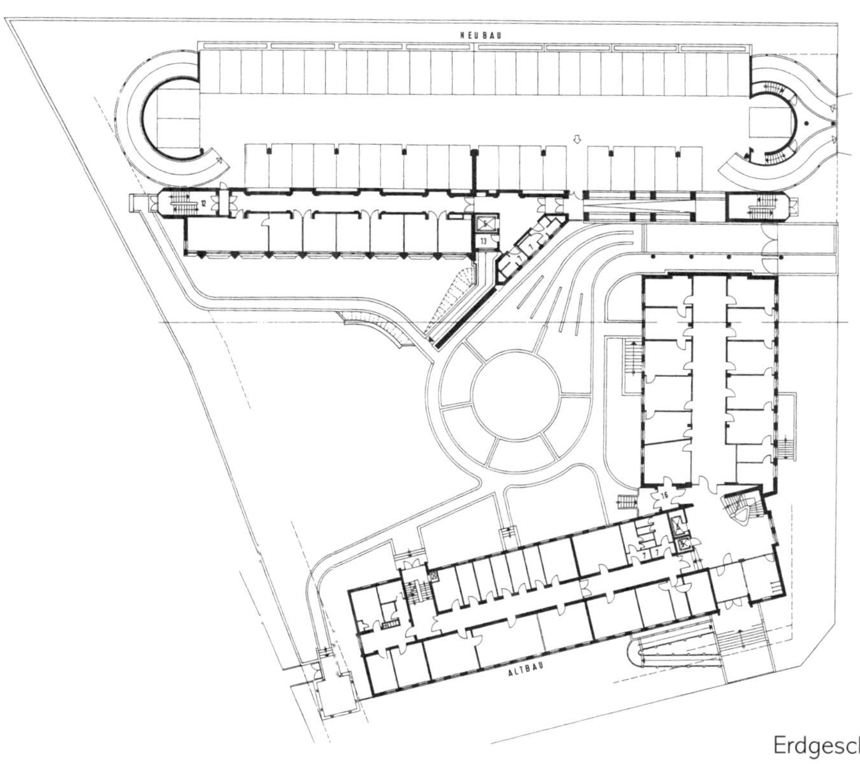


Erdgeschoß

## 1.4.1 Chemische Landesuntersuchungsanstalt in Freiburg/Br.

Bauherr — Land Baden-Württemberg, vertreten durch die Staatliche Hochbauverwaltung

Planung — Staatliches Hochbau- und Universitätsbauamt Konstanz

Fertigstellung 1990

| | |
|---|---|
| Grundstück | 9 480 m² |
| HNF | 4 930 m² |
| NNF | 1 972 m² |
| NF | 6 902 m² |
| FF | 877 m² |
| VF | 2 177 m² |
| NGF | 9 956 m² |
| BRI | 36 593 m³ |
| Faktor | BRI/HNF = 7,42 VF/HNF = 0,44 |

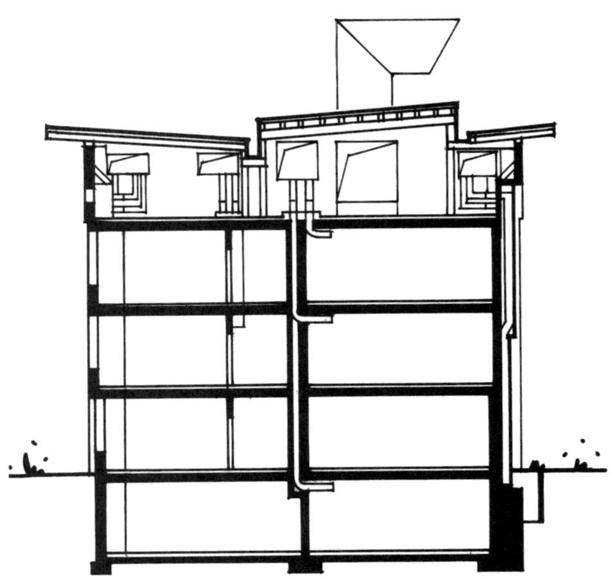

Das Gebäude wurde als langgestreckter Baukörper entwickelt. Es besitzt eine Länge von 150 m und ist als Mittelflurtyp angelegt. Die Gebäudeflucht ist mehrfach geknickt. Der einfache Mauerwerksbau nimmt die Tradition der Institutsbauten der fünfziger Jahre auf. Unter dem Schmetterlingsdach befinden sich die Lüftungszentralen; die Zuluftrohre sind, außen sichtbar, in senkrechten Nischen untergebracht.

Maßstab — Grundriß 1 : 550, Schnitt 1 : 300

Quellen — *Die Bauverwaltung 12/91; Pläne des Hochbau- und Universitätsbauamtes Konstanz.*

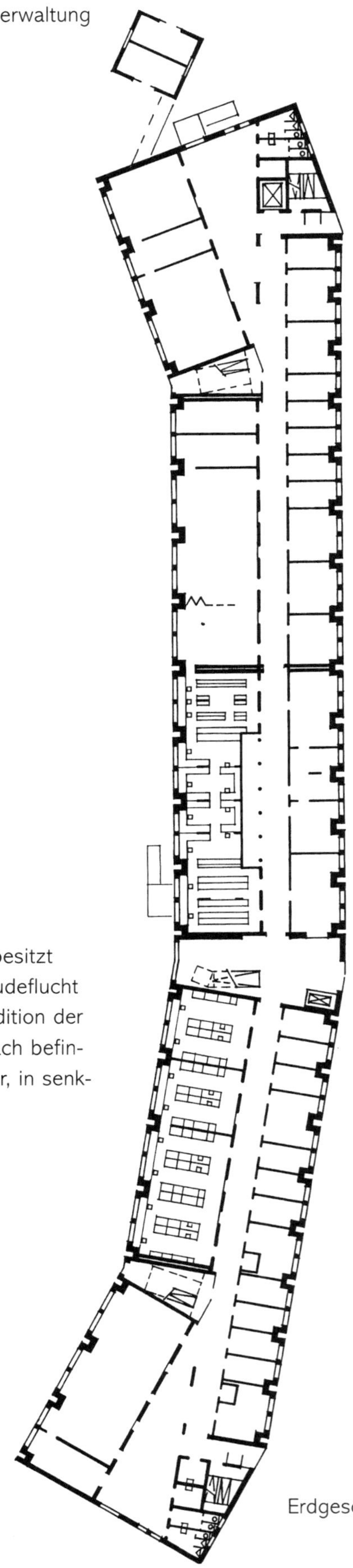

Erdgeschoß

| | |
|---|---|
| Bundesrepublik Deutschland | Bauherr |
| Staatliches Bauamt Köln II, Köln | Planung |
| Ing.-Büro G. Lautenbach, Köln | Tragwerksplanung |
| Fertigstellung 1992 | |
| Dorothea Heinemann | Kunst |
| 11 147 m² | Grundstück |
| 5 208 m² = 100 % | HNF |
| 617 m² = 11 % | NNF |
| 5 818 m² = 111 % | NF |
| 2 759 m² = 52 % | FF |
| 2 530 m² = 48 % | VF |
| 11 074 m² = 212 % | NGF |
| 13 488 m² = 258 % | BGF |
| 49 997 m³ | BRI |
| BRI/HNF = 9,6 BRI/BGF = 3,7 | Faktor |

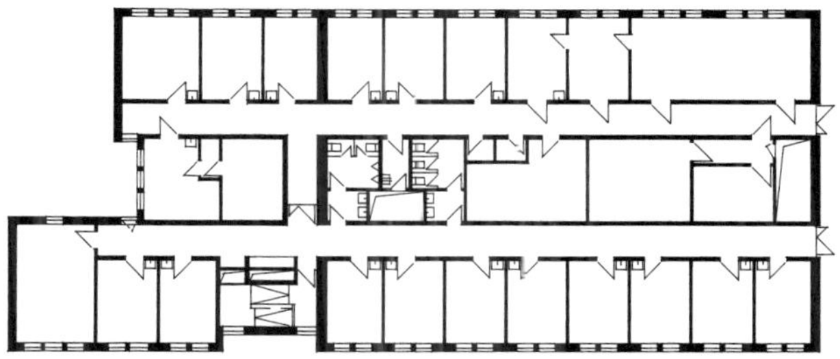

Erdgeschoß

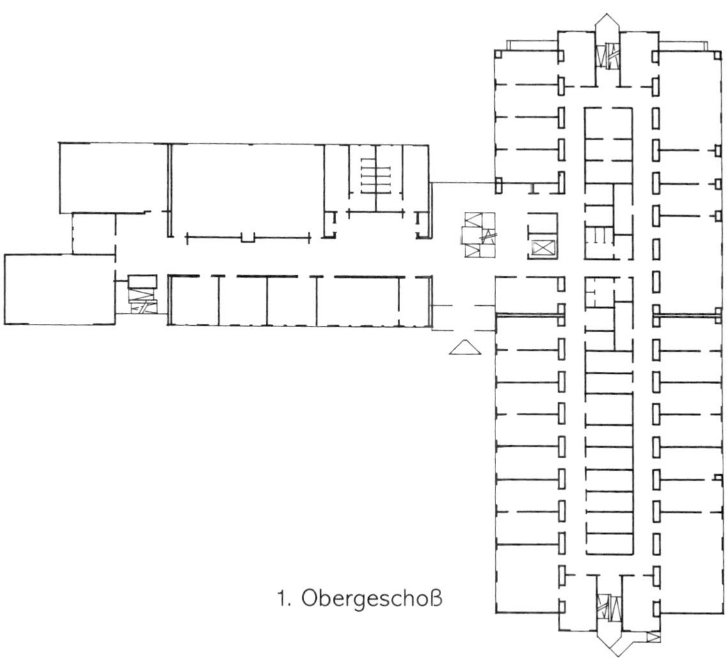

1. Obergeschoß

Auf ca. 11 000 m² Grundstücksfläche fand sich Platz für ein Labor- und Lehrgebäude mit 82 Beschäftigten und bis zu 100 Zollschülern; eine Erweiterung des Gebäudes zu einem späteren Zeitpunkt ist gegeben. Die ZPLA besteht aus zwei Haupttrakten, welche im Winkel von 90 Grad zueinander liegen und über einen verglasten Gelenkbau miteinander verbunden sind. In diesem Verbindungsteil befindet sich eine offene Treppenanlage und der Hauptzugang. Die zwei Haupttrakte beherbergen die Wissenschaftliche Abteilung mit Labors, Lagerflächen, Büros und Technikzentrale sowie die Zolltechnische Abteilung mit Lehrbereich, Verwaltung und gemeinschaftlich genutzten Einrichtungen, wie Kantine und Gymnastikraum. Die beiden Haupttrakte sind als dreihüftige Anlagen mit Neben- und Lagerräumen in der Dunkelzone entstanden. Aufbauend auf einem Planungsraster von 1,20 m wurden für den Labortrakt eine Raumtiefe von 6,25 m und 4,80 m für den Verwaltungstrakt gewählt. Eine Geschoßhöhe von 4,00 m im Labortrakt und in Teilen der Zolltechnischen Abteilung ermöglicht die horizontale Leitungs- bzw. Kanalführung.

| | | |
|---|---|---|
| Wasserversorgung: Umkehrosmose, Neutralisationsanlage für Laborwasser<br>Fernwärmezentrale: Heizung, Zentrale Gasversorgung<br>Stromversorgung: Trafo, Notstromdiesel, USV Anlage, Telefonzentrale | UG | Raumbereiche |
| Zolltechnische Abteilung mit Hörsälen, Bibliothek und Gruppenräume | EG | |
| Wissenschaftliche Abteilung mit Labors, Kühlraum, Funkenspektroskopie, Polarographie, Röntgenraum<br>Verwaltungsräume, Zu- bzw. Abluftzentralen | OG | |
| ca. 1 : 600 | | Maßstab |
| *Broschüre »ZPLA Zolltechnische Prüfungs- und Lehranstalt Köln«, Köln 1992; Pläne des Staatlichen Hochbauamtes Köln.* | | Quellen |

## 1.4.3 Niedersächsisches Landesamt für Ökologie in Hildesheim

Bauherr — Land Niedersachsen, vertreten durch das Staatshochbauamt Hildesheim

Architekten — Prof. Gerber und Partner, Dortmund
Beschränkter Wettbewerb 1988, 1. Preis
Fertigstellung 1995

| | | | |
|---|---|---|---|
| HNF | 2 703 m² | = | 100 % |
| NNF | 141 m² | = | 5 % |
| NF | 2 844 m² | = | 105 % |
| FF | 1 345 m² | = | 50 % |
| VF | 1 565 m² | = | 58 % |
| NGF | 5 754 m² | = | 213 % |
| KGF | 1 026 m² | = | 38 % |
| BGF | 6 780 m² | = | 251 % |
| BGF | 75 m² | = | 3 % |
| BRI | 27 400 m³ | | |

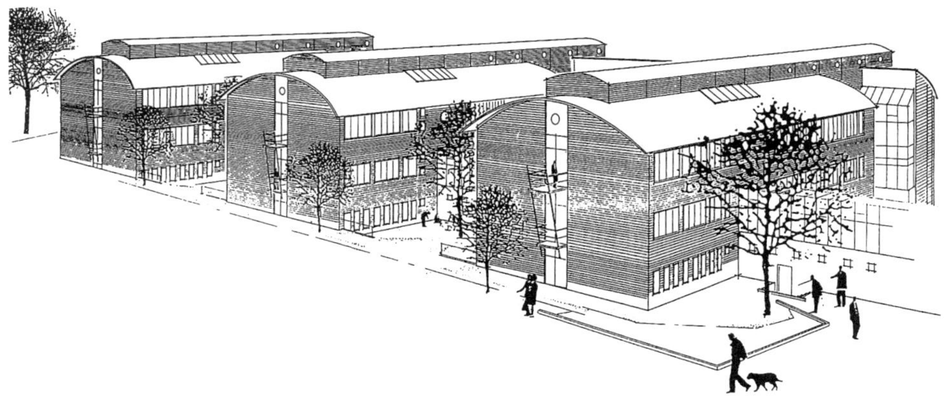

Das Raumprogramm besteht aus Labor- und Verwaltungsräumen, einer Kfz-Halle und einer Hausmeisterwohnung. Die einzelnen Dezernate sind zusammenhängend auf einer Ebene untergebracht. Die Chemie nimmt das gesamte 1. Obergeschoß ein, Biologie und Radiologie teilen sich das Erdgeschoß, letztere wegen der hohen Deckenlasten und der direkten Zufahrt.
Wesentliches Merkmal der Konzeption ist die getrennte Anordnung der einzelnen Programmbestandteile Labor und Verwaltung, um so einen von Raumtypus, Geschoßhöhe und technischer Infrastruktur optimalen Laborbau zu entwickeln. Die Erschließung des Laborgebäudes auf der mittleren Ebene erfolgt von der Eingangshalle über den zentralen Verbindungsgang, an den sich die Treppenhäuser anordnen. So wird eine weitgehend unabhängige Erschließung der einzelnen Abteilungen erreicht; und gleichzeitig eine gute Orientierung durch die verglasten Verbindungsgänge und Flure ermöglicht.

Maßstab — ca. 1 : 700

Quelle — *Pläne der Architekten.*

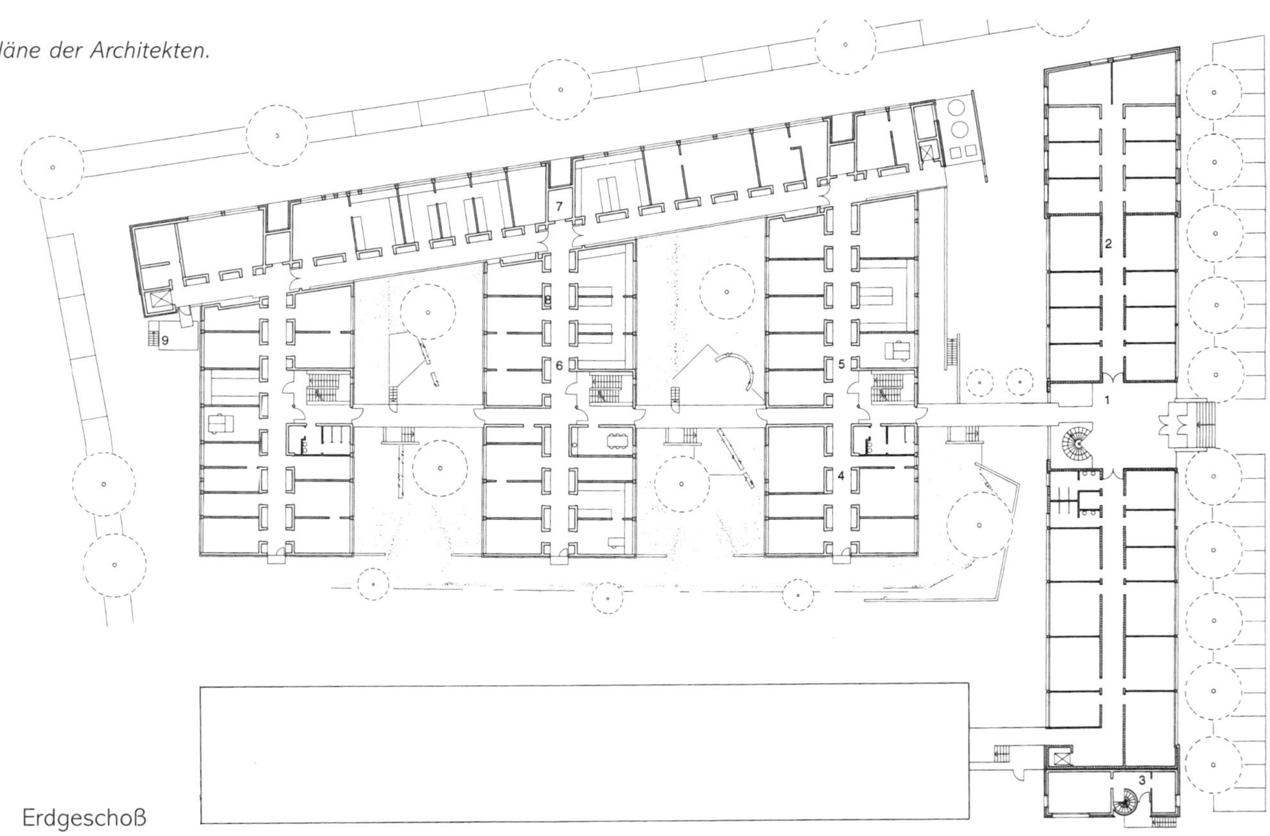

Erdgeschoß

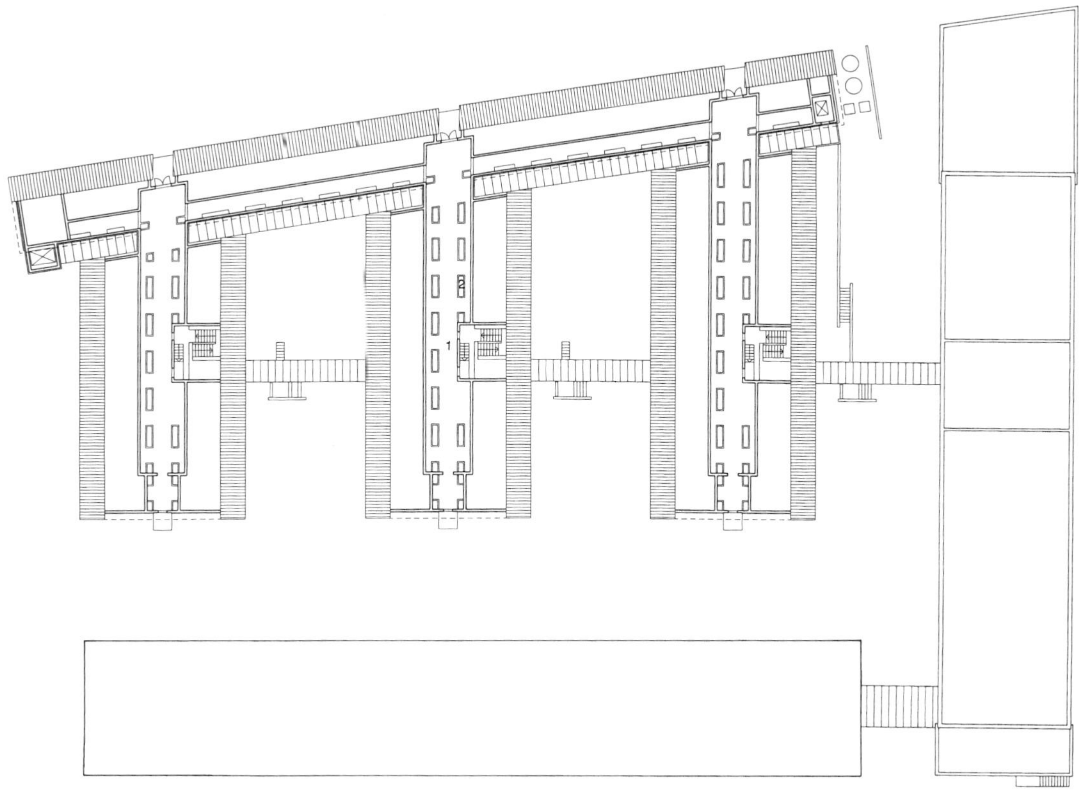


Dachgeschoß

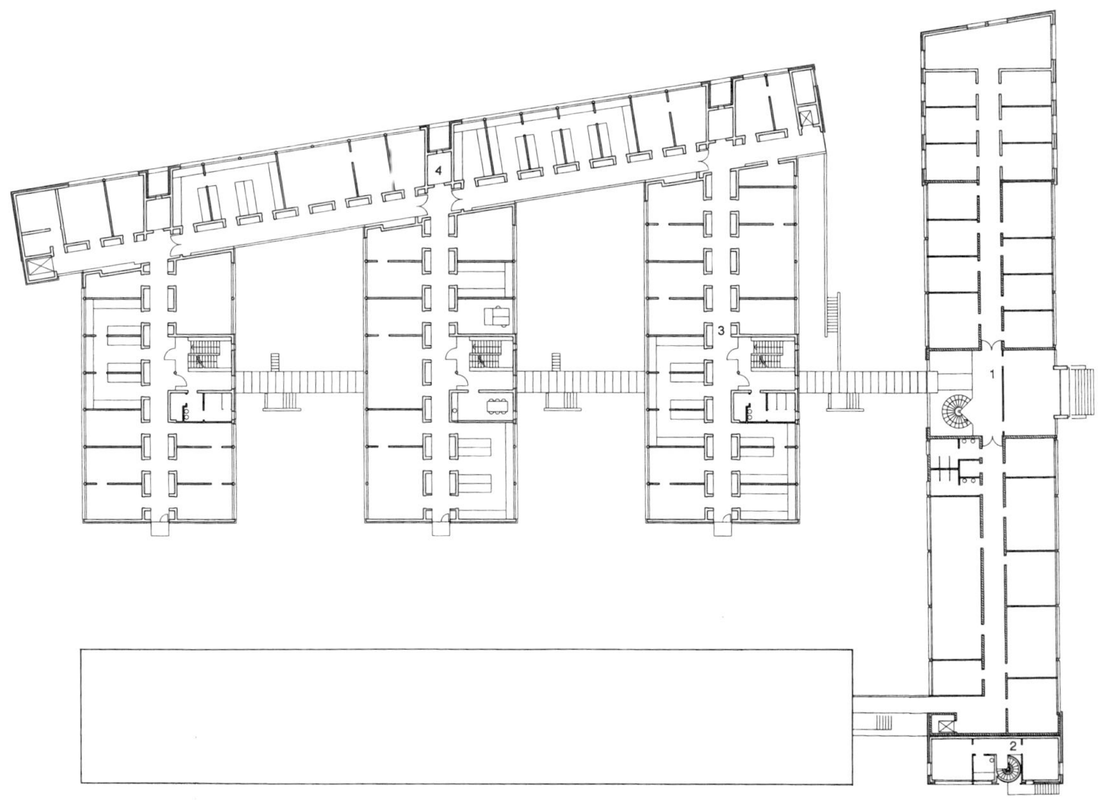


Obergeschoß

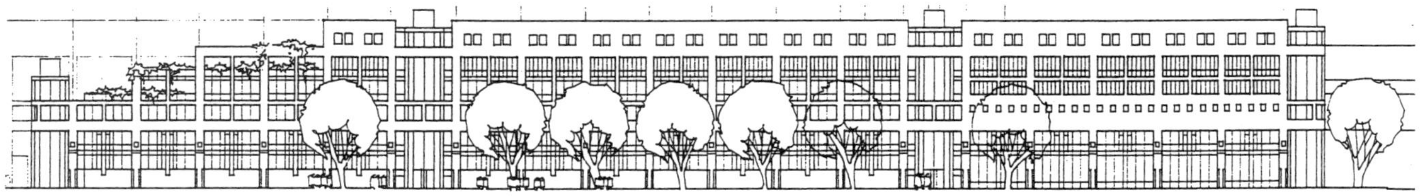

## 1.5.1 Landeskriminalamt Berlin

Bauherr — Senatsverwaltung für Inneres, vertreten durch die Senatsverwaltung für Bau- und Wohnungswesen, Berlin
Architekten — Walther und Bea Betz, Eberhard Mehner, München
Projektleiter — Jochen Passoth
Tragwerksplanung — Prof. Stefan Polónyi, Köln / Frankfurt / Main

Berlin-offener Architektenwettbewerb 1987, 1. Preis
Fertigstellung 1996

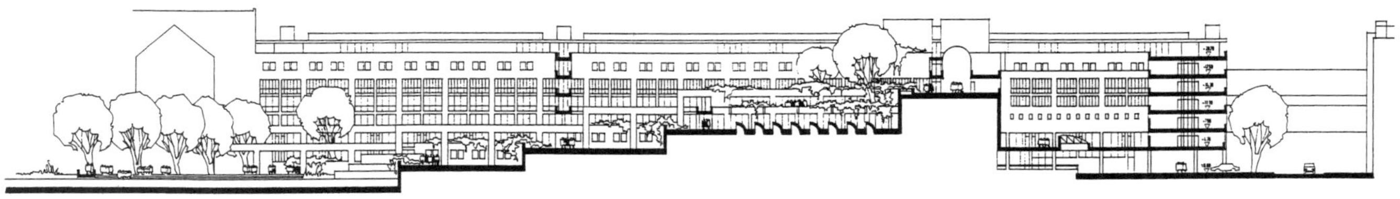

650 Büroräume für ca. 1600 Mitarbeiter
96 Labor- sowie 270 Funktionsräume
Tiefgaragen in 3 Ebenen
BRI — 330 000 $m^3$

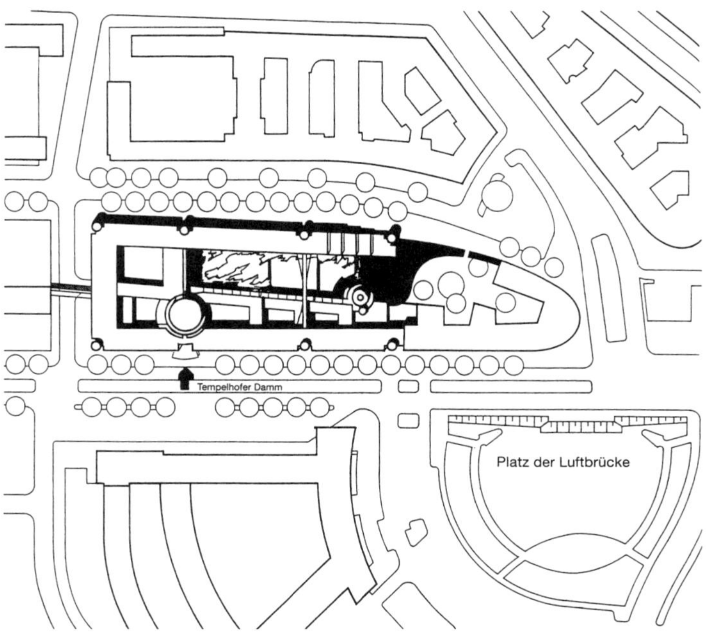


Statt eines sicherheitsorientierten Präsidiums bestach der Wettbewerbsentwurf der Architekten durch seine zivile und demokratische Grundhaltung mit normalen Öffnungen zum Straßenraum. Die Wiedervereinigung erforderte eine Umplanung mit einem neuen Raumprogramm für Großberlin.
Das Gebäude muß sich funktional zwangsläufig verschließen. Um so erfreulicher ist die urbane Verschmelzung mit seiner städtischen Umgebung.
Der U-förmige Baukörper wird rhythmisiert durch Treppentürme an den Ecken und Längsseiten. Der Innenhof wurde als hängender Garten mit Stufen ausgebildet. Eine großzügige Rotunde empfängt die Besucher am Haupteingang. Sie erschließt alle internen Achsen. Eine Reihe von Brücken verkürzt die Erschließungswege: – eine dreigeschossige Brücke führt über den Bayernring zur Polizeizentrale, eine gläserne Röhre im 4. Obergeschoß über den Gartenhof.

Maßstab — ca. 1 : 800

Quellen — *Katalog C Internationale Architekturgalerie Aedes, Berlin 1996; Wettbewerbe aktuell 6/96; Pläne der Architekten.*

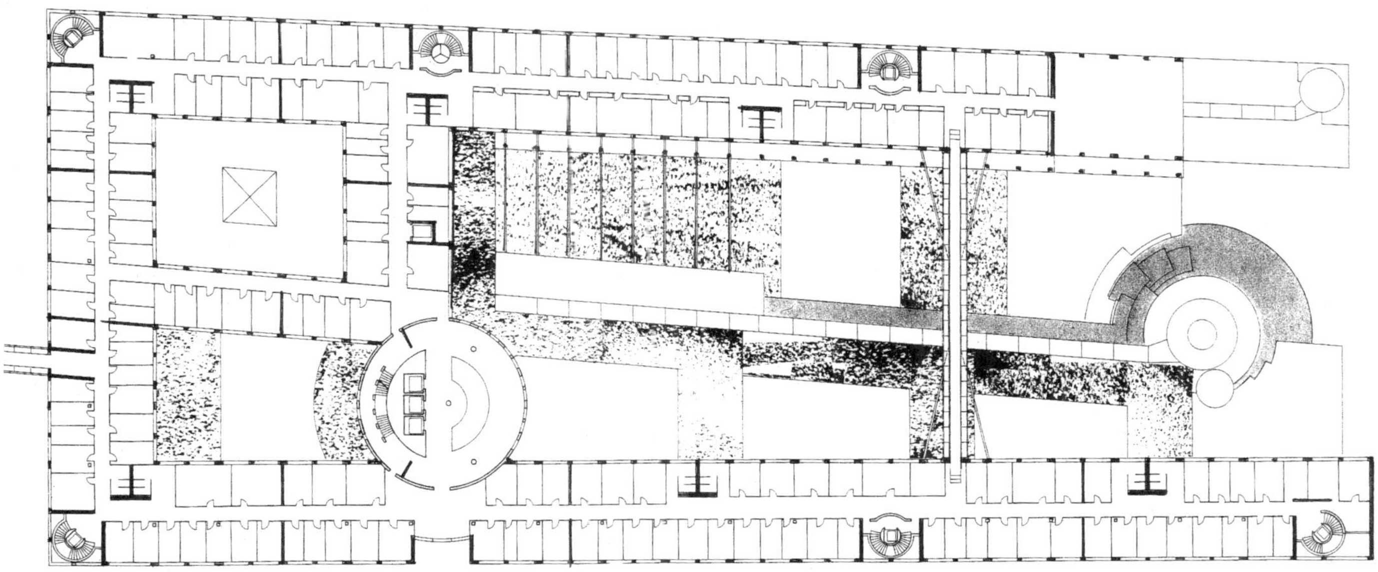

4. Obergeschoß

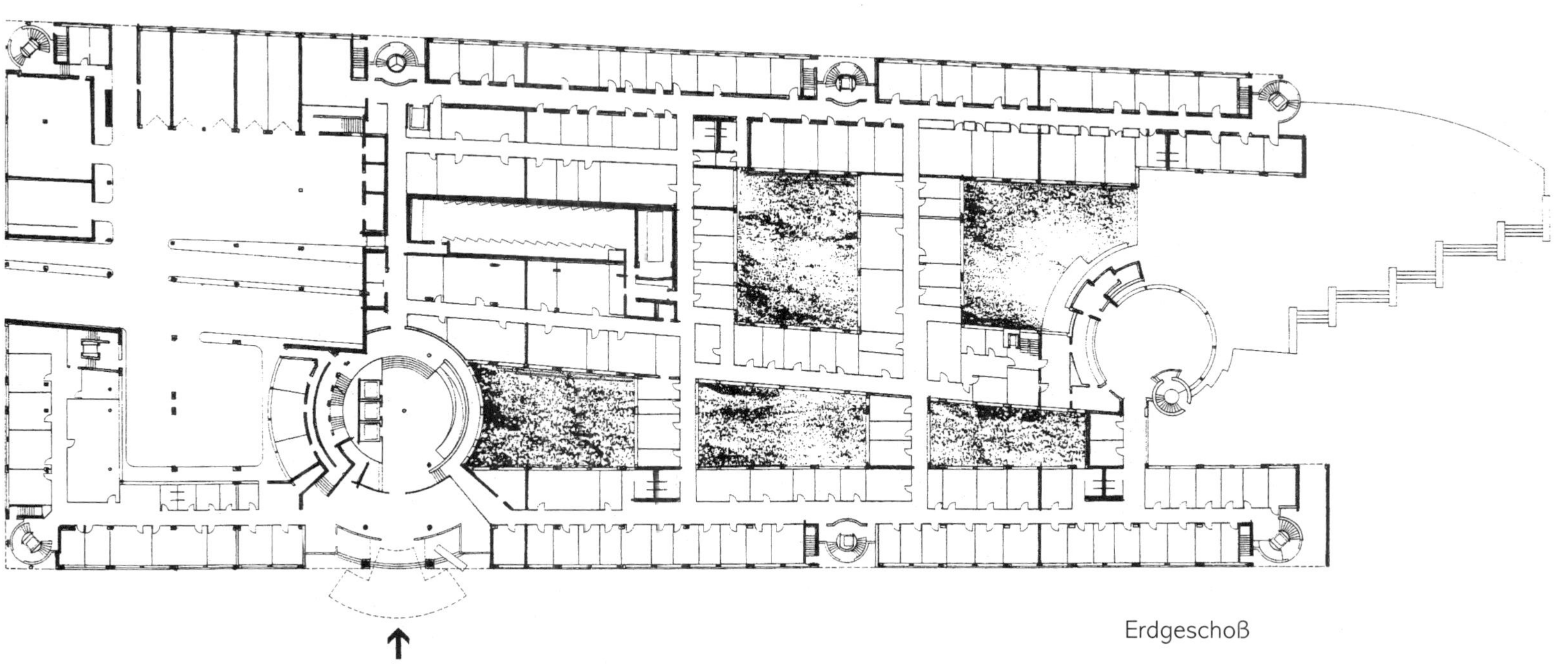

Erdgeschoß

# 2 Gebäude für wissenschaftliche Lehre und Forschung

## 2.1.1 Universität Witten-Herdecke

| | |
|---|---|
| Bauherr | Universität Witten-Herdecke |
| Architekten | Stachowiak und Deterding, Dortmund |
| Mitarbeiter | S. Pistor, F. Roerding-Veldboom, R. Fischer, D. Eberbach |
| | Beschränkter Wettbewerb 1992 |
| | Fertigstellung 1993 |

| | | |
|---|---|---|
| Grundstück | 11 065 $m^2$ | GRZ = 0,4 GFZ = 1,2 |
| HNF | 6 735 $m^2$ | |
| NNF | 2 908 $m^2$ | |
| NF | 9 643 $m^2$ | |
| FF | 375 $m^2$ | |
| VF | 3 902 $m^2$ | |
| NGF | 13 920 $m^2$ | |
| KGF | 1 392 $m^2$ | |
| BGF | 15 312 $m^2$ | |
| BRI | 58 807 $m^3$ | |
| Faktor | BGF/HNF = 2,6 | BRI/HNF = 8,9 |

Der Entwurf für den Neubau einer Universität war an die Forderung der künftigen Nutzer nach ständiger Einbeziehung und Mitarbeit der Studenten und Professoren gebunden.
Das Universitätsgebäude entwickelte sich als komplexe Anlage entlang der parallel zum Hang verlaufenden Straße. Während der erste Entwurf vier einzelne rechts und links einer Rotunde angereihte Institutsgebäude auf quadratischem Grundriß vorsah, erbrachte die Überarbeitung eine Zusammenlegung der Baukörper in eine Gesamtform. Eine dreigeschossige, wasserumflossene Rotunde an der Einmündung der Zufahrtsstraße dient als Gelenk für zwei längs des Hauses verlaufenden Trakte, von denen der nördliche aus vier gestaffelt angelegten Kompartimenten, der südliche aus drei längeren, zueinander versetzt angelegten Gebäuderiegeln besteht. Der Raum zwischen den beiden Gebäudezügen ist mit einem Glasdach gedeckt und als kommunikative Halle ausgebildet.
Die Eingangssituation mit den gestaffelten Wandstücken und den großen Glasflächen der Rotunde steht im Kontrast zum hellen Putz der Wandflächen. Die halbkreisförmigen Vorbauten in den Südflügeln bieten als Seminar- und Konferenzräume Studenten Zugang zu den Verwaltungsbereichen.
Im Inneren entwickelt sich eine gänzlich andere Welt: Nach dem Eintritt in die Halle löst sich der Außeneindruck beim Anblick der filigranen Treppen- und Brückenlandschaft auf.
Die Galerien, die die Arbeitstrakte erschließen, zeigen mit ihren halbkreisförmigen Ausbuchtungen und eingestellten Pfeilern, mit Stegen und Brücken das aufgehende Mauerwerk. Im westlichen Teil gibt es freihängende Treppen und Verbindungsstege, die die schwunghafte Dynamisierung der Baukörper verdeutlichen. Hohe Pfeiler, mit den Seitenwänden über Ausleger und untereinander mit durchbrochenen Stahlträgern verbunden, tragen die Auflager für die schräg ansetzende Glasdachkonstruktion, die die gesamte Halle mit Tageslicht versieht.

| | | |
|---|---|---|
| Raumbereiche | UG | Werkstätten, Studentenkneipe, Technik |
| | EG | Lehrklinik, Ateliers, Professorenbüros |
| | 1. OG | Bibliothek, Seminarräume, Verwaltung |
| | 2. OG | Laborräume |

Maßstab ca. 1:800

Quelle *Pläne der Architekten.*

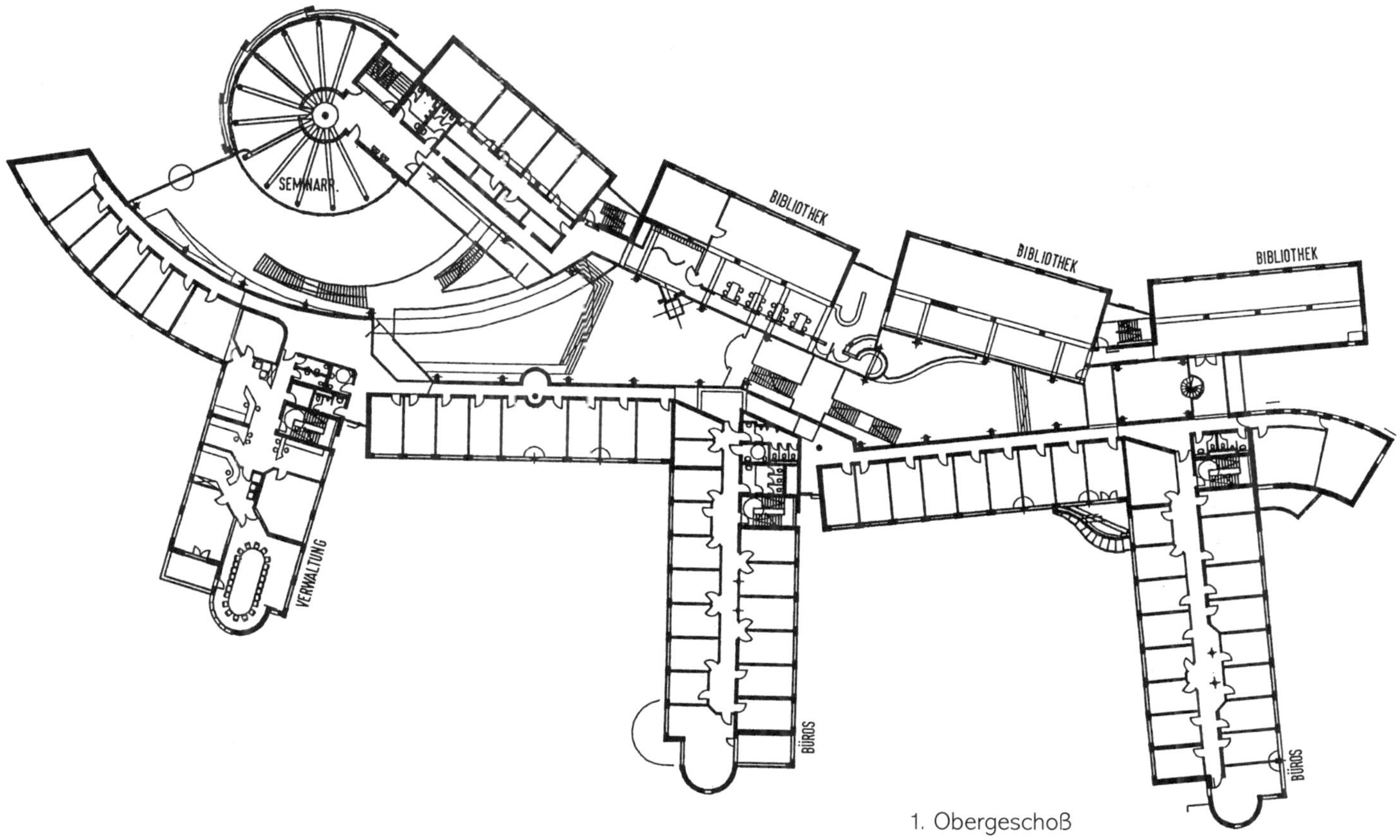


1. Obergeschoß

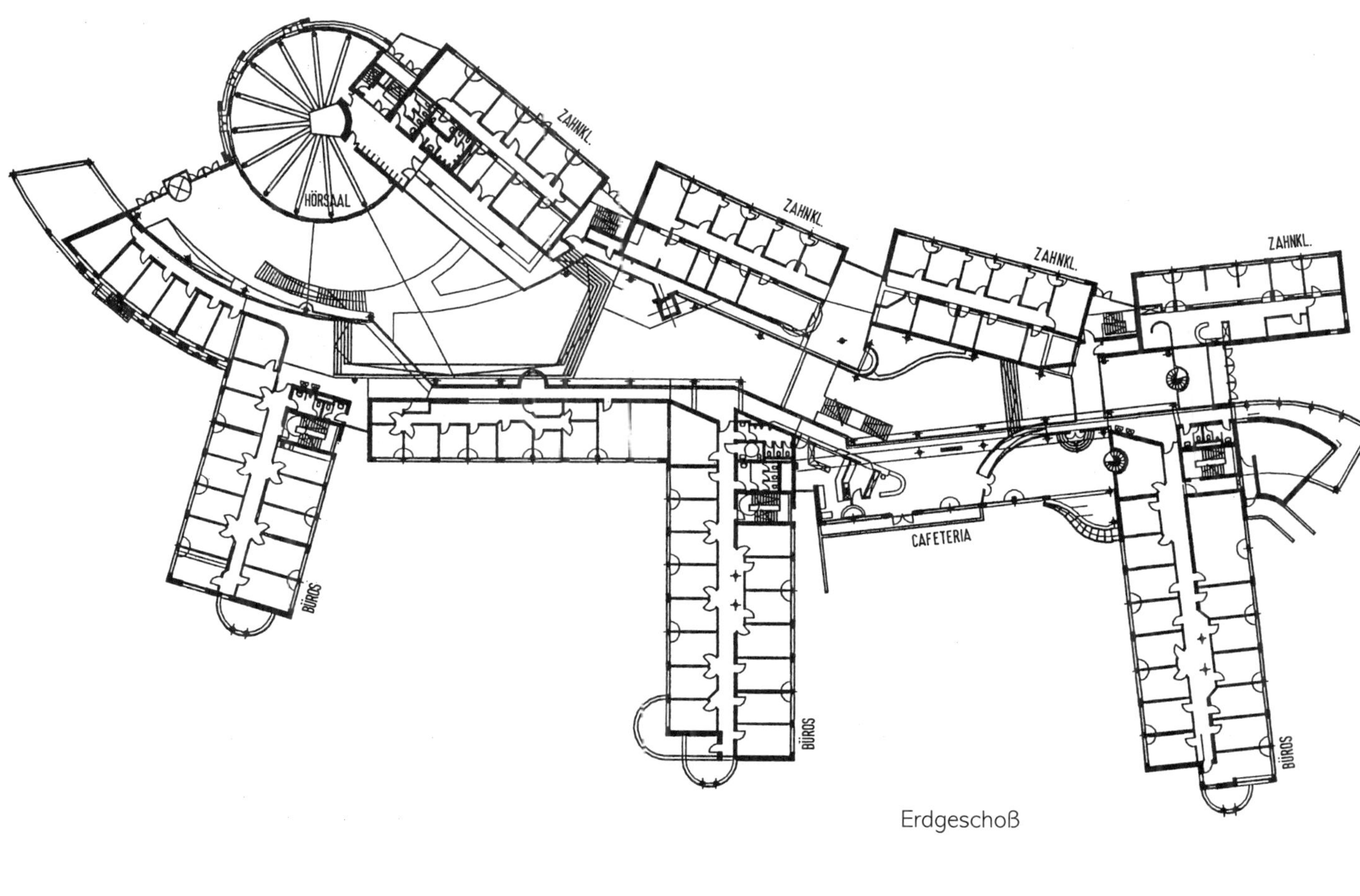


Erdgeschoß

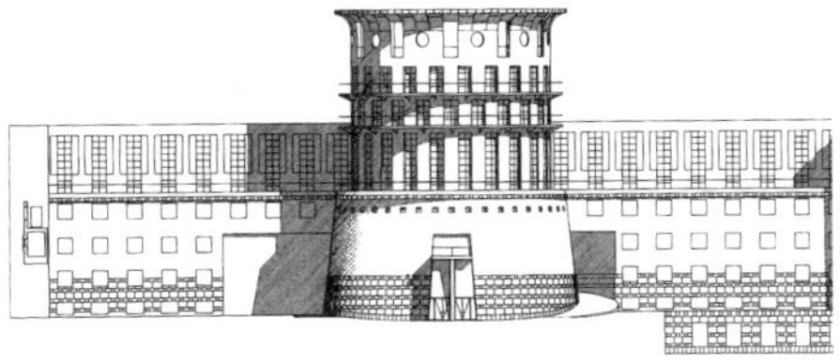

## 2.1.2 Staatliche Hochschule für Musik und Darstellende Kunst Stuttgart

| | |
|---|---|
| Bauherr | Land Baden-Württemberg, vertreten durch das Staatliche Hochbauamt I Stuttgart unter Beteiligung des Bundes im Rahmen der Hochschulbauförderung<br>Direkter Planungsauftrag an die Architekten 1987 |
| Architekten | Michael Wilford and Partners, Incorporating James Stirling, Michael Wilford and Associates, London / Stuttgart |
| Bauleitung | Michael Weiss und Partner, Aachen / Stuttgart |
| Tragwerks-planung | Ingenieurgemeinschaft Boll-Arup, Boll und Partner, Stuttgart und Ove Arup & Partners, London<br>Fertigstellung 1996 |

| | | |
|---|---|---|
| Grundstück | 14 989 m² | GRZ = 0,65 GRF = 2,92 |
| HNF | 9 546 m² | |
| NF | 771 m² | |
| FF | 3 052 m² | |
| VF | 3 563 m² | |
| KF | 3 338 m² | |
| BGF | 20 270 m² | |
| BGF | 1 820 m² | Terrassen und Balkone |
| BRI | 101 933 m³ | |

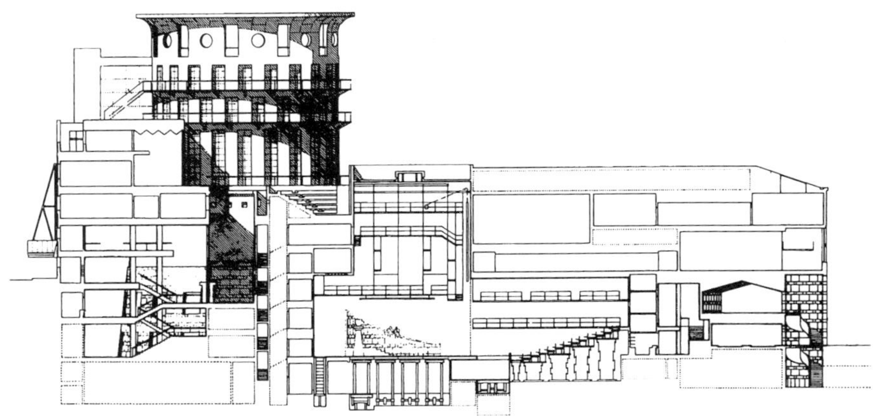

Das Gebäude wurde linear entwickelt. Es hat neun Geschosse mit Lehr- und Übungsräumen, und innerhalb des Gebäudes sind Räume verteilt, die gelegentlich der Öffentlichkeit zugänglich gemacht werden. Dies sind der Konzertsaal, der Orchesterprobenraum, die Wandelhalle, die Mensa, die Bibliothek und das große Eingangsfoyer. Die städtebauliche Qualität des Umfeldes konnte verbessert werden, da die verschiedenen vorhandenen Gebäudehöhen in Gleichklang gebracht wurden. Zentraler Blickpunkt des Gebäudes ist der zehngeschossige zylindrische Turm, der sich vom Stadtzentrum aus eindrucksvoll darstellt. Seine hochformatigen Fenster und die Voute korrespondieren mit dem Skulpturenhof der Staatsgalerie, während seine Proportionen vorsichtig dem Stuttgarter Panorama angepaßt sind, das bereits eine Anzahl von Türmen prägen, z. B. die des Alten Schlosses, des Bahnhofs und des Rathauses.
Im konischen Sockel des Turmes ist ein dreigeschossiger Konzertsaal mit der großen Orgel untergebracht, der bei voller Orchesterbesetzung 500 Zuhörerplätze bietet. Über dem Konzertsaal befindet sich die zweigeschossige Bibliothek mit einem großzügigen Lichtschacht in der Mitte. In den beiden darüberliegenden Geschossen befinden sich die Unterrichtsräume für Musiktheorie und Komposition sowie Gehörbildung. Der Senatssaal im obersten Geschoß ist der repräsentative Raum der Hochschule mit einem weiten Blick auf Stuttgart. Die Dachterrasse darüber kann für kleine Konzerte unter freiem Himmel genutzt werden.
Die Musikhochschule besitzt zwei Haupteingänge. Einer der beiden, gekennzeichnet durch ein Vordach aus Glas und Stahl, führt in das viergeschossige Foyer, das ebenso durch den Publikumseingang von der Stadtseite her erschlossen wird. Der Empfangsbereich ist verbunden mit der zweigeschossigen Mensa, die 200 Sitzplätze bietet.

Maßstab 1:600

Quellen *Finanzministerium Baden-Württemberg (Hg.): Neubau für die Staatliche Hochschule für Musik und Darstellende Kunst Stuttgart, 1. Bauabschnitt, Stuttgart 1996; Pläne des Hochbauamtes Stuttgart; AIT Stuttgart 5/91; Baumeister München 1/97.*

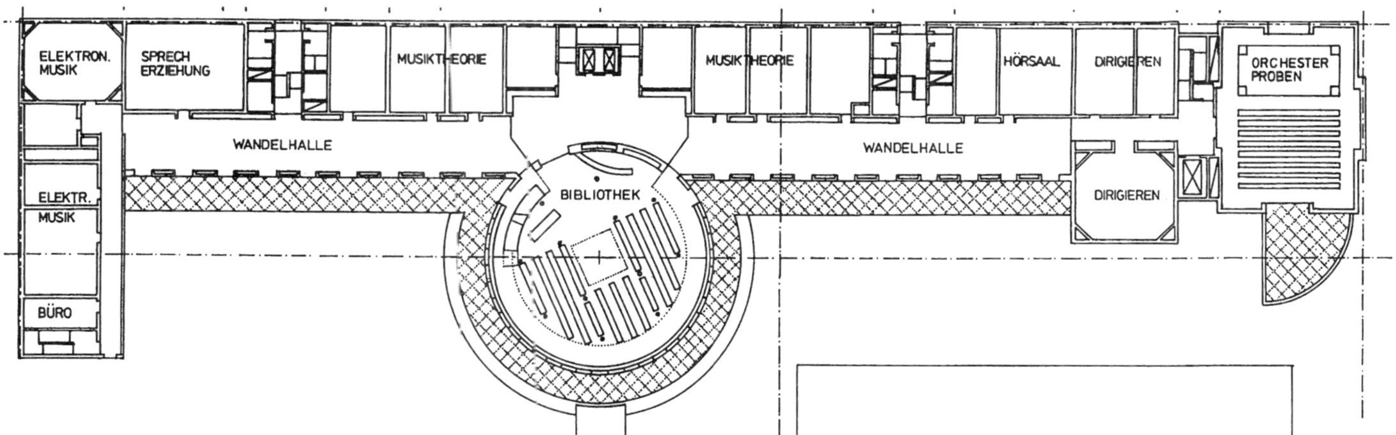


Ebene 8

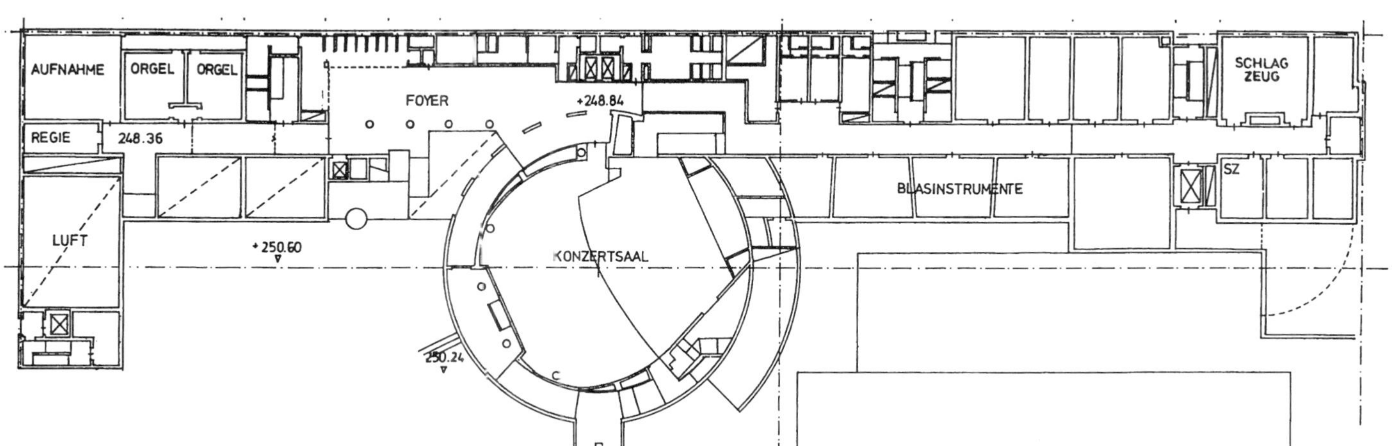


Ebene 4

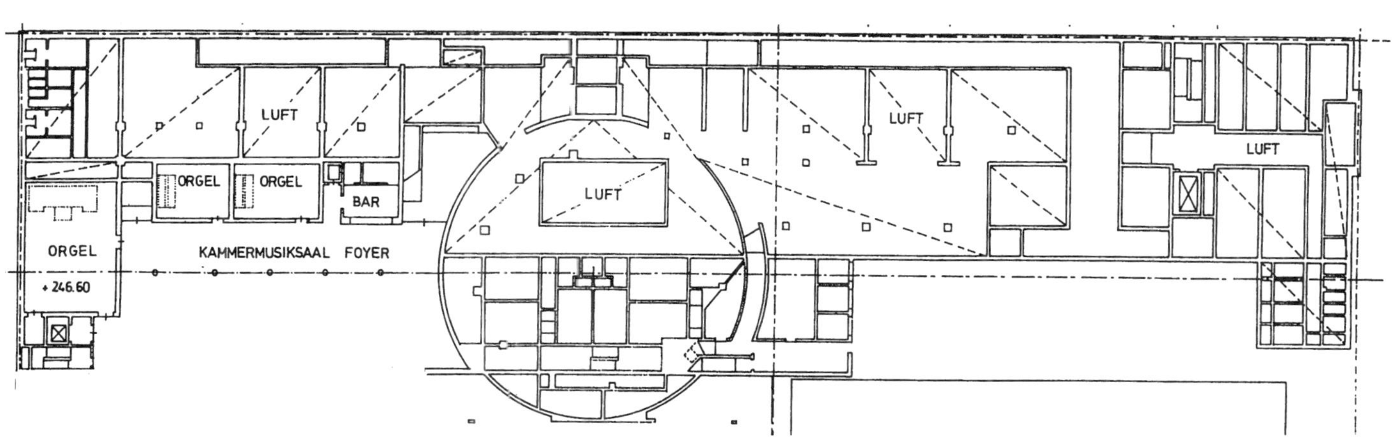


Ebene 3

## 2.1.3 Forstwissenschaftliche Fakultät der Ludwig-Maximilians-Universität München in Weihenstephan

| | |
|---|---|
| Bauherr | Freistaat Bayern, Bayerisches Staatsministerium für Unterricht und Kultur, Wissenschaft und Kunst, München |
| Architekten | Reiner Klein, Reinhart Sänger, Wilhelm Scheer, München |
| Mitarbeiter | W. Ott, M. Betzler, R. Birnbeck, J. Franke, E. Gerner, M. Ottmann, P. Rossmy, I. Schürmann |
| | Wettbewerb 1984, 1. Preis |
| | Fertigstellung 1992 |

| | | |
|---|---|---|
| Grundstück | 66 650 m² | GFZ = 0,42 |
| HNF | 11 894 m² | |
| NNF | 1 588 m² | |
| NF | 13 452 m² | |
| VF | 5 624 m² | |
| FF | 4 412 m² | |
| NGF | 23 488 m² | |
| BGF | 27 954 m² | |
| BRI | 98 965 m³ | |
| Faktor | BGF/HNF = 2,35 | BRI/HNF = 8,32 |

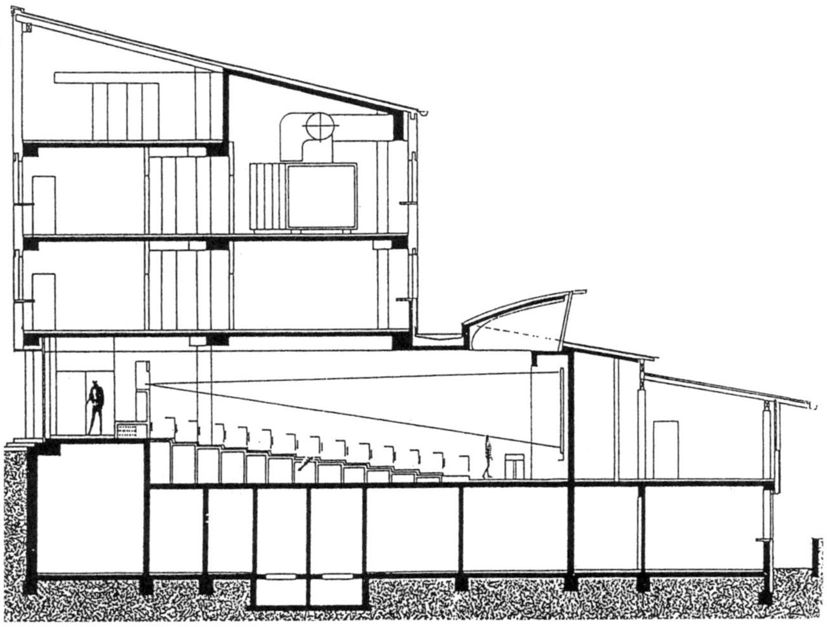

Die drei Teile des Raumprogramms wurden deutlich als eigene Einheiten ausgebildet.

Bauteil 1 Quertrakte. Sie beinhalten die Büroräume der Fakultät.

Bauteil 2 Nördlicher Längsbau. Er enthält in zwei Obergeschossen die Räume mit überwiegender Labornutzung. Das Erdgeschoß ist weitgehend offen und als Verteilerbereich gehalten. Hier befinden sich die Räume, die übergreifend und gemeinsam genutzt werden können wie Seminarräume, Hörsäle, Bibliothek, Cafeteria und Verwaltung.

Bauteil 3 Südlicher Längsbau. Er beherbergt die Bayerische Forschungs- und Versuchsanstalt.

Maßstab Grundrisse ca. 1:1000, Schnitt 1:250

Quellen *Wettbewerbe aktuell 4/84 und 6/94; Baumeister 1/94; Pläne der Architekten.*

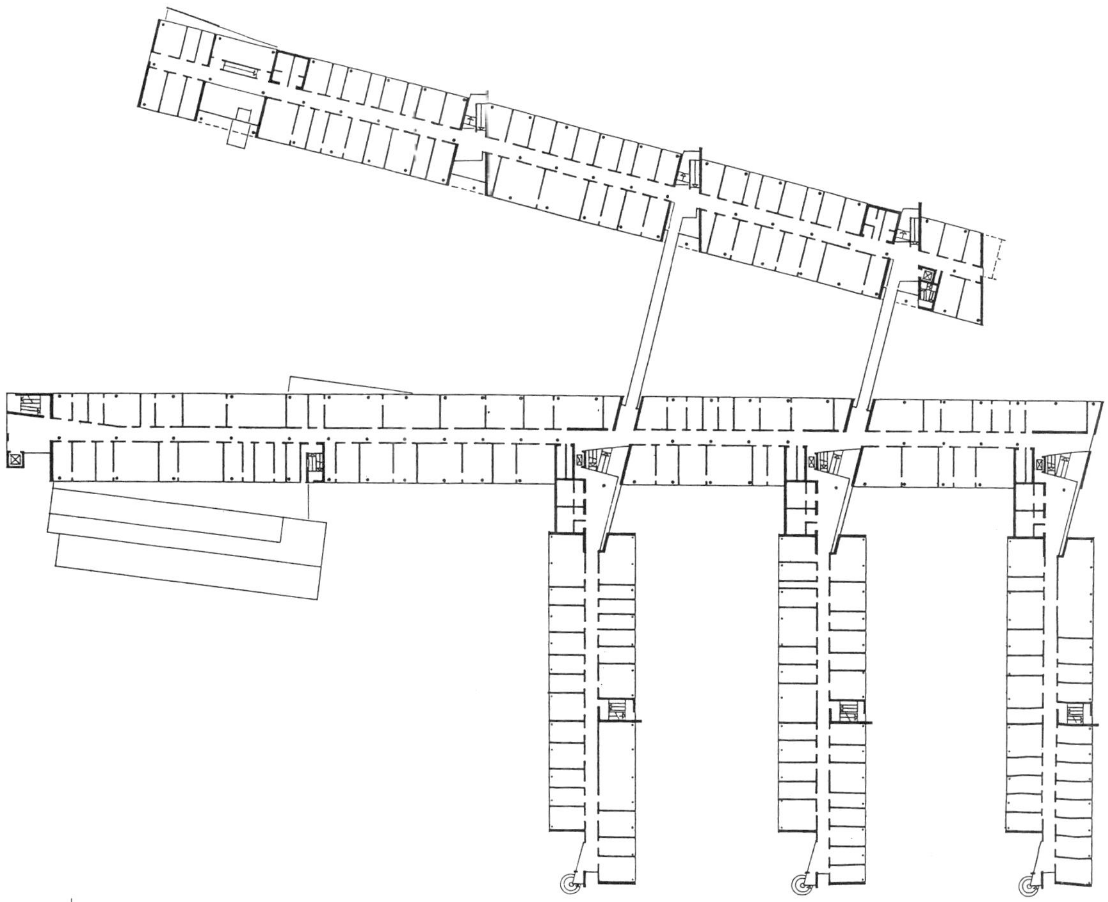

1. Obergeschoß

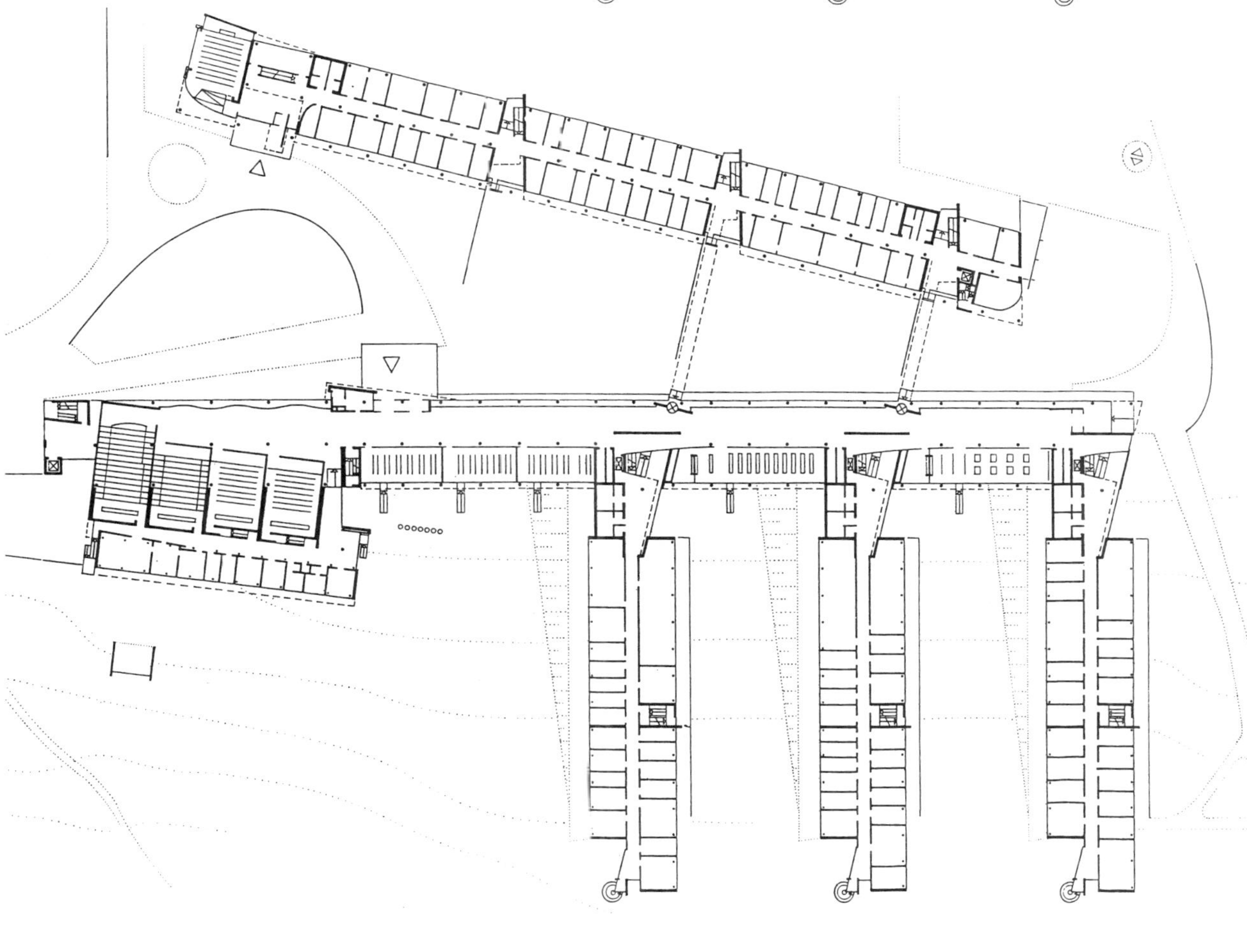

Erdgeschoß

## 2.1.4 Universität Ulm, Fachbereich Elektro- und Hochfrequenztechnik

| | |
|---|---|
| Bauherr | Land Baden-Württemberg, vertreten durch das Staatliche Hochbau- und Universitätsbauamt Ulm |
| Architekten | Steidle und Partner, München |
| Tragwerksplanung | Büro Sailer, Stefan Bloss, München und Bürogemeinschaft Mayer-Vorfelder, Dinkelacker, Braschel, Sindelfingen |

Wettbewerb »Wissenschaftsstadt Ulm« 1988
Hugo-Häring-Preis 1994 des BDA Baden-Württenberg
Fertigstellung 1993

| | | |
|---|---|---|
| HNF | 13 000 m² | davon Reinraumhalle 700 m² |
| NNF | 12 200 m² | |
| BGF | 33 700 m² | davon Reinraumhalle 6 100 m² |
| BRI | 135 000 m³ | davon Reinraum 29 000 m³ |
| Faktor | BRI/NNF = 8,6 | |

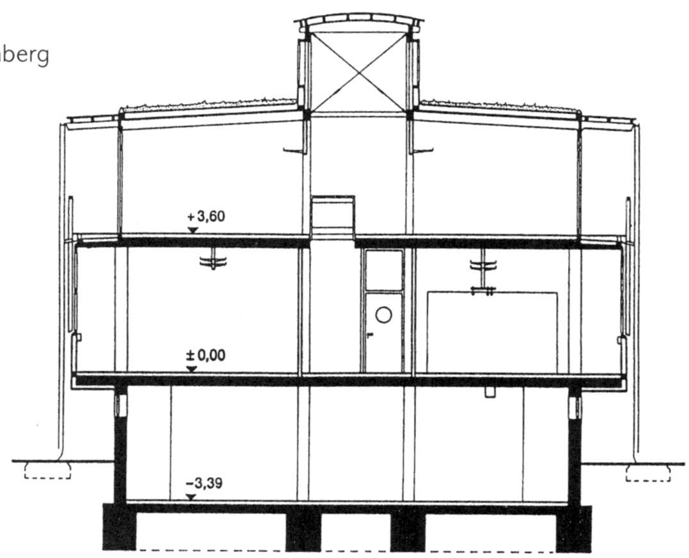


Aufgrund einer städtebaulichen Rahmenplanung »Wissenschaftsstadt Ulm« wurden für die neue Fakultät »Ingenieurwissenschaften« einzelne Bauabschnitte für die Fachbereiche festgelegt. Dabei ging es besonders um die enge Verflechtung von naturwissenschaftlichen Grundlagenfächern, Medizin und klinischer Forschung.
Als erster Bauabschnitt wurde der Fachbereich für Elektro- und Hochfrequenztechnik mit ca. 900 Studierenden und 200 Arbeitsplätzen realisiert. Er besteht aus drei zwei- bis dreigeschossig bebauten Quartieren mit intensiver Durchgrünung. Im Süden wurde die übergeordnete Verbindungsschiene von 300 m Länge für die Lehre wie ein Riegel ausgebildet, stark farbig strukturiert mit einem leuchtend blauen Hörsaal und einem Turmaufbau für den Dekan.

Die Institutsgebäude enthalten:
7 Abteilungen der Elektro- und Hochfrequenztechnik
Mikroelektronik
Elektronische Bauelemente, Halbleiterphysik, Informationstechnik
Meß-, Regel- und Mikrotechnik, Mikrowellentechnik, Optoelektronik
1 Sonderforschungsbereich
2 Hörsäle mit 220 und 150 Plätzen
7 Praktika
Seminarräume, Rechenzentrum, Halle für Meß- und Regeltechnik
Halle mit Mechanik- und Elektronikwerkstatt
Reinraumhalle als Mikro-Chip-Forschungszentrum, Cafeteria

Maßstab — Grundrisse ca. 1:1400, Schnitt 1:250

Quellen — *Die Bauverwaltung 6/92; Festschrift Finanzministerium Baden-Württemberg »Universität Ulm, Fachbereich Elektrotechnik Hochfrequenztechnik«, Kissing 1992; BDA-Handbuch 1995/1996, Eutin 1996; Pläne der Architekten.*

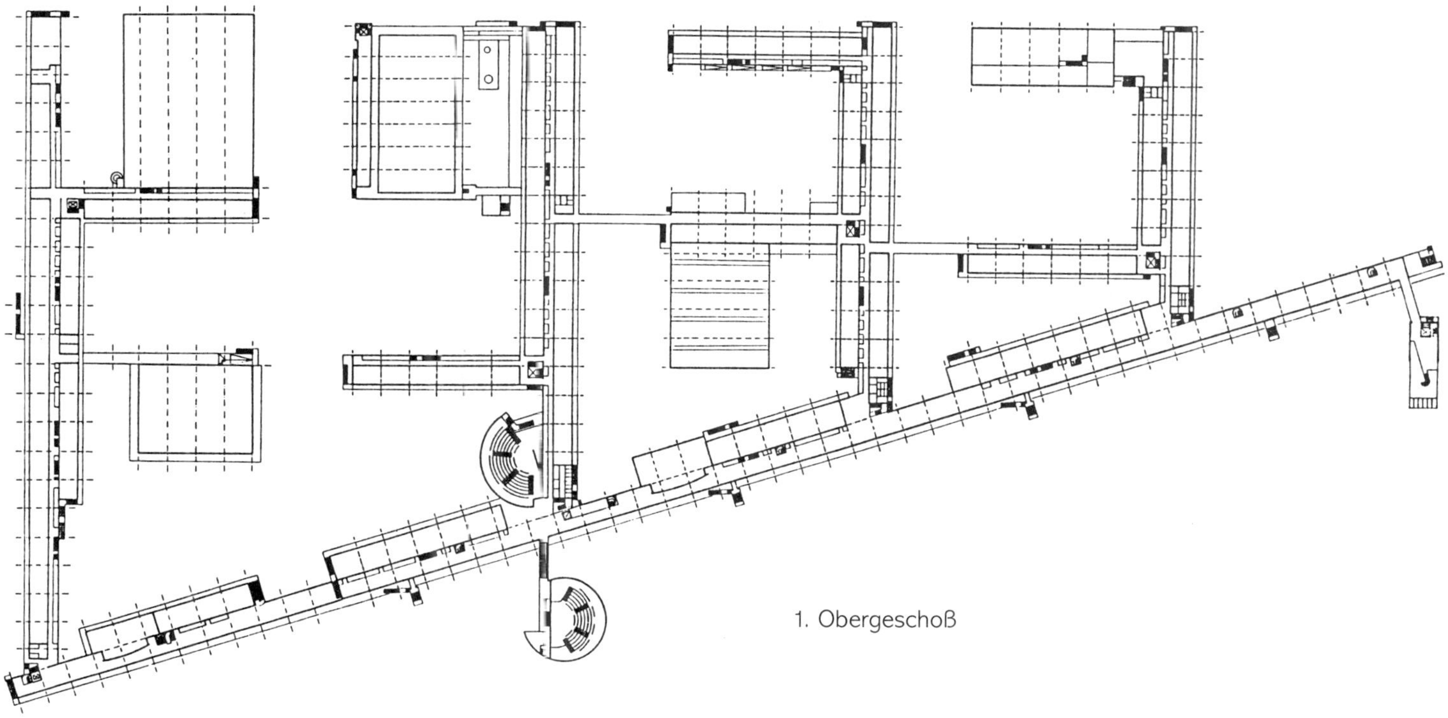

1. Obergeschoß

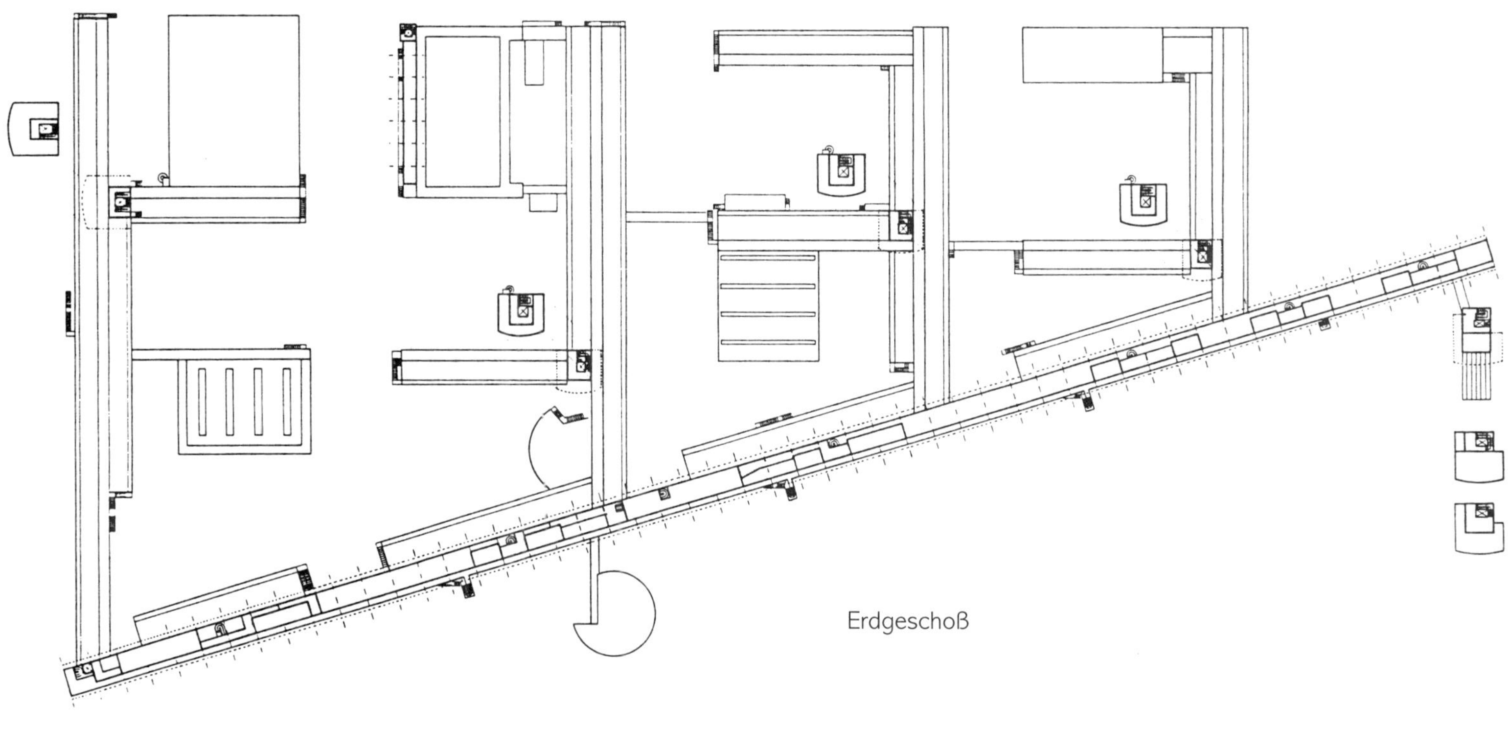

Erdgeschoß

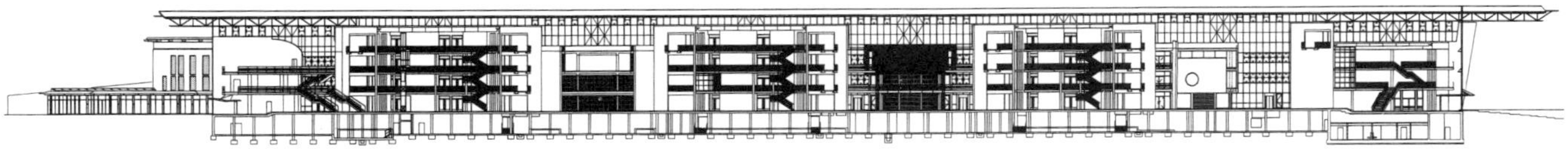

## 2.1.5 Technische Universität München, Fakultät für Maschinenwesen in Garching

Bauherr BMW AG München
Architekten HENN Architekten Ingenieure, München
Freihändige Bauauftragsvergabe
Fertigstellung 1997

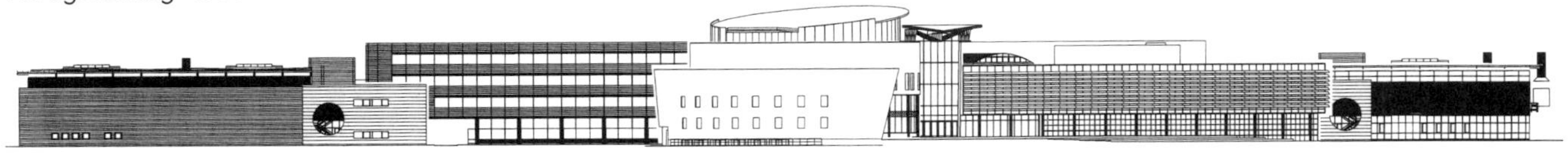

| | |
|---|---|
| Grundstück | 430 650 $m^2$ |
| HNF | 50 333 $m^2$ |
| NNF | 5 130 $m^2$ |
| NF | 55 463 $m^2$ |
| FF | 25 177 $m^2$ |
| VF | 34 149 $m^2$ |
| NGF | 115 490 $m^2$ |
| KGF | 11 753 $m^2$ |
| BGF | 127 244 $m^2$ |
| BRI | 651 615 $m^3$ |
| Faktor | BGF/HNF = 2,528 BRI/HNF = 12,945 BRI/BGF = 5,12 |

Ungewöhnlich die Bauherrschaft: Ein Automobilkonzern baut für den Staat einen ganzen Hochschulkomplex mit 28 Lehrstühlen.
Die Baumaßnahme gliedert sich in unterschiedliche Gebäudebereiche, wie Fakultätsgebäude, Institute, Zeichensäle, EDV-Pools u. a., die zwischen einer mittig liegenden gedeckten Straße (Magistrale) und außenliegenden Werkstattflügeln angeordnet sind. Zwei kreisförmige Hörsäle markieren die Enden der Magistrale. Dem Gebäudekomplex sind eine Energiezentrale mit Prüfstandgebäude, Kindergarten und Hausmeisterwohnungen zugeordnet.
Institute und Fakultät:
insgesamt acht Gebäude mit vier Geschossen (ca. 15 – 20 m hoch) als Büro-, Übungs-, Studien- und Praktikumsbereiche, sowie Lehrsäle, mit trapezförmigem Grundriß als Verbindung zwischen Magistrale (Straße) und Werkstattgebäuden auf beiden Seiten der Magistrale angeordnet.
Jeweils zwischen zwei Gebäuden werden Hörsäle eingestellt. Zwischen den einzelnen Gebäuden sind freie Lichthöfe.

Maßstab ca. 1:1000

Quellen *Monographie Henn Architekten Ingenieure, München 1992; Der Architekt 8/96; Pläne der Architekten.*

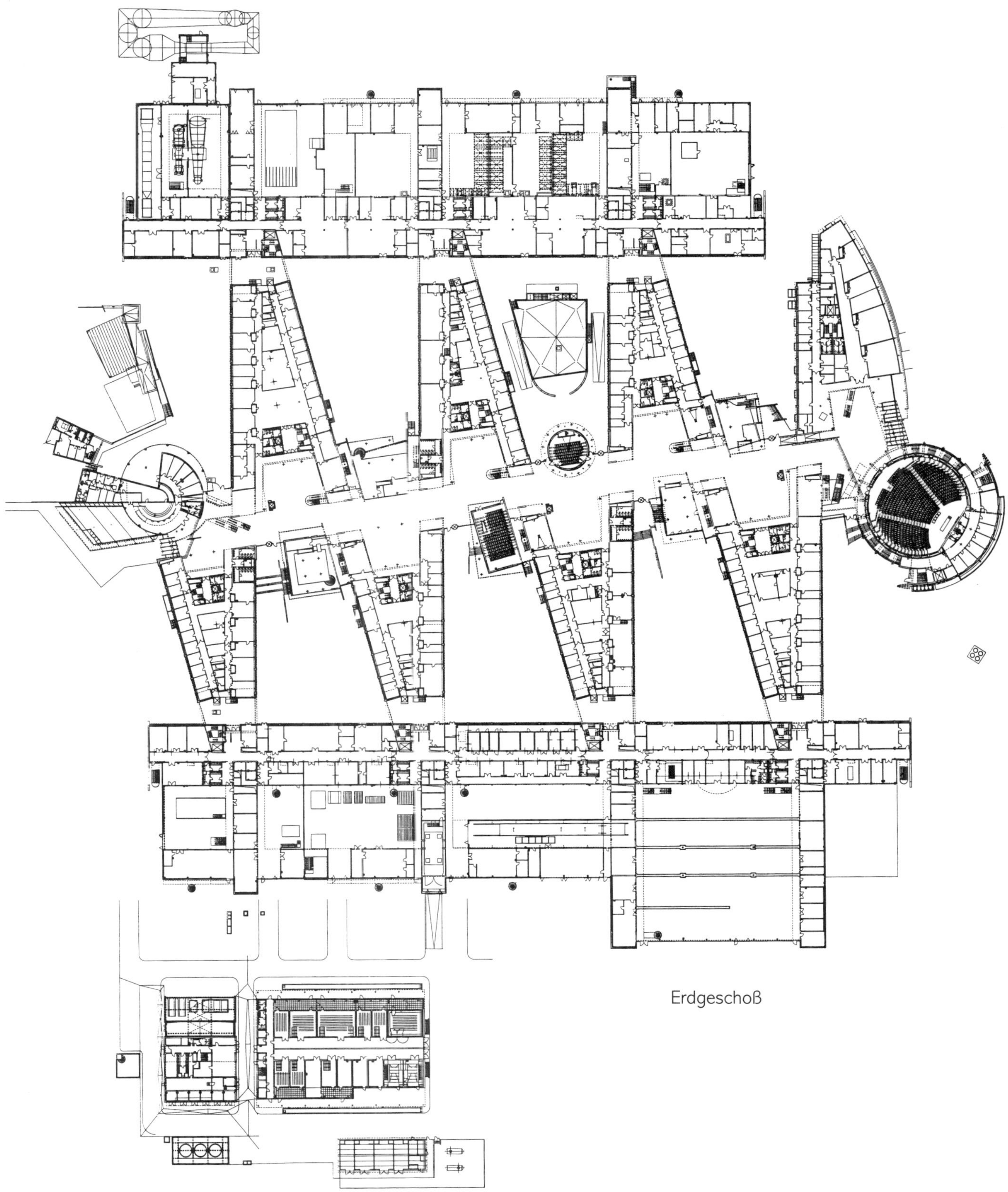

Erdgeschoß

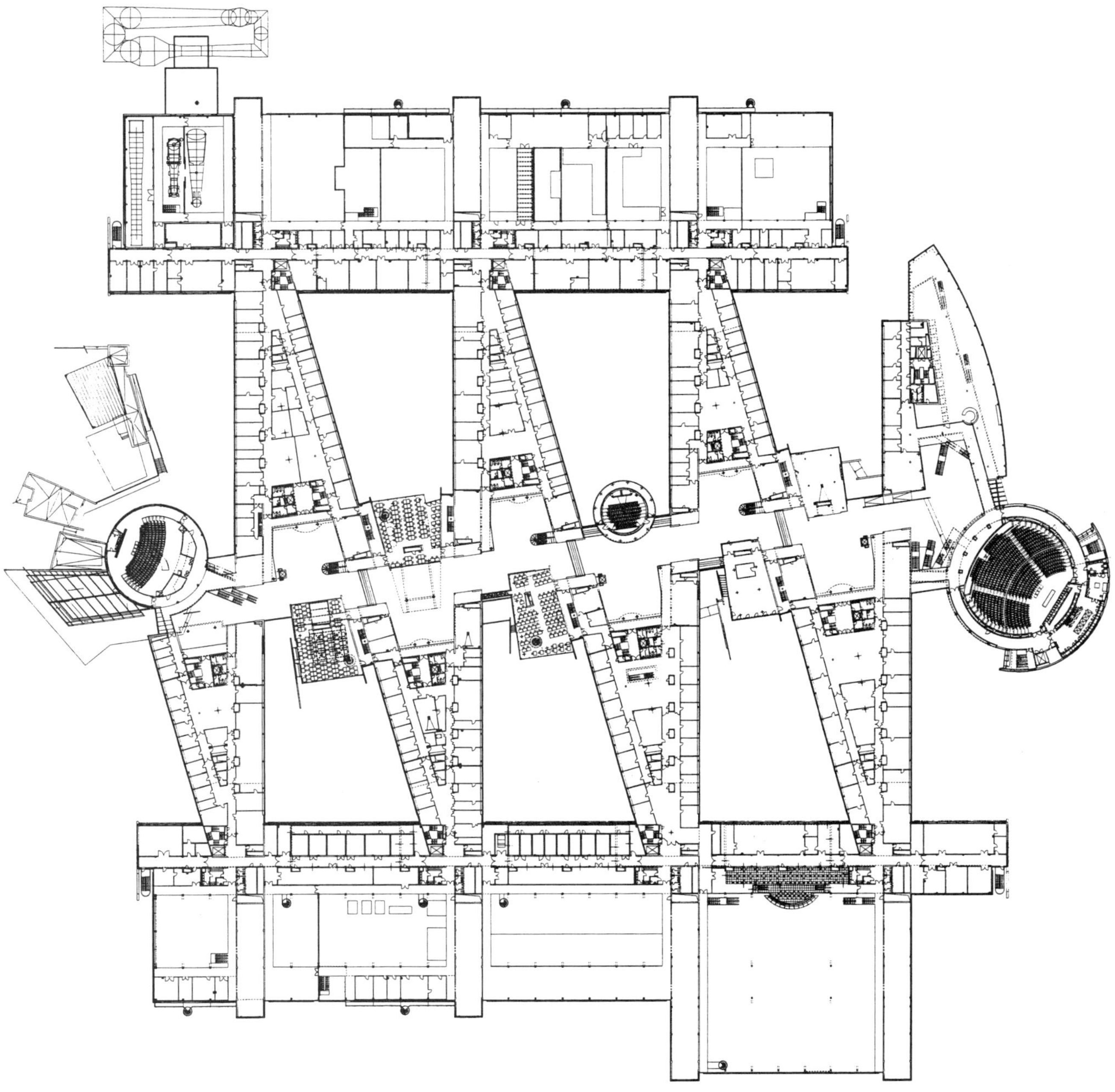

1. Obergeschoß

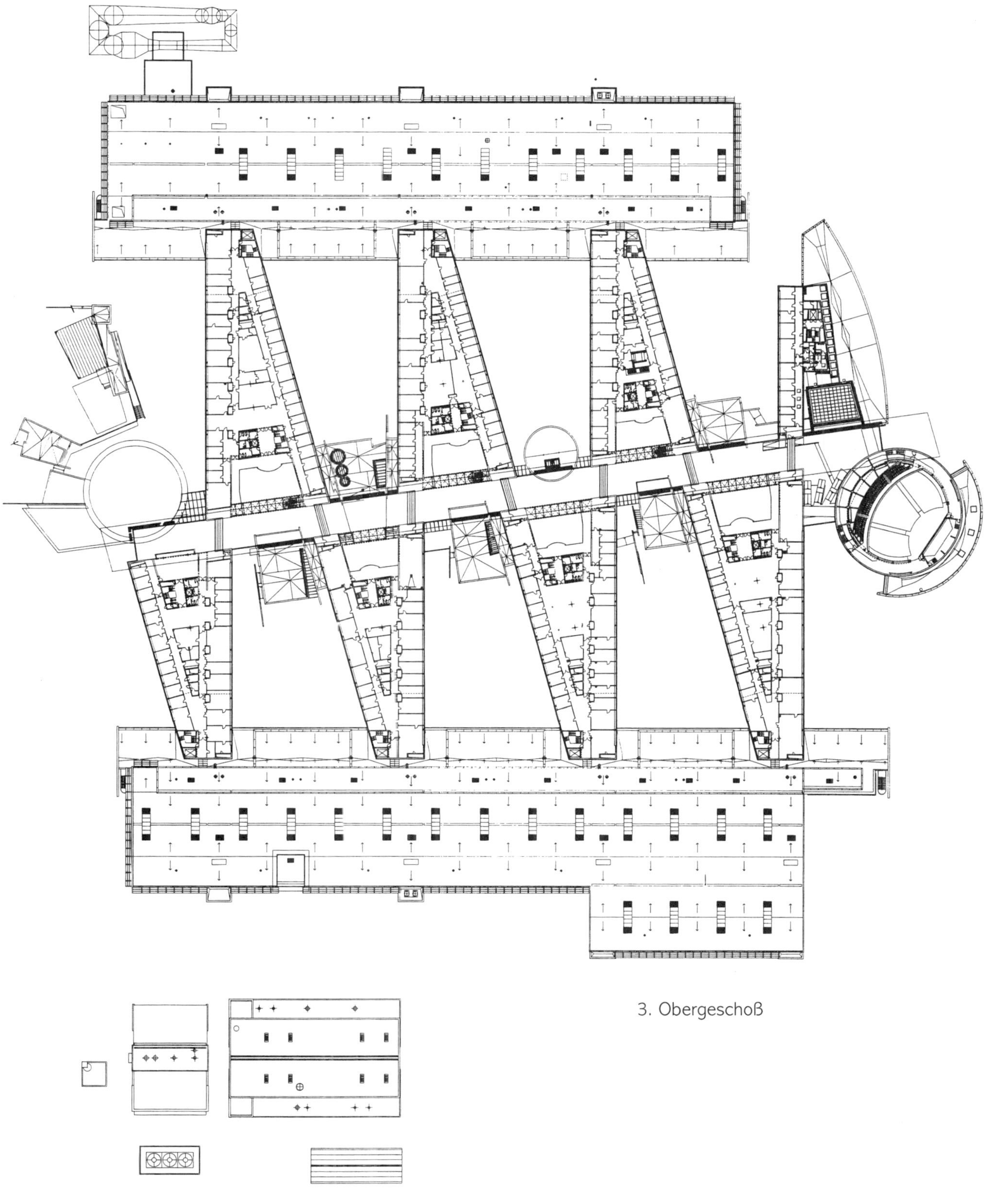

3. Obergeschoß

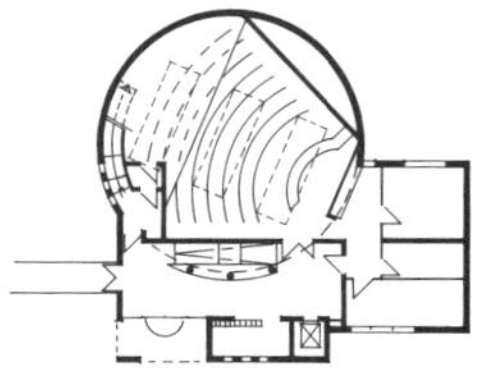

## 2.1.6 Fachhochschule Fulda, Mehrzweckgebäude

| | |
|---|---|
| Bauherr | Land Hessen |
| Planung | Staatsbauamt Fulda – Entwurf Harald Mathes |
| | Fertigstellung 1997 |

| | |
|---|---|
| HNF | 2 500 m² |
| NNF | 304 m² |
| VF | 1 058 m² |
| BGF | 4 954 m² |
| BRI | 20 805 m³ |
| Faktor | BRI/HNF = 8,32 BRI/BGF = 4,20 HNF/VF = 2,36 |

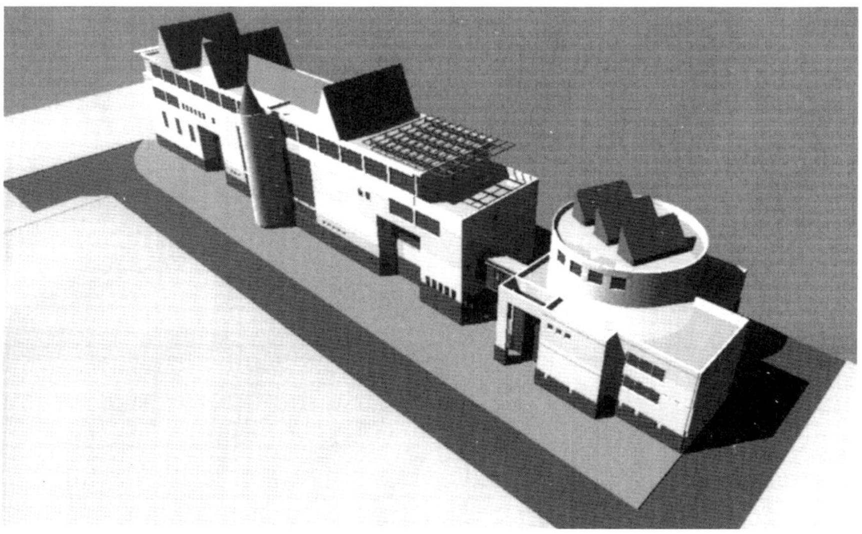

Der langgestreckte viergeschossige Baukörper mit angebundenem zweigeschossigen Flachbau und Rotunde dient als Mehrzweckgebäude. Die Baukörper werden getrennt erschlossen über die Treppenräume.

Raumbereiche Laboratorien, Versuchshalle, Hörsaal für die Fachbereiche Lebensmitteltechnologie und Elektrotechnik

| | |
|---|---|
| UG | Haustechnik |
| EG | Bauteil A: Technika, Bauteil B: Werkhalle |
| 1.OG | Bauteil A: Laboratorien, Bauteil B: Hörsaal |
| 2. OG | Laboratorien |
| 3. OG | Laboratorien, Versuchsanlagenterrasse |
| DG | Lüftungstechnik, Montageplattform für Versuchsanlagen |

Maßstab ca. 1 : 350

Quelle *Pläne der Architekten.*

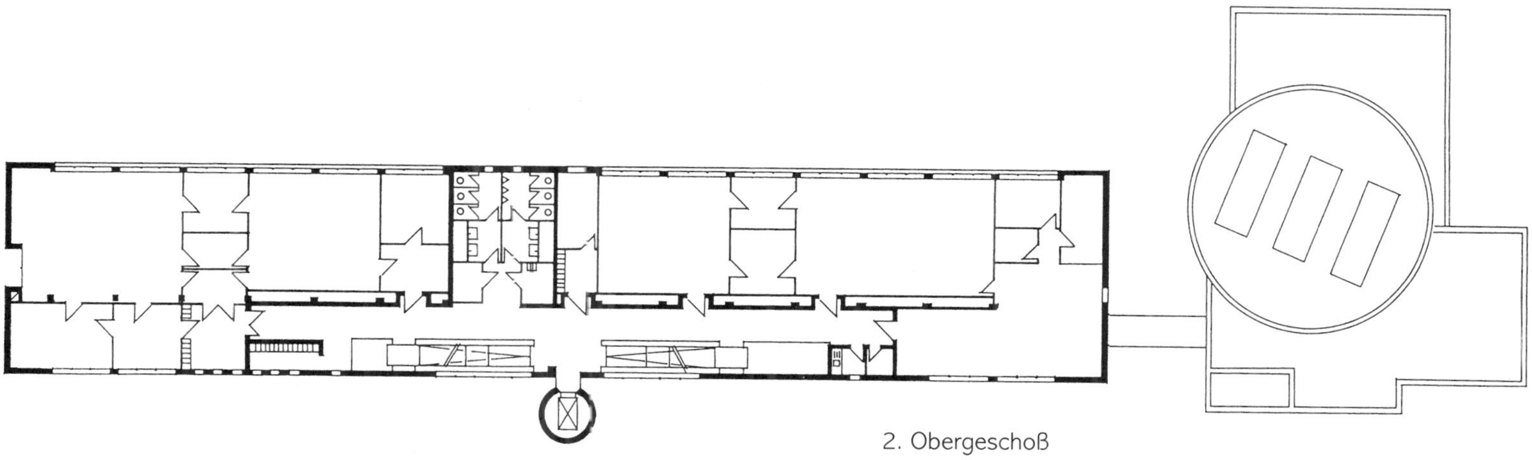

2. Obergeschoß

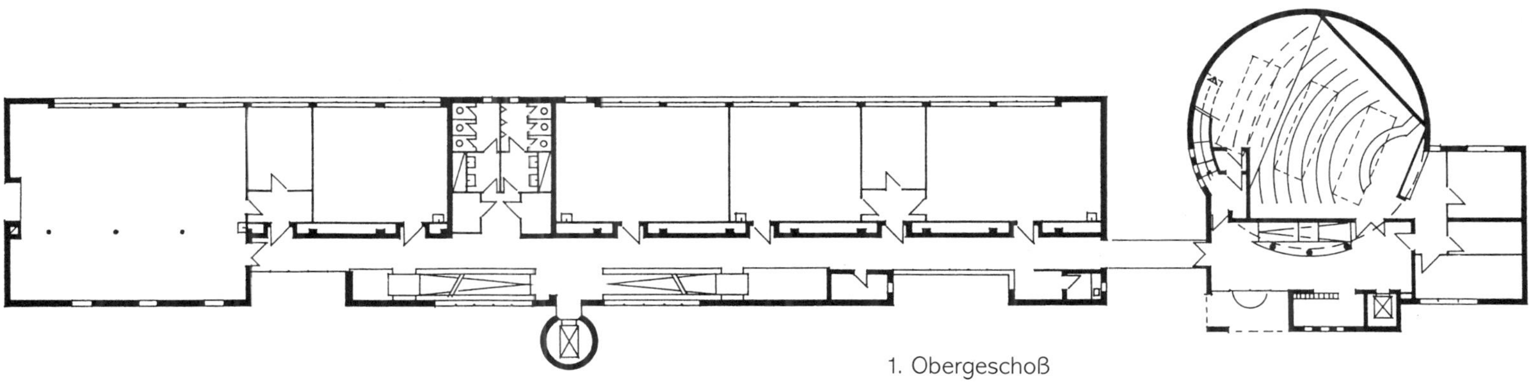

1. Obergeschoß

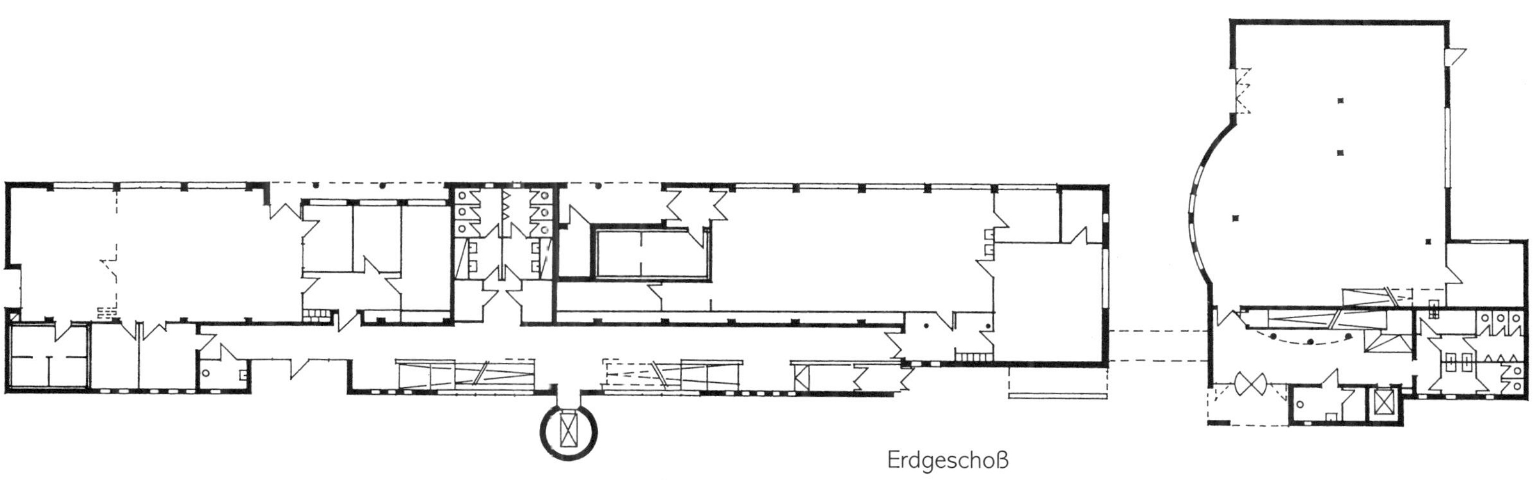

Erdgeschoß

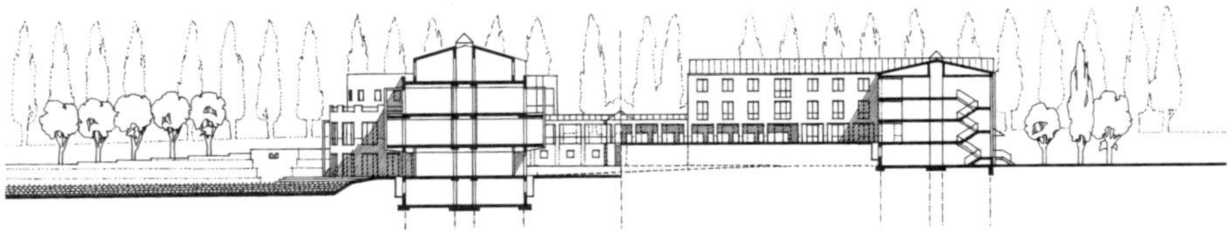

## 2.1.7 Bundesfinanzakademie in Brühl

| | |
|---|---|
| Bauherr | Bundesrepublik Deutschland, vertreten durch das Staatliche Bauamt Köln II – ehem. Finanzbauamt Köln-West |
| Architekt | Peter Beller, Berlin |
| Mitarbeiter | Chr. Behrla, G. Hagemann |
| Tragwerks-planung | Dieter Glöckner, Düsseldorf |
| | Offener Wettbewerb 1976, 1. Preis |
| | Fertigstellung 1993 |

| | | | |
|---|---|---|---|
| Grundstück | 11 308 m² | GRZ = 8,3 | |
| HNF | 6 261 m² | = | 100 % |
| NNF | 962 m² | = | 15 % |
| NF | 7 223 m² | = | 115 % |
| FF | 619 m² | = | 10 % |
| VF | 2 760 m² | = | 44 % |
| NGF | 10 602 m² | = | 169 % |
| KGF | 1 974 m² | = | 31 % |
| BGF | 12 576 m² | = | 200 % |
| BRI | 43 524 m³ | | |
| Faktor | BGF/HNF = 2,01 | BRI/HNF = 6,95 | BRI/BGF = 3,46 |

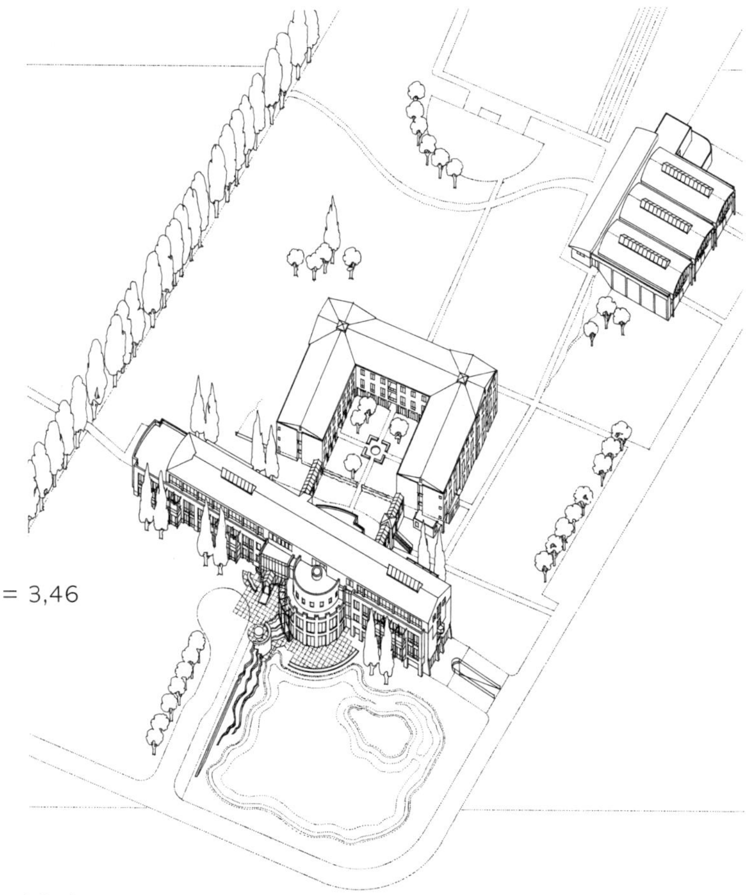

Die Bundesfinanzakademie ist die zentrale Fortbildungsstätte für den höheren Dienst der Finanzverwaltungen des Bundes.
Sie gliedert sich in zwei Einzelbaukörper:
das repräsentative Seminargebäude,
das zurücktretende strenge, U-förmige Wohngebäude.
Das zwei- bis viergeschossige Seminargebäude ist ein in Ost-Westrichtung in den Hang geschobener, 100 m langer, linearer Baukörper, der vom Architekten als talfahrendes Schiff bezeichnet wird. Im Tal liegt die Stadt Brühl.
Als herausgezogenes zentrales Element unterbricht die eingeschobene Rotunde den Baukörper an der Südseite. Besonders markant ist dieser über drei Geschosse gehende Gebäudeteil in der Fassadenbewegung.
Von der zweigeschossigen, filigran verglasten Eingangshalle im Schnittpunkt der äußeren und der inneren Erschließung führen überschaubare Wege, die meist bis zur Fassade durchlaufen und somit an ihrem Ende Licht ins Gebäude fluten lassen, zu den einzelnen Bereichen. Das Erdgeschoß bildet den zentralen Bereich mit Eingang, Rezeption, Rotunde und Cafeteria. Angrenzend sind in beide Richtungen die zwölf Seminarräume und die sechs Hörsäle angegliedert. Im 1. Obergeschoß befinden sich die Historische Bibliothek und die Seminarbibliothek, die Schausammlung sowie Leitungs-, Verwaltungsräume und ein Konferenzraum. Die Räume der Dozenten sind im 2. Obergeschoß untergebracht. Im Untergeschoß liegen die Mensa, der Küchenbereich und deren Nebenräume sowie die Kellerbahn und die Versorgungseinrichtungen. Der Speisesaal liegt in der Rotunde und öffnet sich über vorgelagerte Terrassen zu einer Teichanlage.

| | | |
|---|---|---|
| Raumbereiche | 2. UG | Technik |
| | 1. UG | Mensa, Küche, Kellerbahn |
| | EG | Hörsäle, Seminarräume, Pausenhalle, Cafeteria |
| | 1. OG | Bibliotheksbereich, Akademieleitung, Verwaltung |
| | 2. OG | Dozentenräume, Verwaltung |

Maßstab ca. 1:700

Quellen *Die Bauverwaltung 4/95; Pläne der Architekten.*

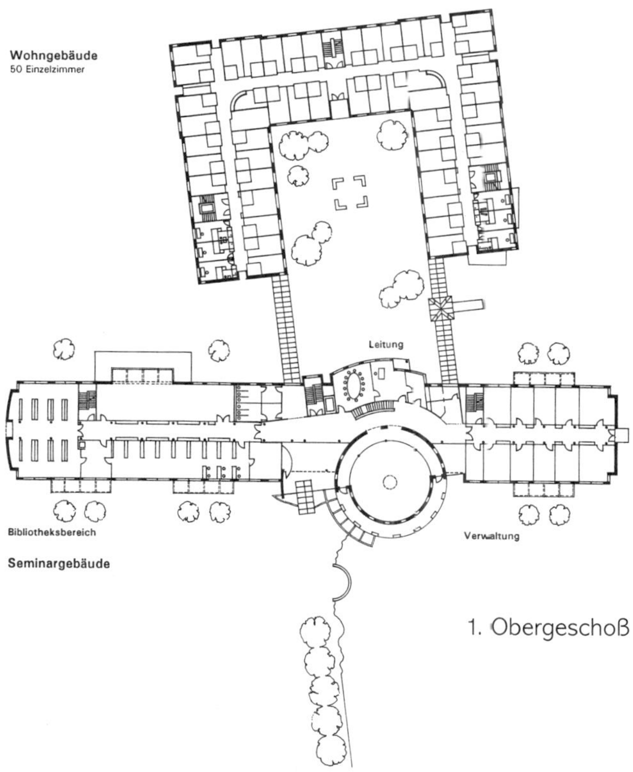


1. Obergeschoß

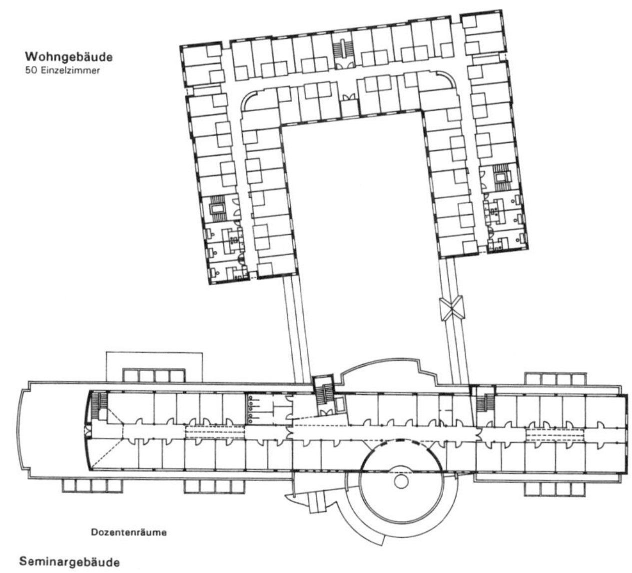


2. Obergeschoß

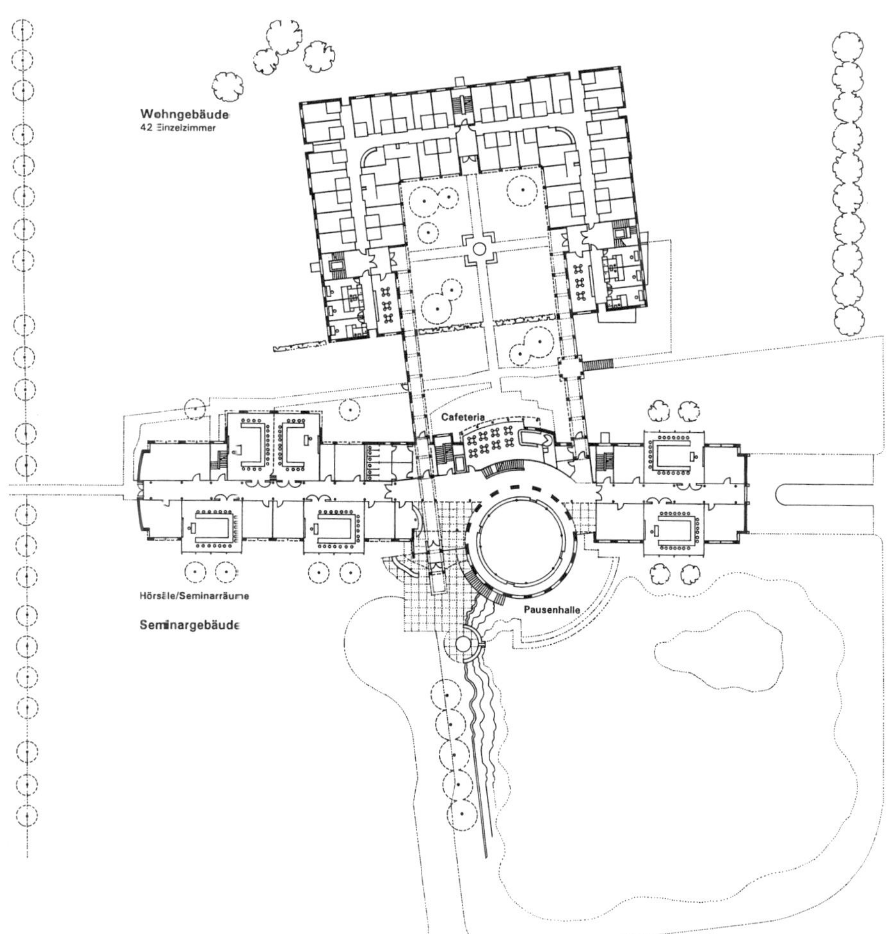


Erdgeschoß

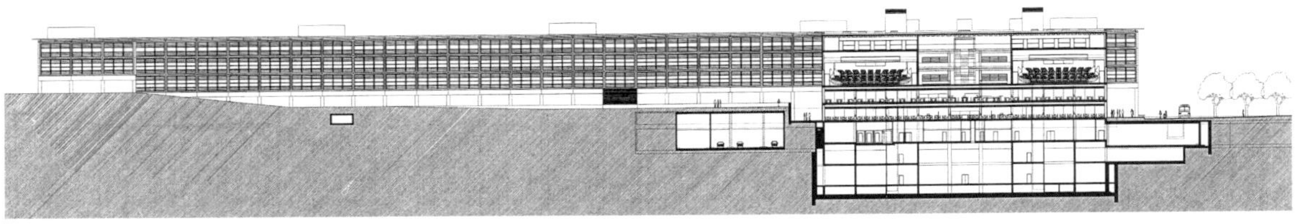

## 2.1.8 Bundesakademie für Wehrverwaltung und Wehrtechnik in Mannheim

| | |
|---|---|
| Bauherr | Bundesministerium der Verteidigung, Bonn, vertreten durch die Oberfinanzdirektion Karlsruhe |
| Planung | Staatliches Hochbauamt Heidelberg |
| Tragwerksplanung | J. Schulz, Mannheim, G. Fechter, Mannheim, K. Rubik, Neckargmünd |
| Bauzeit | Unterkunftsgebäude 1976<br>Hörsaalgebäude 1980<br>Wirtschaftsgebäude 1981 |

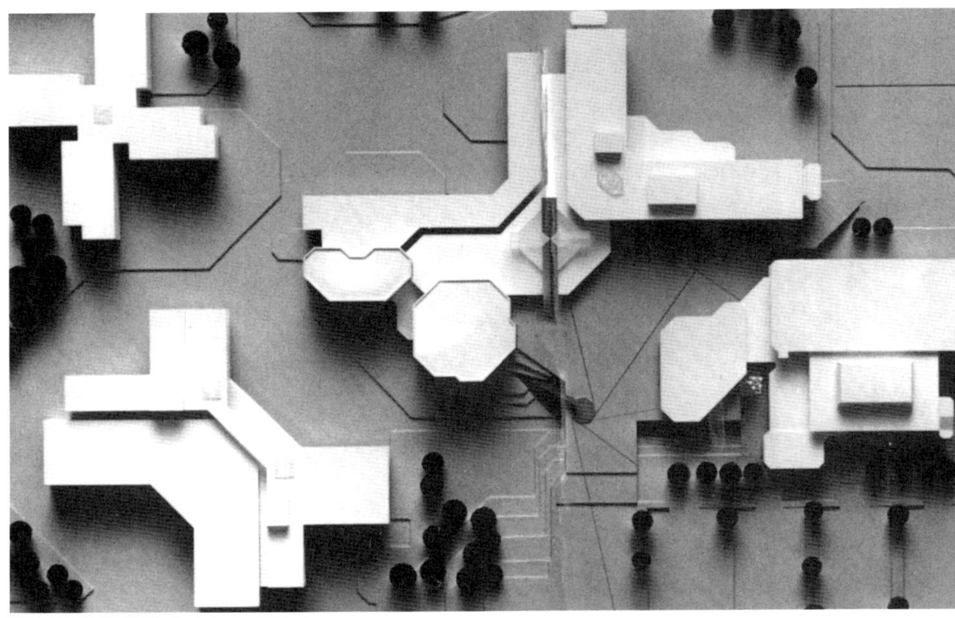

Wirtschaftsgebäude:

| | |
|---|---|
| NGF | 4 900 m² |
| BRI | 22 000 m³ |
| Faktor | BRI/NGF = 4,48 |

Unterkunftsgebäude:

| | |
|---|---|
| HNF | 10 000 m² |
| BRI | 37 200 m³ |
| Faktor | BRI/NGF = 3,7 |
| | 353 Einzelzimmer |

Hörsaalgebäude:

| | |
|---|---|
| HNF | 8 400 m² |
| BRI | 38 000 m³ |
| Faktor | BRI/NGF = 4,52 |

Die Anlage gliedert sich in drei Bauteile:
Wirtschaftsgebäude, Unterkunftsbereich, Hörsaalgebäude.
Die geschlossenen Kuben der großen Hörsäle sind um das zentrale Forum angeordnet. Die Bibliothek umfaßt einen eigenen Flügel. Die Seminarräume können teilweise mit Faltwänden erweitert oder begrenzt werden. Speisesaal, Hauptküche und Mensa umschließen den Eingangsbereich.

Maßstab ca. 1 : 900

Quellen *Dokumentation Staatliches Hochbauamt Heidelberg, Heidelberg 1987.*

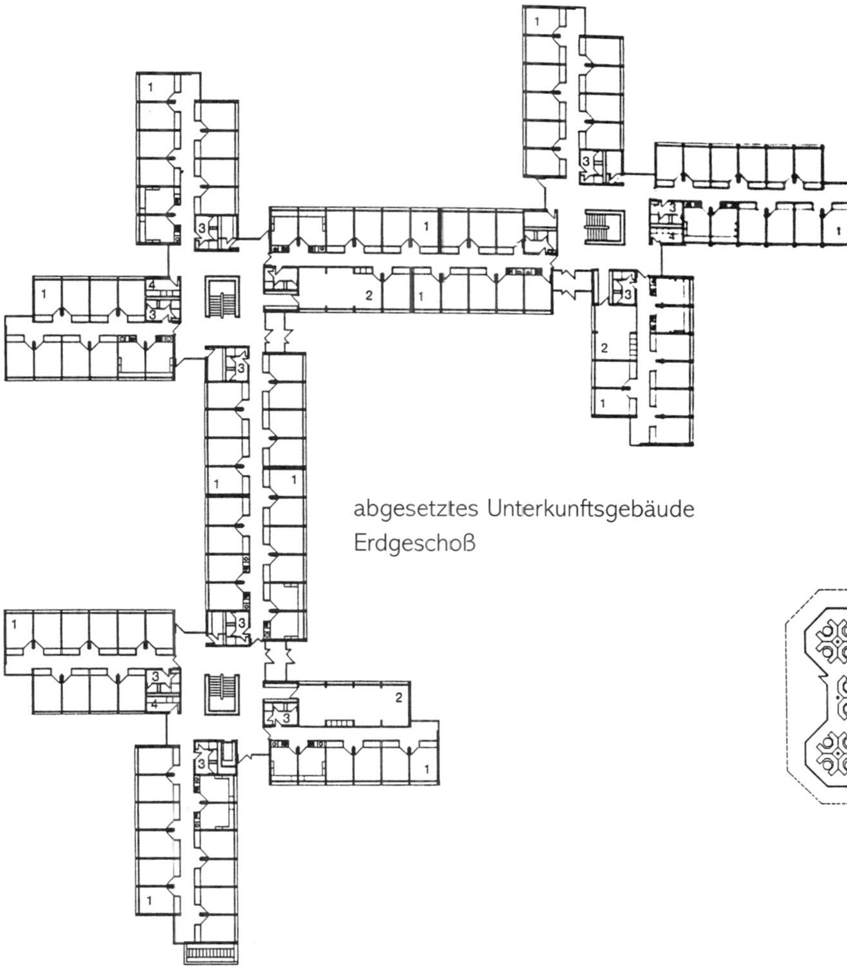

abgesetztes Unterkunftsgebäude
Erdgeschoß

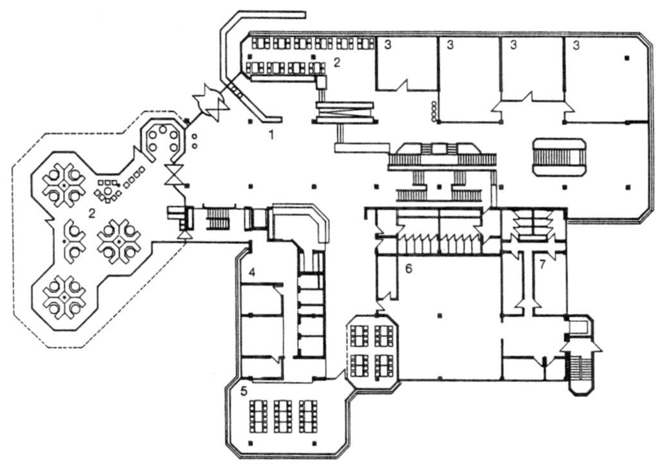

Wirtschaftsgebäude
Erdgeschoß

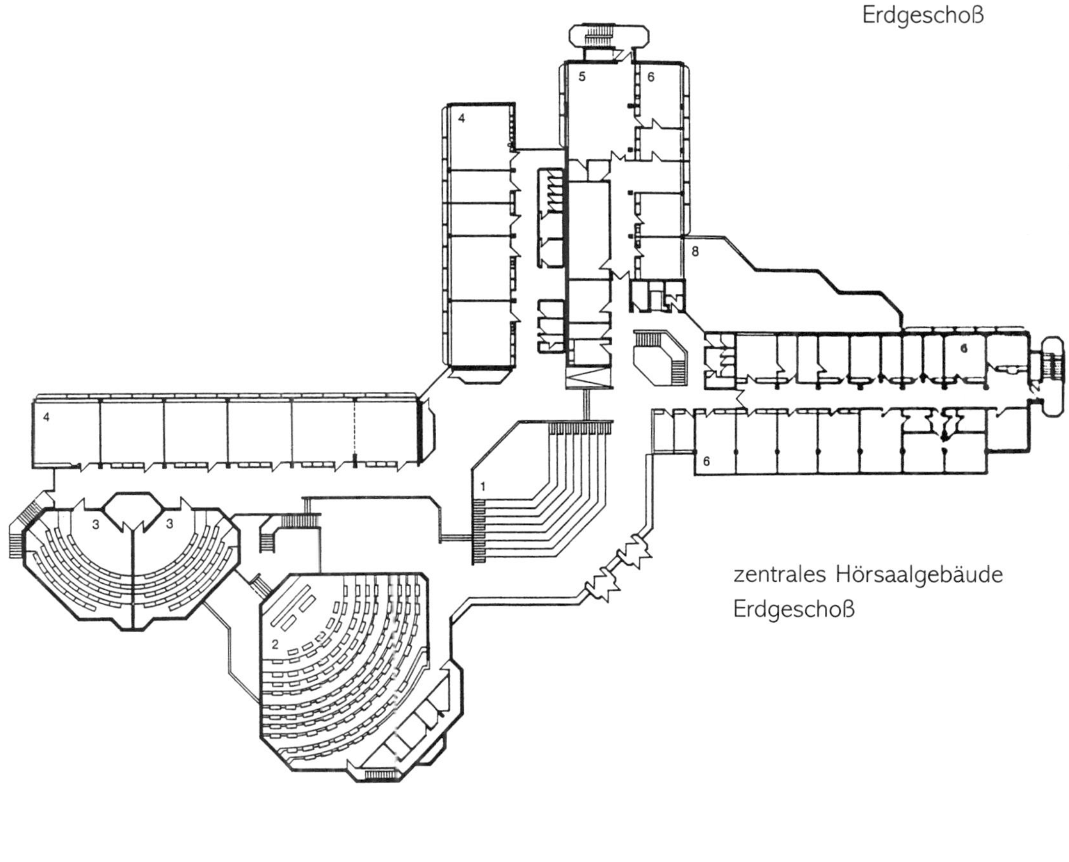

zentrales Hörsaalgebäude
Erdgeschoß

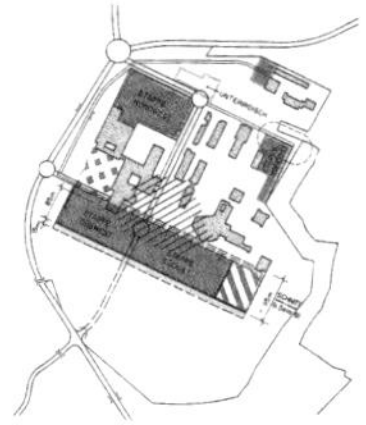

## 2.1.9 Eidgenössische Technische Hochschule Zürich, Departemente Chemie und Werkstoffe

| | |
|---|---|
| Bauherr | ETH Zürich, vertreten durch die Bau- und Projektkommissionen |
| Generalplaner | Mario Campi Franco Pessina Architetti FAS e Associati, Lugano |
| Projektsteuerung | Erwin G. Roth, Effretikon |
| Tragwerksplanung | Arge Grignoli, Martinola, Muttoni, Vanetta, Lugano, mit Prof. Bruno Thürlimann, Egg |

Öffentlicher Ideenwettbewerb 1988, Projektwettbewerb 1990, 3. Rang,
nach Überarbeitung 1. Rang
Fertigstellung 2002

| | |
|---|---|
| Hörsäle | 2 500 m² |
| Bibliothek | 2 300 m² |
| Laboratorien | 27 000 m² |
| Sitzungsräume | 7 000 m² |
| Praktika | 4 800 m² |
| Assistenzen | 400 m² |
| Seminarräume | 540 m² |
| Informationszentrum | 800 m² |
| Werkstätten | 1 400 m² |
| Materialverwaltung | 2 400 m² |
| Entsorgung | 500 m² |
| Gesamte HNF | 80 000 m² |

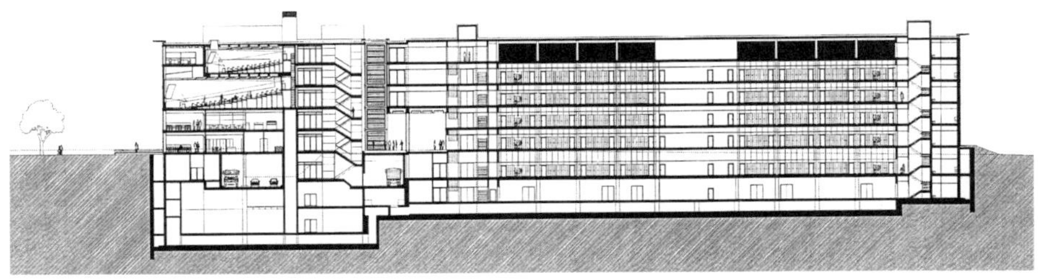

Da die alte ETH im Zentrum von Zürich nicht erweiterungsfähig war, wurde in Hönggerberg ein neuer Standort gefunden. In mehreren Ausbauetappen erfolgte die Bebauung. Zunächst wurden 1966 bis 1976 die Gebäude für Physik, Biologie, Architektur und Bauwesen realisiert. Die jetzige Etappe umfaßt die Departemente Chemie und Werkstoffe. Das Projekt besteht aus einem kammartigen Lehr- und Forschungsgebäude mit fünf Institutstrakten für Laboratorien, Werkstätten, Büros und Sitzungsräume, ein abgesetztes Auditoriengebäude für Hörsäle, Bibliothek und Mensa sowie ein separates Dienstleistungsgebäude mit Bistro, Läden, Sozialräumen und Büros.
Der Lehr- und Forschungsbereich erlaubt eine flexible Nutzung. Die strahlenförmige Typologie der Korridore ergibt eine klare Erschließung aller Bereiche sowie eine optimale Orientierung.
Das Auditoriengebäude besticht durch seine axial-symmetrische Gliederung. Der verglaste Rundturm mit der großzügigen Wendeltreppe verbindet die Cafeteria im Erdgeschoß mit der Mensa und dem Dozentenfoyer im 1. Obergeschoß. In den drei Geschossen oberhalb der Verpflegungsebene befinden sich lichtdurchflutete Lese- und Arbeitsräume mit moderner Informationstechnik.

| | | | |
|---|---|---|---|
| Raumbereiche | Auditoriengebäude: | EG | Eingang und Foyer, Hörsäle, Bibliotheksgalerie |
| | | 1. OG | Mensa, Dozentenfoyer |
| | Lehr- und Forschungsgebäude: | EG | Praktika, Kleinauditorien und Seminarräume, Technische Installationen, Hofausbauten, Gemeinschaftsräume |
| | | 1. OG | Loggia, Forschungslabors, Technologieräume, Büros, Hörsäle |
| | Dienstleistungsgebäude: | 700 m² Läden, 300 m² Bistro, 300 m² Sozialräume | |

Maßstab 1:1200

Quellen *Broschüre »ETH Zürich, 3. Ausbauetappe Hönggerberg«, Zürich 1996, Kristin Feiress (Hg.): Mario Campi Franco Pessina. Bauten und Projekte, Berlin 1994; Pläne der Architekten.*

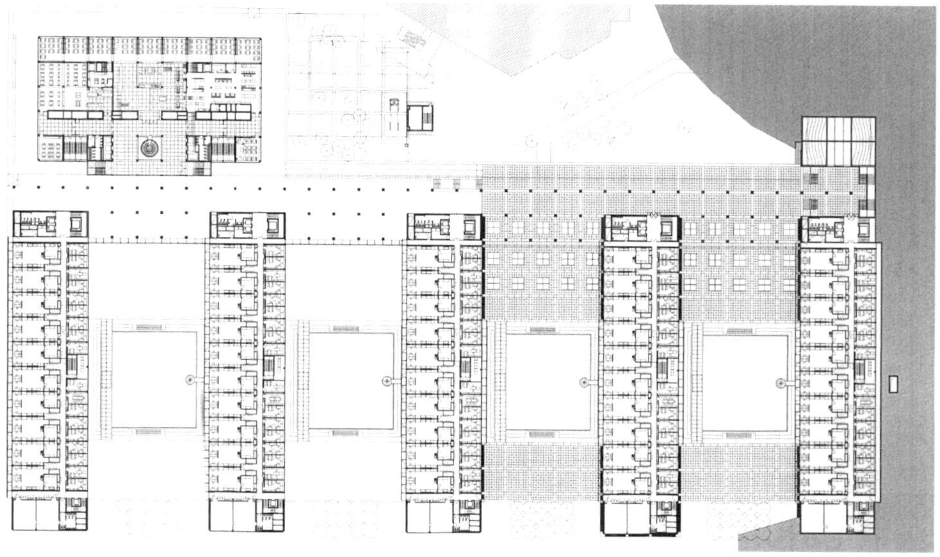

1. Obergeschoß

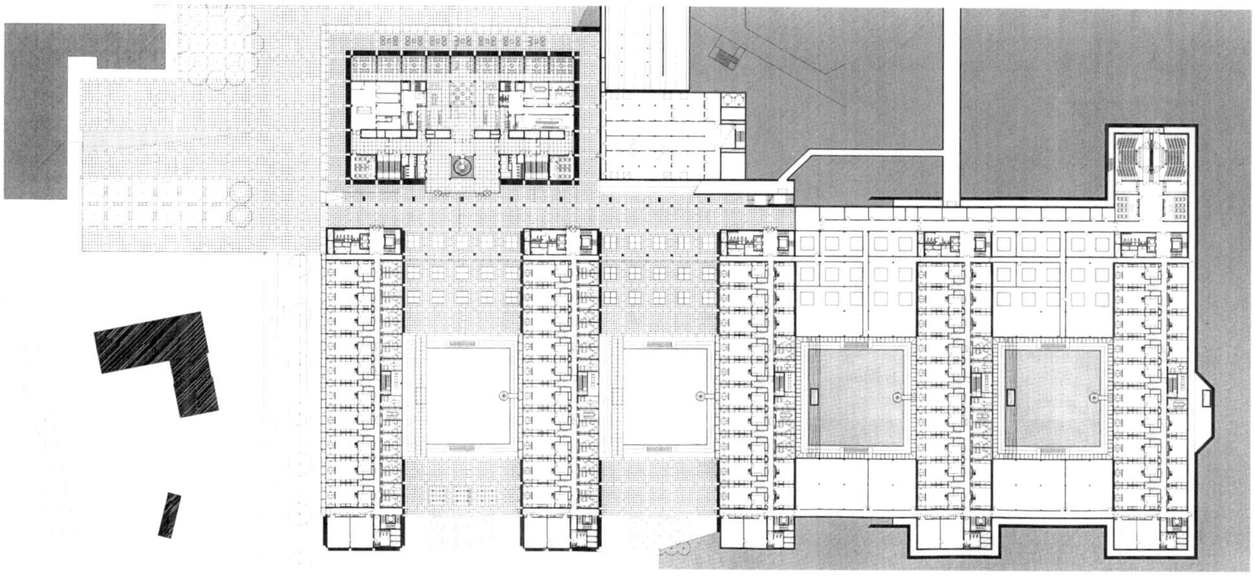

Erdgeschoß

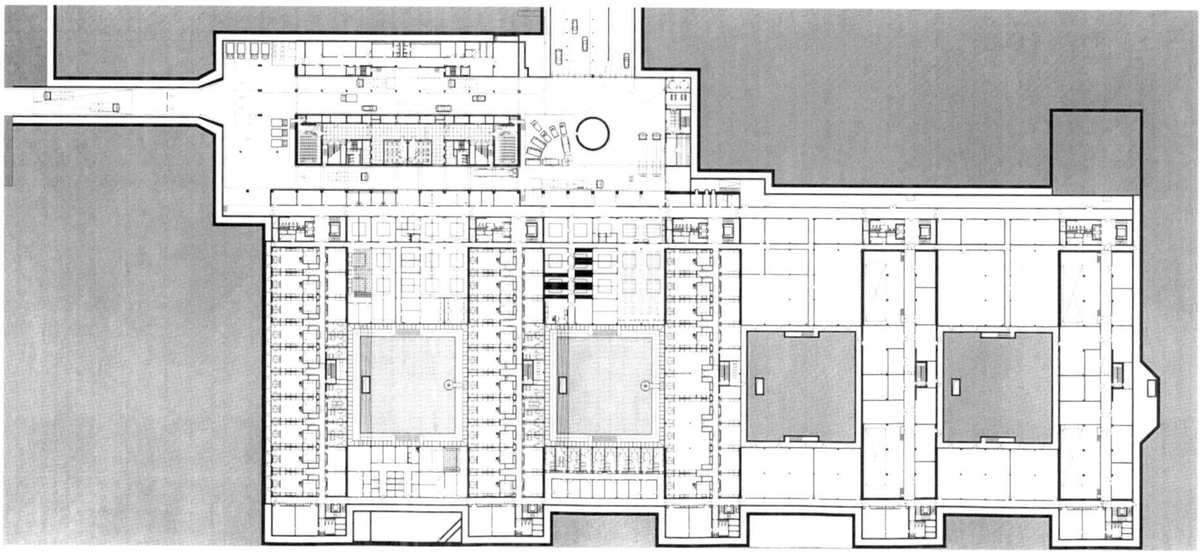

Untergeschoß

## 2.2.1 Technische Universität Braunschweig, Biologie-Zentrum

| | |
|---|---|
| Bauherr | Land Niedersachsen, verteten durch das Staatshochbauamt Braunschweig I |
| Architekten | Dieter Husemann, Claus Wiechmann, Braunschweig |
| Tragwerks-planung | Assmann Ingenieurplanung, Braunschweig |
| | Planungsauftrag 1984, Fertigstellung 1988 |

| | | |
|---|---|---|
| Grundstück | 500 $m^2$ | GRZ = 0,50 GFZ = 1,56 |
| HNF | 5 850 $m^2$ | |
| NNF | 550 $m^2$ | |
| VF | 2 700 $m^2$ | |
| BGF | 12 250 $m^2$ | |
| BRI | 50 600 $m^3$ | |
| Faktor | BRI/HNF = 8,65 | BRI/BGF = 4,13 |
| | HNF/VF = 2,17 | BGF/HNF = 2,09 |

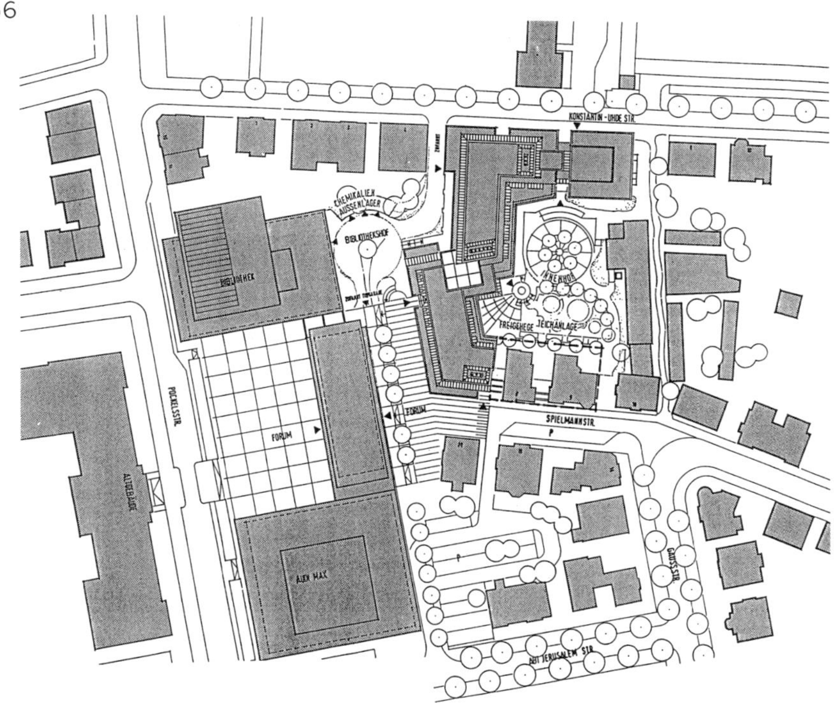


Das Entwurfskonzept wird durch die Ortsvorgaben bestimmt: Die Baugrenzen, Baulinien und Abstandsflächen sowie durch den geforderten Anschluß an das vorhandene Praktikumsgebäude.

Die Gebäudeerschließung erfolgt aus sicherheitstechnischen Gründen über die zentral gelegene Eingangshalle, dem baulichen Gelenk, mit Zugängen vom Universitäts-Forum und vom Innenhof.

Das heterogene und daher schwer umzusetzende Nutzungskonzept organisiert die einzelnen Institutsbereiche mit ihren zusammengehörigen Arbeitsgruppen horizontal. Die Biotechnologie ist unmittelbar an das Praktikumsgebäude angebunden. Die Einrichtungen der Zoologie im Untergeschoß haben unmittelbaren Anschluß an die Tierfreigehege in den Außenanlagen.

| | | |
|---|---|---|
| Raumbereiche | UG | Zoologie, Technika, Technikzentralen |
| | EG | Praktika, Verfahrenstechnik, Technika, GBF, Zoologie, Botanik |
| | 1. OG | Praktika, Biochemie / Biotechnologie, GBF, Verbundforschung, Zoologie |
| | 2. OG | Mikrobiologie, Bakteriologie, Praktika |
| | 3. OG | Genetik, Molekulargenetik, GBF |

Maßstab ca. 1 : 500

Quellen *Die Bauverwaltung, 10/88; Städteforum, Braunschweig 1988; Pläne der Architekten.*

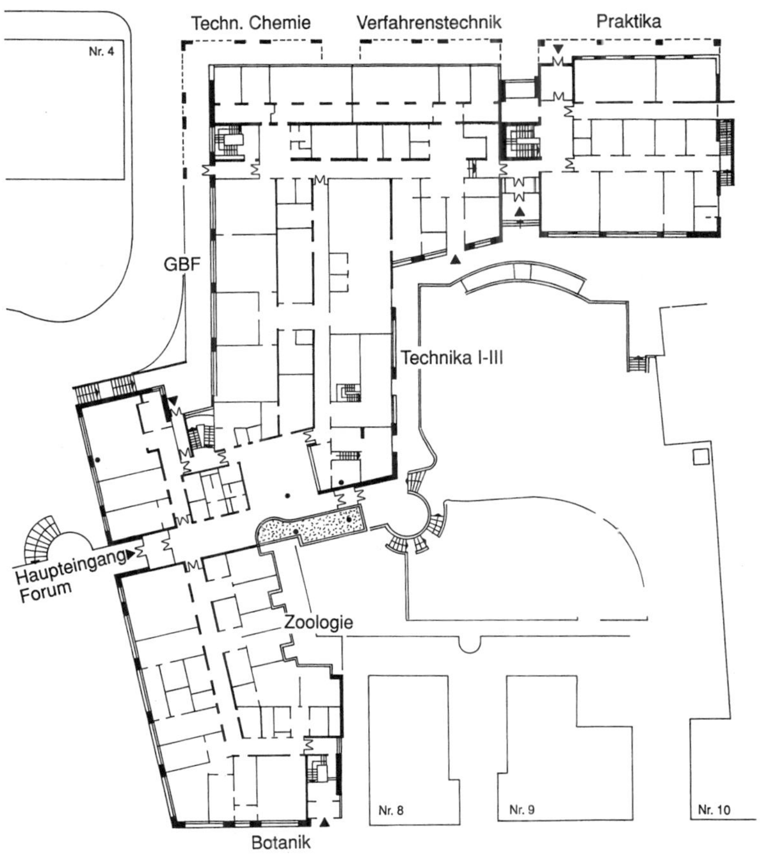


Erdgeschoß

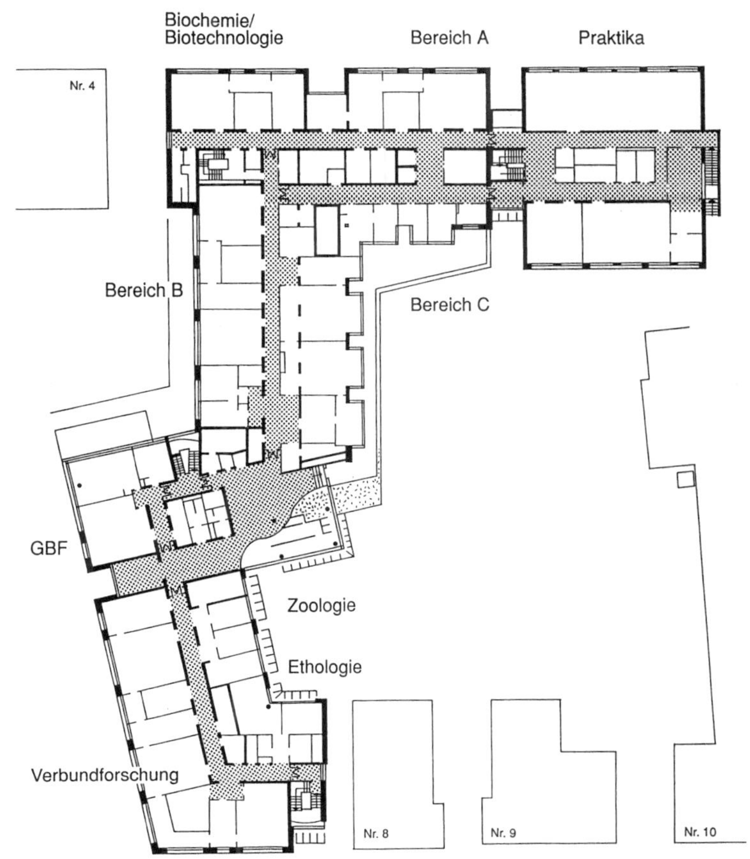


1. Obergeschoß

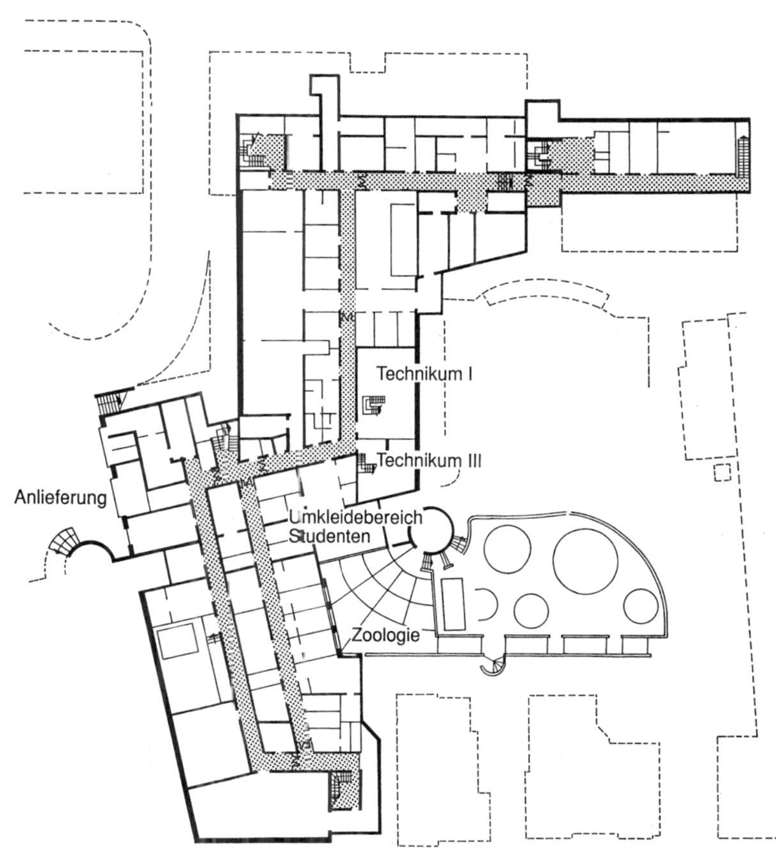


Untergeschoß

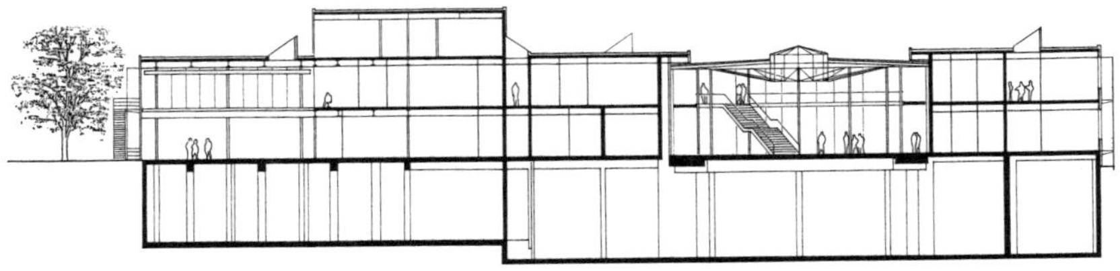

## 2.2.2 Universität Stuttgart, Zentrum für Bio-Verfahrenstechnik

| | |
|---|---|
| Bauherr | Land Baden-Württemberg, vertreten durch das Universitätsbauamt Stuttgart und Hohenheim |
| Architekten | Prof. Dr. Kurt Ackermann und Partner, München |
| | Auszeichnung guter Bauten, BDA Baden-Württemberg 1993 |

| | | |
|---|---|---|
| Grundstück | 18 206 $m^2$ | |
| Bebaute Fläche | 6 206 $m^2$ | GRZ = 0,34 GFZ = 0,68 |
| HNF | 5 970 $m^2$ | = 91 % |
| NNF | 620 $m^2$ | = 9 % |
| NF | 6 590 $m^2$ | = 100 % |
| FF | 5 814 $m^2$ | = 88 % |
| VF | 1 990 $m^2$ | = 30 % |
| VF | 883 $m^2$ | = 13 % |
| NGF | 15 277 $m^2$ | = 232 % |
| KGF | 1 137 $m^2$ | = 17 % |
| BGF | 16 414 $m^2$ | = 249 % |
| BRI | 88 394 $m^3$ | |
| Faktor | BGF/HNF = 2,75 | BRI/HNF = 14,80 |

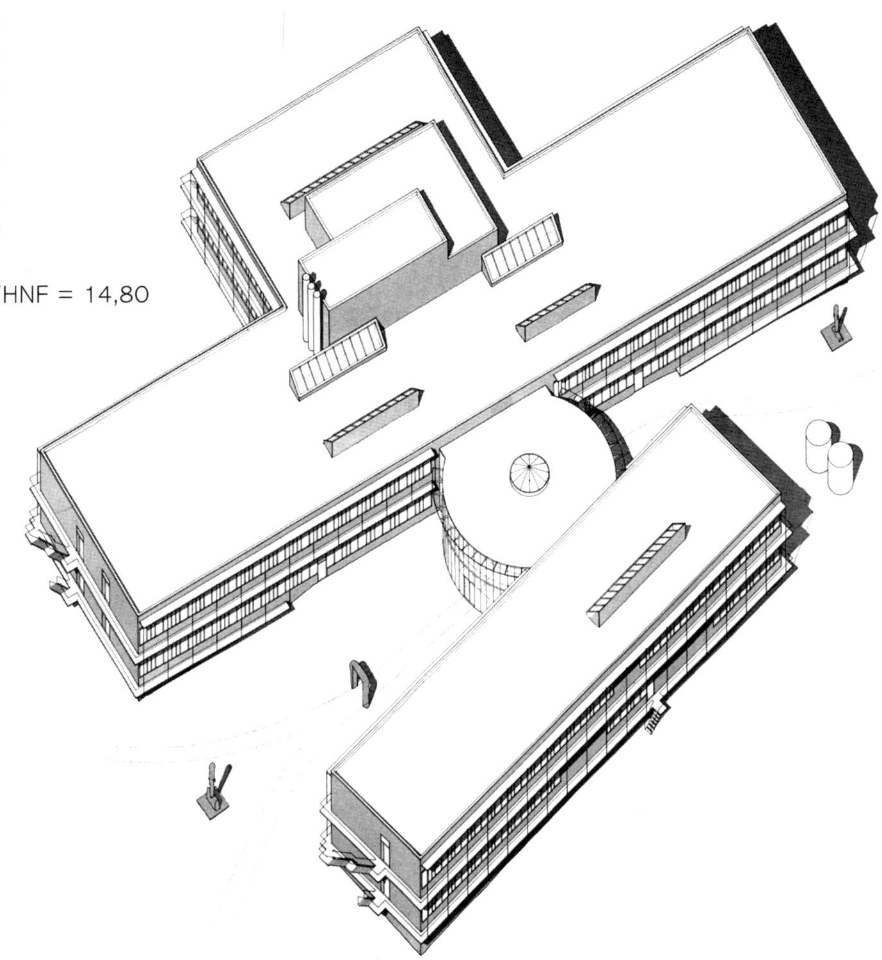

Das Forschungsinstitutsgebäude beherbergt folgende Fachbereiche:
Zellbiologie, Mikrobiologie. Technische Biochemie, Technische Genetik, Bioverfahrenstechnik und Biotechnikum (Fermenterhalle).
Die zentralen Bereiche haben eine hohe technische Ausstattung. Ca. 70 % des Gebäudevolumens beanspruchen technische Anlagen bis 8 m lichte Höhe. Die Reinräume und Isotopenlabore haben Zugänge nur durch überwachte Schleusen.

Maßstab ca. 1 : 600

Quellen *Einweihungsbroschüre der Universität Stuttgart, Stuttgart 1993; Pläne der Architekten.*

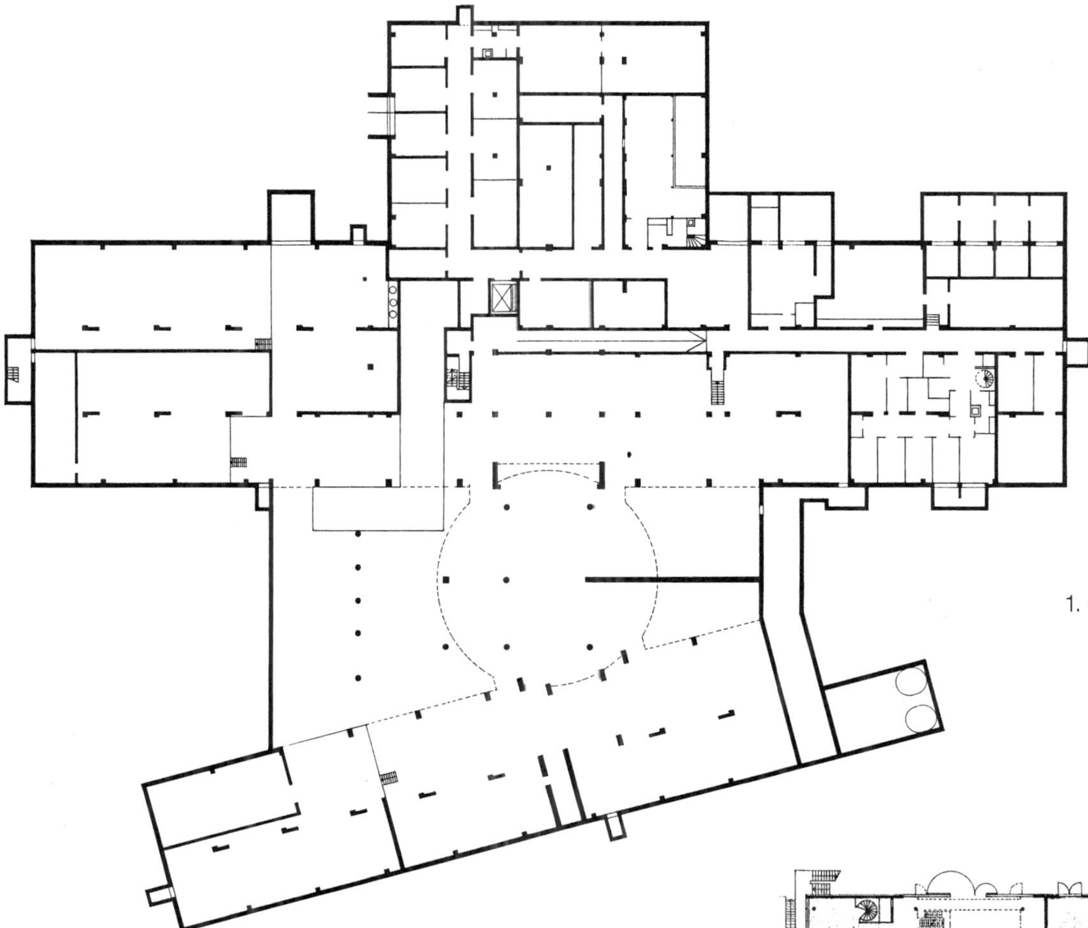

1. Obergeschoß

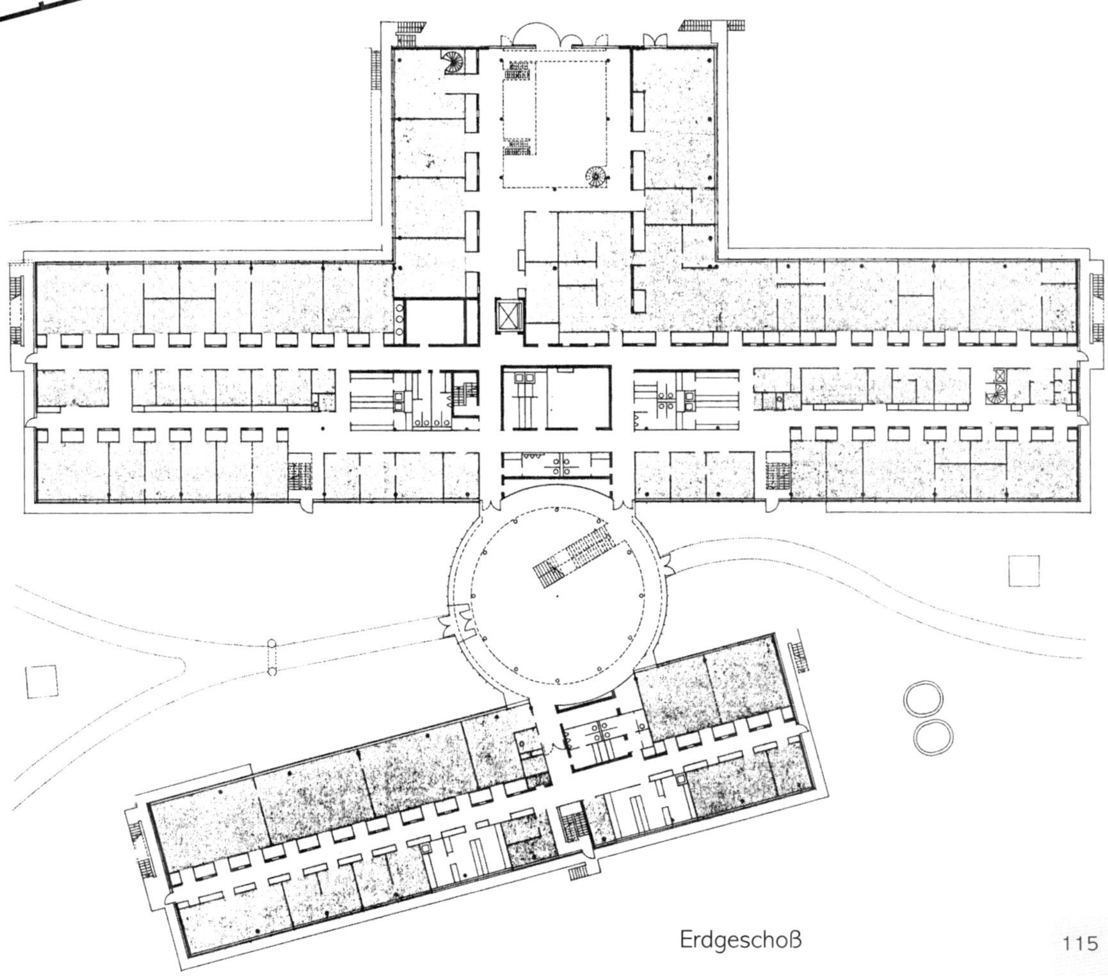

Erdgeschoß

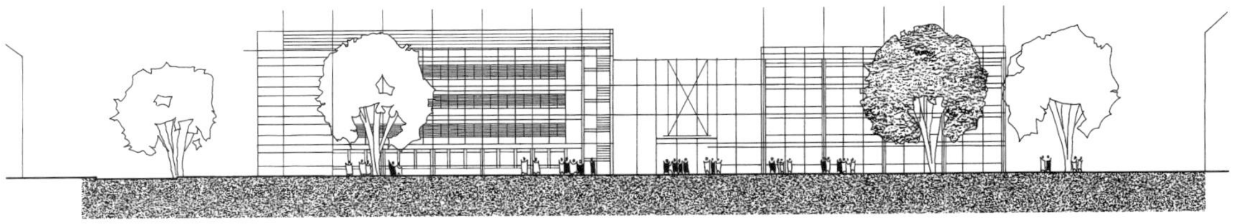

## 2.2.3 Technische Hochschule Dresden, Medizinisch-Theoretisches Zentrum

Bauherr — Freistaat Sachsen, vertreten durch die Züblin Grundstücks- und Bauprojektentwicklung GmbH Stuttgart
Architekten — HENN Architekten Ingenieure, München
Beschränkter Architektenwettbewerb unter sechs Büros 1994, 1. Preis

Grundstück — 10 840 m² GFZ = 2,00
NF — 13 807 m²
BGF — 25 855 m²

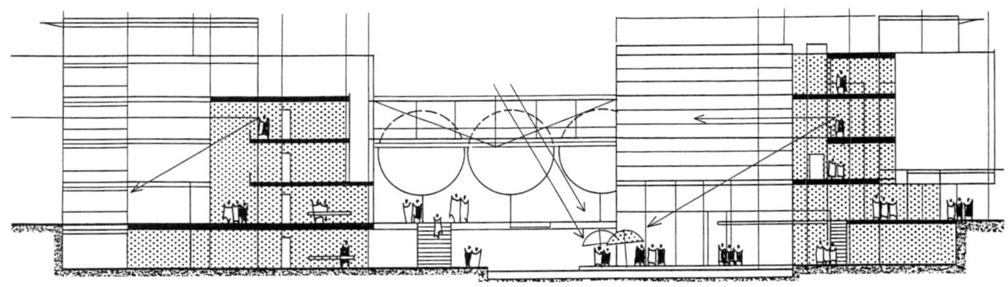

Der Gebäudekomplex mußte zwischen villenartiger Altbausubstanz und dem aufgelockerten Klinikumkomplex eingefügt werden. Dies führte zu einer gegliederten Blockrandbebauung mit einem großzügigen inneren Freibereich.
Die Erschließung erfolgt zentral durch die nördliche Eingangshalle. Rechts von der Halle liegen die Verwaltung und der Lehrtrakt, links die Anatomie mit Laborgruppen oder Physiologie. Das Gebäude besitzt ein ringförmiges Gangsystem auf allen vier Ebenen. Den Institutsgebäuden sind Treppenhäuser zur besseren Vertikalerschließung der einzelnen Ebenen untereinander zugeordnet.
Seminar-, Übungs- und Demonstrationsräume liegen im Erd- und Untergeschoß jeweils um den Innenhof herum gruppiert. Am Foyer liegt die Cafeteria, die über eine Treppe nach unten auf die Ebene des Gartens führt. Der Tierbereich wird über ein eigenes Gangsystem vom Anlieferungshof aus versorgt. Er liegt im Untergeschoß separiert, ist jedoch über die gleichen Treppensysteme mit den Instituten verbunden. Gemeinschaftliche Verfügungsflächen liegen unterhalb der Institute im Erdgeschoß und sind von den Instituten über Treppen jeweils erreichbar.
Die Laboreinheiten sind horizontal vernetzt. Die Gebäudefiguration gestattet bei variabler Nutzung aber auch eine vertikale Aufteilung Die Werkstätten sind in der Nähe des Anlieferungshofes konzentriert. Die Seminar- und Übungsräume liegen diesen jeweils vorgelagert im eher öffentlichen Bereich um den Innenhof herum.
Ein nutzungsorientiertes, dezentrales Haustechnikkonzept mit unterschiedlichen Zentralen ermöglicht kurze Wege und individuelle Steuerbarkeit. Die lufttechnischen Anlagen befinden sich auf den Dächern. Medien, Wasser und Gase werden in einem Bodenkanal im 2. Untergeschoß transportiert. Müll und Entsorgung sind gegenüber den Instituten abgeschlossen.

Raumbereiche

| | | |
|---|---|---|
| Raumbereiche | UG | Anlieferung, Tierbereiche 1–3, RLT-Zentralen, Anatomiebereich mit Kurs- und Präpariersaal |
| | EG | Haupteingang, Verwaltung, 4 Forschungs- und Verfügungsbereiche mit Laborgruppen, Medizinische Mikrobiologie, Hörsaal |
| | 1. OG | Lehrtrakt mit 2 Hörsälen, Anatomie, Physiologie, Physiologische Chemie, Medizinische Mikrobiologie, Forschungs- und Verfügungsbereich |
| | 2. OG | Lehrtrakt mit 1 Hörsaal, Medizinische Mikrobiologie, Physiologische Chemie, Physiologie, Anatomie, Forschungs- und Verfügungsbereich |
| | 3. OG | Lehrtrakt mit 2 Hörsälen, Medizinische Mikrobiologie, Medizinische Zielforschung mit Laborgruppen |
| | 4. OG | Technikzentralen |

Maßstab — ca. 1:700

Quellen — *Monographie Henn Architekten Ingenieure, München 1995; Pläne der Architekten.*

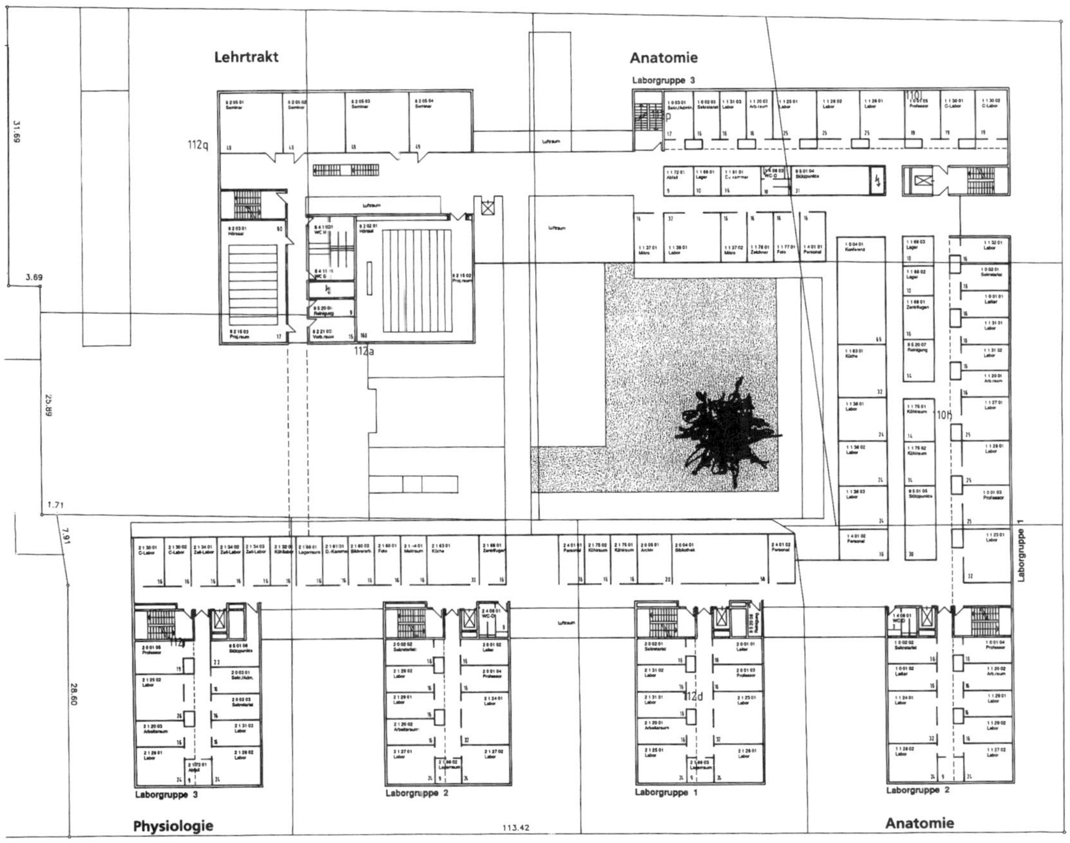


1. Obergeschoß

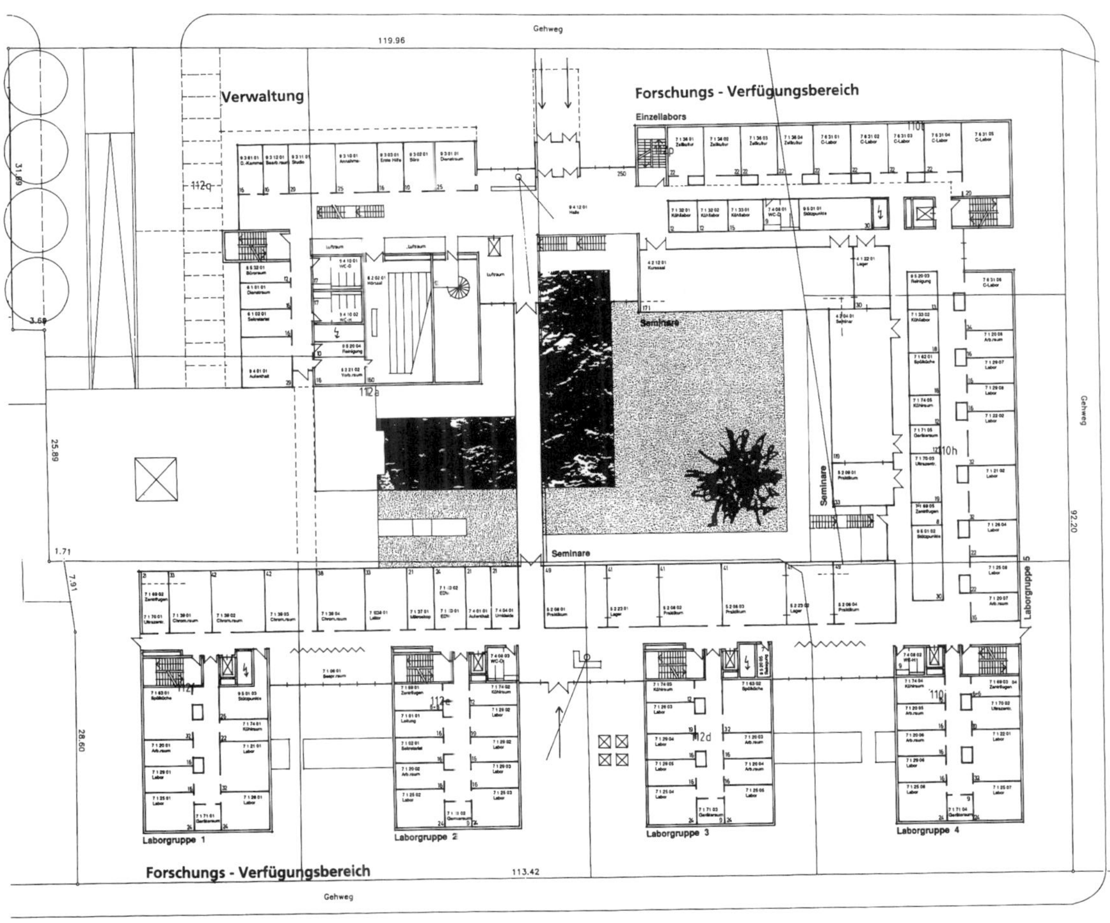


Erdgeschoß

## 2.3.1 Cutec-Institut in Clausthal-Zellerfeld

Bauherr: Clausthaler Umwelttechnik GmbH, Clausthal-Zellerfeld
Architekten: Dieter Husemann, Claus Wiechmann, Braunschweig
Fertigstellung 1995

| | |
|---|---|
| HNF | 4 316 $m^2$ |
| NNF | 933 $m^2$ |
| VF | 2 216 $m^2$ |
| BGF | 9 646 $m^2$ |
| BRI | 46 045 $m^3$ |
| Faktor | BRI/HNF = 10,67 BRI/BGF = 4,77 HNF/VF = 1,95 BGF/HNF = 2,23 |

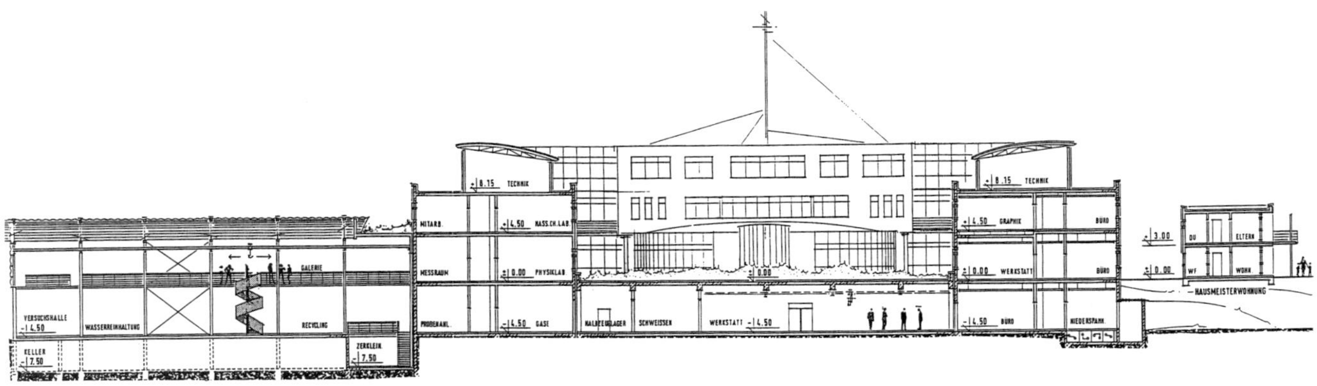

Der Bau besitzt eine U-förmige Grundrißstruktur mit parallel und senkrecht zum Hang geschichteten Nutzungseinheiten. Dadurch wird eine gute Erschließung und in die Höhe gestaffelte Einfügung des Baukörpers in das Hanggelände erreicht.
Die zweibündigen Ost- und Westflügel nehmen die hochtechnisch ausgestatteten Laborsowie Arbeits- und Rechnerräume auf. Im verbindenden Kopfbau des Südflügels sind die zentralen Kommunikationsflächen mit dem Saalbau und Verwaltungsräumen ausgewiesen.
Allgemeine Serviceräume des Instituts wie Werkstätten, Technikzentralen, Sozialbereiche, verfahrenstechnische Funktionsflächen etc. sind im Hanggeschoß-Unterbau mit guten Vertikalanbindungen an die übrigen Bereichsnutzungen und mit vertikalen Anschlüssen an die Lüftungszentrale im Dachgeschoß angeordnet. Der Komplex der Umwelttechnik-Versuchshallen ist parallel zum Hang an den Ostflügel angeschlossen.

Raumbereiche

| | |
|---|---|
| UG | Anlieferung, Werkstätten, 2 Versuchshallen, Garagen, Technikzentralen Sanitärräume, Lüftung-Fernwärme |
| EG | Eingang, Foyer, Großer Vortragssaal, Konferenzräume, Laboratorien und Arbeitsräume, Galerie-Ebene der Versuchshallen |
| 1.OG | Bibliothek, Rechnerräume, Verwaltung, Laboratorien und Arbeitsräume |
| 2.OG | Geschäftsführung, Besprechungsraum, Verwaltung, Lüftungszentrale |

Maßstab: Grundrisse ca. 1:600, Schnitt 1:450

Quelle: *Pläne der Architekten.*

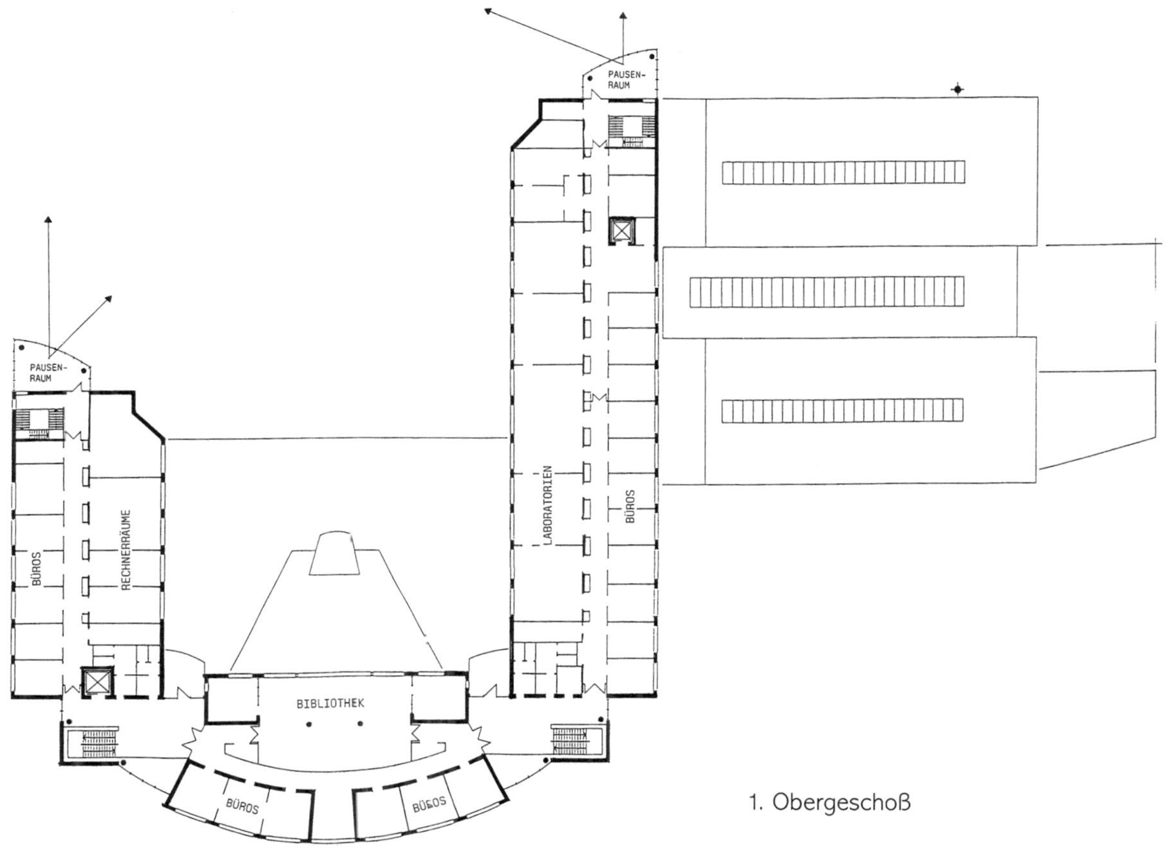


1. Obergeschoß

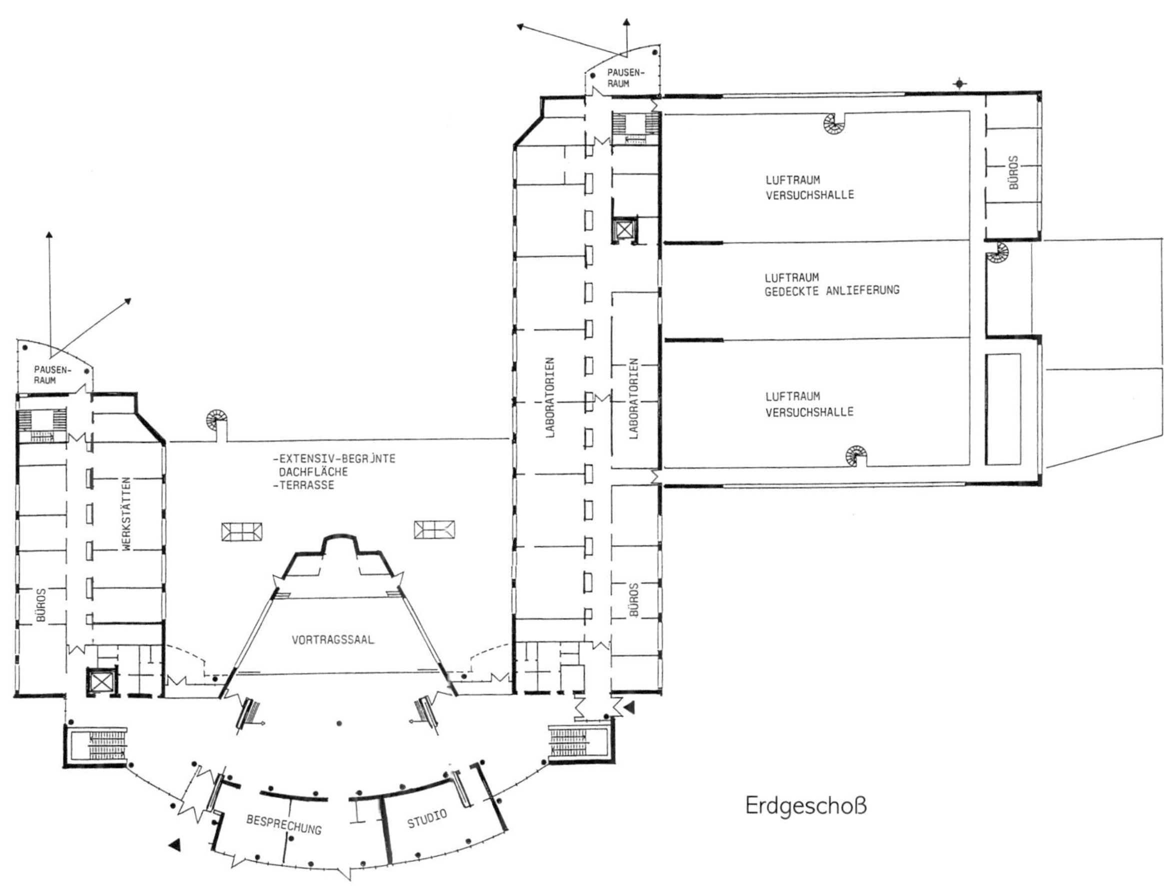


Erdgeschoß

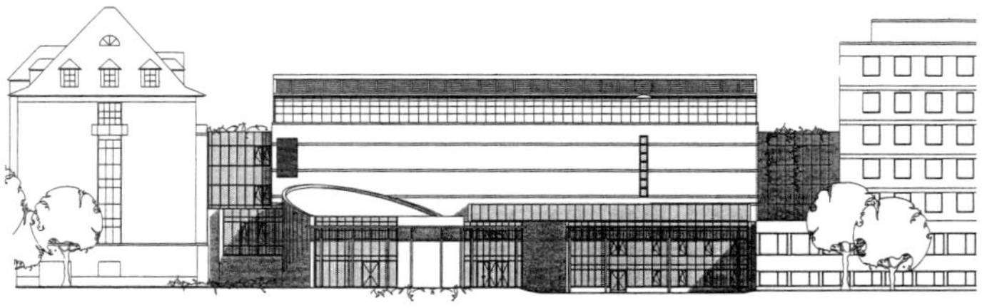

## 2.3.2 Max-Planck-Institut für Psychiatrie in München

Bauherr — Max-Planck-Gesellschaft zur Förderung der Wissenschaften, München
Architekten — HENN Architekten Ingenieure, München
Wettbewerb 1989, 1. Preis
Fertigstellung 1993

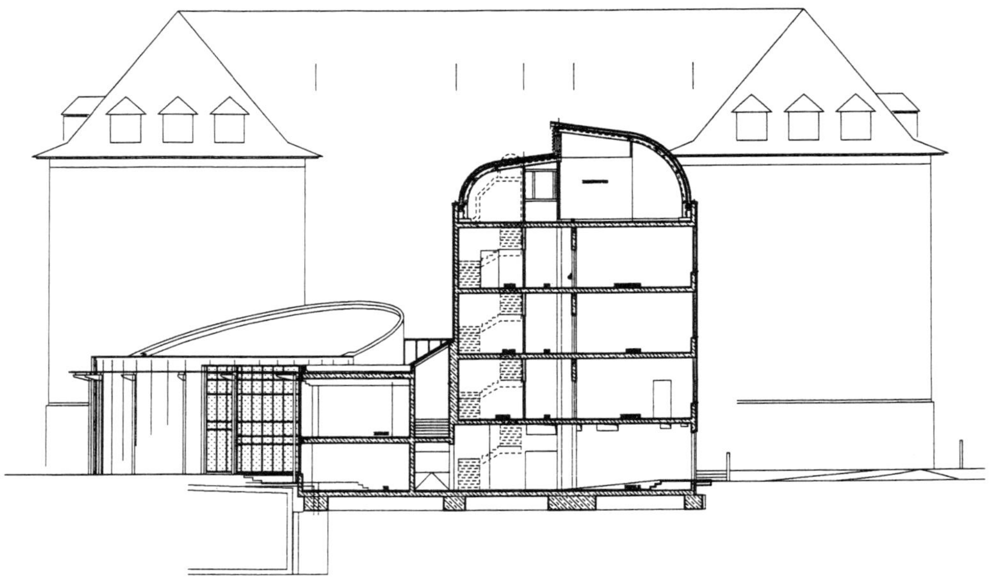

| | |
|---|---|
| Grundstück | 26 039 m² |
| HNF | 1 783 m² |
| NNF | 155 m² |
| NF | 1 938 m² |
| FF | 1 073 m² |
| VF | 1 562 m² |
| NGF | 4 073 m² |
| KGF | 728 m² |
| BGF | 4 801 m² |
| BRI | 21 634 m³ |
| Faktor | BGF/HNF = 2,69 BRI/HNF = 12,27 BRI/BGF = 4,51 |

Der Neubau für 78 Mitarbeiter ist als Verbindungsgebäude der benachbarten Institutsbereiche Klinik und Kraepelinbau konzipiert. Der Baukörper gliedert sich in einen fünfgeschossigen, länglich rechteckigen Labortrakt, dessen Hauptfront sich auf ganzer Länge nach Süden hin orientiert, und einen der Rückfront vorgelagerten, zweigeschossigen allgemeinen Funktionsbereich, der auf die vorhandene Grünanlage im Norden ausgerichtet ist. Der nördliche Gebäudeteil enthält Aufenthaltsräume, Konferenzraum und Bibliothek sowie Foyer und Hörsaal, dessen besondere Bedeutung durch seinen zylindrischen Baukörper hervorgehoben wird.

Maßstab — ca. 1:400

Quellen — *Heinze Deutsche Baudokumentation, Celle 1995; Pläne der Architekten.*

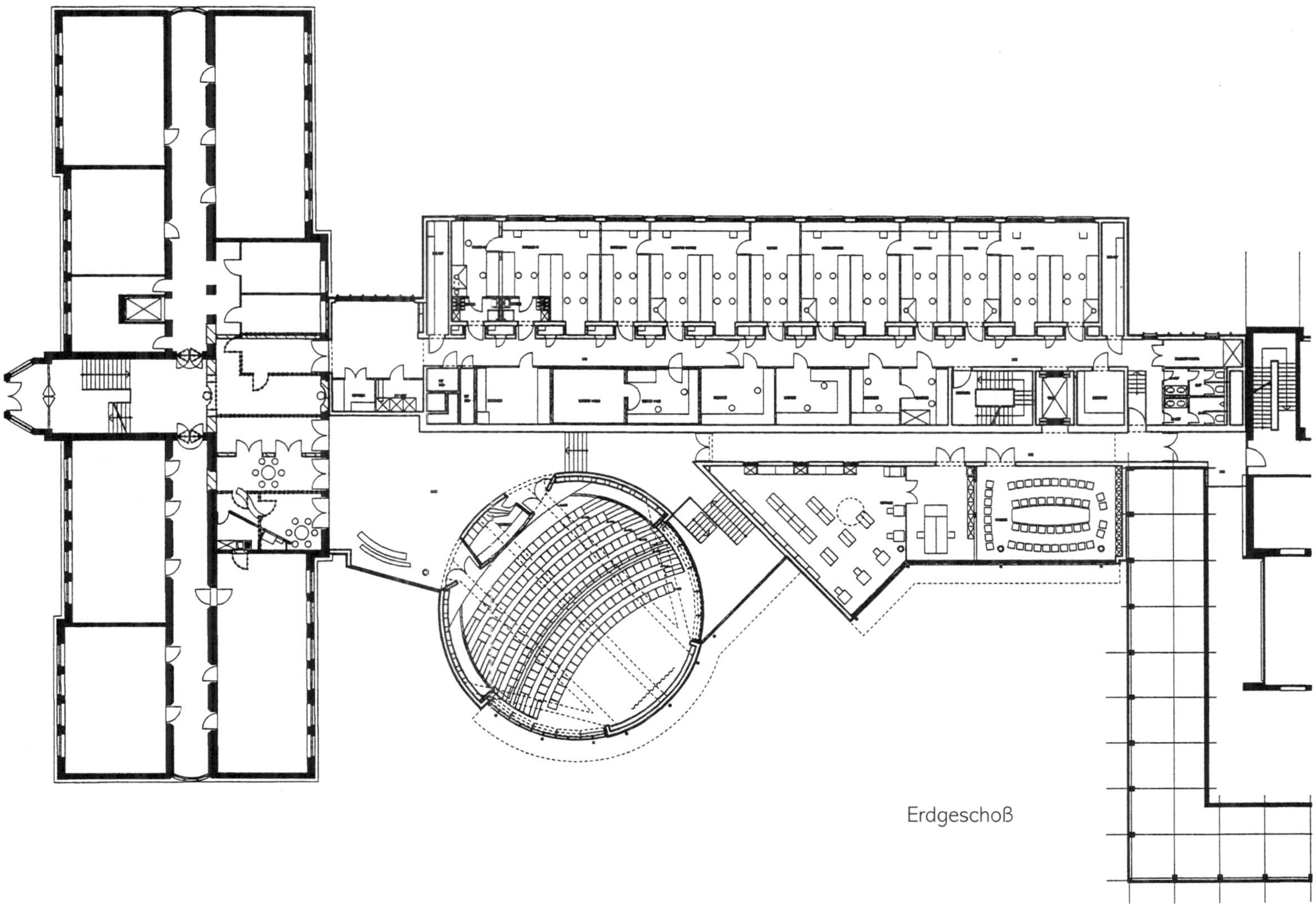

Erdgeschoß

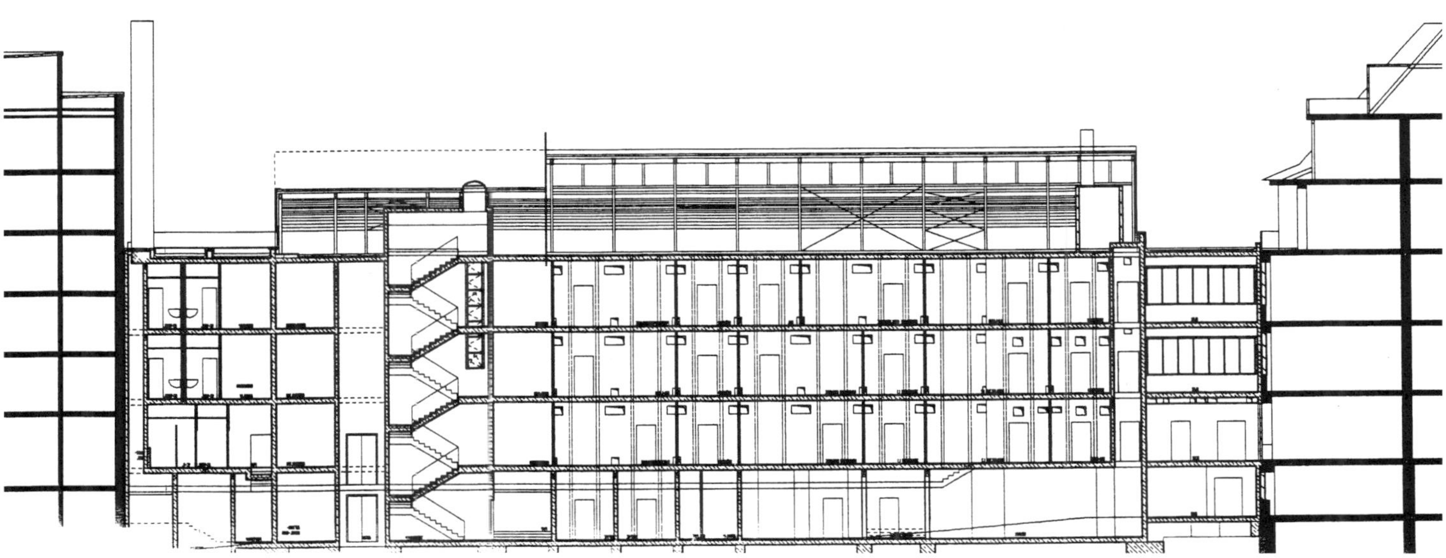

## 2.3.3 Alfred-Wegener-Institut für Polarforschung in Bremerhaven

| | |
|---|---|
| Bauherr | Bundesminister für Forschung und Technologie, vertreten durch den Senator für das Bauwesen Bremen |
| Architekt | Prof. Oswald Mathias Ungers, Köln |
| Mitarbeiter | J. von Brandt, K. L. Dietzsch, B. Lehmann, C. Petzinke |
| | Fertigstellung 1982 |

| | |
|---|---|
| Grundstück | 5 379 m² |
| HNF | 7 821 m² |
| NNF | 329 m² |
| NF | 8 150 m² |
| VF | 3 998 m² |
| KF | 1 746 m² |
| BGF | 16 125 m² |
| BRI | 67 616 m³ |
| Faktor | BRI/HNF = 8,64 |

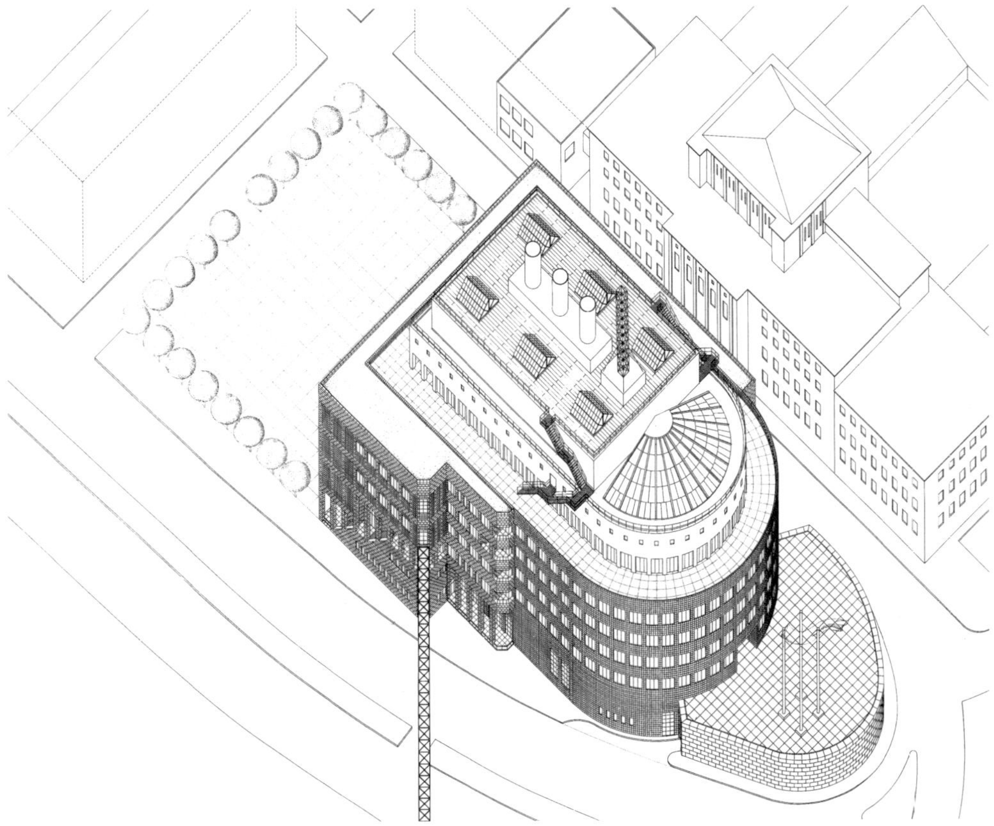

Das Gebäude liegt in städtebaulich exponierter Lage am Bug des Columbus-Centers. Das Raumprogramm umfaßt vier etwa gleich große Funktionsbereiche. Diese teilen sich auf in die Flächen für Labor- und Forschungsräume, für Geologie, Biologie und atmosphärische sowie die ozeanographische Wissenschaften. Ferner gibt es den Bereich der Sozialräume, einschließlich Bibliothek und Vortragssaal, und Räume für die Lagerhaltung, die Werkstätten und Logistik sowie den technischen Betrieb.

Das Verhältnis von Nutzfläche zu Bedienungsfläche beträgt etwa 1:1. Ein großer Teil der Programmflächen konnte künstlich belichtet und deshalb ins Innere des Gebäudes verlegt werden. Dabei handelt es sich in der Hauptsache um Lager- und Nebenflächen. Hierdurch bedingt war es naheliegend, eine große Gebäudetiefe vorzusehen, was den Vorteil hatte, das vorhandene Grundstück maximal auszunutzen. In den drei Hauptgeschossen befinden sich die eigentlichen Funktionsflächen, die durch das hochgezogene Erdgeschoß aus dem Verkehrsbereich herausgehoben werden. Im zurückgesetzten Dachgeschoß liegen die Bibliothek und die Cafeteria. Darüber ist ein Teil der technischen Versorgung untergebracht. Die Gebäudeform gleicht einem steinernen Liniendampfer mit drei Schornsteinen. Die Idee von der Forschung auf See wird damit baulich zum Ausdruck gebracht.

Die äußere Gestaltung wurde in Anlehnung an die traditionelle Backsteinarchitektur der Küstenregion ausgeführt. Sie ist gediegen und handwerklich solide.

Maßstab ca. 1:900

Quellen *Detail 4/87; Broschüre »Alfred-Wegener-Institut«, Bremerhaven 1984; Heinze Deutsche Baudokumentation, Celle 1992.*

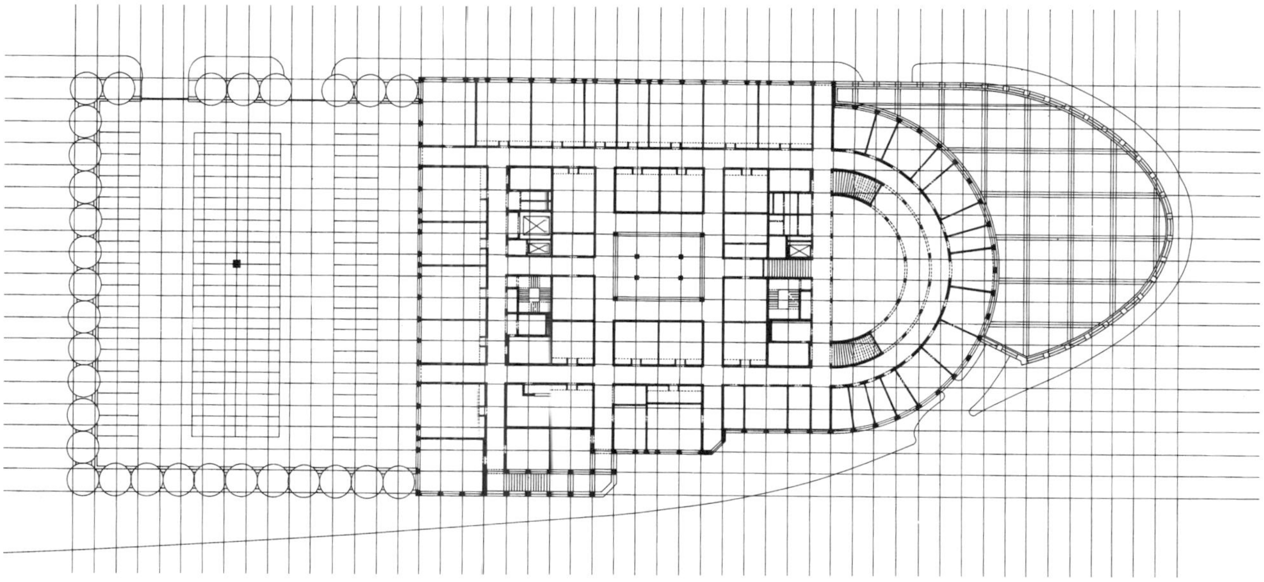

Normalgeschoß

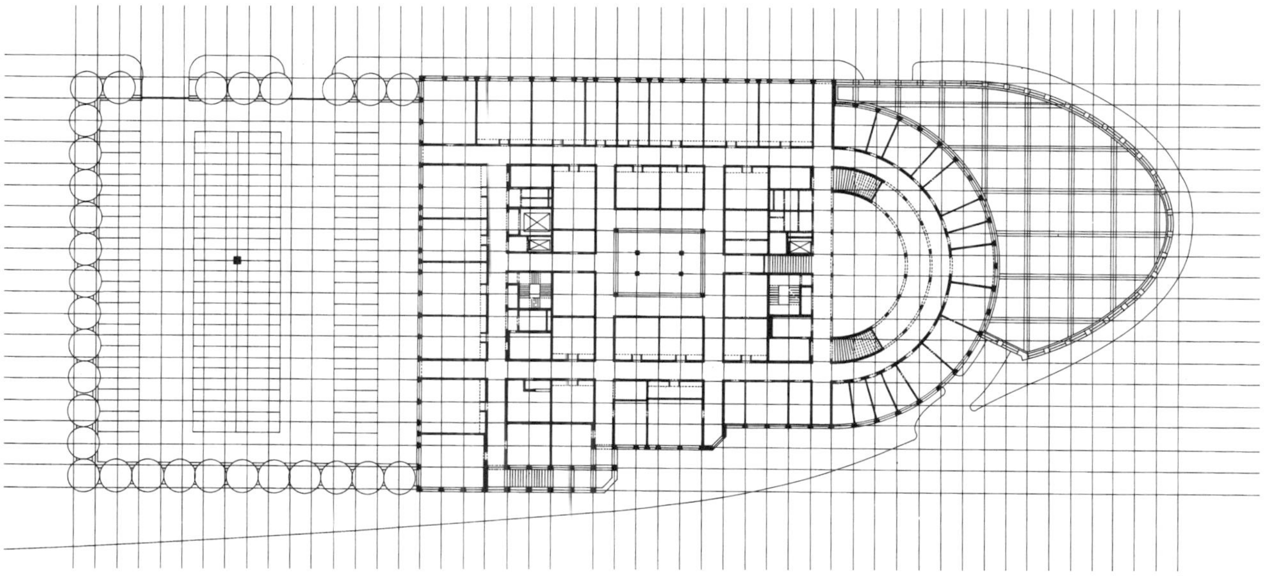

1. Obergeschoß

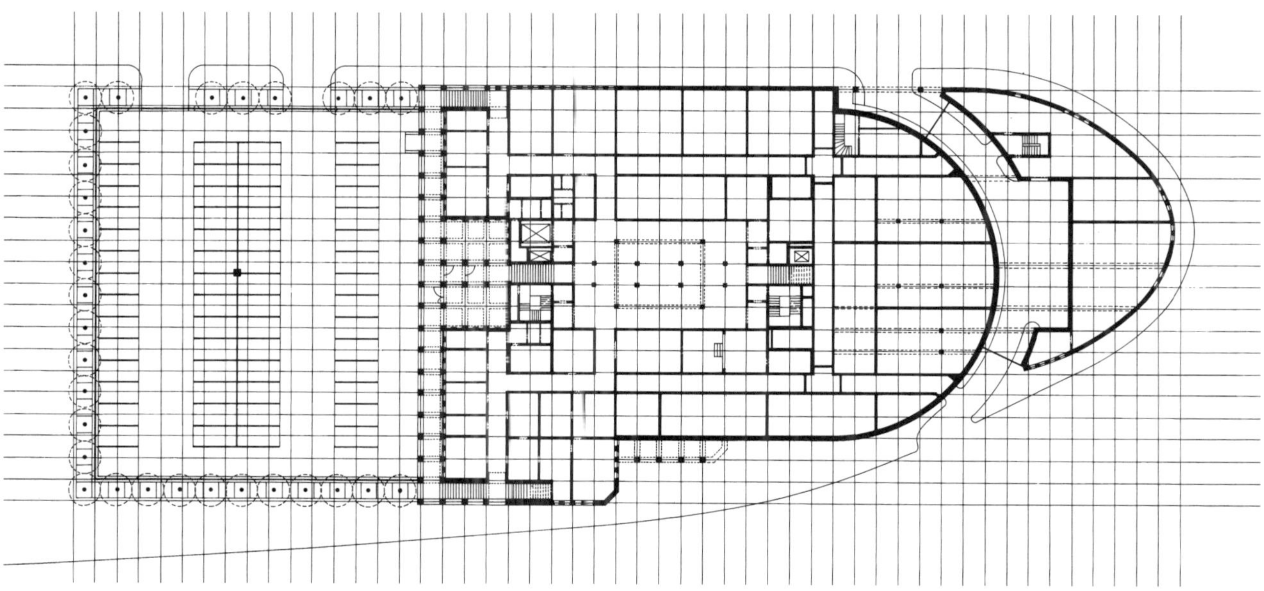

Erdgeschoß

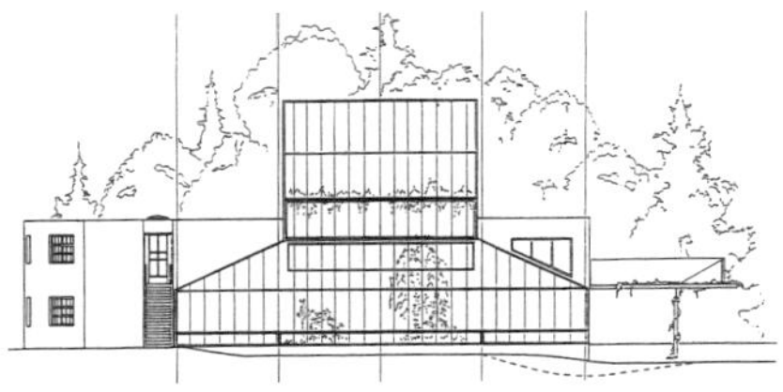

## 2.3.4 Caius-Burri-Stiftung, Sektion für Unfallchirurgische Forschung und Biomechanik in Ulm

Bauherr: Universität Tübingen
Architekten: LOG ID Dieter Schempp, Fred Möllring, Winfried Klimesch, Tübingen
Mitarbeiter: G. Steiner, W. Gans, E. Sedlmaier
Fertigstellung 1989

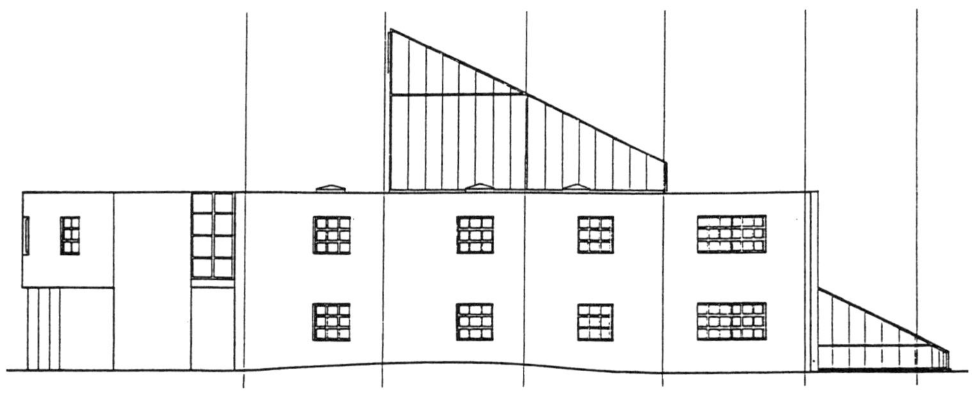

Ansicht Ost

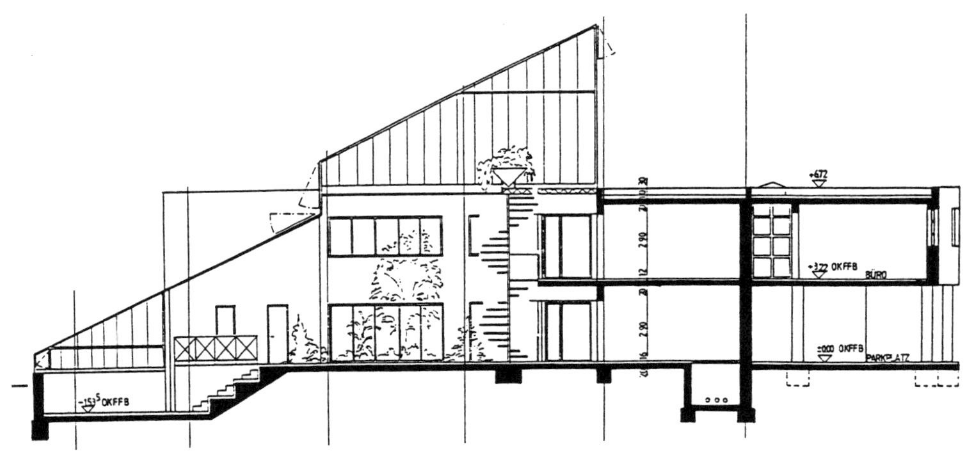

Schnitt A-A

Das Gebäude wurde für eine interdisziplinäre Forschungsgruppe erstellt, die sich aus Ingenieuren, Chirugen, Biologen und medizinisch-technischen Mitarbeitern zusammensetzt.
Das Kerngebäude legt sich U-förmig um ein Glashaus. Im Kerngebäude sind alle Büros und Labors, im Glashaus Küche, Auditorium und mehrere Besprechungsplätze untergebracht. Alle Räume sind zum Glashaus hin orientiert und mit großen Faltfenstern versehen. Auf ein Treppenhaus wurde verzichtet. Die Geschosse sind über eine offene Wendeltreppe im Glashaus verbunden.
Die Nutzung der Sonnenenergie ist so ausgelegt, daß die gesamte durch das Glashaus erzeugte Warmluft durch Öffnen der Glasfaltelemente ins Gebäude strömt.

Maßstab: ca. 1:200

Quellen: *Meyer-Bohe, W.: Energiesparhäuser, Stuttgart 1996;*
*Heinze Deutsche Baudokumentation, Celle 1990.*

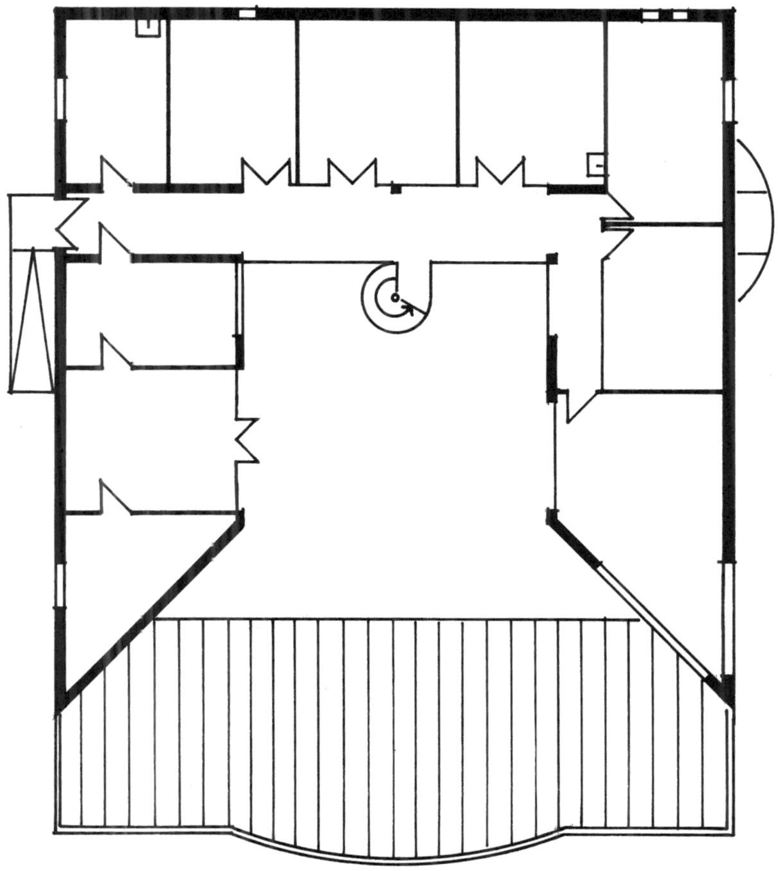

1. Obergeschoß

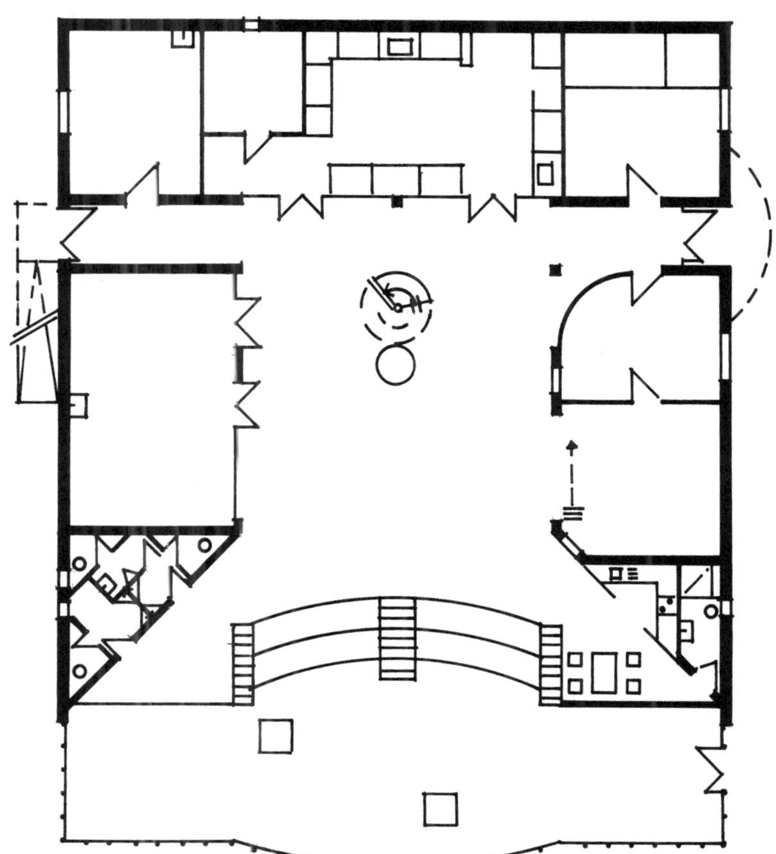

Erdgeschoß

## 2.3.5 GEOMAR – Forschungszentrum für marine Geowissenschaften in Kiel

| | |
|---|---|
| Bauherr | Christian-Albrecht-Universität Kiel, vertreten durch das Landesbauamt Kiel |
| Architekten | KRT – Christian Kleine, Jürgen Ripken, Peter Teicher, Hannover |
| Mitarbeiter | H. Schlotter, Fr. Wussmann, H. Lohe, H. Frahm |
| Tragwerksplanung | Ing.-Büro Lieberum, Hannover |
| | Fertigstellung 1995 |

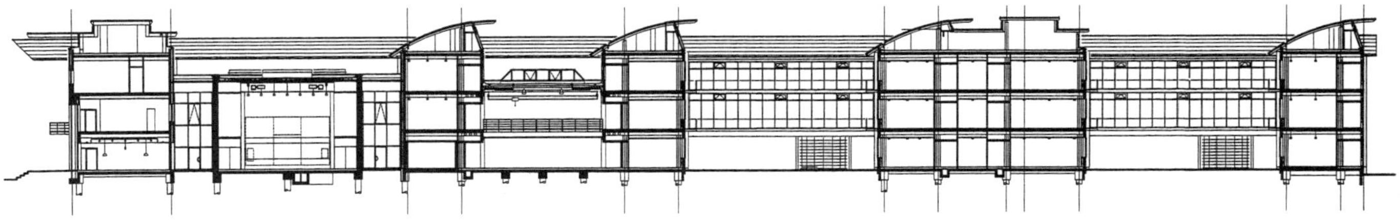

| | | |
|---|---|---|
| Grundstück | 28 438 m² | |
| HNF | 7 334 m² | = 100 % |
| NNF | 257 m² | = 3 % |
| FF | 2 238 m² | = 30 % |
| VF | 2 964 m² | = 40 % |
| NGF | 12 793 m² | = 174 % |
| KF | 1 876 m² | = 25 % |
| BGF | 14 669 m² | = 200 % |
| Faktor | BRI/HNF = 8,07 | VF/HNF = 0,40 |

Die städtebauliche Vorgabe bestand darin, das Kieler Ostufer aufzuwerten und die Forschungseinrichtung GEOMAR am Südufer der Schwentinemündung durch additive Reihung von Gebäuden unterschiedlicher Nutzung und Ausprägung anzuordnen. Dadurch entsteht eine lebhafte transparente Zeile, die nach Westen hin erweiterungsfähig bleibt und auch im südlichen Teil des Grundstücks Raum läßt für die Ausweitung des Studienzentrums als möglichen weiteren Bauabschnitt.

Die parallel gestellten Bautrakte sind durch einen im 1. Obergeschoß durchlaufenden Quertrakt verbunden. Er führt als offene Galerie durch die hohe Eingangshalle, die zugleich als Foyer für den großen Hörsaal dient. Der Hochwasserschutz erforderte, daß die Flächen für Labors, Lithothek und Technik höher als 4,50 m über Meeresspiegel liegen.

Für die Forschungschiffe gibt es eigene Liegeplätze mit ausreichender Wassertiefe an der Kaianlage.

| | | |
|---|---|---|
| Raumbereiche | EG | Eingangshalle, großer Hörsaal, Hallen und Büros für Wissenschaftler, Mensa mit Cafeteria |
| | OG | Hallen-Luftraum, Büros der Wissenschaftler, Konferenzräume |
| | DG | Technik |

Maßstab: Grundriß ca. 1:850, Schnitt 1:700

Quellen: *Kieler Nachrichten Nr. 97/96; OFD-Nachrichten, Kiel 1/96; Pläne der Architekten.*

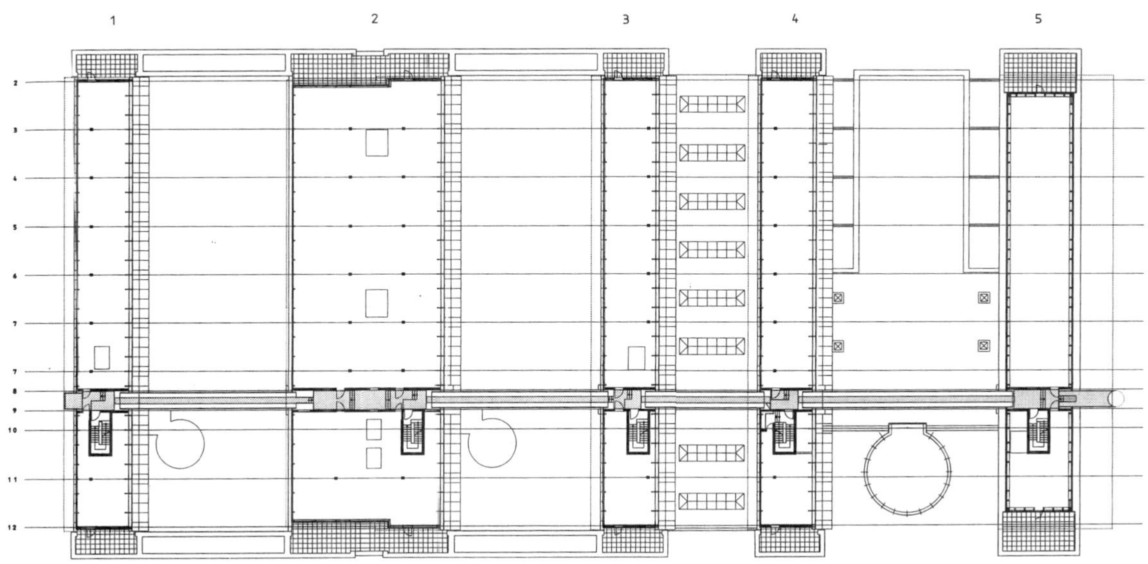


Ebene 3

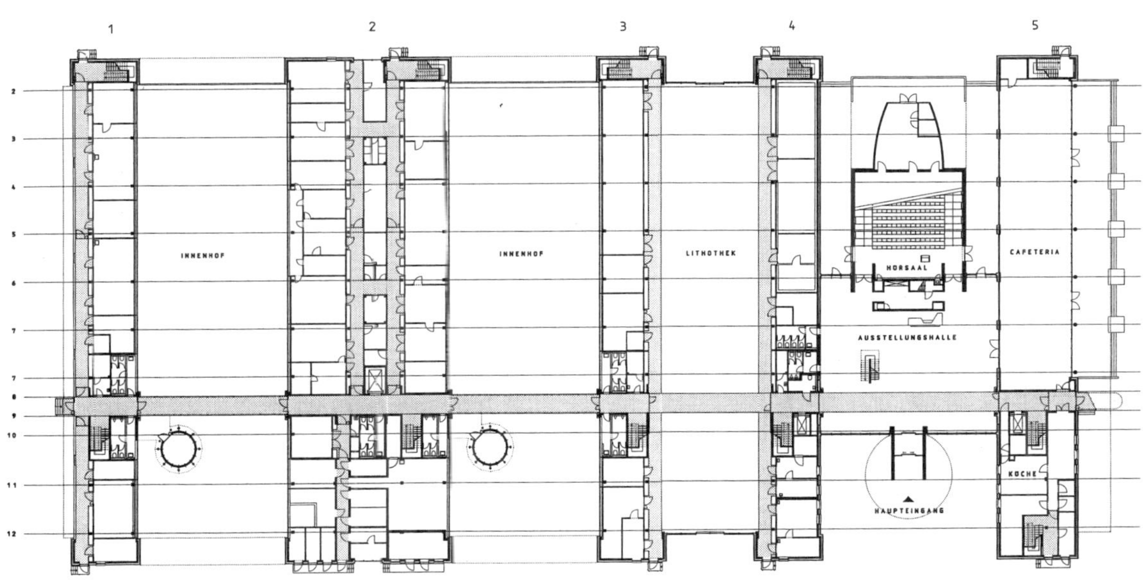


Ebene 2

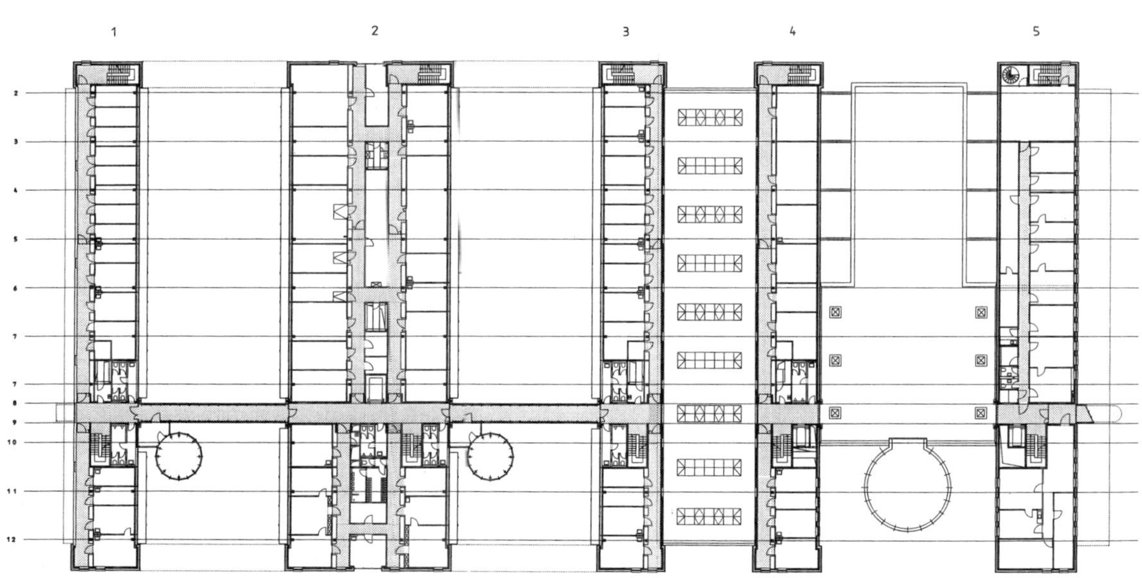


Ebene 1

# 3 Gebäude für das Gesundheitswesen

## 3.1.1 Zentralklinikum der Medizinischen Universität zu Lübeck

| | |
|---|---|
| Bauherr | Land Schleswig-Holstein, vertreten durch das Landesbauamt Lübeck |
| Architekten | tönies + schroeter + jansen, Lübeck<br>Wettbewerb 1977, 1. Preis<br>Fertigstellung 1992 |

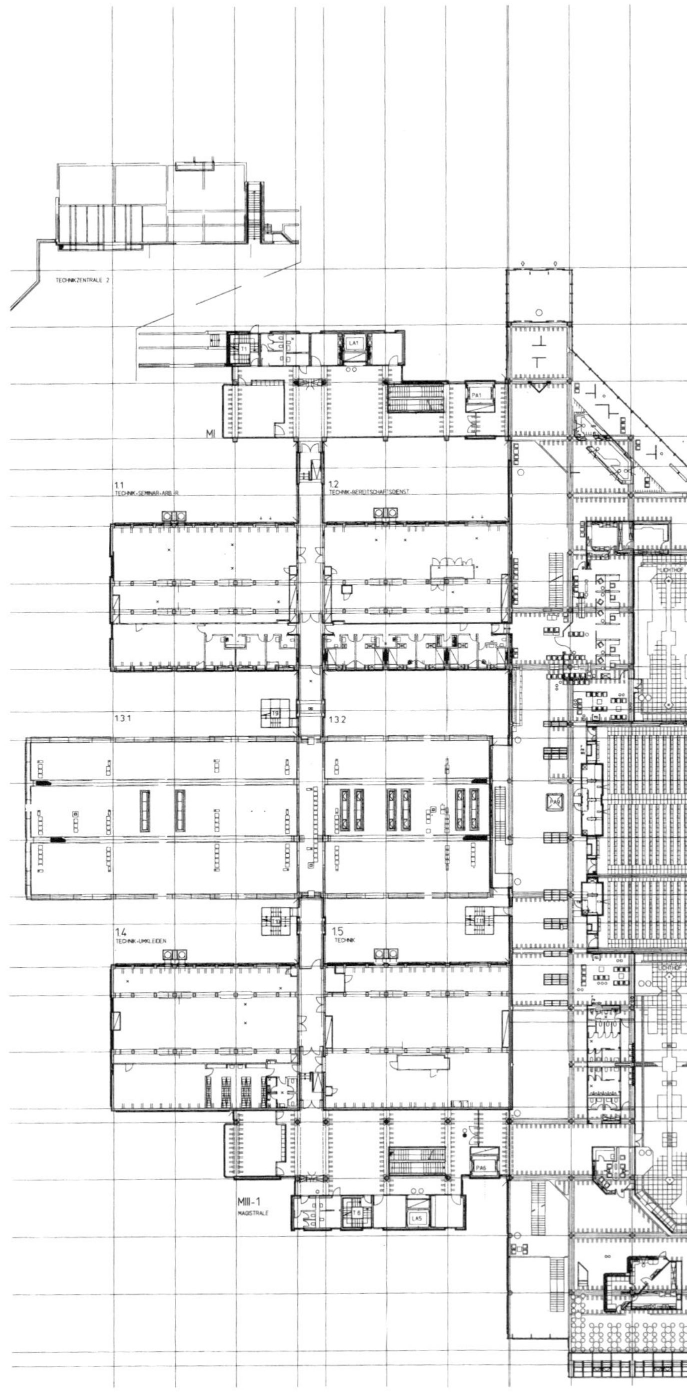

| | |
|---|---|
| HNF | 29 185 m² |
| NNF | 4 144 m² |
| NF | 33 330 m² |
| FF | 12 700 m² |
| VF | 20 863 m² |
| NGF | 66 893 m² |
| KGF | 6 851 m² |
| BGF | 93 834 m² |
| BRI | 272 288 m³ |
| Faktor | BGF/HNF = 3,73 BRI/HNF = 10,81 |

Bettenkapazität:
- für innere Medizin und Chirurgie im BA 1: 456 Betten
- für Pädiatrie, Orthopädie und Chirurgie im BA 2a: 691 Betten
- für Kopfklinik und chirurgische Intensivstationen im BA 2b: 258 Betten
- insgesamt: 949 Betten

Der Neubau gliedert sich in 3 Bereiche:
- dreigeschossiger Untersuchungs- und Behandlungsbereich
- dreigeschossige Haupthalle mit anbindenden Magistralen
- zwei- und dreigeschossige Pflegebauten

| | | |
|---|---|---|
| Raumbereiche | UG (Ebene 01) | hochinstallierte Untersuchungs- und Behandlungsbereiche:<br>Zentrale Radiologie, Notaufnahme, Chirurgische Ambulanz und OP-Zentrum, konservative und operative Intensivpflege |
| | EG (Ebene 00) | Einlagerung von Technik für die betriebliche Versorgung |
| | 1. OG (Ebene 10) | Fachabteilungen |

Die Klinik für Chirurgie wurde mit fünf Operationssälen, sechs Eingriffs- bzw. Gipsräumen sowie einer Zentralsterilisation ausgestattet.

Maßstab ca. 1 : 850

Quellen *Architektur + Wohnwelt 2/78; Wettbewerbe aktuell 3/78; DBZ 5/78; AIT Stuttgart 11/78; Die Bauverwaltung, 8/94; Pläne der Architekten.*

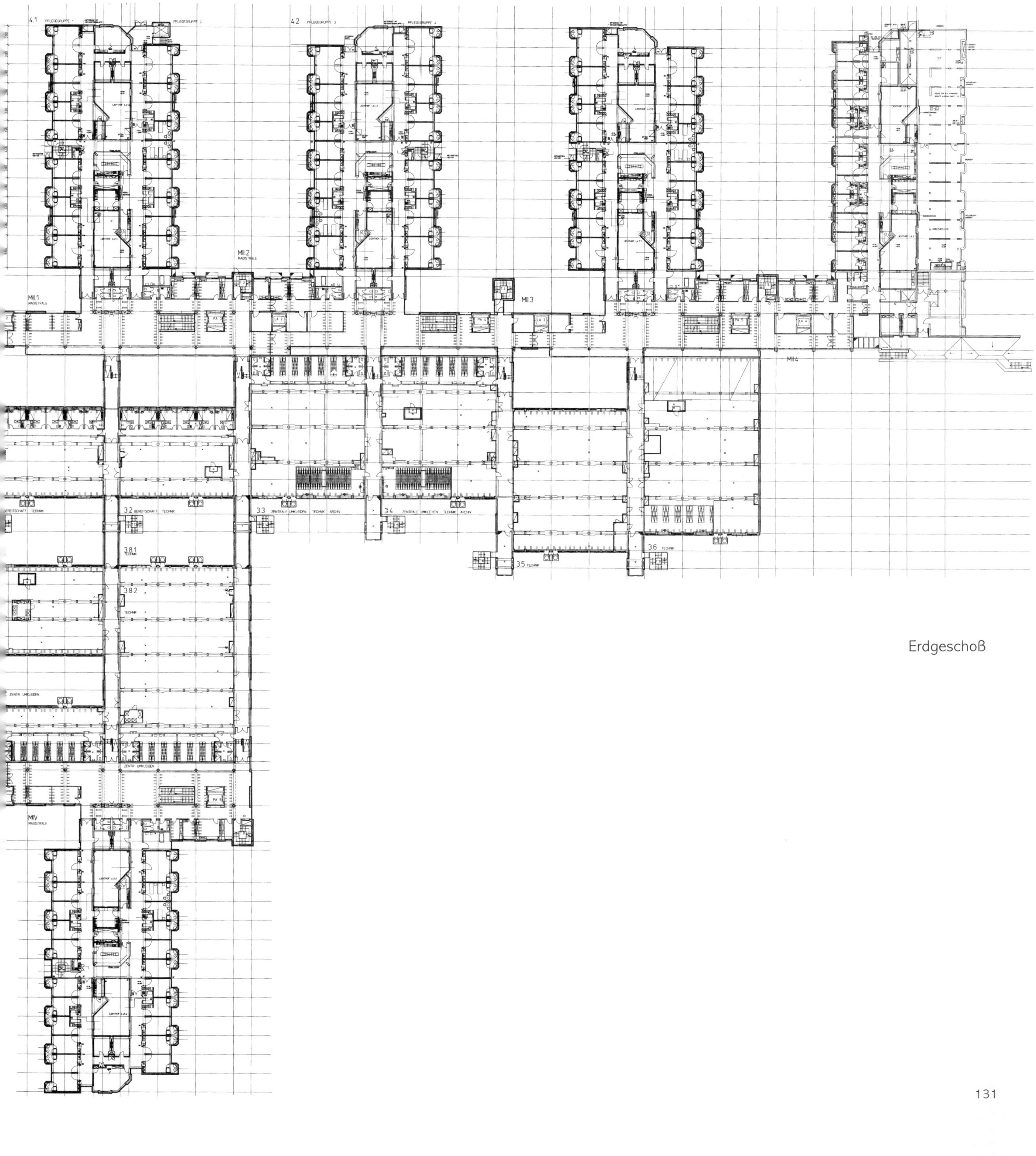
4.1
4.2
MII.1
MAGISTRALE
MII.2
MAGISTRALE
MII.3
MII.4
MIV
MAGISTRALE
32 BEREITSCHAFT TECHNIK
33 ZENTRALE UMKLEIDEN TECHNIK ARCHIV
34 ZENTRALE UMKLEIDEN TECHNIK ARCHIV
35 TECHNIK
36 TECHNIK
38.1
38.2
ZENTR. UMKLEIDEN

Erdgeschoß

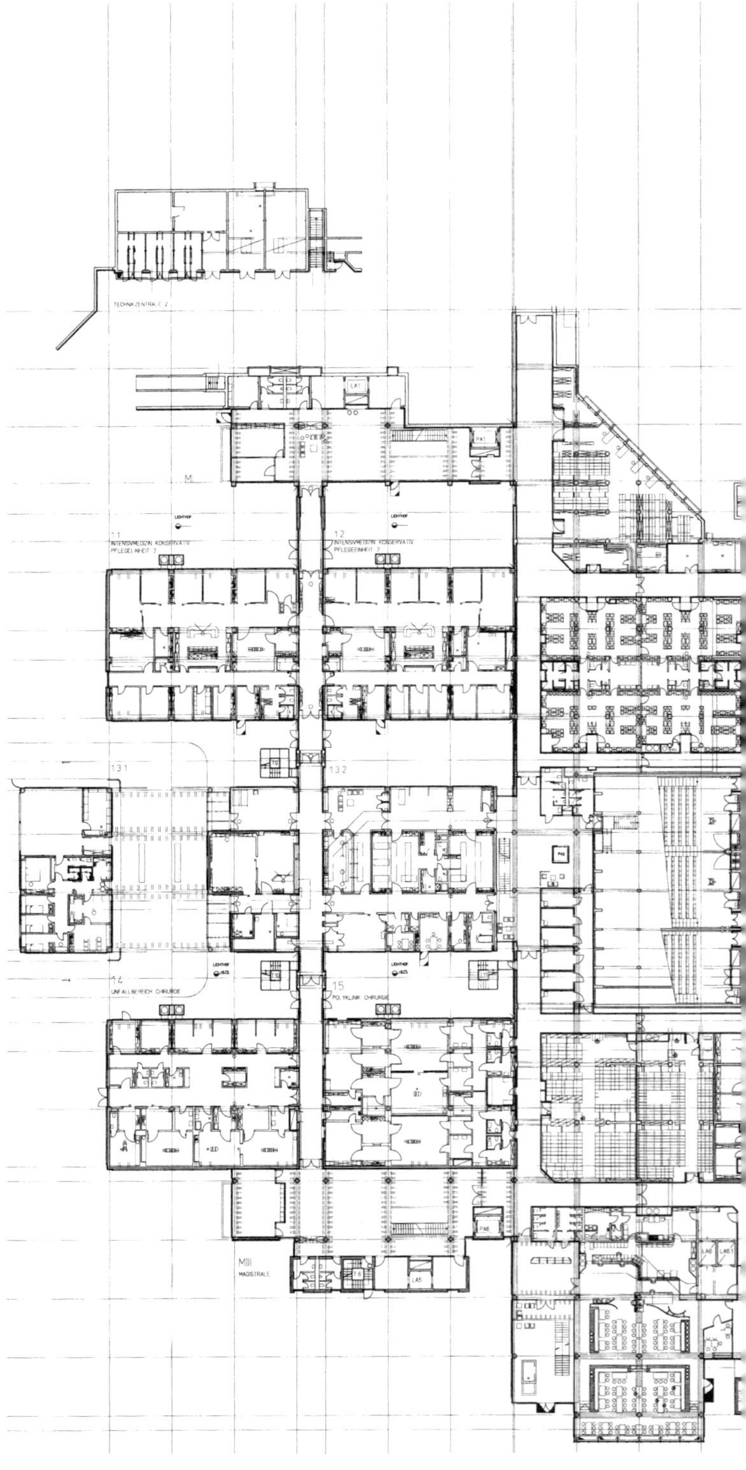

1. Obergeschoß

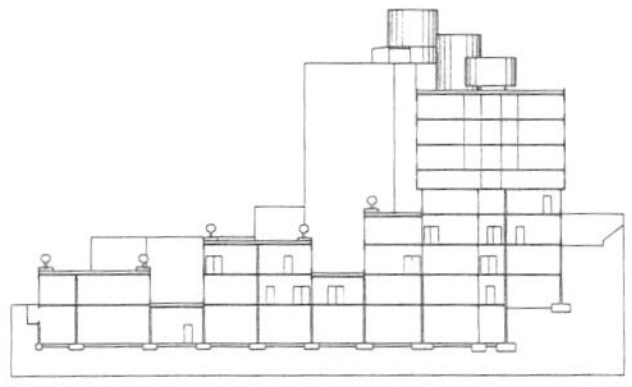

## 3.1.2 Universitätsklinik Essen, Operatives Zentrum II

| | |
|---|---|
| Bauherr | Land Nordrhein-Westfalen vertreten durch das Staatshochbauamt Essen |
| Architekten | Heinle, Wischer und Partner, Stuttgart |
| | Fertigstellung 1989 |

| | |
|---|---|
| HNF | 16 475 m² |
| FF | 3 946 m² |
| VF | 10 980 m² |
| KG F | 3 148 m² |
| BGF | 34 549 m² |
| BRI | 164 744 m³ |
| Faktor | BGF/HNF = 2,1 BRI/HNF = 9,9 |

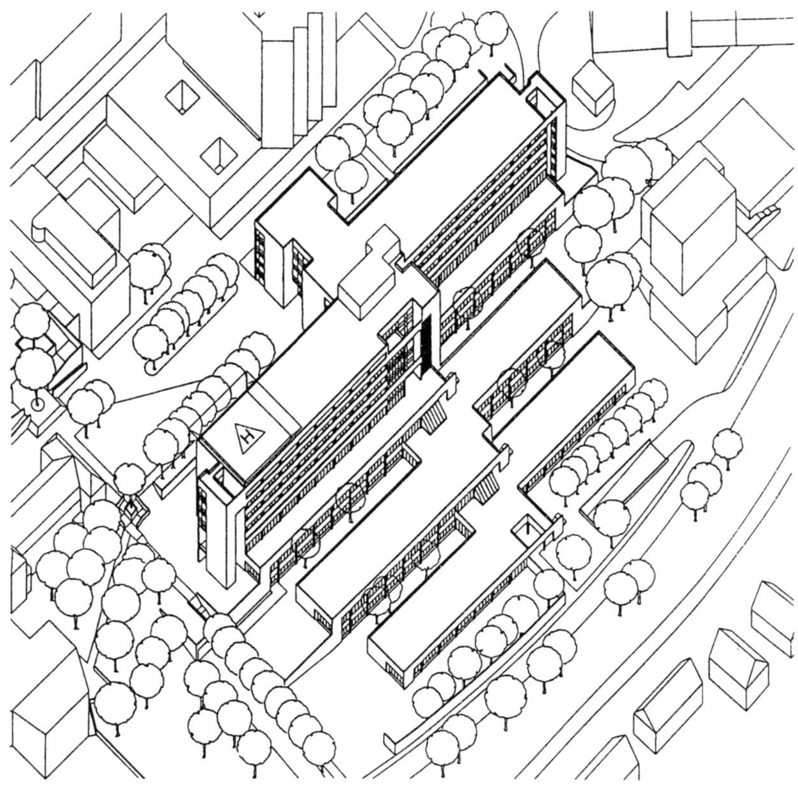

Auf einer Nutzfläche von 15 475 m² waren im Programm folgende Abteilungen berücksichtigt:
Allgemeine Chirurgie, Neurochirurgie, Unfallchirurgie, Radiologie, Anästhesie
Blutspende- und Transfusionswesen, Zentrallabor
Physiotherapie, 220 Normal- bzw. Observationsbetten und 20 Intensivpflegebetten.
Als notwendige bauliche Ergänzung kamen der Energiekanal und ein Verbindungsgang zur Pathologie dazu.
Das starke Gefälle des Geländes führte zu einer terrassenförmigen Staffelung des UB-Bereiches mit seinen drei Geschossen. Wie die pavillonartigen Baukörpers, staffeln sich die Innenhöfe geschoßweise empor und sorgen für Belichtung und Belüftung. Über die drei UB-Geschosse an Innenhöfen und Nutzbereichen entlang führt die Gebäudemagistrale zur Virchowstraße.
Im Winkel von Westflügel und Mittelbau entstand der Eingangsplatz des Operativen Zentrums II, der im Norden vom Badehaus, im Westen mit den Gebäuden der Urologie und Kinderklinik seine raumbildende Ergänzung findet.
Die große Freiraumachse endet auf dem Eingangsplatz, von dem aus der Haupteingang des Operativen Zentrums II ostwärts eindeutig ablesbar ist und in die Gebäudemagistrale überleitet.

Maßstab ca. 1 : 650

Quelle *Pläne der Architekten.*

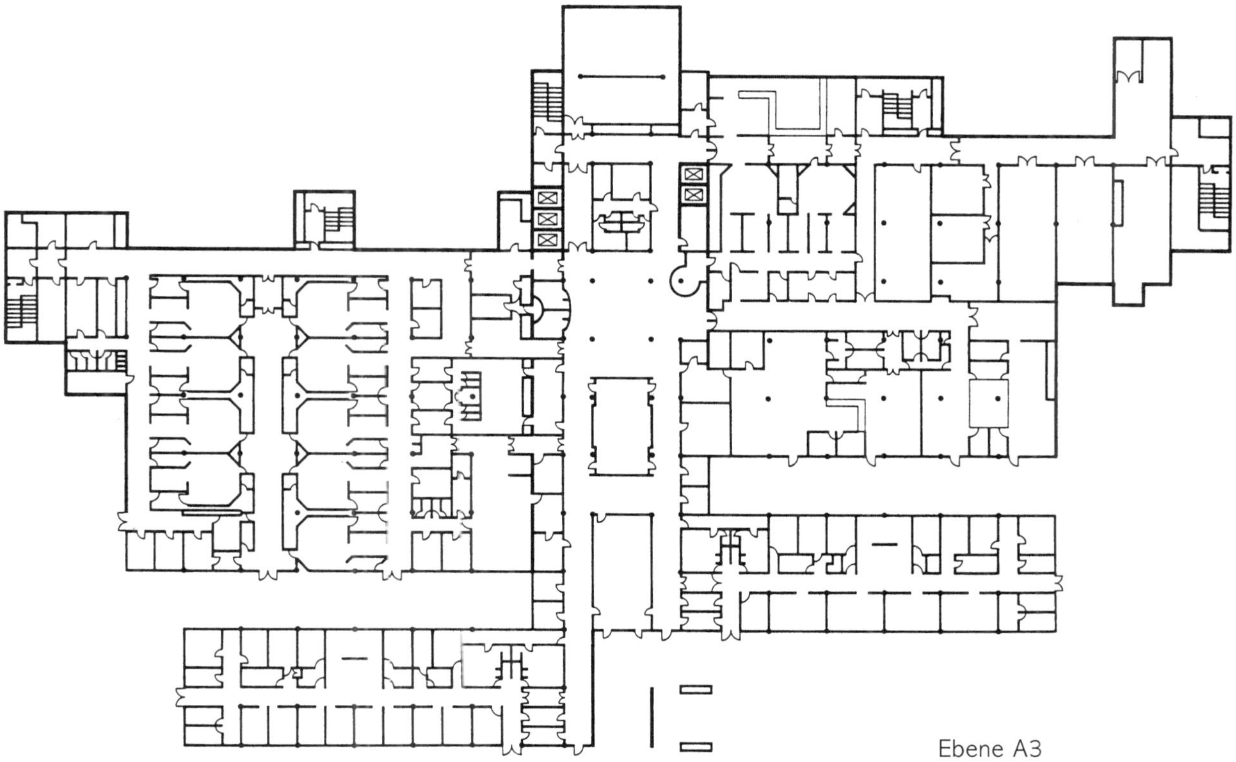

Ebene A3

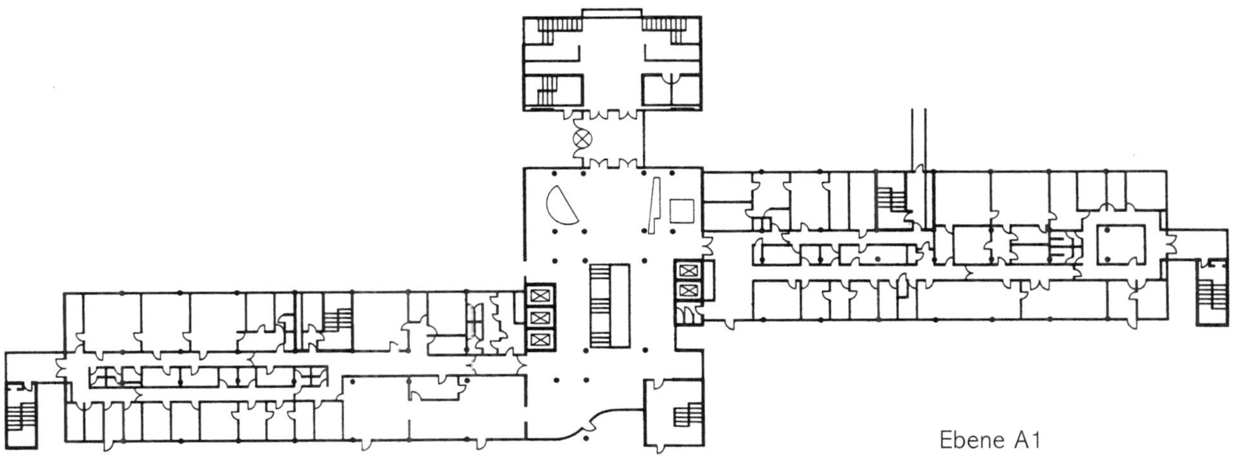

Ebene A1

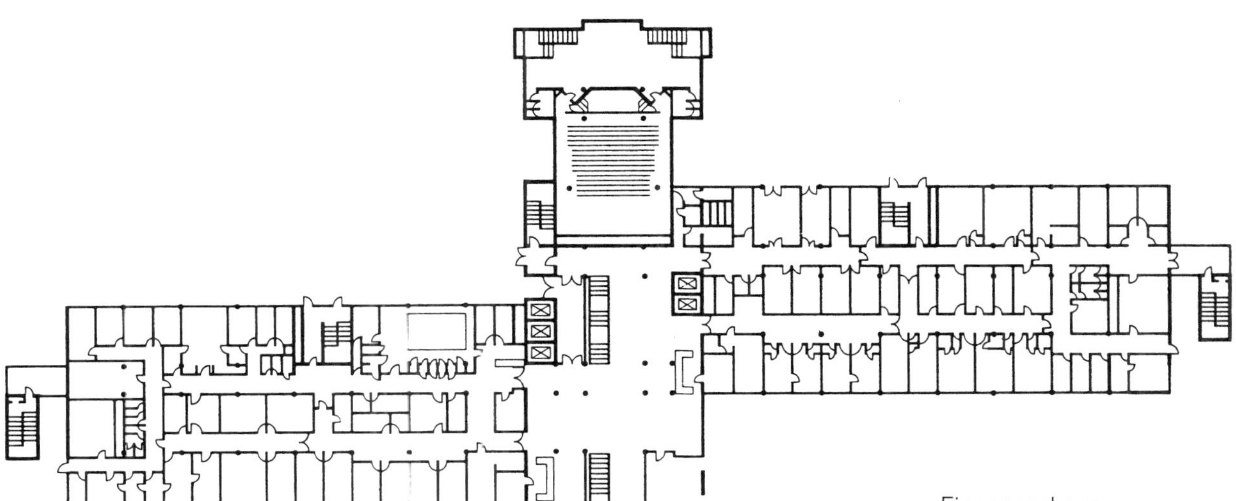

Eingangsebene

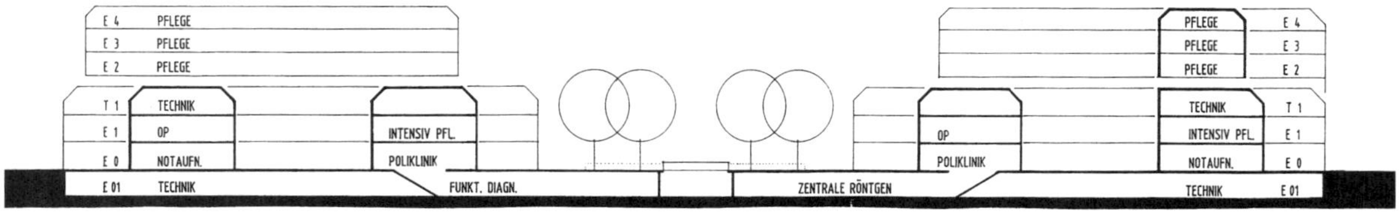


## 3.1.3 Universitätsklinikum Rudolf Virchow in Berlin

| | |
|---|---|
| Bauherr | Senatsverwaltung für Wissenschaft und Forschung, Berlin, Rudolf Virchow Krankenhaus, Berlin |
| Architekten | Ottow, Bachmann, Marx, Brechensbauer, München |
| | Wettbewerb 1974, Überarbeitung 1975 |
| | Fertigstellung 1. Bauabschnitt 1982 |
| | Fertigstellung letzter Bauabschnitt 1996 |

| | | | |
|---|---|---|---|
| Grundstück | 31 208 $m^2$ | GRZ = 0,57 | GFZ = 3,32 |
| HNF | 35 387 $m^2$ | = 82 % | |
| NNF | 6 348 $m^2$ | = 17 % | |
| NF | 41 735 $m^2$ | = 100 % | |
| VF | 29 565 $m^2$ | | |
| FF | 21 427 $m^2$ | | |
| NGF | 92 727 $m^2$ | = 89 % | |
| KGF | 10 977 $m^2$ | = 10 % | |
| BGF | 103 704 $m^2$ | = 100 % | |
| BRI | 399 872 $m^3$ | | |
| Faktor | BGF/HNF = 2,93 | BRI/HNF = 11,29 | |

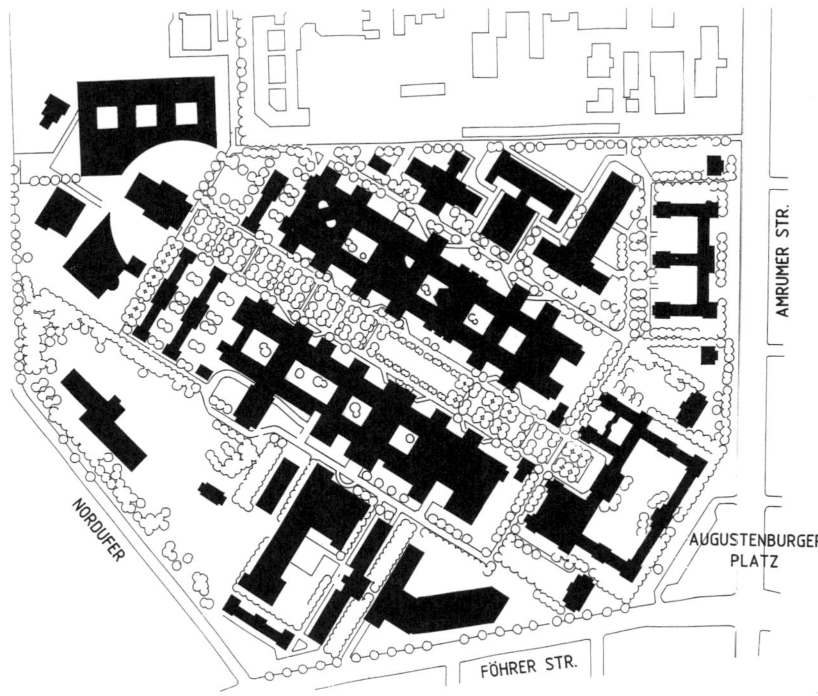


Das Klinikum hat vier Schwerpunkte: In seiner Osthälfte wird der bisherigen Spezialchirurgie, d. h. Neurologie, Neurochirurgie, HNO- und Kieferchirurgie, das Zentrum für Innere Medizin gegenübergestellt, in seiner Westhälfte entsteht gegenüber der Allgemeinchirurgie mit Urologie und Augenklinik das Zentrum für Pädiatrie und Gynäkologie. Die beiden letztgenannten Bereiche besitzen aus hygienischen Gründen zwei Eingänge und zwei Aufzugsgruppen – getrennt für Kinder und Frauen –, während jeder der drei übrigen Schwerpunkte eine zentrale Verkehrsvertikale und einen eigenen Eingang besitzt. Diese Eingänge für ambulante Patienten, Besucher, Personal und Studenten liegen an der Fußgängerallee. Für Krankenwagen und Versorgungsfahrzeuge sind die beiden Andienungsstraßen vorgesehen.
Im Inneren sind die vier Schwerpunkte durch zwei Magistralen, von denen eine parallel zur Allee ebenerdig verläuft, und die zweite die Allee unterquert, in Form eines H miteinander verbunden. Die Hauptverkehrswege berühren alle Verkehrsvertikalen. Ihre einfache Figuration erleichtert die Orientierung. Der interne und der Bettenverkehr werden von den Rückseiten der Aufzugsgruppen aus über eigene Korridornetze getrennt abgewickelt. Für die Ver- und Entsorgung weist jeder der Schwerpunkte eine besondere Vertikalverbindung auf.
Die Polikliniken liegen an den Hauptverkehrswegen im Erdgeschoß und zur Allee ausgerichtet im Untergeschoß; letzteres erhält durch die abgesenkten Gartenhöfe ausreichend Tageslicht. Im Zentrum unter der Allee befindet sich die zentrale Röntgendiagnostik. Die OP-Abteilungen und die Intensivstationen sind jeweils im 1. Obergeschoß angeordnet.

Maßstab ca. 1:1000

Quelle *Pläne der Architekten.*

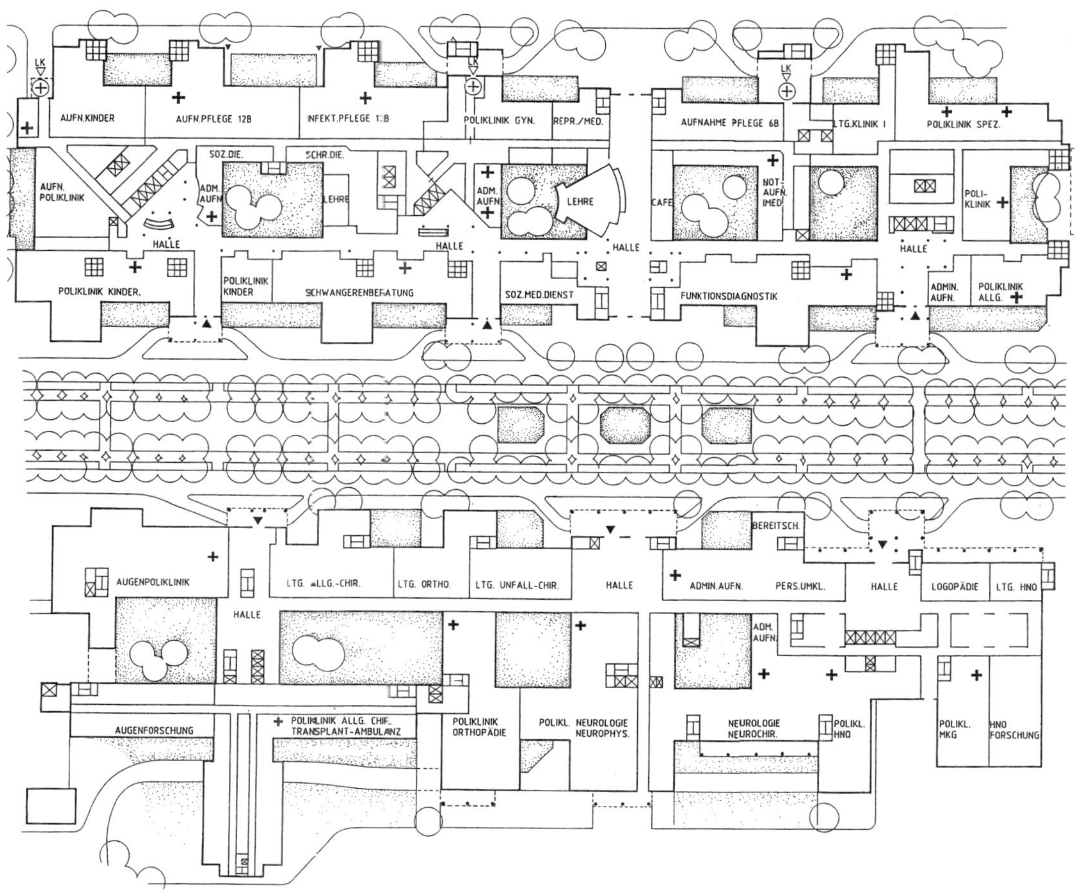


Ebene 1

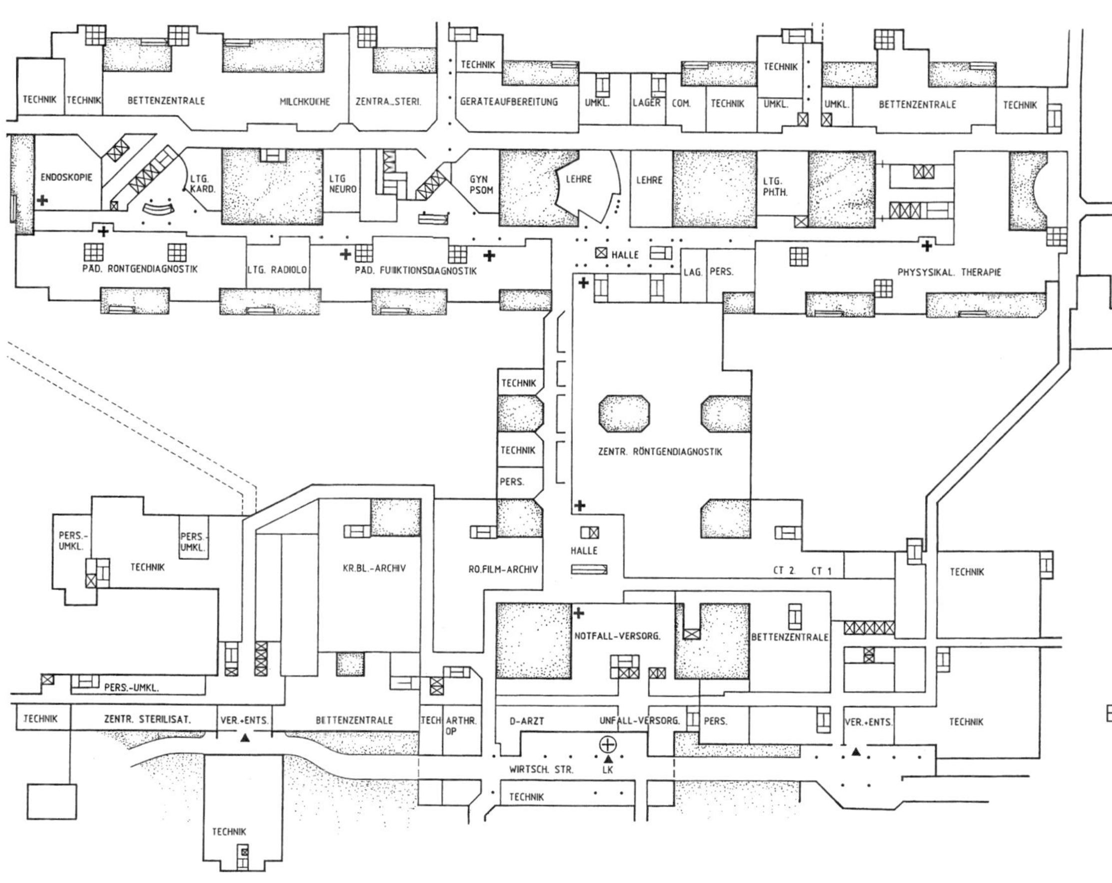


Ebene 0

## 3.2.1 Städtisches Krankenhaus Süd in Lübeck

| | |
|---|---|
| Bauherr | Hansestadt Lübeck |
| Architekten | Architekten und Ingenieure Woerner & Partner, Heinrich Woerner, Eckhart Zeller, Frankfurt am Main / Hamburg |
| Mitarbeiter | R. Fischer, E. Kirchgässner, H. Strehle, H. Cramer |
| | Fertigstellung 1984 |

| | |
|---|---|
| Bebaute Fläche | 7 600 m² |
| HNF | 11 700 m² |
| BGF | 26 500 m² |
| BRI | 108 000 m³ |
| Faktor | BRI/HNF = 9,23 |

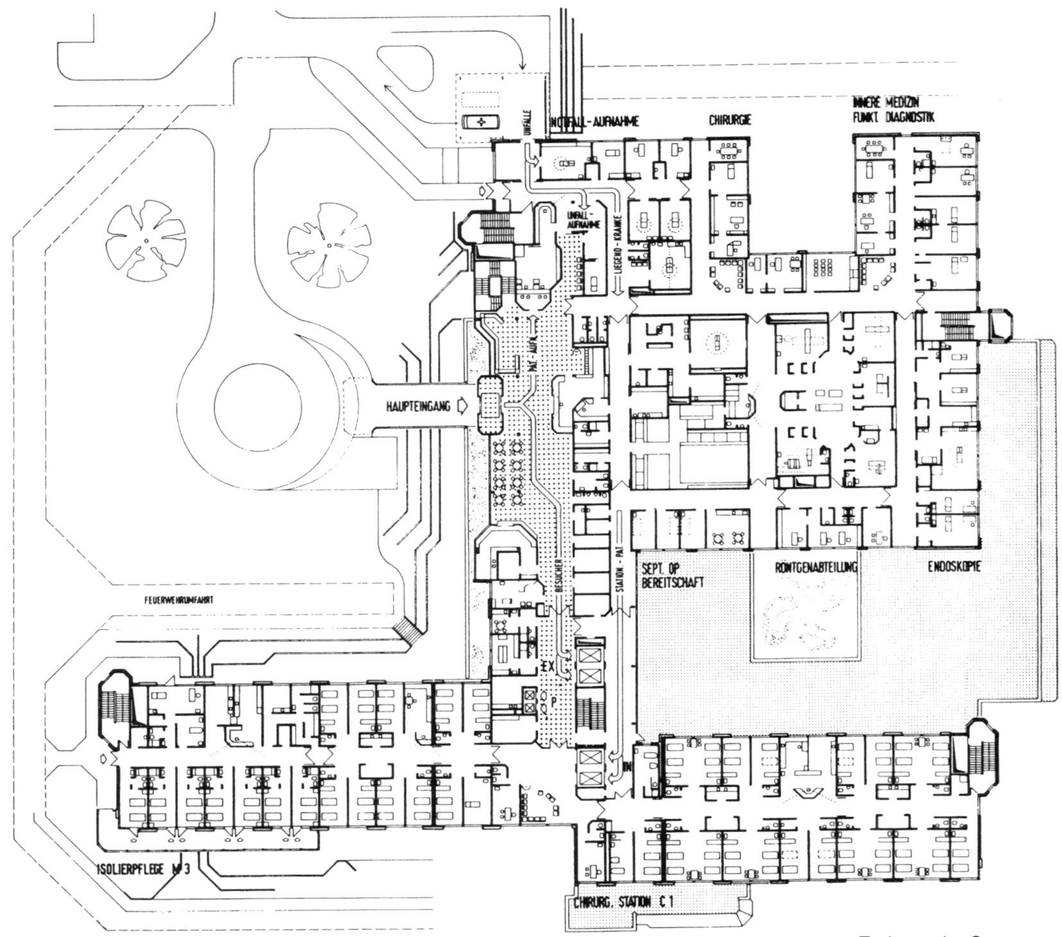


Erdgeschoß

| | |
|---|---|
| Gesamtbettenzahl | 360 Betten |
| Innere Medizin | 184 Betten / 14 Isolierpflegebetten |
| Chirurgie | 166 Betten / 8 Urologie-Belegbetten |
| Intensivpflege | 10 Betten |

Im dreiflügeligen, T-förmigen Bettenhaus ist der gesamte Pflegebereich untergebracht. Darunter entwickeln sich im Erd- und Untergeschoß der Untersuchungs-, Behandlungs- und Versorgungsbereiche.
Die zentrale OP-Abteilung mit vier aseptischen OP-Räumen im 1. Obergeschoß ist eine Besonderheit dieses Krankenhauses.
Der Untersuchungs- und Behandlungsbereich gliedert sich nach den funktionalen Anforderungen unter Berücksichtigung der Verkehrswege stationärer und ambulanter Patienten in Röntgendiagnostik, Funktionsdiagnostik und Endoskopie.

Maßstab ca. 1 : 800

Quellen *Eigene Dokumentation 3/84; Krankenhaus Umschau 1/86; Heinze Deutsche Baudokumentation, Celle 1986; Baudokumentation BDA Arbeitskreis – Arzt und Krankenhaus 8/89.*

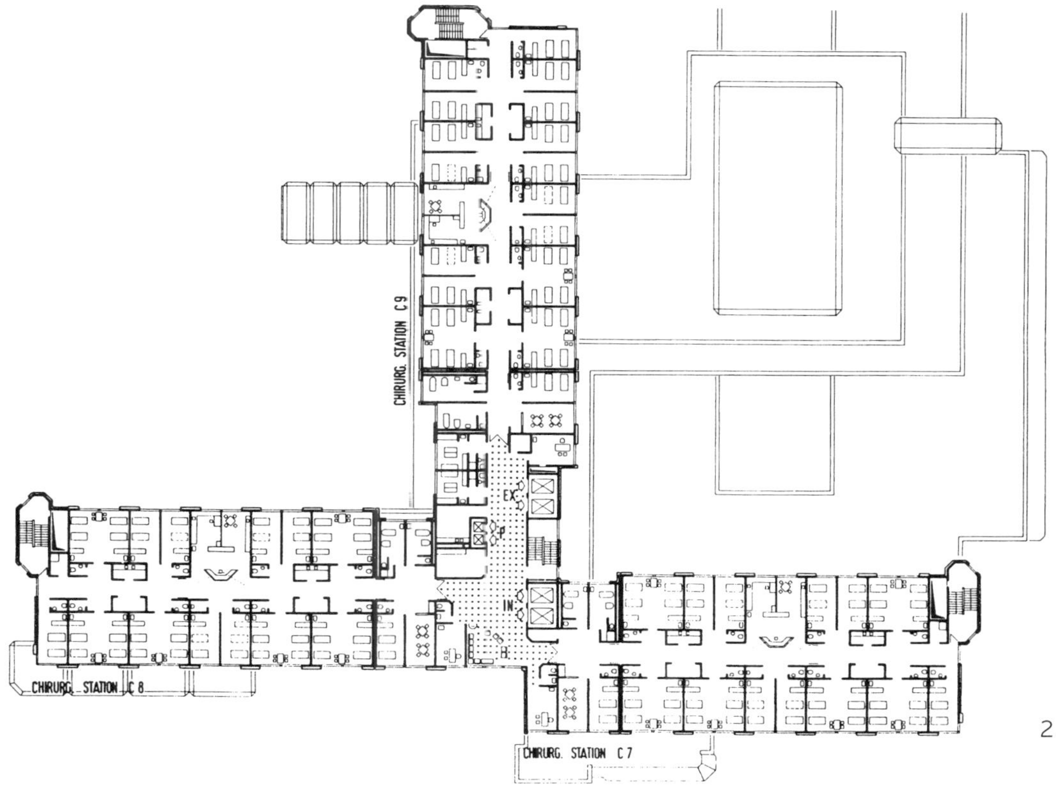


2. Obergeschoß

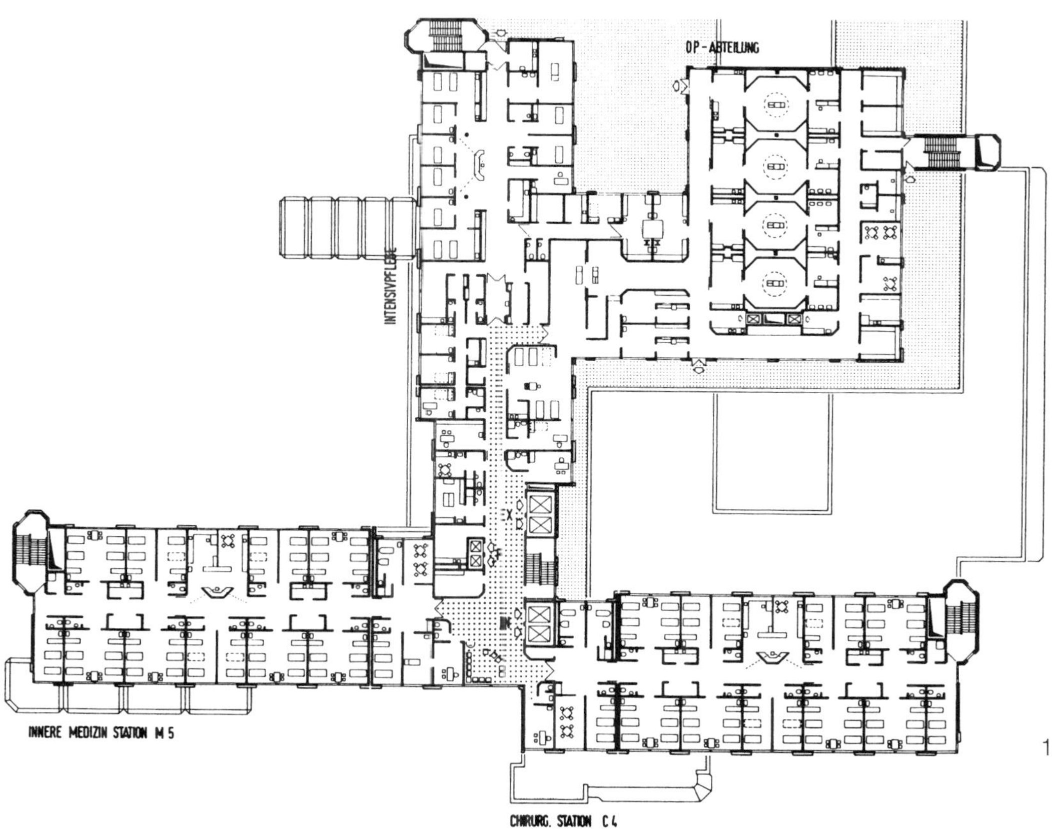


1. Obergeschoß

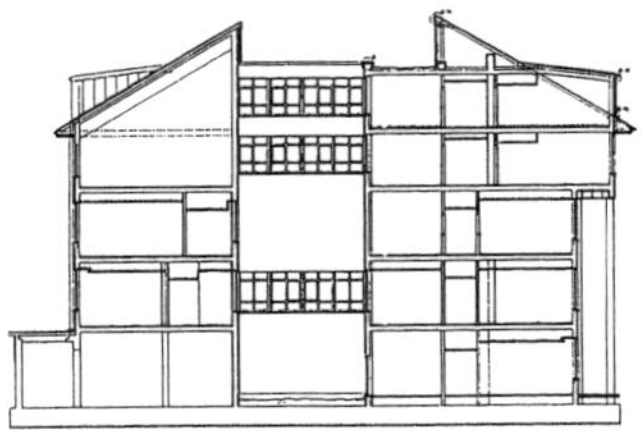

## 3.2.2 Klinikum Neustadt / Ostholstein

| | |
|---|---|
| Bauherr | Klinikum Neustadt GmbH & Co Betriebs KG |
| Architekten | tönies + schroeter + jansen, Lübeck |
| Mitarbeiter | U. Blumenthal, J. Dittmer, U. Hammerich, N. Heinelt, F. Herion, S. Karrasch, Th. Künzel, V. Merker, F. Skubich, Ch. Sommer |
| Tragwerks-planung | Burggraf, Weichinger + Partner GmbH, München |
| Betriebstechnik | Ingenieurgruppe HSP, Hamburg |
| | Fertigstellung 1993–1995 |

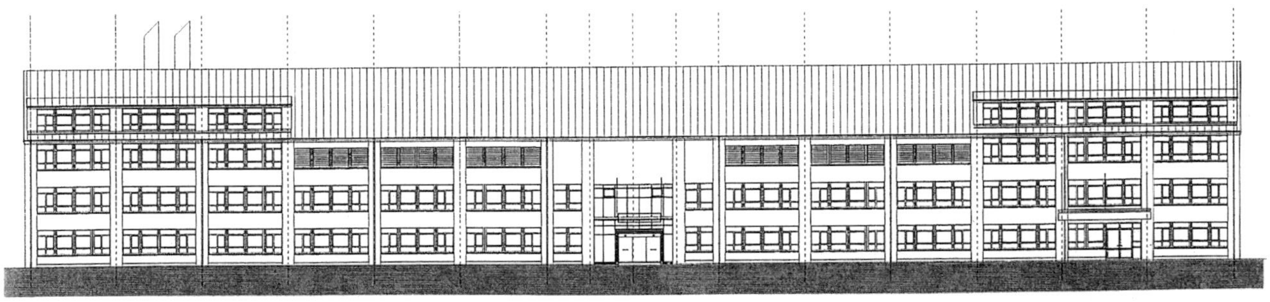

| | | | | |
|---|---|---|---|---|
| Grundstück | 70 768 m² | GRZ = 0,121 | GFZ = 0,393 | |
| BGF | 27 838 m² | = 100 % | | |
| HNF | 13 706 m² | = 49 % | | |
| NNF | 1 926 m² | = 6 % | | |
| NF | 15 632 m² | = 56 % | (HNF + NNF) | |
| FF | 4 784 m² | = 17 % | | |
| VF | 7 056 m² | = 25 % | | |
| BGF | 36 700 m² | | | |
| BRI | 36 200 m³ | | | |

Der Neubau stellt ein zukunftsorientiertes, modellhaftes Krankenhauskonzept dar mit einer 150-Betten-Akut- und einer angegliederten 219-Betten-Reha-Klinik.
Die fächerförmige Anordnung der Baukörper an einem Südhang direkt an der Ostsee ermöglicht die Orientierung sämtlicher Bettenzimmer zum Meer. Der leicht gekrümmte fünfgeschossige Akut-Bau bildet das Rückgrat des Entwurfes.
Der Haupteingang führt in eine zweigeschossige Eingangshalle, die im Erdgeschoß und im 1. Obergeschoß die verschiedenen Funktionsbereiche miteinander verbindet. Hier befinden sich die Notfallambulanz, Röntgendiagnostik, die Operationsabteilung mit vier OP-Sälen, eine Intensivpflege-Abteilung mit vier Intermediate care- und sechs Intensivbetten, die Zentralsterilisation und die Verwaltung. Als Verbindungselement dient die lichtdurchflutete zweigeschossige Stahl-Glas-Magistrale.
Das Schwimm- und Bewegungsbad und die physikalische Naß- und Trockentherapie in den Reha-Flügeln fassen den Innenhof ein.
Ergänzt wird das Ensemble durch eine Andachtskapelle.

Maßstab: Grundriß ca. 1:900, Lageplan ca. 1:1750

Quelle: *Pläne der Architekten.*

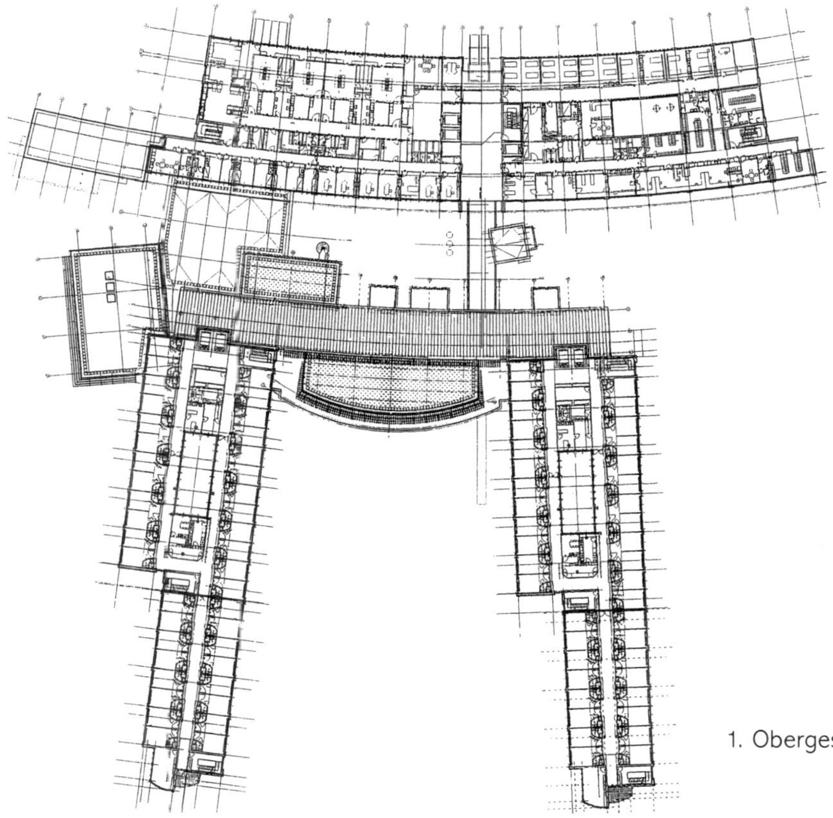

1. Obergeschoß

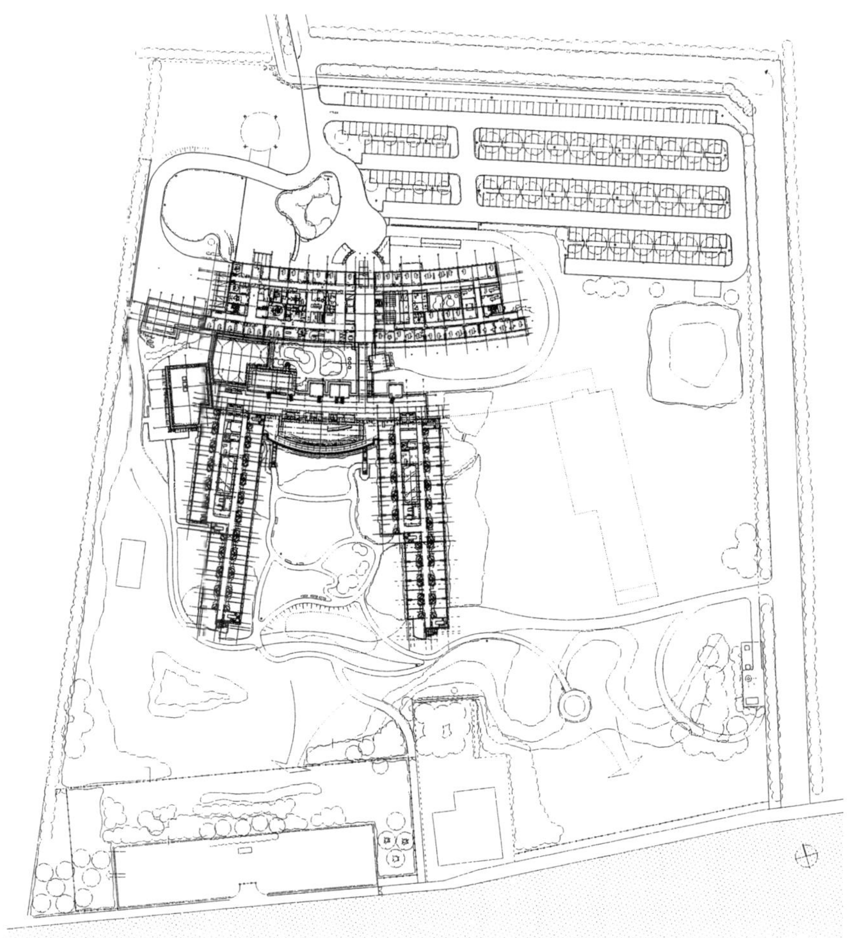

Lageplan

## 3.2.3 Modellkrankenhaus Dorsten

| | |
|---|---|
| Bauherr | Stiftung St. Elisabeth-Hospital Dorsten |
| Architekt | Manfred Ludes, Dorsten |
| Mitarbeiter | M. Rehm, J. Rahmel, G. Jähnig, F. Heisterkamp |
| Medizintechnik | Ing.-Büro Dennhöfer |
| Tragwerksplanung | Ing.-Büro Aloys Sondermann |
| | Planungsbeginnn 1985, Inbetriebnahme 1989 |

| | | |
|---|---|---|
| HNF | 11 789 m² | = 86 % |
| NNF | 1 905 m² | = 14 % |
| NF | 13 694 m² | = 100 % |
| FF | 1 569 m² | = 12 % |
| VF | 6 497 m² | = 47 % |
| NGF | 21 760 m² | = 159 % |
| KGF | 3 305 m² | = 24 % |
| BGF | 25 066 m² | = 183 % |
| BRI | 92 799 m³ | |
| Faktor | BGF/HNF = 2,1 | BRI/HNF = 7,87 |

Das Raumprogramm wurde funktionskonform in drei Bauteile aufgeteilt:

Untersuchungs- und Behandlungstrakt. Durch Raster- und Skelettkonstruktion sind die notwendige Flexibilität, Erweiterungsmöglichkeiten sowie gute Installationsvoraussetzungen gegeben.

Zwei durch eine Verkehrsspange verbundene Bettenhäuser in konventioneller Massivbauweise.

Ver- und Entsorgungsbereich in einfacher Skelettkonstruktion mit günstigen Installationsvoraussetzungen.

Die einzelnen Bauteile sind horizontal durch Ringflure erschlossen. An der Nahtstelle zwischen Untersuchungs- und Behandlungstrakt und der Verbindungsspange der Bettenhäuser erfolgt die vertikale Erschließung durch drei mittlere Bettenaufzüge und zwei schnell laufende Personenaufzüge in den beiden zugeordneten Treppenhäusern. Die Bettenhäuser haben einen eigenen vertikalen Erschließungskern, mit Aufzug und Treppenhaus für den Ver- und Entsorgungsverkehr.

Für je zwei OP-Räume, die alle natürlich belichtet sind, gibt es einen großen Ausleitungsraum. Der Aufwachraum für sechs Patienten liegt im Ausschleusungsbereich. Die interdisziplinär betriebene Intensivpflege mit zehn Betten kommt ohne Klimatisierung aus. Die zentrale Röntgenabteilung verfügt über verschiedene Warteräume. Der Pflegebereich besitzt Normalstationen mit je 40 Betten. Die Regelstation hat zwei Vierbettzimmer, vier Dreibettzimmer, neun Zweibettzimmer und zwei Einbettzimmer. Die Intensivpflege mit 10 Betten wird interdisziplinär betrieben.

| | | |
|---|---|---|
| Raumbereiche | UG (Ebene 0) | Werkstätten, Prosektion, Archiv, Betten, Versorgung, Technik, Lager |
| | EG (Ebene 2) | Haupteingang, Verwaltung, Diagnostik, Endoskopie, Cafeteria, Andachtsraum, Allgemeinpflege |
| | 1. OG (Ebene 3) | Operationstrakt, Intensivmedizin, Klinischer Arztdienst, Entbindung, Allgemeinpflege |
| | 2. OG (Ebene 4) | Technikzentrale, Allgemeinpflege |
| | 3. OG (Ebene 5) | Allgemeinpflege |

Maßstab ca. 1 : 600

Quellen *Dokumentation »Modellkrankenhaus Dorsten« 9/90; Pläne der Architekten.*

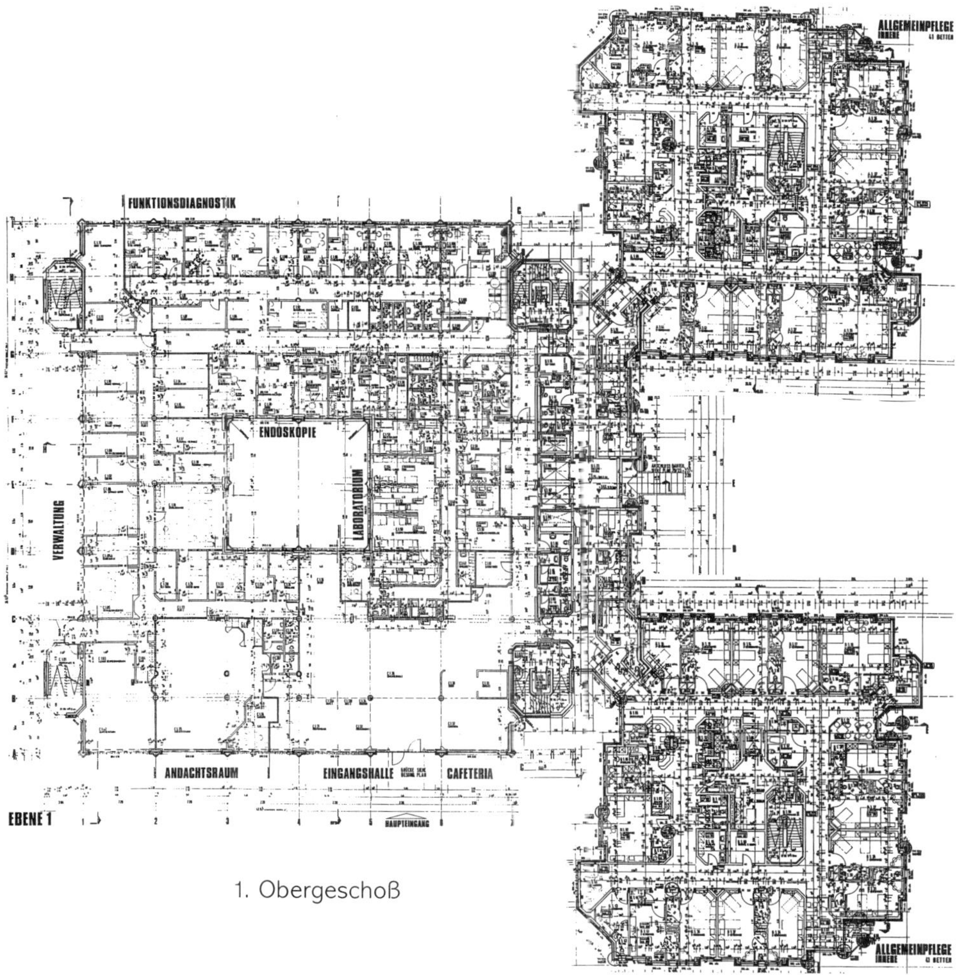


1. Obergeschoß

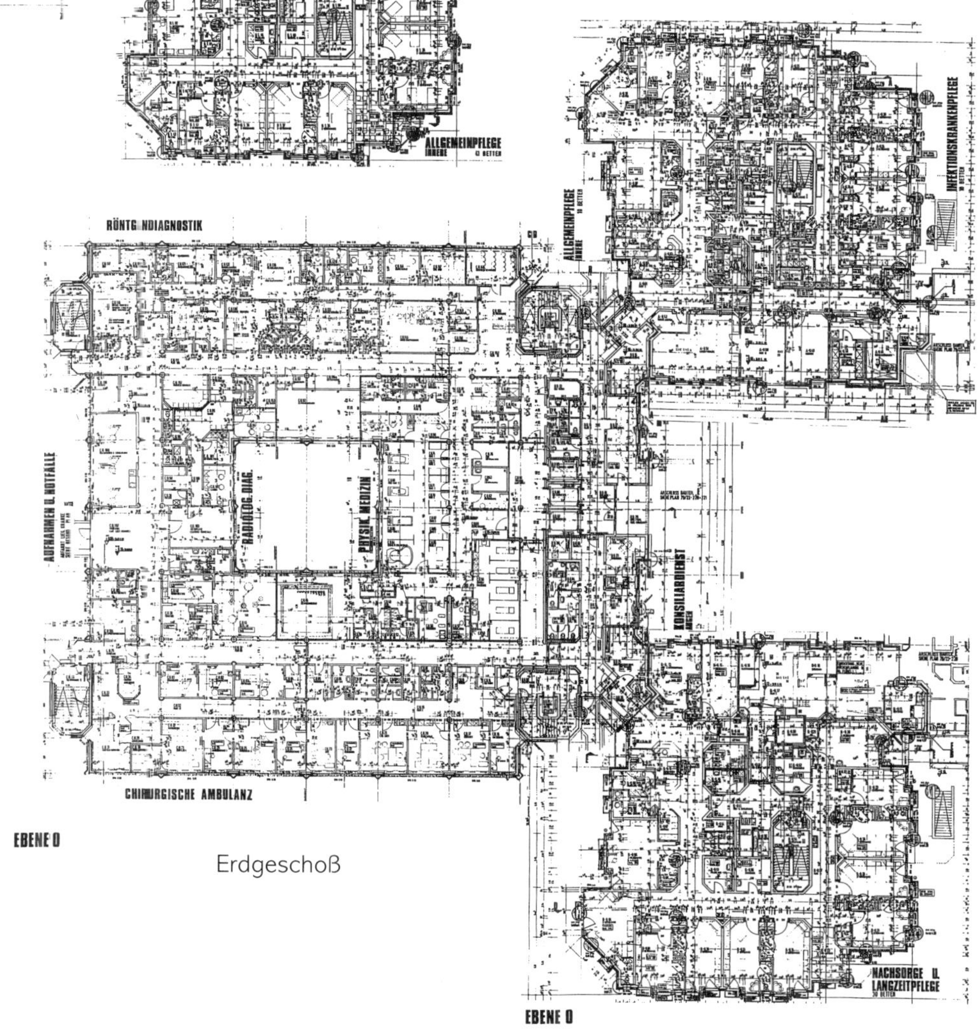


Erdgeschoß

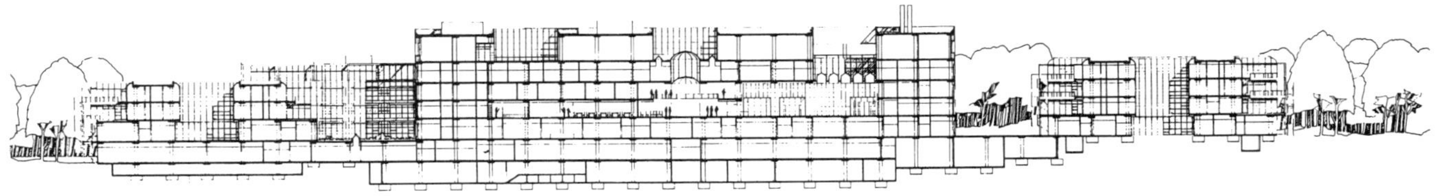

## 3.2.4 Klinikum Nürnberg Süd

Bauherr: Stadt Nürnberg

Architekten: Architektengruppe Klinikum II
Prof. Dr. J. Joedicke, Prof. J. A. Joedicke, Prof. Dr. W. Mayer, Prof. H. P. Haid, D. Röder, H. Fukerider, H. J. Ott, G. Geiselbrecht, A. Beeg, I. Egeressy
Wettbewerb 1981, 1. Preis
Fertigstellung 1994

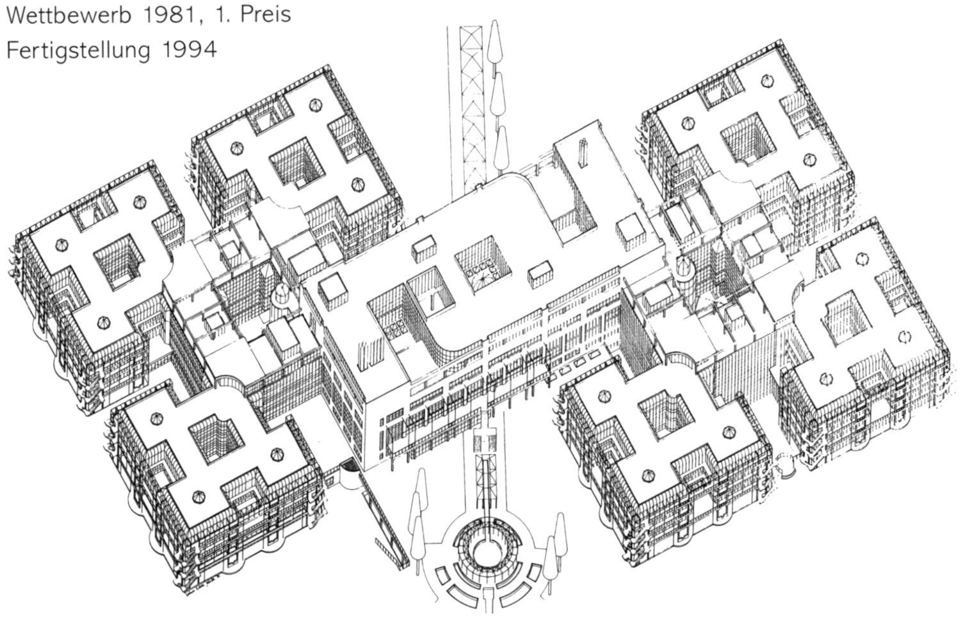

| | | |
|---|---|---|
| Grundstück | 16,4 Hektar | GRZ = 0,111 GFZ = 0,56 |
| NF | 44 372 m² | = 100 % |
| BGF | 91 873 m² | = 207 % ohne Installationsgeschoß |
| | 97 619 m² | = 220 % inkl. Installationsgeschoß |
| BRI | 372 510 m³ | ohne Installationsgeschoß |
| | 398 942 m³ | inkl. Installationsgeschoß |
| Faktor | BGF/NF = 2,08 | BRI/NF = 8,40 BRI/BGF = 4,34 |

Das Krankenhaus der höchsten Versorgungsstufe hat 1022 Betten. Die Untersuchungs- und Behandlungsräume sind in einem siebengeschossigen Zentralkörper mit angegliederten drei- und viergeschossigen Pflegebauten untergebracht.
Es gibt individuelle Bettplätze in Zweibettzimmern. Jedem Bett ist eine eigene Naßzelle zugeordnet, jeder Bettplatz hat die gleiche Situation zum Fenster und zur Tür.

| Raumbereiche | | |
|---|---|---|
| | Ebene U 3 | Technik |
| | Ebene U 2 | Speisen- und Arzneimittelversorgung, Pathologie, Bibliothek |
| | Ebene U 1 | Innere Medizin, Dialyse, Labore, Physikalische Therapie |
| | Ebene O 1 | Operatives Zentrum, Pflegeabteilungen Innere Medizin und Chirurgie |
| | Ebene O 2 | Aseptische OP, Herzchirurgie, Kinderchirurgie, Schwerstbrandverletzte, Zahn- und Kieferheilkunde, Pflege, Chirurgie |
| | Ebene O 3 | Technik |

Maßstab: ca. 1 : 950

Quellen: *Das Krankenhaus 4/85, S. 140 ff.; Management und Krankenhaus 23/86, S. 547; AIT 2/85, 11/92 und 5/94; Baumeister 2/85 und 10/93; Wettbewerbe aktuell 3/92 und 1/95; Bundesbaublatt 4/92; Stadt Nürnberg (Hrsg.): Festschrift zur Einweihung, Nürnberg 1994; Joedicke, J.: Klinikum Nürnberg-Süd, Nürnberg 1995; Pläne der Architekten.*

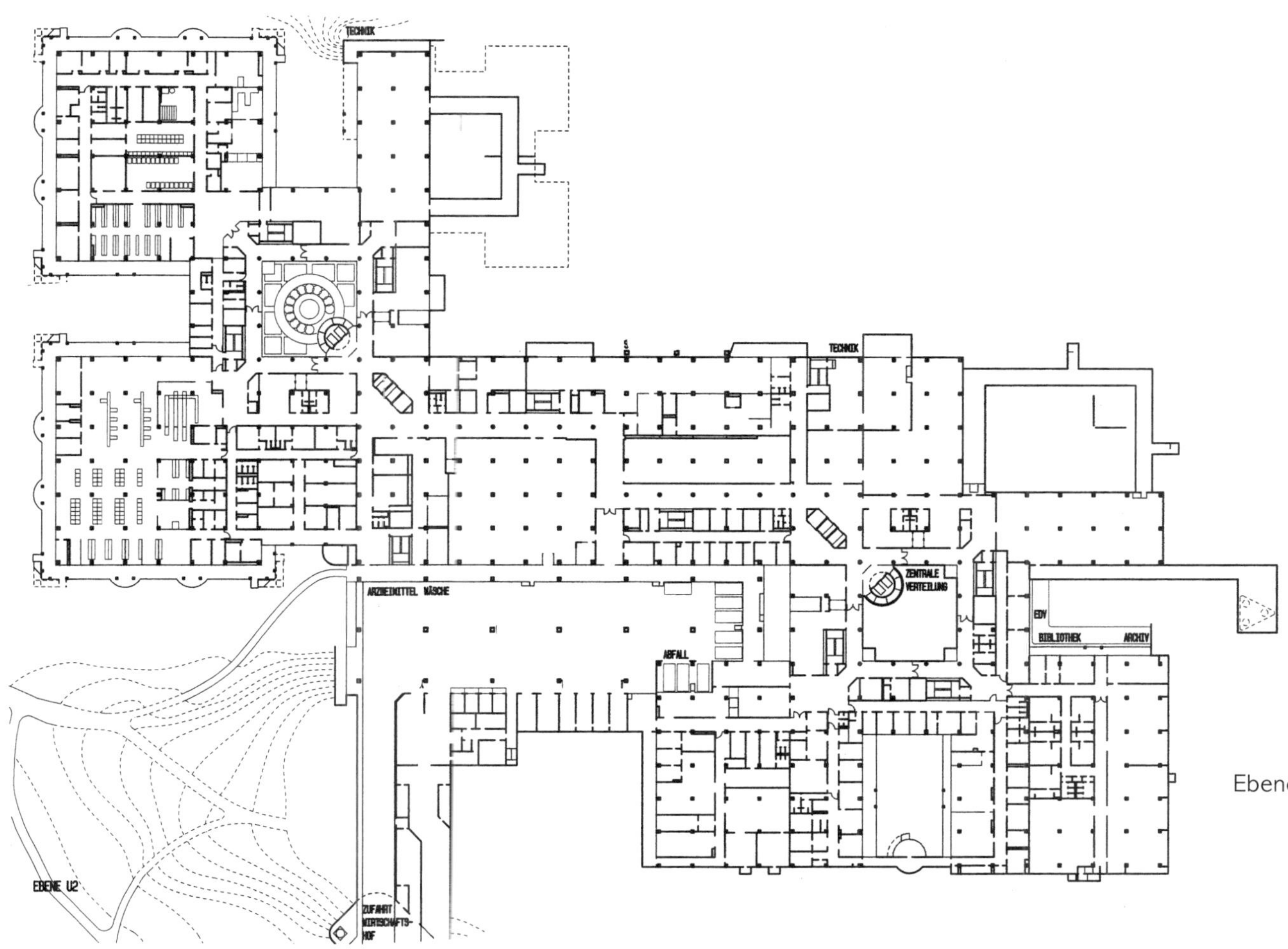

Ebene U2

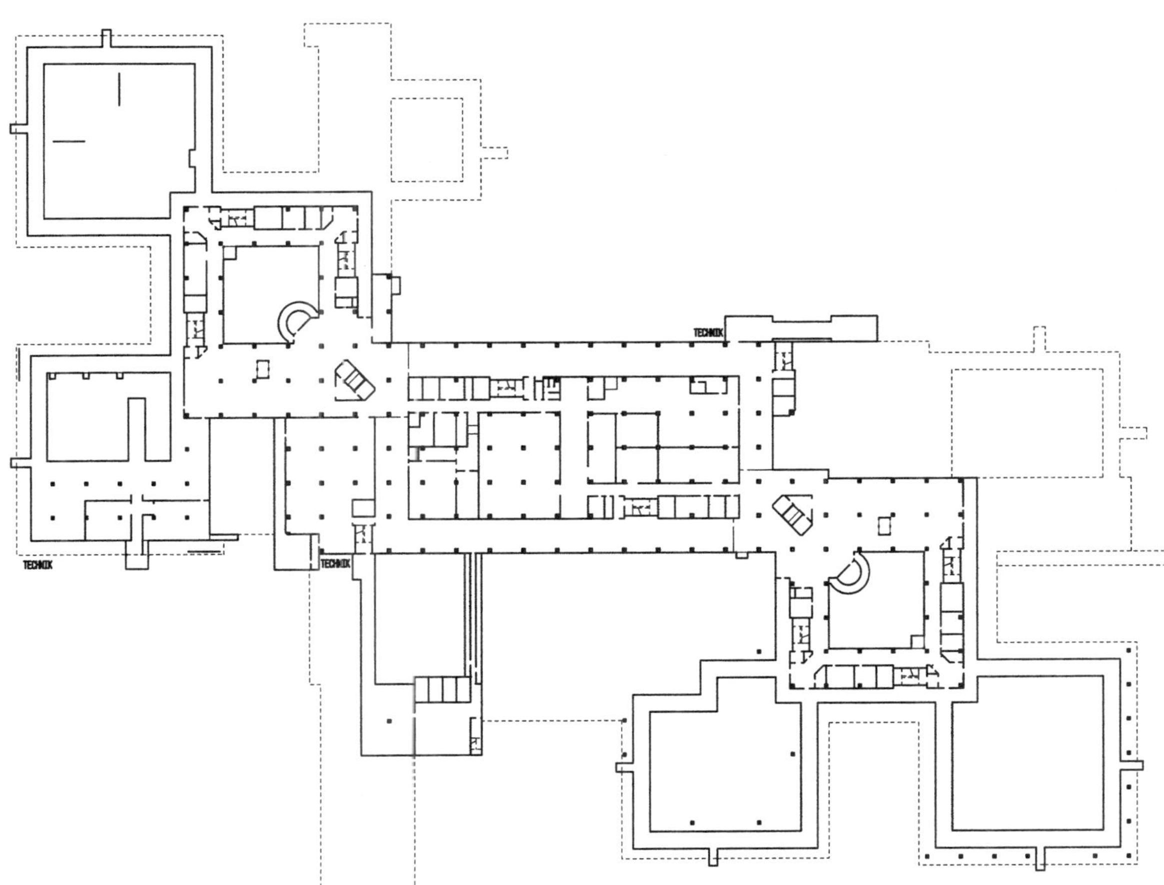

Ebene U3

## 3.2.4 Klinikum Nürnberg Süd

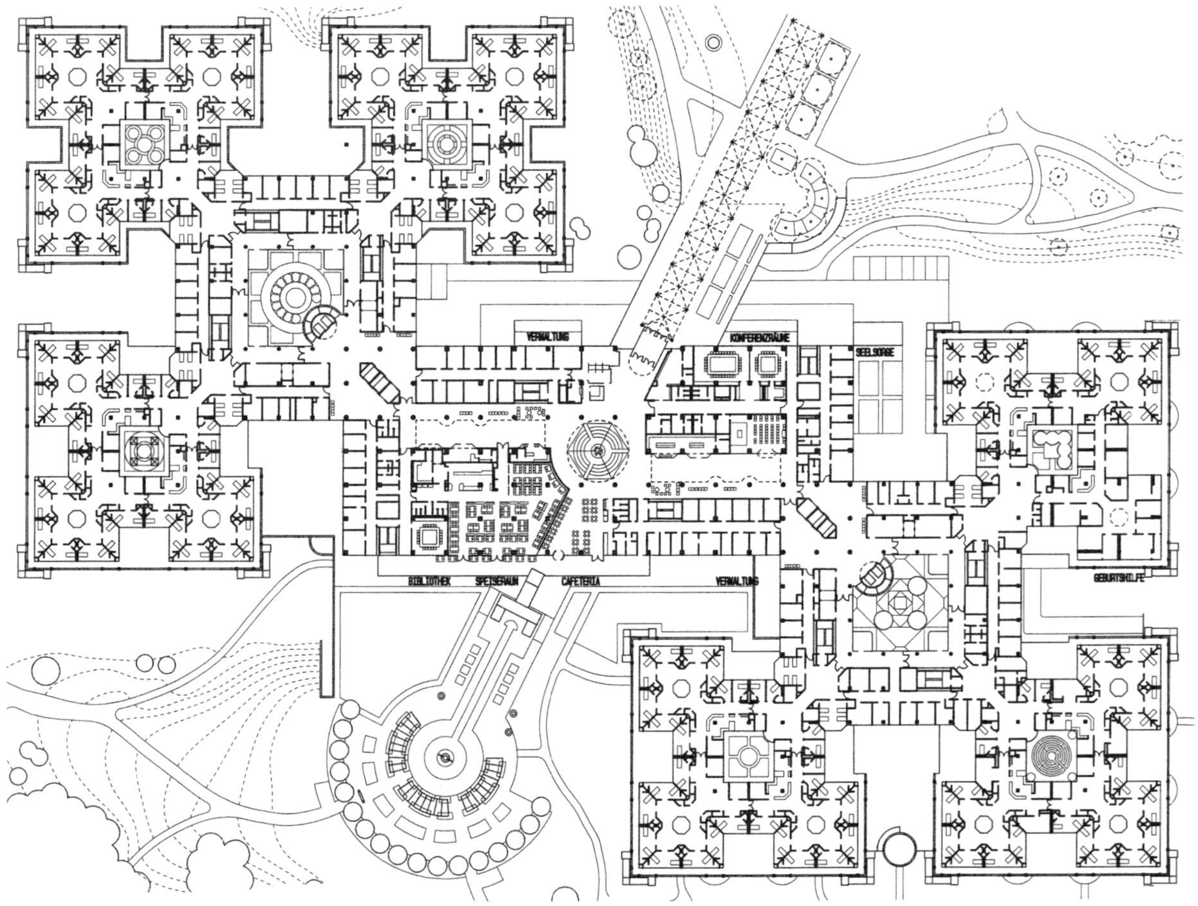


Ebene 01

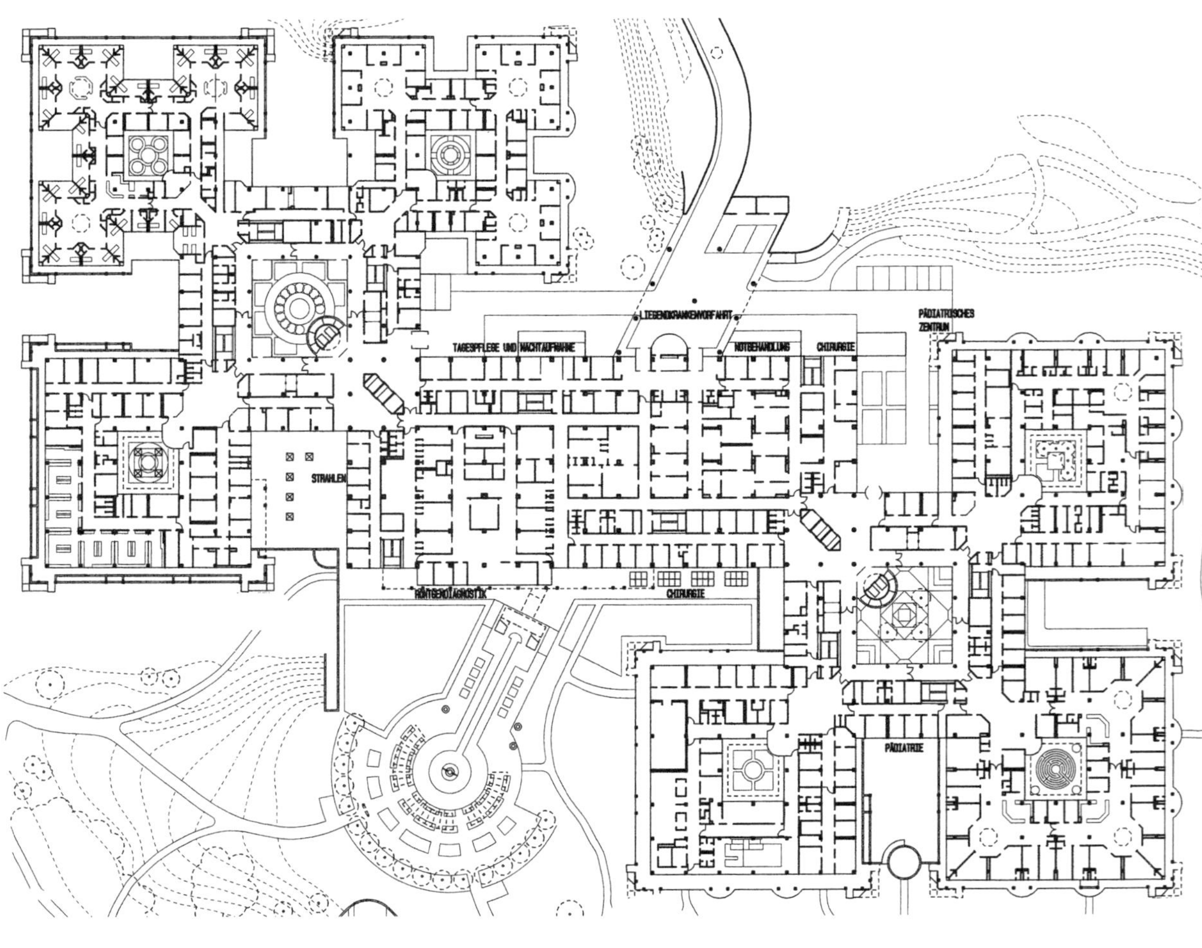


Ebene U1

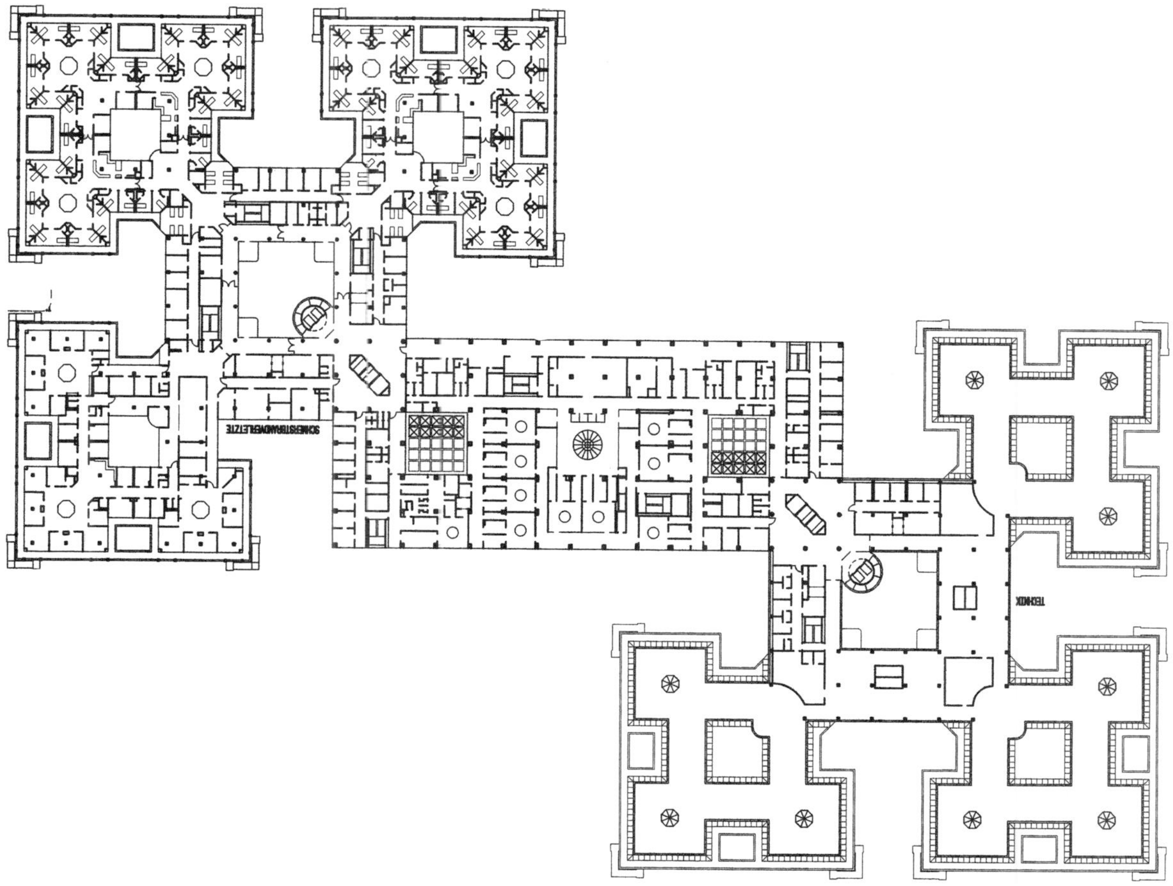


Ebene 2

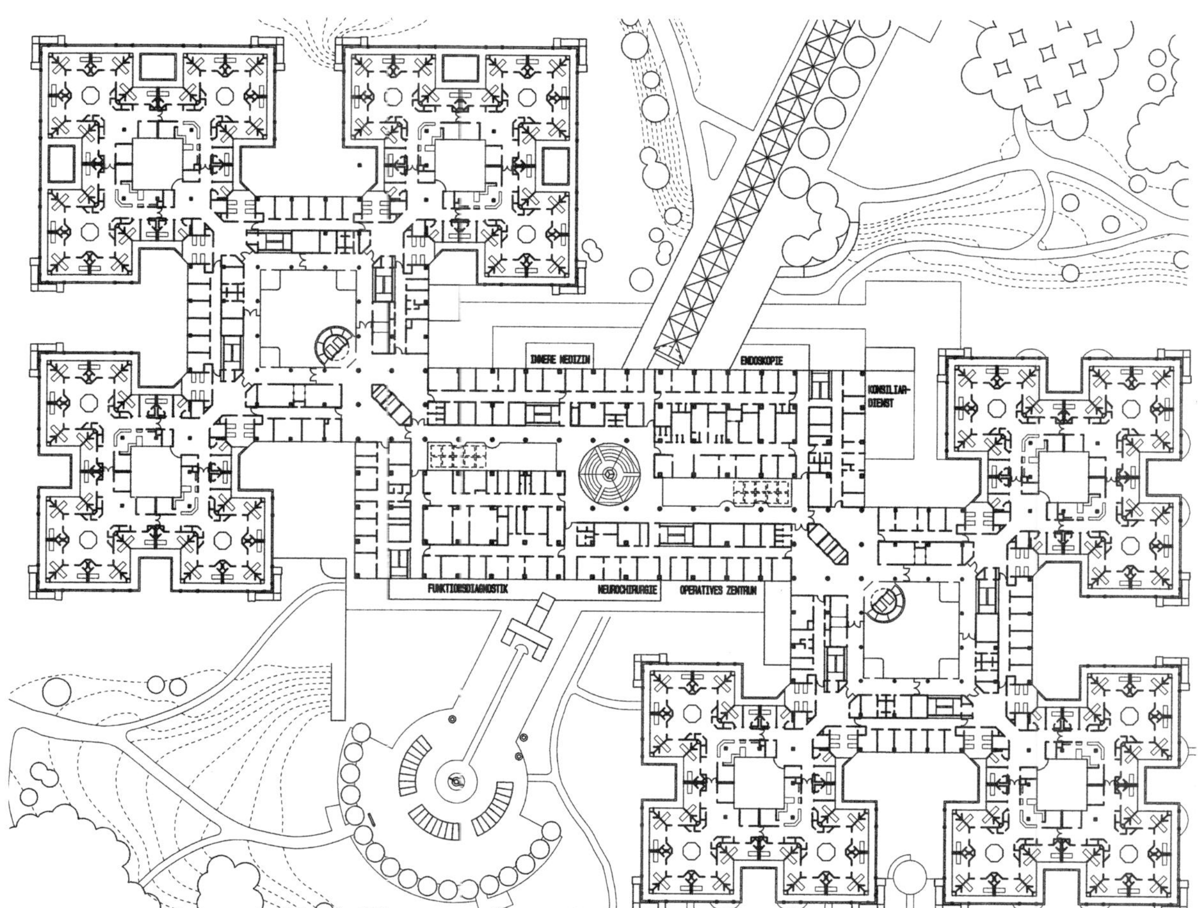


Ebene 1

## 3.2.5 Kreiskrankenhaus in Ribnitz-Damgarten

| | |
|---|---|
| Bauherr | Landkreis Nord-Vorpommern |
| Architekten | Dissing + Weitling A/S, Kopenhagen/DK |
| | Beschränkter Wettbewerb 1995, 1. Preis |

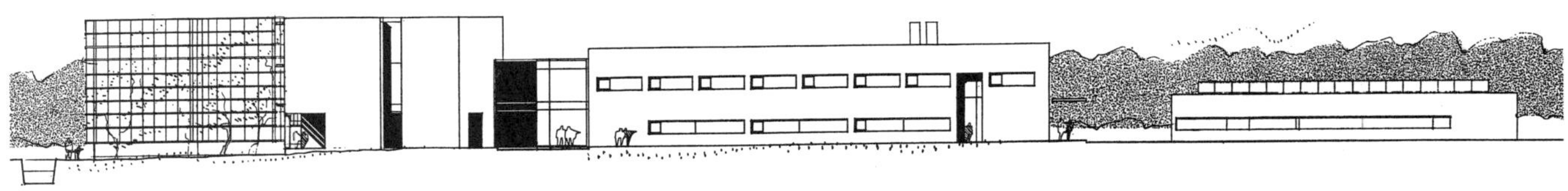

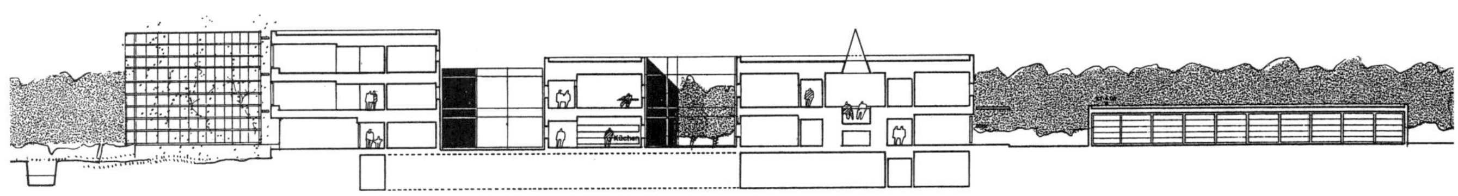

| | |
|---|---|
| NF | 8 097 m² |
| FF | 1 534 m² |
| NGF | 9 178 m² |
| BGF | 15 822 m² |
| BRI | 58 091 m³ |

Während die meisten Krankenhäuser durch Zielplanungen aus bestehenden Anlagen weiterentwickelt wurden, handelt es sich hier um einen kompletten Neubau.
Dem kompakten zweigeschossigen Baukörper für Untersuchung, Behandlung, Aufnahme usw. im Norden wird – getrennt durch die Eingangshalle – der dreigeschossige Pflegetrakt gegenübergestellt, in dem alle Patientenzimmer nach Süden orientiert sind. Der Hauptzugang erfolgt vom Westen direkt in die Halle.
Es wurde eine klare, identitätsstiftende Großform entwickelt. Von der Halle findet der Besucher ohne Umwege die Pflegestationen; mit einfachen Mitteln wird zugleich eine große innenräumliche Erlebnis- und Architekturqualität erreicht. Um Kreuzungen mit Pflegepersonal zu vermeiden, wurden Erschließungsgänge im Keller zu den Aufzügen im Bettentrakt angeordnet.

| | | |
|---|---|---|
| Raumbereiche | UG | Technik und Versorgung |
| | EG | Eingang, Gynäkologie, Aufnahme, Verwaltung |
| | 1. OG | Operationstrakt, Röntgendiagnostik, Physikalische Therapie, Pflegebereich Innere Medizin |
| | 2. OG | Chirurgie |

Maßstab ca. 1:750

Quellen *Wettbewerbe aktuell 7/94; Pläne der Architekten.*

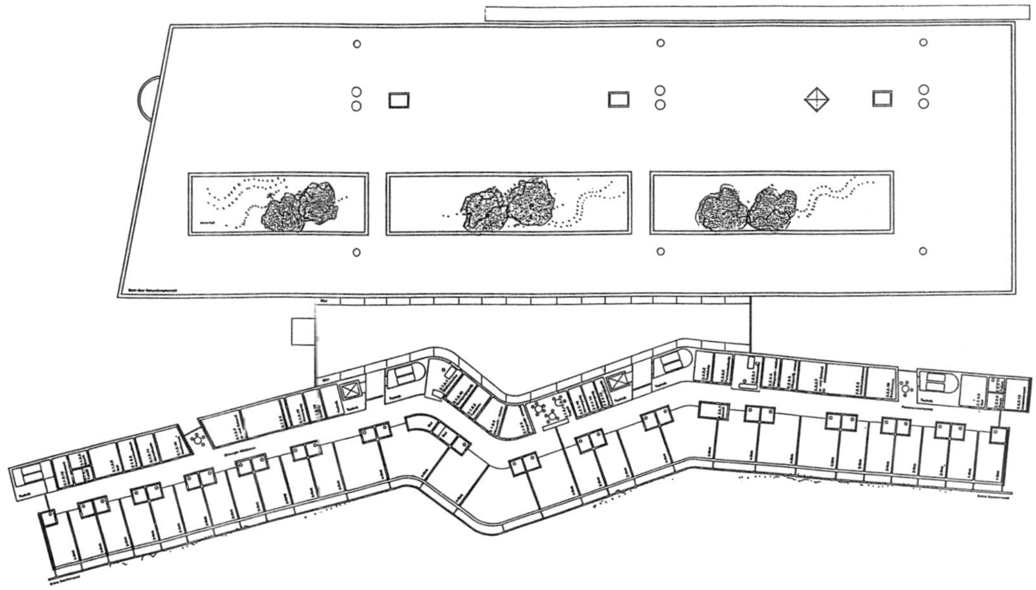

2. Obergeschoß

1. Obergeschoß

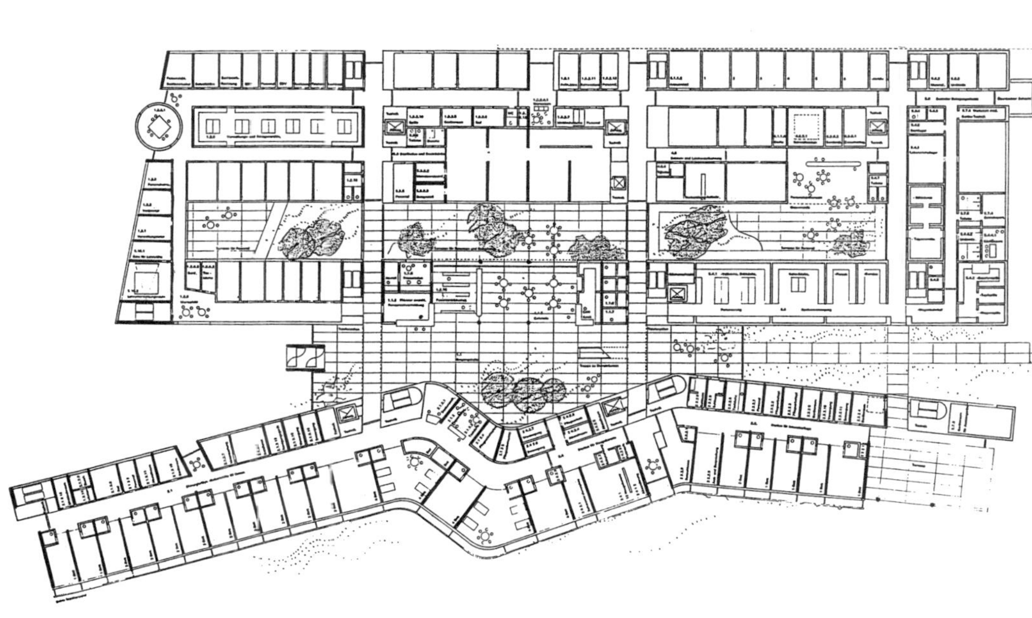

Erdgeschoß

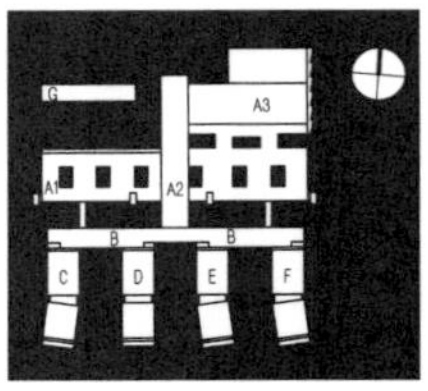

## 3.2.6 Kreiskrankenhaus in Meißen

| | |
|---|---|
| Bauherr | Kreis Meißen |
| Architekten | Woerner + Partner, Frankfurt am Main |
| | Direktauftrag 1992 |
| | Fertigstellung 1997 |
| Grundstück | 181 000 $m^2$ |
| HNF | 18 261 $m^2$ |
| BGF | 33 929 $m^2$ |
| BRI | 129 636 $m^3$ |

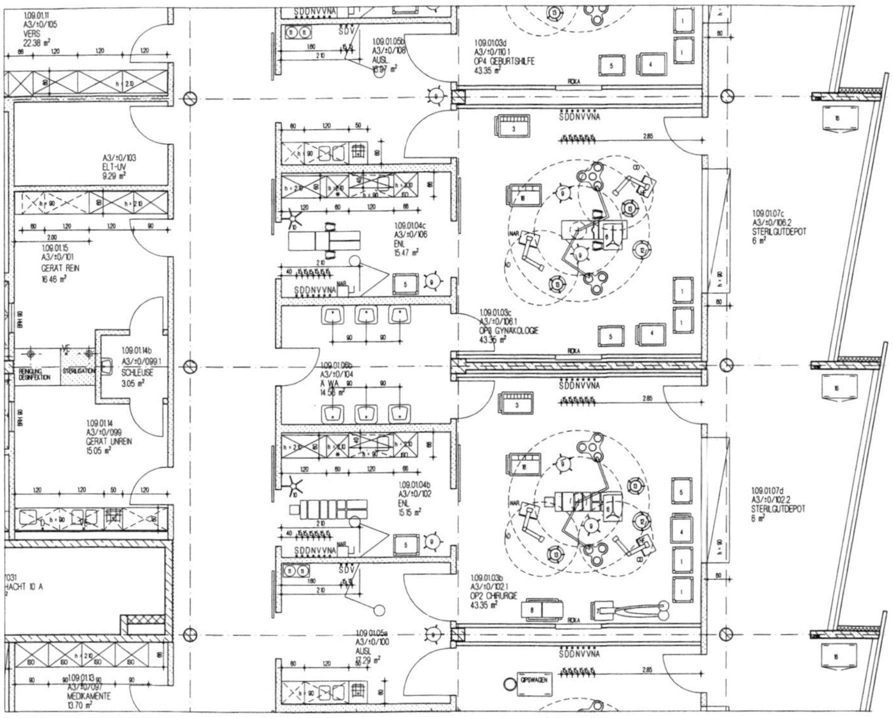

Die Entwurfsprämisse für das große Projekt war eine niedrige Bauweise und verdichtete Baumassen. Das Gebäude, ausgerichtet für 420 Betten, gliedert sich im Erdgeschoß in einen Funktionsbereich und in eine transparent gestaltete Eingangshalle. Senkrecht dazu liegt die Versorgungsspange, an die sich die vier Bettenflügel anschließen. Die Bereiche Untersuchung und Behandlung sowie Pflege sind durch einen Grünbereich getrennt.
Die drei- und viergeschossigen Bettenhäuser öffnen sich fächerförmig zum parkartigen Landschaftsschutzgebiet. Der Hauptbaukörper besitzt ein Tief- und ein Technikgeschoß. Von der Eingangshalle aus sind die unterschiedlichen Bereiche erschlossen.
Neben dem Krankenhaus wurde ein Hubschrauberlandeplatz angelegt. Die Krankenwagen werden über die östliche Vorfahrt zur Liegendkrankenhalle geleitet.

| | | |
|---|---|---|
| Raumbereiche | 2. UG (Ebene -2) | Gebäudetechnik mit Blockheizkraftwerk |
| | 1. UG (Ebene -1) | Küche, Werkstätten, Personalkantine, Warenannahme, Archiv, Wäscherei, Zentralsterilisation, Entsorgung, Pathologie, Apotheke, Physikalische Therapie mit Bewegungsbad, Gynäkologische und Kinderpflege |
| | EG (Ebene 0) | Eingangshalle mit Patientenaufnahme, Café, Untersuchungs- und Behandlungsräume der Chirurgie, Gynäkologie und Kinderheilkunde, Ärztebibliothek, Operatives Zentrum mit 5 aseptischen OPs und 1 septischen OP, Endoskopie, Röntgendiagnostik, Labor, Intensivpflege, 5 Pflegestationen |
| | 1. OG (Ebene +1) | Pflegeschule mit Hörsaal, Verwaltung, Konsiliarischer Arztbereich, Seelsorge, 2 Pflegestationen |

Maßstab: Grundriß 1:750, Detail 1:200

Quellen: *Heinze Deutsche Baudokumentation, Celle 1996; Pläne der Architekten.*

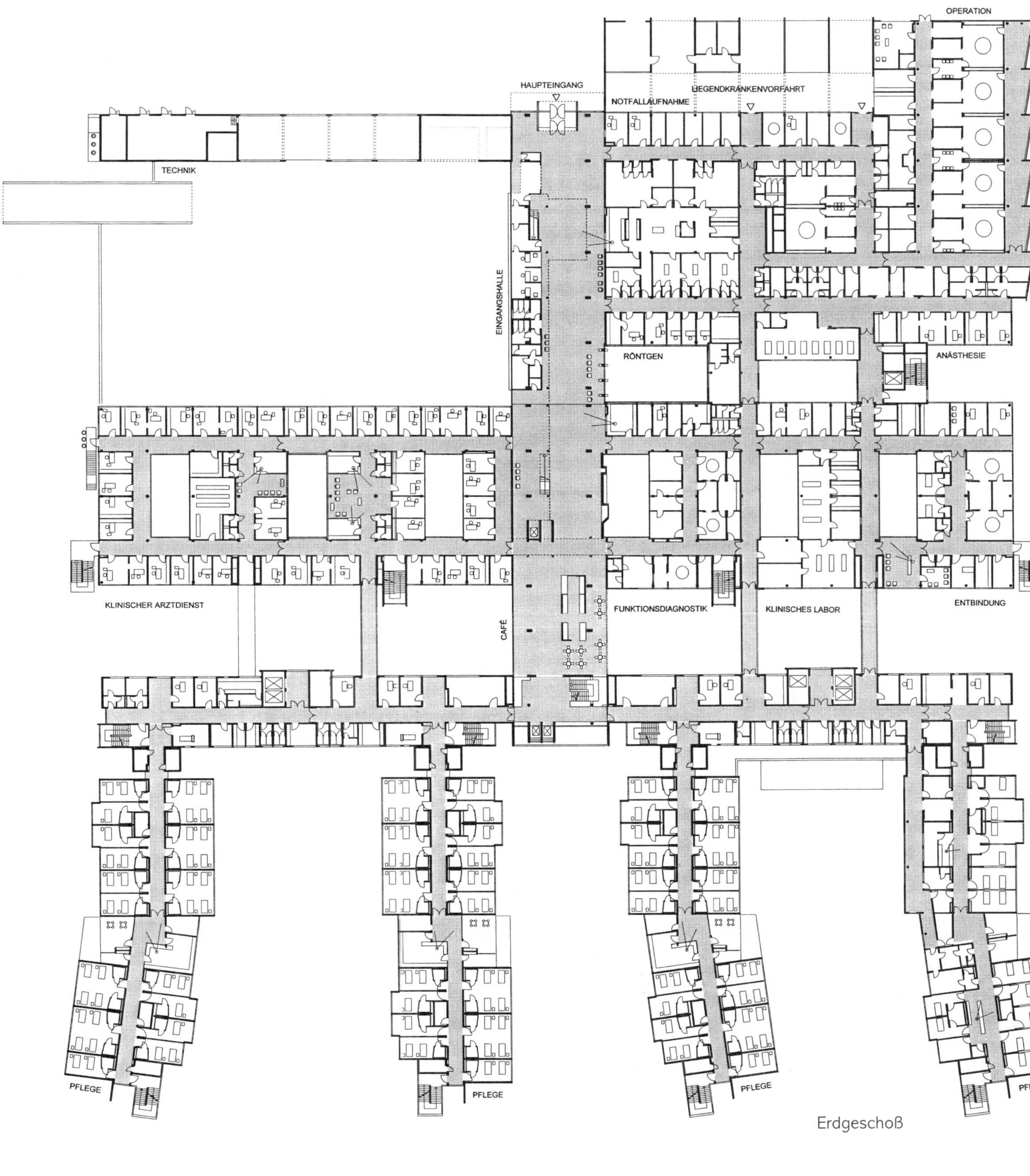
OPERATION
HAUPTEINGANG
NOTFALLAUFNAHME
LIEGENDKRANKENVORFAHRT
TECHNIK
EINGANGSHALLE
RÖNTGEN
ANÄSTHESIE
KLINISCHER ARZTDIENST
CAFÉ
FUNKTIONSDIAGNOSTIK
KLINISCHES LABOR
ENTBINDUNG
PFLEGE
PFLEGE
PFLEGE
PFLEGE

Erdgeschoß

## 3.3.1 Krankenhaus und Seniorenzentrum in Beilngries

| | |
|---|---|
| Bauherr | Lazarettstiftung der Stadt Beilngries |
| Architekten | Nickl & Partner, München |
| Projektarchitekt | Wolfgang Jandl |
| Mitarbeiter | R. Zimmermann, D. Dölling, C. Anderle-Neill |
| Tragwerks-planung | Johann Grad, Ingolstadt |
| | Entwurf 1988 |
| | Fertigstellung 1994 |

| | | | |
|---|---|---|---|
| Grundstück | 4 697 m² | GRZ = 0,31 | GFZ = 1,16 |
| GRF | 1 462 m² | | |
| HNF | 2 762 m² | = 50 % | |
| NNF | 1 461 m² | = 26 % | |
| NF | 4 224 m² | = 77 % | |
| FF | 383 m² | = 7 % | |
| KF | 829 m² | = 15 % | |
| BGF | 5 436 m² | = 100 % | |
| BRI | 15 756 m³ | | |
| Faktor | BRI/HNF = 5,7 | VF/HNF = 0,53 | |

Als Modellprojekt vereinigt das Seniorenzentrum Krankenhaus, Physikalische Therapie, Altenheim, Altenpflegeheim, Altenwohnungen und Personalwohnungen in einem Haus. Die Erschließung erfolgt durch den Haupteingang mit Behindertenrampe.

| | | |
|---|---|---|
| Raumbereiche | UG | Badtechnik, Anlieferung, Blockheizkraftwerk, Technik, Heizung, Lager, Bettendesinfektion, Aufbahrung |
| | EG | Eingangshalle, Speisesaal, Untersuchung, Behandlung, Physikalische Therapie, Kapelle |
| | 1. OG | Krankenstation, 21 Betten, 6 Wohnungen |
| | 2. OG | Altenpflegestation, 32 Betten |
| | 3. OG | 4 Personalappartements |

Maßstab 1:350

Quellen *Mittelbayerische Zeitung vom 31. 10./01. 11. 1994; Bauwelt 19/95; Detail 6/95; DBZ 1/96.*

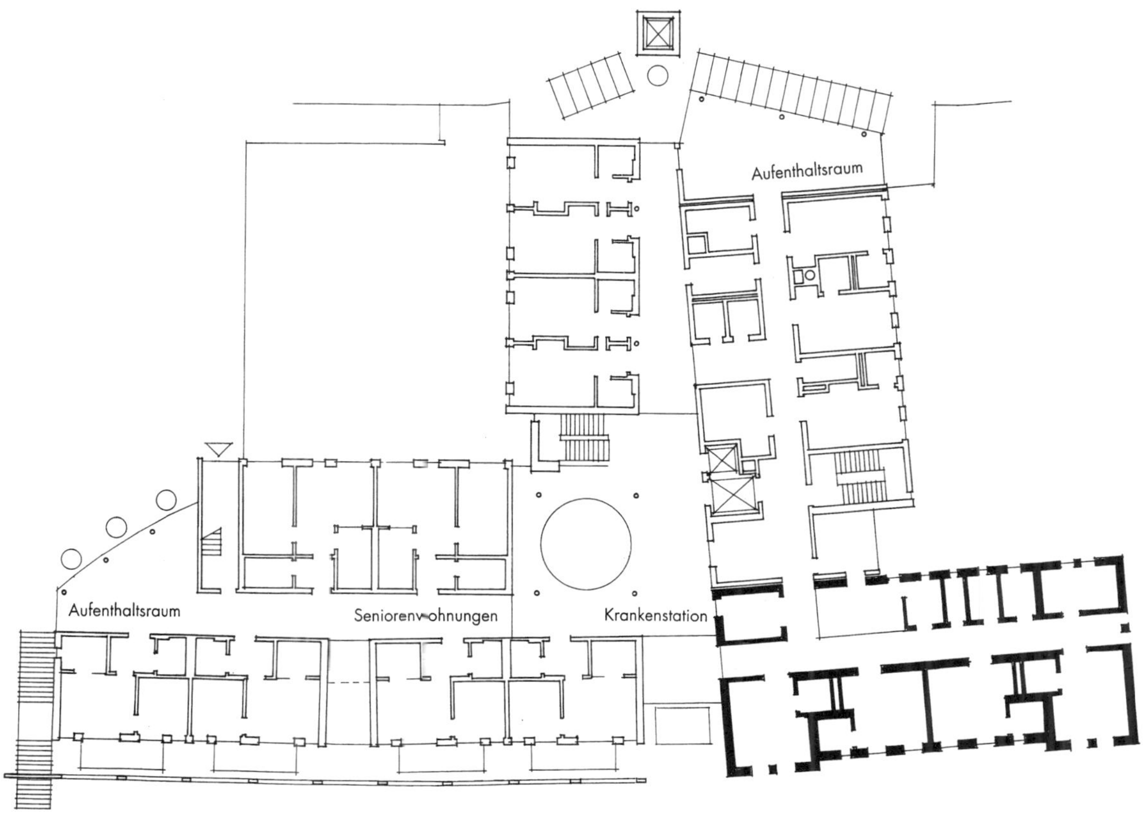


1. Obergeschoß

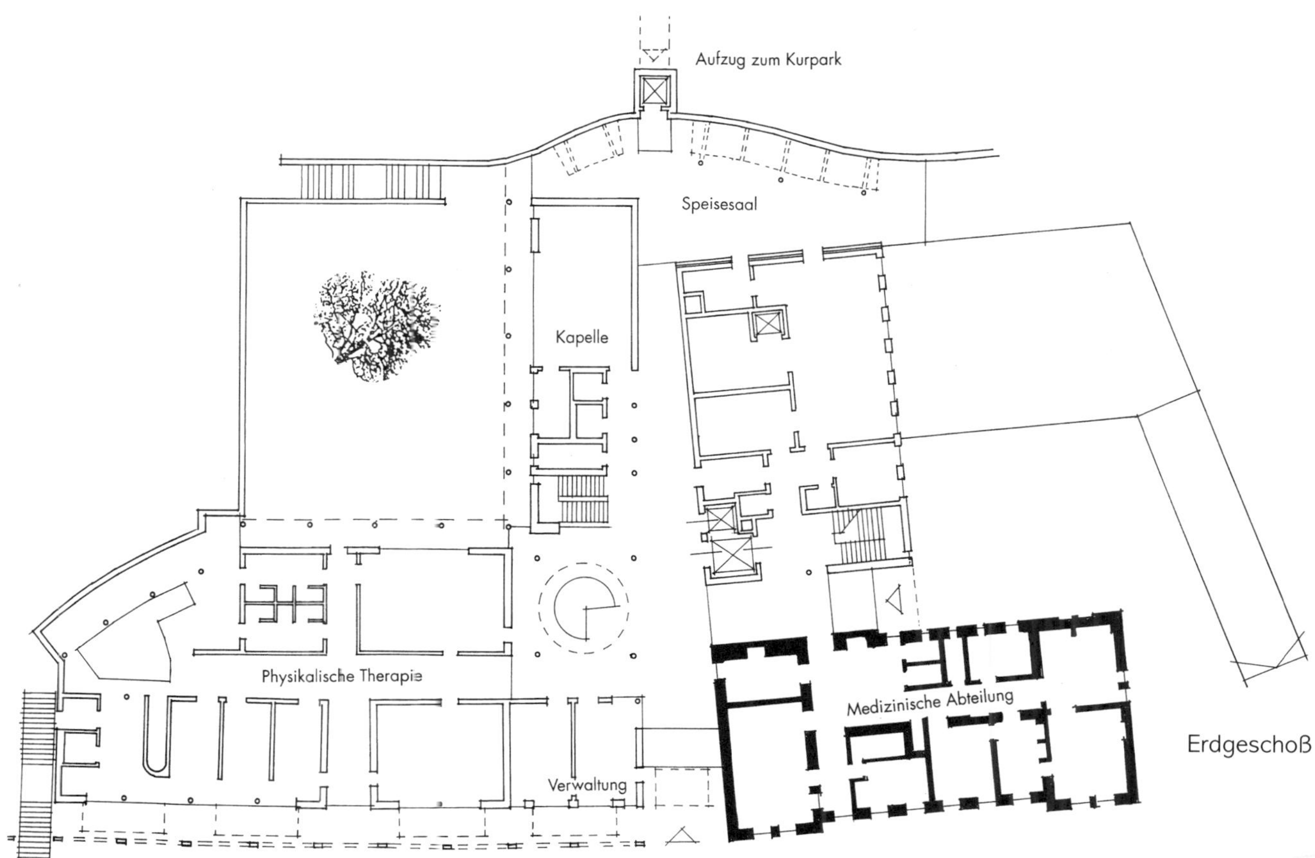


Erdgeschoß

## 3.3.2 Heinrich-Hoffmann-Klinik für Kinder- und Jugendpsychiatrie in Lübeck

Bauherr Hansestadt Lübeck
Architekten Architekten BDA Dannien und Fendrich, Lübeck
Fertigstellung 1983

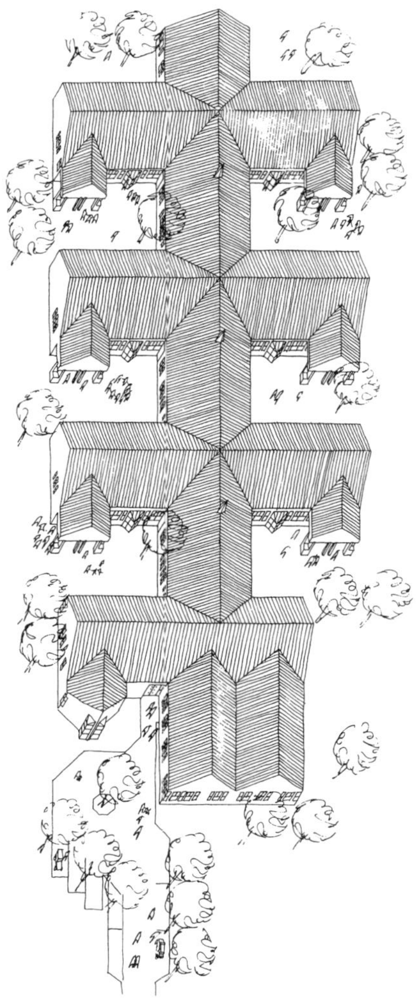

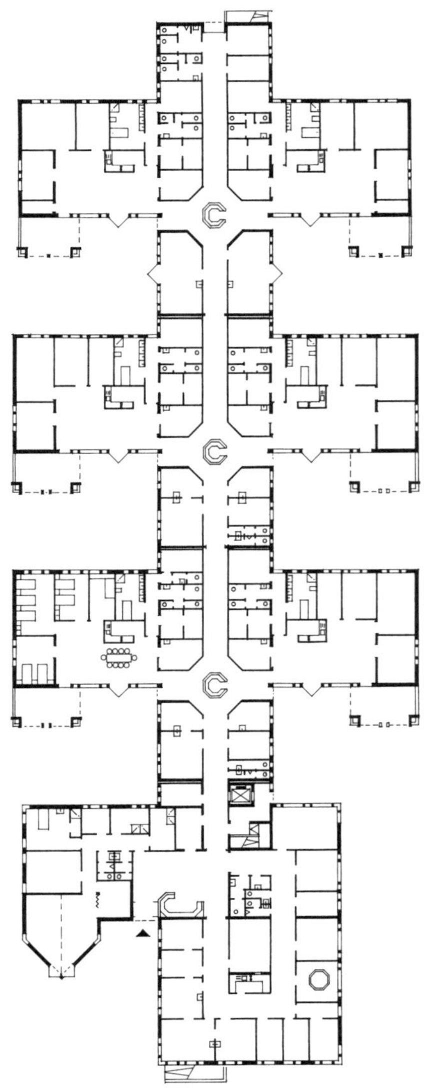

Das Bauvorhaben folgt den Empfehlungen einer Enquete-Kommission der Bundesregierung, wonach die zentralen und überregionalen Einrichtungen der Jugendpsychiatrie durch regionale Anlagen ersetzt werden sollten.
Die Heinrich-Hoffmann-Klinik ist für insgesamt 48 Kinder und Jugendliche konzipiert. Das Programm faßte jeweils acht Patienten zu einer Wohngruppe mit Familiencharakter zusammen; zwei Gruppen ergeben eine Station. Die acht Mitglieder einer Gruppe sind in jeweils einem Wohn- und Schlafteil zusammengefaßt.
Die Klinik hat einen Kopfbau; die übrigen Räume sind zu beiden Seiten einer Erschließungsachse kammartig angelegt. Der Kopfbau beherbergt die Klinikleitung, die Verwaltung, Bibliotheks-, Besprechungs- und Untersuchungsräume und den Gymnastik- und Therapiebereich. Links und rechts des Haupterschließungsstranges befinden sich die Räume für Ärzte, Schwestern und Mitarbeiter sowie weitere Therapieräume. An den räumlich geweiteten Knotenpunkten des mittleren Ganges befinden sich die Eingänge zu den Wohngruppen, überwacht durch die mit Sichtfenstern versehenen Mitarbeiterräume. Die Essensversorgung erfolgt von der zentralen Einrichtung eines benachbarten Heimes. Trotzdem hat jede Wohngruppe eine eigene kleine Küche.

Maßstab 1:800

Quellen *Meyer-Bohe, W.: Bauen für alte und behinderte Menschen, Wiesbaden 1996.*

## Franziskus-Hospiz in Erkrath-Hochdahl

| | |
|---|---|
| Franziskus-Hospiz GmbH, Erkrath | Bauherr |
| Arch. Gemeinschaft: F. Josef Klother – Friedhelm Sieben, Erkrath | Architekten |
| Ingenieurbüro J. Pawlik, Erkrath | Tragwerksplanung |
| Fertigstellung 1995 | |
| 2 003 m² | Grundstück |
| 1 030 m² = 46 % | HNF + NNF |
| 741 m² = 33 % | VF |
| 103 m² = 5 % | FF |
| 374 m² = 16 % | BGF |
| 2 248 m² = 100 % | |
| BRI/HNF = 8,03 VF/HNF = 0,72 | Faktor |

Es handelt sich um das erste neu errichtete Hospiz, das von einem Krankenhaus unabhängig ist. Das Modellprojekt wurde vom Bundesarbeitsminister gefördert. Im Hospiz werden Schwerkranke und Sterbende ganzheitlich gepflegt. Es dient der Entlastung pflegender Angehöriger wie auch der Neueinstellung von Therapien, wenn die Betreuung durch die angeschlossene Tagesstätte nicht mehr ausreicht. Die Tagesstätte ist für Personen eingerichtet, die durch ambulante Dienste nicht ausreichend betreut werden können. Die stationären Patientenräume sind ihrer Funktion entsprechend auf einer Ebene im Erdgeschoß um ein Atrium als Mittelpunkt des Hauses gelegen.

| | |
|---|---|
| 1 : 500 | Maßstab |
| *Pläne der Architekten.* | Quelle |

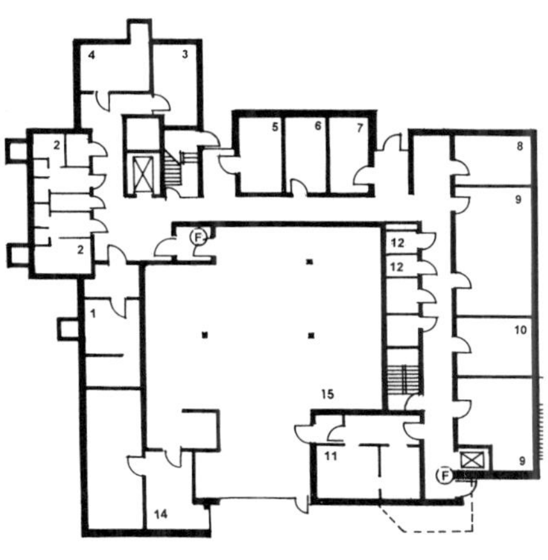

Gartengeschoß

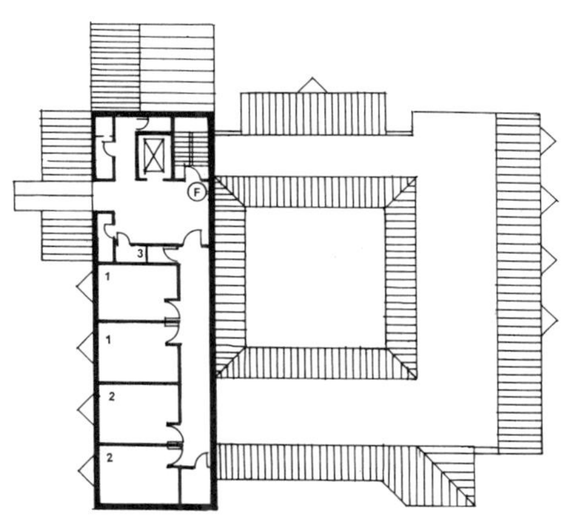

Obergeschoß

Untergeschoß

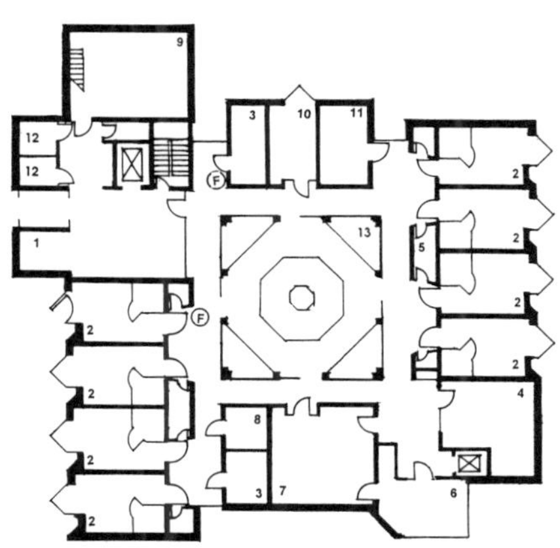

Erdgeschoß

## 3.3.4 Krankenheim in Gehrenholz bei Zürich/CH

| | |
|---|---|
| Bauherr | Hochbauamt der Stadt Zürich |
| Architekt | Martin Spühler, Zürich |
| Mitarbeiter | M. Martin, Chr. Oberholzer, S. Schnebeli, B. Seen, B. Stamm |
| Kunst | Sol Le Witt |
| Tragwerks-planung | Schubinger AG, Zürich |
| | Volksentscheid 1977, Wettbewerb 1984 |
| | Fertigstellung 1994 |

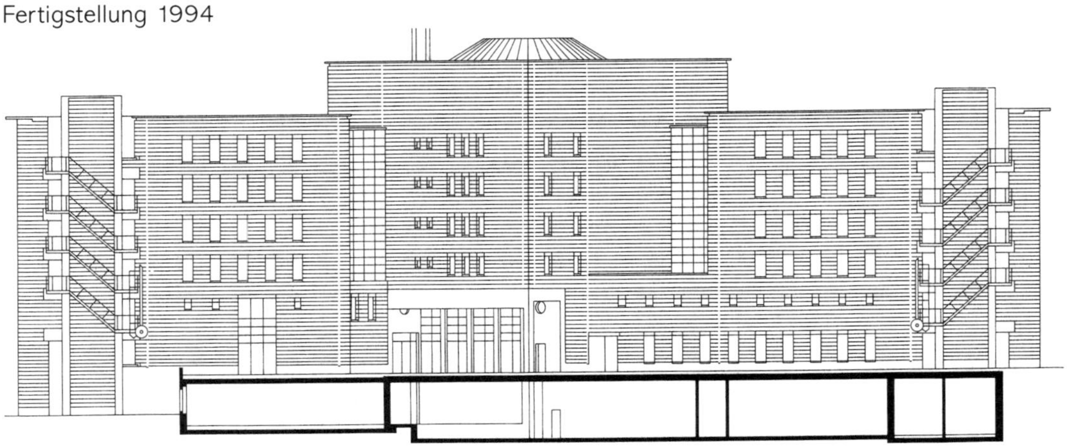

| | | |
|---|---|---|
| Grundstück | 5 470 m² | Ausnutzungsziffer: 1,39 |
| BGF | 7 600 m² | |
| BRI | 43 700 m³ | |
| Faktor | BRI/BGF = 5,75 | |

Das Krankenheim mit 126 Betten dient in erster Linie der Langzeitpflege.
Der hohe und offene Lichthof verbindet sämtliche Geschosse und versorgt den Innenbereich mit natürlichem Licht. Er ermöglicht den Bewohnern auch eine visuelle Teilnahme am Geschehen des ganzen Heimes.
Das Erdgeschoß wie das öffentliche Galeriegeschoß weisen einen ringförmigen Zirkulationsweg auf, wobei die Saalgalerie mit den beiden kleinen Freihandbibliotheksnischen diesen Ring schließt.
In einem Seitenflügel befinden sich die ärztlichen Behandlungs- und zusätzliche Verwaltungsräume, während im zweiten Seitentrakt eine halbe Pflegestation mit experimentellem Charakter untergebracht ist.
Mit dem Verzicht auf traditionelle Korridore und mit der Patientenzimmertüranordnung in wenigen Nischen ergibt sich eine transparente und offene Zirkulationszone, welche differenzierte Raumkonstellationen für vielseitige Nutzungen schafft.

| | | |
|---|---|---|
| Raumbereiche | UG | Küche mit Anlieferung, Werkstatt, Zivilschutzräume, Tiefgarage |
| | EG | Eingang, Cafeteria, Saal mit Bühne, Verwaltung |
| | Galeriegeschoß | Fachbibliothek, Einbettzimmer, Ärzte, Verwaltung |
| | OG's (Bettengeschosse) | Ein-, Zwei- und Vier-Bettenzimmer, jeweils mit Balkon und Installationszelle, zentrale Bäder |

Maßstab 1:600

Quellen *Krankenheim Gehrenholz, Zürich 1994, AIT 11/96; Pläne der Architekten.*

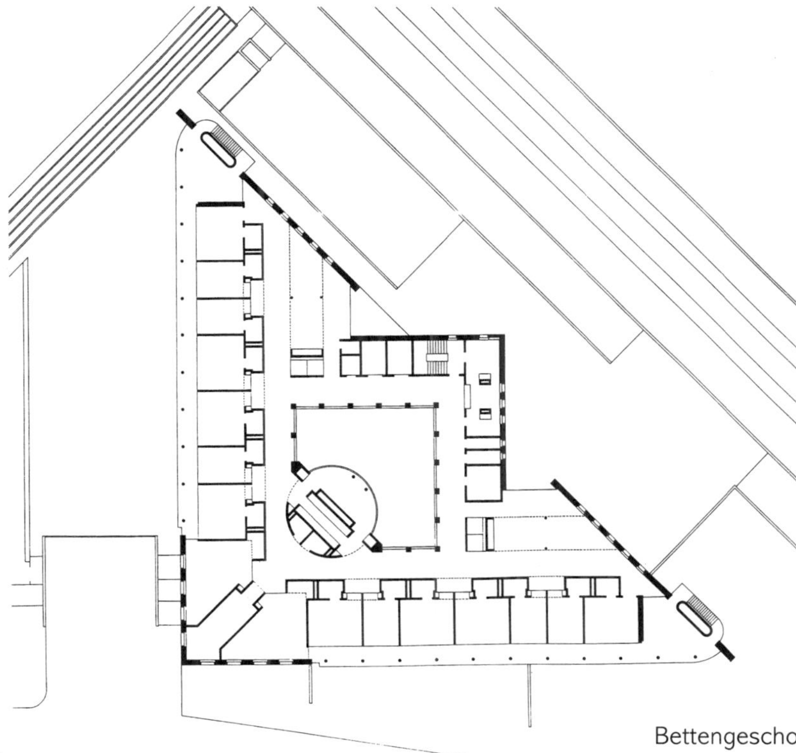

Bettengeschoß

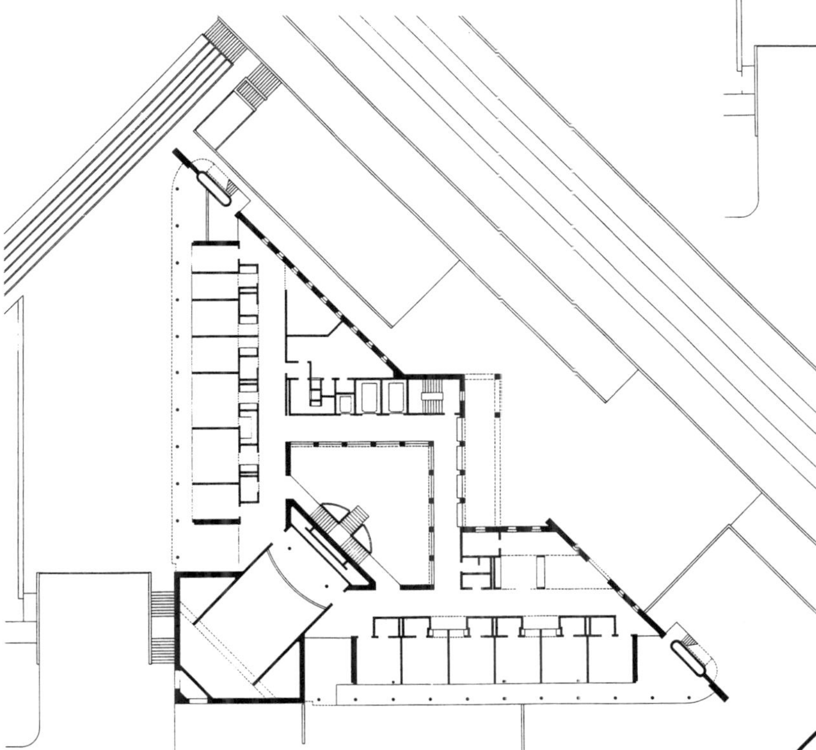

Erdgeschoß

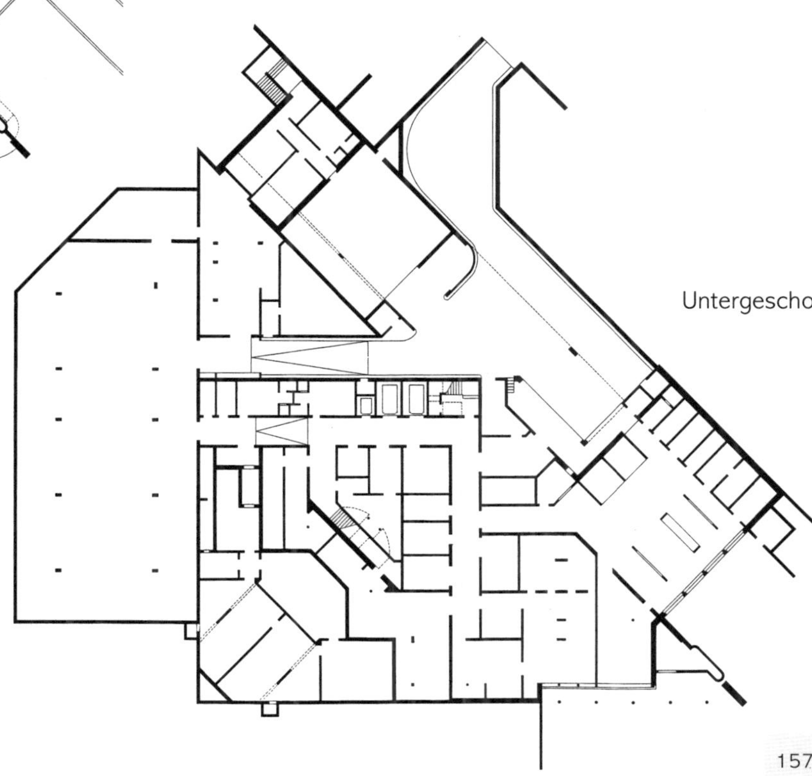

Untergeschoß

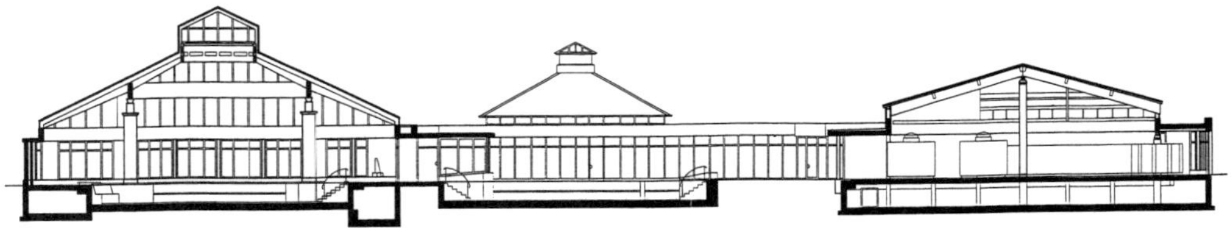

## 3.4.1 Thermalbad in Bad Driburg

Bauherr: Stadt Bad Driburg
Architekten: GMA – Geller + Müller + Assoziierte, Mainz
Projektarchitekt: Kurt Pelzer
Projektleitung: Gerold Menzel
Mitarbeiter: M. Ruiz Eckstein
Fertigstellung 1994

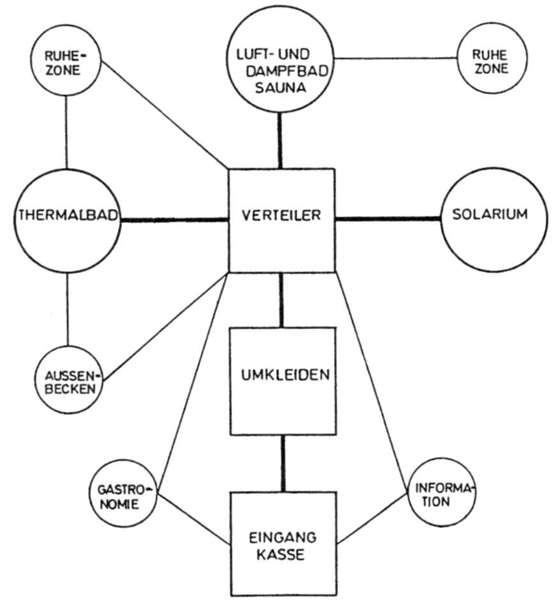


HNF: 2 650 m²
NNF: 2 960 m²
VF: 525 m²
BRI: 22 500 m³
Wasserfläche innen ca. 322 m²
Wasserfläche außen ca. 165 m²
Faktor: BRI/HNF = 7,03   VF/HNF = 0,164

Das erdgeschossige, voll unterkellerte Thermalbad ist mit einem Römisch-Irischen Dampfbad verbunden. Es bietet zusammen mit den abgesetzten Ruhezonen ein vielseitiges Badeangebot; die Becken haben verschiedene Temperaturen. Therapiebecken bilden den Hauptbestandteil dieses Bereiches. Im Dampfbad gibt es zwei Thermaldampf- und zwei Thermalsprudelbäder. Über einen Wasserfall gelangt man in das Kaltwasserbecken. Dazwischen befindet sich eine Saftbar.
Dem Gast wird ein Parcours-ähnlicher Ablauf offeriert, der eine »rund um den Körper«-Pflege und Entspannungsanwendung bietet.
Die Ruhezonen verfügen über verschiedene Räume, in denen von der Plauderecke, dem Meditationsraum bis zum Intensiv-Ruheraum alle Möglichkeiten der Entspannung geboten werden.
Die Gastronomie teilt sich in einen Bereich für externe Gäste, die Schuhe tragen und einen Barfußbereich für die Badegäste ein. Daneben gibt es ein Selbstbedienungsrestaurant für gesundheitsorientierte Speisen.

Raumbereiche:
UG Technik
EG Römisch-Irisches Dampfbad, Innenhof mit Thermalbecken, Thermalhalle, Cafeteria, Sauna, Ruhezonen

Maßstab: ca. 1 : 600

Quellen: *Archiv des Badewesens 3/95; Pläne der Architekten.*

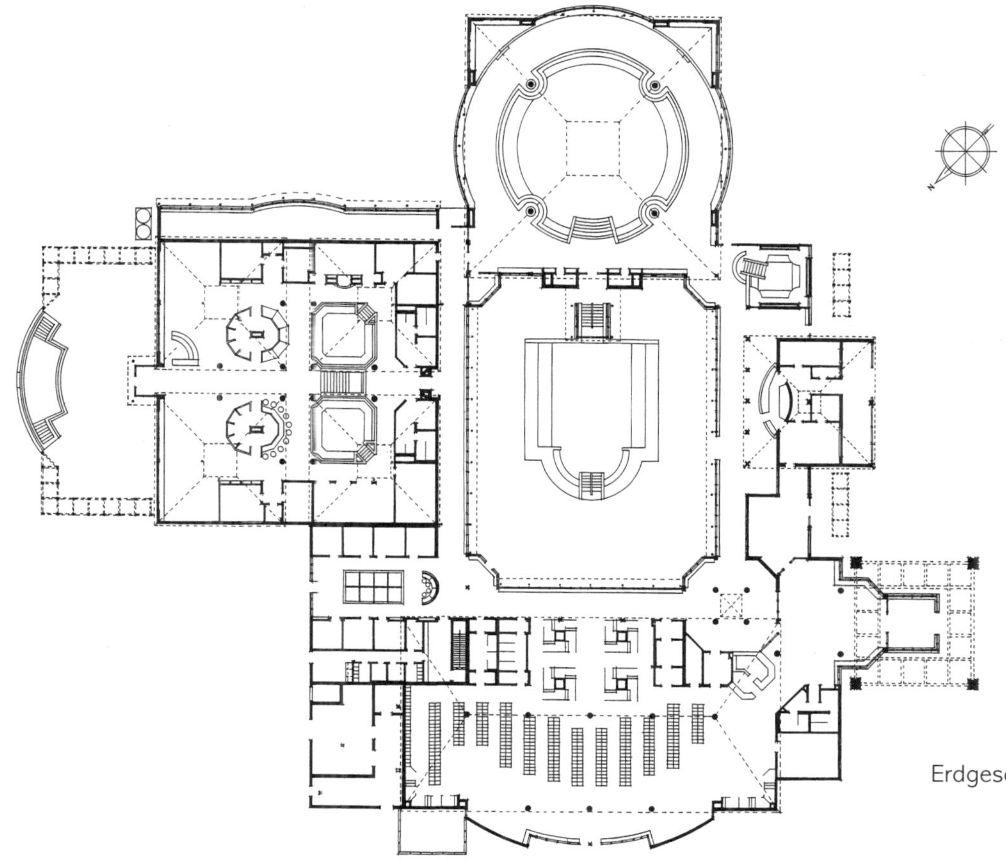

Erdgeschoß

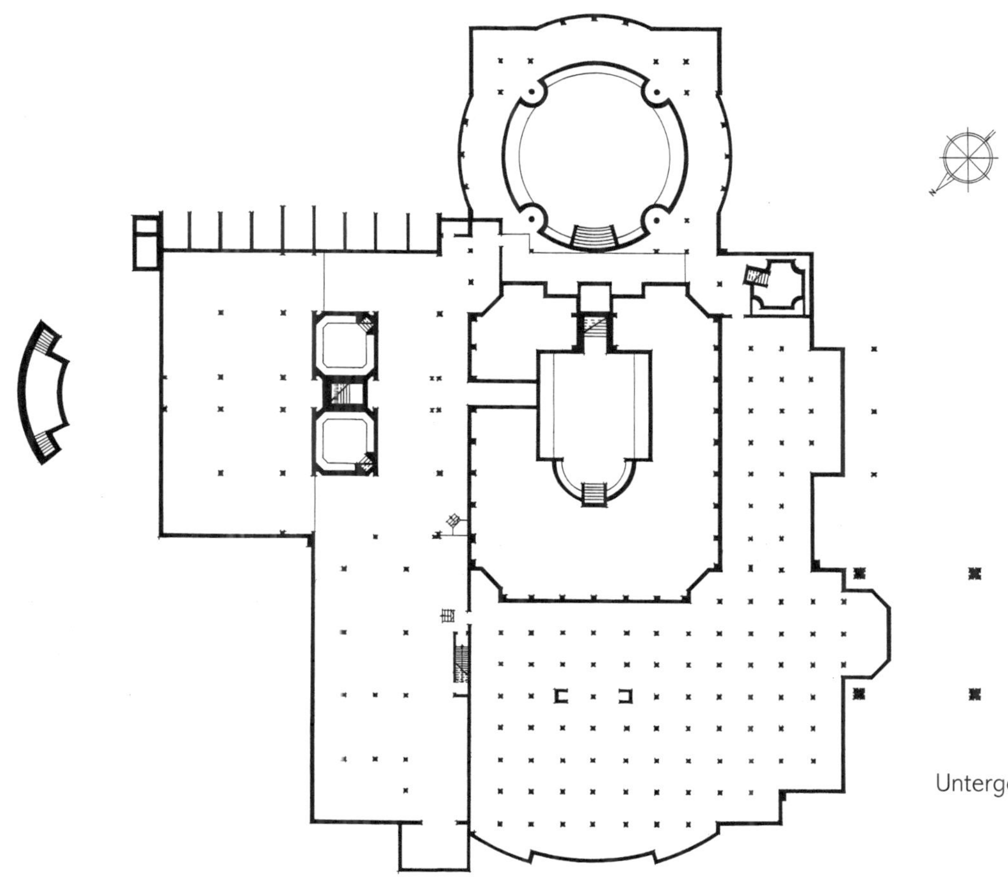

Untergeschoß

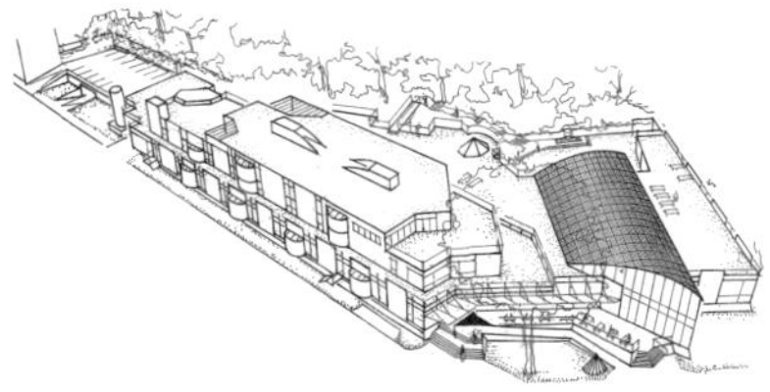

## 3.4.2 Mineralbad Cannstatt in Stuttgart-Bad Cannstatt

| | |
|---|---|
| Investor | Wolff + Müller, Betreiber: Landeshauptstadt Stuttgart |
| Architekten | W. Beck-Erlang und Partner, B. Schopf, G. Baacke, Stuttgart |
| Tragwerks-planung | Ing.-Büro Meyer-Vorfelder und Dinkelacker, Sindelfingen |
| | Städtebaulicher Wettbewerb 1980, 1. Preis |
| | Fertigstellung 1994 |

| | | |
|---|---|---|
| Grundstück | 6 777 $m^2$ | GRZ = 0,72 GFZ = 1,83 |
| HNF | 7 962 $m^2$ | |
| FF | 1 879 $m^2$ | |
| VF | 1 112 $m^2$ | |
| NGF | 10 953 $m^2$ | |
| BGF | 12 403 $m^2$ | |
| BRI | 51 568 $m^3$ | |

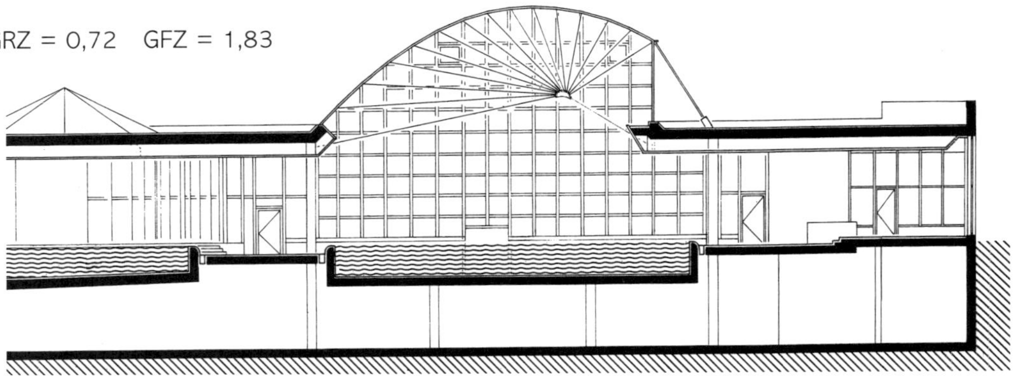

Die Forderung bestand in der Schaffung einer Badelandschaft, die das Bedürfnis der Besucher nach Ruhe und Privatheit erfüllte. Die Nachbarschaft des klassizistischen Kursaals zwang zur Unterordnung der Baumassen.

Das Bad mit seinem Außenschwimmbecken öffnet sich artriumartig zum bewaldeten Hang des Kurparks hin. Über begrünte Liegeterrassen stuft sich der obere Kurpark optisch gleichsam auf die untere Parkebene ab.

Entlang der Sulzerrainstraße wurde der geschlossene Bauteil mit Umkleideräumen, Kurmittelanwendung und Sauna-Dampfbad-Bereich angeordnet. Die spitzwinklig in den Straßenraum vorgezogene Badehalle ist mit einem Paraboldach versehen. Bereits von der Eingangshalle überblickt man die gesamte Anlage.

| | | |
|---|---|---|
| Raumbereiche | EG | Mineral- und Thermalbad, 4 Becken innen, 2 Becken außen |
| | 1. OG | Galerie, Badehalle mit Verbindung zu den Dachterrassen, Kurmittelanwendung |
| | 2. OG | Dampfbad, Sauna, Außenliegeflächen |
| | UG | Technik und Garagen |

Maßstab — Grundrisse ca. 1:600, Schnitt 1:250

Quellen — *VFA Profil 6/95; MD 6/95; Glasarchitektur + Technik 12/95; Heinze Deutsche Baudokumentation, Celle 1996; Pläne der Architekten.*

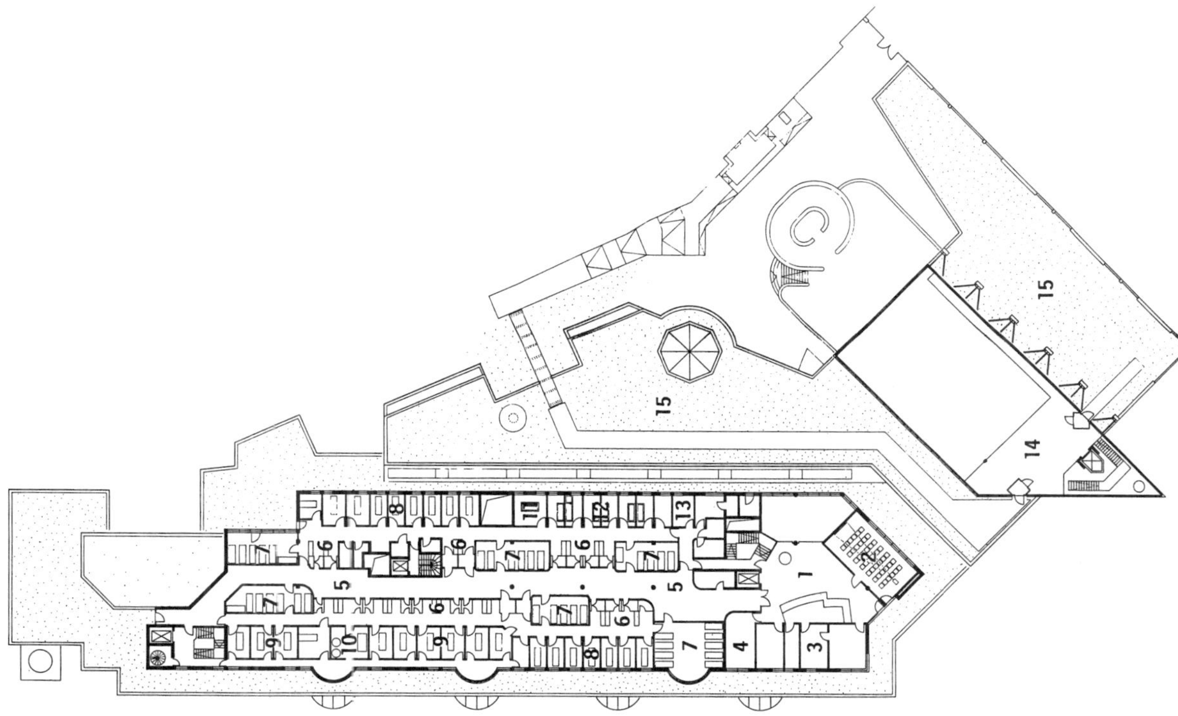

1. Obergeschoß

Erdgeschoß

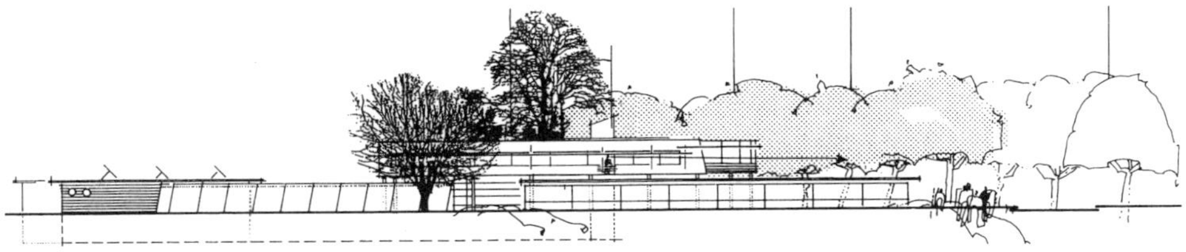

## 3.4.3 Therapiezentrum in Bad Lippspringe

Bauherr: Kuranstalten und Forschungsinstitute Bad Lippspringe GmbH
Architekten: »Scheuring-Architekten«, Köln
Andreas Scheuring, Claudia Hannibal-Scheuring, Rüdiger Ruby, Georg A. Schütz, Georg Taxhet
Mitarbeiter: E. Beccard, G. Bornkast, J. Könecke, M. Ley, M. Lohmann, N. Mohr, D. Mossolff, K. L. Willius
Tragwerksplanung: Raymund Fecke, Bad Lippspringe
Wettbewerb 1990
Fertigstellung 1994

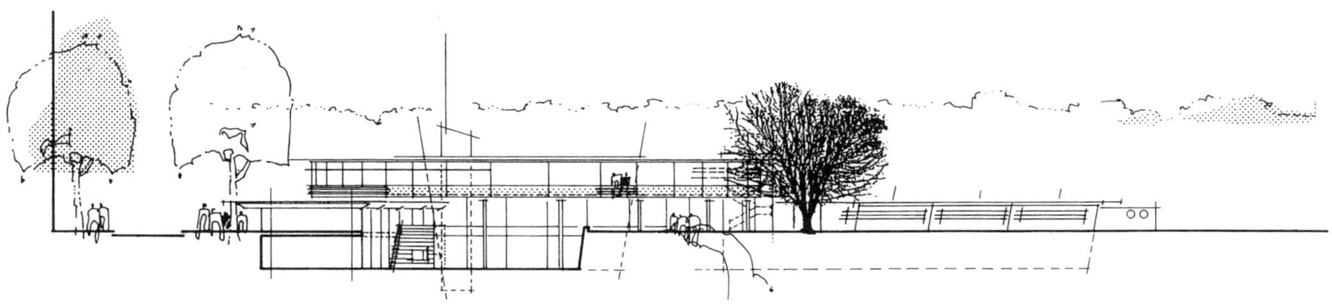

| | |
|---|---|
| HNF | 3 466 m² |
| NF | 600 m² |
| VF | 1 402 m² |
| KF | 270 m² |
| BGF | 5 740 m² |
| BRI | 22 955 m³ |
| Faktor | BRI/HNF = 6,62 |

Als Baukörper wurde ein Pavillon gewählt, der sich mit auskragenden Dächern in die Parklandschaft des Kurparks integriert. Das Gebäude ist lichtdurchflutet und wirkt heiter.
Das hier untergebrachte Therapiezentrum besteht aus den Abteilungen für Massage, Einzelgymnastik, Elektrotherapie, Fango- und medizinische Bäder, Inhalation, Kneippen, Atemtherapie und Fitneß. Integriert sind ein Bewegungsbad und eine Turnhalle.
Die Mitte des Zentrums wird durch einen abgesenkten Innenhof ausbildet. Durch den eingeschnittenen runden Innenhof erhält das Therapiezentrum an dieser Stelle die geringste Gebäudetiefe, so daß eine zweiseitige Belichtung der Eingangszone ermöglicht wird. In den Innenhof münden die beiden großen Freitreppen, die jeweils in die Geschosse nach oben und unten führen. Um den Hof gliedern sich die Warte- und Ruhezonen der einzelnen Abteilungen. Der Weg um den Innenhof ermöglicht eine leichte Auffindbarkeit der Abteilungen und bietet abwechslungsreiche Sichtbeziehungen.
Zur Atmosphäre des Zentruminneren trägt nicht unwesentlich der Kontrast zwischen gewählten natürlichen Materialfarbtönen und den Betonfertigflächen der Tragkonstruktion bei.

Raumbereiche
UG Krankengymnastik (Gymnastikhalle, Einzelgymnastik), Kneipp-Abteilung, Personalräume
EG Zentraler Informationsbereich, Inhalation, Bewegungsbad, Atemtherapie, Elektrotherapie, Fitneßräume
1. OG Massageabteilung, Fangoabteilung, Badeabteilung

Maßstab: ca. 1:700

Quellen: *db 8/96; Pläne und Broschüre der Architekten.*

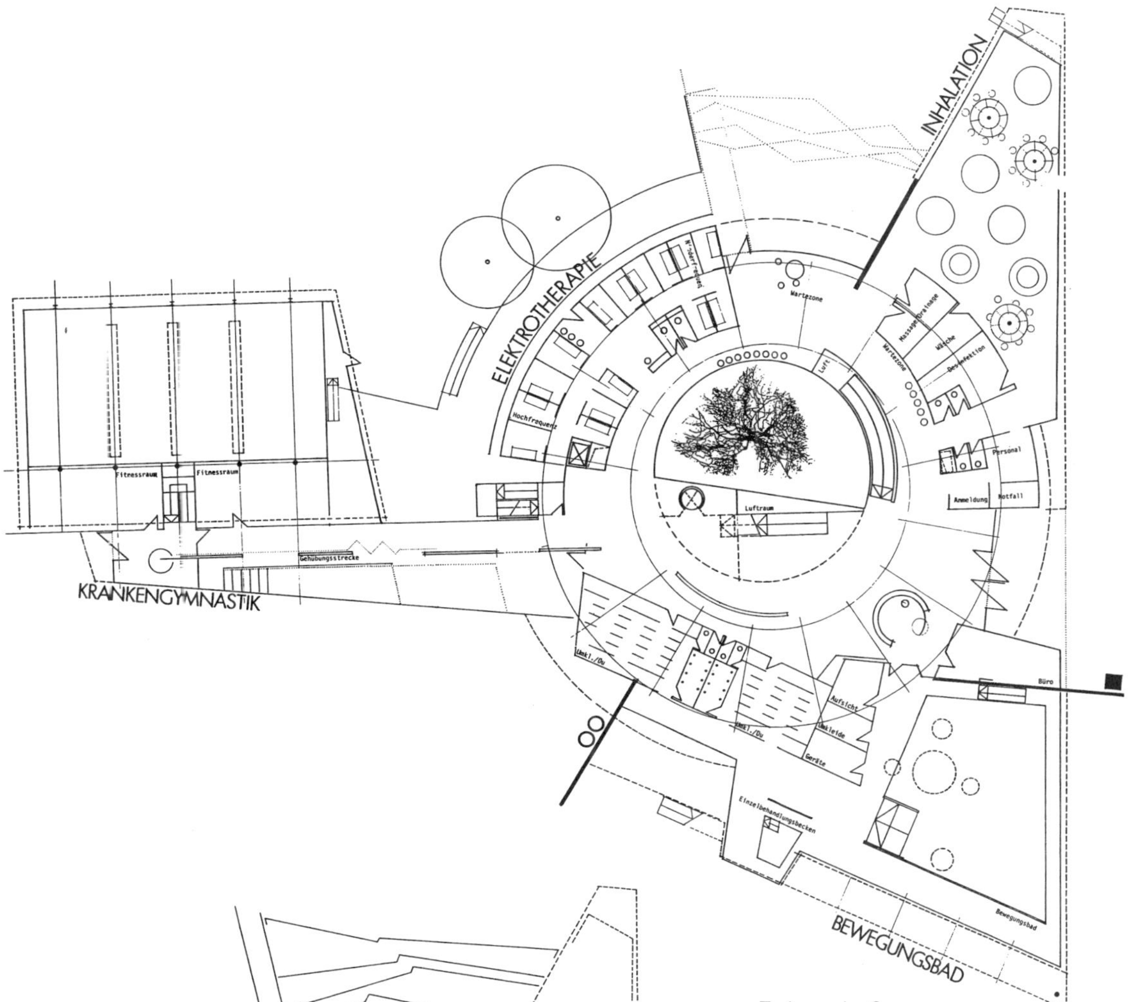


Erdgeschoß

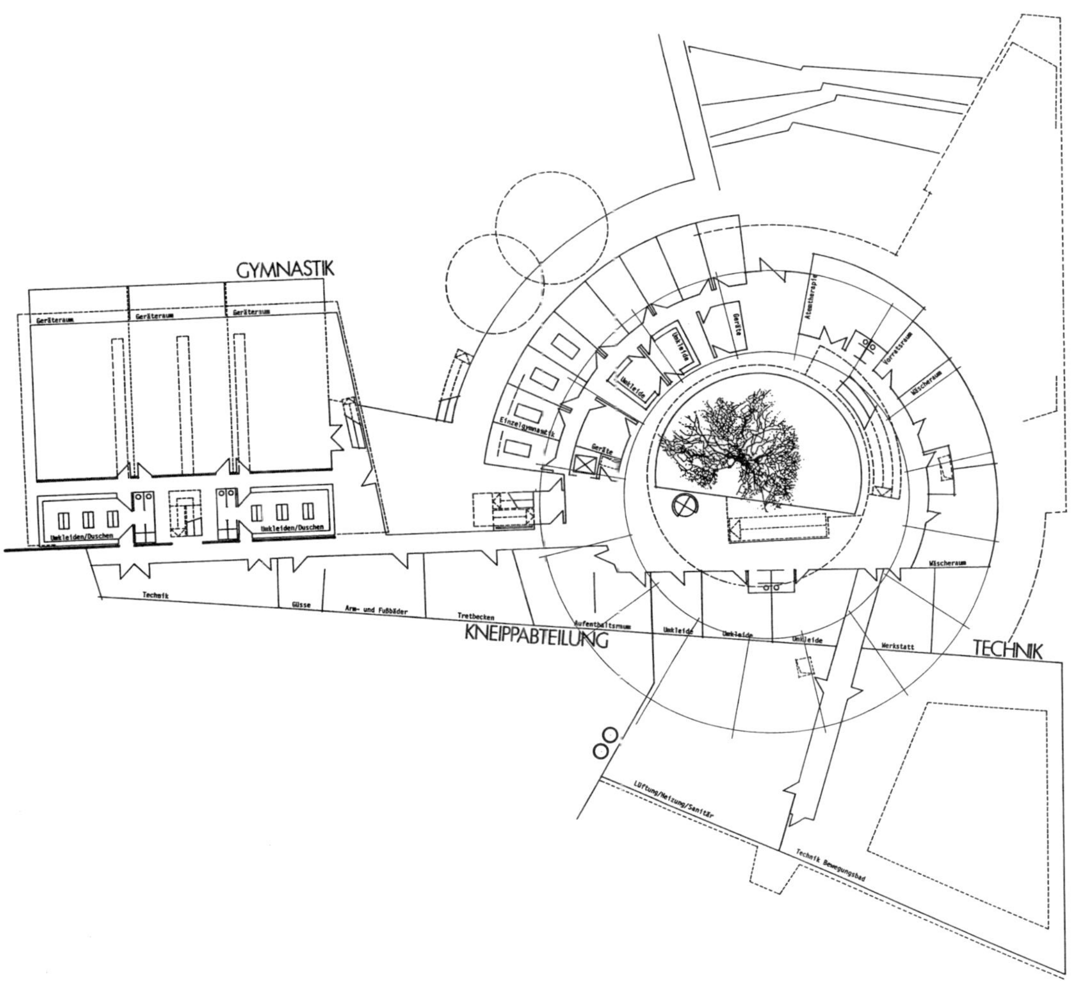


Untergeschoß

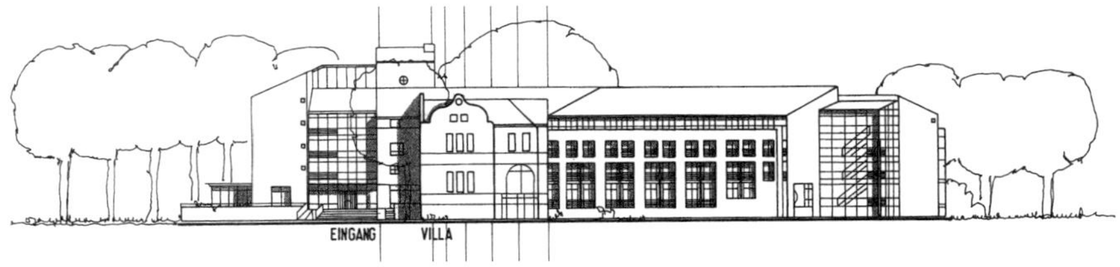


## 3.4.4 Rehabilitationsklinik für Orthopädie und Gynäkologie in Bad Schmiedeberg

| | |
|---|---|
| Bauherr | Eisenmoorbad Bad Schmiedeberg-Kur GmbH, Bad Schmiedeberg |
| Architekt | Hansjochen Schwieger, Göttingen |
| Mitarbeiter | A. Beinhoff, Braunschweig |
| Tragwerks-planung | Ing.-Büro Jäger, Göttingen |
| | Fertigstellung 1994 |

| | | | |
|---|---|---|---|
| Grundstück | 33 455 m² | GRZ = 0,08 | GFZ = 0,56 |
| HNF | 9 916 m² | = 52 % | |
| NNF | 644 m² | = 3 % | |
| VF | 4 300 m² | = 23 % | |
| FF | 1 379 m² | = 7 % | |
| KF | 2 628 m² | = 14 % | |
| BGF | 18 856 m² | = 100 % | |
| BRI | 67 244 m³ | | |
| Faktor | BRI/HNF = 6,78 | VF/HNF = 0,43 | |

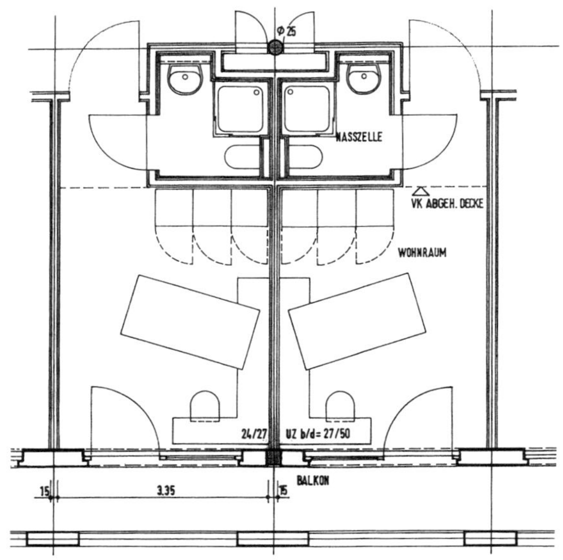


Krankenzimmer M 1:15

Das Gebäude enthält sieben Stationen mit 244 Bettenzimmern. Die Einzelzimmer sind großzügig ausgelegt, haben Sanitärzellen und meist Balkone. Für den Patientenaufenthalt stehen Freizeiträume, Vortragssaal und Clubräume zur Verfügung.
Eine innere, zum Himmel offene Halle verbindet alle Geschosse. Sie bietet auch bei schlechtem Wetter Aufenthaltsmöglichkeiten. Herzstück ist die Bäderabteilung im Sockelgeschoß mit Physiotherapie, Moorbädern, Therapiebecken und Schwimmbad sowie Saunabereich.

| | | |
|---|---|---|
| Raumbereiche | UG | Technik |
| | SG | Küche, Speisesaal, Bewegungsbecken, Warmbad, medizinische Bäder, Moorbäder, Gymnastik, Gehschule |
| | EG | Verwaltung, medizinische Abteilung, Aufenthalts- und Gruppenräume, Mehrzwecksaal |
| | 1. OG – DG | 244 Bettenzimmer in insgesamt 7 Stationen: je 2 Stationen im 1. – 3. OG, 1 Station im DG |

Maßstab ca. 1:500

Quellen *Heinze Deutsche Baudokumentation; Celle 1996, Pläne der Architekten.*

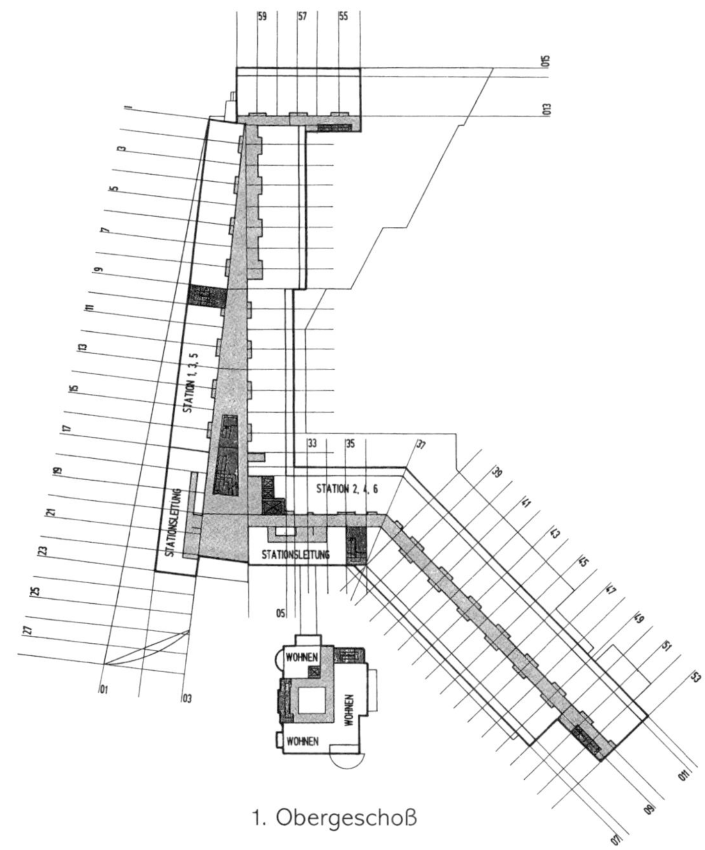

1. Obergeschoß

Erdgeschoß

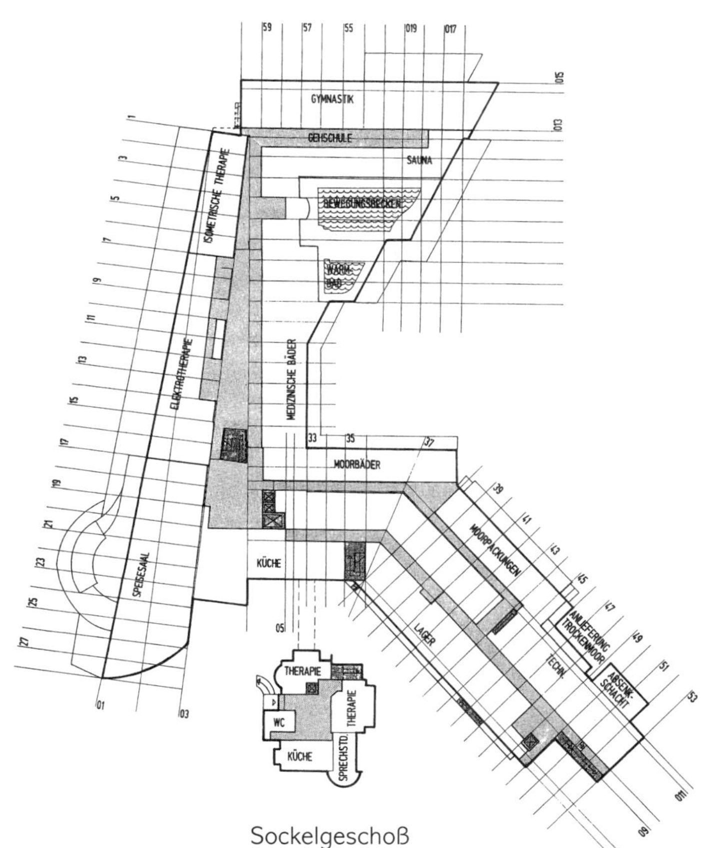

Sockelgeschoß

## 3.4.5 Kurgastzentrum in Bad Reichenhall

Bauherr — Freistaat Bayern, vertreten durch das Landbauamt Traunstein
Architekten — Walther und Bea Betz mit E. Mehner, J. Bath, J. Schmid, München
Mehrstufiger Wettbewerb
Fertigstellung 1989

BGF — 14 847 m²
BRI — 74 770 m³
Faktor — BRI/BGF = 5,04

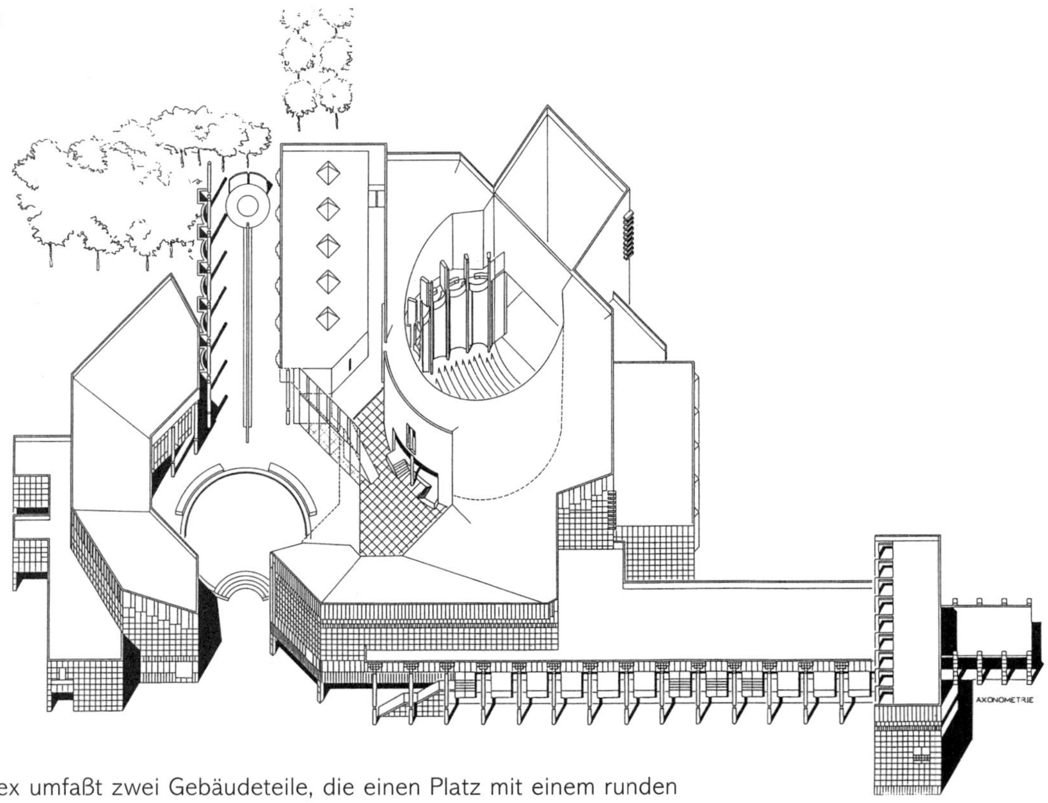


Der Gebäudekomplex umfaßt zwei Gebäudeteile, die einen Platz mit einem runden Wasserbecken umschließen.
Das Kurgastzentrum enthält mehrere unterschiedliche Nutzungen: Kurverwaltung, ein Theater mit 650 Sitzplätzen, eine Ladenzeile, ein Spielkasino, Lese- und Musikräume sowie ein Restaurant und Café. Trotz dieser Bündelung sollte für den Kurbetrieb in Anlehnung an die traditionellen Bauten eine Architektur mit angenehmer Aufenthaltsqualität und Unterhaltungswert geschaffen werden.
Innerhalb der Großform dient eine mehrgeschossige Halle als Kommunikationszentrum.

Raumbereiche — EG Halle, Verwaltung, Theater, Kurgasträume, Läden, Restaurant, Café
1. OG Halle, Theater, Spielbank

Maßstab — ca. 1 : 600

Quellen — *AIT 6/89; Pläne der Architekten.*

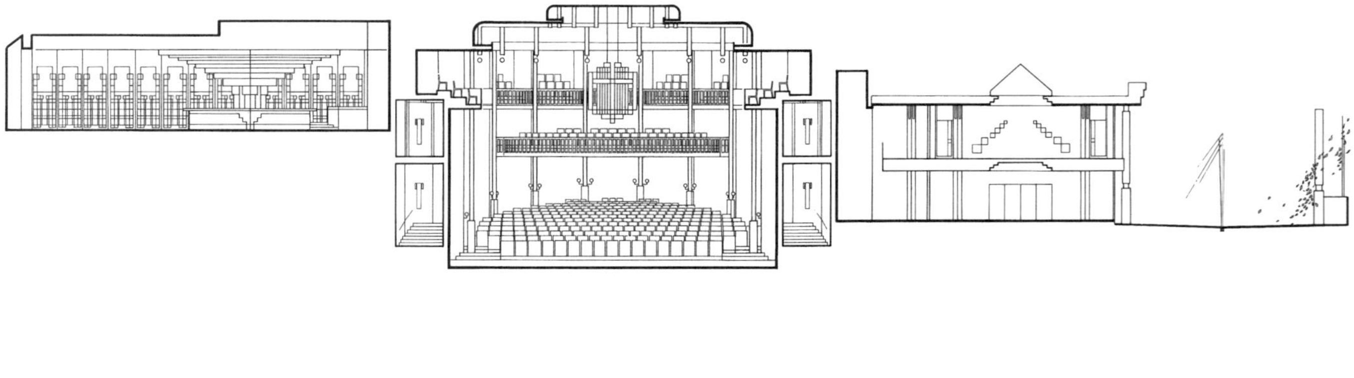

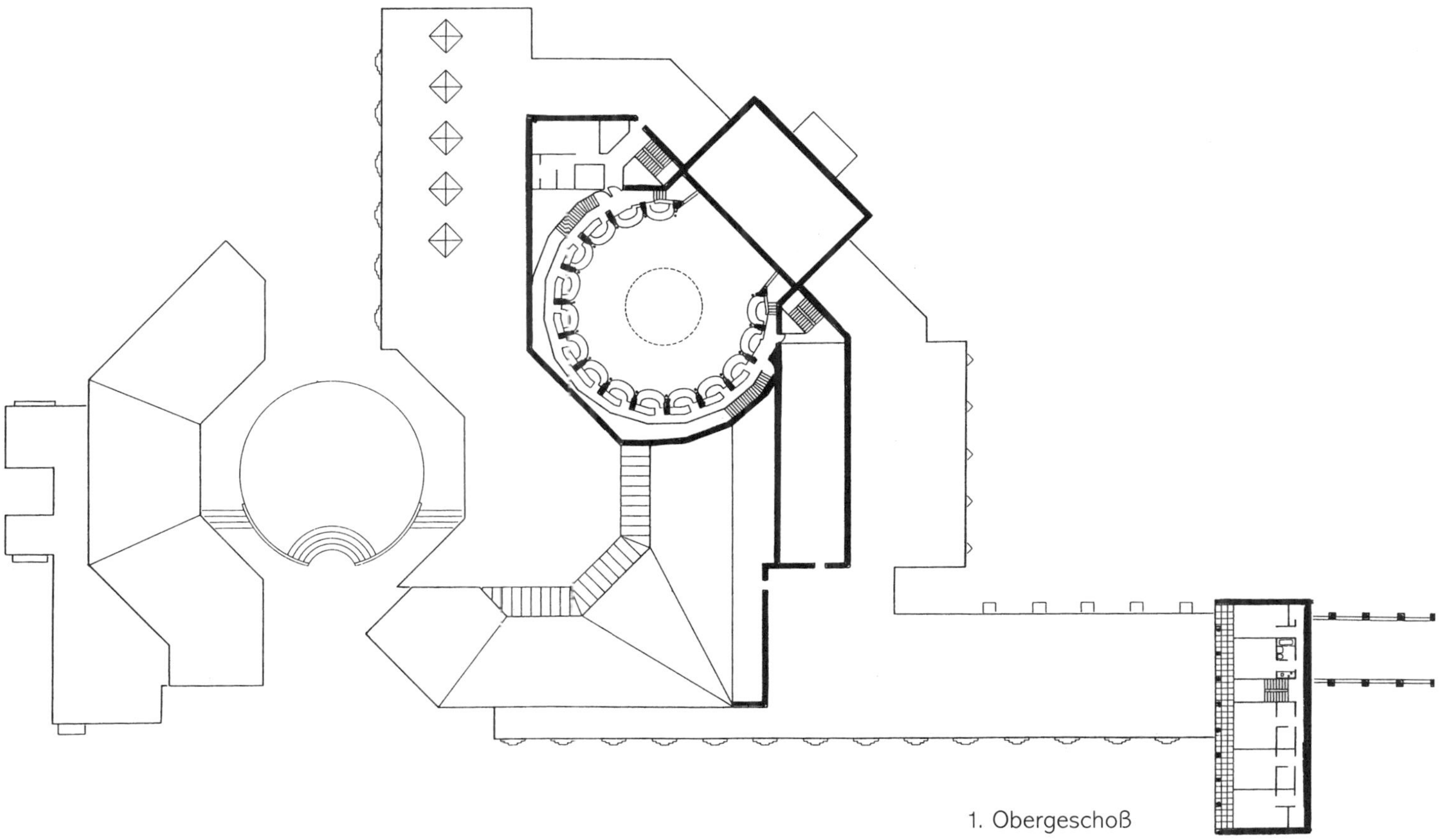

1. Obergeschoß

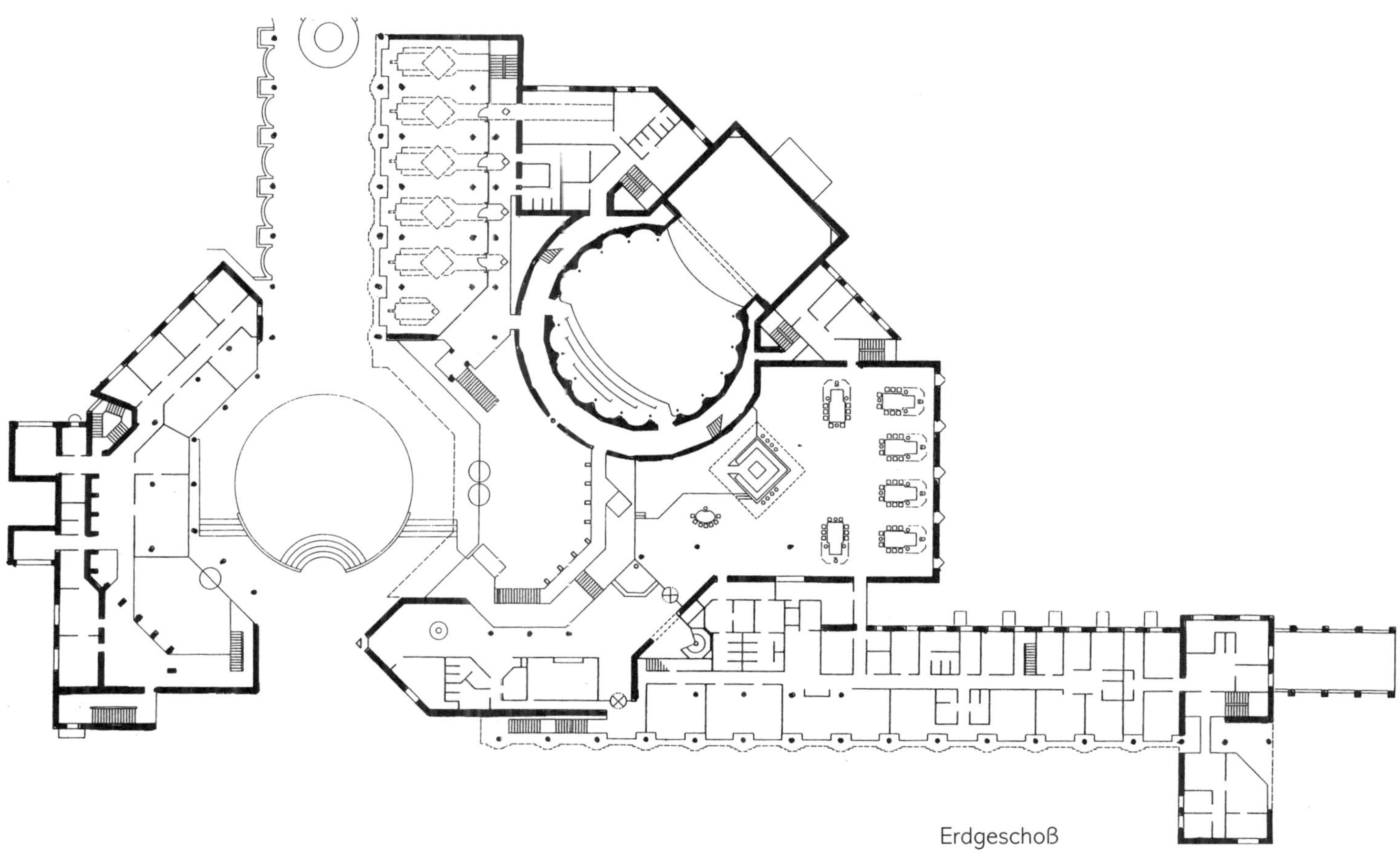

Erdgeschoß

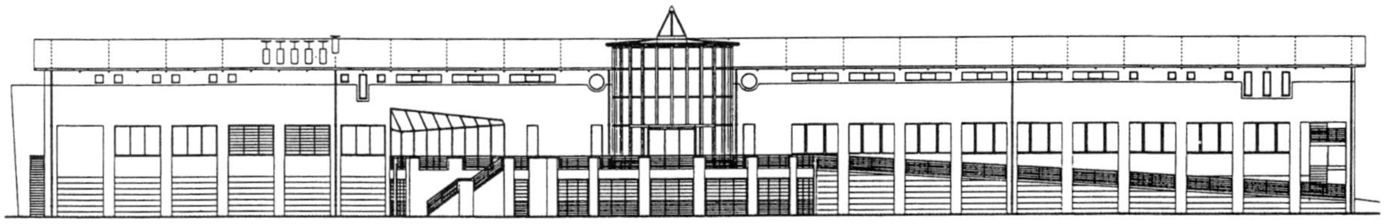

## 3.4.6 Rheinpark-Therme in Bad Hönningen

| | |
|---|---|
| Bauherr | Rheinparktherme GmbH, Bad Hönningen |
| Architekten | Geising + Böker, Hamburg |
| Mitarbeiter | O. Tober, H. Kruth, M. Stilkenböhmer |
| Tragwerks-planung | Bauerochse und Winzen, Köln |
| Bädertechnik | Zibell, Willner + Partner, Köln |
| | Planungsbeginn 1989 |
| | Fertigstellung 1994 |

| | |
|---|---|
| Grundstück | 7 590 m² |
| Bebaute Fläche | 2 510 m² |
| HNF | 2 310 m² |
| NF | 3 321 m² |
| FF | 470 m² |
| VF | 460 m² |
| BGF | 6 224 m² |
| BRI | 23 480 m³ |
| Wasserflächen | 685 m² |

Das Projekt sollte ursprünglich aus dem Bestand des alten Thermalbades entwickelt werden. Da der Sanierungsaufwand jedoch unwirtschaftlich war, wurde schließlich eine große Neubaulösung favorisiert.
Der zweigeschossige Baukörper besitzt in der Mittelachse eine vollverglaste Rotunde. Wegen der Überschwemmungsgefahr des Rheines liegt der Saunabereich im 1. Obergeschoß. Über die zentrale Verteilerhalle werden alle Badangebote erreicht: das Thermalaußenbecken mit dem Ausschwimmkanal sowie das Thermalhallenbad. Erweitert wurde dieses Angebot durch ein um einen halben Meter erhöhtes Becken, das auch für Wassertherapien genutzt wird. Es ist umgeben von Liege- und Ruhebereichen. Im Anschluß daran liegt das interne Restaurant mit Außenterrasse. Von hier führt eine Brücke zu einer Insel im Thermalaußenbecken.
Im 2. Obergeschoß befindet sich die Sauna mit Ruhe- und Aufenthaltsbereichen. Außerdem gibt es hier eine gastronomische Versorgung sowie eine Dachterrasse mit Rheinblick und Außensauna.
Ein weiterer wichtiger Bestandteil der Therme ist das verpachtete 455 m² große »Zentrum für Physikalische Therapie«.
Der Baugrund war so schlecht, daß das Gebäude auf 99 Pfähle gestellt werden mußte, die etwa 8 bis 12 m unter der Erdoberfläche bis auf den tragfähigen Boden reichen. Zudem waren die im Erdreich liegenden Kellerräume gegen Aufschwimmen zu sichern.

Maßstab ca. 1 : 500

Quellen *Heinze Deutsche Baudokumentation, Celle 1994; AB Archiv des Badewesens 4/95; Pläne der Architekten.*

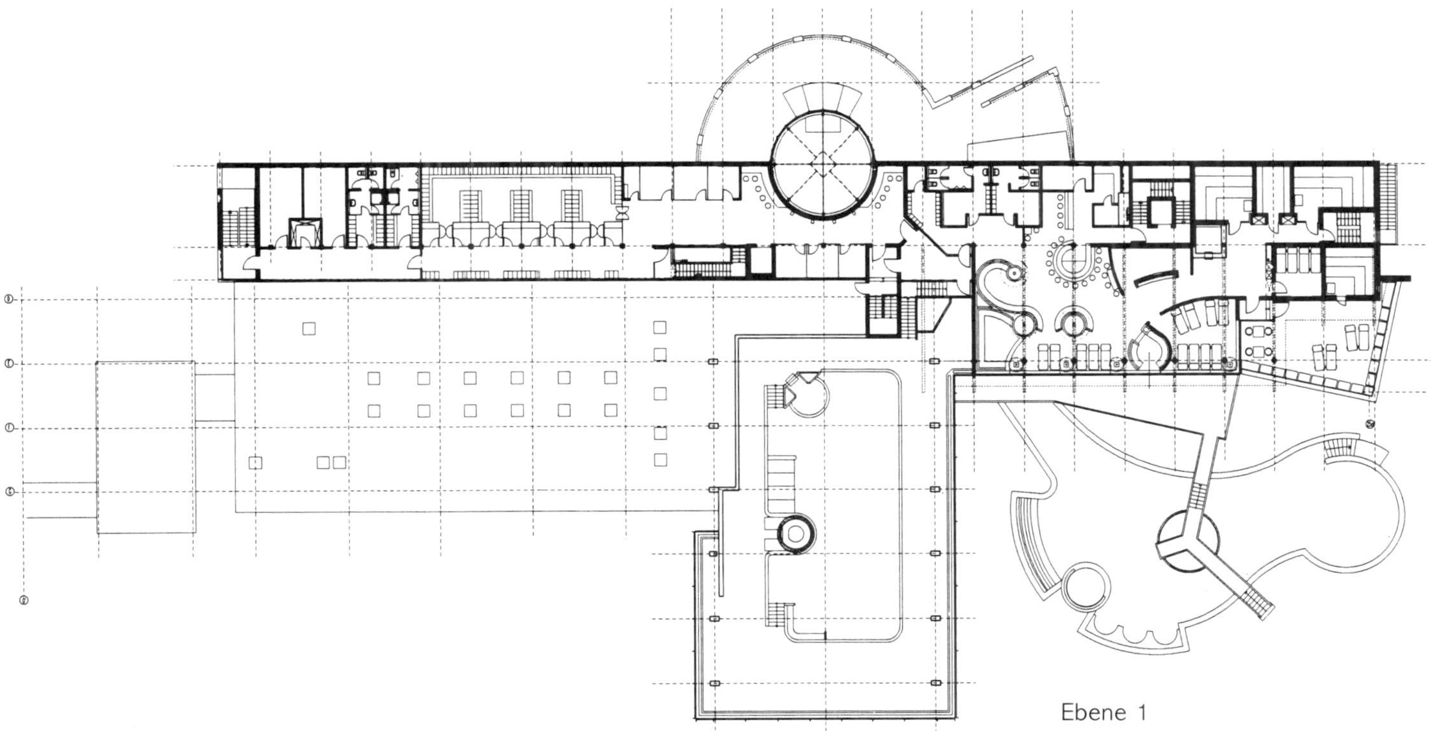

Ebene 1

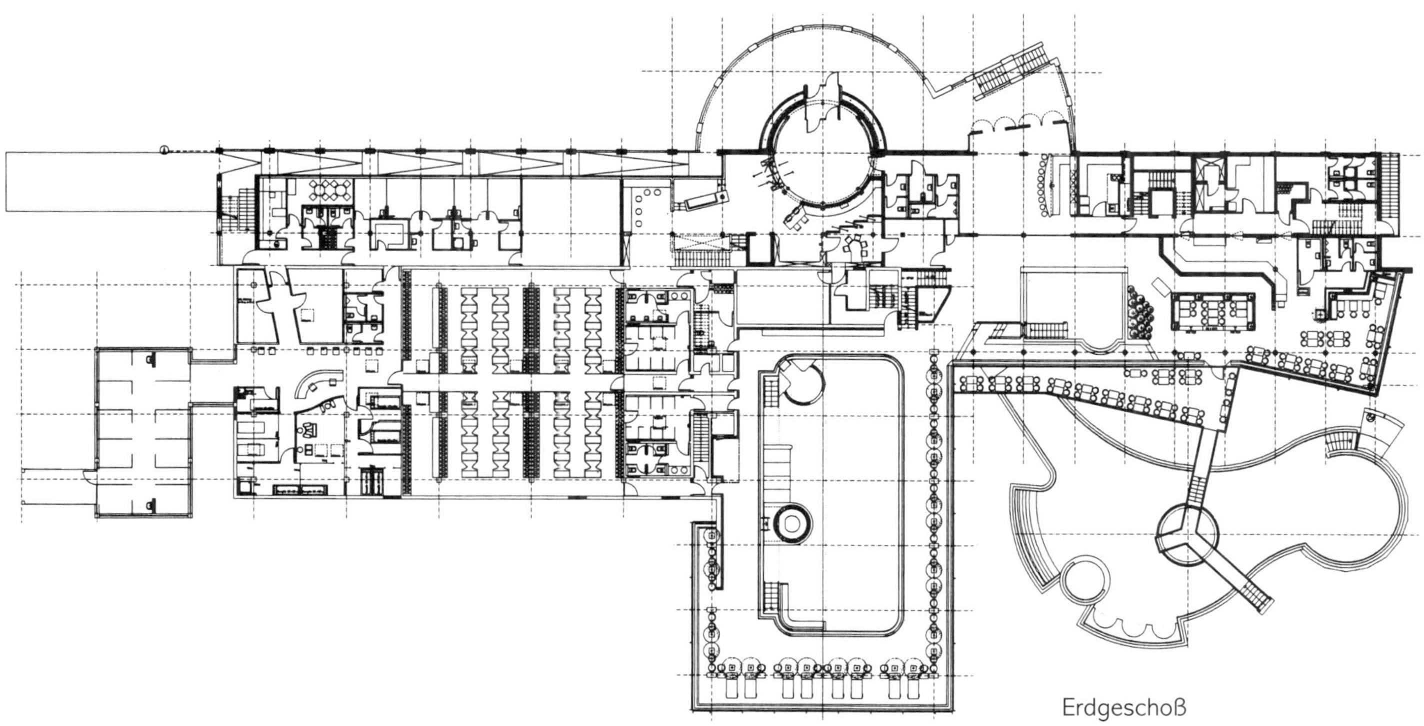

Erdgeschoß

# 4 Schulen

## 4.1.1 Friedrich Hölderlin-Grundschule in Cleebronn

| | |
|---|---|
| Bauherr | Gemeinde Cleebronn |
| Architekten | Matthias Tusker und Andrea Ströhle, Stuttgart |
| Tragwerks-planung | Dr. Falkner, Stuttgart |
| | Wettbewerb 1991, 1. Preis |
| | Anerkennung Deutscher Architekturpreis 1995 |
| | Fertigstellung 1994 |

| | | |
|---|---|---|
| Grundstück | 1 474 $m^2$ | |
| HNF | 798 $m^2$ | = 92 % |
| NNF | 66 $m^2$ | = 7 % |
| NF | 865 $m^2$ | = 100 % |
| FF | 46 $m^2$ | = 5 % |
| VF | 313 $m^2$ | = 36 % |
| NGF | 1 224 $m^2$ | = 141 % |
| KGF | 92 $m^2$ | = 10 % |
| BGF | 1 316 $m^2$ | = 152 % |
| BRI | 5 350 $m^3$ | |
| Faktor | BGF/HNF = 1,65 BRI/HNF = 6,70 BRI/BGF = 4,0 | |

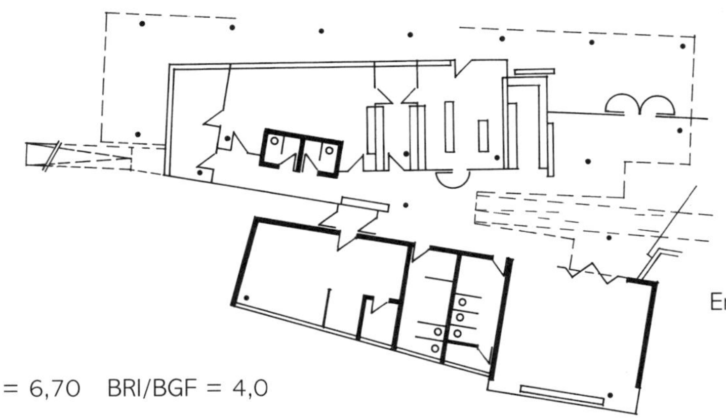

Erdgeschoß

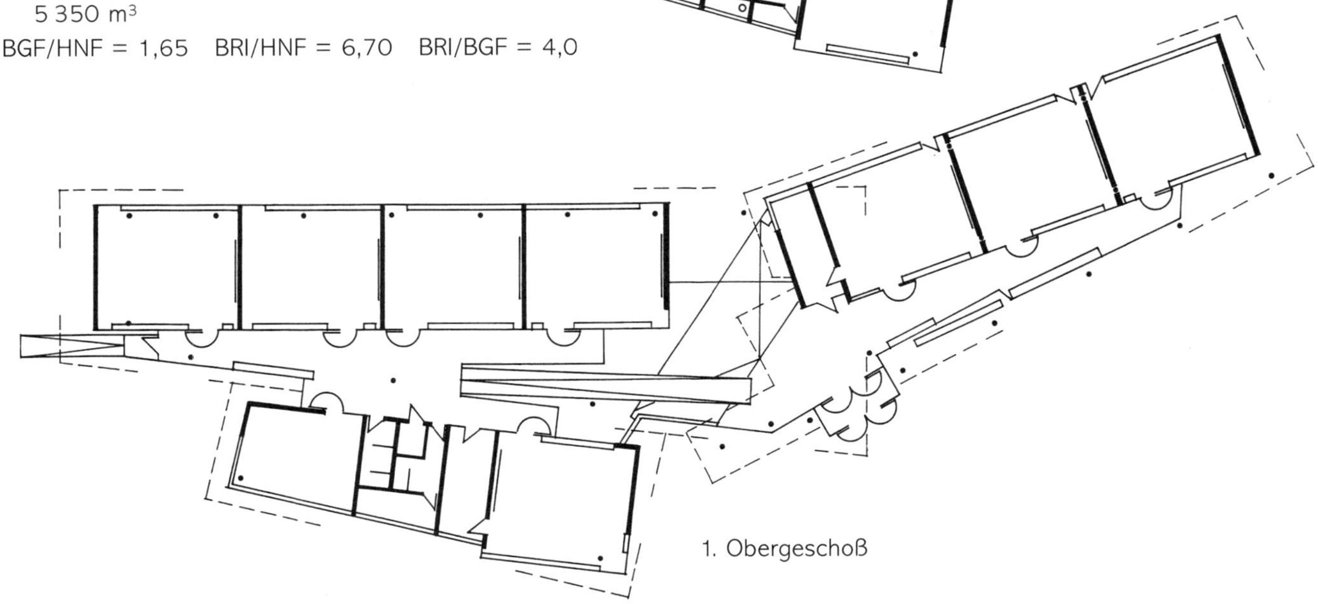

1. Obergeschoß

Die zweigeschossige Schulanlage besteht aus halbgeschossig versetzten Ebenen, die durch eine breite Innen- und Außentreppe und eine lange Rampe miteinander verbunden sind. Hier findet der Weg seine Fortsetzung im Inneren des Gebäudes, und es entsteht eher beiläufig der Mittelpunkt der Schule, eine kleine Halle. Diese öffnet sich über den Pausenbereich hinweg zur freien Landschaft und verbindet die Pausenebene mit den beiden Unterrichtsebenen. Zusätzliche Sonne und Licht erhält sie über Verglasungen zwischen den Dachbereichen. Sie bietet den Raum für die alltäglichen Begegnungen im Schulablauf und wird, mit dem Musikraum zusammengefaßt, zum Forum für festliche Anlässe.

Maßstab 1:450

Quellen *db 4/95; Bauwelt 10/95; Festschrift der Gemeinde Cleebronn 1994; Pläne der Architekten.*

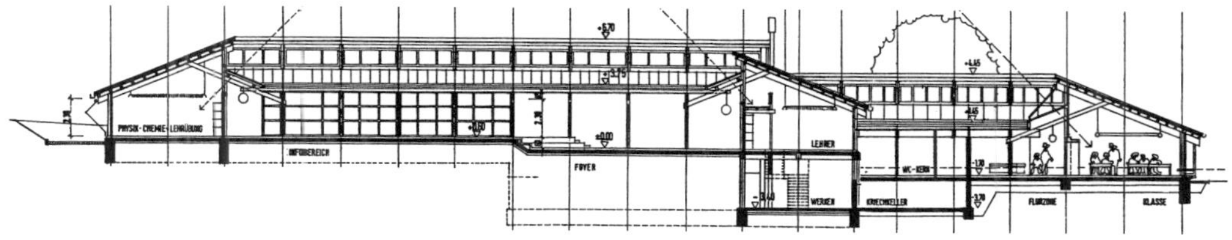

## Grund- und Hauptschule in Neulingen

4.1.2

| | |
|---|---|
| Gemeinde Neulingen / Enzkreis | Bauherr |
| Erhard Caspari, Karlsruhe | Architekt |
| Wettbewerb 1981, 1. Preis | |
| Fertigstellung 1988 | |

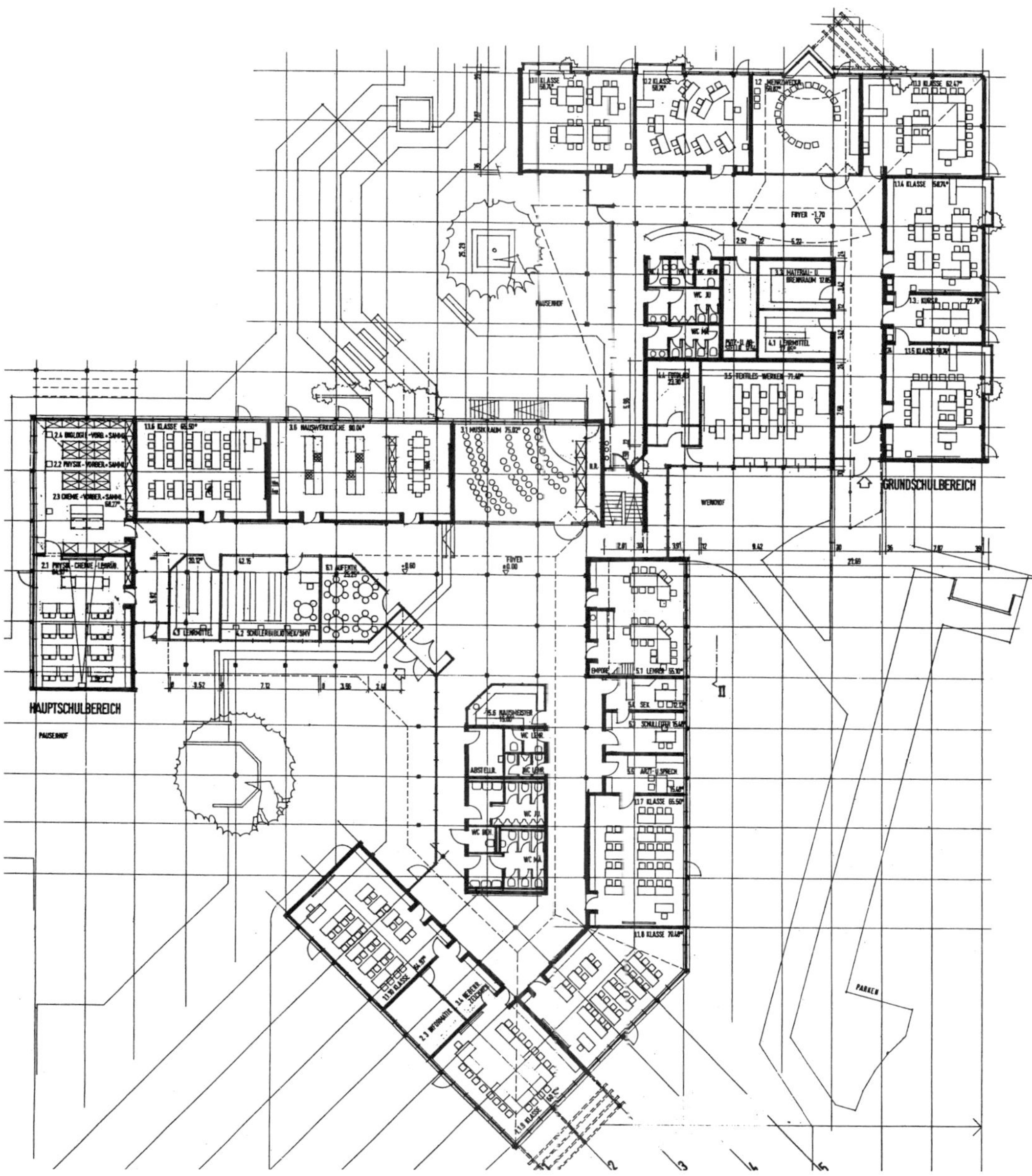


| | |
|---|---|
| 1 531 m² | HNF |
| 121 m² | NNF |
| 694 m² | VF |
| 11 691 m³ | BRI |
| BRI/HNF = 7,6 | Faktor |
| VF/HNF = 0,4 | |

Erdgeschoß

Die Räume sind um Höfe gruppiert, um eine bessere Orientierung und Identifikation der Kinder mit ihrer Klasse zu erreichen. Ein niveaugleicher Übergang von jeder Klasse zum Freiraum bewirkt einen engen Kontakt zur Natur. Die großzügige Öffnung der Fassade schafft erlebnisreiche Innenräume. Die Hauptschule enthält fünf Klassenräume, einen Musiksaal, einen Physik-Chemie-Lehrübungsraum mit Vorbereitung und Sammlung, eine Hauswerkküche, einen Informatikraum, ein Fotolabor, einen TV-Raum, zwei Werkräume, Lehrer- und Verwaltungsbereiche.

| | | |
|---|---|---|
| Haustechnik, Werkräume | UG | Raumbereiche |
| Klassen, Info-Bereich, Lehrer- und Verwaltungsbereiche | EG | |

| | |
|---|---|
| 1:500 | Maßstab |

| | |
|---|---|
| *Architektur + Wettbewerbe 111/82; Joedieke, J.: Über Grundlagen der Modernen Architektur, Stuttgart 1985; Heinze Deutsche Baudokumentation, Celle 1990; Kroner, W.: Architektur für Kinder, Stuttgart 1994.* | Quellen |

## 4.1.3 Grund- und Teilhauptschule in Schönwald

| | |
|---|---|
| Bauherr | Stadt Schönwald |
| Architekten | Prof. Dr. Hartmut Niederwöhrmeier, Dr. Heide Kief-Niederwöhrmeier, Nürnberg |
| Mitarbeiter | B. Wöger, B. Seitz, A. Hennig, H. Schlatterbeck, G. Sammet |
| | Wettbewerb 1989, 1. Preis |
| | Fertigstellung 1993 |
| | Anerkennung Deutscher Architekturpreis 1995 |

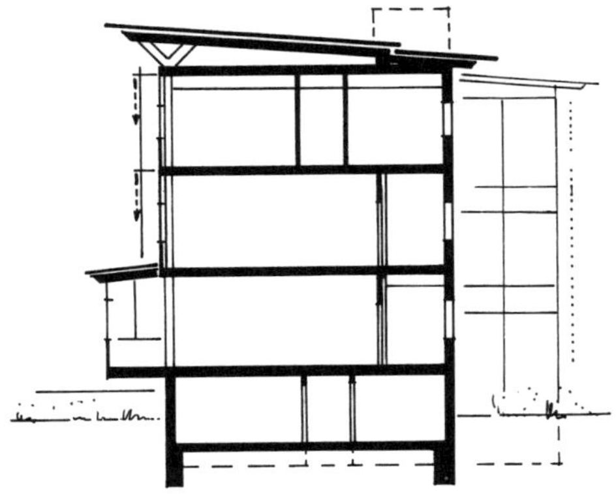

| | |
|---|---|
| HNF | 1 866 m² |
| NNF | 268 m² |
| VF | 1 136 m² |
| BGF | 3 737 m² |
| BRI | 13 395 m³ |
| Faktor | BRI/HNF = 7,18 BRI/BGF= 3,58 HNF/VF= 1,64 |

Die Schule besteht aus zwei einbündigen Klassentrakten mit zentraler Erschließung. Die Grundrißgestaltung wurde auf die Sonneneinstrahlung zur Beheizung der Klassenräume im Winter abgestimmt. Durch die Anordnung der Gänge und Nebenräume entstehen Wärme-Pufferzonen nach Nordwesten und Nordosten hin. Sie verringern die Wärmeverluste an den Nordseiten der Gebäude. Zudem werden schallschutztechnische Vorteile in Bezug zu den lauten Straßen hin erreicht. Die einfache Grundrißgestaltung gewährleistet funktionsgerechte Schulabläufe.

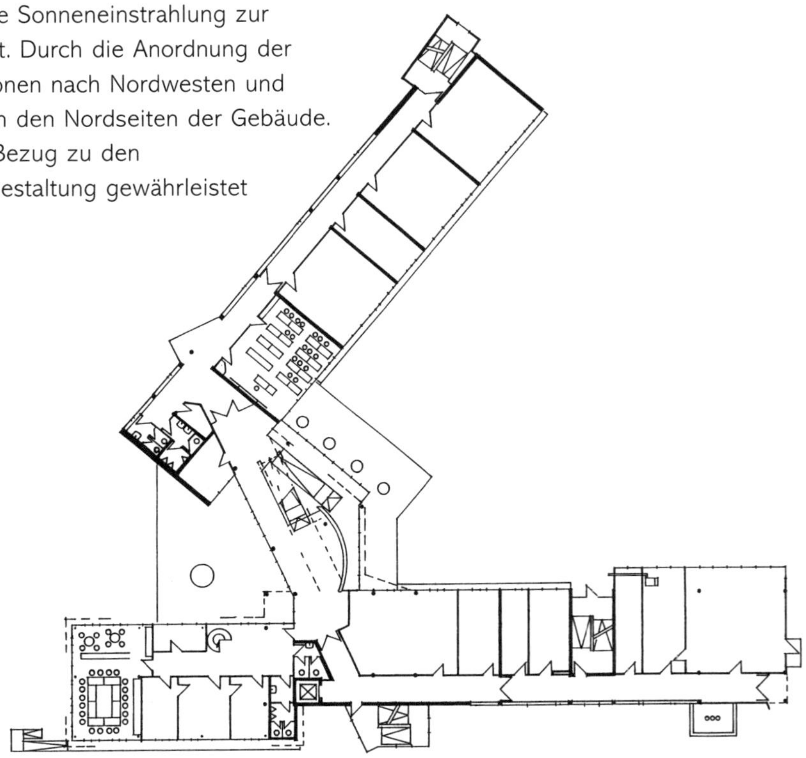

1. Obergeschoß

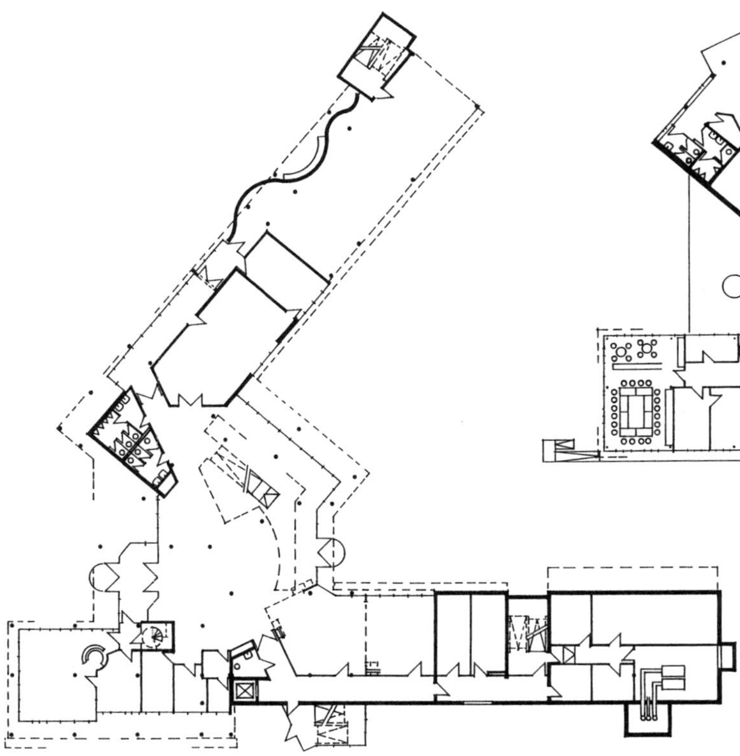

Erdgeschoß

Maßstab Grundrisse 1:500, Schnitt 1:350

Quellen *Bauwelt 13/93; Baumeister 7/94; Heinze Deutsche Baudokumentation, Celle 1994; Pläne der Architekten.*

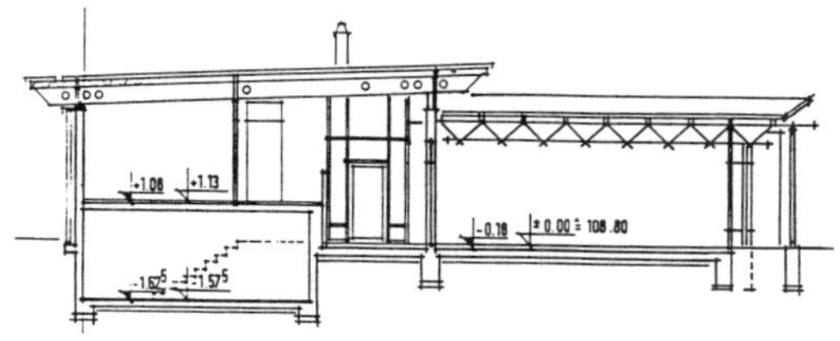

## Grundschule mit Turnhalle in Durmersheim



| | |
|---|---|
| Bauherr | Gemeinde Durmersheim |
| Architekten | Werkgemeinschaft Karlsruhe, O. Ger, R. Hoinkis, E. Kampmann, R. Krawietz, D. Stahl, Karlsruhe |
| Projektarchitekten | Thilo Kupsch, P. Gries, Ch. Kraft |
| | Wettbewerb 1990, 1. Preis |
| | Fertigstellung 1993 |

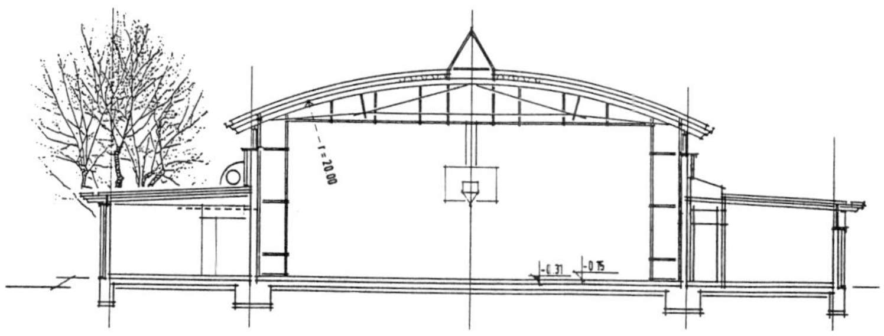

| | |
|---|---|
| Grundstück | 43 870 m² |
| HNF | Schule (S): 675 m², Turnhalle (T): 405 m² |
| NNF | 170 m² (S) 160 m² (T) |
| VF | 295 m² (S) 45 m² (T) |
| BGF | 1 260 m² (S) 675 m² (T) |
| BRI | 5 100 m³ (S) 4 100 m³ (T) |
| Faktor | BRI/HNF = 7,5 (S), 10,1 (T) BRI/BGF = 4,0 (S), 6,1 (T) HNF/VF = 2,3 (S), 9,0 (T) |

Die Klassen und Kursräume bilden eigene Häuser mit Außenbezügen zur Wiesenlandschaft. Der Medienbereich ist transparent und offen als »Schau-Vitrine« zum öffentlichen Bereich. Der »Bücher-Würfel« ist als Magazin für Lernmittel deutlich erkennbar. Die Rotunde des Mehrzweckraumes soll ein Symbol für die Mitte und den Treffpunkt für schulische und außerschulische Nutzungen sein. Der Verwaltungs- und Lehrerbereich ist etwas herausgehoben aus der Ebene der Innenhalle.

| | |
|---|---|
| Maßstab | Grundriß 1:550, Schnitt 1:350 |
| Quellen | *Die Bauverwaltung 6/90; Heinze Deutsche Baudokumentation, Celle 1994; BDA – Architektur in Baden-Württemberg 1990–1993; Pläne der Architekten.* |

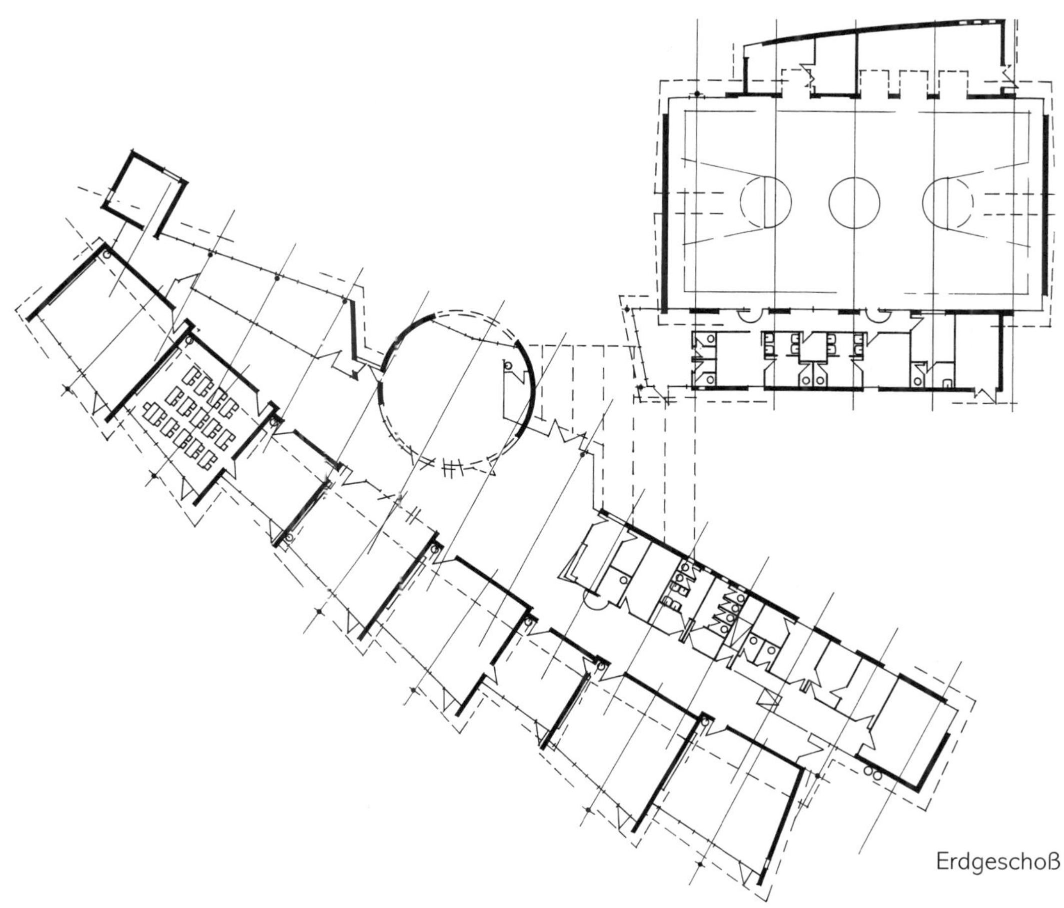

Erdgeschoß

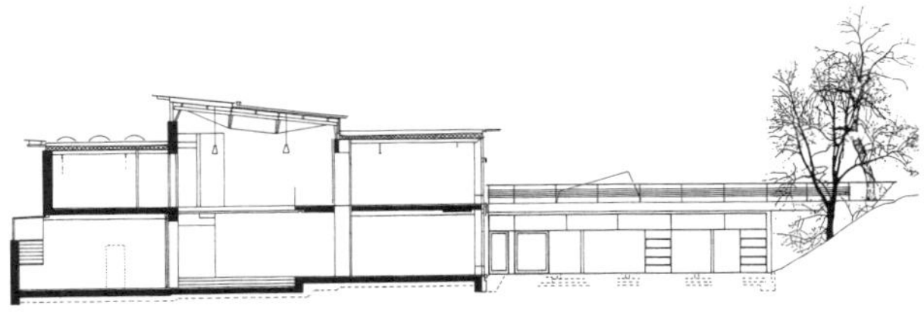

## 4.1.5 Sophie-Scholl-Schule in Leonberg

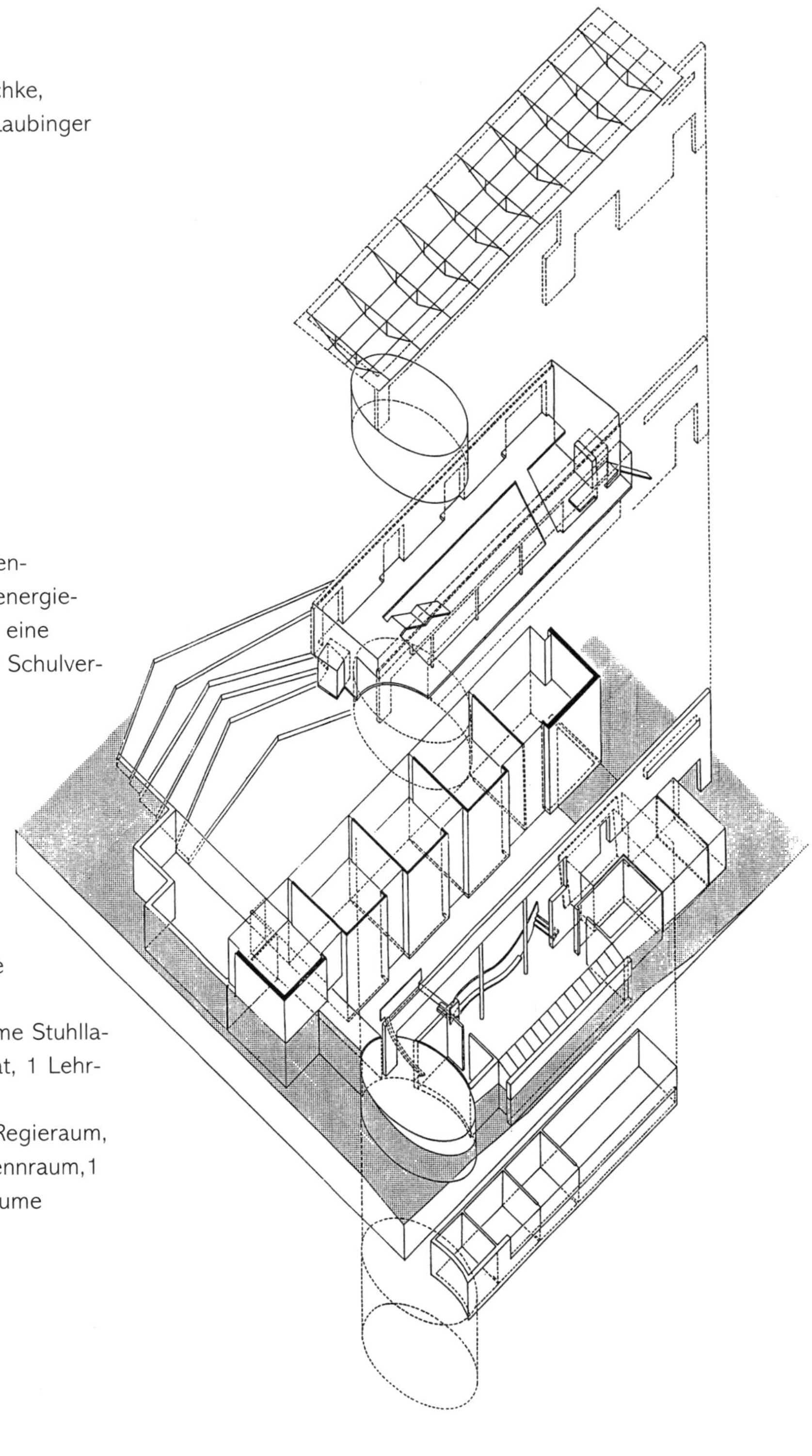

| | |
|---|---|
| Bauherr | Stadt Leonberg |
| Architekt | Prof. Rainer Scholl, Stuttgart |
| Mitarbeiter | T. Huber, F. Ziegler, J. Beck, R. Dost, Chr. Mischke, P. Wagner, R. Kramer, J. Scholz, H. Hense, T. Laubinger |
| Tragwerks-planung | Ing.-Büro Boll + Partner, Stuttgart |
| | Wettbewerb 1991, 1. Preis |
| | Fertigstellung 1995 |

| | |
|---|---|
| Grundstück | 9 132 m² |
| Grundfläche | |
| Bauwerk | 1 133 m² |
| BGF | 1 904 m² |
| NGF | 1 665 m² |
| BRI | 8 560 m³ |

Für die zweigeschossige Schule mit Kernzeitenbetreuung wurde ein überzeugendes Niedrigenergiekonzept gefordert. Der Baukörper wird durch eine innere Halle zentral erschlossen, die auch für Schulveranstaltungen genutzt werden kann.

Raumbereiche

8 Klassenräume, 1 Raum für bildende Kunst und technisches Werken,
1 Mediothek und Musik,
1 Kernzeitbetreuung Großgruppe,
1 Kernzeitbetreuung Kleingruppe,
1 Küche, 1 Abstellraum, 1 Mehrzweckraum, teilbar sowie durch mobile Trennwände erweiterbar für Gymnastik, Unterricht und Veranstaltungen der Volkshochschule, 2 Räume Stuhllager und Sportgeräte, 1 Rektorat, 1 Sekretariat, 1 Lehrerzimmer, 1 Lehrmittelraum,
1 Arzt-/Elternsprechzimmer, 1 Hausmeister-Regieraum, 1 Hausmeister-Werkstatt, 1 Material- und Brennraum, 1 Müllraum, 1 Heizraum, 2 Putz- und Abstellräume

Maßstab ca. 1:250

Quelle *Pläne der Architekten.*

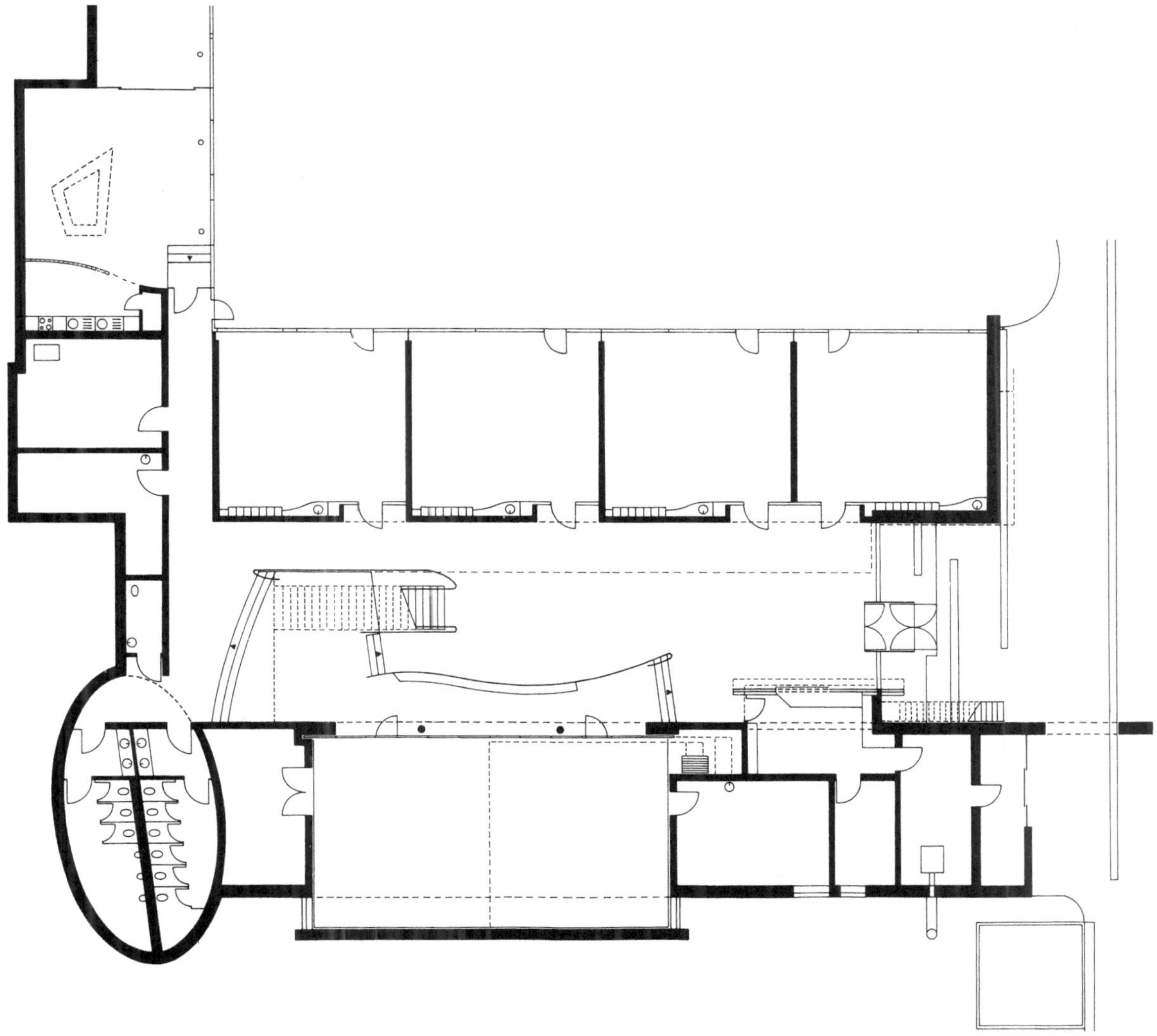

1. Obergeschoß

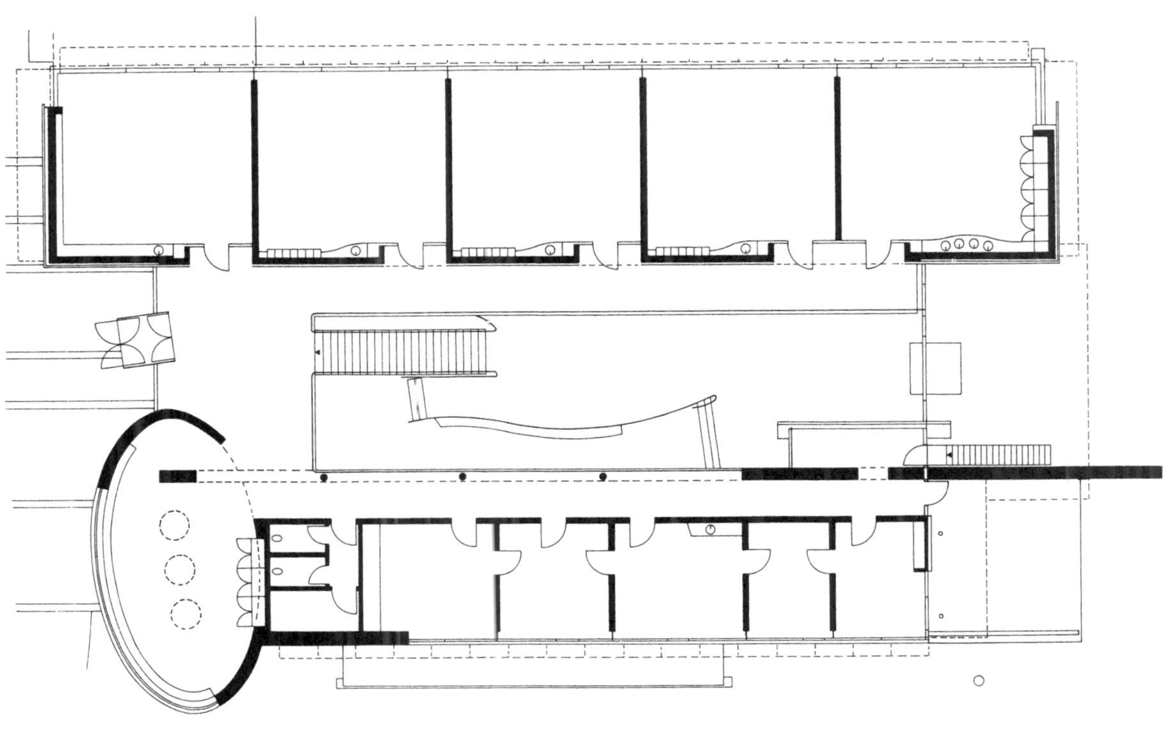

Erdgeschoß

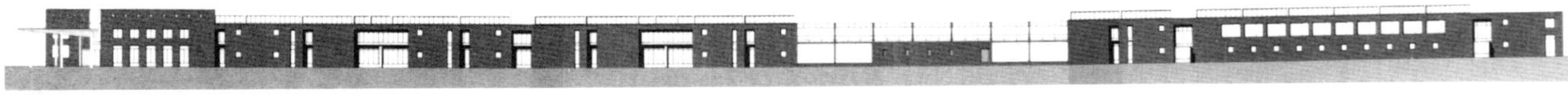

## 4.1.6 Grundschule in Berlin-Karow, westlicher Einzugsbereich

Bauherr Bezirksamt Berlin-Weißensee
Architekten Axel Liepe + Hartmut Steigelmann, Berlin
Mitarbeiter U. Wedel, R. Klinkenbusch
Tragwerksplanung Hildebrandt & Sieber, Berlin
Beschränkter Wettbewerb 1993, 1. Preis
Fertigstellung 1995

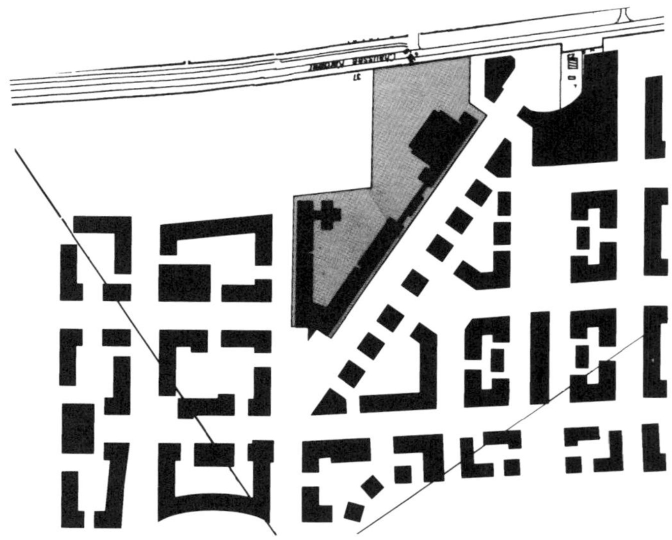

| | |
|---|---|
| Grundstück | 19 900 m² |
| HNF | 5 047 m² |
| NNF | 710 m² |
| VF | 2 378 m² |
| BGF | 10 892 m² |
| BRI | 47 707 m² |
| Faktor | BRI/BGF = 4,38 |

Das Gebäude gliedert sich in zwei schiefwinklige Flügel, die am Kopf durch eine zweigeschossige Halle verbunden sind. Hier liegen der Haupteingang und die zentralen Räume, die einen erlebnisreichen Kernbereich bilden. Die Klassenzimmer sind zum Hof orientiert. An der Straßenseite befindet sich ein erweiterter Flurbereich als Pausenhalle. Die meist einläufigen Treppen sind so orientiert, daß es keinen Durchgangsverkehr gibt.

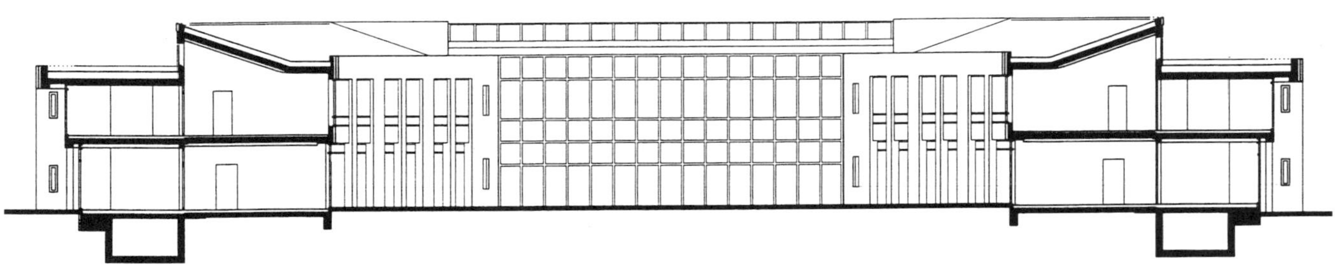

Raumbereiche
EG Mehrzweckraum, Verwaltung, Klassenräume, Sporthalle mit Nebenräumen
OG Steg zum Sporthallengebäude, Schüler- und Lehrerbibliothek, Sprachlabor, Klassenräume

Maßstab Grundrisse ca 1:900, Schnitt 1:350

Quelle *Pläne der Architekten.*

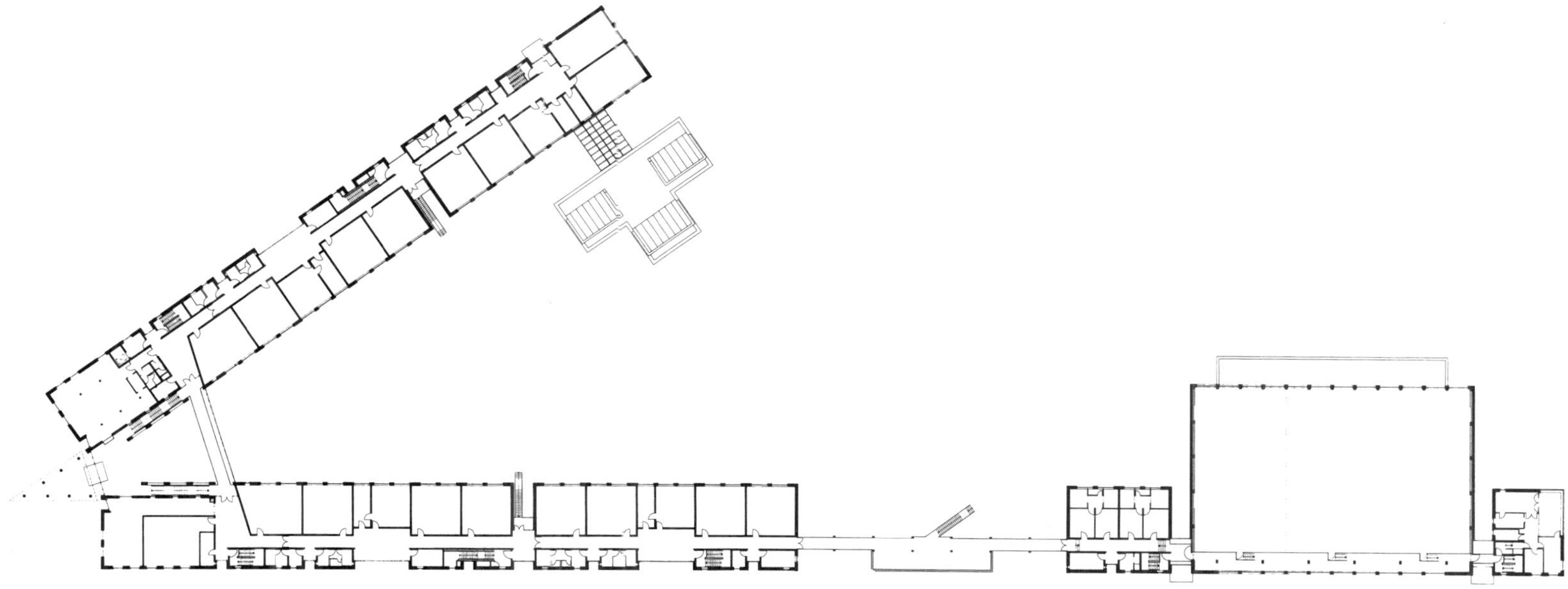

Obergeschoß

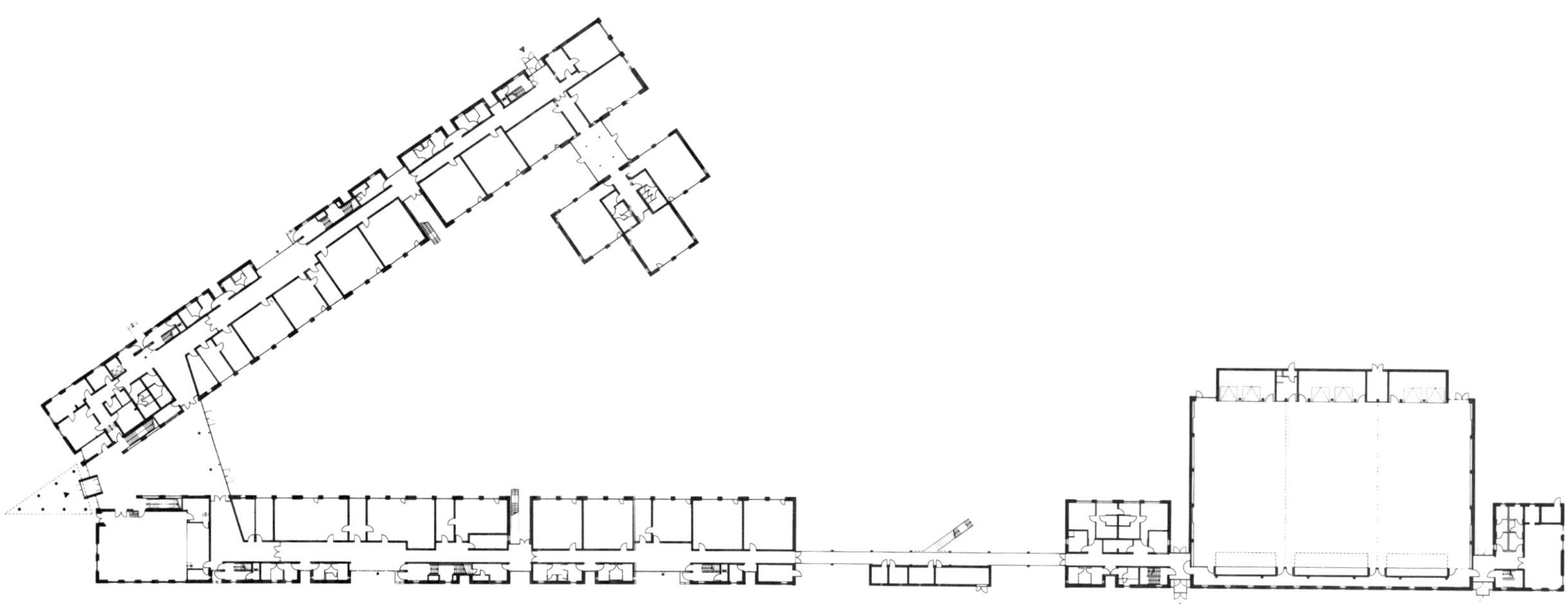

Erdgeschoß

## 4.1.6 Grundschule in Berlin-Karow, östlicher Einzugsbereich

| | |
|---|---|
| Bauherr | Bezirksamt Berlin-Weißensee |
| Architekten | Baesler, Schmidt und Partner, Berlin |
| Projektleiter | Thomas Fabrinski |
| Mitarbeiter | C. Desler |
| | Beschränkter Wettbewerb 1993 |
| | Fertigstellung 1997 |

| | |
|---|---|
| BGF Schule | 6 142 $m^2$ |
| BGF Sporthalle | 2 313 $m^2$ |
| BRI Schule | 25 753 $m^3$ |
| BRI Sporthalle | 15 373 $m^3$ |

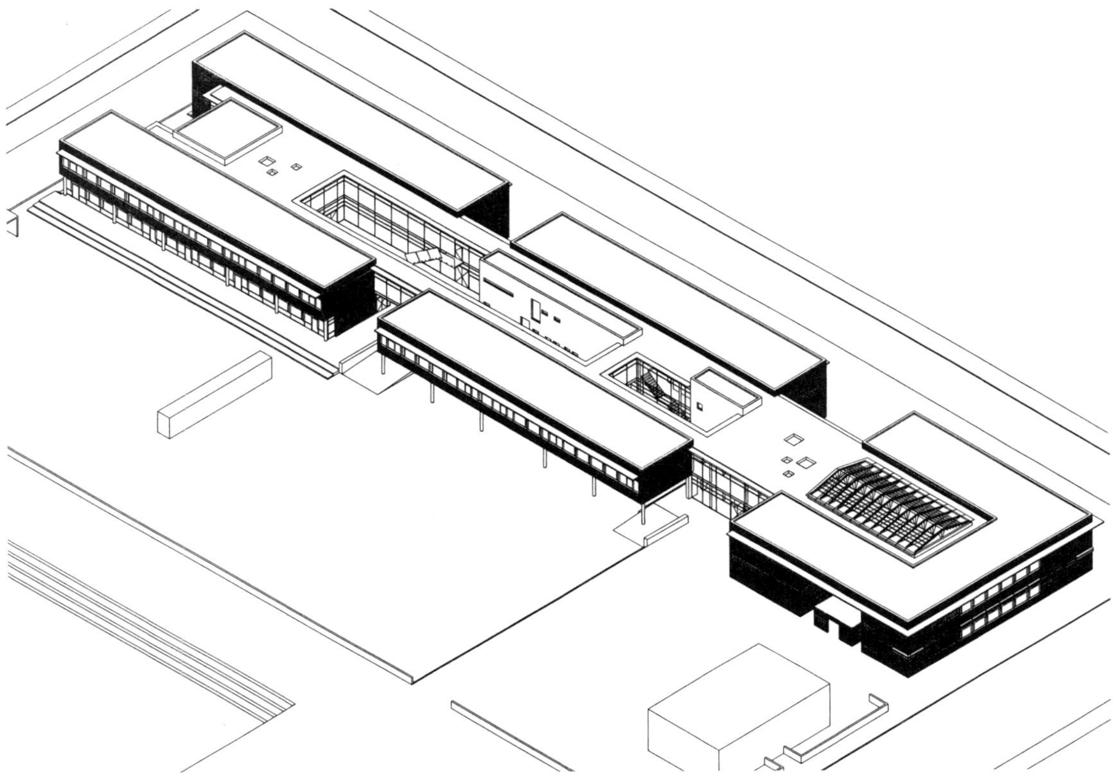

Die Großform des dreigeteilten Baukörpers definiert den öffentlichen Raum und schirmt die Freiflächen im Innenbereich von den Emissionen des Verkehrs ab. Die Höfe sind begrünt oder hallenartig überdeckt. Die Einzelbauwerke sind durch transparente Glieder verbunden.

Die Klassenräume in den Gebäuderiegeln sind alle natürlich belichtet. Analog zur dreiteiligen Bauwerksgliederung sind die Nutzungsbereiche organisiert. Dezentral im Süden, direkt dem Haupteingang zugeordnet, befinden sich die übergeordneten Raumbereiche und die Mehrzweckräume. Die Verwaltung befindet sich im Obergeschoß. Die Vorklassen sind ebenerdig mit eigenem Zugang angeordnet.

Maßstab ca. 1 : 650

Quelle *Pläne der Architekten.*

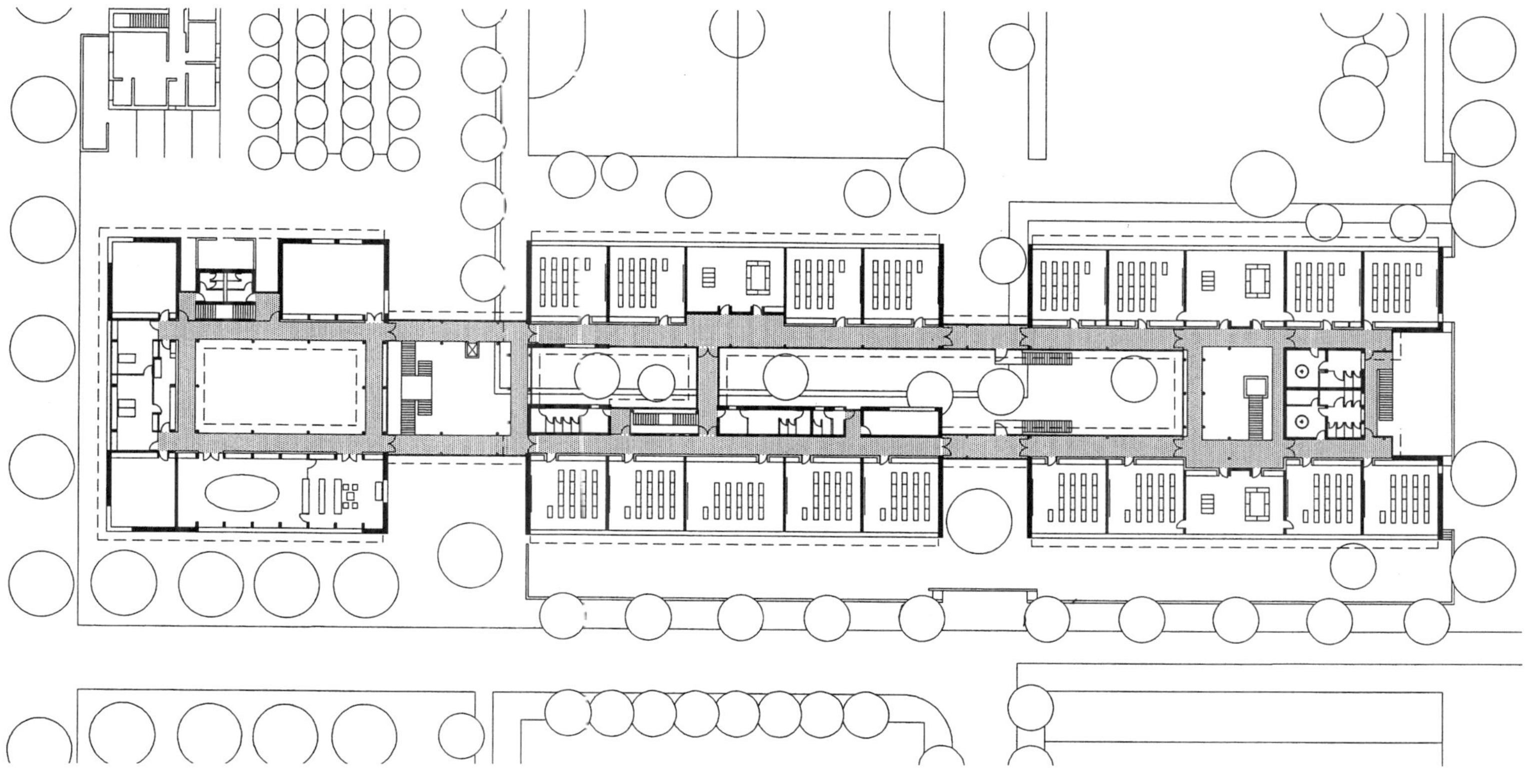

1. Obergeschoß

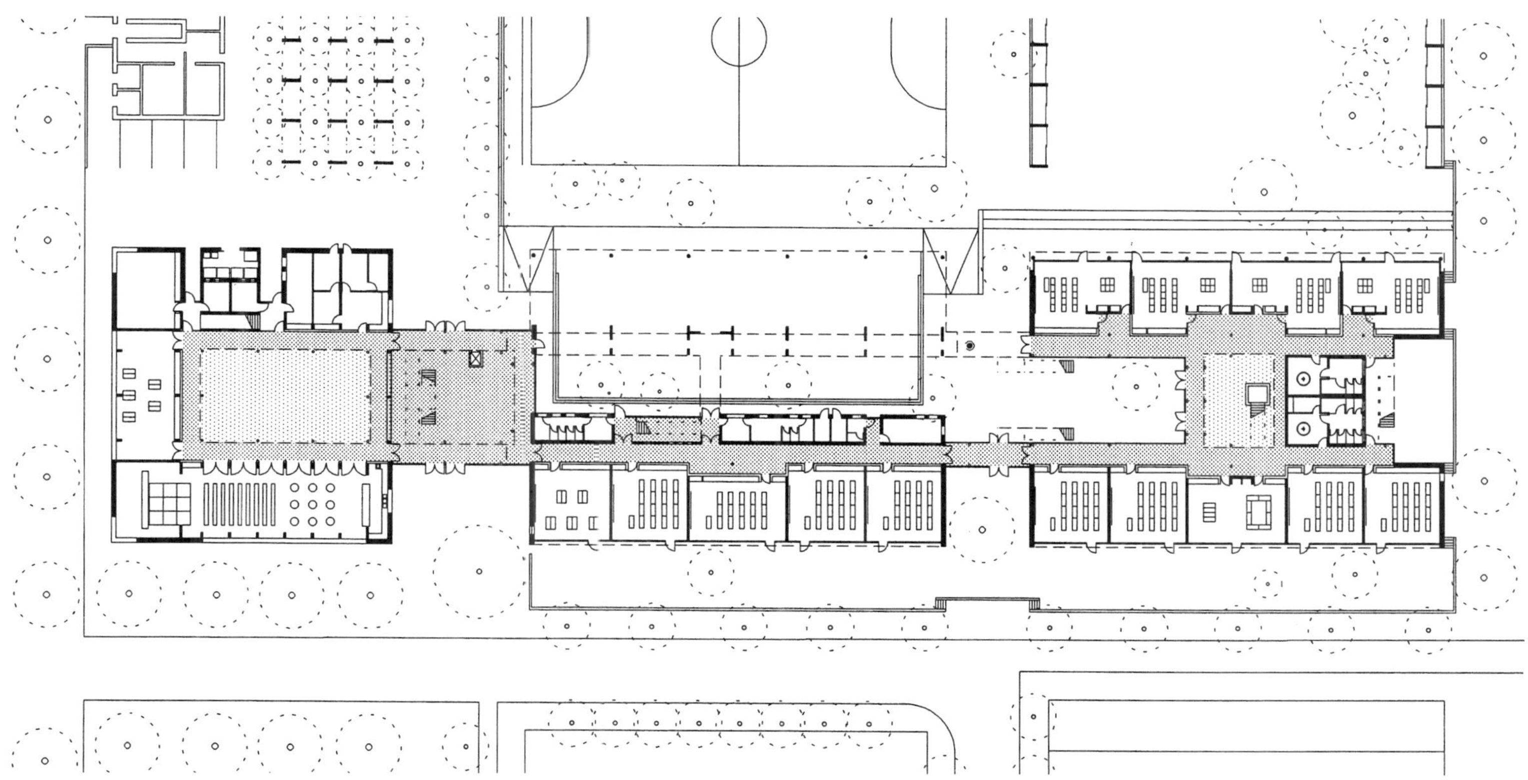

Erdgeschoß

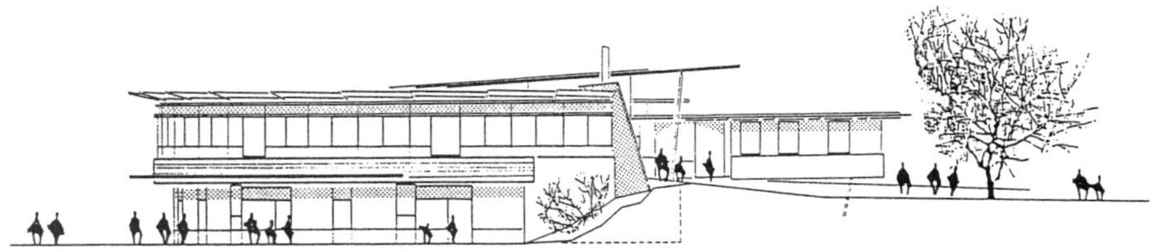

## 4.1.7 Grundschule in Ellwangen

| | |
|---|---|
| Bauherr | Stadt Ellwangen |
| Architekten | Schmid Schneider-Neudeck, Stuttgart; bis 1992 Auch Binder Schmid Schneider |
| Mitarbeiter | D. Göller, J. Hartschuh; örtliche Bauleitung: Architekt W. Helmle, Ellwangen |
| | Wettbewerb 1992, 1. Preis |
| | Fertigstellung 1994 |
| | Innovationspreis Holzfenster |

| | | | |
|---|---|---|---|
| HNF | 808 $m^2$ | = | 92 % |
| NNF | 67 $m^2$ | = | 7 % |
| NF | 875 $m^2$ | = | 100 % |
| FF | 36 $m^2$ | = | 3 % |
| VF | 285 $m^2$ | = | 22 % |
| NGF | 1 197 $m^2$ | = | 94 % |
| KGF | 67 $m^2$ | = | 5 % |
| BGF | 1 264 $m^2$ | = | 100 % |
| BRI | 4 994 $m^3$ | | |

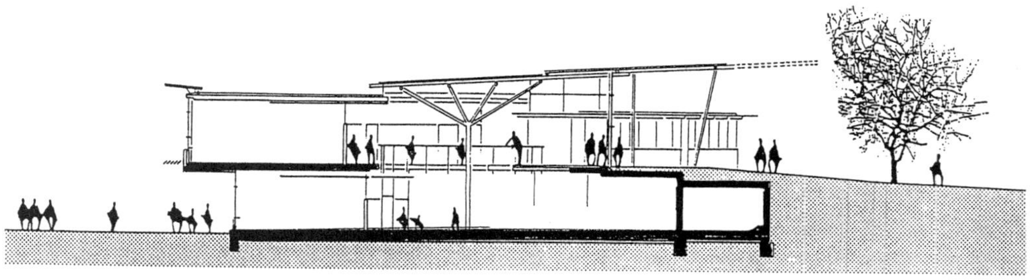

Faktor BGF/HNF = 1,56 BRI/HNF = 6,18 BRI/BGF = 3,95

Das Raumprogramm der zweizügigen Grundschule entspricht den genormten Vorgaben des Kultusministeriums Baden-Württemberg. Die Lösung besteht aus einem zweigeschossigen Rundbau mit zentraler Erschließung.

| | | |
|---|---|---|
| Raumbereiche | Zugangsebene | Lehrerzimmer, Hausmeister, Verwaltung, Arzt/Eltern, 6 Klassen |
| | Gartenebene | Eingang, Aula, Bücherei, Klassen- und Kursräume, Brennraum, Technik, Mehrzweckraum, Lernmittel |

Maßstab ca. 1 : 350

Quellen *DBZ 4/95; db 4/95; Malerblatt 1/96; Glasforum 2/96; Pläne der Architekten.*

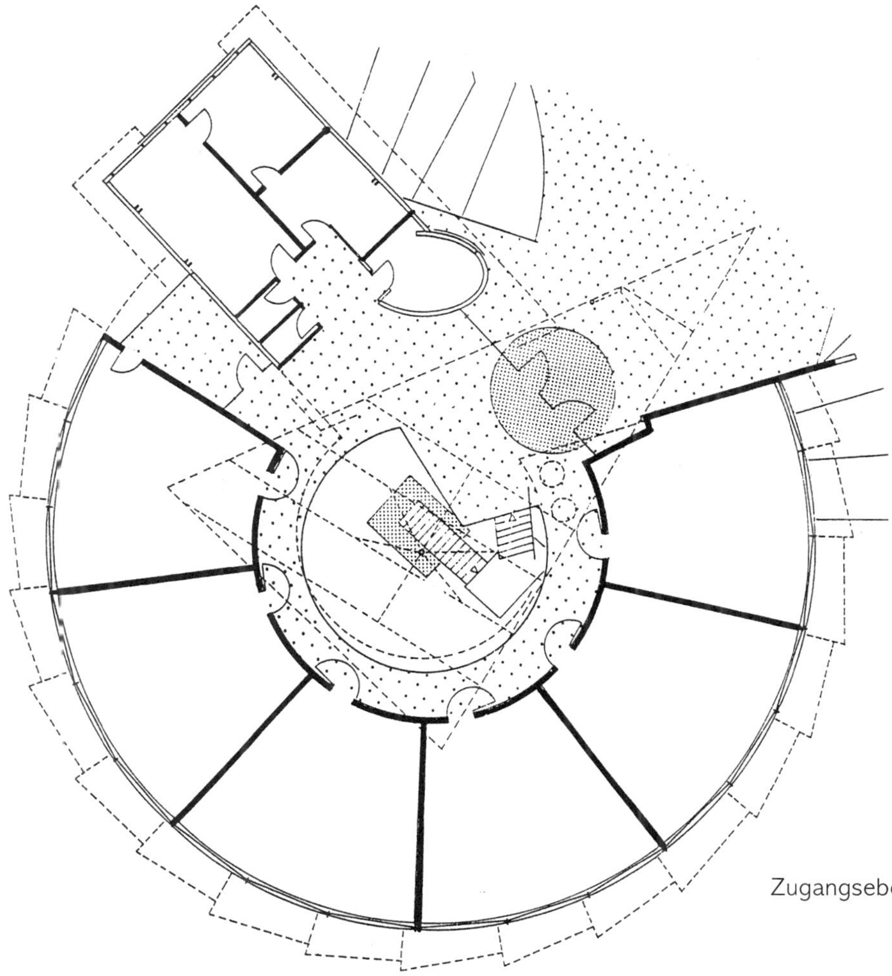

Zugangsebene

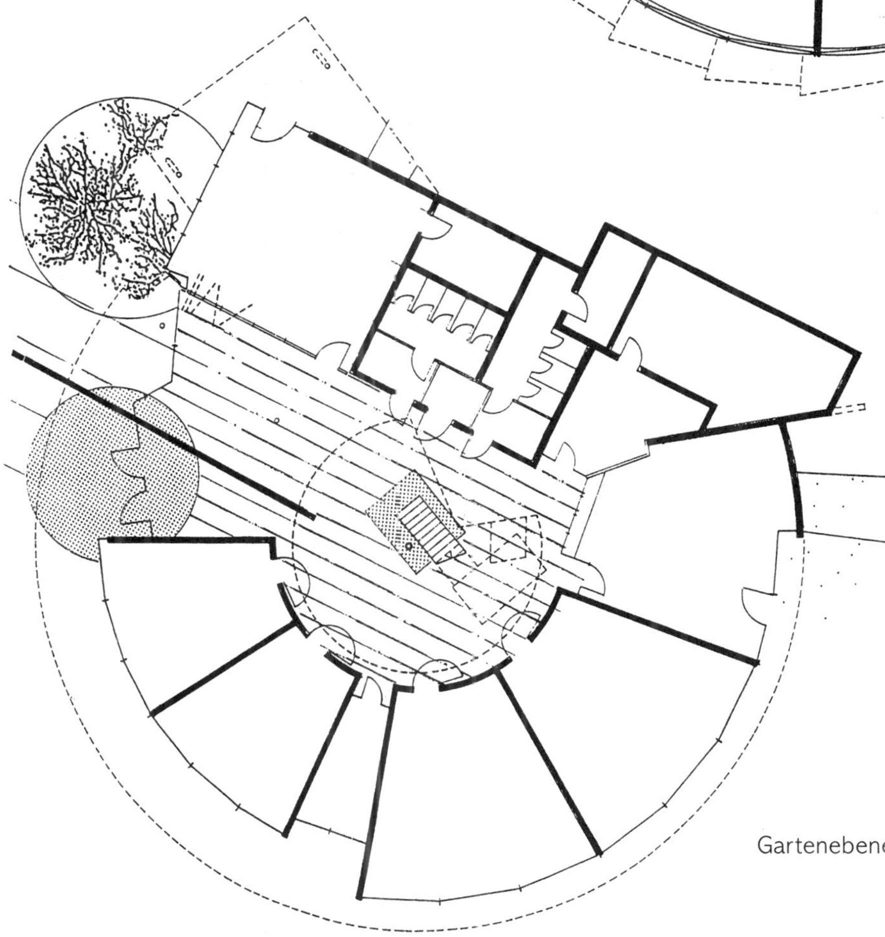

Gartenebene

## 4.1.8 Eichendorffschule in Lörrach

| | |
|---|---|
| Bauherr | Stadt Lörrach, vertreten durch das Hochbauamt |
| Architekten | Architekten-Gemeinschaft Böwer – Eith – Murken – Spiecker, Freiburg / Br. |
| Mitarbeiter | S. Ruff, M. Wuttig |
| Tragwerks-planung | Regio Ingenieure Oehler + Partner, Freiburg / Br. |
| | Wettbewerb 1991, 1. Preis |
| | Fertigstellung 1994 |

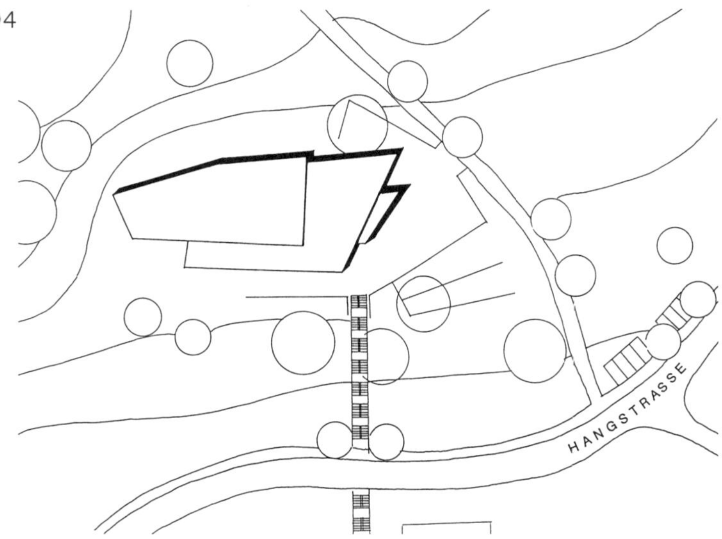


| | |
|---|---|
| Gesamtfläche | 1 254 m² |
| HNF | 77 685 m² |
| NNF | 477 m² |
| BGF | 1 254 m² |
| BRI | 5 760 m² |
| Faktor | BRI/HNF = 7,4 |

Die Gestalt der zweigeschossigen Grundschule ist offen und transparent. Zwei Gebäudeflügel sind unter einem Dach vereint und lassen sich innen wie außen ablesen. Schüler und Lehrer werden über Schulhof, Windfang und Schulhalle Stück für Stück in das Innere der Schule geleitet.

Hier werden unterschiedliche räumliche Dimensionen erlebbar:

Die Halle als Mittelpunkt der Schule ist ein zweigeschossiger Raum, der zu drei Seiten den Blickbezug in die Umgebung bietet. Durch eine Schiebetür läßt sich ein Bereich für spezielle Veranstaltungen abtrennen.

Die Flure sind nicht nur reine Erschließungsflächen, sondern ebenso Räume mit besonderen Aufenthaltsqualitäten. Sitzstufen, Bänke und Lichttische unterstützen diesen Charakter. Licht, Farben und Materialien sind so aufeinander abgestimmt, daß eine freundliche und warme Atmosphäre entstehen kann. Die Klassenräume werden über kleine Eingangsnischen betreten.

Die räumliche Gestalt variiert in Breite und Tiefe der Klassen entsprechend der Gebäudegeometrie. Lange Fensternischen mit eingebauten Arbeitstischen sollen Schülern und Lehrern eine vielfältige Unterrichtsgestaltung ermöglichen.

Alle Klassen haben einen Ausgang ins Freie, der nicht nur als zusätzlicher Fluchtweg, sondern auch zum Unterricht im Freien genutzt werden kann.

| | |
|---|---|
| Maßstab | ca. 1 : 300 |
| Quellen | *Broschüre Stadt Lörrach 1994; Pläne der Architekten.* |

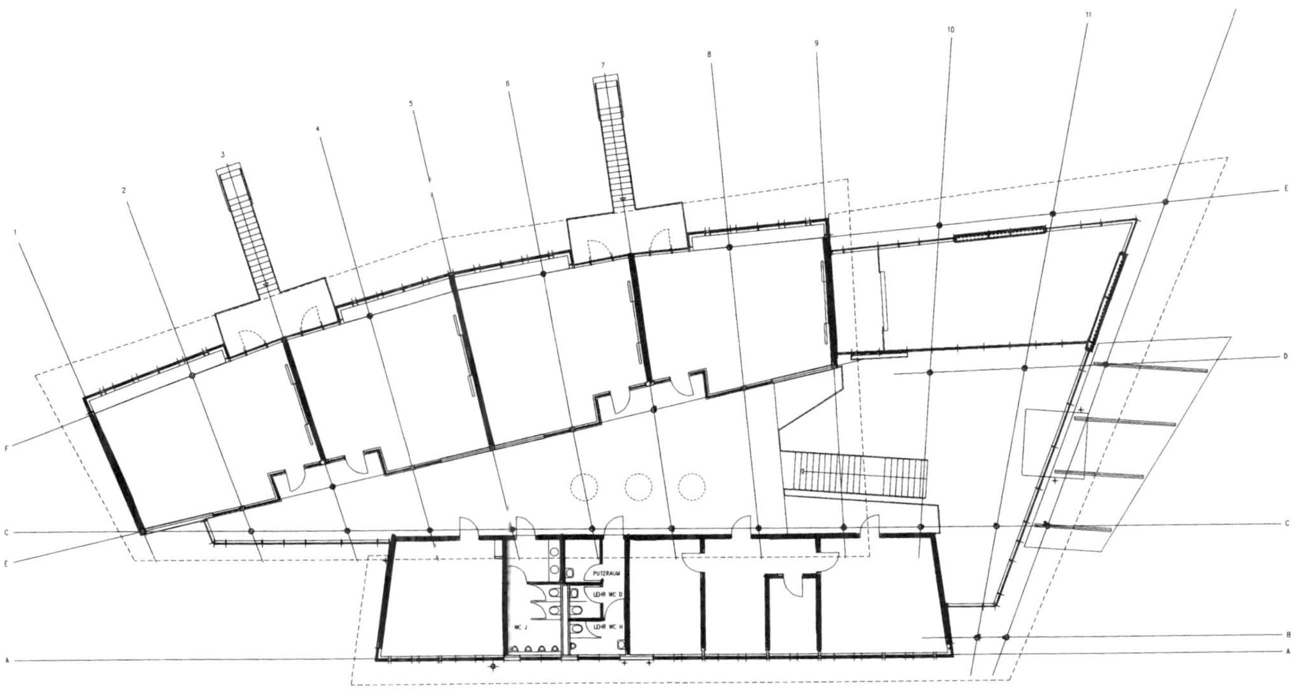

Obergeschoß

Erdgeschoß

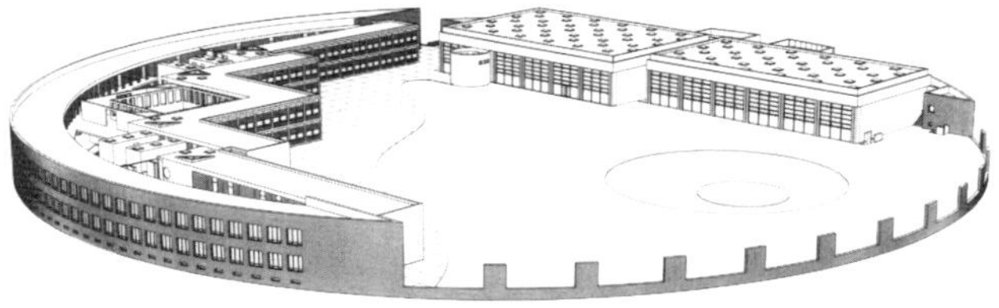

## 4.1.9 Gymnasium in Berlin-Hohenschönhausen

| | |
|---|---|
| Bauherr | Bezirksamt Berlin-Hohenschönhausen |
| Architekten | Bangert-Scholz, Berlin |
| Projektbearbeiter | Stefan Scholz |
| Mitarbeiter | H. Kürger, S. Schülecke |
| Tragwerksplanung | Ingenieurgemeinschaft Prof. von Halász, Berlin |
| | Fertigstellung 1997 |

| | | |
|---|---|---|
| Grundstück | 36 787 m² GRZ = 0,27 | |
| HNF | Schulgebäude (SG): 5 511 m², Sporthallen (SH): 3 009 m² | |
| NNF | 290 m² (SG) | 573 m² (SH) |
| NH | 5 802 m² (SG) | 3 582 m² (SH) |
| FF | 11 m² (SG) | 118 m² (SH) |
| VF | 3 070 m² (SG) | 631 m² (SH) |
| KF | 902 m² (SG) | 546 m² (SH) |
| BGF | 9 787 m² (SG) | 4 879 m² (SH) |
| BRI | 43 912 m³ (SG) | 32 412 m³ (SH) |
| Faktor | BGF/HNF = 1,77 (SG), 1,62 (SH) | |
| | BRI/HNF = 7,97 (SG), 10,77 (SH) | |
| | BRI/BGF = 4,49 (SG), 6,64 (SH) | |

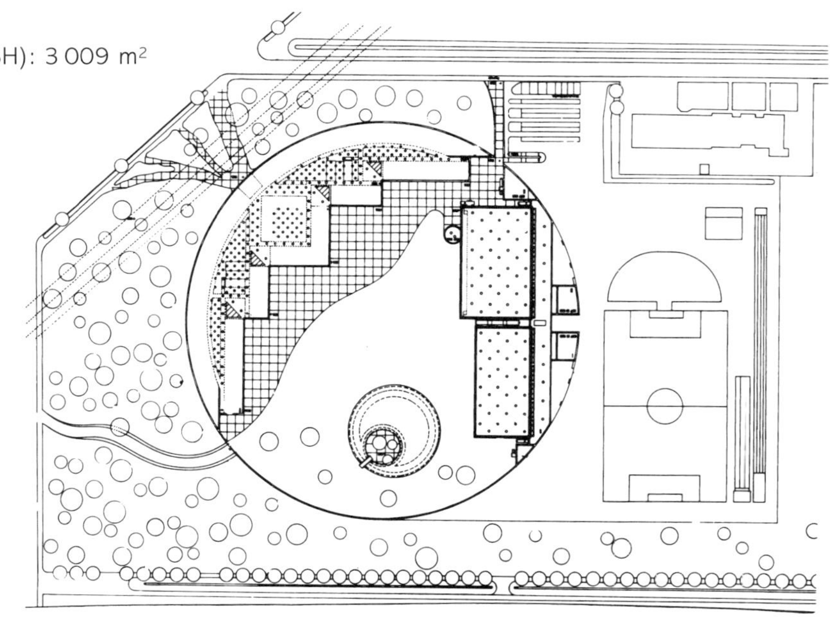

Ausgehend von einer freien Form, die zu einem Kreis geometrisch wurde, werden auf einem runden Plateau mit einem Radius von 82,12 m und einer Höhe von ca. 1,25 m über dem Gelände zwei Baukörper angeordnet. Der südöstliche ist zur Ahrensfelder Chaussee orientiert und beinhaltet die Schulfunktionen, der westlich gelegene die Sportfunktionen. Zwischen den Gebäuden liegt der Pausenhof, der sich nördlich von Steinsäulen begrenzt zur Landschaft hin öffnet.

Die Schule gliedert sich in zweigeschossige Bauteile. Dazwischen liegt eine Pausenhalle, die von oben über Kuppeln belichtet wird. Das gebogene Bauteil präsentiert sich zur Ahrensfelder Chaussee mit einer Lochfassade in hellrotem Ziegel. Dort sind radial die Normalklassen angeordnet. Das zum Pausenhof gerichtete Bauteil ist orthogonal strukturiert und beinhaltet die Fachräume der Naturwissenschaften, Kunst, Musik, Sprachen, Bibliothek sowie die Schulverwaltung.

Der Sportbereich besteht aus zwei Sporthallen. Den Hallen ist rückseitig ein Serviceriegel zugeordnet.

| | | |
|---|---|---|
| Raumbereiche | EG | Klassen der Mittelstufe, Verwaltung, Fachklassen: Kunst, Musik, Mehrzweckraum |
| | 1. OG | Klassen der Oberstufe, Fachklassen: Physik, Chemie, Biologie, Informatik |

Maßstab ca. 1:1100

Quellen *Senator für Bau- und Wohnungswesen (Hrsg.): Schulen in Berlin, Berlin 1993; FOYER – Monatsmagazin, Heft 1/94; CENTRUM-Jahrbuch, Braunschweig 1994, S. 251; Pläne der Architekten.*

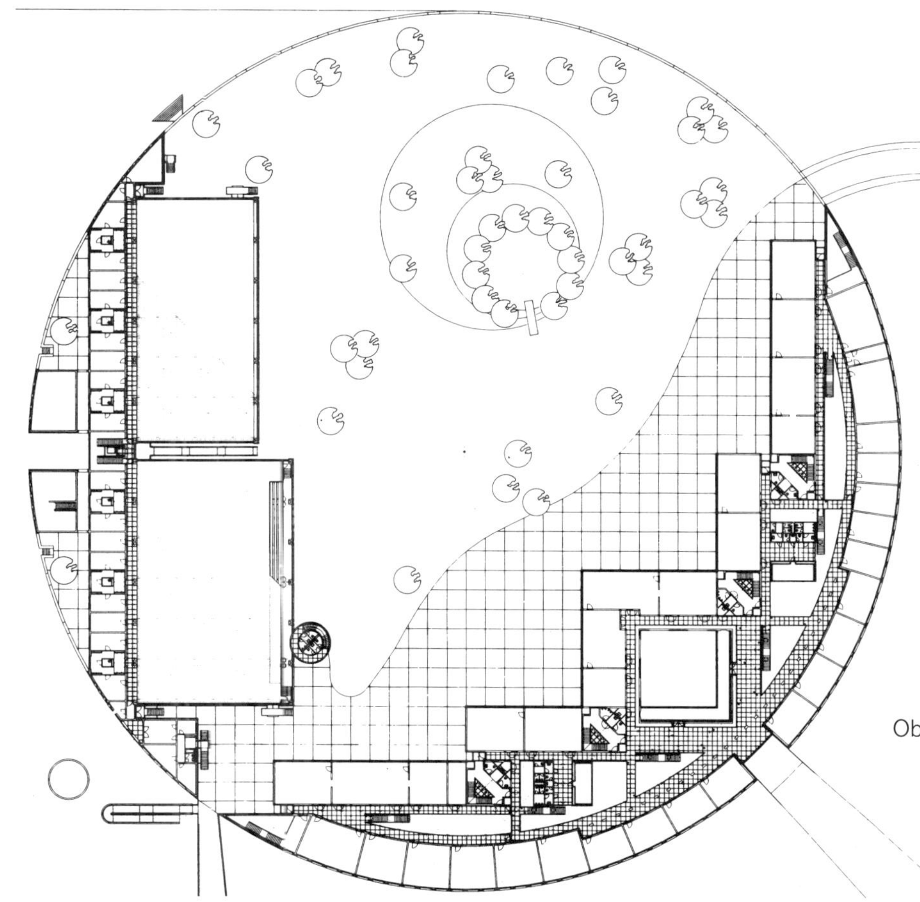

Obergeschoß

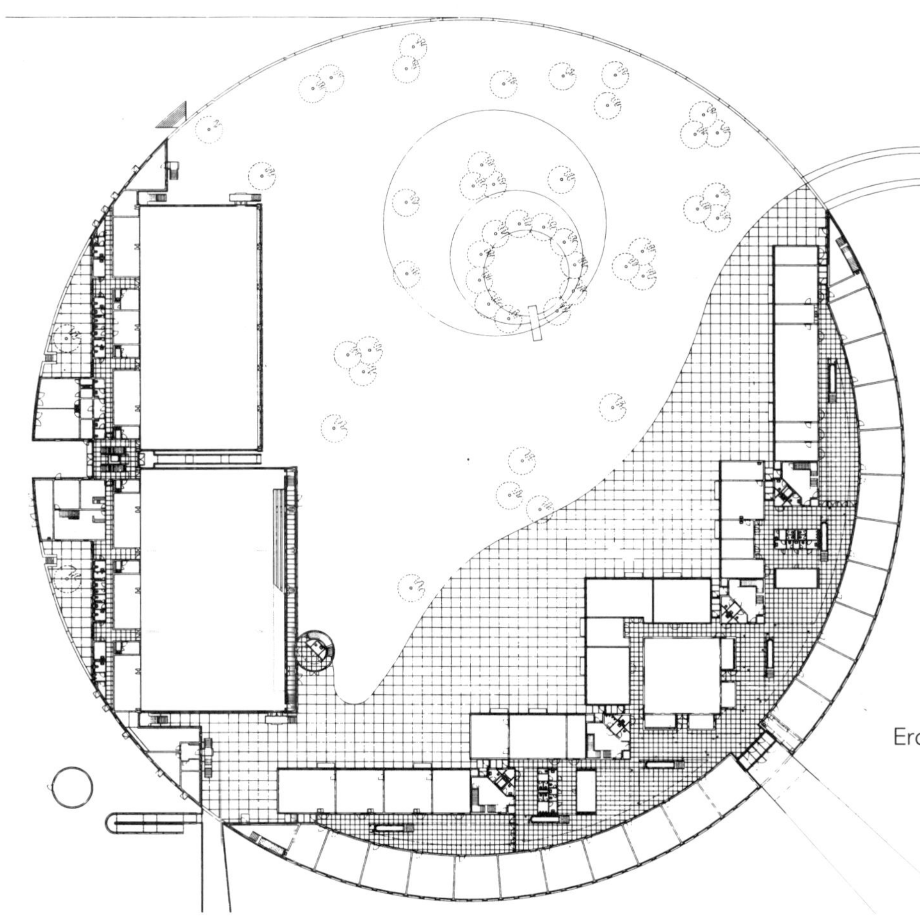

Erdgeschoß

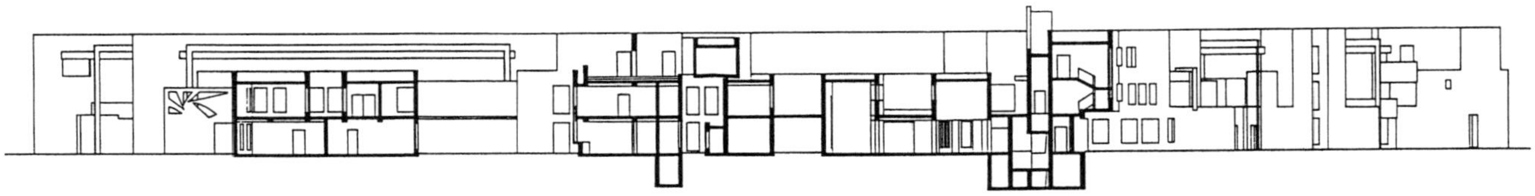

## 4.1.10 Heinz-Galinski-Schule in Berlin

| | |
|---|---|
| Bauherr | Jüdische Gemeinde Berlin |
| Oberleitung | Senatsverwaltung für Bau- und Wohnungswesen Berlin |
| Architekt | Zvi Hecker, Tel Aviv / Berlin |
| Mitarbeiter | P. Kever, D. Evans<br>Kontaktarchitektin, Projekt- und Baudurchführung: Inken Baller, Berlin |
| Mitarbeit | U. Wittig, A. Hilbert |
| Tragwerks-planung | Gerhard Pichler, Berlin |
| Landschafts-planung | Müller-Knippschild-Wehberg, Kamel Louafi<br>Zweistufiger Wettbewerb 1991<br>Fertigstellung 1995<br>Preis der Deutschen Architekturkritik 1996 |

| | |
|---|---|
| Grundstück | 16 404 $m^2$ |
| NF | 4 898 $m^2$ |
| Bebaute Fläche | 3 476 $m^2$ |
| BRI | 34 473 $m^3$ |
| Faktor | BRI/NF = 7,04 |

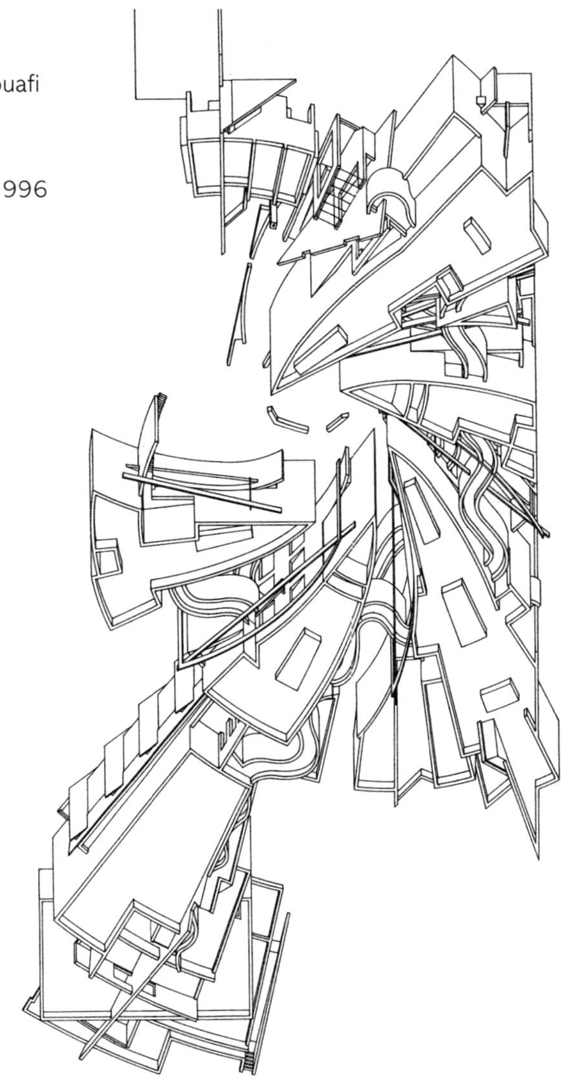

Die Geometrie des eigenwilligen Gebäudes entwickelt sich aus der Spiralform. Vom offenen zentralen Eingangshof gelangt man in die verschiedenen Schulbereiche. Die fünf Hauptbauten haben eine dreieckige Grundstruktur mit Treppenhäuser in den spitzen Ecken. Sie sind durch geschwungene, tunnelartige Gänge im Erd- und 1. Obergeschoß miteinander verbunden.
Ein Baukörper nimmt die Aula mit Bühne auf, die auch von außen zugänglich ist und daher gesondert genutzt werden kann. Die Klasseneinheiten verteilen sich über drei Geschosse.

Maßstab ca. 1 : 900

Quellen *db 2/96; AIT 4/96; Pläne der Architekten.*

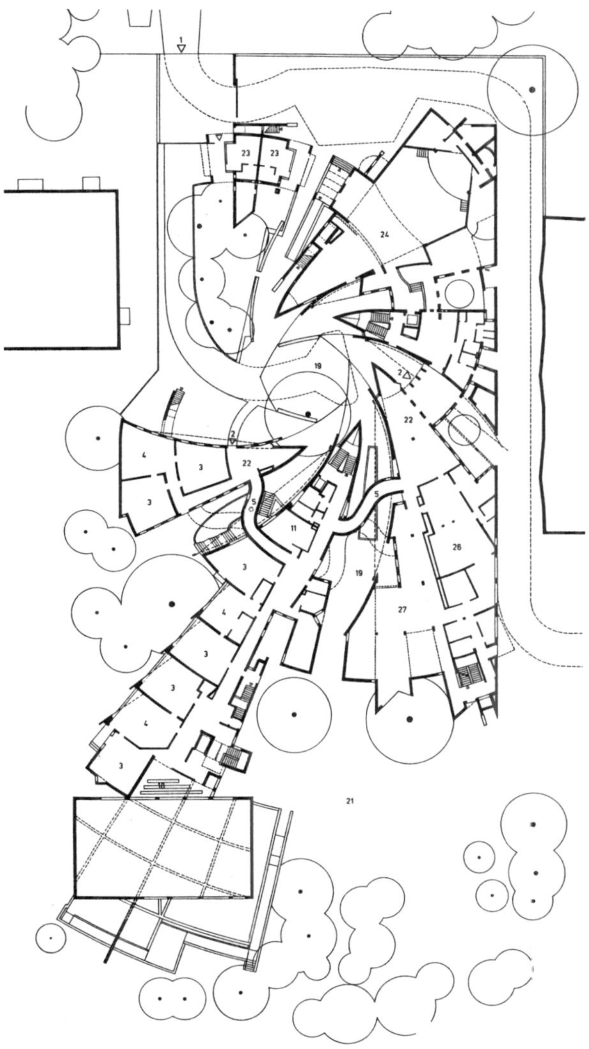

Erdgeschoß

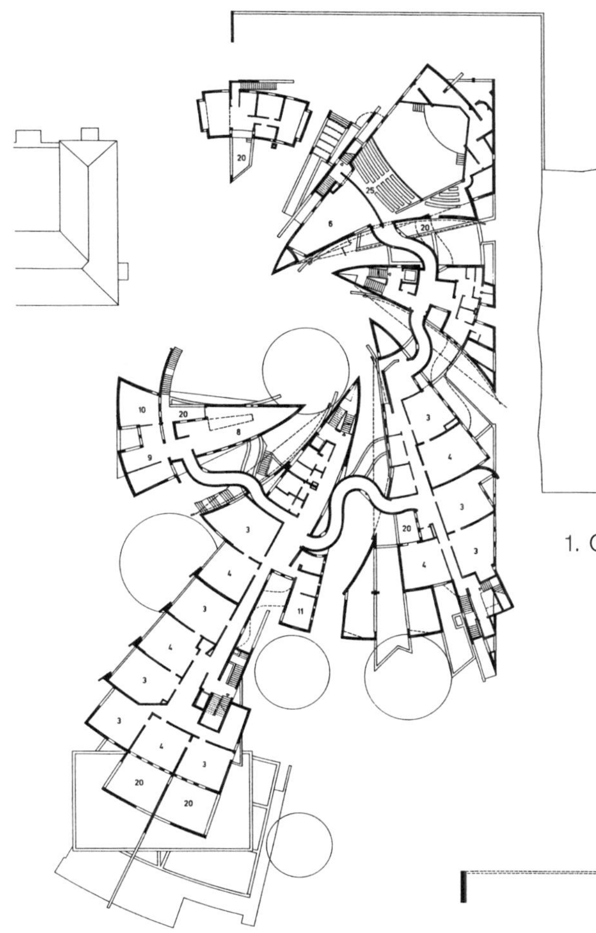

1. Obergeschoß

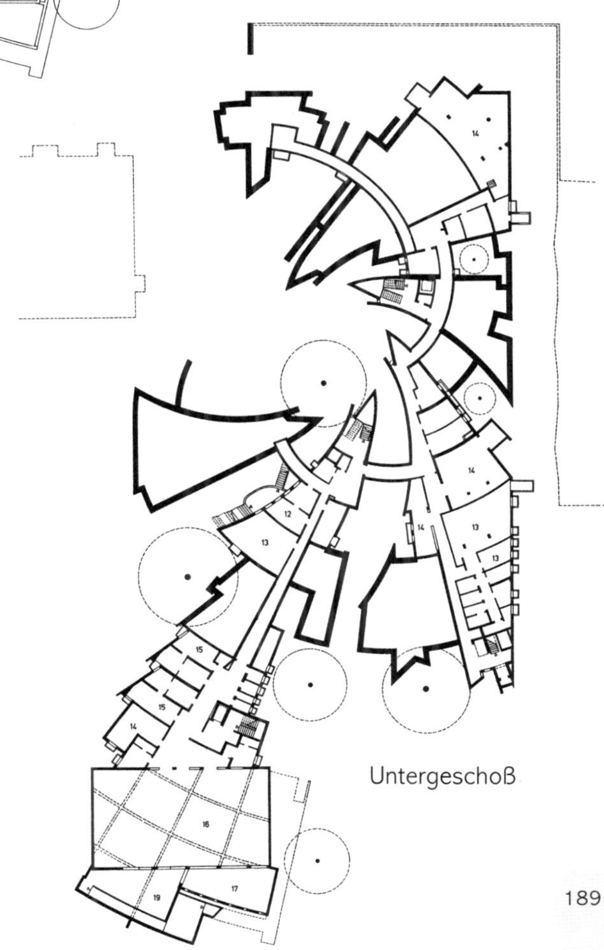

Untergeschoß

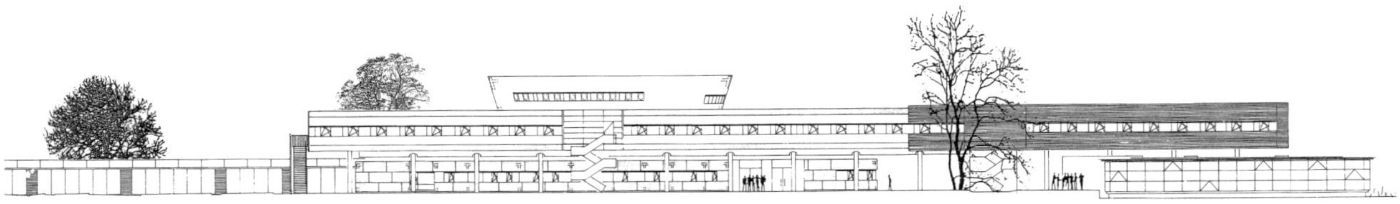

## 4.1.11 Magnus-Gottfried-Lichtwer-Gymnasium in Wurzen bei Leipzig

| | |
|---|---|
| Bauherr | Landkreis Muldental / Sachsen |
| Architekt | Christian Knoche, Stuttgart |
| Mitarbeiter | B. Bareuther, J. Carrion, M. Hammes, G. Kannegießer, N. Krause, B. Menzel, U. Schadwill, S. Sontheimer, L. Sterzenbach, S. Veit, S. Zwiers |
| Tragwerks-planung | Leipzig Projekt GmbH, Büro Hafranke |
| | Realisierungswettbewerb 1993 |
| | Fertigstellung 1996 |

| | | |
|---|---|---|
| Grundstück | 47 900 $m^2$ | |
| HNF | Gymnasium (G): 5 861 $m^2$, Sporthalle (SH): 2 050 $m^2$ | |
| NNF | 294 $m^2$ (G) | 106 $m^2$ (SH) |
| NF | 6 155 $m^2$ (G) | 2 156 $m^2$ (SH) |
| VF | 3 360 $m^2$ (G) | 428 $m^2$ (SH) |
| FF | 317 $m^2$ (G) | 76 $m^2$ (SH) |
| KF | 768 $m^2$ (G) | 334 $m^2$ (SH) |
| BGF | 10 588 $m^2$ (G) | 3 097 $m^2$ (SH) |
| BRI | 42 452 $m^2$ (G) | 20 469 $m^2$ (SH) |
| Faktor | BRI/HNF = 7,20 (G), 9,98 (SH) | VF/HNF = 0,57 (G), 0,21 (SH) |

Die Planfigur des fünfzügigen Gymnasiums besteht aus einer strengen Großform mit differenzierten angenehmen Innen- und Hofräumen, wobei sich unter Gebäudeteilen überdeckte Pausenräume ergeben. Der Grundriß innerhalb der Großform wird durch die ruhigen Fassadenbänder des Obergeschosses zusammengefaßt. Die Absonderung der Bibliothek als ruhiger Pavillon über den Dächern ist gut gelungen. Freiräume sind ausreichend vorhanden und sinnvoll angeordnet. Die Durchdringung der Freiräume mit dem Baukörper wirkt wohltuend.
Als Dominante der großzügigen Raumgestaltung wirkt der elliptische, 8 m hohe Aufbau, der die Unterrichtsräume für die geisteswissenschaftlichen Fächer beherbergt.
Funktionell ist die Schule überzeugend entworfen. Die klare Trennung der öffentlichkeitswirksamen Bereiche im Erdgeschoß von den Schulräumen im Obergeschoß ist besonders geglückt. Die Struktur des Hauses ist klar.
Die Sporthalle wurde deutlich abgesenkt. Sie ist gesondert nutzbar.

Raumbereiche

Gymnasium

| | |
|---|---|
| UG | Technik / Lager |
| EG | Eingang, Verwaltung, Aula / Mensa, Pausenhalle, Musischer Fachbereich |
| 1. OG | Allgemeine Unterrichtsräume, Naturwissenschaftlicher Fachbereich |
| 2. OG | Bibliothek |

Sporthalle

| | |
|---|---|
| UG | Sporthalle / Umkleiden |
| EG | Eingangsbereich |

Maßstab ca. 1 : 800

Quellen *Wettbewerbe aktuell 5/93 und 4/96; AIT 5/96; DAB (Ausgabe Ost) 7/96; Bau-Zeitung 8/96; Broschüre: Magnus-Gottfried-Lichtwer-Gymnasium, hrsg. vom Landratsamt Muldentalkreis 1996; db 3/97; Pläne der Architekten.*

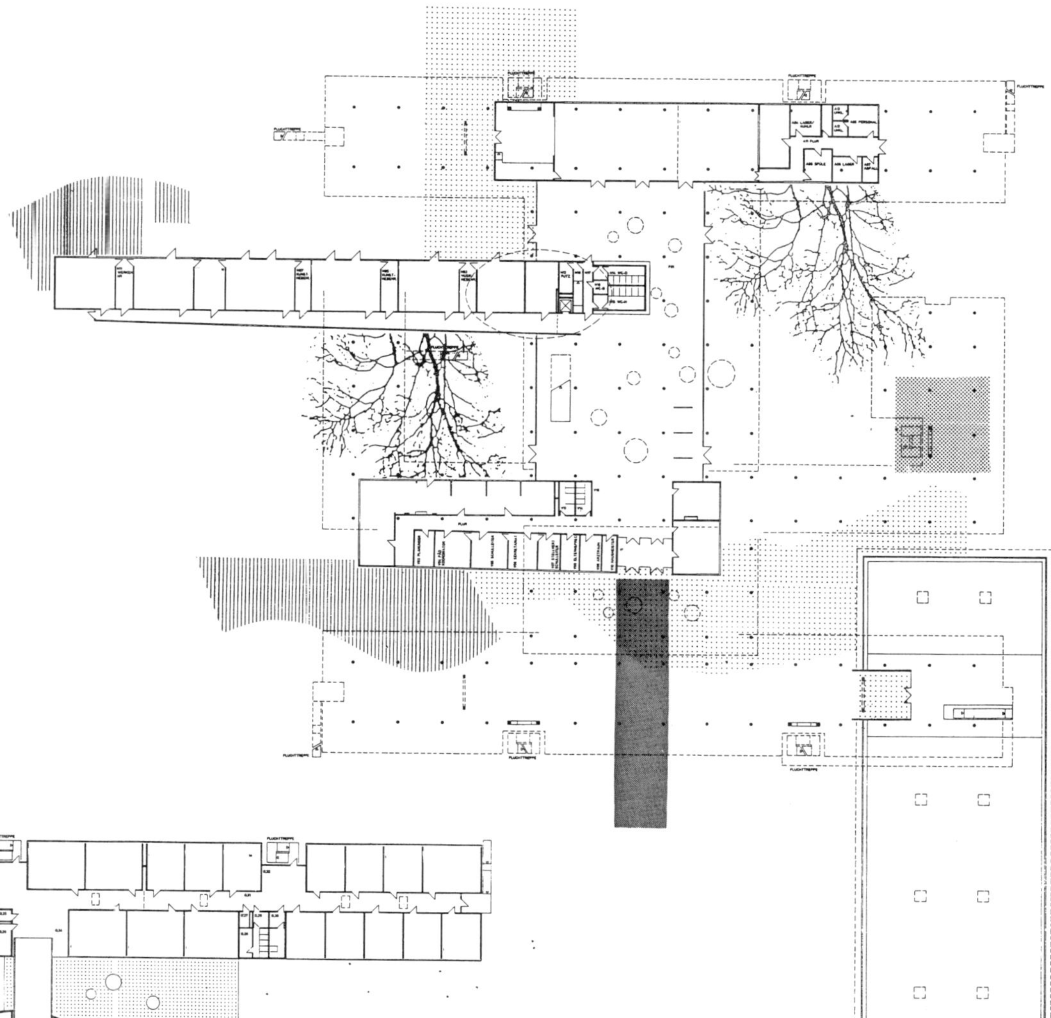

1. Obergeschoß

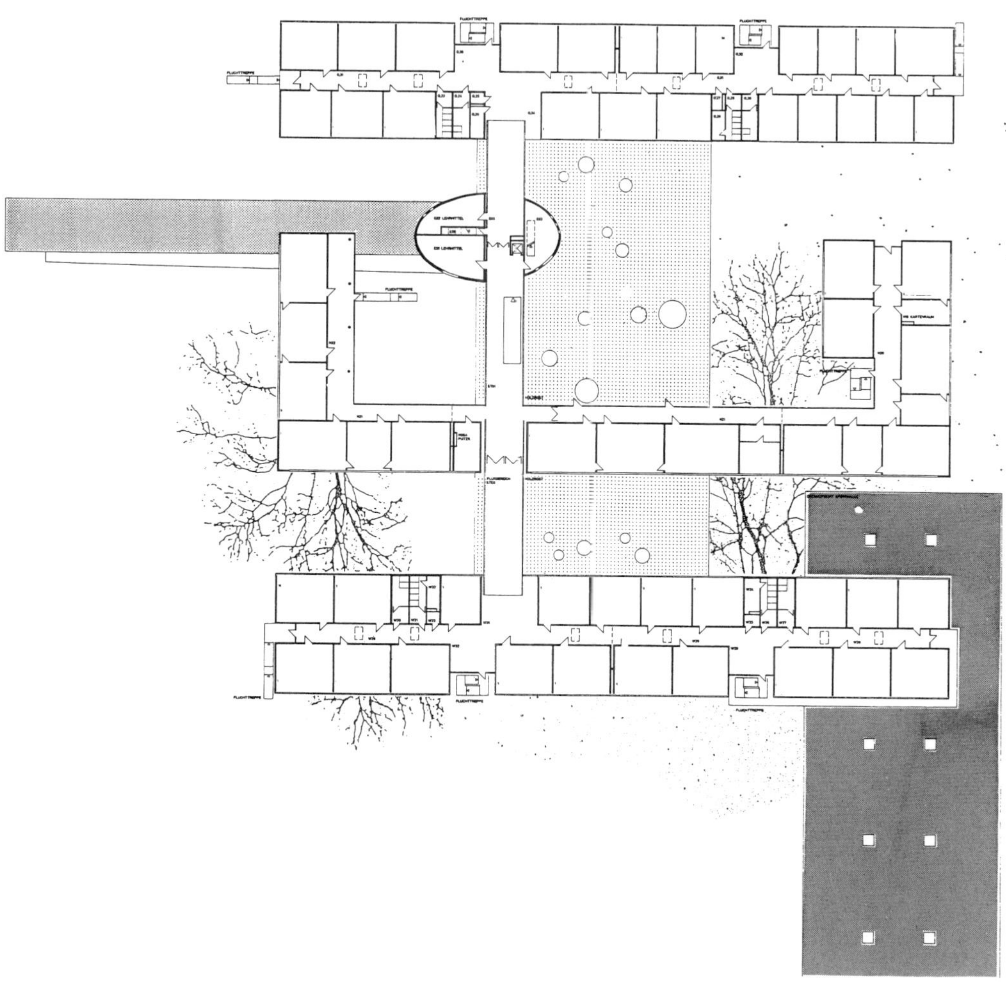

Erdgeschoß

## 4.1.12 Gymnasium in Berlin-Hellersdorf

| | |
|---|---|
| Bauherr | Land Berlin, vertreten durch das Bezirksamt Hellersdorf von Berlin, Hochbauamt |
| Architekten | MBM Arquitectes S. A. Martorell-Bohigas-Mackay-Puigdomènech, Barcelona |
| Kontakt-Architekten | Kammann und Hummel, Berlin |
| Projektleitung | Francesco Gual – Gereon Thöne |
| Tragwerks-planung | Ove Arup GmbH Berlin |
| | Baubeginn 1996 |

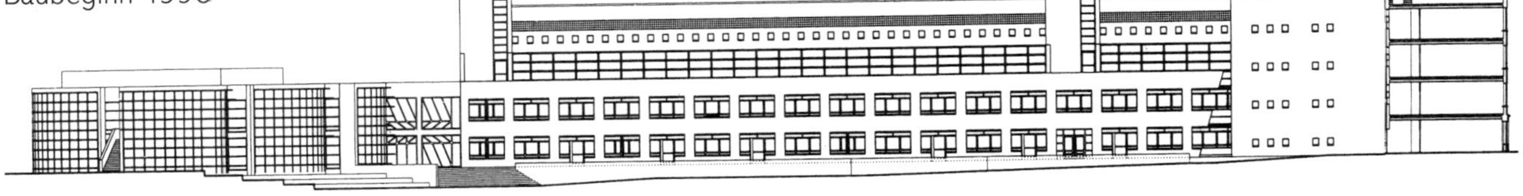

| | | | |
|---|---|---|---|
| Grundstück | 10 057 m² | GRZ = 0,41 | GFZ = 1,14 |
| HNF | 5 699 m² | | |
| NNF | 591 m² | | |
| NF | 6 290 m² | | |
| VF | 327 m² | | |
| KF | 3 247 m² | | |
| BGF | 11 450 m² | | |
| BRI | 43 812 m³ | | |
| Faktor | BRI/HNF = 7,69 | | |

Der viergeschossige, L-förmige Schulbau liegt mit seinem Haupteingang an einer zentralen Kreuzung. Von hier aus zieht sich das wesentliche Entwurfselement – die Erweiterung des öffentlichen Raumes – als »Straße« durch das gesamte Gebäude bis hin zum Kunst- und Musiktrakt am nördlichen Ende. Dieser Weg wird gebildet durch eine langgestreckte, zweigeschossige und glasüberdachte Halle, in der sich – einzelnen Häusern gleich – die verschiedenen Räume mit Vor- und Rücksprüngen aneinanderreihen. Im Erdgeschoß sind es die naturwissenschaftlichen Unterrichtsräume, im 1. Obergeschoß die Verwaltung, Lehrerzimmer, Bibliothek etc. und im 3. und 4. Obergeschoß die Unterrichtsräume der Oberstufe. Im südlichen Gebäudeflügel sind pro Geschoß jeweils fünf Parallelklassen der Mittelstufenjahrgänge untergebracht. Der zweigeschossige künstlerisch-musische Bereich mit der Aula steht mit seinen geschwungenen Fassaden im Gegensatz zur strengen Linienführung des übrigen Gebäudes.

| | | |
|---|---|---|
| Raumbereiche | UG | Südflügel (SF): nicht unterkellert; Haupttrakt (HT): Haustechnik; Nordflügel (NF): Lager, Archiv |
| | EG | SF: Mittelstufenjahrgang 07; HT: Technisch-Naturwissenschaftliche Unterrichtsräume (Biologie, Chemie, Physik); NF: Aula, Musikunterrichtsräume |
| | 1. OG | SF: Mittelstufenjahrgang 08; HT: Verwaltung, Lehrerzimmer, Bibliothek, Technisch-Naturwissenschaftliche Unterrichtsräume (Informatik, Sprachlabor) |
| | 2. OG | SF: Mittelstufenjahrgang 09; HT: Einführungsjahrgang Oberstufe |
| | 3. OG | SF: Mittelstufenjahrgang 10; HT: Gruppenräume Oberstufe |

Maßstab ca. 1:700

Quellen *Bauwelt 18/96; Pläne der Architekten.*

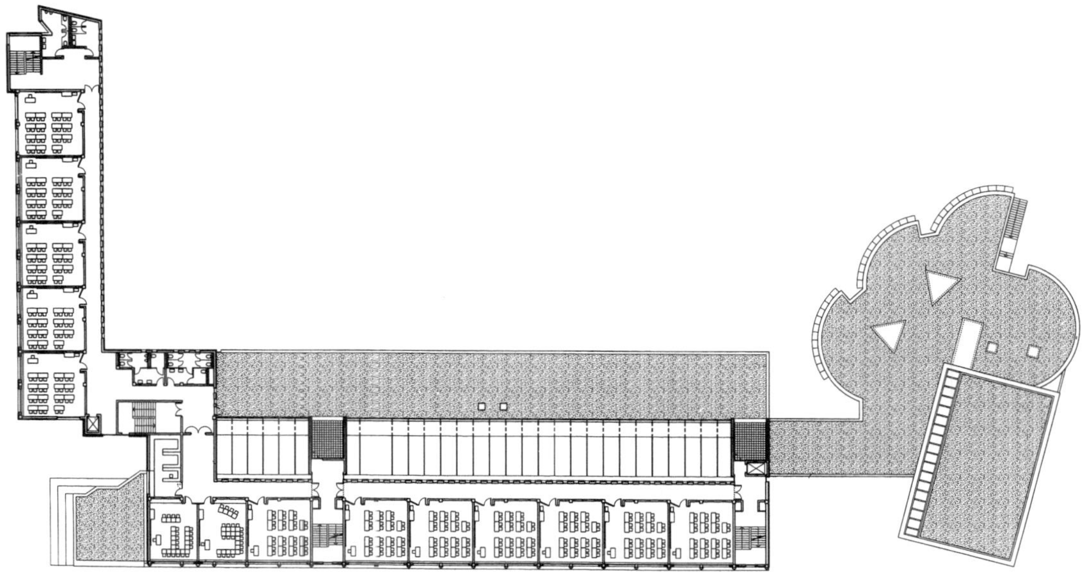

2. Obergeschoß

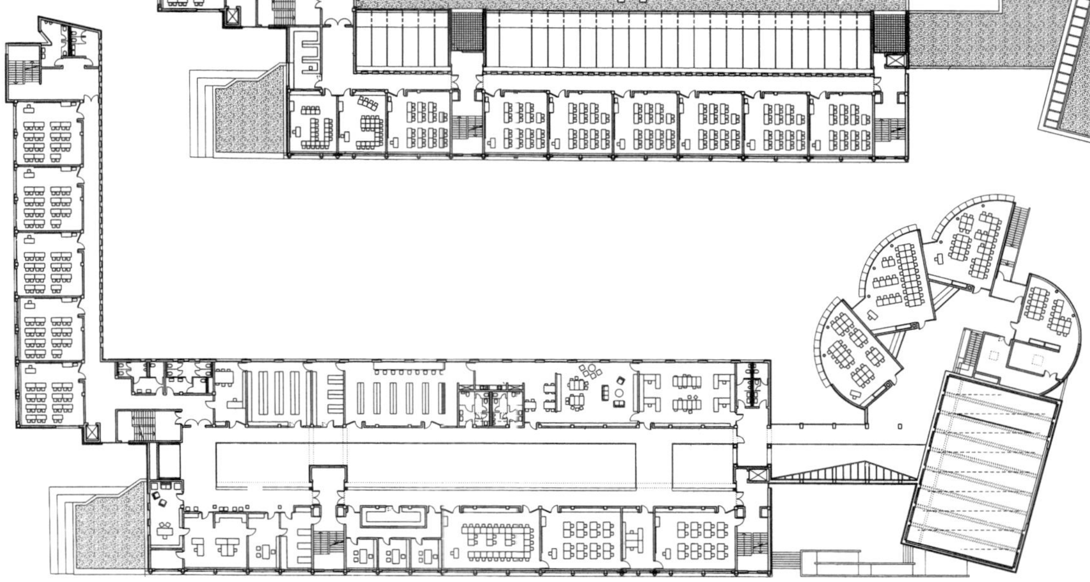

1. Obergeschoß

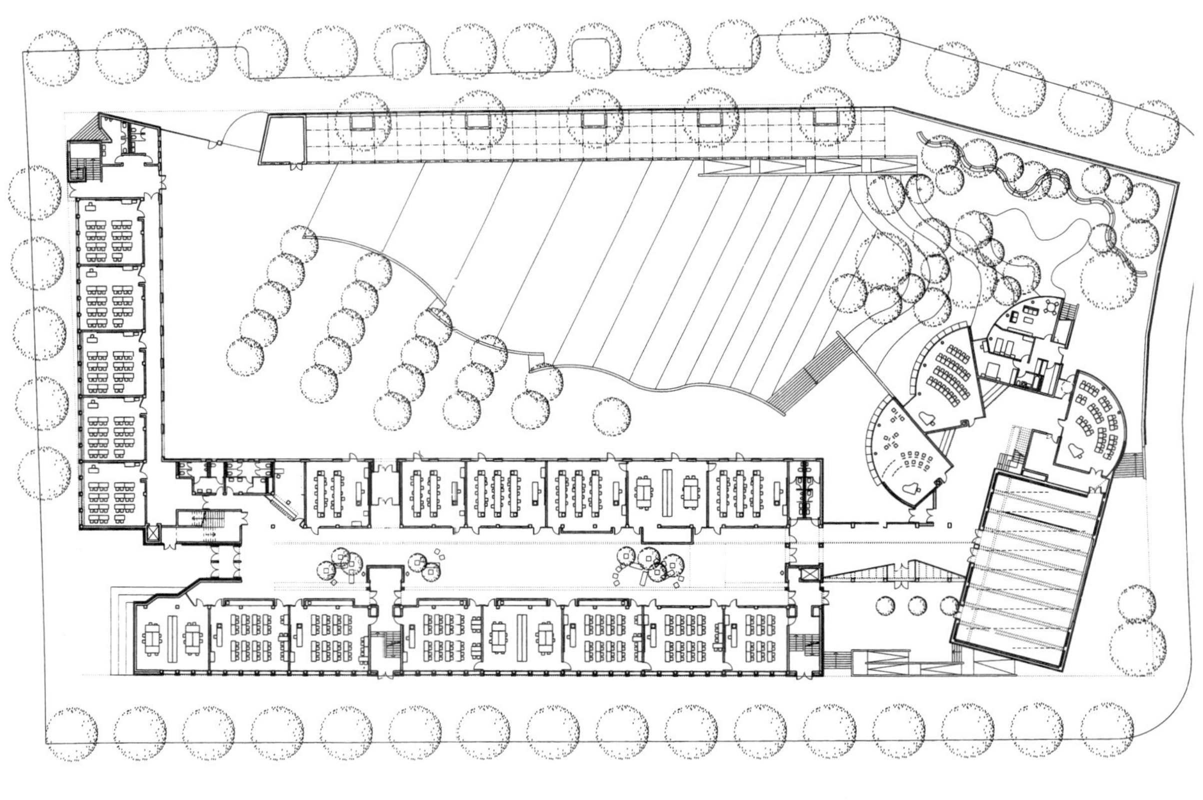

Erdgeschoß

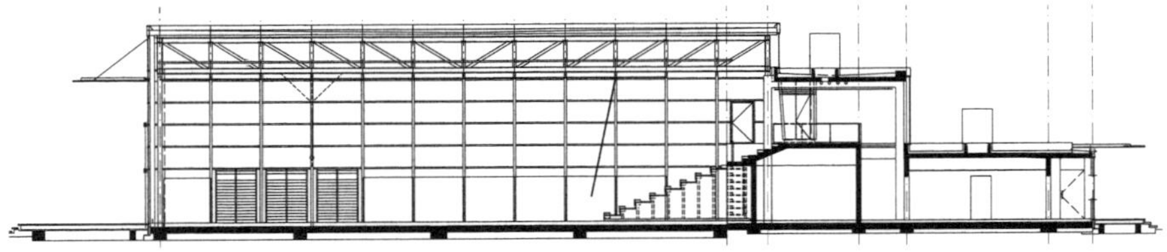

## 4.1.13 Gymnasium in Flöha bei Chemnitz

| | |
|---|---|
| Bauherr | Landkreis Freiberg / Sachsen |
| Architekten | Markus Allmann, Amandus Sattler, Ludwig Wappner, München |
| Mitarbeiter | R. Pourroy, K. Hengher, D. Böwing, K. Duer, K. Jokisch, A. Jung, A. Moum, S. Rath, J. Schabert, D. Stark |
| Tragwerks-planung | Schule: Obermeyer Albis Bauplan, Chemnitz; Ing.-Büro Anneliese Hagl, München<br>Sporthalle: Ing.-Büro Anneliese Hagl, München<br>Fertigstellung 1996 |

| | | |
|---|---|---|
| Grundstück | 49 934 m² GFZ = 0,13 | GFZ = 0,3 |
| | Gymnasium | Dreifachsporthalle mit 600 Zuschauerplätzen |
| HNF 1–6 | 5 302 m² = 59 % | 1 594 m² = 54 % |
| NNF | 460 m² = 5 % | 535 m² = 18 % |
| NF | 5 762 m² = 64 % | 2 129 m² = 72 % |
| FF | 153 m² = 1 % | 81 m² = 2 % |
| VF | 2 360 m² = 26 % | 511 m² = 17 % |
| KF | 760 m² = 8 % | 250 m² = 8 % |
| BGF | 9 035 m² = 100 % | 2 971 m² = 100 % |
| BRI | 37 017 m³ | 17 325 m³ |
| Faktor | BRI/HNF = 6,9 | BRI/HNF = 10,8 |

Das Gymnasium für 960 Schüler besteht aus einem ringförmigen Schulgebäude mit großer Pausenhalle und abgesetzter Sporthalle.
Die Auenwiesen mit hohem Grundwasserstand und freiem Blick werden durch die Gebäude betont und visualisiert. Das Gymnasium schwebt in Form eines zweigeschossigen Ringes vier Meter über dem Landschaftsniveau. Im Norden sind Lehrerzimmer und Verwaltung untergebracht. Im Inneren des Rings sind sämtliche schulischen Sonderfunktionen im Raum-in-Raum-Prinzip in die umhüllende, schrägverglaste Pausenhalle eingestellt. Den oberen Abschluß bildet ein metallverkleideter Riegel mit den Kunst- und Musikräumen. Geometrisches Zentrum ist der baumbestandene Freiraum. Eine Besonderheit ist das Glasdach über der Pausenhalle. Hochformatige Isolierglasscheiben sind von der darüberliegenden Stahlkonstruktion abgehängt. Durch die glatte Innenhaut ergibt sich der Eindruck eines gläsernen Himmels. Die außenliegende Konstruktion leistet den notwendigen Sonnenschutz. Die nach Süden orientierte Schrägverglasung läßt im Winter eine passive Nutzung der Solarenergie zu, im Sommer wird durch einen innenliegenden Sonnenschutz in Kombination mit unteren Zuluft- und oberen Abluftklappen eine Überhitzung vermieden.

Raumbereiche

Gymnasium:

| | |
|---|---|
| UG | Haustechnik, Archive, Lager |
| EG | Verwaltung, Ärztezimmer, Hausmeister, SMV, Pausenhalle, Aula, Küche mit Speiseraum, Lagerräume, Archive unter Sitztreppe |
| 1. OG | Biologie, Chemie, Klassenzimmer, Kursräume, Bibliothek, Mehrzweckraum |
| 2. OG | Physik, Informatik, Sprachlabor, Werken, Kunst, Musik, Klassenzimmer, Kursräume |

Sporthalle:

| | |
|---|---|
| EG | Umkleideräume Sportler, Lehrer, Mehrzweckraum, Technik, Foyer mit Garderobe, Kiosk, Geräteraum, Halle, Sporthalle |
| OG | Zuschauergalerie mit 240 festen Sitzplätzen, Teleskop, Tribünensitzplätze |

Maßstab ca. 1 : 600

Quellen *Bauwelt 16/96; DBZ 6/96; Pläne der Architekten.*

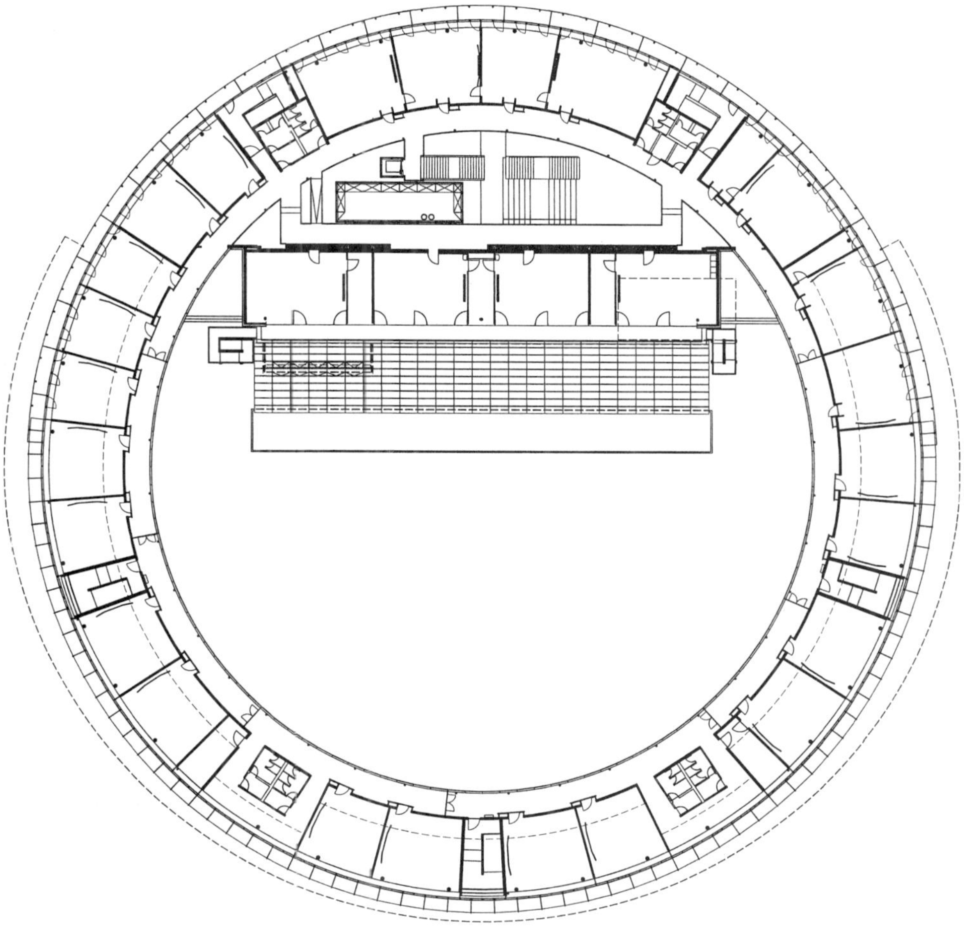

2. Obergeschoß

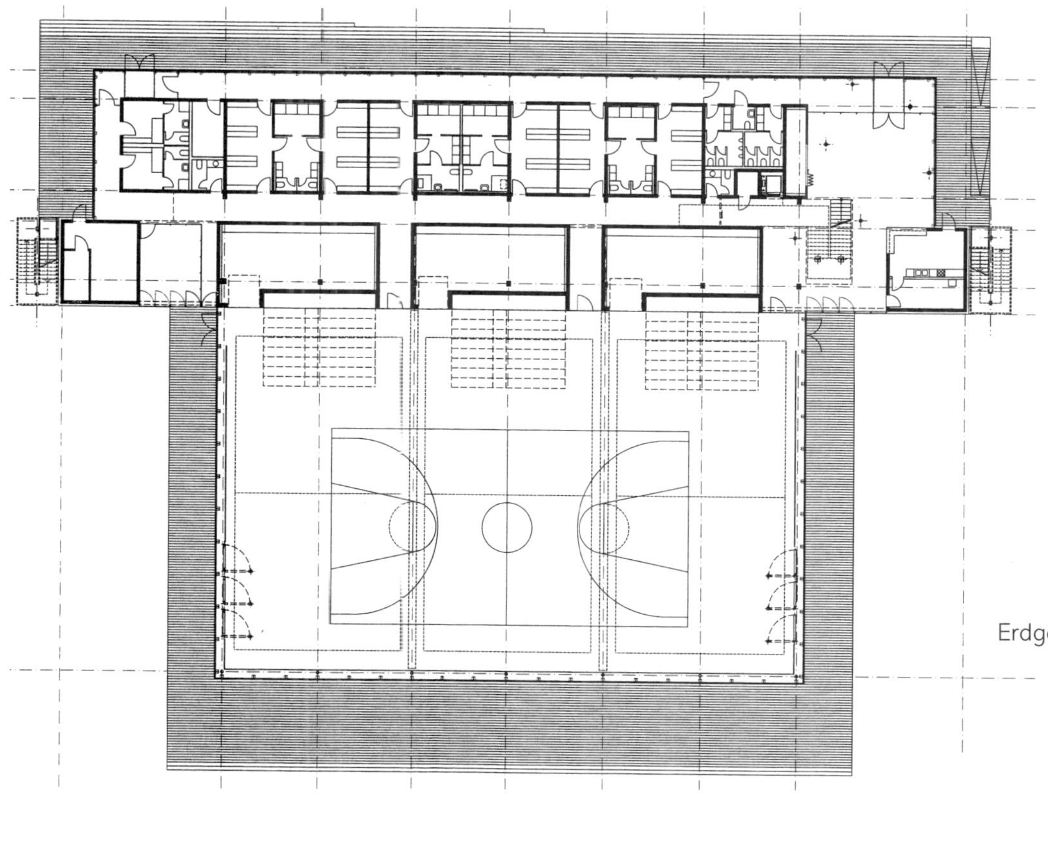

Erdgeschoß Sporthalle

## 4.1.14 Angell-Gymnasium in Freiburg / Br.

Bauherr — Angell-Gymnasium e.V., Freiburg / Br.
Architekten — Prof. Wolfgang Knoll, Stuttgart, mit Herlitzius, Kirchzarten
Fertigstellung 1994

Grundstück — 1 400 m²
HNF — 3 800 m²
BRI — 23 000 m³
Faktor — BRI/HNF = 8,74
Tiefgarage mit 32 PKW-Stellplätzen

Die Besonderheit des Entwurfs liegt in der äußersten Ausnutzung des sehr kleinen Grundstücks und in der Fremdvermietung von ca. 500 m² zur Realisierung der Finanzierung.
In den Entwurf wurde die erste Schulerweiterung einbezogen. Das bestehende Gebäude wurde eingeschossig überbaut. Die Pausenhalle verbindet den Altbau mit dem Neubau. In Verhandlung mit dem Stadtplanungsamt konnte erreicht werden, daß auf einen Grenzabstand verzichtet werden konnte. Gleichzeitig wurde mit dem Gymnasium auf diesem Grundstück ein Wohnungsbau errichtet, dem der Wegfall der Grenzabstände ebenfalls zugute kam.
Erschwerendes Moment der Baudurchführung war, daß der Schulunterricht in den beiden bestehenden Gebäuden auch während der Bauarbeiten fortgeführt werden mußte. Die ursprüngliche Planung sah im 3. Obergeschoß Wohnungen für Lehrer und Austauschschüler vor. Von diesem Konzept wurde zugunsten einer anderen Fremdnutzung abgegangen. Die fremdgenutzten Räume stellen einen Vorrat für eine mögliche Erweiterung der Schule dar.
Wichtigster Raum ist die Pausenhalle, die für Spiel, Theater und Sport, für schulische und nichtschulische Veranstaltungen nutzbar ist. Der Musiksaal mußte so angeordnet werden, daß er auch außerhalb der Schulzeiten von anderen Veranstaltern genutzt werden kann.
Die Eingangshalle verbindet die halböffentlichen Bereiche Musiksaal und Cafeteria mit den »privaten« Bereichen Verwaltung und Klassen und leitet in die Pausenhalle.

| | | |
|---|---|---|
| Raumbereiche | UG | Tiefgarage |
| | EG | Schulverwaltung, Lehrerzimmer, Musiksaal, Cafeteria |
| | 1. OG | Unterrichtsräume, Pausenhof |
| | 2. und 3. OG | Unterrichtsräume und 500 m² Fremdnutzung |

Maßstab — ca. 1:400

Quellen — *Eröffnungsschrift; Pläne der Architekten.*

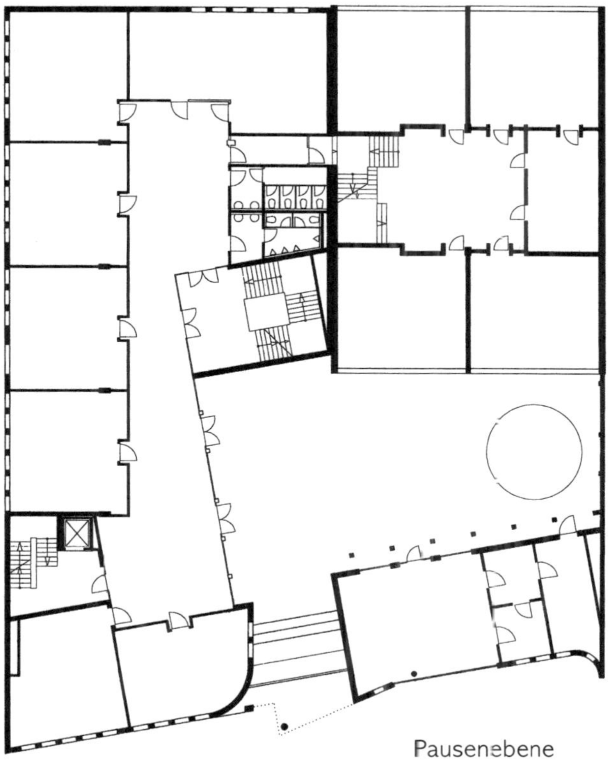

Pausenebene

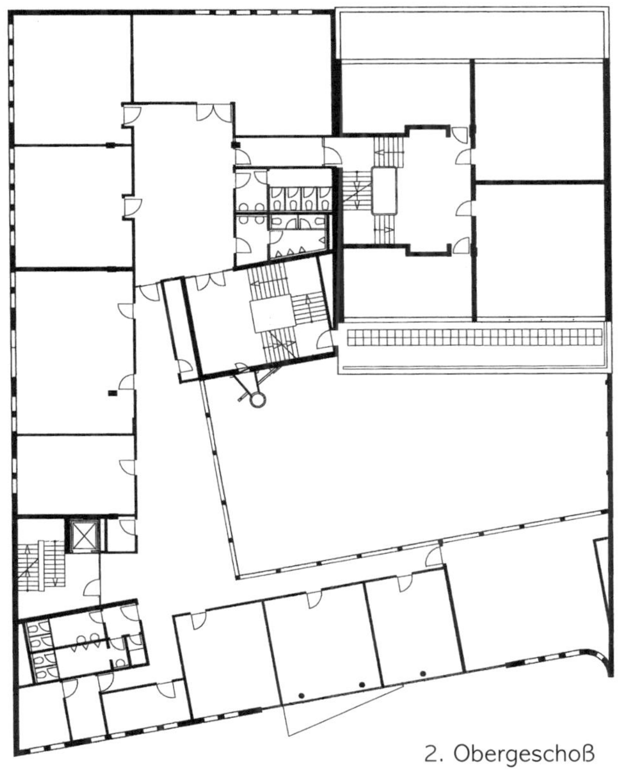

2. Obergeschoß

Erdgeschoß

## 4.1.15 Gesamtschule in Berlin-Hohenschönhausen

| | |
|---|---|
| Bauherr | Bezirksamt Berlin-Weißensee |
| Architekten | Baesler Schmidt + Partner, Berlin |
| Mitabeiter | T. Fabrinsky |
| Tragwerks-planung | Ing.-Büro Tesch, Berlin |
| | Beschränkter Wettbewerb 1993 |
| | Fertigstellung 1998 |

| | | |
|---|---|---|
| Grundstück | 15 982 m² | GRZ = 0,33 |
| HNF | 5 005 m² | |
| NNF | 312 m² | |
| NF | 5 317 m² | |
| FF | 52 m² | |
| VF | 1 808 m² | |
| KF | 900 m² | |
| BGF | 8 078 m² | |
| BRI | 41 126 m³ | |
| Faktor | BRI/HNF = 8,2 | |

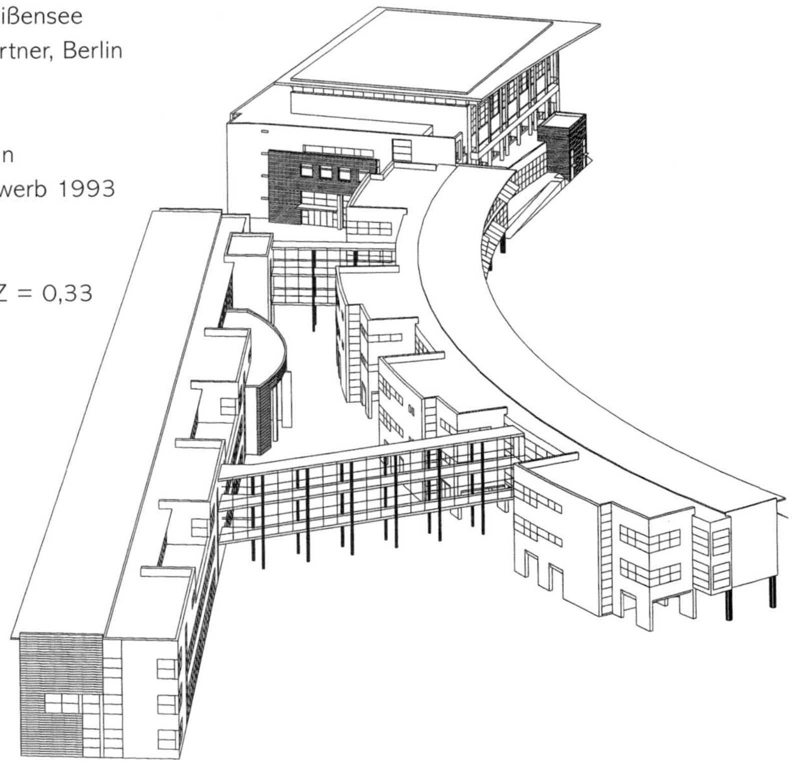

Entsprechend der städtebaulichen Konzeption gliedert sich die Gesamtanlage der Schule in drei klar ablesbare und überschaubare Einzelbaukörper, die durch transparente Zwischenglieder verbunden sind. Diese markieren die Eingänge. In Korrespondenz zur umgebenden Bebauung und zu den gestalterischen Vorstellungen für die Vorstadt ist das Schulgebäude zweigeschossig geplant. Eine ortstypische Vorgartenzone, in die der Schulgarten integriert ist, trennt das Gebäude von der Straße. Wesentliches Entwurfscharakteristikum ist die Aufsplittung in zwei parallele Gebäuderiegel, die einen Innenhof einschließen. Dieser ist zum größten Teil begrünt, in Teilbereichen hallenartig überdeckt und umschlossen. Der mittlere, westliche Riegel als überdeckter Pausenbereich ist aufgeständert und öffnet dadurch den Innenbereich zu den großen Freiflächen.
Nahezu alle Räume sind natürlich belichtet und belüftet. Die Klassenräume sind entweder nach Osten oder Westen orientiert, so daß im Zusammenwirken mit der Wärmespeicherfähigkeit der nach Möglichkeit unverkleideten massiven Bauteile eine günstige Energiebilanz entsteht.

| | | |
|---|---|---|
| Raumbereiche | EG | Allgemeiner Unterricht / Vorschule / Essen |
| | 1. OG | Allgemeiner Unterricht / Lehrer / Verwaltung |

Maßstab ca. 1:1100

Quellen *Festschrift »Schulen für Berlin« Bericht 2, Berlin 1995; Bauwelt 18/19/1996; Pläne der Architekten.*

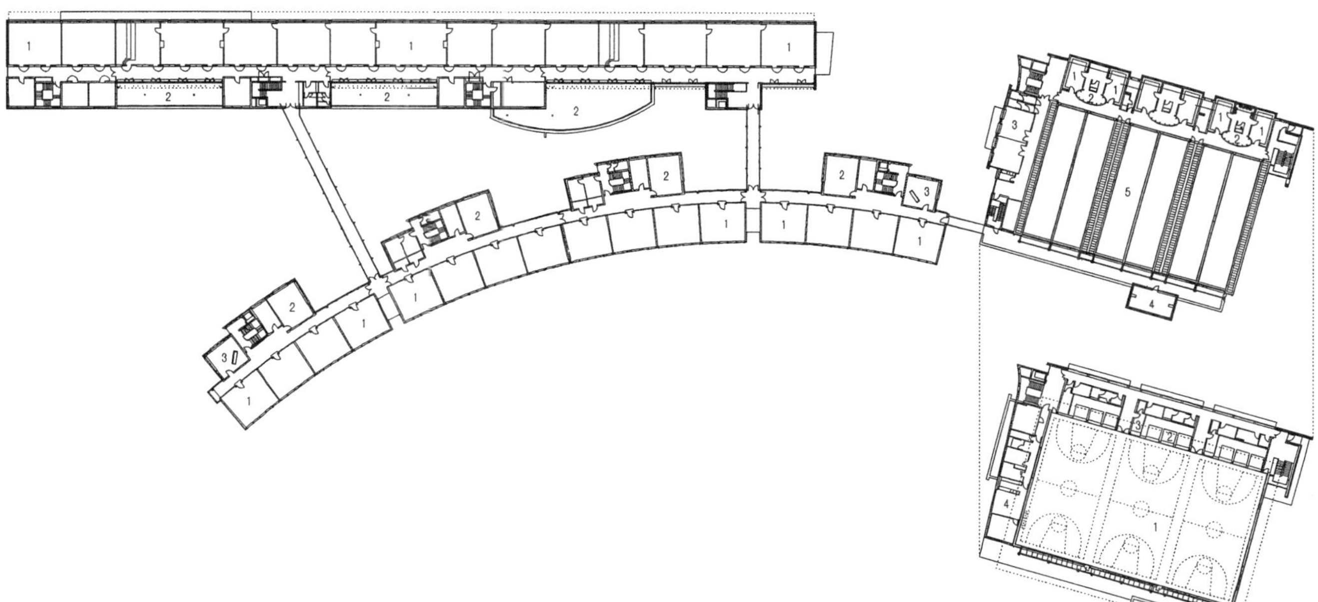

2. Obergeschoß

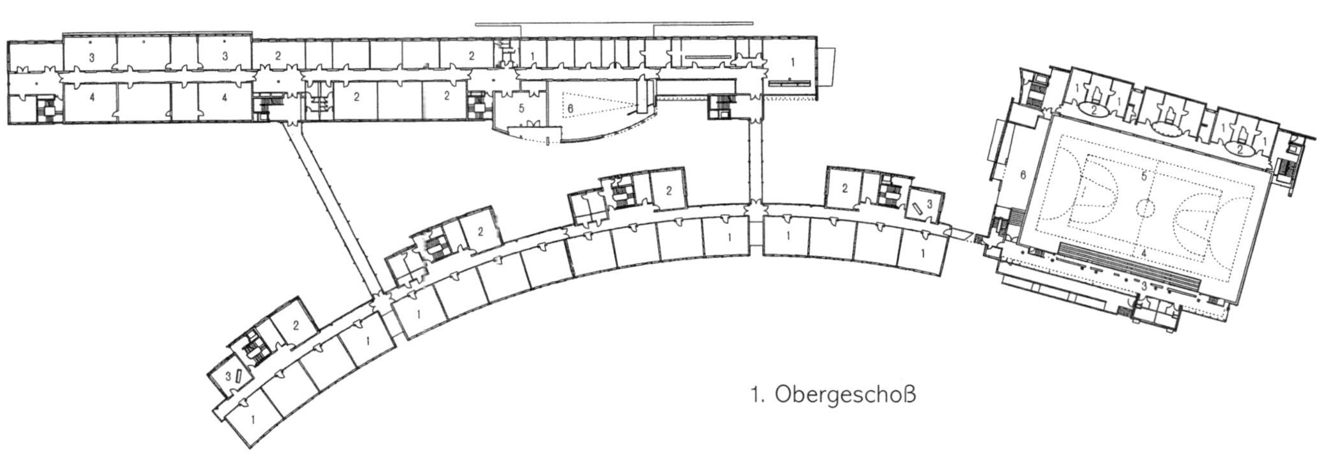

1. Obergeschoß

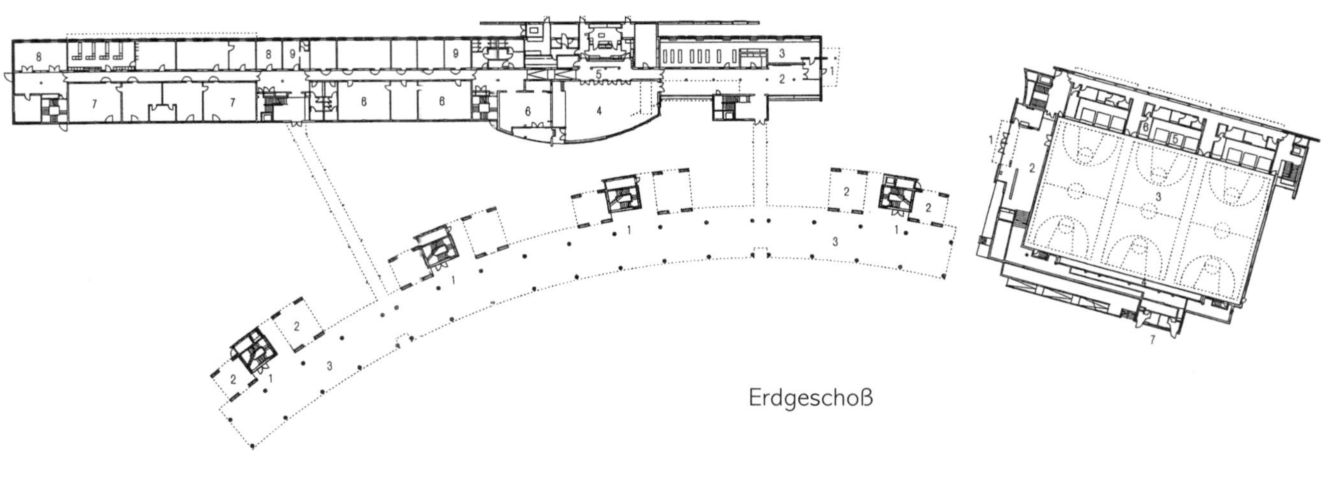

Erdgeschoß

## 4.1.16 Kantonsschule in Wohlen / CH

Bauherr — Baudepartement des Kantons Aargau, Abtlg. Hochbau
Architekten — Burkard Meyer Steiger und Partner, Baden / CH
Tragwerksplanung — U. Schaffner + Partner AG, Wohlen, und Dr. Santiago Calatrava, Zürich
Planungsbeginn 1985
Fertigstellung 1988

Grundstück — 16 755 $m^2$ Ausnutzungsziffer = 0,39
BGF — 8 755 $m^2$
BRI — 36 580 $m^3$
Faktor — BRI/BGF = 3,20

Der ursprünglich als Erweiterung geplante Neubau wurde zum eigentlichen Hauptgebäude der alten Pavillon-Schule. Eine Rotunde mit Kuppel bildet das Gelenk. Dieser zentralen Pausenhalle sind die Cafeteria, Bibliothek und die Aula direkt angehängt.
Die Unterrichtsräume orientieren sich zur Landschaft hin.
Eine geschickte Lichtführung und ein farbiges Leitsystem erleichtern die Benutzbarkeit dieses vorbildlichen Schulhauses.
Das Raumprogramm umfaßt neun Normalklassen, einen Mathematikraum, einen naturwissenschaftlichen Trakt Physik-Biologie-Chemie mit Praktikums- und Unterrichts-, Vorbereitungs- und Sammlungssräumen, zwei Lehrerarbeitszimmer, einen Konferenzraum, die Schulverwaltung, eine Bibliothek sowie eine Aula mit Foyer.

Maßstab — ca. 1:700

Quellen — *Werk, Bauen + Wohnen 8/89; Pläne der Architekten.*

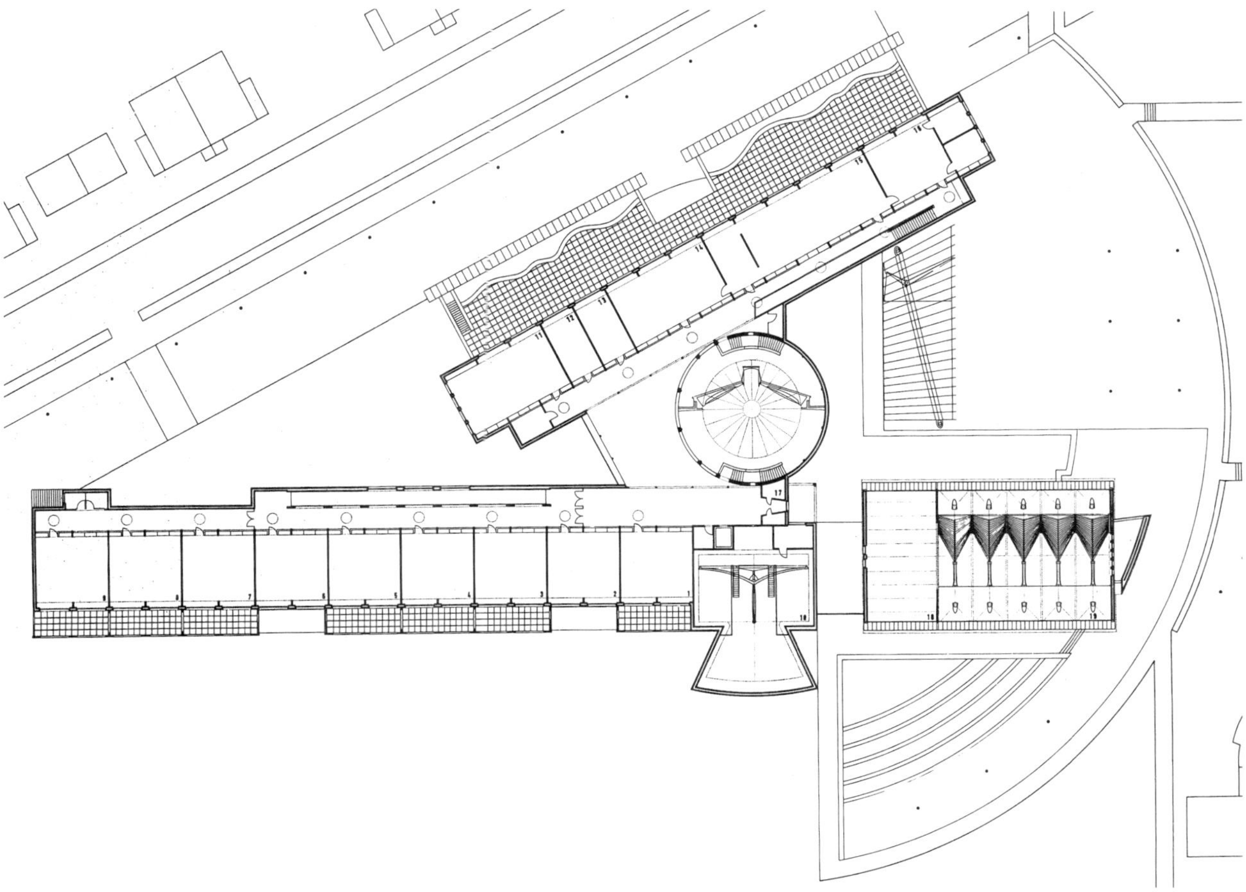

Obergeschoß

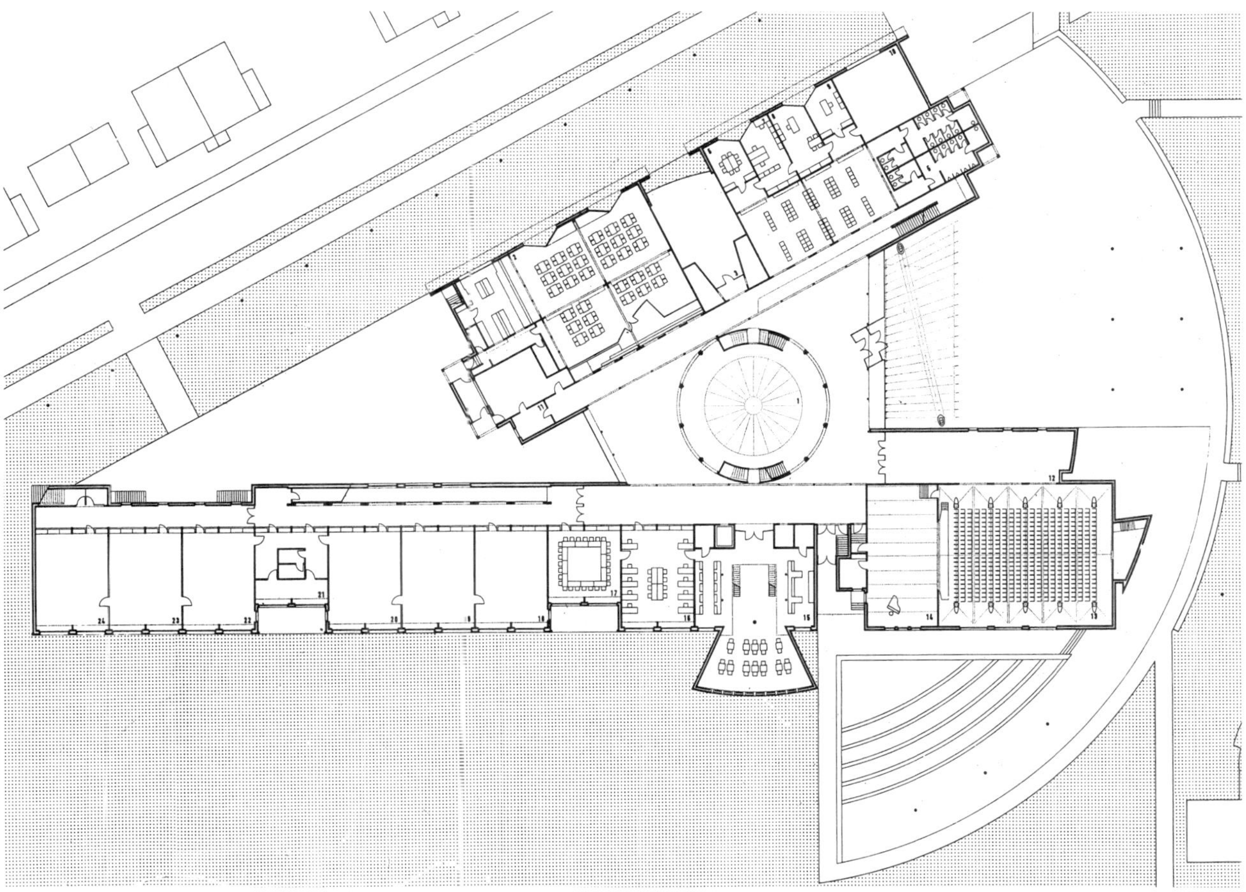

Erdgeschoß

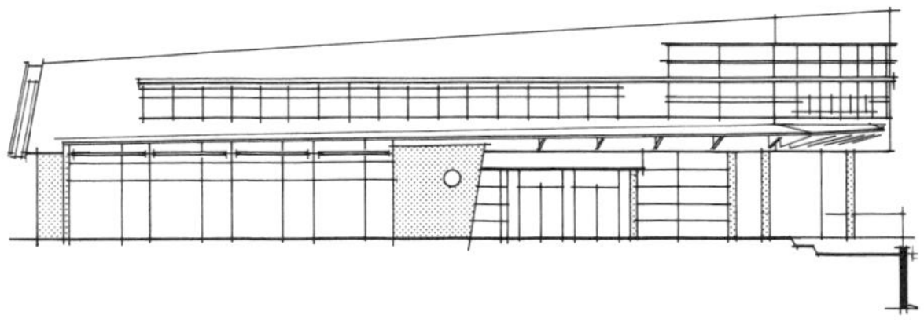

## 4.2.1 Theoriegebäude der Gewerblichen Schule in Ehingen

| | |
|---|---|
| Bauherr | Landkreis Alb-Donau |
| Architekten | Karl Glöckler, Beimerstetten, Gabriele Glöckler, Stuttgart |
| | Wettbewerb 1989, 2. Preis |
| | Fertigstellung 1992 |
| Grundstück | 65 548 $m^2$ GRZ = 0,3 GFZ = 0,5 |
| | Gebäude vorhanden 6 527 $m^2$ |
| HNF | 2 437 $m^2$ |
| NNF | 193 $m^2$ |
| NF | 2 630 $m^2$ |
| FF | 20 $m^2$ |
| VF | 1 247 $m^2$ |
| BGF | 2 132 $m^2$ |
| BRI | 20 000 $m^3$ |
| Faktor | BRI/HNF = 8,2 BRI/BGF = 9,3 |

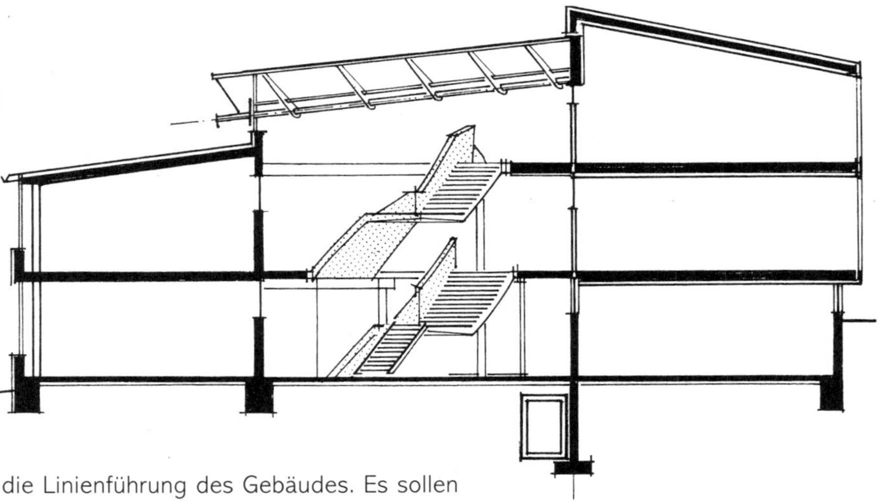

Die Topographie des Geländes bestimmt die Linienführung des Gebäudes. Es sollen fließende Grenzen zur Uferböschung und der Wiesenlandschaft entstehen. Um diese Anforderung zu erfüllen, wurde der Baukörper in drei formal selbständige Bauteile aufgelöst. In deren Zwischenraum befindet sich die lichtdurchflutete Halle. Der Hauptanteil der Klassen ist nach Süden orientiert, Verwaltung und Aufenthaltsräume nach Südwesten. Lichtsensible Klassen und weniger frequentierte Räume liegen nach Norden.

| | |
|---|---|
| Maßstab | Grundrisse ca. 1: 600, Schnitt 1: 250 |
| Quellen | *db 6/94; Pläne der Architekten.* |

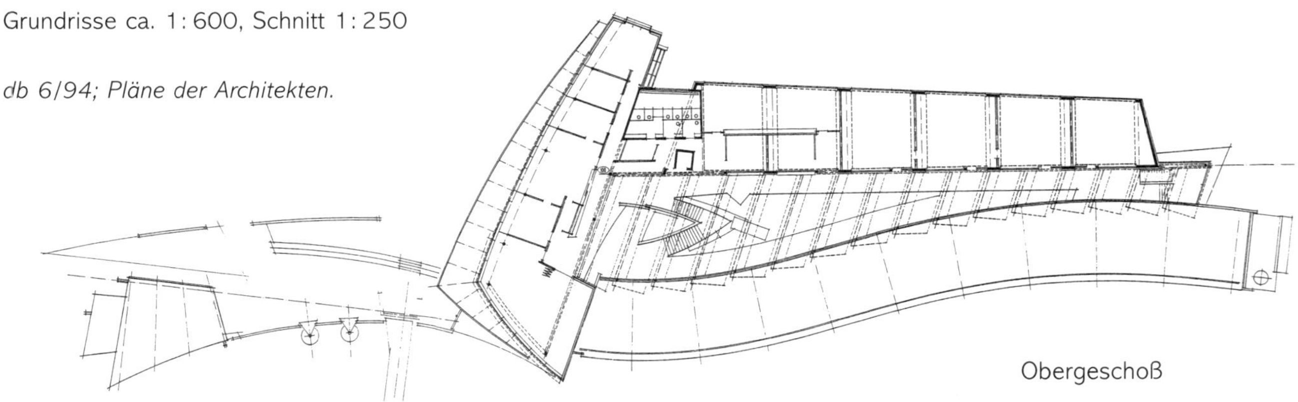

Obergeschoß

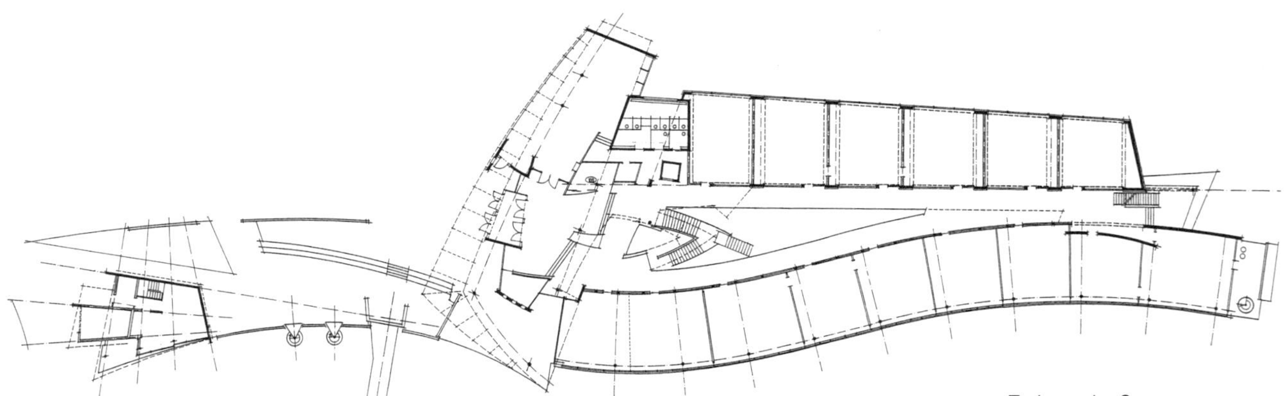

Erdgeschoß

## Lehrzentrum der Panzertruppenschule in Munster 4.2.2

| | |
|---|---|
| Bundesrepublik Deutschland, vertreten durch das StHBA Munster | Bauherr |
| Karl-Heinz und Rainer Lorey, Hannover | Architekten |
| Hesse | Mitarbeiter |
| Fertigstellung 1991 | |

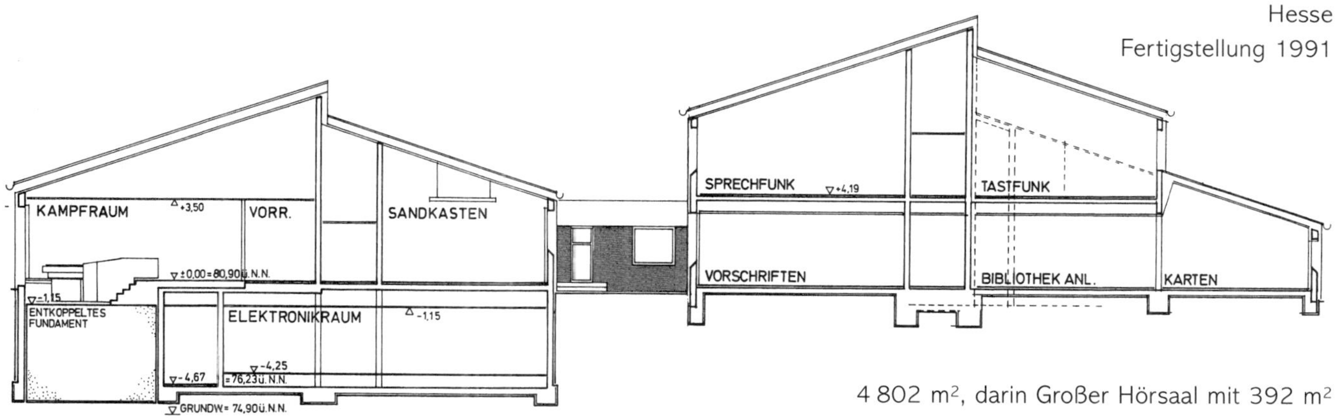


| | |
|---|---|
| 4 802 m², darin Großer Hörsaal mit 392 m² | HNF |
| 7 029 m², mit UG 7 355 m² | BGF ohne UG |
| 34 455 m³, mit UG 36 421 m³ | BRI ohne UG |
| BGF/HNF = 1,53 BRI/HNF = 7,58 (Faktor ohne Berücksichtigung des UG) | Faktor |

Das Ausbildungszentrum für die Panzertruppen wurde in einem langgestreckten zweigeschossigen Bau untergebracht. Ein großer Hörsaal für 420 Sitzplätze ist als eigener Bauteil vorgezogen.

| | |
|---|---|
| Empfangshalle, Großer Hörsaal, Fachbibliothek, 6 kleine Hörsäle, Studio, Sandkasten- und Kampfräume EG<br>6 Taktik-Übungsräume, Hörsaal Taktik, 15 PC-Räume, 4 Funktechnik-Räume OG | Raumbereiche |
| Grundrisse ca. 1:750, Schnitt 1:250 | Maßstab |
| *Pläne der Architekten.* | Quellen |

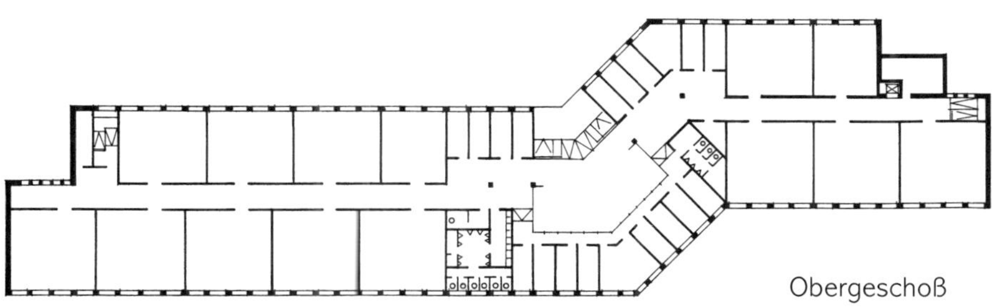

Obergeschoß

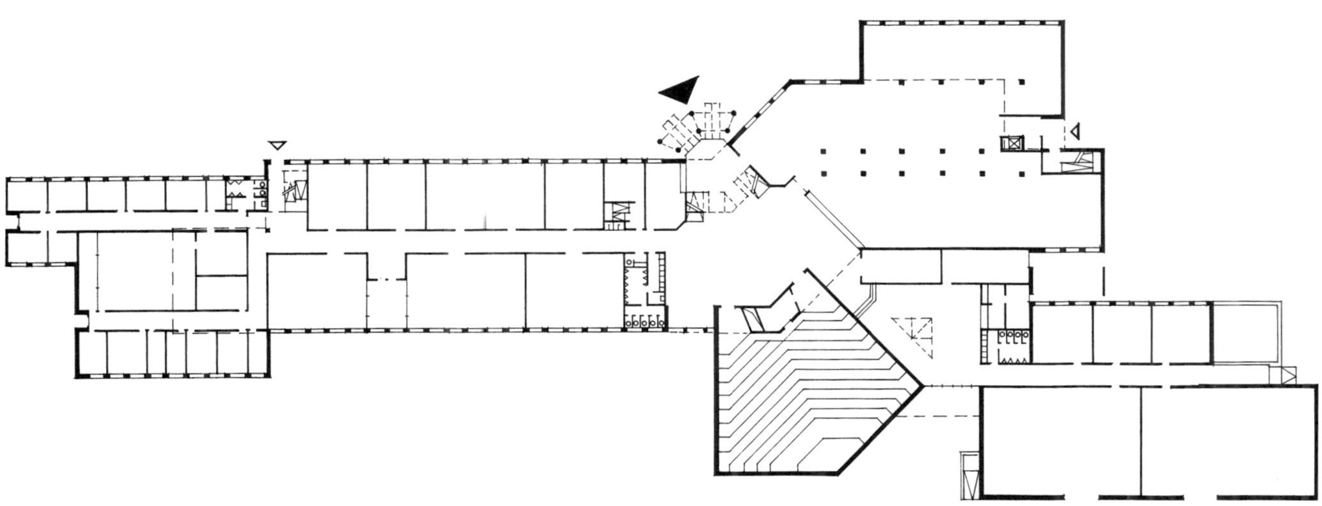

Erdgeschoß

## 4.2.3 Berufsschulzentrum in Furtwangen

Bauherr: Land Baden-Württemberg, vertreten durch das Staatliche Vermögens- und Bauamt, Rottweil
Architekten: ARP Architektenpartnerschaft, Stuttgart
Projektleiter: Reimund Rutschmann
Mitarbeiter: P. Fischer, M. Herdeg, R. Hofmann, B. Nicolay
Tragwerks-planung: Ingenieurgemeinschaft Holzapfel, Rüdt u. Partner, Stuttgart
Fertigstellung 1995

| | |
|---|---|
| Grundstück | 14 364 $m^2$ |
| NF | 4 754 $m^2$ |
| FF | 586 $m^2$ |
| VF | 1 623 $m^2$ |
| BGF | 7 525 $m^2$ |
| BRI | 30 485 $m^3$ |

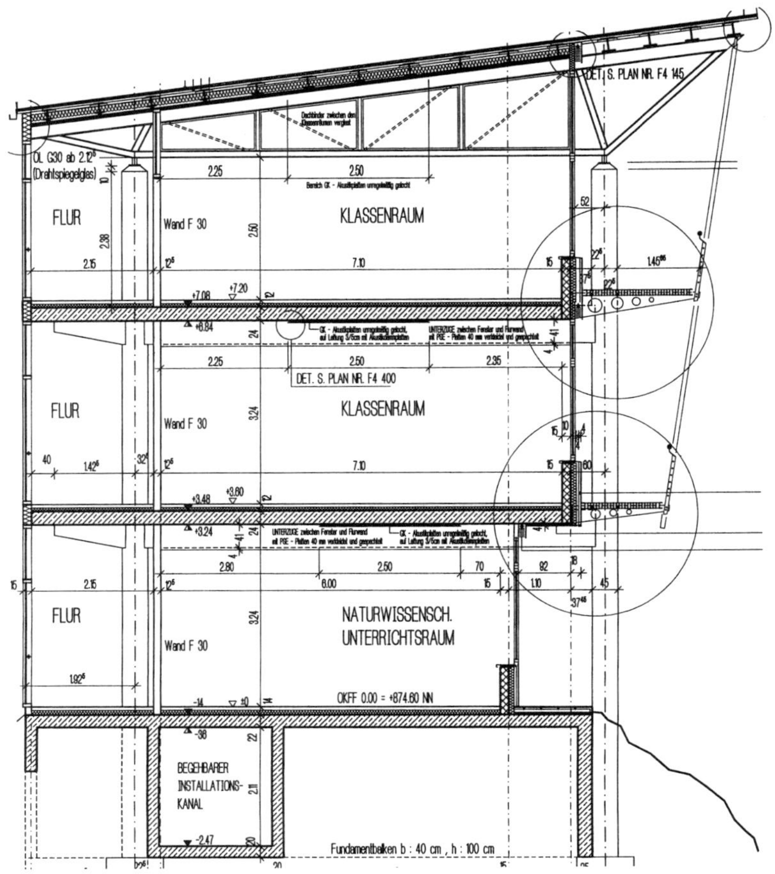


Die Gesamtform folgt der ausgeprägten topographischen Hangsituation. Sie versucht, für die verstreute Nachbarbebauung ein Bindeglied zu bilden und in dieser exponierten Lage für das Ortsbild beruhigend zu wirken – und doch neugierig zu machen.
Das große Gebäudevolumen läßt sich nur aus größerer Entfernung als Ganzes erfassen. Bei der Planung wurde der Vorschlag der Elektrizitätsgesellschaft aufgenommen, in die Schule ein Blockheizkraftwerk zu integrieren.

Maßstab: Grundrisse ca. 1:500, Schnitt 1:150

Quellen: *Festschrift »Berufsschulzentrum Furtwangen«, hrsg. vom Finanzministerium Baden-Württemberg, Kissing 1995; Pläne der Architekten.*

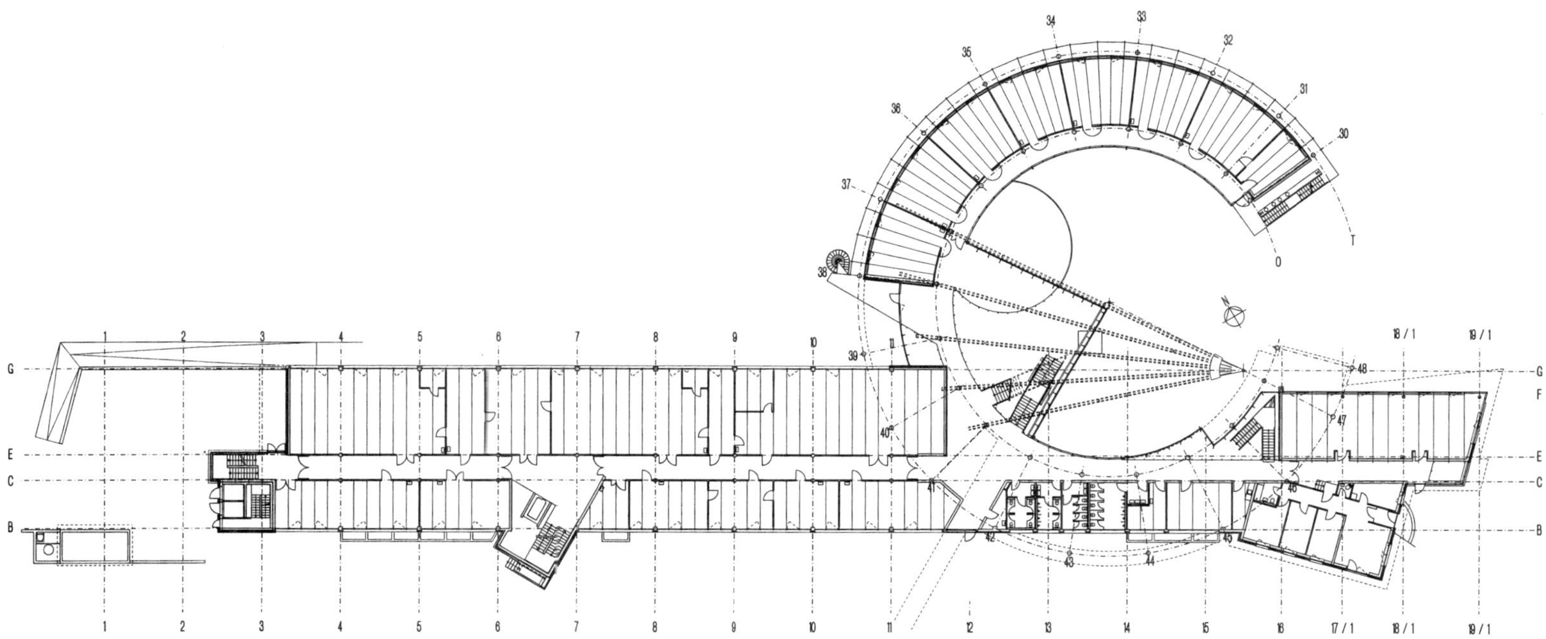

Obergeschoß

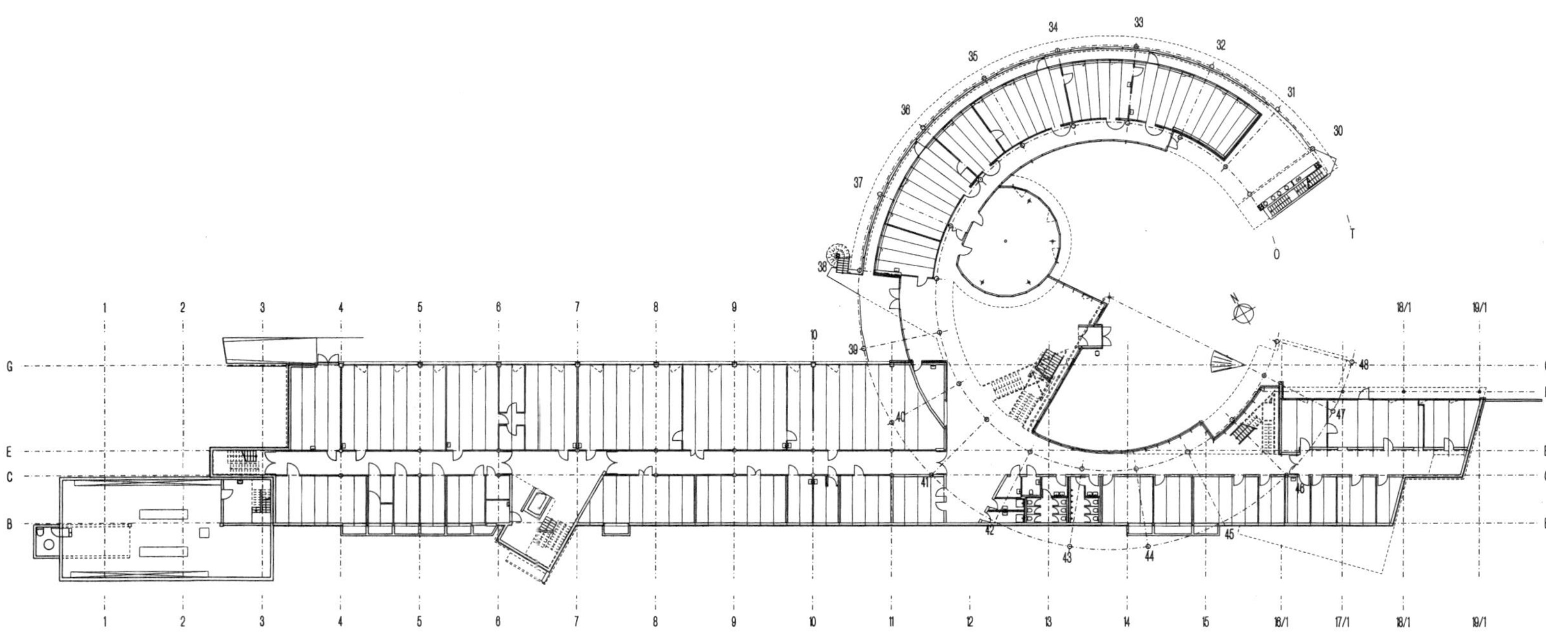

Erdgeschoß

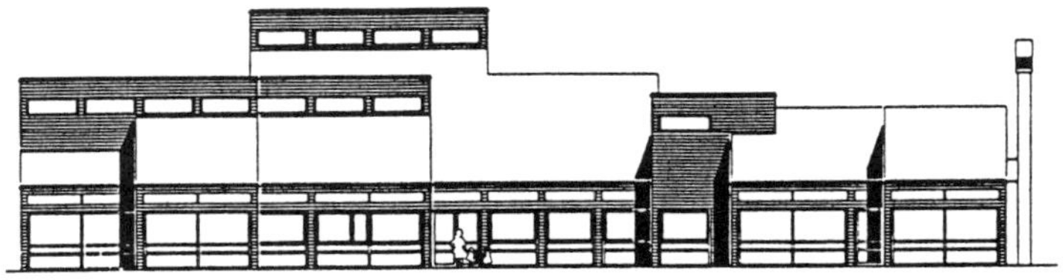

## 4.3.1 Sehbehindertenzentrum in München-Unterschleißheim

Bauherr Stadt München
Architekt Alexander Pagenstecher, München
Mitarbeiter R. Moosmang, W. Wisiorek, I. Berghofer, H. Huber
Wettbewerb 1973, 1. Preis
Fertigstellung 1986

Das Raumprogramm der Schule enthält achtzehn Klassen, eine Tagesstätte für 48 Kinder, zwölf Heimgruppen für 144 Kinder, schulvorbereitende Einrichtungen für 16 Kinder, ein Gemeinschaftshaus mit zentralen Versorgungseinrichtungen sowie eine Turn- und Schwimmhalle.
Im Gemeinschaftshaus befinden sich die Zentralküche und die Heizungsanlage sowie die Stromversorgung. Der Küche zugeordnet ist die Personalkantine mit dem Gästekasino. Kernstück ist der ca. 100 $m^2$ große Mehrzweckraum, der sich nach einer Seite hin zu einer kleinen Kapelle öffnen läßt, zur anderen zu einem geräumigen Vorraum.
Die Schule verfügt neben den Normalklassen über zwei Werkräume, zwei naturwissenschaftliche Räume, ein Musikzimmer, einen Handarbeits- und Hauswirtschaftsraum, eine Bibliothek sowie einen Schreibmaschinenraum.
Die Grundrißform ist übersichtlich. Alle Bereiche sind über kurze Wege miteinander verbunden. Aus wirtschaftlichen Gründen sind die Klassenzimmer über Mittelflure erschlossen. Diese erhalten von beiden Seiten Licht über die Gruppenräume.

Maßstab 1:300

Quellen *Meyer-Bohe, W.: Bauen für alte und behinderte Menschen, Wiesbaden 1996; Pläne der Architekten.*

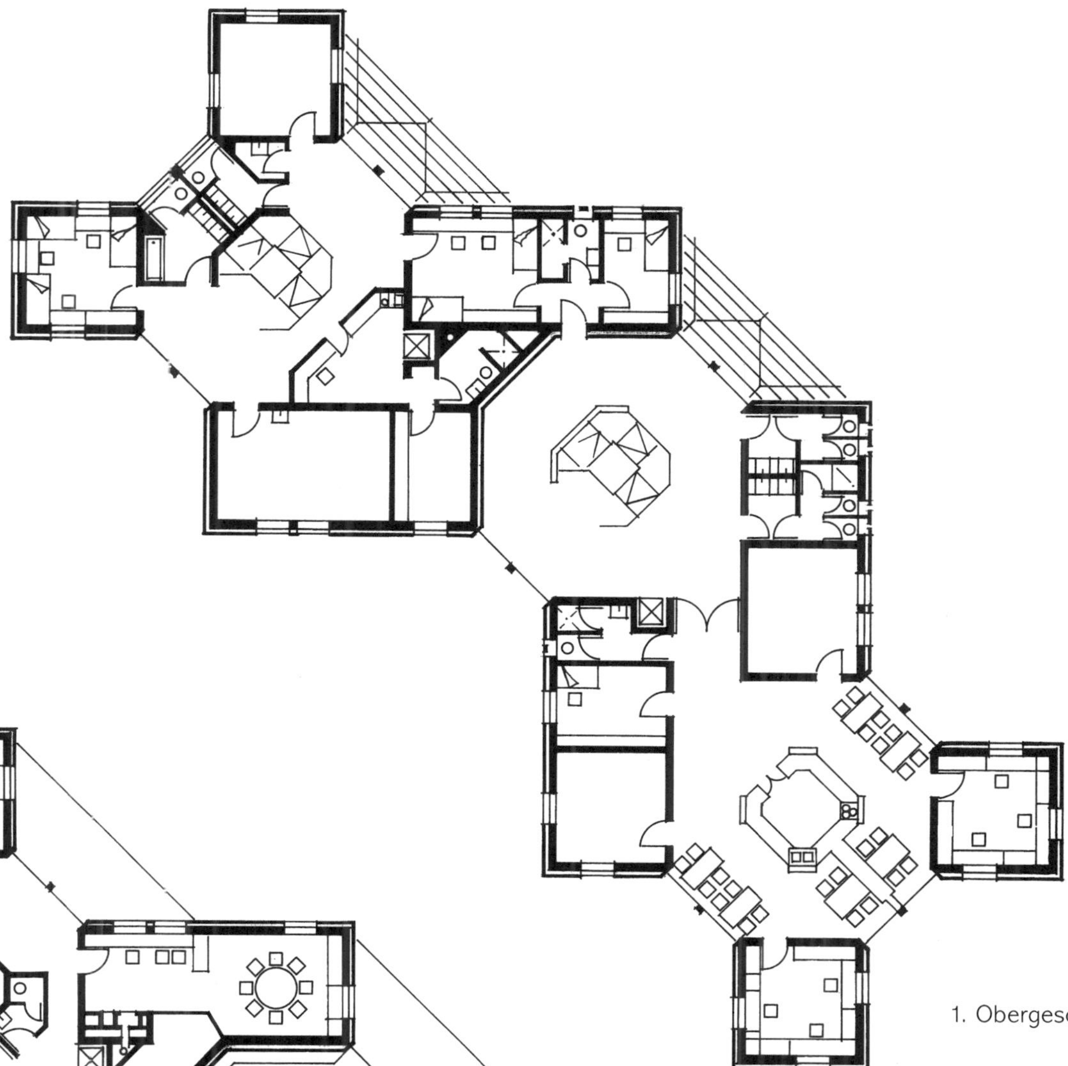

1. Obergeschoß

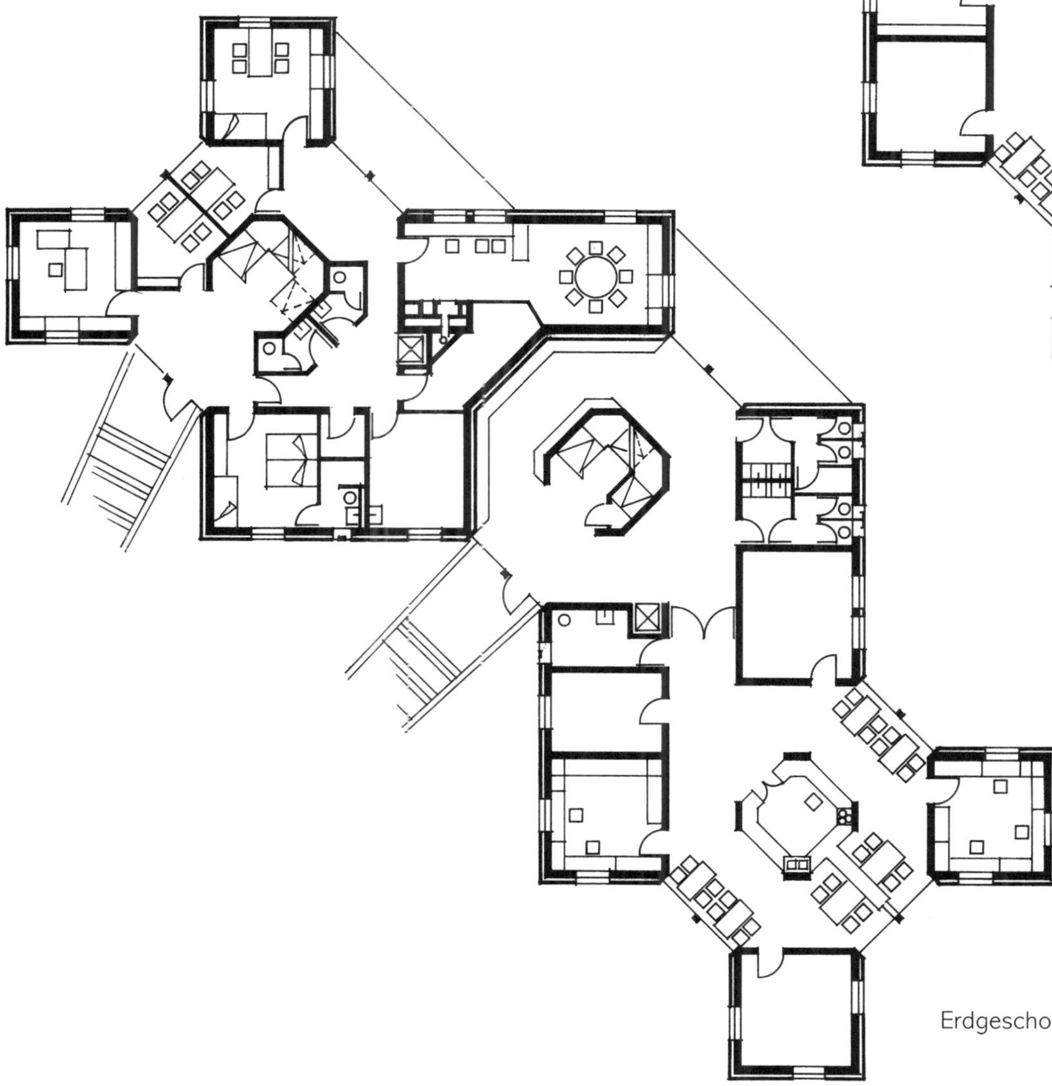

Erdgeschoß

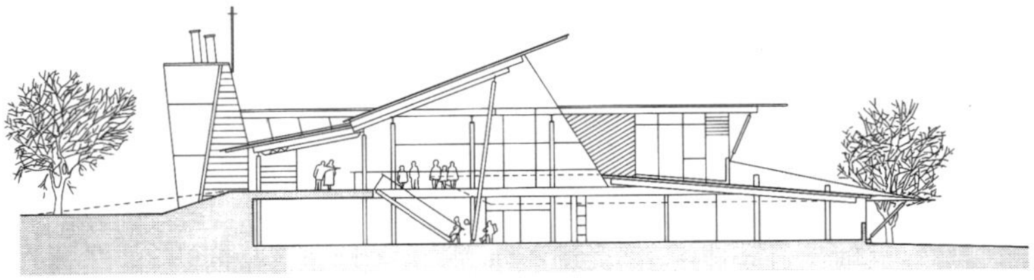

## 4.3.2 Albert-Schweitzer-Schule in Bad Rappenau

Bauherr Stadt Bad Rappenau, Hochbauamt
Architekten Behnisch & Partner, Stuttgart
Mitarbeiter W. Hinkfoth
Fertigstellung 1991
Ausgezeichnet vom BDA Baden-Württemberg 1993

Der gegliederte Umriß dieser Sonderschule für Lernbehinderte hat sich aus deren inneren Bedingungen ergeben. Klassenräume, Fachklassen und Lehrerbereich sind zu kleinen Trakten zusammengefaßt. Sie wenden sich nach außen hin der Sonne und der Umgebung zu, im Inneren umschließen sie eine kleine Halle, den Schwerpunkt der Schule. Über den offenen Luftraum der Halle und eine freie Treppe sind die beiden Geschosse miteinander verknüpft. Hier treffen und sehen sich alle Mitglieder der Schulgemeinschaft im täglichen Betrieb. Durch eine Schiebewand läßt sich die Halle so erweitern, daß auch Schulfeste und kleine Veranstaltungen stattfinden können.
Die einzelnen Klassenräume sind unterschiedlich gestaltet und unterscheiden sich deutlich voneinander. Die einen sind durch besondere Bezüge zur Außensituation gekennzeichnet, den Blick zum Kirchturm, auf eine Baumgruppe, in einen geschützten Hof, die anderen durch ihre Lage im inneren Gefüge, an der Halle oder bei der Treppe in einem Seitenflügel. Einige sind mit kleineren oder größeren angrenzenden Räumen verbunden, andere mehr abgeschirmt, haben höhere und niedrigere Bereiche. Licht, Farben und Materialien sind so aufeinander abgestimmt, daß ein freundlicher Ort entsteht.

Maßstab ca. 1 : 600

Quellen *DBZ 6/91; db 9/91; Meyer-Bohe, W.: Bauen für alte und behinderte Menschen, Wiesbaden 1996; Pläne der Architekten.*

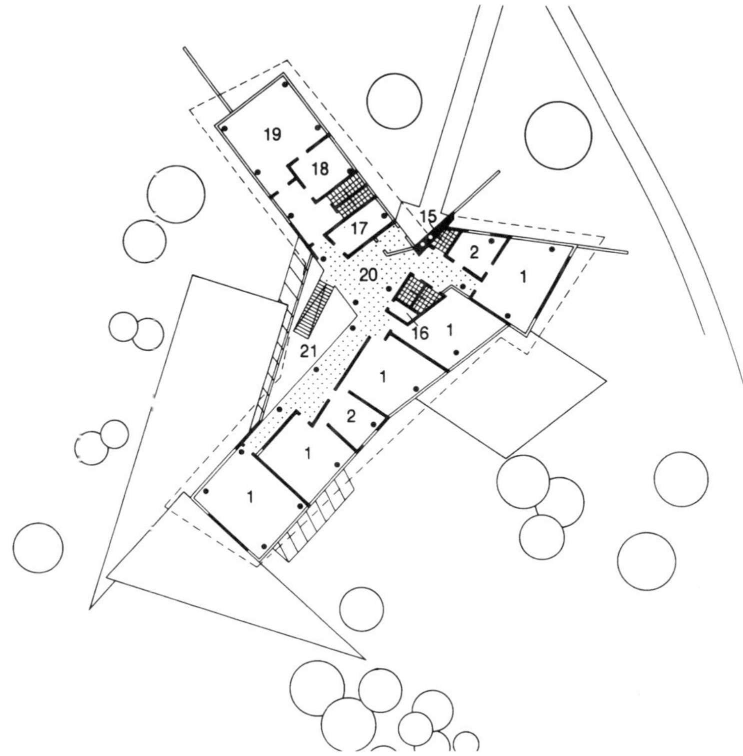


Obergeschoß

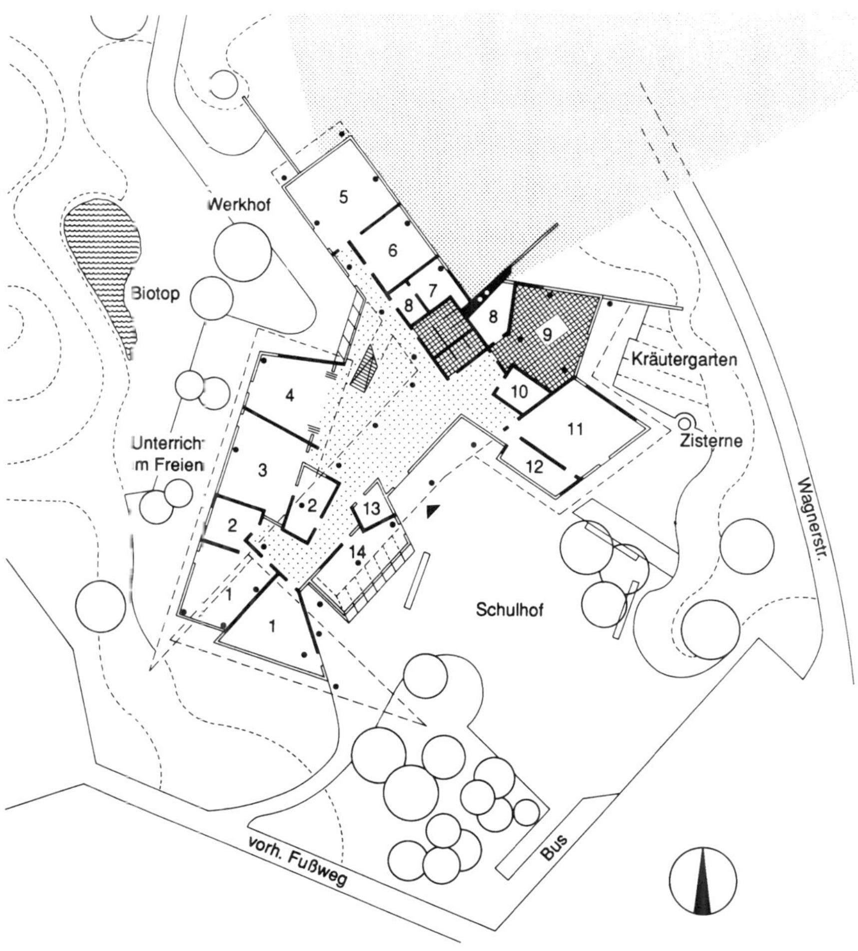


Erdgeschoß

## 4.4.1 Kindergarten für drei Gruppen in Helsa-Eschenstruth

Bauherr: Gemeinde Helsa-Eschenstruth

Architekt: PGN – Planungsgruppe Nord
Prof. Wolfgang Rettberg, Kaufungen
Fertigstellung 1995

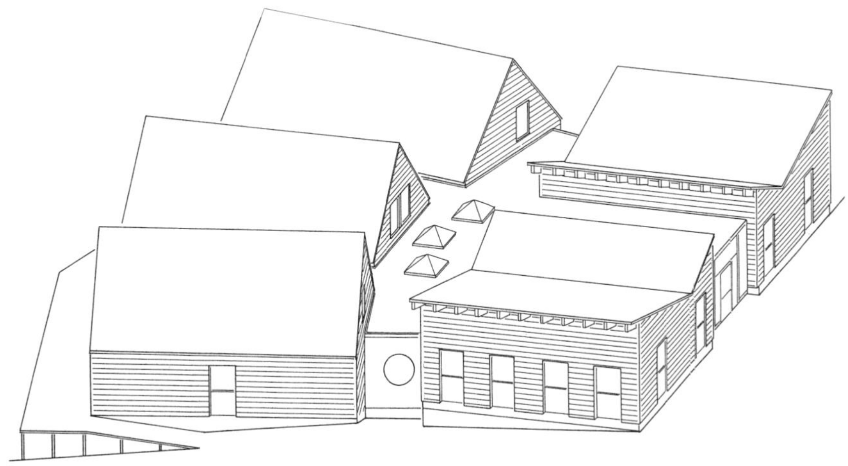

| | | |
|---|---|---|
| Grundstück | 2 498 m² | GRZ= 0,21 GFZ= 0,25 |
| HNF | 315 m² | = 75 % |
| NNF | 103 m² | = 24 % |
| NF | 419 m² | = 100 % |
| VF | 55 m² | = 13 % |
| NGF | 474 m² | = 113 % |
| KF | 40 m² | = 9 % |
| BGF | 515 m² | = 123 % |
| BRI | 1 836 m³ | |
| Faktor | BGF/HNF = 1,63 | BRI/HNF = 5,81 |

Bei der Konzeption des Entwurfes wurde auf das Thema »Dorf« zurückgegriffen und fünf kleine Gebäude um eine sogenannte Straßenkreuzung gruppiert. Jeder Bereich, z. B. ein Mehrzweckraum, ein Gebäudetrakt für Büros und Nebenräume bzw. drei Gruppenräume stellen sich nach außen hin jeweils als einzelnes kleines Häuschen dar.
Alle Häuser werden durch Straßen miteinander verbunden. Die Gesamtanlage öffnet sich fächerförmig zur Landschaft hin, Gruppenräume werden durch Übergangszonen (Terrassen und Veranden) mit den umgebenden Spiel- und Freiflächen verbunden. Einzelne Gebäudeteile (z. B. Mehrzweckraum) können bei Bedarf auch anderen Nutzungen zugeführt werden.

Maßstab: 1:250

Quellen: *Die Bauverwaltung 6/91; DBZ 3/95; Pläne des Architekten.*

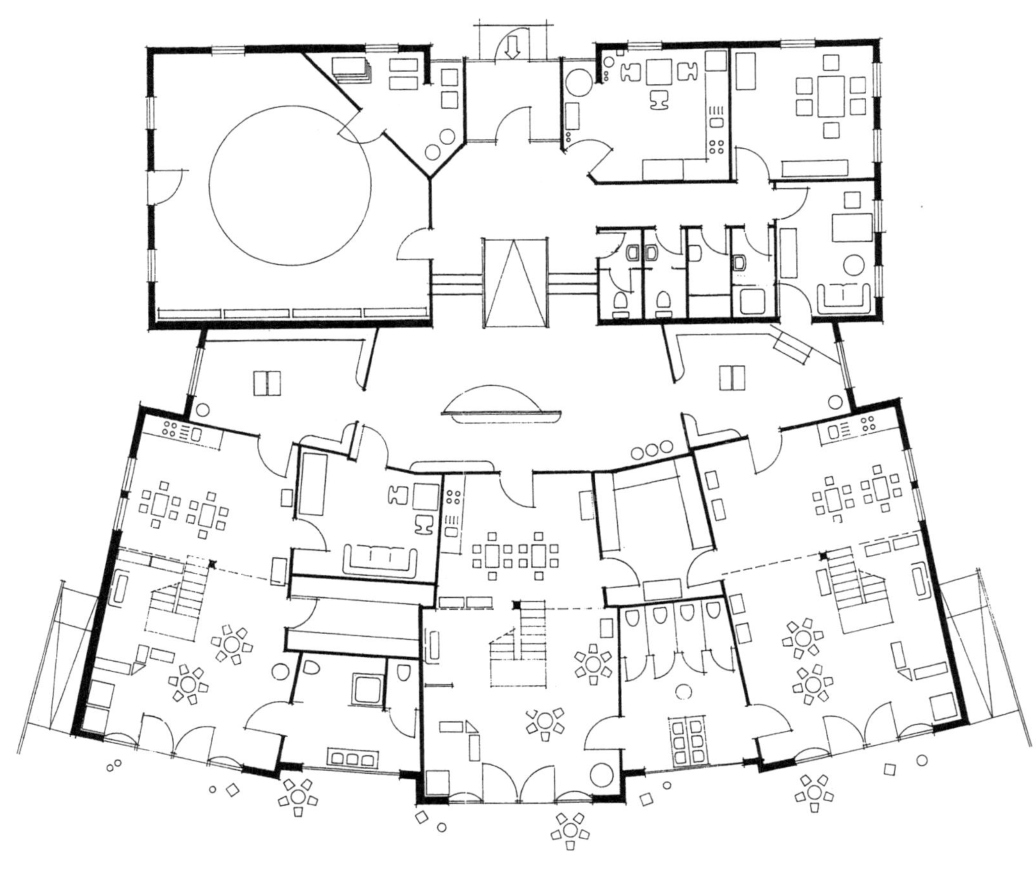

## Kindergarten in Soltau

4.4.2

| | |
|---|---|
| Stadt Soltau | Bauherr |
| Fricker + Krampitz, Soltau | Architekten |
| P. Engelhardt | Mitarbeiter |
| Wettbewerb 1990, 1. Preis | |
| Fertigstellung 1993 | |

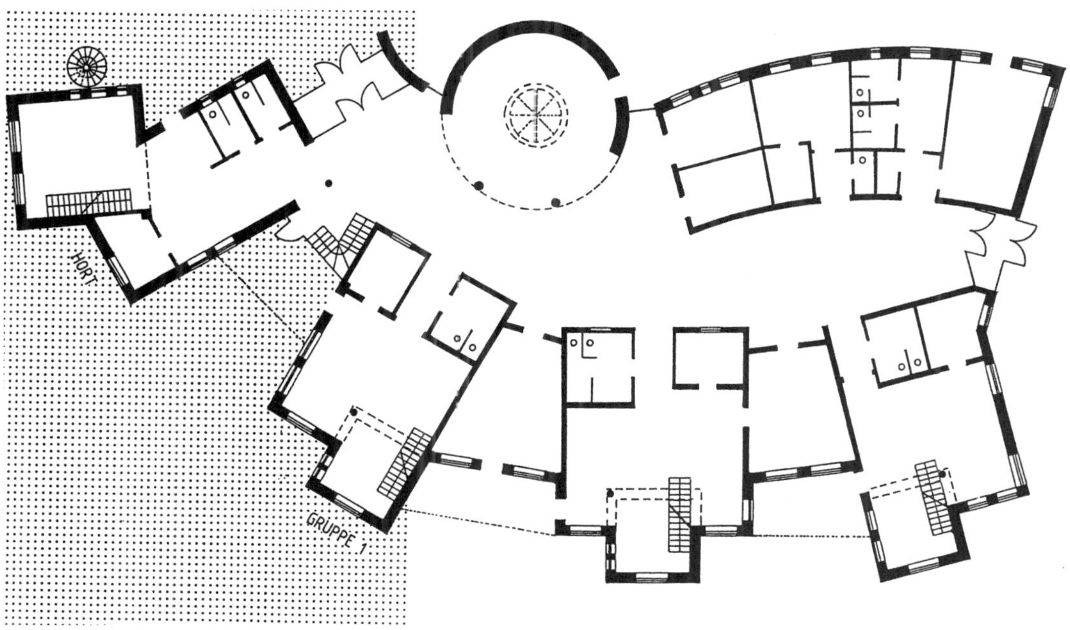


| | |
|---|---|
| 26 039 m² | Grundstück |
| 629 m² | HNF |
| 195 m² | NNF |
| 19 m² | FF |
| 37 m² | VF |
| 881 m² | NGF |
| 1 078 m² | BGF |
| 4 476 m³ | BRI |
| BGF/HNF = 1,71 | Faktor |
| BRI/HNF = 7,12 | |
| BR/BGF = 4,15 | |

Die Anlage enthält vier Kindergartengruppen sowie einen Hort.
Der Entwurf geht von einem ›Haus im Haus‹-Konzept aus. Um einen Gemeinschaftsbereich, im weiteren Sinn als Straßen und Plätze bezeichnet, gruppieren sich Hort, Mehrzweckbereich, drei Kindergartengruppen sowie die Verwaltungsbüros. An diesen Bereich kann in einem zweiten Bauabschnitt eine Krippe angebaut werden.
Der Bereich Straßen und Plätze erstreckt sich zwischen Haupt- und Nebeneingang. Er ersetzt die herkömmlichen Flure und schafft einen inneren Erlebnisraum.
Der Hort für die schulpflichtigen Kinder ist am Eingangsbereich plaziert und hebt sich in seiner Ausbildung von den Kindergartenhäusern ab. Dies soll den Hortkindern eine gewisse Abgrenzung zum Kindergarten ermöglichen; unterstrichen wird dieses durch die mehrgeschossige Bauweise des Hortbereiches. Die beiden Schularbeitsräume sind übereinander angeordnet im 1. und 2. Obergeschoß untergebracht. Unterhalb des Horttraktes befindet sich der unterkellerte Bereich mit Heizungs-, Hausanschluß- und Lagerräumen.
Die drei Kindergartengruppen sind jeweils in einem eigenen Haus untergebracht.
Zwischen den Häusern liegen als Verbindungsglieder der Werkraum sowie der Ausweich-Ruheraum. Die Aufteilung der Häuser ist für alle Gruppen gleich, lediglich durch Grundrißspiegelungen und leichte Abwandlungen erhält jede Gruppe ihre eigene Note.

| | |
|---|---|
| 1:250 | Maßstab |
| *Pläne der Architekten.* | Quellen |

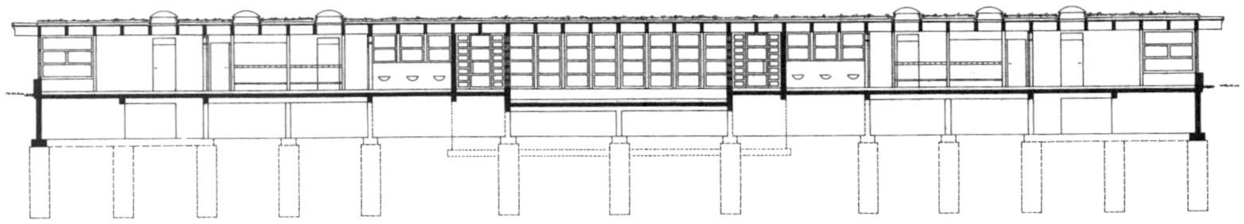

## 4.4.3 Kindergarten in München

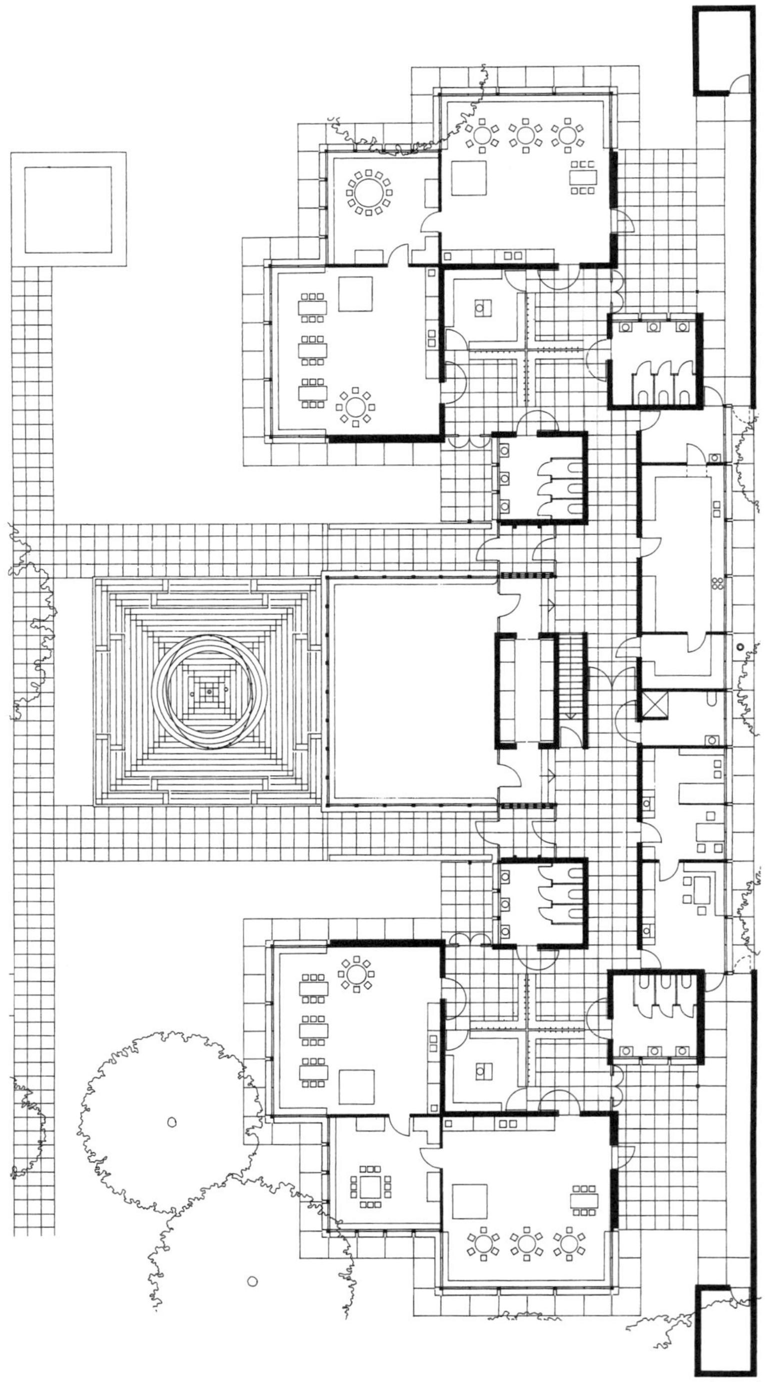

| | |
|---|---|
| Bauherr | Landeshauptstadt München, Baureferat H 4 |
| Architekt | Detlef Schreiber, München |
| Mitarbeiter | P. Kazek, B. Kärmer, CP. Schreiber, L. Mahnkopf |
| Tragwerks-planung | Franz Bienert, Starnberg |
| Kunst | Blasius Gerg, Glonn-Haslach |
| | Planungsauftrag 1987 |
| | Fertigstellung 1991 |
| | Deutscher Architekturpreis 1993, |
| | Architekturpreis 1994 »Bauen und Gestalten mit Vormauerziegeln und Klinkern«, engere Wahl |

| | | |
|---|---|---|
| Grundstück | 5 830 m² | |
| HNF | 390 m² | Haupträume |
| NNF | 341 m² | einschließlich FF |
| VF | 67 m² | |
| BGF | 980 m² | nur EG |
| BRI | 3 350 m³ | einschließlich Keller |
| Faktor | BRI/HNF = 8,58 | |
| | BRI/BGF = 3,42 | |
| | HNF/VF = 5,82 | |

Das Bauprogramm des Kindergartens für vier Gruppen, in dem 100 Kinder aufgenommen werden können, ist so gegliedert, daß jeweils zwei Gruppen mit einem eigenen Eingang eine Hauseinheit bilden. Dazwischen liegen die gemeinsam zu nutzenden Räume der Verwaltung, der Erzieherinnen, die Küche und der Mehrzweckraum. Die beiden Hauseinheiten bestehen jeweils aus zwei Gruppen und jede dieser Gruppen hat einen eigenen Vorraum mit Garderobe, Toiletten und Abstellraum. Das Bauwerk entwickelt seine Erscheinungsform aus den vertikalen und horizontalen Tragstrukturen, aus den konstruktiven raumabschließenden Ziegelwandscheiben, den tragenden und den Raum öffnenden Fassadenstützen aus Holz und dem modular geordneten Rost aus verleimten Holzbalken, welcher als Flächentragwerk die differenziert gegliederten Raumfolgen überspannt und ein auf Holzbohlen angelegtes, extensiv begrüntes Grasdach trägt.

| | |
|---|---|
| Maßstab | ca. 1 : 350 |
| Quellen | *Detail 1/92; Broschüre Landeshauptstadt München, München 1991; Pläne der Architekten.* |

# Kindergarten in Weende bei Göttingen

4.4.4

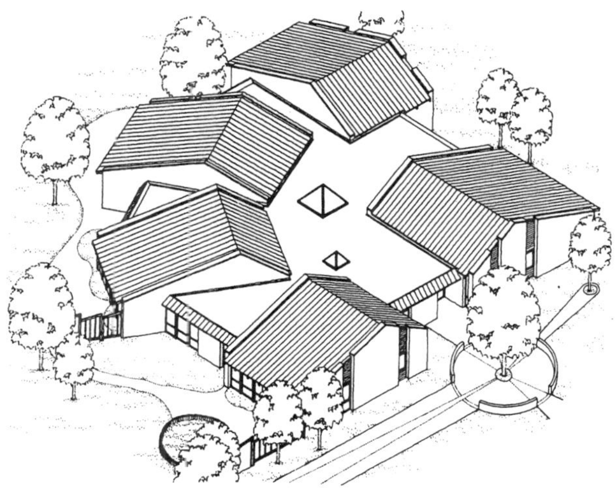

| | |
|---|---|
| Stadt Göttingen, vertreten durch das Hochbauamt Göttingen | Bauherr |
| Hansjochen Schwieger, Göttingen | Architekt |
| W. Lieberum | Mitarbeiter |
| Ing.-Büro Jäger, Göttingen | Tragwerks-planung |
| Planung 1986 | |
| Fertigstellung 1987 | |
| 4 400 m² | Grundstück |
| 660 m² | NF |
| 32 m² | VF |
| 692 m² | NGF |
| 835 m² | BGF |
| 3 190 m² | BRI |
| BRI/BGF = 3,82 | Faktor |

Von einer zentralen Halle, die in Krippen und Kindergartenbereich geteilt ist, werden vier Gruppen erschlossen. Jede Gruppe besitzt ihr eigenes »Haus«, das auch innen als Haus mit offenem Dachraum ablesbar ist. Der große Gruppenraum wird durch eine raumhohe Wandvorlage mit einer Fensteröffnung in zwei kleine Spielgruppenbereiche unterteilt. Die Fensteröffnung soll kindliche Phantasie provozieren: Fenster, Postschalter, Kasperletheater, Verkaufsbereich. Jedes Haus besitzt seine eigene Toilettenanlage, Garderobe und einen Abstellraum Die vier Kinderhäuser öffnen sich nach Südosten. Ein Haupteingang mit Vordach und Windfang erschließt die Anlage. Ein Südausgang führt in den großen zusammenhängenden Freibereich.

ca. 1:400 — Maßstab

Quellen: *DBZ 12/89, Schwieger H.-J. in: »Architektur, Wohnen für Kinder und Alte« Berlin 1991; S. 28–31, Kienold, K. S.: Neues Bauen in Kalksandstein, Karlsruhe 1989; Pläne der Architekten.*

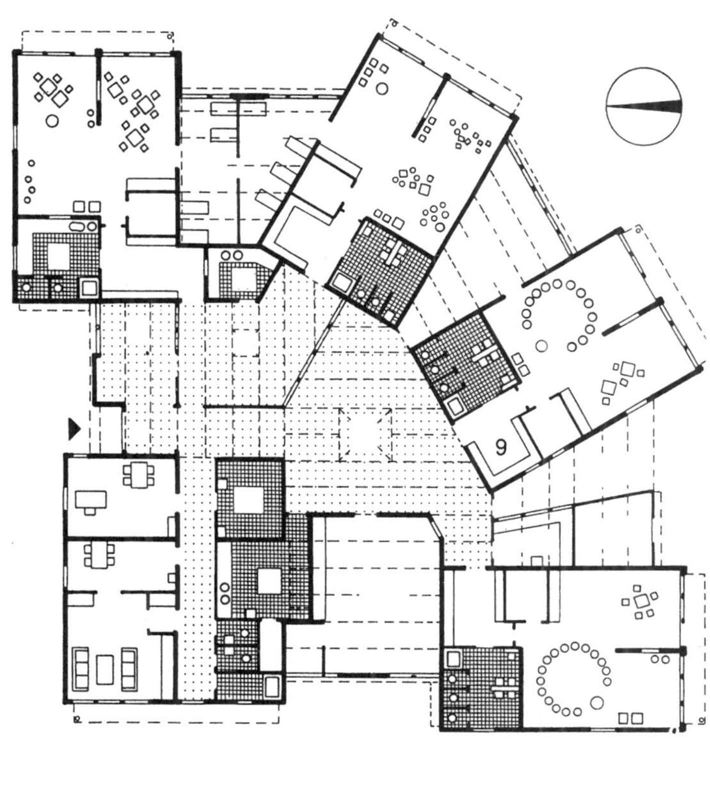

## 4.4.5 Drei-Gruppen-Kindergarten in Waldbüttelbrunn

Bauherr Katholische Kirchenstiftung Waldbüttelbrunn
Architekt Walter Feser, Würzburg
Mitarbeiter T. Geiger
Direktauftrag, Wettbewerb Büro intern
Fertigstellung 1989

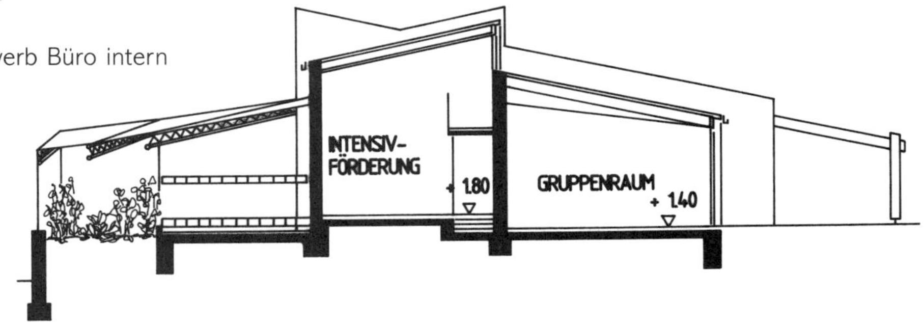


Grundstück 1 652 $m^2$
HNF 281 $m^2$
NNF 203 $m^2$
VF 89 $m^2$
BGF 498 $m^2$
BRI 2 895 $m^2$
Faktor BRI/HNF = 10,3 BRI/BGF = 5,81 HNF/VF = 3,15

Der Grundriß ist um den Eingangs- und Erschließungsbereich spiralförmig entwickelt. Das Gebäude wird über den nördlichen Wohnweg zentral erschlossen. Die Raumbereiche des Kindergartens sind, höhenversetzt, in einer Ebene angeordnet. Dem Eingangsbereich unmittelbar zugeordnet sind die Räume für Personal und der Mehrzweckraum, der zusammen mit dem Eingangsbereich zu einer gemeinsamen Nutzung zusammengefaßt werden kann. Vom Eingangsbereich aus führt ein gegliederter Erschließungsflur zu den Gruppenräumen. Den Gruppen zugeordnet sind die Garderobenbereiche. Die Gruppen sind zu selbständigen Einheiten – Gruppenraum, Toiletten, Materialraum – zusammengefaßt.
Den Gruppeneinheiten zugeordnet sind Aufenthaltsbereiche im Freiraum mit Anschluß an die Außenspielbereiche.
Die Geometrie des Gebäudes entwickelt sich um den vom nordwestlichen Grenzpunkt ausgehend eingemessenen Ursprung. Das Koordinatensystem ist orthogonal zur nördlichen Grundstücksgrenze ausgerichtet.

Maßstab ca. 1 : 300

Quellen *Heinze Deutsche Baudokumentation, Celle 1993; Pläne der Architekten.*

Ansicht Süd

GARD. 3
INTENSIV-FÖRDERUNG 16.09
LEITERIN 19.97
WINDFANG 12.29
TEEK. 10.44
WC
PR.
PERSONAL 17.44
EINGANGSHALLE 31.91
GARD. 2
GARD.-BEREICH 66.72
GARD. 1
SAN. 8.42
MAT. 5.56
SAN. 8.35
MAT. 5.49
GRUPPE 3 50.02
MEHRZWECK-RAUM 59.87
INTENSIV-FÖRDERUNG 16.09
SAN. 8.46
MAT. 5.67
GRUPPE 1 53.79
GRUPPE 2 51.61
GERÄTER. 11.23
SPIELWIESE
- 0.50
+ 2.50
NORD
ROSSBRUNNER STRASSE

Erdgeschoß

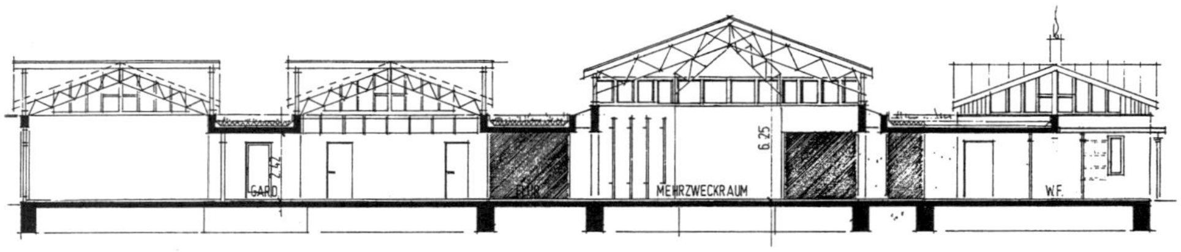


## 4.4.6 Kinderhaus Horemer in Tübingen

| | |
|---|---|
| Bauherr | Stadt Tübingen |
| Architekt | Hochbauamt der Stadt Tübingen, Prof. Dr. R. Nill |
| Mitarbeiter | D. Schurer, I. Meckseper |
| Tragwerks-planung | Hans-Ulrich Ströbel, Tübingen |
| | Vorentwurf 1987 |
| | Fertigstellung 1992 |

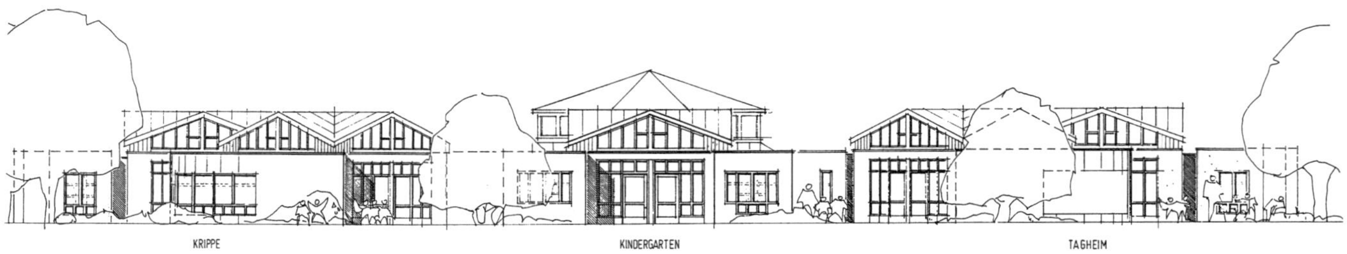


| | | | |
|---|---|---|---|
| Grundstück | 4 025 m² | | GRZ = 0,2 |
| HNF | 604 m² | = | 53 % |
| NNF | 176 m² | = | 15 % |
| NF | 780 m² | = | 68 % |
| FF | 19 m² | = | 1 % |
| VF | 234 m² | = | 20 % |
| KF | 100 m² | = | 8 % |
| BGF | 1 134 m² | | |
| BRI | 4 071 m³ | | |
| Faktor | BRI/HNF = 6,74 | | VF/HNF = 0,387 |

Dem Kinderhaus liegt die Idee einer strahlenförmigen Anlage zugrunde, ausgehend von dem achteckigen Bewegungsraum als Zentrum. Die Räume für die fünf Gruppen entwickeln sich strahlenförmig nach Osten, Süden und Westen. Zwischen den Baukörpern entstehen windgeschützte Außenspielbereiche mit Pergolen. Sie sind jeweils einem Spielraum zugeordnet und von ihm aus unmittelbar zugänglich.
Die zentralisierte Anordnung bietet jeder Kindergruppe einen von anderen Gruppen ungestörten und familiären Bereich und gleichzeitig vielfältige Möglichkeiten der Kooperation und Gruppenmischung, z. B. über gemeinsame Benutzung der Vorräume, der Spielplätze und insbesondere des zentralen Bewegungsraumes. Die Anlage ist flexibel und kann auf unterschiedliche pädagogische Konzepte reagieren.
Die vier Schlafräume sind aus den lauten und umtriebigen Zonen herausgenommen und an der Nordseite plaziert. Man betritt das Gebäude von Norden unter einem Glasdach, flankiert von zwei würfelartigen Baukörpern. Von hier kann man entlang der Symmetrieachse durch das ganze Gebäude in einer Folge unterschiedlicher Innenräume und weiter durch die Freianlage bis zu einem Spielhäuschen blicken, welches das Ende der Achse markiert.
Der Haupterschließungsflur mit den Umkleidenischen umgibt achtseitig den Mehrzweckraum.
Strengen Anforderungen waren dem Bauwerk auf Grund einer klimaökologischen Begutachtung auferlegt: Es war so flach wie möglich zu halten und sein Abschluß sollte ein begrüntes Dach mit einer an der Nordseite herabgezogene Dachkante aufweisen. Einzig die verglasten Aufbauten der Spielräume ragen über die Flachdachebene hinaus.

Maßstab 1:250

Quellen *DBZ 1/94; Das Bauzentrum 4/94; Heinze Deutsche Baudokumentation, Celle 1996; Pläne der Architekten.*

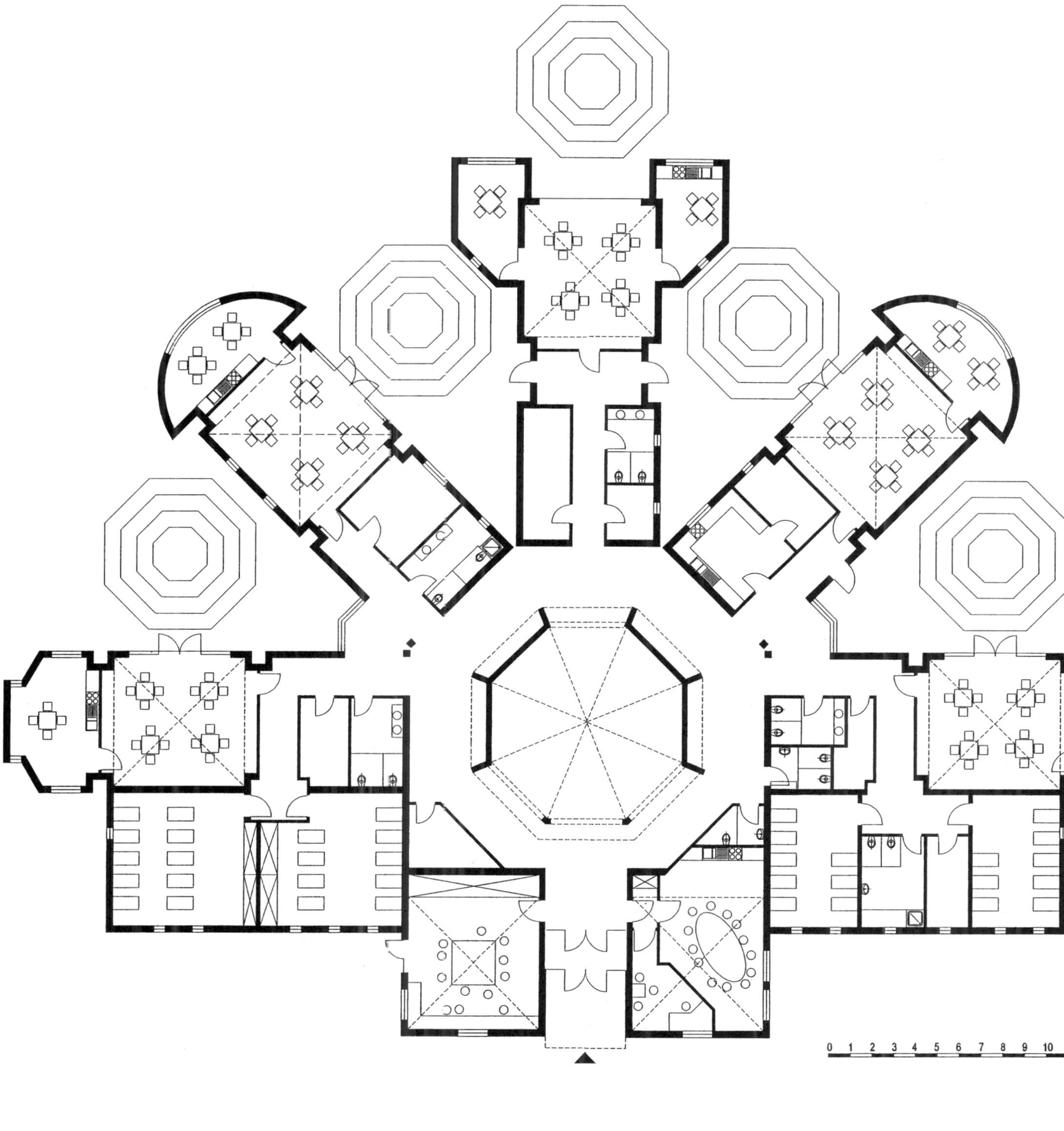
0 1 2 3 4 5 6 7 8 9 10

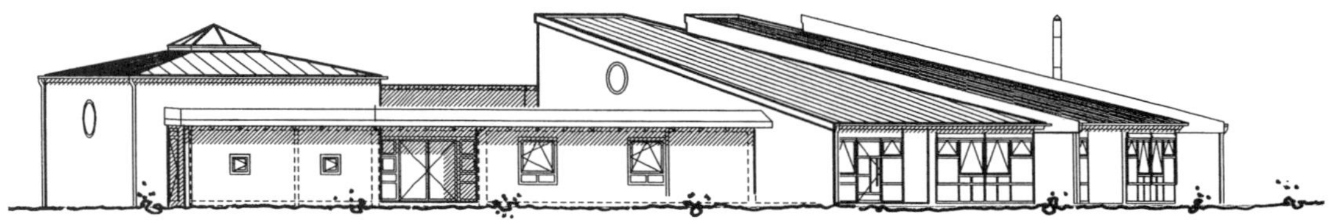

## 4.4.7 Kinderhaus in Reiskirchen

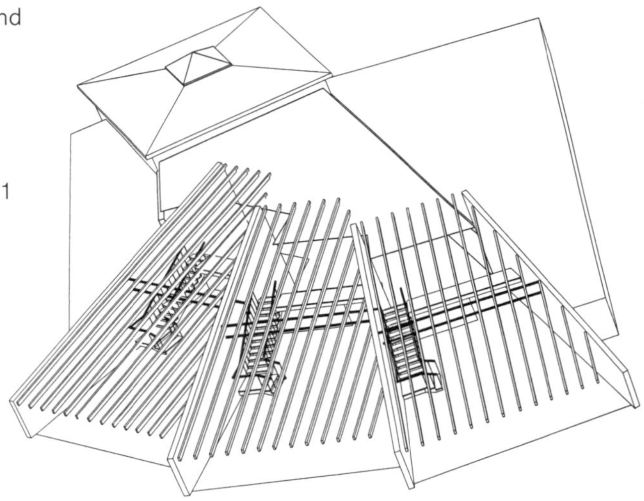

| | |
|---|---|
| Bauherr | Arbeiterwohlfahrt Landesverband Saarland |
| Architekt | Krauser u. Partner, Saarbrücken |
| | Bundeswettbewerb 1994, 3. Preis |
| | Fertigstellung 1994 |

| | | |
|---|---|---|
| Grundstück | 3 822 m² | GRZ = 0,19 GFZ = 0,21 |
| HNF | 580 m² | = 88 % |
| NNF | 77 m² | = 12 % |
| NF | 658 m² | = 100 % |
| FF | 16 m² | = 25 % |
| VF | 42 m² | = 65 % |
| NGF | 718 m² | = 109 % |
| KGF | 84 m² | = 13 % |
| BGF | 803 m² | = 122 % |
| BRI | 2 812 m³ | |
| Faktor | BGF/HNF = 10,72 BRI/HNF = 10,21 BRI/BGF = 10,28 | |

Altersgemischter, dreigruppiger Kindergarten, davon eine Gruppe mit Ganztagsbetreuung. Den Gruppenräumen sind Förderräume zugeordnet. Die Galerien dienen als zweite Spielebene.
Das Raumprogramm gab vor: Mehrzweckraum, Schaffung einer überdachten Spielfläche bei Schlechtwetter, Küche mit angegliedertem Eßbereich, Schlafraum mit Wickelbereich, ausreichend großes Personal- und Leitungszimmer, Werkraum, ausreichend großer Materialraum und Abstellräume.

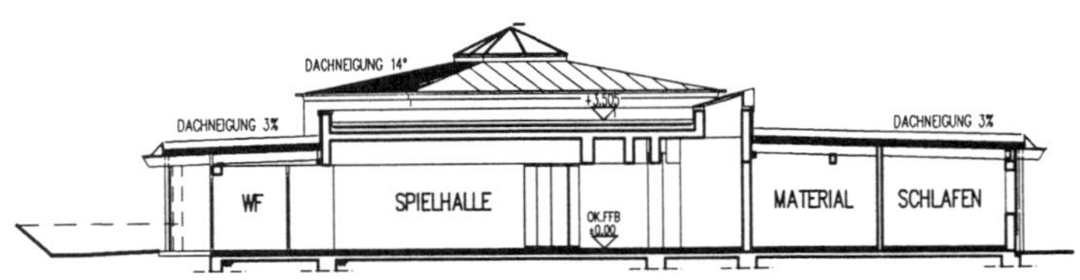


Maßstab ca. 1 : 300

Quellen *Festschrift 1995; Heinze Deutsche Baudokumentation, Celle 1995; Pläne der Architekten.*

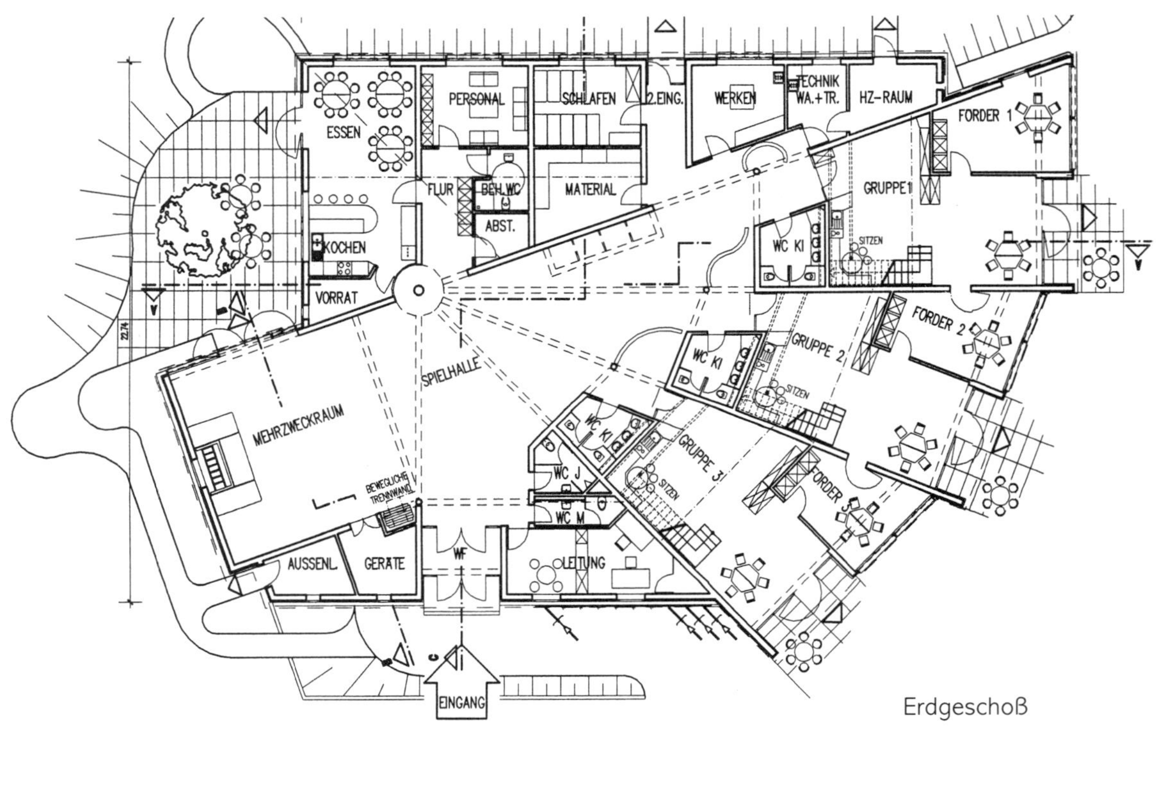


Erdgeschoß

## Kindergarten für zwei Gruppen in Zierenberg-Oberelsungen

4.4.8

| | |
|---|---|
| Magistrat der Stadt Zierenberg | Bauherr |
| PGN – Planungsgruppe Nord<br>Prof. Wolfgang Rettberg, Kaufungen | Architekt |
| Fertigstellung 1994 | |

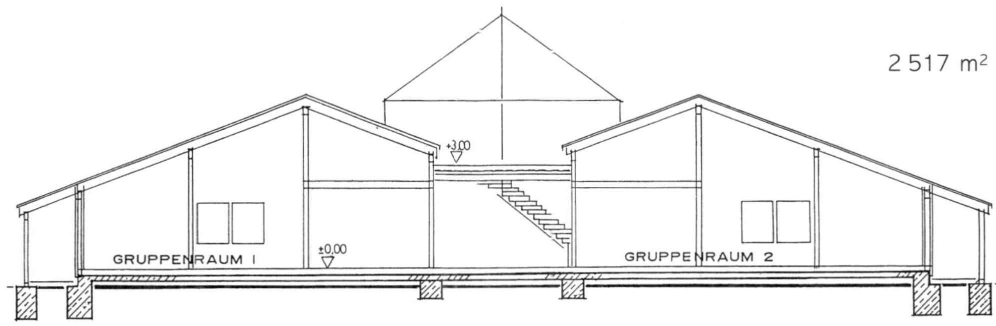


| | |
|---|---|
| 2 517 m² GRZ = 0,14 GFZ = 0,15 | Grundstück |
| 239 m² = 81 % | HNF |
| 55 m² = 18 % | NNF |
| 294 m² = 100 % | NF |
| 38 m² = 13 % | VF |
| 333 m² = 113 % | NGF |
| 23 m² = 7 % | KF |
| 356 m² = 120 % | BGF |
| 1 247 m² | BRI |
| BGF/HNF = 1,849 BRI/HNF = 5,219 | Faktor |

Aus dem Raumprogramm ergaben sich vier verschiedene Nutzungsbereiche:
1.: Räume für Personal, Technik und sanitäre Einrichtungen,
2. und 3.: jeweils ein Gruppenraum nach dem Prinzip »Familie« mit eigenen Sanitäranlagen, Abstellraum und Kinderküche und
4.: ein Mehrzweckraum mit entsprechenden Nebenräumen.
Dem Prinzip folgend, daß sich unterschiedliche Nutzungen auch in der Gebäudeform widerspiegeln sollten, haben die spezifischen Bereiche eigene kleine Gebäude erhalten, die an einem gemeinsamen Weg liegen, der beinahe diagonal von Norden nach Süden durch das Grundstück führt. Am Anfang des Weges liegt ein kleines rechteckiges Haus mit Satteldach für den ersten Bereich; an der Firstlinie aufgeschnitten und um ca. drei Meter auseinandergeschoben, ergibt sich sozusagen ein Torgebäude mit entsprechendem Foyer mit Informationsecke und Wartezone, dessen Achse gleichzeitig den Verlauf des weiteren Weges definiert. Es folgen zwei gegenüberliegende Abstandsflächen zu den nächsten Häusern, im Innenraum liegen dort die Garderoben, außen sind kleine Spielhöfe entstanden. Im Foyer zweigt der Weg in die Gruppenräume ab, die sich jeweils in einem kleinen Haus mit Satteldach befinden, dessen Firstrichtung entlang der kurzen Gebäudekante liegt.

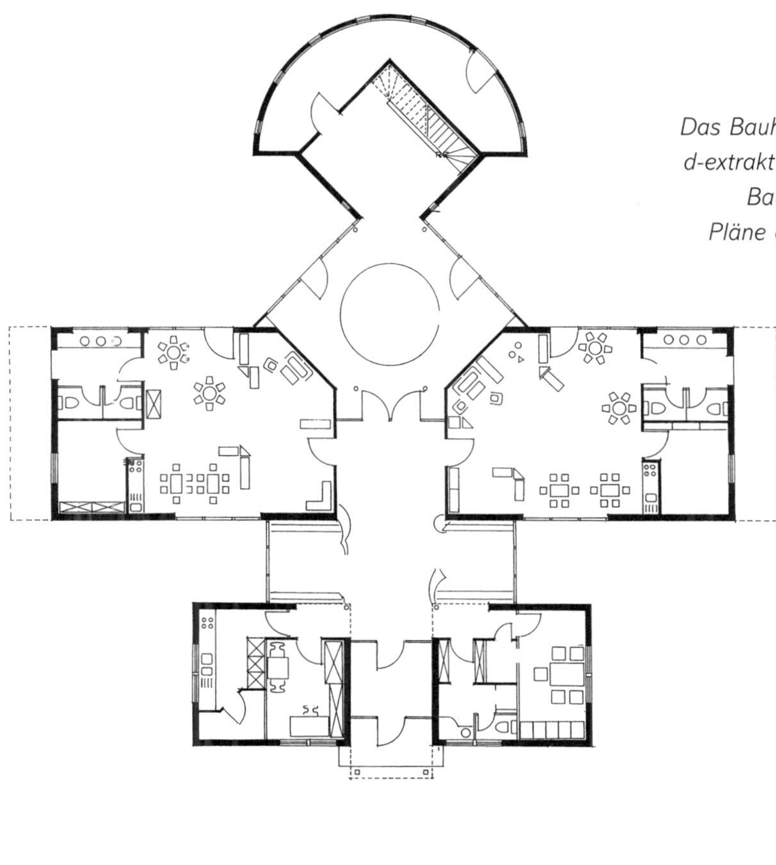

| | |
|---|---|
| 1:250 | Maßstab |
| *Das Bauhandwerk 4/95;*<br>*d-extrakt Heft 46/1996;*<br>*Bauzentrum 2/96;*<br>*Pläne des Architekten.* | Quellen |

## 4.5.1 Fortbildungsakademie des Landes Nordrhein-Westfalen Mont-Cenis in Herne-Sodingen

**Bauherr** Entwicklungsgesellschaft Mont-Cenis mbH, Herne

**Architekten** Jourda et Perraudin Architectes, Lyon
mit HHS Planer + Architekten, Kassel

**Tragwerksplanung** Hegger, Hegger-Luhnen, Schleiff,
Ibois-Construction en Bois, Lausanne

Fertigstellung 1995

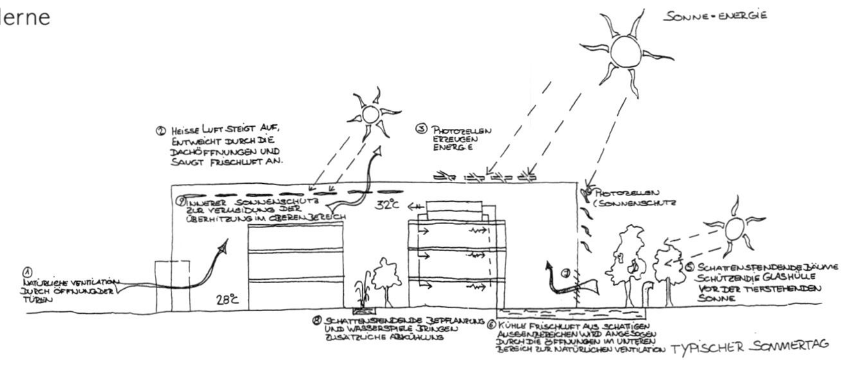


Fortbildungsakademie

| | | |
|---|---|---|
| Nutzfläche Akademie insgesamt | 2 128 m² | davon: |
| Seminar- und Tagungsräume | 1 634 m² | |
| Verwaltung | 493 m² | |
| Bibliothek Nutzfläche | 257 m², | Regallänge 584 m |

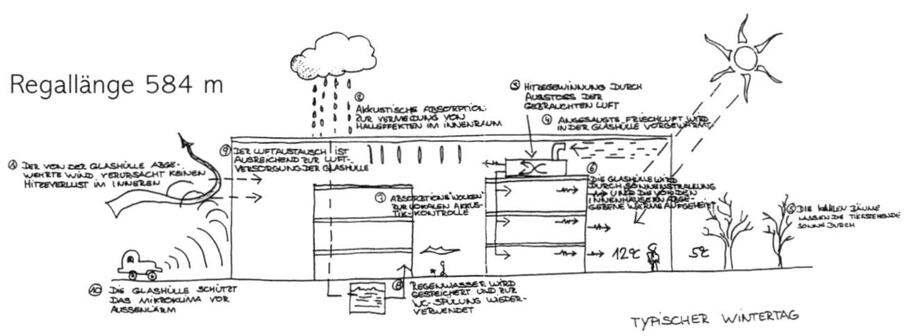


Auf dem Gelände der ehemaligen Zechenbrache Mont-Cenis sollte im Rahmen der Internationalen Bauausstellung Emscher Park die Fortbildungsakademie des Innenministeriums des Landes NRW entstehen.
Das Gesamtgebäude besteht aus einer Klimahalle, die wie ein Schirm die drei Einzelbauten – Schulbereich, Hotel und Bibliothek – überspannt.
Die Fortbildungsakademie ist der Kern der Anlage. Ihr repräsentativer Eingangsbereich ist ein dreigeschossiger, doppelwandiger Kegelstumpf, der gleichzeitig Empfang, Treppenaufgang und Aufzüge, Diskussionsnischen und Besprechungszonen beinhaltet. Er ist von oben belichtet.
Die Seminarräume sind auf drei Ebenen angeordnet; die sechs Raumbereiche beiderseits des Kegelstumpfes beinhalten jeweils verschieden große Veranstaltungsräume, die über Schiebewände zum Teil koppelbar sind, sowie Serviceräume. Der Seminar- und Tagungsbereich ist auf allen Ebenen mit der Verwaltung und dem Freizeitbereich der Akademie verbunden.
Das Hotel bzw. der Wohnbereich bildet innerhalb der Glashülle eine eigenständige Baugruppe, die sich in drei jeweils dreigeschossige Bauteile gliedert. Sie ist direkt von außen erreichbar und mit dem Empfangsbereich der Akademie verbunden.
Die Zimmer von zwei Bauteilen sind direkt über die Glashalle bzw. Balkone erschlossen. Aufgrund der günstigen klimatischen Bedingungen bestehen hierfür keinerlei Hindernisse. Hier stellt sich ein neues, mit der Natur im Glashaus unmittelbar verknüpftes Wohnerlebnis ein.
Die mittlere Baugruppe ist demgegenüber klassisch, d. h. über einen Mittelgang erschlossen.
Die gewählte Konzeption läßt eine kostengünstige Bauweise zu.
In Abhängigkeit von der Trägerschaft sind in der räumlichen Organisation der Zimmer innerhalb der gläsernen Hülle noch leichte Veränderungen möglich.
Vor den Stadtteilbüros liegt das Bibliotheksgebäude. Die Bibliothek vereint die Bestände für die Akademie und den Stadtteil.
Die Bauform veranschaulicht den Konzentrationsprozeß im Umgang mit Informationsmedien; das Gebäudeinnere fördert diesen fast meditativen Prozeß.

**Maßstab** 1:600

**Quellen** *Arch + 4/95; Pläne der Architekten.*

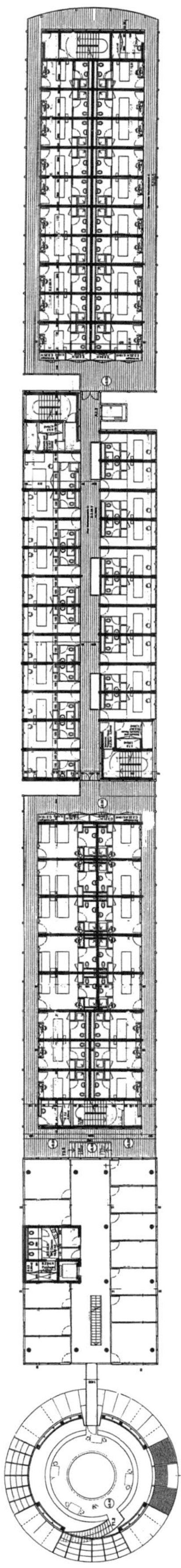

1. Obergeschoß

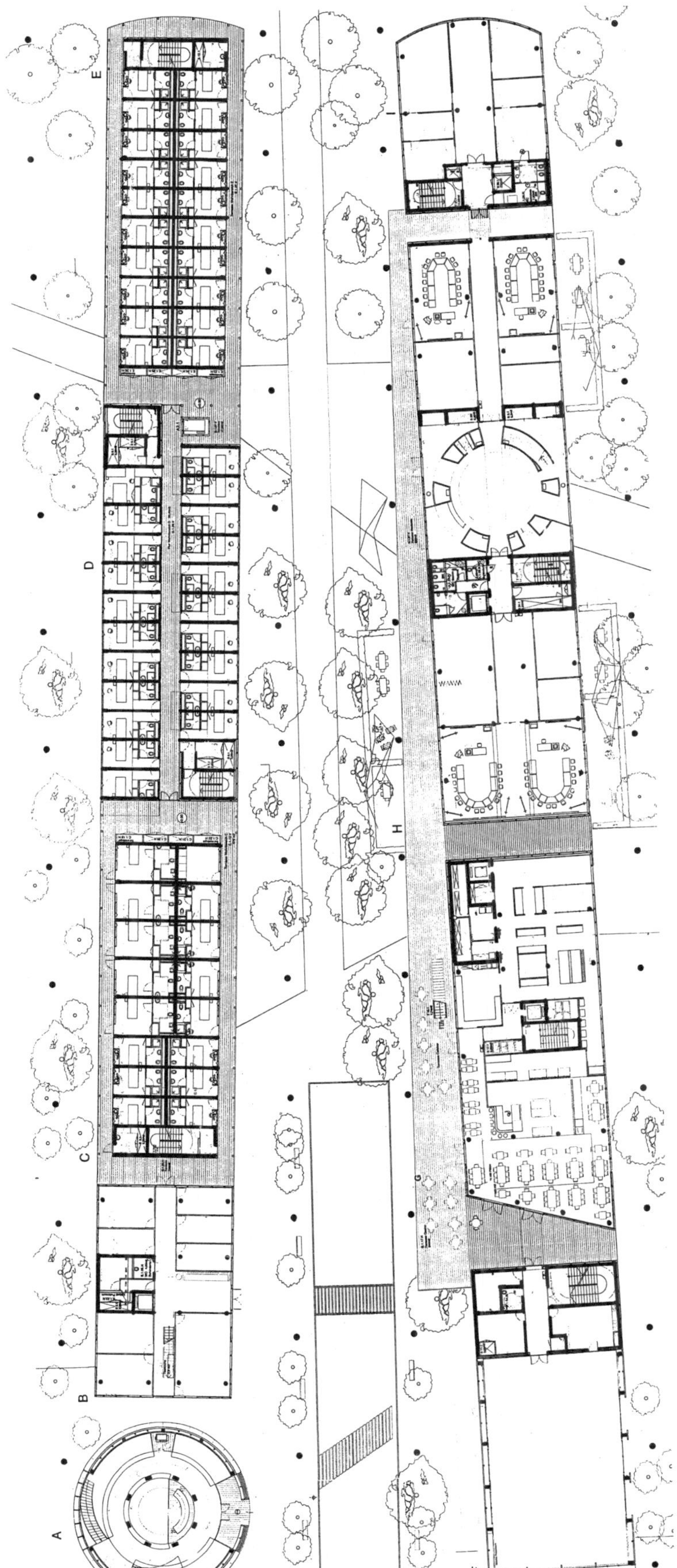


Erdgeschoß

## 4.5.2 Bildungszentrum der Wirtschaft in Essen

| | |
|---|---|
| Bauherr | Bildungswerk der Wirtschaft Essen, Mülheim, Oberhausen e.V. |
| Architekten | KZA Koschany, Zimmer & Assoziierte GmbH, Essen |
| Projektleiter | Heiner Michael |
| Mitarbeiter | H. Hullmann, M. Müller |
| Tragwerks-planung | Hasso Zauber, Essen |
| | Freihändiger Planungsauftrag 1992 |
| | Fertigstellung 1995 |

| | | |
|---|---|---|
| Grundstück | 4 000 $m^2$ | GRZ = 0,5 GFZ = 1,7 |
| HNF | 3 962 $m^2$ | = 58 % |
| NNF | 381 $m^2$ | = 6 % |
| NF | 4 343 $m^2$ | = 64 % |
| FF | 542 $m^2$ | = 8 % |
| VF | 1 502 $m^2$ | = 22 % |
| KF | 435 $m^2$ | = 6 % |
| BGF | 6 822 $m^2$ | = 100 % |
| BRI | 31 524 $m^3$ | |
| Faktor | BRI/HNF = 7,95 | |

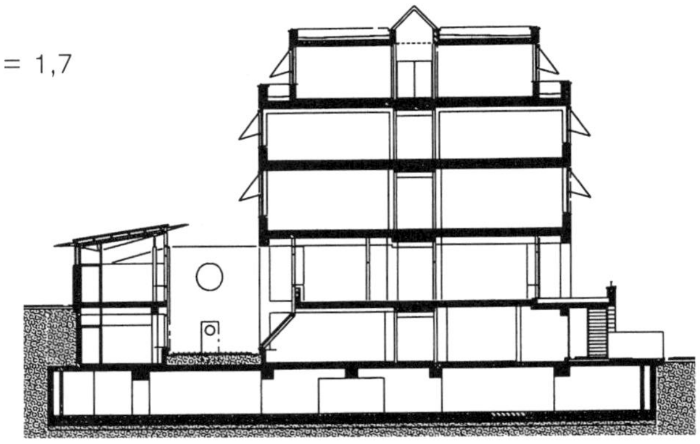

Das Bildungszentrum beherbergt die Management Akademie, die Verwaltungs- und Wirtschafts-Akademie sowie die erste private Fachhochschule für Ökonomie und Management. Insgesamt unterrichten hier 800 Dozenten in der Erwachsenenbildung.
Die Überbaubarkeit des Grundstücks ist bis zum äußersten ausgeschöpft. Der Baukörper wurde als langgestreckter, viergeschossiger Riegel mit ablesbaren Funktionen konzipiert. In den unteren Geschossen befinden sich die Sonderfunktionen, während sich oben die Seminarräume aneinanderreihen.
Mittelpunkt des Gebäudes ist die zweigeschossige, großzügig verglaste Eingangshalle mit Haupttreppe und Aufzugsgruppe.

| | | |
|---|---|---|
| Raumbereiche | 2. UG | Tiefgarage für ca. 100 PKW |
| | 1. UG | EDV, Technik, Archiv, Verwaltung, Dozenten |
| | EG | Eingangshalle, Beratung, Cafeteria, Großer Hörsaal für 260 Studenten |
| | 1. OG | Bibliothek, Seminarräume, kleine Hörsäle |
| | 2. und 3. OG | Seminarräume |

Maßstab ca. 1:400

Quellen *Baumeister 17/6; Exkursionsblatt Essen; BDB-Nachrichten 2/96; Baukultur 12/96; Pläne der Architekten.*

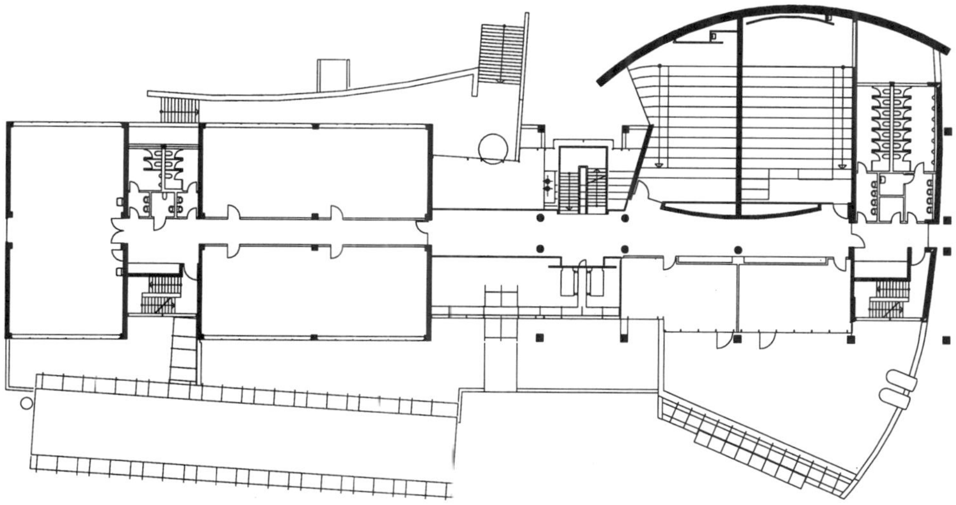

1. Obergeschoß

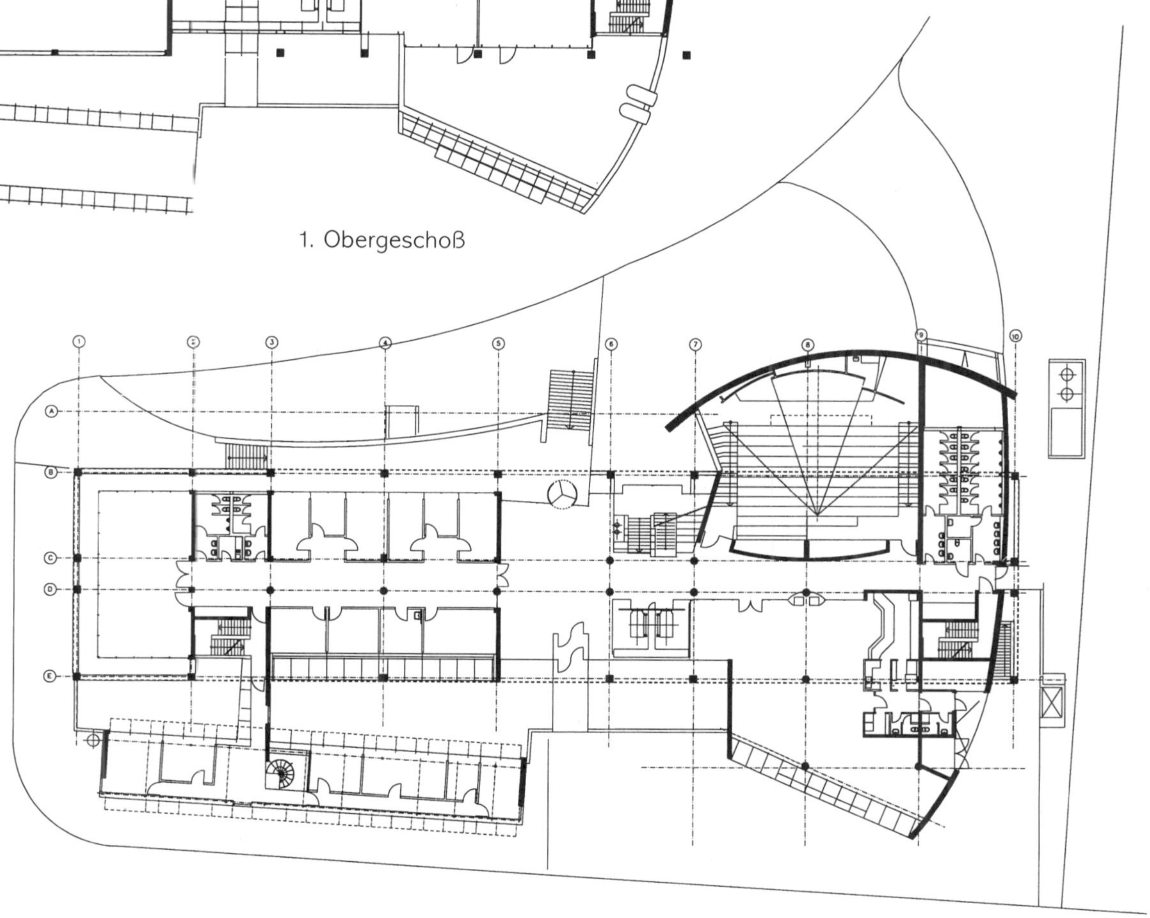

Erdgeschoß

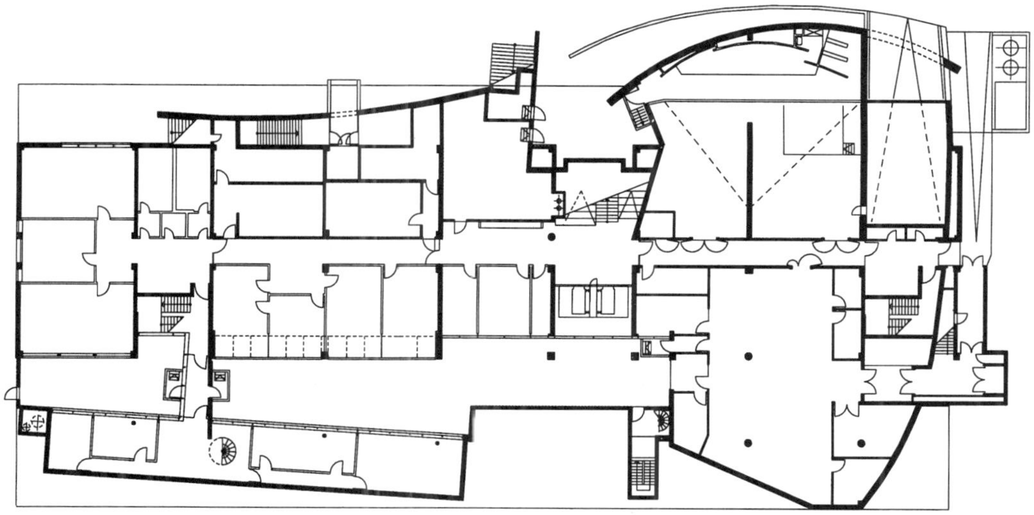

Untergeschoß

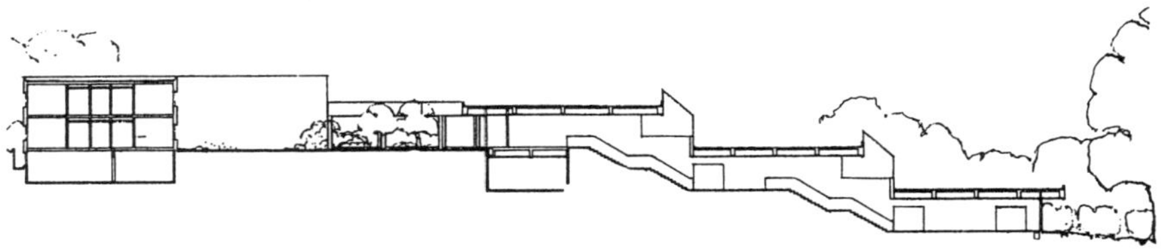

## 4.5.3 Bildungszentrum für Führungskräfte in Feldafing

| | |
|---|---|
| Bauherr | Siemens AG, München |
| Architekten | Arkitektfirmaet Friis og Moltke, Arhus / DK in Zusammenarbeit mit der Siemens AG, ZBA 1, München<br>Fertigstellung 1988 |

| | |
|---|---|
| BGF | 7 415 m² |
| BRI | 25 952 m³ |
| Faktor | BRI/BGF = 3,49 |

Aufgrund des bekannten dänischen Prototyps »Skanticon« wurden die Architekten freihändig beauftragt.
Sie konzipierten drei eingeschossige, leicht abgeknickte Trakte, die sich parallel zueinander terrassenartig am Hang staffeln. Sie sind erschlossen durch eine in der Mitte diagonal angeordnete großzügige Haupthalle mit Treppenzügen und Shed-Oberlichtern: von der ebenerdigen Südterrasse bis hinauf zum Haupteingang an der Nord- und Rückseite des Baues.
Das Raumkonzept geht davon aus, jährlich 2000 der 20 000 Führungskräfte des Unternehmens aus dem In- und Ausland die Teilnahme an einem Veranstaltungs- und Kursprogramm zu bieten, das von Tageskursen bis zu vierwöchigen Seminaren reicht. Die drei terrassenartig angeordneten Geschosse des Hauses ermöglichen in diesem Sinne drei parallel laufende Veranstaltungen mit je 30 Teilnehmern.
Auf der obersten Ebene des Hauses liegen ein 90 m² großer Schulungsraum und vier kleine Gruppenarbeitsräume – in der mittleren Ebene variiert durch drei Gruppenarbeitsräume und ein Sprachlabor. Die unterste Ebene hat einen 160 m² großen Schulungsraum, der durch mobile Trennwände unterteilt werden kann. Der nach Norden vorgeschobene Vortragssaal bietet Platz für 220 Personen. Eine zentrale Halle, die zugleich die Funktion des Treppenhauses hat, erschließt auf den drei Ebenen alle Unterrichtsräume, Pausenflächen und Gemeinschaftsräume: eine Kaminhalle für gesellschaftliche Anlässe, Bibliothek, Buch- und Zeitschriften-Leseplatz, zwei Restaurants, Klubraum mit Bar, zwei Kegelbahnen, Sauna und Tischtennisraum.
Das Seminargebäude und das zweigeschossige Wohnheim für 60 Kursteilnehmer umschließen in abgewinkelter Rechteckform den Zufahrtshof mit kreisrunder gepflasterter Wendeplatte, von dem aus die Zufahrtsstraße und Verbindungswege zu den einzelnen Gebäudeteilen ausgehen.

| | |
|---|---|
| Maßstab | 1 : 500 |
| Quellen | *Meyer-Bohe, W. u. T.: Bauten für Schulungen, Tagungen Kongresse, Stuttgart 1983; Pläne der Architekten.* |

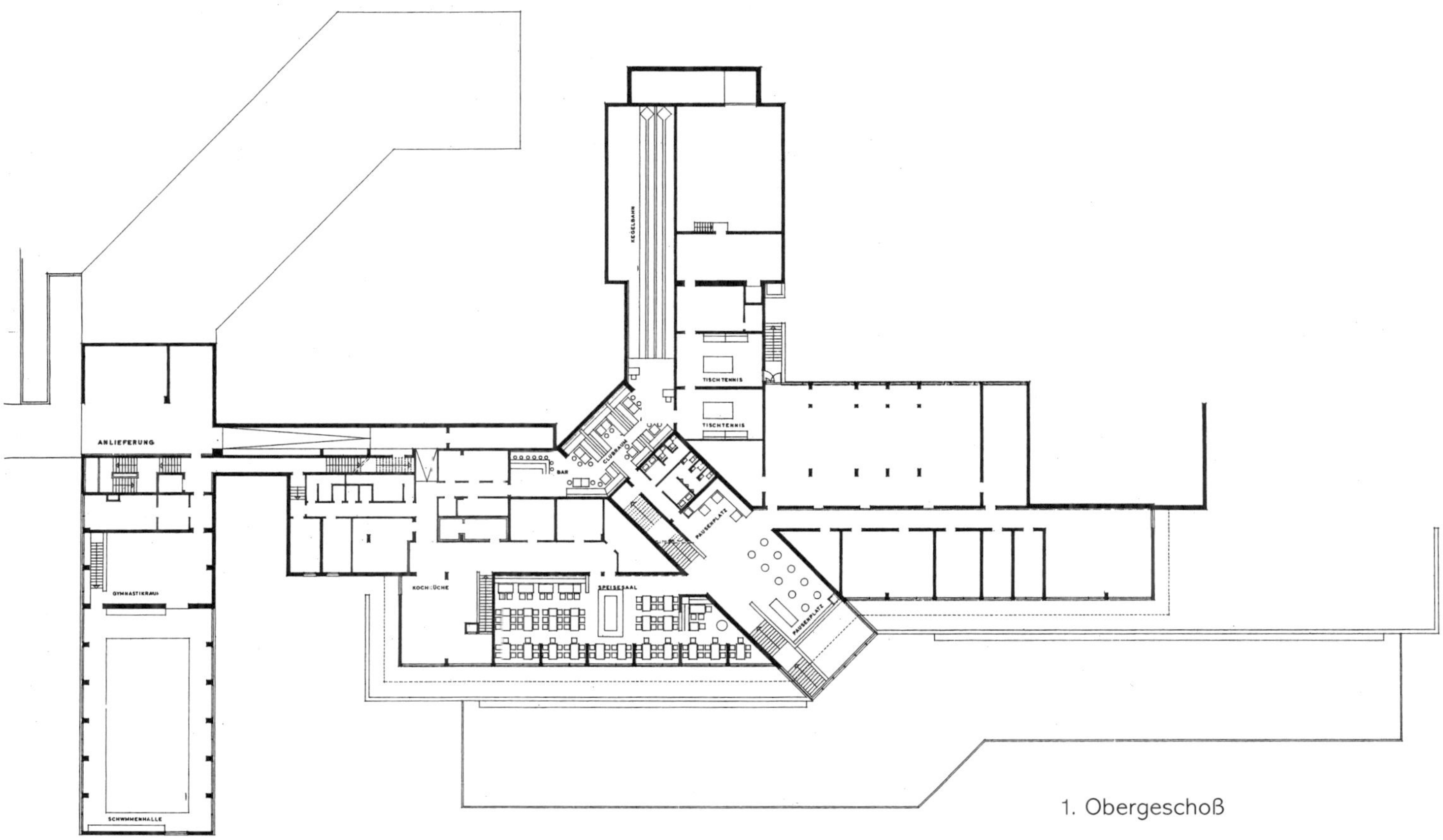


1. Obergeschoß

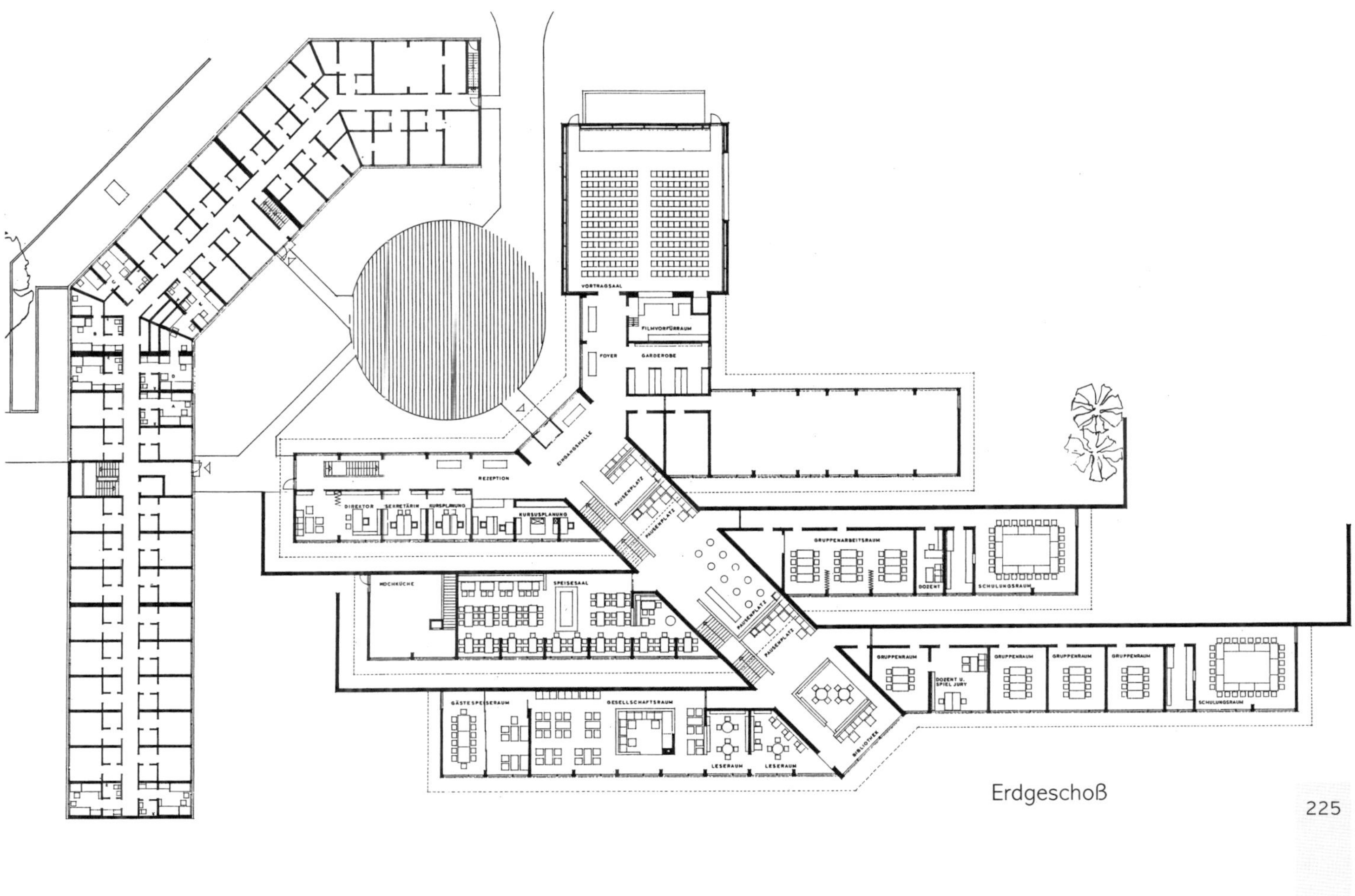


Erdgeschoß

# 5 Sportbauten

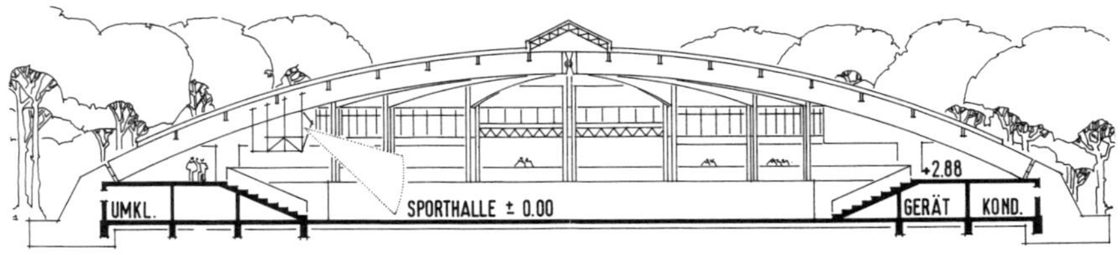


## 5.1.1 August-Schättner-Halle in Hanau

Bauherr — Magistrat der Stadt Hanau
Architekten — Prof. Bremmer, Lorenz, Frielinghaus Planungsgesellschaft mbH, Friedberg/Pfalz
Fertigstellung 1990

| | |
|---|---|
| HNF | 5 100 $m^2$ |
| NNF | 704 $m^2$ |
| VF | 1 823 $m^2$ |
| BRI | 60 500 $m^3$ |
| Faktor | BRI/HNF = 11,86 VF/HNF = 0,36 |

Die Sporthalle ist Teil des in dem Bebauungsplan »Diebacher Weg« im Norden Hanaus ausgewiesenen Sportzentrums. Sie dient der »Hohen Landesschule« als Schulsporthalle und bietet variable Nutzungsmöglichkeiten für Training und Wettkampf in Leichtathletik, Ballsportarten, Turnen, Gymnastik usw.
Die Nutzung als Veranstaltungshalle sowohl für sportliche als auch für kulturelle Anlässe stand bei der Planung im Mittelpunkt. Die Funktion des Gebäudes ist durch seine Form und Baukörpergestaltung von außen ablesbar: Holzleimbinder überspannen als Dreigelenkbogen den Halleninnenraum. Die runden Endfelder im Dach nehmen die Form der 200 Meter-Rundlaufbahn auf. Die Tribünen sind so angeordnet, daß ca. 2000 Besucher Platz finden.

| Raumbereiche | | |
|---|---|---|
| | UG | 5 Umkleidebereiche, Aufwärmhalle, Kraftraum, Geräteräume, Technik |
| | EG | Eingangshalle, Zuschaueranlagen, Büros, Mehrzweckraum, Küche, Zuschauer-WC |
| | 1. OG | Regiekanzel, Presseräume |

Maßstab — ca. 1:600

Quellen — *AIT 7/8 1991; Informationsdienst Holz, Dokumentation Holzbauten in Hessen 10/90; Pläne der Architekten.*

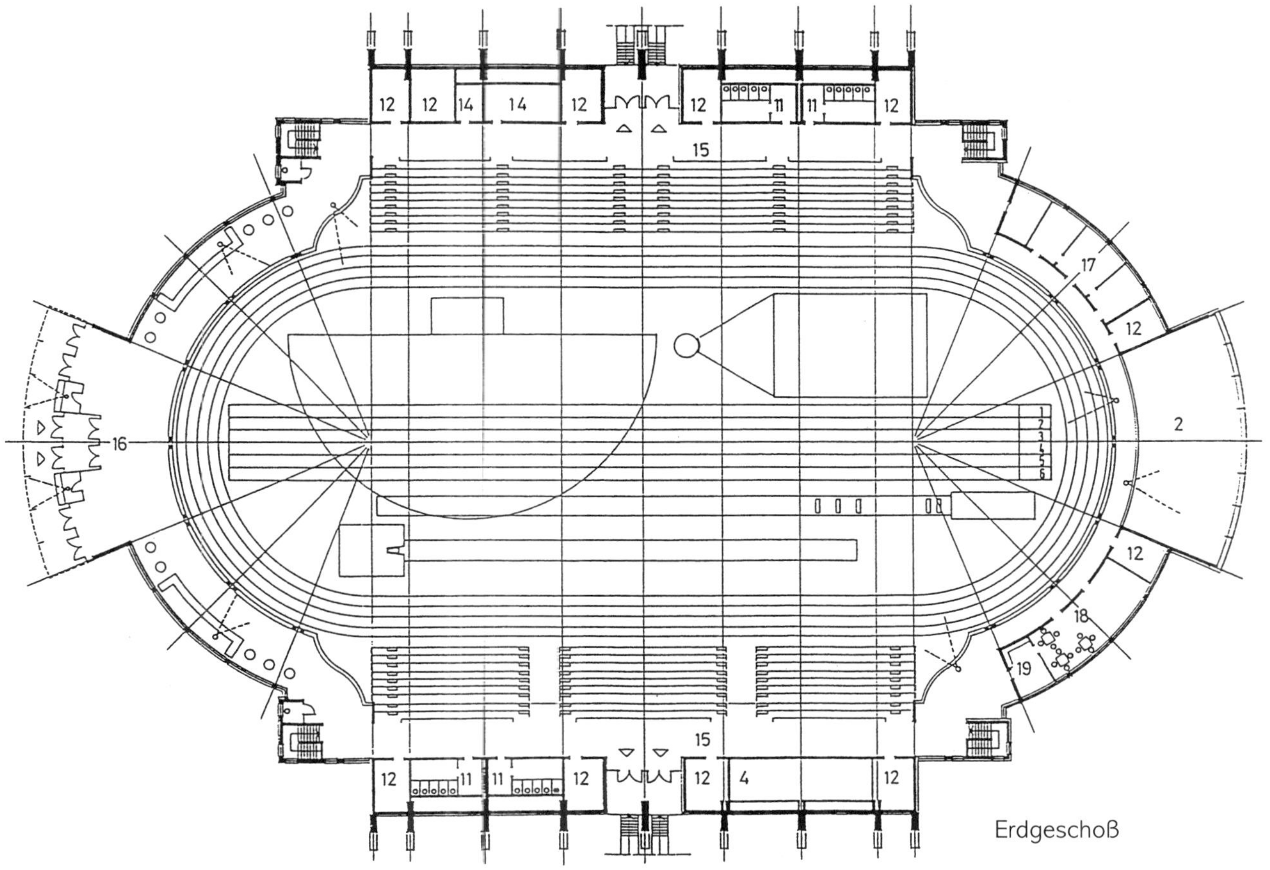


Erdgeschoß

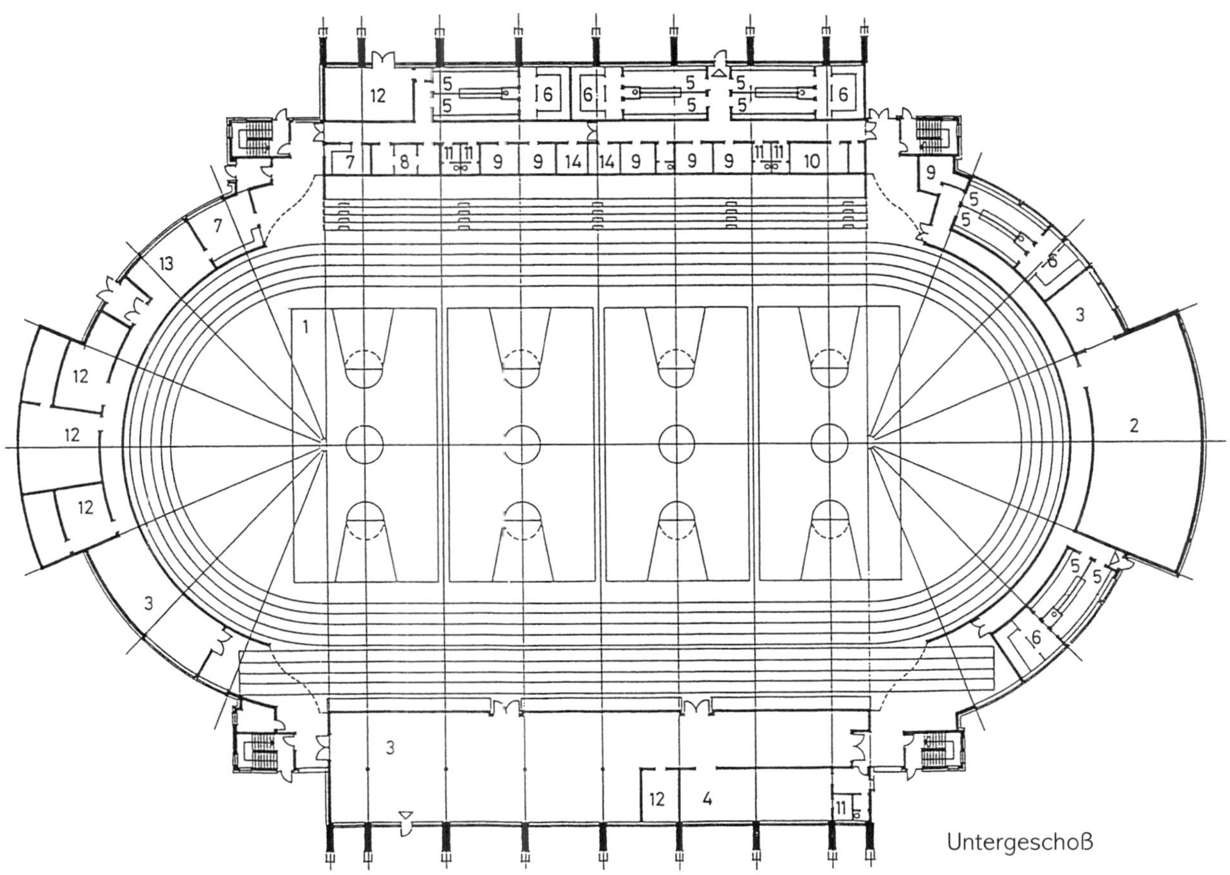


Untergeschoß

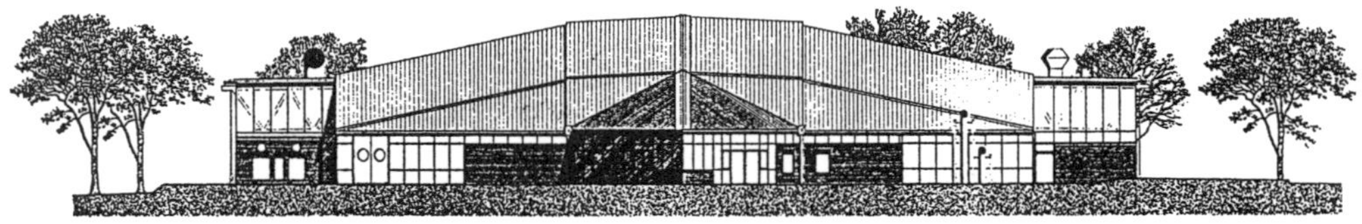

## 5.1.2 Seidensticker Großsporthalle in Bielefeld

Bauherr — Stadt Bielefeld, vertreten durch das Hochbauamt
Architekten — Kuhn, Pramann, Steinweg, Braunschweig
Mitarbeiter — J. Griesemann, H. Dohle, H. Hörmann, F. Hermann
Tragwerksplanung — Appels, Bielefeld
Planungsauftrag 1985
Fertigstellung 1993

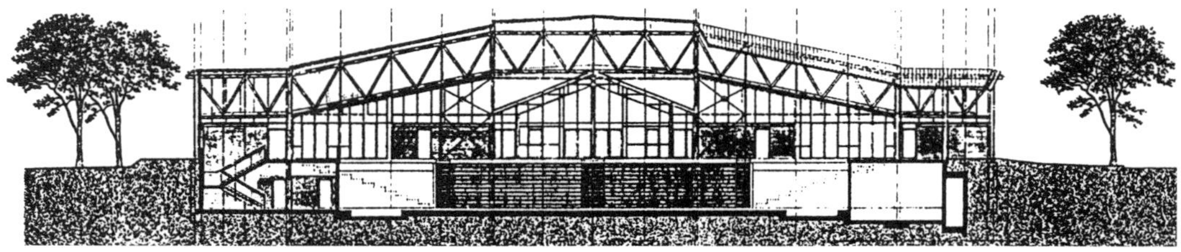

HNF 5 459 m²
NNF 547 m²
VF 2 055 m²
BRI 80 000 m³
Freitragende Spannweite 47,75 m
Faktor BRI/HNF = 14,65 VF/HNF = 0,37

Die Großsporthalle ist als Mehrzweckhalle konzipiert.
Das Nutzungskonzept sieht zehn Varianten vor:

- Zweigeteilte Halle für jeweils ca. 2000 Zuschauer
- Leichtathletikhalle für ca. 2000 Zuschauer
- Schulsporthalle als Sechsfachhalle
- Tennisturnierhalle für ca. 5000 Zuschauer
- Handballhalle mit ausfahrbaren Tribünen für ca. 3200 Zuschauer
- Fußball-, Volleyballhalle für 5000 Zuschauer
- Bühnenveranstaltungen, unbestuhlt, für ca. 7500 Zuschauer
- Eishockey-, Eiskunstlaufhalle für 4200 Zuschauer
- Boxen-, Ringerhalle für ca. 7000 Zuschauer.

Die beiden Kopftribünen sind fahrbar, so daß auch eine kleinere Zuschauerzahl möglichst nahe an das Spielfeld heranrücken kann. Für Leichtathletik steht eine 200-Meter-Rundlaufbahn mit höhenverstellbaren Kurven zur Verfügung.
Die Sportfläche ist zur Reduzierung der Gebäudehöhe und zur Trennung der Sportler und Zuschauer um ein Geschoß in das Gelände abgesenkt.

Raumbereiche

UG Sportlerebene
6 Spielfelder 15 x 27 m, Rundlaufbahn mit höhenverstellbaren Kurven, 8 Umkleiden, physiotherapeutischer Bereich mit Arzt, Massagen, Krafttraining und Sauna, Geräteräume, Lagerräume für Wechselboden, WC für Zuschauer, Technikräume, Fluchttreppenhäuser, Lastenfahrstuhl, Anlieferungsrampe

EG Getrennte Zugänge für Sportler und Zuschauer, Tribünen für 1500 Sitzplätze auf ortsfesten Tribünen und 2500 auf Teleskoptribünen sowie 1000 Stehplätze, Regieraum, Verwaltungsräume, Hallenwart, Kassen, Mehrzweckraum mit Getränkeausgabe

Maßstab ca. 1 : 600

Quellen *Wettbewerbe aktuell 3/80 und 8/93; Heinze Deutsche Baudokumentation, Celle 1994; Pläne der Architekten.*

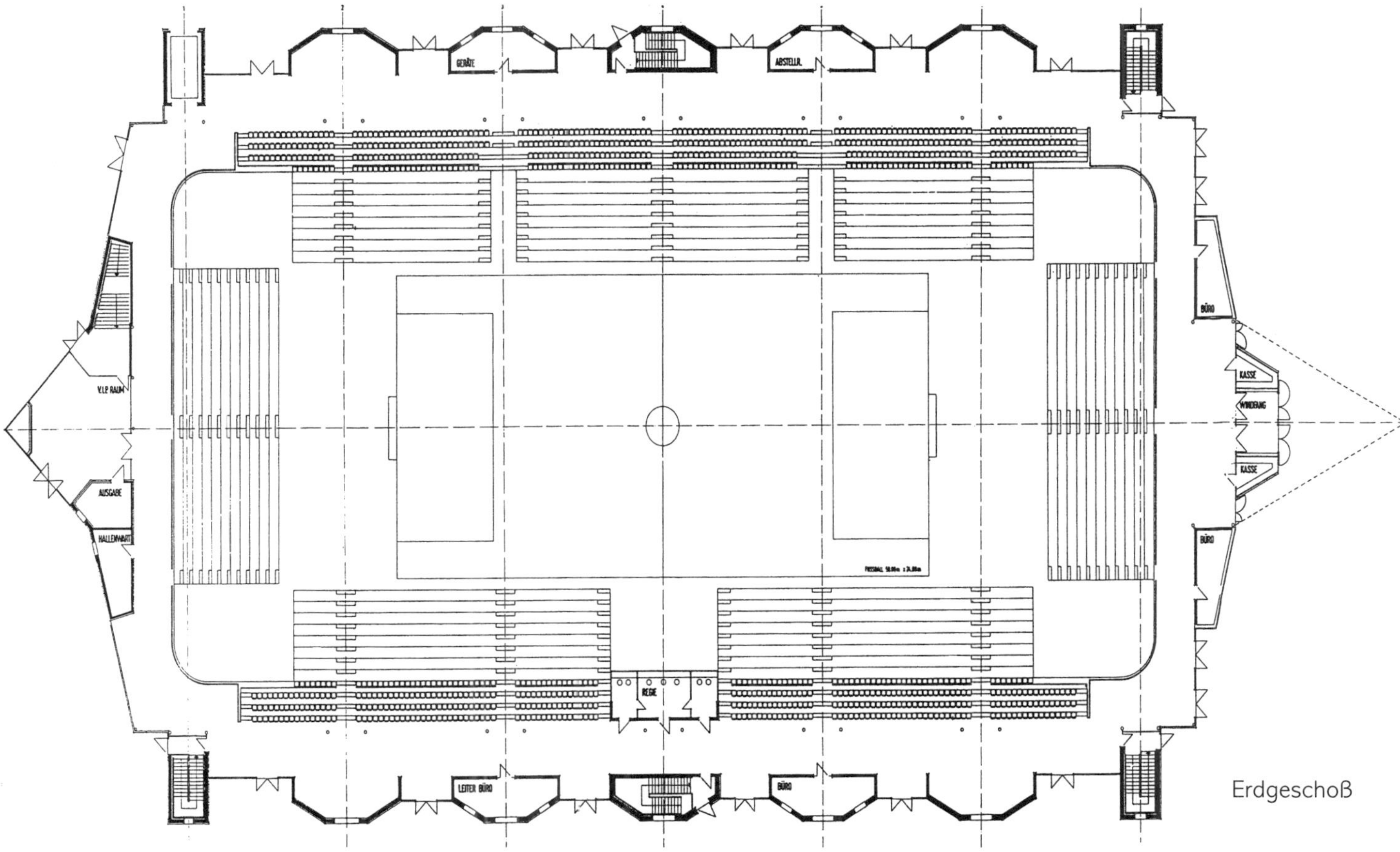


Erdgeschoß

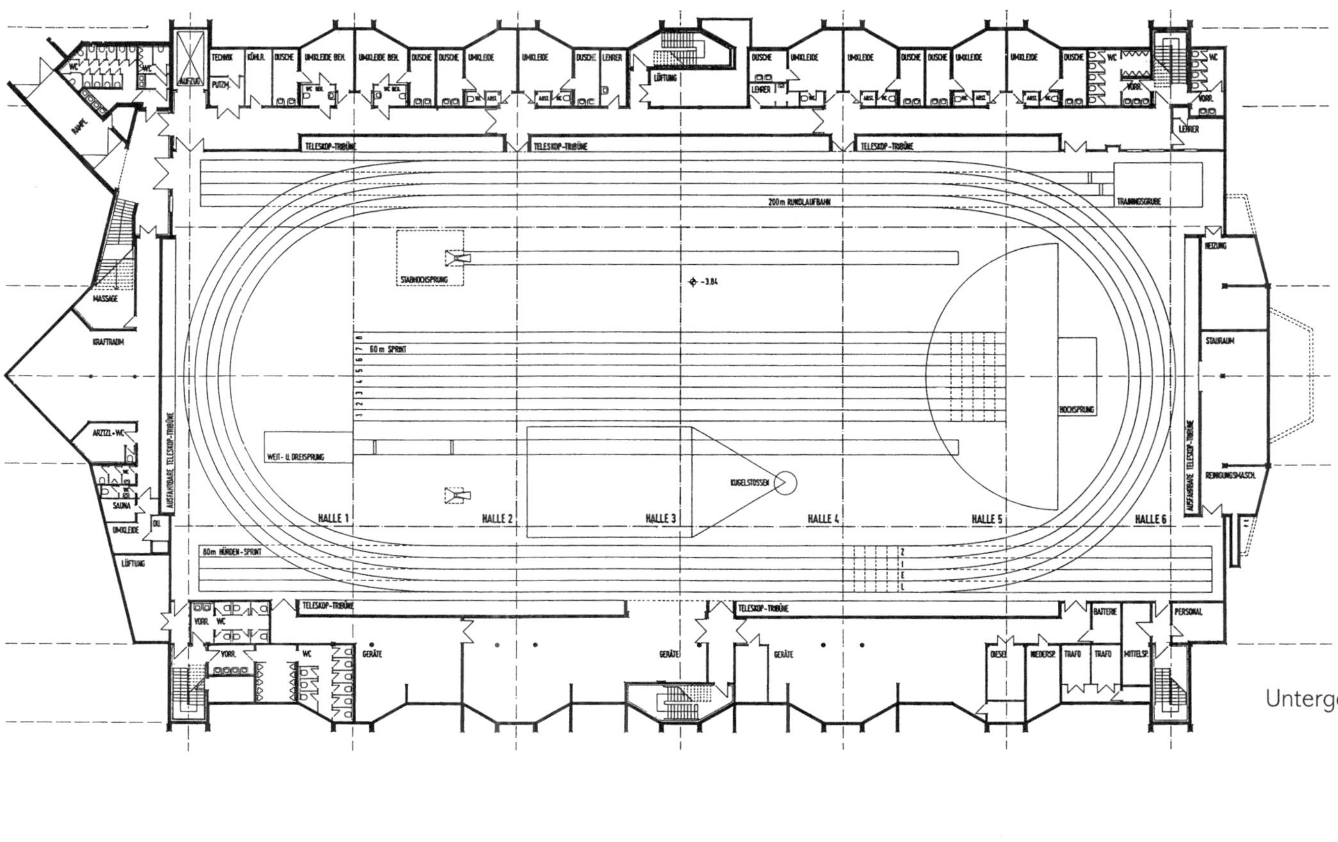


Untergeschoß

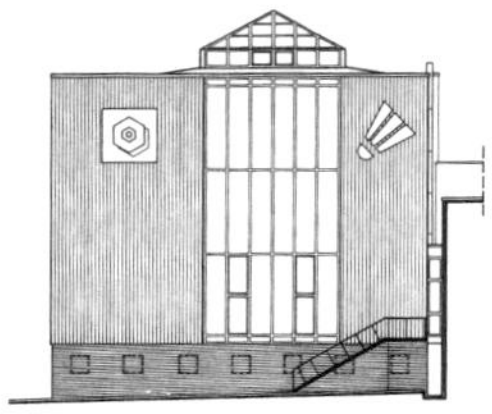

## 5.1.3 Kletterhalle Tivoli Rock in Aachen

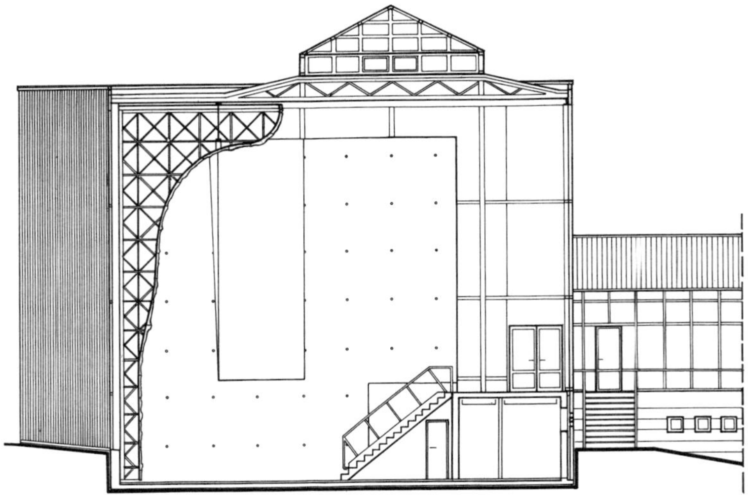

| | |
|---|---|
| Bauherr | Stadt Aachen |
| Architekt | Prof. Dr. Bruno Kauhsen, Aachen |
| Mitarbeiter | T. von Hoegen, M. Barbero |
| Tragwerks-planung | Ing.-Büro Kuhlen, Uerdingen |
| | Fertigstellung 1994 |
| Grundstück | 3 955 m² GRZ = 0,49 GFZ = 0,51 |
| HNF | 232 m² = 76 % |
| NNF | 47 m² = 15 % |
| VF | 25 m² = 8 % |
| NF | 303 m² = 100 % |
| KF | 57 m² = 11 % |
| BRI | 3 931 m³ |
| Faktor | BRI/HNF = 17 |

Die Indoor-Kletterhalle erweitert ein vorhandenes Badminton-Center. Dabei wurde auf eine einheitliche Erscheinung Wert gelegt.
Die Südwand der Kletterhalle ist 14 m hoch. Sie kann von außen eingesehen werden. Rezeption, Klettershop und Bistro befinden sich auf einer Sicht-Empore. Unter der Zugangstreppe sind die Umkleideräume.

Maßstab ca. 1 : 200

Quellen *AIT 8/96; Pläne der Architekten.*

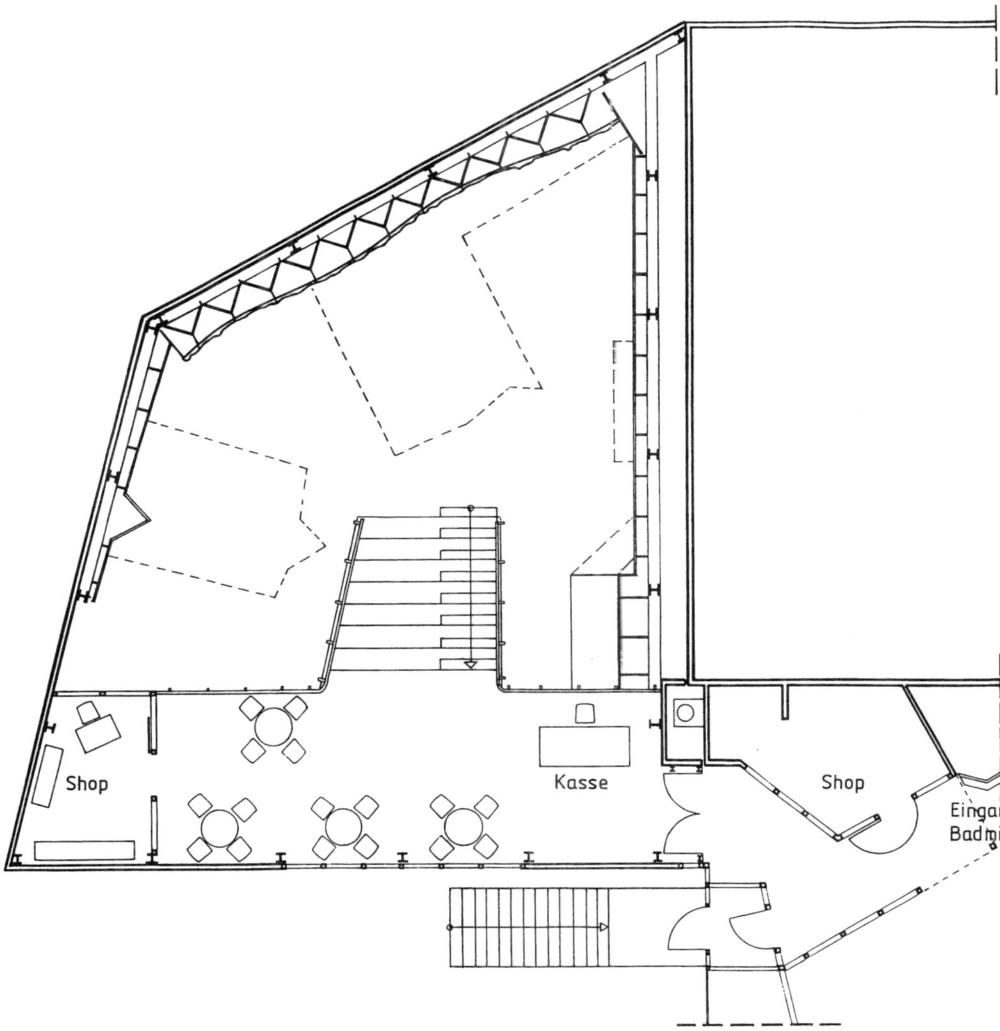


Empore

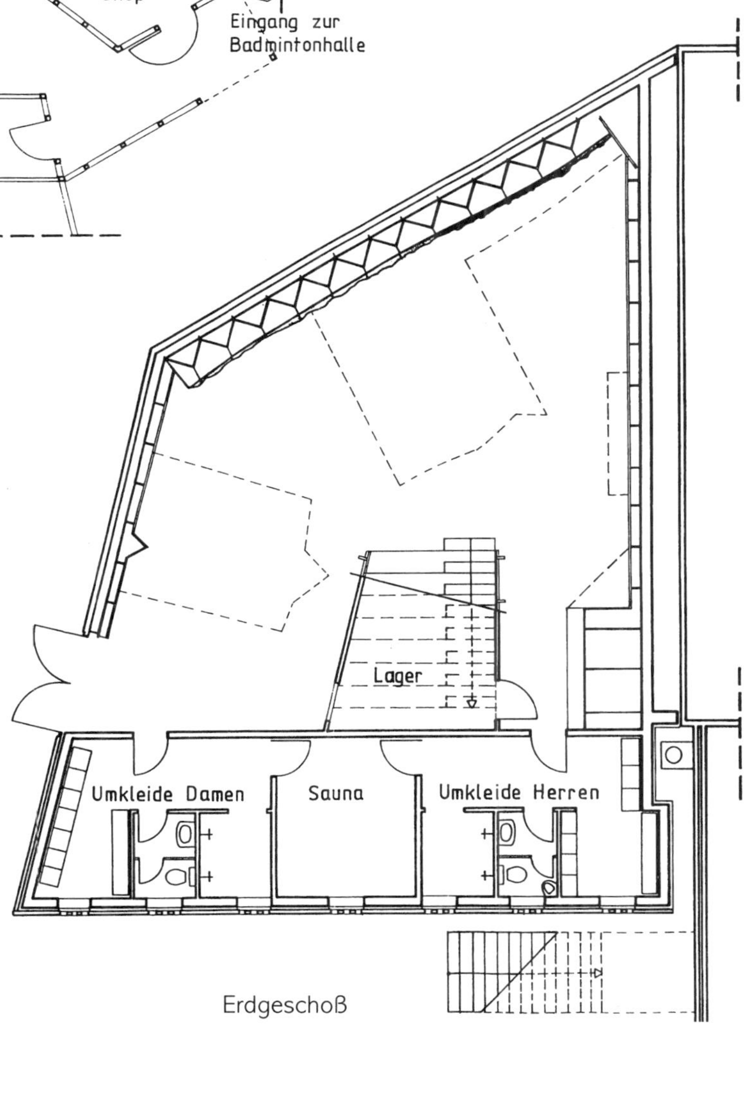


Erdgeschoß

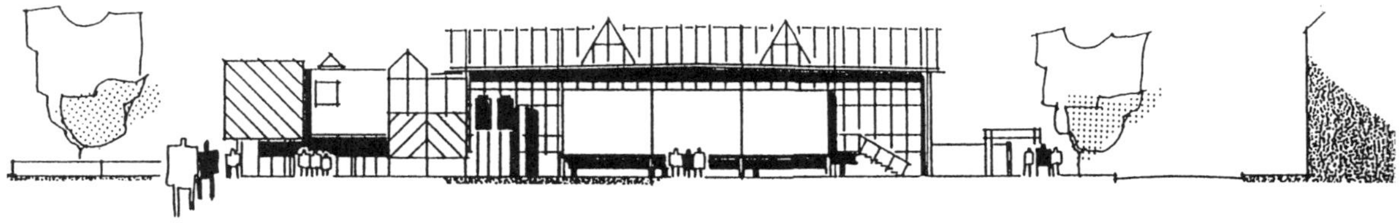

## 5.1.4 Sporthalle in Saarbrücken

| | |
|---|---|
| Bauherr | Der Innenminister des Saarlandes, vertreten durch das Staatliche Hochbauamt |
| Architekt | Manfred Schaus, Sulzbach |
| Mitarbeiter | R. Seile |
| Tragwerks-planung | Schweitzer Ingenieure Jungfleisch u. Partner, Riegelsberg |
| | Wettbewerb 1988, 1. Preis |
| | Fertigstellung 1992 |
| | BDA-Preis 1995 |

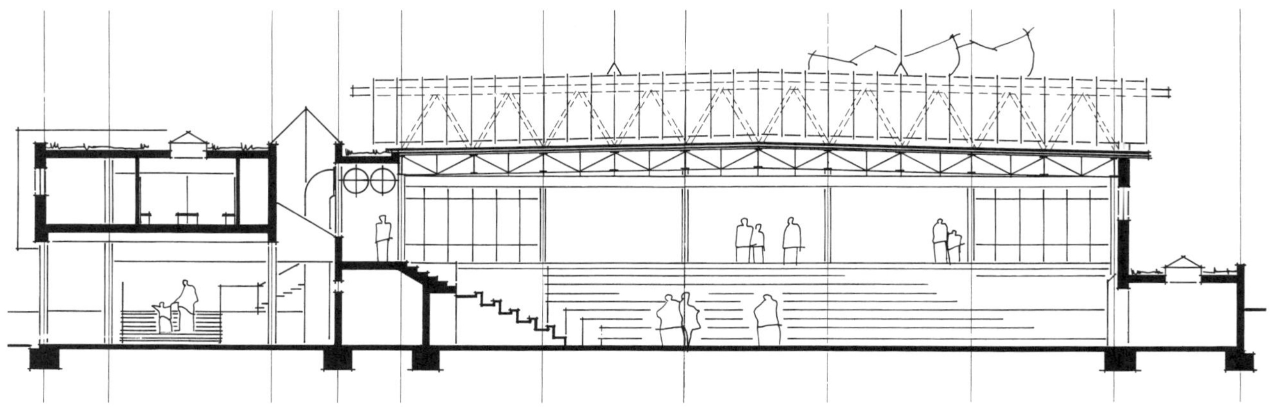

| | | | |
|---|---|---|---|
| HNF | 2 987 m² | = | 71 % |
| NNF | 295 m² | = | 9 % |
| NF | 3 282 m² | = | 100 % |
| FF | 590 m² | = | 18 % |
| VF | 657 m² | = | 20 % |
| NGF | 4 529 m² | = | 138 % |
| KGF | 398 m² | = | 12 % |
| BGF | 4 297 m² | = | 150 % |
| BRI | 28 023 m³ | | |
| Faktor | BGF/HNF = 16 | | BRI/HNF = 9,4 |

Die Vierfeldhalle hat Spielfeldabmessungen von jeweils 27 x 60 m. Sie kann differenziert genutzt werden. Die Eingangszone ist zweiseitig erschlossen für das Gymnasium und die Polizei als Hauptnutzer. Bei Großveranstaltungen kann der Gymnastiksaal ein angemessenes Foyer bieten.

Maßstab ca. 1 : 550

Quellen *BDA Handbuch 1996, Eutin 1996; Pläne der Architekten.*

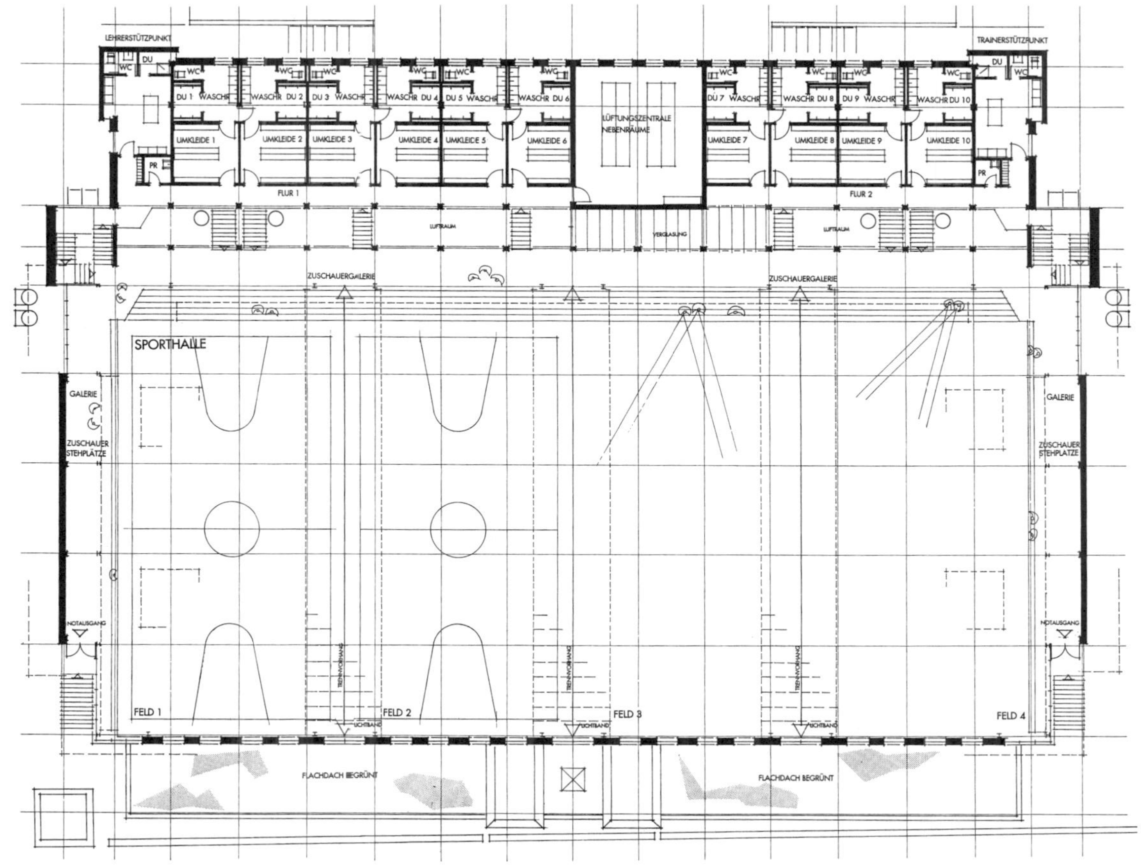


Obergeschoß

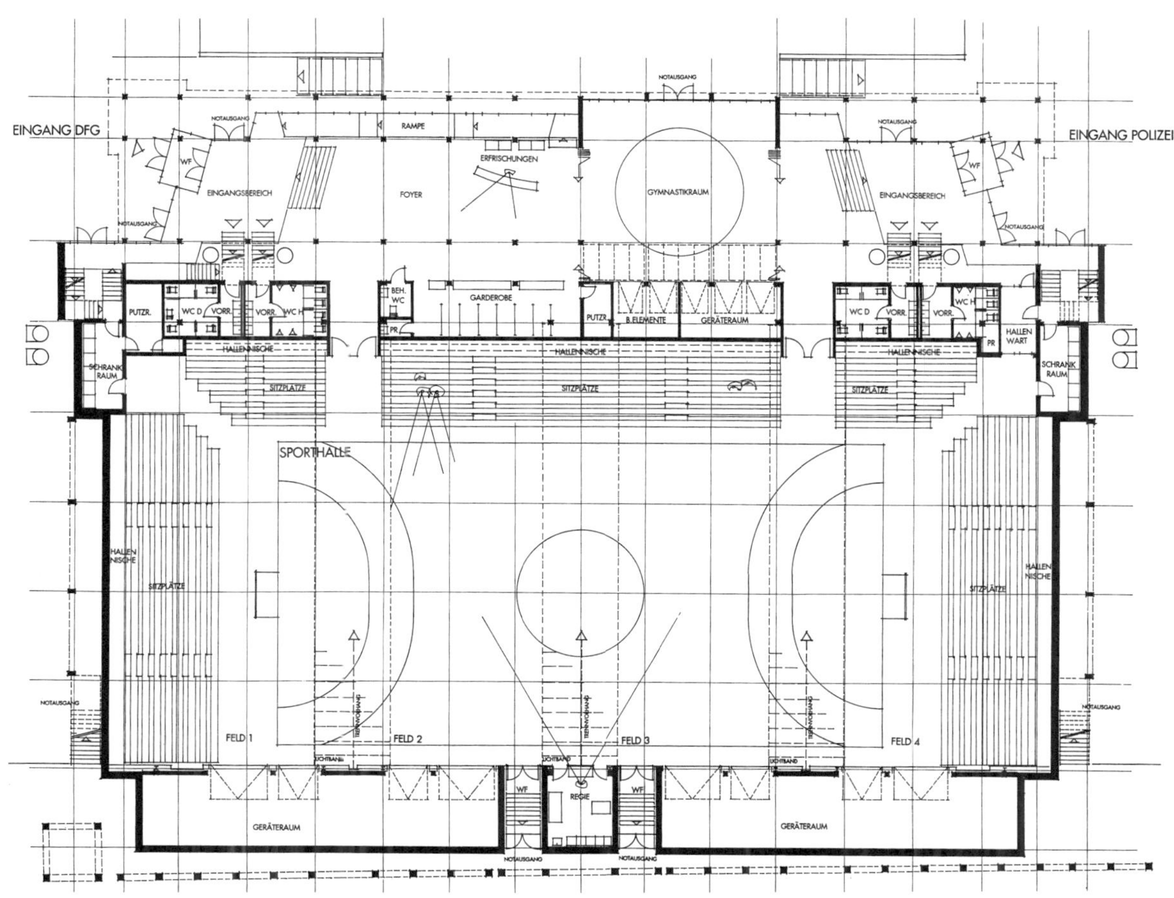


Erdgeschoß

## 5.2.1 Freizeitbad »Bergische Sonne« in Wuppertal

Bauherr — FB-Immobilien Investitionsgesellschaft mbH & Co, Wuppertal
Architekten — Glasmacher, Rau + Partner, Wuppertal
Tragwerksplanung — Specht und Fischer, Wuppertal
Fertigstellung 1993

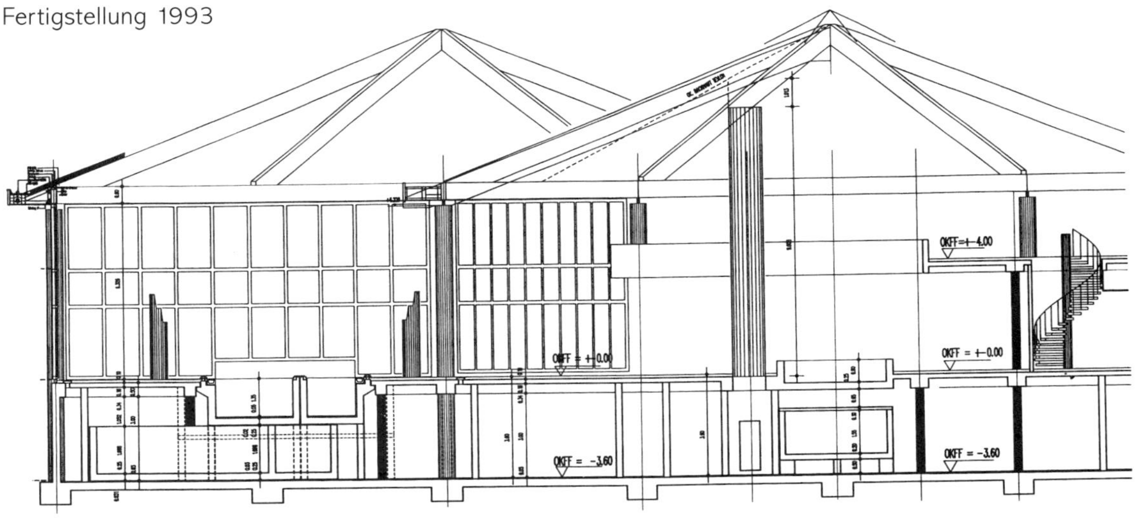

| | |
|---|---|
| HNF | 12 437 m² |
| Wasserfläche | 1 400 m² |
| BRI | 68 450 m³ |
| Faktor | BRI/HNF = 5,50 |

Das Freizeitverhalten unserer Gesellschaft hat auch vor den Schwimmbädern nicht halt gemacht. Rückläufige Besucherzahlen stellten die zweckorientierten Schwimmhallen der siebziger Jahre mit ihrer zuweilen unbefriedigenden Architektur zunehmend in Frage. Dem Bedürfnis nach Freizeiterlebnis und Entspannung vom Alltagsstreß kommen neuartige Badkonzeptionen entgegen. Die Addition von im Grundriß sechseckigen Baukörpern mit flach geneigten Zeltdächern läßt keine Erinnerung an »Raumbehälter« der Vergangenheit zu. Jedes der elf aneinandergekoppelten Gebäudeelemente ist nicht durch abgehängte Decken kaschiert, sondern bis in die Spitze des Daches geöffnet und durch ein verglastes Oberlicht gekrönt. Auf diese Weise wird räumliche Großzügigkeit erzeugt und die Beschaffenheit der tragenden Konstruktion sichtbar gemacht.

Maßstab — Grundrisse ca. 1 : 500, Schnitt 1 : 250

Quellen — *Heinze Deutsche Baudokumentation, Celle 1993; Pläne der Architekten.*

Eingangsgeschoß

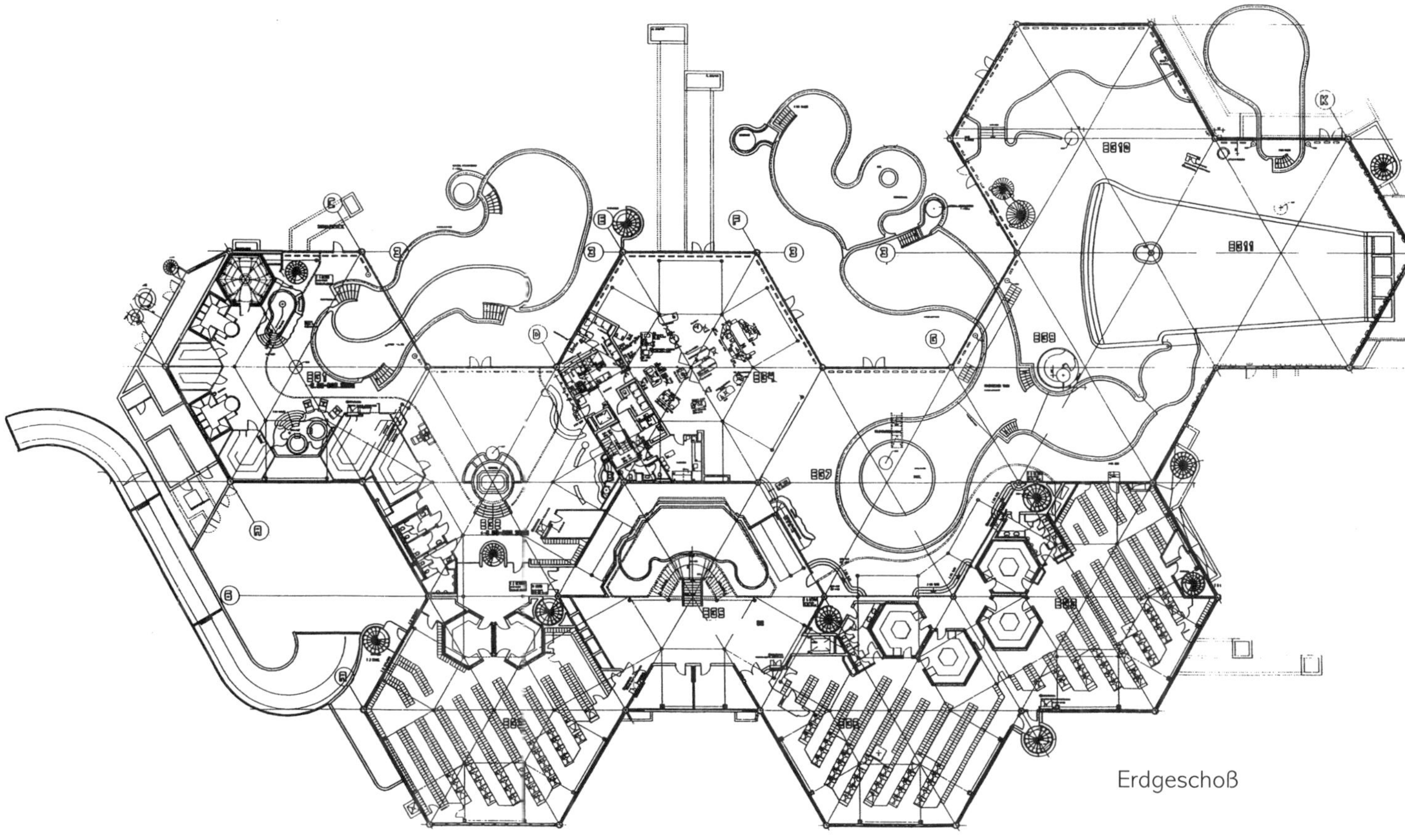

Erdgeschoß

## 5.2.2 Freizeitbad Atlantis in Herzogenaurach

| | |
|---|---|
| Bauherr | Stadt Herzogenaurach |
| Architekten | GMA – Geller + Müller + Assoziierte, Mainz |
| Tragwerks-planung | W. Welker, Herzogenaurach |
| | Fertigstellung 1989 |

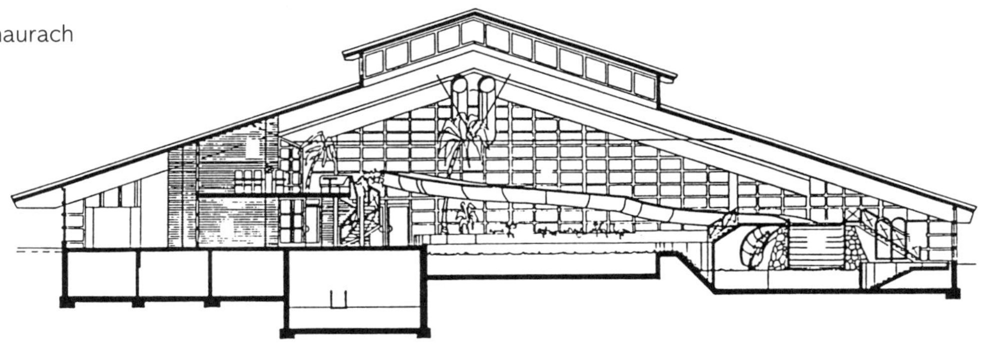

| | |
|---|---|
| Grundstück | 13 824 m² |
| NF | 3 160 m² |
| NNF | 273 m² |
| FF | 595 m² |
| VF | 310 m² |
| NGF | 4 399 m² |
| BRI | 35 512 m² |
| Faktor | BRI/HNF = 10,28 VF/HNF = 0,098 |

Die Hauptverkehrsachse wurde werbewirksam als »Optisches Signal« ausgebildet. Optimale funktionale Gliederung der Gesamtschwimmanlage und der einzelnen Nutzungsteile untereinander.
Nordseite: Umkleide- und Nebenräume mit jeweiligen Außenzugängen und Zugänge zu den Bereichen Technik sowie Technikteile wie Schächte, Abfahrtsrampe, Kamine und Lüftungsbauwerke.
Südseite: Aufenthaltsbereich, Ausblick und Verbindung zur Natur, Sonnen- und Windschutzseite.
Alle Aktionsbereiche bilden einen zusammenhängenden Schwerpunkt.

| | | |
|---|---|---|
| Raumbereiche | UG | Technik |
| | EG | Wellenbecken-, Abenteuerbeckenbereich, Ruhezonen, Umkleiden, Erwachsenenbereich, Sportbeckenbereich |
| | 1. OG | Cafeteria intern/extern, Fernsehraum, Spielbereich, Riesenrutsche, Caféterrasse |

Maßstab ca. 1 : 650

Quellen *Heinze Deutsche Baudokumentation, Celle 1991; Pläne der Architekten.*

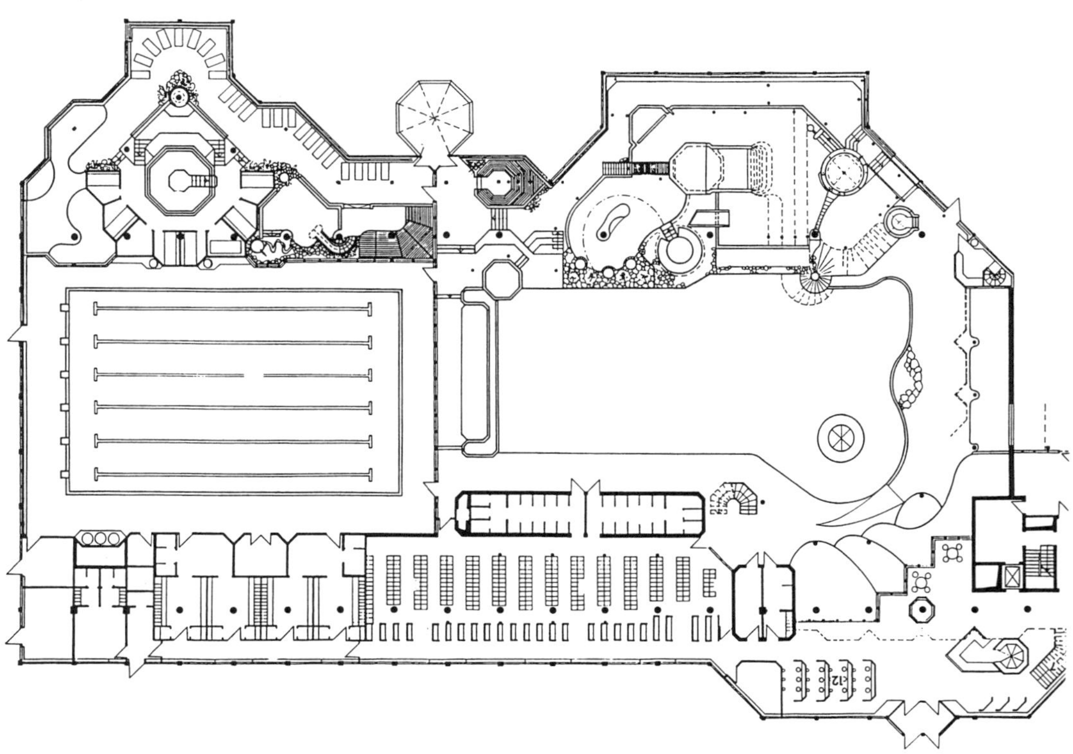

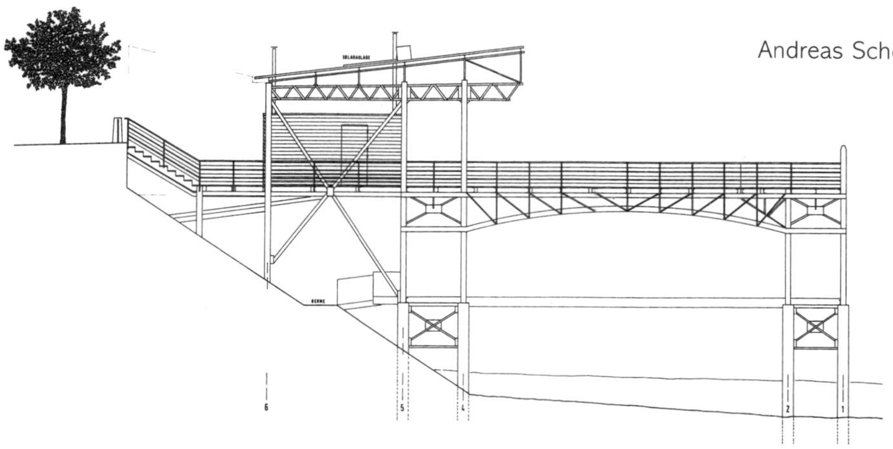

| | |
|---|---|
| Stadt Basel | Bauherr |
| Andreas Scheiwiller und Matthias Oppliger, Basel/CH | Architekten |
| C. Wigger | Mitarbeiter |
| Wettbewerb 1988, 1. Preis | |
| Fertigstellung 1994 | |

Es handelt sich um den Rückbau und die Revitalisierung einer alten Anlage aus dem Jahr 1898. Schon im Wettbewerbsprojekt wählten die Architekten einen Entwurfsansatz, nach dem die Stahlkonstruktion als primäres, festes Element, die den wechselnden Bedürfnissen entsprechend veränderten Holzeinbauten als sekundäres, bewegliches Element ge esen wurden. »Absicht dieses Verhaltens ist es, Bestehendes durch neue Interpretation neu zu sehen und dadurch zu verändern. Der Fortschritt besteht in einer neuen Wahrnehmung«, schrieben die Architekten zu ihrem Wettbewerbsprojekt. In der Konsequenz dieses Ansatzes büßte der Entwurf im Laufe seiner mehrfachen Überarbeitung wohl an Umfang, kaum jedoch an eigentlich architektonischer Substanz ein. Vielmehr bietet sich die Badeanlage heute in einer gewissermaßen bereinigten, nahezu abgeklärten Form dar, in einer konstruktiven und architektonischen Selbstverständlichkeit, wie sie der Anlage in ihrem ursprünglichen Zustand von 1898 eigen war. Nachdem die östliche Hälfte der bestehenden Konstruktion ebenso wie der uferseitige Garderobenanbau von 1928 abgetragen wurden, erhielt die Anlage eine Dimension, die den Blick vom Rheinweg offener und den Gang durch den Unterbau der Tragkonstruktion auf dem in die Uferböschung eingelassenen Bermenweg lichter und angenehmer gestaltet.
Erhalten blieben die kammartig angeordneten Garderobeneinbauten, die eine neue Rückwand gegen die Straße abschirmt. In einer einzigen Bewegung ist diese horizontal gegliedert, zart graublau gestrichene Holzverkleidung im Osten um den neu gestalteten Küchen- und Sanitärbereich herumgeführt und bildet als selbständiger Körper jenes Element, vor dem die alten Kleiderkästchen ebenso wie die silbergrau gestrichene Stahlkonstruktion sich einer neuen Lesart anbieten.
Diese bewegt eine leise Verfremdung, die sich aus der zeitlichen und ästhetischen Distanz von tragenden und füllenden Elementen nährt – und die Träume der Daheimgebliebenen von fernen Seebädern mit ihren luftigen Stegen belebt.

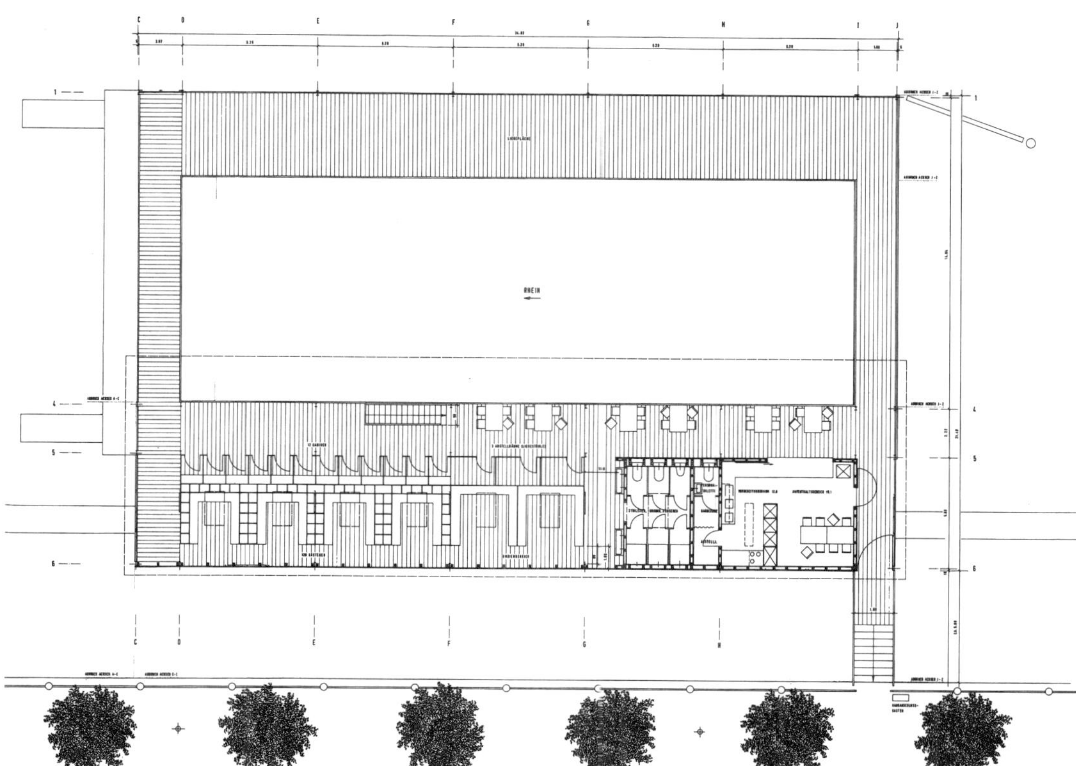

| | |
|---|---|
| ca. 1:300 | Maßstab |
| *Pläne der Architekten.* | Quelle |

# 6 Unterkunfts-, Gemeinschafts- und Betreuungsstätten

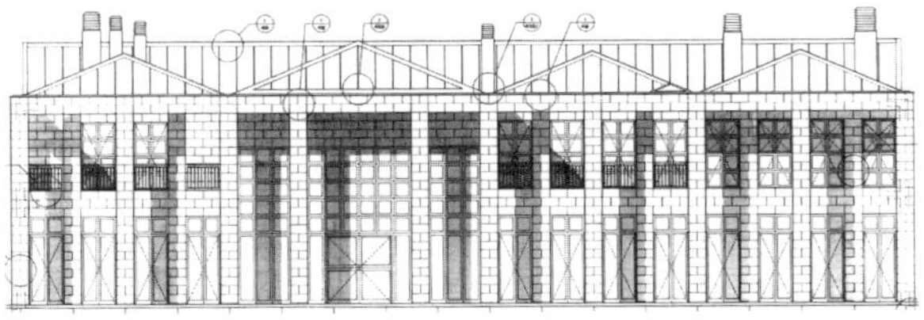

## 6.1.1 Residenz des Deutschen Botschafters in Washington

| | |
|---|---|
| Bauherr | Bundesrepublik Deutschland, vertreten durch die Bundesbaudirektion Bonn |
| Architekt | Prof. Oswald Mathias Ungers, Köln |
| Tragwerksplanung | Lookwood Green Engineers, Atlanta |
| | Architektenwettbewerb 1. Stufe 1982, 2. Stufe 1988 |
| | Fertigstellung 1994 |

| | |
|---|---|
| Grundstück | ca. 21 000 $m^2$ |
| HNF | 1 356 $m^2$ |
| NNF | 562 $m^2$ |
| FF | 236 $m^2$ |
| VF | 437 $m^2$ |
| BGF | 3 662 $m^2$ |
| BRI | 10 994 $m^3$ |
| Faktor | BRI/HNF = 14,9 |

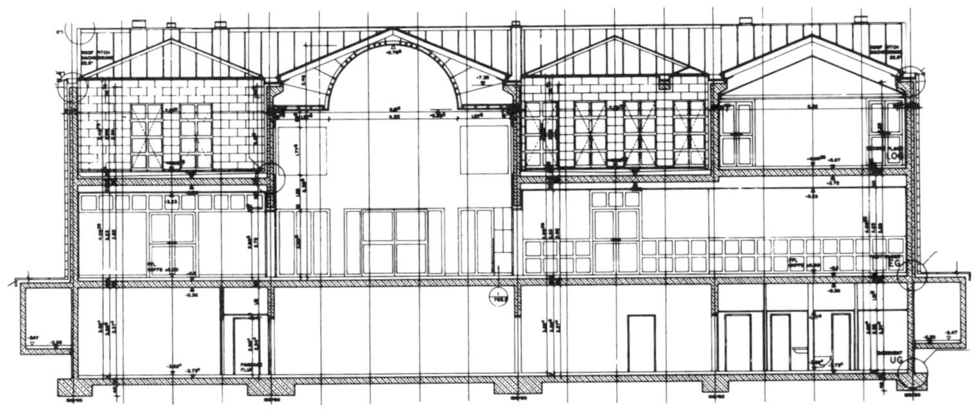

Der kompakte Gebäudekubus des Dienstwohngebäudes ist abgesetzt von der eigentlichen Botschaft. Dem Gebäude ist ein wuchtiger Säulenkranz vorgelagert. Die Erscheinung ganz in weiß ist gewollt repräsentativ.

| | | |
|---|---|---|
| Raumbereiche | UG | Technik, Lager |
| | EG | Repräsentationsräume |
| | 1. OG | Privaträume des Botschafters |

Maßstab: Grundrisse ca. 1:400, Schnitt 1:300

Quelle: *Pläne des Architekten.*

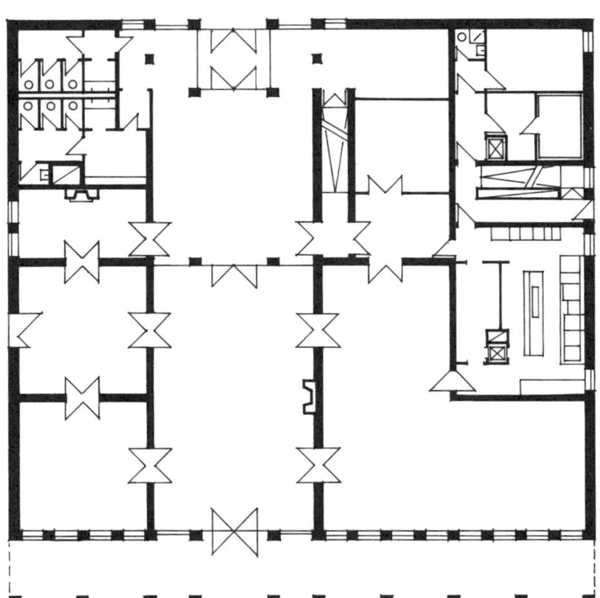

Erdgeschoß

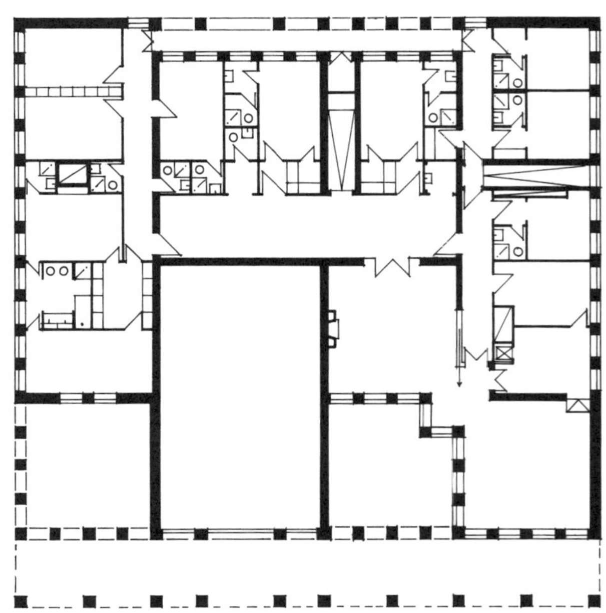

Obergeschoß

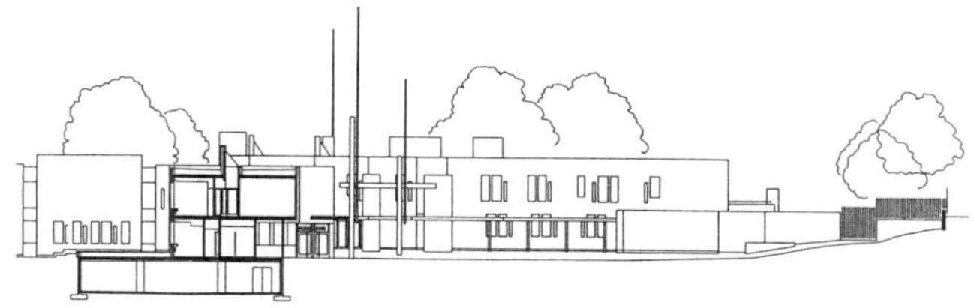

## Deutsche Botschaft in Helsinki



| | |
|---|---|
| Bundesrepublik Deutschland, vertreten durch die Bundesbaudirektion Berlin | Bauherr |
| Vilhelm Helander, Juha Leiviscä, Helsinki | Architekten |
| Jukka Kattelus, Martti Mörsky, Helsinki | Tragwerksplanung |
| Architektenwettbewerb 1988 | |
| 11 088 m² | Grundstück |
| 2 230 m² | Bebaute Fläche |
| 1 849 m² | Kanzlei |
| 1 276 m² | Residenz |
| 5 045 m² | Gesamtfläche |
| 17 900 m² | BRI |

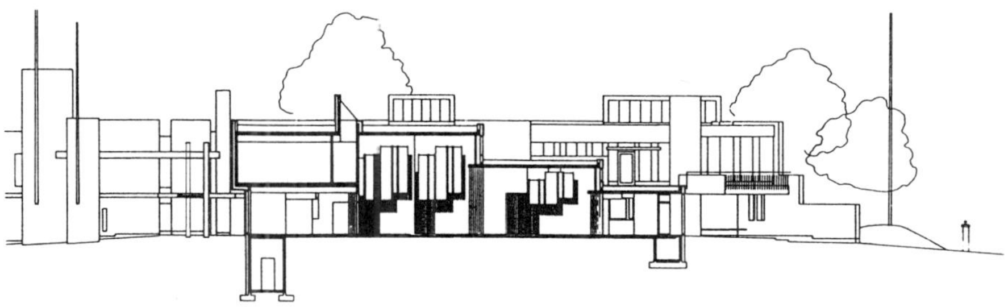

Die verhältnismäßig großen Gebäude, Kanzlei und Residenz, bilden jeweils einen Flügel; mit dieser Unterteilung folgen sie in natürlicher Weise den ursprünglichen Proportionen der Villenbebauung. Die Räume der Kanzlei liegen um den alten Nutzgarten im Nordosten. Die Räume der Residenz öffnen sich nach Südwesten auf den Ziergarten der alten Villa.
Die Empfangsräume bilden eine Kette von Räumen unterschiedlicher Höhe, die untereinander verbunden werden können. Wechselnde Ausblicke aus Räumen in andere sowie durch den Garten und den Uferpark in das Inselmilieu haben die Raumanordnung diktiert. Die seitlich und von oben beleuchteten Flächen der Außenwände sind für Kunstwerke vorgesehen.
Die Küche samt Nebenräumen und Anrichte liegt nach Norden gerichtet. Von hier besteht über das Foyer Verbindung zu allen Empfangsräumen. Am Ende des Westflügels zum Hof gelegen befindet sich der Saunabereich samt Schwimmbecken. Die Wohnung des Botschafters liegt im Obergeschoß und fügt sich um die höheren Empfangsräume; an beiden Enden besteht über Terrassen wieder ein Zugang zum Hof. Der durchgehende Teil des Wohnzimmers mit der Treppe verbindet die Wohnung mit den Empfangsräumen.
In der Kanzlei werden strenge funktionsbedingte Anforderungen nach den gleichen Prinzipien wie in der Residenz erfüllt. Bei einer Bürohauslösung mit Mittelflur wurde durch wechselnde Gangbreite, durch Ausblicke in die umgebende Landschaft in Flurknicken und an Flurenden und durch Tageslichtbeleuchtung ein lebendiges, angenehmes Arbeitsklima geschaffen.

| | |
|---|---|
| ca. 1:400 | Maßstab |
| *Architekten-Broschüre »Deutsche Botschaft in Helsinki«, Bundesbaudirektion Berlin 1994; Die Bauverwaltung 1/95; Pläne der Architekten.* | Quellen |

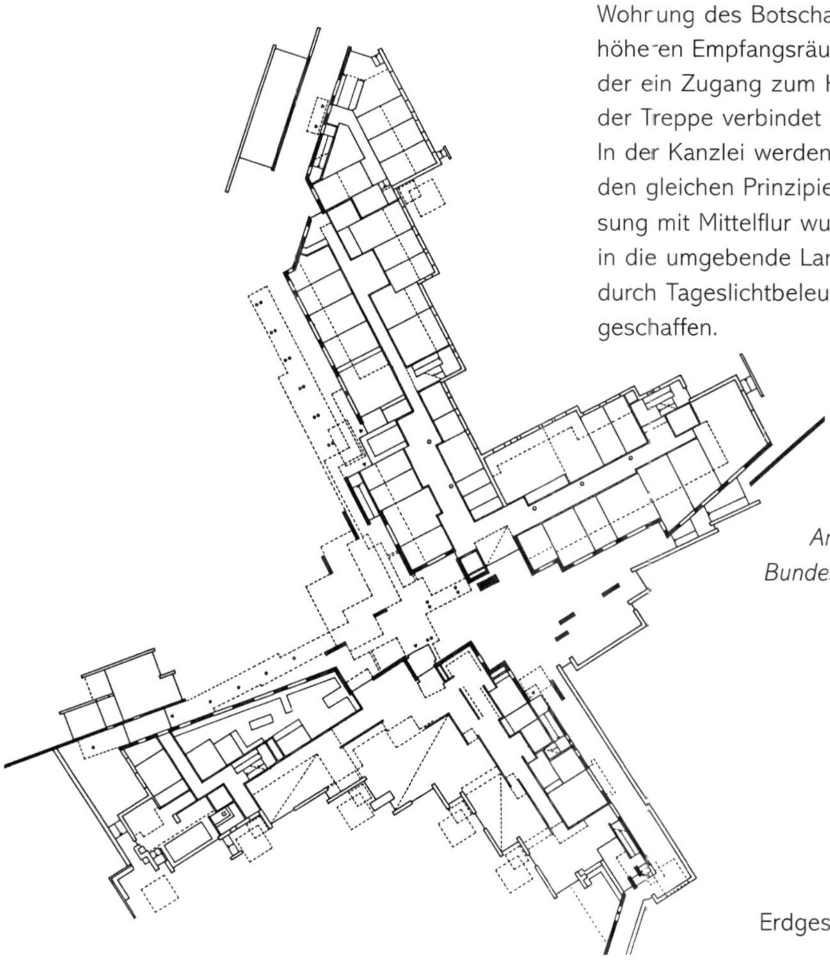

Erdgeschoß

## 6.2.1 Kompaniegebäude Typ A und B

Bauherr
Bundesministerium der Verteidigung, Bonn
Nachdem beim Aufbau der Bundeswehr zunächst individuelle Planungen erstellt wurde, folgten in den achtziger Jahren Standardplanungen für wesentliche Neubautypen. Die Entwicklung kam unter dem Einfluß neuer Forderungen, z. B. dem Wettbewerb Kaserne 2000, zum Abschluß.

Planung
Staatshochbauamt Arolsen
Standardplanung 1985

Typ A
HNF 1 413 m²
BGF 2 744 m²
BRI 10 224 m³

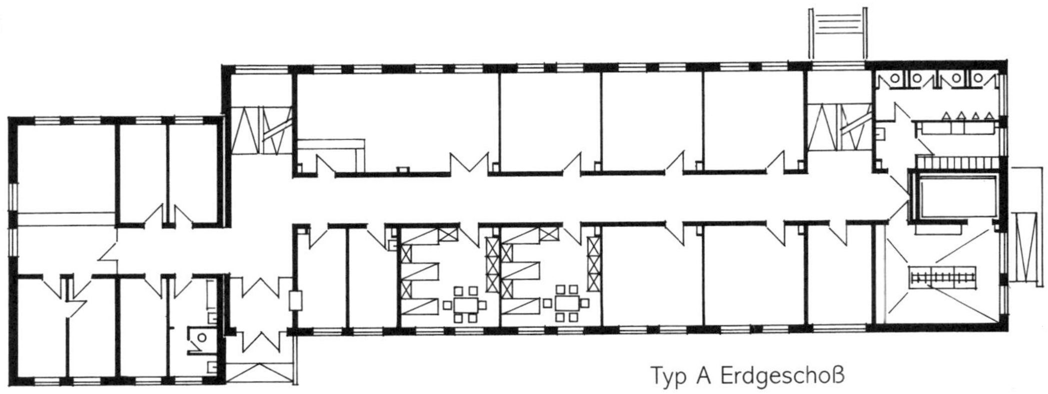

Typ A Erdgeschoß

Der dreigeschossige Hauptbau ist voll unterkellert. Er enthält Drei-Mann-Stuben mit je ca. 22 m² Wohnfläche sowie Einzelräume für die Unterführer. Am Haupteingang befindet sich die Waffenkammer.
Im eingeschossigen Anbau befinden sich das Geschäftszimmer und weitere Einzelräume.

Typ B
HNF 2 431 m²
BGF 2 431 m²
BRI 9 063 m³

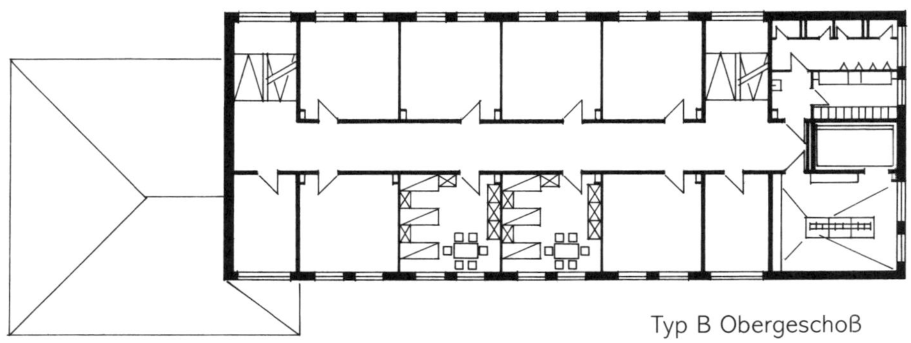

Typ B Obergeschoß

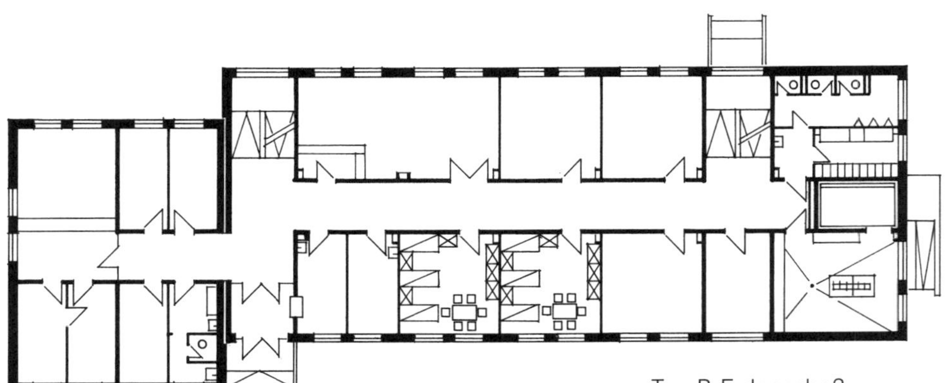

Maßstab
ca. 1 : 300

Typ B Erdgeschoß

Quellen
*Dokumentation: Typenplanung der Bundeswehr, hrsg. vom Bundesminister der Verteidigung, bearbeitet durch die OFD Bremen, Bremen 1996, Standardplanung der Bundeswehr.*

Wohneinheit für 1 Offizier

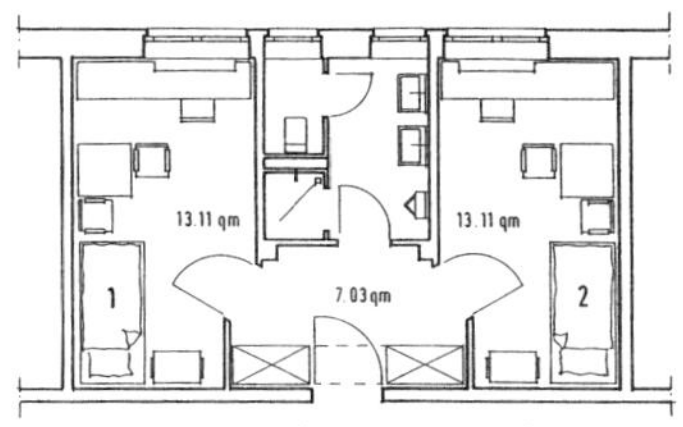


Wohneinheit für 2 Unteroffiziere

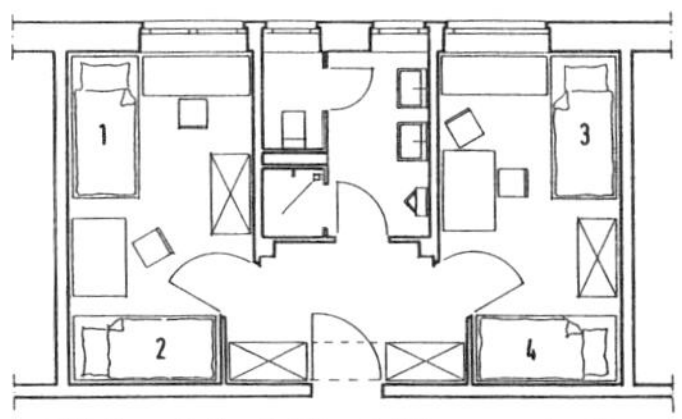


Wohneinheit für 4 Mannschafts-dienstgrade M 1:40

| | |
|---|---|
| Lassen und Paulsen, Eckernförde | Architekten |
| 1 442 m² = 87 % | HNF |
| 209 m² = 13 % | NNF |
| 1 651 m² = 100 % | NF |
| 50 m² = 3 % | FF |
| 684 m² = 41 % | VF |
| 2 385 m² = 144 % | NGF |
| 457 m² = 27 % | KGF |
| 2 842 m² = 172 % | BGF |
| 11 442 m² | BRI |
| BRI/NF = 6,93 BRI/BGF = 4,03 | Faktor |

Das Gebäude wurde gemäß dem Attraktivitätsprogramm der Bundeswehr mit einem zeitgemäßen Wohnstandard ausgerüstet. Die zweibündige Kasernenanlage folgt dem traditionellen Langhaus-Schema früherer Wehrmachtsbauten mit mittigem Eingang und Treppenhaus. Neu ist die Anordnung von Sanitärzellen zwischen jeweils zwei Mannschaftsräumen. Dadurch entstehen abgeschlossene Wohneinheiten, die unterschiedlich belegt werden können, und zwar Mannschaftsbereiche mit vier Mann, Unteroffiziersbereiche mit zwei Mann und Offiziersbereiche mit einem Mann. Neben dem Treppenhaus wurde eine Teeküche angeordnet. Ein Nottreppenhaus befindet sich am Kopfende.

| | |
|---|---|
| Eingang, UvD (=Unteroffizier vom Dienst)-Raum, Fünf-Mannschafts-Wohnbereiche, Unterrichtsräume, Waffenreinigung EG | Raumbereiche |
| 3 Wohneinheiten für Mannschaften, Unteroffiziere und Offiziere OG | |
| 1:350 | Maßstab |
| *Dokumentation: Pilotprojekt Kaserne 2000, hrsg. vom Bundesminister der Verteidigung, Bonn 1/1993.* | Quellen |

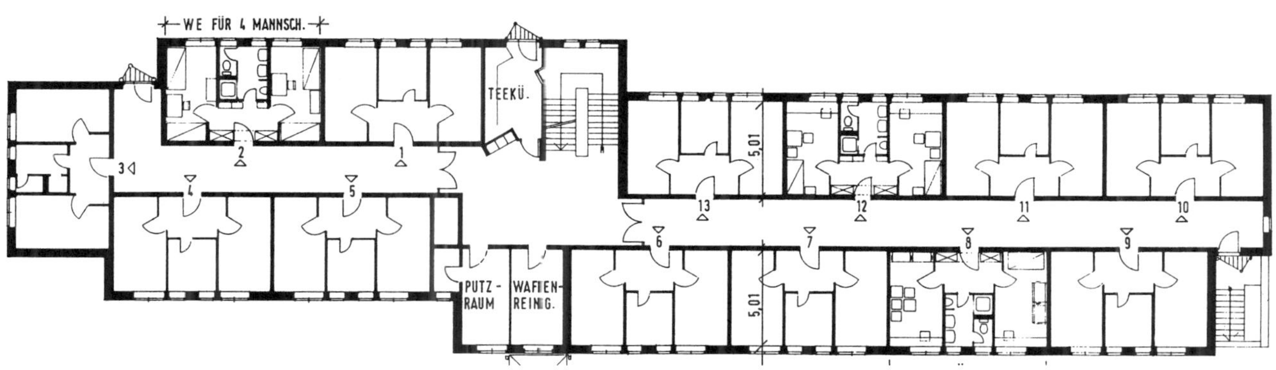


Obergeschoß

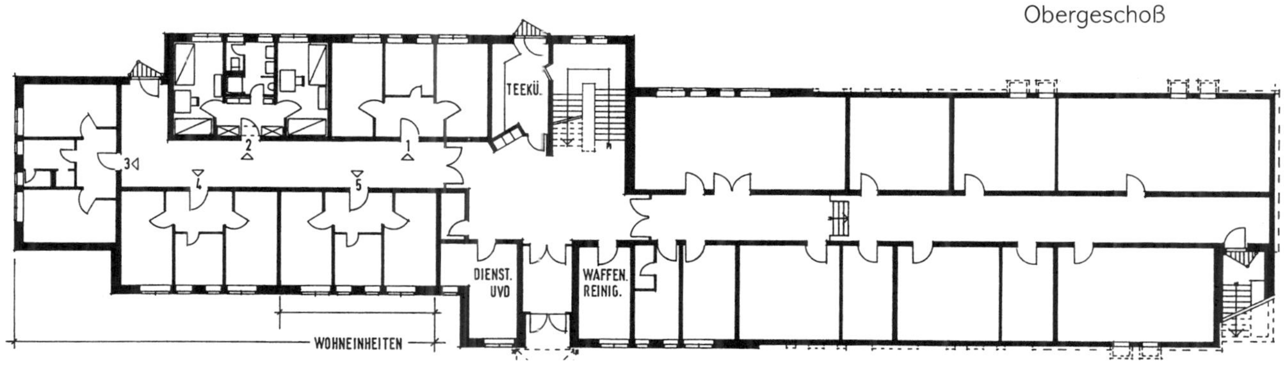


Erdgeschoß

## 6.3.1 Wirtschaftsgebäude für 900 Personen in Freising

| | |
|---|---|
| Bauherr | Bundesminister der Verteidigung, Bonn, vertreten durch das Finanzbauamt München |
| Architekt | Stoll, München |
| HNF | 1 299 m² |
| BGF | 2 339 m² |
| BRI | 10 018 m³ |
| Faktor | BRI/HNF = 7,71 BRI/BGF = 4,28 |

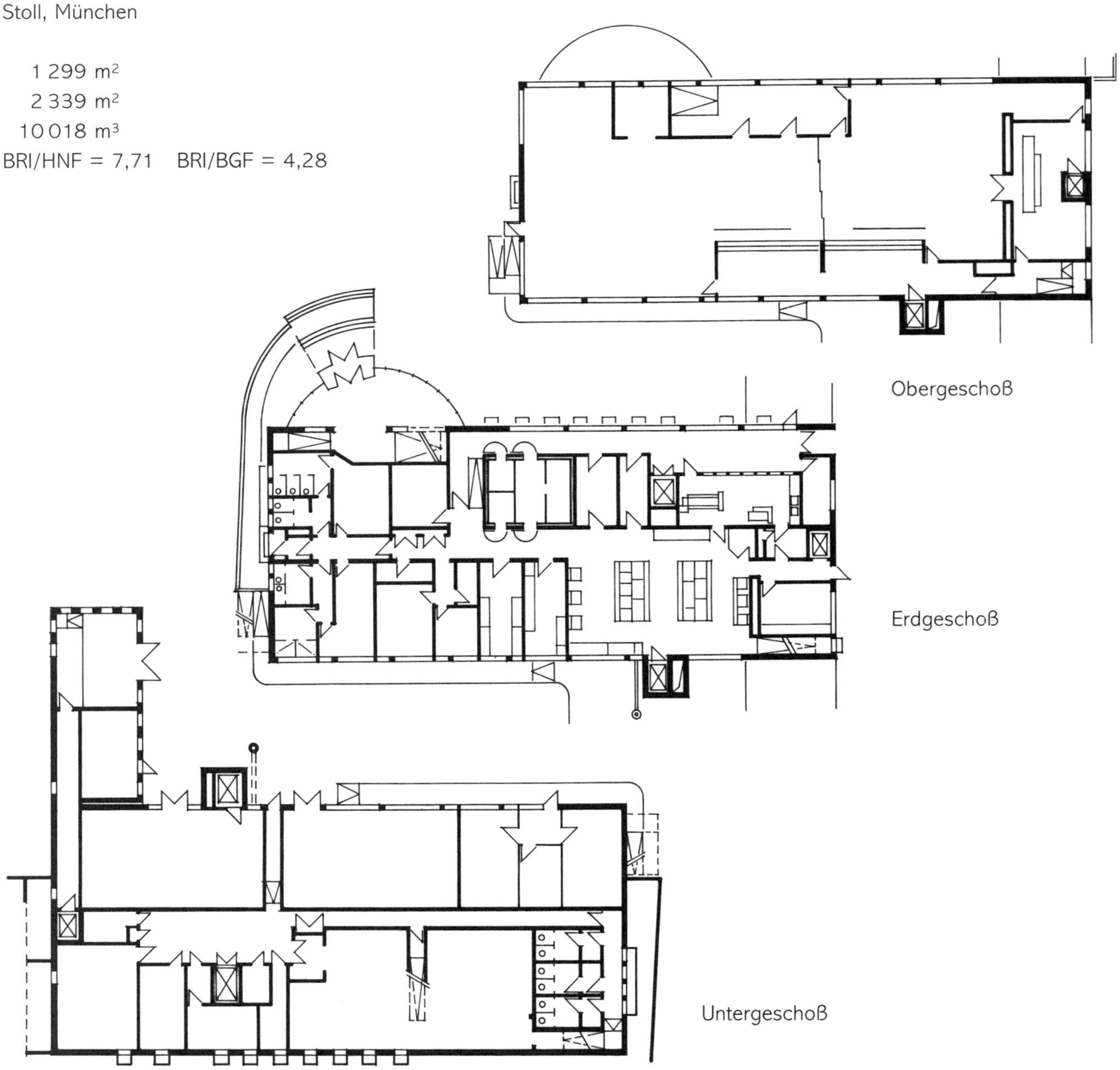


Zweigeschossiges Gebäude mit Walmdach. Die gesamte Küchenanlage wurde im Erdgeschoß untergebracht, während die Speisesäle das Obergeschoß ausfüllen.
Klare Funktionsabläufe der Speisenbereitung.

Raumbereiche
KG Lager- und Technikräume
EG Eingangsbereich mit Treppe zum OG, Küche mit Nebenräumen
OG Speisesaal für Mannschaften und Unteroffiziere, Spülküche

Maßstab 1:400

Quellen *Dokumentation: Wirtschaftsgebäude, hrsg. vom Bundesminister der Verteidigung, bearbeitet von der OFD München, München 1995.*

## Wirtschaftsgebäude für 900 Personen in Horb



| | |
|---|---|
| Bundesminister der Verteidigung, Bonn | Bauherr |
| Staatliches Bauamt Baden-Baden | Planung |
| Matthias Ohndorf | Kunst |
| Fertigstellung 1989 | |

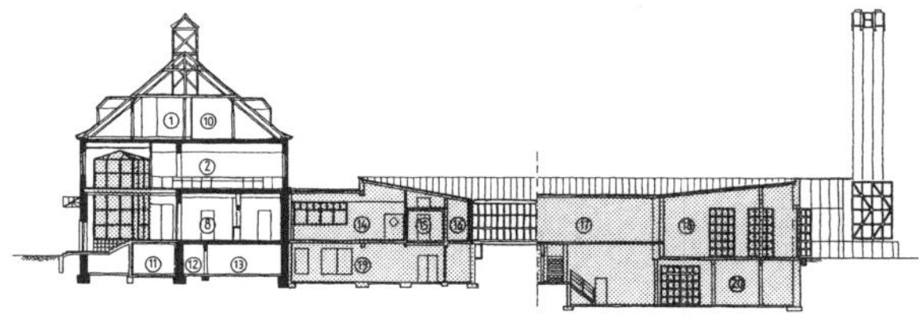

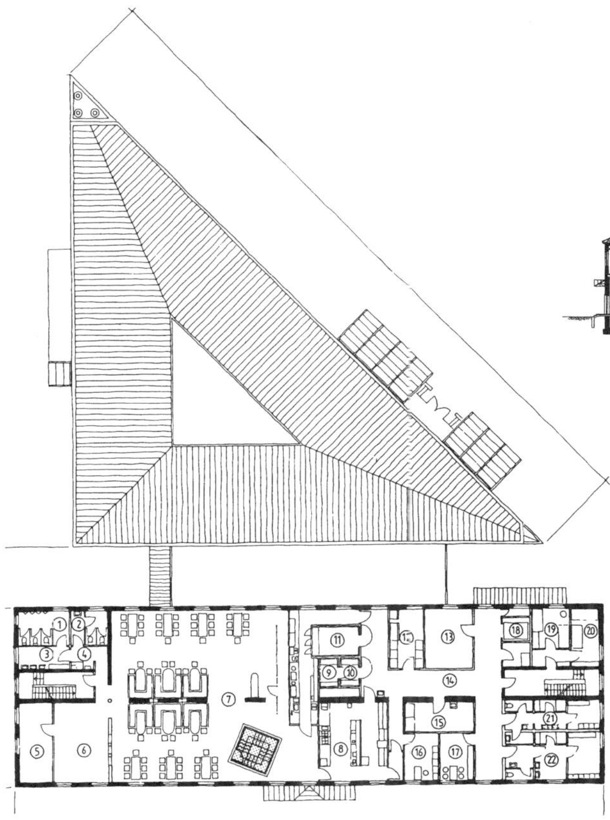

Obergeschoß

| | |
|---|---|
| 2 619 m² | HNF |
| 2 856 m² | NF |
| 614 m² | FF |
| 768 m² | VF |
| 968 m² | KF |
| 5 206 m² | BGF |
| 18 777 m³ | BRI |
| BRI/HNF = 7,17 BRI/BGF = 3,61 | Faktor |

Das Erweiterungskonzept mit einem spitzwinkligen, eingeschossigen Atriumgebäude, das dem alten zweigeschossigen Wirtschaftsgebäude vorgelagert wurde, führte zu einer vorbildlichen Lösung. Die Baugeometrie ergibt sich aus den beengten Grundstücksverhältnissen. Während die Speisesäle für Mannschaften und Unteroffiziere im Altbau saniert wurden, nimmt der Neubau die Truppenküche und die Technik auf. Auch befindet sich hier die zentrale Versorgungsanlage mit Kesselhaus und Verteilerstation.

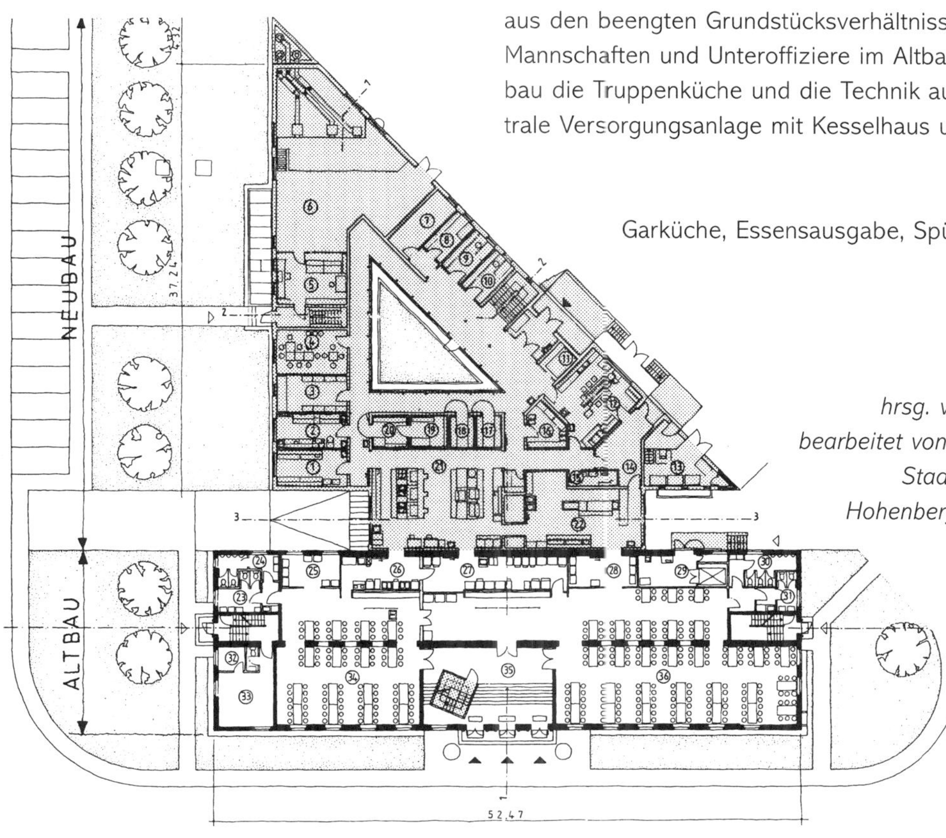


| | |
|---|---|
| Garküche, Essensausgabe, Spülküche, Lager und Heizzentrale EG | Raumbereiche des Neubaus |
| ca. 1 : 650 | Maßstab |
| *Dokumentation: Wirtschaftsgebäude, hrsg. vom Bundesminister der Verteidigung, bearbeitet von der OFD München, Hannover 1991; Staatliche Hochbauverwaltung BW 1991; Hohenberg Kaserne Horb, Baden-Baden 1991.* | Quellen |

Erdgeschoß

6.3.3

## Wirtschaftsgebäude für 1200 Personen in Gießen

| | |
|---|---|
| Bauherr | Bundesminister der Verteidigung, Bonn |
| Planung | Staatsbauamt Wetzlar |
| HNF | 2 503 m² |
| BGF | 6 519 m² |
| BRI | 23 038 m³ |
| Faktor | BRI/HNF = 9,20 BRI/BGF = 3,53 |

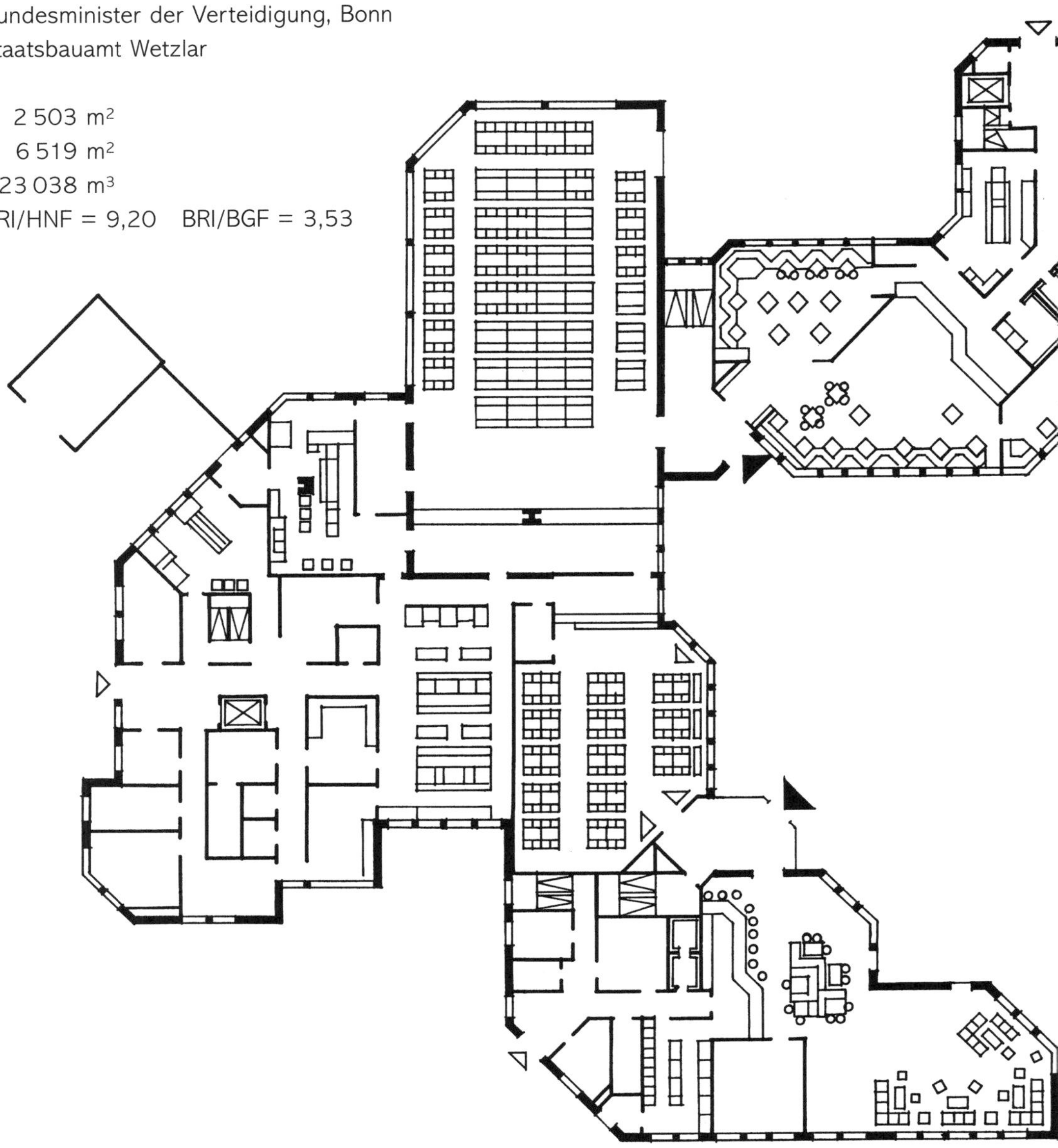

Erdgeschoß

Der unregelmäßig gegliederte Grundriß enthält alle Funktionsbereiche eines großen Wirtschaftsgebäudes. Von einem zentralen Eingang werden die Speisesäle erschlossen. Die Mannschafts- und Unteroffiziersheime befinden sich in den Randlagen.

| | | |
|---|---|---|
| Raumbereiche | KG | Kegelbahn, sämtliche Nebenräume und WC-Anlagen |
| | EG | Großküche und Speisesäle, Heime |

Maßstab ca. 1:650

Quellen *Dokumentation: Wirtschaftsgebäude, hrsg. vom Bundesminister der Verteidigung, bearbeitet von der OFD München, München 1995.*

## Wirtschaftsgebäude für 1200 Personen in Ebern

| | |
|---|---|
| Bundesminister der Verteidigung, Bonn | Bauherr |
| Finanzbauamt Bad Kissingen | Planung |
| 1 308 m² | HNF |
| 2 248 m² | BGF |
| 11 351 m³ | BRI |
| BRI/HNF = 8,68 BRI/BGF = 5,05 | Faktor |

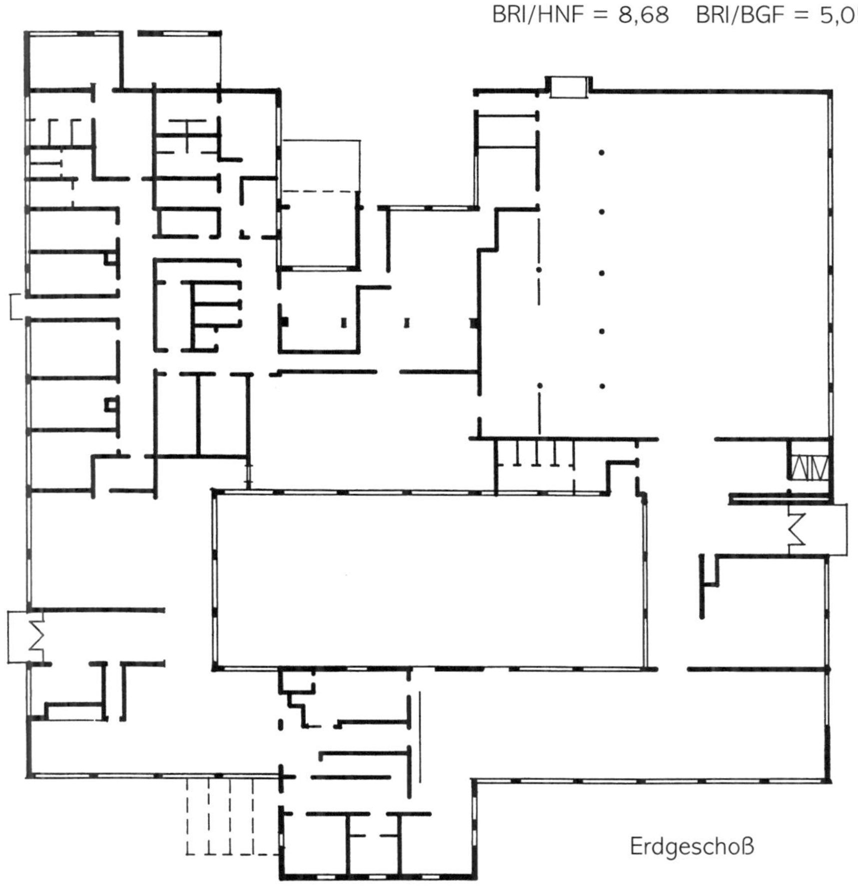

Erdgeschoß

Der eingeschossige Massivbau gruppiert sich um ein Atrium. Vom Zentraleingang erreicht man den großen Mannschaftsspeisesaal und den Heimbereich. Der Unteroffiziersspeiseraum ist getrennt erschlossen. Dazwischen wurde die Pächterwohnung für den Bewirtschafter angeordnet. Die Truppenküche ist gesondert erschlossen.

| | |
|---|---|
| Lager und Technik KG | Raumbereiche |
| Truppenküche, Speiseräume, Innenhof EG | |
| ca. 1:300 | Maßstab |
| *Dokumentation: Wirtschaftsgebäude, hrsg. vom Bundesminister der Verteidigung, bearbeitet von der OFD München, München 1995.* | Quellen |

## 6.3.5 Wirtschaftsgebäude für 1500 Personen in Feldkirchen

| | |
|---|---|
| Bauherr | Bundesminister der Verteidigung, Bonn |
| Planung | Finanzbauamt Passau |
| HNF | 2 192 m² = 100 % |
| BGF | 4 027 m² = 183 % |
| BRI | 23 875 m³ |
| Faktor | BRI/HNF = 10,89 BRI/BGF = 5,93 |

Der zweigeschossige Massivbau ist T-förmig ausgebildet. Die Truppenküche befindet sich im Anbau, wodurch ein effizienter Essensausgabebetrieb für beide Speisesäle möglich ist. Am Kopfende des Langhauses sind die getrennten Eingänge mit WC-Anlagen.

Raumbereiche
KG Lagerräume und Technik
EG Truppenküche mit Anlieferung, getrennte Speisesäle

Maßstab ca. 1:800

Quellen *Dokumentation: Wirtschaftsgebäude, hrsg. vom Bundesminister der Verteidigung, bearbeitet von der OFD München, München 1995.*

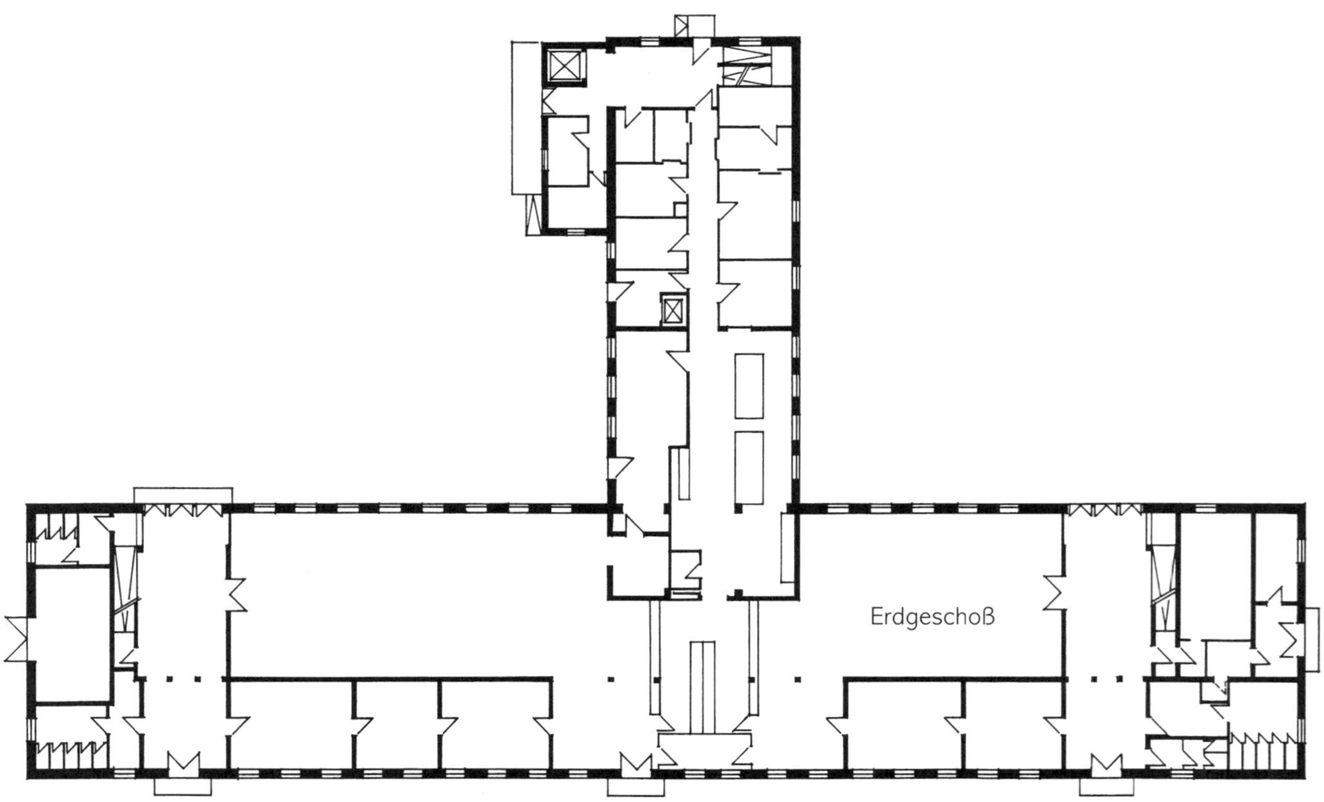

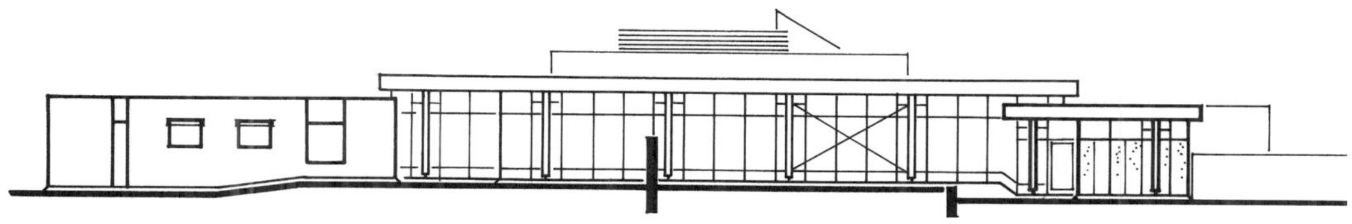

## Typisierte Betreuungsgebäude der Bundeswehr 6.4.1

Bauherr: Bundesminister der Verteidigung, Bonn

Eine große Zahl von Betreuungsgebäuden der Bundeswehr wurde aufgrund von Typen- und Standardplanungen gebaut. Hiermit wurden die Bauabteilungen der Oberfinanzdirektionen unterschiedlich betreut. Teilweise führte diese Entwicklung zur Gründung von zentralen Planungsstellen in den Ländern.

Offiziersheim Typ A

Planung: Staatshochbauamt Tübingen

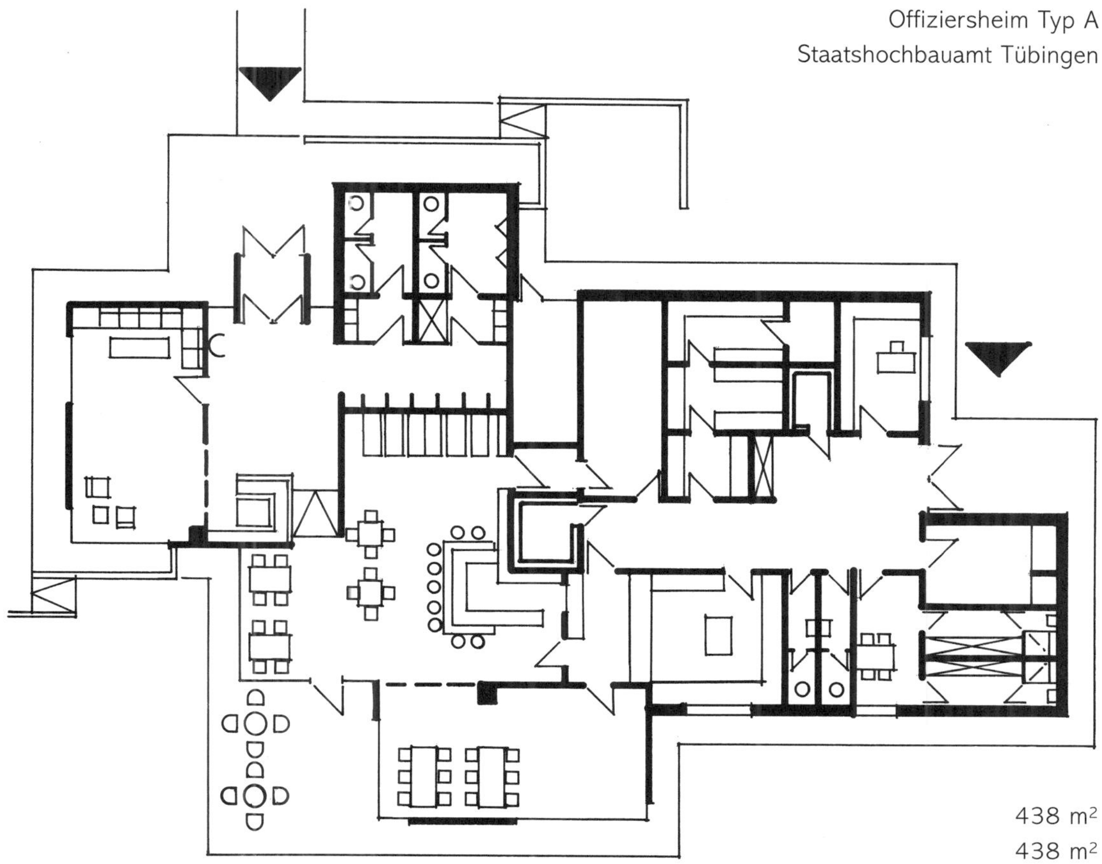

| | |
|---|---|
| 438 m² | HNF |
| 438 m² | NF |
| 784 m² | BGF |
| 3 552 m³ | BRI |
| BRI/HNF = 8,11  BRI/BGF = 4,53 | Faktor |

Das eingeschossige, teilunterkellerte Standardgebäude wurde als Typenentwurf im Raster 4,80 x 4,80 m entwickelt. Es orientiert sich an privaten Restaurantbetrieben mit getrennten Frühstücks-, Eß- und Aufenthaltsräumen, wobei die Ausgabe im Zentrum der Anlage angeordnet wurde.

Raumbereiche: Küche mit Ausgabe, Lagerräume, Speiseraum mit Terrasse, Clubraum EG

Maßstab: ca. 1:250

Quellen: *Bundesminister der Verteidigung: Bauen für die Bundeswehr. Truppenunterkünfte, Bonn 1995; Standardplanung des Bundesministers für Verteidigung, Bonn 1995.*

## Typisierte Betreuungsgebäude der Bundeswehr

| | |
|---|---|
| | Unteroffiziersheim Typ A |
| Planung | Staatshochbauamt Tübingen |
| HNF | 436 m² |
| BGF | 724 m² |
| BRI | 3 363 m³ |

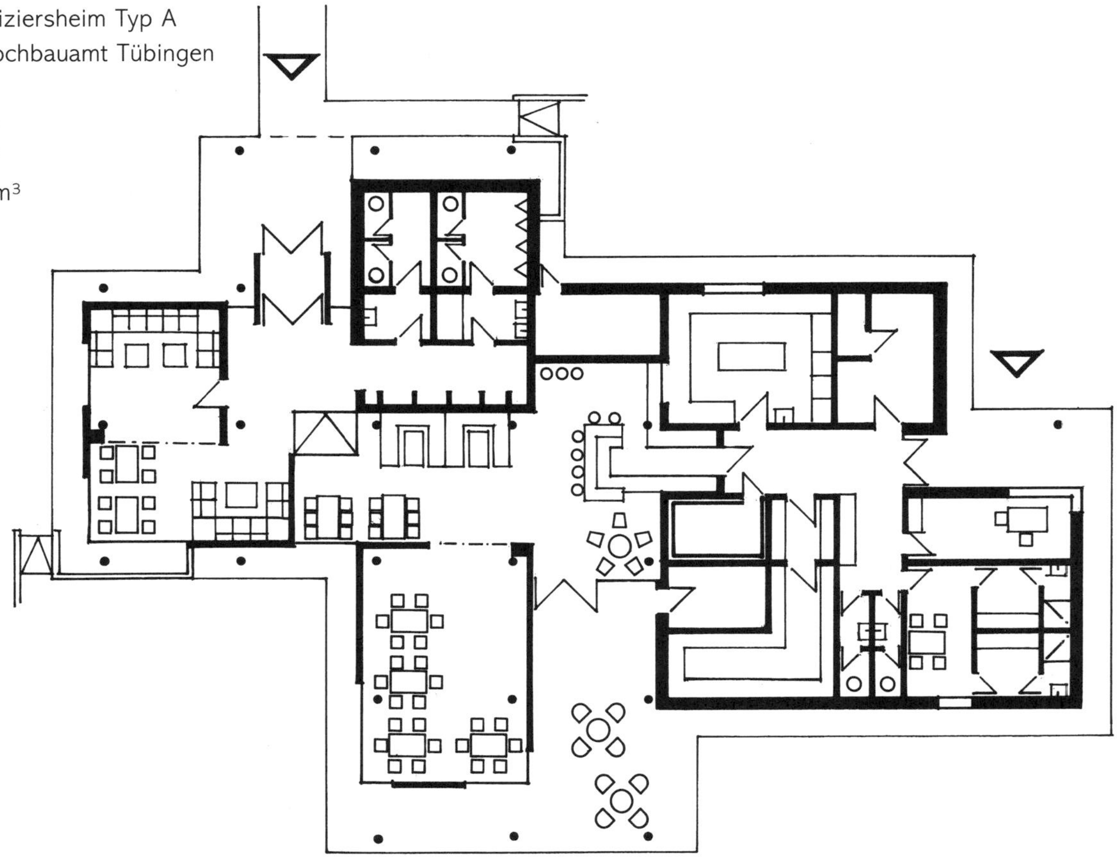

Das eingeschossige Gebäude besteht aus den drei Nutzungsbereichen:

- Wirtschaften mit Küche, Teeküche, Lager, Büro
- Heim mit Schank- und Clubraum, Terrasse
- Betreuung mit Spiel- und Leseraum

Maßstab ca. 1:250

Quellen *Bundesminister der Verteidigung: Bauen für die Bundeswehr. Truppenunterkünfte, Bonn 1995, Standardplanung des Bundesministers für Verteidigung, Bonn 1995.*

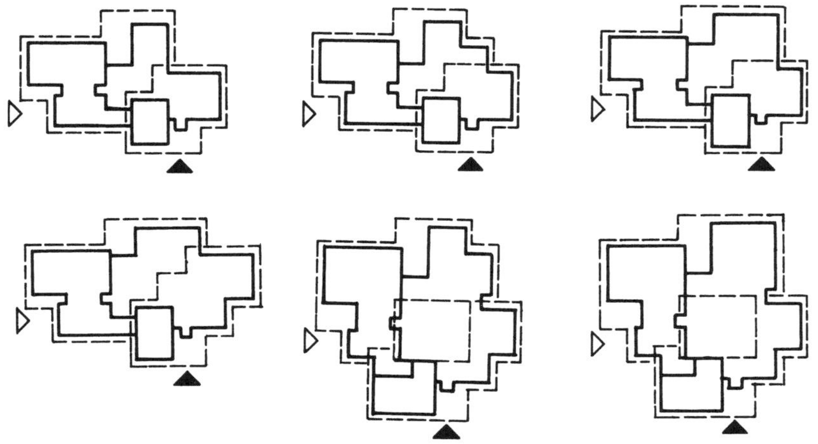

Variationen

Planung: Teilsozialgebäude Typ A
OFD Hannover, Planungsgruppe Wunstorf

HNF: 510 m²
BGF: 1 058 m²
BRI: 3 762 m³

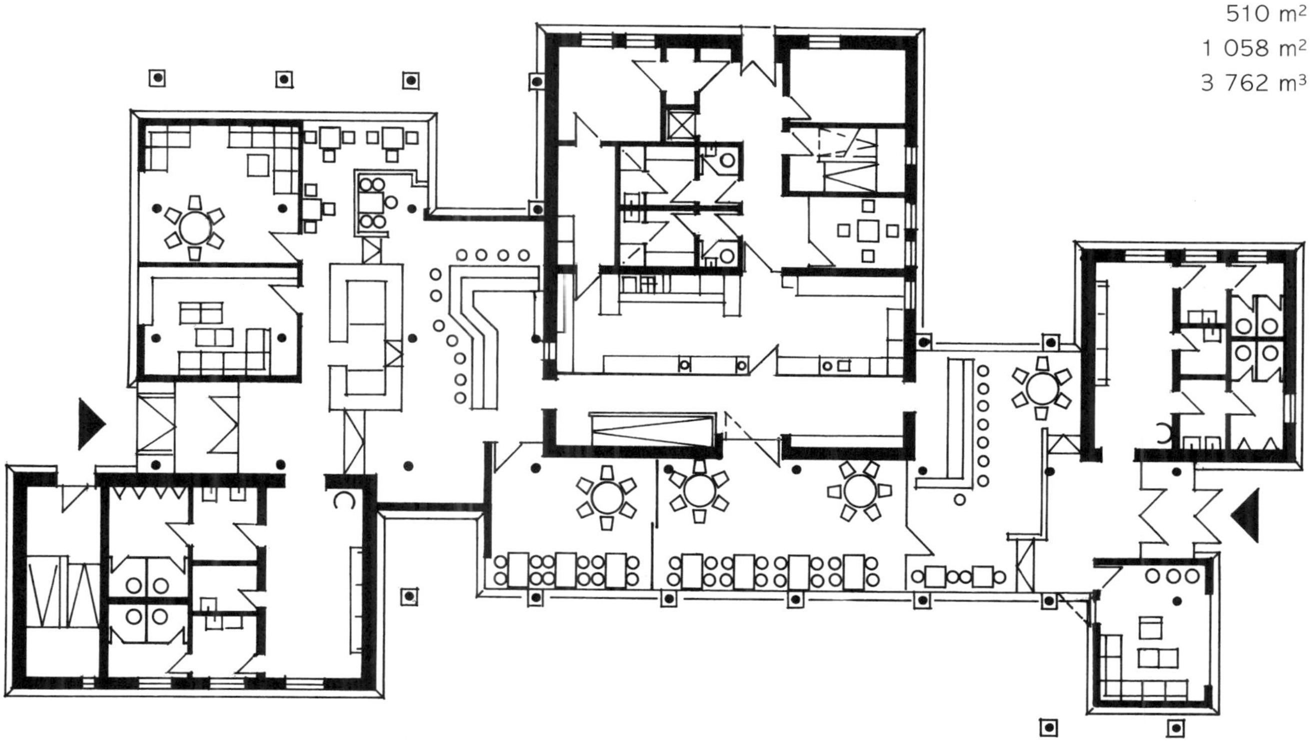

Hier erfolgt die Gliederurg in die drei Bereiche:
Wirtschaften im Zentrum mit zweiseitiger Bedienung zum Bereich Offiziere und Unteroffiziere jeweils über Tresenausgaben. Dazu gehören Küche und Lagerräume, Offiziersmesse mit eigenem Eingang, Schank- und Clubraum, Unteroffiziersaufenthalt mit Schank- und Clubräumen.

Maßstab: ca. 1: 250

Quellen: *Bundesminister der Verteidigung: Bauen für die Bundeswehr. Truppenunterkünfte, Bonn 1995, Standardplanung des Bundesministers für Verteidigung, Bonn 1995.*

## 6.4.2 Jugend- und Bildungshaus St. Arbogast/A

Bauherr Diözese Feldkirch/A
Architekten Christian Lenz, Hermann Kaufmann, Schwarzach
Mitarbeiter P. Hefner
Fertigstellung 1993
Wettbewerb 1989, 1. Preis

| | |
|---|---|
| Bebaute Fläche | 1 170 $m^2$ |
| HNF | 2 296 $m^2$ |
| BRI | 12 600 $m^3$ |
| Faktor | BRI/HNF = 5,48 |

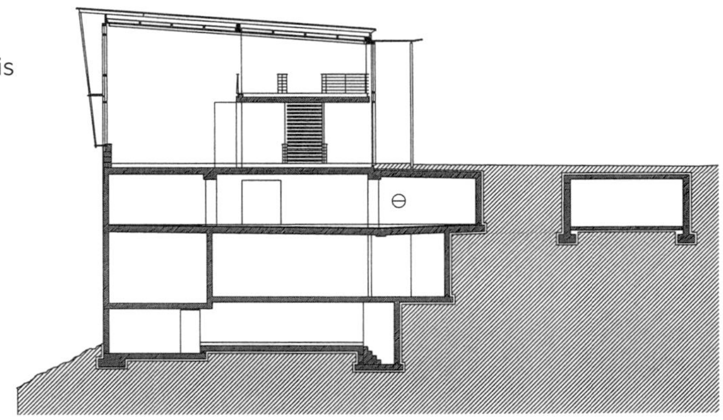

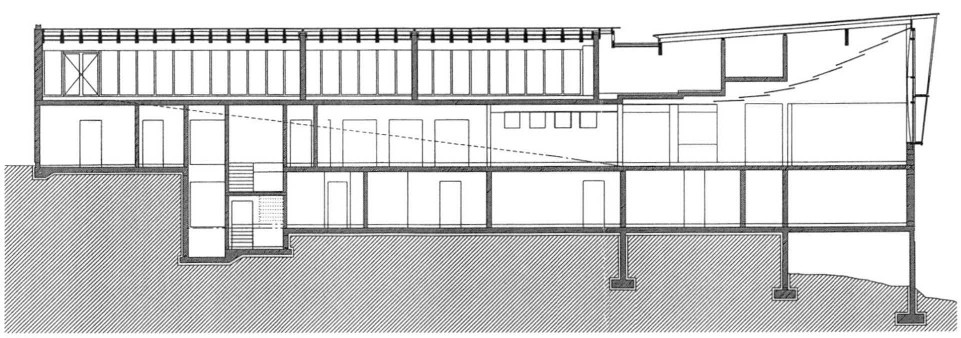

Die topographische Situation des Baugeländes erlaubt es, das Haus nach der Sonne zu orientieren, d. h. alle Haupträume liegen im Süden mit guter Besonnung und schöner Aussicht.
Im Erdgeschoß befinden sich alle Serviceeinrichtungen: Speisesäle, Cafeteria, Rezeption, Büros sowie der Küchentrakt. Der winkelförmige Baukörper bildet einen kleinen windgeschützten Dorfplatz, von dem aus man eine großzügige Eingangshalle, das Herz des Gebäudes, betritt. Diese ist durch großzügige Verglasung zum Platz hin geöffnet, d. h. der Dorfplatz setzt sich im Gebäude fort.
Im Obergeschoß befinden sich sämtliche Seminarräume, der große Veranstaltungssaal sowie Werkraum und Kinderspielraum. Die Erschließung dieser Räume erfolgt über eine zur Halle hin offene Galerie.
Im Untergeschoß befindet sich eine Garage für 17 Autos, die Personalwohnungen sowie diverse Nebenräume.
Die gesamte Anlage wird mit einer Holz-Hackschnitzel-Anlage beheizt.
Der Bau erscheint nach außen bewußt schlicht und ruhig. Die Hauptmaterialien sind Holz, Glas und Putz.

| | | |
|---|---|---|
| Raumbereiche | UG | Tiefgarage für 17 PKW, 4 Wohnungen, Technik, Werkstatt, Waschküche, Lager |
| | EG | Eingang, Empfang, Verwaltung, Großer Speisesaal, Kleiner Speisesaal, Cafeteria, Küche, Personal |
| | 1. OG | Mehrzweckraum, Seminarräume, Tanzen, Spielen, Stuhllager |

Maßstab ca. 1:400

Quellen *Baumeister 1/96; Pläne der Architekten.*

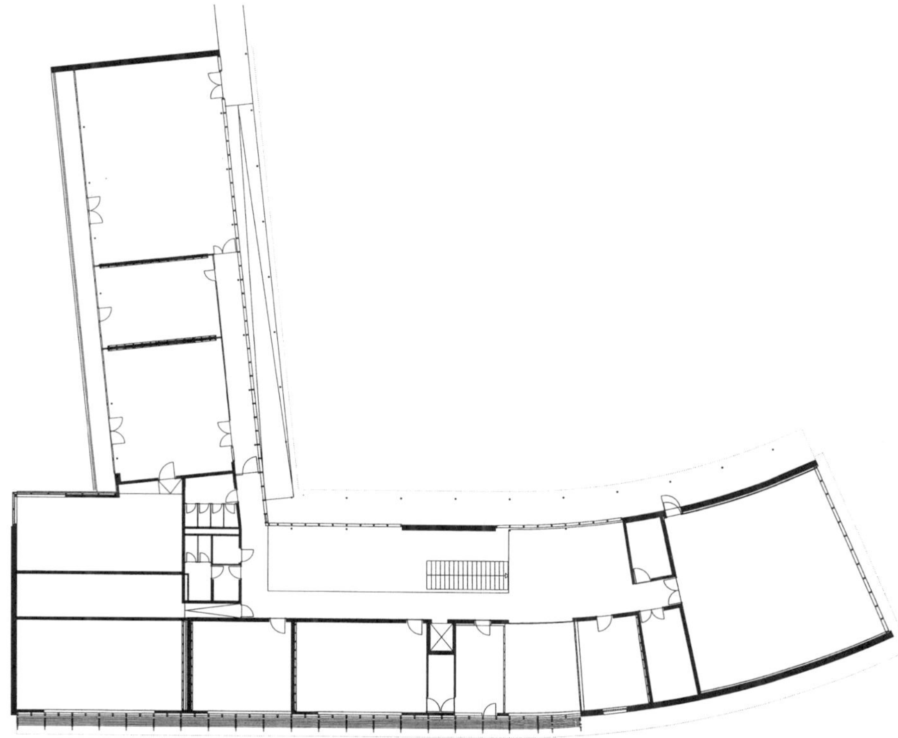

Obergeschoß

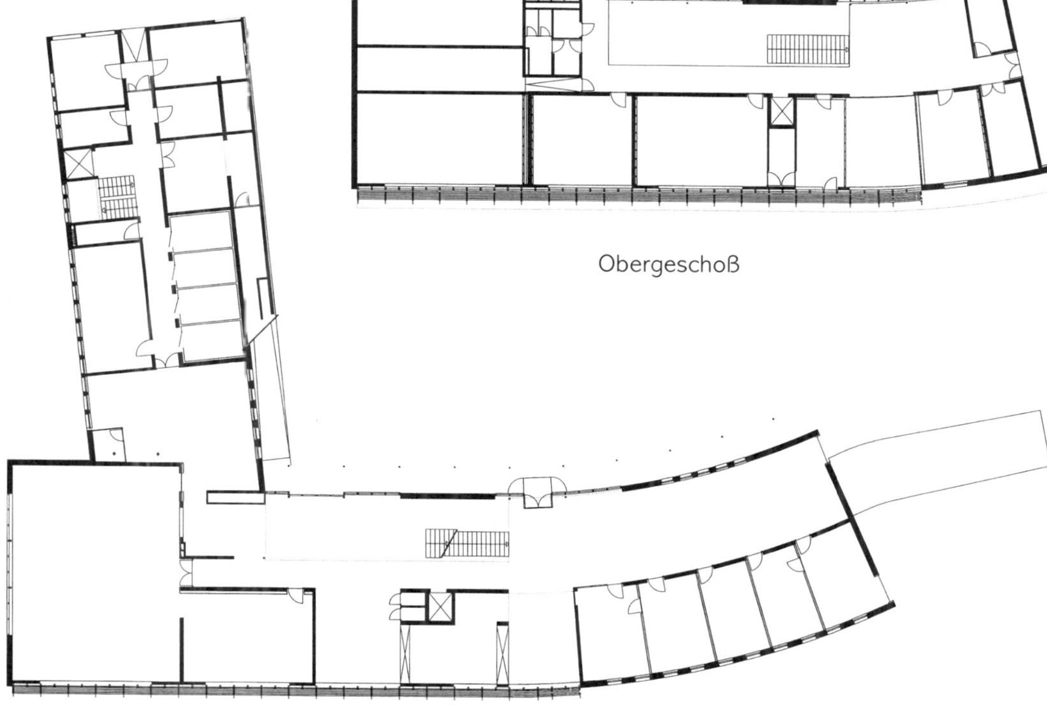

Erdgeschoß

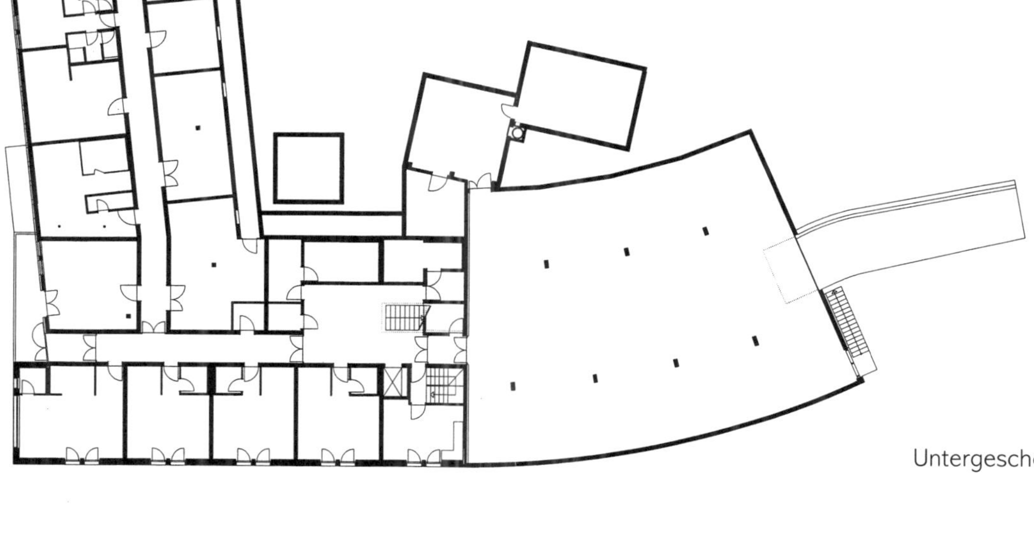

Untergeschoß

# 7 Ausstellungsgebäude, Parkhäuser und Gebäude für Bereitschaftsdienste

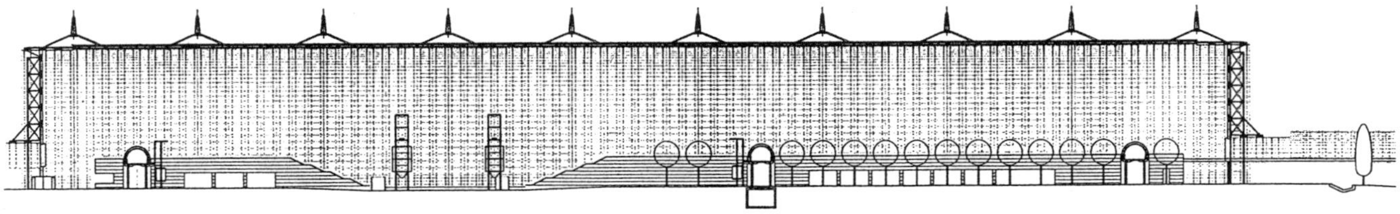

## 7.1.1 Neue Messe Leipzig

| | |
|---|---|
| Bauherr | Leipziger Messegesellschaft mbH, Leipzig |
| Architekten | gmp von Gerkan · Marg und Partner, Hamburg<br>Große Halle mit Ian Ritchie, London |
| Projektleiter | Prof. Volkwin Marg |
| Co-Architekten | Hubert Nienhoff, Kemal Akay |
| Mitarbeiter | B. Bergfeld, Chr. Hoffmann, H. Nienhoft, J. Hartmann, M. Pohl, A. Akyol |
| Tragwerks-planung | Ing.-Büro Polónyi + Partner mit Ing.-Büro H. Haringer, München |

Planungsbeginn 1991
Fertigstellung 1996

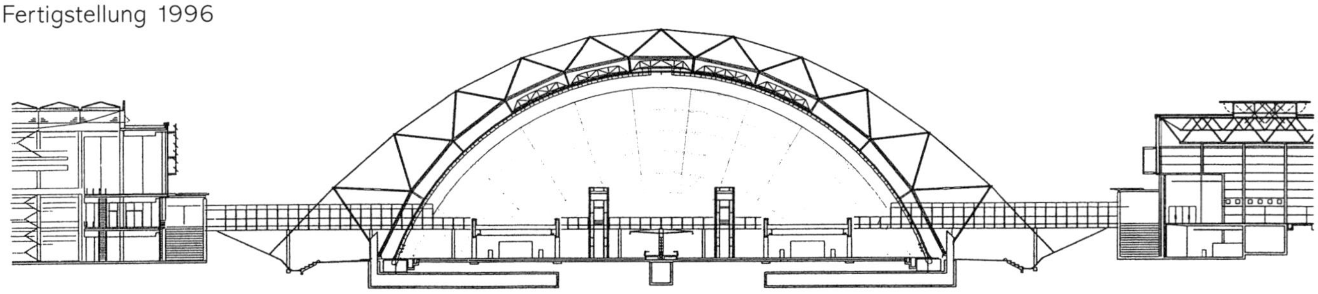

NF Messehallen 5 x 20 500 m², flexibel teilbar
Hallenstützenabstand 37,5 m
Höhe der vier Normalhallen 8 m, der Hochhalle 11,50–16,00 m

Das Messeareal besteht aus der zentralen Glashalle mit Eingang West und Eingang Ost, den fünf umgebenden quadratischen Ausstellungshallen, davon eine Hochhalle für 15 000 Menschen bestuhlbar, sowie dem abgesetzten Congress Center CCL und dem Messeturm. Die mächtige zentrale Glashalle von 250 m Länge, 80 m Breite und 30 m Scheitelhöhe ist das Herz der Messe. Sie funktioniert wie ein Wintergarten mit natürlicher Lüftung. Bei Temperaturen über 30 Grad kühlt ein feiner Wasserfilm von außen die Glasfront der Südseite. Von der Halle aus führen gläserne Röhren zu den einzelnen Ausstellungshallen.
Die architektonisch-funktionale Struktur zeigt den Wandel der Nutzung: Vom sichtbaren Warenumschlag zum immateriellen Datenfluß.
Die Messe ist umgeben mit einem Landschaftspark.

Maßstab Erdgeschoß 1:950, Hallen 1:750

Quellen *Baumarkt 4/96; Hocquel, W.: Die Architektur der Leipziger Messe, Berlin 1994; Der Kristallpalast von Sachsen, in: db 5/95; Stahlbau Nachrichten 2/96; AIT 3/96; Heinze Deutsche Baudokumentation, Celle 1996; Licht & Architektur 16/1996; bba 2/97; Marg, V.: Neue Messe Leipzig, Basel Boston Berlin 1996; Pläne der Messe GmbH, Bauabtlg. Leipzig.*

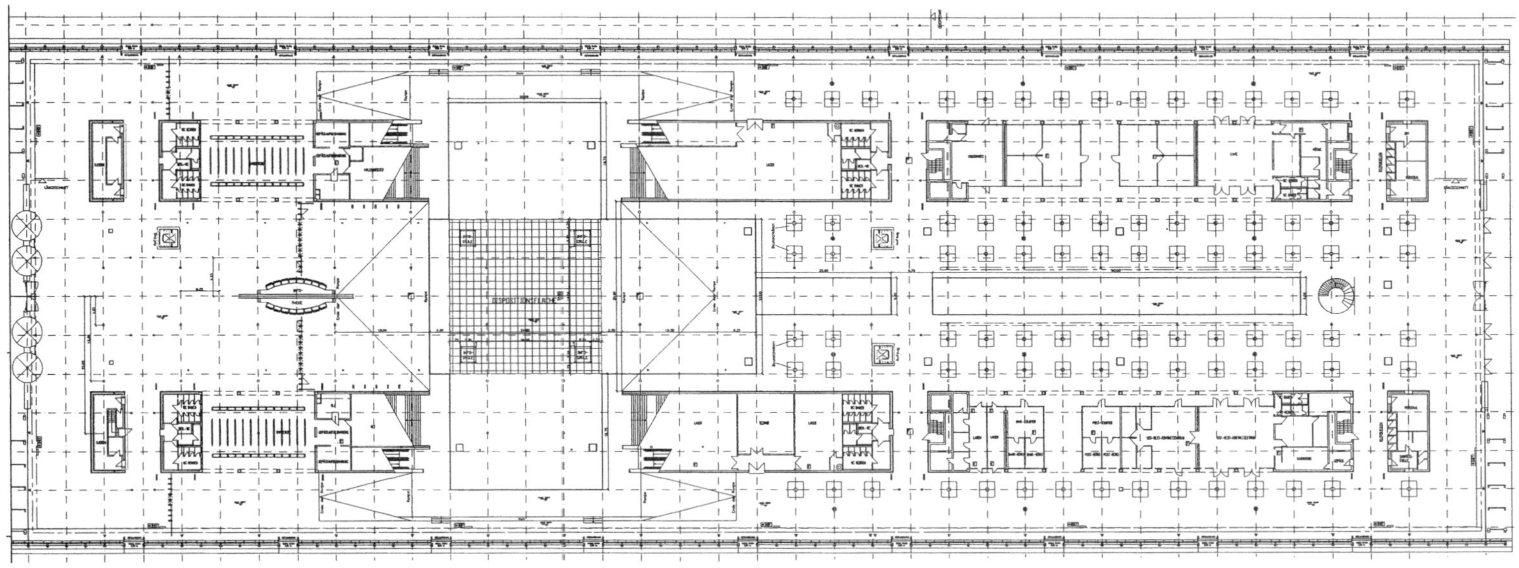

Eingangshalle

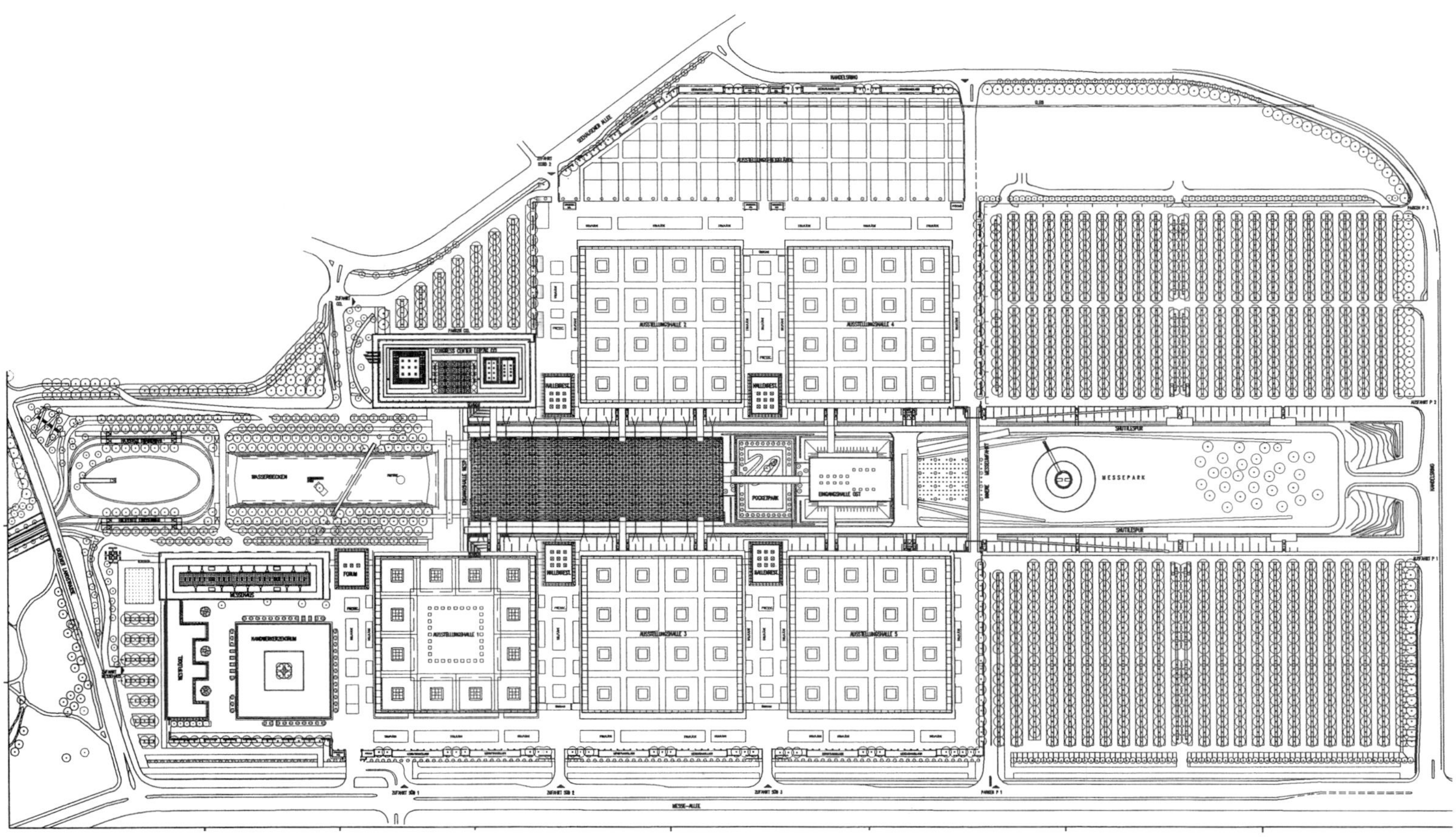

Grundriß

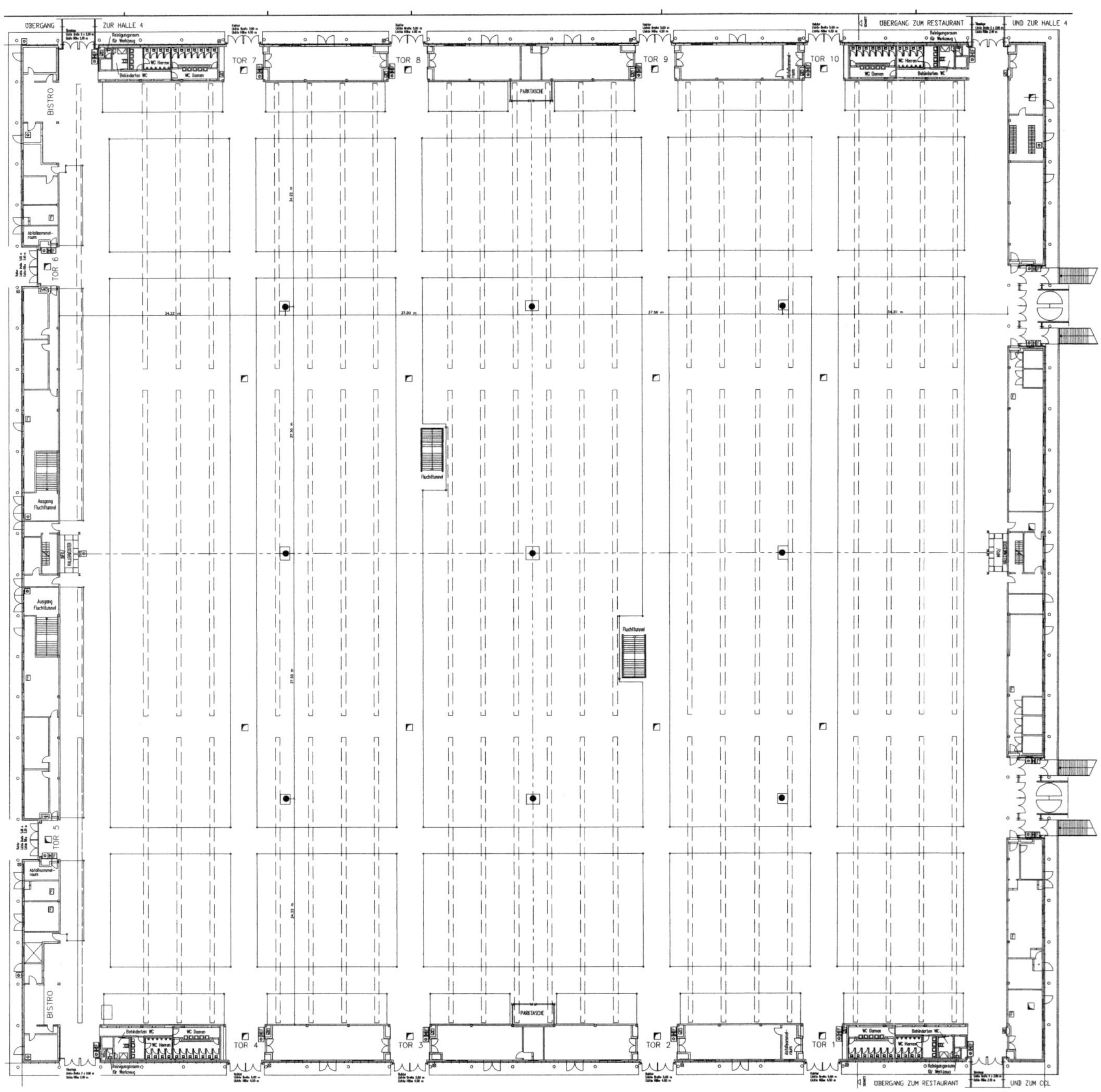
ÜBERGANG
ZUR HALLE 4
TOR 7
TOR 8
TOR 9
TOR 10
ÜBERGANG ZUM RESTAURANT
UND ZUR HALLE 4
BISTRO
PARKTASCHE
TOR 6
TOR 5
BISTRO
PARKTASCHE
TOR 4
TOR 3
TOR 2
TOR 1
ÜBERGANG ZUM RESTAURANT
UND ZUM CCL

Halle 1

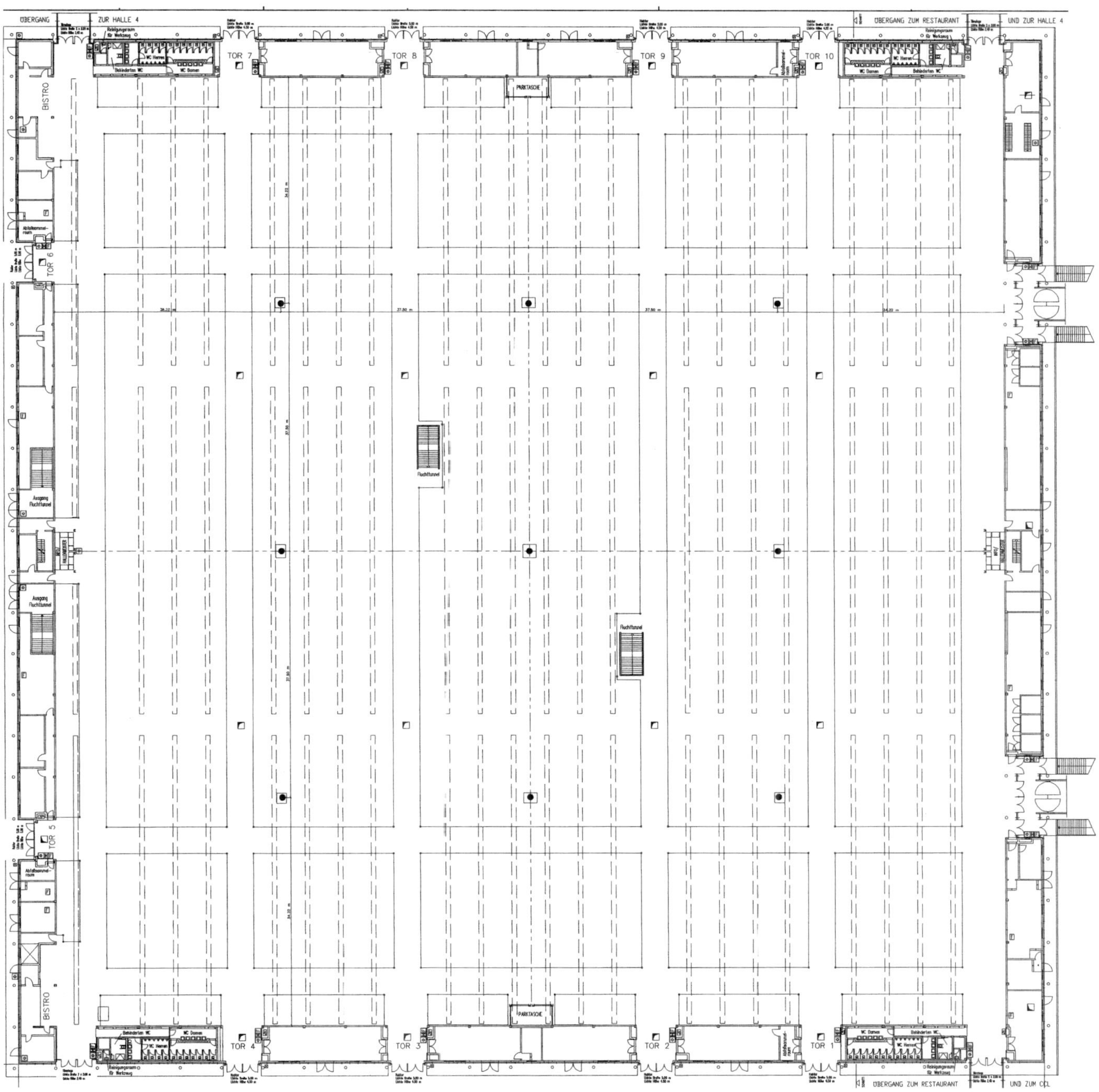
ÜBERGANG
ZUR HALLE 4
ÜBERGANG ZUM RESTAURANT
UND ZUR HALLE 4
TOR 7
TOR 8
TOR 9
TOR 10
BISTRO
TOR 6
TOR 5
BISTRO
TOR 4
TOR 3
TOR 2
TOR 1
ÜBERGANG ZUM RESTAURANT
UND ZUM CCL

Halle 2

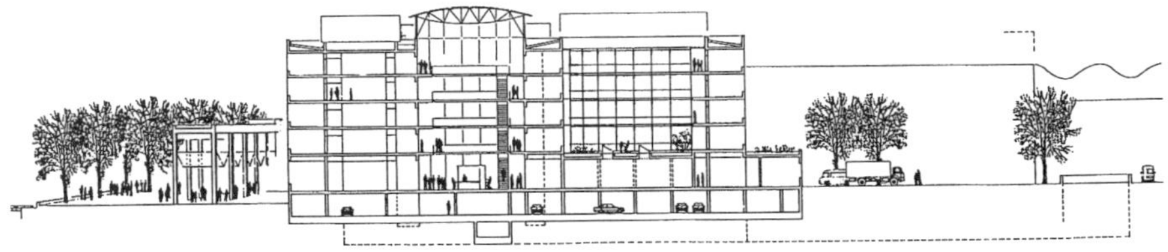

## 7.1.2 Neue Messe München

Bauherr: Münchner Messegesellschaft mbH, München
Architekten: Bystrup, Bregenhoj & Partner, Kopenhagen mit
Planungsgemeinschaft Kaup / Scholz / Jesse und IB Obermeyer, München
EU-Wettbewerb mit nachfolgendem Realisierungs-Wettbewerb 1992, 1. Preis
Fertigstellung 1998

Messeareal: 72 Hektar
Hallenfläche: 140 000 m²

Messehaus
BGF: 31 880 m²
BRI: 335 131 m³

Congressgebäude
EG: Auditorium 1 300 m²
Ausstellungshalle BO 3 600 m²
Foyer 6 160 m², dazu 6 Konferenzsäle
1. OG: Großer Saal 18 1 600m², dazu 9 Konferenzsäle
Foyer 3 830 m²

Das Areal des ehemaligen Flughafens München-Riem wurde zum Standort des neuen Messegeländes.
An eine zentrale Halle, die in ihrer Funktion als Eingang, Mittelpunkt und Verteiler der Erschließungswege dient, lagern sich ein östlicher und ein westlicher Gebäudeteil an.
Die anschließenden zwölf Messehallen von jeweils 70 x 140 m liegen symmetrisch an einem Erschließungsboulevard. Sie werden später in ganzer Länge durch ein Atrium verbunden. In den Hallenböden verläuft ein Rasternetz, das jeden Punkt der Halle an das Versorgungs- und Kommunikationsnetz anschließen kann.
Die als Stahl-Glaskonstruktion errichtete Eingangshalle bildet das wesentliche Identifikationsmerkmal des Messehauses.
Der Ostteil des Gebäudes besteht aus zweibündigen Bürotrakten, die sich U-förmig um zwei Innenhöfe gruppieren. Der Westteil läuft abgewinkelt als begleitende Bebauung vom U-Bahn-Ausgang bis zum HE-West. Auch hier sind zweibündige Bürotrakte vorgesehen, die sich fingerartig im südteil zu den Messehallen öffnen.
Die Bürostruktur wurde vom Nutzer in Form von Zellenbüros vorgegeben.

Maßstab: 1:1000

Quellen: *Stahlbau Nachrichten 2/96; Messeprospekte; Bau-Zeitung 8/96; Pläne der Architekten.*

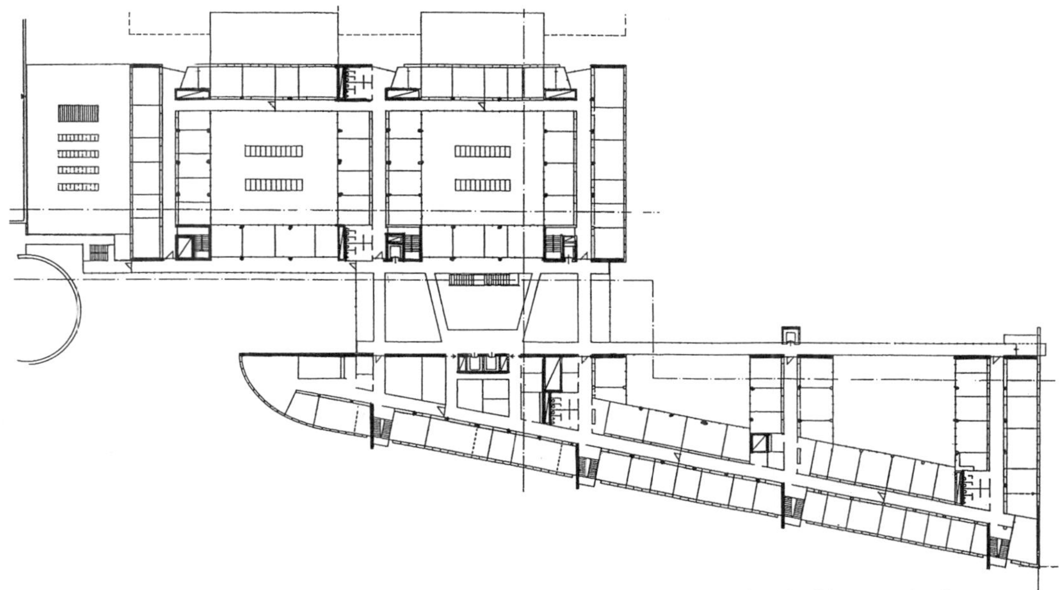

1.– 4. Obergeschoß

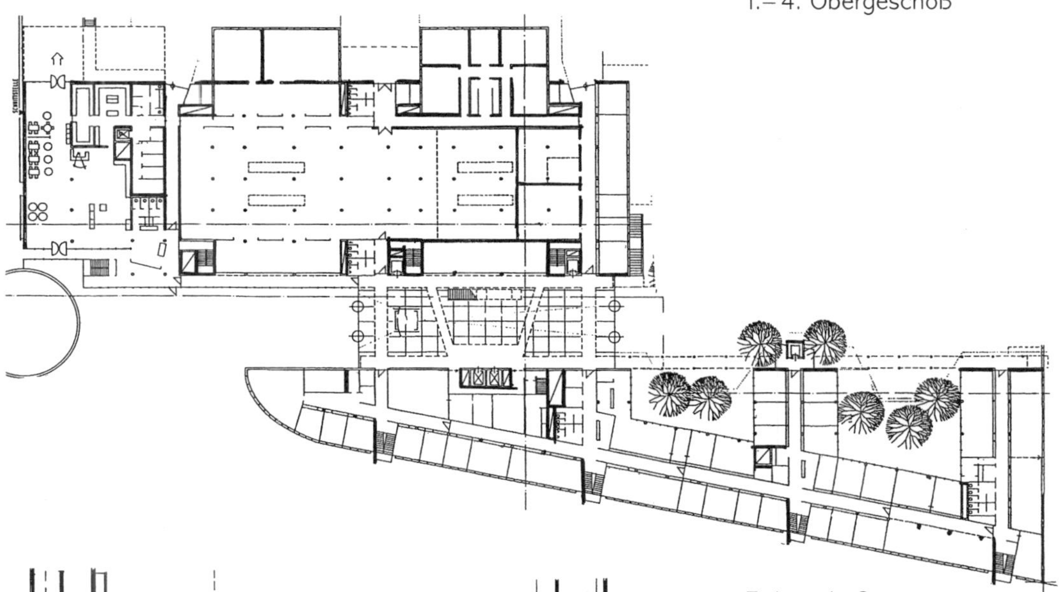

Erdgeschoß

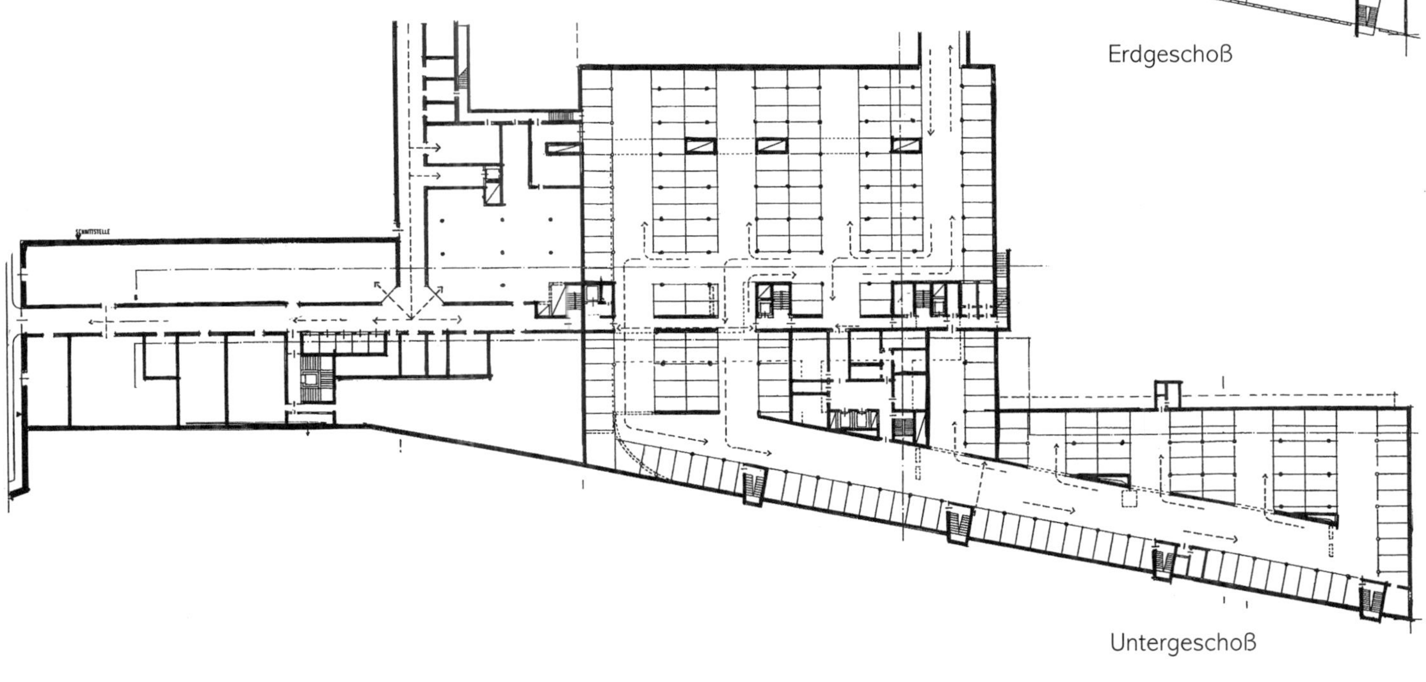

Untergeschoß

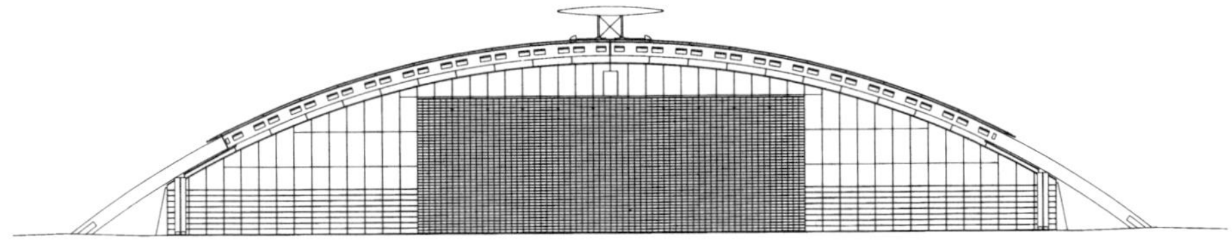

## 7.1.3 Ausstellungs- und Kongreßgebäude – Design-Center Linz / A

| | |
|---|---|
| Bauherr | Landeshauptstadt Linz |
| Architekten | Herzog + Partner, München<br>Prof. Thomas Herzog mit Hanns Jörg Schrade |
| Mitarbeiter | R. Schneider, A. Schankula, K. Beslmüller, A. Heigl, O. Mehl |
| Tragwerks-planung | Ing.-Büro Sailer + Stepan mit Ing.-Büro Kirsch-Muchitsch, Linz |
| | Offener Architektenwettbewerb 1988, 1. Preis |
| | Fertigstellung 1993 |

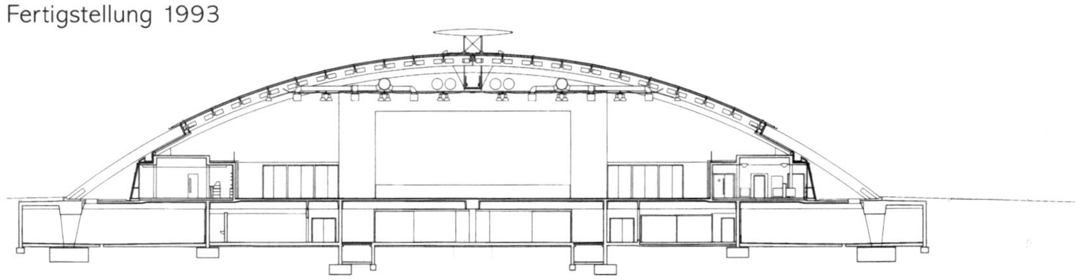

| | | |
|---|---|---|
| Grundstück | 34 200 $m^2$ | GRZ = 0,4 GFZ = 0,4 |
| HNF | 21 000 $m^2$ | = 94 % |
| NNF | 1 300 $m^2$ | = 5 % |
| NF | 22 300 $m^2$ | = 100 % |
| FF | 3 600 $m^2$ | = 16 % |
| VF | 4 000 $m^2$ | = 17 % |
| NGF | 29 800 $m^2$ | = 133 % |
| KGF | 2 100 $m^2$ | = 9 % |
| BGF | 31 900 $m^2$ | = 143 % |
| BRI | 197 000 $m^3$ | |
| Faktor | BGF/HNF = 1,5 BRI/HNF = 9,4 | |

Die Anlage besteht aus einer großen Halle von 80 x 204 m, einem Hotel und einem dazwischenliegenden Restaurant.

Um eine maximale innere Flexibilität zu erreichen, wurden alle Kongreß- und Ausstellungsräume unter einem Dach angeordnet. Der Grundriß ist parallel zur Gebäudeachse zoniert. Kongreß- und Veranstaltungssaal mit 650 bzw. 1200 Plätzen liegen an einem gemeinsamen Foyer. Die Eingänge sind aufgeteilt, damit bei Parallelveranstaltungen das Publikum nicht zwangsläufig durchmischt wird. Die Kombination aller Säle und die Einbeziehung der Galerie ist über die beidseitig durchlaufenden Längserschließungen möglich.

Auch die Nebenzonen sind linear angeordnet. Alle Trennwände sind versetzbar. Das System bleibt offen für Veränderungen.

Das Tragwerk besteht aus einer flachen stählernen Bogenkonstruktion, die über 73 m frei gespannt ist, mit Binderabständen von 7,20 m bzw. 2,40 m. In Längsrichtung verlaufen Nebenträger im Abstand von 2,70 m. Die Horizontalkräfte aus Bogenschub werden durch Spannkabel, die zwischen den Auflagern verlaufen, aufgenommen. Die Längsaussteifung erfolgt durch Verbände in der gekrümmten Dachebene. Die Ausformung des Firstbereiches unterstützt die Wirksamkeit natürlicher Durchlüftung.

Bei der großen Halle wurde der Gebäudetypus des Glaspalastes des 19. Jahrhunderts neu interpretiert. Für wichtig wurde dabei erachtet: guter Sonnenschutz, Bereitstellung von Tageslicht und ein aktives Raummilieu in der 12 m hohen Halle. Dies wurde u. a. durch Einsatz beschichteter Wärmeschutzgläser erreicht.

Maßstab ca. 1 : 1000

Quellen *Arch + 4/95; DBZ 9/94; Pläne der Architekten.*

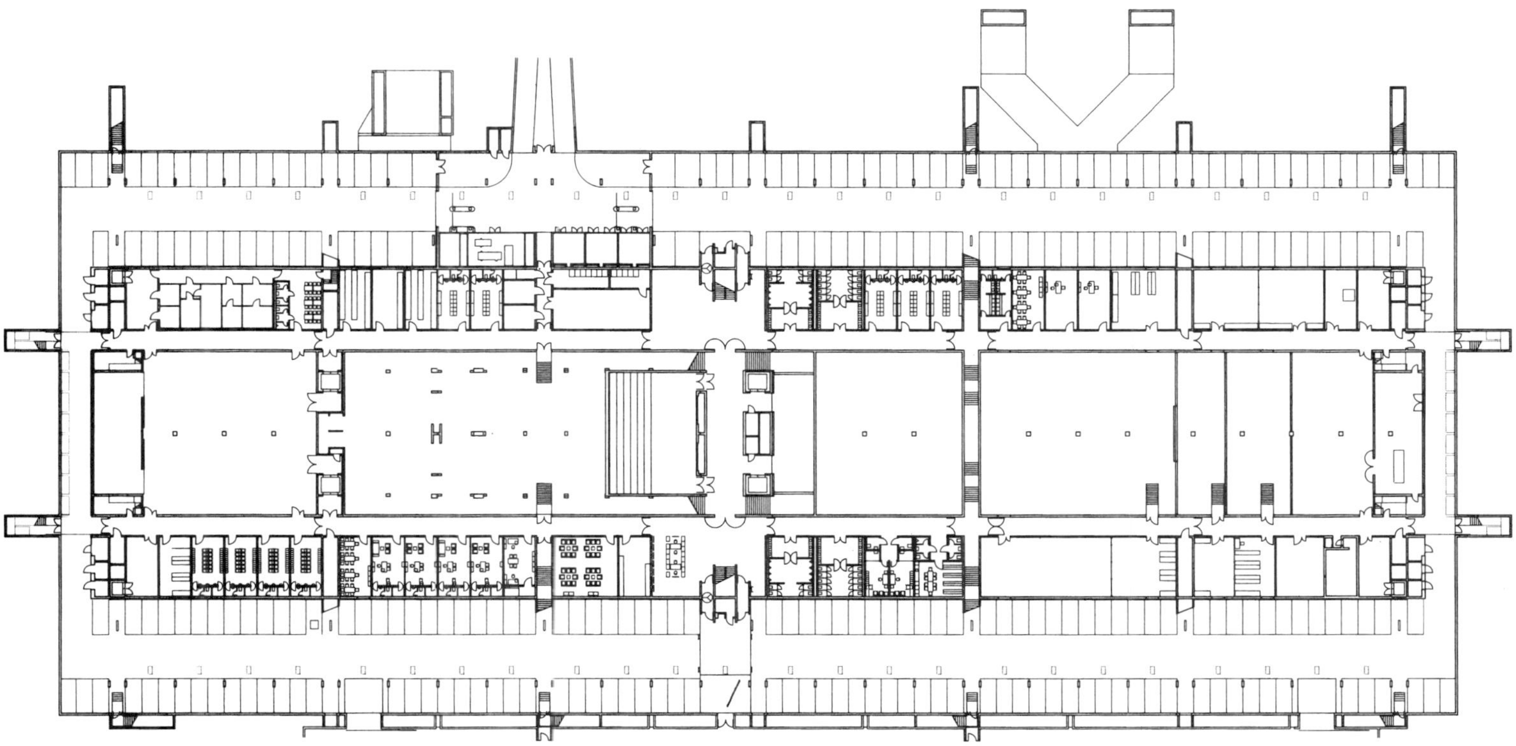

Erdgeschoß

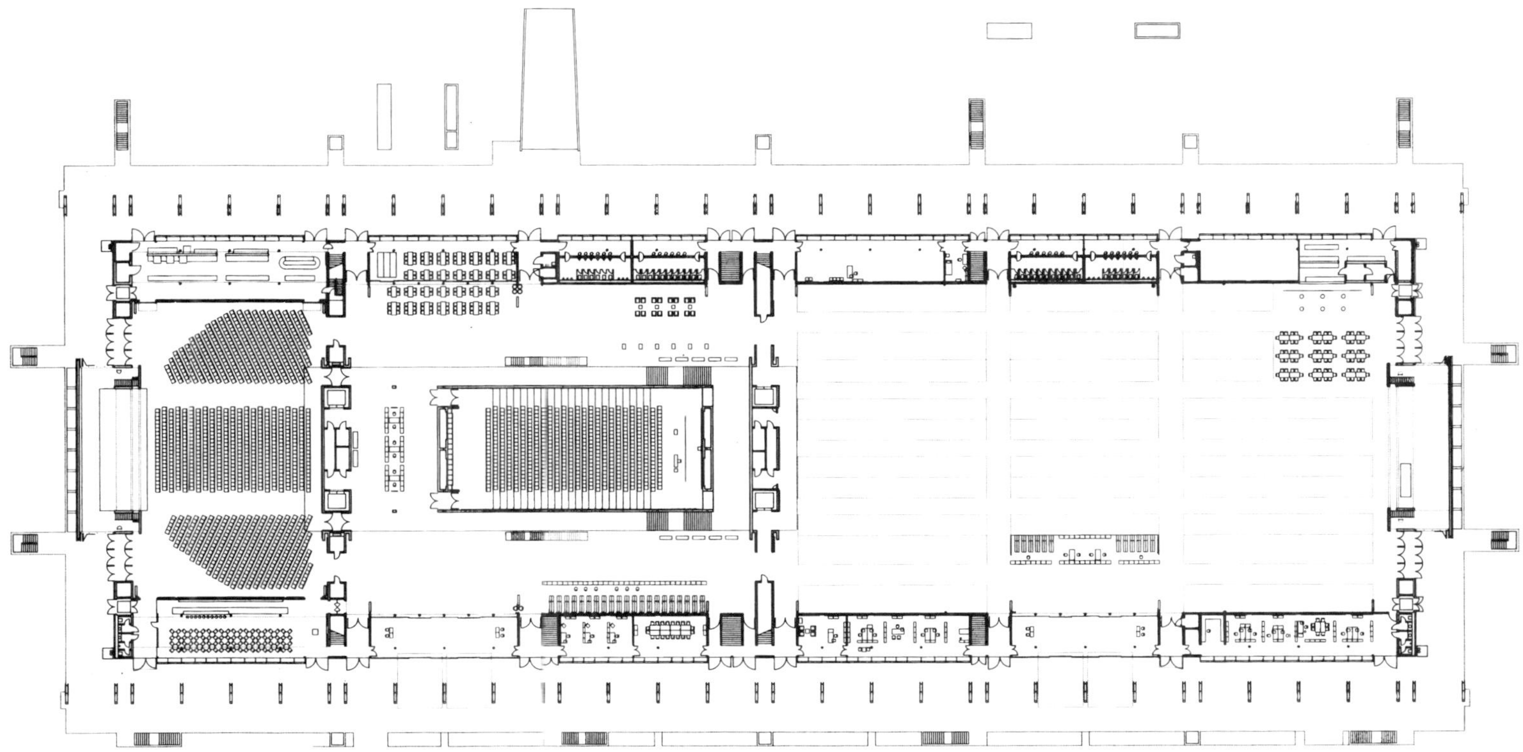

Untergeschoß

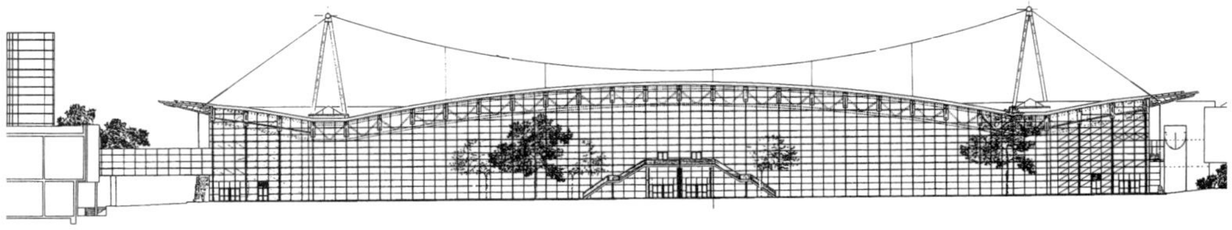

## 7.1.4 Europahalle Messehalle 2 Hannover

| | |
|---|---|
| Bauherr | Deutsche Messe AG Hannover |
| Architekten | Bertram Bünemann & Partner GmbH, Hannover |
| Projektleiter | Rainer Müller, Jürgen Dumschat, Michael Zwiener |
| Projekt-management | Harms & Partner, Bauingenieure, Hannover |
| Mitarbeiter | P. Dechau, C. Diener, A. Härke, A. Harms, K. Legacis, S. Peitz, M. Schenke, J. Schulz, B. Schulz. M. Schulz, D. Schwarze, L. Urbach, N. Wolschke |
| Tragwerks-planung | Prof. Polónyi und Partner, Köln und Renk Horstmann Renk GmbH, Hannover |

Gutachterliches Verfahren 1991, 1. Preis

Fertigstellung 1992

Aufgrund der langfristig festgelegten Terminstruktur der Messen war eine Bauzeit von nur 7 Monaten zwingend festgelegt.

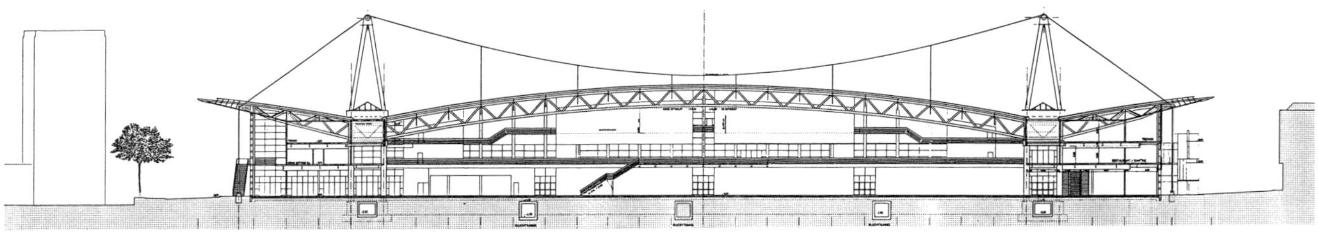

| | | |
|---|---|---|
| BGF | 33 000 m² | davon 17 500 m² Ausstellungsfläche |
| BRI | 425 000 m³ | |
| Größte Spannweite | 126 m | |
| Scheitelhöhe | 20 m | |

Die Anlage besteht aus einer dreischiffigen Halle, die neben der Nutzung als Ausstellungsfläche auch Großveranstaltungen unterschiedlicher Inhalte und raumtechnischer Anforderungen dient.

Alle weiteren Flächenforderungen wie Restaurants, Technikräume und Verwaltung wurden in den schmalen dreigeschossigen Seitenschiffen untergebracht. Das westliche Seitenschiff nimmt die 200 m lange Eingangshalle auf, die zugleich als Foyer für Halle 1 dient.

Die prägnante Flügelform der Seitenschiffe und der Bogen des Mittelschiffes bilden das Gegenüber zum Tagungszentrum.

Die transparente Architektur macht das Messegeschehen von innen und außen erlebbar.

Die Tragwerksidee der leichten Hängekonstruktion wird an den weithin sichtbaren Pylonenreihen deutlich.

Maßstab ca. 1 : 900

Quellen *Broschüre »Die neue Europahalle«, Hannover 1993; Pläne der Architekten.*

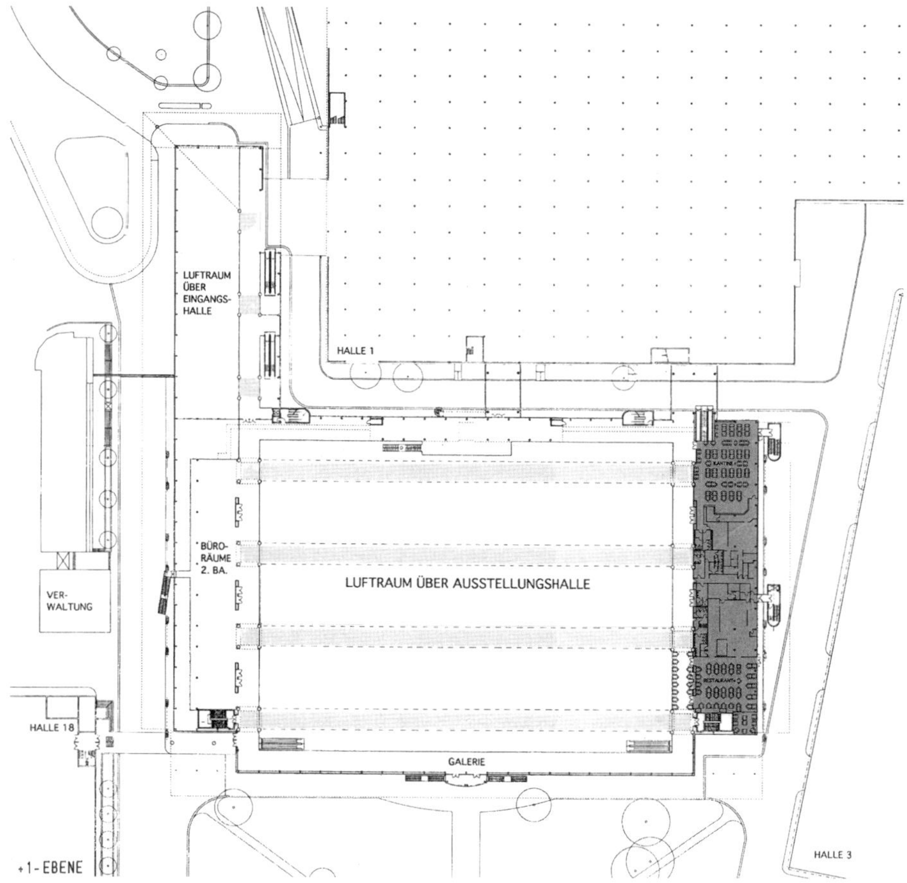


1-Ebene

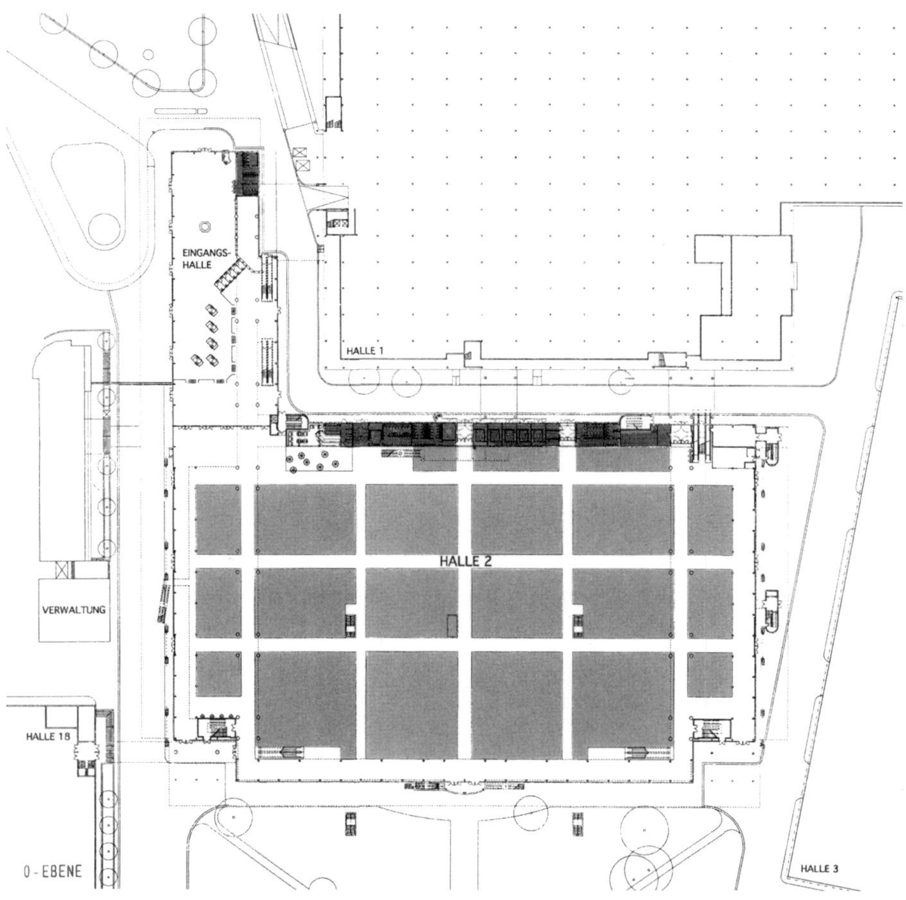


0-Ebene

## 7.2.1 Info-Box in Berlin

| | |
|---|---|
| Bauherr | Baustellenlogistik Potsdamer Platz, Berlin |
| Architekten | Schneider + Schumacher, Frankfurt am Main |
| Mitarbeiter | P. Begon, K. Dirschl, P. Pfeiffer, Ph. Schiffer, Ch. Simons, S. Widmer, Th. Zürcher |
| Tragwerks-planung | Bollinger + Grohmann, Frankfurt am Main |
| Fachplanung | Burckardt, Emch + Berger GmbH, Berlin |
| | Deutscher Stahlbaupreis 1996 |
| Baubeginn | Anfang Juni 1995 |

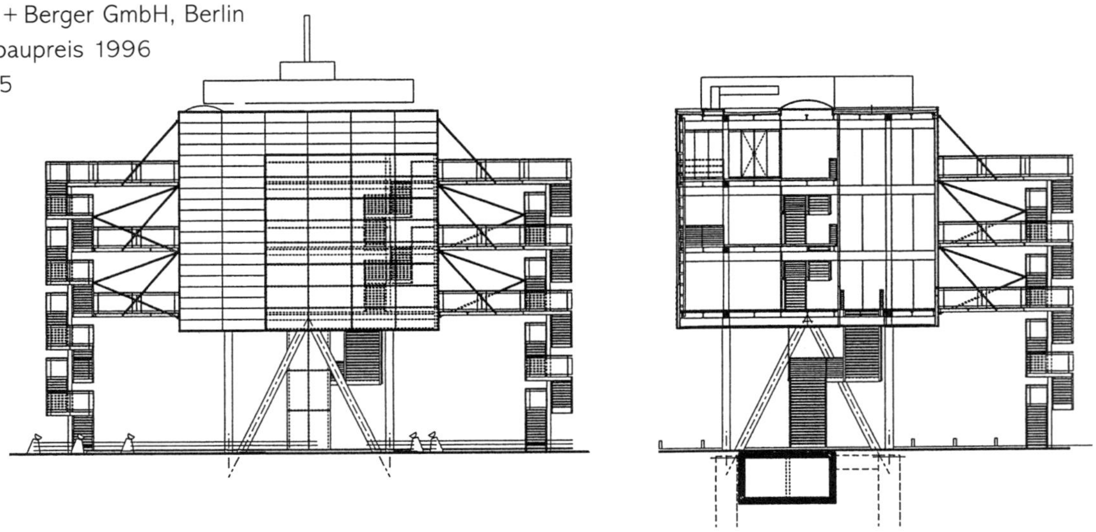

Ziel des Entwurfs war ein temporäres Informations- und Aussichtsgebäude, das einen Überblick über sämtliche Bau- und Stadtentwicklungsprojekte Berlins vermittelt. Die Konstruktion entspricht den Erfordernissen der kurzen Bauzeit und kann demontiert und an anderer Stelle wieder aufgebaut werden. Auf Bohrpfahlgründungen bilden ausbetonierte Stahlrohre die Basis der »Kiste«. Diagonal und in Längsrichtung montierte Verstrebungen ermöglichen die beidseitige Auskragung der Box. Quer zum Gebäude sind drei Diagonalen angeordnet. Die unterste Plattform schwebt 7 m über dem Boden. Das Decken-Verbundtragwerk ist aus Stahl und Beton, und die Decken liegen auf Trapezblechen.
Alle Ansichten sind mit einbrennlackierten roten Stahlblech-Paneelen verkleidet. Die Besucher gelangen über eine Stahltreppe in eine Loggia mit Blick auf den Reichstag und das ehemalige Mauergelände. Das Innere gliedert sich in zwei von einer dreigeschossigen Eingangshalle erschlossene Hauptbereiche, auf der einen Seite über drei Etagen die allgemeinen Räume (Kasse, Laden, Versammlungsraum, Café), auf der anderen die Ausstellungsflächen der Investoren. Auf allen Ebenen gibt es Sanitärräume.
Die Erschließung erfolgt über die zentrale Stahltreppe sowie Aufzüge bis zur Dachterrasse; zwei offene Fluchttreppen befinden sich auf beiden Seiten neben dem Gebäude.

| | | |
|---|---|---|
| Raumbereiche | Ausstellungsfläche | 1 025 m² |
| | Cafeteria | 210 m² |
| | Veranstaltungsraum | 210 m² |
| | Verkaufsfläche | 135 m² |
| | Erschließung und Nebenräume | 650 m² |
| | Summe | 2 230 m² |
| Gebäudemaße | Höhe 1. OG in 8 m Höhe | 23,0 m |
| | Länge | 62,5 m |
| | Tiefe | 15,0 m |
| Maßstab | 1:250 | |
| Quellen | *AIT Stuttgart 3/96; Pläne der Architekten.* | |

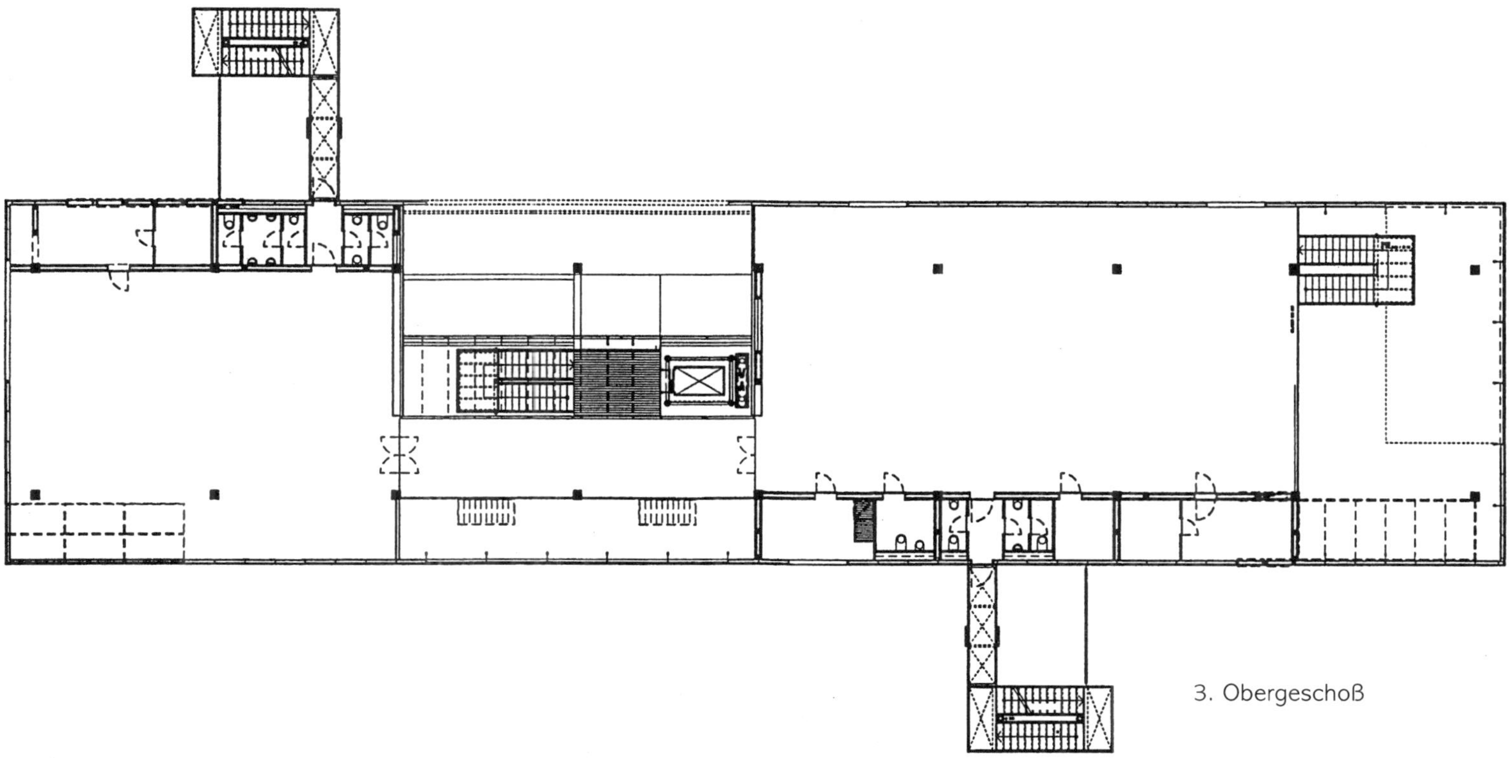

3. Obergeschoß

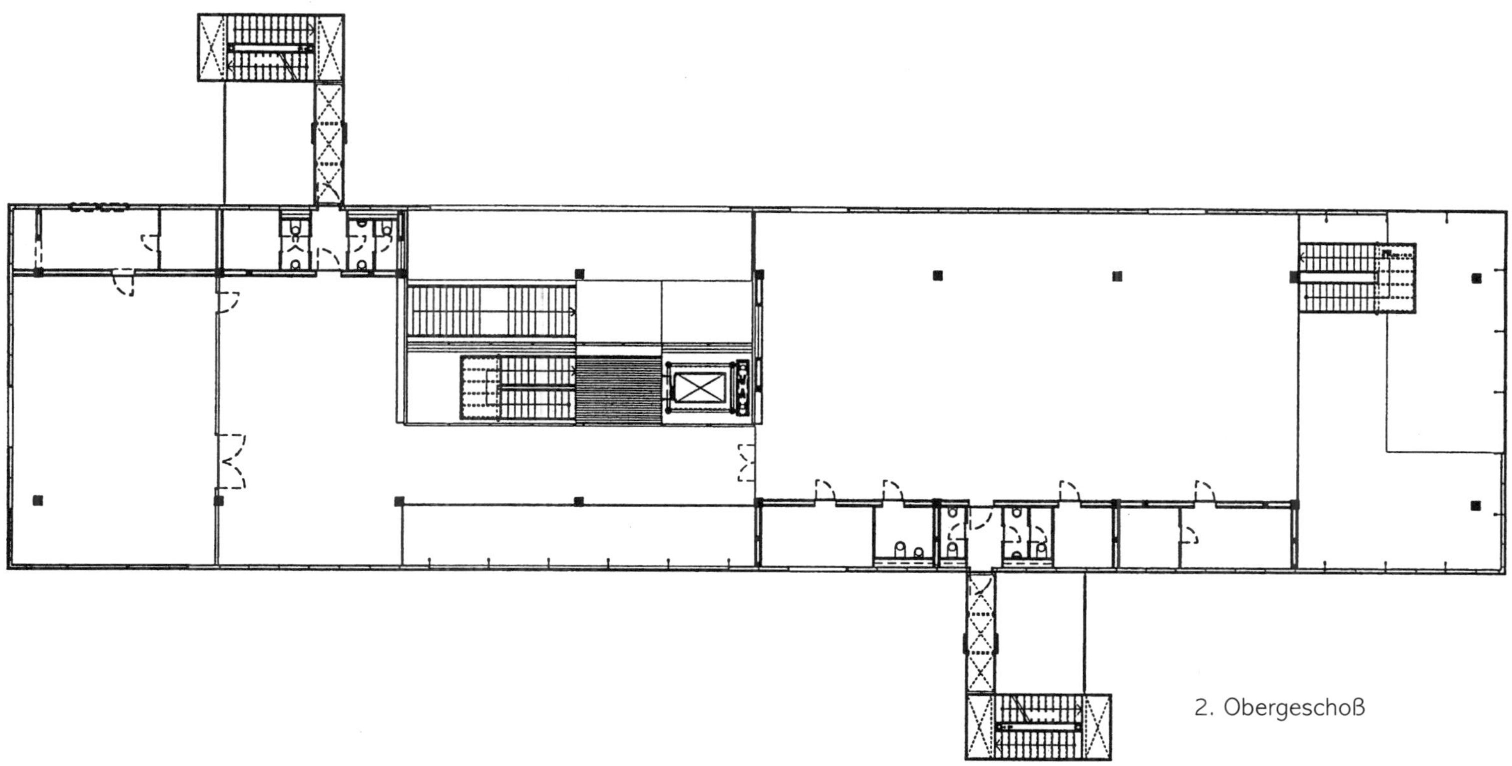

2. Obergeschoß

## 7.2.2 Ausstellungszentrum »Aesculapium« in Tuttlingen

| | |
|---|---|
| Bauherr | Aesculap AG, Tuttlingen |
| Architekt | Günter Hermann, Stuttgart |
| Projektleitung | Wolfgang Mayer |
| Mitarbeiter | U. Bäzner, S. Alscher, F. Riedacher |
| Tragwerksplanung | Breinlinger & Partner, Tuttlingen |
| Baubetreuung | BHF & IKB Baumanagement, Düsseldorf |
| Objektüberwachung | Ulrich Baumann |
| Mitarbeiter | C. Födisch |
| | Fertigstellung 1995 |

| | | |
|---|---|---|
| Grundstück | 5 601 m² | GRZ = 0,8 GFZ = 2,4 |
| HNF | 1 920 m² | |
| NNF | 2 140 m² | |
| VF | 1 495 m² | |
| FF | 894 m² | |
| BGF | 7 644 m² | |
| BRI | 28 000 m³ | |

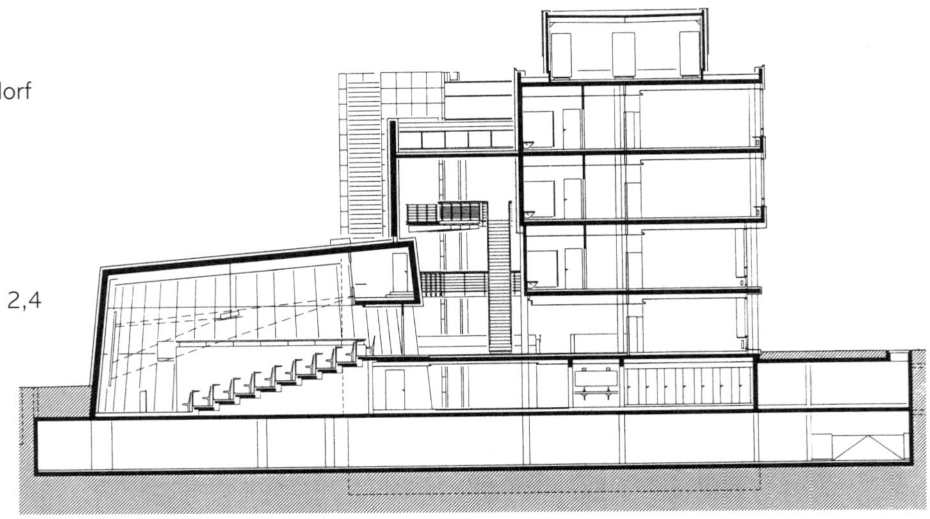

Das Gebäude besteht aus einem fünfgeschossigen, z. T. aufgeständerten, überwiegend zweibündigen Längstrakt mit Breitfuß und zylindrischem Vortragssaal. Die Erschließung erfolgt aus einer zentralen Eingangshalle in der Ebene 0.
Das Gebäude reagiert zum ruhigen, parkartig begrünten Blockinnenhof mit gläsernen, offenen Fassaden, hinter denen Vortrags-, Besprechungs- und Seminar- sowie Workshop-Räume, Verwaltung und Cafeteria angeordnet sind. Als trennendes, ordnendes und raumbildendes Element wurde eine große Wandscheibe errichtet, die entsprechend ihrer besonderen Funktion im Gebäudegefüge 7 Grad aus dem orthogonalen Raster gedreht ist, was dem entstehenden Hallenraum eine perspektivische Erweiterung verleiht. Vor der Wand und somit »vor der Stadt«, am verkehrsintensiven Aesculap-Platz sind die introvertierten Nutzungen Hörsaal und Ausstellung mit vollständig bzw. weitgehend geschlossenen Außenflächen angeordnet.
Die viergeschossige Halle mit ihren angegliederten Erschließungselementen Aufzügen, Treppen und Stegen bilden den »gebauten Weg«. Diese Erschließungsidee war ein dominanter Faktor bei der Entwicklung der Gebäudestruktur.
Der Kreiskegelstumpf ist als Sonderbaukörper durch sein Material und seine Form herausgestellt.
Der Saal ist ansteigend konzipiert und für 120 Personen mit Tischbestuhlung ausgerichtet. Die seitlichen Galerien dienen als Zuhörerplätze. Der Hauptzugang zum Saal erfolgt über einen Foyerbereich, der sich in der großen Halle an den Eingangsbereich anschließt.
Der Ausstellungsraum als das Kernstück des Aesculapiums dient der Präsentation der Produktpalette und als Arbeitsbereich für Verkaufsgespräche.

| | | |
|---|---|---|
| Raumbereiche | UG | Tiefgarage, Technikzentrale |
| | Ebene 0 | Eingangshalle / Empfang, Ausstellungszentrum, Nebenräume |
| | Ebene 1 | Hörsaal, Besprechungsräume, Foyer, Büros |
| | Ebene 2 | Cafeteria und Küche, Workshop-Raum, Regie und Dolmetscher |
| | Ebene 3 | Seminar- und Vortragsräume, Workshop-Raum, Verbindungssteg zur Aesculap AG |
| | Ebene 4 | Seminar- und Vortragsräume, Büros, Verwaltung |
| | DG | Technikzentrale |

Maßstab: Grundrisse 1 : 550, Schnitt 1 : 350

Quellen: *Broschüre »Aesculapium Forum für Kommunikation in der Medizin«, hrsg. von Aesculap AG, Tuttlingen 1995; AIT Stuttgart 3/96; VFA Profil 8/97; Pläne der Architekten.*

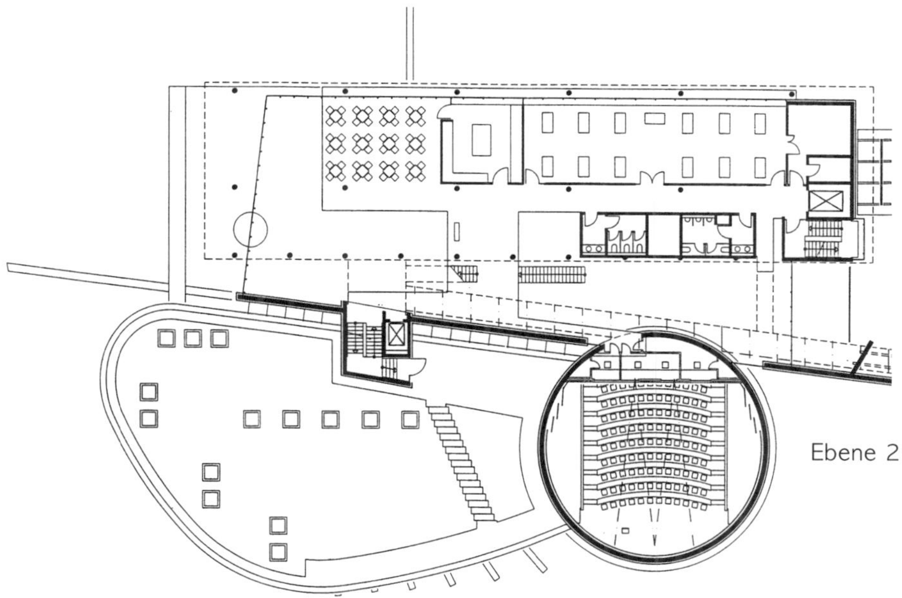

Ebene 2

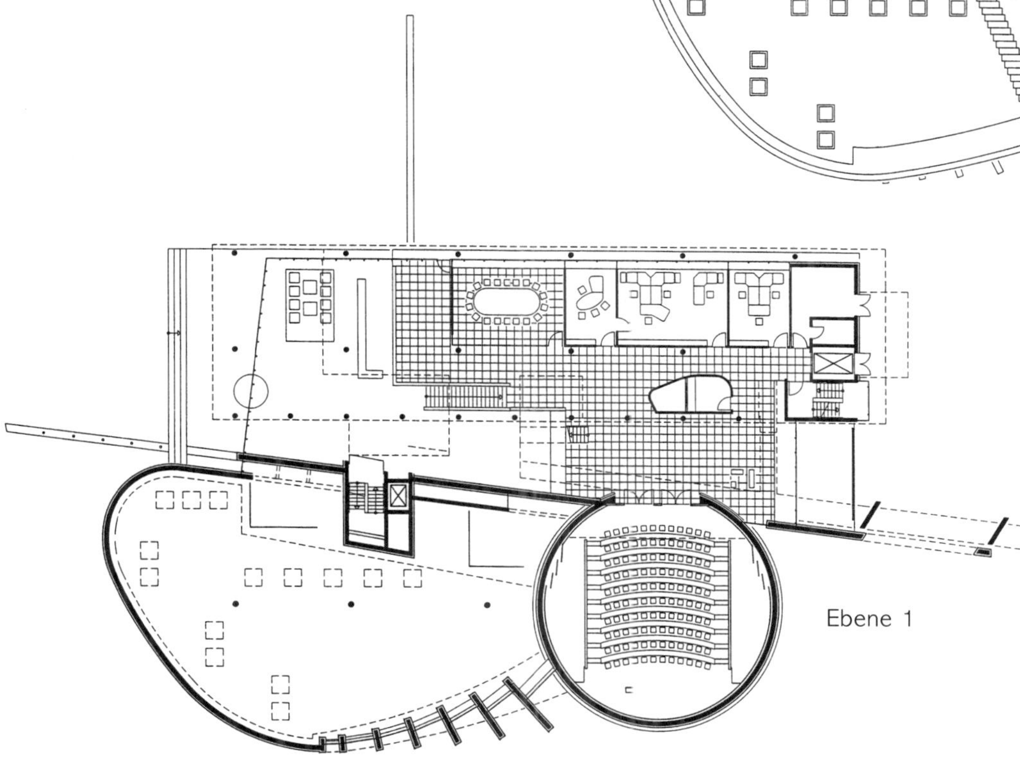

Ebene 1

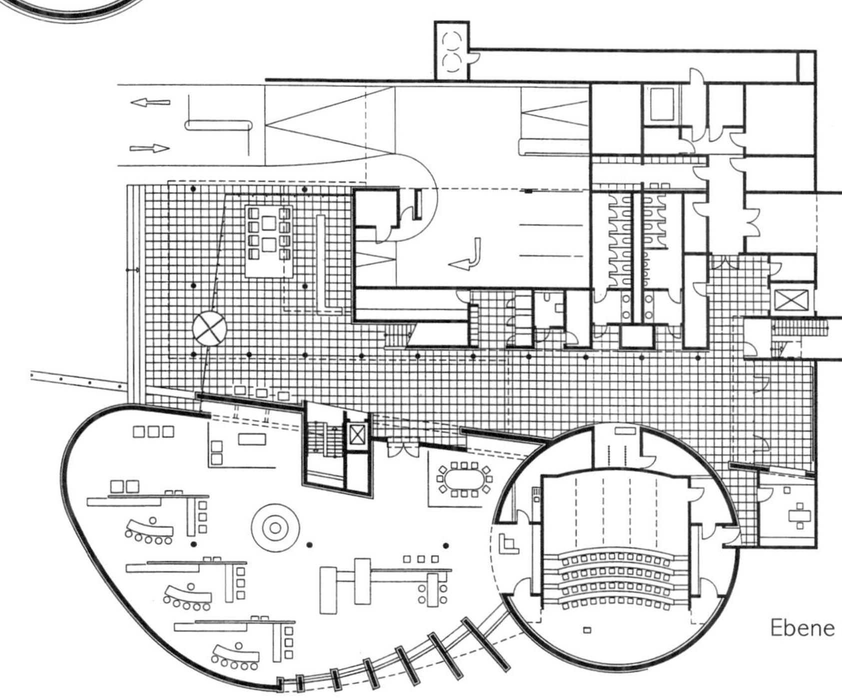

Ebene 0

## 7.3.1 Kaufhof Parkhaus in Köln

| | |
|---|---|
| Bauherr | Kaufhof Holding AG, Köln |
| Architekten | Kister, Scheithauer + Partner, Köln |
| | Beschränkter Wettbewerb mit fünf Einladungen 1990, 1. Preis |
| | Fertigstellung 1992 |

| | | |
|---|---|---|
| Grundstück | 1 715 m² | GRZ = 1,0 GFZ = 6,0 |
| BRI Parkhaus | 46 600 m³ | |
| NF Parkhaus | 16 000 m² | |
| | 528 Stellplätze | |

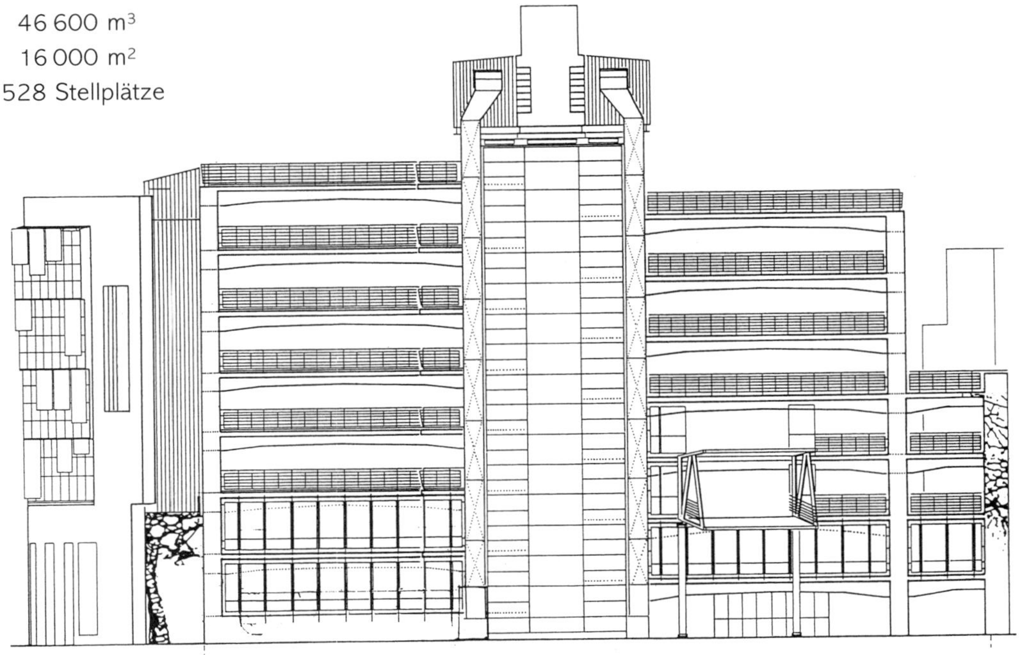

Das Parkhaus besteht aus 23 Ebenen, davon sieben als Tiefgarage mit Be- und Entlüftung sowie mit Sprinkleranlage. Die oberen Parkdecks sind offene, licht- und luftdurchlässige Parkebenen.
Die Einfahrt befindet sich neben der Zufahrt des bestehenden Parkhauses und führt durch einen Tunnel in das 3. Untergeschoß. Eine zweite Ausfahrt führt vom 2. Untergeschoß durch den ehemaligen Fußgängertunnel auf die andere Straßenseite der Cäcilienstraße.

Maßstab — Grundriß ca. 1:450, Schnitt 1:350

Quellen — *Heinze Deutsche Baudokumentation, Celle 1991; Pläne der Architekten.*

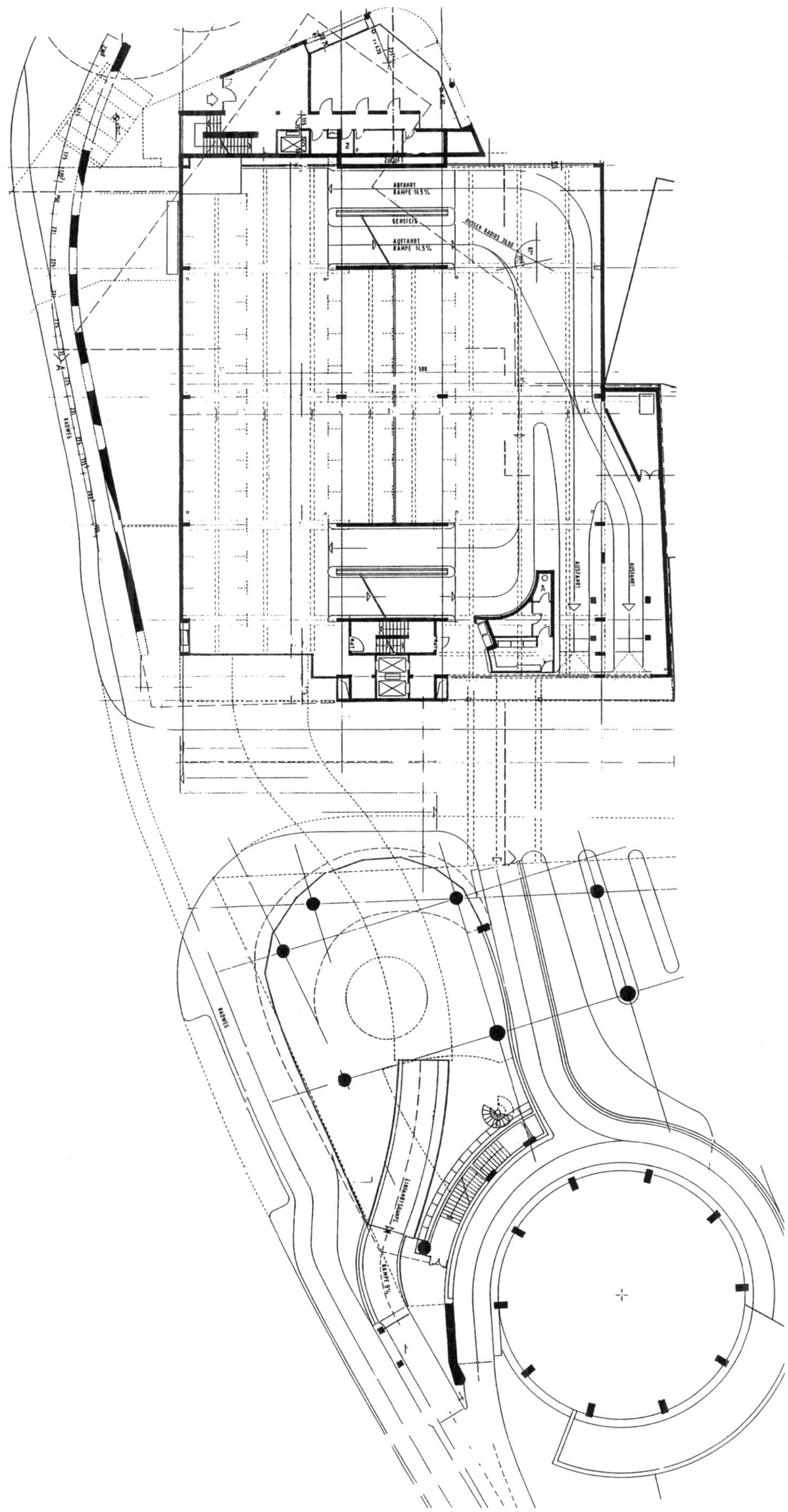

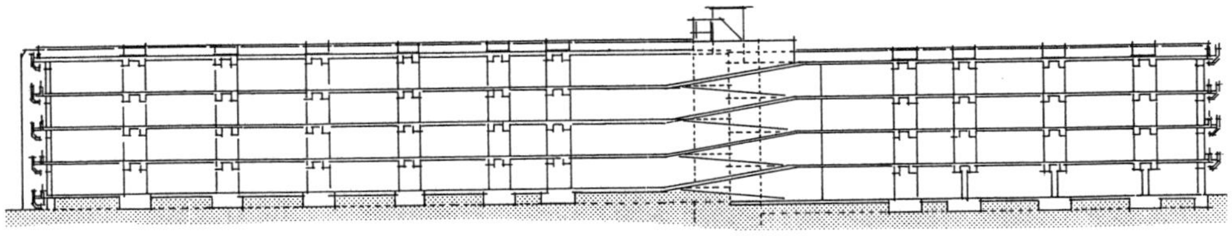

## 7.3.2 Parkhaus Flughafen Nürnberg

| | |
|---|---|
| Bauherr | Flughafen Nürnberg GmbH, Nürnberg |
| Architekten | Kappler Architekten, Nürnberg |
| | Fertigstellung 1989 |
| | ADAC Gütesiegelpreis »Benutzerfreundliches Parkhaus« |

| | |
|---|---|
| HNF | 12 025 m² |
| VF | 11 020 m² |
| BRI | 87 520 m³ |
| Faktor | BRI/HNF = 7,28 VF/HNF = 0,92 |

Das sechsgeschossige Parkhaus besitzt fünf Parkebenen, die halbgeschossig versetzt sind (System d'Humy-Rampen). Die Ausführung erfolgte in Stahlbeton-Fertigteilbauweise. Zwei Aufzüge und zwei Treppenhäuser sowie eine Fluchttreppe dienen zur Erschließung. Die Fassade ist allseits begrünt und künstlich bewässert.
Zum Betrieb gehört ein Parkplatz-Leitsystem mit Einzelplatz-Erfassung. Der Verkehrsfluß erfolgt durch Einbahnverkehr mit einer Fahrbahnbreite von 4,50 m. Die Aufstellung in den Stellplätzen von 2,45 x 5,00 m erfolgt im 60 Grad-Winkel.

| | | |
|---|---|---|
| Raumbereiche | KG | Aufzugsmaschinenraum |
| | EG | Kasse, Toiletten, Technik, 6 Behindertenplätze, 21 Frauenstellplätze, 146 Stellplätze |
| | 1. OG | 205 Stellplätze |
| | 2. OG | 205 Stellplätze |
| | 3. OG | 205 Stellplätze |
| | DG | 205 nicht überdachte Stellplätze |
| | Gesamtstellplatzzahl 993 | |

| | |
|---|---|
| Maßstab | ca. 1 : 600 |
| Quelle | *Pläne der Architekten.* |

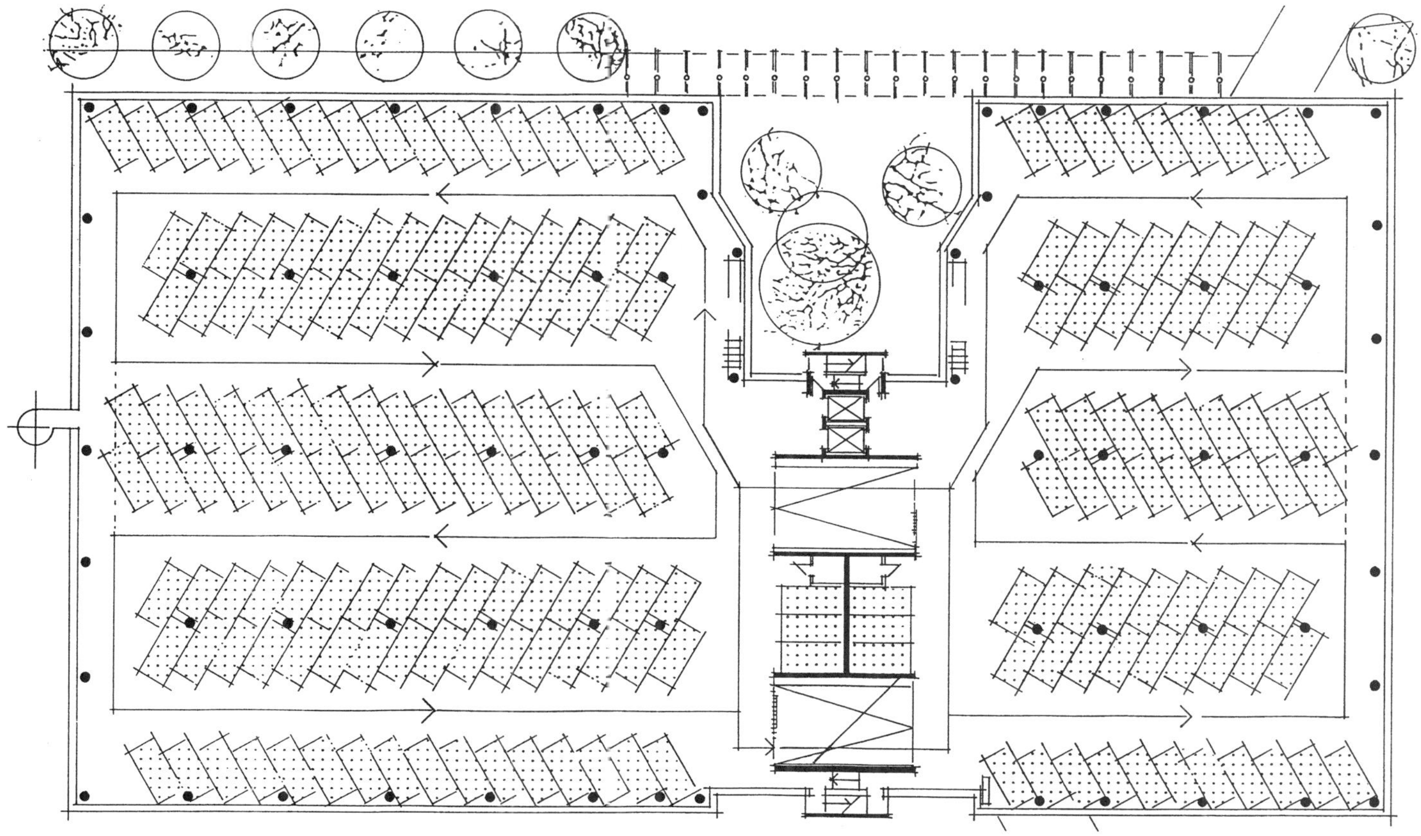

Obergeschoß

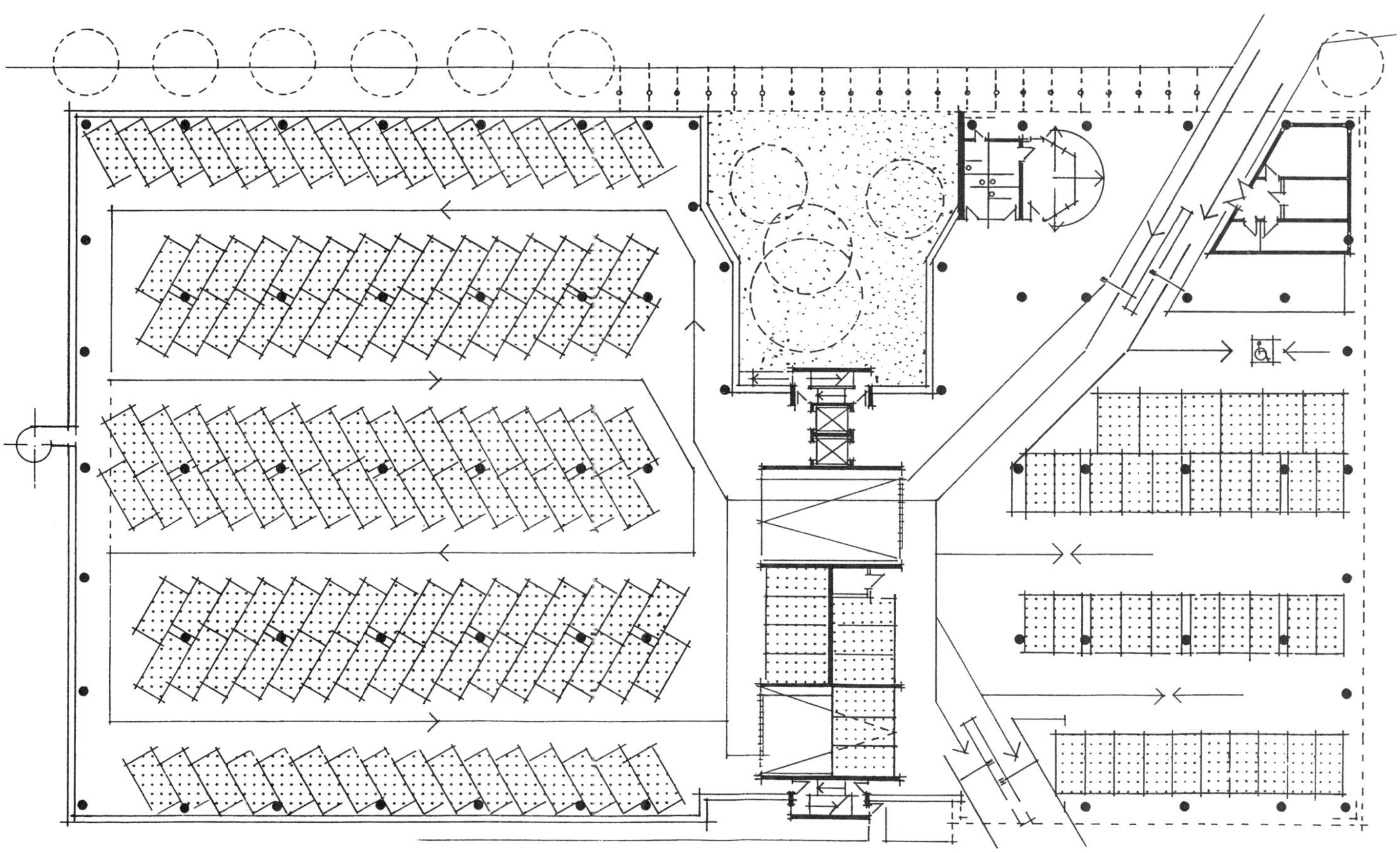

Erdgeschoß

## 7.3.3 Parkhaus Salzuflen

| | |
|---|---|
| Bauherr | Stadt Bad Salzuflen,vertreten durch das Hochbauamt |
| Architekten | Günter Schmidt und Friedrich Schmersahl, Bad Salzuflen |
| | Deutscher Verzinkerpreis 1991 »bemerkenswert« |
| | Fertigstellung 1988 |
| HNF | 11 640 m² |
| VF | 260 m² (nur Treppentürme) |
| BRI | 41 200 m³ |
| Faktor | BRI/HNF = 3,54 VF/HNF = 0,03 |

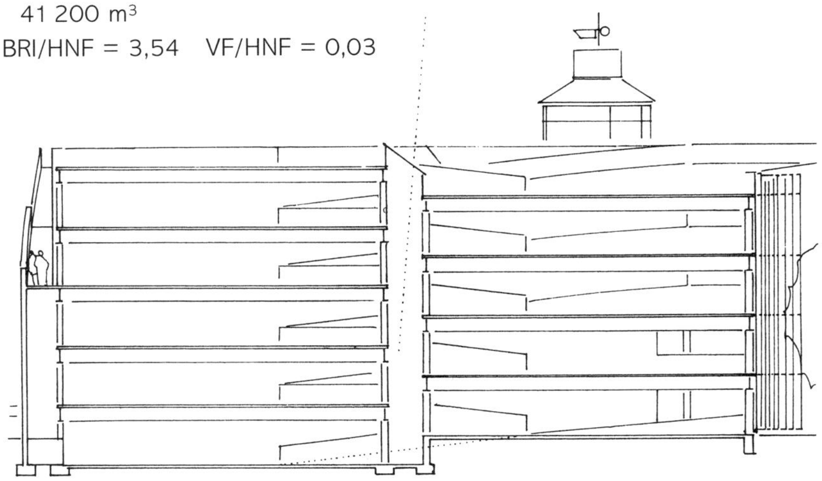

Das Parkhaus enthält 430 Einstellplätze auf fünf Parkebenen sowie den Busbahnhof mit sechs Busbahnsteigen. Es erfüllt auf sehr beengtem, bananenförmig zugeschnittenem Grundstück auch wichtige stadtgestaltende Aufgaben, wie die einer Eingangstor-Situation zur Innenstadt sowie gute Anbindung an die innerstädtische Osterstraße sowohl für Parkhausbenutzer als auch für Busfahrgäste.

| | | |
|---|---|---|
| Raumbereiche | UG | Einfahrtsebene und Parkebene, Busbahnhof |
| | EG | Parkebenen |
| | 1. OG | Parkebenen |
| | 2. OG | Parkebenen |

Maßstab ca. 1 : 600

Quellen *DBZ 10/89; Kommunalbauten Heft 17; Beton Prisma 59/90; Industria italiana del zemento April 1990; Eurocink 90; Pläne der Architekten.*

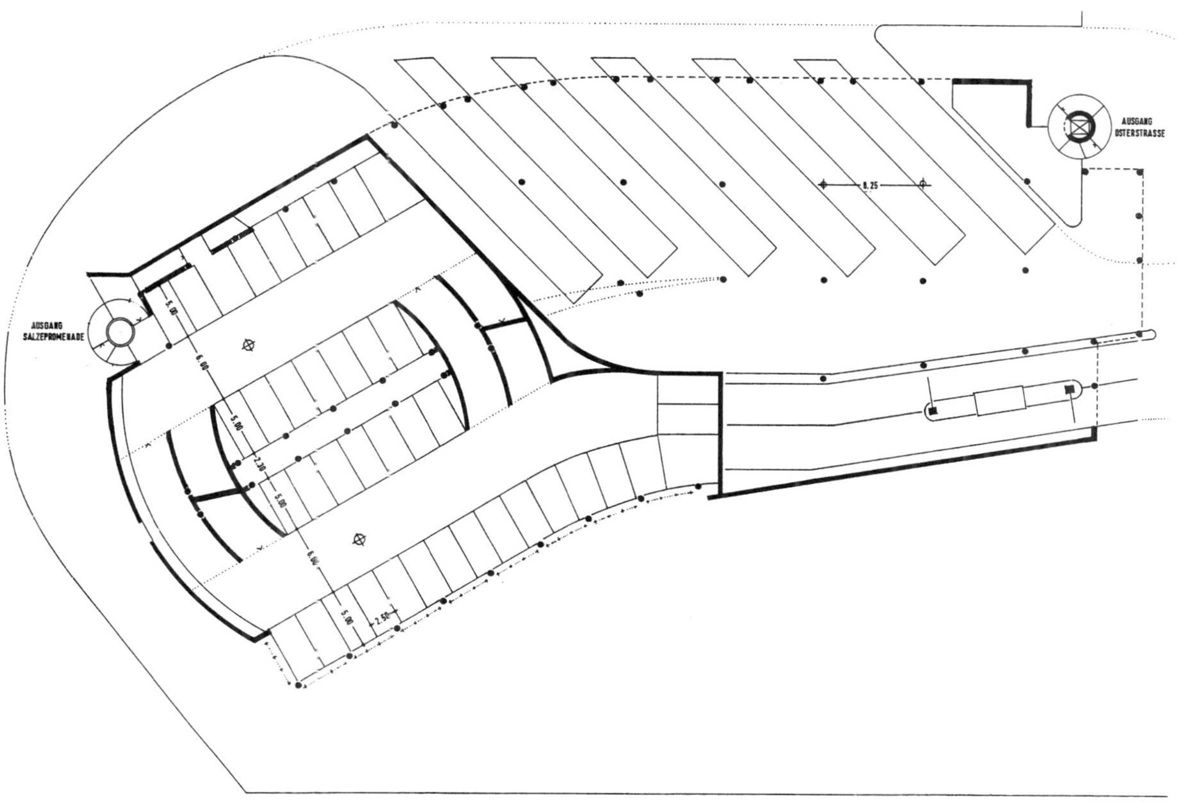


Ebene 4

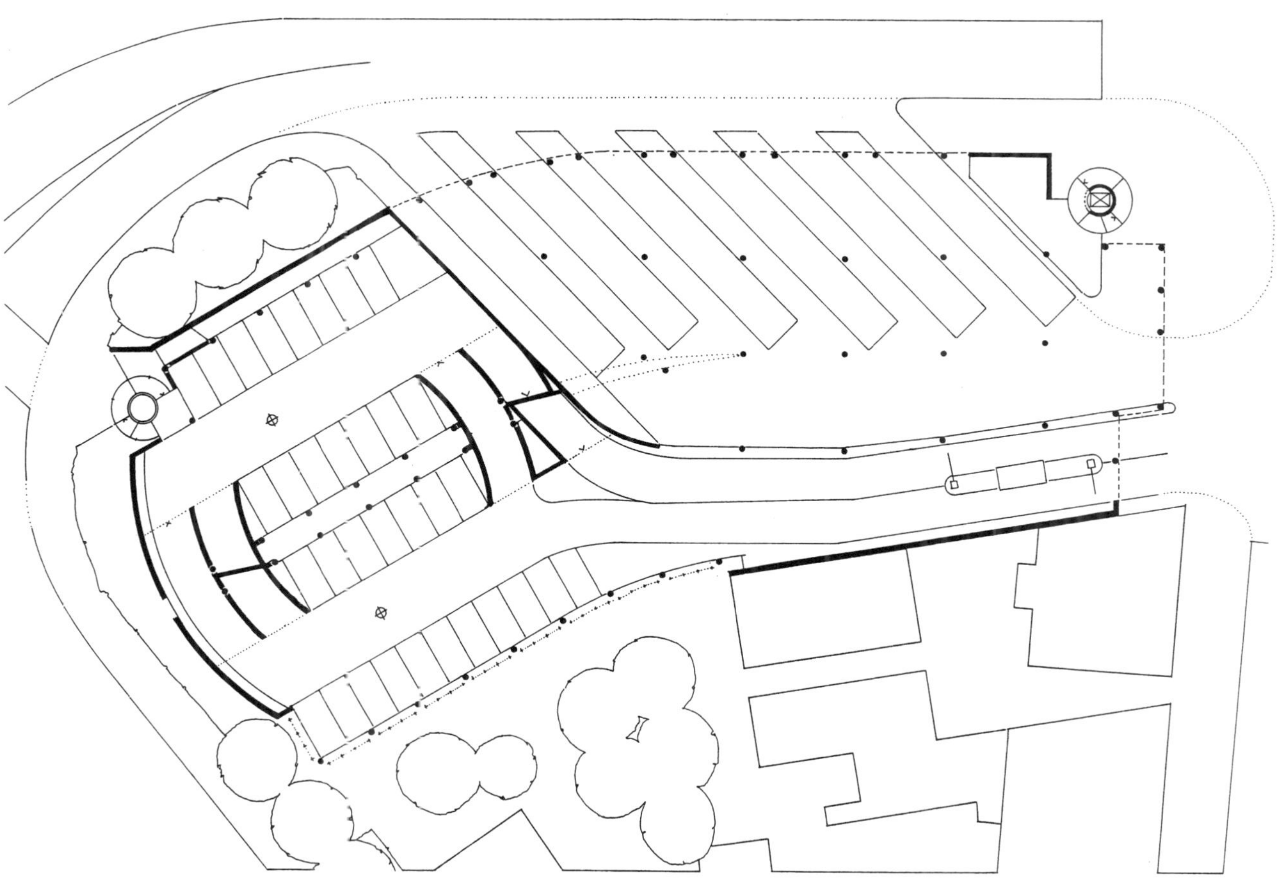

Ebene 2

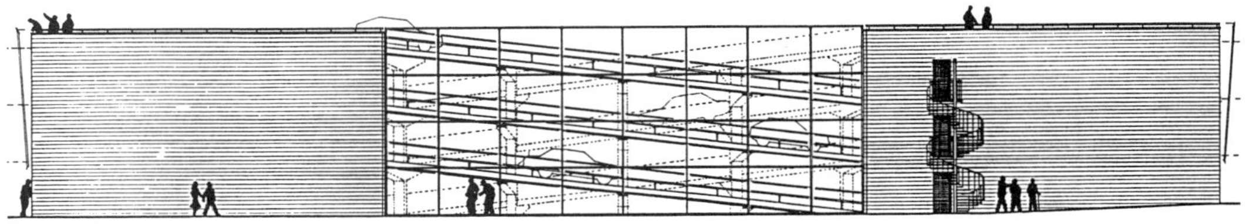

## 7.3.4 Parkhaus am Holstentor, Lübeck

| | |
|---|---|
| Bauherr | Grundstücksgesellschaft »Trave« mbH, Sanierungsträger der Hansestadt Lübeck |
| Architekten | AZ – Amorelli, Sembritzki, Tran Viet, Zadeh, Hamburg |
| Mitarbeiter | D. Vahlmann |
| Tragwerksplanung | Ing.-Büro J. Schulz + A. Rohde, Hamburg |
| | Fertigstellung 1992 |

| | | | |
|---|---|---|---|
| Grundstück | 3 720 m² | GFZ = 0,64 | GRZ = 1,93 |
| BGF | 7 188 m² | | |
| BRI | 35 201 m³ | | |

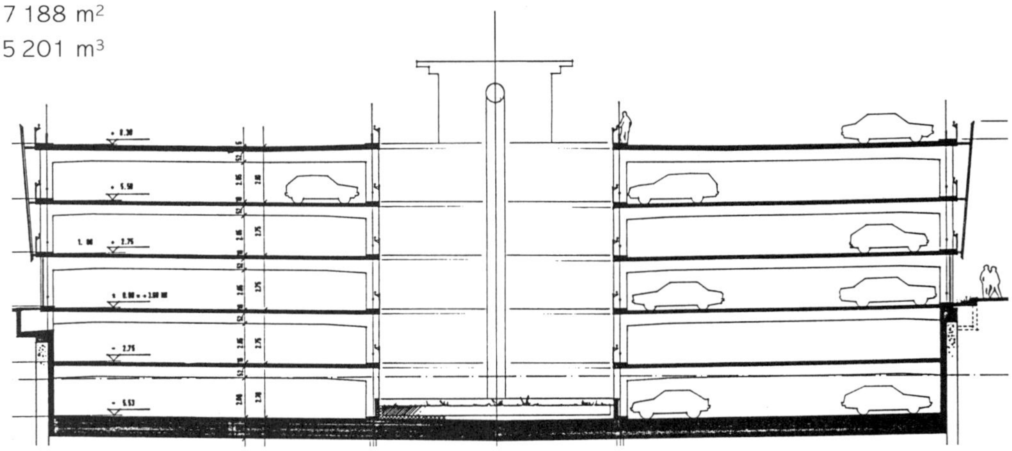

Die auseinander geklappten Flügel der Garage folgen den Straßenfluchten und bilden eine dreieckige Figur mit einem entsprechenden Innenhof.
Diese Anordnung von sechs Ebenen mit 525 Stellplätzen ermöglicht die zweiseitige natürliche Belichtung und Belüftung nahezu aller Ebenen, die durch ein filigranes System leicht geschwungener Rampen verbunden sind. Der Zu- und Abfahrtsverkehr kann so als Einbahnverkehr abgewickelt werden und erleichtert somit die Orientierung in den Ebenen.
An der Stirnseite ragt das stählerne Treppenhaus mit seiner vollflächigen Verglasung aus der Mittelachse heraus und trägt dazu bei, die Transparenz und Übersichtlichkeit der Anlage zu steigern.
Eine Forderung zu Beginn der Planung bestand in der Konzeption des »benutzerfreundlichen Parkhauses«. Den durch Unübersichtlichkeit, Größe und Dunkelheit hervorgerufenen Ängsten, die in vielen herkömmlichen Parkhäusern entstehen, sollten durch bauliche Maßnahmen begegnet werden.

Maßstab Grundrisse ca. 1 : 500, Schnitt 1 : 400

Quelle *Pläne der Architekten.*

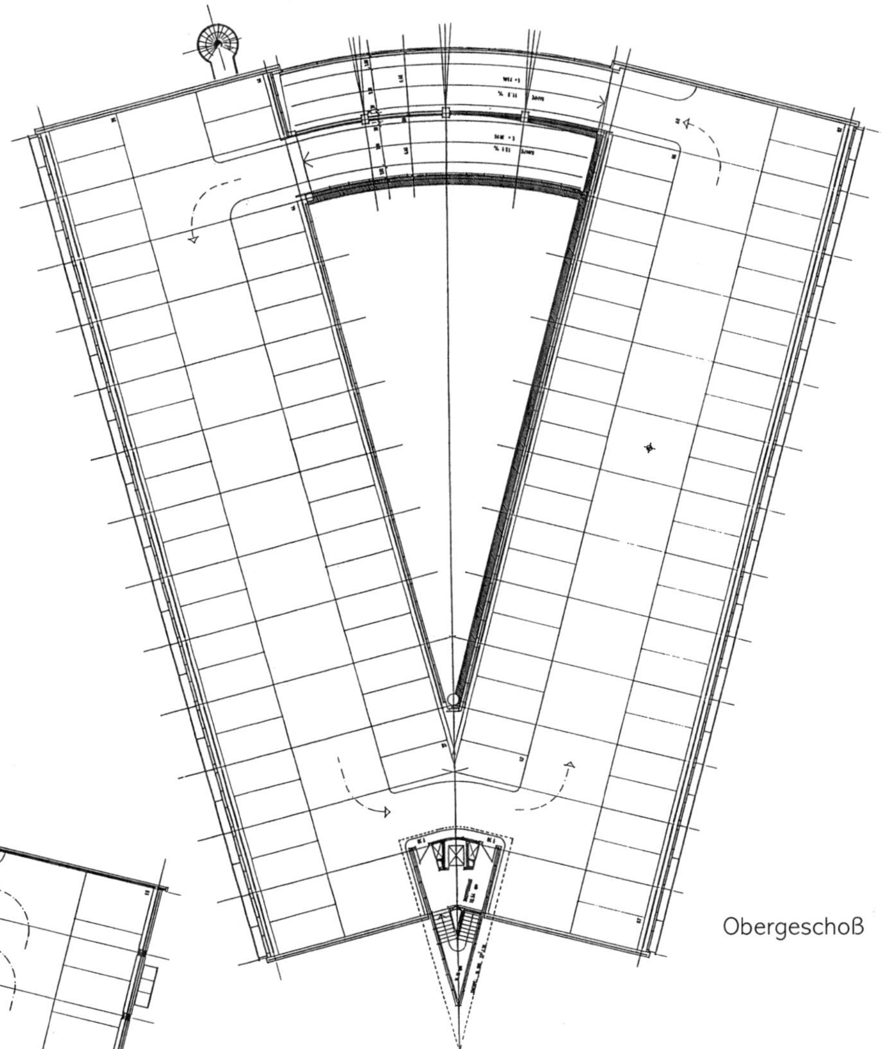

Obergeschoß

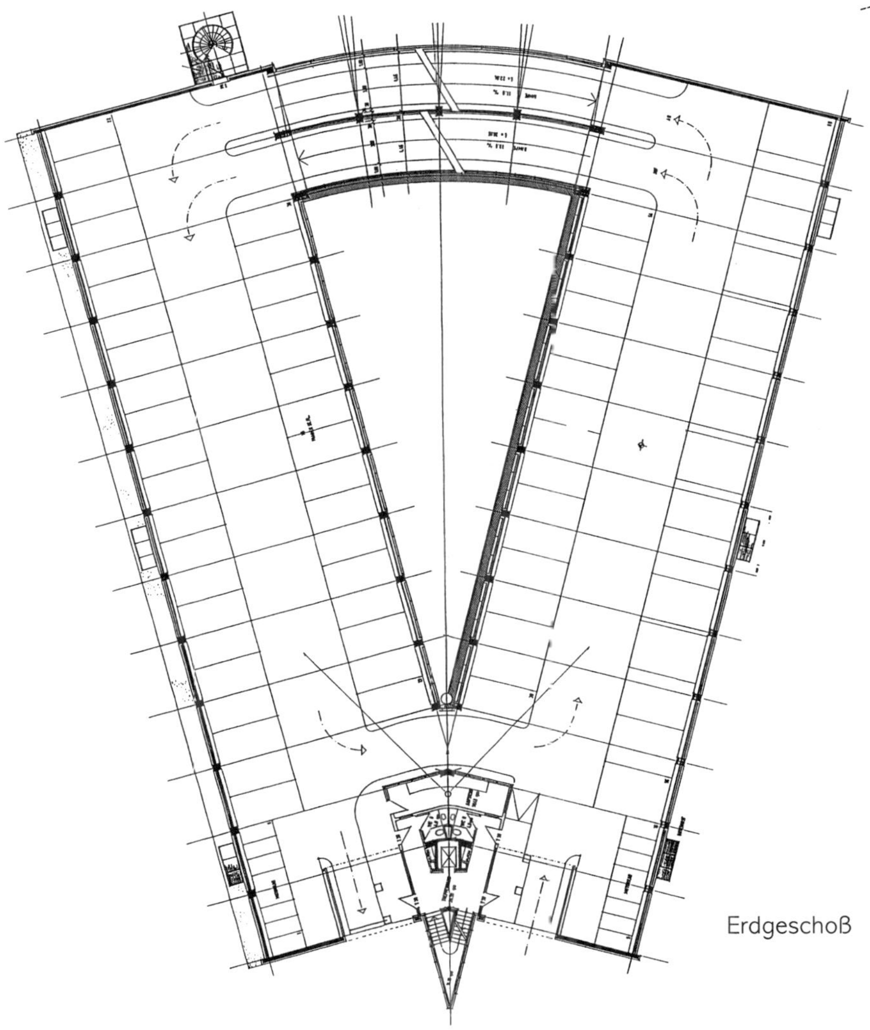

Erdgeschoß

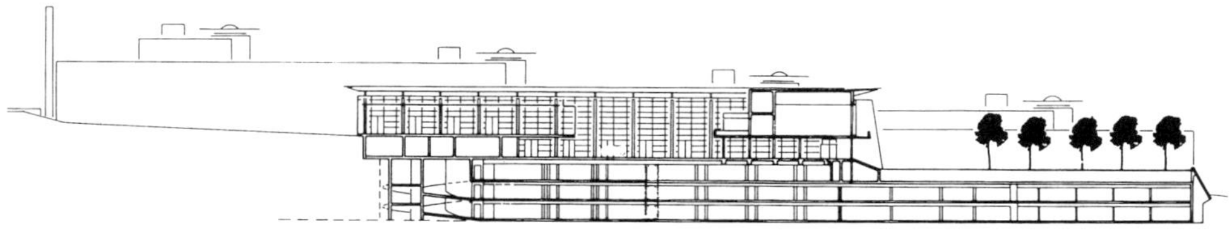

## 7.3.5 Parkhaus in Reutlingen

Bauherr: Stadt Reutlingen
Architekten: Michael Peter und Markus Bauer, Stuttgart
Entwurf: Michael Peter und Gerhard Zickenheiner
Mitarbeiter: Th. Baierl, J. Vetter, J. Reins, P. Pfeiffer, Th. Reichert, S. Geigle, A. Randecker
Tragwerksplanung: Hans-R. Peter & Manfred Pluns, Beratende Ingenieure VBI, Reutlingen
Offener Wettbewerb 1991, 1. Preis
Fertigstellung 1993

BGF: 15 800 m²
BRI: 42 235 m³
556 Stellplätze,
10 Parkebenen

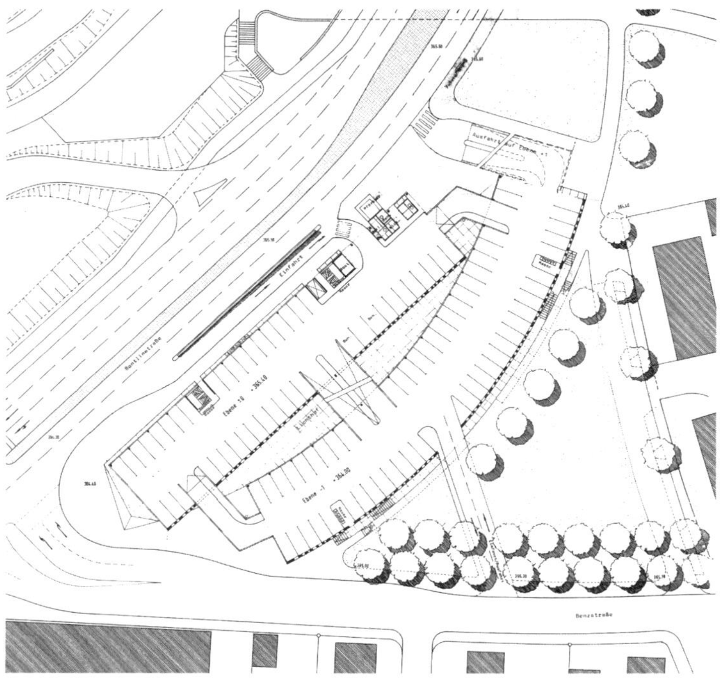

Die Baumasse ist in zwei voneinander getrennte Baukörper aufgelöst.
Der an die Straßenführung angeschmiegte Verkehrsbau nimmt nicht mehr Grundstücksfläche als unbedingt erforderlich ein. Er gräbt sich in die Erde und bewahrt Abstand zum Bestehenden. Gleichzeitig wird eine Platzkante zum neuen Grünbereich hin geschaffen, so daß ein städtebaulicher Raum entsteht.
Übergroße Flächen Gefühl von Verlorenheit wurden vermieden. Dadurch entsteht kein Gefühl von Verlorenheit. Zwischen den Baukörpern entstehen Höfe. Das Tageslicht fällt auch in die Bereiche unterhalb des Geländeniveaus.
Jeweils zum Grünbereich hin befindet sich eine Betonscheibe, ein »Lochstreifenband«, mit der Aufgabe, die Wohnbebauung abzuschirmen gegen den Lärm der Schnellstraße. Die Wand ist Schallschutz und statische Tragstruktur in einem. Die Wirkung am gebauten Objekt ist verblüffend: Die Wohnbebauung hat ihre Ruhe gefunden.
Die übrigen drei Baukörperseiten blieben vollständig offen für Licht und Luft.

Maßstab: ca. 1:1100

Quellen: *Wettbewerbe aktuell 4/91 und 6/94; DBZ 1/95; Pläne der Architekten.*

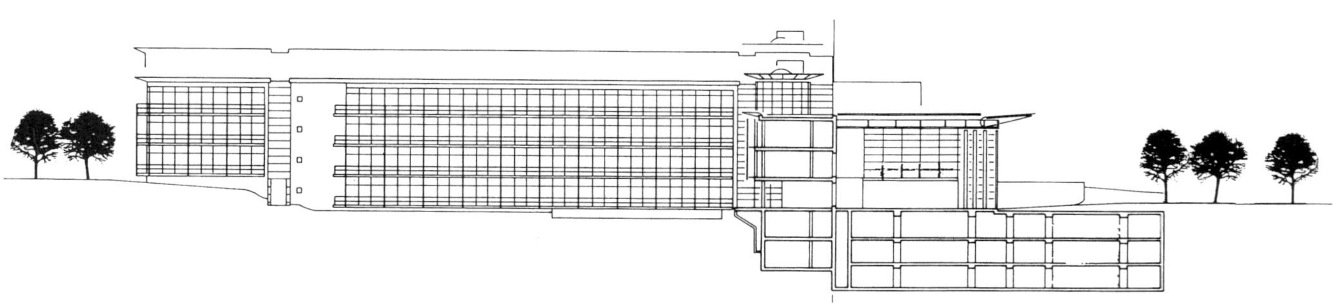

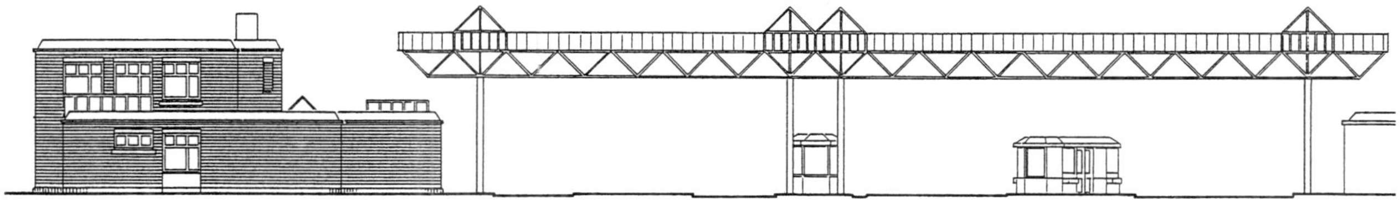

## Deutsch-Schweizerische Gemeinschaftszollanlage Bietingen-Thayngen

7.4.1

Bauherren: Bundesrepublik Deutschland und Eidgenössisches Finanzdepartement Schweiz, Eidgenössische Zollverwaltung Schweiz

Architekt: Staatliches Hochbauamt Radolfzell

Fertigstellung 1990

Die Anlage wurde so geplant, daß sich beiderseits der Grenze nationale Grenzzollstationen befinden, bei denen jeder Staat die Eingangsabfertigung auf seinem Territorium und nur die Ausgangsabfertigung beim Nachbarstaat vornimmt. Im Reiseverkehr hat die örtliche Zusammenlegung der Zollabfertigung beider Staaten den Vorteil, daß die Autos nur noch einmal anhalten müssen, was zu rascherer Abfertigung führt.

Raumbereiche: Reisende- und Warenabfertigungsgebäude, Rampengebäude
Speditionsgebäude, Hundezwinger, Abfertigungskabinen
Fahrbahndach, Warenabfertigungsgebäude, Abfertigungsgebäude für Reisende

Maßstab: 1:500

Quelle: *Pläne der Architekten.*

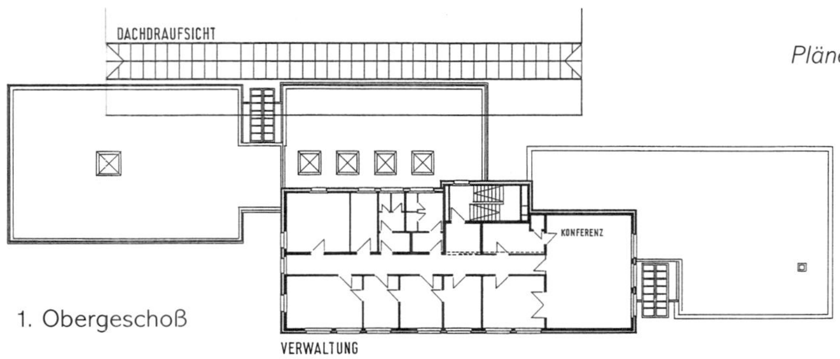


1. Obergeschoß

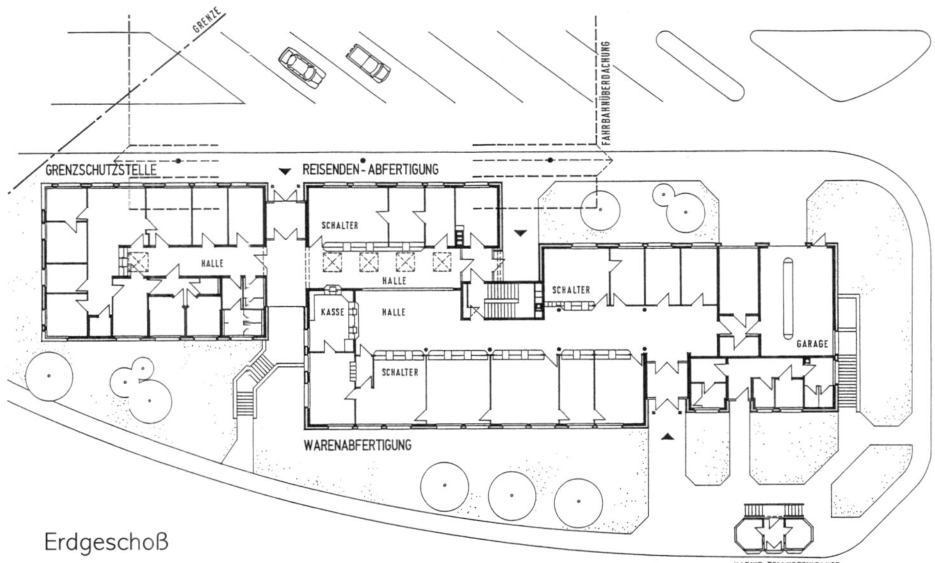


Erdgeschoß

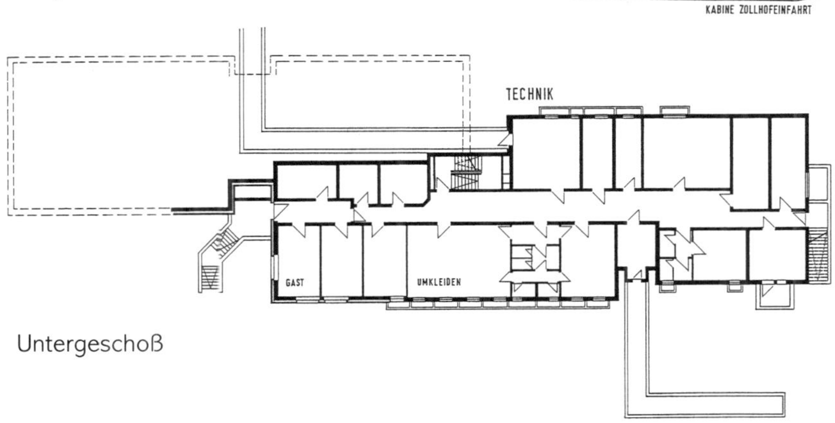


Untergeschoß

## 7.4.2 Stützpunktfeuerwache in Kaufungen

Bauherr — Gemeinde Kaufungen
Architekt — Prof. Berthold H. Penkhues, Kassel
Mitarbeiter — S. Wendker, J. Wettengel, A. Niebergall
Tragwerksplanung — Ing.-Büro Dr. Meyer, Kassel
Haustechnik — Ing.-Büro Bruelheide, Bielefeld
Fertigstellung 1994

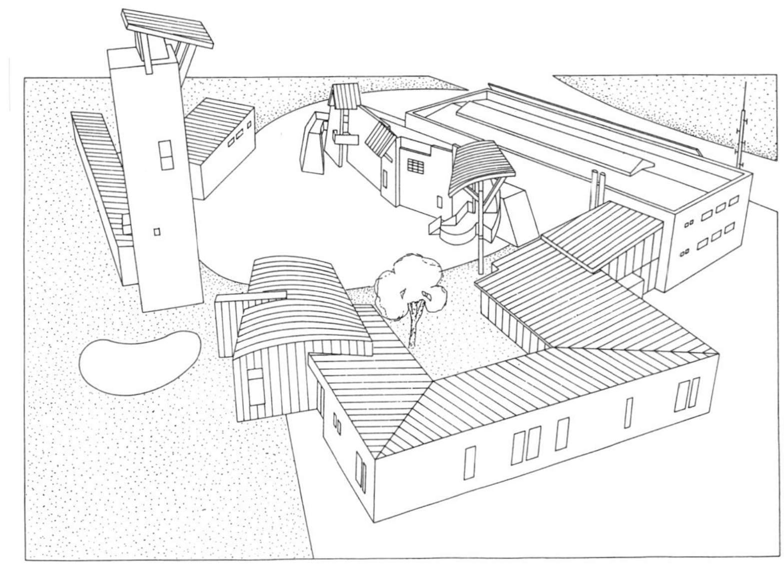

| | | |
|---|---|---|
| Grundstück | 8 483 m² | GRZ = 0,15 GFZ = 0,19 |
| HNF | 561 m² | |
| NNF | 501 m² | |
| NF | 1 062 m² | |
| FF | 70 m² | |
| VF | 241 m² | |
| NGF (=NF+FF+VF) | 1 374 m² | |
| KGF | 195 m² | |
| BGF (=NGF+KGF) | 1 569 m² | |
| BRI | 7 579 m³ | |
| Faktor | BRI/HNF = 13,51 | VF/HNF = 0,43 |

Bei der Feuerwache sind die Funktionsbereiche in baulich differenzierte Körper aufgeteilt, die als Ensemble einen Innenhof entstehen lassen.
Vom verglasten zweigeschossigen Raum des Haupteingangs führt der Weg zu den Sozialräumen im Erd- und 1. Obergeschoß und zur Einsatzzentrale im 1. Obergeschoß. Links des Haupteingangs liegt der eingeschossige Schulungs- und Verwaltungsbereich. Der verglaste Eingang an der Innenseite des U-förmigen Grundrisses definiert einen grünen Innenhof.
Zwischen Schulungsraum und Schlauchturm liegt der Löschteich, der zusätzlich zu den Über- und Unterflurhydranten zu Übungszwecken dient. Gegenüber der Übungswand befindet sich der 22,50 m hohe Schlauchturm, der ebenfalls Übungszwecken dient. Daran schließt die lange Schlauchwerkstatt mit Schlauchwäsche und Lager an.
Die Kfz-Werkstatt, die über einen Zwischenbau mit der Schlauchwerkstatt verbunden ist, bildet mit dem südlichen Ende der Übungswand zusammen die Einfahrtsituation für den großen Übungshof.

| | | |
|---|---|---|
| Raumbereiche | UG | Haustechnik ca. 95 m² |
| | EG | Fahrzeughalle ca. 515 m² inkl. Umkleiden, Funktionsräume |
| | | Verwaltung ca. 396 m² inkl. Unterrichtsraum |
| | | Schlauchwerkstatt ca. 294 m² Turm, Kfz-Werkstatt, Lager |
| | 1. OG | Fahrzeughalle ca. 123 m², Umkleiden, Einsatzzentrale, Funktionsräume |

Maßstab — ca. 1:400

Quellen — *P. Diemer (Hg.): Architekten in Hessen, Bauten + Projekte, Wiesbaden 1994, S. 248; Bauwelt 8/1996; Pläne der Architekten.*

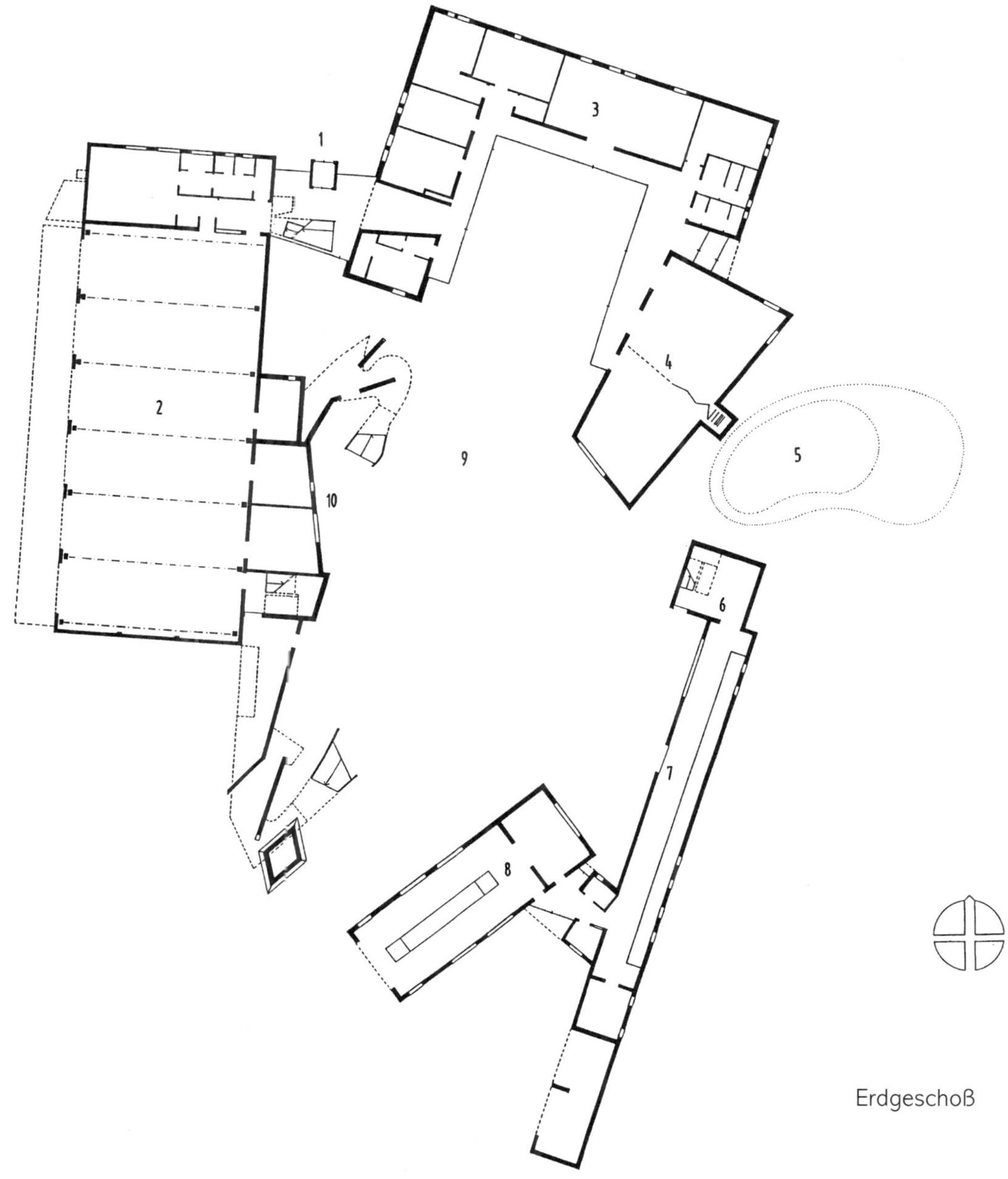


Erdgeschoß

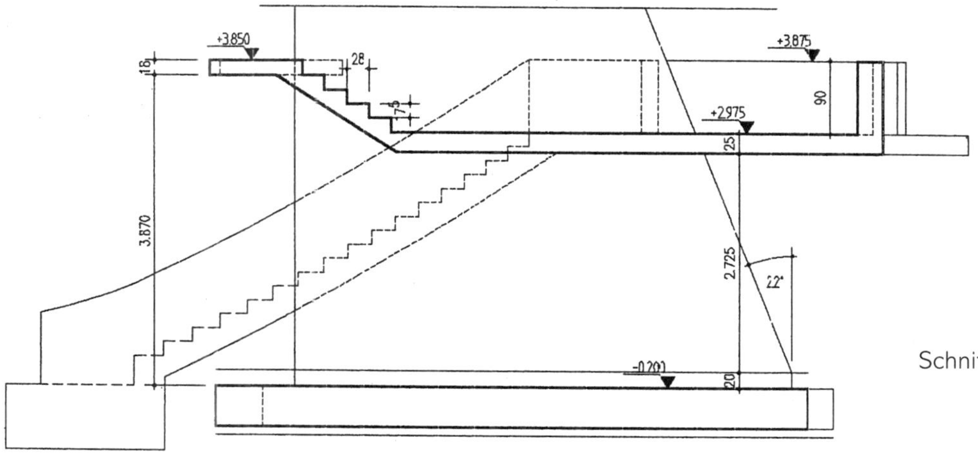


Schnitt D-D

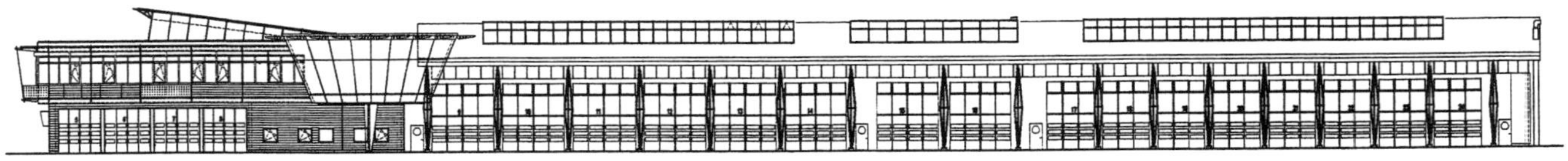

## 7.4.3 Feuerwache Flughafen Stuttgart

| | |
|---|---|
| Bauherr | Flughafen Stuttgart GmbH |
| Architekten | Bechler Krummlauf, Heilbronn |
| Tragwerksplanung | Schlaich, Bergermann und Partner, Stuttgart |
| | Fertigstellung 1995 |

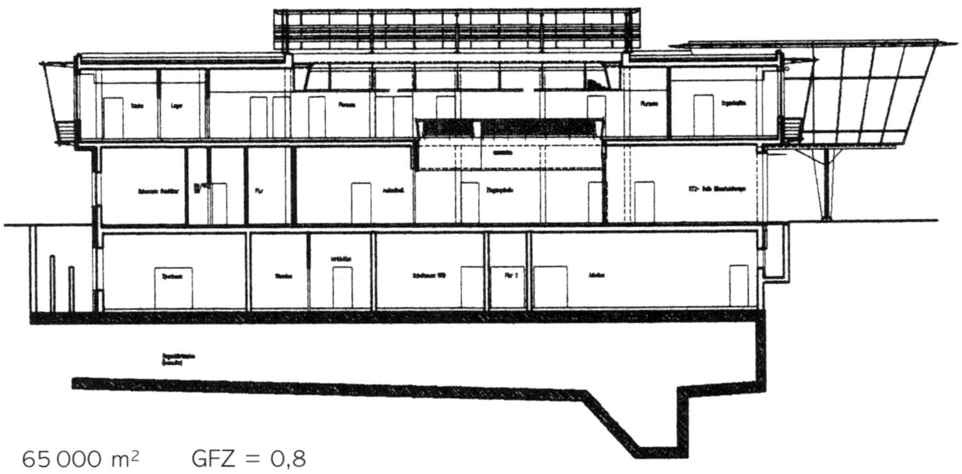

| | | |
|---|---|---|
| Grundstück | 65 000 m² | GFZ = 0,8 |
| HNF | 3 930 m² | |
| NNF | 1 127 m² | |
| NF | 5 058 m² | |
| FF | 1 520 m² | |
| VF | 1 214 m² | |
| KF | 1 685 m² | |
| BGF | 9 477 m² | |
| BRI | 50 914 m³ | |
| Faktor | BRI/HNF = 12,95 | |

Das helle, funktionale zweigeschossige Gebäude mit dreigeschossigem Kopfbau wird durch eine zentrale Eingangshalle in Form eines Atriums mit Glasdach erschlossen.
Um die zweigeschossige Halle sind die Einsatzleitung, Sanitätsstation mit zwei Behandlungsräumen, Dienst- und Schulungsräume sowie die Verwaltung gruppiert.
Der anschließende zweigeschossige Hallentrakt mit Alarmtoren enthält die Fahrzeuge für die Flugzeug- und Gebäudebrandbekämpfung sowie Werkstätten. Die darüber befindlichen Ruheräume sind durch Rutschschächte mit den Fahrzeugen verbunden.
Abgesetzt vom Hauptgebäude befindet sich noch eine trapezförmige Halle für die Landebahn-Beschäumungsanhänger.

| | | |
|---|---|---|
| Raumbereiche | UG | Schlauchwerkstatt, Lager, Technik, Atemschutzübungsanlage, Sportraum, Sanitäreinrichtungen, Energieversorgung |
| | EG | Fahrzeughallen, Werkstätten, Einsatzbüros |
| | 1. OG | Verwaltung, Ruheräume, Schulung, Einsatzleitstelle mit dem Leitrechner |

Maßstab: Grundrisse ca. 1 : 550, Schnitt 1 : 250

Quelle: *Pläne der Architekten.*

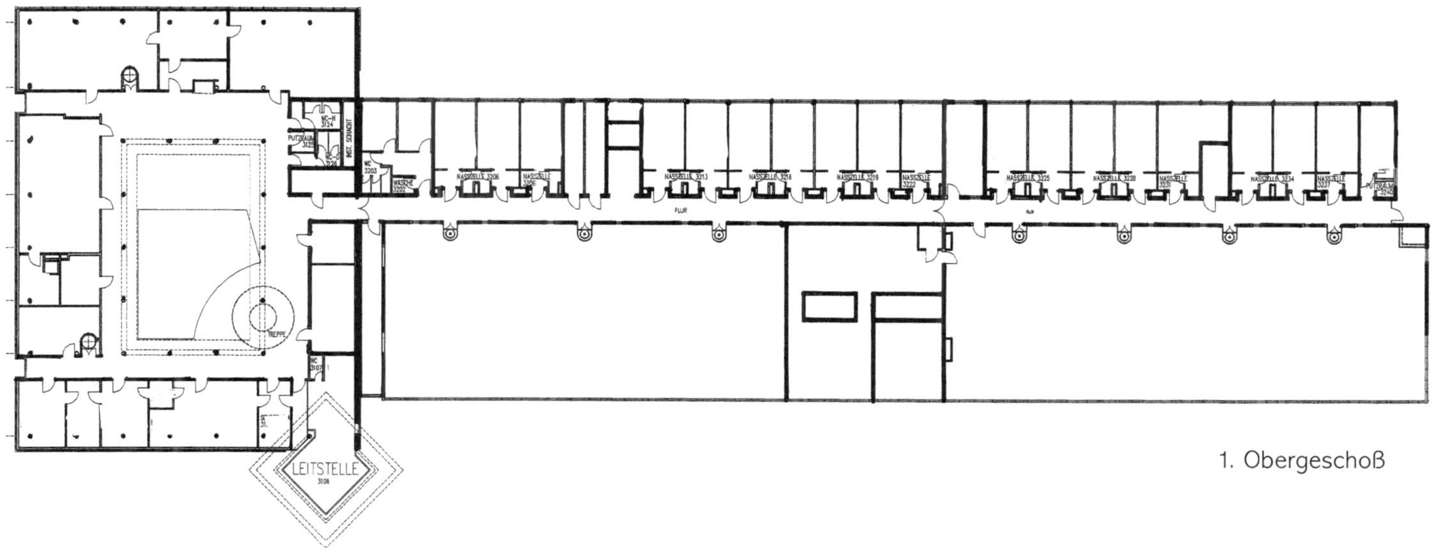


1. Obergeschoß

Erdgeschoß

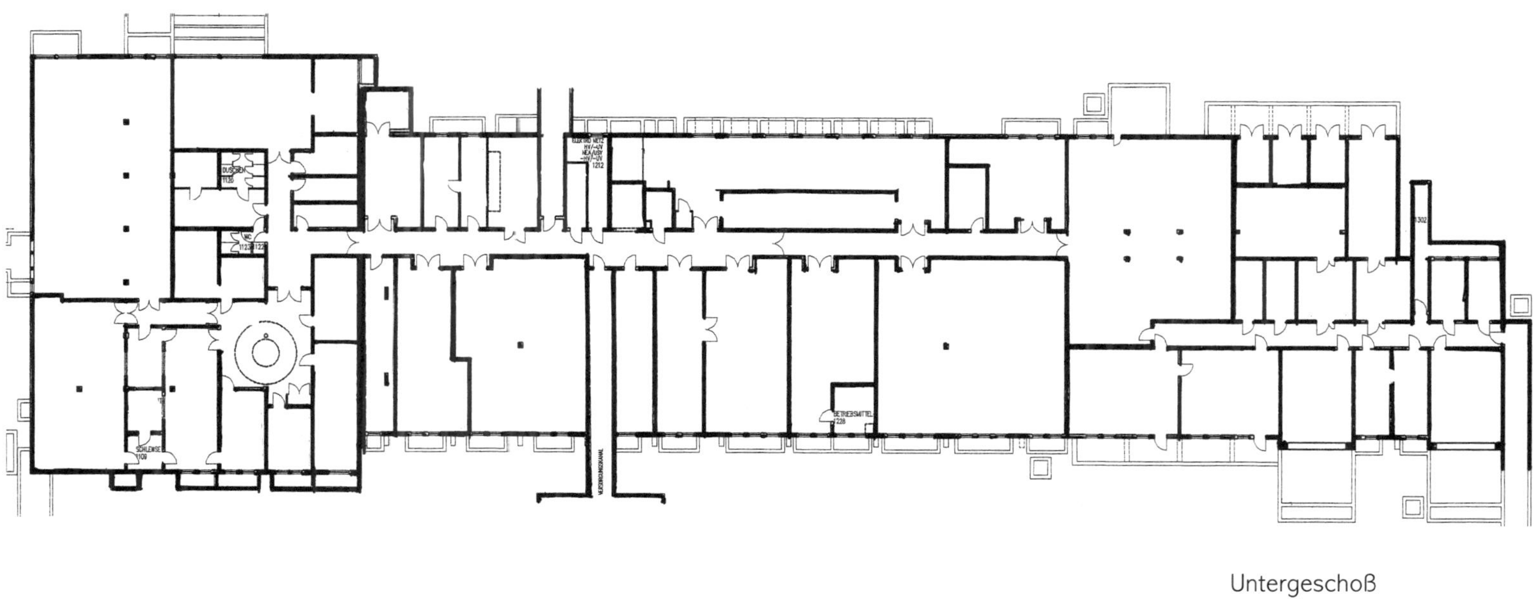

Untergeschoß

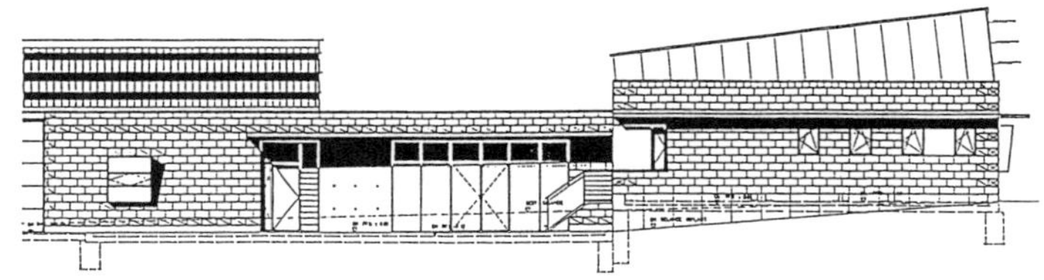

## 7.4.4 Feuerwehrgerätehaus und Bauhof in Empfingen

Bauherr Gemeinde Empfingen
Architekt SCALA Nagler, Esefeld, Stuttgart
Mitarbeiter Hirthe, Kirn, Schwenk, Semmler, Tomac, Wissler
Wettbewerb 1991, 1. Preis

| | | |
|---|---|---|
| Grundstück | 7 983 m² | GRZ = 0,19 GFZ = 0,19 |
| HNF | 962 m² | = 75 % |
| NNF | 318 m² | = 24 % |
| NF | 1 280 m² | = 100 % |
| FF | 9 m² | = 1 % |
| VF | 71 m² | = 5 % |
| NGF | 1 362 m² | = 106 % |
| KGF | 176 m² | = 13 % |
| BGF | 1 539 m² | = 119 % |
| BRI | 8 086 m³ | (ca.) |
| Faktor | BGF/HNF = 1,6 | BRI/HNF = 8,4 |

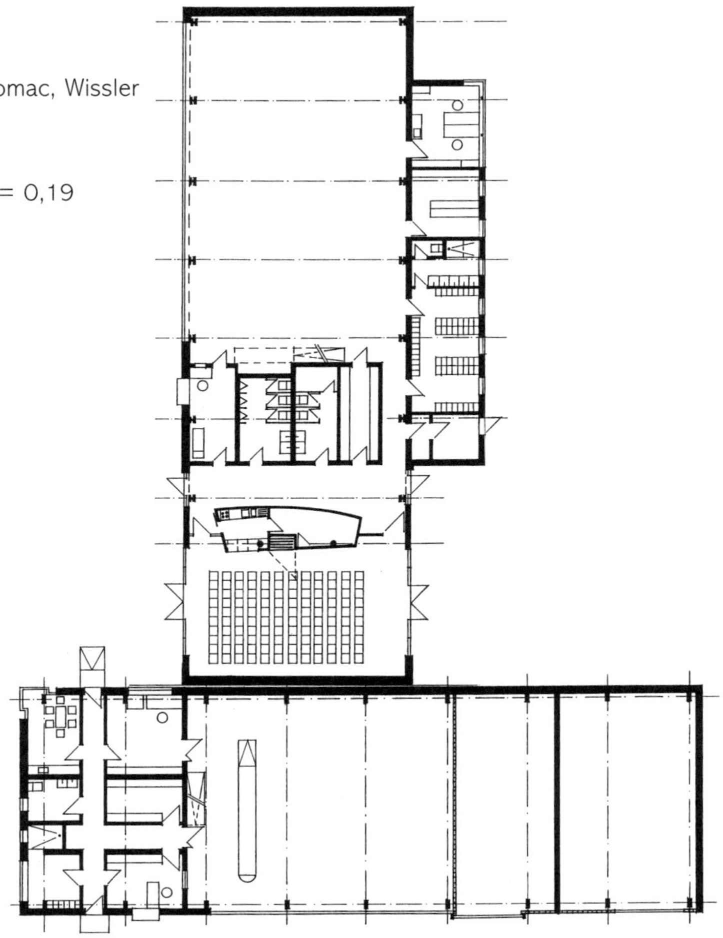

Die Funktionsbereiche Feuerwehr und Bauhof sind klar voneinander getrennt, ergeben in ihrer Anordnung – unterstützt durch Farbe und Material – jedoch eine Einheit am Ortsrand von Empfingen.
Der Gebäudebereich Feuerwehr wird gebildet durch folgende Einzelfunktionen:
- Fahrzeughalle mit vier Boxen,
- Nebenräume (Zentrale, Umkleide, Werkstatt, Lager, WC und Duschen),
- Schulungsraum mit Teeküche, abteilbar in Florianstube und Sitzungssaal, wobei das Foyer bei Veranstaltungen direkt mit einbezogen werden kann,
- Übungshof,
- Freisitz und
- Übungsturm.

Der Komplex Bauhof setzt sich aus folgenden Funktionsbereichen zusammen:
- Fahrzeughalle mit drei Boxen und einer Arbeitsgrube,
- einem geschlossenen und einem offenen Lager,
- Waschbox (auch von der Feuerwehr zu nutzen),
- Nebenräumen (Büro, Lager, Umkleide, Werkstatt, WC, Dusche und Aufenthaltsraum),
- Arbeitshof mit Freilager.

Maßstab 1 : 500

Quellen *Das Bauzentrum 6/95, DBZ 9/95; Heinze Deutsche Baudokumentation, Celle 1996; Architektur 1993–1996 in Baden-Württemberg (BDA-Veröffentlichung, 1997); Junge Beiträge zur Architektur, München, Stuttgart, Karlsruhe 1993; Pläne der Architekten.*

# Informationszentrum im Kernkraftwerk Philippsburg

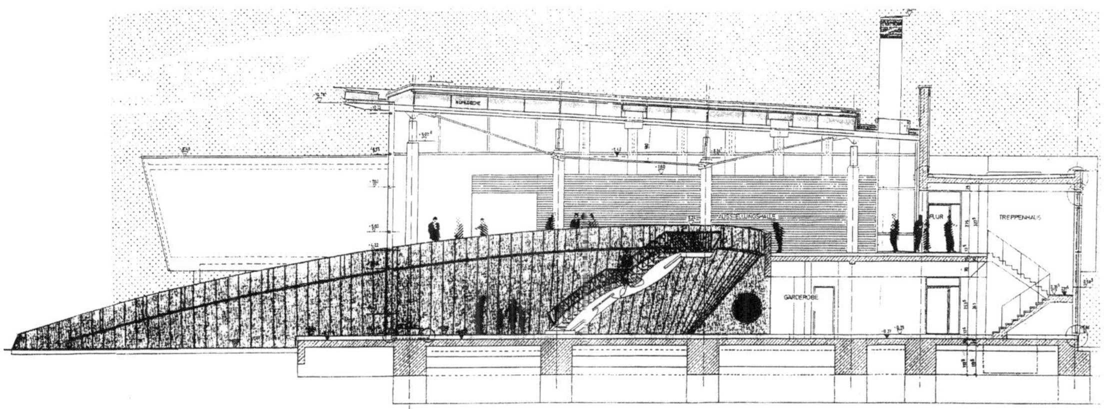

| | |
|---|---|
| Kernkraftwerk Philippsburg GmbH | Bauherr |
| Hartz Nasedy Team GmbH, Karlsruhe | Architekten |
| Christian Nasedy | Mitarbeiter |
| Ingenieurbüro Paul Schuler | Tragwerksplanung |
| Fertigstellung 1996 | |
| 1 690 m² | HNF |
| 250 m² | NNF |
| 70 m² | FF |
| 200 m² | VF |
| 8 800 m² | BRI |
| BRI/HNF = 5,20 | Faktor |

Die unterschiedlichen Nutzungen entsprechen den phantasievoll ausgeformten Bauteilen auf zwei Ebenen. Es geht um Information, Transparenz, Dialog und Diskussion.
Die zentrale, zweiseitig vollverglaste Ausstellungshalle dominiert. Einzelne Bauteile führen zur Ensemblebildung eines demokratischen Versammlungsortes. Die architektonische Absicht wird verdeutlicht durch das sichtbare zusammenschließende Deckentragwerk.

| | | |
|---|---|---|
| Hauptzugang, Ausstellung, Vortragsraum, Büros | EG | Raumbereiche |
| Hauptausstellung und Information, Zugang zur Aussichtsplattform | OG | |
| ca. 1: 600 | | Maßstab |
| *DBZ 5/96, Gütersloh; AIT 12/96; Detail 8/96; Heinze Deutsche Baudokumentation, Celle 1997; Pläne der Architekten.* | | Quellen |

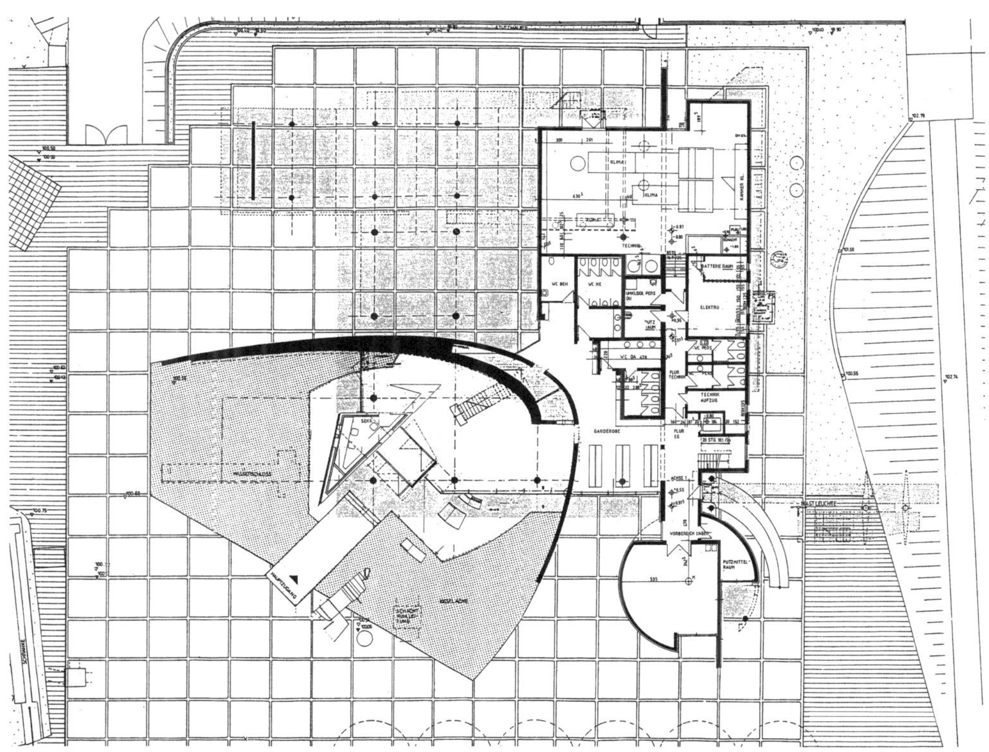

Erdgeschoß

STÜCKBRIE
CODIERPL

# 8 Bauwerke für technische Zwecke

## 8.1.1 Landesstudio des WDR in Düsseldorf

| | |
|---|---|
| Bauherr | Westdeutscher Rundfunk, Köln |
| Architekten | Parade + Partner, Christoph Parade, Brigitte Parade-Reese, Düsseldorf |
| Projektleitung | Ulf Profe-Bracht, Realisierung: Klaus Reese |
| Mitarbeiter | M. Becker, D. von den Hoevel, W. Heuing |
| | Wettbewerb 1984, 1. Preis |
| | Fertigstellung 1991 |

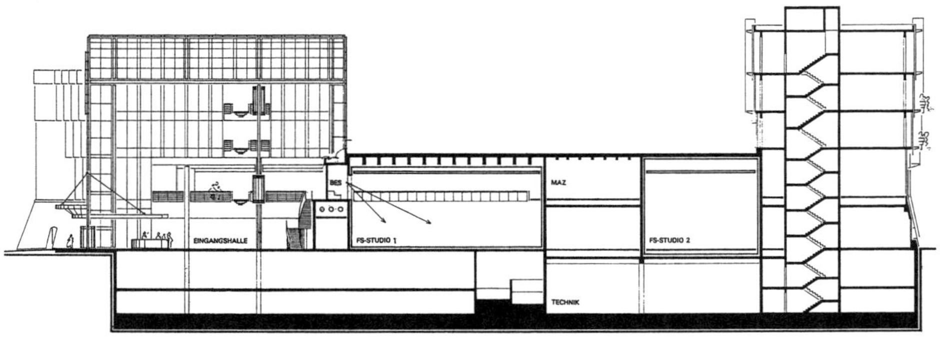


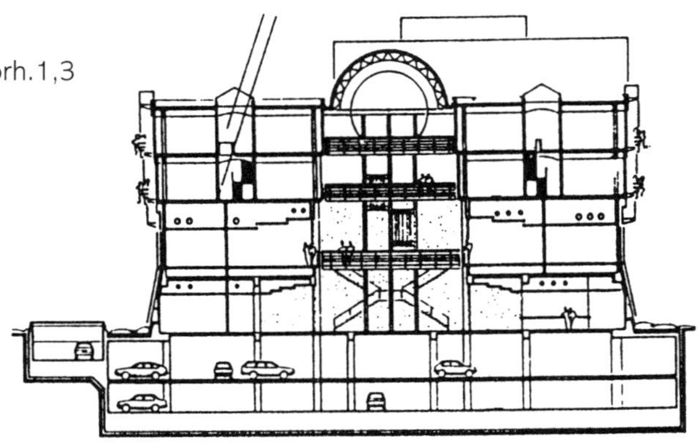

| | | | |
|---|---|---|---|
| Grundstück | 8 242 m² | GRZ vorh. 0,4 | GFZ vorh. 1,3 |
| BRI | 99 000 m³ | | |
| HNF | 5 860 m² | = 53 % | |
| NNF | 905 m² | = 8 % | |
| GAF | 4 265 m² | = 39 % | |
| NF | 11 030 m² | = 100 % | |
| FF | 2 895 m² | = 26 % | |
| VF | 3 915 m² | = 36 % | |
| NGF | 17 840 m² | = 162 % | |
| KF | 3 095 m² | = 28 % | |
| BGF | 20 935 m² | = 190 % | |
| Faktor | BRI/HNF = 16,89 | BRI/BGF = 4,73 | HNF/VF = 1,50 |

Das Raumprogramm wurde in einem kompakten Bau untergebracht. Das Landesstudio ist ein Mediengebäude mit vielen Funktionen. Zwei Studios mit umfangreicher Technik bestimmen die Gliederung. Eine große Anzahl von Redaktionsbüros erweitern den Raumbedarf.

Raumbereiche
EG Empfangshalle, Cafeteria, Studio1, Studio 2, Regiezonen, Dekorationen
OG Luftraum der Studios, Redaktions- und Konferenzräume

Maßstab ca. 1:450

Quellen *Die Bauverwaltung 6/90; Heinze Deutsche Baudokumentation, Celle 1994; Pläne der Architekten.*

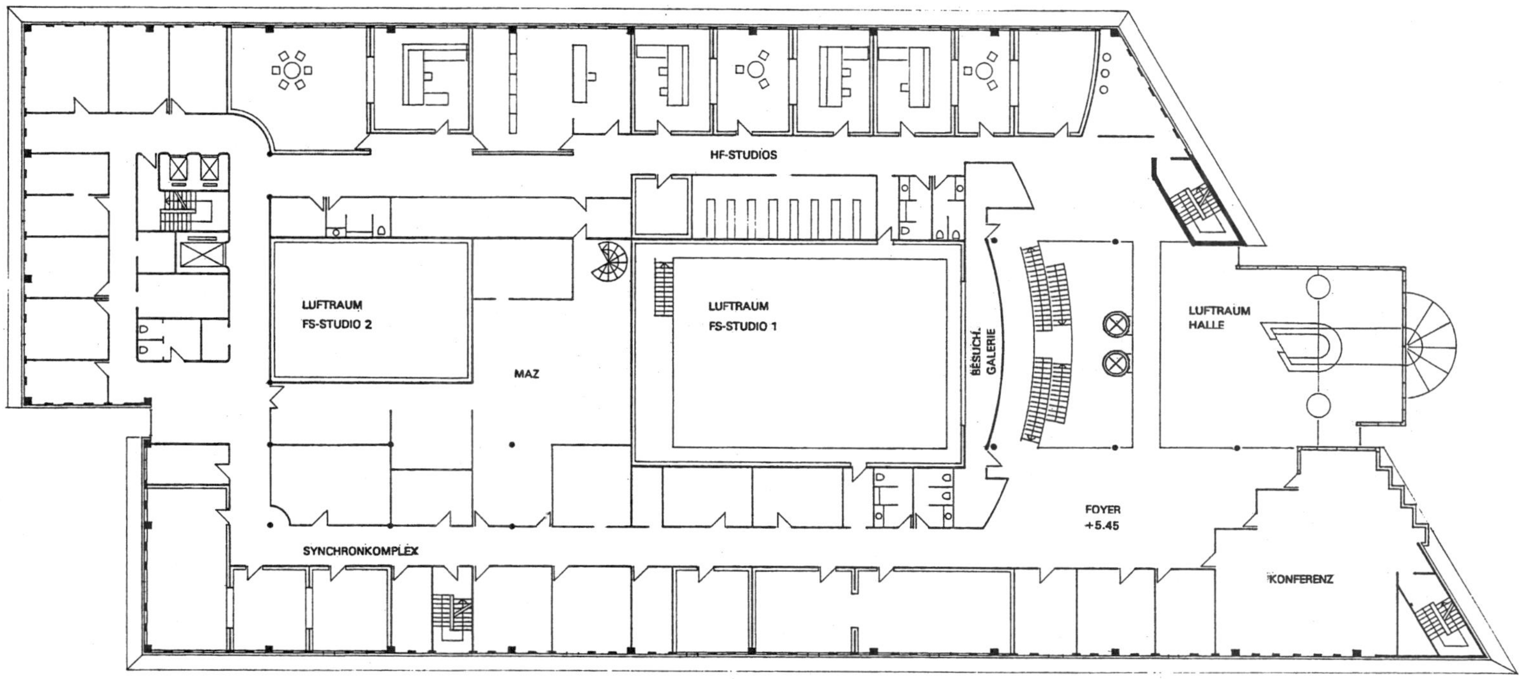


1. Obergeschoß

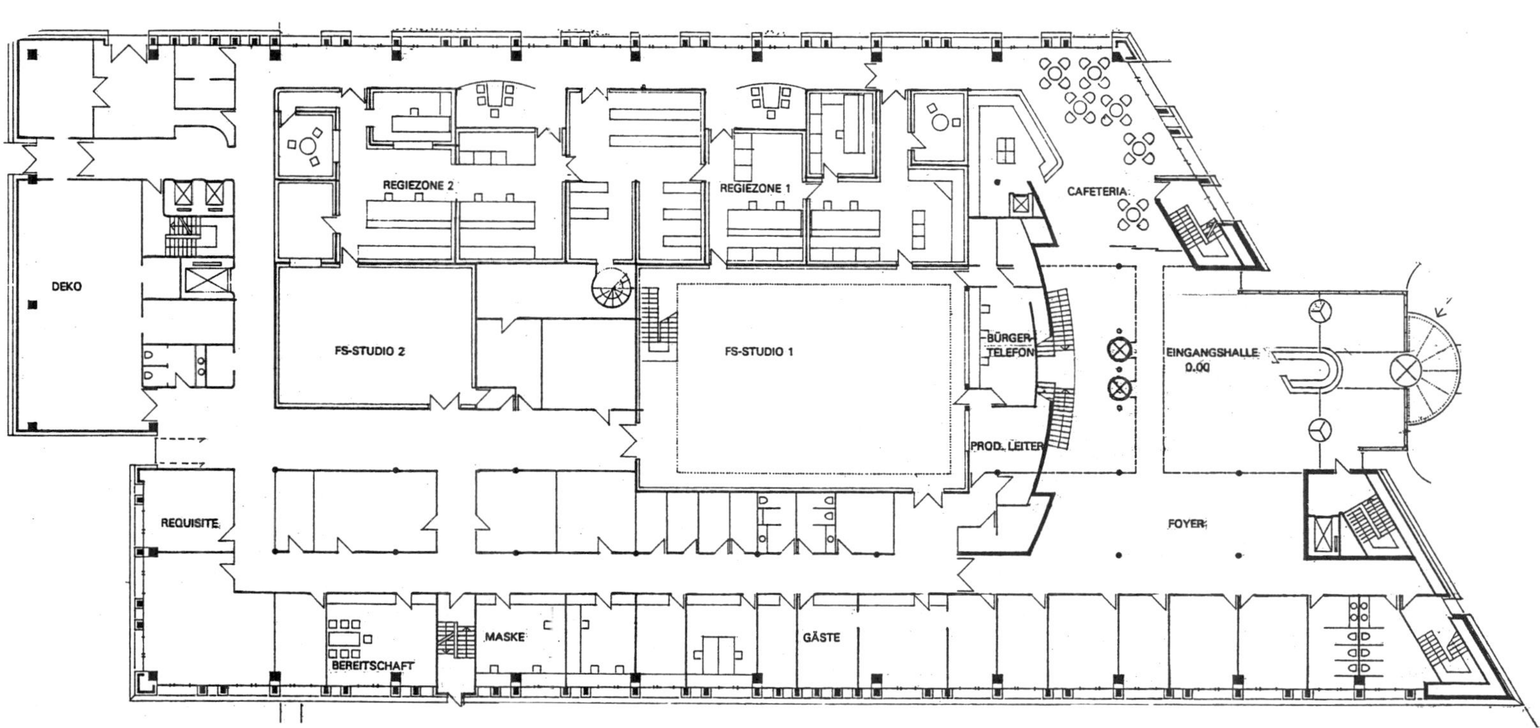


Erdgeschoß

## 8.1.2 Radiokommunikationszentrum PTT in Lausanne-Ecublens/CH

| | |
|---|---|
| Bauherr | Direktion der Telekommunikation PTT, Lausanne |
| Architekt | Rodolphe Luscher, Lausanne |
| Projektleiter | David Linford |
| Tragwerks-planung | Daniel Crottaz und Partner, Lausanne |
| | Fertigstellung 1995 |
| Grundstück | 7 200 m² |
| NF | 3 300 m² |
| BGF | 3 900 m² |
| BRI | 21 000 m³ |

Das sechsgeschossige Fernmeldezentrum steht auf einer halbmondförmigen Plattform und bildet mit seiner kinematographischen Form ein markantes städtebauliches Zeichen.
Die unterschiedlichen Gebäudekörper umklammern den zentralen Teil. Im Osten befinden sich die Büros der Verwaltung, ein Café und der Konferenzraum, im Westen die technischen Räume sowie ein Experimentierraum der ETH Lausanne.
Die Fassade besteht aus einer Doppelhautverglasung zur Ausnutzung des Treibhauseffektes im Winter und zur Vermeidung von Überhitzung im Sommer.

Maßstab ca. 1:400

Quellen *AIT Spezial 3/96; Pläne des Architekten.*

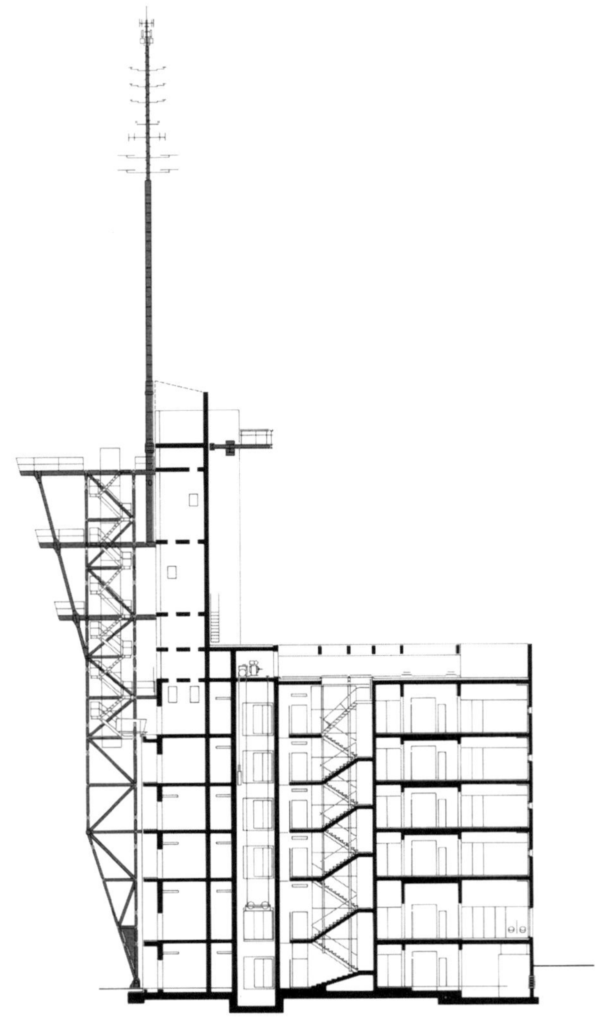

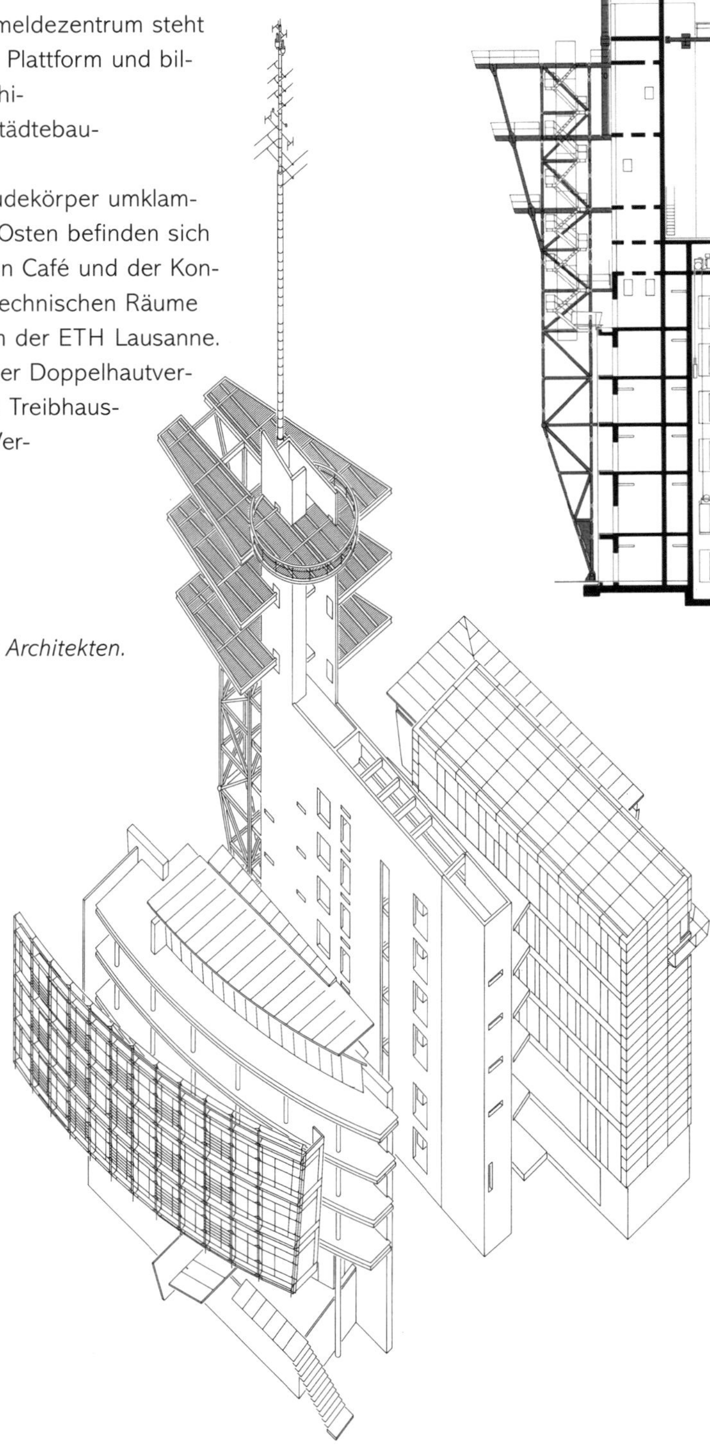

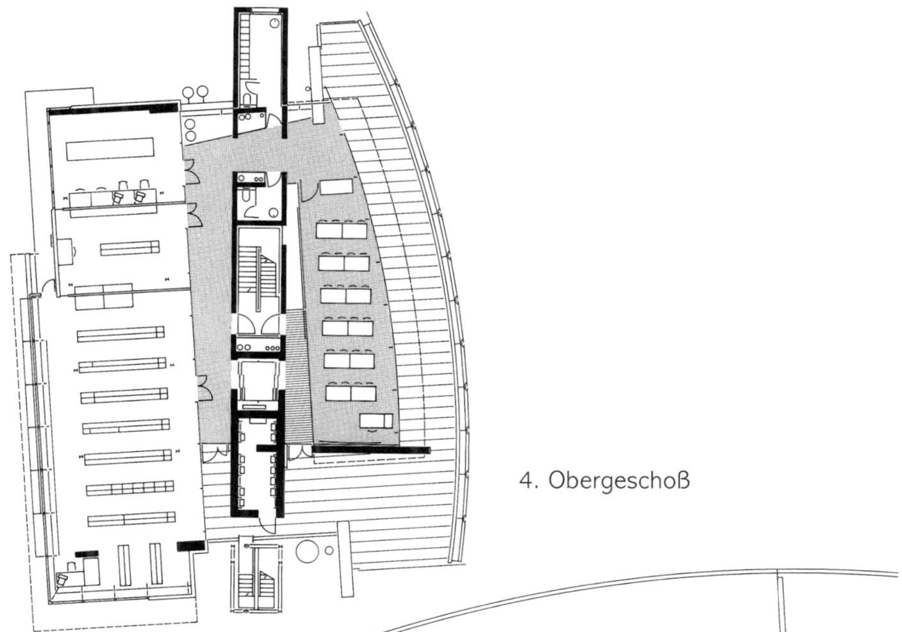

4. Obergeschoß

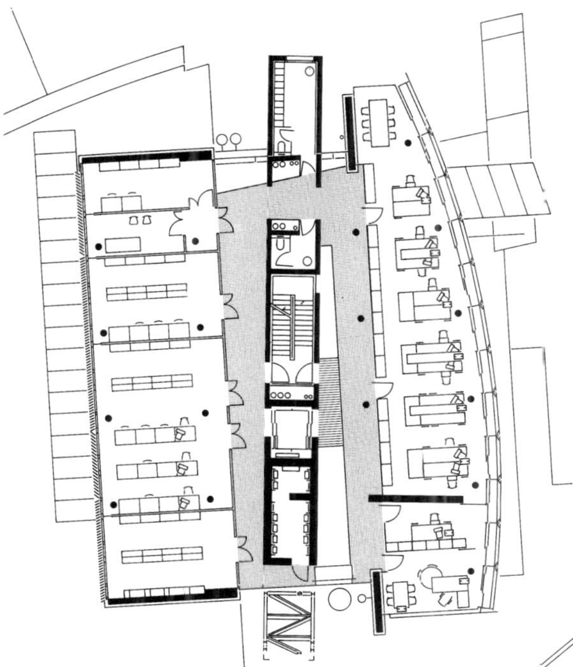

1. Obergeschoß

Erdgeschoß

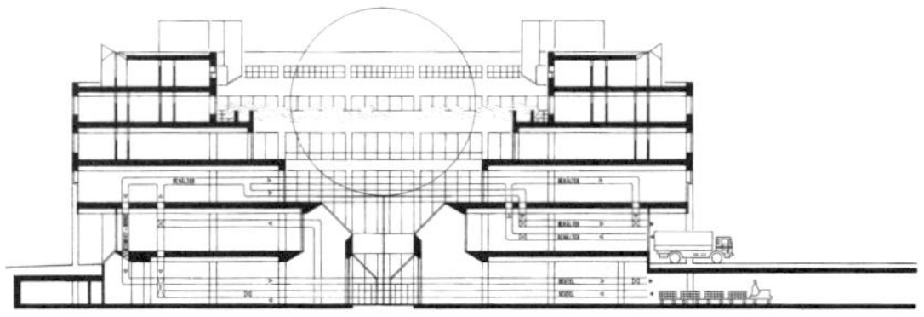

## 8.2.1 Postamt 3 in Köln

Bauherr: Deutsche Bundespost, Bonn

Architekten: Prof. Joachim Schürmann und Margot Schürmann, Köln

Mitarbeiter: W. Dittmann, Chr. Becker, W. Euskirchen, H. Bühr, U. Dams, G. Frings, H. Holler, J. Kister, S. Kolbe, M. Lange, M. v. Ooyen, M. Orawiec, M. Peterek, R. Raasch, K. Schmitz-Gielsdorf, G. Schmitz-Jacobi, F. Stadler,T. Stelling, H. Süsebeck, St. Tacke, G. Wenzel

Tragwerksplanung: Varwick, Horz und Ladewig

Fertigstellung 1989

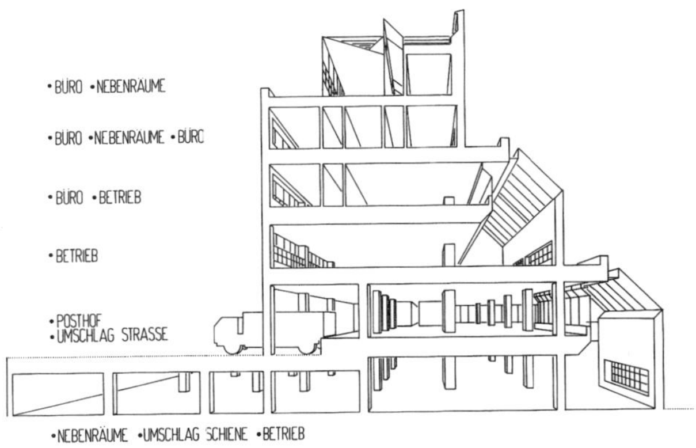


Betriebsfläche: 11 000 m²

Bürofläche: 3 700 m²

Tiefgarage mit 245 PKW-Stellplätzen

Das Gefüge der Kölner Innenstadt mit ihren überwiegend fünfgeschossigen Bauten ist empfindlich gegenüber höheren Bauwerken, so daß das geforderte umfangreiche Raumprogramm die totale Ausnutzung des Grundstücks erforderte. Daraus resultiert die große Gebäudetiefe um einen Innenhof. Es folgt weiter daraus die Notwendigkeit, ein volles Nutzgeschoß unter die Erde zu legen, um insgesamt die Höhe zu mindern.
Aus diesen Vorgaben ergab sich die klare Blockrandbebauung in Verwandtschaft zum Gebäudetypus der benachbarten Hauptpost.
Diese Verdichtung der Baumasse und die optische Absenkung der Traufkante durch das Zurücksetzen des 4. Obergeschosses erlauben auch die Höhe des alten Postbauwerks zu übernehmen.
Betriebsfläche mit Sortier-, Verteil- und Beladetechnik, elektronisch gesteuert. Die Anordnung der Betriebsräume erfolgt in konzentrischen Kreisen um den Innenhof, der wie ein Lichttrichter wirkt.
Eine weitgehende Stützenfreiheit wurde durch große Spannweiten erreicht.

Raumbereiche

| | |
|---|---|
| UG | Kastenkeller, Bundöffnung, Beutelumschlag-Schiene |
| EG | Briefordnerei, Beutel- und Behälterumschlag |
| 1. OG | Betriebsbereich, Videocodierraum, Teeküche mit Eck-Loggia |
| 2. OG | Briefabgang Ausland, Eilzustellung, Büros |
| 3. OG | Büro- und Nebenräume |

Maßstab: ca. 1:900

Quelle: *Pläne der Architekten.*

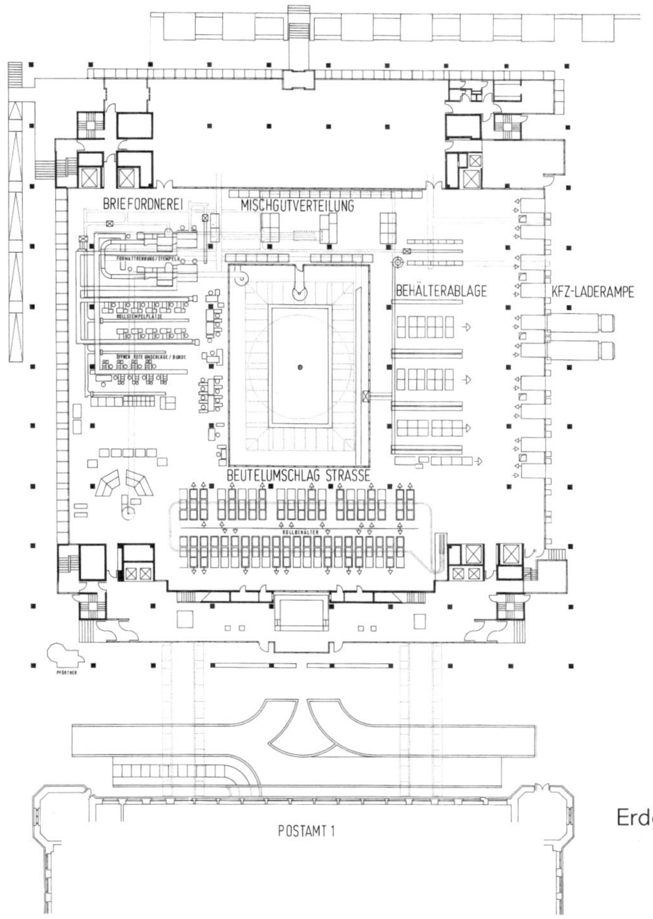


Erdgeschoß

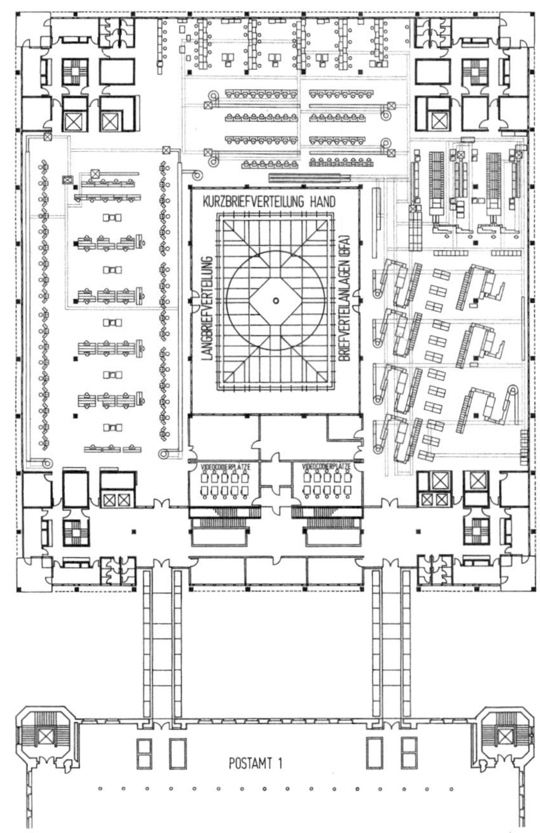


1. Obergeschoß

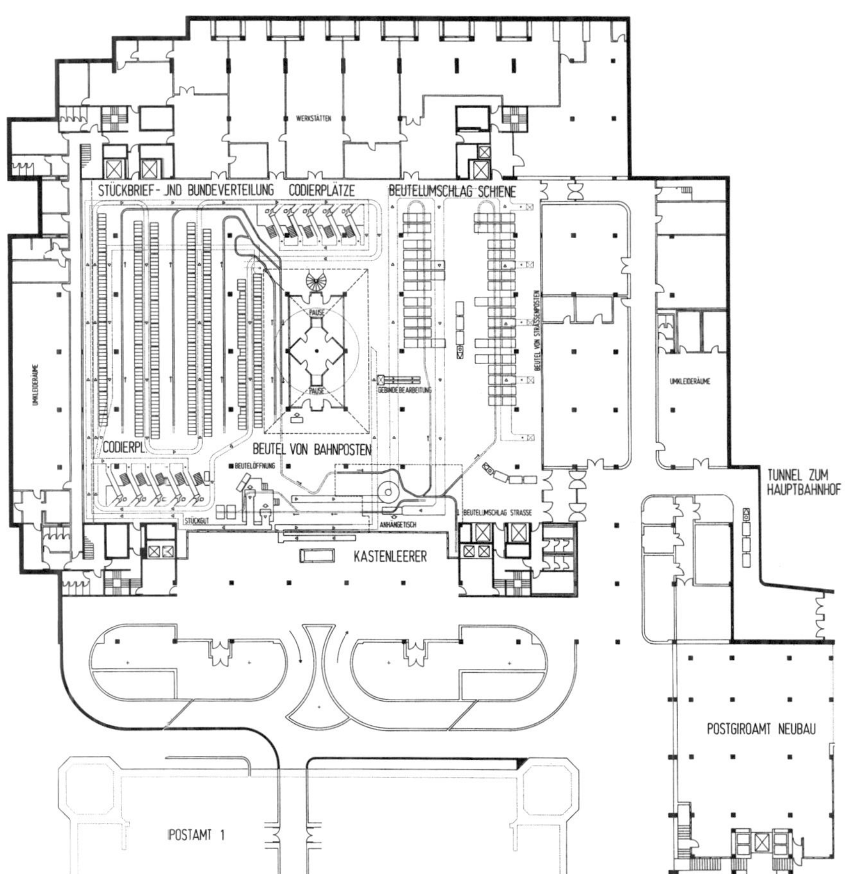


1. Untergeschoß

## 8.2.2 Oberpostdirektion Stuttgart

Bauherr — Deutsche Bundespost, vertreten durch das Referat 52 P, Bonn

Architekten — kammerer + belz, kucher & partner, Stuttgart

Mitarbeiter — G. Wiemken, F. Seibold

Fertigstellung 1987

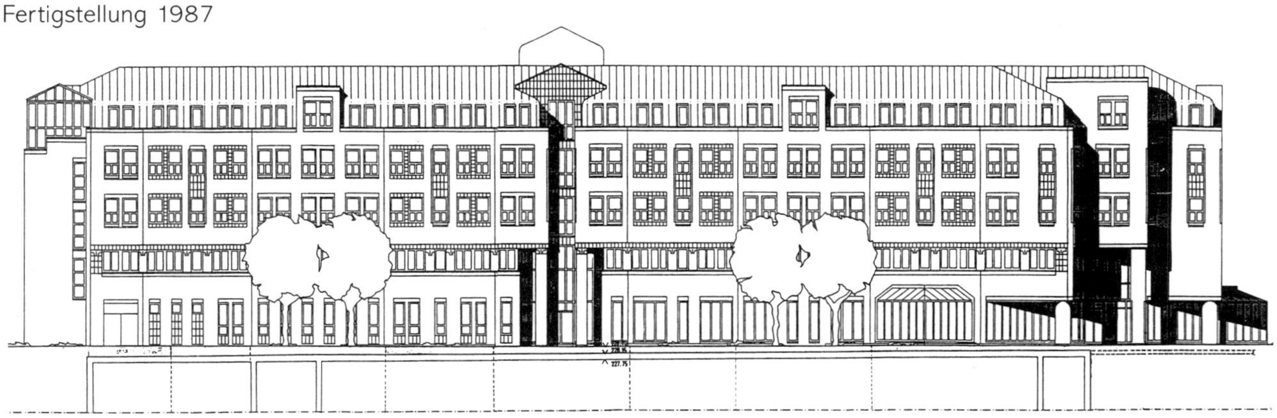

Das Bebauungskonzept bestand darin, ein Stück Stadt in Cannstadt wiederherzustellen, das durch die jahrzehntelange Entwicklung eines Industriegebietes geprägt wurde. Aus der Gestalt der dort gebauten Häuser und Straßen wurde etwas Neues entwickelt, ohne historisierend nachzuahmen oder die Funktion zu vernachlässigen: mit lebendig gegliederten Fassaden aus hellem Backstein, mit Fensterumrahmungen aus farbiger Keramik, besonders ausgebildeten Ecken als Auftakt und Eingangsbetonung am zentralen Platz.

Mit der Backsteinfassade kamen die Architekten auch wieder auf die »Korngröße« der Umgebung zurück, sozusagen als Maßstäblichkeit bis ins Detail. Die gestalterische Schwierigkeit lag darin, daß »lauter Gleiches am Ende zu Ungleichem führen sollte«. Entstanden ist dabei eine Art von Hierarchie, die von unten nach oben führt und sich aus Sockel-, Mittel- und Dachzone zusammensetzt.

Maßstab — ca. 1:1250

Quelle — *Pläne der Architekten.*

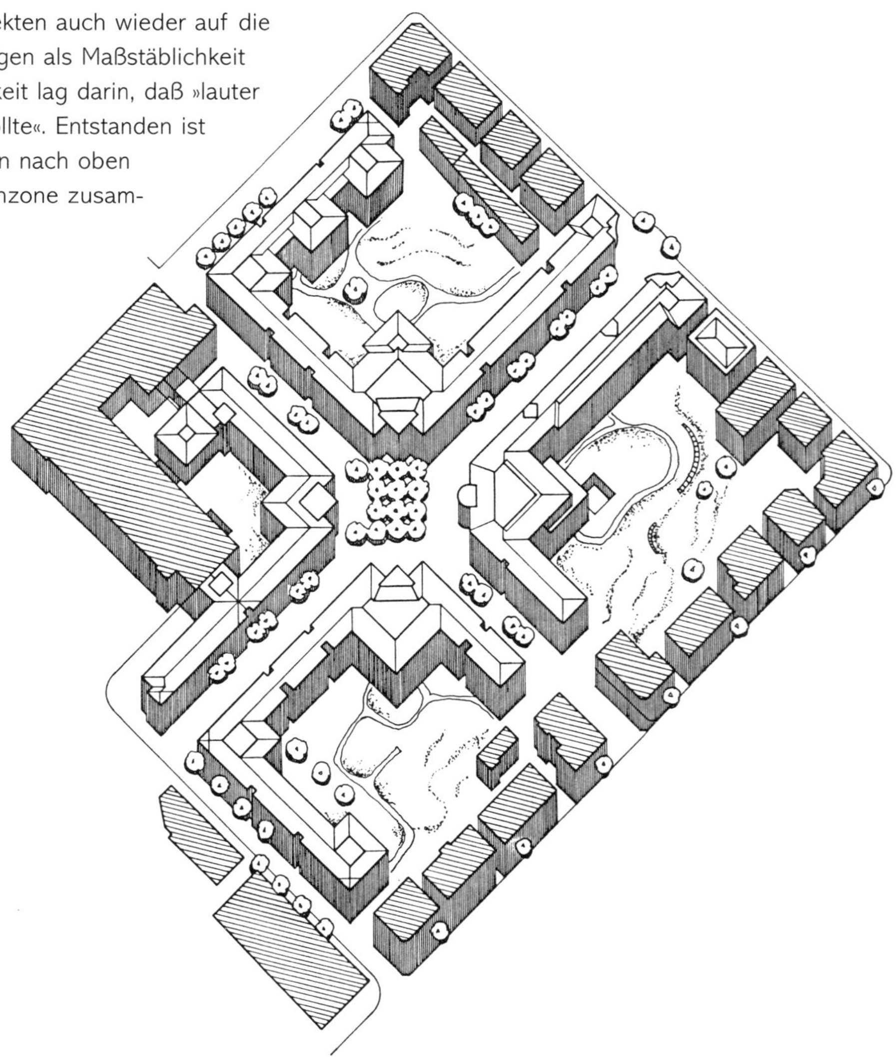

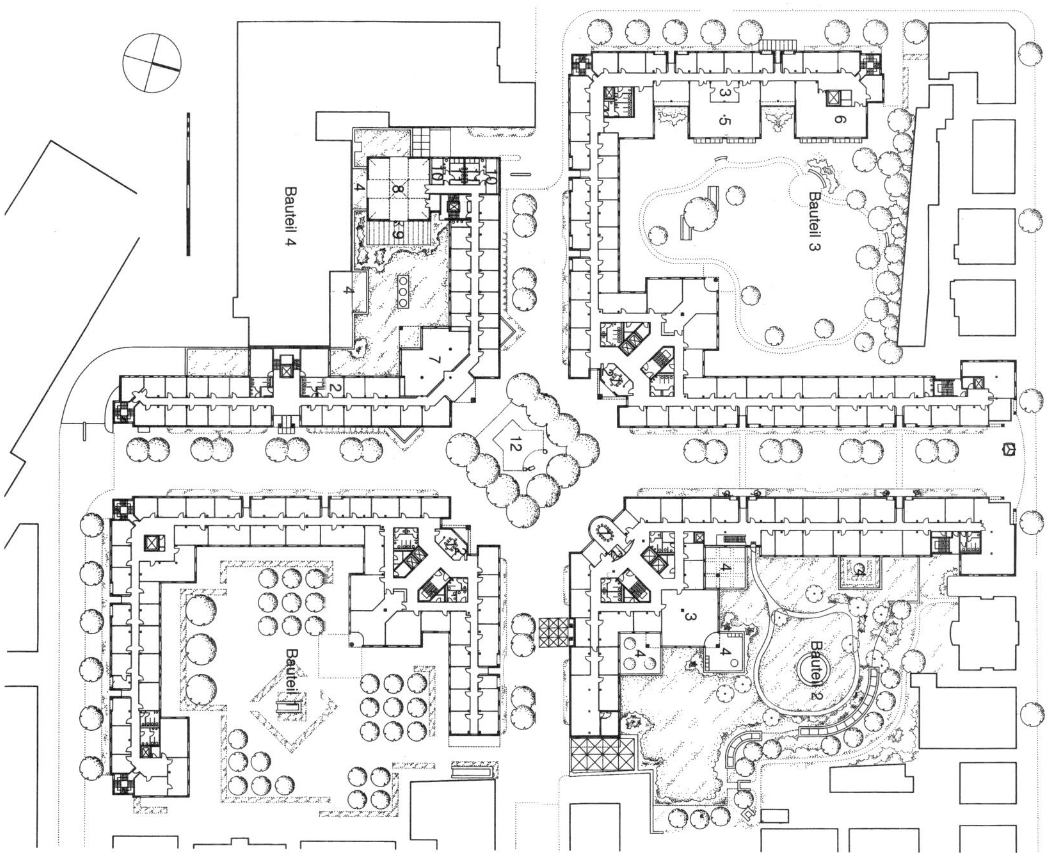


1. Obergeschoß

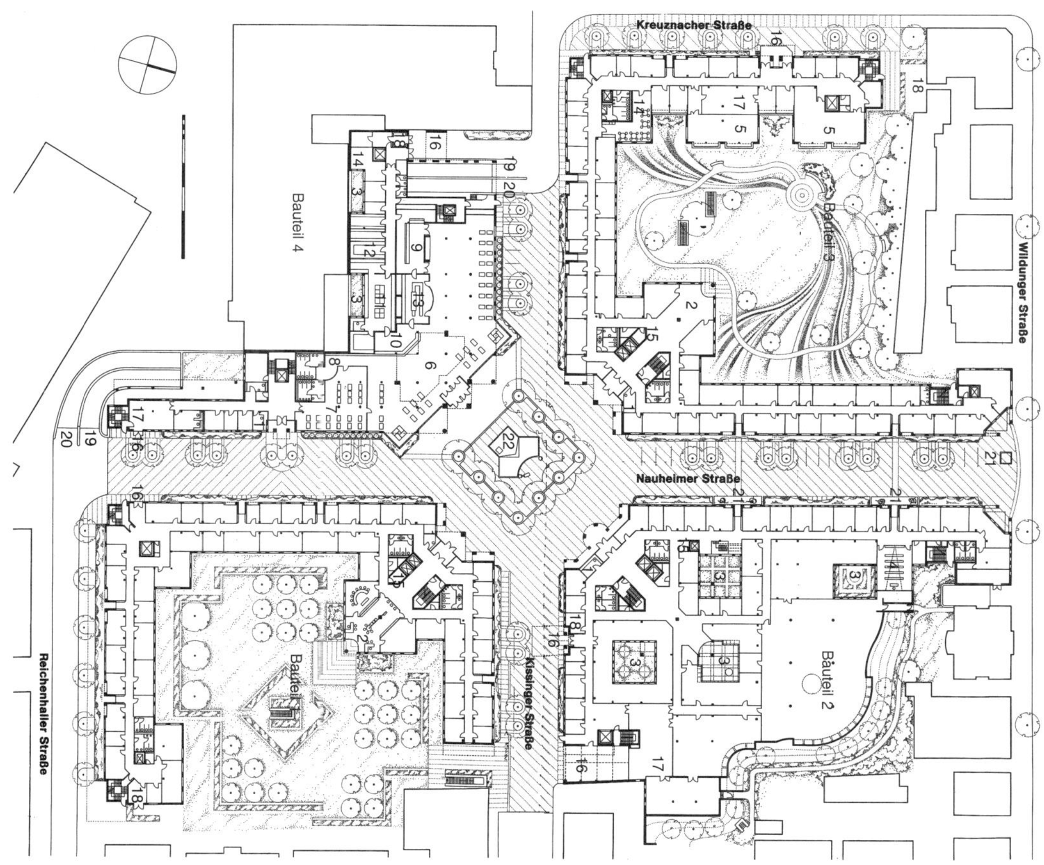


Erdgeschoß

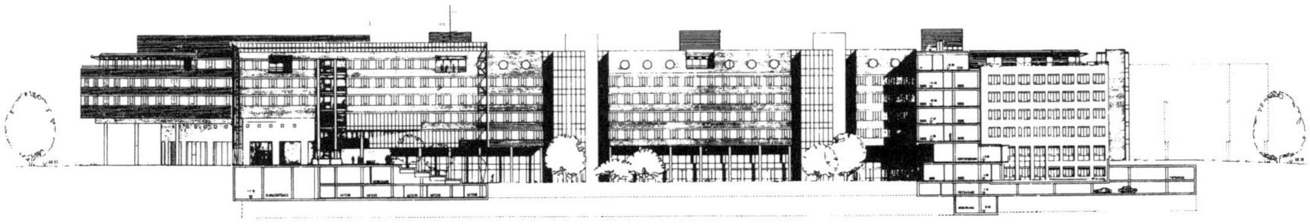

## 8.2.3 Generaldirektion Telekom, Bonn

| | |
|---|---|
| Bauherr | GENIUS-Grundstücksverwaltungsgesellschaft, München, Nutzer: Deutsche Telekom AG |
| Architekten | kammerer + belz, kucher & partner, Stuttgart |
| Projektsteuerung | Drees + Sommer, Stuttgart. |
| Tragwerksplanung | Boll & Partner, Stuttgart |
| | Gutachterverfahren mit vier geladenen Büros 1990, 1. Preis |
| | Fertigstellung 1995 |
| Kunst | Elke Denda, Gabriele Heider, A. R. Penk, Mario Merz, Daniel Buren |

| | | |
|---|---|---|
| Grundstück | 48 624 m² | GRZ = 0,71 GFZ = 1,58 |
| HNF | 80 456 m² | = 97 % |
| NNF | 2 489 m² | = 3 % |
| NF | 82 945 m² | = 100 % |
| FF | 13 355 m² | = 16 % |
| VF | 19 304 m² | = 23 % |
| NGF | 115 604 m² | = 139 % |
| KGF | 13 562 m² | = 16 % |
| BGF | 129 166 m² | = 156 % |
| BRI | 529 792 m³ | |
| Faktor | BGF/HNF = 1,61 | BRI/HNF = 6,58 |
| | 950 Stellplätze | |

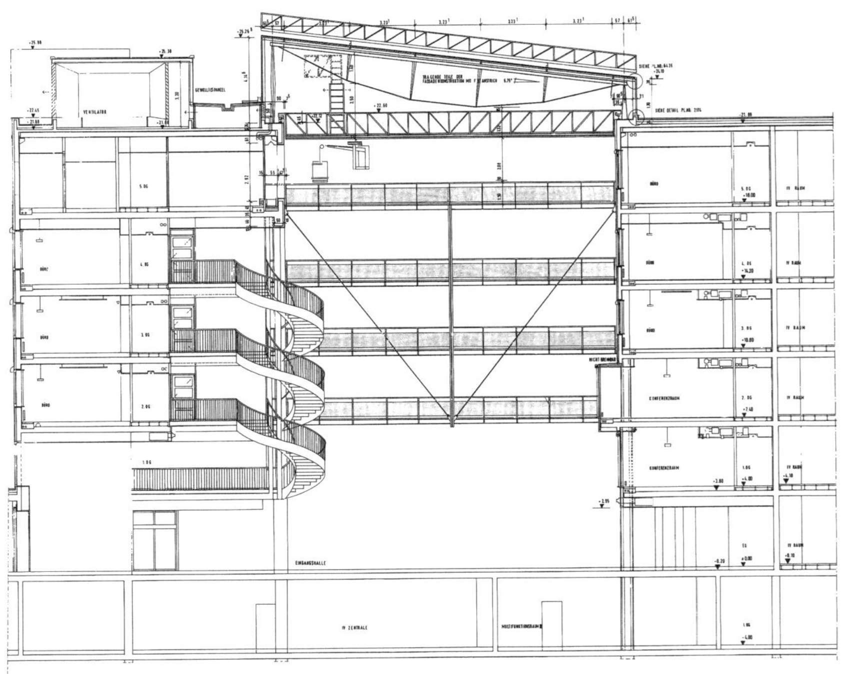

Um einen grünen Gartenhof gruppiert sich der U-förmige Baukörper mit ungleich großen Schenkeln. Acht Finger zweigen von dieser Grundform nach außen und bilden offene Höfe. Der Komplex ist nach außen geöffnet wie nach innen konzentriert.

Die sechsgeschossigen Verwaltungstrakte für 2 000 Angestellte enthalten variable Büroräume (überwiegend Zweiraumbüros von 16 m² Größe, keine Großräume), den Vorstandsbereich, das Konferenzzentrum mit der Bibliothek darüber.

Die große gläserne Halle mißt 17 x 55 m. Sie ist 27 m hoch und wird von vier leichten Brücken durchquert. Sie dient als Kommunikations-Mittelpunkt. Von hier gelangt man direkt zum Kongresszentrum, dessen Vortragssaal für 800 Personen ausgelegt ist. Er kann bei Bedarf in zwei Säle unterteilt werden.

Die Bürotrakte besitzen Treppenhäuser an den Flügelenden, die bis in die Tiefgarage hinuntergehen.

| | | |
|---|---|---|
| Raumbereiche | UG | Tiefgarage mit 950 Einstellplätzen, Technikzentrale, Multifunktionsräume, Casino, Schutzräume |
| | EG | Vorfahrt, Eingangshalle, Konferenz-Foyer, Hallenterrassen zum Garten, Großer Rundsaal mit Umgang, einbündige Flurerschließung, voll umlaufend dezentrale Aufzugserschließung der Bürotrakte |
| | 1. – 5. OG | Zweibündige Bürotrakte |

Maßstab: Grundrisse ca. 1 : 2000, Schnitt 1 : 350

Quellen: *Flagge, I.: Kammerer + Belz, Kucher & Partner. Neubau der Generaldirektion Telekom, Berlin 1996; Pläne der Architekten.*

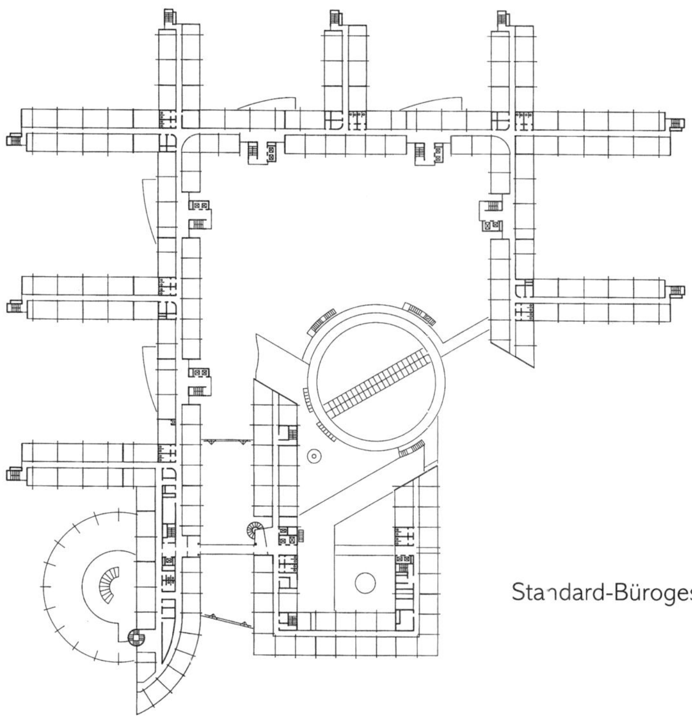

Standard-Bürogeschoß

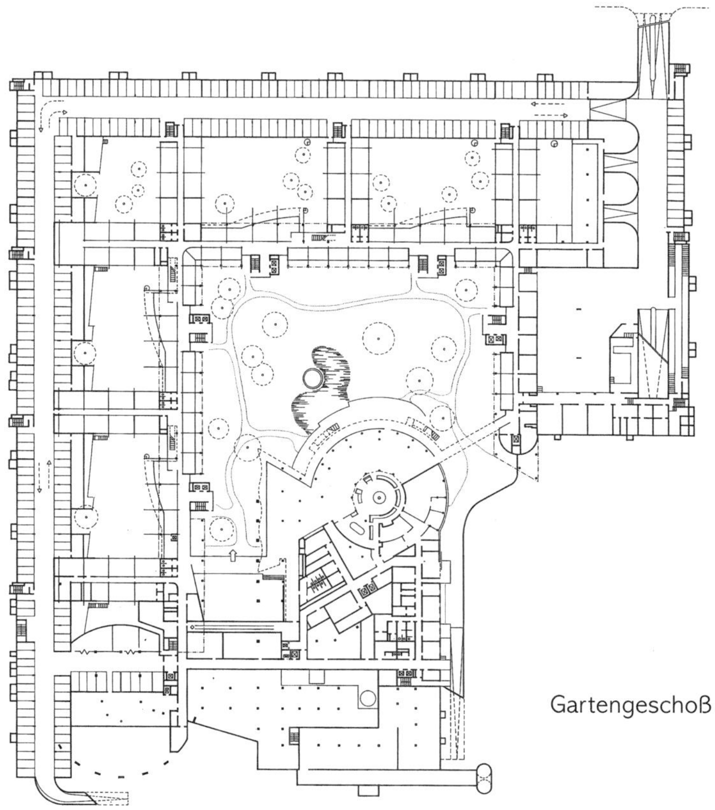

Gartengeschoß

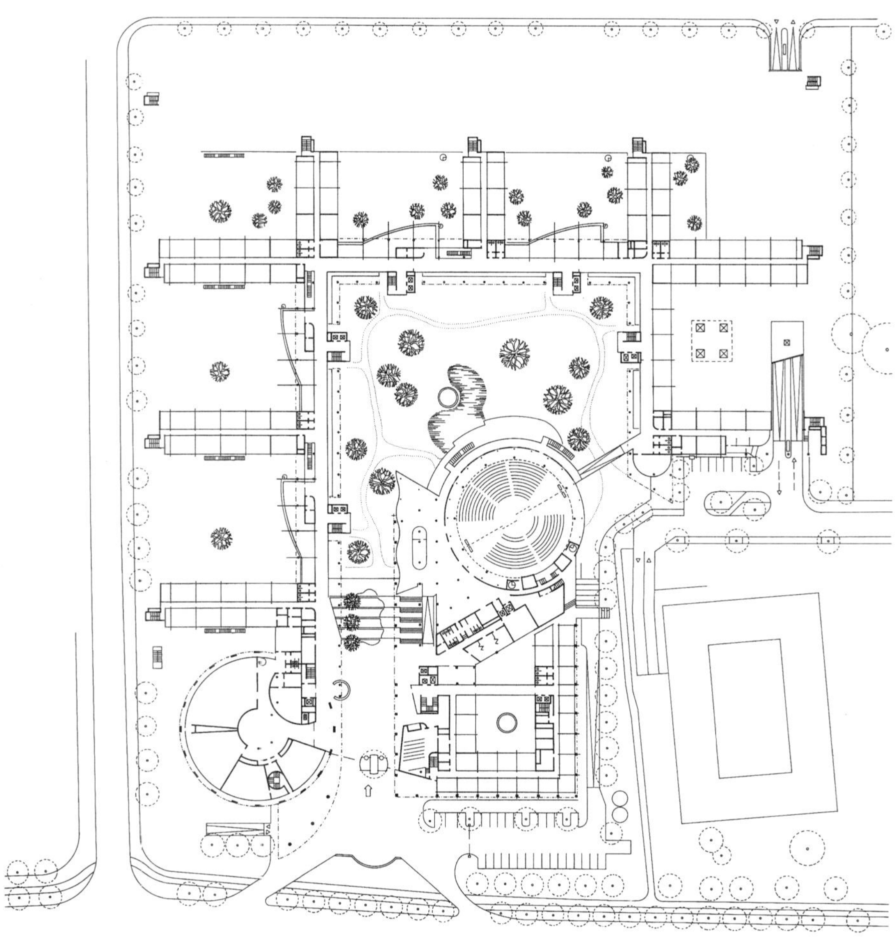

Erdgeschoß

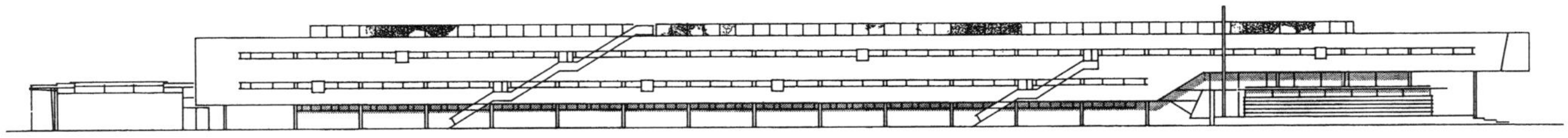

## 8.3.1 Stadtwerke Ettlingen

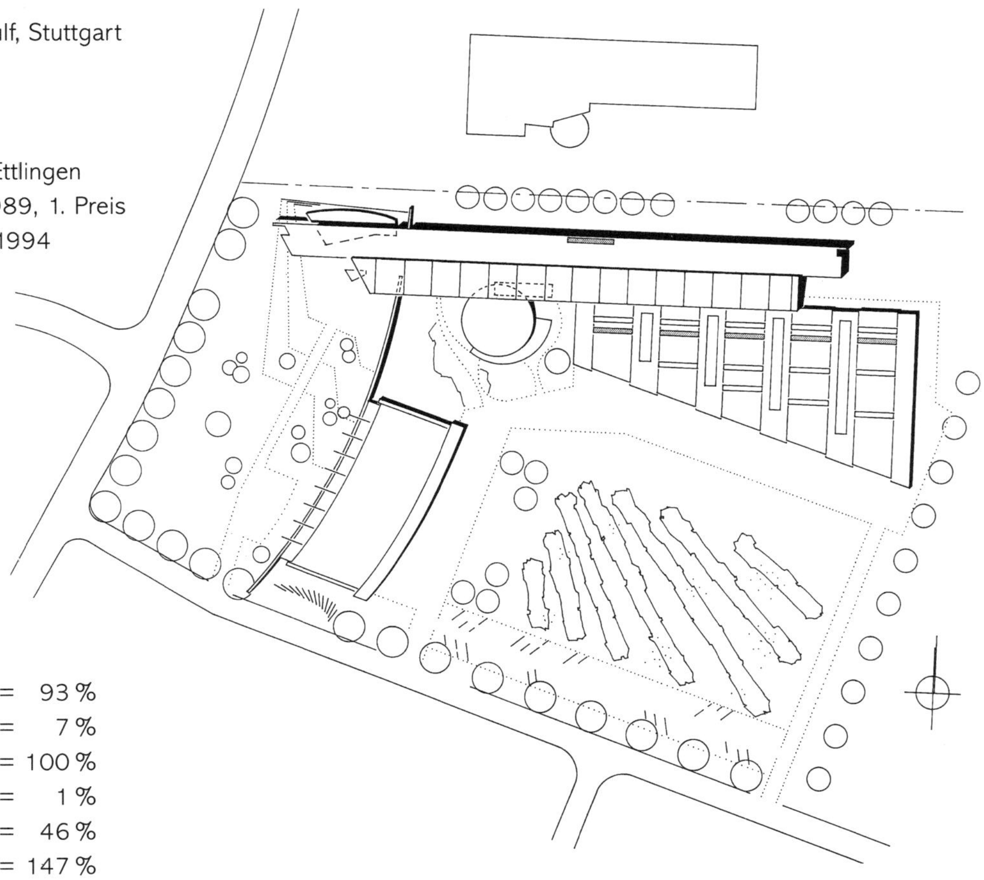

| | |
|---|---|
| Bauherr | Stadt Ettlingen |
| Architekt | Prof. Tobias Wulf, Stuttgart |
| Mitarbeiter | A. Vohl |
| Projektleiter | F. Theurer |
| Tragwerks-planung | Büro Piontek, Ettlingen |
| | Wettbewerb 1989, 1. Preis |
| | Fertigstellung 1994 |

| | | |
|---|---|---|
| Grundstück | 25 864 m² | |
| HNF | 4 464 m² | = 93 % |
| NNF | 338 m² | = 7 % |
| NF | 4 803 m² | = 100 % |
| FF | 57 m² | = 1 % |
| VF | 2 210 m² | = 46 % |
| NGF | 7 070 m² | = 147 % |
| KGF | 477 m² | = 9 % |
| BGF | 7 548 m² | = 157 % |
| BRI | 26 773 m³ | |
| Faktor | BGF/HNF = 1,69 BRI/HNF = 5,99 BRI/BGF = 3,55 | |

Verwaltungsgebäude, Werkstätten mit Lagerhallen und die Kfz-Halle bilden eine zusammenhängende Komposition. Besonders wichtig sind dabei die Verknüpfungselemente, die zum baulichen Thema werden:

das Grünhaus als Verbindungselement zwischen Verwaltung und Werkstättenbereich,
die geschwungene Mauer als Bindeglied zur Kfz-Halle und
im Zentrum der Anlage die kreisrunde Kantine.

Das Grünhaus ist als Klimapuffer konzipiert, gleichzeitig trägt es auch zur Gestaltung eines attraktiven Arbeitsumfeldes bei. Das Haus dient als innerer Garten, als Begegnungszone in den Arbeitspausen, und ist auch als Experimentierfeld und Ausstellungsbereich (Energie-Lehrpfad) geeignet. Durch das Grünhaus wird eine maximale passive Ausnutzung der Solarenergie möglich. Die Technik wird nicht verborgen, aber auch nicht überstilisiert. Die harmonische Einbettung der Gebäude in durchgrünte Freibereiche ist ein wichtiges Anliegen.

Maßstab 1:900

Quellen

*Broschüre Stadtwerke Ettlingen, Ettlingen 1994;*
*Monographie Architekturbüro Wulf, Stuttgart 1994;*
*Pläne der Architekten.*

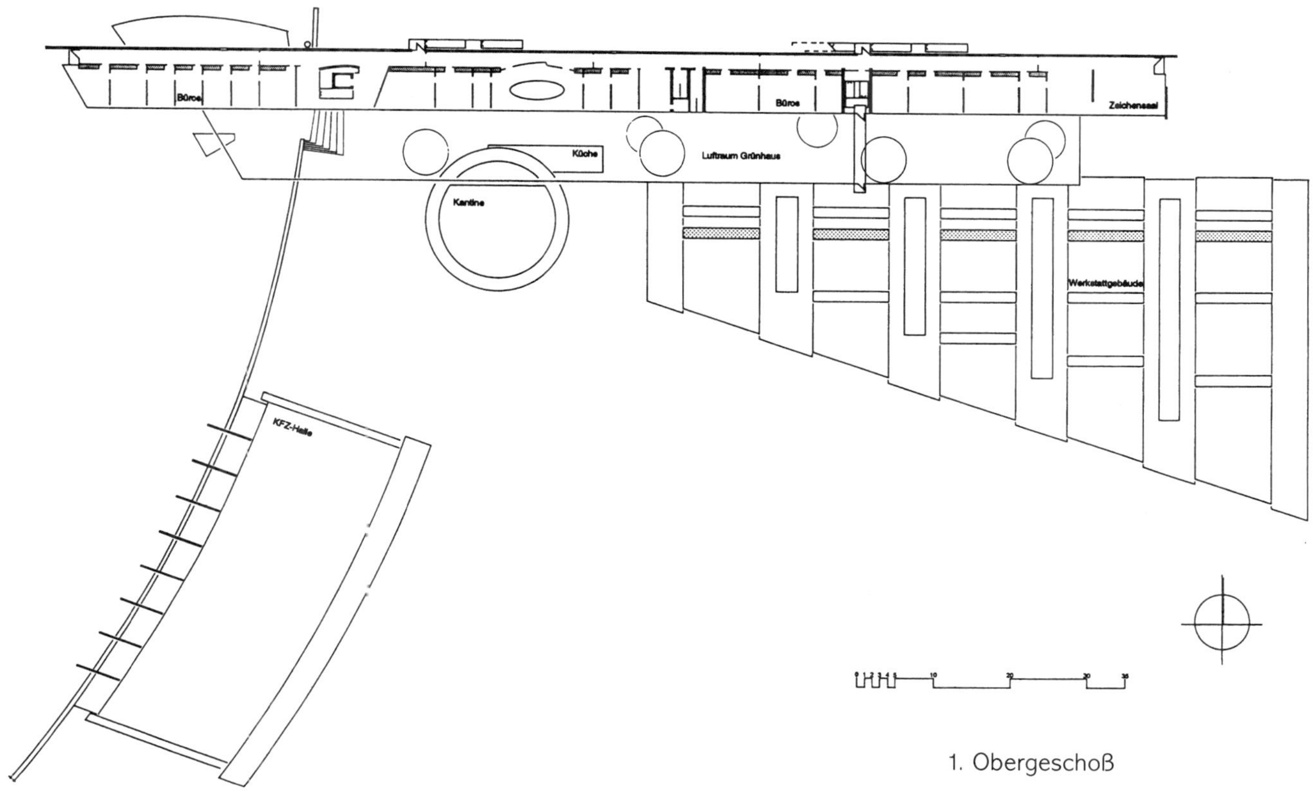


1. Obergeschoß

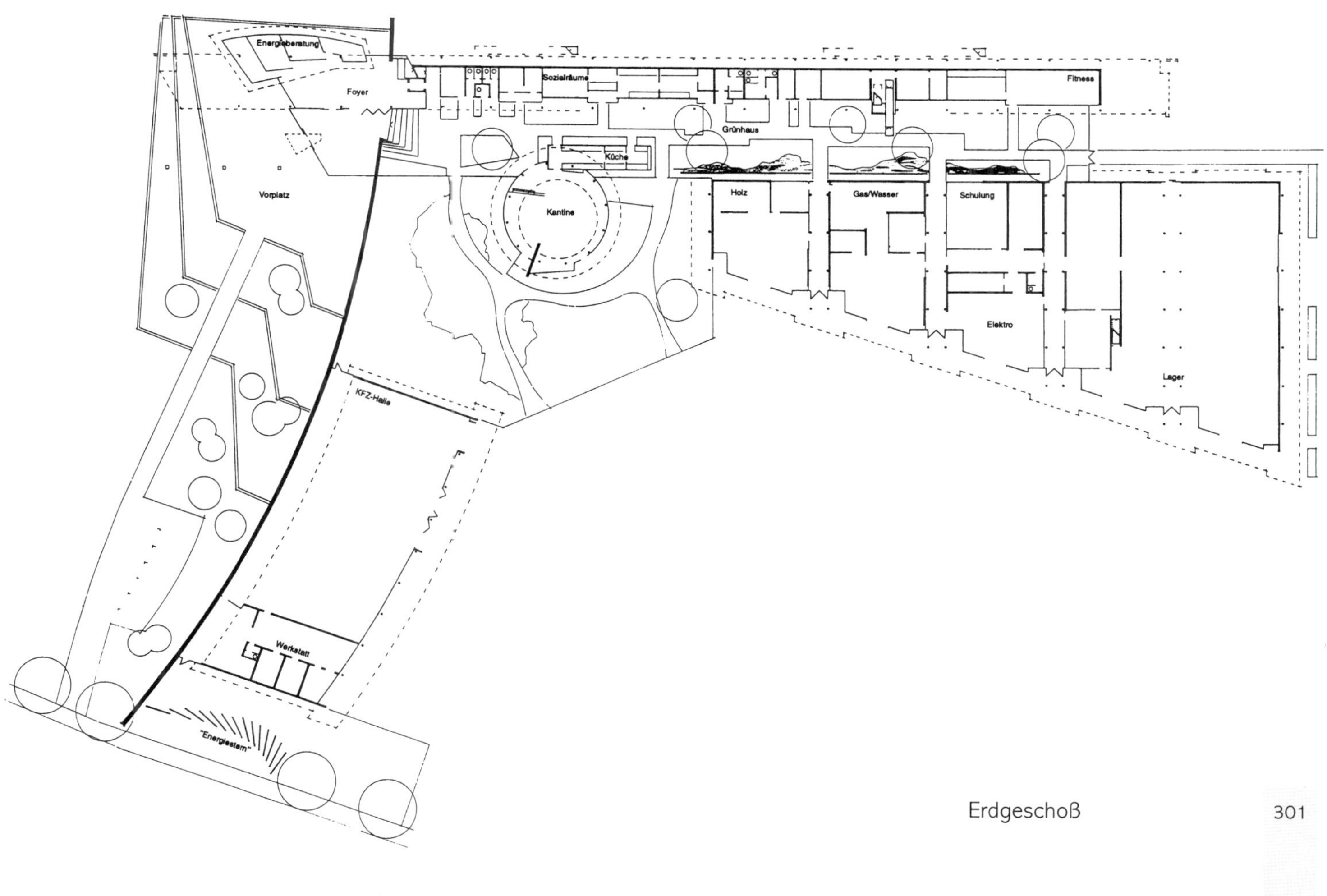


Erdgeschoß

## 8.3.2 Betriebsgebäude in Siegburg

Bauherr Rheinische Energie AG
Architekt Walter von Lom & Partner, Köln
Mitarbeiter A. Godt, Projekt- und Bauleitung
Fertigstellung 1992

Grundstück 10 800 m² GRZ = 0,3 GFZ = 1,5
BGF 7 000 m²
BRI 12 000 m³
Faktor BRI/BGF = 1,72

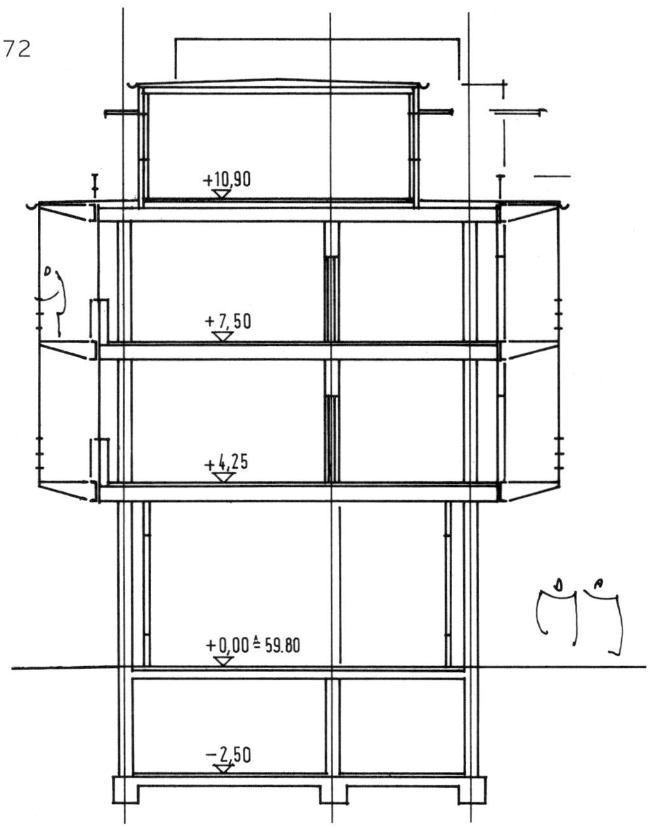


Der Betriebssitz der Rheinischen Energie AG besteht aus dem Bürogebäude mit ebenerdigen Werkstätten und einer Kfz- und Lagerhalle. Die Verteilung der Baukörper auf dem Baugrund entspricht ihren Aufgaben: Schmiegt sich das knapp 110 m lange Bürohaus platzsparend bis zum äußeren Rand in die Straßenbiegung, so besetzt die Halle – als eigentliche Drehscheibe des Wartungs- und Versorgungszentrums für Gas, Wasser und Strom – die Mitte des trapezförmigen Geländes. Den Abschluß bildet ein Freilager mit Unterkellerung für knapp 100 Stellplätze.

Maßstab Grundrisse ca. 1:500, Schnitt 1:175

Quellen *Baumeister 11/93; CENTRUM Jahrbuch Architektur und Stadt 1994; Beton Prisma 67/94; Bauen mit Stahl Nr. 76/1995; Pläne der Architekten.*

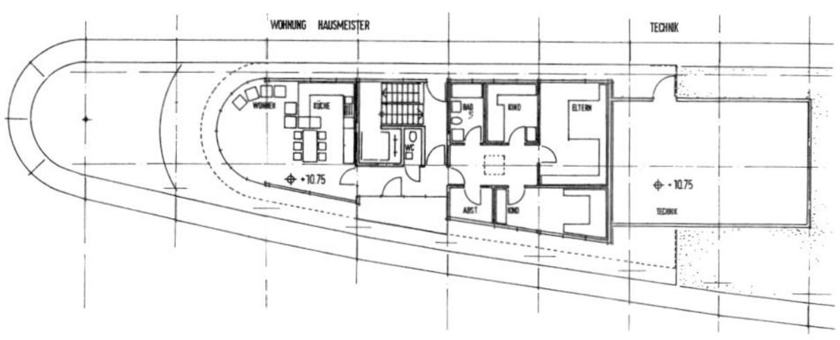

Dachgeschoß

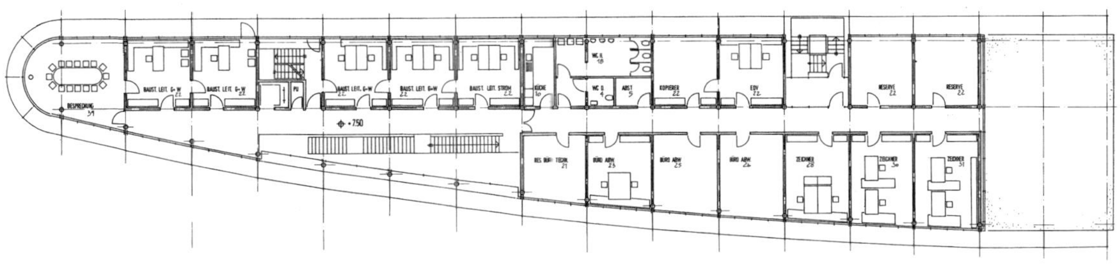

2. Obergeschoß

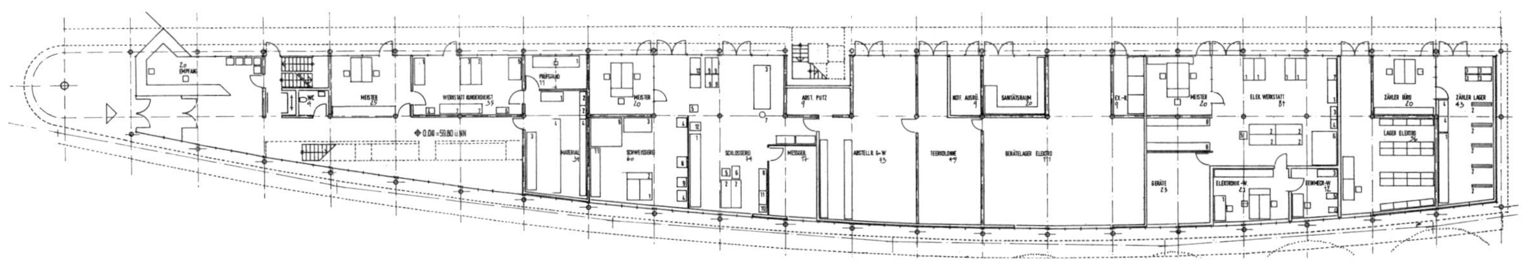

Erdgeschoß T 2

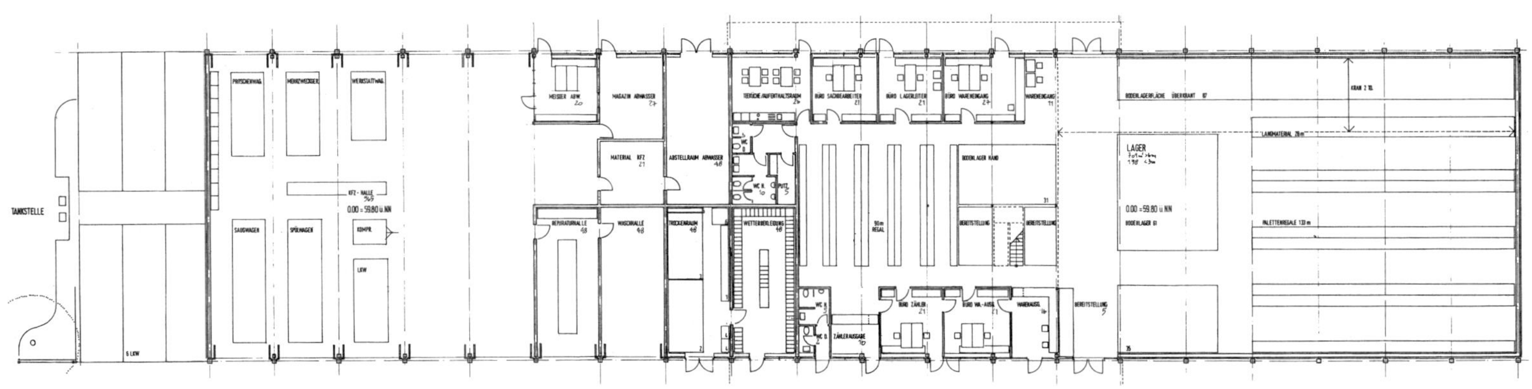

Erdgeschoß T 1

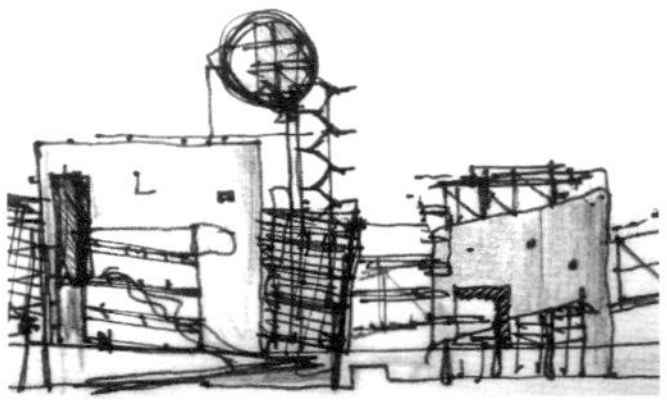

## 8.3.3 Stadtwerke Witten

Bauherr — Stadtwerke Witten GmbH, Witten
Architekten — Prof. Jörg Friedrich & Partner, Hamburg / Düsseldorf
Mitarbeiter — G. Schneider, E. Rottkamp, D. Korn, W. Kneffel, L. Wittorf, Chr. Dirk, E. Banz, R. Kohfeld, A. Kühn, K. Sommer, A. Holmwood, N. Trageser, C. Zilli
Tragwerksplanung — Dr. Varwick, Horz, Ladewig, Köln

Wettbewerb unter acht Büros 1989, 1. Preis
Fertigstellung 1993

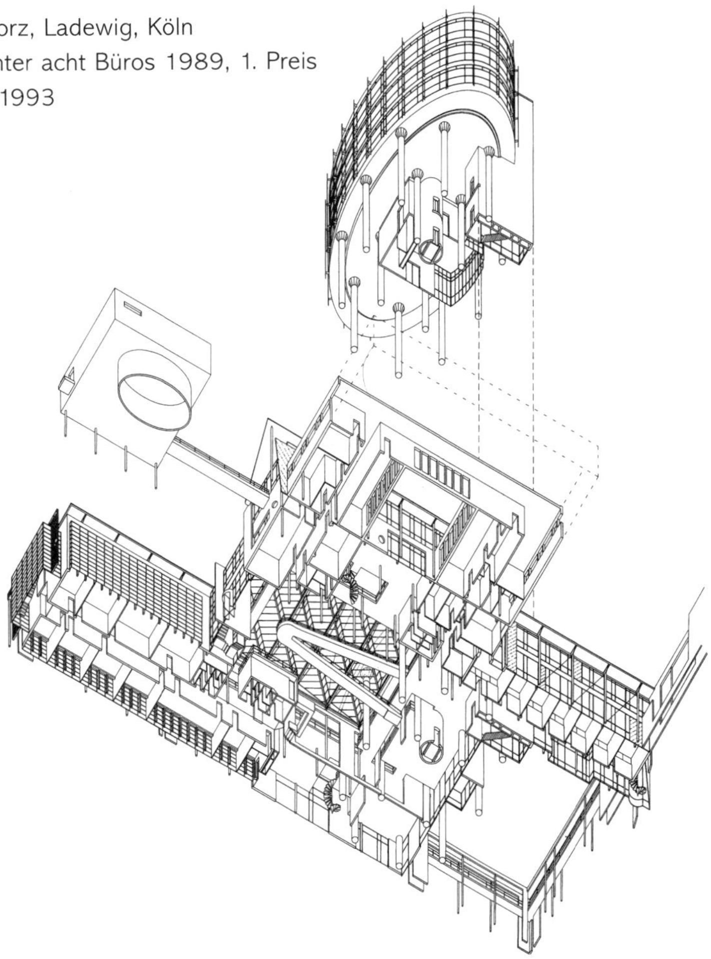

Der markante ovalförmige, quergestellte Baukörper für die Verwaltung überragt die zweigeschossige Randbebauung. In ihm befinden sich die Büroräume der Angestellten und der Leitung.
Im Erdgeschoß sind die Technischen Büros und die Serviceleistungen des Unternehmens untergebracht, im 1. Obergeschoß in transparenten Gruppenräumen hingegen die Leitzentrale, Labors und weitere Arbeitsräume.
Die repräsentative glasüberdachte Eingangshalle verbindet die alten und neuen Gebäudeteile. Von ihr aus wird das gesamte Gebäude erschlossen; wichtiges Verbindungsglied zwischen Erd- und Obergeschoß stellt eine langgezogene Rampe dar.

Raumbereiche

| | | |
|---|---|---|
| Raumbereiche | EG | Eingangshof, Wintergarten, Technische Büros, Finanz- und Rechnungswesen, Werkstätten, Leitzentrale |
| | 1. OG | Caféterrasse, Leitzentrale, Labor, Meisterräume, Arbeitsvorbereitung |
| | 2. – 4. OG | Verwaltung |

Maßstab — ca. 1 : 800

Quellen — *Friedrich, J.: Hauptverwaltung Stadtwerke Witten, BauWerke 3, Berlin 1994; Pläne der Architekten.*

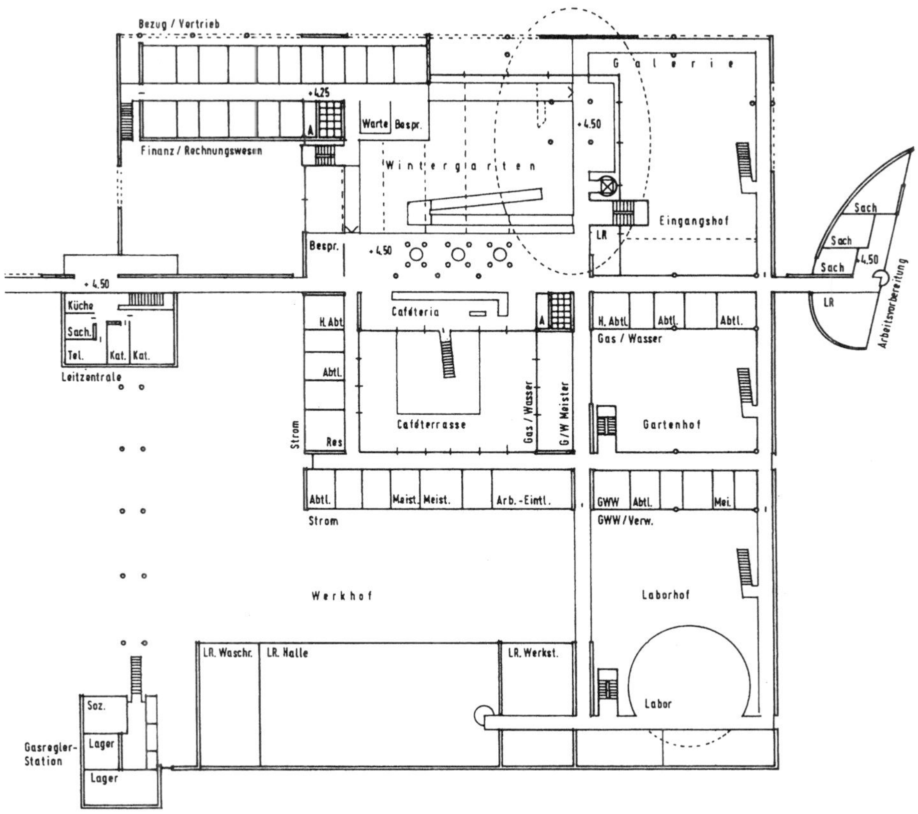


1. Obergeschoß

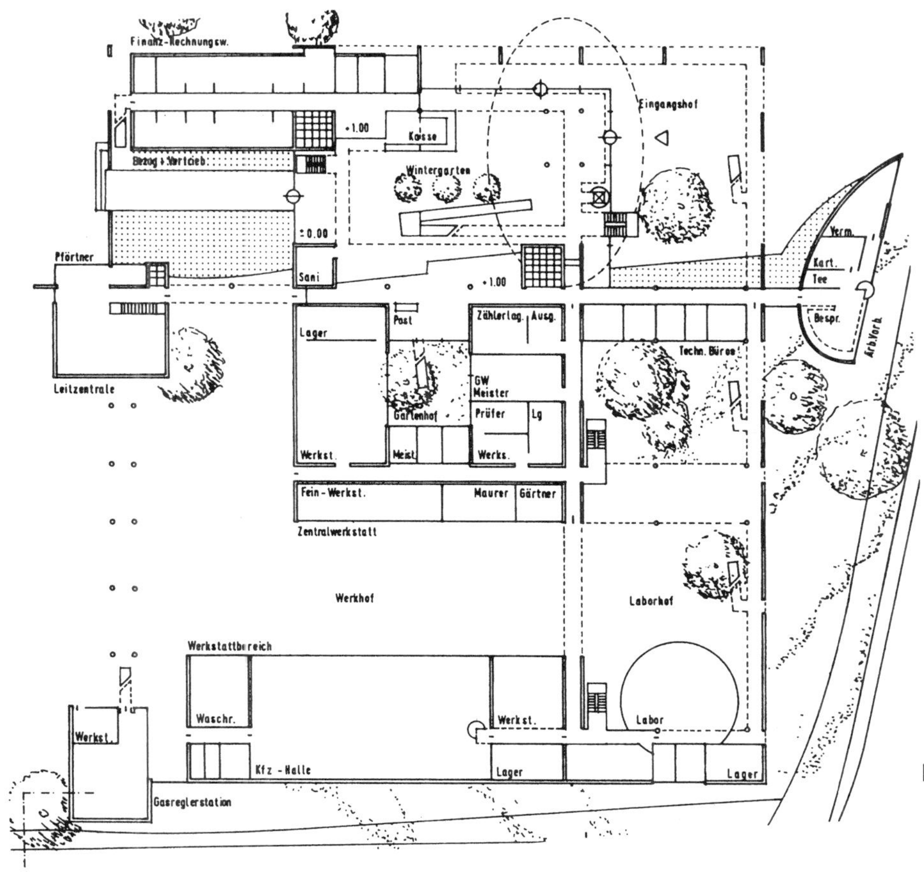


Erdgeschoß

## 8.3.4 Haus der Energie in Kassel

Bauherr: Energie Aktiengesellschaft Mitteldeutschland, Kassel

Architekten: Arbeitsgemeinschaft gmp von Gerkan, Marg + Partner, Hamburg und Bieling & Bieling, Kassel

Mitarbeiter: J. Schöne, J. Wohlleber, K. Klein, G. Stürken, E. Becker, A. Baumann, Chr. Reinstädt-Frauenkorn, D. von der Decken, S. Kunold, Fr. Spandl, R. Schmidt, B. Sieler, J. Sperelich, T. Steube

Tragwerks-planung: Reinhold GmbH, München, IHP Ingenieurgesellschaft mbH, Braunschweig, Dr. Schutte, Gelsenkirchen

Beschränkter Entwurfswettbewerb unter zehn Teilnehmern 1988

Fertigstellung 1993

Grundstück: 25 477 m² GFZ = 1,53 GRZ = 0,28

NF: 25 232 m²

NNF

pro Riegel: 3 116 m²

BRI: 134 972 m³

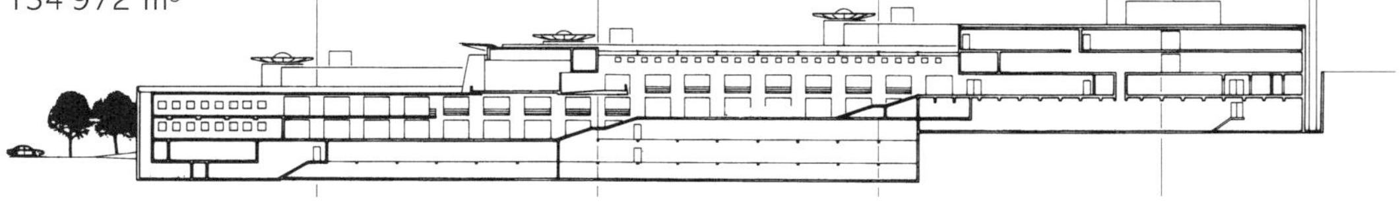

Die EAM liefert Strom, Gas, Wärme und Wasser. Ihre Hauptverwaltung für 450 Mitarbeiter sollte aus der City auf ein Grundstück in freier verlegt werden.

Die Kernidee der mit dem 1. Preis ausgezeichneten Architekten bestand in einer drei- bis viergeschossigen kammartigen Bebauung in den Hang hinein.

Die große Eingangshalle mit Emporen im Konferenzbereich ist die Drehscheibe der Anlage. Die verbindende Querspange mit den gemeinsam zu nutzenden Einrichtungen sorgt für eine gute Erschließung.

Alle Arbeitsräume – überwiegend Zweizimmerbüros – mit Abmessungen von 5,60 x 4,20 m sind nach außen hinter durchgehenden Balkonen orientiert.

Die Gelenke werden durch vier gläserne Treppenhaustürme gebildet, die dem Komplex eine besondere visuelle Bedeutung geben.

An der Erschließungsachse liegen alle Ver- und Entsorgungseinrichtungen sowie das Rechenzentrum und die Archive. Der Konferenz- und Schulungstrakt bildet den Kopf der Anlage und ist direkt der Eingangshalle zugeordnet. Vorstands- und Konferenzbereich sind eng miteinander verbunden.

Maßstab: ca. 1:1200

Quellen: *Broschüre »EAM Haus der Energie«, Kassel 1993; Pläne der Architekten.*

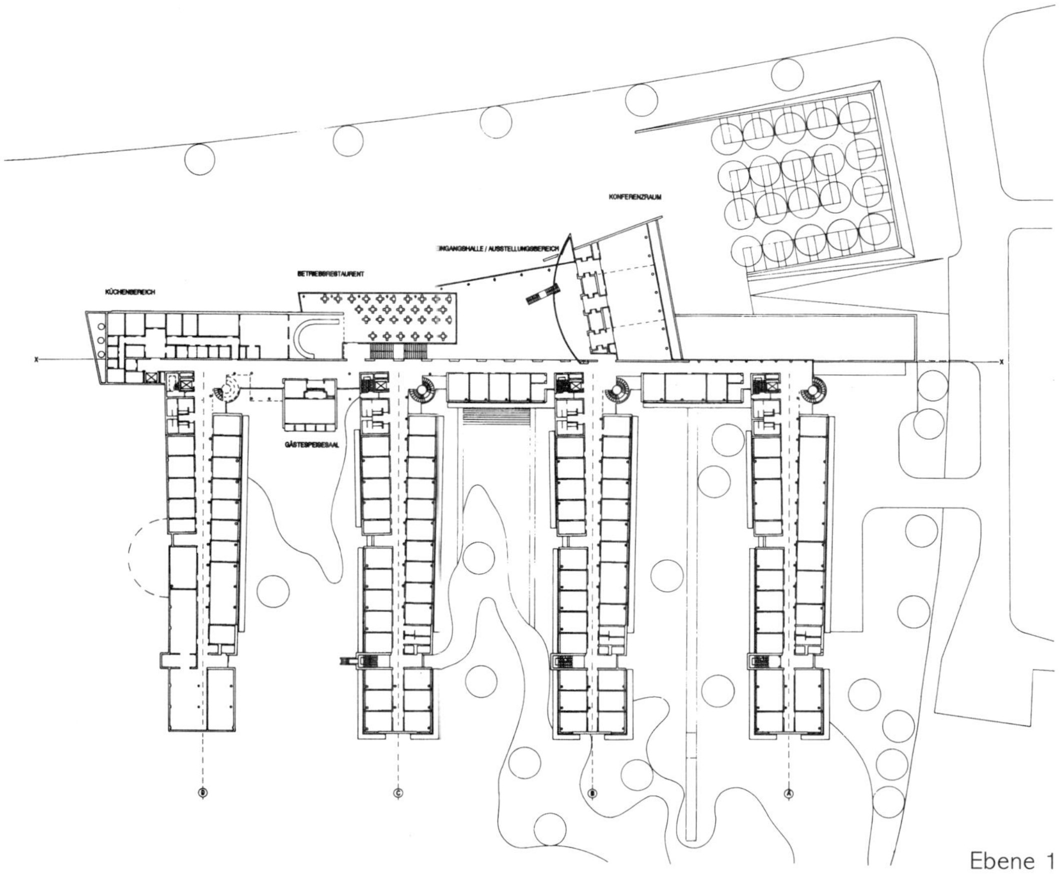


Ebene 1

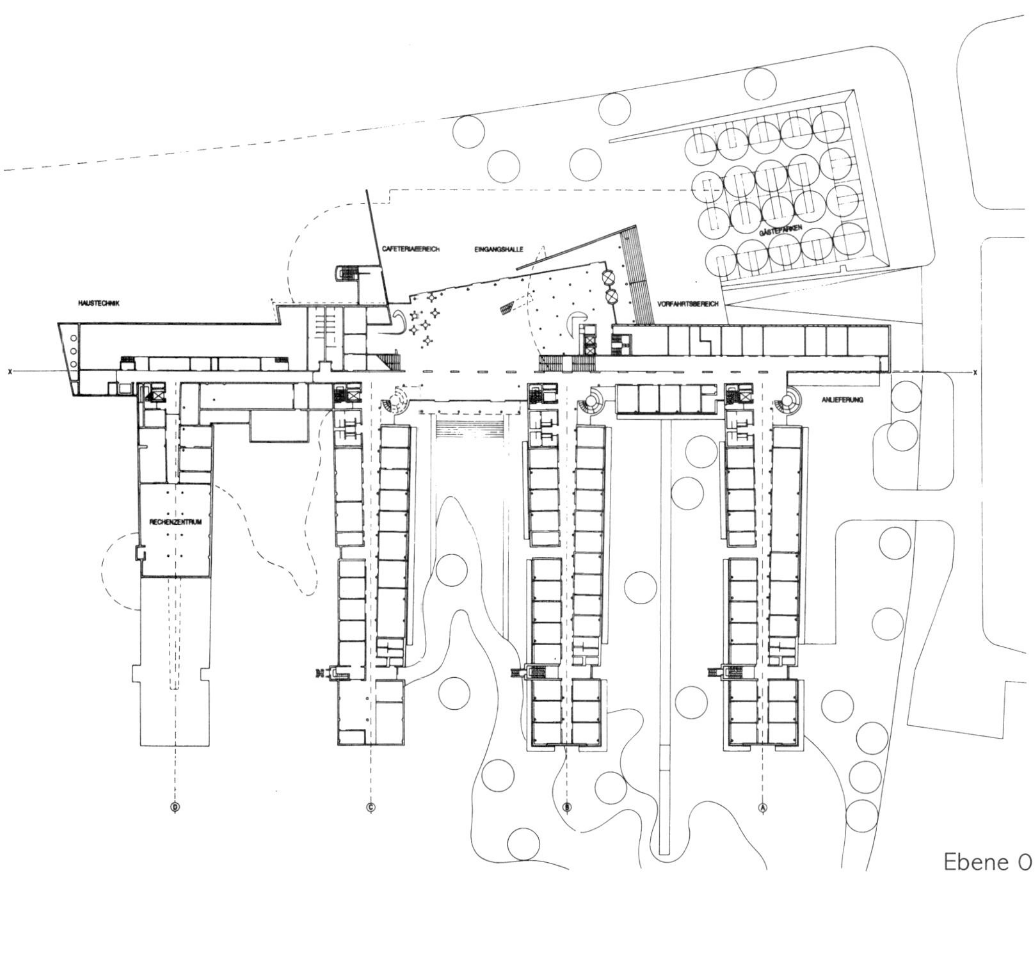


Ebene 0

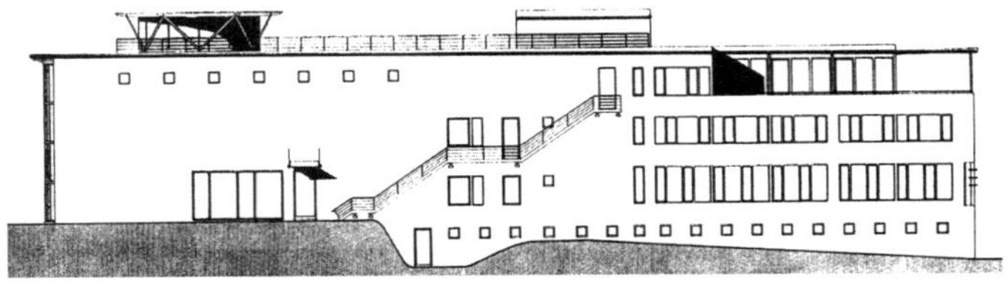

## 8.4.1 Betriebsgebäude Klärwerk Stammheim

Bauherr — Stadt Köln, Projektsteuerung Hochbauamt
Architekt — BauCoop Köln, Wolfgang Felder
Mitarbeiter — R. Joeks
Fertigstellung 1994

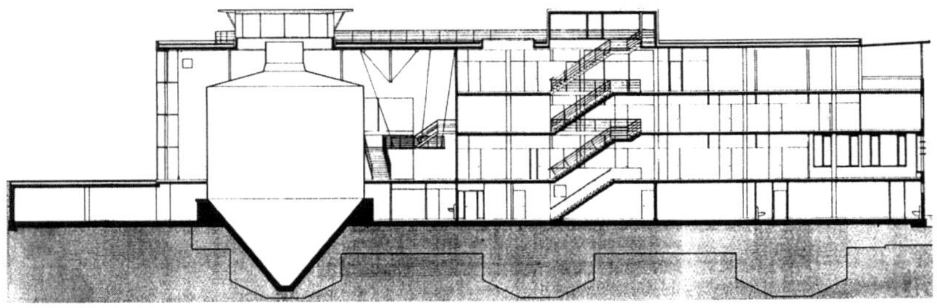

| | |
|---|---|
| HNF | 875 $m^2$ |
| NNF | 1 609 $m^2$ |
| FF | 113 $m^2$ |
| VF | 866 $m^2$ |
| NGF | 3 462 $m^2$ |
| BRI | 15 804 $m^3$ |

Nach Untersuchung verschiedener Möglichkeiten, den Faulturm außerhalb des Geländes zu plazieren, wurde eine Einhausung realisiert. Als Pendant zu dem archaischen Zylinder wurde eine Treppenskulptur konzipiert, welche der Schwere des genieteten Körpers innerhalb des großen Museumsraumes entgegenwirkt.
Die konzeptionelle Idee der Einhausung bestimmte die maßgeblichen Abmessungen des Verwaltungsgebäudes und die innere Logistik. Als Treppenabfolge wurden die angegliederten Ausstellungs-, Foyer- und Garderobenbereiche bis zum Besucherzentrum, welches zum Licht führt, erschlossen. Der Faulturm und seine Einhausung wurden als Ausstellungsräume konzipiert.
Das Klärwerkmuseum mit dem Turm wird durch die leicht gewölbte, voll verglaste Stirnseite belichtet und ist von außen einsehbar. Über die Stahl-Glas-Treppe und ein frei in den Raum abgehängtes Stahlpodest gelangt man in den Besucherraum im ersten Obergeschoß.
Der Bereich des Betriebsgebäudes im Untergeschoß beinhaltet Magazin, Labors, Waschräume, Umkleiden etc. Im Erdgeschoß und den beiden darüberliegenden Geschossen befinden sich Büros, Besprechungsräume und eine kleine Küche mit offener Theke.
Das großzügige Erschließungskonzept läßt Flurbereiche zu Aufenthaltszonen werden. Die offene Vertikalerschließung läßt Einblicke in die jeweiligen darüber- bzw. darunterliegenden Stockwerke zu.

Maßstab — ca. 1:400

Quellen — *Baumeister, 5/94; Heinze Deutsche Baudokumentation, Celle 1995; Ambiente 3/95; Aktuelle Mustermappe für Baukonstruktionsdetails, 76, 11/94; Beton Prisma 68/95.*

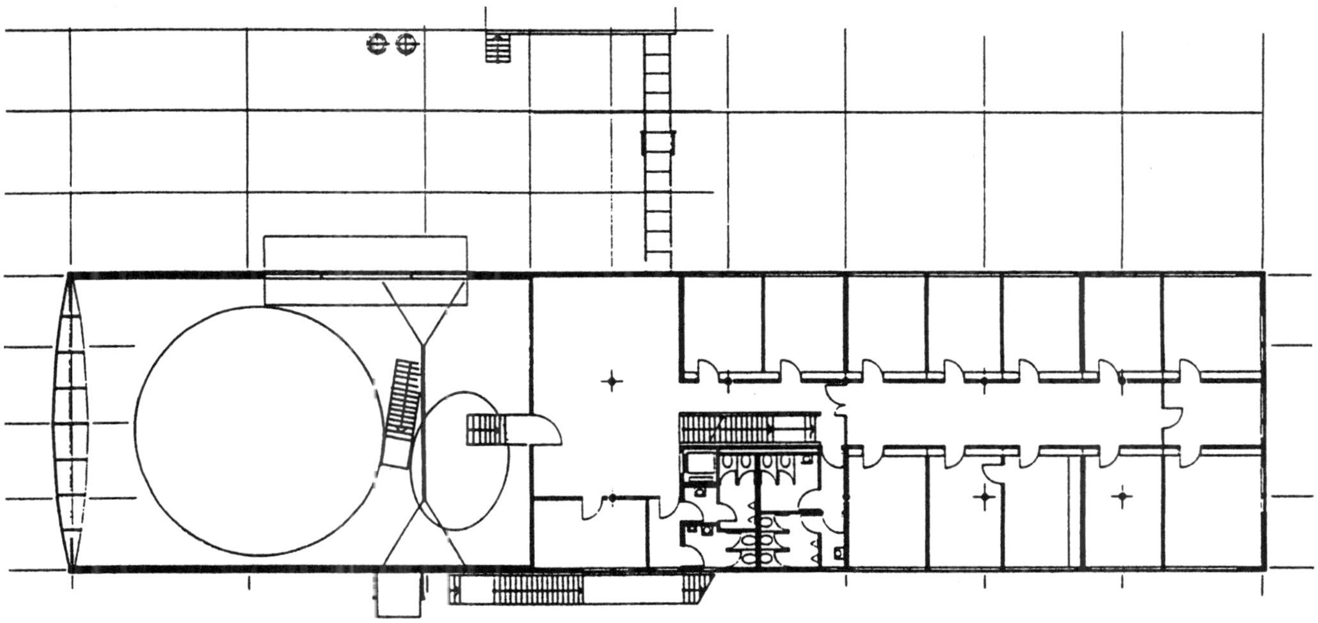

Obergeschoß

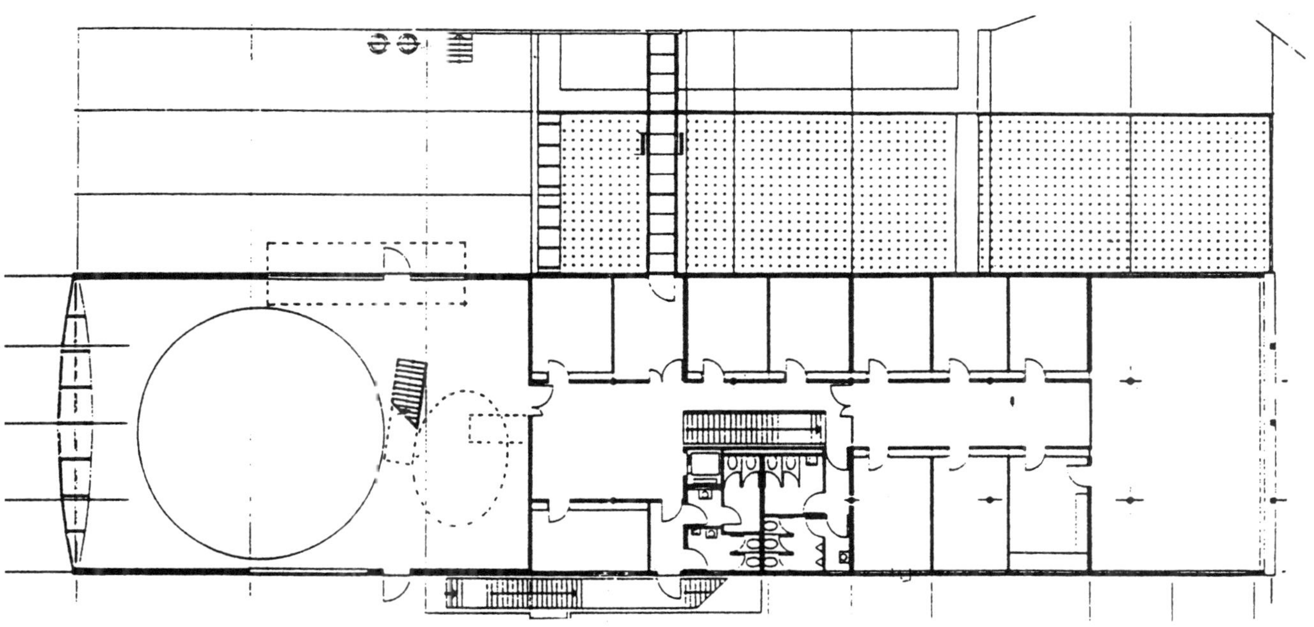

Erdgeschoß

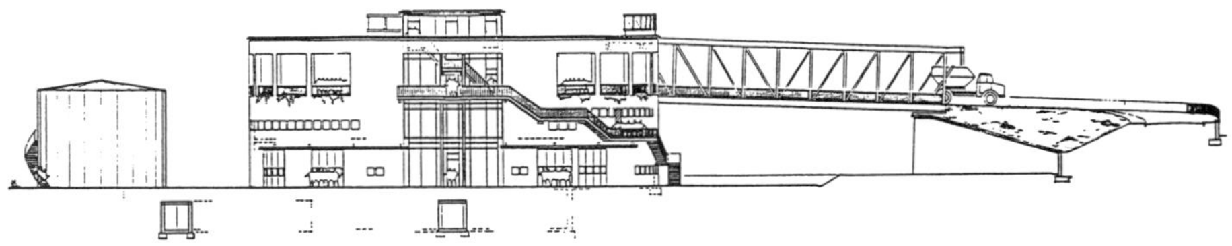

## 8.4.2 Großkläranlage Völklingen

| | |
|---|---|
| Bauherr | Abwasserverband Saar/Saarbrücken |
| Architekten | Planungsgruppe Prof. Focht + Partner GmbH, Saarbrücken |
| Ingenieur-planung | WPW + Freese und Zipf + Weinmann + Partner, Saarbrücken |
| | Fertigstellung 1994 |
| | BDA-Preis Landesverband Saar 1995 |

| | |
|---|---|
| Gesamtfläche | 40 000 m² |
| Zentral-gebäude | |
| HNF | 1 701 m² |
| NNF | 27 m² |
| FF | 556 m² |
| KF | 674 m² |
| BGF | 3 058 m² |
| BRI | 13 000 m³ |
| Faktor | BRI/HNF = 7,64 |

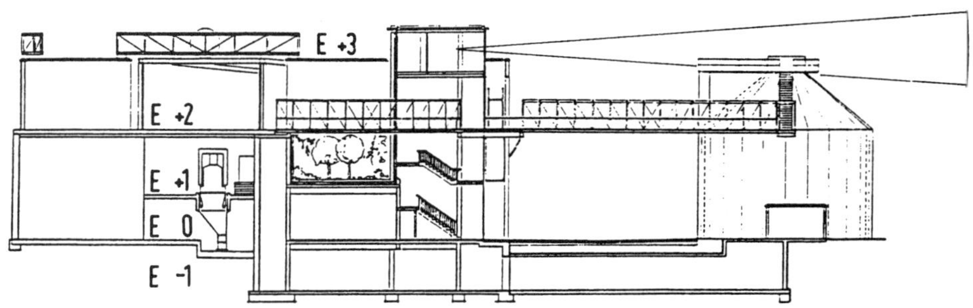


Das langgestreckte, eingezwängte Areal verlangte eine optimale Nutzung des begrenzten Flächenangebotes. Sparsamer Umgang mit Fläche und Raum, Konzentration und Reduktion der Bauten mündeten in eine strenge, zweckgerichtete Anordnung der Anlagenelemente.
Die Architektur unterstützt die Funktionalität der Anlage, ordnet und rationalisiert die verfahrenstechnischen Abläufe, verbindet in der Ästhetik der klaren Form die Ökonomie des Raumes mit der Ergonomie des Arbeitsumfeldes.
Im Rundbau des Funktionsgebäudes sind nicht nur Labor, Werkstatt, Sozial- und Büroräume sowie die zentrale Leitwarte untergebracht, sondern auch die Sieb- und Containeranlage der mechanischen Reinigungsstufe, die gesamte Schlammentwässerung und die Blockheizkraftwerke. Eine weitere Ebene des Funktionsgebäudes beherbergt den Haupteingang und ein Parkdeck, auf das die Zufahrtsstraße über die Bundesbahnstrecke mündet.
Das durch Form, Größe und Funktion beherrschende Betriebsgebäude bestimmt als dominanter Rundbau die architektonische und funktionale Struktur der gesamten Anlage. Die Zylinderform wurde gewählt, weil sie die wirtschaftlichste Bauform – im Verhältnis von Grundfläche zu Außenflächen – darstellt und auch die kürzesten Erschließungswege zuläßt.

| | | |
|---|---|---|
| Raumbereiche | UG | Zentrale, Einlaufbauwerk |
| | EG | Labor, Abstellraum, Elektrobetriebsraum, Lager, Werkstatt, Garage, Installationsraum, WC, Siebanlagenbereich, mit Fäkalschlamm-Annahmestation, Feinsiebanlage, Transportschnecke, Sandklassierer, Stiefelwaschraum |
| | 1. OG | Schulungs- und Aufenthaltsräume, Lichthof, Sozialräume für Besucher und Betriebspersonal, Schlammentwässerungsbereich mit Kammerfilterpresse, Schaltwarte, Kalk- und Schlammsilo, Trübwassereindicker mit Reaktionsmischer und Reaktionsbehälter, Installationsraum, Lüftungstechnik |
| | 2. OG | Hochwasserfreie Kläranlagenzufahrt, Parkdeck, Haupteingang, Grünfläche, Stahlbrücke als Zugang auf die Faulbehälter und zum Betriebsgebäude |
| | 3. OG | Zentrale Leitwarte mit Blindschaltbild und Prozeßleitsystem |

Maßstab ca. 1 : 650

Quellen *Broschüre »Abwasserverband Saar«; Pläne des Architekten.*

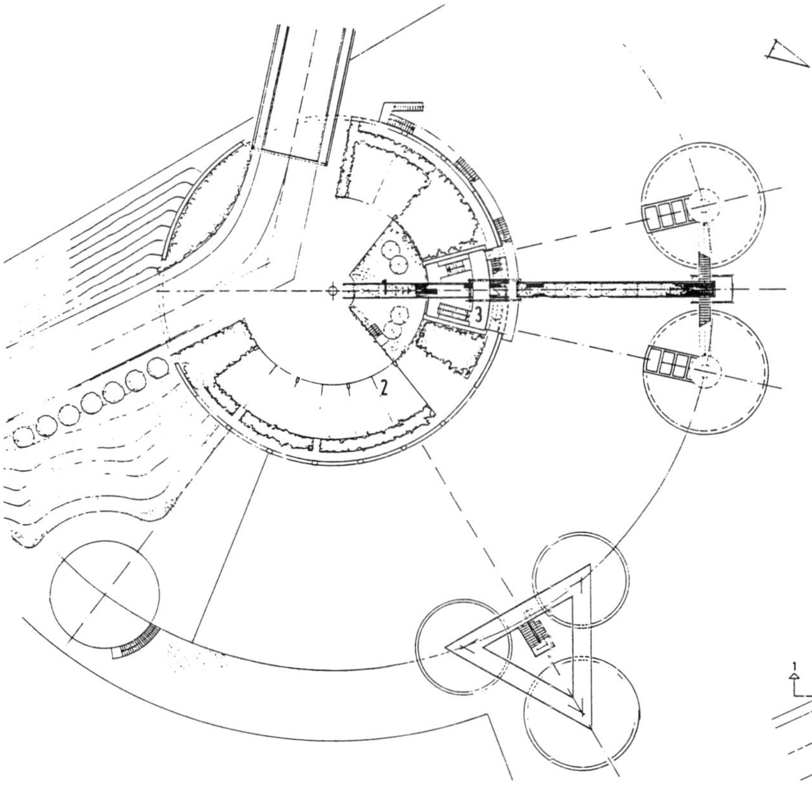


Ebene +2

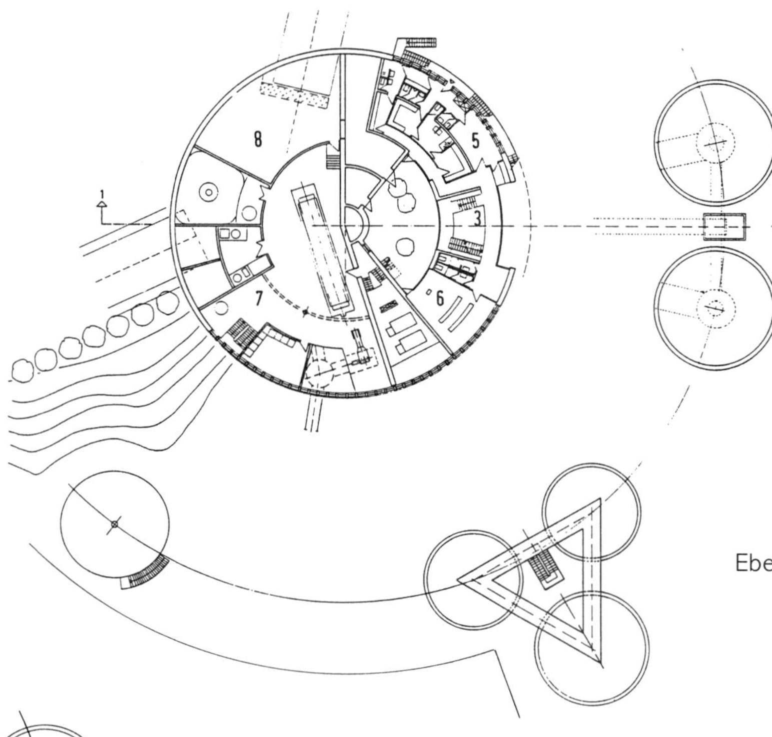


Ebene +1

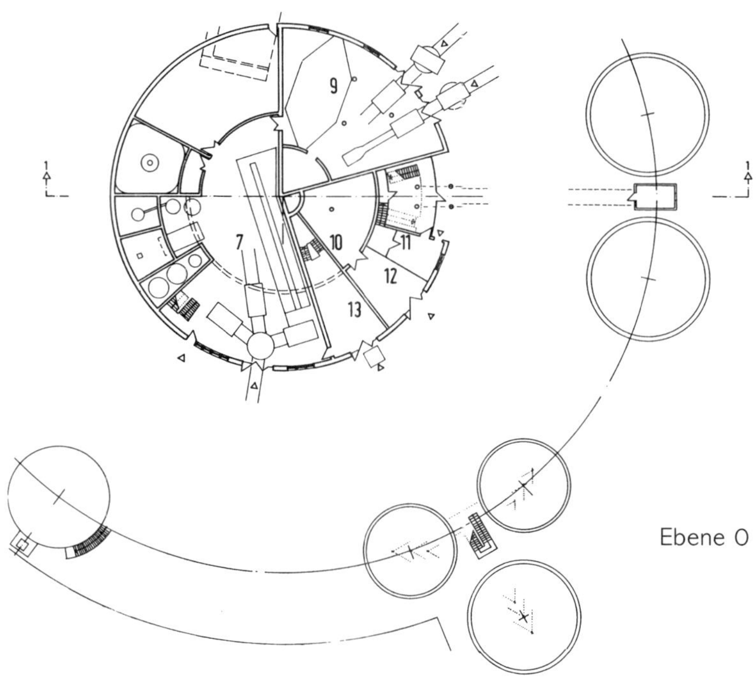


Ebene 0

## 8.5.1 Typisierte Schutzbauten

Die staatlichen Schutzräume sind in Deutschland zur Zeit nicht aktuell. Dennoch gibt es private Schutzraumbauten. In der Schweiz z. B. ist der Nachweis erforderlich.

Schutzraum für 12 Personen

| | | | |
|---|---|---|---|
| 1 | Außenluft-Ansaugleitung | 12 | Bedienungsanweisung |
| 2 | Schutzluft Ansaugleitung | 13 | Abluftventil |
| 3 | Abluftleitung | 14 | Überdruckventil |
| 4 | Fortluftleitung | 15 | Siebabdeckung |
| 5 | Meßleitung | 16 | Abschlußsieb |
| 6 | Entwässerung | 17 | Raumüberdruckmesser |
| 7 | Wassersammelkasten | 18 | Ansaugrost |
| 8 | Kabeldurchführung | 19 | Filtersand |
| 8 a | Antennenwanddurchführung | 20 | Abschlußtür |
| 9 | Lüftungsgerät | 21 | Abschlußklappe |
| 10 | Schnellschlußklappe | 22 | Notausstiegsklappe |
| 11 | Verbindungsleitung | 23 | Bleisteine |

Schutzraum für 48 Personen, Schutzraum für 100 Personen

| | | | |
|---|---|---|---|
| 1 | Außenluft Ansaugleitung | 15 | Verbindungsrohr |
| 2 | Schutzluft Ansaugleitung | 16 | Bedienungsanweisung |
| 3 | Abluftleitung | 17 | Abluftventil |
| 4 – 5 | Fortluftleitung | 18 | Überdruckventil |
| 6 | Meßleitung | 19 | Siebabdeckung |
| 7 | Entwässerung | 20 – 22 | Abschlußsieb |
| 8 | Wassersammelkasten | 22 a | Raumüberdruckmesser |
| 9 | Kabeldurchführung | 23 | Luftverteilung |
| 9a | Antennenwanddurchführung | 24 | Ansaugrost |
| 10 | Lüftungsgerät | 25 | Filtersand |
| 11 | Raumfilter | 26 | Abschlußtür |
| 12 | Rohrzwischenstück | 27 | Abschlußklappe |
| 13 | Schnellschlußklappe | 29 | Bleisteine |
| 14 a | Schnellschlußklappen-Ventil | | |

Maßstab 1:125

Quellen *Meyer-Bohe, W.: BAUKO – Baukonstruktionen im Hochbau, Wiesbaden 1987.*

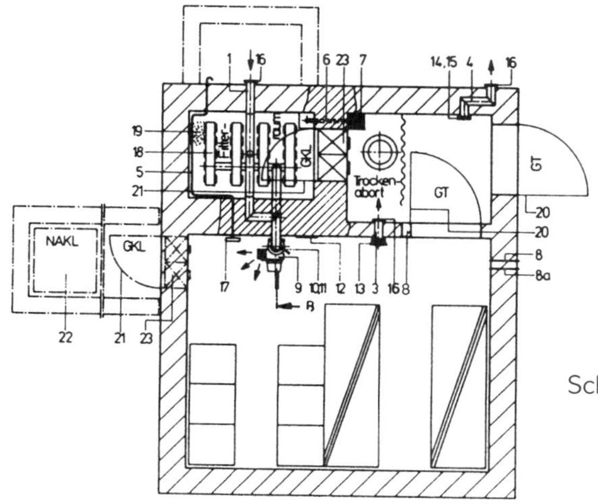


Schutzraum für 12 Personen

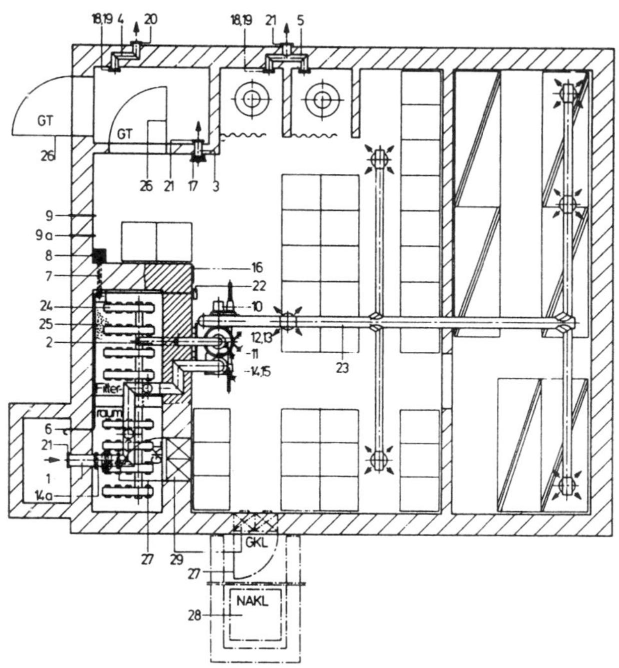


Schutzraum für 48 Personen

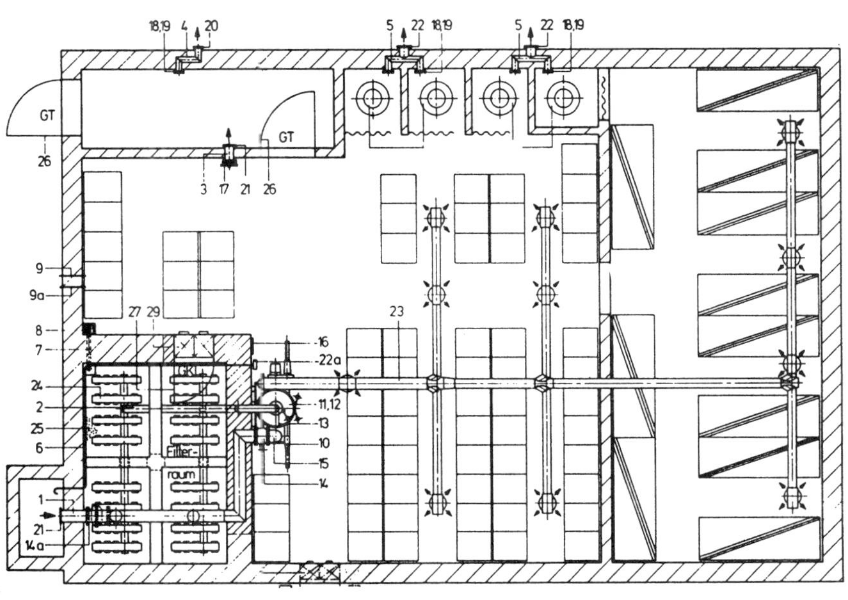


Schutzraum für 100 Personen

# 9 Gebäude für kulturelle und musische Zwecke

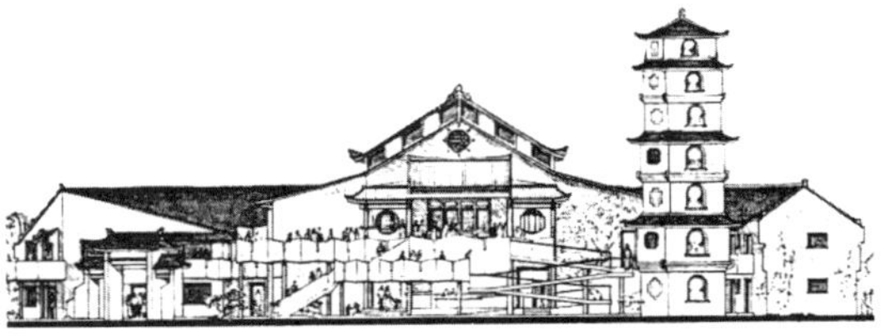

## 9.1.1 Buddhistisches Kloster »Lotus« in Hannover

| | |
|---|---|
| Bauherr | Kongregation der vereinigten buddhistischen Kirche in Deutschland |
| Architekt | TRAN PHONG LUU, Saarburg |
| | Fertigstellung 1994 |

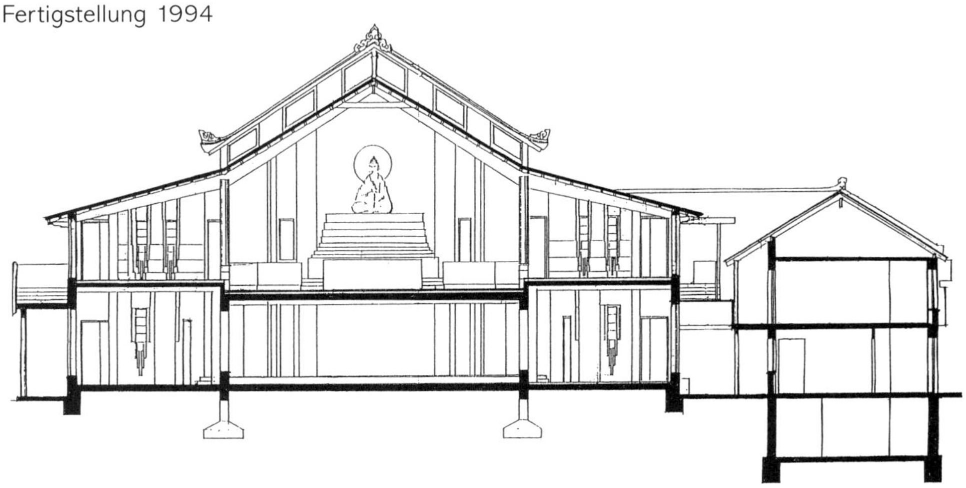

| | |
|---|---|
| Grundstück | 4 000 $m^2$ (80 x 50 m) GRZ = 0,37 GFZ = 0,78 |
| HNF | 2 017 $m^2$ = 64 % |
| NNF | 1 119 $m^2$ = 35 % |
| NF | 3 136 $m^2$ = 100 % |
| FF | 2 741 $m^2$ = 87 % |
| VF | 707 $m^2$ = 22 % |
| NGF | 1 600 $m^2$ = 51 % |
| KGF | 142 $m^2$ = 4 % |
| BGF | 1 742 $m^2$ = 55 % |
| BRI | 12 734 $m^3$ |
| Faktor | BGF/HNF = 0,86 BRI/HNF = 6,31 BRI/BGF = 7,3 |

Das kompakte Klosterhauptgebäude »Dao-Trang« dient als Religionsstätte und Kommunikationszentrum für buddhistische Bürger, vorwiegend vietnamesische Flüchtlinge, die in Deutschland hier eine Heimstatt für ihre Sprache und Kultur finden.
Das Gebäude symbolisiert die Lotusblume. Im Zentrum befindet sich der hallenartige zentrale Kirchenraum, mit großer Pforte als Eingang. Eine breite Freitreppe markiert den Eingang. Um den Kirchenraum sind zweigeschossig eine Reihe kleinerer Säle für verschiedene Aktivitäten angeordnet.

Maßstab 1:350

Quellen *VFA Profil 6/95 Oldenburg; Pläne des Architekten.*

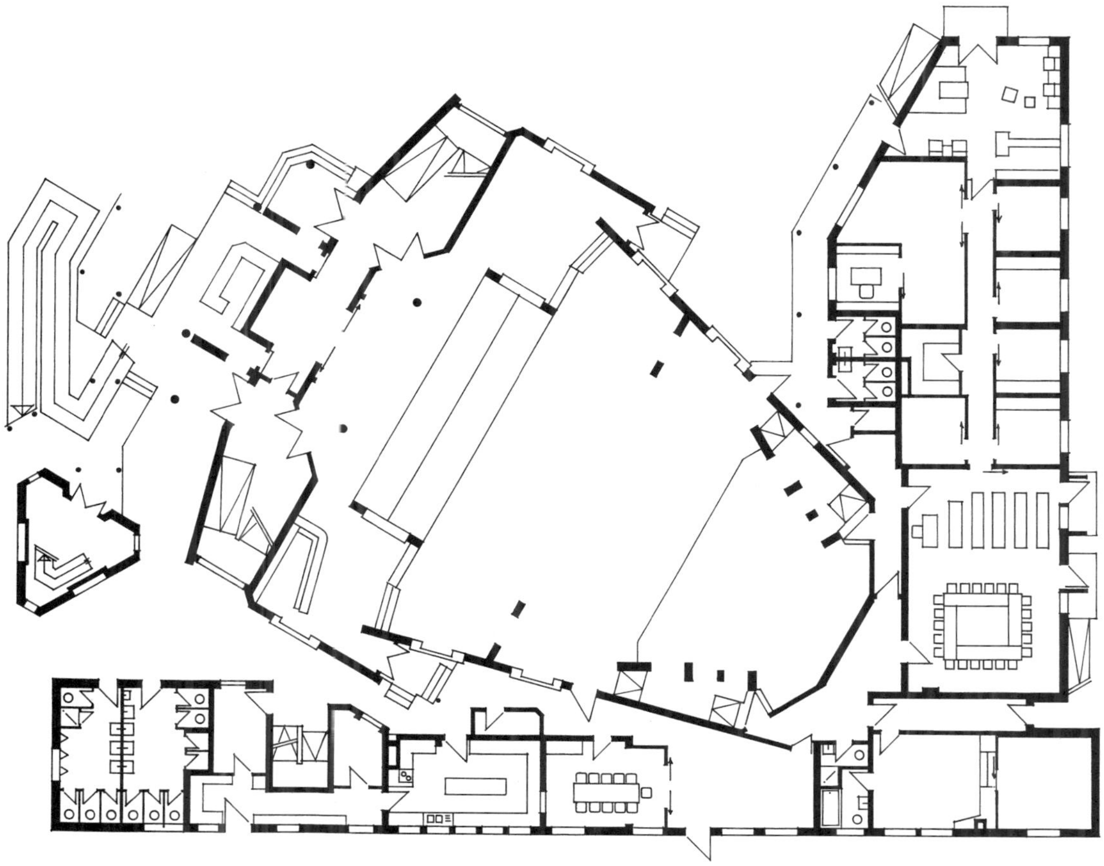

Obergeschoß

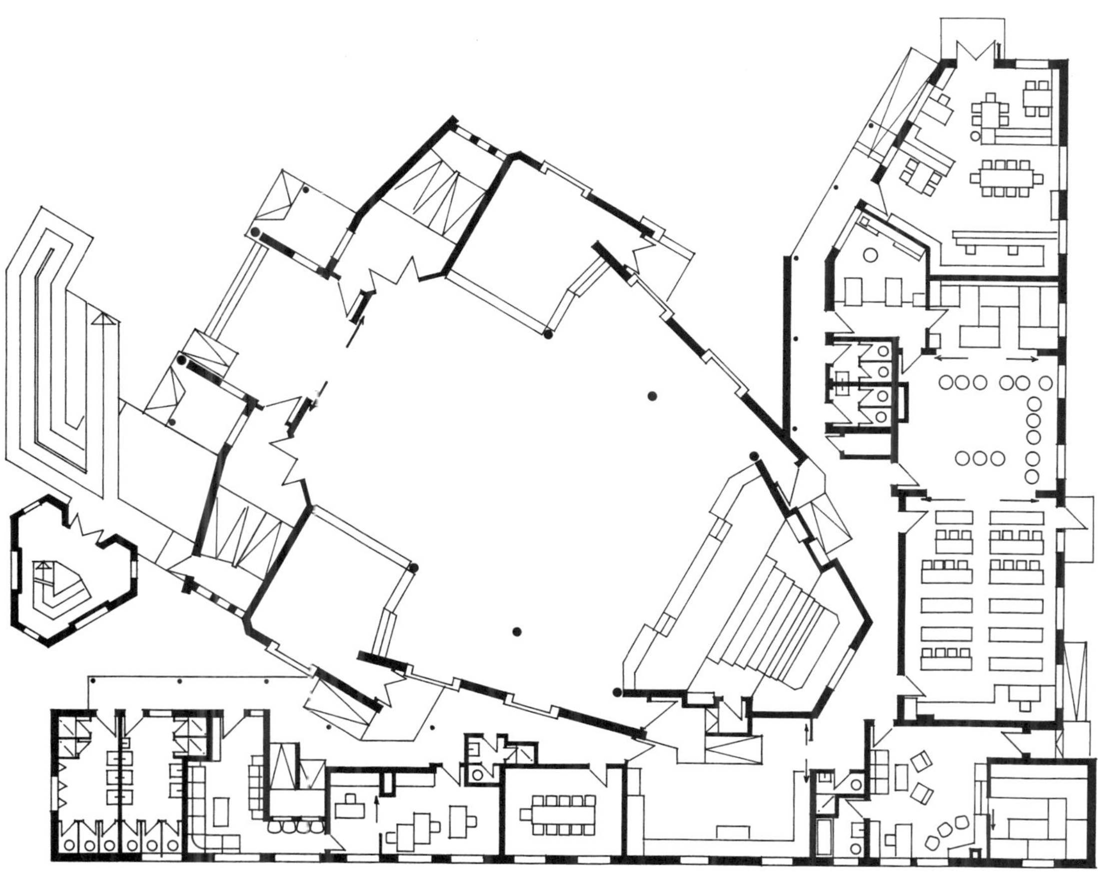

Erdgeschoß

## 9.1.2 Gemeindezentrum St. Johannes in Hannover-Davenstedt

Bauherr: Evangelisch-Lutherische St. Johannes-Gemeinde Hannover-Davenstedt

Architekt: Muth + v. d. Lage, Hannover
Wettbewerb 1991, 1. Preis
Fertigstellung 1989
BDA-Preis Niedersachsen 1995

| | |
|---|---|
| Grundstück | 7 228 m² |
| HNF | 695 m² |
| NNF | 82 m² |
| VF | 167 m² |
| BRI | 3 300 m³ |
| Faktor | BRI/HNF = 4,75 VF/HNF = 0,24 |

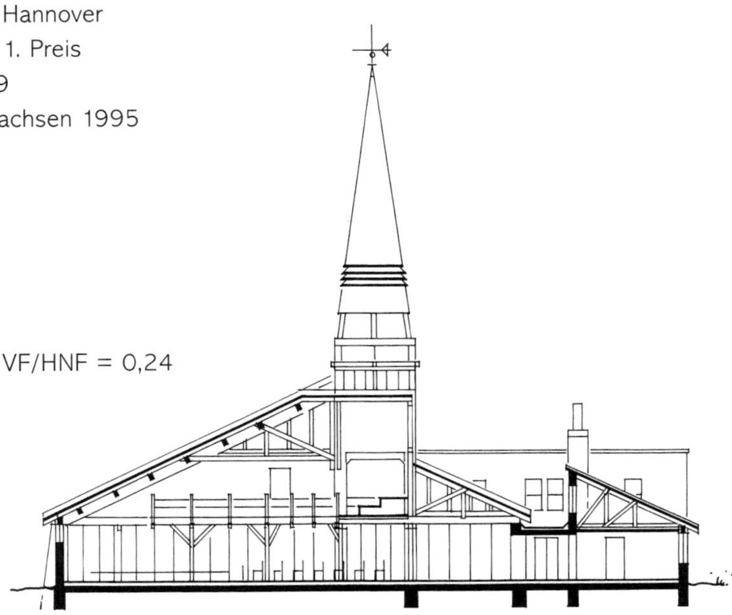

Der quadratische Andachtsraum mit Turm umschließt in Verbindung mit den L-förmig angeordneten Gebäuden der Verwaltung und der Jugendräume einen kleinen Hofbereich. Das Verwaltungsgebäude wird durch einen Windfang betreten. Von hier aus führt ein direkter Zugang zum Gemeindebüro, zum Archiv und zur Halle, die sich an den Turm anlehnt. Letztere ist umgeben vom Kirchenraum, dem großen und dem kleinen Gemeinderaum.

Die Jugendräume mit Galerien werden über einen gesonderten Eingang betreten. Das Kircheninnere ist so konzipiert, daß sich der Andachtsraum mit seinen höchsten Teilen – gefüllt durch die Empore – an den Turm anlehnt. Der Zugang befindet sich unter dem Turm, der Altarbereich in der gegenüberliegenden niedrigen Ecke.

Raumbereiche
EG Kirchenraum und Gemeinderäume, Sakristei und Küster, Foyer, Gemeindebüro, Küche, WC, Jugendbereich
1. OG Empore, Galerien, Kleingruppen Jugendbereich und Nebenräume

Maßstab 1 : 300

Quellen *Heinze Deutsche Baudokumentation, Celle 1992; Handbuch BDA-Niedersachsen, Bezirksgruppe Hannover, Eutin 1995; Pläne der Architekten.*

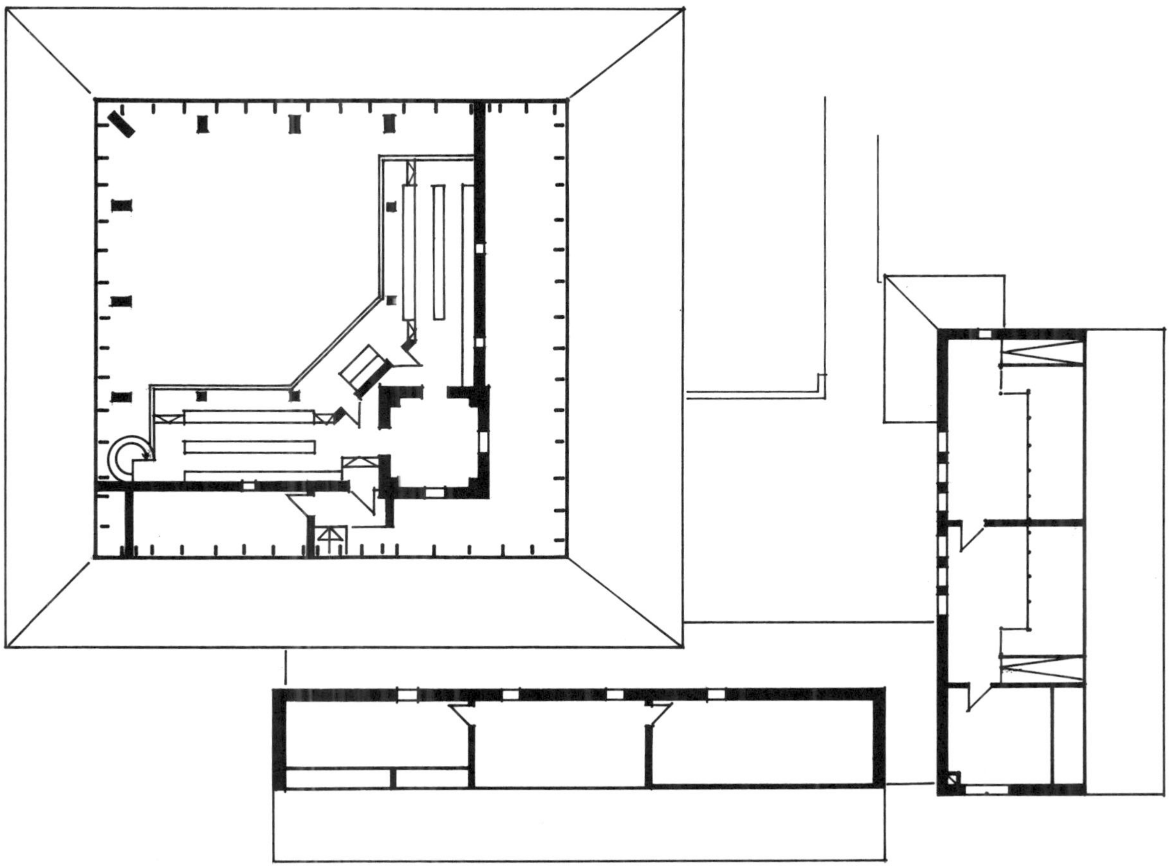

Obergeschoß

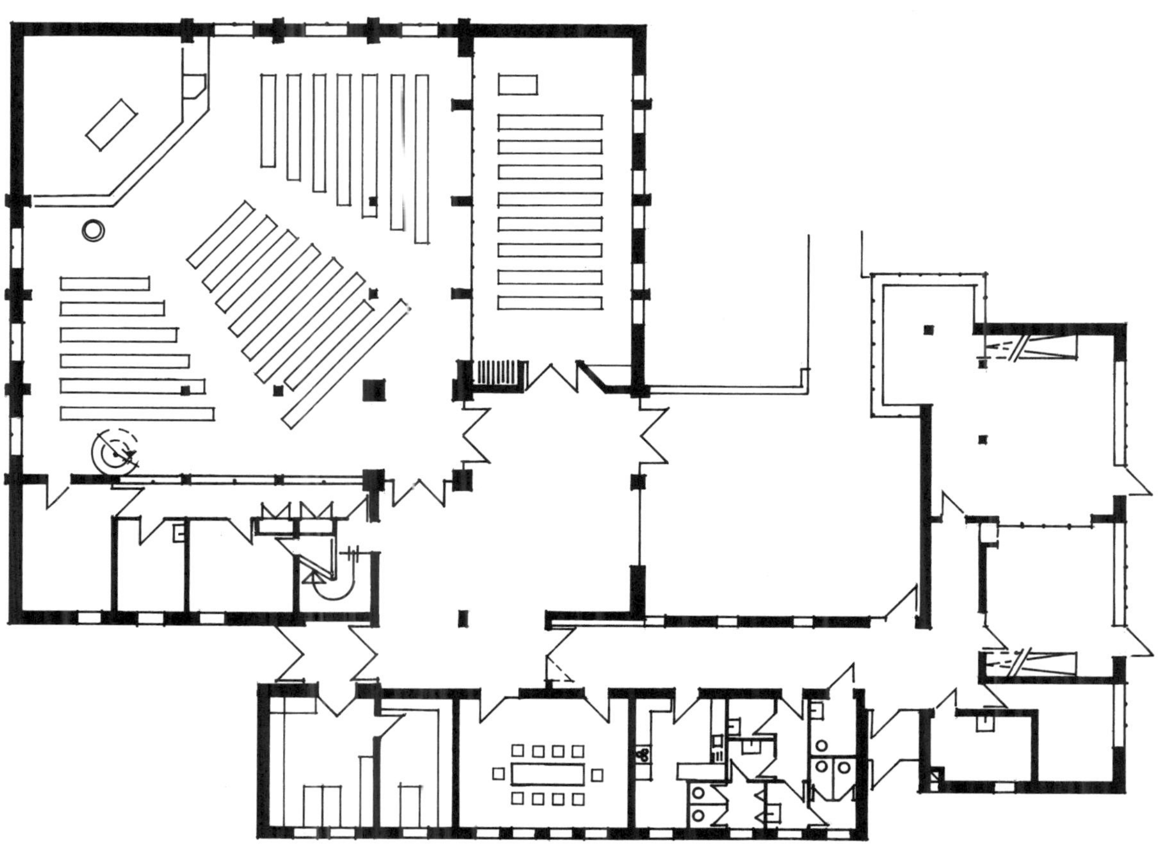

Erdgeschoß

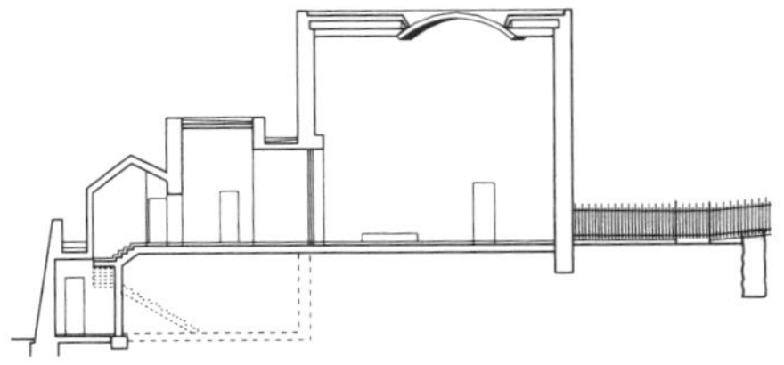

## 9.1.3 Begegnungsstätte Alte Synagoge in Wuppertal

| | |
|---|---|
| Bauherr | Stadt Wuppertal |
| Architekten | Busmann & Haberer GmbH, Köln, Zbyszek Oksiuta, Bildhauer und Architekt, Köln |
| Landschafts-architekt | Volker Püschel, Mettmann |
| | Wettbewerb 1988, 1. Preis |
| | Fertigstellung 1994 |
| | Auszeichnung Vorbildliche Bauten in NRW von der Architektenkammer NRW 1994, Deutscher Betonpreis 1995, Deutscher Natursteinpreis 1995 |

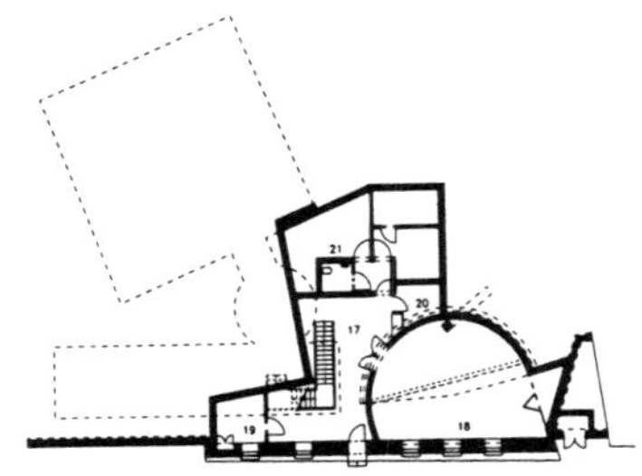

1. Obergeschoß

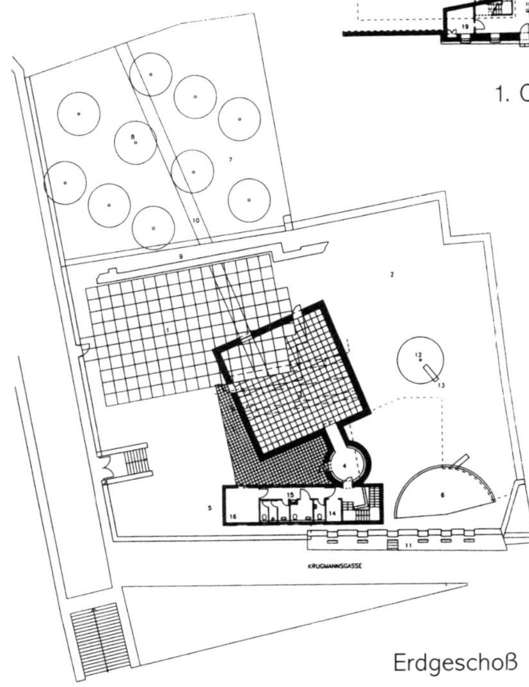

Erdgeschoß

| | | | |
|---|---|---|---|
| Grundstück | 2 382 $m^2$ | GRZ = 0,5 | GFZ = 1,6 |
| HNF | 200 $m^2$ | = 79 % | |
| NNF | 53 $m^2$ | = 20 % | |
| NF | 253 $m^2$ | = 100 % | |
| FF | 14 $m^2$ | = 4 % | |
| VF | 74 $m^2$ | = 12 % | |
| NGF | 344 $m^2$ | = 79 % | |
| KGF | 91 $m^2$ | = 20 % | |
| BGF | 435 $m^2$ | = 100 % | |
| BRI | 3 122 $m^3$ | | |
| Faktor | BGF/HNF = 2,18 | BRI/HNF = 15,61 | BRI/BGF = 7,16 |

Das Ensemble besteht aus geometrischen Elementen, die sich zurückhaltend in die Umgebung einordnen. Das Gelände der historischen Synagoge und des dazugehörigen Verwaltungshauses der Jüdischen Gemeinde, Genügsamkeitsstraße 5 und 7, grenzte im Süden an die Krugmannsgasse, die bis in die fünfziger Jahre existierte und dann durch die Erweiterung der Straße Kleine Klotzbahn verschwand. Mit dem Entwurf wurde der historische Verlauf der Krugmannsgasse wiederbelebt. Der Geländesprung zwischen dieser Gasse und der hochgelegenen Ebene der Begegnungsstätte ist wie die Fassade eines Wuppertaler Mietshauses aus der Zeit der Jahrhundertwende gestaltet. Auf der oberen Ebene erhebt sich ein Ensemble unterschiedlicher architektonischer Formen:

ein einfaches, im Grundriß rechteckiges Gebäude aus Beton zur Aufnahme der Sanitärräume, Stuhllager, aber auch des nach unten führenden Treppenhauses,

die Rotunde, mit Bleiplatten verkleidet, die den Haupteingang bildet, die aber auch die verschiedenen Bauteile verbindet,

das Haus in Gestalt eines Kubus aus Mauerwerk als dominierendes Element der gesamten Anlage.

Dieser Kubus steht zum Teil auf der Grundfläche der zerstörten Synagoge, deren Grundriß durch eine große Fläche aus schwarzen Granitplatten sichtbar gemacht ist. Nach Norden schließt sich der Obstgarten an, von einem Wasserlauf durchzogen. Dieser Hain wurde ohne Zugänge gestaltet, die zehn Apfelbäume sind schräg zum Hang gepflanzt. Im Laufe der Jahre werden sie versuchen, sich wieder gerade aufzurichten. Architekten und Künstler haben gemeinsam mit dieser Inszenierung aus Räumen und Formen einen inneren und äußeren Zusammenhang zwischen der historischen Synagoge, deren Geschichte und der Begegnungsstätte geschaffen.

Maßstab ca. 1 : 500

Quellen *Centrum Jahrbuch – Architektur + Stadt 1994, Jahrbuch Licht und Architektur 1994; Kunst + Kirche 95; Beton-Prisma Nr. 69/1995; Pläne der Architekten.*

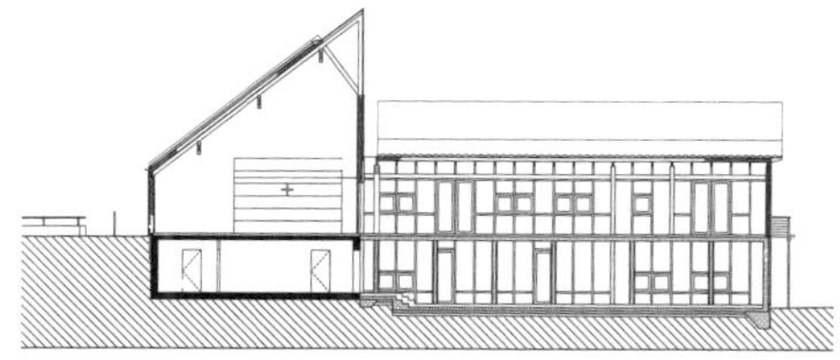

## Evangelisches Gemeindezentrum »Arche« in Aachen

9.1.4

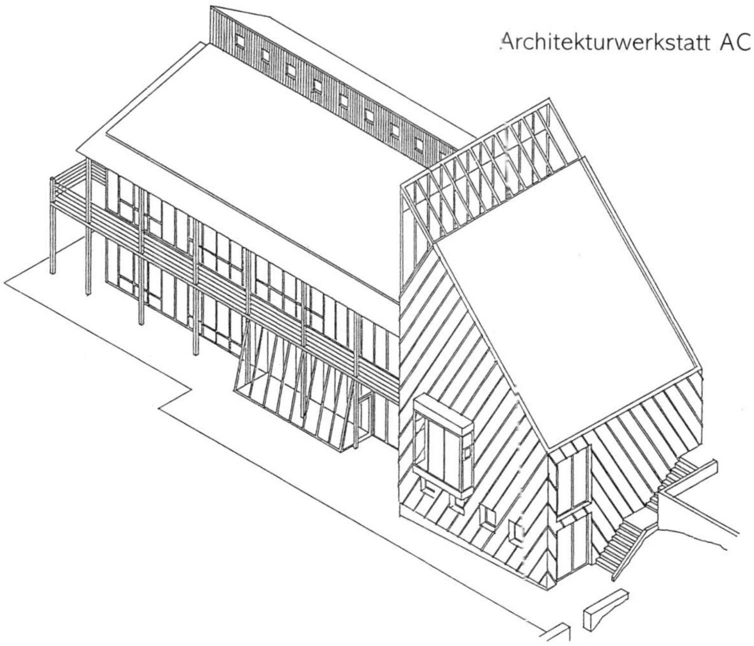

| | |
|---|---|
| Evangelische Kirchengemeinde Aachen | Bauherr |
| Architekturwerkstatt AC / Hestermann, König, Schmidt + Partner, Aachen | Architekten |
| P. Breuer | Mitarbeiter |
| J. Wolfram | Bauleitung |
| Ing.-Büro B. Walter, Mitarbeiter G. Kräling | Tragwerksplanung |
| Fertigstellung 1995 | |
| 1 302 m² GRZ = 0,29 GRF = 0,58 | Grundstück |
| 524 m² | HNF |
| 124 m² | NNF |
| 648 m² | NF |
| 44 m² | FF |
| 122 m² | KF |
| 78 m² | VF |
| 891 m² | BGF |
| 3 018 m³ | BRI |
| BRI/HNF = 5,76 VF/HNF = 0,15 | Faktor |

Die Bauanlage besteht aus der Kirche und dem Gemeindezentrum mit Räumen für verschiedene soziale Aktivitäten. Im städtebaulichen Umfeld markiert die Kirche den Mittelpunkt des Ortes.
Die »dienenden Räume« im holzverkleideten Nordbau stellen sich als geschlossener Baukörper dar. Im Untergeschoß befindet sich der Jugendbereich mit großzügigem Windfang und Übergang zum benachbarten Kindergarten. Der Südbau mit den Versammlungsräumen ist dagegen weitgehend geöffnet.
Die Kirche ist durch eine Glasfuge vom Gemeindezentrum abgesetzt.

| | |
|---|---|
| 1:300 | Maßstab |
| *Pläne der Architekten.* | Quelle |

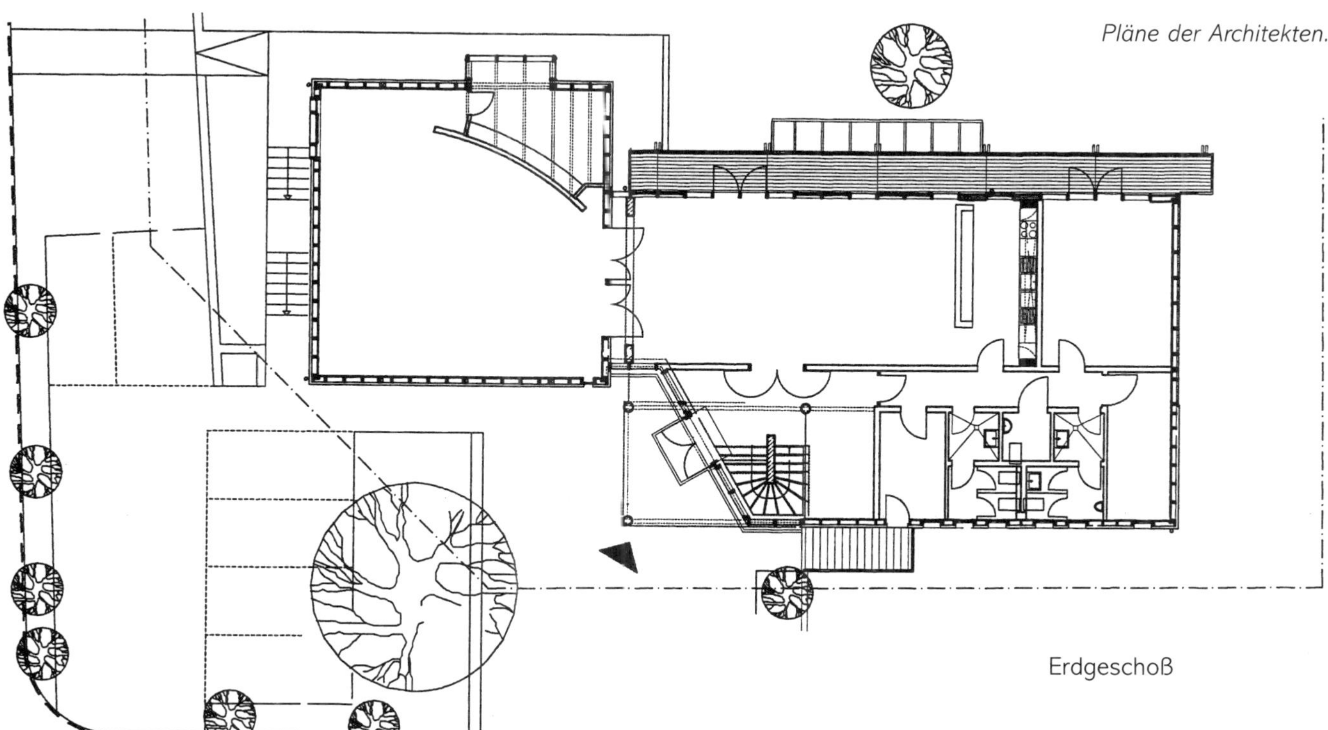

Erdgeschoß

## 9.1.5 Gemeindehaus der Evangelisch-Freikirchlichen Gemeinde in Darmstadt

| | |
|---|---|
| Bauherr | Evangelisch-Freikirchliche Gemeinde Darmstadt |
| Architekten | Schulze & Assoziierte, Darmstadt |
| Projektteam | I. Schulze, L. Rathke, E. M. Schwarz, K. Bruder, J. Winkelbrandt |
| Tragwerks-planung | Dr. Ing. K. Keller, Darmstadt |
| | Fertigstellung 1993 |
| | Joseph-Maria-Olbrich Plakette 1993 |
| | Auszeichnung vorbildlicher Bauten im Land Hessen 1996 |

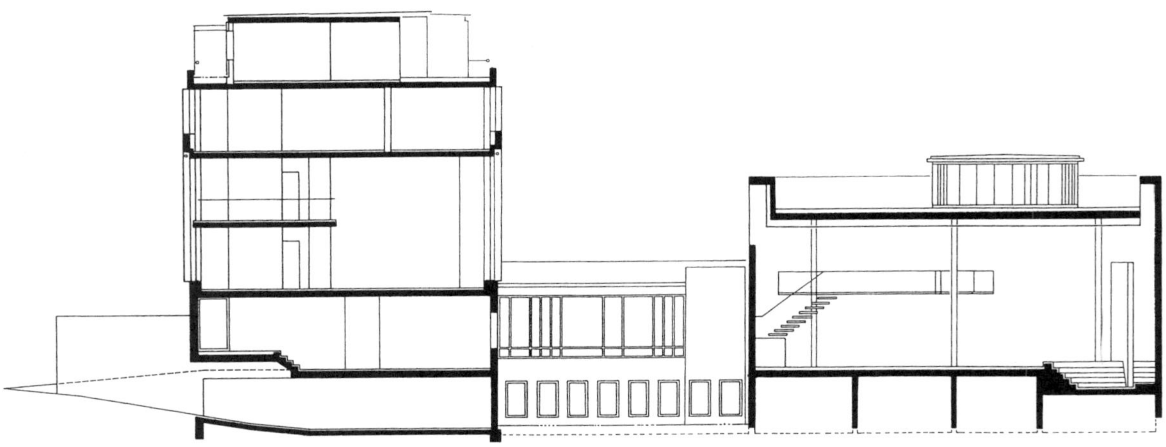

| | |
|---|---|
| HNF | 1 019 m² |
| VF | 224 m² |
| BRI | 6 120 m³ |
| Faktor | BRI/HNF = 6,0 VF/HNF = 0,22 |

Bestimmend für die Anlage ist der Standort in einer nahezu geschlossenen Blockrandbebauung.
Das inhaltliche Ziel des »offenen Hauses der Begegnung« findet seinen Ausdruck in der fließenden Raumfolge von außen nach innen. Der Kirchenraum läßt sich in das Foyer erweitern. Frei angeordnete Wandscheiben unterstützen die Wegführung im gesamten Haus, sie führen in das Gebäude hinein, verbinden das Foyer mit dem Kirchenraum, gliedern das Foyer und schirmen die Nebenbereiche ab.
Das Thema der »gelebten Gemeinschaft« findet seinen Ausdruck in den kreisförmig angeordenten Elementen des Kirchenraumes.
Das Taufbecken der baptistischen Erwachsenentaufe ist als »Schwelle und Übergangsraum« ausgebildet und assoziiert »Ufer«.

| | | |
|---|---|---|
| Raumbereiche | UG | Tiefgarage, Mehrzweckraum, Umkleide (zur Taufe) |
| | EG | Foyer, Eingang, Büro, Kirchenraum |
| | 1. OG | Gemeindesaal, Küche, Galerie Kirchenraum |
| | 2. OG | Galerie Gemeindesaal, sanitäre Anlagen |
| | 3. OG | Jugendcafé, Gruppenräume |
| | 4. OG | Hausmeisterwohnung |

Maßstab ca. 1 : 300

Quellen *BDA Handbuch 1994/95; Bauwelt 14/94; Bauzentrum 1/94; Ausstellungskatalog des BDA Hessen 1994; Broschüre der Architektenkammer Hessen »Tag der Architektur Hessen« 1995 und 1996; Pläne der Architekten.*

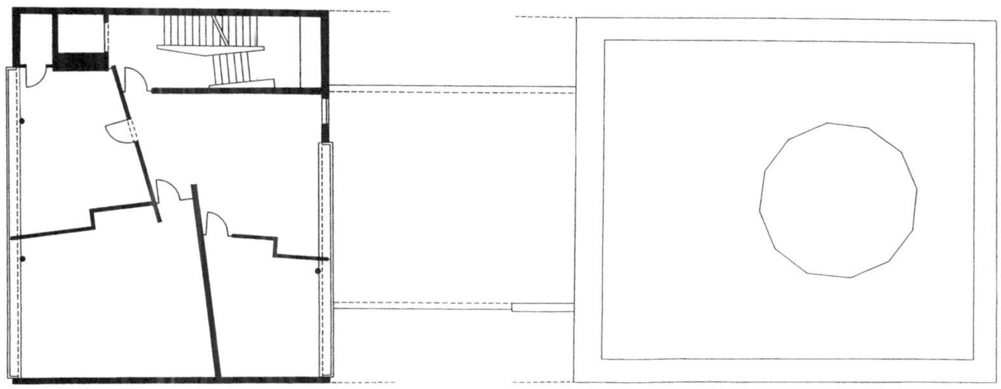

3. Obergeschoß

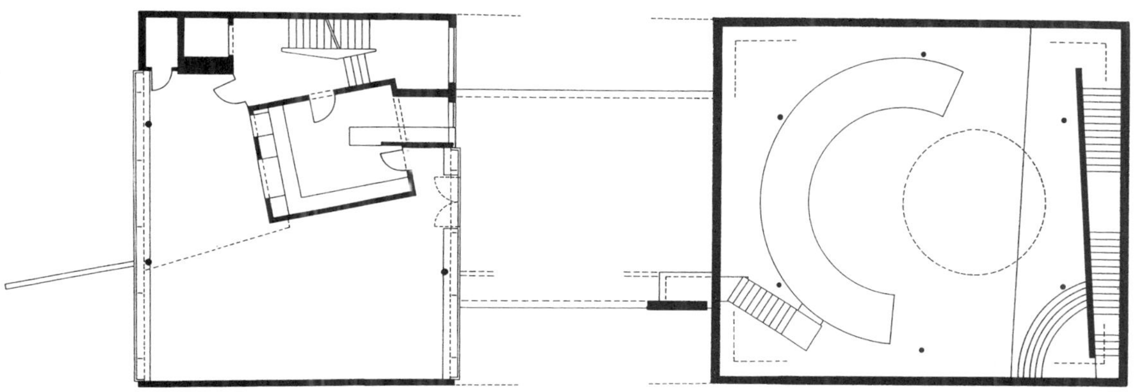

1. Obergeschoß

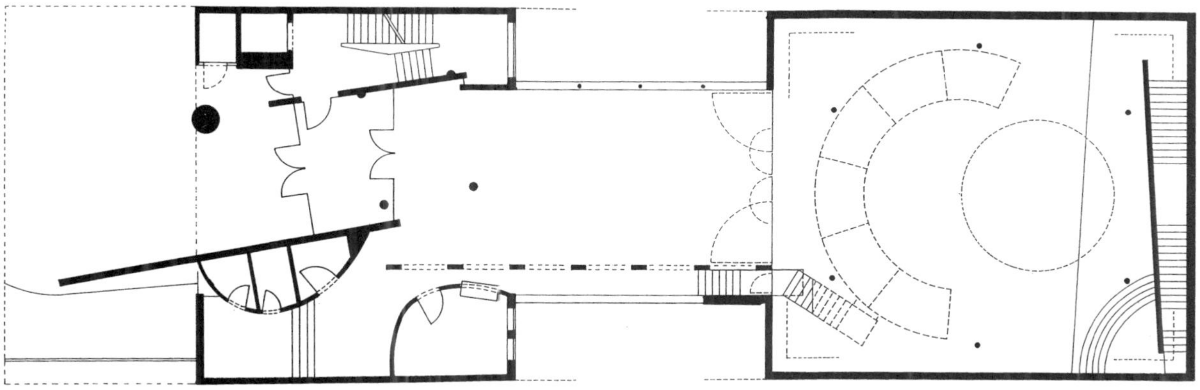

Erdgeschoß

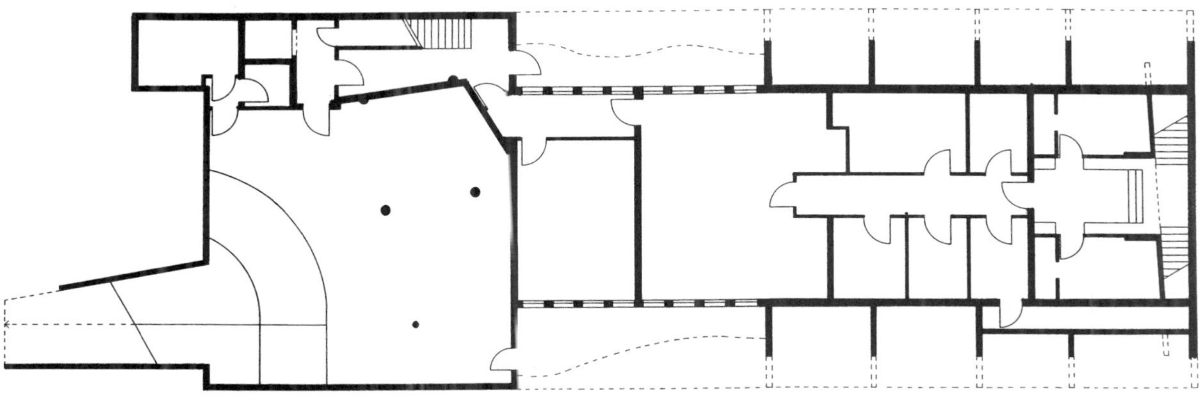

Untergeschoß

## 9.1.6 Evangelisches Gemeindehaus in Vetzberg

Bauherr — Evangelische Kirchengemeinde Rodheim/Vetzberg
Architekten — Hempelt + Bernhardt, Darmstadt
Tragwerksplanung — Bollinger + Grohmann, Frankfurt am Main
Fertigstellung 1993

| | |
|---|---|
| Grundstück | 1 575 m² |
| HNF | 166 m² |
| NNF | 19 m² |
| NF | 185 m² |
| FF | 8 m² |
| KF | 42 m² |
| BGF | 27 757 m² |
| VF | 21 m² |
| BRI | 1 122 m³ |
| Faktor | BRI/HNF = 6,75 VF/HNF = 0,12 |

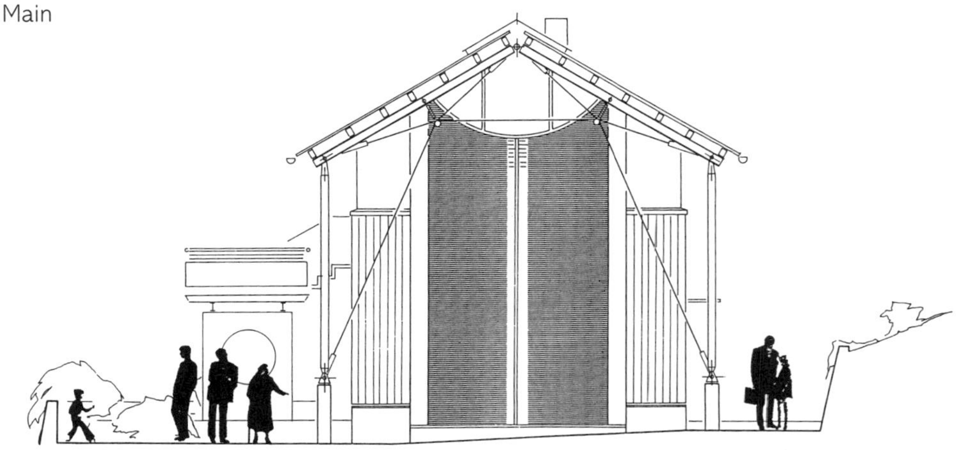

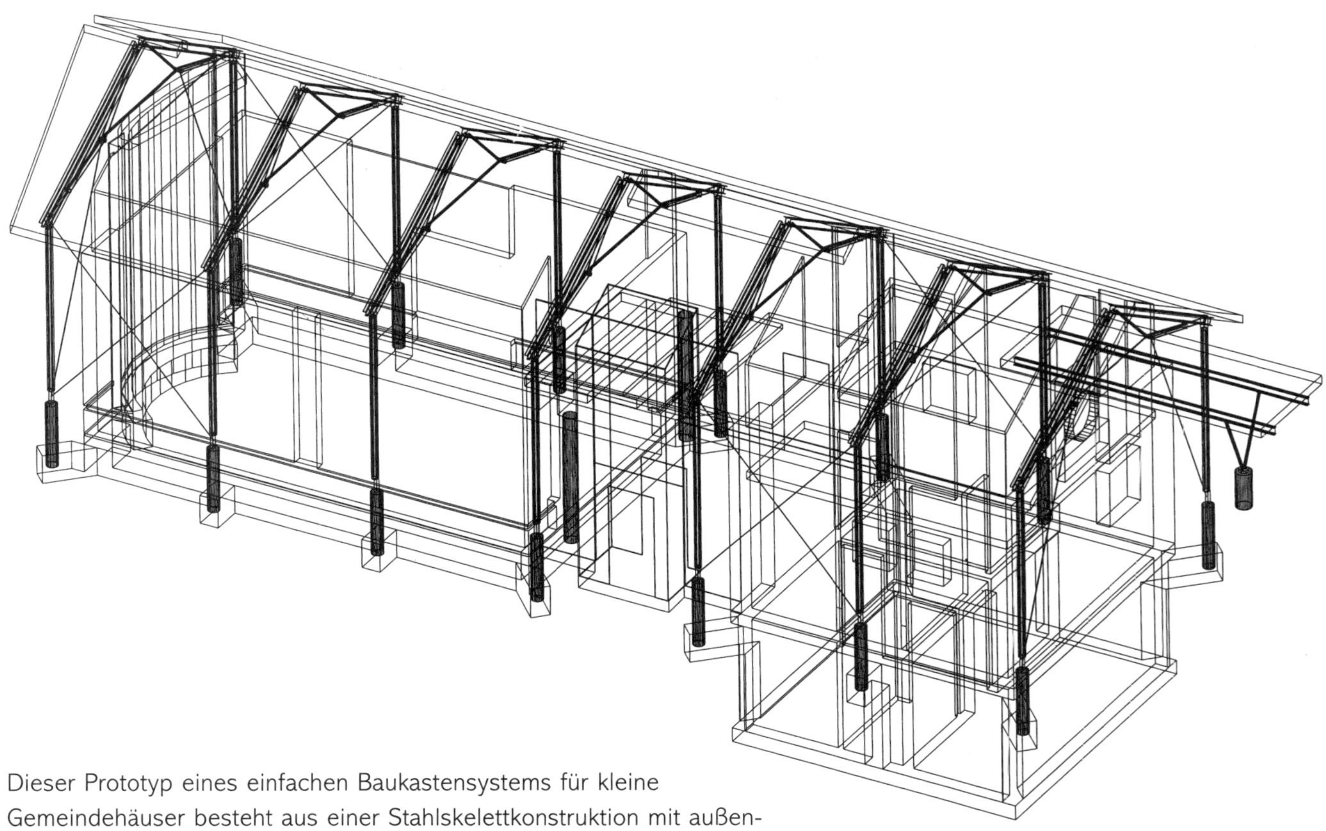

Dieser Prototyp eines einfachen Baukastensystems für kleine Gemeindehäuser besteht aus einer Stahlskelettkonstruktion mit außenstehenden Stützen. Die Erschließung erfolgt seitlich durch einen Windfang.
Der Jugendraum ist über eine Außentreppe gesondert erschlossen. Der Gemeinderaum eignet sich für kirchliche wie für kulturelle Veranstaltungen, wobei das Foyer integriert werden kann.

Maßstab — ca. 1:200

Quellen — *Pläne und Monographie der Architekten.*

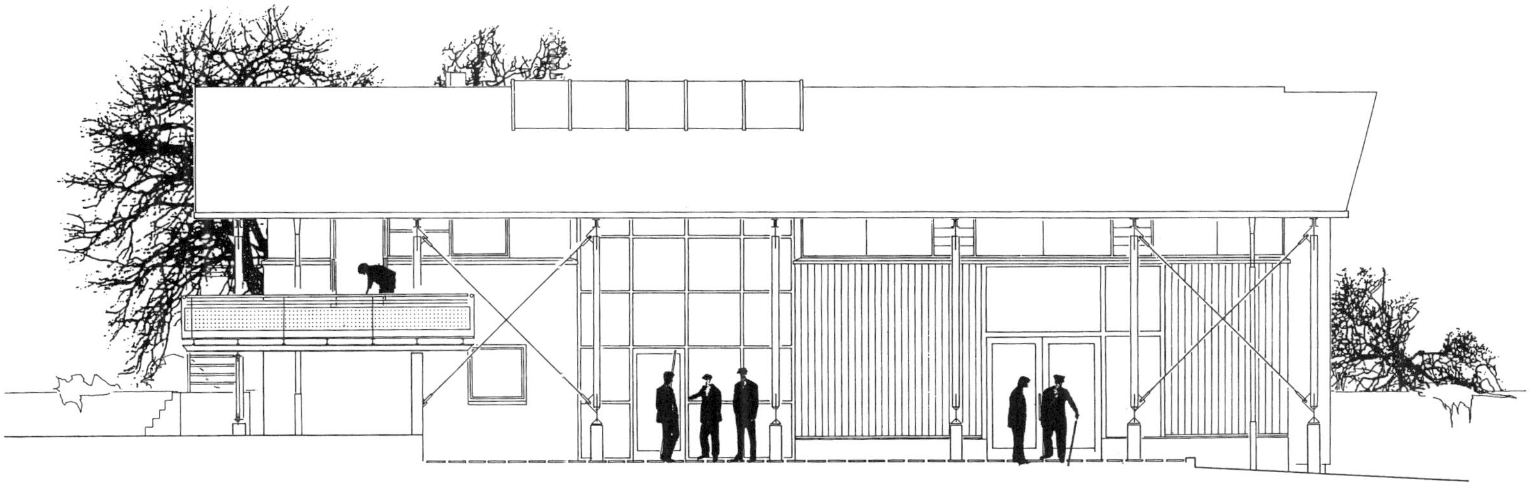

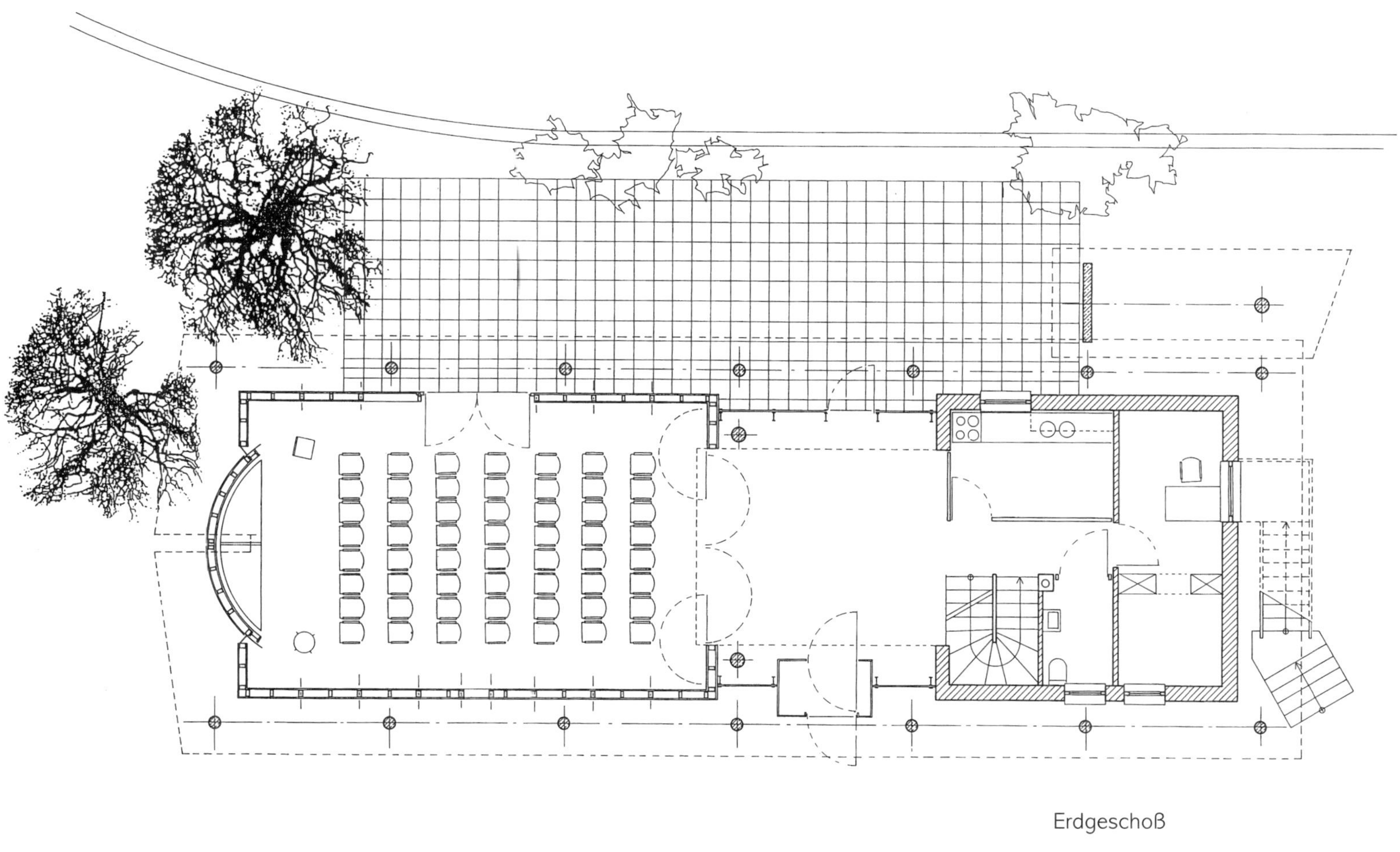

Erdgeschoß

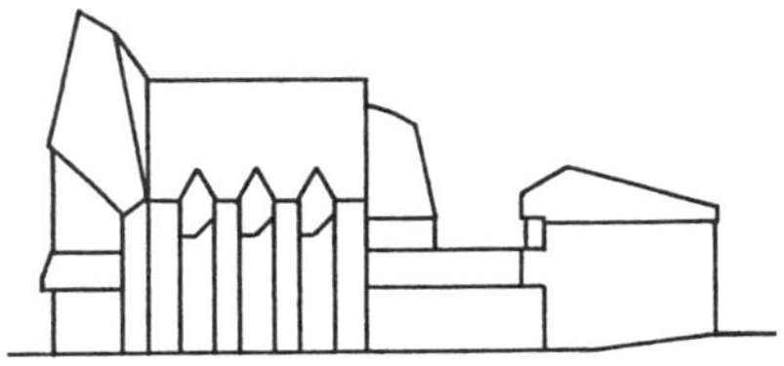

## 9.1.7 Katholische Kirche in Rostock

| | |
|---|---|
| Bauherr | Katholisch-Apostolische Gemeinde Rostock |
| Architekt | Helmut Heinz Hähnel, Berlin |
| Tragwerks-planung | S. Sonntag, Berlin |
| | Fertigstellung 1994 |
| Grundstück | 1 500 m² |
| HNF | 245 m² |
| NNF | 32 m² |
| FF | 56 m² |
| VF | 82 m² |
| NGF | 415 m² |
| BRI | 2 380 m³ |
| Faktor | BRI/HNF = 9,71 |

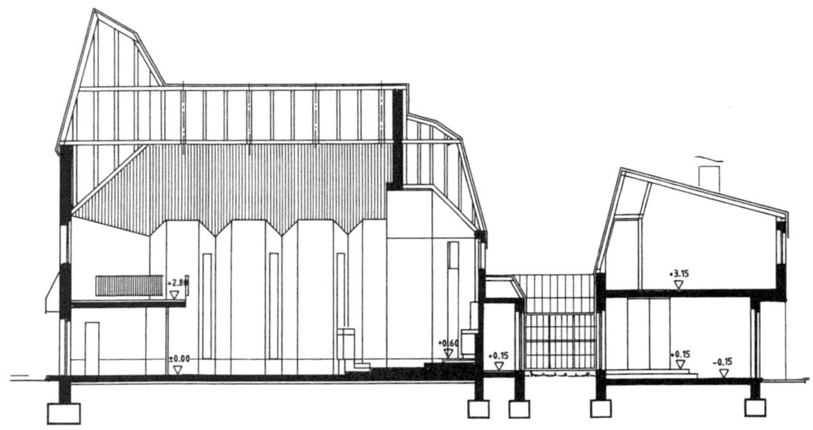


Die Gemeinde hatte festgelegt, daß die Kirche in einem traditionellen Stil mit Kirchenschiff und Glockenturm gebaut werden sollte.
Der vertikal betonte Kirchenraum lebt vom Licht der ausgestellten Fenster. Zwischen Altarraum und Atrium befindet sich die Sakristei. Das Atrium trennt den Kirchenraum vom Gemeindehaus, das als rechteckiger Kopfbau angeordnet ist. Es enthält den Gemeindesaal, eine Teeküche, sowie eine Eingangshalle mit separatem Zugang. Im Obergeschoß befindet sich die Wohnung des Kirchendieners.

Maßstab 1 : 250

Quellen *Heinze Deutsche Baudokumentation, Celle 1996; Pläne des Architekten.*

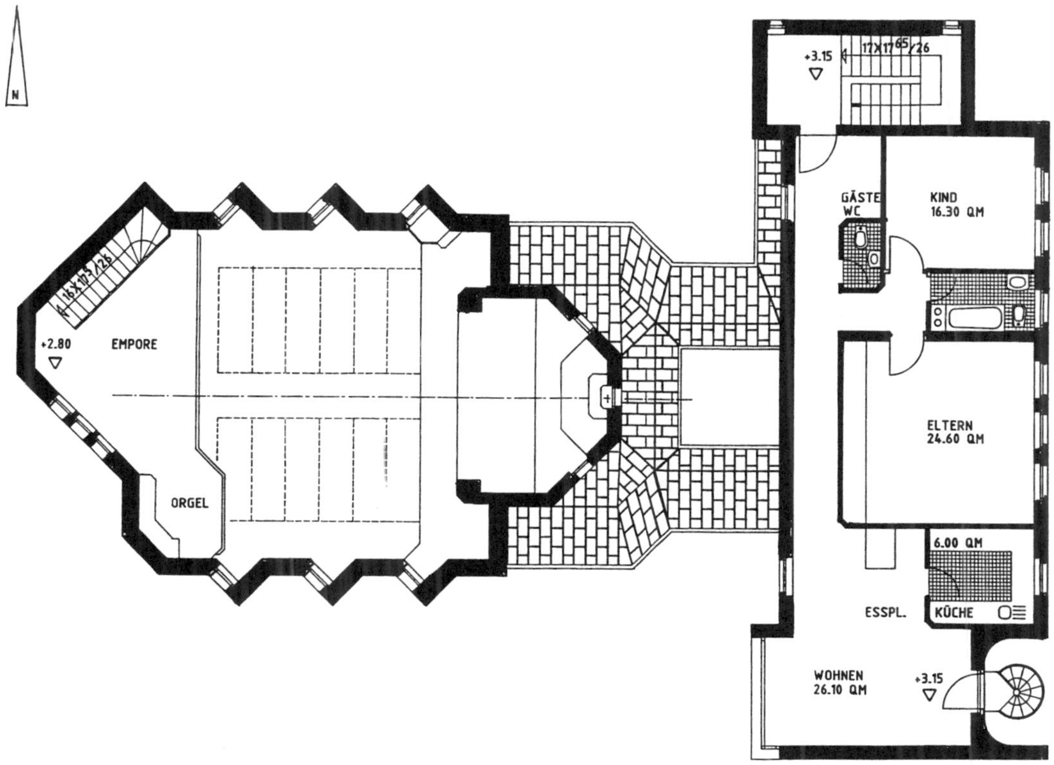


Obergeschoß

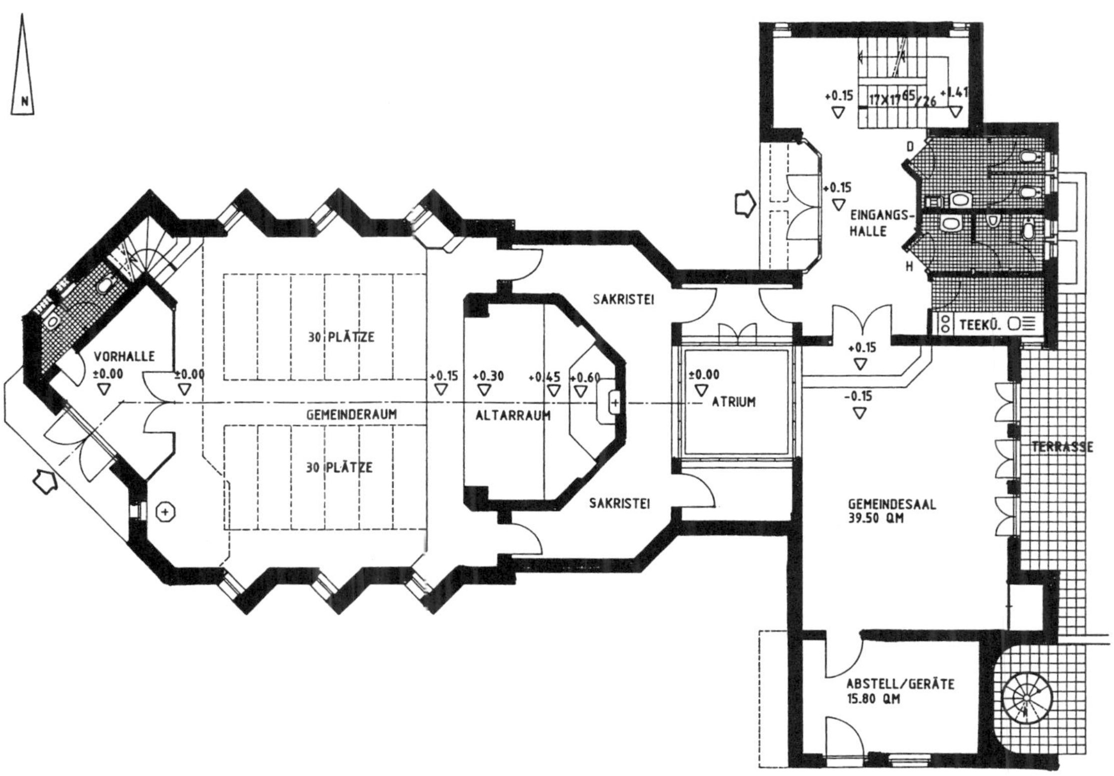


Erdgeschoß

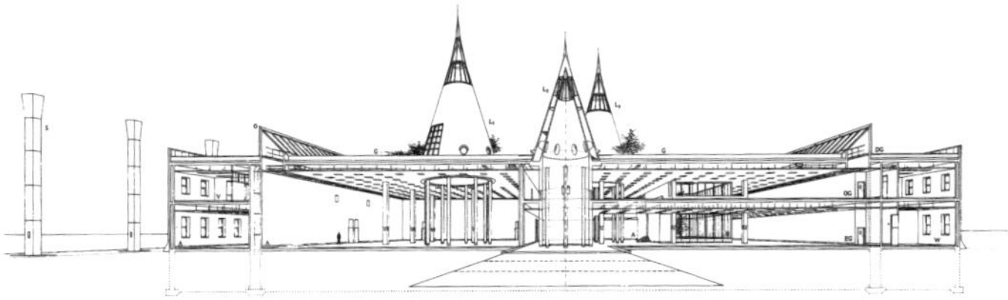

## 9.2.1 Kunst- und Ausstellungshalle der Bundesrepublik Deutschland in Bonn

| | |
|---|---|
| Bauherr | Bundesrepublik Deutschland |
| Architekt | Prof. Gustav Peichl, Wien |
| Gesamtleitung | Bundesbaudirektion Präsidentin Barbara Jakubeit, Abteilungsleiter R. Nagel, Sachgebietsleiter W. Sieben |
| Hochbau-leitung | Petry, Petersen, Geilsdörfer |
| Technische Gebäude-ausstattung | Steuer, Weinert, Strachotta, Christiansen, Lehrke |

Wettbewerb 1987, 1. Preis
Fertigstellung 1992

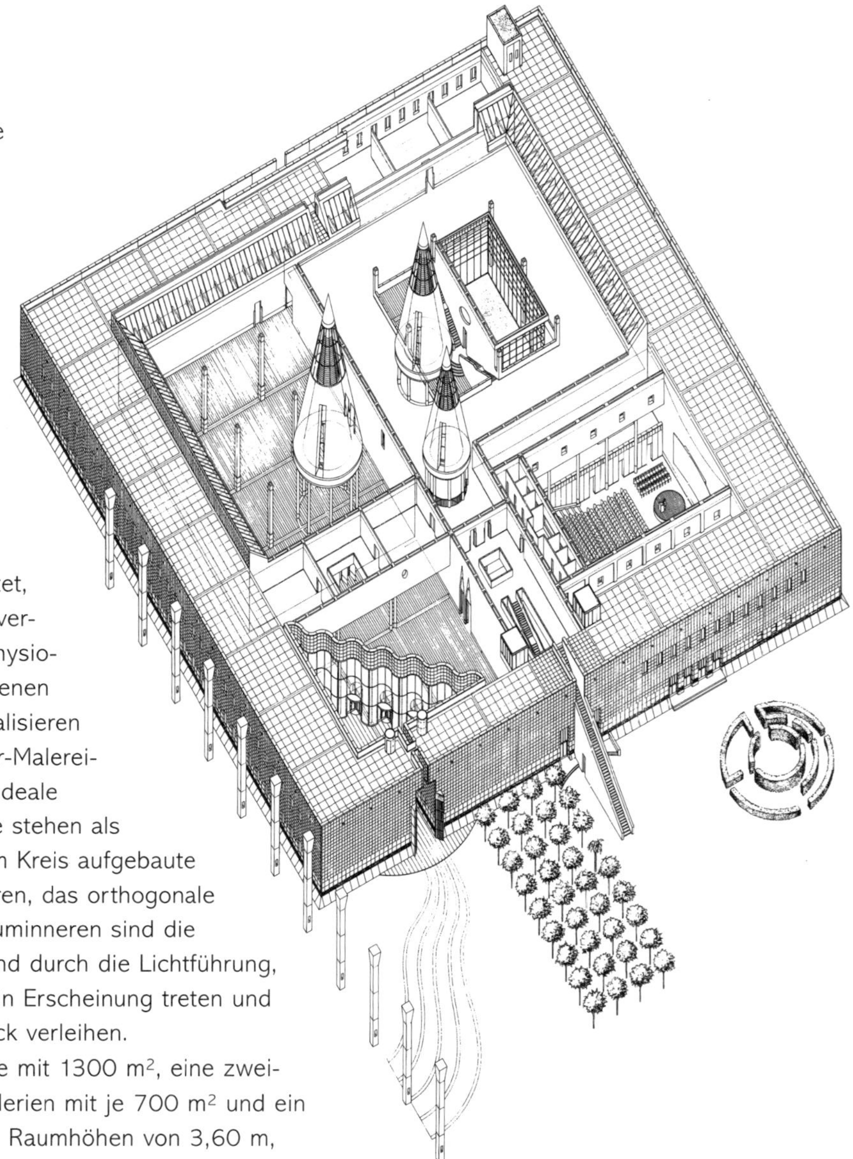

| | | | |
|---|---|---|---|
| EG | Große Halle | 1 304 $m^2$ | |
| | Atrium Halle | 1 626 $m^2$ | |
| | Ost Galerie | 437 $m^2$ | + 53 $m^2$ |
| | Süd Galerie | 284 $m^2$ | |
| OG | Atrium Halle | 1 340 $m^2$ | |
| | Süd Kabinett | 295 $m^2$ | |
| | Zentral Kabinett | 289 $m^2$ | |
| DG | Dachgarten | 9 216 $m^2$ | |

Die Gestaltung des Neubaus war darauf gerichtet, dem Standort eine gewisse Attraktivität und Unverwechselbarkeit zu geben. Eine eigenständige Physiognomie durch den klaren, nach außen bescheidenen Baukörper mit drei markanten Lichttürmen signalisieren den Dreiklang der bildenden Künste »Architektur-Malerei-Skulptur« und sorgen funktionsgerecht für eine ideale Belichtung der Ausstellungsbereiche. Die Türme stehen als kulturelles Zeichen. Die drei Kegel sind aus dem Kreis aufgebaute Elemente, deren Position ihrer Aufgabe im Inneren, das orthogonale Raumsystem zu modifizieren, entspricht. Im Rauminneren sind die Stützen aufgelöst, sie wirken hier durch Licht und durch die Lichtführung, während sie außen als stereometrische Körper in Erscheinung treten und dem Bau einen markanten und heiteren Ausdruck verleihen.
Die Vielfalt des Raumangebots, eine große Halle mit 1300 $m^2$, eine zweigeschossige Artriumhalle mit 3000 $m^2$, drei Galerien mit je 700 $m^2$ und ein Zentralkabinett mit 300 $m^2$ sowie verschiedene Raumhöhen von 3,60 m, 4,30 m und 9,00 m lassen jede Form der Ausstellungsgestaltung zu.

Raumbereiche
EG Eingang und Foyer, Restaurant, Werkstätten, Auditorium, Große Ausstellungshalle, 4 Galerien, 2 Kabinette, Gäste-Ateliers, Bibliothek, Verwaltung.
OG Foyer, Restaurant, Werkstätten, Auditorium, Presse-Seminar

Maßstab 1:800

Quellen *Gustav Peichl. Von der Skizze zum Bauwerk. Kunst- und Ausstellungshalle der Bundesrepublik Deutschland, Berlin 1992; db 4/93; Pläne des Architekten.*

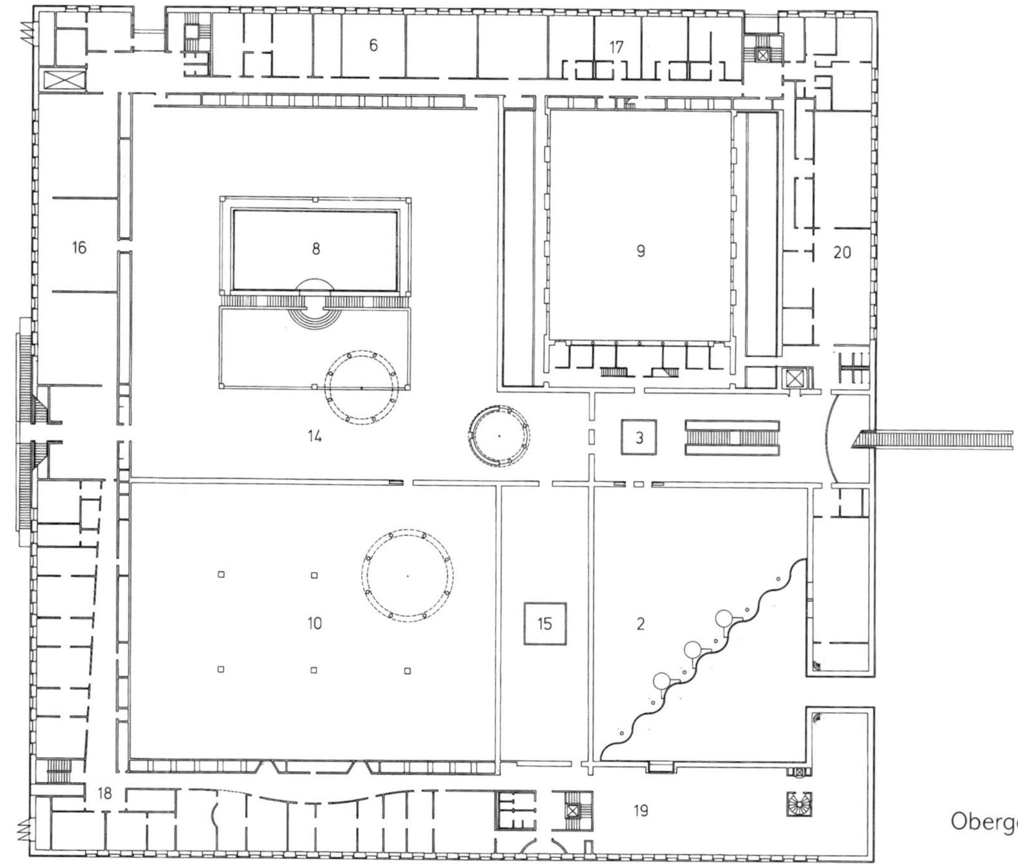


Obergeschoß

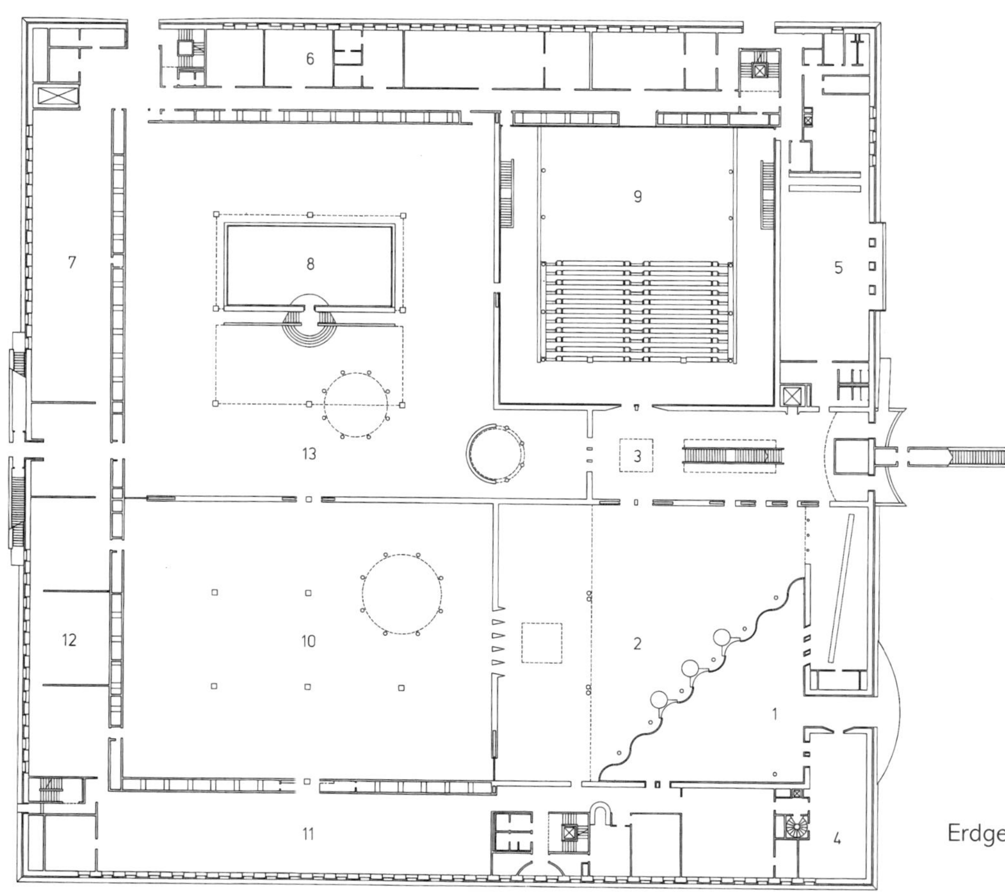


Erdgeschoß

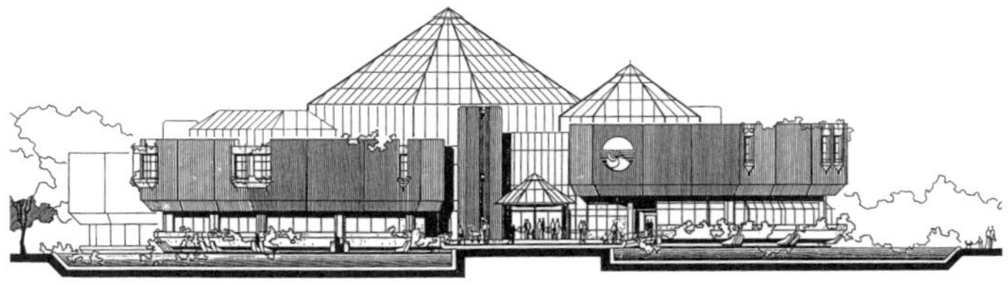

## 9.2.2 Löbbecke Museum und Aqua 200 in Düsseldorf

| | |
|---|---|
| Bauherr | Stadt Düsseldorf, Baudezernat |
| Architekten | Dansard, Kalenborn + Partner, Düsseldorf |
| Projektleiter | Walter Dansard |
| Mitarbeiter | Beucker, Heider, Langhammer, Maschlanka |
| | Wettbewerb 1973, 1. Preis |
| | Fertigstellung 1987 |
| Tragwerks-planung | Genske und Dr. Kunkel, Düsseldorf |

| | |
|---|---|
| Gesamtfläche | 4 372 $m^2$ |
| NF | 3 652 $m^2$ |
| VF | 574 $m^2$ |
| FF | 145 $m^2$ |
| NGF | 6 862 $m^2$ |
| BGF | 7 553 $m^2$ |
| BRI | 34 095 $m^3$ |

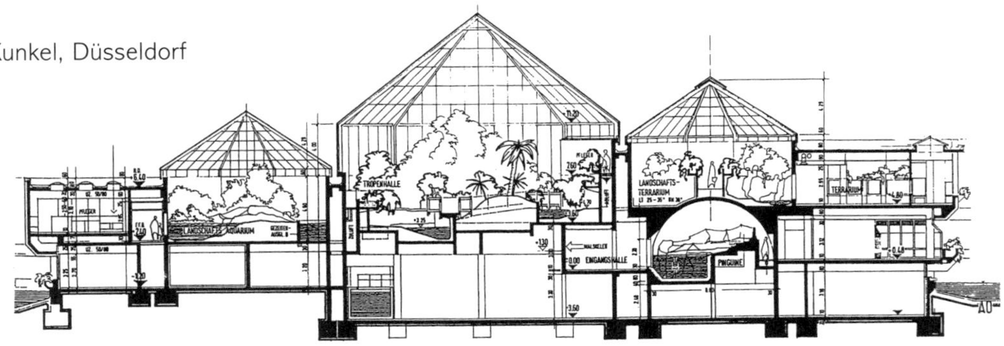

Die Idee eines konsequenten Rundgangs bestimmt die Ordnung der Bereiche. Mit der Eingangshalle als Anfang und Ende führt der Besucherweg durch die höhenmäßig versetzten Ebenen um die Tropenhalle im Zentrum der Anlage. Jede Ebene entspricht einem Zuschauerbereich. Lage, Zuordnung und Staffelung der Zuschauerbereiche bieten bei leichter Orientierbarkeit eine überschaubare Differenzierung der Räume. Gezielte Ein- und Durchblicke – zum Beispiel vom Rundgang in die Tropenhalle, von der Eingangshalle ins Robbenbecken – verbinden die verschiedenen Raumgruppen in spannungsvoller Form miteinander. Großzügige Pflanzbecken an markanten Punkten sind eine Ergänzung der Landschaften im Tierbereich, und Sitzgruppen in allen Bereichen geben die Gelegenheit zu Ruhe und Besinnung oder zum Blick in die umgebende Parklandschaft.
Drei der vier Segmente bestehen aus einem großen, mit Glasdach abgedeckten Mittelpunktsbecken, dem umgebenden Zuschauergang und den daran anschließenden Buchten. Bietet das zentrale Becken den Blick in eine imposante Unterwasserszene oder abwechslungsreiche Landschaftsaquarien, so sind die jeweiligen Buchten akustisch und optisch abgeschlossene Gruppenräume für die Darstellung jeweils eines Ausstellungsthemas.

| | | | |
|---|---|---|---|
| Raumbereiche | Bibliothek | 1 532 $m^2$ | |
| | Verwaltung | 476 $m^2$ | |
| | Magazin | 528 $m^2$ | und Lager 2 537 $m^2$ |
| | Mühlencafé | 335 $m^2$ | |
| | Reserve im 3. OG | 580 $m^2$ | |
| | Magazin Museum | 73 $m^2$ | |
| | Hausmeister-Wohnung | 125 $m^2$ | |

Maßstab 1:300

Quellen *Broschüre Stadt Düsseldorf, 1988; Pläne der Architekten.*

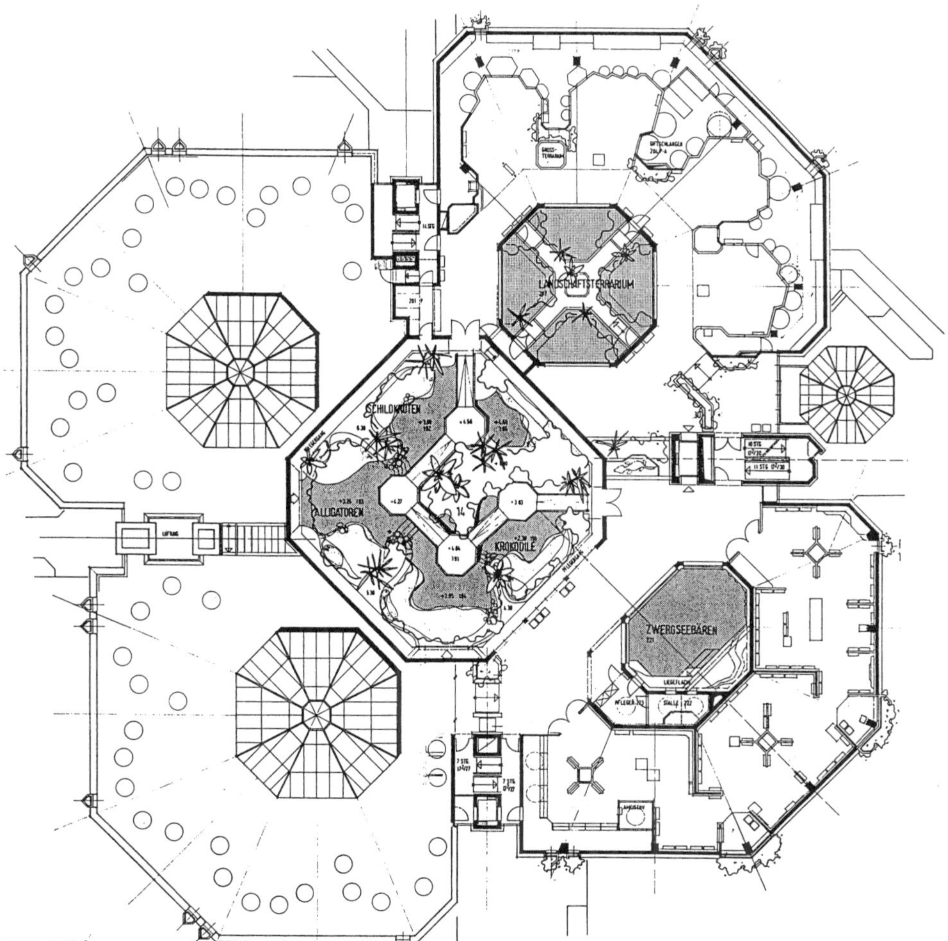


Erdgeschoß

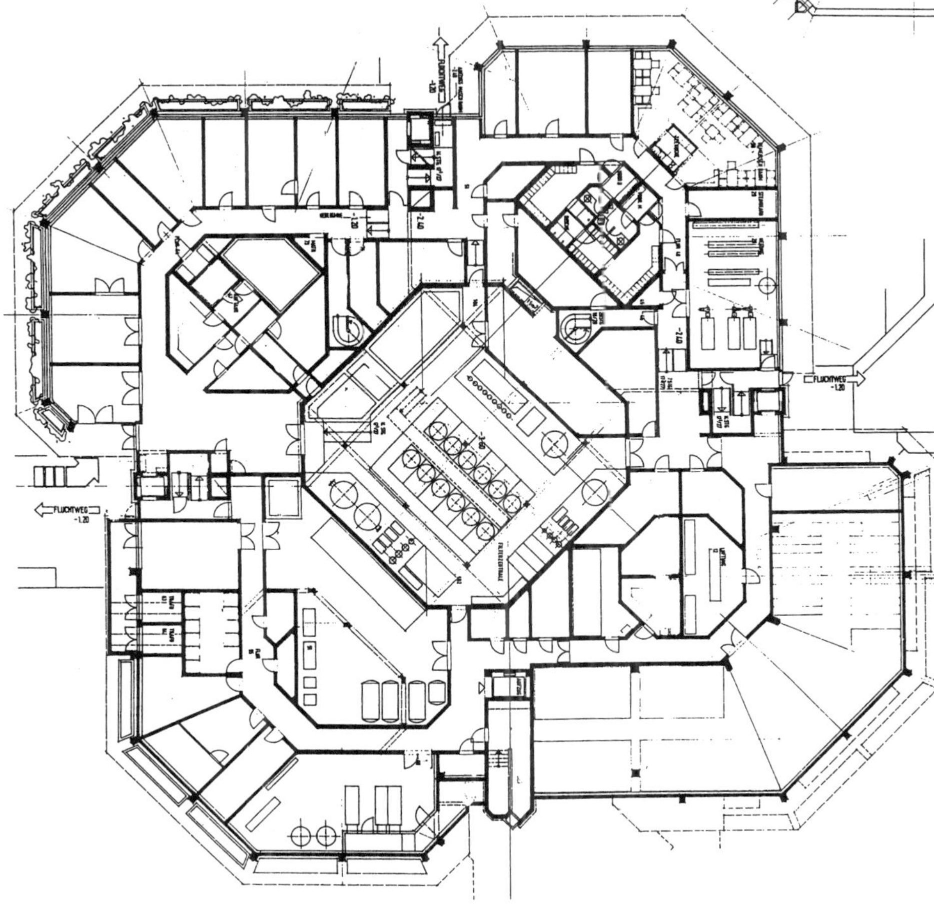


Untergeschoß

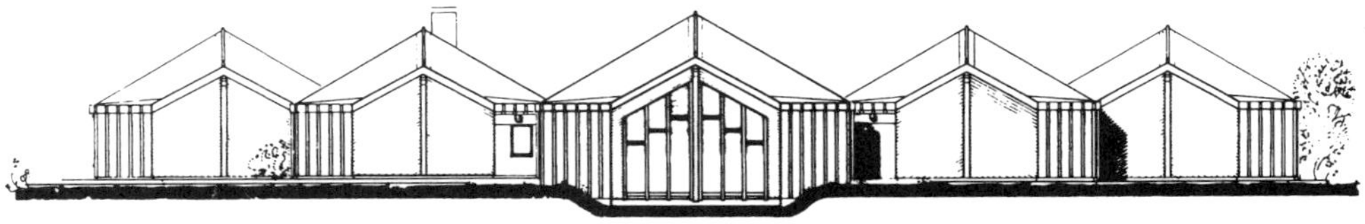

## 9.2.3 Wikingermuseum in Haithabu bei Schleswig

| | |
|---|---|
| Bauherr | Land Schleswig-Holstein, vertreten durch das Landesbauamt Schleswig |
| Planung | Zentrale Planungsstelle der Landesbauverwaltung Schleswig Holstein, Kiel |
| Tragwerks-planung | Hubertus Mohn, Kiel |
| | Planungsbeginn 1985 |
| | Fertigstellung 1988 |

| | |
|---|---|
| Grundstück | ca. 4 080 m² |
| Kinosaal | 180 m² |
| HNF | 2 181 m² |
| NNF | 200 m² |
| NF | 210 m² |
| BRI | 9 835 m³ |
| Faktor | BRI/HNF = 4,51 |

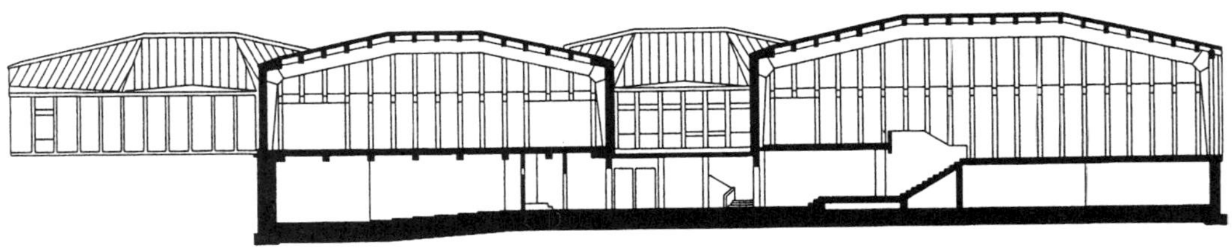

1953 wurde ein durch Feuer beschädigtes Wikingerschiff dicht vor der Küstenlinie der Kieler Bucht im tiefen Schlamm entdeckt. Erst im Sommer 1980 konnte das Wrack gehoben werden. Für dieses Schiff sollte ein Ausstellungsraum gebaut werden. Nach verschiedenen Standortuntersuchungen fiel die Entscheidung zugunsten eines Grundstücks nördlich des alten Ringwalls von Haithabu.

Um keinen Koloß entstehen zu lassen, wurde das Museum in Anlehnung an die Formensprache der alten Wikingersiedlungen – vier langgestreckte, schmale, wabenförmige Baukörper um einen quadratischen Innenhof – entworfen. Es entstand ein Museumsbau, der sich aus sieben untereinander verbundenen, schiffsförmige Holzwaben zusammenfügt. Dabei wurden vier Abschnitte zur Eingangs- und großen Ausstellungshalle zusammengeschlossen.

Die geometrischen Formen der Gebäudewaben mit ihren haubenartigen Dächern stehen in einer bewußten Spannung zu dem Landschaftsraum.

Wesentliche Merkmale:

- Additives Bausystem, es ermöglicht später die Erweiterung des Raumprogramms von fünf auf sieben Waben.
- Unaufdringliche Einordnung in die unter Naturschutz gestellte Landschaft.
- Weitgehende Verwendung von natürlichen Baumaterialien.

| | |
|---|---|
| Raumbereiche | UG Kinosaal, WC-Anlagen, Garderobe, Technik |
| | EG Ausstellungswaben, Sonderhalle, Cafeteria |
| Maßstab | 1:200 |
| Quellen | *Meyer-Bohe, W.: Dachräume, Stuttgart 1986; Schubert, H.: Moderner Museumsbau, Stuttgart 1986; Broschüre Zentrale Planungsstelle der Landesbauverwaltung Schleswig-Holstein, Kiel 1984; Bauen mit Holz 10/84; Die Bauverwaltung 12/84; DBZ 8/85; Heinze Deutsche Baudokumentation, Celle 1987; Pläne der Zentralen Planungsstelle Kiel.* |

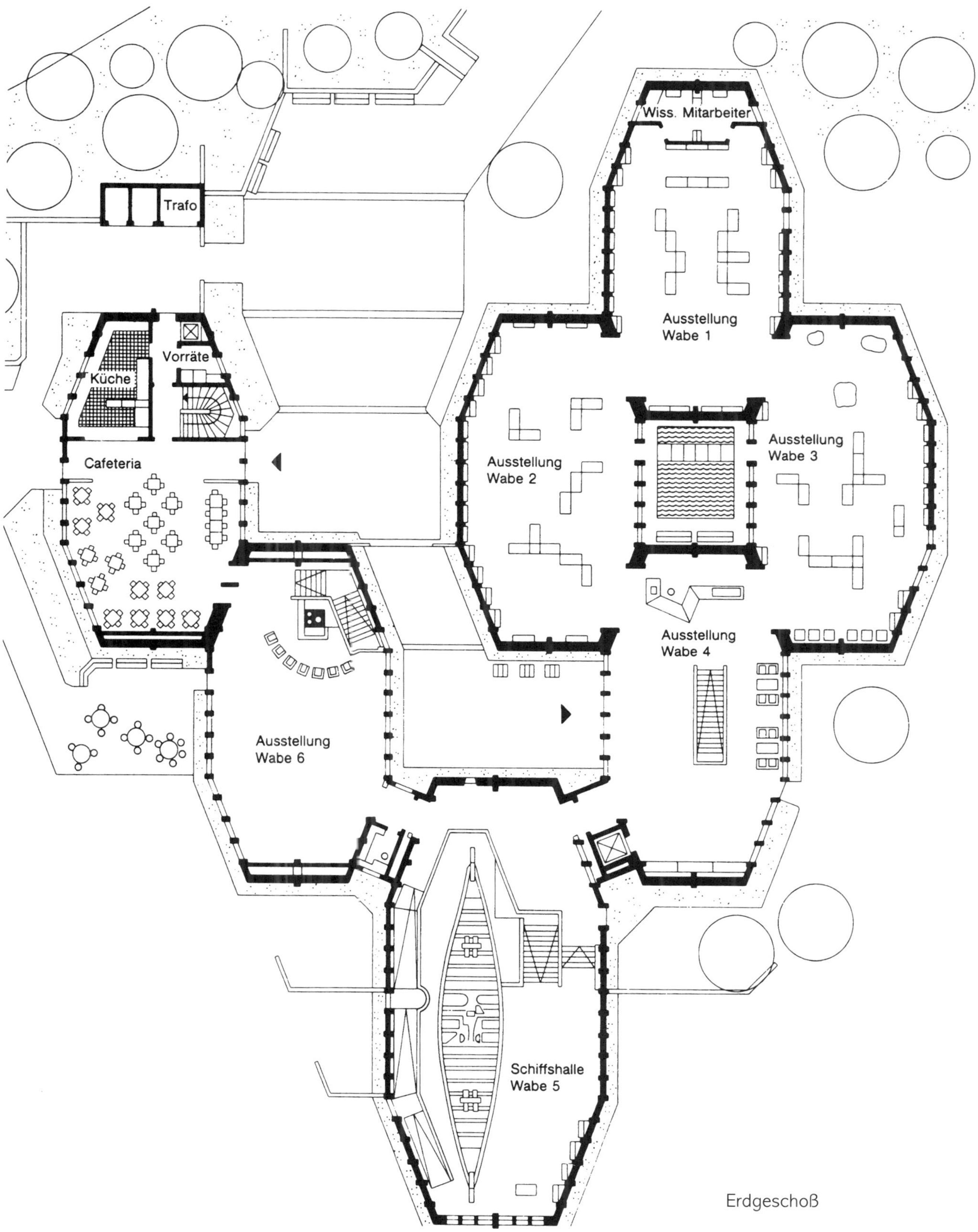
Wiss. Mitarbeiter
Trafo
Vorräte
Küche
Cafeteria
Ausstellung
Wabe 1
Ausstellung
Wabe 2
Ausstellung
Wabe 3
Ausstellung
Wabe 4
Ausstellung
Wabe 6
Schiffshalle
Wabe 5

Erdgeschoß

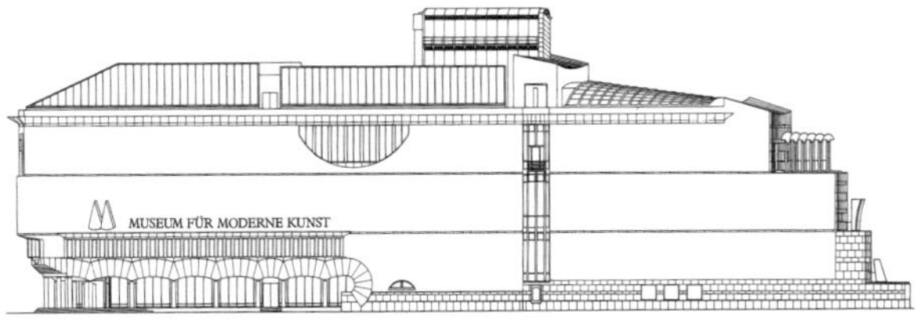


## 9.2.4 Museum für Moderne Kunst in Frankfurt am Main

Bauherr: Magistrat der Stadt Frankfurt am Main, Dezernat Kultur und Freizeit
Architekten: Prof. Hans Hollein und Franz Madl, Wien
Mitarbeiter: S. Eto, W. Kirpicsenko, B. Kretz, M. Machnacz, R. Pirker, H. Streitner, T. Abe, H. Achilles, S. Baniahmad, Th. Herzog-Punzenberger, T. Kawaguchi, N. Kimura, St. Maisch, E. Pedevilla, M. Jenewein, D. Korger, D. Pachler, E. Rahbari

Tragwerks-planung: Ing.-Büro für Bauwesen Gert Rosenboom, Frankfurt am Main
Offener Realisierungswettbewerb 1983
Fertigstellung 1991

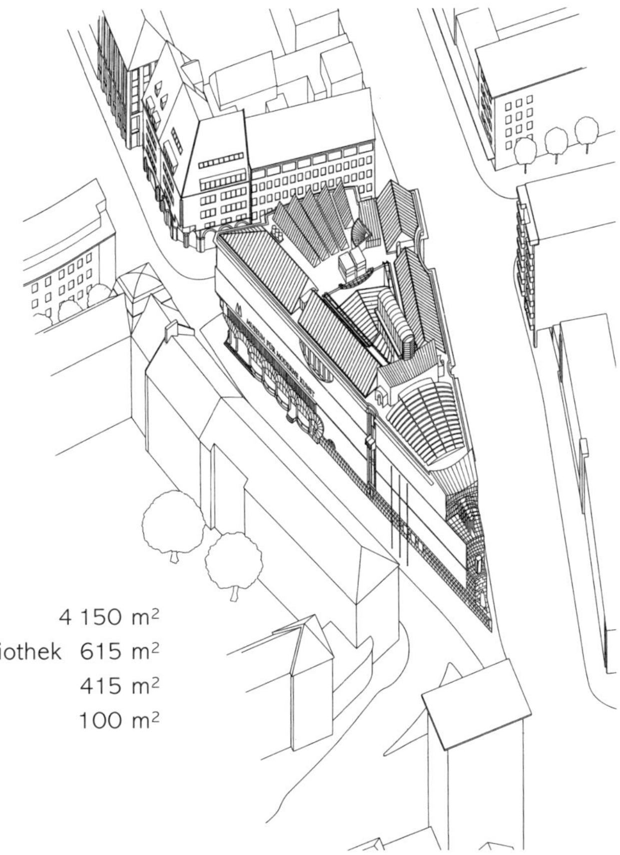

| | | |
|---|---|---|
| Grundstück | 2 140 m² | |
| | Ausstellungsfläche | 4 150 m² |
| | Büroflächen und Bibliothek | 615 m² |
| | Veranstaltungsräume | 415 m² |
| | Cafeteria | 100 m² |
| BGF | 9 100 m² | |
| BRI | 50 530 m³ | |
| Faktor | BRI/BGF = 5,55 | |

Die Konzeption beruht auf einem dreieckigen Baukörper auf einem Restgrundstück. Die schwierige Grundrißfigur enthält Raumfolgen, die eine Vielfalt von Nutzungsoptionen gestatten. Der symmetrische Grundriß wird über die südliche Geländeecke erschlossen. Die zentrale Halle führt in mehrere Ebenen. Das Treppenhaus wird als begehbare Plastik ausgebildet.

| Raumbereiche | | |
|---|---|---|
| | UG | Grafik-Depot |
| | EG | Eingangsebene – Saal und Kabinette, Foyer, Pförtner, Eingangshalle, Café, Restaurant, Küche, Ausstellungshalle |
| | 1. und 2. OG. | Variable Flächen, Restaurator |
| | DG | Klimazentrale |

Maßstab: ca. 1:450

Quellen: *Schriftenreihe des Hochbauamtes der Stadt Frankfurt am Main, Berlin 1991; Hans Hollein, Museum für Moderne Kunst, Berlin 1992; Die Bauverwaltung 5/92.*

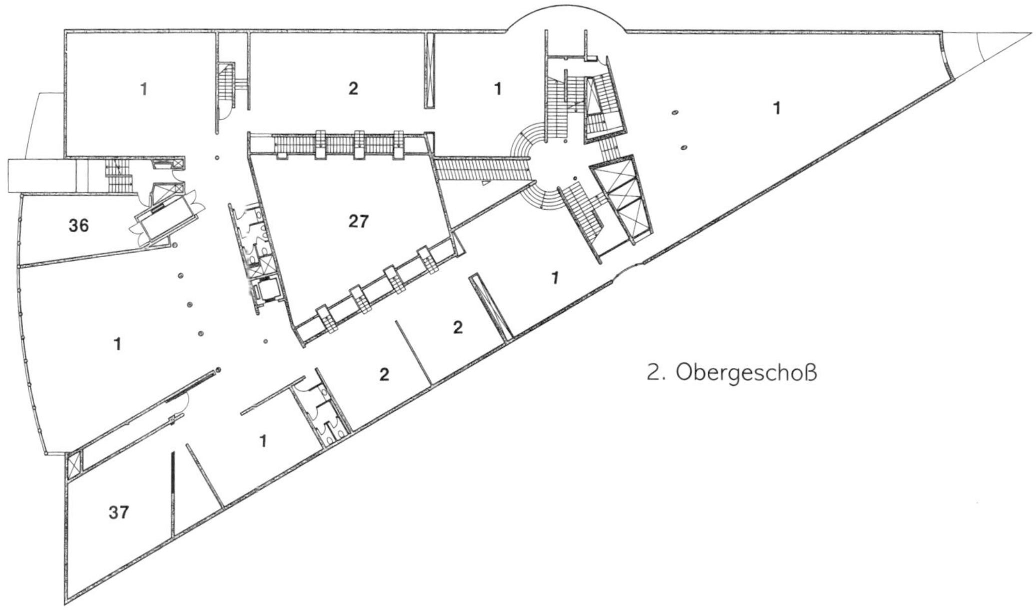


2. Obergeschoß

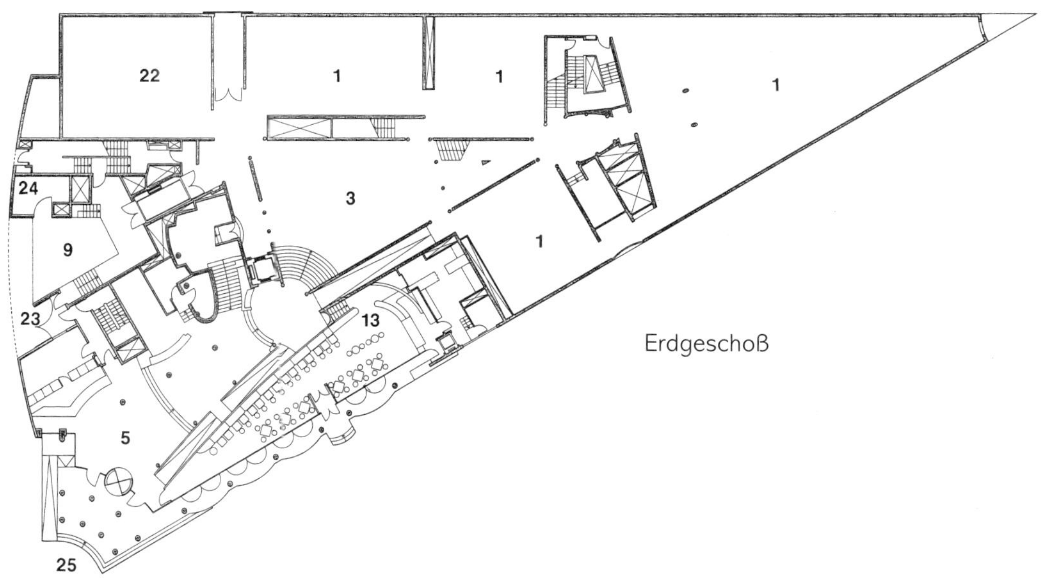


Erdgeschoß

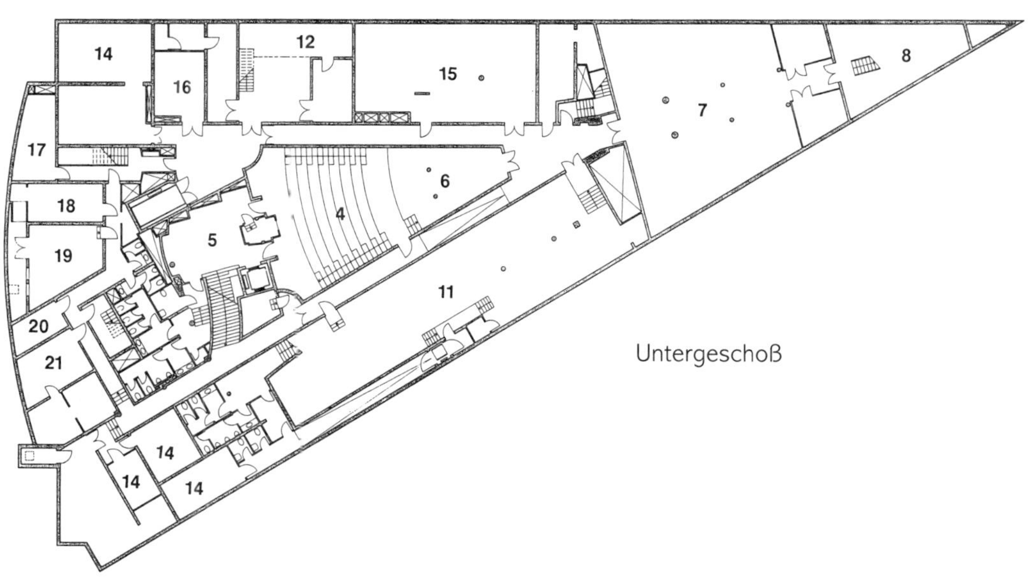


Untergeschoß

## 9.2.5 Städtisches Kunstmuseum in Bonn

| | |
|---|---|
| Bauherr | Stadt Bonn |
| Architekten | Axel Schultes in Bangert, Jansen, Scholz, Schultes, Berlin |
| Mitarbeiter | G. Bumiller, M. Bürger, M. Kister, E. Maass, H. Nordmann, V. Staab |
| Projekt-steuerung | Ingenieursozietät BGS, Volker Warnat |
| Tragwerks-planung | Planungsgemeinschaft Ing.-Büro f. Bauwesen Prof. Polony & Partner, Spitzlei und Jossen, Stettner und Wald, Köln / Frankfurt / Main |
| | Wettbewerb 1985 |
| | Fertigstellung 1992 |

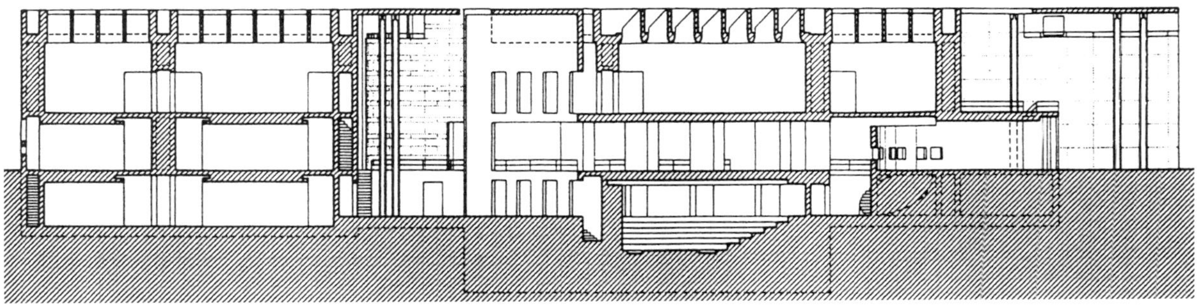

| | |
|---|---|
| Ausstellungsfläche | 4 570 m² |
| Verwaltung | 300 m² |
| Vortragssaal | 200 m² |
| Cafeteria | 240 m² |
| Depotraum | 1 350 m² |
| Werkstätten | 620 m² |
| Bibliothek | 200 m² |

BRI 110 025 m³

Der als Museumsinsel bezeichnete Bonner Bezirk sollte für das Repräsentationsbedürfnis der Regierung neben dem Städtischen Kunstmuseum auch die Bundeskunsthalle aufnehmen. Diese Vorgabe führte zu zwei blockartigen Gebäuden, die dem Besucher lange Wege ersparen. Andererseits war es äußerst schwierig, das langweilige Areal an der vorbeiführenden Bundesstraße zu füllen. Das Museum schirmt sich deshalb zur Straße hin durch Mauern und Arkaden ab.

Die quadratische Grundrißstruktur ist äußerst einfach. Eine große Diagonale verknüpft die Hauptachse, den musealen Bauteil mit Sammlungen, Depots, Werkstätten über die Zentraltreppe mit den Zugängen, Foyers, der Cafeteria und der Verwaltung.

Die zentrale Ausstellungshalle mißt 55 x 55 m und besitzt eine Höhe von 15 m. Die Raumgrößen und Seitenverhältnisse sind differenziert von 70 – 200 m² und 1 : 1 – 1 : 2,5 gehalten.

Die große Treppe im Zentrum verbindet die beiden Bauteile.

Ein gleichmäßig gestreutes Tageslicht statt Lichtdecken beherrscht die Ausstellungsräume. Die Wände sind z. T. doppelschalig ausgeführt, sie nehmen neben Installationen auch Treppen auf.

| | |
|---|---|
| Raumbereiche | EG Eingang, Foyer |
| | OG Wechselausstellungen |
| Maßstab | Grundrisse 1 : 600, Schnitt 1 : 400 |
| Quelle | *Frank, C.: Axel Schultes Kunstmuseum Bonn, Berlin 1994.* |

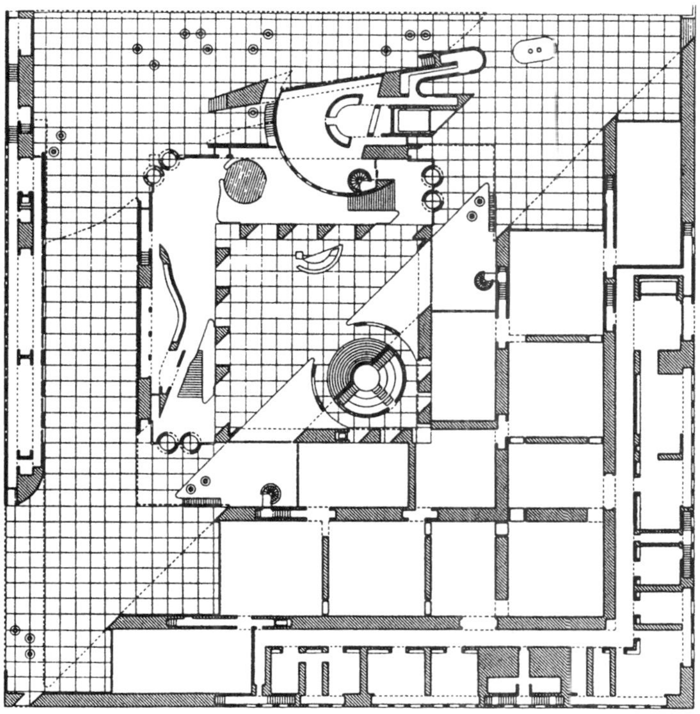

Erdgeschoß

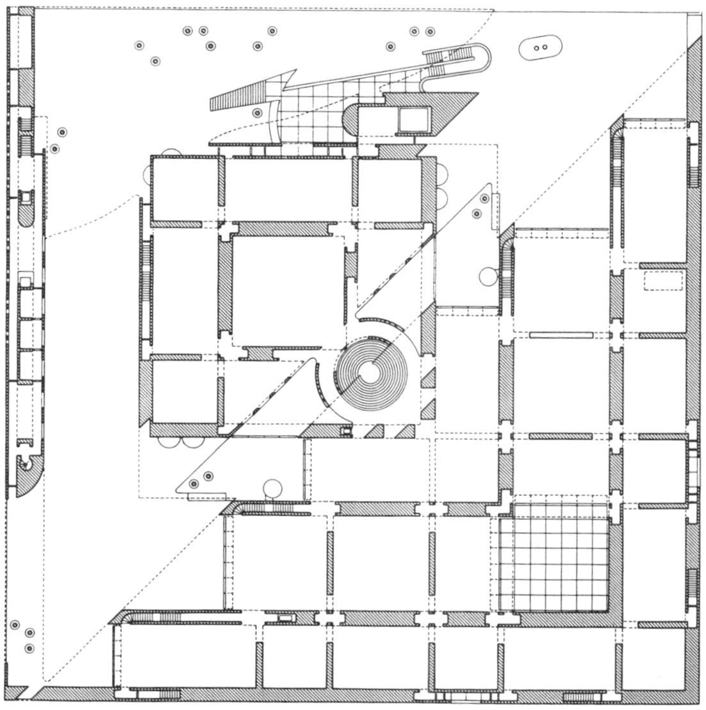

1. Obergeschoß

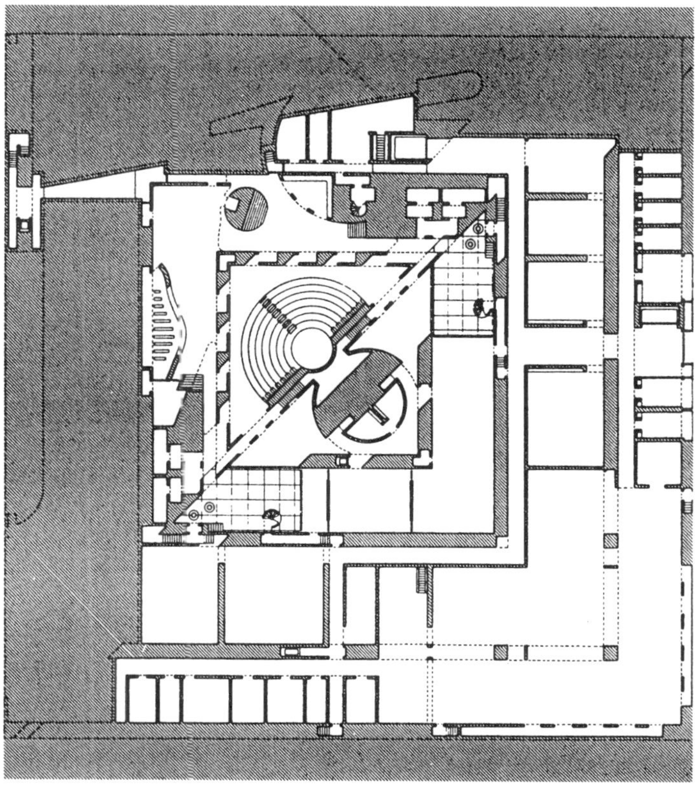

Untergeschoß

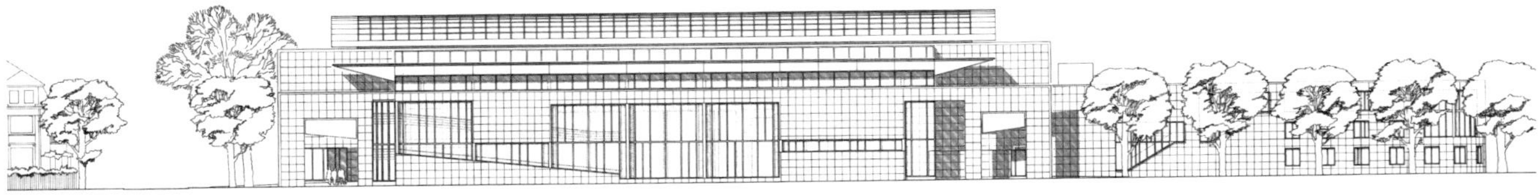

## 9.2.6 Haus der Geschichte der Bundesrepublik Deutschland in Bonn

| | |
|---|---|
| Bauherr | Bundesrepublik Deutschland |
| Architekten | Hartmut & Ingeborg Rüdiger, Braunschweig |
| Tragwerksplanung | Dr. Hage, Braunschweig |
| | Wettbewerb 1985 |
| | Fertigstellung 1994 |

| | | | |
|---|---|---|---|
| HNF | 1 075 m² | = | 100 % |
| NNF | 440 m² | = | 4 % |
| FF | 1 630 m² | = | 15 % |
| VF | 7 800 m² | = | 72 % |
| KF | 2 183 m² | = | 20 % |
| BGF | 22 129 m² | | |
| BRI | 115 573 m³ | | |
| Faktor | BRI/HNF = 10,75 | | |

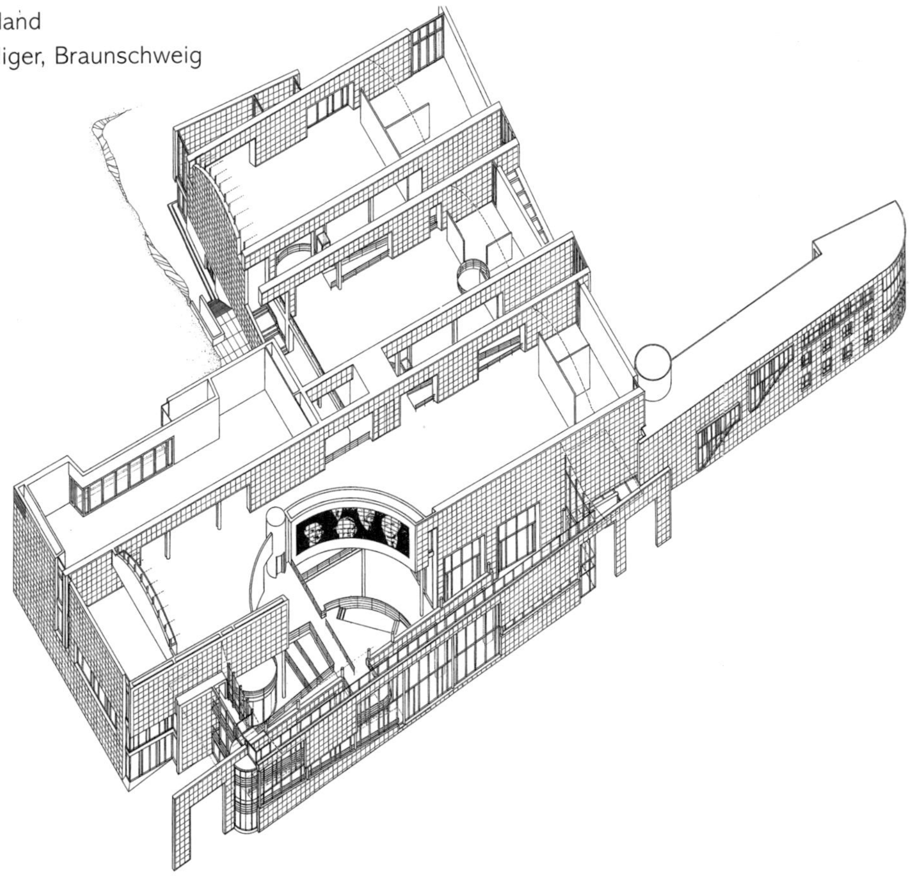

Die Besonderheit dieses Museums besteht darin, daß es in einem kontinuierlichen Rundgang die jüngste Zeitgeschichte der Bundesrepublik Deutschland erlebbar macht.
Das Foyer des Hauses ist weit in den Straßenraum hineingeschoben, um Distanz abzubauen.
Dagegen bewahren die Ausstellungshallen selbst ihre Introvertiertheit.
Von der Eingangshalle, die einen direkten U-Bahnanschluß besitzt, erreicht man die besucherintensiven Räume im Erdgeschoß sowie die Cafeteria im Zwischengeschoß. Auch der Rundgang durch die Zeitgeschichte beginnt hier.
Die Ausstellungshallen im Obergeschoß werden natürlich belichtet. Das Lichtkonzept von Christian Bartenbach besteht aus einem Prismensystem, das einerseits das direkte Sonnenlicht herausspiegelt und andererseits das diffuse Himmelslicht hereinläßt, so daß eine gleichmäßige Ausleuchtung erreicht wird.
Die Architektur ist eigenständig gegenüber den Ausstellungsgegenständen und typischer Ausstellungsarchitektur.

| | | |
|---|---|---|
| Raumbereiche | 3. UG | Tiefgarage |
| | 2. UG | Tiefgarage, Technik |
| | 1. UG | Anlieferung, Werkstätten, WC, Depot |
| | EG | Eingang, Foyer, Garderoben, Saal, Wechselausstellungen |
| | 1.–2. OG | Ausstellung |

Maßstab ca. 1:800

Quelle *Pläne der Architekten.*

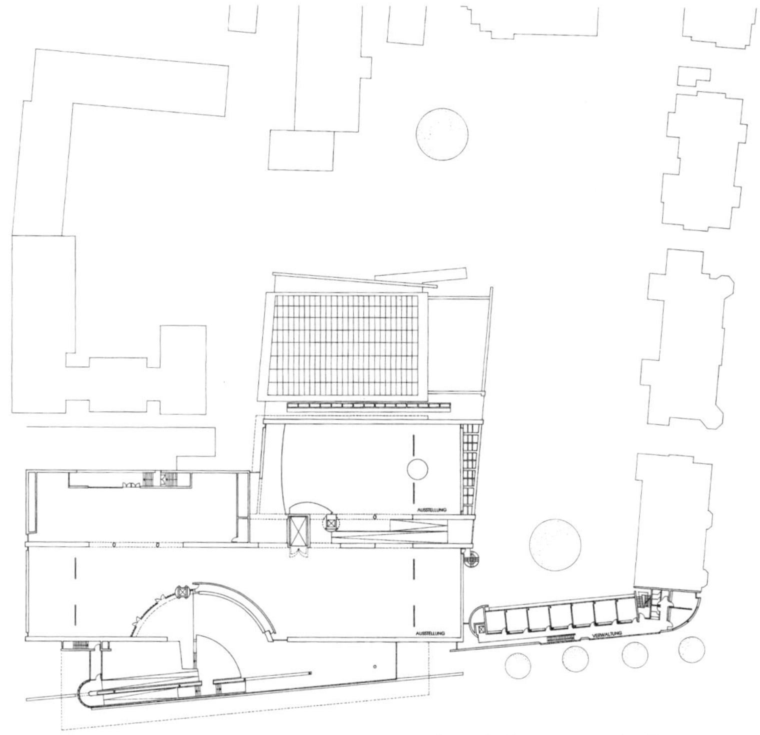

Ausstellungsgeschoß

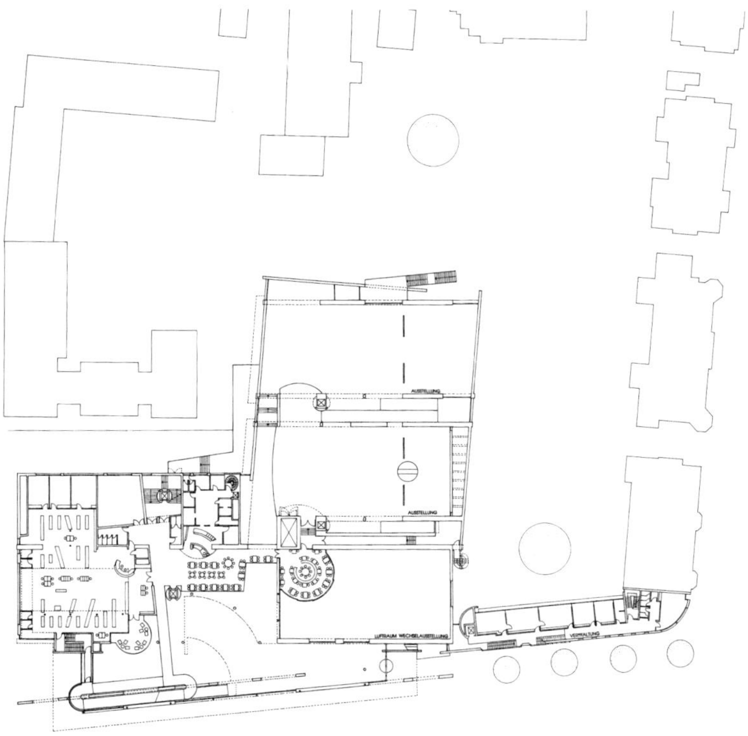

Zwischengeschoß

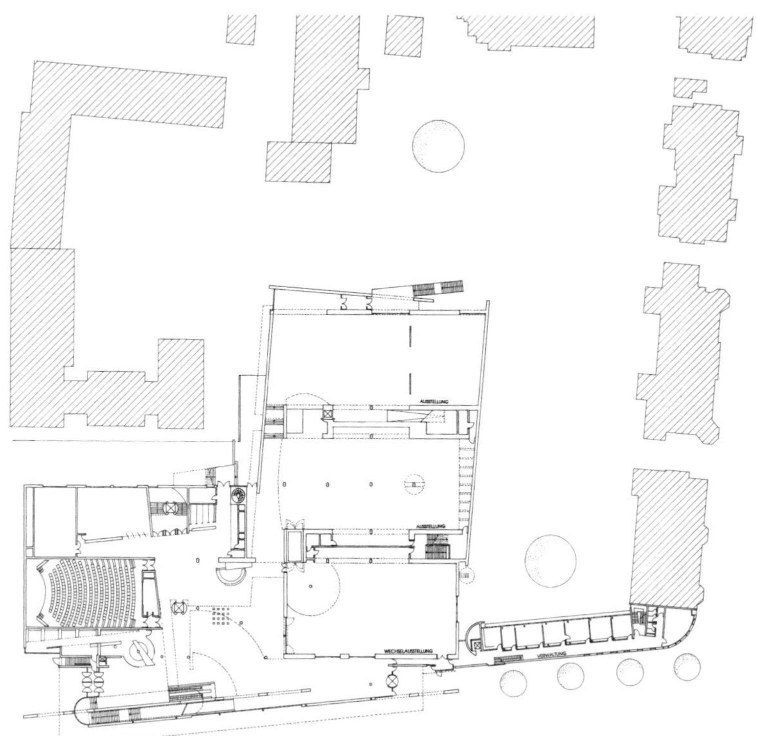

Erdgeschoß

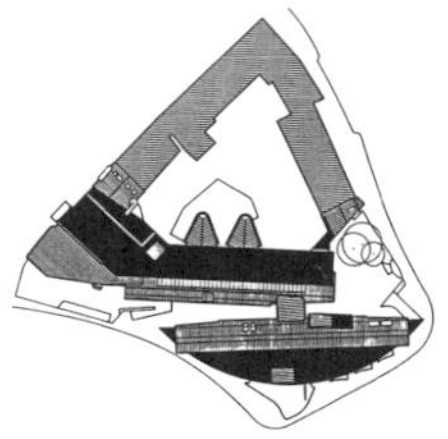

## 9.3.1 Stadtbücherei in Münster

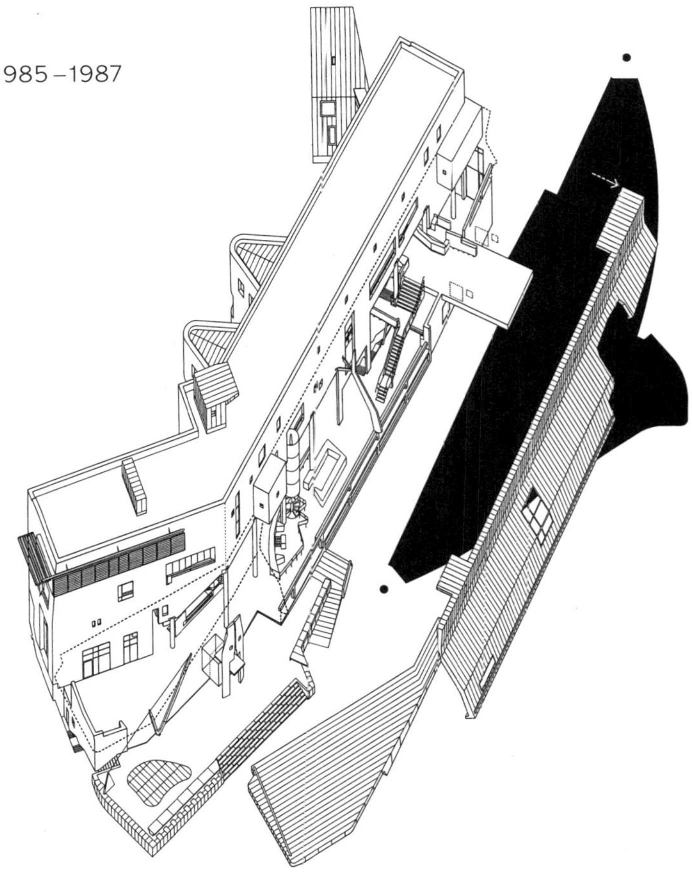

Bauherr — Stadt Münster

Architekten — Bolles-Wilson & Partner, Münster

Städtebaulicher Wettbewerb und zweistufiger Bauwettbewerb 1985–1987

Anerkennung Deutscher Architekturpreis 1995

Fertigstellung 1993

| | |
|---|---|
| HNF | 6 400 m² |
| NNF | 900 m² |
| VF | 1 000 m² |
| BRI | 40 000 m³ |
| Faktor | BRI/HNF= 6,25 VF/HNF = 0,16 |

Die Bibliothek besteht aus zwei getrennten Baukörpern mit einem öffentlichen Durchgang, der Büchereigasse. Im Eingangsbereich befinden sich eine Cafeteria und der Zeitungs-
lesesaal. Daran schließt sich der große Nahbereich mit der Erschließung der Obergeschosse an; dort befinden sich die Verwaltung sowie die Veranstaltungsräume. Auch gelangt man vom Eingangsbereich in die tiefer liegende Kinder-
bibliothek und die Mediothek. Diese liegt unter der Büchereigasse und verbindet beide Bauteile miteinander. Im gegenüberliegenden, nach außen runden Bauteil befinden sich über vier Geschosse verteilt Regal- und Lesezonen.

Raumbereiche

| | |
|---|---|
| UG | Haustechnik, Kinderbibliothek, Magazine, Mediothek, Lager |
| EG | Zeitungslesesaal, Cafeteria, Foyer/Eingang, Verbuchung, Nahbereich, Mittelbereich, Anlieferung |
| 1. OG | Informationszone, Mittelbereich, Brückenverbindung der beiden Bauteile |
| 2. OG | Mittelbereich, Verwaltung, Sozialraum |
| 3. OG | Verwaltung, Buchbinderei, Besprechungsraum |

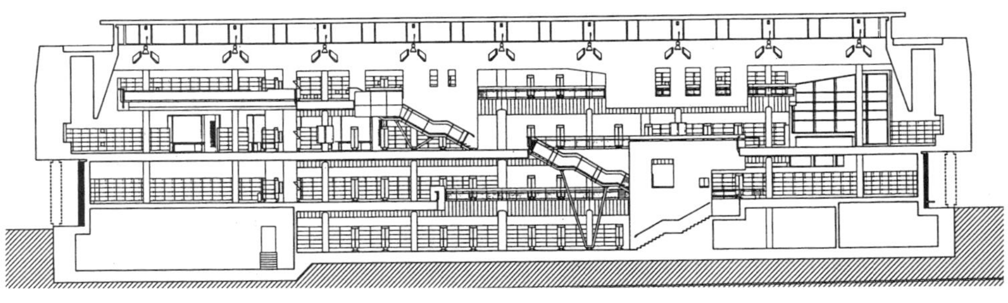

Maßstab — ca. 1:800

Quellen — *Domus 11/88 und 2/93; Architectural Review AR 1/89; Archithese 2/89; Archis 6/90 Techniques + Architecture Nr. 390, 6/90; Bauwelt 10/90; Progressive Architecture 9/92; DBZ 2/93; db 5/94; Baumeister 1/94; Leonardo 4/94; Francisco Sanin, Münster City Library, London 1994.*

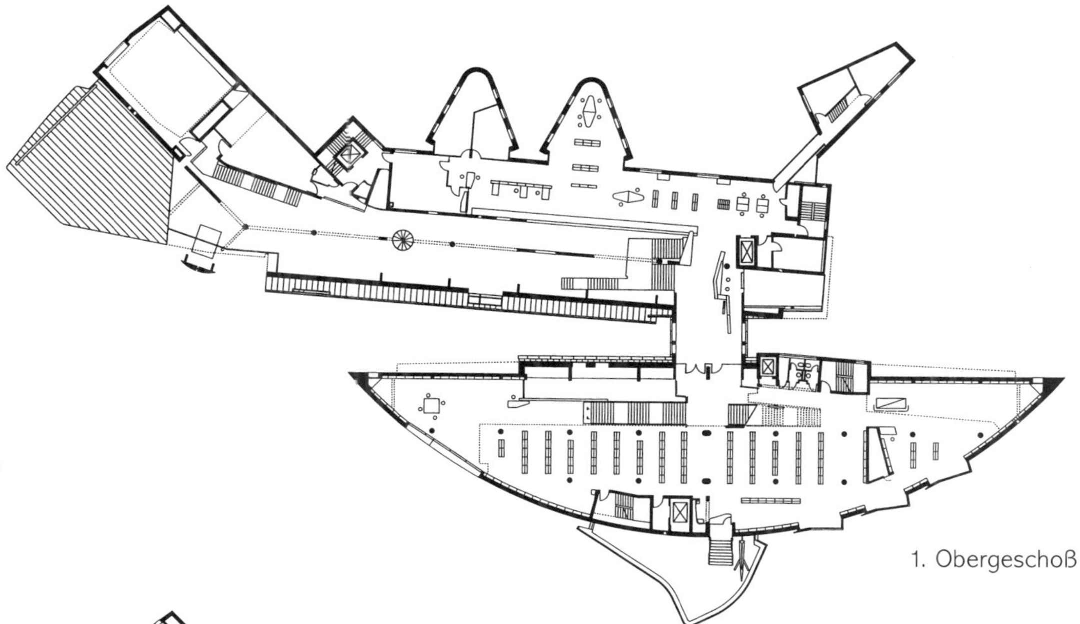

1. Obergeschoß

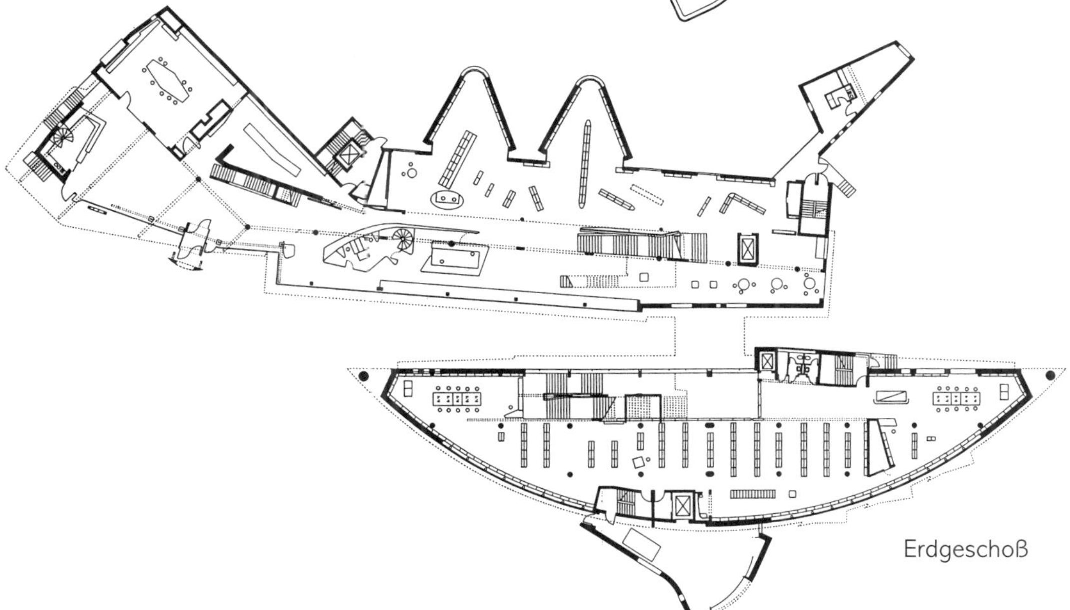

Erdgeschoß

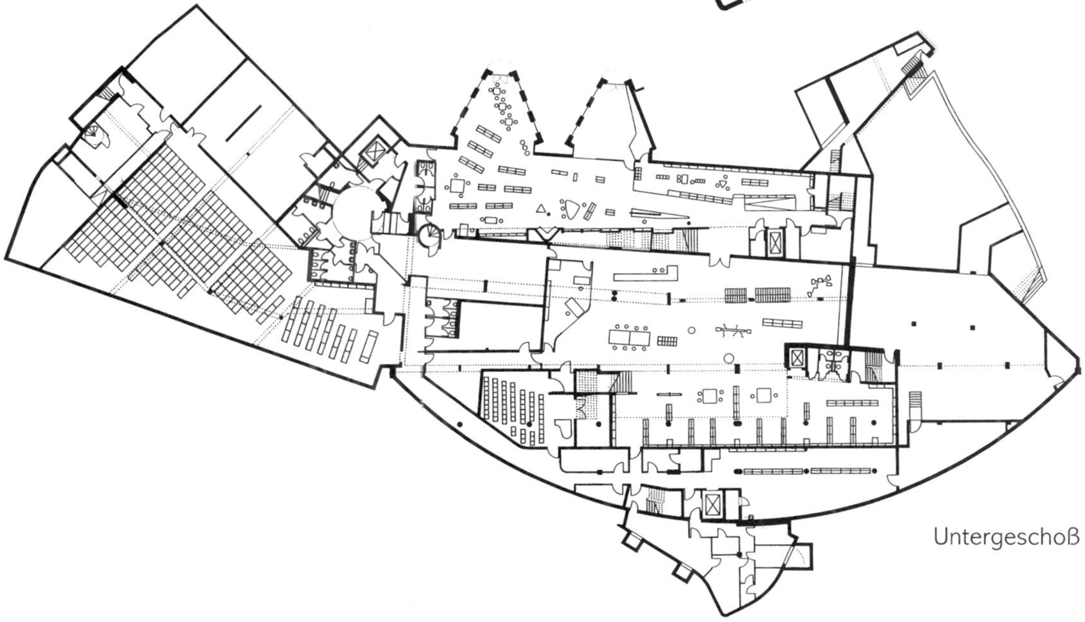

Untergeschoß

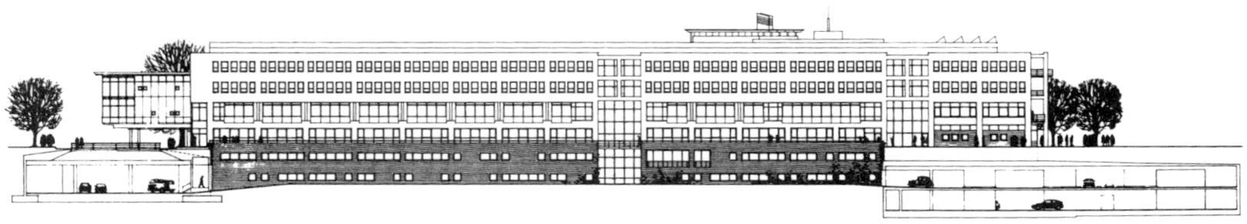

## 9.3.2 Niedersächsische Staats- und Universitätsbibliothek in Göttingen

| | |
|---|---|
| Bauherr | Land Niedersachsen, vertreten durch das Staatshochbauamt Göttingen |
| Architekten | Prof. Eckhard Gerber & Partner, Dortmund |
| Mitarbeiter | J. Friedemann, V. Hachenberger, G. Tjarks |
| Tragwerks-planung | Ingenieurgesellschaft Neuhaus-Schwermann, Arnsberg |

Bundesoffener Wettbewerb 1985, 1. Preis
Fertigstellung 1993
BDA-Preis Niedersachsen 1994

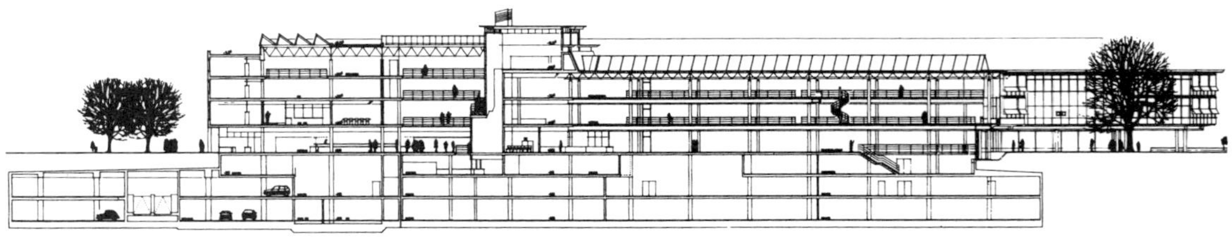

| | |
|---|---|
| HNF | 23 342 $m^2$ |
| NNF | 4 063 $m^2$ |
| VF | 8 899 $m^2$ |
| BGF | 47 059 $m^2$ |
| BRI | 189 730 $m^3$ |
| Faktor | BRI/HNF = 8,13 BRI/BGF = 4,30 HNF/VF = 2,62 |

Das Gebäude bindet sich in seiner räumlichen Konfiguration in das vorhandene Universitätsquartier ein. Die orthogonale Struktur gestattet Platzbildung und Verknüpfung. Die Funktionsabläufe beginnen in der zentralen Eingangshalle. Im Flügel liegen die Großraum-Lesesäle. Es handelt sich hier um die drittgrößte Bibliothek in der Bundesrepublik. Um getrennt vom Benutzungsbereich die internen Arbeitsabläufe einwandfrei zu gewährleisten, ist die Gesamtanlage in vier Funktionskomplexe gegliedert:

Benutzerbereich,
Verwaltungsbereich,
Magazin und Technische Dienste,
Tiefgarage und haustechnische Zentralen.

Der strukturelle Aufbau des Gebäudes ist nicht allein städtebaulich begründet, sondern abgeleitet aus der inneren Gliederung der Nutzung, aus Funktionszusammenhängen und Abläufen.

| | | |
|---|---|---|
| Raumbereiche | UG | Technik, Büchermagazin, Fotostelle, Reprographie, Poststelle, Tiefgarage |
| | EG | Eingangshalle, Informations- und Buchungsstelle, Lehrbuchsammlung, Leitstelle mit Anschluß an die Bandförderanlage, Abteilung Leiter und Fachreferenten, Bibliographische Information, Alphabetischer Katalog, Systematischer Katalog, Schlagwortkatalog, Pförtner |
| | 1. OG | Bibliotheksrechenzentrum für Niedersachsen, Seminarräume, Lesesaal 1 Monographien, Buchausgabe, Sonderlesesaal, Mediensaal, Arbeitskabinen |
| | 2. OG | Niedersächsischer Zentralkatalog, Titelaufnahme, Lesesaal 2 Zeitschriften, Informationstheke, Förderanlage |

Maßstab ca. 1 : 650

Quellen *Die Bauverwaltung 5/93; DBZ 4/94; db 5/94; Wettbewerbe aktuell 5/94; Glasforum 1/95; Heinze Deutsche Baudokumentation, Celle 1995; BDA Jahrbuch 1996, Neumünster 1996; Jahrbuch für Licht und Architektur 1996; Pläne der Architekten.*

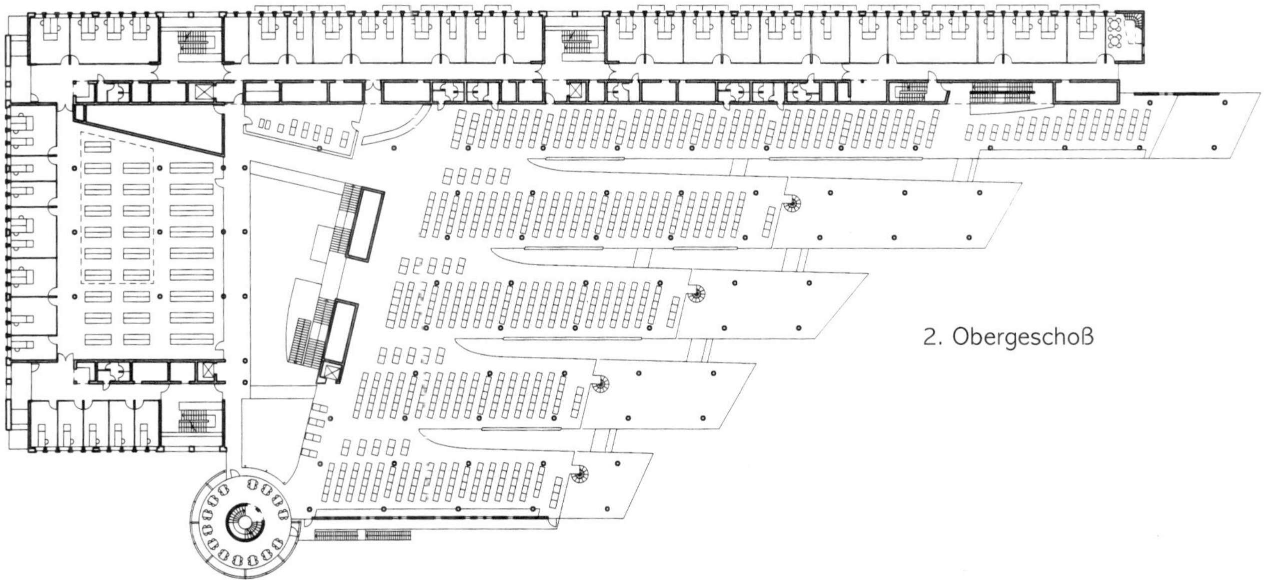

2. Obergeschoß

1. Obergeschoß

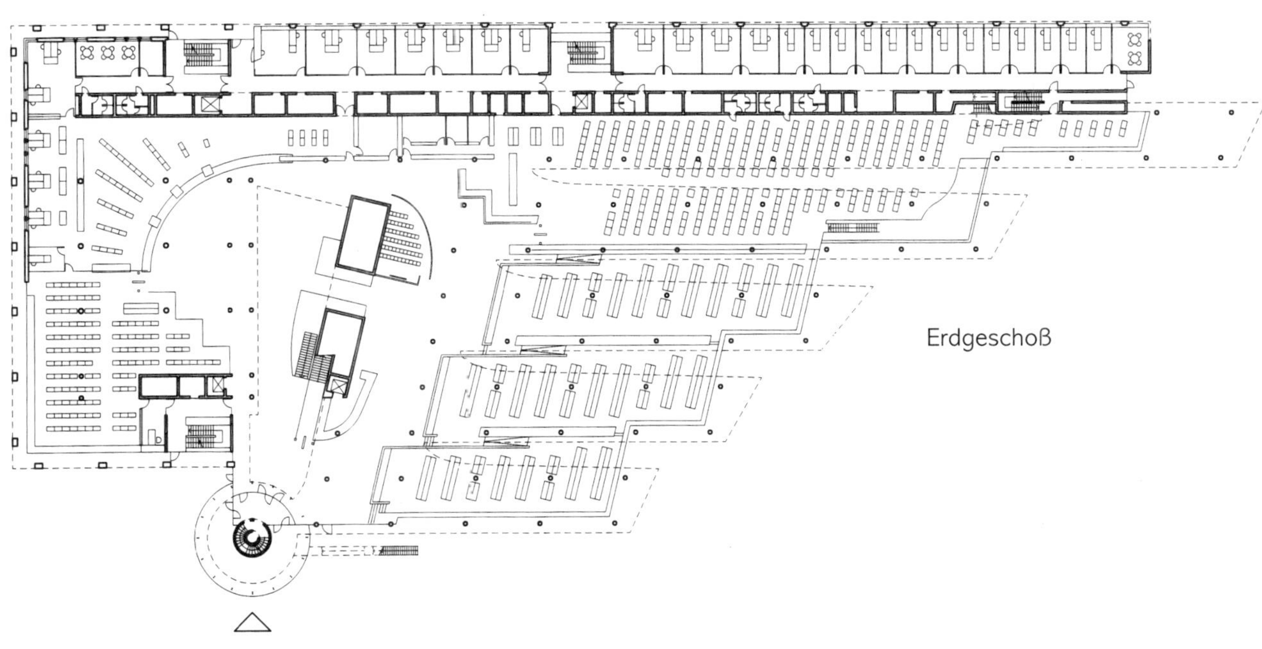

Erdgeschoß

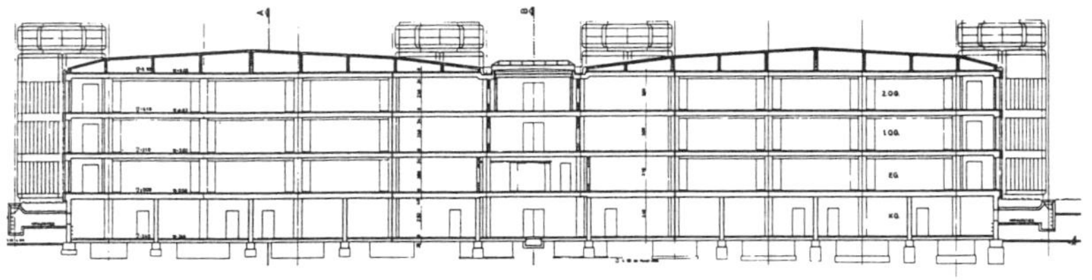

## 9.3.3 Speicherbibliothek in Garching

Bauherr — Freistaat Bayern
Planung — Bauamt der Technischen Universität München, Amtsleiter Ltd. BD Thaller
Tragwerksplanung — Dimiter Martinoff, München
Fertigstellung 1989

| | |
|---|---|
| Grundstück | 31 046 $m^2$ |
| HNF | 7 022 $m^2$ |
| NNF | 223 $m^2$ |
| VF | 1 041 $m^2$ |
| BGF | 10 264 $m^2$ |
| BRI | 35 463 $m^3$ |
| Faktor | BRI/HNF = 5,05 |
| | BRI/BGF = 3,64 |
| | HNF/VF = 6,75 |

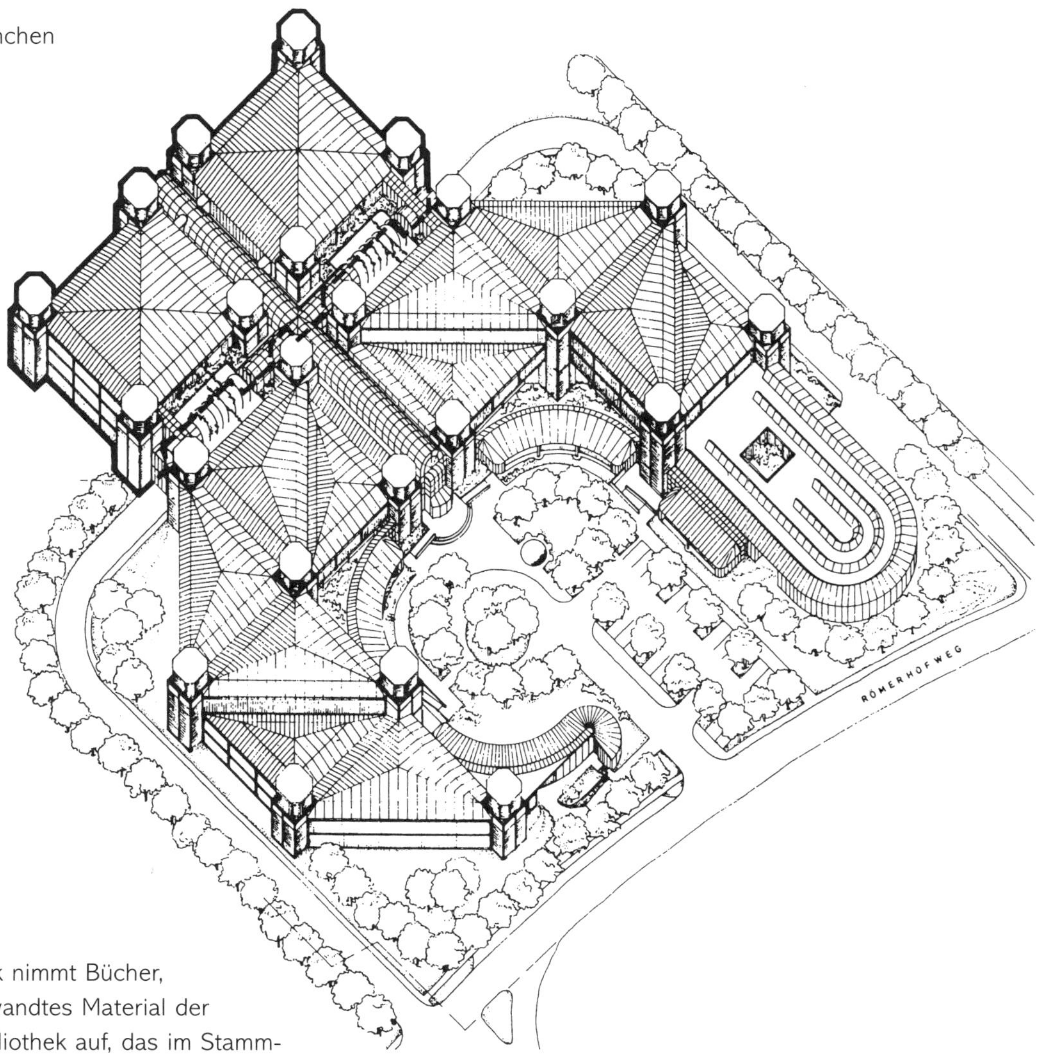


Die Speicherbibliothek nimmt Bücher, Zeitschriften und verwandtes Material der Bayerischen Staatsbibliothek auf, das im Stammgebäude nicht mehr untergebracht werden kann.
In einem ersten Bauabschnitt wurde Platz für etwa 2,6 Mio. Bände und etwa 504 laufende Meter gebundener Zeitungen geschaffen.
In einem zweiten Bauabschnitt soll die dreigeschossige Anlage durch ein ebenerdiges Institut für Buchrestaurierung, einen Verwaltungstrakt und Gemeinschaftseinrichtungen mit einem kleinen Lesesaal im Westen ergänzt werden. Das Grundstück bietet darüber hinaus Platz für Erweiterungen auf einen Endausbau von etwa 8 Mio. Bänden und mehr – je nach dem Grad der Verwendung – in Kompaktregalanlagen in den Magazinen der verschiedenen Baustufen.
Der Entwurf sieht in bautechnisch und wirtschaftlich sinnvoller Weise eine funktionelle Trennung zwischen Magazinflächen, dem Institut für Buch- und Handschriften-Restaurierung und der Verwaltung mit Hausmeisterwohnung vor.
Diese Funktionsabschnitte sind in einer großflächigen, weitgehend geschlossenen und in sich stark gegliederten Bauanlage mit einer maximalen Geschoßzahl von E + 2 untergebracht.

Maßstab — ca. 1 : 500

Quellen — *Festschrift zur Einweihung 1989; Heinze Deutsche Baudokumentation, Celle 1993; Pläne der Architekten.*

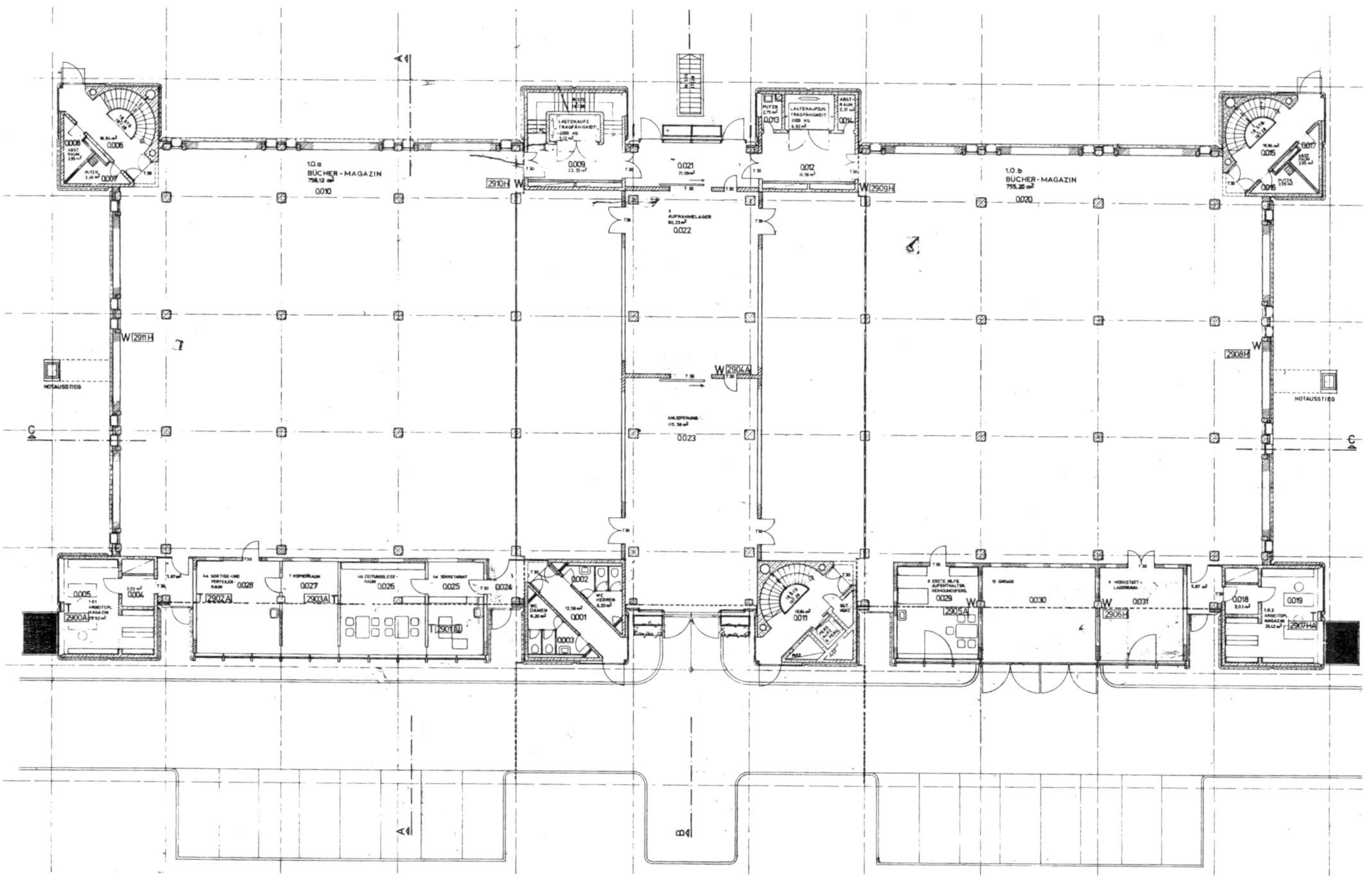

Erdgeschoß

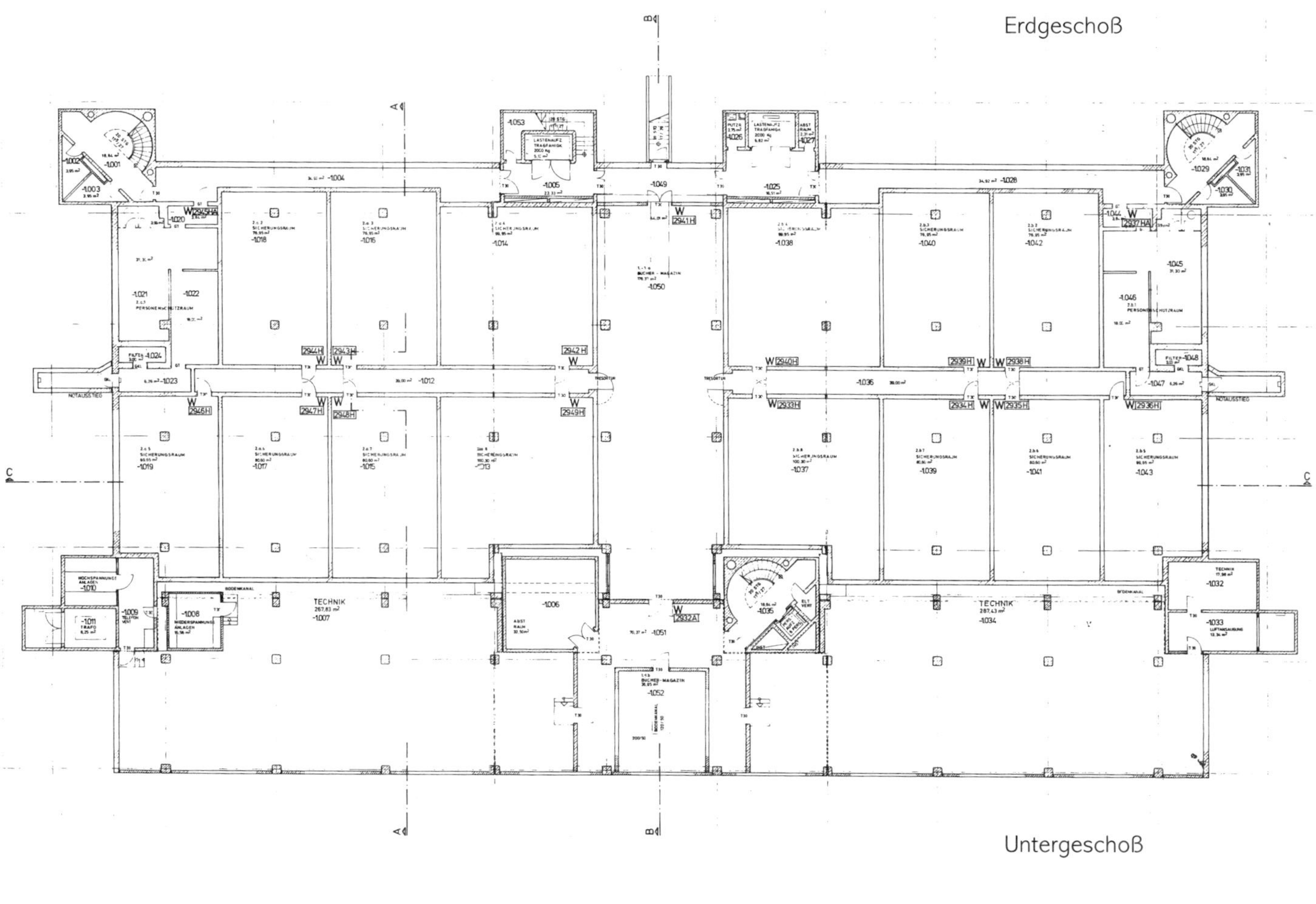

Untergeschoß

## 9.3.4 Stadtbibliothek Frankfurt-Sossenheim

| | |
|---|---|
| Bauherr | Stadt Frankfurt am Main |
| Architekten | Planergruppe Hytrek, Thomas, Weyell und Weyell, Flörsheim<br>Wettbewerb 1987, 1. Preis<br>Fertigstellung 1992 |

| | |
|---|---|
| Grundstück | 1 169 $m^2$ |
| NF | 789 $m^2$ |
| NNF | 73 $m^2$ |
| FF | 19 $m^2$ |
| VF | 221 $m^2$ |
| NGF | 1 031 $m^2$ |
| BRI | 5 209 $m^3$ |

Wettbewerbsziel war, den Kirchberg als zentralen Bereich und historische Mitte des Ortes baulich neu zu ordnen, um damit die Identität Sossenheims aufzuwerten. Die Erstellung des Raumprogramms war Teil der Wettbewerbsleistung. An dieser Stelle wurde ein öffentlicher Platz geschaffen, indem die Topographie mit einem winkelförmigen Baukörper aufgenommen wurde. Die Jugendbibliothek ist eingeschossig mit begehbarem Dach als Teil des Platzes. Der zweigeschossige Bauteil A mit Erwachsenenbibliothek und Café faßt den Platz und schirmt ihn ab gegen die Hauptverkehrsstraße. Der viergeschossige Turm betont städtebaulich die Ecke. Er enthält Verwaltungsräume. Die öffentlichen Nutzungen Bibliothek und Café werden ergänzt durch einen kleinen Mehrzweckraum, der vom Café aus bewirtschaftet werden kann, einen Laden und einen Kiosk.

| | | |
|---|---|---|
| Raumbereiche | UG | Bauteil B: Lager / Magazin |
| | EG | Bauteil A: Laden und Kiosk, Bibliothek – Abteilung Zeitschriften |
| | | Bauteil B: Kinder- und Jugendbibliothek |
| | 1. OG | Bauteil A: Bibliothek-Erwachsenenabteilung, Mehrzweckraum, Café |
| | 2. OG – 3. OG | Büros, Bibliothek |

Maßstab ca. 1 : 400

Quellen *Heinze Deutsche Baudokumentation, Celle 1993; Pläne der Architekten.*

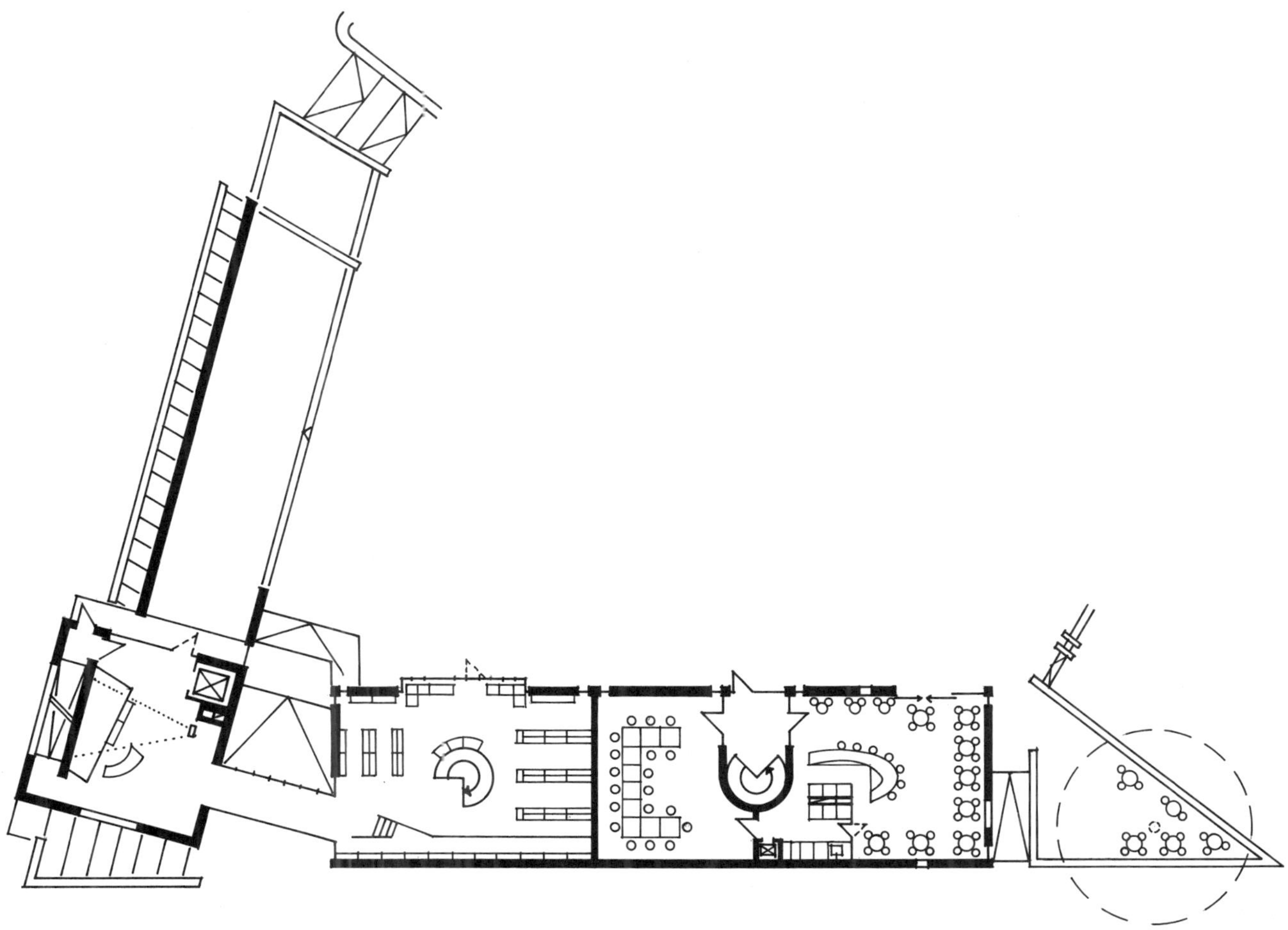

1. Obergeschoß

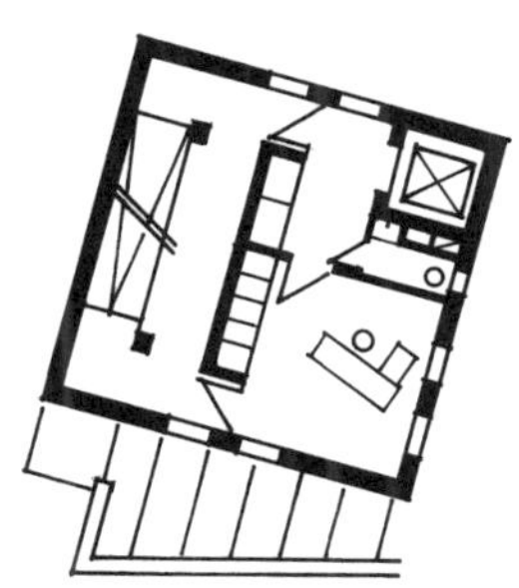

2. Obergeschoß

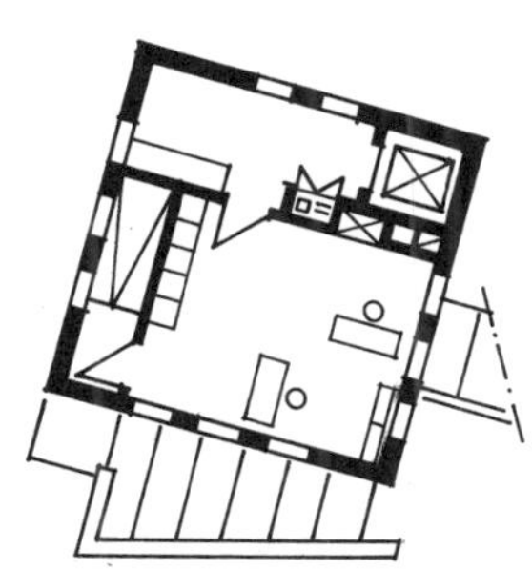

3. Obergeschoß

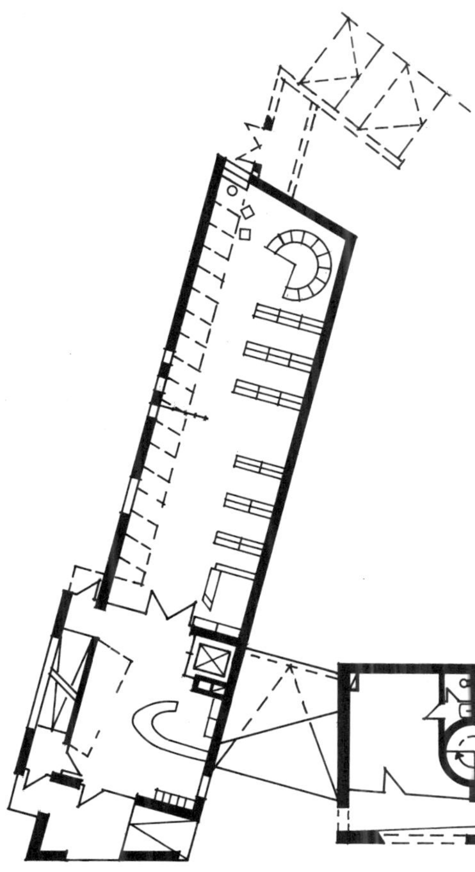
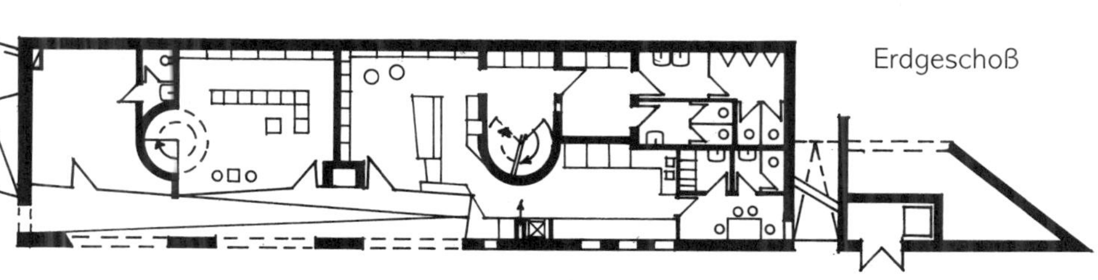

Erdgeschoß

## 9.3.5 Stadtbücherei Munster bei Soltau

| | |
|---|---|
| Bauherr | Stadt Munster |
| Architekten | Schumann + Reichert, Hannover |
| Mitarbeiter | Jochen Hartig, Günter Frank, Klaus Wilhelms |
| | Anerkennung BDA-Preis 1994 |
| | Fertigstellung 1993 |

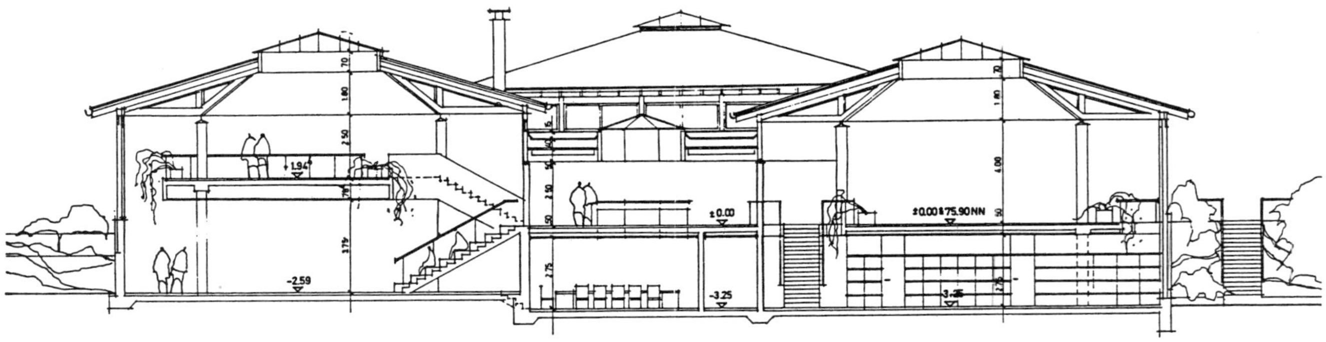

| | |
|---|---|
| HNF | 1 360 m² |
| NNF | 200 m² |
| VF | 350 m² |
| BGF | 2 430 m² |
| BRI | 9 560 m³ |
| Faktor | BRI/HNF = 7,0 BRI/BGF = 3,9 HNF/VF = 3,9 |

Baugeometrie:
Drei zweigeschossige, durch einen Mitteltrakt miteinander verbundene quadratische Pavillons, die sich dem Geländeverlauf folgend abstaffeln.
Erschließung von beiden Platzseiten über eine kleine Passage.

Funktionsbereiche:
Stadtbücherei mit Mehrzweckraum für 200 Personen, Seminarraum und Volkshochschule.

| | | |
|---|---|---|
| Raumbereiche | UG | Kinder- und Jugendbücher, Vortragssaal, Seminarraum, Magazin, Technik |
| | EG | Sach- und Fachbücher, Romane, Nahbereich, Buchung, Lesecafé, Kiosk |
| | 1. OG | Volkshochschule, Verwaltung |

Maßstab Grundrisse ca. 1 : 450, Schnitt 1 : 250

Quellen *Dokumentation der Stadt Munster 1994; Pläne der Architekten.*

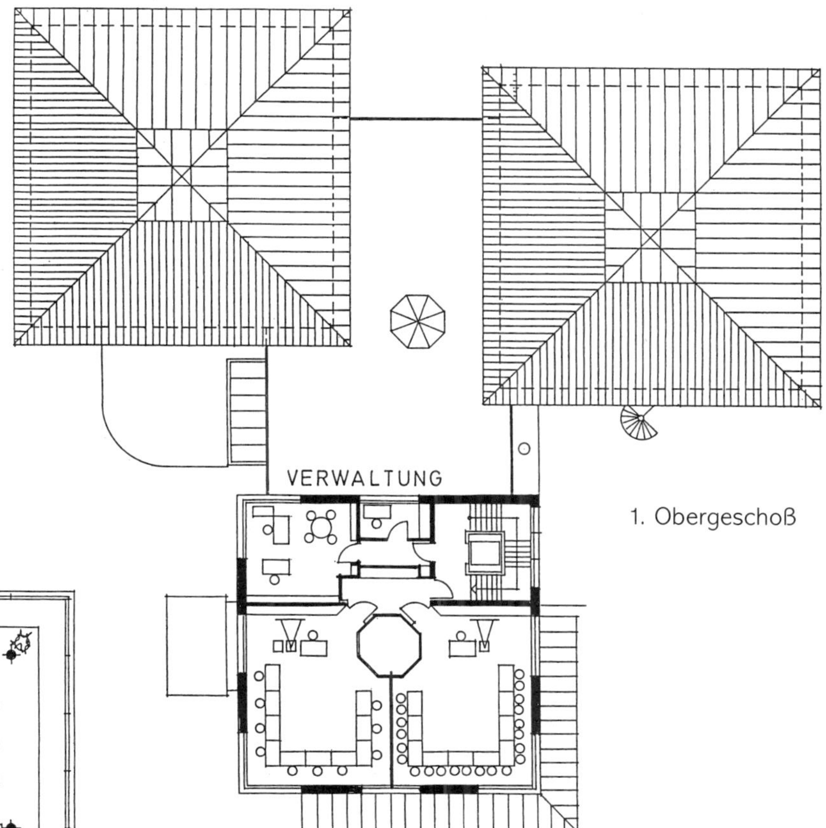


1. Obergeschoß

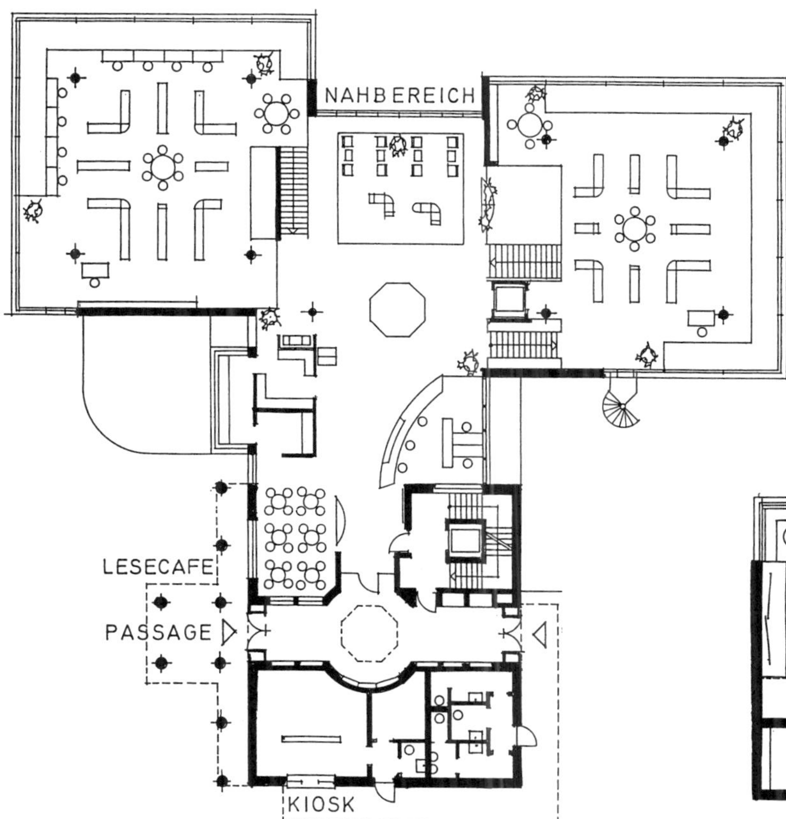


Erdgeschoß

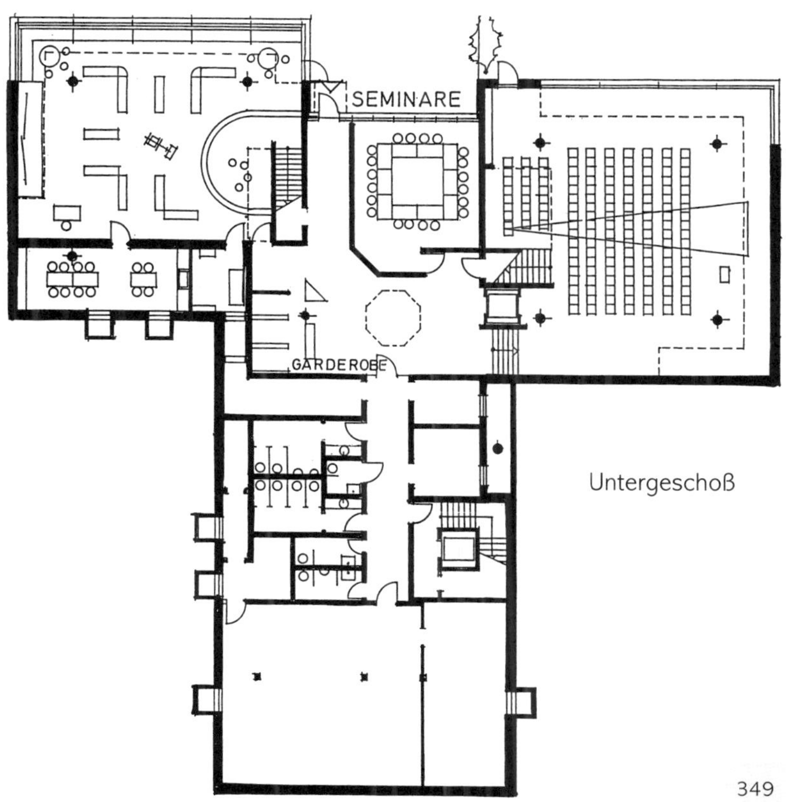


Untergeschoß

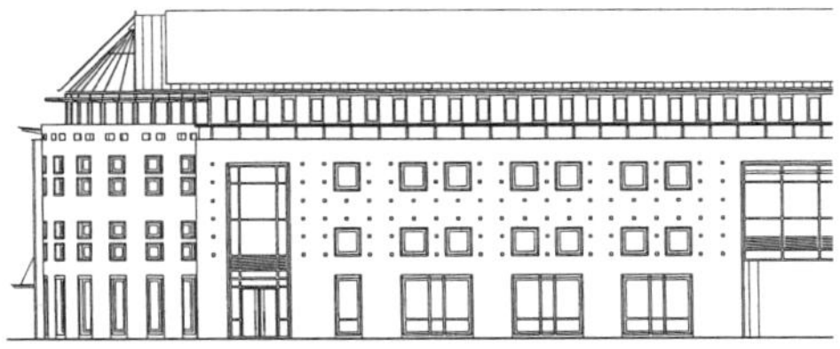

## 9.3.6 Neues Ständehaus – Stadtbibliothek und Erinnerungsstätte in Karlsruhe

| | |
|---|---|
| Bauherr | Ständehaus Bauträger- und Verwaltungsgesellschaft mbH, Karlsruhe |
| Architekten | Planfabrik SPS Prof. Jürgen Schroeder, Isbrand Penner, Hartmut Sommer, Ettlingen |
| Projektleiter | Axel Kiene |
| Innenarchitektin | Prof. Clara Saal |
| Mitarbeiter | P. Olschowka, E. Kolling, P. Kny, M. Hodulak, U. Ehrler |
| Tragwerksplanung | Ing.-Büro Werner Meyer, Karlsruhe |
| | Freihändiger Planungsauftrag 1991 |
| | Fertigstellung 1993 |

| | |
|---|---|
| BGF | 5 600 $m^2$ |
| BRI | 21 000 $m^3$ |
| Faktor | BRI/BGF = 9,10 |

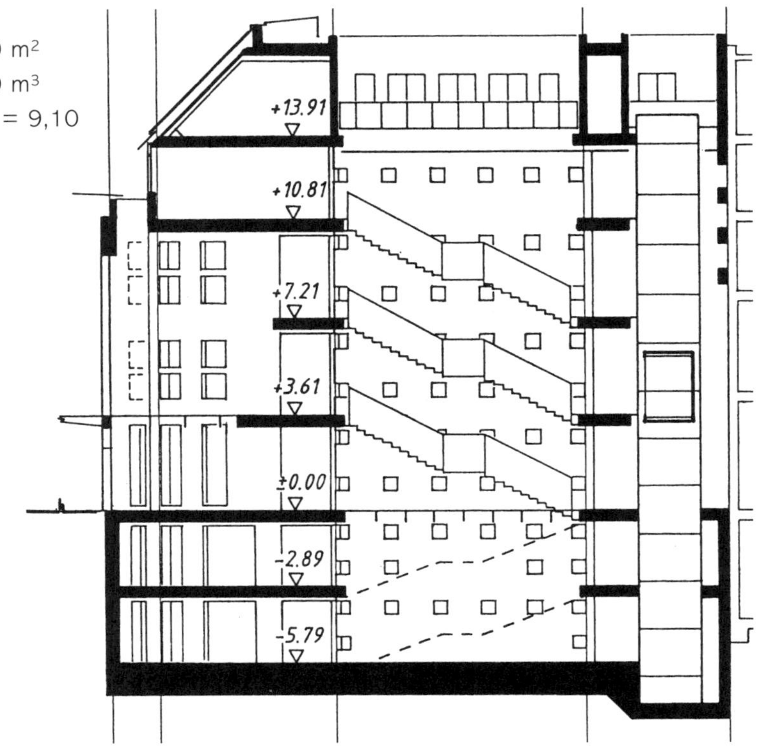


Das neue Ständehaus der Stadt Karlsruhe, das gleichzeitig Erinnerungsstätte an die Wurzeln der Demokratie darstellt, beherbergt die Stadtbibliothek.
Der markanteste Punkt des Bauwerks ist die Rotunde mit der gläsernen Kuppel als Erkennungszeichen des Hauses und als eine Reminiszenz an das alte Ständehaus.
Das Erdgeschoß ist rundum verglast und gewährt somit Einblick von außen. Ein historischer Arkadengang führt direkt auf den Eingang der Bibliothek zu.
Im Inneren besitzt die Bibliothek ein transparentes Treppenhaus; unterstützt wird die Transparenz im Erdgeschoß vor allem durch den erleuchteten Glasboden. Sowohl die einläufigen Treppen, die entlang einer 20 m hohen durchlässigen Wandscheibe geführt werden, als auch die gläsernen Personenaufzüge lassen einen Blick in die einzelnen Geschosse zu. So entsteht eine Offenheit über mehrere Ebenen.

Maßstab Grundrisse 1:400, Schnitt 1:250

Quellen *Stadt Karlsruhe (Hg.): Das Neue Ständehaus, Karlsruhe 1993; AIT 5/94, Heinze Deutsche Baudokumentation, Celle 1995; Pläne der Architekten.*

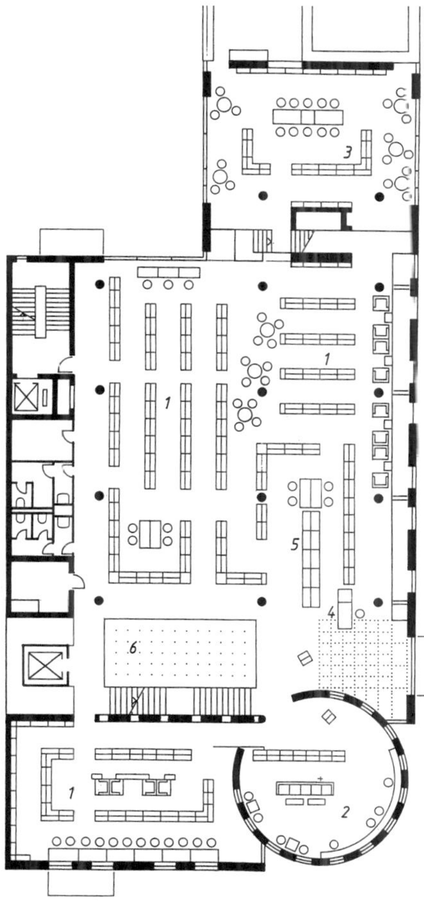

1. Obergeschoß

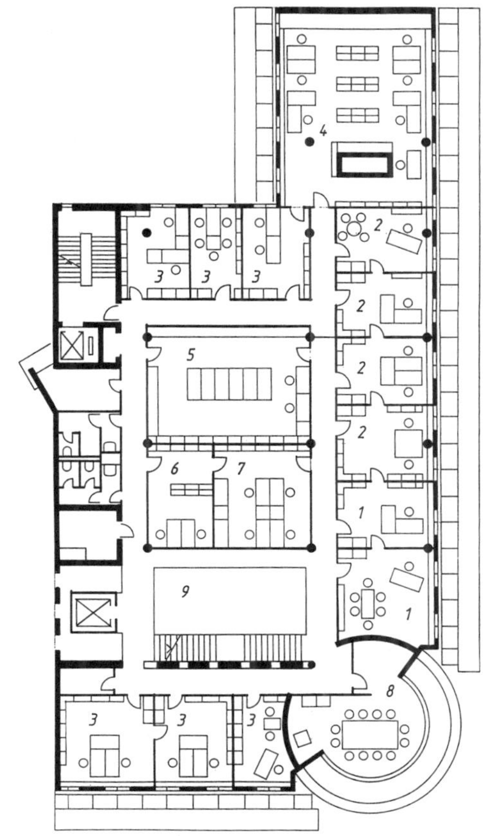

3. Obergeschoß

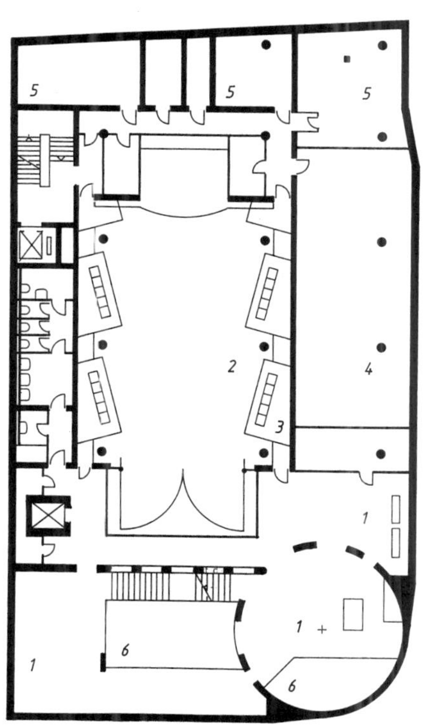

Untergeschoß

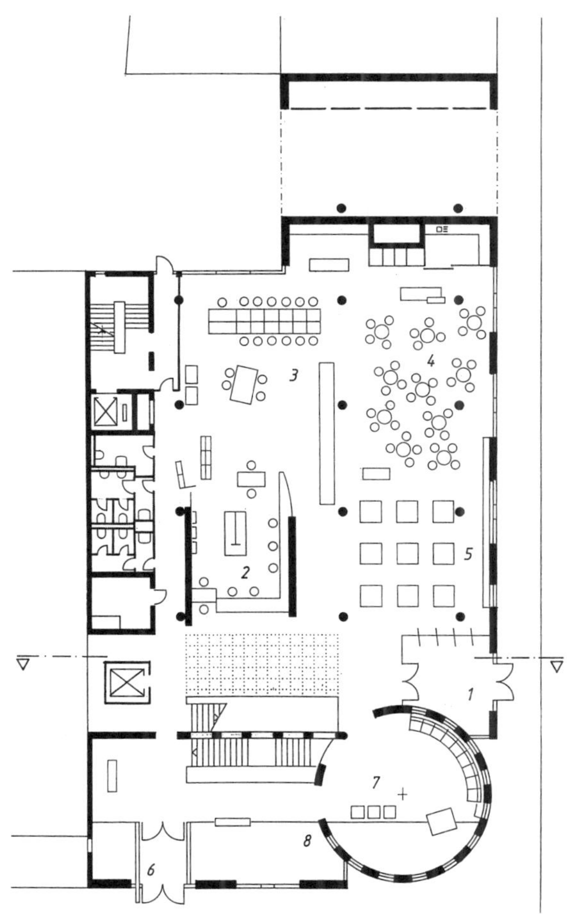

Erdgeschoß

## 9.3.7 Stadtbibliothek Viersen

Bauherr: Stadt Viersen
Architekten: JE & P Jansen, Ergoecmen + Partner, Düsseldorf
Fertigstellung 1992

| | |
|---|---|
| Grundstück | 23 727 $m^2$ |
| NF | 2 897 $m^2$ |
| VF | 517 $m^2$ |
| BGF | 1 033 $m^2$ |
| BRI | 17 270 $m^3$ |
| Faktor | BRI/NF = 5,96 |

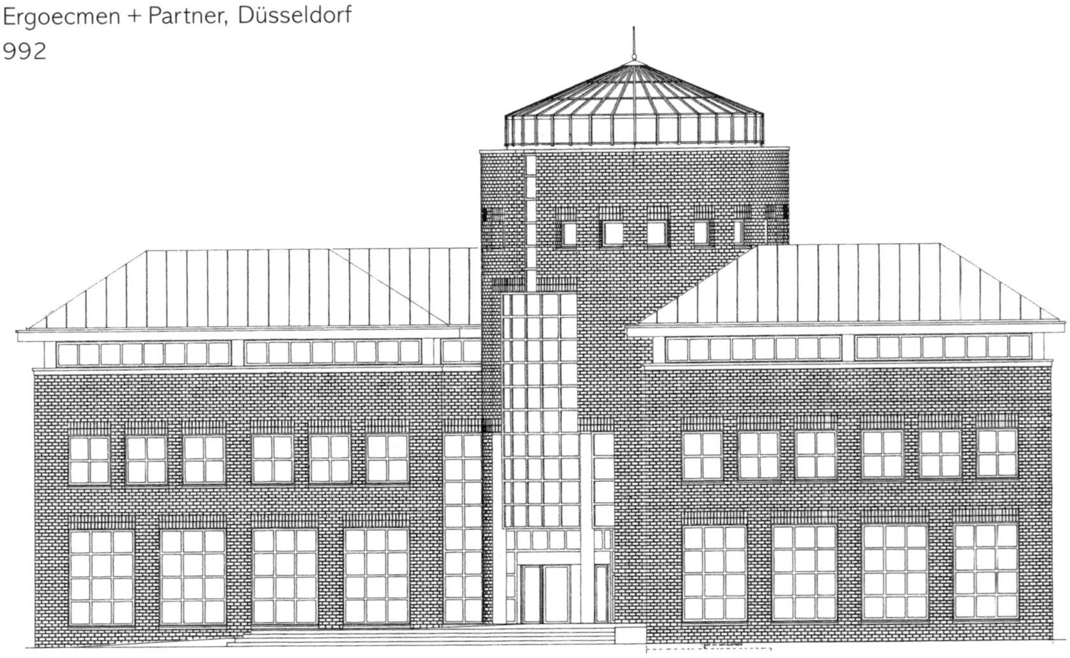

Im Zentrum der Anlage steht der kreisrunde Turm, der im Erdgeschoß und im ersten Obergeschoß von einer zweigeschossigen Eingangshalle umschlossen wird. Von hier hat man bereits einen Überblick über die Galerien der anderen Geschosse.
Die publikumsintensiven Bereiche wie Infothek, Jugendbücherei und Vortragsraum sind unmittelbar erschlossen.
Die Cafeteria auf dem Turm bietet Aussicht über die Stadt.
Der Entwurf realisiert in vorbildlicher Weise das bibliothekarische Raumprogramm einer Kleinstadt.

| Raumbereiche | | |
|---|---|---|
| | UG | Kinderbibliothek |
| | EG | Eingangshalle, Jugendbibliothek, Vortragsraum |
| | 1.OG | Zeitungen und Zeitschriften |
| | 2.OG | Wertvolle Sammlungen, Stiftungen |
| | 3.OG | Cafeteria |

Maßstab: Grundrisse ca. 1 : 350, Schnitt 1 : 200

Quellen: *DBZ 1/93; Pläne der Architekten.*

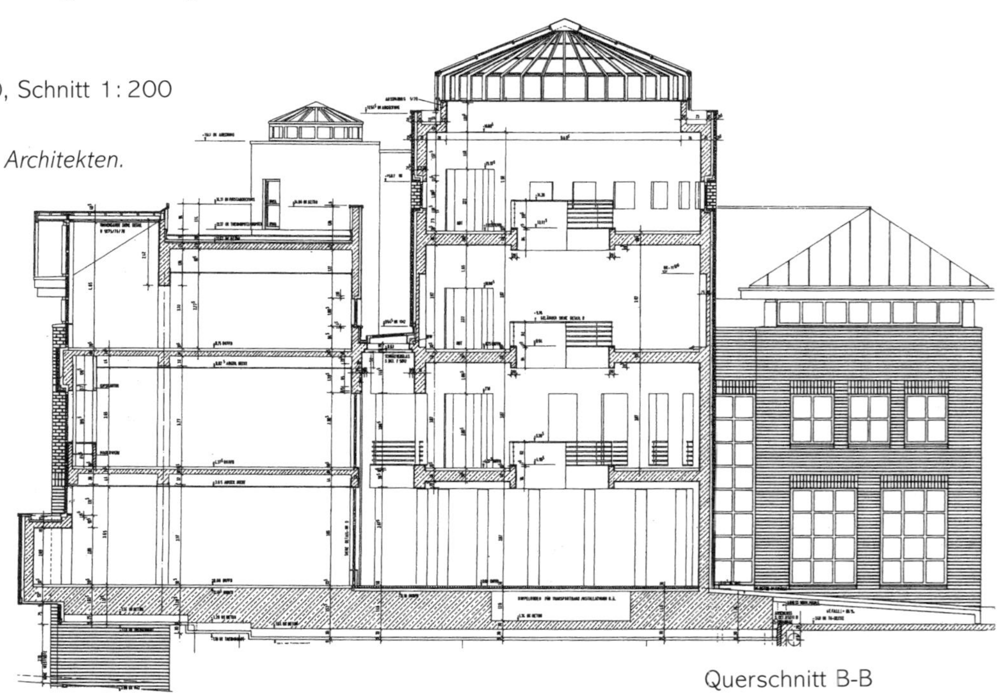

Querschnitt B-B

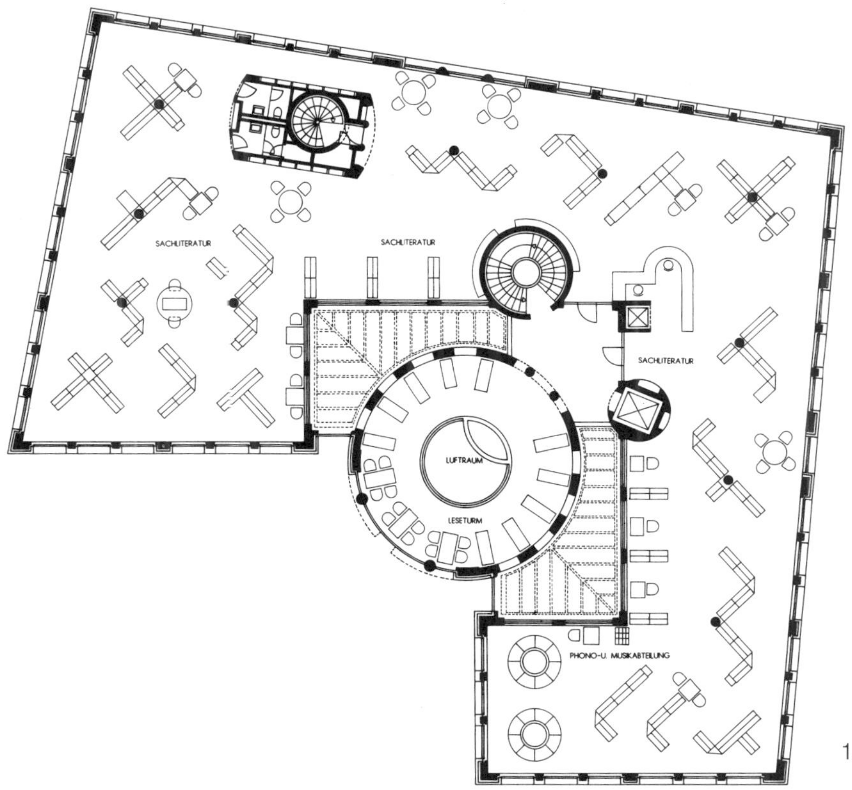


1. Obergeschoß

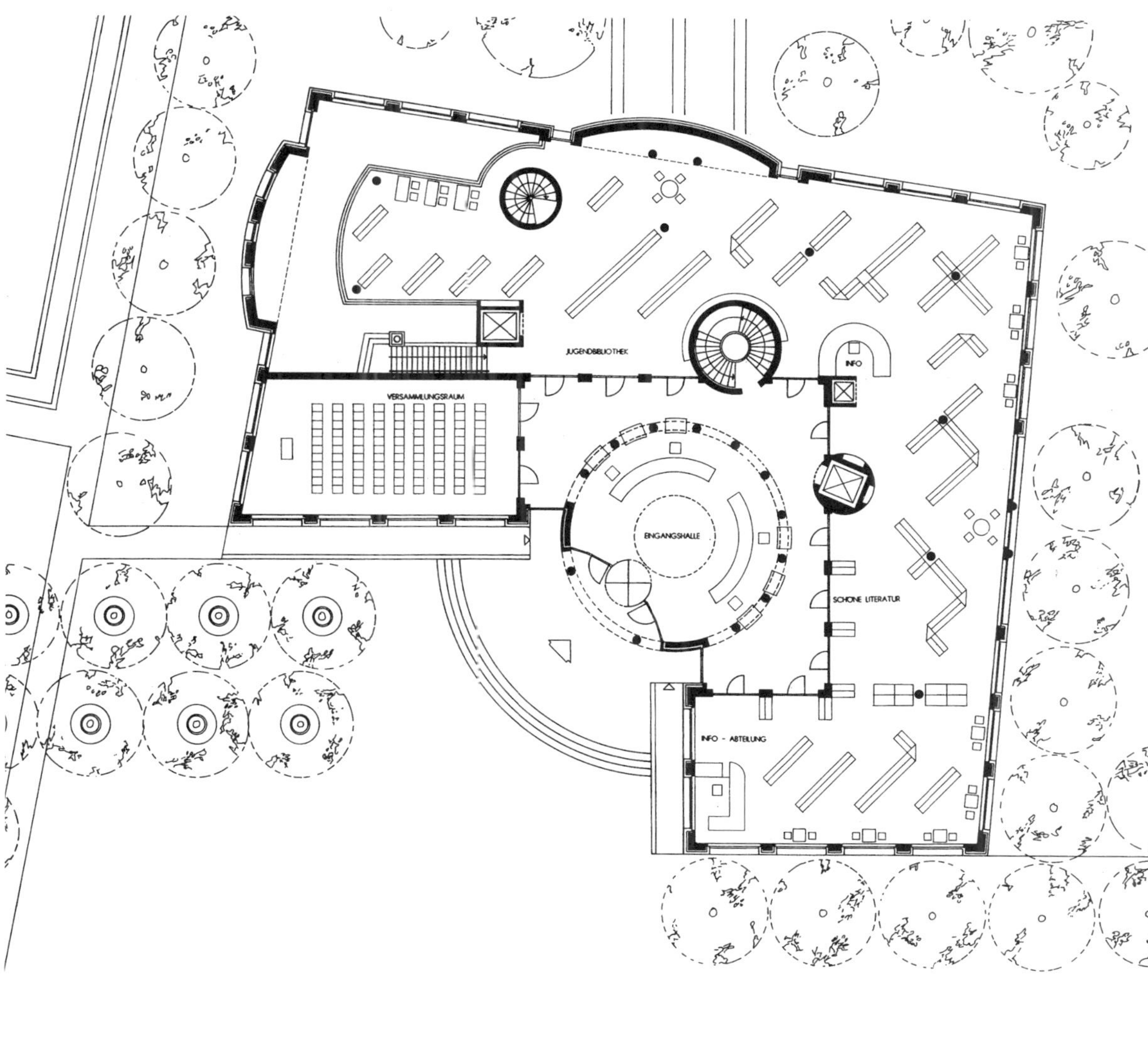


Erdgeschoß

## 9.3.8 Bibliothek und Mensa der Fachhochschule München

| | |
|---|---|
| Bauherr | Freistaat Bayern, vertreten durch das Bauamt der Technischen Universität München, Ltd. Baudirektor Helmut Thaller |
| Architekten | Jörg Bauer, Frohmut Kurz, Horst Stockbauer, München |
| Mitarbeiter | S. Engelhardt, T. Armbruster, A. Brendel, G. Kleibaumhüter, N. Loh, U. Trinkaus |
| Tragwerksplanung | Helmut Haringer, München |
| Kunst | Norbert Rademacher |
| | Wettbewerb 1982 |
| | Fertigstellung 1992 |

| | |
|---|---|
| Grundstück | 5 201 m² |
| HNF Bibliothek | 2 726 m² |
| HNF Mensa | 2 617 m² |
| BGF | 10 765 m² |
| BRI | 43 300 m³ |
| Faktor | BRI/BGF = 4,66 |
| | 725 Schutzraumplätze |

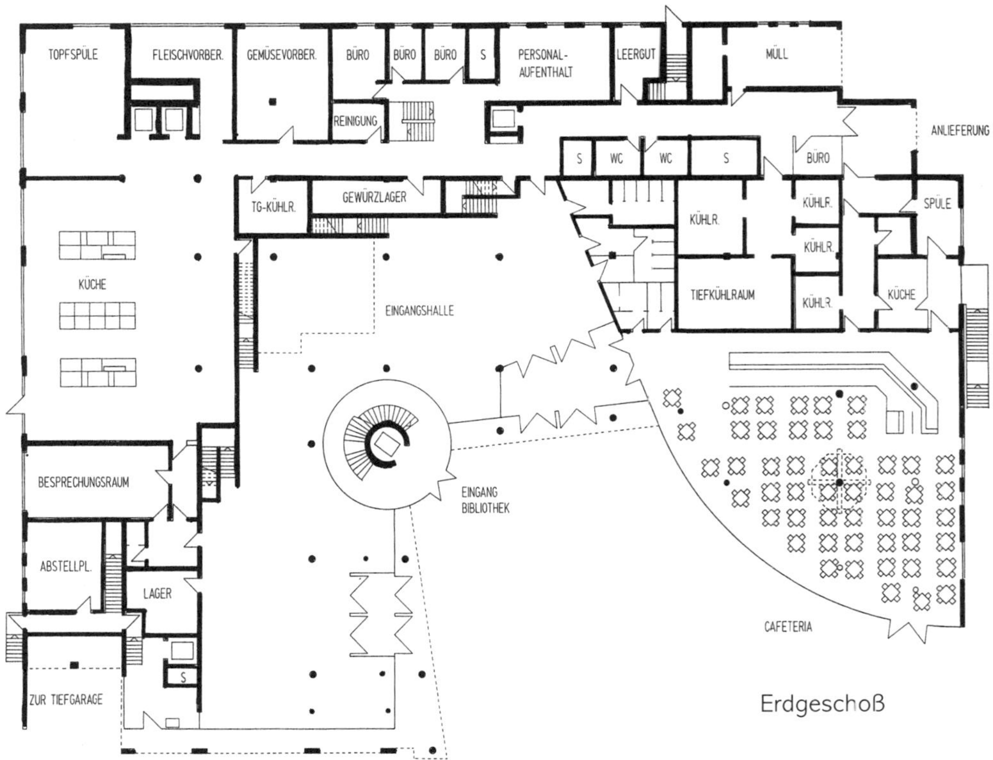


Erdgeschoß

Das Projekt entstand als zweiter Bauabschnitt einer Zielplanung. Seine L-förmige Geometrie ergibt sich aus dem städtebaulichen Konzept. Vom Platz her sollen weit geöffnete Fassaden tiefe Einblicke ermöglichen, während die Rückseiten als massive Wandscheiben ausgebildet sind. Die beiden Nutzungen harmonisieren nicht miteinander. Sie mußten streng horizontal getrennt werden.
Die Bibliothek ist in einem dreigeschossigen, terassenförmig gestuften Großraum untergebracht. Sie ist für 180 000 Bände ausgelegt und hat 250 Leseplätze. Für Einzelarbeit gibt es abgeschlossene Carrels.
Die Mensa mit eigenem Zugang im Erdgeschoß ist für die Ausgabe von 3000 Essen pro Mahlzeit ausgelegt.
Sie ist künstlich be- und entlüftet. Über Freitreppen gelangt man zu den Speisesälen.

| | | |
|---|---|---|
| Raumbereiche | UG | Tiefgarage, Technikräume |
| | EG und 1.OG | Eingangshalle, Cafeteria, Speisesäle, Küche |
| | 2.–4. OG | Bibliothek |

Maßstab ca. 1 : 600

Quellen *Festschrift »Fachhochschule München«, München 1992; Pläne der Architekten.*

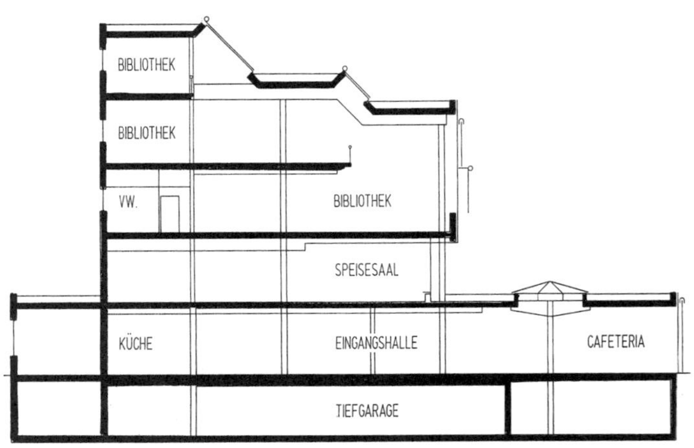

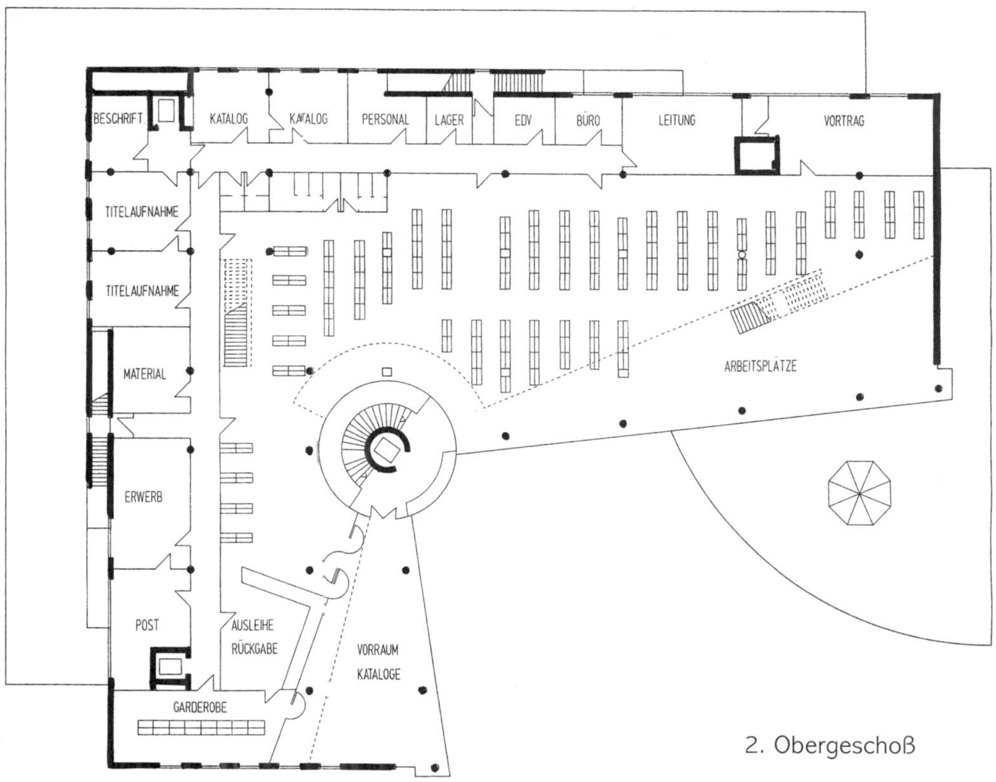


2. Obergeschoß

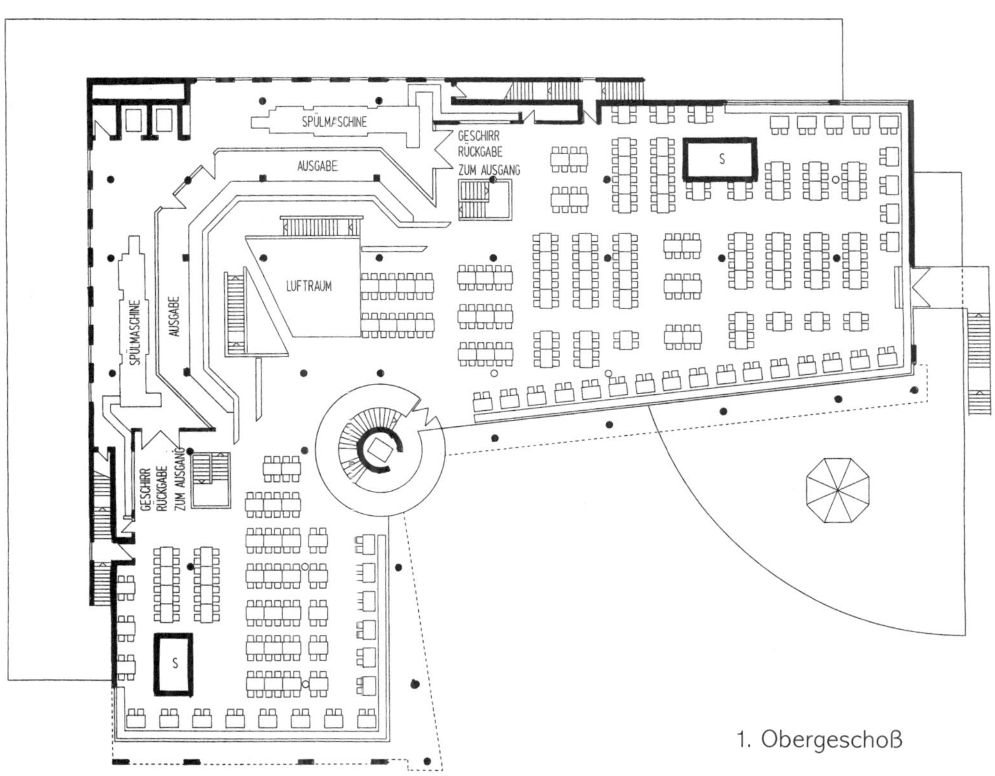


1. Obergeschoß

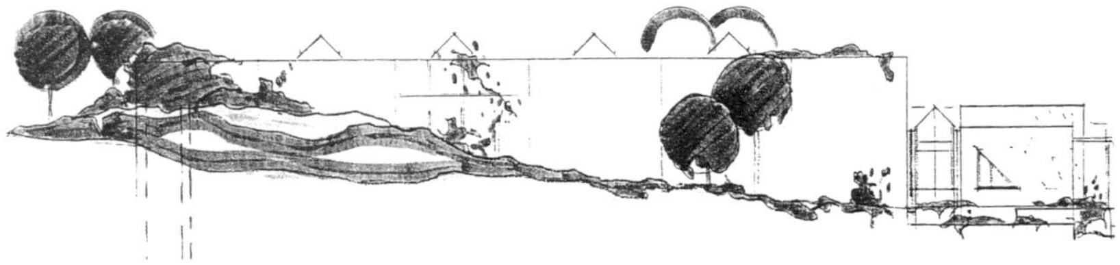

## 9.3.9 Krankenblatt-Archiv am Klinikum der Universität Göttingen

| | |
|---|---|
| Bauherr | Land Niedersachsen, vertreten durch die Staatshochbauverwaltung |
| Planung | Staatshochbauamt Göttingen, Frau Bauoberrätin Willenbrock-Heier |
| Tragwerks-planung | Ing.-Büro Jäger, Göttingen |
| Fördertechnik | Prof. Dr. Podolski, Hannover, Büro Hundt und Partner |
| | Planungsbeginn 1990 |
| | Fertigstellung 1994 |

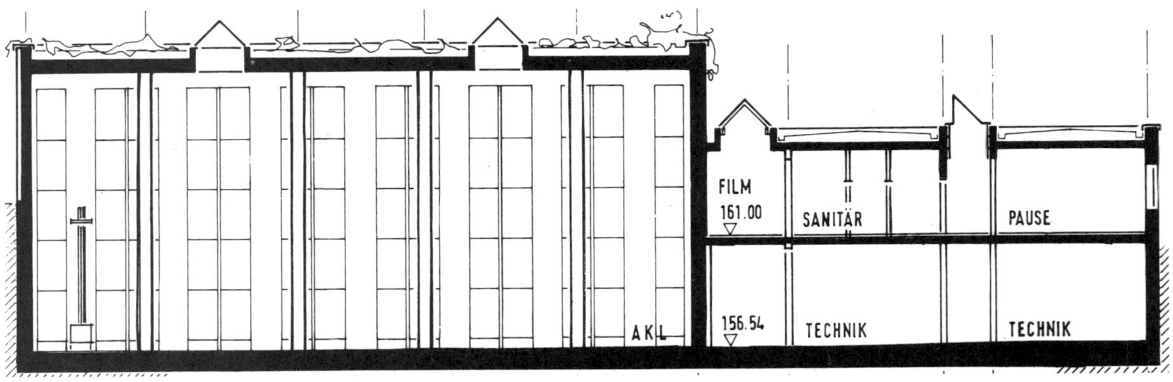


| | | | |
|---|---|---|---|
| HNF | 1 576 m² | = | 100 % |
| NNF | 217 m² | = | 14 % |
| FF | 611 m² | = | 39 % |
| VF | 299 m² | = | 19 % |
| KGF | 308 m² | = | 20 % |
| BGF | 3 011 m² | = | 191 % |
| BRI | 23 539 m³ | | |
| Faktor | BRI/NGF = 8,7 | | BRI/BGF = 7,8 |

Die Forderung dieses ungewöhnlichen Archivs bestand darin, ca. 23 km Akten in Regalen von je 42 m Länge und 11,50 m Höhe unterzubringen.
Der Standort wurde durch eine vorausgegangene Zielplanung des Büros Heinle, Wischer und Partner aus dem Jahr 1990 vorgegeben.
Das zentrale Krankenblatt-Archiv wurde als Hochregallager größtenteils unterirdisch errichtet, um eine saubere Einfügung in die umgebenden Bauten zu gewährleisten. Wegen der enormen Brandlast und der dreißigjährigen Aufbewahrungspflicht war ein selbständiger Bau notwendig geworden. Die Regale werden von sieben EDV-getriebenen Förderfahrzeugen angefahren. Der gesamte Transport von und zu den Kliniken wird automatisch gesteuert. Der Versand erfolgt innerhalb von 30 Minuten nach Anforderung mit einer Kleintransport-Teleliftanlage.
Die Erdgeschoßebene enthält gut belichtete Arbeitsplätze für die Kommissionierung, für Doktoranden, Mikroverfilmung, Verwaltung und Rechenraum.
Das Archiv wurde mit einem begrüntes Dach versehen.

Maßstab ca. 1 : 350

Quellen *Die Bauverwaltung + Bauamt & Gemeindebau 12/96; Pläne des Staatshochbauamtes.*

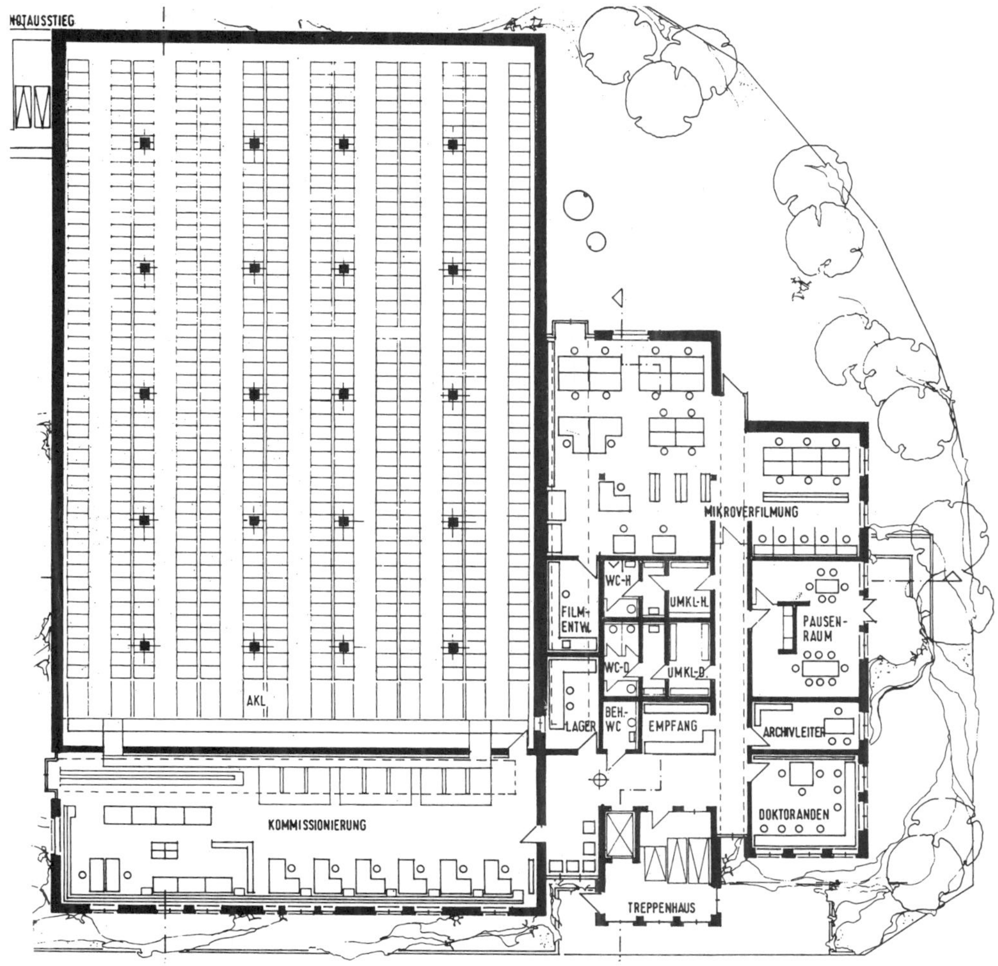


Erdgeschoß

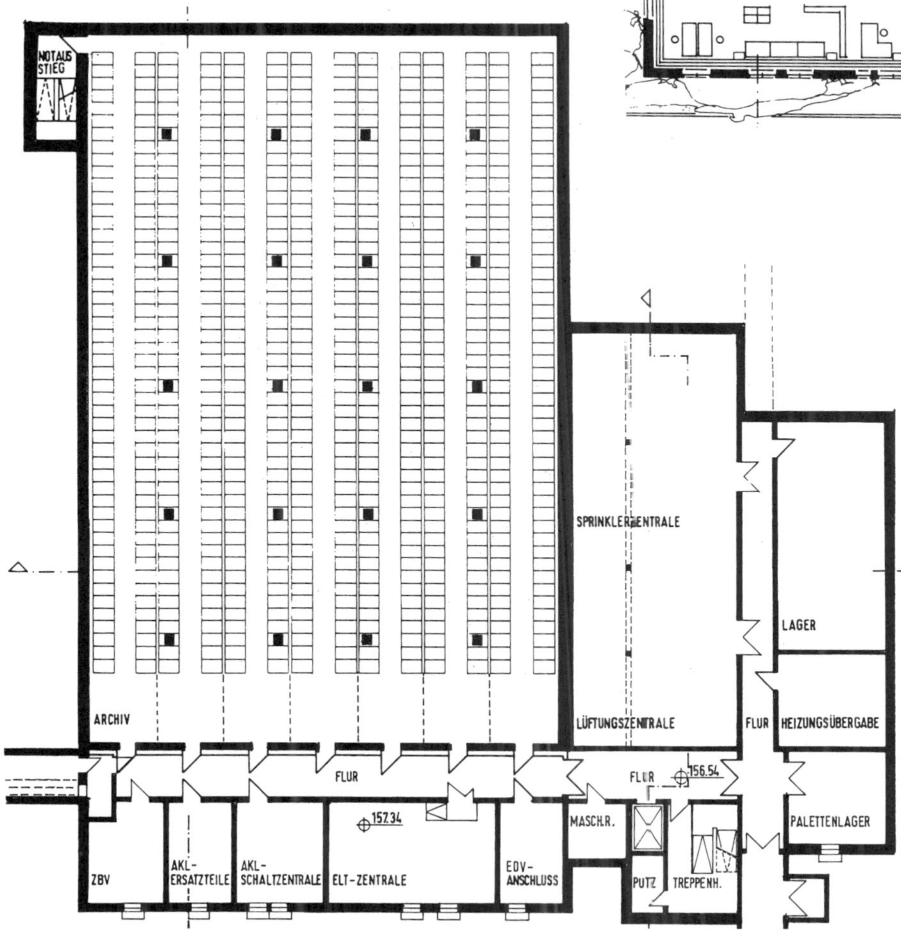


Untergeschoß

## 9.3.10 Technische Informationsbibliothek der Universität Hannover

| | |
|---|---|
| Bauherr | Land Niedersachsen, vertreten durch das Staatshochbauamt Hannover I |
| Architekten | Arbeitsgemeinschaft Rossbach, Priesemann, Pax, Hadamczik, Hannover |
| Mitarbeiter | H. Melosch, H. Koch, R. Knoll |
| | Wettbewerb 1986 |
| | Fertigstellung 1991 |

| | |
|---|---|
| Grundstück | 4 800 $m^2$ |
| NF | 1 994 $m^2$ |
| NNF | 91 $m^2$ |
| FF | 95 $m^2$ |
| VF | 632 $m^2$ |
| NGF | 2 811 $m^2$ |
| BGF | 3 370 $m^2$ |
| BRI | 12 126 $m^3$ |

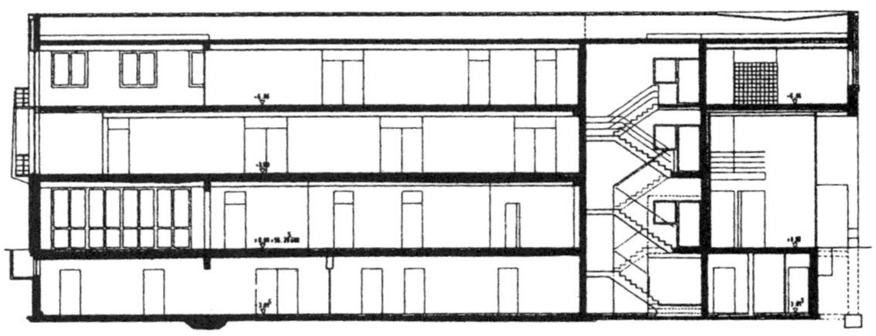

Bei der Planung spielten die außerräumlichen, städtebaulichen Beziehungen in unmittelbarer Nähe zum Welfenschloß eine maßgebliche Rolle. Dies führte zur Zurückhaltung der Architektur in der Vermittlung der vorhandenen Prioritäten. Ein Bibliotheksbereich wird als eigenständiges Platzelement herausgearbeitet.
Die zentrale Eingangshalle durchschneidet den dreigeschossigen Baukörper geometrisch im Eckbereich.

| | | |
|---|---|---|
| Raumbereiche | EG | Eingangshalle, Ostsprachen-Lesesaal, Auslandsamt |
| | 1. OG | Büros der Ostsprachenabteilung |
| | 2. OG | Werkstätten, Pausenraum |

Maßstab 1 : 300

Quellen *Uni intern 7/89, Hannover 1989; Bauwelt 26/91; BDA Handbuch 1995; Bezirksgruppe Hannover, Kähler, G. und Peters, P.-H.: Architektur in Niedersachsen 1970 bis 1995, Hamburg 1995; Broschüre »Architektur Pax und Hadamczik«, Hannover 1995; Heinze Deutsche Baudokumentation, Celle 1996; Pläne der Architekten.*

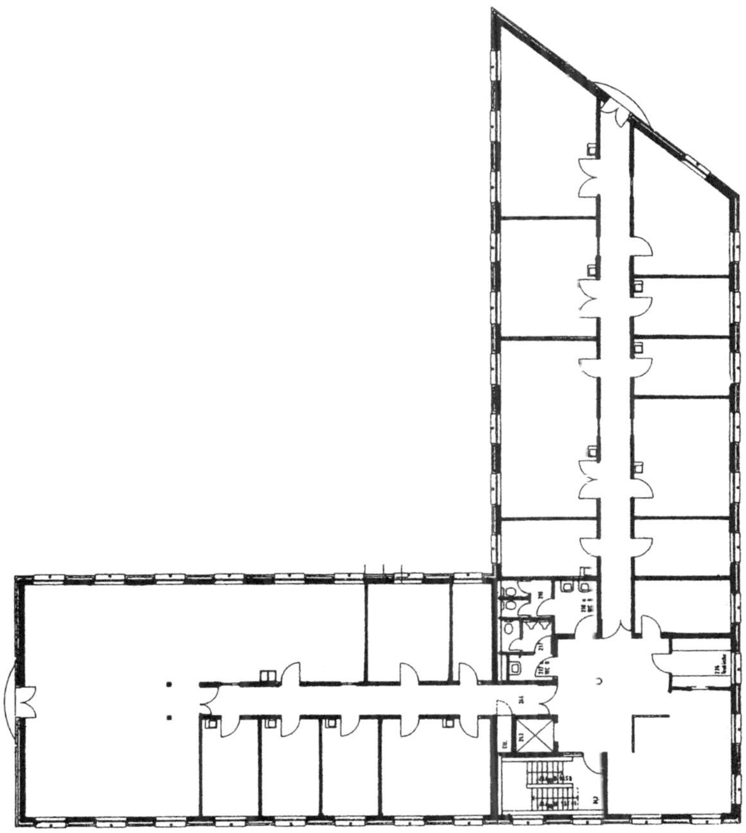

2.Obergeschoß

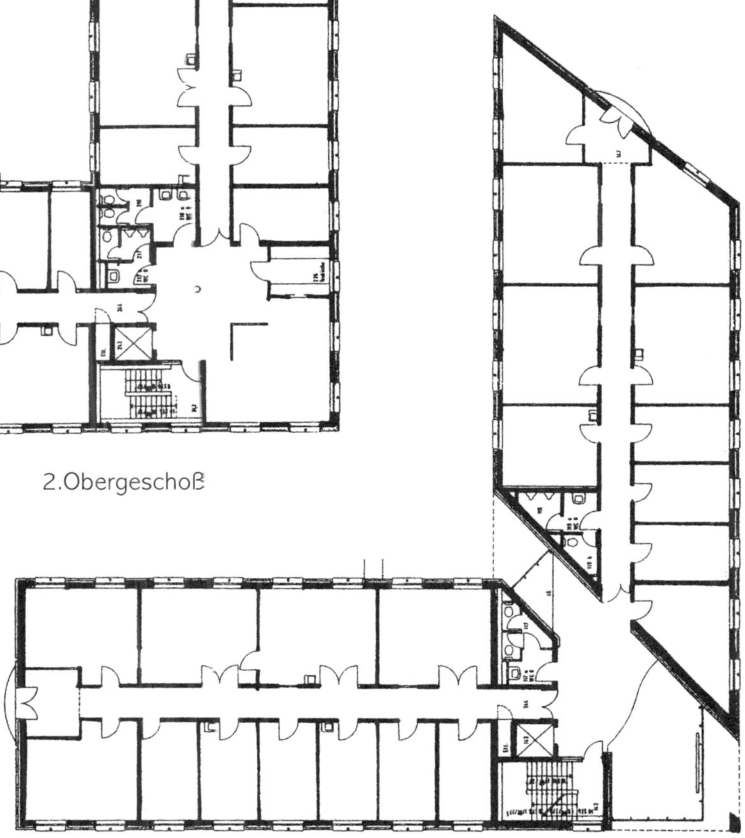

1. Obergeschoß

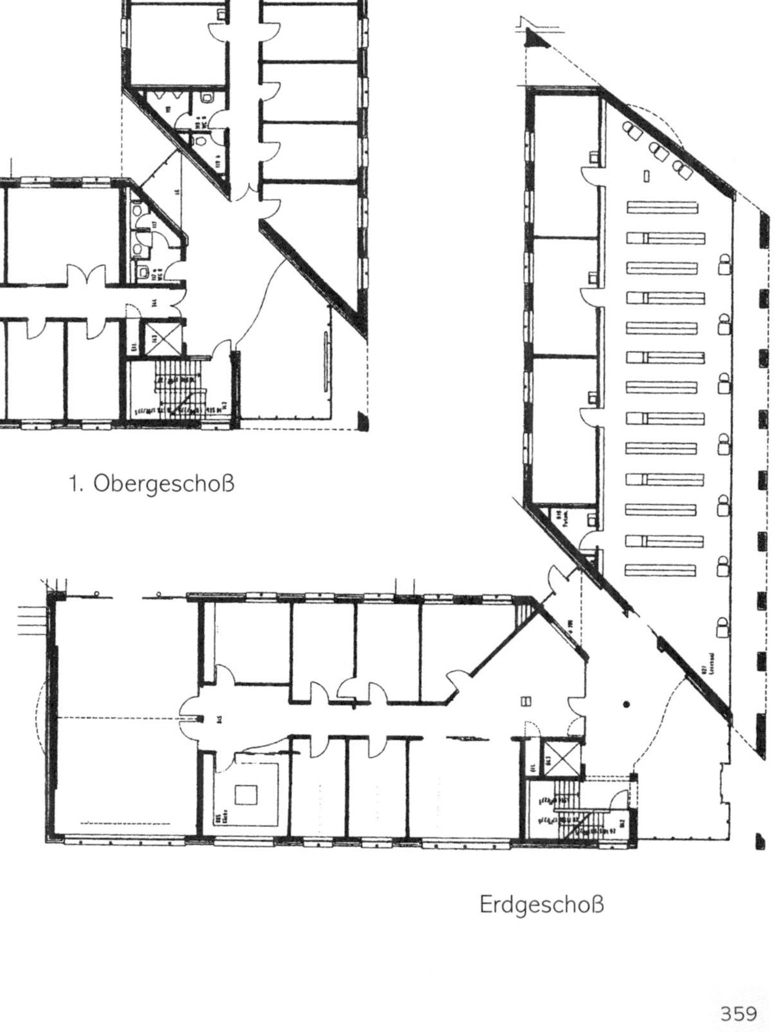

Erdgeschoß

## 9.4.1 Schauspielhaus Hannover

| | |
|---|---|
| Bauherr | Niedersächsiches Staatstheater Hannover GmbH, Hannover |
| Architekten | Claude Paillard in Paillard, Leemann und Partner AG, Zürich / CH |
| Mitarbeiter | Ruedi Bass jun. |
| Tragwerks-planung | K. W. Bergmann + Partner, Hannover |
| | Wettbewerb 1988, 1. Preis |
| | Fertigstellung 1992 |

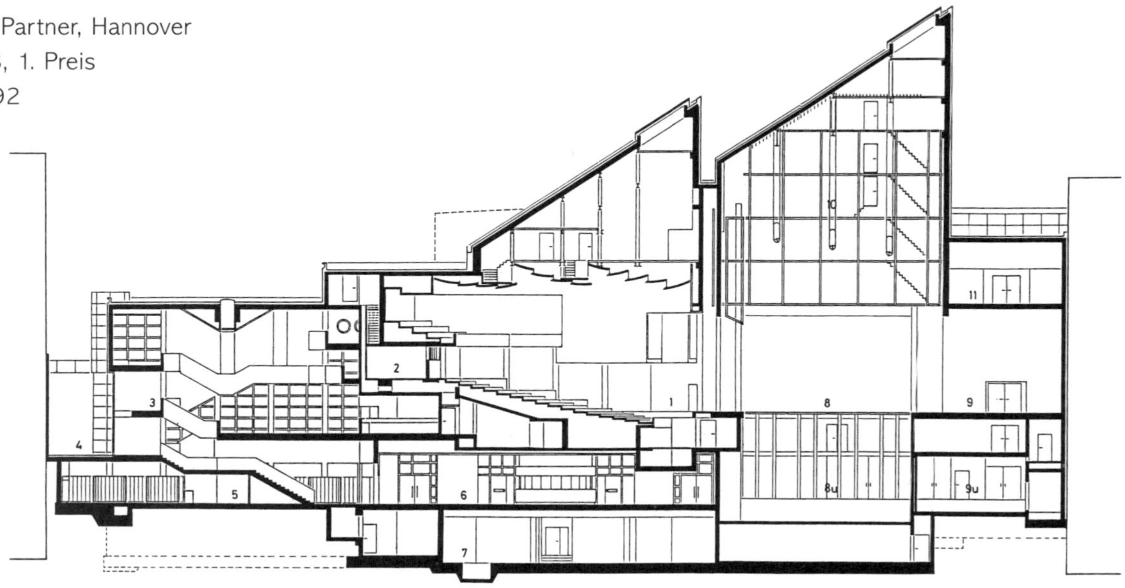

| | |
|---|---|
| HNF | 4 100 m² |
| NNF | 4 550 m² |
| VF | 1 600 m² |
| gesamt | 10 250 m² |
| FF | 1 500 m² |
| NGF | 11 750 m² |
| BGF | 14 450 m² |
| BRI | 62 800 m³ |
| Faktor | BRI/HNF = 15,32 BRI/BGF = 4,35 HNF/VF = 2,56 |

Das Grundstück ist eine Baulücke im Stadtzentrum, parallel zur Straße, unter Einbezug einer ehemaligen mehrgeschossigen Kunstgalerie. Die Lage zwang dazu, Bühne und Parkett in die Höhe zu entwickeln.

Eingangsbereich mit Passagen zum Hof und Stadtzentrum, sowie Theatermuseum. Die Haupträume sind längs der Straße aufgereiht. Das Foyer ist gestaffelt emporsteigend, der Zuschauerraum mit 630 Plätzen, Bühne und Betriebsräume liegen tiefer im Gelände, ebenso der Personalbereich.

Der Zuschauerraum sollte eine »große Spielstätte im traditionellen Sinne« sein; dort wird die Axialität aus dem Foyerbereich weitergeführt, beginnend mit den beiden »Zugangstaschen« zum Parkett. Der Zuschauerraum selbst ist auf einem Rechteck mit eingeschriebenem Kreis von 18,80 m Durchmesser aufgebaut; dieser bildet an der Portalzone, im Deckenbereich, an der Vorbühnenkante und im Rang die Raumbegrenzung.

Auf Straßenebene befindet sich die Anlieferungshalle für die Bühnentransporte, die Unterbühne an der Anlieferungsrampe und das dahinterliegende Lager – dort werden die Dekorationen zwischengelagert –, seitlich davon die kleinen Reparaturwerkstätten. Im Zwischengeschoß zur Bühne liegen die Arbeitsräume der Bühnenvorstände, die Sozialräume des Bühnenpersonals, Lagerräume und Elektrozentralen. Auf diesem Geschoß befindet sich die horizontale Verbindung zum Personalbereich, der Auftritt auf die Bühnenpodien und der Zugang zum Orchestergraben. Über der Seitenbühne liegt eine Probenbühne, daneben der Musikprobenraum mit Aufnahmestudio, über der Hinterbühne das Beleuchtungsgerätelager.

| | |
|---|---|
| Maßstab | Grundrisse ca. 1 : 800, Schnitt 1 : 500 |
| Quellen | *Werk, Bauen + Wohnen 7/8 94; Die Bauverwaltung 1/93; Bauwelt 11, 12/92; Heinze Deutsche Baudokumentation, Celle 1994; Pläne der Architekten.* |

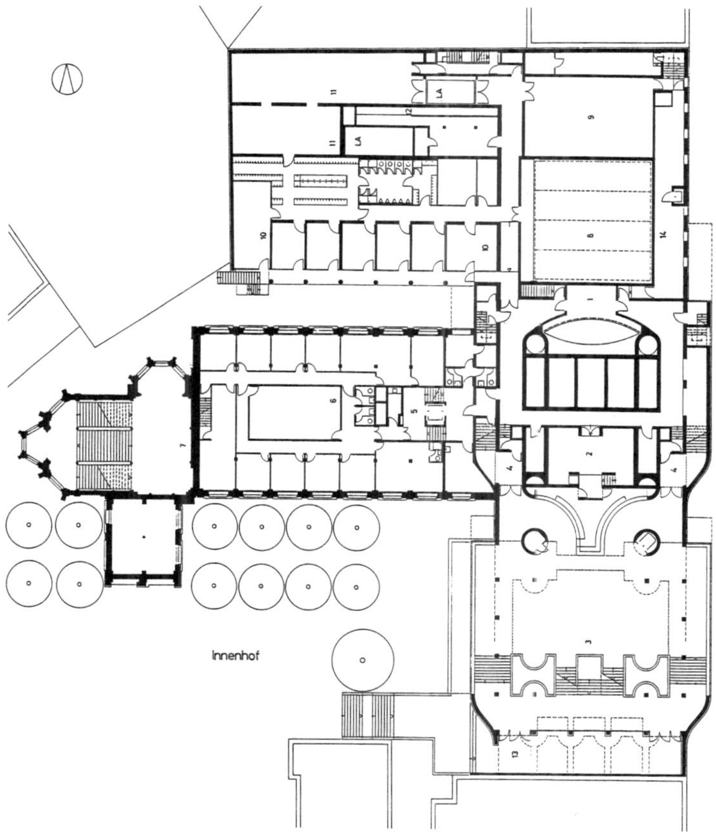


1. Obergeschoß

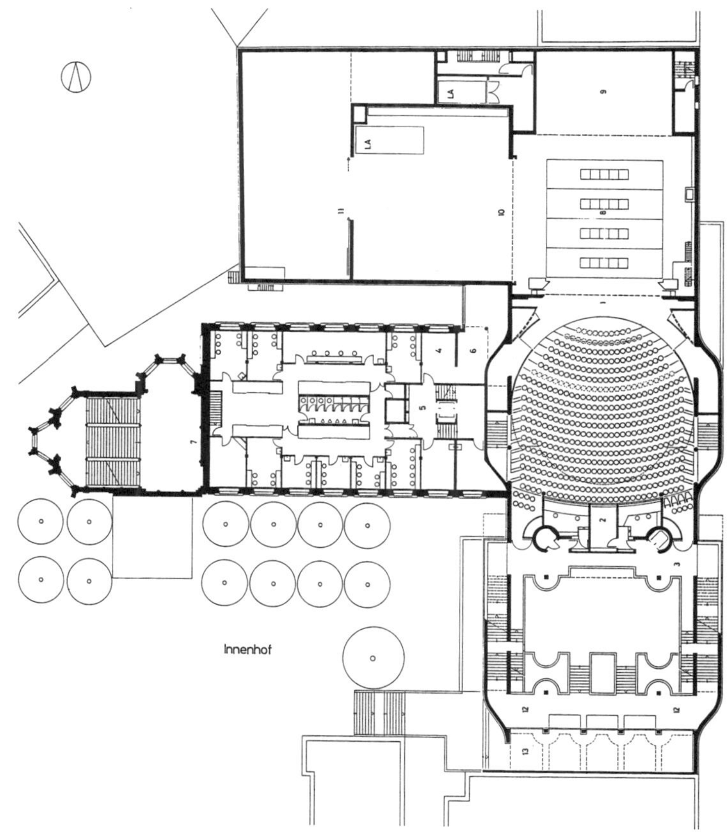


2.Obergeschoß

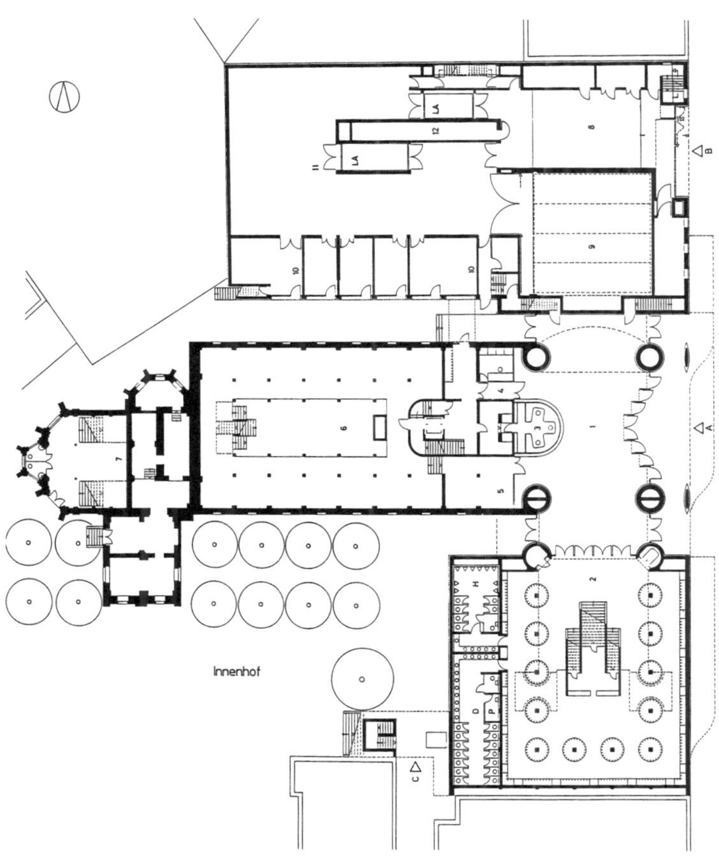


Erdgeschoß

## 9.4.2 Theater auf dem Hornwerk und Wesersaal in Nienburg

Bauherr Stadt Nienburg
Architekten Peter Hübotter, Bert Ledeboer und Christian Fahr, Hannover
Fertigstellung 1989

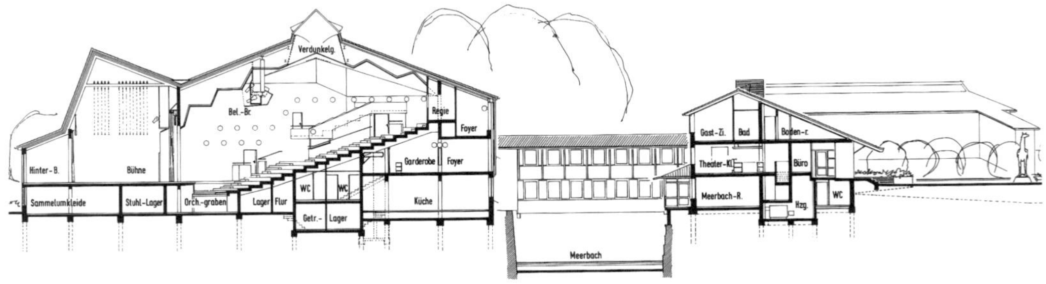


| | |
|---|---|
| HNF | 1 945 m² |
| NNF | 577 m² |
| VF | 950 m² |
| BRI | 18 695 m³ |
| Faktor | BRI/HNF = 9,61 VF/HNF = 0,488 |

Die beiden unterschiedlichen Komplexe Theater und Hotel sind funktionell eng miteinander verknüpft, räumlich aber durch den Meerbach getrennt. Das jenseits des Baches gelegene Hotel mit dem Brückenrestaurant wird privat bewirtschaftet. Der Wesersaal und die Küche im kommunalen Gebäude sind an das Hotel verpachtet. Es gibt enge Wechselbeziehungen. Das Theater bringt dem Hotel Gäste. Der Wesersaal steht unabhängig von Theaternutzungen vielen Veranstaltungen zur Verfügung.
Das Theater wird durch die Kassenhalle und das Foyer erschlossen. Im 1. Obergeschoß gelangt man über ein ringförmiges Foyer in die oberen Ränge.

Raumbereiche

UG — Wesersaal mit Eingangshalle, Treppenverbindung zum Foyer des Theaters im oberen EG. Also Doppelnutzung des Foyers, direkte Verbindung mit Hotelrestaurant und Küche

EG — Theatereingang, Kassenhalle, Foyer und Zuschauerraum, Bühnenhaus, Bühneneingang, Künstler-Bereich hier und im unteren EG; auch hier ist eine Verbindung über die Brücke zum Hotel hergestellt.

1. OG — Oberer Foyerteil mit Zugang in den oberen Bereich des Theaterraumes, der ohne Rang durch beide Geschosse begangen werden kann. Lediglich zwei Seitenlogen sind getrennt. Für Matineen, Tagungen und Versammlungen am Tage kann die Verdunklung der Dachlaterne geöffnet werden, so daß der Theaterraum ohne Kunstlicht auskommt.

Maßstab 1:600

Quellen *Heinze Deutsche Baudokumentation, Celle 1990; Pläne der Architekten.*

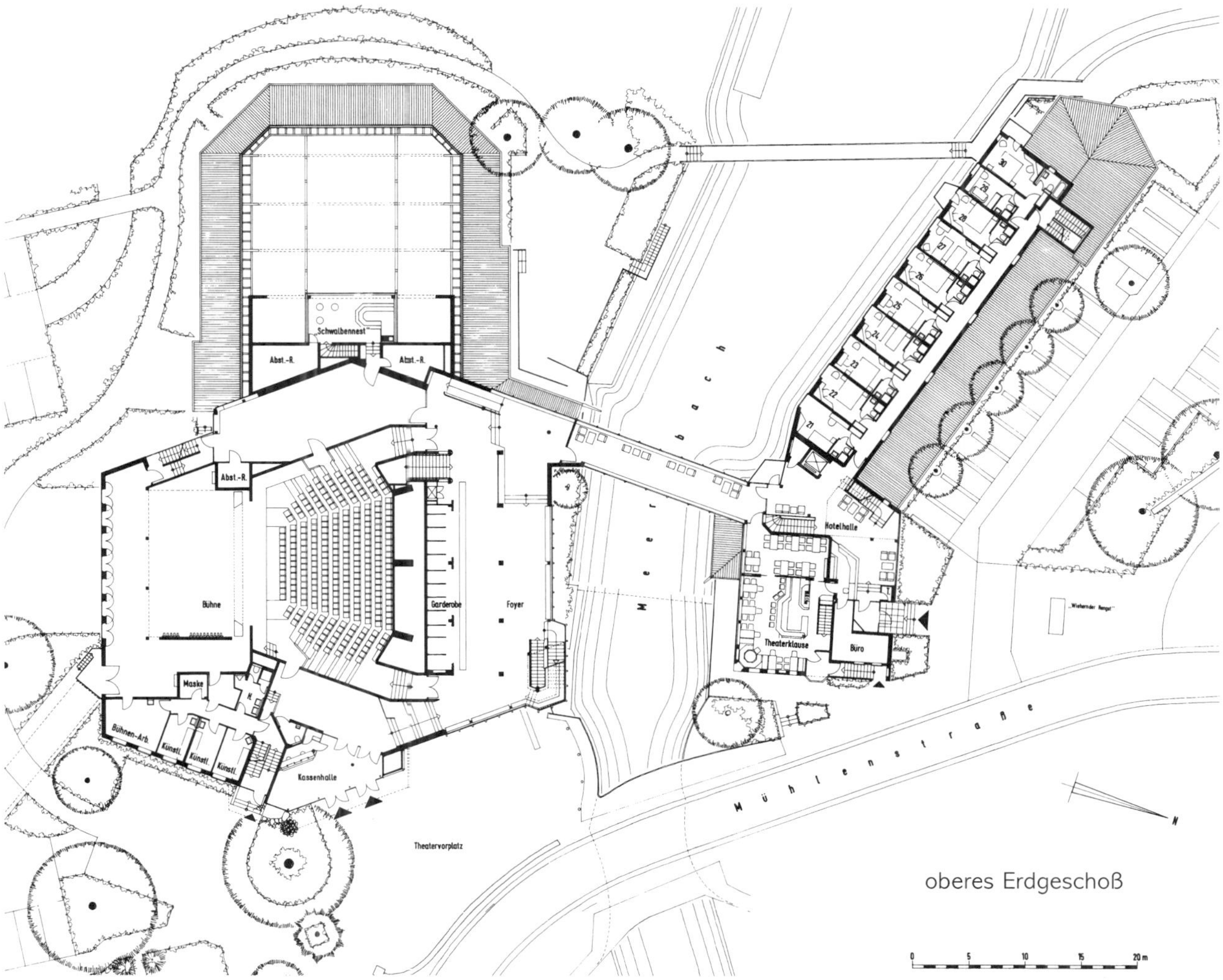


oberes Erdgeschoß

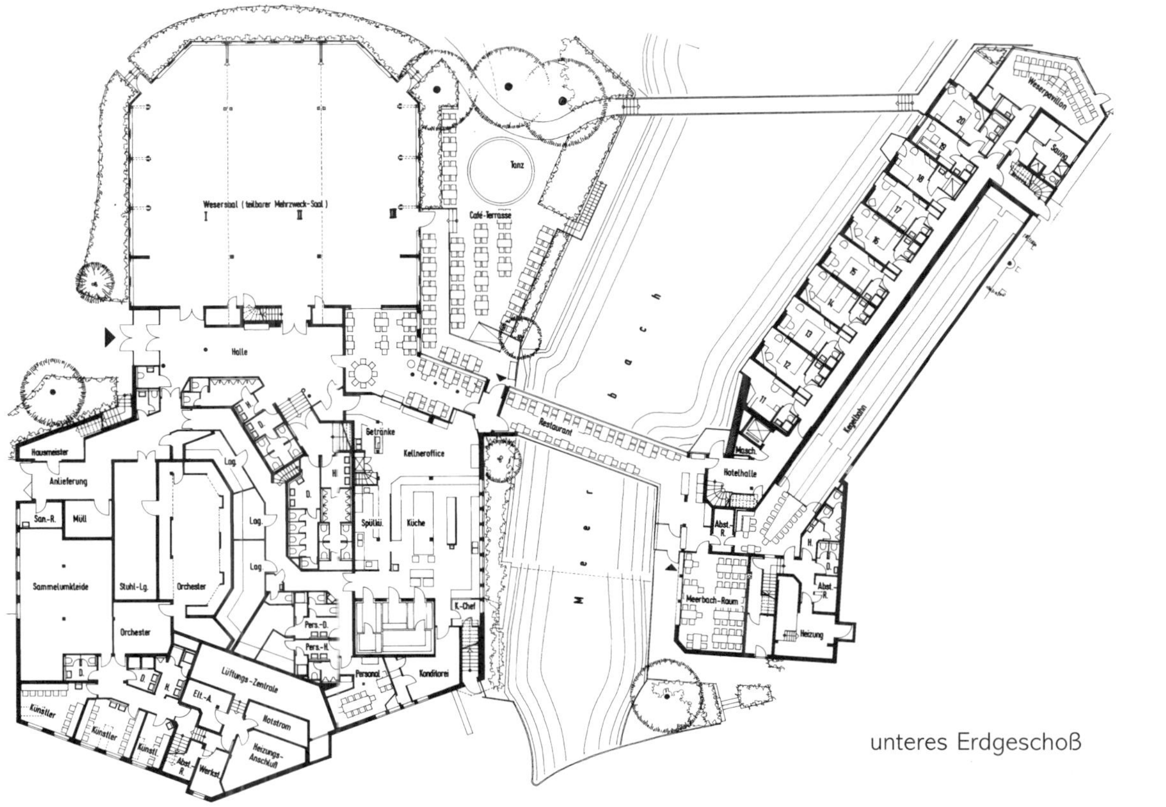


unteres Erdgeschoß

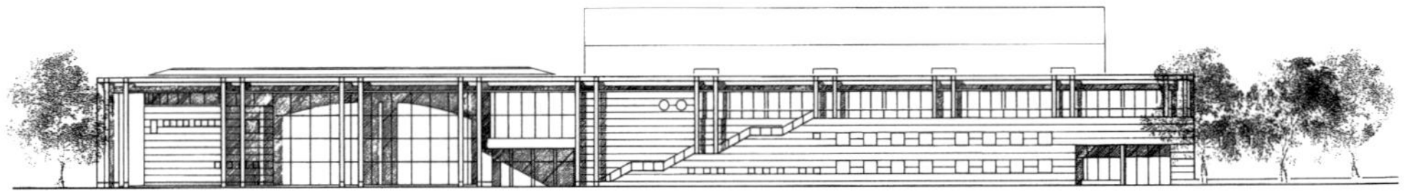

## 9.4.3 MUK Musik- und Kongreßhalle Lübeck

| | |
|---|---|
| Bauherr | Hansestadt Lübeck |
| Architekten | gmp – von Gerkan, Marg und Partner, Hamburg |
| | Wettbewerb Prof. Meinhard von Gerkan mit Christian Weinmann |
| Projektleitung | Wolfgang Haux |
| Mitarbeiter | K. H. Behrendt, B. Groß, M. Klostermann, Chr. Kreusler, P. Kropp, C. Papanikolaou, H. Wulf |
| Tragwerks-planung | Assmann, R. Kinski, D. Maier, Hamburg |
| | Fertigstellung 1994 |
| NNF | 14 280 m² |
| BGF | 1 840 m² |
| BRI | 112 600 m³ |

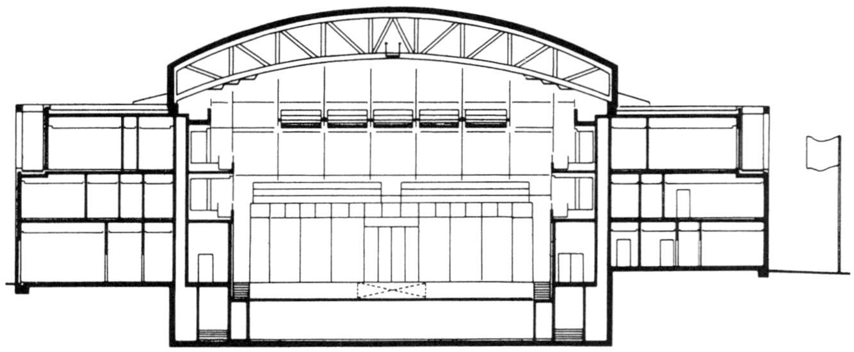

| | |
|---|---|
| Konzertsaal | 2 040 Sitzplätze |
| Foyer | 1 500 Sitzplätze |
| Orchesterprobenraum | 180 Sitzplätze |

In einem langgestreckten rechteckigen Baukörper sind alle Funktionen unter einem Dach zusammengefaßt, der lediglich von der Sonderform des Großen Saales durchstoßen wird. Diese Großform überschneidet im Norden bewußt die Achse der Fußgängerbrücke, um im Umfeld des kreisförmigen Mehrzweckfoyers die Passanten in einen überdachten öffentlichen Raum zu locken und so dem Gesamtkomplex zu einer starken Akzeptanz zu verhelfen.
Durch eine Sockelzone entsteht eine ausgeprägte Rückseite zum Senator-Hotel.
Der ruhige, niedrige Baukörper bildet einen ausgesprochenen Kontrast zur Altstadt. Er besitzt eine feierliche Würde, die dem Charakter eines Konzert- und Kongreßgebäudes angemessen ist. Trotz der Strenge der Gebäudeform sind die außenräumlichen Beziehungen zum Traveufer und zum Penta-Hotel interessant und spannungsvoll.
Der Entwurf zeichnet sich dadurch aus, daß Foyer, Garderoben und Saal in übersichtlicher, korrespondierender Form angeordnet sind. Lichtführung und Baustruktur stehen im Dialog. Die Zuordnung von zwei Eingängen für Stadt und Fahrverkehr erfordert zwei getrennte Kassen.
Kernstück des Raumprogramms war neben dem großen Konzertsaal ein Mehrzweckfoyer mit bis zu 1500 Plätzen, mit dem die Durchführung von Kongressen, Ausstellungen, gesellschaftlichen und kulturellen Veranstaltungen parallel zum eigentlichen Konzertbetrieb ermöglicht wird.
Die hohe Arkatur mit dem ausladenden Dach, in welches die zylindrische Form des Veranstaltungsfoyers eingeschrieben ist, greift das Thema einer Stadtloggia auf – also eines öffentlichen Raumes, der durch Wand und Dach klimageschützt ist, sich jedoch gegenüber dem angrenzenden Stadtbereich transparent und offen verhält.
Die seitlich in der Arkatur emporführenden Freitreppen erschließen eine Art Oberdeck, welches um das Haus herumläuft. In Verbindung mit dem Blechmatrial, der weißen Farbe und der sichtbar gemachten Verschraubung der Fassadenverkleidung wird das Thema eines Dampfers – der gewissermaßen im Binnenhafen Lübecks festgemacht hat – bildhaft vorgeführt.

| | | |
|---|---|---|
| Raumbereiche | UG | Haustechnik, Lagerräume, WC |
| | EG | Eingangszone mit Kassen und mobilen Garderoben, Veranstaltungsfoyer, Konzertsaal, Parkett, Konferenzräume, Orchesterproberaum, Bedarfsküche, Anlieferung |
| | 1. OG | Konzertsaal 1. Rang, Orchesterrang, Künstlergarderoben, Technische Leitung |
| | 2. OG | Konzertsaal 2. Rang mit Saalrang, Bistro, Seminarräume, Cafeteria, Dirigenten- und Solistenräume, Direktion |
| | 3. OG | Regieräume und Technische Decke, Veranstaltungsfoyer |
| | 4. OG | Bühnentechnik, Haustechnik |

Maßstab ca. 1:950

Quellen *Die Zeit 41/94; Bauwelt 6/95; Gerkan von, M.: Musik- und Kongreßhalle Lübeck, Berlin 1996; Pläne der Architekten.*

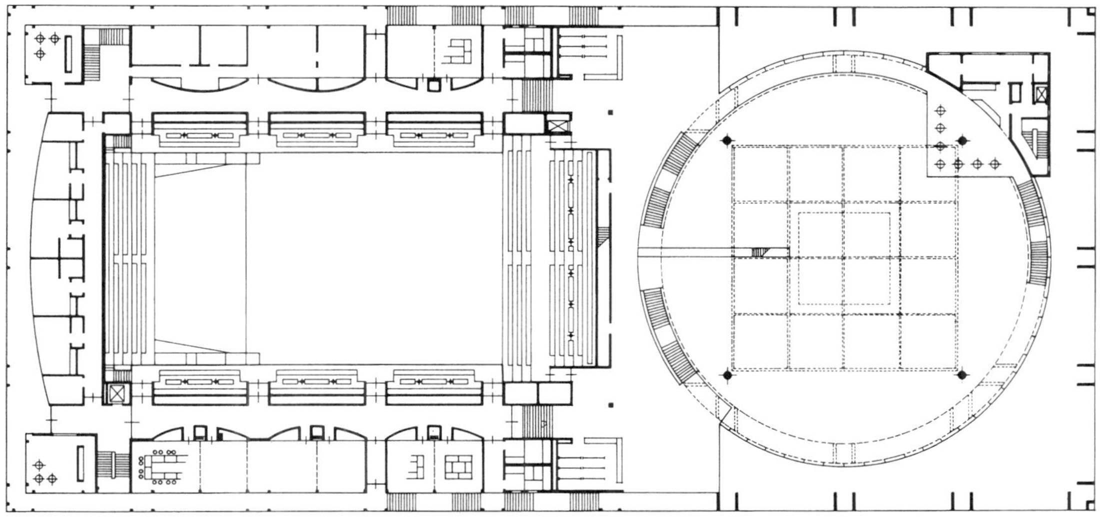

2. Obergeschoß

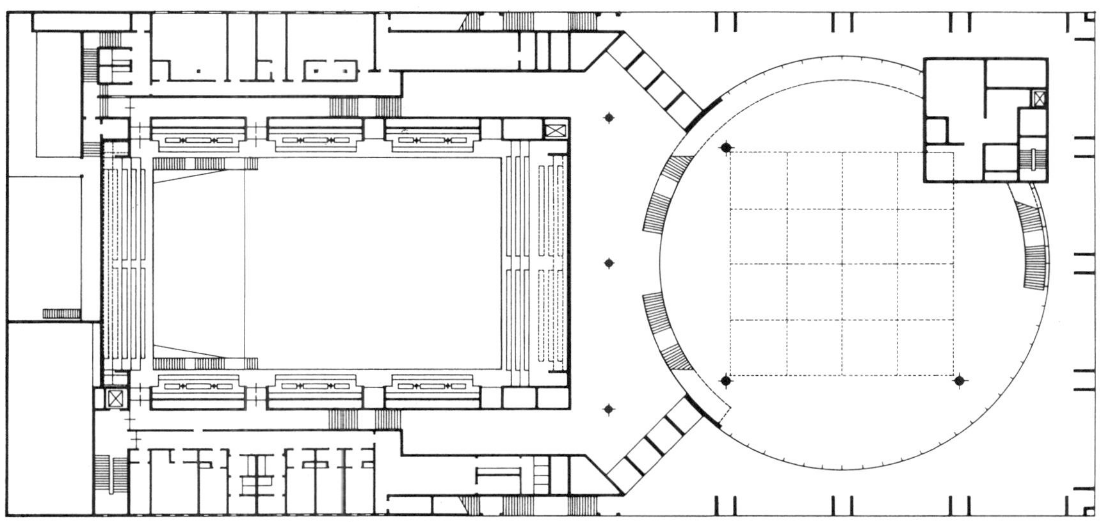

1. Obergeschoß

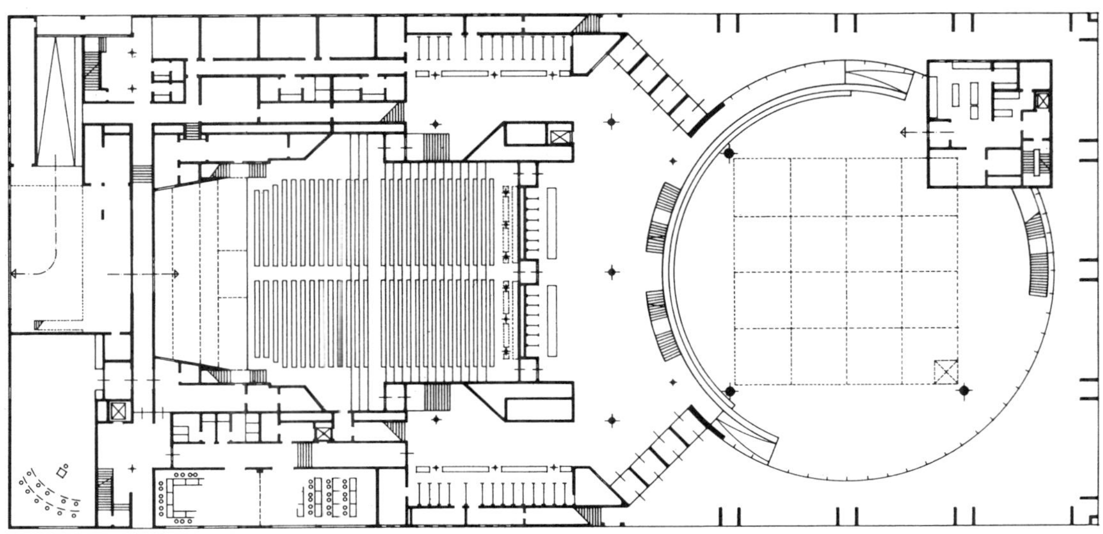

Erdgeschoß

## 9.4.4 Kleines Haus für das Staatstheater Braunschweig

| | |
|---|---|
| Bauherr | Land Niedersachsen, vertreten durch das Staatshochbauamt Braunschweig I |
| Architekten | Gerd Lindemann + Florian Thamm, Braunschweig |
| Entwurf | Gerd Lindemann, Heinz Wilke, Christine Schütz-Dittmer |
| Mitarbeiter | B. Broda-Lange, C. Dölling, H. Klocke, J. Köpke, A. Leppla, H. Marten, J. Posiadly, J. Schulz-Behrendt |
| Tragwerks-planung | Dr. Hage + Partner, Braunschweig |
| Theatertechnik und Elektro-anlagen | R. Biste, K. Gerling, Berlin |
| | Bundesweiter Ideenwettbewerb 1986, Bundesoffener Wettbewerb 1987, 1. Preis |
| | Fertigstellung 1996 |

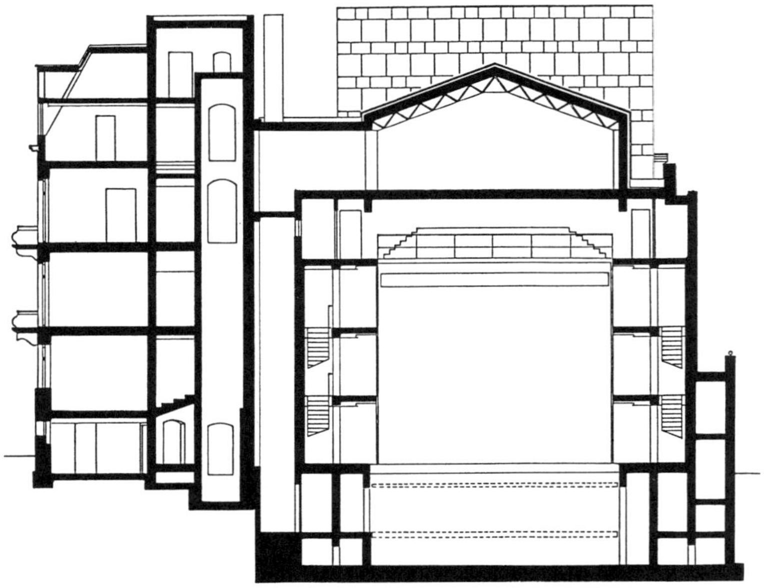

| | | |
|---|---|---|
| Grundstück | 1 660 m² | GRZ = 0,9 |
| GRF | 1 500 m² | |
| HNF | 2 500 m² | |
| NNF | 400 m² | |
| NF | 2 900 m² | |
| FF | 850 m² | |
| VF | 1 250 m² | |
| KF | 3 100 m² | |
| BGF | 8 100 m² | |
| BRI | 28 000 m³ | |
| Faktor | BRI/HNF = 11,2 | VF/HNF = 0,5 |

Die Baugeometrie war festgelegt durch die städtebaulich bedingte dreieckige Grundrißform. Die Achse Foyer-Saal-Bühne folgt der klassischen Konzeption. Die Probebühne ist aus Platzgründen vorne über dem Foyer untergebracht. Die Einbeziehung eines ehemaligen Wohnhauses gestattete die Unterbringung der Nebenfunktionen Büros, Künstlergarderoben und Lagerflächen.

Erschließung: ebenerdiger Eingang ins Foyer von Norden (Theatervorplatz), Künstlereingang von der Straße (bestehender Eingang des Altbaus), Hochparterre, Anlieferung über den im Süden gelegenen Hof; die ca. 1 m Rampenhöhe ergibt sich aus dem natürlichen Geländeverlauf.

Nutzung: multifunktionale Nutzung von Saal, Bühne, Foyer und Probebühne, Saal mit Unter- und Obermaschinerie (bewegliche Podien, Züge, Beleuchterbrücken) szenisch nutzbar, Probebühne für öffentliche Veranstaltungen nutzbar (Lage an der Haupttreppe über dem Foyer), Personalkantine zu öffentlichem Restaurant mit Dachterrasse erweitert.

| | | |
|---|---|---|
| Raumbereiche | UG | Garderobenfoyer, Umkleiden, WC, Haustechnik, Untermaschinerie |
| | EG | Foyer mit Kasse und Buffet, Zuschauerraum mit Regiezone, Bühne, Hinter- und Seitenbühne, Anlieferung, Magazin, Techniker (Büroräume) |
| | 1. OG | Foyer mit Buffet, Zuschauergalerie, Künstlergarderoben, Techniker (Büroräume) |
| | 2. OG | Probebühne, Zuschauergalerie, Künstlergarderoben, Büroräume |
| | 3. OG | Küche, Fundus, Obermaschinerie Saal |
| | 4. OG | Restaurant (Kantine), Terrasse, Fundus, Lüftungszentrale, Obermaschinerie Bühne |
| | 5. OG | Kostümfundus |

Maßstab: Grundrisse ca. 1 : 500, Schnitt 1 : 350

Quellen: *Das Bauzentrum 4/96; Wettbewerbe aktuell 2/97; Pläne der Architekten.*

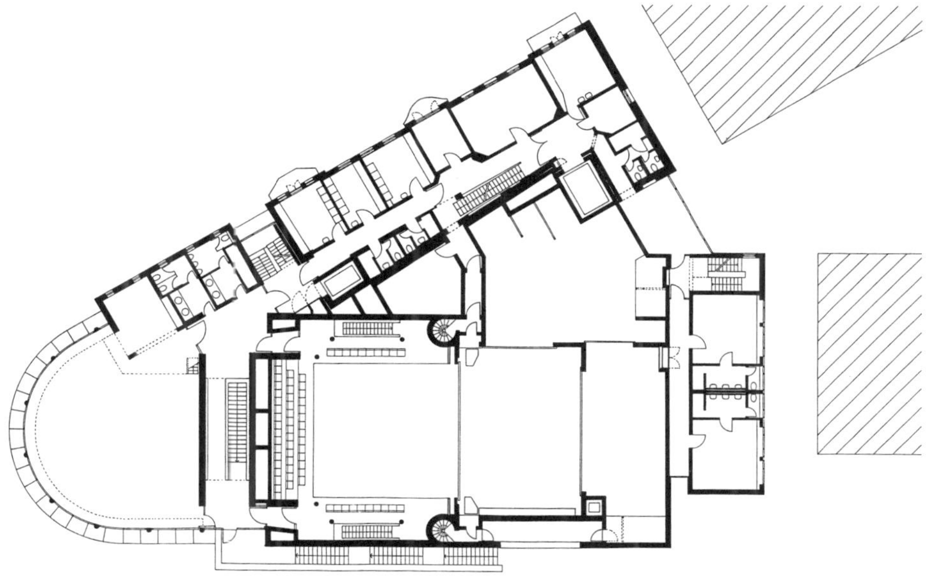

2. Obergeschoß

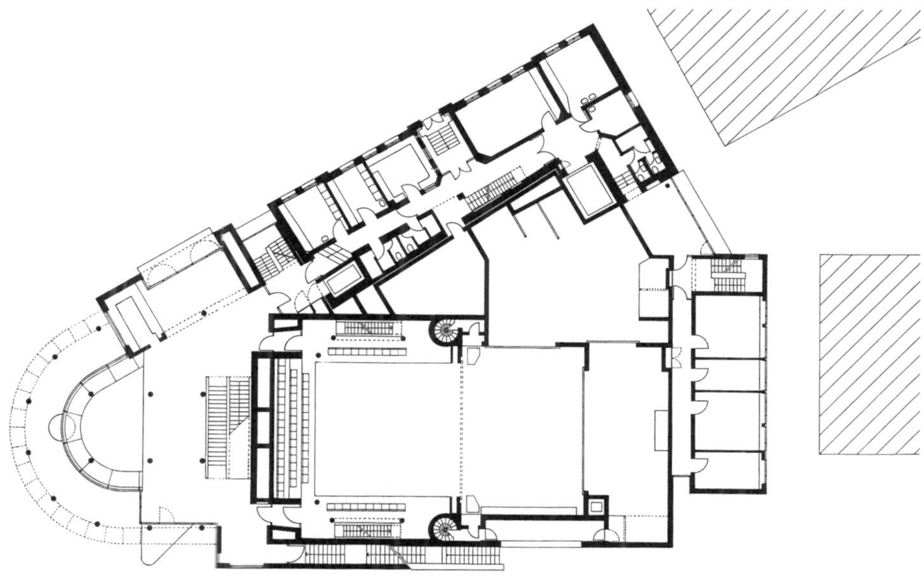

1. Obergeschoß

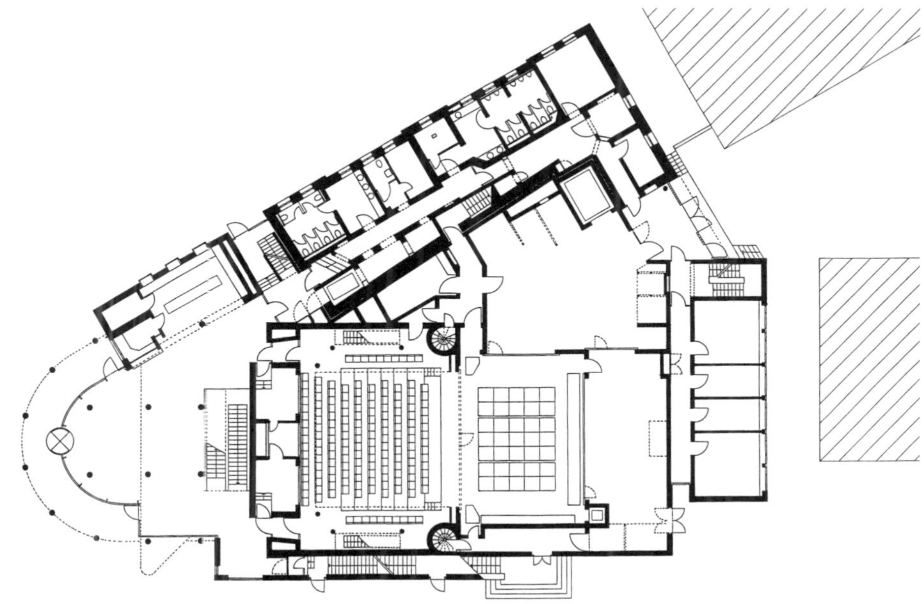

Erdgeschoß

## 9.4.5 Philharmonie in Köln mit Wallraf-Richartz-Museum und Museum Ludwig

| | |
|---|---|
| Bauherr | Stadt Köln, vertreten durch das Kultur- und Hochbaudezernat |
| Architekten | Busmann & Haberer GmbH, Köln |
| Mitarbeiter | A. Bohl, U. Kühn, Vl. Skrivanek, G. Bartsch, W. Dierks, HJ Faust, P. Hövels, B. Maresch, B. Mörsch, Z. Oksiuta, S. Reichstein, L. Sengül, E. Simandi, H. Stenzel, K. Würfel |
| Tragwerks-planung | Dr. Felix Varwick, G. Harz, H. K. Ladewig, Dr. W. Naumann, H. J. Lange, H. Koopmann, G. Tripler, H. Zlinski, H. Plegt, K. Berg |
| | Architektenwettbewerb 1976, 1. Preis |
| | Fertigstellung 1986 |
| Nutzflächen | 25 000 $m^2$, davon 8 212 $m^2$ Ausstellungsfläche, Vortragsraum 376 $m^2$, Depotraum 610 $m^2$, Bibliothek 228 $m^2$ |
| BRI | 260 000 $m^3$ |
| Faktor | BRI/NF = 10,4 |

Das städtebauliche Konzept Dom / Rhein verknüpft die beiden Museen baulich mit der Philharmonie unter einem Dach. Damit werden Bildende Kunst und Musik am Fuße des Doms vereint. Ursprünglich gehörte ein großer Mehrzwecksaal für 2000 Personen zum Raumprogramm der Museen. Erst später wurde hieraus die Philharmonie mit eigenem Eingangsbereich auf der unteren Stadtebene. Die Baugestalt wurde in ihrer Form leicht, rhythmisch und differenziert gehalten, um nicht die herausragende städtebauliche Komponete gotischer Dom zu schmälern, sondern diesen in seinem Sockelbereich einzurahmen und zu akzentuieren.

Das Museum besitzt eine eindeutige Orientierung durch zentrale Erschließung bei gleichzeitiger Differenzierung der in verschiedenen Ebenen angeschlossenen Ausstellungsbereiche. Der Wandaufbau der Kathedrale kehrt im Innenraum des Museums wieder. Es gibt unterschiedliche Zonen für Oberlicht, Seitenlicht und Kunstlicht, so daß ein fließender Übergang von Wand und Decke stattfinden kann. Der nach außen gewölbte Viertelkreis des Deckenbereiches als Hohlform setzt die Wand fort. Aus der anschließenden Schrägverglasung fällt das ungefilterte Tageslicht in den Raum. Diese Oberlichtkonstruktion ermöglicht eine Lichtregie von Tages- und Kunstlicht, die der Besucher als angenehm empfindet.

| | | |
|---|---|---|
| Raumbereiche | UG (untere Eingangsebene) | Haupteingang, Konzertsaal, Foyer, Garderobe, getrenntes Raucherfoyer, Verwaltung, Technische Zentrale, Ausstellung |
| | EG (obere Eingangsebene) | Museumsplatz, Eingangshalle, Wechselausstellung, Museumsverwaltung, Dompassage, Hoher Saal, Museum Ludwig, Werkstätte |
| | 1. OG | »Klassische« Galerie, Vortragssaal, Lesesaal, Museumsstraße, Grafik, Ausstellung |
| | 2. OG | »Moderne« Galerie, Skulpturengarten, Ausstellungsstraße |

Maßstab: Grundrisse ca. 1:500, Lageplan ca. 1:1800

Quellen:
*Ideenwettbewerb Ausschreibung, Bauen für Köln, Köln 1983;*
*Zwischen Dom und Strom, hrsg. vom Hochbaudezernat Köln, Köln, 1986;*
*Schubert, H.: Moderner Museumsbau, Stuttgart 1986;*
*Busmann und Haberer: Eine Architektur für die Sinne, Berlin 1986; Pläne der Architekten.*

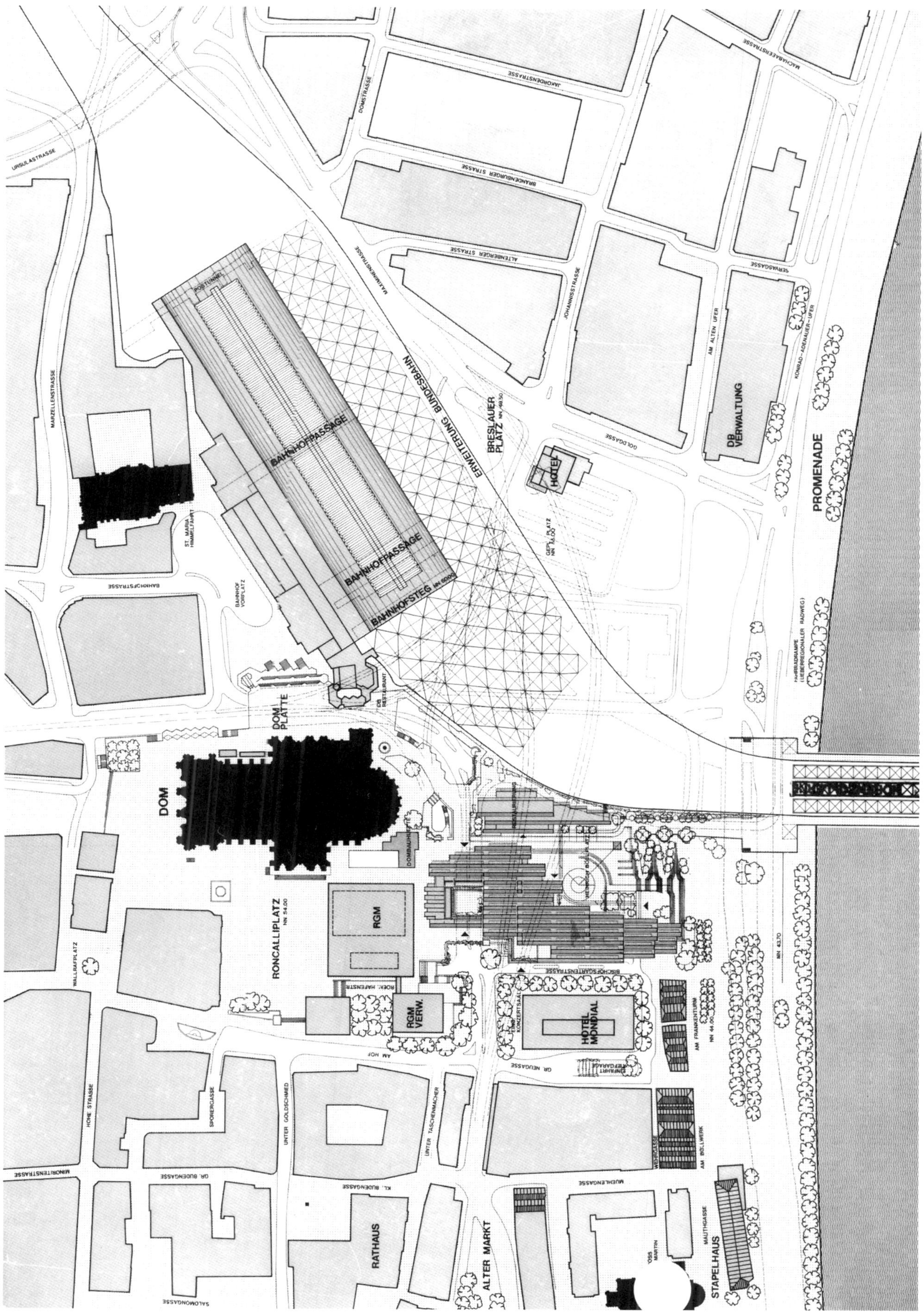
DOM
DOM PLATTE
RONCALLIPLATZ
RGM
RGM VERW.
HOTEL MONDIAL
RATHAUS
ALTER MARKT
STAPELHAUS
PROMENADE
DB VERWALTUNG
HOTEL
BRESLAUER PLATZ
ERWEITERUNG BUNDESBAHN
BAHNHOFPASSAGE
BAHNHOFSTEG

Lageplan

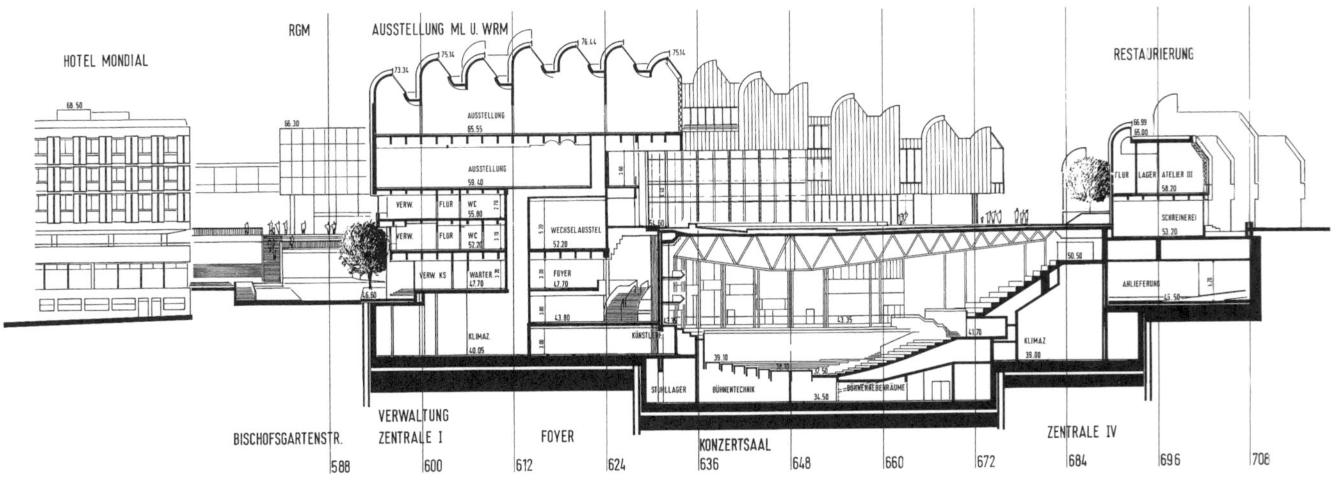


Schnitt S 2

Erdgeschoß

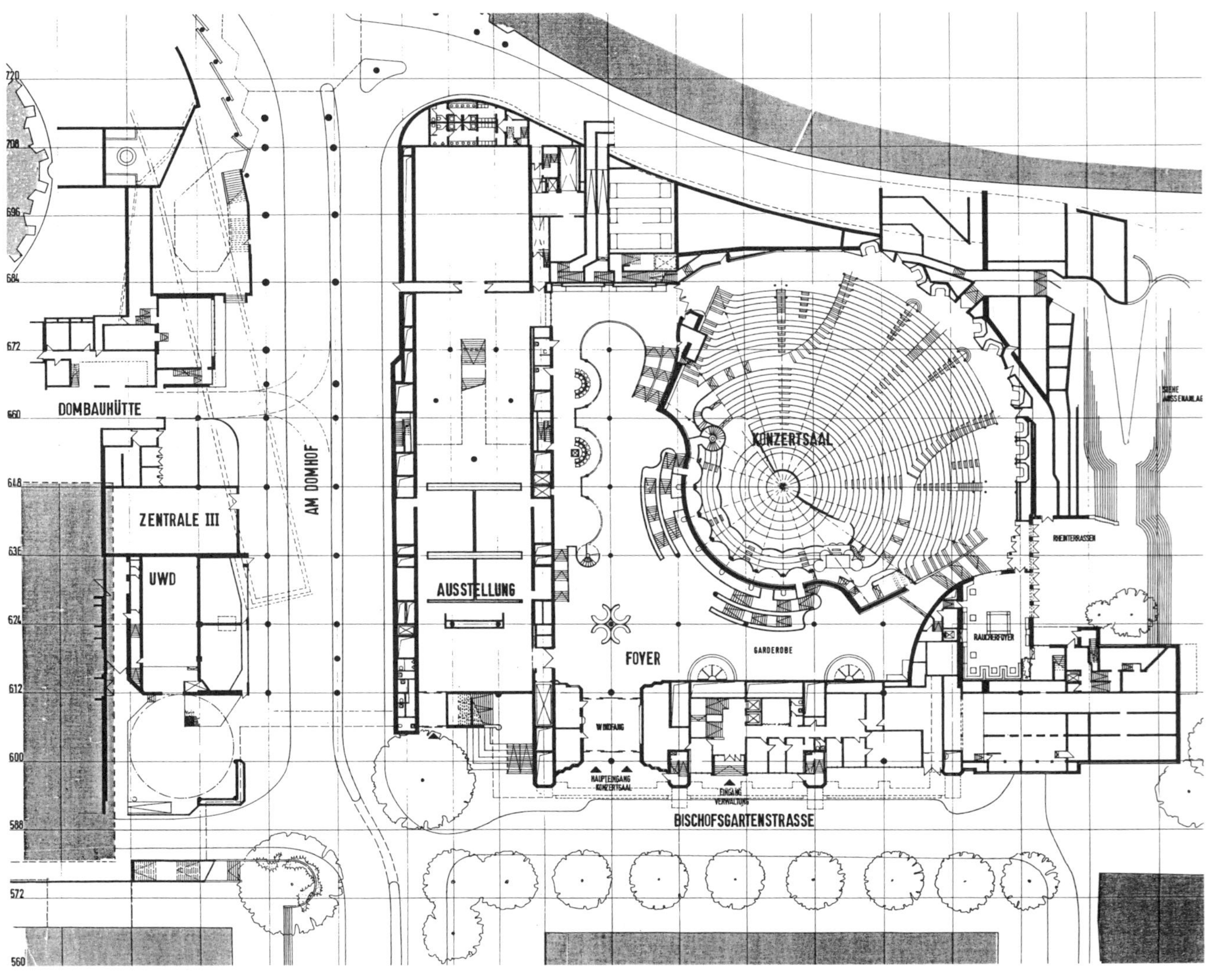

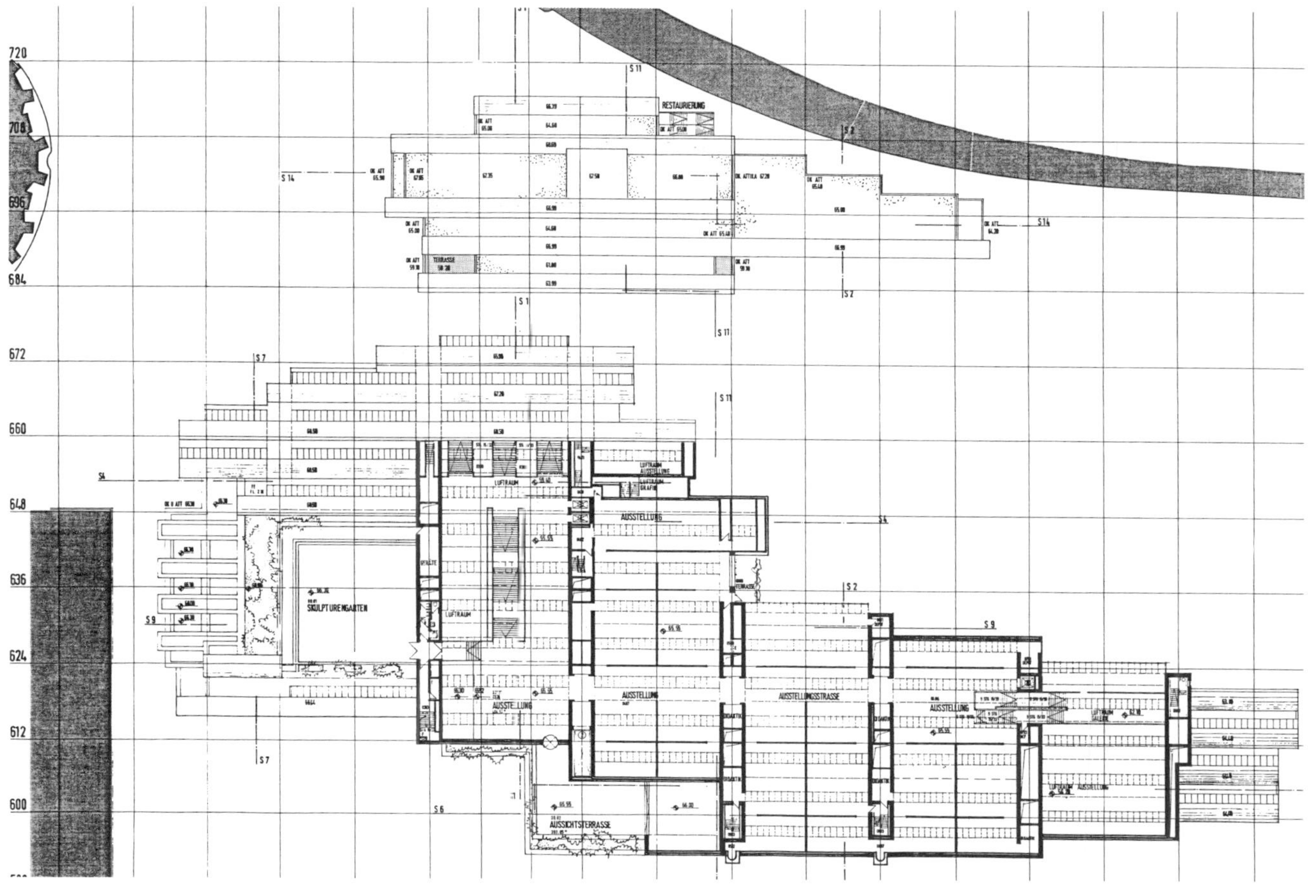


2. Obergeschoß

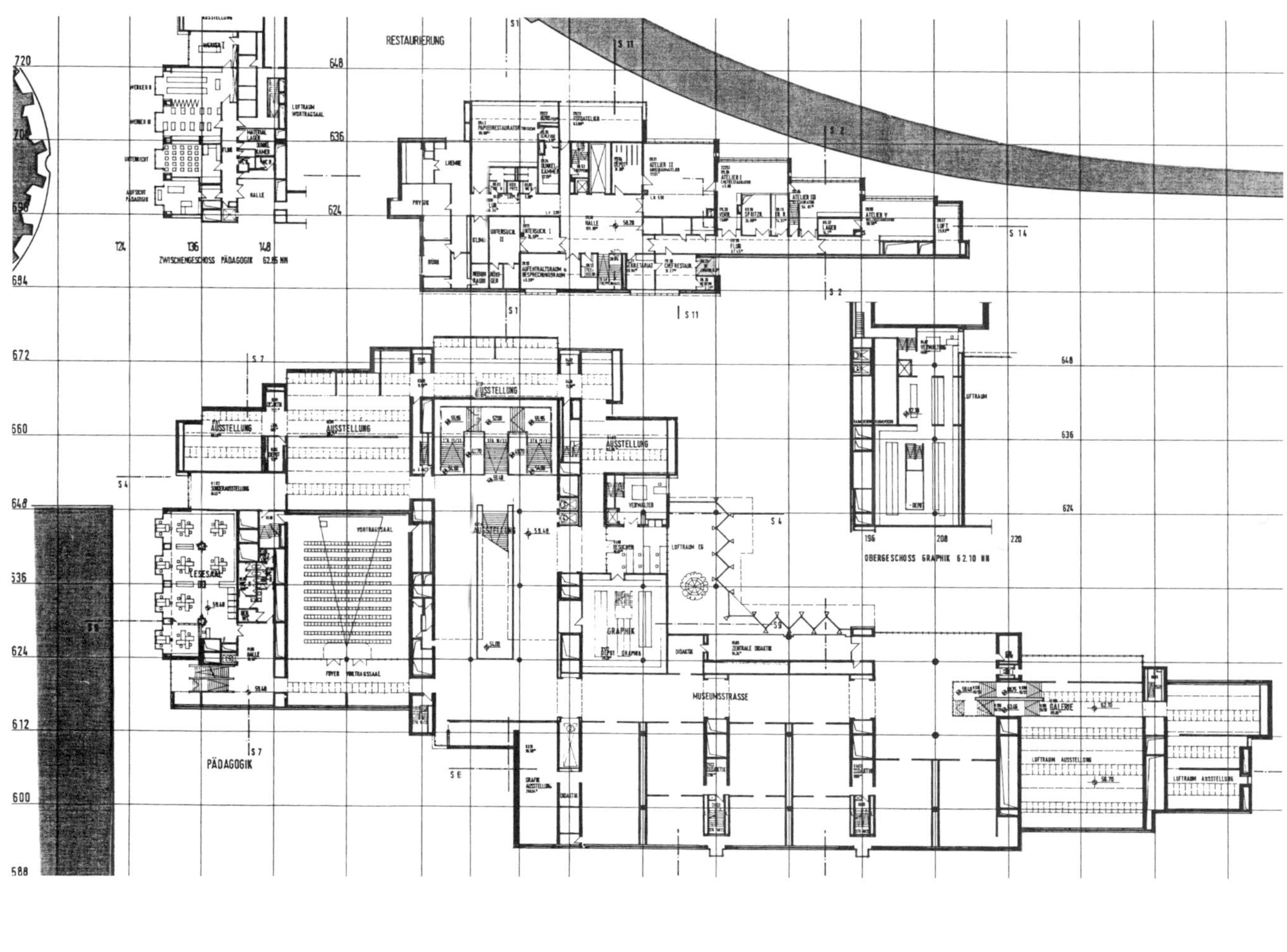


1. Obergeschoß

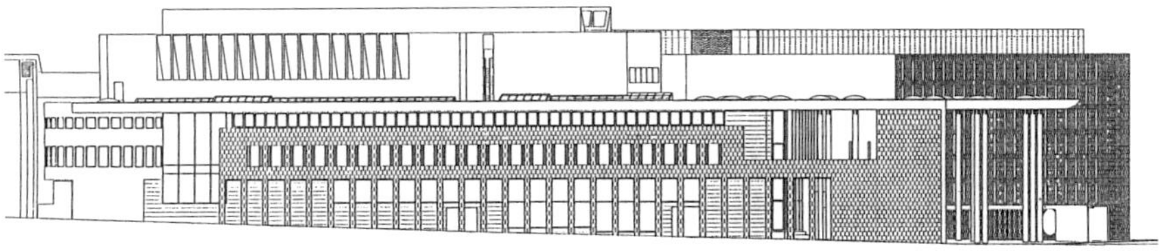

## 9.4.6 Konzerthaus Freiburg/Br.

| | |
|---|---|
| Bauherr | Freiburger Kommunalbauten GmbH & Co. KG, Freiburg/Br. |
| Architekten | Dietrich Bangert in Bangert Scholz Architekten, Berlin |
| Projektleitende Mitarbeiter | Konzerthaus: B. Decker, H. Rolfes, G. Bender, Rundbau mit Kleinem Saal und Hotelfassade: A. Völker |
| Mitarbeiter | D. Angly, A. Beljatzky, H. Buijsen, St. Ernst, M. Großmann, M. Hastenteufel, K. Hilgefort, R. Hoffmann, J. Hohl, M. Korn, G. Münster, C. Novello, Ch. Pauli, G. Schulz, G. Siegel, C. Signorotti, J. Spahr, St. Spier, Th. Sternagel, R. Vinoly, D. Waibel, M. Wolf, J. Zach |

Planungsbeginn 1983
Fertigstellung 1996

| | BRI | BGF |
|---|---|---|
| KTS mit dreigeschossiger TG | 136 664 m³ | 30 018 m² |
| KAP | 6 930 m³ | 2 405 m² |
| Spindeln | 2 380 m³ | 790 m² |
| Kassenbauwerk | 1 600 m³ | 505 m² |
| Konzertsaalanteil | 136 664 m³ | 30 018 m² |
| Bauwerk gesamt | 147 574 m³ | 33 718 m² |

Faktor BRI/BGF = 4,10 Konzertsaal BRI/BGF = 4,37 Bauwerk gesamt

| | |
|---|---|
| Konzerthaus | 446 Stellplätze |
| KAP | 74 Stellplätze |
| Hotel | 99 Stellplätze |
| ZOB | 272 Stellplätze |

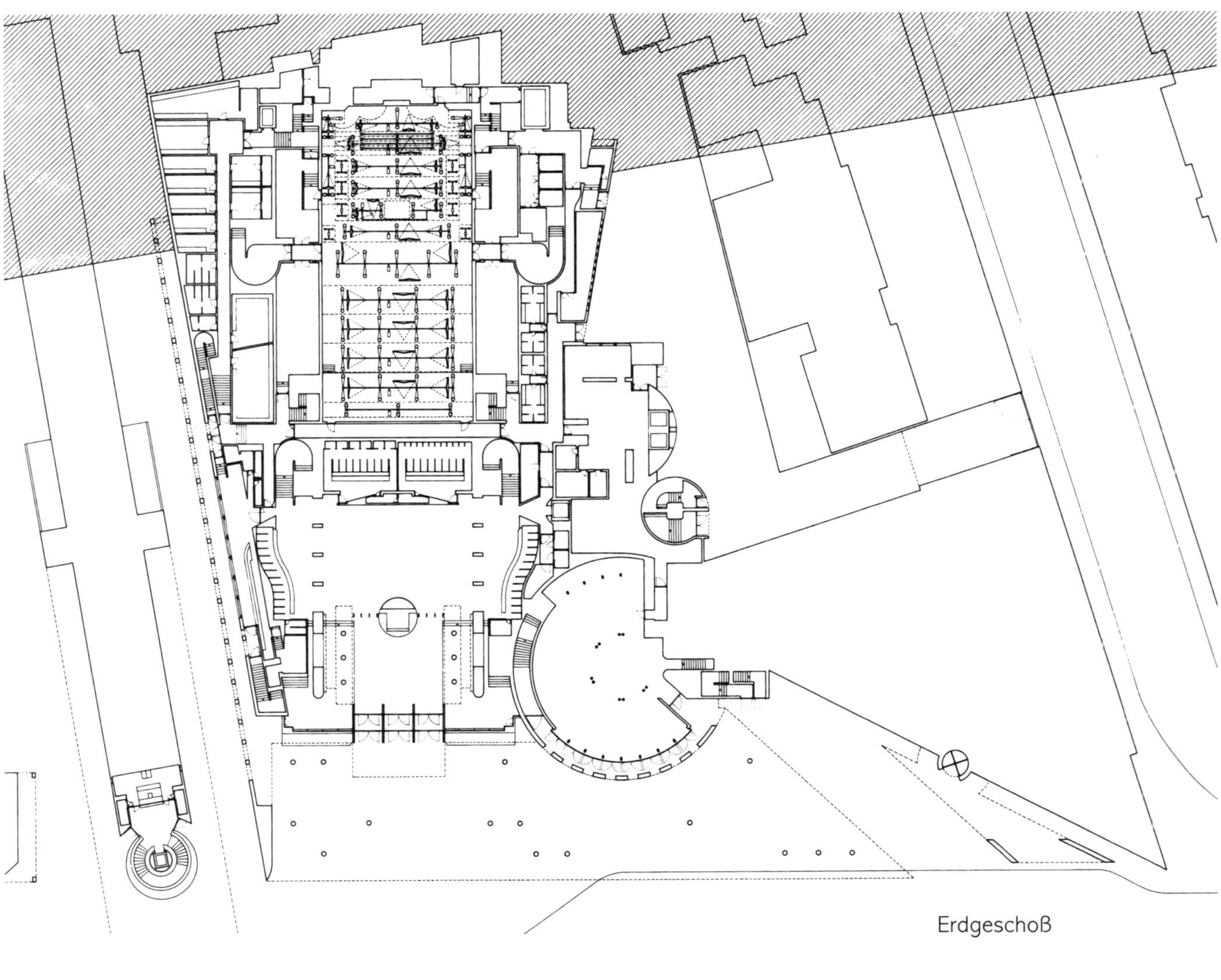

Erdgeschoß

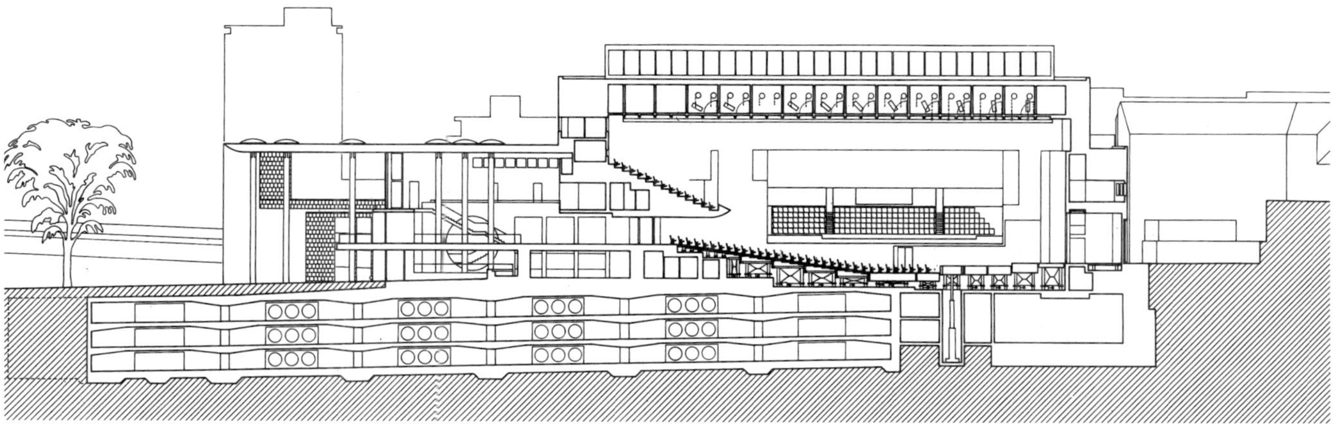

Längsschnitt

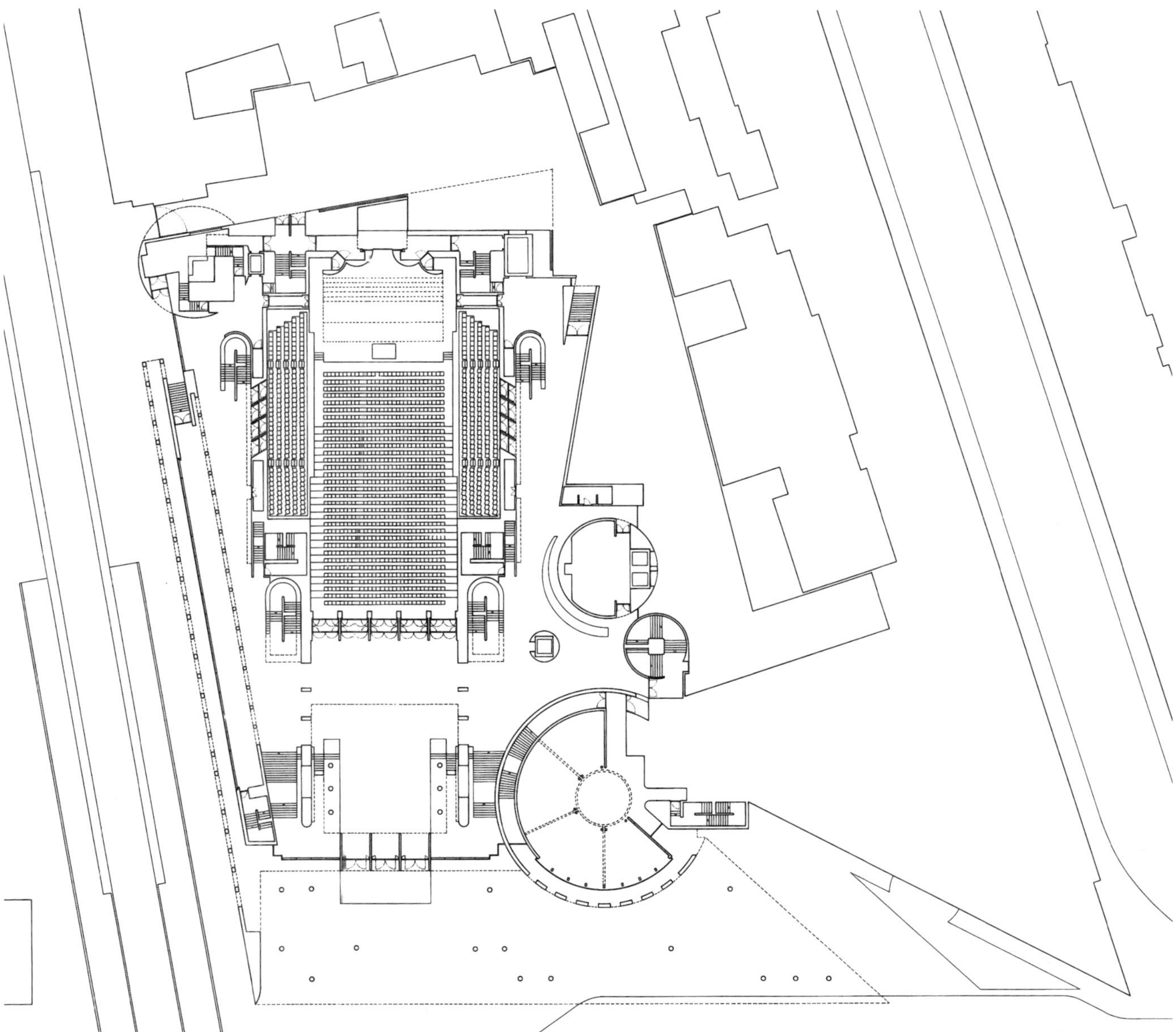

1. Obergeschoß

## 9.4.6 Konzerthaus Freiburg/Br.

Das Projekt umfaßt den großen Saal für Konzerte, Tagungen und gesellschaftliche Veranstaltungen, den kleinen Saal sowie Versammlungsräume von variabler Größe mit 30–120 Plätzen sowie Einrichtungen zur gastronomischen Versorgung der Veranstaltungsbereiche.
Der große Saal verbindet, linear ausgerichtet mit ausgeprägten Seitenrängen, die Form des klassischen Konzertsaals mit dem Arenatyp. Eine variable Topographie ermöglicht verschiedenartige Einrichtungen vom Auditorium mit abgestuftem Parkett über kleine oder große Terrassierung bis hin zu einem ebenen Saal, der bei hochgeklappten Seitenrängen nach drei Seiten in die Foyers geöffnet werden kann. Der Bühnenprospekt bietet für das Podium Auftrittsmöglichkeiten auf verschiedenen Niveaus. Er ist so ausgelegt, daß in späterer Zeit der nachträgliche Einbau einer Orgel möglich ist.
Das Tageslicht fällt großflächig über die Seitenränge sowie über Oberlichter entlang der Seitenwände des Saals in das Rauminnere. Über Lichtdämpfung und Verdunklung ist eine vielfältig abstimmbare Lichtführung gegeben.
Der große Saal von 19 x 47 m und einer mittleren Saalhöhe von 17,5 m bietet Platz für rund 1800 Besucher. Die lineare Raumgestaltung ermöglicht vielfältige Nutzungsvarianten:

Konzertnutzung (Auditorium mit abgestuften Parkett)
- Die vorderen neun Reihen sind eben. Die hinteren 24 Reihen haben Abstufungen in jeder Reihe. Die Tiefe der Reihen beträgt 0,90 m. Es ergibt sich eine optimale Topographie für Konzertveranstaltungen.

Parlamentarische Nutzung
- Bei Zusammenfassung von vier Reihen ergibt sich eine Ebene von 4 x 0,90 m = 3,60 m.
- Je Ebene können zwei Reihen parlamentarischer Bestuhlung hintereinander aufgestellt werden.

Weinbergnutzung
- Bei Zusammenfassung von neun Reihen ergibt sich eine Ebene von 8 x 0,90 m = 7,20 m.
- Es ist auch eine Bankettbestuhlung mit runden Tischen möglich.

Der gesamte Saal kann auch als ebene Fläche auf der Höhe des Saaleinganges genutzt werden. Bei Bedarf läßt er sich nach drei Seiten in die Foyers erweitern oder als ebenes Parkett mit Seitenbühnen umfunktionieren. Aufführungen können auf der Bühne oder zentral im Saal stattfinden.
Die Bühne besteht aus sieben einzelnen beweglichen Elementen, d. h. fünf zentralen und zwei seitlichen. Die Bühne kann auf Kosten des Zuschauerbereiches um 2,70 m vergrößert werden. Es sind Bühnentiefen von 3,50 m–17,30 m möglich, in beliebigen Abschnitten von 2,70 m.
In der runden Trommel befindet sich im 2. Obergeschoß ein weiterer Veranstaltungssaal für ca. 436 Zuhörer. Er hat die Form eines Amphitheaters mit umlaufender Galerie, orientiert auf ein zentrales Podium, welches beidseitig von Treppen flankiert ist. Für größere Veranstaltungen kann die Galerie unmittelbar an das Parkett gekoppelt werden. Mit der runden festinstallierten Bühne und dem umlaufenden, bestuhlten Rang ist dieser Saal für Vorträge und Tagungen sowie für kammermusikalische Veranstaltungen besonders geeignet. Tageslicht sorgt für natürliche Lichtverhältnisse.

Maßstab — Grundrisse 1:900, Schnitt 1:700

Quelle — *Baumeister München 1/97; Pläne der Architekten.*

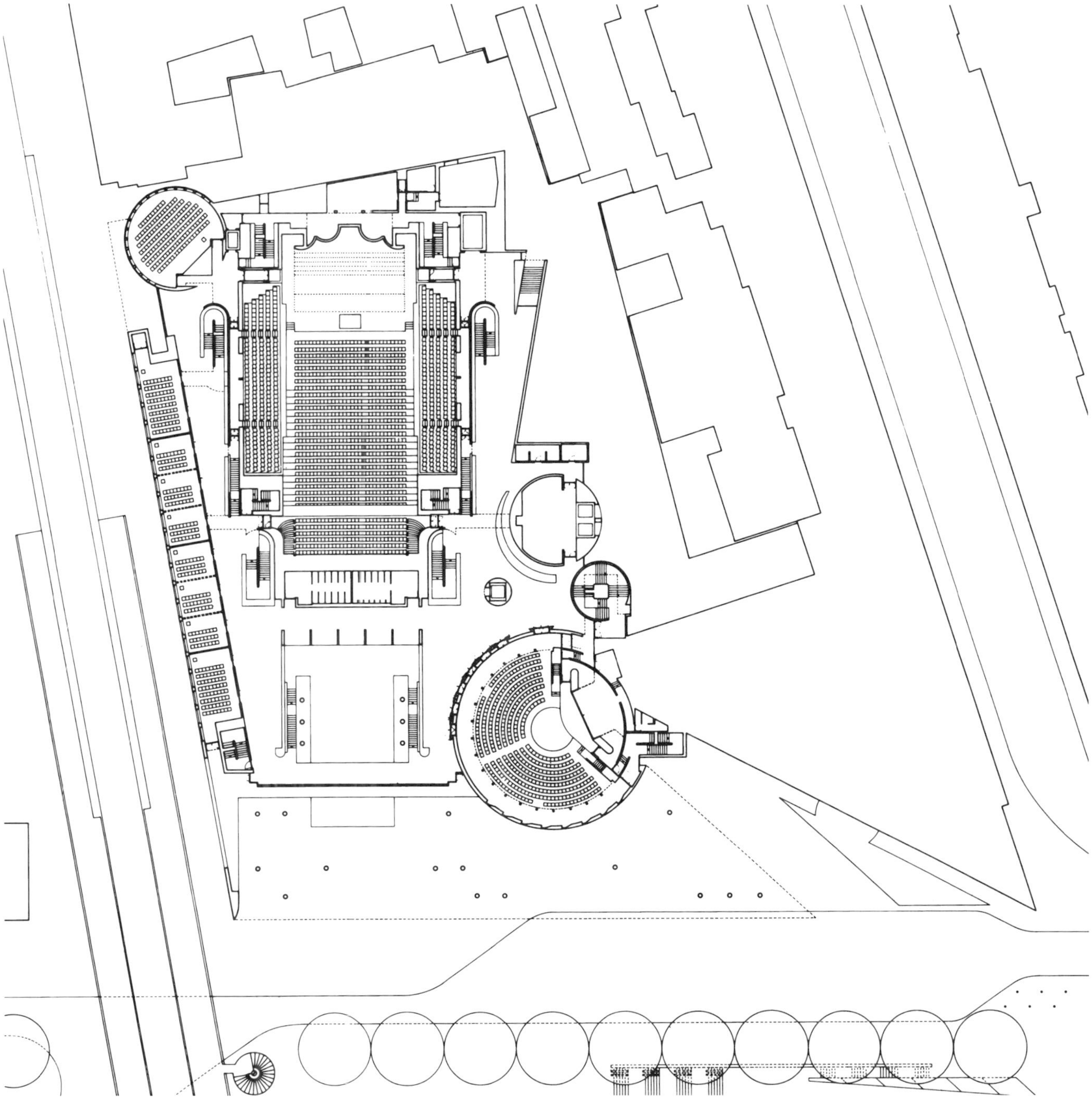

2. Obergeschoß

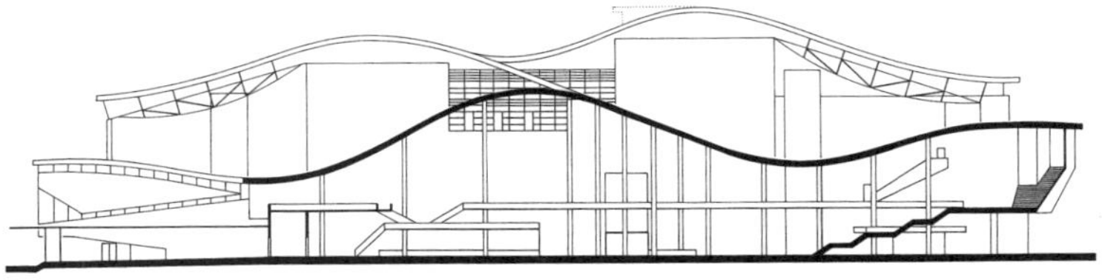

## 9.4.7 Chassé-Theater in Breda/NL

| | |
|---|---|
| Bauherr | College van Burgermeester en Wethouders, Breda |
| Architekten | Architectuurstudio Herman Hertzberger, Amsterdam |
| Mitarbeiter | W. van Winsen, F. Stropsma, A. Matser, P. Fransen, M. Teijsse-Braat |
| Tragwerksplanung | Advies Bureau voor Bouwtechnik, ABT Velp |
| | Planungsbeginn 1992 |
| | Fertigstellung 1995 |

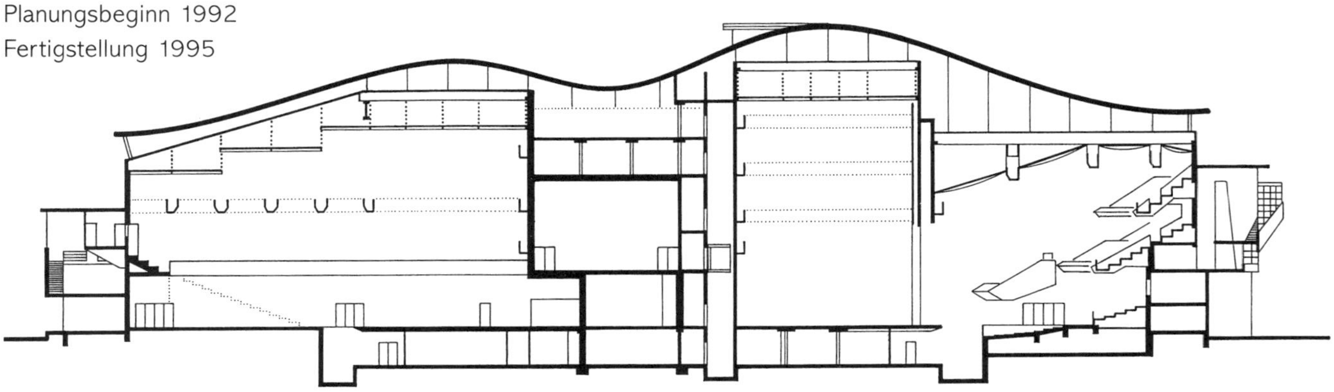

| | |
|---|---|
| HNF | 16 000 m² |
| BGF | 6 500 m² |
| BRI | 122 000 m³ |

| | BRI | Sitzplätze | |
|---|---|---|---|
| Großer Saal | 8 700 m³ | 1 286 | |
| Mittlerer Saal | | 730 | gesamt |
| Theater | 5 000 m³ | | |
| Oper | 8 000 m³ | | |
| Konzert | 12 000 m³ | | |
| Kleiner Saal | 2 500 m³ | 295 | |
| Filmsaal 1 | 550 m³ | 130 | |
| Filmsaal 2 | 360 m³ | 81 | |

Faktor BRI/HNF = 7,62

Das neue Stadttheater von Breda liegt am Rand der Altstadt. Es handelt sich um ein freistehendes Gebäude, eingeschoben zwischen Stadtverwaltung und einer Kaserne aus dem 19. Jahrhundert, die noch auf ihre neue Nutzungsbestimmung wartet.
Das Theater besitzt drei Säle, einen großen Saal mit 1200 festen Plätzen, einen mittleren Saal mit 500 flexiblen Plätzen, der auch für Konzerte genutzt werden kann, und eine Kleinkunstbühne. Darüber hinaus gibt es zwei Filmsäle. Ausgangspunkt der Planung war die optimale Organisation der Theatertechnik. Zu diesem Zweck sind die Bühnenseiten der drei Säle auf eine zentrale Hinterbühne ausgerichtet. Auf die Hinterbühne münden die Schauspielergarderoben. Auch die Dekorationen werden hier auf- und abgeladen. Die Lage des Foyers an einer Seite der Säle hat zur Folge, daß die Zugänge zu den Sälen vornehmlich einseitig konzentriert sind. Daher rührt das asymmetrische Saalkonzept. Der gesamte Komplex wird in seiner Längsrichtung von einem durchgehenden, geschwungenen Dach überspannt, das sich wie eine Decke an die darunterliegenden Gebäudeteile schmiegt.

Maßstab ca. 1:600

Quelle *Pläne der Architekten.*

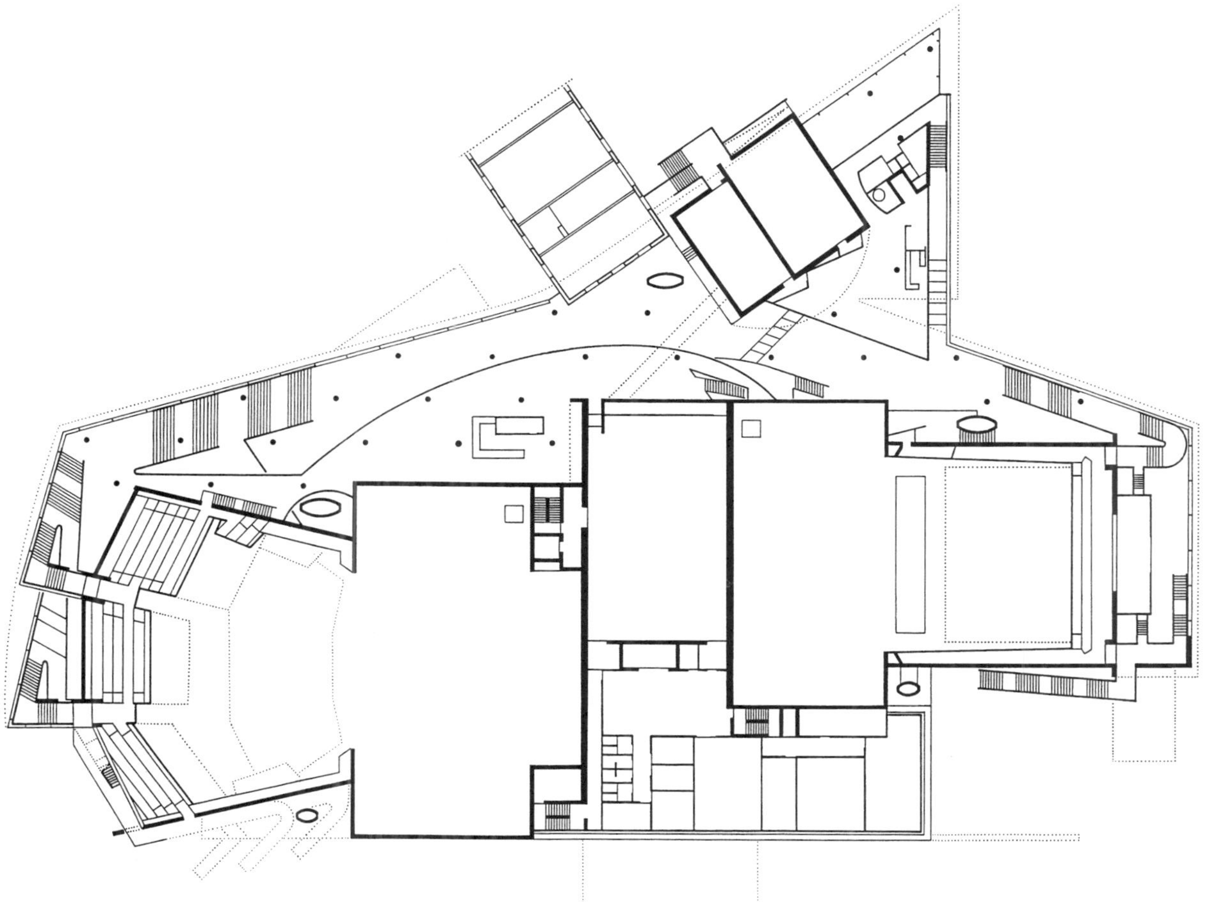

1. Obergeschoß

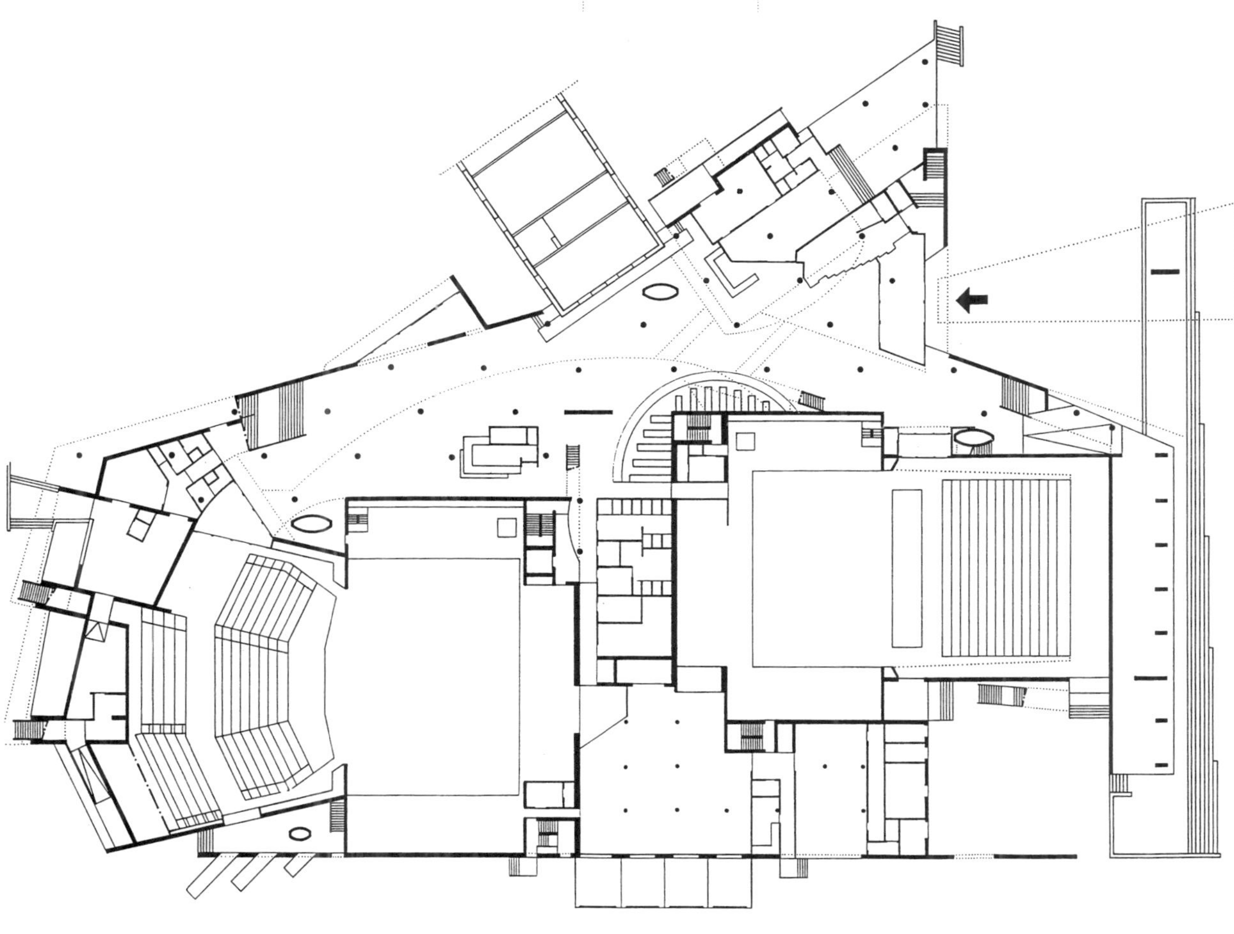

Erdgeschoß

## 9.4.8 Kino-Zentrum Dresden

| | |
|---|---|
| Bauherr | UFA |
| Architekten | COOP HIMMEL(B)LAU Wien, Wolf D. Prix, Helmut Swiczinski und Partner |
| Mitarbeiter | T. Wiscombe, S. Zottl |
| | Wettbewerb 1993 |
| | Fertigstellung 1997 |

| | |
|---|---|
| BGF | 6 900 $m^2$ |
| BRI | 48 700 $m^3$ |
| Faktor | BRI/HNF = 7,06 |

Das kompakte Gebäude entwickelt sich über acht versetzte Ebenen. Es enthält acht Kinoräume unterschiedlicher Größe. Die Eingangshalle wurde zu einer Lobby mit 900 $m^2$ erweitert. Von hier aus gelangt man mit einem Aufzug bzw. über Treppen in die Vorführsäle. Die Nottreppenhäuser legen sich um das Gebäude herum.

| | | |
|---|---|---|
| Raumbereiche | UG | 4 Vorführräume mit je 142, 190, 174, 174 Plätzen, WC-Anlage |
| | EG | Lobby, Eingang zum großen Vorführraum mit 504 Plätzen |
| | 1. OG | Vorführraum mit 328 Plätzen und großer Vorführraum |
| | 2. OG | LR 2 Vorführräume |
| | 3. OG | Bühne, Vorführraum mit 507 Plätzen, Galerie |
| | 4. OG | 2 Vorführräume |
| | 5. OG | LR 2 Vorführräume |

Maßstab ca. 1:400

Quellen *Pläne der Architekten.*

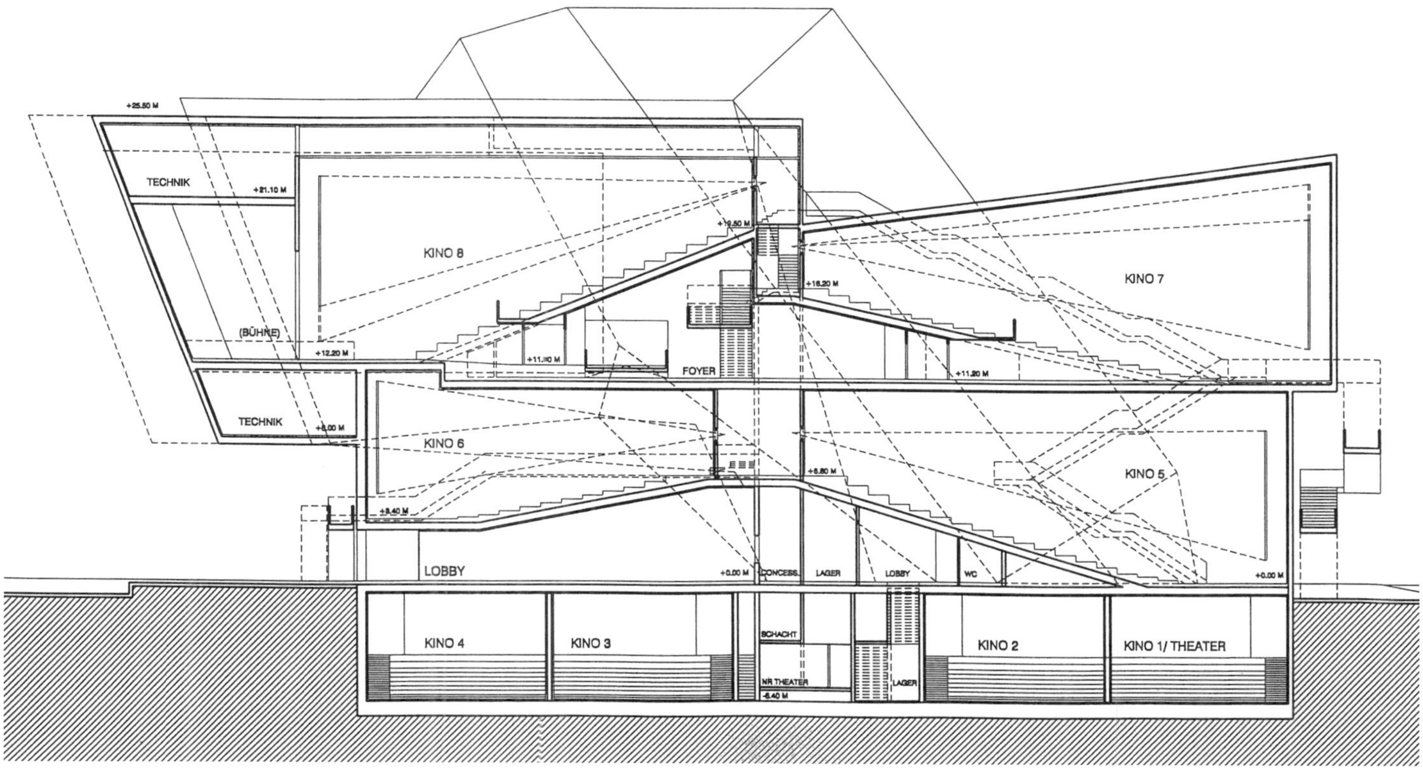


Schnitt A-A

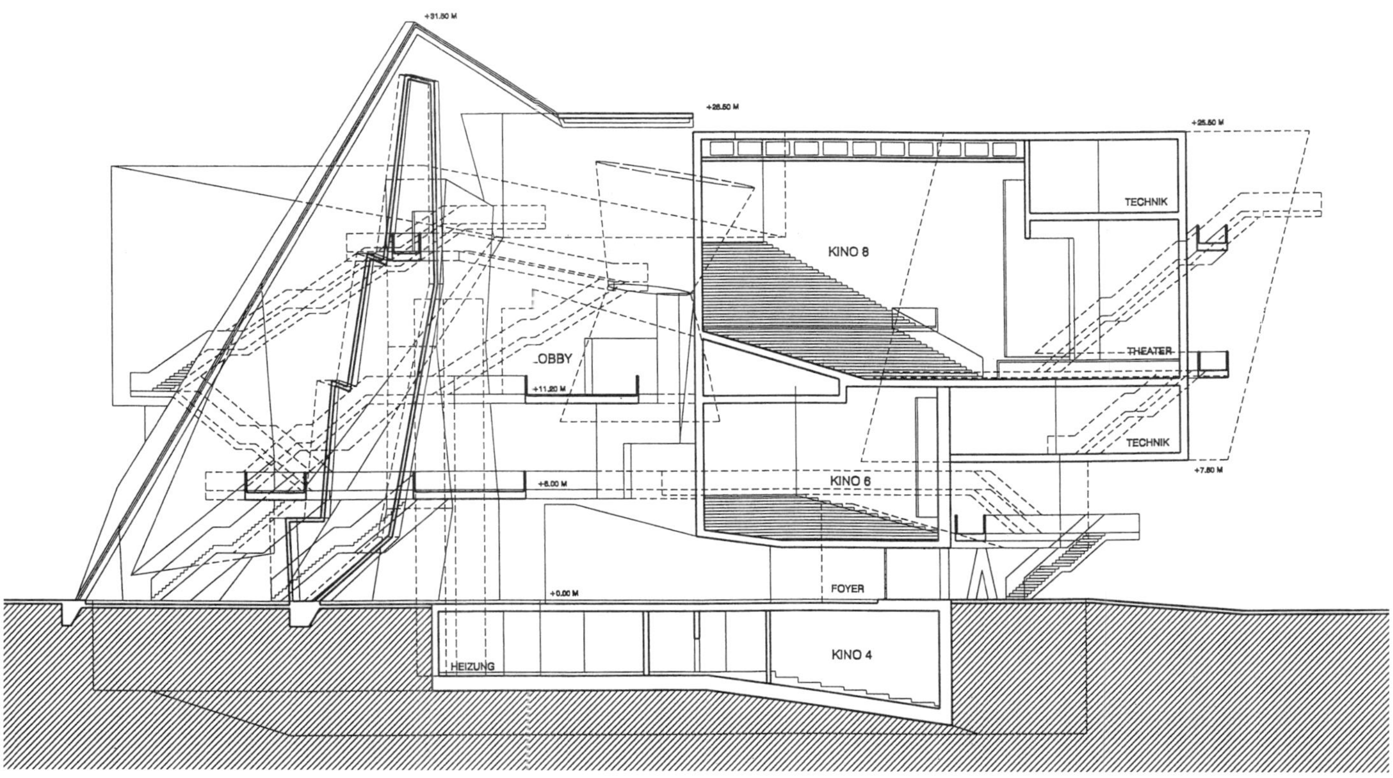


Schnitt C-C

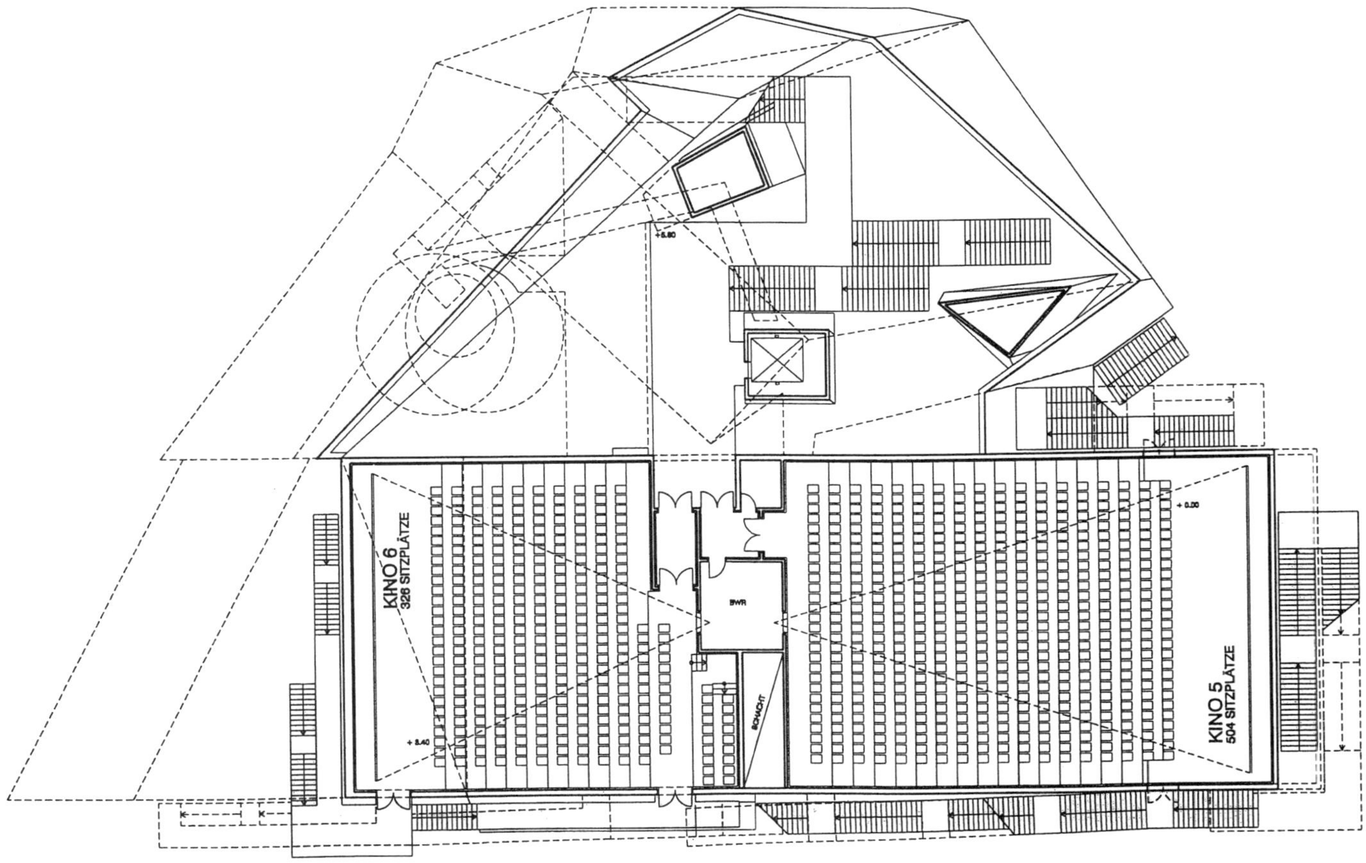


Grundriß +6,00

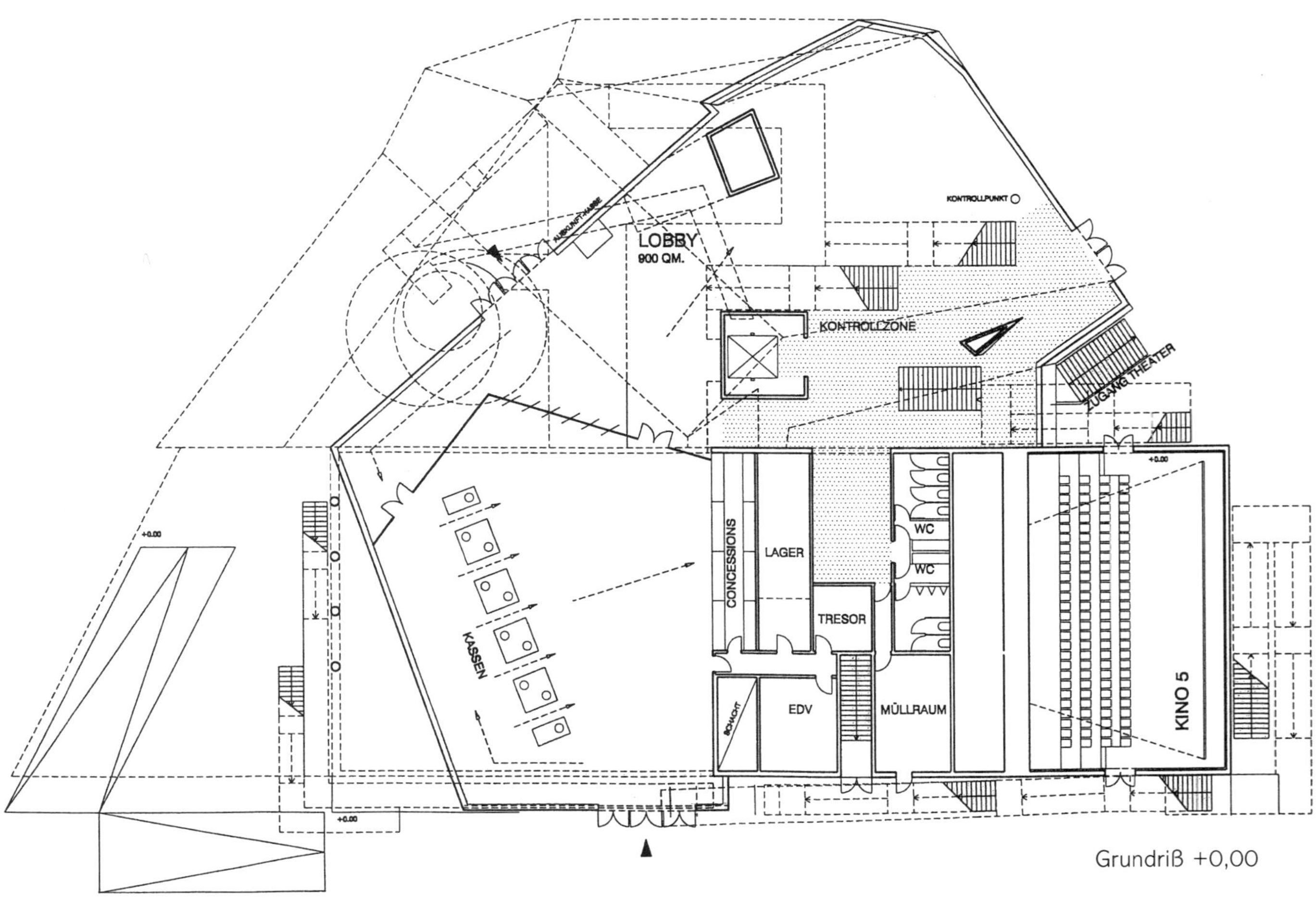


Grundriß +0,00

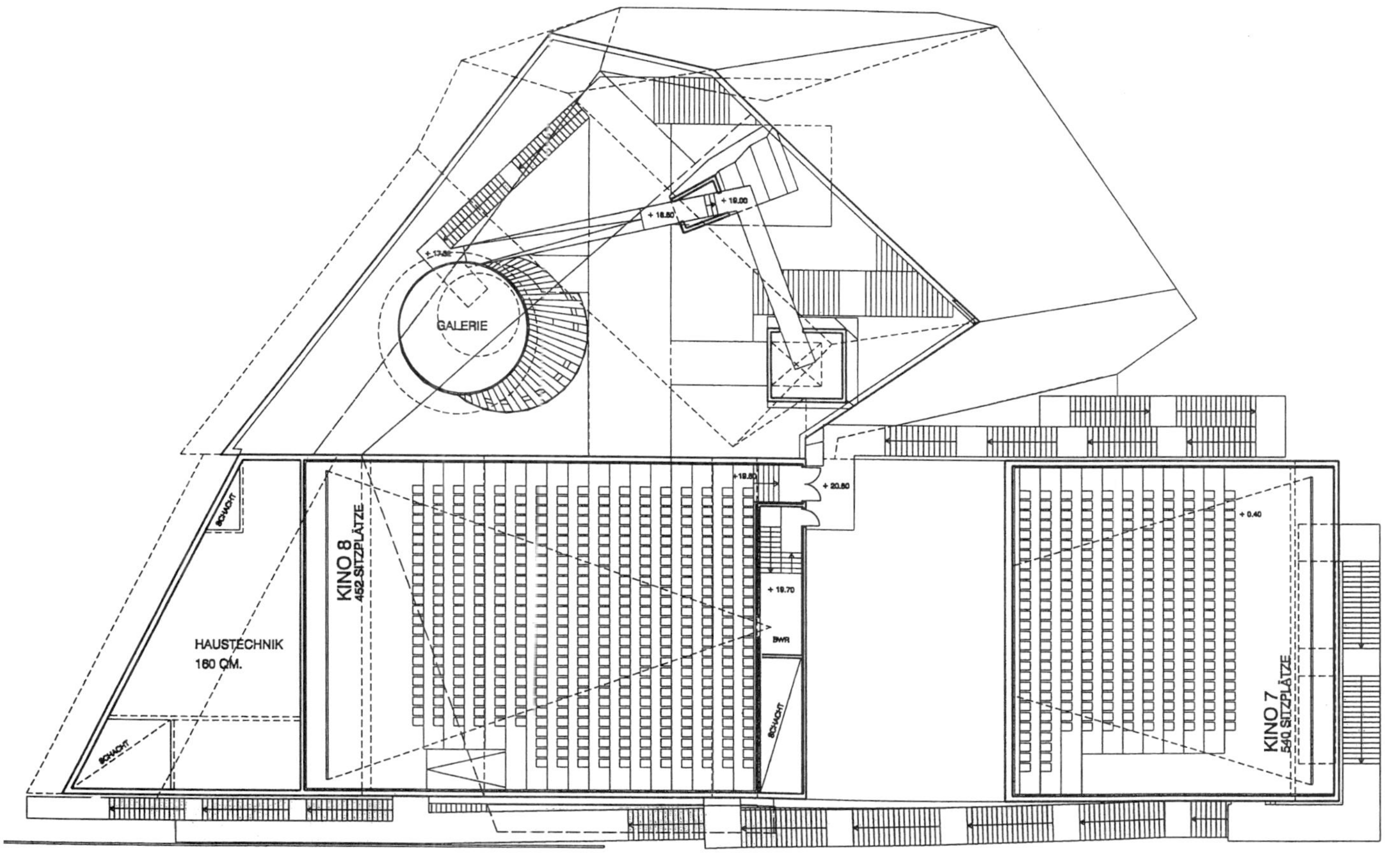


Grundriß +19,70

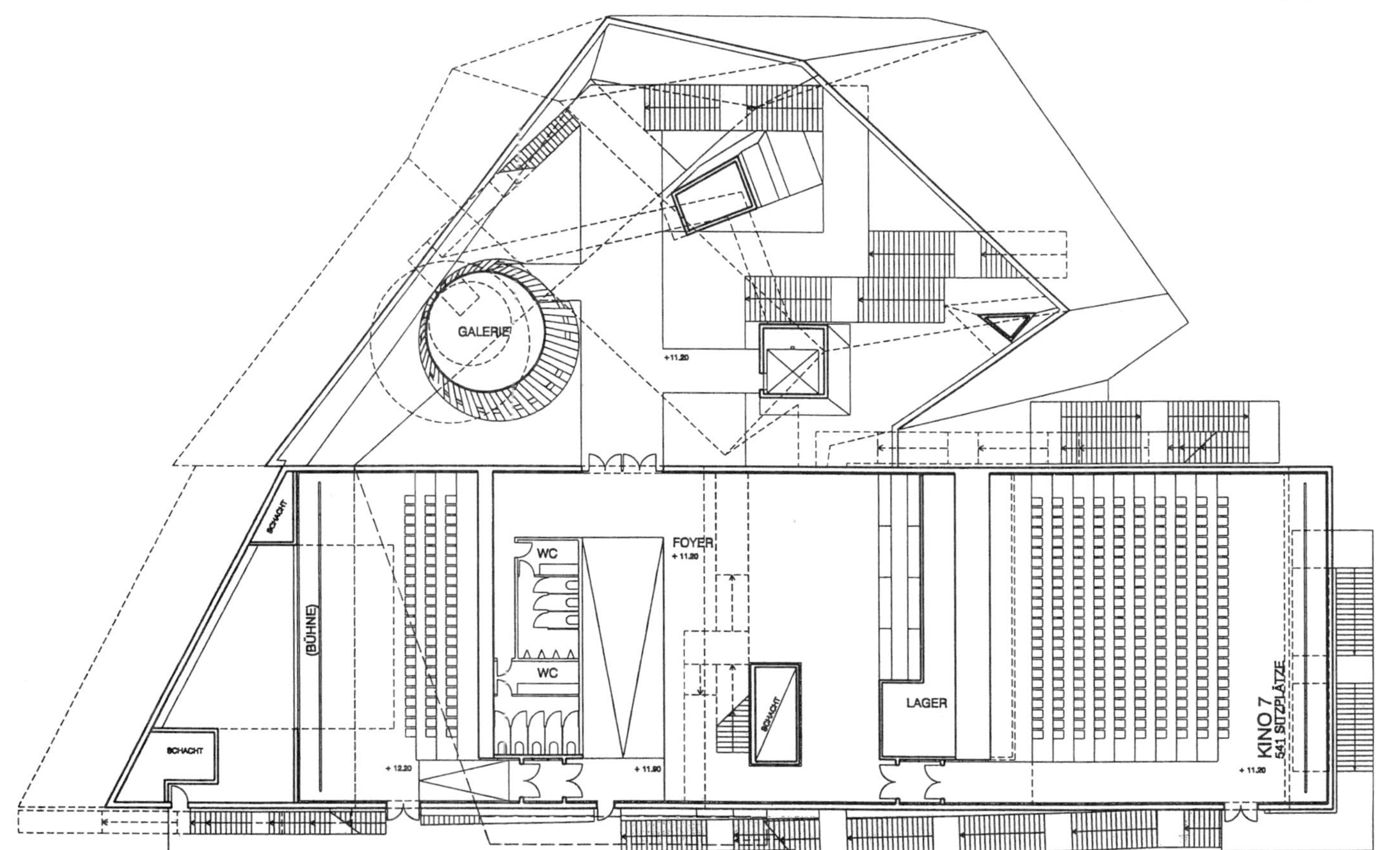


Grundriß +12,20

## 9.5.1 Kommunikationszentrum Rheda-Wiedenbrück

Bauherr Stadt Rheda

Architekten Prof. Joachim Schürmann, Margot Schürmann, Köln

Mitarbeiter G. Willbold-Lohr, W. Dittmann, W. R. Becken, R. Raasch-Nowak, S. Kolbe, R. Müller.

Fertigstellung 1985

BDA-Preis 1985

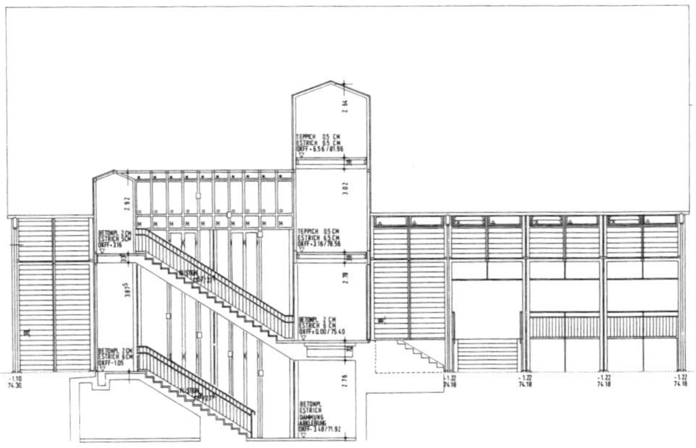

Das Gebäude ergänzt die alte Kirchplatzbebauung. Sie gliedert sich in vier giebelseitige Baukörper, die im Erdgeschoß miteinander verbunden sind. Die große Baumasse wurde so gegliedert, daß sie mit der Kleinteiligkeit der umgebenden Fachwerkbauten in Einklang gebracht wurde. Dadurch entstand eine Baugruppe mit großem Charme, die sich in die Altstadtstruktur einfügt.

Raumbereiche

EG Eingangshalle mit Erschließung der OG, Mehrzwecksaal – zum Foyer hin zu öffnen

OG Stadtbibliothek, Leseecken, Aufenthaltsräume, Teeküche

DG Aufenthaltsräume

Maßstab ca. 1:1200

Quellen *Pläne der Architekten.*

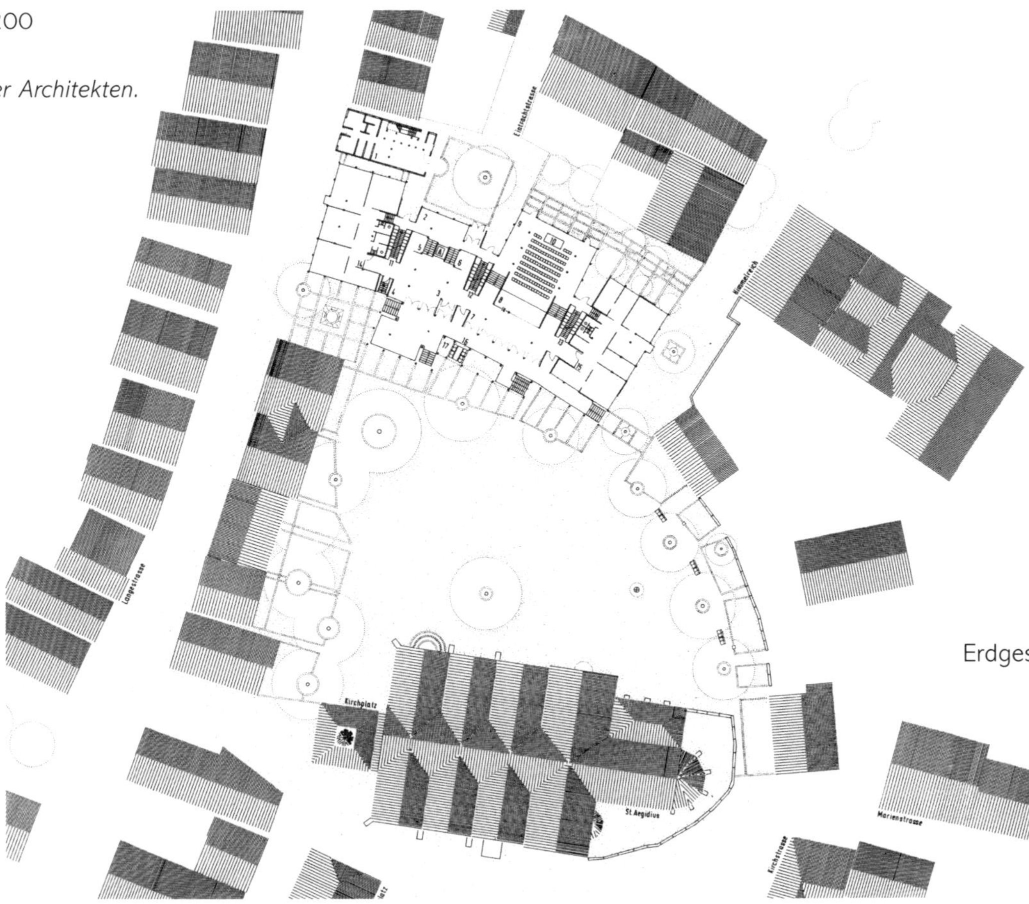

Erdgeschoß

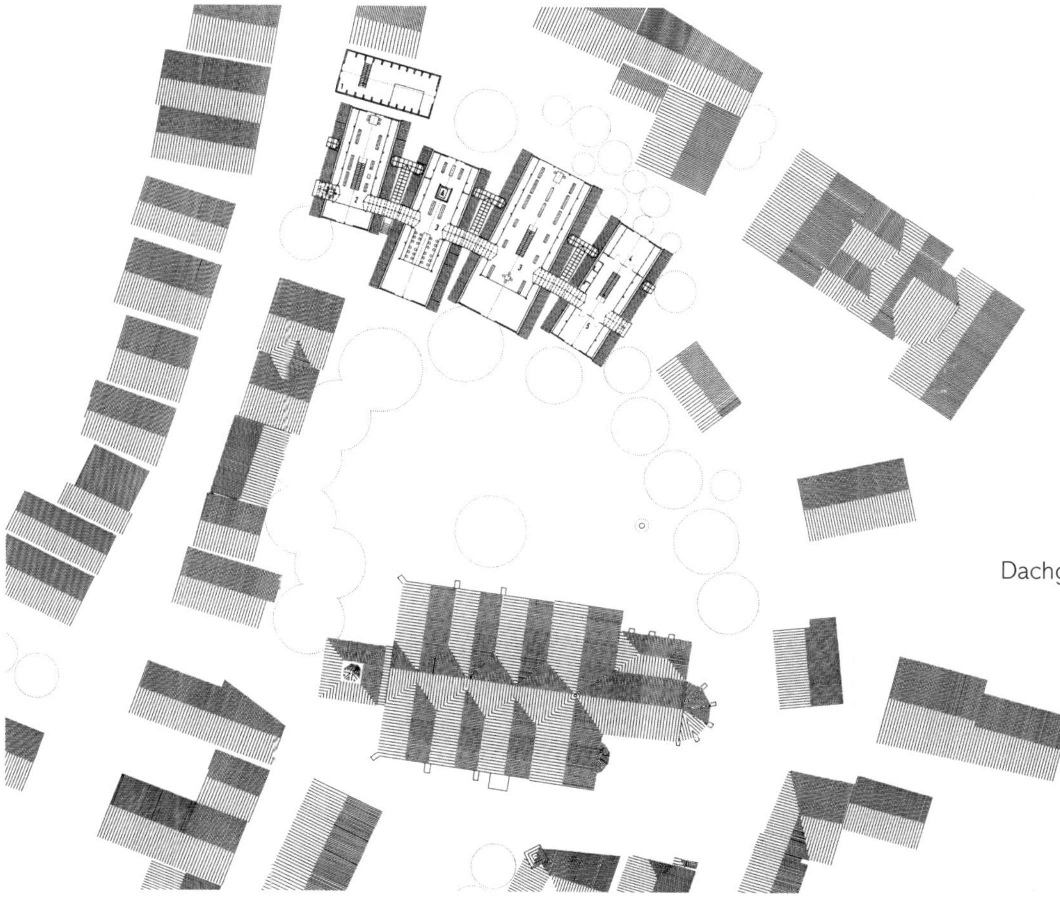

Dachgeschoß

Obergeschoß

9.5.2

## Bürgerzentrum Elsenfeld

| | |
|---|---|
| Bauherr | Markt Elsenfeld |
| Architekten | Amann + Gress und Partner, Würzburg |
| Projektleiter | R. Gress |
| Tragwerks-planung | G. H. Thomaier, Würzburg |
| | Wettbewerb 1985, 1. Preis |
| | Fertigstellung 1992 |
| Grundstück | 5 872 m² |
| HNF | 2 380 m² |
| NNF | 444 m² |
| | 2 379 m² |
| FF | 108 m² |
| VF | 250 m² |
| NGF | 3 241 m² |
| BRI | 18 340 m³ |
| Faktor | BRI/HNF = 7,7 |

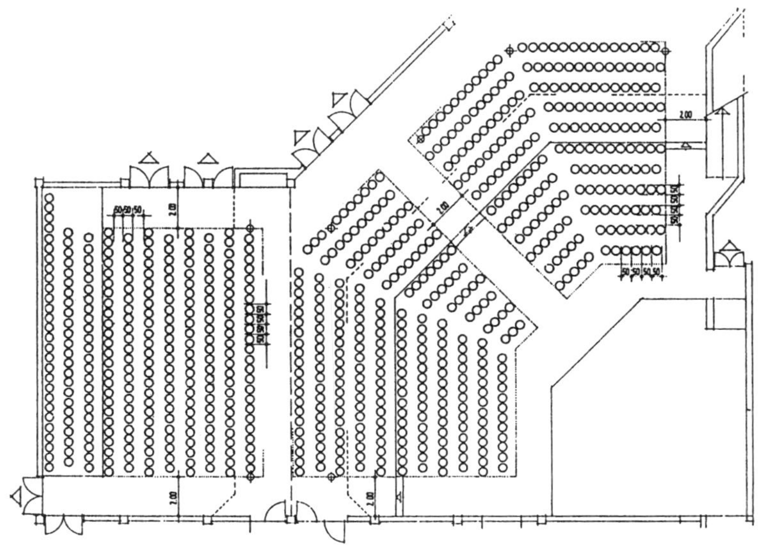

Saal mit Möblierung

Das Bürgerzentrum ist vielfältig nutzbar und steht den örtlichen Gemeinden zur Verfügung.
Sportveranstaltungen sollen nur begrenzt möglich sein.
Neben dem großen Veranstaltungssaal mit 400 m² umfaßt das Raumprogramm einen zweiten Saal mit 200 m², die Küchenräume, Nebenräume für Musiker und Schauspieler, Vereins- und Jugendräume mit Nebenräumen. Der Küchenbereich ist so angeordnet, daß beide Säle sowohl zusammen als auch getrennt voneinander bewirtschaftet werden können.

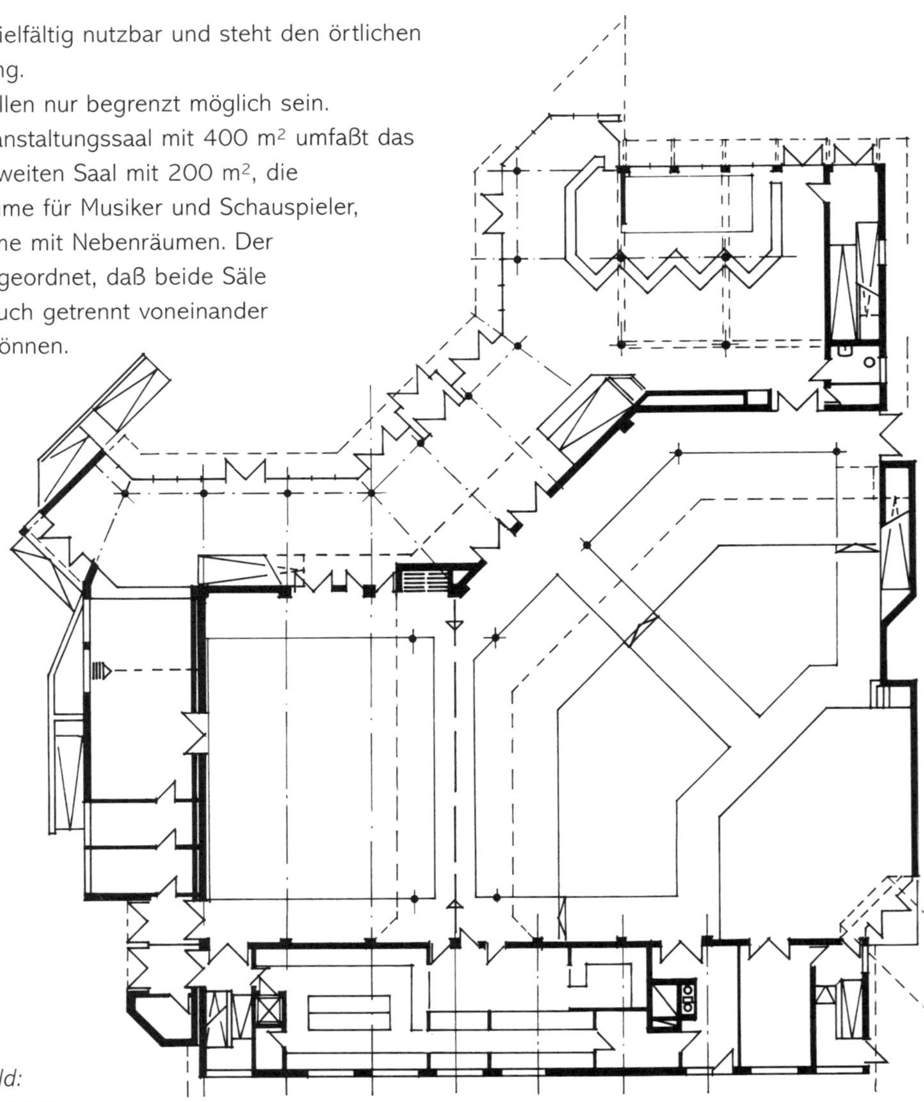

Erdgeschoß

Maßstab 1:400

Quellen

*Festschrift Markt Elsenfeld: Bürgerzentrum Elsenfeld 1992;*
*Heinze Deutsche Baudokumentation, Celle 1994;*
*Pläne der Architekten.*

| | |
|---|---|
| Bauherr | Gemeinde Remchingen |
| Architekt | Prof. Helmut Striffler, Mannheim |
| | Fertigstellung 1990 |
| Grundstück | 5 830 m² GRZ = 1,908 GFZ = 0,46 |
| HNF | 1 546 m² |
| NNF | 564 m² |
| NF | 2 110 m² |
| FF | 199 m² |
| VF | 176 m² |
| NGF | 2 485 m² |
| KGF | 170 m² |
| BGF | 2 655 m² |
| BRI | 13 386 m³ |
| Faktor | BGF/HNF = 1,72 BRI/HNF = 8,69 BRI/BGF = 5,04 |

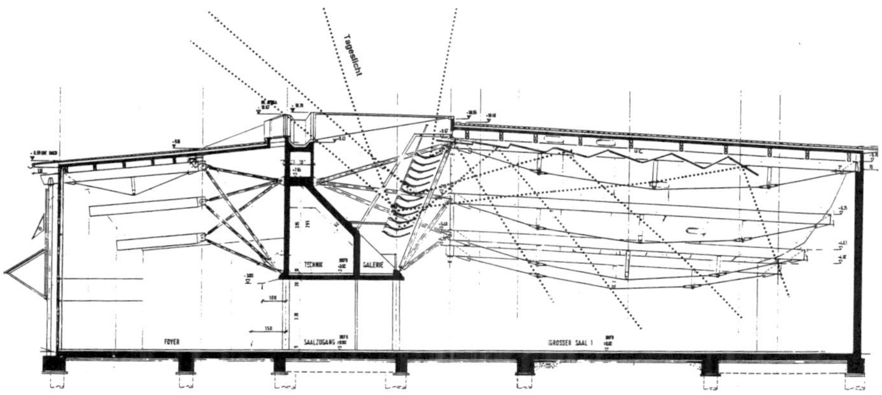

Die Kulturhalle als neuer Veranstaltungsort für Remchingen, zwischen Pforzheim und Karlsruhe gelegen, ist aus einem Architekturwettbewerb hervorgegangen. Es sollte ein Gebäude für die Kulturarbeit im ländlichen Raum sein. So war es von Anfang an gewünscht, einem sehr weiten kulturellen Spektrum Räume zu bieten. Ferner wurde festgelegt, daß im großen Saal auch Veranstaltungen mit Tageslicht abgeha ten werden können.

Dem antwortete die Bauanlage mit einer Gruppe von assoziierten Räumen, die unter einer bewegten architektonischen Hülle zusammengefaßt sind: ein großes Dach für mehrere Häuser. Aufgrund der Lärmbelästigung durch die nahe vorbeiführende Bundesstraße und wegen der besonderen innenräumlichen Intensität des großen Saales wurde eine großzügige Tageslichtlenkung entwickelt. So gibt es als Verbindung nach draußen sowohl Sicht-Fenster als auch Licht-Fenster, die die einzelnen Räume unterschiedlich prägen. Trctz engem Kostenrahmen und einer spartanischen Materialsprache ist ein öffentliches Gebäude von großer Vielfalt entstanden.

| | |
|---|---|
| Maßstab | ca. 1 : 500 |
| Quellen | *Bauwelt 20/91; Design & Licht 2/91; DBZ 9/91, Leonardo 2/91; Gesundes Bauen und Wohnen 3/91; L'architettura 6/93; Industrie Anzeiger 1/2 vom 10. 01. 1994.* |

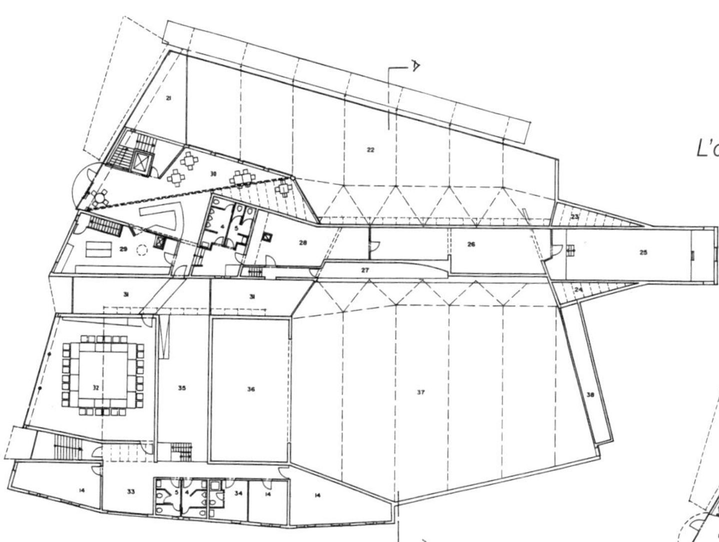

1. Obergeschoß

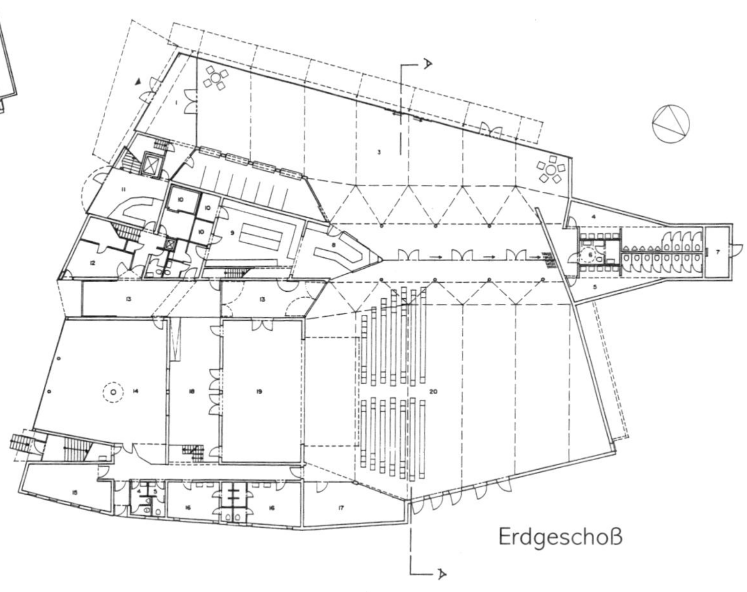

Erdgeschoß

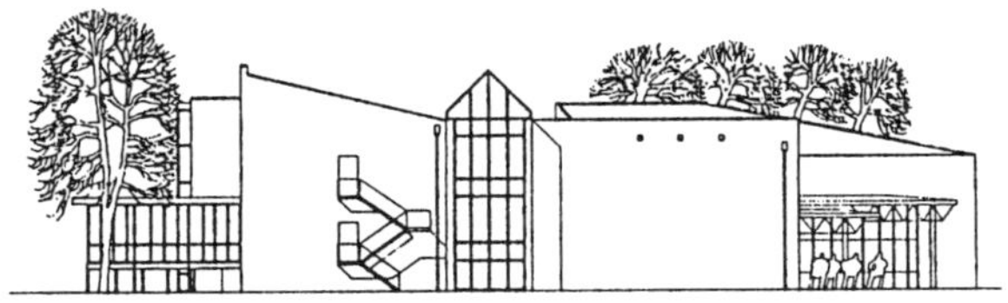

## 9.5.4 Haus der Kultur in Waldkraiburg

| | |
|---|---|
| Bauherr | Stadt Waldkraiburg |
| Architekten | Prof. Kaup, Dr. Scholz, Jesse, München |
| Projektleiter | R. Jesse |
| Tragwerks-planung | Ing.-Büro J. Strecke, Waldkraiburg |
| | Wettbewerb 1986, 1. Preis |
| | Fertigstellung 1989 |

| | | | |
|---|---|---|---|
| Grundstück | 6 200 m² | GRZ = 0,40 | GFZ = 0,77 |
| HNF | 3 177 m² | = 68 % | |
| NNF | 442 m² | = 9 % | |
| FF | 223 m² | = 4 % | |
| VF | 829 m² | = 17 % | |
| NGF | 4 671 m² | = 100 % | |
| BGF | 5 688 m² | | |
| BRI | 20 867 m³ | | |
| Faktor | HNF = 1,79 | BRI/HNF = 6,56 | BRI/BGF = 3,66 |

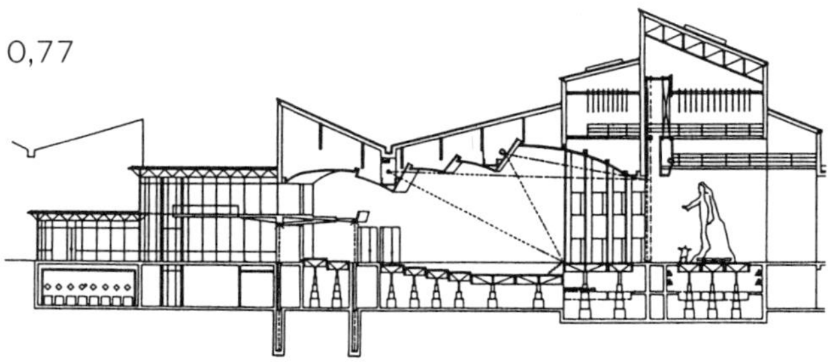

Museale Ausstellungsräume ca. 900 m².
Wechselausstellungen ca. 300 m².
Vereine, Versammlungsräume, Archive.
Stadtarchive.

Volkshochschule: Verwaltungsräume, Gruppenarbeits- und Seminarräume.
Veranstaltungssaal mit flexibler Bühne für ca. 200 Personen, »Black box« für Kleinkunstveranstaltungen für ca. 100 Personen mit ansteigendem Gestühl, flexibler Bühne, Regiekanzel.

Musikschule: Veranstaltungsräume, Unterrichtsräume, hochschallgedämmte Musikzimmer.
Aufwärmeküche für 200 Essen.

Das Kulturzentrum soll allen kulturellen Bedürfnissen und Interessen der Stadt und Ihrer Bevölkerung gerecht werden. So wurden auch die landsmannschaftlich orientierten Gruppen und Verbände berücksichtigt, ebenso heimatkundliche Sammlungen sowie die Musik- und Volkshochschule.

Raumbereiche — EG Eingang und Foyer, Großer und Kleiner Saal, Ausstellungsräume

Maßstab — ca. 1 : 500

Quellen — *Broschüre der Stadt Waldkraiburg (Hg.): Haus der Kultur Waldkraiburg, Kissing 1989; Pläne der Architekten.*

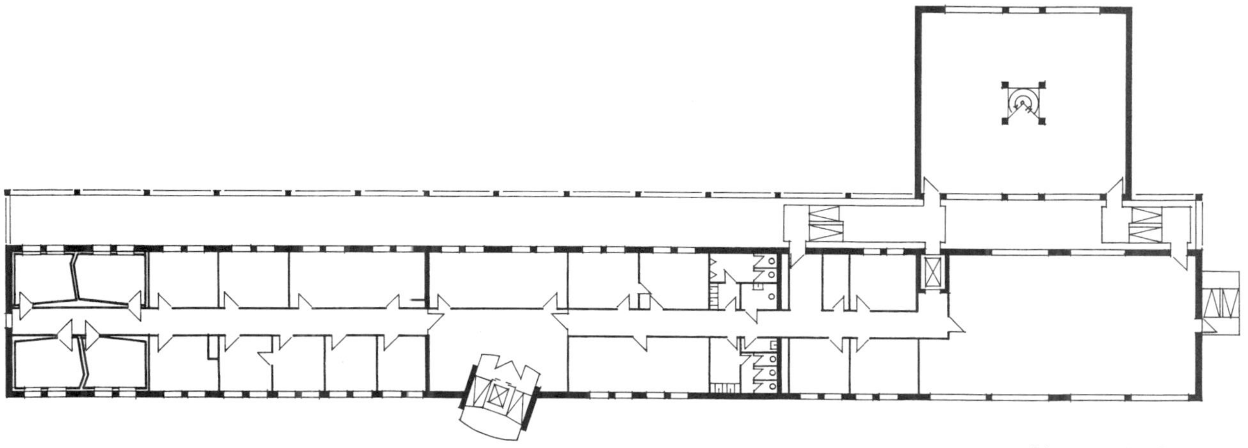

2. Obergeschoß

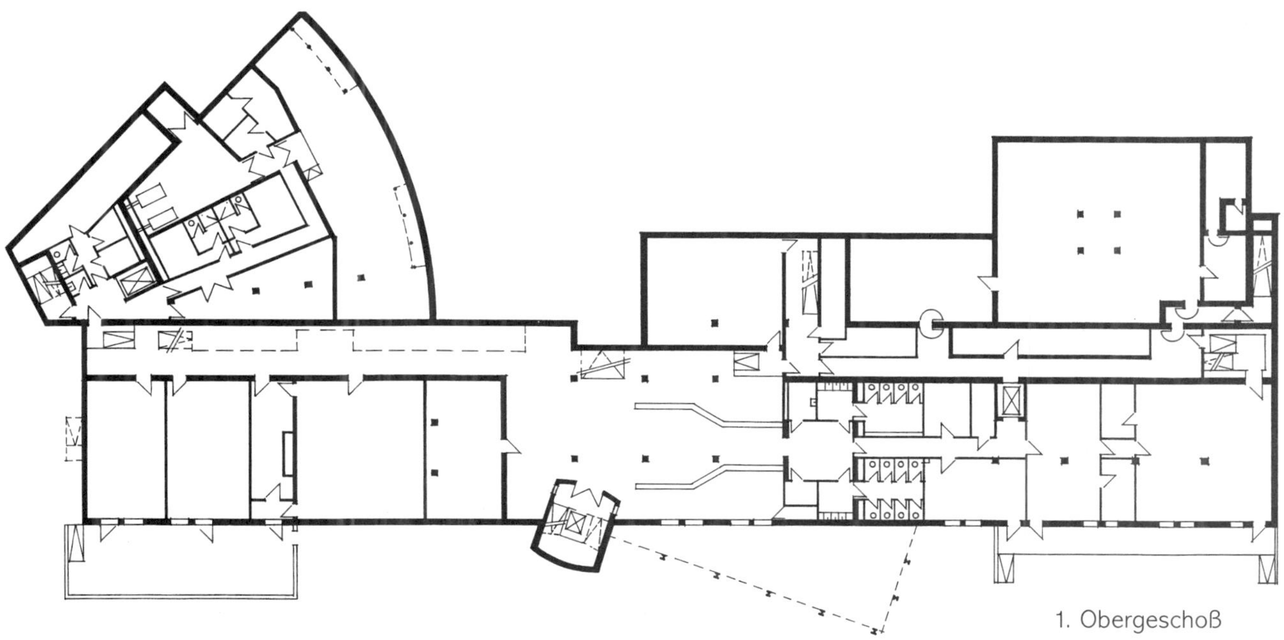

1. Obergeschoß

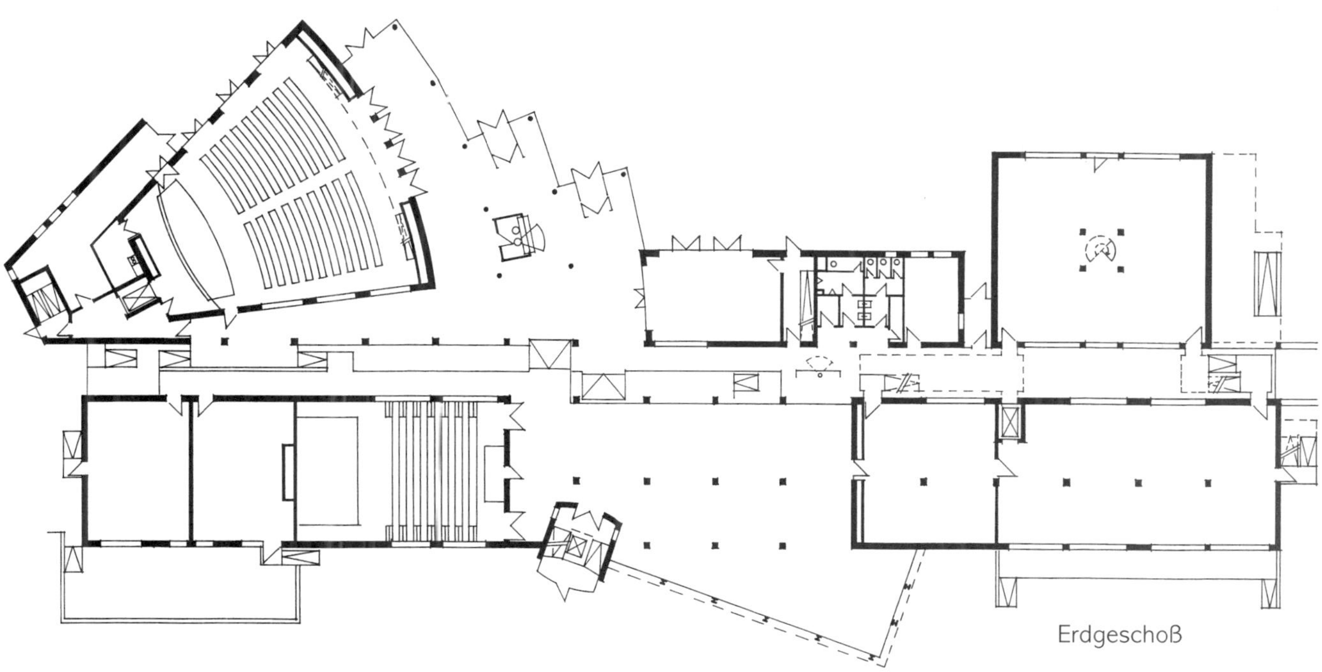

Erdgeschoß

## 9.6.1 Tierpark für Bären und Klettertiere in der Stuttgarter »Wilhelma«

| | |
|---|---|
| Bauherr | Land Baden-Württemberg |
| Gesamtplanung | Staatliches Hochbauamt Ludwigsburg: Dr. Hans-Joachim Scholderer, Kurt Lobstädt, Dietrich Ehrmann, Albert Pflüger, Gisela Unkauf; |
| freier Mitarbeiter | P. Wichmann |
| | Fertigstellung 1990 |
| Grundstück | 15 850 m² |
| | Gesamtfläche der Anlage 9 900 m² |
| NF | Gebäude und Gehege 5 600 m² |
| BRI | Gebäude und Käfige 5 600 m³ |

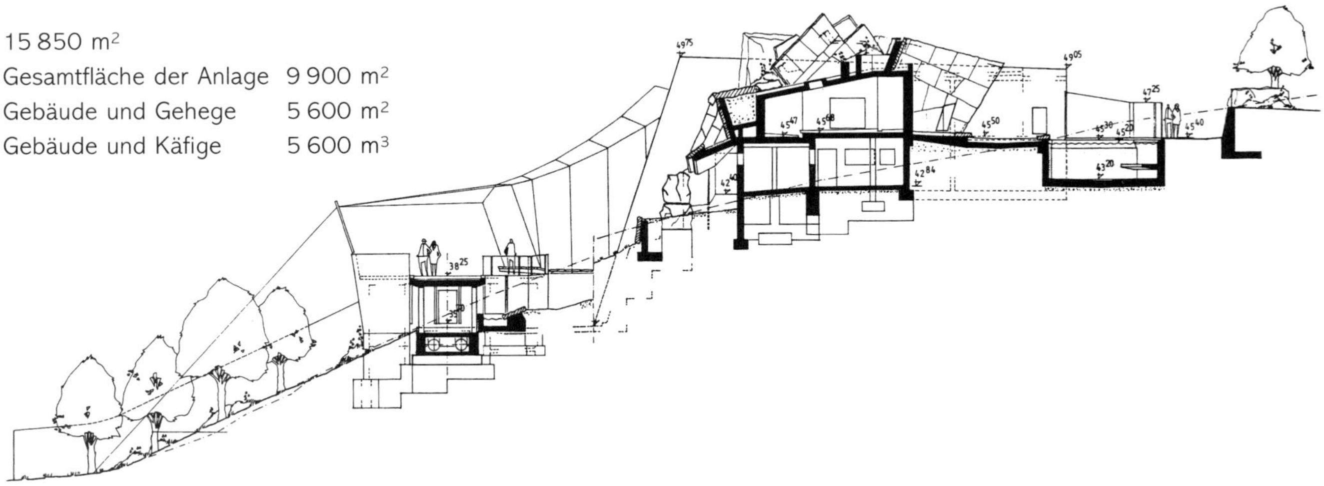

Die Anlage besteht aus Gehegeflächen im Freien mit Wasserbecken und Landteilen. Der Anteil der Gebäudeflächen ist gering.
Im Inneren der Anlage, für das Publikum verborgen, liegen an einem Betriebshof die beiden Bärenhäuser. Damit sind die für den Besucher im Rundgang nacheinander erlebbaren Schaugehege innen zu einem funktionsfähigen Betrieb zusammengefügt, mit all den Sondereinrichtungen wie Absonderungsgehegen, Wurfboxen, Schlafräumen, dem Wärterzentrum, der Futterküche und den sonstigen Betriebsräumen. Zahlreiche technische Einrichtungen wie Umwälz-, Steuerungs- und Filteranlagen, dienen zur Sauberhaltung der Eisbärenbecken und zur Steuerung mehrerer Wasserfälle, die optisch und akustisch ein lebendiges Gestaltungselement in den Bärengehegen darstellen.

Maßstab ca. 1 : 600

Quelle *Pläne des Bauamtes.*

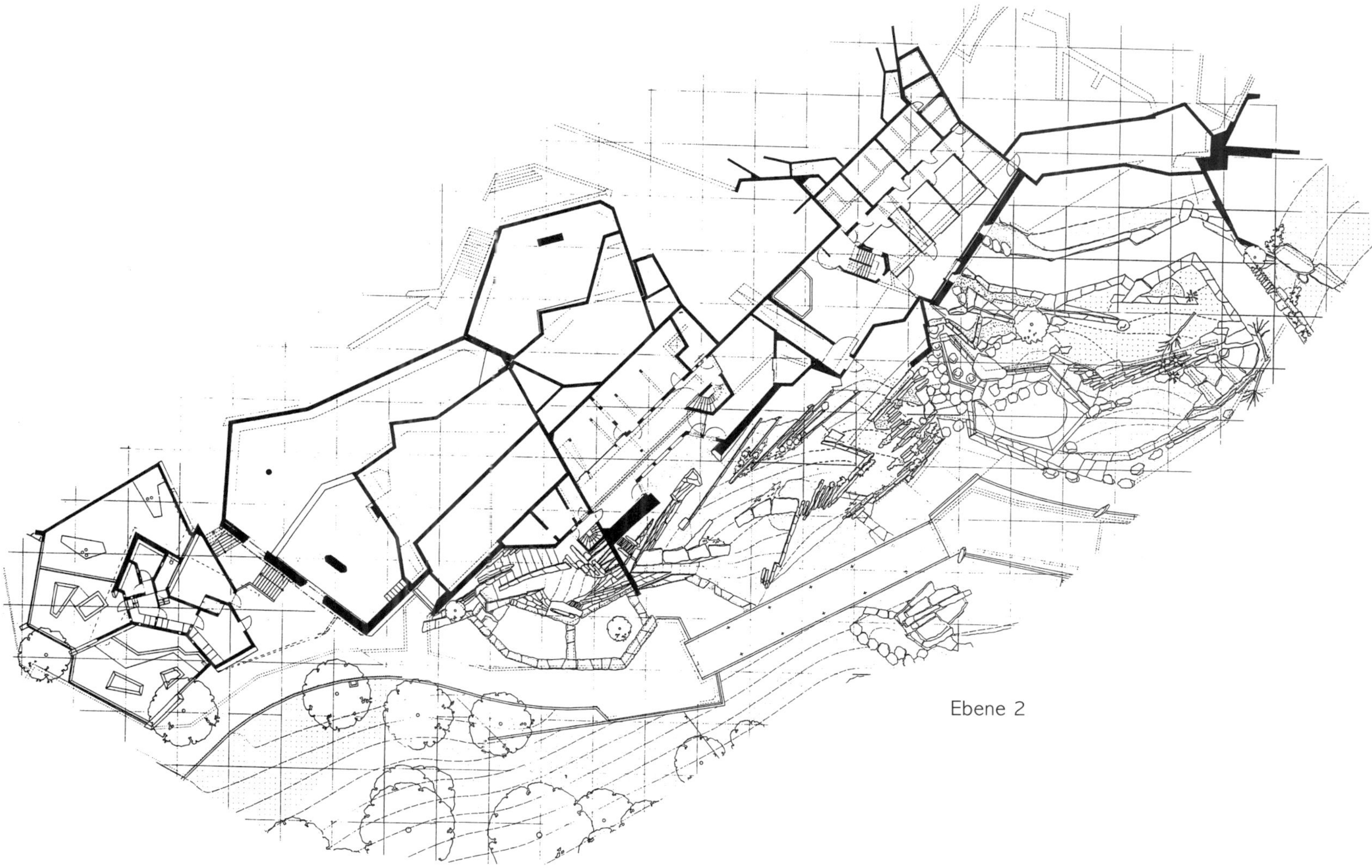

Ebene 2

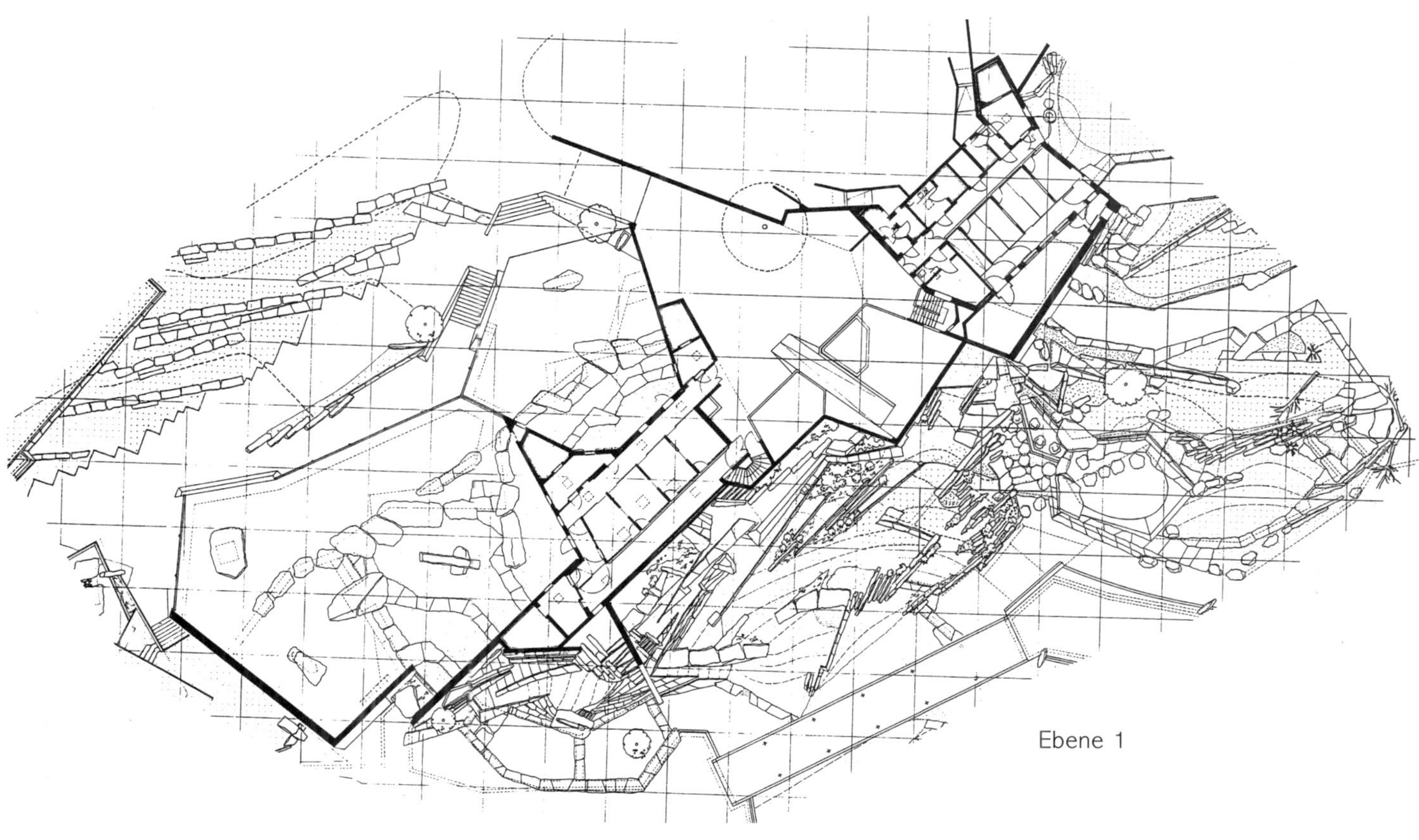

Ebene 1

## 9.7.1 Aussegnungshalle in Reutlingen-Oferdingen

Bauherr Stadt Reutlingen
Planung Hochbauamt der Stadt Reutlingen – W. Engels, W. Langner
Projektarchitekt P. Meyer
Mitarbeiter A. Djurkovic
Fertigstellung 1994

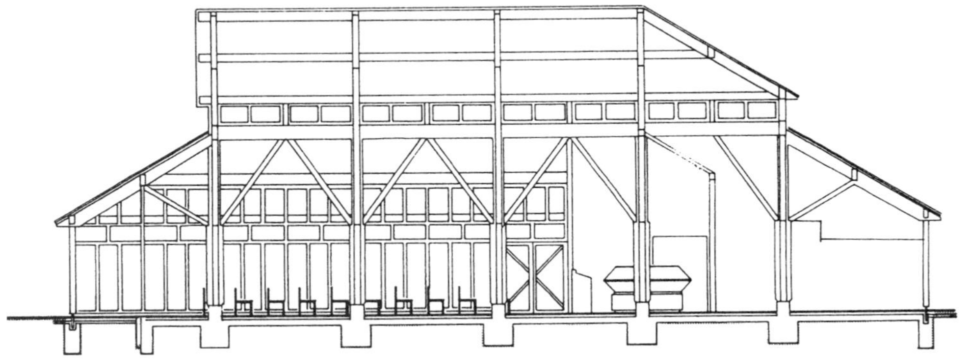

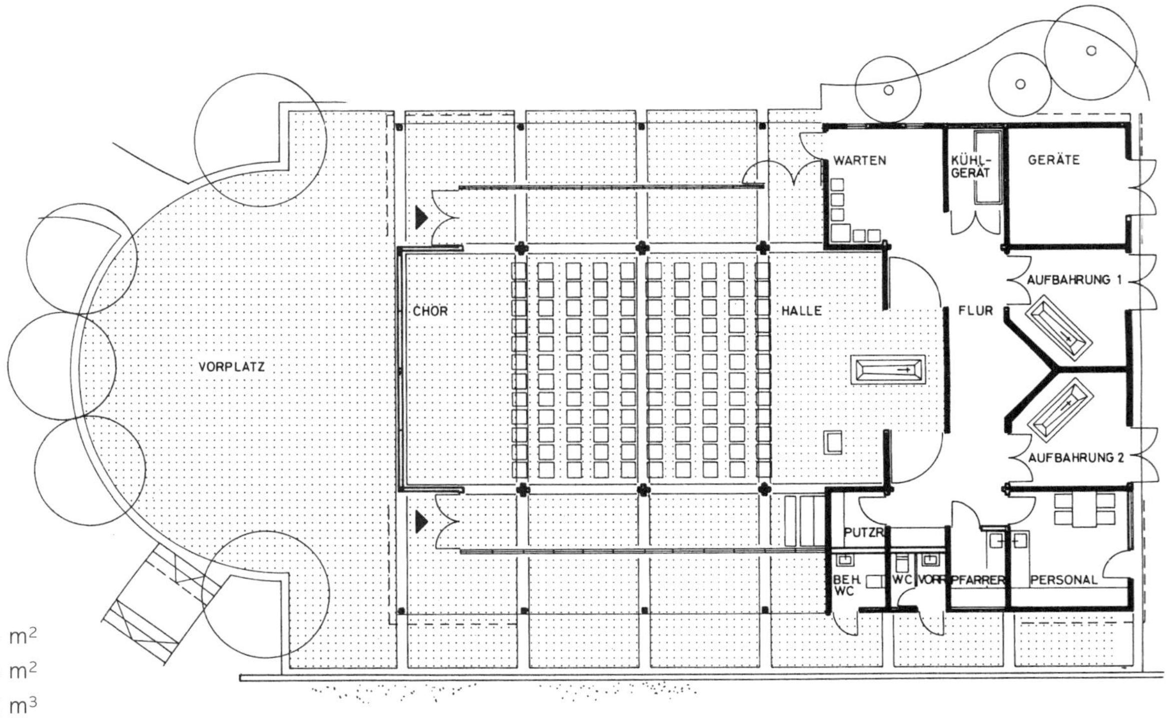


Erdgeschoß

HNF 264 m²
VF 38 m²
BRI 1 772 m³
Faktor BRI/HNF = 6,7 VF/HNF = 0,14

Die dreischiffige Grundrißkonzeption ist geprägt durch eine sichtbare Holzskelettkonstruktion und durch einen zu den Nebenräumen hin räumlich abgestuften zentralen Hallenbereich für Aufbahrung, Ambo und Orgel. Halle wie Nebenräume befinden sich unter einem großen, durch umlaufendes Oberlichtband abgesetzten Sattelwalmdach.
Die Halle hat eine Größe von 174 m³ und bietet Platz für 108 Sitzplätze und zusätzliche Stehplätze.
Im hinteren Bereich des Gebäudes befinden sich die Nebenräume: zwei Aufbewahrungszellen, Wartebereich für Angehörige und kleiner Pfarrerraum, zwei von außen zugängliche WC, davon eines behindertengerecht, Aufenthaltsraum für Personal und ein Geräteraum.

Maßstab ca. 1:250

Quellen *Heinze Deutsche Baudokumentation, Celle 1992; Pläne der Architekten.*

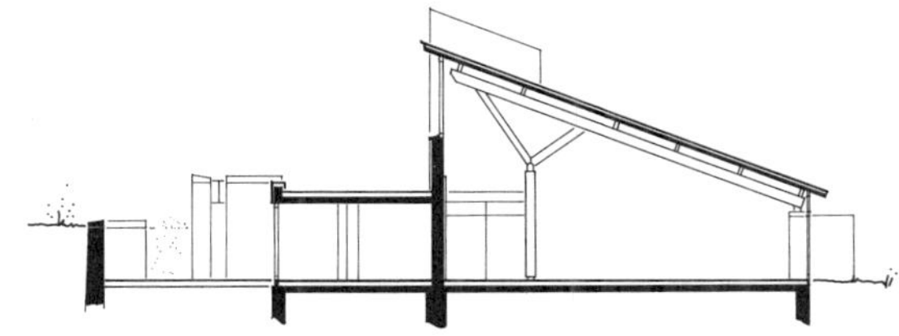

## Aussegnungshalle in Klein-Glattbach bei Vaihingen 9.7.2

| | |
|---|---|
| Stadt Vaihingen an der Enz, Stadtbauamt | Bauherr |
| Heribert Maurer, Braunschweig<br>Wettbewerb 1986, 1. Preis<br>Fertigstellung 1991 | Architekt |
| 197 $m^2$ | HNF |
| 22 $m^2$ | NNF |
| 54 $m^2$ | VF |
| 1 723 $m^3$ | BRI |
| BRI/HNG = 8,7 HNF/VF = 3,6 | Faktor |

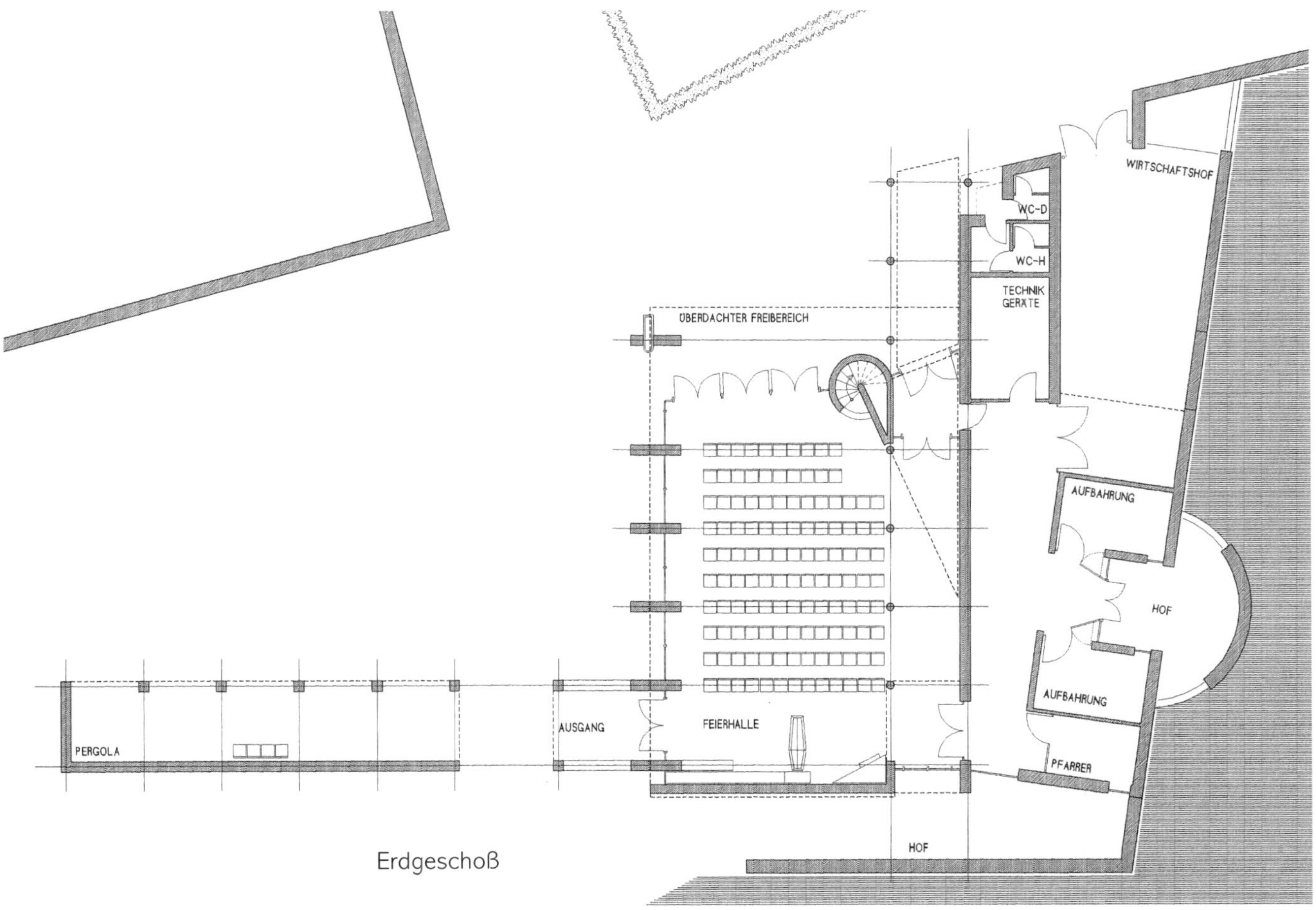


Erdgeschoß

Das Gebäude ist so angeordnet, daß zusammen mit der alten Friedhofsmauer und einer neuen Mauer mit Pergola ein dreieckiger Platz im Zentrum des gesamtes Friedhofsareals entsteht. Das Gebäude gliedert sich in einen pultförmigen Baukörper für die Halle und in einen eingeschossigen Flachbau für die Nebenräume. Eine kleine dreieckige Galerie über dem Windfang bietet Platz für ein Harmonium und den Chor. Die Wendeltreppe als Zugang ist von einer runden, oben abgetrennten Mauer umgeben und bildet einen markanten Blickfang im Eingangsbereich.

| | |
|---|---|
| ca. 1 : 250 | Maßstab |
| *Pläne des Architekten.* | Quelle |

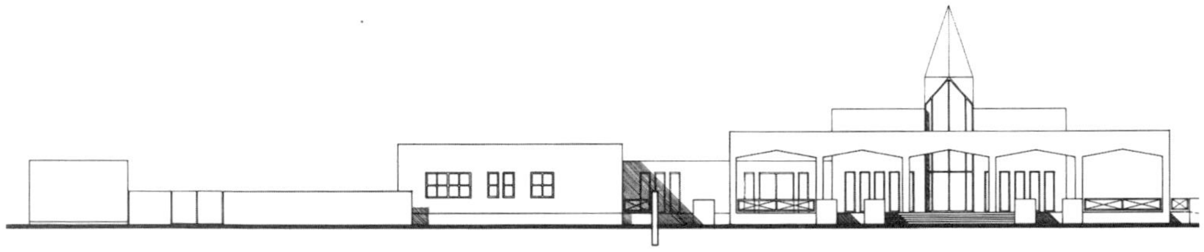

## 9.7.3 Aussegnungshalle Kommunalfriedhof Hamm

Bauherr Stadt Hamm
Architekt Hans Joachim Budeit, Dortmund
Fertigstellung 1994

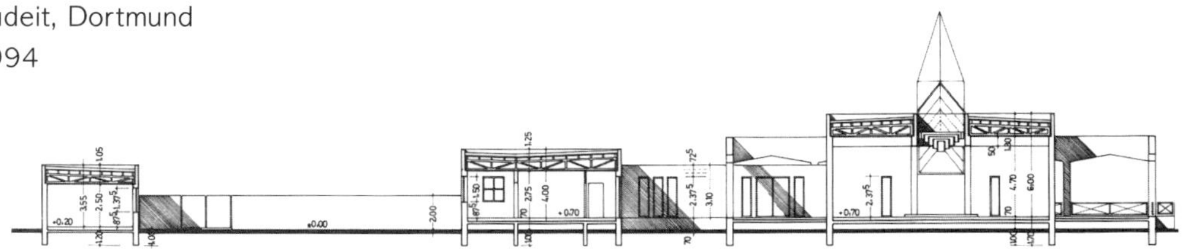

HNF 385 m²
NNF 112 m²
BRI 3 343 m³

Über eine breite Treppenanlage, die von flachen Rampen flankiert wird, gelangt der Besucher über einen vorgelagerten Umgang in die Trauerhalle.
Baugestaltung, Farbgebung und die im Innenraum differenzierte Lichtführung – durch Kunstlicht nur sparsam unterstützt – sollen Würde und darüber hinaus der Trauergemeinde auch Hoffnung vermitteln.
Die Verglasung des Eingangsbereiches setzt sich über das Dach als satteldachförmiges Lichtband fort und wird auf der Rückseite bis über die Aufbahrung herunter geführt. Die Trennung zwischen der Trauergemeinde und dem aufgebahrten Verstorbenen wird quasi als Vierungsbereich durch einen Dachreiter markiert. Im Innenraum filtern stark plastische, farbig lackierte Deckenelemente das von oben einfallende Tageslicht.

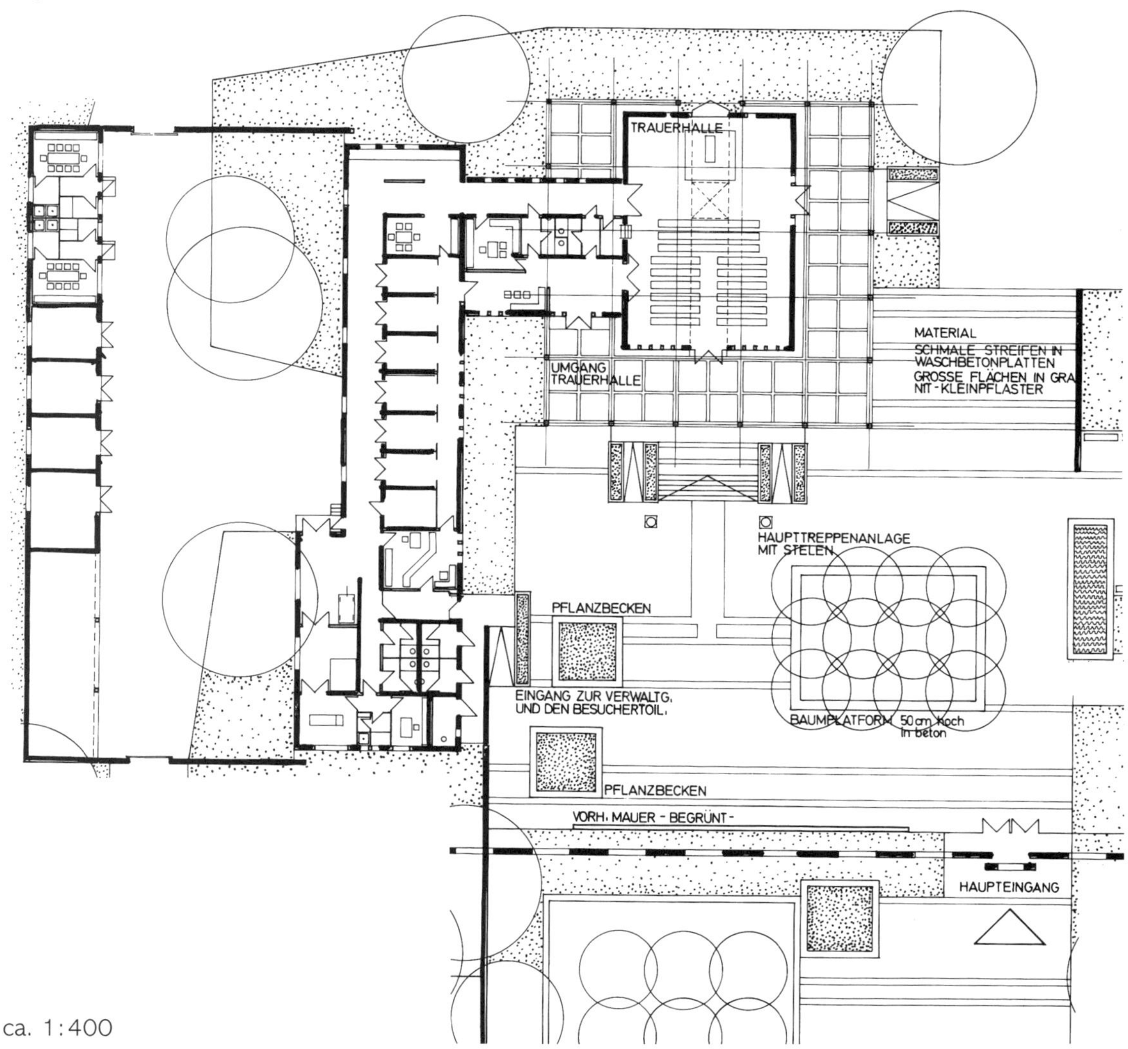


Erdgeschoß

Maßstab ca. 1:400

Quellen *Heinze Deutsche Baudokumentation, Celle 1995; Pläne des Architekten.*

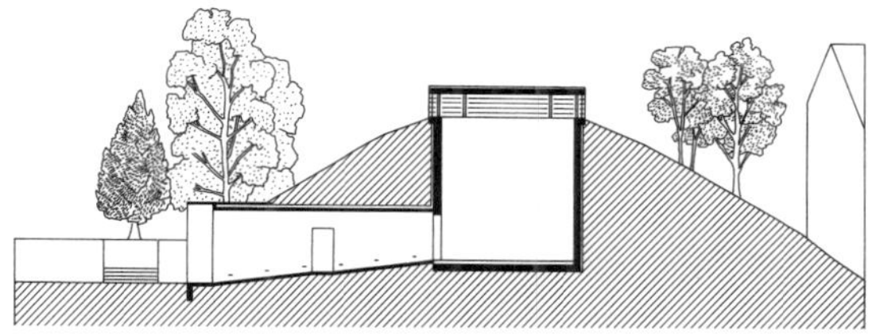



# Aufbahrungshalle in Bonaduz / CH

| | |
|---|---|
| Politische Gemeinde, Bonaduz | Bauherr |
| R. Fontana, Domat / Ems | Architekt |
| L. Bieler, C. Kerez | Mitarbeiter |
| Fertigstellung 1993 | |
| (Hügel + Friedhof) 3 059 m² GRZ = 0,04 GFZ = 0,04 | Grundstück |
| 54 m² = 82 % | HNF |
| 11 m² = 17 % | NNF |
| 66 m² = 100 % | NF |
| 1 m² = 1 % | FF |
| 18 m² = 28 % | VF |
| 86 m² = 129 % | NGF |
| 23 m² = 35 % | KGF |
| 110 m² = 164 % | BGF |
| 690 m³ | BRI |
| BGF/HNF = 2,01 | Faktor |
| BRI/HNF = 12,58 | |

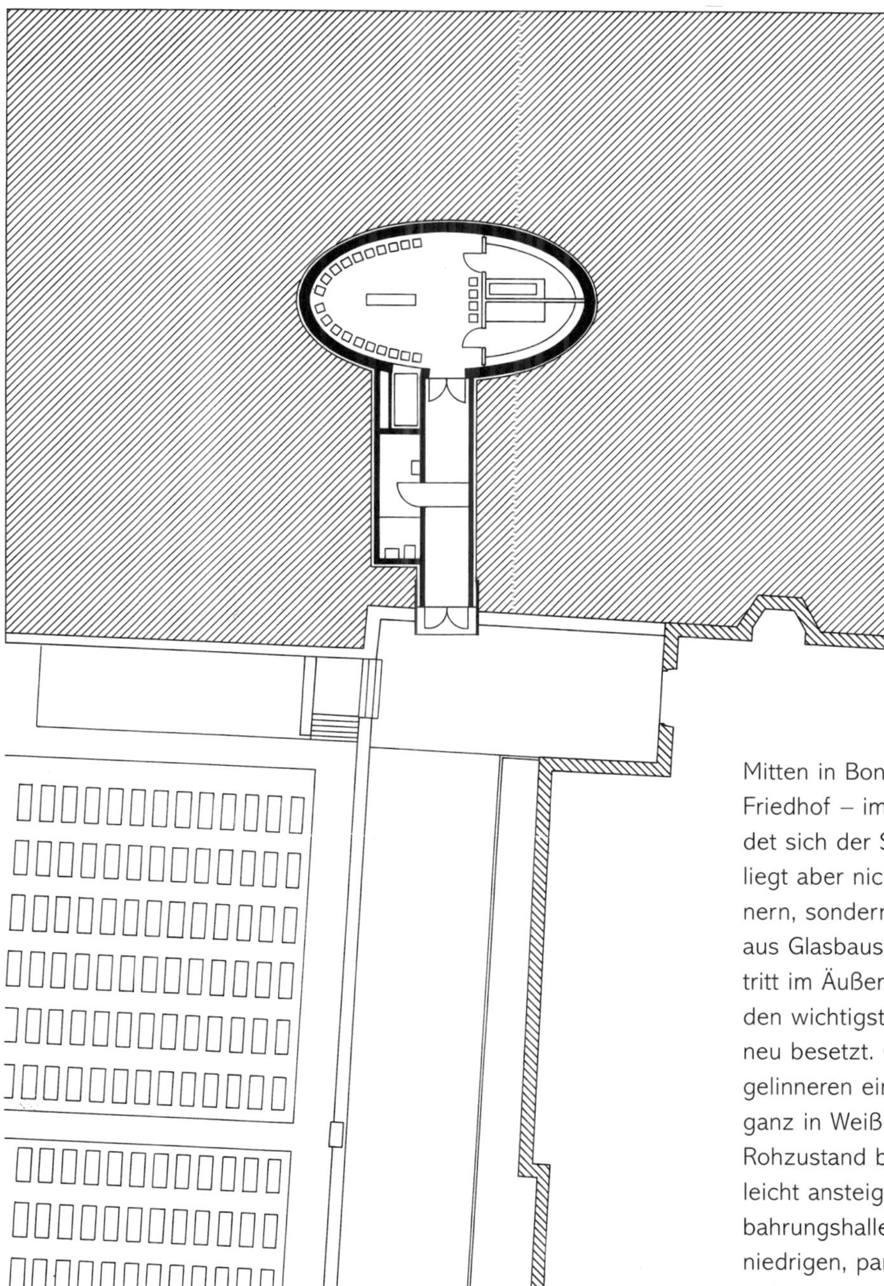

Mitten in Bonaduz – zwischen Schule, Kirche und Friedhof – im Zentrum eines Felssturzhügels befindet sich der Standort dieser Aufbahrungshalle. Sie liegt aber nicht dunkel und vergraben im Hügelinnern, sondern durchbricht mit einem Oberlichtband aus Glasbausteinen die Hügelspitze. Das Gebäude tritt im Äußeren markant in Erscheinung, indem es den wichtigsten Punkt des Hügels, die Hügelspitze, neu besetzt. Gleichzeitig entsteht dadurch im Hügelinneren ein unerwartet hoher und heller Raum, ganz in Weiß gehalten. Der Zugangsraum, in seinem Rohzustand belassen, führt den Besucher über eine leicht ansteigende Rampe hinauf zum Licht der Aufbahrungshalle. Die Totenkammern sind hinter einer niedrigen, paraventähnlichen Wand möbelartig eingebaut.

Erdgeschoß

ca. 1 : 250 — Maßstab

*Werk, Bauen + Wohnen, 9/94; Pläne der Architekten.* — Quellen

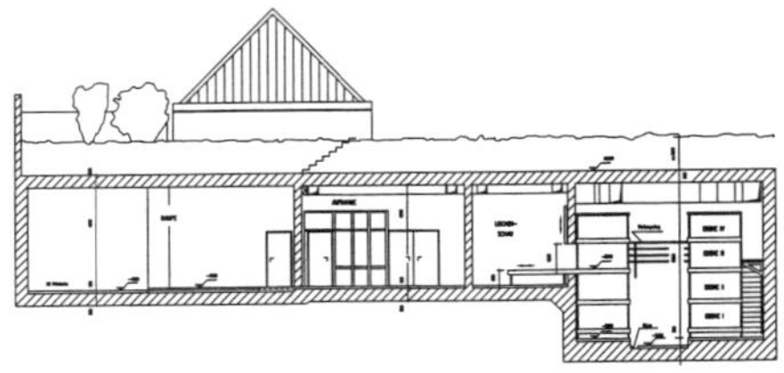

## 9.7.5 Parentationshalle im Krematorium Berlin-Wedding

| | |
|---|---|
| Bauherr | Bezirksamt Berlin-Wedding, Abt. Bau- und Wohnungswesen Hochbauamt |
| Architekten | Fricker – Krampitz und Partner, Werder / Soltau |
| Tragwerks-planung | Büro für Tragwerksplanung Prof. Dr. Breitschuh, Berlin |
| Förder- und Lagertechnik | Miebach Logistik, Berlin |
| | Fertigstellung 1996 |

| | |
|---|---|
| Brutto-Grundfläche | 2 044 m² |
| Brutto-Geschoßfläche | 2 132 m² |
| Brutto-Rauminhalt | 14 307 m³ |
| Nutzflächen Gesamt | 1 915 m² |
| Sarglager Fläche | 820 m² |

| | |
|---|---|
| BRI | 5 080 m³ |
| Stellplätze | 817 gesamt, 311 Einzelstellplätze, 504 Kompaktstellplätze |
| Leistungsdaten | je Tag 60–75 Aufnahmen, 60 Leichenschauen, 60 Kremationen |

Die Anlage löst die Umwelt- und Platzprobleme einer großstädtischen Friedhofsverwaltung und eröffnet zugleich neue Möglichkeiten für die Abwicklung behördlicher Formalitäten. Die Berliner Planungsgesellschaft Miebach & Partner entwickelte das technische Konzept und betreute das Projekt bis zur Inbetriebnahme.
Die innerstädtische Lage des Krematoriums ließ keinen Spielraum für bauliche Alternativen. Die einzige zur Verfügung stehende Fläche war eine zum Krematorium gehörende Grünanlage mit einzelnen Gräbern, die eine oberirdische Bebauung nicht zuließ. Unter den hohen Auflagen des Gartenbauamtes wurde die Parentationshalle unterirdisch mit einer direkten Anbindung an den Krematorium-Altbau realisiert und die Grünanlage wieder in ihren ursprünglichen Zustand zurückversetzt.
Die Kapazität eines Krematoriums wird ganz wesentlich von der Aufbewahrungskapazität der angeschlossenen Parentationshalle, d. h. gekühlte Lager für Särge bestimmt. Bevor es zur eigentlichen Verbrennung kommt, müssen zahlreiche amtliche Formalitäten erledigt sein. In Deutschland wird für die polizeiliche Freigabe eine zweite gerichtsmedizinische Untersuchung vorgeschrieben.
Die Parentationshalle mit den Abmessungen 60 x 30 m und einer Bodenplatte, die sich ca. 8 m unter Flur befindet, stellt bautechnisch ein Novum dar.
Die Parentationshalle ist in Einzel- und Kompaktstellplätze unterteilt, die durch ein automatisches Bediengerät mit einem Satelliten versorgt werden. Aufgrund der unterschiedlichen Sargabmessungen ist für die Aufbewahrung, ebenso wie für den gesamten Transport innerhalb des Krematoriumbereiches, ein einheitlicher Ladungsträger notwendig. Die Aufbewahrung erfolgt in vier Ebenen.
Ein Sarg verbleibt während der gesamten Verweildauer im Krematorium auf einem Ladungsträger, der mit einem automatisch lesbaren Festcode versehen ist. Durch die eindeutige Zuordnung von Sarg und Ladungsträger mittels EDV-System ist eine durchgehende Verfolgung und Kontrolle der Abläufe sichergestellt.

Maßstab ca. 1 : 600

Quellen *Die Bauverwaltung 3/96; Miebach: Europas modernstes unterirdisches Sarglager, Berlin 5/96; Pläne der Architekten und Ingenieure.*

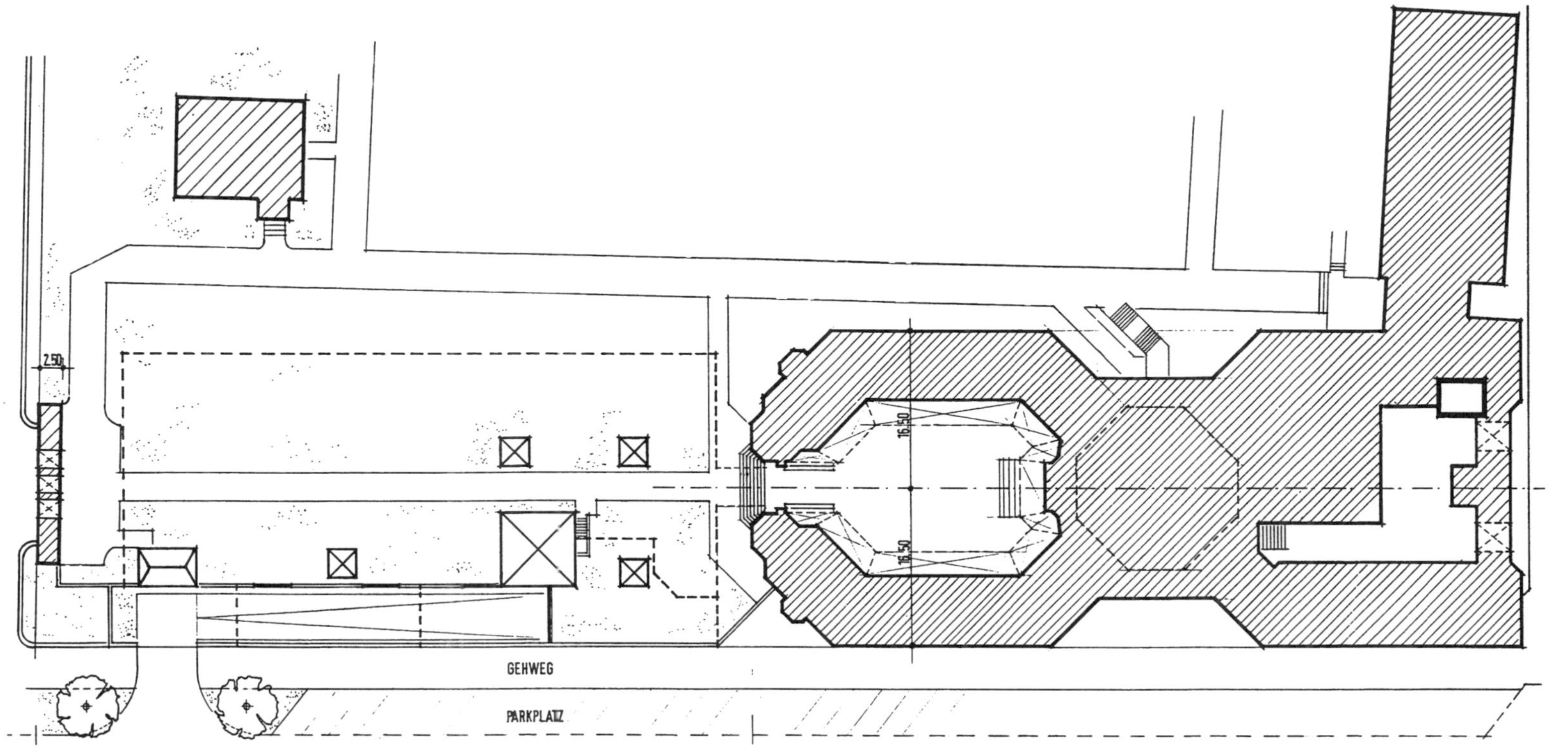


Erdgeschoß

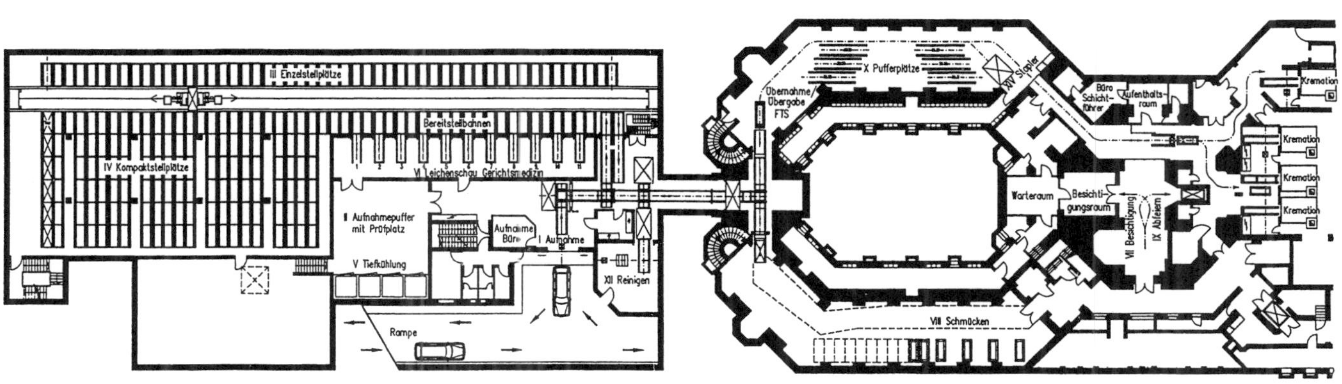


Untergeschoß

## Literatur


Ackermann, K.: Grundlagen für das Entwerfen und Konstruieren, Stuttgart 1983

Atelier 5 · 1955–1985, 26 ausgewählte Bauten, Zürich 1985

Bedarida, M./Milatovic, M.: Bürogebäude, Stuttgart 1991

Baade, Jürgen/Hoffman, Diethelm: Das Wohnstift Klosterkirchhof – The Klosterkirchhof Home, Berlin 1994

Büro International, Handbuch Moderner Bürogestaltung, Detmold 1993

Cuadra, Manuel: Der Kindergarten. Seine Architektur in Geschichte und Gegenwart. Anforderungen an den Kindergartenbau, Berlin 1996

Deilmann, H. und A.: Gebäude für die öffentliche Verwaltung, Leinenfeld-Echterding 1979

Damus, M.: Das Rathaus. Architektur- und Sozialgeschichte von der Gründerzeit zur Postmoderne, Berlin 1988

Flagge, Ingeborg/Hamm, Oliver: Richard Meier in Europa, Berlin 1996

Forsyth, M.: Bauwerke für Musik Konzertsäle und Opernhäuser, Musik und Zuhörer, München 1992

Friedrich, Jörg, Hauptverwaltung Stadtwerke Witten – Administration Centre Municipal Services Witten ( = BauWerke 3), Berlin 1994

Gatermann + Schossig. Bauten und Projekte. Buildings and Projects, Berlin 1995

Glaus, O.: Planen und Bauen moderner Heilbäder, Zürich 1975

Glogau, H.-U.: Der Konzertsaal. Zur Struktur alter und neuer Konzerthäuser, Hildesheim 1989

Gerkan von, Meinhard: Architektur im Dialog. Texte zur Architekturpraxis, Berlin 1995

Gerkan von, Marg und Partner: Idee und Modell. 30 Jahre Architekturmodelle. Idea and Model. 30 Years for Architectural Models, Berlin 1994

Gottschalk, Ottmar u. a: Verwaltungsbauten. Flexibel – Kommunikativ – Nutzerorientiert, Wiesbaden-Berlin 1994

Hahn, H.: Das moderne Bürogebäude. Eine komplexe Planungsaufgabe, Renningen 1991

Hartmann, J.: Entwerfen. Ein Lehrbuch, Berlin 1980

Heinle, E., Leonhardt, F.: Türme aller Zeiten – aller Kulturen. Kulttürme, Wehrtürme, Wohntürme, Kirchentürme, Wassertürme, Kühltürme, Wolkenkratzer, Fernsehtürme, Stuttgart ²1990

Herzog, Th.: Bauten 1978 – 1992 Werkbericht, Ostfildern 1992

Hopkins, Michael & Partner, Bauten und Projekte, Berlin 1994

Jonak, Ulf: Kopfbauten, Wiesbaden 1995

Joedicke, J.: Büro- und Verwaltungsbauten, Stuttgart 1975

Joedicke, J.: Angewandte Entwurfsmethodik für Architekten, Stuttgart 1976

Kahle, B.: Deutsche Kirchenbaukunst des 20. Jahrhunderts, Darmstadt 1970

Kammerer + Belz, Kucher und Partner, Telekom in Bonn. Building of the Deutsche Telekom in Bonn ( = BauWerke 5), Berlin 1995

Kroner, Walter: Architektur für Kinder, Stuttgart 1994

Kruft, H. W.: Geschichte der Architekturtheorie, München 1991

Kücker, Wilhelm: Das Museum für Sepulkralkultur. The Museum of Sepulchral Culture ( = BauWerke 1), Berlin 1993

Laage, G.: Handbuch für Architekturplanung, Stuttgart 1978

Lambot, I.: Norman Foster Buildings and Projects of Foster Ass.,
Volume 1: 1964 – 1971, Berlin 1991
ders.: Norman Foster Bulidings and Projects of Foster Ass.,
Volume 2: 1971 – 1978, Berlin 1989
ders.: Norman Foster Buildings and Projects of Foster Ass.,
Volume 3: 1978 – 1985, Berlin 1989

Marx, Lothar: Barrierefreies Planen und Bauen für Senioren und behinderte Menschen, Stuttgart 1994

Matthes, Günther: Verwaltungsbau heute. Das Kombibüro-Gebäude für die Vereinten Versicherungen, München, 1996

Meyer, H. B.: Was Kirchenbau bedeutet Ein Führer zu Sinn, Geschichte und Gegenwart, Freiburg / Br. 1984

Meyer-Bohe, Walter: Zentren-Bauten für die Bürgerliche Gemeinschaft, Stuttgart 1981
ders., Meyer-Bohe, Thomas: Bauten für Schulungen, Tagungen, Kongresse, Stuttgart 1983
ders.: Rathäuser, Stuttgart, 1984
ders.: Baulücken, Stuttgart 1990
ders.: Bauten für die Jugend, Structures for children, Stuttgart 1992
ders.: Energiesparhäuser, Stuttgart 1996
ders. / Dettbarn-Reggenthin, Thomas: Bauten für alte und behinderte Menschen, Wiesbaden, 1996

Möhrle, J.: Postbauten, Stuttgart 1989

Montaner, J. M.: Neue Museen Räume für Kunst und Kultur, Stuttgart 1990

Montaner, J. M., Oliveras J.: Die Museumsbauten der neuen Generation, Stuttgart 1987

Murken, A. H.: Vom Armenhospital zum Großklinikum. Die Geschichte des Krankenhauses, Köln 1995

Neufert, Ernst: Bauentwurfslehre, Handbuch für den Baufachmann, Bauherrn, Lehrenden und Lernenden, Wiesbaden ³³1992

Pizzi, D.: Mario Botta – Das Gesamtwerk. Band 1: 1965 –1985, Basel 1993, Band 2: 1985 –1990, Basel 1994

Polony, S., Stein, H.: Hallen Planungshilfen für kostengünstige Konstruktion und Dimensionierung. Stahl-, Spannbeton – Stahl – Holz, Köln 1986

Raev, S.: Gottfried Böhm – Vorträge, Bauten und Projekte, Pulheim 1988

Ritchie, Ian: Architektur mit (guten) Verbindungen, Berlin 1994

Schilgen, J.: Neue Häuser für die Kunst. Museumsbauten in Deutschland, Dortmund 1990
Schmidt, J.-K.: Behnisch & Partner – Bauten 1952–1992, Ostfildern 1992
Schubert, H.: Moderner Theaterbau. Internationale Situation, Dokumentation, Projekte, Bühnentechnik, Stuttgart 1971
Schubert, H.: Moderner Museumsbau. Deutschland, Österreich, Schweiz, Stuttgart 1986
Schulitz, Helmut C.: Constructec-Preis 1994. Industriearchitektur in Europa. Industrial Architecture in Europa. Berlin 1994
Schulitz und Partner Bauten und Projekte – Buildings and Projects, Berlin 1996
Schultes, Axel in Bangert Jansen Scholz Schultes. Projekte 1985–1991, Berlin 1992
Schultes, Axel, Kunstmuseum Bonn, Berlin 1994
Schweger, P., Meyer, W.: Architektur der Gegenwart. Konzepte, Projekte, Bauten, Stuttgart 1993
Sigel, B., Wohlleben, M.: Bauforschung und ihr Beitrag zum Entwurf, Stuttgart 1993
Stemshorn, Axel: Barrierefrei bauen für Behinderte und Betagte, Leinfelden-Echterding $^{3}$1994

**Zeitschriften (Auswahl)**

AIT, Architektur, Innenarchitektur, Technischer Ausbau, Stuttgart

Baumeister, Zeitschrift für Architektur, München
Bauwelt, Berlin
Beton-Prisma, Köln

DBZ, Deutsche Bauzeitschrift, Gütersloh
db deutsche bauzeitung, Fachzeitschrift für Architekten und Bauingenieure, Stuttgart
de architecture, Mailand
Die Bauverwaltung – Bauamt und Gemeindebau, Hannover
Detail, Zeitschrift für Architektur + Baudetail, München

Glasforum, Architektur, Raumkunst, Gebrauch, Gütersloh

Leonardo, Magazin für Architektur, Augsburg

Werk, Bauen + Wohnen, Zürich
Wettbewerbe aktuell, Fachzeitschrift für Architektenwettbewerbe, Freiburg / Br.

## Register